NORTH AMERICAN RENDERERS ASSOCIATION
Reclaiming Resources, Sustainably
北美动物蛋白油脂炼得行业协会
再生资源，持续发展

动物营养学原理

Principles of Animal Nutrition

〔美〕伍国耀（Guoyao Wu） 著

戴兆来　李　鹏　朱正鹏　武振龙　主译

科学出版社

北　京

图字：01-2018-8136 号

内 容 简 介

《动物营养学原理》共有 13 章，全面覆盖了动物营养学的经典和前沿概念。本书首先概述了动物营养学的生理与生物化学基础知识，继而详述了碳水化合物、脂质、蛋白质与氨基酸的化学特性，随后系统地介绍了动物体内营养素的消化、吸收、转运和代谢以及能量代谢。在整合营养学的理论和动物饲养实践的基础上，本书对动物维持和生产的营养需要量及动物的采食调控进行了深入讨论。最后，本书对维持动物生存、促进动物生长、改善动物生产蛋白质的饲料转化效率以及为替代饲用抗生素而使用饲料添加剂进行了归纳总结。

本书所有章节均提供了与动物营养学原理相关的详细文献列表，可为科研人员、生产者、初学者以及政策制定者提供参考。本书可作为专业人士的参考书，亦可作为动物科学、生物化学、生物医学、基础生物学、食品科学、营养学、动物医学以及相关研究领域高年级本科生和研究生的重要参考资料。

Principles of Animal Nutrition / Authored by Guoyao Wu / ISBN:978-1-4987-2160-8

图书在版编目（CIP）数据

动物营养学原理/（美）伍国耀著；戴兆来等主译. —北京：科学出版社, 2019.11

书名原文：Principles of Animal Nutrition

ISBN 978-7-03-061911-2

Ⅰ. ①动… Ⅱ. ①伍… ②戴… Ⅲ. ①动物营养–营养学 Ⅳ. ①S816

中国版本图书馆 CIP 数据核字(2019)第 148894 号

责任编辑：李秀伟 郝晨扬 陈 倩 / 责任校对：严 娜

责任印制：赵 博 / 封面设计：无极书装

科 学 出 版 社 出版

北京东黄城根北街 16 号

邮政编码: 100717

http://www.sciencep.com

北京天宇星印刷厂印刷

科学出版社发行 各地新华书店经销

*

2019 年 11 月第 一 版 开本：787×1092 1/16

2024 年 11 月第四次印刷 印张：48 1/4

字数：1 144 000

定价：298.00 元

(如有印装质量问题，我社负责调换)

译校者名单

主　译 戴兆来　李　鹏　朱正鹏　武振龙

译　者（按姓氏汉语拼音排序）:

车东升　吉林农业大学动物科学技术学院

成艳芬　南京农业大学动物科技学院

戴兆来　中国农业大学动物科学技术学院

胡声迪　新希望六和股份有限公司

蒋显仁　中国农业科学院饲料研究所

金　巍　南京农业大学动物科技学院

孔祥峰　中国科学院亚热带农业生态研究所

李　鹏　北美动物蛋白油脂炼得行业协会

李习龙　中国农业科学院饲料研究所

马现永　广东省农业科学院动物科学研究所

苏　勇　南京农业大学动物科技学院

谭碧娥　中国科学院亚热带农业生态研究所

王松波　华南农业大学动物科学学院

魏宏逵　华中农业大学动物科学技术学院

武振龙　中国农业大学动物科学技术学院

姚　康　中国科学院亚热带农业生态研究所

余凯凡　南京农业大学动物科技学院

曾祥芳　中国农业大学动物科学技术学院

朱　翠　佛山科学技术学院生命科学与工程学院

朱正鹏　新希望六和股份有限公司

主　校 伍国耀　美国得克萨斯农工大学

译　者　序

中国的饲料行业在过去 40 年中取得了长足的发展，在整体产量，产品品质，产品功能性，维生素、氨基酸和多种添加剂的合成生产等方面取得了令世界瞩目的成绩，成为全球饲料行业的主要供应国。以 2018 年为例，中国的饲料产量达到 22 788 万 t，其中配合饲料 20 529 万 t，浓缩饲料 1606 万 t，添加剂预混合饲料 653 万 t。自 2012 年起，连续 7 年产量位居世界第一，并占全球产量的 1/4。然而，中国饲料行业对饲料原料（尤其是豆粕、菜粕、鱼粉、肉骨粉等蛋白质原料）的进口依存度畸高，饲料营养素利用率低及其造成的严重环境污染都已成为制约行业发展的瓶颈因素。所以，对于动物营养学基本原理的深刻理解，并运用此基础知识来促进畜牧业和水产业实践中饲料的精准化配制，对提高养殖动物对日粮的蛋白质及能量的利用效率、减少对进口蛋白质原料的依赖、降低养殖业环境污染等诸多方面，都有着至关重要的意义，这也是中国动物营养和饲料行业可持续发展的必然选择。

世界上所有的动物都需要营养素来维持生命、生长、发育和繁殖。因此，动物营养学是研究家畜、家禽、水产等与人类关系密切的众多经济动物健康和生产的基础科学，也为研究宠物的健康和发育提供重要的借鉴作用。随着生物化学、生理学、分子生物学、生物信息学等学科的飞速发展，动物营养学的发展也呈现日新月异的变化，动物营养学领域研究成果与新知识积累的速度远超过了相关科学概念及定义更新的速度。同时，已出版多年的参考书与教科书中相关概念和知识的局限性以及其急需修改更新的紧迫性是全世界科学界面临的共同问题，而动物营养学在此方面的问题尤为突出。在这一背景和需求下，美国得克萨斯农工大学（简称得州农工大学）动物科学系杰出教授伍国耀博士，结合自身超过 35 年的科研和 28 年的教学经验，凭借对动物营养学理论与实践发展的深刻认识，花费三年多时间总结归纳和提炼了大量动物营养生物化学及相关学科领域的最新研究进展，于 2018 年出版了 *Principles of Animal Nutrition* 一书。该书是继 I.E. Coop 于 1962 年撰写出版《动物营养学的原理和应用》（*The Principles and Practice of Animal Nutrition*）以来对动物营养学理论与实践，特别是对动物营养学中的生理与生物化学基础，进行全面阐述、总结、提炼与升华的重要著作。

《动物营养学原理》共有 13 章，囊括了与动物营养学相关的生物化学、生理学、解剖学等学科的最新研究进展，为动物营养学学者和动物营养行业从业人员深入理解单胃和反刍动物对各种营养素的利用提供了知识基础。本书从动物营养生理生化基础的综述入笔，逐一阐述了糖类（碳水化合物）、脂类、蛋白质、氨基酸等营养素的化学特征，深入探讨了不同种属经济动物对于常量营养素、能量物质、矿物质和维生素的消化、吸收、运输及代谢过程。为了更加紧密地连接起动物营养的基本原理与动物饲养的生产实践，并指导饲料精准化配制的应用，本书还讨论了动物用于基础代谢和生长的营养需要以及采食量的调控因素。同时，本书对于特定的新型营养物质及添加剂如何提高动物生长和存活率，增加饲料转化效率，以及抗生素的替代物所发挥的重要作用也进行了深入阐述。

在动物的生命过程中，各种营养物质的需要量都基于动物本身的生理状态，同时受到环境、疾病和基因型等多种因素的影响。在各种营养素中，以氨基酸需要量的研究最有代表性。氨基酸的需要量是动态的，而不是恒定的。在蛋白质原料缺乏的情况下，低蛋白质日粮的科学使用十分必要。但是，日粮中适宜的低蛋白质水平是有限度的，氨基酸营养不仅在于其平衡，而且还在于其供给量。尽管动物能合成一些氨基酸，但其合成量有限。很遗憾的是，在传统的动物营养学中，以"理想蛋白质模型"的概念为代表，忽略了这一类虽能被动物体合成但合成量相对有限的氨基酸。近 30 年的研究发现，大量的"非必需氨基酸"在营养和生理上起到非常重要的作用。所以，近 50 年来一直应用的"理想蛋白质模型"其实并不理想，以其为理论依据配制低蛋白质日粮的营养实践是很不完善的。伍国耀教授在本书中全面介绍了养分在动物体内的消化、吸收和代谢，为"饲料精准化配制"，尤其是增效减排的低蛋白质动物日粮的研发，提供了崭新而坚实的理论基础。

与动物营养学科其他图书相比，本书更加突出以下方面：

1）全面覆盖了动物对于营养素的消化、吸收、代谢的生物化学过程以及多种生理功能；

2）从比较生理学和进化生理学的角度阐述哺乳动物、鸟类和鱼类等的营养生化特点，以及动物种间对于营养素需求的差异性；

3）针对养殖动物、野生动物及宠物的生长、发育和健康等性状进行差异化优化而采取的不同饲喂机制；

4）本书在突出传统动物营养学的经典概念和由现代动物营养学发展所衍生出的新概念的同时，全力引入动物营养学最前沿的研究进展。在保证本书权威性的同时，也赋予了其强大的时效性；

5）在本书的每一个章节后，原作者都清晰地整理了与该章节内容密切相关的重要文献，以便于动物营养的学者、从业者、管理政策制定者以及新近涉猎的学生进行拓展阅读和深入研究。

本书的原作者伍国耀教授，先后求学于华南农业大学、中国农业大学，于 1989 年在加拿大阿尔伯塔大学取得博士学位。在中国农业大学攻读硕士学位期间，师从中国著名动物营养学家、现代动物营养学奠基人之一的杨胜教授。在杨先生的谆谆教导和悉心关怀下，伍国耀教授在氨基酸营养生化领域砥砺前行，学术造诣日渐深厚。在 35 年的时间里，伍教授发表了近 600 篇 SCI 科研论文，解密了在不同生物体的不同组织内诸多重要的氨基酸代谢途径、调控机制及其重要生物学意义，向动物营养学界展现了前所未见的氨基酸代谢与调控的精彩世界。伍教授现担任世界一流农学高校——美国得州农工大学（Texas A&M University）动物科学系（Department of Animal Science）的杰出教授（Distinguished Professor）。他先后荣获美国动物科学学会（American Society of Animal Science, ASAS）Morrison 大奖、美国动物科学联合会和美国饲料工业协会（Federation of Animal Science Societies and American Feed Industry Association, FASS-AFIA）联合颁发的动物营养科学新前沿研究奖，世界上最大的科学和工程学协会的联合体——美国科学促进会（American Association for the Advancement of Science, AAAS）科研成就奖等诸多荣誉。他同时担任着 *Amino Acids*、*Frontiers in Bioscience* 和 *Advances in Experimental Medicine and Biology* 等专业期刊编辑和世界一流科技类出版社施普林格出版社（Springer-Verlag）的生命科学类图书编辑。他也曾长期担任 *Journal of Nutrition*、*Biochemical Journal* 和 *Journal of Nutritional Biochemistry* 等世界级营养学、生物化学期刊编委。本书是伍教授 35 年的科研和教学的结晶，是动物营养学领域现阶段认知的凝练与总结，是对动物营养学界的贡献，同时也是对杨胜先生的学术思想和治学精神的缅怀、继承和发扬。

本书的英文原版 *Principles of Animal Nutrition*，是由泰勒-弗朗西斯出版集团（Taylor & Francis Group）的子公司 CRC Press 组织发行的，该书的出版在全球动物营养界引起了广泛的关注，但原版英文图书难以充分满足我国从事动物营养学研究的专家、学者和从业人员的参考需要。为了能让国内动物营养相关领域的工作者更好更快地了解和掌握世界动物营养学理论研究的最新进展和成果，伍教授在 *Principles of Animal Nutrition* 的出版伊始即决定组织国内科研院所的中青年教师及企业科研骨干开展对该书中文版——《动物营养学原理》的翻译工作。伍教授也在百忙之中，亲自主持了本书的全部校对工作，以保证本书的准确和严谨。伍教授和译者团队希望用本书为畜牧科学、水产科学、生物化学、生物医学、基础生物学、食品科学、饲料加工、动物医学等众多生命科学分支领域的读者们提供一份完整而系统的参考资料，通过本书将不同哺乳动物、禽类、鱼类、甲壳类的营养状况、健康和疾病状态与基础的生理和生物化学整合起来，为华语读者在动物营养和饲料精准化配制的科学研究及技术研发方面提供些许坚实的力量。2019 年元旦恰逢杨胜先生百年诞辰，本书英文版及中文译本均在 2019 年前后相继出版，是伍国耀教授和本书编译团队纪念杨胜先生百年诞辰、励志传承先生治学精神并践行他"奋发图强、报效国家"的谆谆教诲的一份微薄而真诚的心意。

本书的翻译工作主要分为各章节的文字与表格翻译，及全书图片的编辑翻译及统筹。这项庞大的翻译工作得到了中国农业大学、中国科学院亚热带农业生态研究所、中国农业科学院饲料研究所、南京农业大学、华中农业大学、华南农业大学、吉林农业大学、广东省农业科学院、佛山科学技术学院等科研院所及北美动物蛋白油脂炼得行业协会、新希望六和股份有限公司等单位人员的参与和支持。具体翻译校对人员请参见译校者名单。团队中各位动物营养学者在繁重的科研与教学工作之余,全力合作,用业余时间为本书翻译工作的保质保量并尽早完成付出了大量的辛勤劳动。从有利于学科和行业发展的角度出发,伍教授和译者团队谢绝了所有的稿酬及版税,在此表示诚挚的感谢。在本书的翻译、校对过程中,科学出版社的李秀伟编辑付出了诸多心血,为本书的顺利出版提供了极大的帮助和支持,在此表示衷心感谢。

北美动物蛋白油脂炼得行业协会(North American Renderers Association,NARA)是代表美国的家畜家禽等陆生动物蛋白及油脂炼得行业的组织,其前身是美国动物蛋白及油脂提炼协会(National Renderers Association,NRA)。北美动物蛋白油脂炼得行业协会以及美国的动物蛋白及油脂炼得企业长期致力于陆生动物源性副产品的安全高效回收再利用,并在全球畜牧业、水产养殖业和宠物饲料行业推广不断更新的营养科学发现及应用,以促进这些行业的可持续发展。北美动物蛋白油脂炼得行业协会对科学出版社引进翻译出版 *Principles of Animal Nutrition* 一书提供了重要的经费支持,从而使中译本得以顺利面世。中国农业大学动物科学技术学院亦对本书的出版发行给予了部分资助。

鉴于译者水平和能力所限,书中不妥之处在所难免,诚恳接受各位行业同仁和读者的批评指正。

译者

2019 年 4 月

原　书　序

　　动物可将日粮成分和能量转化成食物（如肉、蛋、奶）供人类食用，同时为人类提供服装和配饰的原材料（如羊毛和皮革）。通过生物技术手段，动物还可用于生产酶类和蛋白质以治疗更多人类疾病。虽然哺乳动物、禽类、鱼类和甲壳类在维持和适应相关的代谢途径上具有异同点，但是它们都需要食物而得以存活、生长、发育和繁殖。因此，动物营养学是一门对于家畜（如牛、山羊、猪、兔和绵羊）、家禽（如鸡、鸭、鹅和火鸡）和鱼类（如鲤、鲑和罗非鱼）的生产，以及伴侣动物（如猫、狗、马、雪貂、沙鼠和鹦鹉）的健康非常重要的基础学科。作为一门有趣的、动态的和具有挑战性的学科，动物营养学涉及的范围很广，从化学、生物化学、解剖学和生理学到繁殖生物学、免疫学、病理学和细胞生物学。这些学科的知识对于充分理解动物营养学的原理非常必要。

　　对实验动物、家畜和伴侣动物的研究历史非常悠久。H.P. Armsby 在 1902 年出版的《动物营养学原理》（*The Principles of Animal Nutrition*）一书中总结了 19 世纪获得的动物营养学知识。在过去的 56 年间，自从 I.E. Coop 撰写了《动物营养学的原理和应用》（*The Principles and Practice of Animal Nutrition*）一书后，动物营养与代谢领域由于生物化学、生理学和分析化学等方面的进展而得到迅速发展。特别要注意的是，前人曾在以下书籍中描述了动物在营养素的消化、吸收和排泄方面的许多差异性，如 L.A. Maynard 和 J.K. Loosli 的《动物营养学》（*Animal Nutrition*）（第六版，1979）、P.R. Cheeke 和 E.S. Dierenfeld 的《动物营养与代谢比较》（*Comparative Animal Nutrition and Metabolism*）（2010）及 J.P. McNamara 的《伴侣动物营养学原理》（*Principles of Companion Animal Nutrition*）（第二版，2010）。此外，更多的应用书籍还包括：W.G. Pond、D.C. Church、K.R. Pond 和 P.A. Schoknecht（2004）的《动物营养基础与饲养》（*Basic Animal Nutrition and Feeding*）（第五版），P. McDonald、R.A. Edwards、J.F.D. Greenhalgh、C.A. Morgan 和 L.A. Sinclair（2011）的《动物营养学》（*Animal Nutrition*），以及 M.H. Jurgens、K. Bregendahl、J. Coverdale 和 S.L. Hansen（2012）的《动物饲养与营养》（*Animal Feeding and Nutrition*）。虽然这些著作重点介绍了畜禽的饲料与实际饲养，但我们需要全面系统地介绍动物营养生化和生理学基础，有助于更好地理解动物系统内的"黑箱"。鉴于上述考虑并在 CRC 出版社的帮助下，《动物营养学原理》得以出版。

　　《动物营养学原理》共分为 13 章。首先主要概述动物营养学的生理和生化基础（第 1 章），然后详细介绍了碳水化合物（第 2 章）、脂质（第 3 章）、蛋白质与氨基酸（第 4 章）的化学特征。本书还进一步介绍了碳水化合物（第 5 章）、脂质（第 6 章）、蛋白质与氨基酸（第 7 章）、能量（第 8 章）、维生素（第 9 章）、矿物质（第 10 章）等营养物质的消化、吸收、转运和代谢方面的研究进展，以及这些营养物质之间的相互作用（第 5–10 章）。为了将动物营养学的基本知识应用到实际动物饲养中，本书进一步讨论了动物维持和生产的营养需要量（第 11 章），以及动物采食的调控（第 12 章）。最后，本书介绍了饲料添加剂方面的内容（第 13 章），包括促进动物生长与存活、改善饲料报酬和蛋白质合成以及替代饲料抗生素等的添加剂。本书秉承传统动物营养学和现代动物营养学的理念，尽可能涵盖这一不断发展的领域的最新进展，有助于不同生物学科的读者能更好地将生物化学和生理学与哺乳动物、禽类和其他动物（如鱼、虾）的营养、健康和疾病结合起来。每章章末都附有参考文献，以供读者全面查阅某一主题和原始试验数据。科学文献的阅读对于科学家深入了解该领域的历史、培养创造性思维和严谨地研究开发非常重要。索引部分列出了关键词、短语和缩略词，有助于读者快速地找到它们在章节中的信息。

　　本书源于作者本人过去 25 年来在得州农工大学所教的四门研究生课程的教材，包括 ANSC/NUTR 601 "动物营养学总则"、ANSC/NUTR 603 "实验营养学"、ANSC/NUTR 613 "蛋白质代谢" 和 NUTR 641 "营养生物化学"。本书可作为动物科学、生物化学、生物医学工程、生物学、人类医学、食品科学、人体运动学、营养学、药理学、生理学、毒理学、动物医学和其他相关学科专业的高年级本科生及研究生的参考书籍。此外，所有章节都提供了有用的参考文献，以供生物医学、农业（含动物科学和植物育种）和水产方面的研究者、从业者以及政府官员了解动物营养学原理的基本概念和具体知识。

　　畜牧业在改善人类营养、生长和健康以及全球的经济和社会发展中发挥着重要作用。2016 年全球人口为 74 亿，预计 2050 年将达到 96 亿。随着全球人口和肉、蛋、奶人均消费量的增长，2016–2050 年全球对动物来源的蛋白质和其他动物产品的需求将增长 70%。在充分认识动物的生物学特点、最大限度地提高从饲料到动物产品的代谢转换效率、实现动物性农业的可持续发展这些艰巨的任务面前，动物营养学家面临巨大的挑战去生产畜、禽、水产品以满足全世界正在增长的人类需求。《动物营养学原理》这本书将指导和改变动物营养学的实践，有望在未来的岁月里促进这一目标的实现。

　　动物营养学的学科发展离不开全球许多同行前辈的努力，他们对这个领域的重大贡献使本书的出版成为可能。由于篇幅所限，尚有许多优秀的论文未能引用，为此我深表歉意。最后，衷心感谢我所有已毕业的和在读的学生对我的教学课程提出的建设性意见以及在动物营养学主题上展开的有益讨论。

伍国耀

2017 年 6 月

美国，得克萨斯州，大学城

致　　谢

本书始于 CRC 出版社高级主编 Randy L. Brehm 女士的盛情邀请，并在她出版社同事的耐心指导下完成。本书作者感谢 Ruthann M. Cranford 女士、Sudath Dahanayaka 先生、B. Daniel Long 先生、孙开济先生和 Neil D. Wu 先生在绘制营养物质结构和代谢通路图以及在稿件准备过程中给予的帮助。感谢 Gregory A. Johnson 博士帮助阐述反刍动物尿素循环机制和细胞结构以及戴兆来博士帮忙绘制肠道主要细菌的表格。衷心感谢以下参与审阅并提出建设性改进意见的专家：

Fuller W. Bazer 教授，得克萨斯州，大学城，得州农工大学，动物科学系；

Werner G. Bergen 教授，亚拉巴马州，奥本，奥本大学，动物科学系；

John T. Brosnan 教授，加拿大，圣约翰斯，纽芬兰纪念大学，生物化学系；

Margaret E. Brosnan 教授，加拿大，圣约翰斯，纽芬兰纪念大学，生物化学系；

Jeffrey L. Firkins 教授，俄亥俄州，哥伦比亚，俄亥俄州立大学，动物科学系；

Catherine J. Field 教授，加拿大，埃德蒙顿，阿尔伯塔大学，医学院；

Nick E. Flynn 教授，得克萨斯州，峡谷，西得州农工大学，化学与物理系；

Wayne Greene 教授，亚拉巴马州，奥本，奥本大学，动物科学系；

Chien-An Andy Hu 教授，新墨西哥州，阿尔布开克，新墨西哥大学，生物化学和分子生物学系；

Shengfa F. Liao 教授，密西西比州，密西西比州立大学，动物和奶业科学系；

Timothy A. McAllister 教授，加拿大，艾伯塔，莱斯布里奇，加拿大农业部；

Cynthia J. Meininger 教授，得克萨斯州，大学城，得州农工大学，医学生理系；

Steven Nizielski 教授，密歇根州，艾伦代尔，伟谷州立大学，生物医学系；

James L. Sartin 教授，亚拉巴马州，奥本，奥本大学，解剖学、生理学和药理学系；

Stephen B. Smith 教授，得克萨斯州，大学城，得州农工大学，动物科学系；

Luis O. Tedeschi 教授，得克萨斯州，大学城，得州农工大学，动物科学系；

James R. Thompson 教授，加拿大，温哥华，不列颠哥伦比亚大学，动物科学系；

Nancy D. Turner 教授，得克萨斯州，大学城，得州农工大学，营养与食品科学系；

Rosemary L. Walzem 教授，得克萨斯州，大学城，得州农工大学，家禽科学系；

Hong-Cai Zhou 教授，得克萨斯州，大学城，得州农工大学，化学系。

本书作者特别感谢本实验室所有已毕业和在读的研究生、博士后、访问学者和实验员等在开展科研试验及参与重要讨论过程中所做的努力。非常感谢我的研究生导师杨胜教授和 James R. Thompson 博士以及我的博士后导师 Errol B. Marliss 博士和 John T. Brosnan 博士，衷心感谢他们对我在动物生化、营养和生理学方面的训练以及对我在探索这些学科上所给予的热情支持和鼓励。特别感谢在得州农工大学一直保持高效且愉快合作的许多同事（尤其是 Fuller W. Bazer、Robert C. Burghardt、R. Russell Cross、Harris J. Granger、Gregory A. Johnson、Darrell A. Knabe、Catherine J. McNeal、Cynthia J. Meininger、Jayanth Ramadoss、M. Carey Satterfield、Jeffrey W. Savell、Stephen B. Smith、Thomas E. Spencer、Carmen D. Tekwe、Nancy D. Turner、Shannon E. Washburn、Renyi Zhang 和周怀军等博士），以及来自其他单位的合作伙伴（尤其是 David H. Baker、Makoto Bannai、Francois Blachier、Douglas G. Burrin、戴兆来、Teresa A. Davis、Catherine J. Field、Susan K. Fried、侯永清、Shinzato Izuru、蒋宗勇、Sung Woo Kim、孔祥峰、李德发、李菊、李鹏、Shengfa Liao、Gert Lubec、Wilson G. Pond、Peter J. Reeds、J. Marc Rhoads、Ana San Gabriel、谭碧娥、Nathalie L. Trottier、王丙艮、王根虎、王晓龙、王凤来、王军军、Malcolm Watford、武振龙、郑石轩、朱伟云、姚康和印遇龙）。此外，还特别感激得州农工大学动物科学系的历任和现任领导对我的研究与教学工作所给予的帮助及支持。

本实验室的工作得到了许多单位和组织的资助，在此表示衷心感谢！其中，包括味之素公司（日本东京）、美国心脏协会、中国科学院、上海亘泰实业集团（中国上海）、广东粤海饲料集团股份有限公司（中国湛江）、休斯敦牛仔竞技节和牲畜展（美国）、河南银发牧业有限公司（中国郑州）、武汉轻工大学"湖北省百人计划"、国际氨基酸科学委员会（比利时布鲁塞尔）、国际谷氨酸技术委员会（比利时布鲁塞尔）、美国 JBS 联合公司（印第安纳州谢里登）、青少年糖尿病研究基金会（美国）、美国国立卫生研究院、中国国家自然科学基金委员会、美国辉瑞公司、美国史葛&怀特医院、得州农工农业研究院、得州农工大学、中国农业大学"千人计划"、美国农业部、美国玉米种植者协会、美国西瓜推广委员会，以及美国家禽和鸡蛋哈罗德 E. 福特基金会。

本书作者特别感谢无数的科学家为帮助人们更好地理解动物营养学原理所作出的杰出贡献。我在阅读他们的论文过程中感到愉悦，更重要的是从他们前期发表的工作中学习到许多宝贵的知识。最后，特别感谢 Ragesh K. Nair 先生及其在 Nova Techset 的同事对整篇稿件的专业排版。

作者简介

伍国耀，博士，得州农工大学（Texas A&M University）的杰出教授、大学研究员，得州农工大学农业研究所（Texas A&M AgriLife Research）的高级研究员。1978–1982 年，在华南农业大学（广州）攻读本科，获动物科学专业学士学位；1982–1984 年，在中国农业大学（北京）攻读硕士研究生，获动物营养学专业硕士学位；1984–1986 年、1986–1989 年，在加拿大埃德蒙顿阿尔伯塔（Alberta）大学先后获得动物生物化学专业硕士、博士学位。1989—1991 年，在加拿大蒙特利尔麦吉尔（McGill）大学医学院做博士后，1991 年转到加拿大圣约翰斯纽芬兰纪念大学医学院继续博士后研究，主要围绕糖尿病、营养和生物化学开展研究工作。1991 年 10 月，进入得州农工大学工作。2005 年，利用学术休假在美国马里兰大学医学院开展人类肥胖症研究。

伍博士在得州农工大学教授研究生课程（实验营养学、动物营养学总则、蛋白质代谢、营养生物化学）和本科生课程（动物科学、营养学和生物化学问题）长达 25 年，在美国、加拿大、墨西哥、巴西、欧洲和亚洲等地做过多次学术报告。研究领域集中在从基因、分子、细胞和机体水平研究动物的氨基酸及相关营养物质的生物化学、营养和生理作用。研究方向包括：①氨基酸对基因表达（含表观遗传学）的作用；②细胞内蛋白质和氨基酸合成和分解代谢的机制；③激素和营养对代谢性能源物质稳态的调控；④一氧化氮和多胺的生物学及病理学作用；⑤氨基酸在预防代谢性疾病（如糖尿病、肥胖症和宫内发育迟缓）中的关键作用；⑥氨基酸对胚胎、胎儿和新生儿的存活、生长及发育的重要作用；⑦不同生长阶段日粮氨基酸和蛋白质的需要量；⑧应用动物模型（如猪、大鼠、绵羊）研究人类代谢性疾病。

在同行评审的期刊上发表论文 540 余篇，期刊包括 *Advance in Nutrition*、*Amino Acids*、*American Journal of Physiology*、*Annals of New York Academy of Sciences*、*Annual Review of Animal Biosciences*、*Annual Review of Nutrition*、*Biochemical Journal*、*Biology of Reproduction*、*British Journal of Nutrition*、*Cancer Research*、*Clinical and Experimental Immunology*、*Comparative Biochemistry and Physiology*、*Diabetes*、*Diabetologia*、

Endocrinology、*Experimental Biology and Medicine*、*FASEB Journal*、*Food & Function*、*Frontiers in Bioscience*、*Frontiers in Immunology*、*Gut*、*Journal of Animal Science*、*Journal of Animal Science and Biotechnology*、*Journal of Agricultural and Food Chemistry*、*Journal of Biological Chemistry*、*Journal of Chromatography*、*Journal of Nutrition*、*Journal of Nutritional Biochemistry*、*Journal of Pediatrics*、*Journal of Physiology* (*London*)、*Livestock Science*、*Molecular and Cellular Endocrinology*、*Molecular Reproduction and Development*、*Proceedings of National Academy of Science USA* 和 *Reproduction* 等，主编或参编专著 58 部。研究成果在谷歌学术被他人引用超 38 000 次，H 指数达 100；其中有 3 篇论文单篇被引用次数超过 2200 次。曾被 Web of Science 授予"高被引学者"和"最具影响力的科学头脑"（2014—2016），2016 年入选全球农业科学领域的十大"高被引科学家"。

曾荣获中国、加拿大和美国的多项奖项与荣誉，包括"中国研究生出国留学奖学金"（1984），"阿尔伯塔大学 Andrew Stewart 研究生奖"（1989），"加拿大医学研究委员会博士后奖学金"（1989），"美国心脏协会优秀研究者奖"（1998），"得州农工大学 AgriLife 研究员奖"（2001、2002），美国动物科学学会"非反刍动物营养研究奖"（2004），中国国家自然科学基金"杰出青年基金"获得者（2005），得州农工大学农业项目"杰出团队奖"（2006）、"杰出个人奖"（2008）和"多学科合作奖"（2011），中国"长江学者"（2008），"得州农工大学杰出研究成就奖"（2008），"得州农工大学 AgriLife 高级研究员奖"（2008），中国湖北省"楚天学者"（2008），美国动物科学联合会和美国饲料工业协会"FASS-AFIA 动物营养研究新前沿奖"（2009），华南农业大学"丁颖学者"（2009），中国"千人计划"专家（2010），"国际长颈鹿保护协会桑布鲁合作奖"（2010），Sigma Xi 荣誉学会得州农工大学分会"杰出科学家奖"（2013）和中国湖北省"百人计划"专家（2014）。

伍博士为美国科学促进会的会员和会士，也是美国心脏协会、美国动物科学学会、美国营养学会及美国生殖研究学会的会员。他还担任了 *Biochemical Journal*（1993–2005）、*Journal of Animal Science and Biotechnology*（2010–）、*Journal of Nutrition*（1997–2003）和 *Journal of Nutritional Biochemistry*（2006–）等杂志的编委，并担任 *Amino Acids*（2008–）、*Journal of Amino Acids*（2009–）等杂志的编辑，*SpringerPlus–Amino Acids Collections*（2012–2016）杂志的主编，以及 *Frontiers in Bioscience* 的管理编辑（2009–2016）和编辑（2017–）。

目　　录

（译者：朱　翠）

1 动物营养学的生理和生化基础

"动物"（animal）这个词来源于拉丁语 *animalis*，意思是"有呼吸"、"有灵魂"和"活着"。动物王国中所有的动物都是多细胞的、真核的、能动的生物（Dallas and Jewell, 2014）。在营养素充足的情况下，作为生态系统的重要组成部分，它们能存活、生长、发育和繁殖。动物可分为两大类：脊椎动物（如两栖动物、鸟类、鱼类、哺乳动物和爬行动物）和无脊椎动物（如珊瑚、蛤、蟹、昆虫、牡蛎、虾、蜘蛛和蠕虫）。根据它们所摄取食物的种类，动物分为：①肉食动物（如猫、狗、雪貂、水貂和老虎），其主要以非植物类食物（如肉、鱼和昆虫等）为食；②草食动物［反刍动物（如牛、山羊、绵羊、鹿科和骆驼科）、马和兔］，其主要以植物类食物为食；③杂食动物（如人、猪、家禽、大鼠和小鼠），其以植物和动物类食物为食（Bondi, 1987; Dyce et al., 1996）。在伴侣动物中，猫是专性肉食动物，而狗是兼性肉食动物，同属肉食目的这两个成员具有非常不同的营养代谢和营养需求模式。

Wilson（1992）估计自然界中约有 1 032 000 种动物，其中脊椎动物包括 18 800 种鱼类和低等脊椎动物、9000 种鸟类、6300 种爬行动物、4200 种两栖动物和 4000 种哺乳动物。尽管脊椎动物和无脊椎动物之间有广泛的多样性，但在生理、代谢和营养方面它们表现出比其自身差异更大的相似性（Baker, 2005; Beitz, 1993; Wu, 2013）。到目前为止，我们对动物营养的理解主要是基于对有限数量的陆生脊椎动物物种（猫、牛、鸡、狗、鸭、雪貂、山羊、豚鼠、马、人、小鼠、水貂、猪、兔、大鼠、绵羊和火鸡等）以及其他水生和陆生物种，包括鱼、虾、昆虫和秀丽隐杆线虫的饲养与科学研究（Cheeke and Dierenfeld, 2010; McDonald et al., 2011; NRC, 2002）。近年来，野生动物营养研究取得了巨大的进步（Barboza et al., 2009）。

人类文明拥有研究家畜、家禽和鱼类在各种生理和病理条件下的营养需求的丰富历史（Baker, 2005; Bergen, 2007）。这是因为这些重要的农业动物是高质量蛋白质以及维生素和矿物质的主要来源，用于供人类消费及维持人类伴侣动物的最佳生长、发育、繁殖和健康（Davis et al., 2002; Reynolds et al., 2015; Wu et al., 2014b）。动物产品分别占发达国家和发展中国家农业生产总量的 50%–75% 和 25%–40%（Wu et al., 2014a）。因此，对农场动物的研究具有重大的科学、社会和经济意义。此外，大鼠和小鼠长期以来一直被作为动物模型，用于研究膳食营养需要及其缺乏引起的代谢疾病。此外，人体及动物体中遗传性疾病（敲减或敲除基因）的发生有助于阐明代谢途径及其生理作用（Brosnan et al., 2015; Vernon, 2015）。因此，在文献中有大量关于农场动物和实验动物（Asher and Sassone-Corsi, 2015; Dellschaft et al., 2015; Rezaei et al., 2013）及人类（Bennett et al., 2015; Meredith, 2009）营养的生理生化基础知识。这些大型数据库的整合为本书提供了坚实的基础。

1.1 动物营养学的基本概念

1.1.1 营养素和日粮的定义

营养素被定义为动物维持、生长、发育、哺乳、繁殖和健康所需的化合物或物质。表 1.1 列出了动物所需的已知营养素。食物是含有营养素的可食用的物质。农场动物（如家畜、家禽、鱼类和甲壳类）的食物通常称为饲料。根据它们的组成和用途，饲料分为如下几类：①干饲草（如干燥的牧草、叶和茎）和粗饲料（如干草、秸秆和稻壳等粗纤维含量＞18%的饲料）；②青牧草、牧场植物以及新鲜的绿色饲用草料（如饲草）；③青贮饲料（如青贮玉米、青贮苜蓿及青贮饲草）；④能量饲料（如玉米、小麦、大麦和水稻）；⑤蛋白质饲料（如豆粕、肉骨粉、血粉、禽肉粉、鱼粉和代乳粉）。配制动物全价日粮时，饲料中可能还含有合成氨基酸、矿物质补充剂、维生素补充剂和其他添加剂（如抗生素、着色材料、香料、植物化学物质、激素和药物）。

表 1.1　动物所需的营养素

水和常量有机养分	维生素和矿物质
水	维生素
葡萄糖和果糖	水溶性维生素
蛋白质或氨基酸 [a]	硫胺素（维生素 B_1）
蛋白质来源的氨基酸	核黄素（维生素 B_2）
丙氨酸	尼克酸（烟酸和烟酰胺；维生素 B_3）
精氨酸	
天冬酰胺	泛酸（维生素 B_5）
天冬氨酸	吡哆醇、吡哆醛和吡哆胺（维生素 B_6）
半胱氨酸	
谷氨酸	钴胺素（维生素 B_{12}）
谷氨酰胺	生物素
甘氨酸	叶酸（蝶酰谷氨酸）
组氨酸	抗坏血酸（维生素 C）
异亮氨酸	胆碱
亮氨酸	肌醇
赖氨酸	脂溶性维生素
蛋氨酸	维生素 A
苯丙氨酸	维生素 D
脯氨酸	维生素 E
丝氨酸	维生素 K
苏氨酸	常量元素
色氨酸	钠
酪氨酸	钾

水和常量有机养分	维生素和矿物质
缬氨酸	氯
非蛋白质来源的氨基酸	钙
牛磺酸	磷
脂肪酸	镁
亚油酸（ω6,18:2）和花生四烯酸[b]	硫
α-亚麻酸（ω3,18:3），EPA[b]和DHA[b]	微量元素[c]
植物来源的纤维（有益于肠道健康）	可能必需的超痕量元素[d]

资料来源：改编自 Pond, W.G. D. C. Church, and K. P. Pond. 1995.*Basic AnimaL Nutrition and Feeding*, 4th ed. John Wiley & Sons, New York, NY; Rezaei, R., W.W. Wang, Z.L. Wu, Z.L. Dai, J.J. Wang, and G. Wu. 2013. *J. Anim. Sci. Biotechnol.* 4:7。

注：DHA，5,8,11,14,17,20-二十二碳六烯酸；EPA，5,8,11,14,17-二十碳五烯酸。

[a] 动物可能无法充分合成所有的氨基酸以满足最大生长和生产性能或最佳健康和福利的需要（Hou et al., 2016; Wu, 2013）。

[b] 日粮中添加少量的该物质对于最大的生长和生产性能或最佳的健康和福利是必需的。

[c] 包括铁（Fe^{2+}和Fe^{3+}）、锌（Zn^{2+}）、铜（Cu^+和Cu^{2+}）、钴（Co）、碘化物（I^-）、锰（Mn^{2+}）、硒（Se）、铬（Cr^{3+}）、钼（Mo）、硅（Si^{2+}和Si^{4+}）、氟化物（F）、钒（V）、硼（B）、镍（Ni）和锡（Sn）。

[d] 动物营养中可能必需的超痕量元素包括钡（Ba）、溴（Br）、铷（Rb）和锶（Sr）。

饲料原料是指可用于饲喂的任何物质。饲料中的某种原料是构成饲料的一个成分或组分。因此，饲料和饲料原料是可以互换的术语。饲料成分可以是谷物及其研磨副产物、动物副产物、维生素预混料、矿物质预混料、脂肪、油脂和其他营养来源的物质（McDonald et al., 2011）。日粮是向动物提供营养素的饲料原料的混合物。配给量是给动物的每日饲喂量或饲料量。一次膳食是指在常规情况下（如早上和晚上）每次喂食时由动物摄入的饲料。饲料原料的来源因动物种类不同而异。例如，反刍动物采食牧草，而野生鱼类可能采食浮游植物、浮游动物、微藻、大型藻类、水生植物、昆虫、甲壳类动物、软体动物、鱼类、鸟类和哺乳动物（Wilson and Castro, 2011）。

1.1.2 营养的定义

根据《韦氏词典》（*Merriam-Webster's Dictionary*）（Merriam-Webster, 2005），营养是指"提供或被提供营养的行为或过程；或者是动物吸收和利用食物过程的总和"。营养学也被定义为解释食物中营养成分及其他物质的相互作用能对动物的维持、生长、发育、繁殖和健康有影响的科学。因此，营养包括：①食物的摄取；②营养素的消化、吸收、同化、生物合成和分解代谢；③代谢物的排泄。这个定义意味着营养学是与生物学（包括生物化学、食品化学、免疫学、分子生物学、儿科学、药理学、生理学、公共卫生、生殖生物学和毒理学）有关的一个科学集群。因此，动物营养学基本上包括可用于研究家畜、家禽、鱼类和其他物种的养分作用利用和营养问题的所有生物科学。像医学一样，动物营养学是拥有许多科学家和专门人才的领域，因其特定的研究对象，它可以被认为是一个独特的学科，其目的是通过了解动物的新陈代谢和膳食营养的作用来提高动物的存活率以及改善动物的生长和健康（Dai et al., 2015; Ford et al., 2007; Hou et al., 2015; NRC, 2002; Pond et al., 1995）。

1.1.3 饲料的组成成分

　　所有动物依靠采食饲料以确保其生存、生长和繁殖。因此，了解饲料的基本成分，即干物质和水，就显得很重要（图 1.1）。干物质由有机物和无机物组成。有机物由碳水化合物、脂质、蛋白质、小肽、游离氨基酸、核酸、其他含氮物质（如尿素、氨、亚硝酸盐和硝酸盐）、有机酸和维生素组成。无机物（灰分）由矿物质组成，不能在高温炉内（400℃）燃烧分解。灰分包括常量矿物质和微量矿物质（表 1.1）。有些矿物质是非必需营养物质，甚至对动物有毒性，如砷（As）、镉（Cd）、汞（Hg）、铅（Pb）对动物和人类具有高度毒性（Pond et al., 1995）。一些饲料中的营养成分见表 1.2。日粮中营养成分的比较应以干物质为基准（Li et al., 2011）。

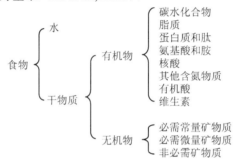

图 1.1　植物性和动物性食物的组成。食物由植物源和动物源的材料组成。植物和动物都含有有机物与无机物。然而，蛋白质、碳水化合物和脂质的类型在植物与动物之间有显著差异，而核苷酸和矿物质在两种类型的食物中是相同的。动物含有维生素 A、C、D、E 和 K，B 族维生素和胆钙化醇（维生素 D_3 的别名）。动物中维生素 C、E 和 B 族维生素的结构与植物中的相同。

表 1.2　饲料和猪的营养成分 [a]

饲料或猪	水分	粗蛋白质	粗脂肪	矿物质	碳水化合物
饲料营养成分（%，以喂时状态计算）					
血粉	6.74 ± 0.03	89.3 ± 0.14	1.43 ± 0.06	2.48 ± 0.07	0.05 ± 0.00
玉米	10.9 ± 0.05	9.20 ± 0.09	3.80 ± 0.12	1.40 ± 0.03	74.7 ± 1.3
鱼粉	7.95 ± 0.04	63.3 ± 0.33	9.70 ± 0.51	16.2 ± 1.2	2.85 ± 0.19
肉骨粉	4.53 ± 0.04	51.8 ± 0.28	9.24 ± 0.63	31.9 ± 1.5	2.53 ± 0.16
豆粕	11.0 ± 0.03	43.7 ± 0.12	1.24 ± 0.05	6.36 ± 0.11	37.7 ± 0.94
高粱	10.9 ± 0.03	9.98 ± 0.10	3.47 ± 0.18	1.65 ± 0.13	74.0 ± 1.6
猪的营养成分（%，以湿重计算）					
1 日龄猪（1.5 kg）[b]	82.1 ± 0.07	12.7 ± 0.39	1.38 ± 0.07	3.16 ± 0.07	0.66 ± 0.04
14 日龄猪（4.2 kg）[b]	69.6 ± 0.82	14.9 ± 0.57	12.0 ± 0.88	3.07 ± 0.06	0.43 ± 0.03
60 日龄猪（20 kg）[c]	68.2 ± 0.70	14.7 ± 0.51	13.7 ± 0.76	2.98 ± 0.05	0.40 ± 0.02
120 日龄猪（60 kg）[c]	66.1 ± 0.75	14.4 ± 0.64	16.3 ± 0.82	2.85 ± 0.06	0.35 ± 0.03
180 日龄猪（110 kg）[c]	49.7 ± 0.52	12.3 ± 0.79	35.0 ± 2.04	2.71 ± 0.08	0.29 ± 0.02

　　[a] 结果表示为均值±标准误，每组重复数为 6。按照 Wu 等（1999）的描述确定饲料和猪的营养成分。饲料中粗蛋白质含量的数据来自 Li 等（2011）。猪是 Yorkshire × Landrace 为母本和 Duroc × Hampshire 为父本的后代，21 日龄断奶喂食代乳料（Kim and Wu, 2004）。饲养 10 天后，猪摄取玉米-豆粕型日粮，其满足美国国家研究委员会（NRC）的营养标准（NRC, 2012）。按照 Li 等（2011）的描述对除猪的胃肠内容物外的机体进行化学分析。[b] 哺乳仔猪。[c] 阉公猪。

1.1.4 动物的组成成分

　　像饲料一样，动物体也由水、含氮化合物（如蛋白质、肽、氨基酸及其含氮代谢物）、脂质、碳水化合物（如糖原、葡萄糖和果糖）、水溶性和脂溶性维生素、常量和微量矿物质组成（McDonald et al., 2011）。维生素在体内的含量很少，但对新陈代谢和生命活动来说至关重要。饲料和动物体中的蛋白质、脂质和碳水化合物在组成及化学性质上有着明显差异。动物含有维生素 A、C、D、E、K 和 B 族维生素及胆钙化醇（Bondi, 1987）。动物中维生素 C、E 和 B 族维生素的结构与植物中的相同（NRC, 2012）。同样的，饲料和动物中核苷酸和矿物质的化学成分相同。表 1.2 给出了以新鲜胴体为基础的猪的化学成分。动物体内的脂肪百分比随着年龄的增长而增加，但体内含水量则减少（Hu et al., 2015）。这是因为脂肪是疏水性的，它们的沉积降低了机体贮存水的能力。值得注意的是，动物体内的蛋白质百分比从出生到幼龄逐渐增加，之后逐渐减少（Pond et al., 1995）。关于动物体组成随年龄变化的知识有助于营养学家设计营养均衡的日粮，最大限度地提高饲料蛋白转化为动物蛋白并减少体内脂肪的积累。

1.1.5 饲料的概略养分分析或韦恩德分析

　　用于测定饲料和动物营养成分的经典方法被称为概略养分分析或者韦恩德（Weende）分析，1865 年由德国韦恩德实验站的亨内贝格（Henneberg）和斯托曼（Stohmann）设计。该方案如图 1.2 所示。概略养分分析的方法很容易提供以下信息：①粗蛋白质的含量，其通过总氮的凯氏定氮分析（粗蛋白质% = 6.25 × N%；Yin et al., 2002）来计算；②碳水化合物的含量；③无氮浸出物的含量，无氮浸出物是一个不恰当的名称，

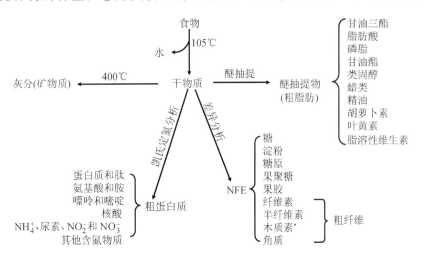

图 1.2　饲料和动物组织中养分的概略养分分析。该方法提供饲料和动物组织中水和干物质［包括粗蛋白质（CP）、粗脂肪（醚浸提物）、粗纤维和其他碳水化合物］组成的有用信息。角质是由长链羟基酸（如 C_{16}- 和 C_{18}- 碳链）的水不溶性聚酯聚合物及其衍生物组成的植物细胞壁材料。CP % = 6.25×N%。无氮浸出物（NFE）主要由碳水化合物组成；它是通过差值计算的，实际上并不是从食物中提取出来的。*木质素是一类交联的复合酚醛聚合物，在植物细胞壁中形成重要的结构材料。

实际上，无氮浸出物是通过原始样品重量与水、粗脂肪、粗蛋白质、粗纤维和灰分的总和之间的差值来衡量的，而不是通过直接分析；④挥发性化合物［如短链脂肪酸（即乙酸、丙酸和丁酸）和精油（如薄荷醇和樟脑）］，其在 100–105℃条件下 12–24 h 内测定干物质时会挥发（Pond et al., 1995）。

在概略养分分析中，粗蛋白质包括蛋白质和其他含氮物质，包括肽、氨基酸、胺、多胺、肉碱、肌酸、嘌呤和嘧啶核苷酸、核酸、氨、尿素、亚硝酸盐和硝酸盐（Wu, 2013）。粗脂肪包括甘油三酯、脂肪酸、磷脂、类固醇、蜡类、胡萝卜素和叶黄素。粗纤维包括纤维素、半纤维素（部分）、木质素（部分）和角质。无氮浸出物由糖、淀粉、糖原、果聚糖、果胶、纤维素、半纤维素（部分）和木质素（部分）组成（Pond et al., 1995）。

1.1.6 饲料和动物成分分析的改进方法

饲料的概略养分分析被指出不能准确测定蛋白质、脂质、灰分和碳水化合物的含量。食物和动物蛋白中的氨基酸可以在经过酸、碱和酶水解后通过高效液相色谱法进行测定（Dai et al., 2014）。原子吸收分光光度法被广泛用于各种矿物质的分析。此外，20 世纪60 年代由美国农业部实验室的 Peter Van Soest 和同事开发了测定植物纤维素的方法（Van Soest and Wine, 1967）。该方法通过用沸腾的中性洗涤剂溶液［3%十二烷基硫酸钠、1.86%乙二胺四乙酸二钠（EDTA）和 0.68%四硼酸钠；pH = 7.0］萃取测试材料，将植物中的营养物质分解成细胞壁和细胞内容物。细胞内容物可溶于中性洗涤剂，而细胞壁成分不溶于中性洗涤剂，称为中性洗涤纤维（表 1.3）。中性洗涤纤维主要由木质素、纤维

表 1.3 用 Van Soest 的方法将饲料组分分类

分馏	组成	营养可用性	
		反刍动物	非反刍动物
细胞内容物（溶于中性洗涤剂）[b]	糖、可溶性碳水化合物、淀粉	完全	完全
	果胶	完全	高 [a]
	非蛋白氮	高	高
	蛋白质	高	高
	脂质	高	高
	其他可溶物（如氨基酸）	高	高
细胞壁			
易溶于酸性洗涤剂	半纤维素 [c]	部分	低
	纤维结合蛋白	部分	低
不溶于酸性洗涤剂 [d]	纤维素	部分	低
	木质素	部分	难消化
	热损伤蛋白	难消化	难消化
	二氧化硅	不可用	不可用

资料来源：改编自 Van Soest, P.J. 1967. *J. Anim. Sci.* 26:119–128。

[a] 在大肠中高度发酵，为结肠细胞提供短链脂肪酸。

[b] 可溶于中性洗涤剂溶液的成分在动物中很容易被消化。不溶于中性洗涤剂溶液的物质称为中性洗涤纤维，包括半纤维素、纤维素和木质素。中性洗涤纤维在非反刍动物中是难消化的，而半纤维素和纤维素在反刍动物中可以部分被消化。

[c] 半纤维素是一种不溶于中性洗涤剂的细胞壁成分。

[d] 酸性洗涤纤维是在酸性洗涤剂溶液中煮沸植物来源样品后的残留物（如植物细胞壁材料）。

素和半纤维素组成。此方法常用于反刍动物和马饲料中植物纤维的测量（Van Soest, 1967）。用可溶解半纤维素和纤维结合蛋白的酸性洗涤剂可对中性洗涤纤维进一步萃取分离。酸性洗涤纤维是 0.5 mol/L 硫酸和十六烷基三甲基溴化铵回流后得到的残留物，包括纤维素、木质素、酸性和热损伤蛋白及二氧化硅（Van Soest and Wine, 1967）。半纤维素是酸溶性多糖，因此，中性洗涤纤维由酸性洗涤纤维和半纤维素组成。酸性洗涤纤维是牧草或其他粗饲料中消化率最低的纤维部分。通过液相色谱-质谱法，我们还可以分析复杂碳水化合物的精确组成。

1.1.7 生物化学作为营养学的化学基础

生物化学是研究生物体（包括微生物、动物和植物）化学的科学（Devlin, 2011）。因此，这个动态多样的领域也是营养学的基础。生物化学家在分子、细胞、器官和系统水平研究蛋白质、氨基酸、碳水化合物、脂质、维生素和核酸的合成与降解作用以及矿物质的代谢与功能。生物化学家已经在酶如何催化反应以及分子如何相互作用研究方面取得了重大进展，这些专业人员还在阐明动物和人类疾病的机制上扮演着重要角色，如先天性代谢紊乱（如由于缺乏尿素循环酶和镰状细胞贫血引起的氨毒性）、糖尿病、癌症、心血管疾病、获得性免疫缺陷综合征，以及由营养素（如氨基酸、脂肪酸、矿物质或维生素）缺乏或过量而导致的营养性疾病。

营养学与生物化学有明显的重叠。这两个学科是相互依存、密切相关的。生物化学是研究动物和人体营养物质利用的基础，而营养学研究经常可以为生物化学研究提供令人兴奋的观察数据。例如，1937 年发现的 Krebs（克雷布斯）循环是基于营养问题，即摄入的食物或膳食蛋白质、碳水化合物和脂肪中的化学能是如何转化为动物的生物能。此外，通过营养学观察发现了肝脏尿素循环，当人体的蛋白质摄入量增加时，尿液中尿素的排泄量升高。营养学和生物化学的研究通常是无法区分的，因为两者都旨在了解有机和无机分子如何相互作用以支持动物的代谢。本质上，生物化学帮助我们了解动物如何将饲料中的干物质和能量转化为各项生理功能所需的分子。

1.1.8 生理学作为营养学的基础

"生理学"（physiology）一词来源于希腊语 *phusiologia*，意思是"自然哲学"。它研究生物体如何通过单个细胞、组织、器官和系统之间的活动来发挥其重要功能（Guyton and Hall, 2000）。生理学家研究体内的物理和化学过程，包括：①胃肠道的感觉、运动和功能；②血液和淋巴循环；③无机和有机分子的组织间转运；④呼吸；⑤中枢和外周神经系统；⑥骨骼肌和平滑肌的激发与收缩；⑦雌性和雄性的生育能力；⑧激素分泌；⑨代谢物的排泄。因此，生理学知识有助于我们了解摄取的食物如何被动物消化、吸收和同化，以维持机体内稳态平衡（维持内部环境的静态或恒定状态），并改善动物生长、发育、繁殖、机体活动和健康。

生理学研究部分基于营养学的观察。例如，1988 年由 L-精氨酸合成一氧化氮（主要的血管扩张剂和血流动力学调节剂）的发现是基于营养学家观察到被脂多糖攻毒的大鼠尿液中硝酸盐的含量显著增加。此外，维生素 K 依赖性凝血机制的发现也是基于营养学方面的发现：①在牛采食含有双羟香豆素（2,3-环氧化物还原酶的抑制剂）的变质甜三叶草后，或者给大鼠饲喂能影响肠道维生素 K 吸收的脂质缺乏的日粮后会发生出血性疾病；②大鼠出血症状可以用含有甲基萘醌（维生素 K_2）的鱼粉治疗。营养学和生理学之间的相互融合催生了一个新的研究领域，即营养生理学，其主要研究营养物质如何影响机体的生理过程，反之亦然。

1.2 系统生理学在营养物质利用过程中的整合作用

1.2.1 动物细胞的结构

1.2.1.1 细胞、组织、器官和机体系统的定义

英文中"cell"一词来自拉丁语"*cella*"，意思是"一个小房间"。细胞是动物、植物和微生物的基本单位（Cooper and Hausman, 2016）。本章重点介绍动物细胞。每种类型的细胞（如肠细胞、肝细胞、肌细胞和红细胞）都执行一个或多个特定功能。许多不同但相似的特定细胞通过细胞间的支持结构聚集在一起而形成组织（如结缔组织、白色脂肪组织和棕色脂肪组织）。一组组织以结构单元连接从而形成具有特定功能的器官（如小肠、肝脏和骨骼肌）。而许多不同的器官协同工作则形成一个执行共同功能的系统（如消化系统、肌肉骨骼系统和生殖系统），例如，通过消化系统分解食物为机体提供营养，通过协调肌肉骨骼系统来完成肌肉运动，以及通过雌性生殖系统能够产生卵和后代（Baracos, 2006; Dyce et al., 1996; Lu, 2014）。

1.2.1.2 动物细胞的组成和功能

大多数动物细胞含有质膜、细胞质和细胞核（图 1.3）。细胞质通过核膜与细胞核分离。质膜（也称为细胞膜）将细胞内成分与外环境隔离（Guyton and Hall, 2000）。组成细胞的不同物质统称为原生质，包括水、蛋白质、脂质、碳水化合物、矿物质和维生素。营养物质合成和降解过程中的大部分生化反应发生在细胞内（Brosnan, 2005）。此外，将细胞外的营养物质运送到细胞内是动物利用营养物质的第一步。因此，了解细胞的组成和功能十分重要。虽然体内不同的细胞在许多方面有差异（如形状、形态、蛋白质表达、代谢物、解剖学位置和功能），但是它们都具有共同的基本特征。除哺乳动物的红细胞外，动物体的所有细胞都被内膜区域化，细胞内的区室化是动物代谢的重要特征（Watford, 1991）。

细胞膜具有磷脂双分子层结构且嵌有蛋白质和胆固醇（Devlin, 2011）。细胞膜的流动性使得它所包含的整合蛋白能够沿着双分子层的平面横向移动。细胞膜的选择性渗透允许细胞能够控制和维持其稳定的内部环境。细胞质（浓稠的果冻样溶液）由细胞溶质（液体部分）、细胞器、细胞骨架以及各种其他微粒组成。细胞器是由脂质双分子层包围的亚细胞实体，其结构类似于质膜。细胞器包括线粒体、粗面内质网、中心粒、滑面内质网、核糖体、高尔基体、溶酶体和过氧化物酶体（Cooper and Hausman, 2016）。细胞

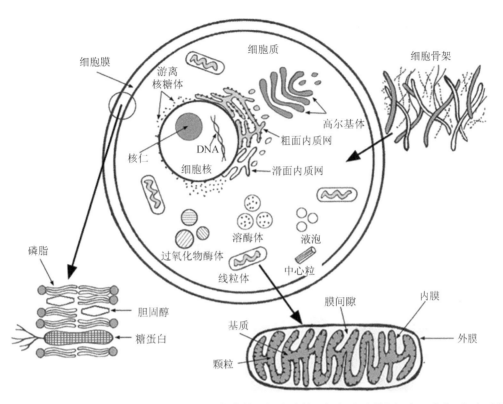

图 1.3 动物细胞的结构。动物细胞（哺乳动物中的红细胞除外）包含以下所有组分：质膜、细胞质和细胞器。细胞器包括线粒体、细胞核、内质网（ER，光滑和粗糙）、中心粒、核糖体、高尔基体、溶酶体、过氧化物酶体、液泡和细胞骨架元素。请注意，哺乳动物的红细胞不含线粒体或其他细胞器。禽类的红细胞具有细胞核和少量的线粒体。此图还显示了由磷脂、胆固醇和糖蛋白形成的脂质-双层细胞膜，以及线粒体组分的组织。球柄状颗粒含有 ATP 合成酶的 F_0 和 F_1 结构域。

核是有核细胞中最大的细胞器。值得注意的是，哺乳动物成熟的红细胞不含 DNA、细胞核、线粒体和其他细胞器（Barminko et al., 2016）。相比之下，禽类红细胞含有细胞核和少量的线粒体（Campbell, 1995），而某些鱼类［如虹鳟鱼（Ferguson and Boutilier, 1989）和斑马鱼（Laale, 1977）］的红细胞则含有细胞核和代谢活跃的线粒体。值得注意的是，微粒体并不是细胞器，而是当细胞在匀浆处理被破坏时，由内质网形成的粒子。图 1.4 概述了通过离心法分离细胞的方案。细胞的组分和细胞器的生物学功能总结在表 1.4 中。

作为细胞的动力室，线粒体由简单的外膜（脂质双分子层结构）、更复杂的内膜（也是脂质双分子层结构）、膜间隙（这两个膜之间的空间）和基质（线粒体内膜内的空间）组成（Cooper and Hausman, 2016）。线粒体内膜被折叠成褶皱或脊以增加其表面积。线粒体外膜由 30%–40% 的脂质和 60%–70% 的蛋白质组成，包括高浓度的整合蛋白，后者被称为孔蛋白（也称为电压依赖性阴离子通道蛋白）（Devlin, 2011）。每个孔蛋白由一个跨膜 α 螺旋和 13 个跨膜 β 链组成，可以让分子量小于 5 kDa 的非电解质通过（Lemasters and Holmuhamedov, 2006）。线粒体外膜允许线粒体能量代谢的底物（如 ADP、琥珀酸盐和磷酸盐）或产物（如 ATP 和 GTP）通过，并且有助于将蛋白质和核酸（RNA 和 DNA）从细胞质引入线粒体内（Weber-Lotfi et al., 2015）。

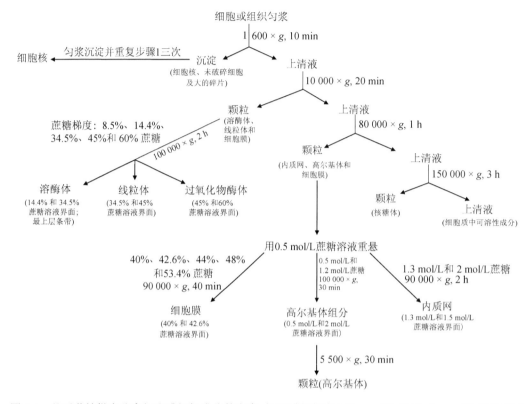

图 1.4　基于蔗糖梯度分离细胞或组织成分的方案。细胞或组织在 250 mmol/L 蔗糖、5 mmol/L 咪唑-HCl（pH7.4）、1 mmol/L EDTA-Na$_2$ 和蛋白酶抑制剂中匀浆。匀浆并以 $600 \times g$ 离心分离细胞核（沉淀）与其他细胞成分（上清液）。后者以 10 000$\times g$ 进行高速离心，得到沉淀（线粒体、溶酶体和过氧化物酶体）和上清液（细胞质部分、细胞膜和内质网）。这两部分在蔗糖梯度上进行超高速离心，产生细胞质、过氧化物酶体、线粒体、溶质、高尔基体和内质网。（改编自：Cooper, G.M. and R.E. Hausman. 2016. *The Cell: A Molecular Approach*. Sinauer Associates, Sunderland, MA; De Duve, C. 1971. *J. Cell Biol.* 50:20D-55D; Croze, E.M. and D.J. Morré. 1984. *J. Cell Physiol.* 119:46-57.）

表 1.4　细胞膜、细胞质和细胞器的主要功能

细胞器或分区	标记	主要功能
质膜	Na$^+$/K$^+$ ATP 酶 5'-核苷酸酶	将细胞内部与外部环境分离；控制物质进出细胞；细胞间黏附和信息交流；为激素、特定氨基酸及某些分子提供受体；细胞信号转导；内吞作用；胞吐作用；被动渗透和扩散
细胞液	乳酸脱氢酶	控制细胞体积、形状和 pH（pH 7.0）；细胞器悬浮液；细胞组分的储存；细胞内运输物质；糖酵解、脂肪酸和葡萄糖合成酶及戊糖循环；一些氨基酸代谢的酶
细胞核 [a]	DNA	DNA 合成和储存的位点；染色体位点；DNA 指导 RNA 合成的位点（在核仁中）；控制蛋白质合成和细胞生长
线粒体	细胞色素氧化酶	细胞呼吸；通过氧化磷酸化产生 ATP；产热；三羧酸循环的酶，以及氧化脂肪酸、葡萄糖和一些氨基酸为二氧化碳和水的酶；调节细胞凋亡、应激反应和细胞生长
粗面内质网	核糖体 RNA	在细胞中合成分泌蛋白和膜蛋白的位点；蛋白质分选、加工（如折叠和糖基化）及运输

细胞器或分区	标记	主要功能
滑面内质网	胞苷酰转移酶 葡萄糖-6-磷酸酶	蛋白质分选、加工和运输；通过细胞色素 P450 氧化外源性化学物质；合成多种脂质（包括胆固醇和类固醇）和葡萄糖
核糖体	RNA 含量高	内源性细胞蛋白的合成位点
高尔基体	半乳糖基转移酶	修饰（如糖基化）、分选和包装蛋白用于分泌；进行硫酸化反应；脂质运输；产生溶酶体
溶酶体	酸水解酶	许多水解酶的位点（最适 pH = 4–5）；通过蛋白酶和自噬蛋白降解
过氧化物酶体	过氧化氢酶 尿酸氧化酶	过氧化氢的产生和降解；通过 β-氧化引发长链脂肪酸的降解；合成 D-氨基酸氧化酶
骨架	相关蛋白质	合成微管、微量纤维和中间纤维 [b]
中心体	Ninein 蛋白	与染色体相互作用，在有丝分裂中建立有丝分裂纺锤体；促进细胞分裂

资料来源：Cooper, G.M. and R.E. Hausman. 2016. *The Cell: A Molecular Approach*. Sinauer Associates, Sunderland, MA; Devlin, T.M. 2011. *Textbook of Biochemistry with Clinical Correlations*. John Wiley & Sons, New York, NY。

[a] 含有核膜、核仁和染色质。

[b] 由无定形蛋白质包围的两个中心粒（由 9 个微管组成的自复制细胞器）组成。

线粒体内膜含有 80%的蛋白质和 20%的脂质，包括不饱和脂肪酸和心磷脂（双磷脂酰甘油）（PaLmieri and Monné, 2016）。该膜可以限制代谢底物和中间产物从细胞质扩散到线粒体基质，反之亦然。特定物质（如丙酮酸 ↔ OH⁻、磷酸 ↔ L-苹果酸、L-苹果酸 ↔ 柠檬酸、L-苹果酸 ↔ α-酮戊二酸、ADP ↔ ATP、谷氨酸 ↔ 天冬氨酸、甘油-3-磷酸 ↔ 二羟丙酮磷酸、磷酸盐和 H⁺）从任意一侧通过线粒体内膜转运都需要特定的转运载体（Devlin, 2011）。线粒体基质包含脂肪酸 β-氧化、三羧酸循环、某些氨基酸代谢反应、部分尿素循环，以及线粒体内蛋白质合成的一系列酶。同时，线粒体对于细胞合成类固醇激素也是必不可少的，这些激素能够影响动物内分泌和代谢的许多方面（Stocco, 2000）。

1.2.1.3 生物膜的物质转运

物质在生物膜中的运输主要通过简单扩散（被动扩散）、易化扩散（被动运输）或主动运输（图 1.5）。营养物质跨膜的运输方式取决于其化学特性和浓度（Cooper and Hausman, 2016），其运输速率随着细胞外可以流入细胞内的物质浓度的增加或该物质从细胞内向细胞外流出量的增加而增加。被动运输和主动运输过程都需要跨膜蛋白的协助。

（1）简单扩散

简单扩散是指分子遵循从高浓度到低浓度梯度的跨膜转运，以进出细胞或细胞器（Friedman, 2008）。例如，在动物中，许多小的不带电荷的分子（如 O_2、CO_2、CO、NO、N_2、H_2S、甘油和乙醇）可以通过简单扩散的方式自由地通过细胞膜（Cooper and Hausman, 2016）。另一个简单扩散的例子就是渗透，是指水从半透膜（如动物细胞膜）的低

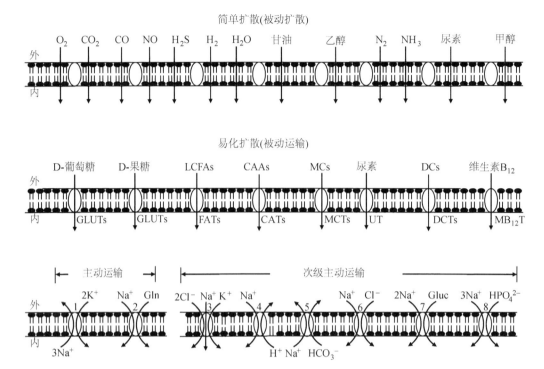

图 1.5　物质跨过生物膜的运输。气体、营养素及其代谢物经简单扩散或载体介导的转运蛋白进行跨膜（细胞膜或细胞器膜）转运。请注意，动物细胞通过简单扩散的甘油转运速率非常低，但通过易化载体（如水通道蛋白 3、7 和 9）被动转运的速率相对较高。CAAs，阳离子氨基酸；CATs，阳离子氨基酸转运蛋白；DCs，二羧酸酯；DCTs，二羧酸转运蛋白；FATs，脂肪酸转运蛋白；GLUTs，葡萄糖易化转运蛋白；LCFAs，长链脂肪酸；$MB_{12}T$，膜结合维生素 B_{12} 转运蛋白；MCs，单羧酸盐；MCTs，单羧酸转运蛋白；UT，尿素转运蛋白。主动运输或次级主动运输由以下数字表示：1. Na^+-K^+泵；2. 谷氨酰胺（Gln）转运蛋白；3. Na^+-K^+-Cl^-协同转运蛋白；4. Na^+/H^+交换剂；5. Na^+-碳酸氢盐协同转运蛋白；6. Na^+-Cl^-协同转运蛋白；7. SGLT1（钠-葡萄糖协同转运蛋白 1）；8. Na^+-磷酸协同转运蛋白。

渗透压（osmoL/L 溶液或 osmoL/L 水）一端透过半透膜向更高渗透压转运的过程（Reece，1993），这使得膜两侧的溶质浓度趋向于平衡。细胞外过多的水渗透入细胞（如红细胞）可能会溶解细胞。

（2）载体介导的运输

大的极性分子（如维生素 B_{12}、葡萄糖和氨基酸）和离子（如 H^+、Na^+ 和 Cl^-）不能通过简单扩散穿过脂质双分子层膜（如质膜和线粒体膜），而是通过特定跨膜蛋白，这种跨膜蛋白被称为转运蛋白、通道蛋白或蛋白质孔（Friedman，2008）。基于是否需要 ATP 或膜电势，载体介导运输分为易化扩散、主动运输或次级（耦合）主动运输（Cooper and Hausman，2016）。

（3）易化扩散

易化扩散是指不需要能量，但通过转运蛋白（载体蛋白）介导，顺着浓度或电势梯度的跨膜运动。易化扩散的实例是长链脂肪酸、碱性氨基酸（如精氨酸和赖氨酸）、小肽（二肽和三肽）、单羧酸（如丙酮酸和乳酸）和二羧酸（如 α-酮戊二酸和琥珀酸）从肠腔进入肠上皮细胞。这些物质的运输分别需要脂肪酸转运蛋白、阳离子氨基酸的转运蛋白、H^+驱动的肽转运蛋白 1（PepT1）、单羧酸转运蛋白和二羧酸转运蛋白（Beitz, 1993; Friedman, 2008）。其他易化扩散的例子是水通道蛋白介导的水和甘油快速地通过细胞膜，以及葡萄糖通过葡萄糖转运蛋白-4 在哺乳动物骨骼肌中的转运。例如，水通道蛋白 7 从脂肪细胞中转运出甘油，以及水通道蛋白 9 能使肝细胞从外部摄取甘油（Lebeck, 2014）。值得注意的是，当离子通道打开时，大量离子将通过离子转运蛋白通道（也称为离子通道）沿其电化学梯度进行被动传输。

（4）主动运输

主动运输是指物质依赖能量和载体蛋白的介导，能够逆着浓度或电化学梯度通过生物膜的转运。主动运输的实例如骨骼肌（10–20 mmol/L）通过转运蛋白 N（Xue et al., 2010）从血浆（0.5–1 mmol/L）中摄入谷氨酰胺。主动运输所需的能量几乎完全由 ATP 水解提供。

次级主动运输是主动运输的一种形式，当物质穿过生物膜会伴随着离子（通常为 Na^+ 或 H^+）电位降低（Friedman, 2008）。次级主动运输需要载体蛋白，通常称为离子耦合转运。基于离子耦合溶质的运动方向，次级主动运输的转运载体当被用于溶质与离子的同向转运时称为同向转运蛋白（协同转运蛋白），当被用于溶质与离子的反向转运时称为反向运输载体（交换剂或反向转运蛋白）。次级主动运输的一个实例是通过肠上皮细胞顶端膜（刷状边界膜）的钠-葡萄糖协同转运蛋白-1（SGLT1；一种同向转运蛋白）将肠腔中的葡萄糖输送到肠上皮细胞（Boron, 2004）。SGLT1 与肠腔中的 Na^+ 和葡萄糖偶联，顺着 Na^+ 浓度梯度，协同吸收葡萄糖。相反，Na^+/H^+ 交换器是一种反向转运体，在调节细胞内 pH 和 Na^+ 动态平衡中起重要作用。次级主动运输不直接消耗能量（ATP、GTP 或 UTP）（Cooper and Hausman, 2016）。

1.3　动物系统的概述

动物由 9 个系统（神经、消化、循环、肌肉骨骼、呼吸、泌尿、生殖、内分泌和免疫系统）和 5 个感觉器官组成（Dyce et al., 1996）。动物对日粮营养素的利用由机体中所有器官来协作完成。例如，神经系统控制动物的摄食和行为；消化系统消化和吸收进入肠内的膳食营养物质；循环系统将胃肠道吸收的营养物质运送进体循环；呼吸系统负责供氧，从而将脂肪酸、葡萄糖和氨基酸氧化成二氧化碳和水；内分泌系统调节生理和病理条件下的营养代谢；免疫系统保护动物免受感染，保证机体的健康状态；泌尿系统排出体内的代谢废物；肌肉骨骼系统提供生物体的结构、支撑和运动（如行走、咀嚼、吞咽和呼吸），并且骨骼肌的生长是动物生长的主要部分（Davis et al., 2002; Field et al., 2002; Scanes, 2009）；生殖系统确保动物物种的不断繁衍（Guyton and Hall, 2000）。因此，营养学家应该了解动物中所有解剖系统的复杂性及其相互作用。图 1.6 概述了动物通过消化、吸收、淋巴管和血液循环的运输、代谢和排泄来完成对食物的利用。

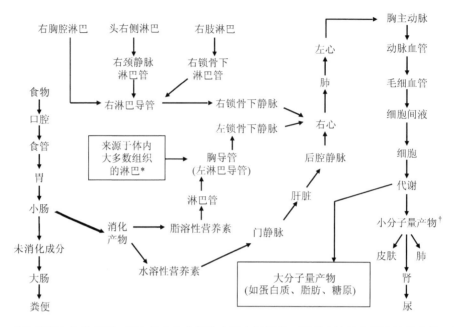

图 1.6 动物利用食物的概况。摄入的食物在胃和小肠中被消化，形成水溶性和脂溶性的产物。水溶性产物进入门静脉，然后进入肝。未被肝分解代谢的物质被运送到心脏的右心房。相反，脂溶性消化产物进入淋巴管、左锁骨下静脉，然后进入心脏的右心房。淋巴系统还为细胞间质空间中的液体和大分子量物质（如蛋白质、脂蛋白和大的特定物质）返回血液提供了途径。通过微循环，营养物质被转运到细胞进行新陈代谢。代谢产物或者沉积在体内，或者通过皮肤、肺和肾排泄。未消化的食物在大肠中发酵，其代谢产物通过粪便排泄。*包括胸部的一部分、身体的下部，以及头部和左臂的左侧。†包括水、CO_2、NH_3、NH_4^+、尿素、硝酸盐和硫酸盐。

1.3.1 神经系统

神经系统包括中枢神经系统和外周神经系统（图 1.7），是控制机体自主和非自主行为的指挥官。神经元（也称为神经元细胞）是神经系统的基本单元。复杂神经网络包括神经元、神经递质和神经胶质细胞（意为希腊语中的"黏物质"）。胶质细胞（非神经元细胞）支持和滋养神经元，产生髓磷脂，参与神经系统的信号转导（Brodal, 2004）。

1.3.1.1 神经元

神经元具有动物细胞的所有组成成分。除此之外，神经元具有一个细胞体、多个树突（来自细胞主体细长的分支结构）和一个轴突（也称为神经纤维）。神经元的类型包括：①感觉器官中的感觉神经元；②运动神经元，是来自脊髓的传出神经元并与骨骼肌一起形成突触，用来控制肌肉收缩；③中间神经元，存在于中枢神经系统中，用于联系其他神经元（Sporns et al., 2004）。

作为电兴奋的细胞，神经元通过离子泵控制离子通量（如钠、钾、氯化物和钙）以维持正常的跨膜电势。电化学脉冲沿着神经元的轴突传递到突触（两个神经元之间的连接处），然后到达另一个神经细胞的突触，或肌肉和腺体细胞的受体位点（Kaeser and Regehr, 2014）。在电信号刺激下，传递神经元的突触将化学神经递质释放到突触间隙

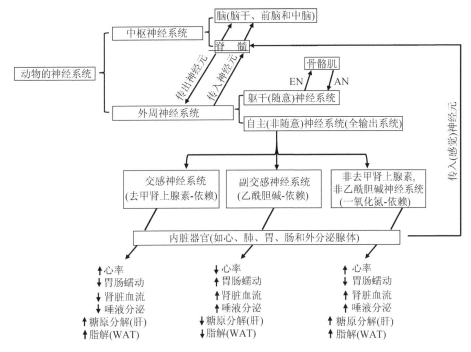

图 1.7　动物神经系统。神经系统是由中枢神经系统（大脑和脊髓）和外周神经系统组成的。大脑处理并解读来自脊髓的感觉信息。传入神经元将外周神经系统的冲动传导到脊髓，而传出神经元则将脊髓的冲动传递给外周神经系统。AN，传入神经元；EN，传出神经元；WAT，白色脂肪组织；↑，增加；↓，降低。

（两个神经元之间的细胞外空间）。这些神经递质（如乙酰胆碱）在受体细胞的突触后膜上结合其受体（如乙酰胆碱受体，一种配体门控钠通道），向下一个细胞传递动作电位。不同的神经递质在不同的组织中可通过被摄取或被破坏来灭活（Brodal，2004）。因此，神经元通过电子和化学信号处理及传输信息，并将这些信息传递到突触或其他靶细胞（如肌肉和腺体细胞）的受体位点。神经元相互连接形成复杂而完整的神经网络。

1.3.1.2　神经递质

神经递质是神经元突触释放的信号。这些分子从突触前侧神经元释放到突触间隙中，然后结合突触后侧神经元的细胞膜上的特异性受体（Brodal，2004）。一些氨基酸是神经递质，如 L-谷氨酸、L-天冬氨酸、甘氨酸、D-丝氨酸和 γ-氨基丁酸（GABA）。大多数其他神经递质既是氨基酸的代谢产物，也是由氨基酸形成的多肽，其中包括：①气体递质（一氧化氮、一氧化碳和硫化氢）；②单胺（多巴胺、去甲肾上腺素、肾上腺素、组胺、丁胺、褪黑素和 5-羟色胺）；③多肽［P 物质、可卡因、阿片样肽、N-乙酰天冬氨酰谷氨酸、胃泌素、胆囊收缩素（CCK）、催产素、加压素、YY 肽和神经肽 Y］；④乙酰胆碱（Kaeser and Regehr，2014）。

1.3.1.3　中枢神经系统

中枢神经系统由脑和脊髓组成。脑是神经网络的指挥官，有三个主要组成部分：脑干、前脑（含丘脑、下丘脑和大脑）和中脑（Brodal, 2004）。脊髓是管状结构，包含一束神经和脑脊液，能够保护和滋养脊髓。大脑处理和解读从脊髓传播来的感觉信息，后者通过神经元与外周组织连接。传入神经元将外周神经系统产生的冲动向脊髓传导，而传出神经元将脊髓的冲动携带到外周神经系统（Sporn et al., 2004）。脑和脊髓都由被称为脑膜的三层结缔组织来保护。中枢神经系统负责处理从身体各个部位收集的信息。

1.3.1.4 外周神经系统

外周神经系统由除大脑和脊髓外的所有神经结构组成，分为躯体神经系统和自主神经系统。躯体神经系统（也称为随意神经系统）支配骨骼肌。自主神经系统（也称为非随意神经系统）支配内脏器官（如心脏、肺、胃、肠和外分泌腺），并且在很大程度上无意识地起作用（Brodal, 2004）。值得注意的是，自主神经系统需要一个有顺序的双神经元传出途径，因为节前神经元突触要连接节后神经元才能支配靶器官。总体而言，外周神经系统提供了可以从外部环境和内部组织到中枢神经系统，以及从中枢神经系统到身体中适当的效应器官（如骨骼肌、平滑肌、小肠和腺体）的通信手段。

基于神经递质的类型，自主神经系统可分为：①依赖去甲肾上腺素的交感神经系统（"战或逃"）；②乙酰胆碱依赖性副交感神经系统（"休息和消化"）；③一氧化氮（NO）依赖性、非去甲肾上腺素和非乙酰胆碱神经系统（McCorry, 2007）。对于某些可以由交感神经和副交感神经系统支配的组织（如小肠、心脏、肾小管或脉管系统），这两种神经通常具有相反的和互补的作用。例如，交感神经系统的作用包括：①增加心肌细胞的心率和收缩力；②松弛储存尿液的膀胱壁；③减少肾血流量（和肾小球滤过率）；④抑制唾液腺分泌；⑤降低胃肠道的蠕动；⑥促进肝糖原分解和脂肪组织中脂肪的降解（McCorry, 2007）。相反，副交感神经系统的作用包括：①降低心率和心肌细胞的收缩力；②收缩膀胱壁进行排尿；③增加肾血流量（和肾小球滤过率）；④刺激唾液腺分泌；⑤增加胃肠道的蠕动；⑥抑制肝糖原分解和脂肪组织中脂肪的分解（Brodal, 2004）。

1.3.2 心血管系统

1.3.2.1 血液循环

（1）血液

血液是一个组织。根据种类、年龄和生理情况，血液占身体体重的 6%–8%（Fox et al., 2002）。血液由细胞和细胞间物质组成。但是，不像其他的组织，血液中细胞间的物质是一种称为血浆的物质，并且细胞可在血管系统内移动。一些血细胞如白细胞等，可以通过血管壁的迁移来抵御感染。血清是去纤维蛋白后的血浆（即没有纤维蛋白和细胞成分）。通常，血液的 pH 是 7.4（Guyton et al., 1972）。血液、血浆和血清经常被用于生理成分的分析（如氨基酸、尿素、脂质、葡萄糖和激素）。血浆是通过在新鲜血液样品中加入抗凝物质（如肝素或 EDTA）以防止凝血，再离心去除细胞得到的。相比之下，血清是在新鲜的血液样本（无抗凝剂）凝结后再离心收集得到的。根据种类、年龄和生理状态不同，1 mL 的血液里含有 0.70–0.75 mL 血浆或 0.58–0.62 mL 血清。例如，20 kg 猪有 1.4 L 血，而 1 mL 的血液里含有 0.735 mL 血浆和 0.616 mL 血清。

（2）心脏和血管

循环系统包括心脏及动脉和静脉血管系统，以维持血液循环（Guyton et al., 1972）。哺乳动物和鸟类的心脏有 4 个房室（左右上方是心房，左右下方是心室），鱼类有两个腔室（心房和心室），两栖动物和大多数爬行动物有三个房室（两个心房和一个心室）（Dyce et al., 1996）。除了肺动脉及脐动脉（见下文），动脉为组织提供氧合血，而静脉携带低氧血（此处指静脉血）远离组织。下肢主要静脉中的血液部分取决于腿部骨骼肌肉的收缩。大多数静脉上有静脉瓣，以防止静脉血回流，并确保其返回到心脏。

（3）动物出生后的血流方向

了解血液循环对于了解食物营养的利用，设计生理学上合理的实验及解释实验数据至关重要。出生后的哺乳动物和鸟类通常的循环流程如图 1.8 所示。在这些物种中，身体中静脉缺氧血液进入右心房，然后流入心脏的右心室，最后被泵出，经肺动脉进入肺，进行气体交换。此后，含氧血液流经肺静脉进入左心房，然后流入心脏左心室，最后通过小动脉泵入胸主动脉，经其分支到达身体的其他部位（Dyce et al., 1996）。在鱼类中，身体的静脉低氧血通过静脉窦进入心房，流入心室，然后泵入动脉入鳃进行气体交换，最后含氧血液流向身体的其他部位（Guyton and Hall, 2000）。在两栖动物和大多数爬行

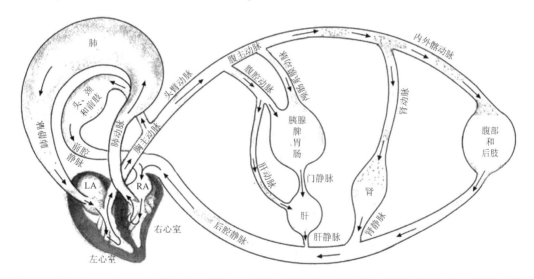

图 1.8 出生后哺乳动物和鸟类的血液循环。动脉为组织提供富氧血液，静脉从组织中排出低氧血液。大多数静脉都含有瓣膜，以防止静脉血液倒流，并保证其回流到心脏。肝门静脉（简称为门静脉）将血液从胃、小肠、胰腺、脾和大肠（统称为门脉引流内脏）流向肝。后腔静脉携带腹部、内脏和后肢的静脉血到心脏的右心房。前腔静脉携带头部、颈部、前肢的静脉血到达心脏的右心房。静脉血液进入右心房，然后进入右心室，通过肺动脉流向肺从而进行气体交换。富含氧气的动脉血液流经肺静脉进入左心房，然后流入心脏的左心室，最后被泵到胸主动脉，流向身体的各个部分。LA，左心房；RA，右心房。（改编自：Dyce, K.M., W.O. Sack, and C.J.G. Wensing. 1996. *Textbook of Veterinary Anatomy*. W.B. Saunders Company, Philadelphia, PA.）

动物中，左心房和右心房分别从肺部与身体得到氧合血及静脉血；两种类型的血液在心室内混合，通过肺循环和皮肤循环分别泵入肺和皮肤，用于气体交换（Farmer, 1997）。值得注意的是，在所有已被研究的物种中，肝门循环是血液循环系统中一个重要的例外。与肝动脉相比，肝从门静脉接收更多的血。例如，在哺乳动物中，肝动脉和门静脉分别供应 25%–30% 和 70%–75% 的血液到肝中（Dyce et al., 1996）。静脉血从胃、脾、小肠、胰腺和大肠流出，经门静脉入肝，进入体循环。

（4）胎儿的血液流向

出生后的动物从小肠中接受肠内营养，而哺乳动物胎儿的生长依靠脐静脉获取母源养分（图 1.9）。相似的，禽类胚胎生长所需的营养是通过血管从受精卵的卵黄囊获得的。熟悉胎儿血液循环对于了解胎儿营养和新陈代谢至关重要。胎儿循环在以下几个方面不同于成人的血液循环（Dyce et al., 1996; Guyton and Hall, 2000）。第一，通过母体子宫动脉供应含氧血液进入子宫，并通过毛细血管系统流入胎盘。随后，脐静脉将含氧血液从胎盘输送到胎儿肝和心脏。第二，胎儿主动脉尾端的大部分血液被两条脐动脉输送到胎盘。胎儿脐动脉中的代谢废物依次通过胎盘和子宫静脉进入母体循环。此外，胎儿脐动脉的血液通过胎盘毛细血管进行气体和营养传递，然后通过脐静脉返回胎儿心脏。第三，由于胎儿的肺没有功能，在任何指定时间肺循环含有相对较小的总血容量。胎儿心脏的右侧和左侧之间及肺动脉和主动脉之间有两个旁支，其分别是连接胎儿心脏的右心房和左心房的卵圆孔，以及连接肺动脉和主动脉的胎儿的动脉导管（Dyce et al., 1996）。

（5）微循环

在微循环内，血流从微动脉（直径 10–20 μm）流向毛细血管，再流向微静脉。这些内径为 4–9 μm 的毛细血管是将动脉血中的营养物质运输到组织的场所，而微静脉是移除组织中代谢物到体循环中的场所（图 1.10）。毛细血管是一种非常薄的管状结构，由一层半透明的内皮细胞组成（Granger et al., 1988）。每个毛细血管周围都有一层基底膜。在两个相邻的内皮细胞之间，有一个很薄的细胞间连接处，它允许液体和小的溶质离开循环，进入灌注组织间的间隙（细胞间的外间隙）。细胞间的连接处大小不同，其直径范围从小于 1 nm 的在大脑和脊髓的毛细血管（所谓的紧密连接）到 15 nm 的在肾小球的毛细血管和平均 180 nm 的在肝中的肝窦毛细血管（Sarin, 2010）。

在毛细血管中，动脉血浆和细胞间质液中的液体及低分子量（<10 000 Da）的物质通过跨细胞的扩散和运输或者通过细胞间扩散来进行持续交换（Guyton et al., 1972）。除了血浆中大分子量的蛋白质以外，毛细血管对大多数分子是可渗透的（如 O_2、CO_2、氨基酸、葡萄糖、脂肪酸、甘油三酯、矿物质、维生素、氨和尿素）。例如，当与水（100%渗透）相比，下列分子的渗透性如下：NaCl（58.5 Da），96%；尿素（60 Da），80%；葡萄糖（180 Da），60%；蔗糖（342 Da），40%；菊糖（5 kDa），20%；肌红蛋白（17.6 kDa），3%；血红蛋白（68 kDa），1%；白蛋白（69 kDa），0.1%（Guyton and Hall, 2000）。通过毛细血管后，血液进入微静脉（一个内径为 7–50 μm 的很小的静脉），然后进入大静脉。静脉回流的驱动力是：①心脏提供的压力梯度；②骨骼肌的收缩。

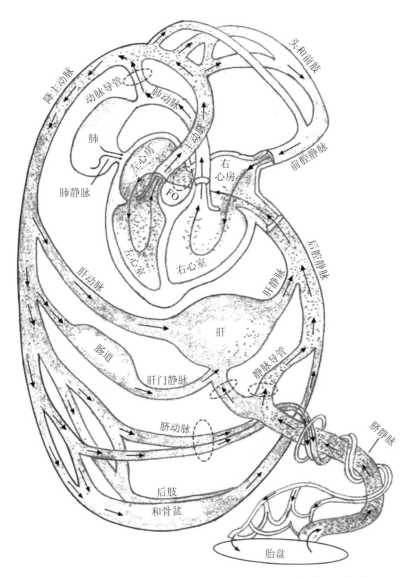

图 1.9　胎儿胎盘组织的血液循环。脐静脉为胎盘提供含氧血液。超过 2/3 的脐静脉血通过胎儿肝门静脉进入胎儿肝中，其余绕过肝，流经静脉导管到达腔静脉尾部，进入胎儿右心房。因为胎儿的肺没有功能，有两个旁支将血液运输给胎儿：①连接胎儿右心房与左心房的卵圆孔（foramen ovale, FO）；②连接胎儿肺动脉和主动脉的动脉导管。胎儿低氧血通过髂内动脉经两条脐动脉返回胎盘。（改编自：Dyce, K.M., W.O. Sack, and C.J.G. Wensing. 1996. *Textbook of Veterinary Anatomy.* W.B. Saunders Company, Philadelphia, PA.）

因此，微循环的主要功能是将营养和氧气输送到组织中，并从组织中清除细胞代谢产物（包括 CO_2）。

1.3.2.2　血脑屏障

　　脑血管的一个独特特征是血脑屏障。它是指在脑毛细血管内皮细胞和脉络丛上皮细胞中的一种结构，可以防止某些物质（如饱和长链脂肪酸）在微血管和大脑之间的交换。

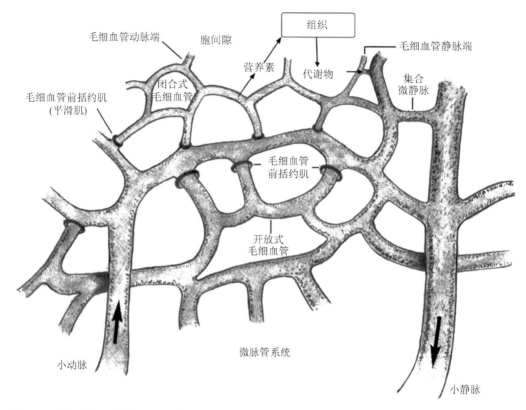

图 1.10 微血管的血液循环。血液流经动脉，然后经小动脉（微动脉的末端分支）到达毛细血管。毛细血管腔内的营养物质和气体与组织细胞间隙中的营养物质和气体不断进行交换，起始于微动脉的毛细血管前端有平滑肌（毛细血管前括约肌）环绕，以控制打开或关闭血流。间质液中的代谢物也可以被带到淋巴管中。（改编自：Dyce, K.M., W.O. Sack, and C.J.G. Wensing. 1996. *Textbook of Veterinary Anatomy*. W.B. Saunders Company, Philadelphia, PA.）

有证据表明，少量的多不饱和脂肪酸［如亚油酸（C18:2 ω6）和亚麻酸（C18:3 ω3）］可以穿越血脑屏障，从血液进入大脑（Moore et al., 1990）。了解血脑屏障对于理解长链脂肪酸作为外围、肠外器官（如骨骼肌、心脏和肝）而不是大脑的重要的能源物质至关重要。

1.3.3 淋巴系统

在动物中，包括哺乳动物、鸟类和鱼类，淋巴系统为液体和大分子量物质（如蛋白质、脂蛋白和大颗粒物质）从细胞外间隙返回血液循环提供了一条途径。这些大分子量物质不能直接被吸收到毛细血管中去除。蛋白质从组织的细胞外间隙进入循环系统的回流可以帮助维持血液渗透压，因此对生命是必不可少的。例如，每天平均50%血浆蛋白经毛细血管进入组织间隙，这些细胞外蛋白质必须通过淋巴管返回血液（Gashev and Zawieja, 2010）。从毛细血管过滤到组织间隙的液体的 90%被重吸收进入毛细血管静脉端，其余的 10%进入毛细淋巴管成为最初的淋巴成分（Guyton and Hall, 2000）。毛细淋巴管合并形成较大的淋巴管，结构上与静脉相似，但具有内在的泵血能力。两大淋巴管，即胸导管（又称左淋巴导管；体内最大的淋巴管）和右淋巴导管（也被称为右胸导管），分别在左、右锁骨下静脉汇入血液循环，使淋巴管内的物质返回血液（图 1.6）。因此，淋巴管收集组织液或淋巴并将其输送到大静脉。

淋巴系统的组成包括：①淋巴管，包含对蛋白质、其他大分子和微生物有渗透性的毛细淋巴管（内径 10–60 μm）和类似静脉结构的较大淋巴集合管（内径约 100–200 μm）；②广泛分布的淋巴组织（如淋巴结和扁桃体）（Scallan et al., 2010）。淋巴结是一个椭圆形或肾形的器官，广泛分布于全身，由淋巴管相连。淋巴结是 B 淋巴细胞、T 淋巴细胞和其他免疫细胞的主要部位，过滤杂质。与毛细血管一样，毛细淋巴管由一层内皮细胞构成。但是不同于毛细血管，毛细淋巴管无基底膜或只有一层不连续的基底膜并且不伴有周细胞（pericyte）。此外，虽然有一个间隙（结或孔隙）位于毛细淋巴管的两个相邻的内皮细胞之间，但该交叉口的直径比较大（约 2 μm），允许液体和大量细胞外间隙溶质轻易进入淋巴管（Scallan et al., 2010）。

较大的淋巴集合管内衬一层内皮细胞，并有内皮瓣膜（由血管腔内的两个内皮细胞小叶组成）（Dyce et al., 1996）。淋巴管也有一个基底膜、薄薄的一层平滑肌细胞、周细胞和外膜（结合淋巴管外周组织）。内皮瓣膜可防止淋巴回流。淋巴管平滑肌的阶段性收缩（由一氧化氮调节）推动淋巴沿着淋巴管瓣膜单向流动（Gashev and Zawieja, 2010）。与毛细淋巴管不同，淋巴集合管对血浆蛋白的通透性很低（如白蛋白的通透率＜3%）（Scallan et al., 2010）。淋巴管最终在颈部和胸部交界处与主要静脉汇合。几乎所有来自身体下部的淋巴，以及来自头部左侧、左臂和胸部部分部位的淋巴都会进入胸导管，然后在左颈内静脉和左锁骨下静脉的交界处流入大静脉。来自颈部、头部右侧，右臂和胸部部分部位的淋巴进入右淋巴管，然后在右颈内静脉和右锁骨下静脉的交界处流入大静脉（Guyton and Hall, 2000）。总体上，淋巴液的流向如下：毛细淋巴管（含水、其他营养素、蛋白质和代谢产物的间质液）→淋巴集合管→淋巴干→淋巴管→锁骨下静脉（图 1.6）。淋巴管在运输脂质（如从哺乳动物的小肠吸收的膳食脂肪和脂溶性物质）中起着至关重要的作用，淋巴液最终进入心脏的右心房，如从哺乳动物的小肠吸收的膳食脂肪和脂溶性物质。

淋巴系统的功能是：①将组织间的液体和大分子回流到血液循环；②将长链脂肪酸、胆固醇和脂溶性维生素从小肠中吸收到血液循环中；③维持全身体液平衡。一名健康成年男子进入淋巴管的淋巴总流量为 2–4 L/d（Guyton and Hall, 2000）。因此，毛细淋巴管摄取了身体组织多余的细胞外液（主要是毛细血管过滤出来的液体），并且淋巴管将这些液体回流到心脏。淋巴管形成和循环的损伤会导致水肿，即间质液的积累量会异常大（Gashev and Zawieja, 2010）。

1.3.4 消化系统

消化系统包括口腔、牙齿、舌、咽、食管、胃、小肠和大肠，以及附属的消化器官（唾液腺、胰腺、肝和胆囊）（Dyce et al., 1996）。口腔在饲料或被捕食物的物理消化中起着重要作用。除了口腔和胃，肠道含有各种具有高代谢活性的微生物（表 1.5）。该系统负责饲料的获取和消化以及消化产物的吸收，并使其进入循环系统。消化被定义为食物在管腔内或胃、小肠和大肠的刷状缘（腔）膜上被酶分解成小分子物质的化学过程。这个过程仅仅是对摄入的蛋白质、脂类和碳水化合物的化学键进行酶解。吸收是指物质（如养分）跨过胃、小肠、大肠的黏膜细胞进入组织间液，再从组织间液进入毛细血管（进入血液）或乳糜管（进入淋巴）（Guyton and Hall, 2000）。消化和吸收由神经和胃肠激素（如胃泌素、胰泌素、胆囊收缩素、生长抑素、胰高血糖素样肽-1）调节，这些激素影响胃的排空、扩张和胃肠道的蠕动，以及唾液腺、胃、胰腺和肠道的分泌（包括消化酶和离子）（Brodal, 2004; Bondi, 1987）。

表 1.5　消化道和动物粪便中的主要细菌物种

门	种	主要寄主	存在位置
厚壁菌门	乳酸菌	人、狒狒、猪、大鼠、小鼠、鸡、反刍动物	胃/瘤胃、小肠、大肠、粪便
	链球菌	人、狒狒、猪、大鼠、小鼠、反刍动物	口、胃/瘤胃、小肠、大肠、粪便
	梭状芽孢杆菌	人、狒狒、猪、大鼠、小鼠、鸡、反刍动物	胃/瘤胃、小肠、粪便
	韦荣氏球菌属	人、猪、大鼠、鸡	口、胃、小肠、大肠、粪便
	消化链球菌属	人、猪、大鼠、反刍动物	胃/瘤胃、粪便
	葡萄球菌	人、狒狒、猪、大鼠、小鼠	胃、小肠、大肠、粪便
	真杆菌属	人、小鼠、反刍动物	瘤胃、大肠、粪便
	芽孢杆菌属	人、猪、大鼠、小鼠	大肠、粪便
	消化球菌属	人	粪便
	瘤胃球菌属	人、猪、反刍动物	瘤胃、小肠、大肠、粪便
	氨基酸球菌属	人	大肠、粪便
	丁酸弧菌属	人、反刍动物	瘤胃、粪便
	巨球形菌属	人、猪、反刍动物	口、瘤胃、大肠、粪便
	粪杆菌属	猪	大肠、粪便
	新月形单胞菌属	反刍动物	瘤胃
	毛螺菌属	反刍动物	瘤胃
	厌氧弧菌属	反刍动物	瘤胃
拟杆菌门	拟杆菌属	人、狒狒、猪、大鼠、小鼠、鸡	口、胃、小肠、大肠、粪便
	普氏菌属	人、猪、反刍动物	口、瘤胃、大肠、粪便
变形杆菌门	放线杆菌属	人、狒狒、猪、大鼠、小鼠	口、胃、小肠
	埃希氏菌属	人类、狒狒、猪、大鼠、小鼠、鸡、反刍动物	胃、小肠、大肠、粪便
	琥珀酸弧菌属	人、反刍动物	瘤胃、粪便
	沙门氏菌属	鸡	大肠、粪便
	反刍杆菌属	反刍动物	瘤胃
	琥珀酸单胞菌属	反刍动物	瘤胃
	沃林氏菌属	反刍动物	瘤胃
放线菌门	双歧杆菌属	人、猪、大鼠	胃、小肠、大肠、粪便
	丙酸菌属	人、小鼠	大肠、粪便
梭杆菌门	梭杆菌属	人、猪、小鼠	口、大肠、粪便
纤维杆菌门	纤维杆菌属	反刍动物	瘤胃

资料来源：Booijink, C.C.G.M. 2009. PhD Thesis. Wageningen University, Wageningen, The Netherlands; Dai, Z.L., Z.L. Wu, S.Q. Hang, W.Y. Zhu, and G. Wu. 2015. *Mol. Hum. Reprod.* 21:389-409; Robinson, C.J., B.J.M. Bohannan, and V.B. Young. 2010. *Microbiol. Mol. Biol. Rev.* 74:453–476; Russell, J.B. and J.L. Rychlik. 2001. *Science* 292:1119-1122; Savage, D.C. 1977. *Annu. Rev. Microbiol.* 31:107–133。

　　胃肠道的结构因动物种类不同而异（图 1.11 和图 1.12）。例如，猪和鸡（非反刍动物）都只有一个胃。与此相反，反刍动物的胃分为四部分：瘤胃、网胃、瓣胃和皱胃（真胃），并且各有不同的功能（Cheeke and Dierenfeld, 2010）。由于瘤胃中存在大量的微生

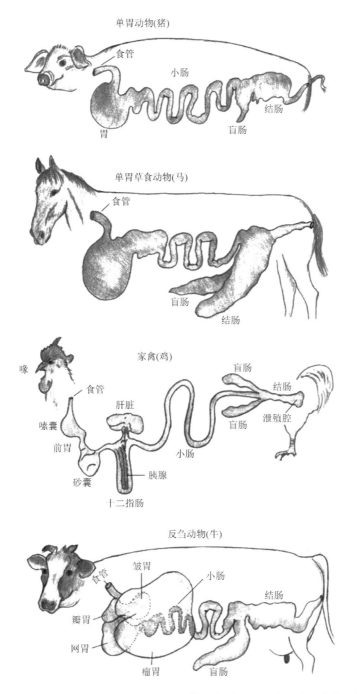

图 1.11　哺乳动物和鸟类消化系统的比较。非反刍动物（如猪、马、鸡）有一个单一的胃，小肠（十二指肠、空肠、回肠）和大肠（结肠、盲肠）。鸟类的消化系统明显不同于有蹄类非反刍哺乳动物，鸟有嗉囊（一个临时的存储袋）、前胃（也称为"真正的胃"）和砂囊（也称为机械胃）。反刍动物的胃由 4 个部分组成：瘤胃、网胃、瓣胃和皱胃，前三部分被称为前胃。瘤胃中含有大量的细菌发酵膳食纤维、其他碳水化合物和蛋白质。反刍动物的皱胃就像非反刍动物的胃。（改编自：Bondi, A.A. 1987. *Animal Nutrition*. John Wiley & Sons, New York, NY.）

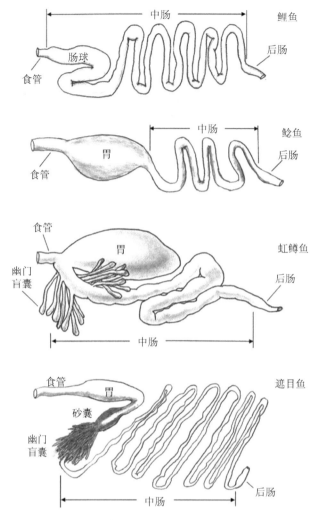

图 1.12　鱼的消化系统的比较。就物种而言，鱼的消化道形态差异非常大。一些鱼有胃，但有些没有，鱼肠道不分大小肠。

物，在进入反刍动物小肠之前，大量的蛋白质和碳水化合物被广泛地发酵。鱼类的胃肠道形态多样（Wilson and Castro, 2011）；鲶鱼、虹鳟鱼和大多数的鳍鱼类有真胃，罗非鱼有修饰性的胃，鲤鱼没有胃。不像有螺旋小肠的哺乳动物、鸟类和大部分鱼类，虾的肠道是直的。生态系统中，不同动物物种有不同的消化系统结构，为有效利用不同来源可利用的食物提供了生理基础（McDonald et al., 2011; Liao et al., 2010）。在除了无胃动物以外的所有动物中，胃、小肠、肝和胰腺是有效地消化营养物质（如脂肪、蛋白质和碳水化合物）所必需的（图 1.13）。消化器官在动物机体中有相似的性质。食物在动物消化道中的平均滞留时间（h）为：水麝鼩，2；水貂，4；鱼，5–7；鸡，5–9；猫，13；兔，15；狗，23；大鼠，28；马，29；大象，33；猪，43；山羊，43；人，46；绵羊，47；牛，60（Blaxter, 1989）。

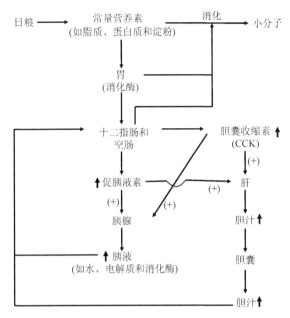

图 1.13 胃、小肠、肝和胰腺相互协调方能有效完成营养物质的消化（如脂肪、蛋白质与碳水化合物等）。消化道器官在体内释放酶水解膳食脂肪、蛋白质和碳水化合物，以及激素调节营养消化、吸收和代谢。

1.3.4.1 非反刍动物的胃

所有的动物中（如单胃动物），胃位于食管和十二指肠之间。胃由 4 个区域组成：贲门部、胃底、胃体和幽门部。胃的舒张刺激食欲。摄入的食物通过食管和胃的交界处进入胃，通过幽门括约肌（胃与十二指肠的交界处）离开胃。胃的收缩促进食物的摄取及食糜进入十二指肠。胃分泌消化酶和胃酸来促进食物的消化。成年动物的胃液 pH 为 2，幼年哺乳动物的胃液 pH 为 2–3（如 7 日龄的猪胃液 pH 为 2.5），胎儿的胃液 pH 为 7.0（Pond et al., 1995; Yen, 2000）。胃酸有助于杀死进入胃的病原体以及降低动物患胃肠道疾病的敏感性。值得注意的是，因为兔子是晨昏活动型动物（即主要在黎明和黄昏时摄取食物），可通过扩展胃来储存食物（McDonald et al., 2011）。因此，胃的主要功能是食物消化和保护健康。

鸟类与单胃哺乳动物的胃有显著的不同（Hill, 1971）。鸟类（如鸡、鸭、鹅和火鸡）摄取的食物通过食管进入嗉囊，它是食物在前胃（也被称为"真胃"）中开始消化前的一个临时储存袋。在前胃中，与哺乳动物一样，饲料与盐酸（HCl）和消化酶混合来水解蛋白质和脂肪。然后，消化物进入肌胃（砂囊，也被称为机械胃）磨碎、混合和捣碎，以帮助促进食物在小肠中更好地消化。

1.3.4.2 反刍动物的胃

（1）胃的组成

反刍动物包括牛、绵羊、山羊、公牛、麝牛、美洲驼、羊驼、红褐色美洲驼、鹿、野牛、羚羊、骆驼和长颈鹿。这些动物的胃分为四部分：瘤胃、网胃、瓣胃和皱胃（图 1.14）。前两个胃室是不完全分开的，统称为瘤网胃。瘤胃、网胃和瓣胃也被称为前胃。

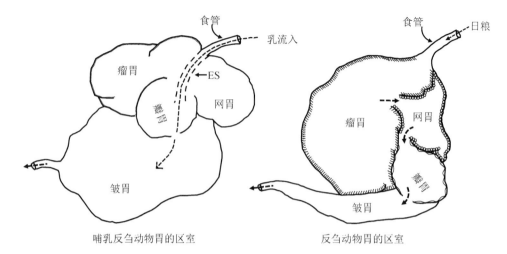

哺乳反刍动物胃的区室　　　　　　反刍动物胃的区室

图 1.14　幼龄与成年反刍动物的胃。反刍动物的胃由瘤胃、网胃、瓣胃和皱胃 4 个区室组成。在哺乳反刍动物中，液态乳通过食管沟（esophageal groove，ES）进入皱胃。无论哺乳期还是正常反刍动物，固体饲料依次进入食管、瘤胃、网胃、瓣胃和皱胃进行消化。固体饲料主要在瘤胃颅囊和背囊部，液体主要在腹囊部。哺乳反刍动物的瘤胃壁、网胃及瓣胃发育不良。相比之下，发育完全的反刍动物的瘤胃壁上有微小且众多的指状凸起（称为乳头），这使得瘤胃的表面积增加；网胃的黏膜呈现蜂窝状褶皱；瓣胃有很多称为叶片的纵向褶皱。食糜从皱胃（类似非反刍动物的胃）流入十二指肠。

瘤胃是前胃的第一部分，分为颅囊部、背囊部、腹囊部和后背盲囊部。瘤胃后背盲囊由肌肉柱组成。反刍动物瘤胃壁具有小而广泛的手指状突起，称为乳头，它具有增加瘤胃表面积、促进瘤胃壁将瘤胃中的营养物质和发酵产物吸收进入血液的作用（Cheeke and Dierenfeld, 2010）。正常的饲喂条件下，瘤胃显示出一系列的特征：平均温度为 39℃（38–40℃）；pH 5.5–6.8（取决于饲料的类型）；平均氧化还原电位为–350 mV（无氧的强还原环境）；主要气体为 CO_2 和甲烷。瘤胃中极端的厌氧环境决定了其独特的消化功能。特别是瘤胃 pH 极大地影响了微生物的发酵和生长（Hungate, 1966）。当大量的单糖或者淀粉（高度可发酵的碳水化合物）被添加到草料日粮中时，纤维消化会被削弱（Wickersham et al., 2009）。由瘤胃 pH 下降引起的瘤胃有机物质消化率的降低因营养物质不同而异，这是因为纤维和蛋白质的发酵被严重抑制，但是单糖和淀粉的分解代谢仍然非常活跃。

网胃是前胃的第二个隔室，也是复胃最前部的部位。值得注意的是，在骆驼科（骆驼、美洲驼、羊驼和小羊驼）中，网胃的腺状细胞和瓣胃的管状结构几乎难以区分（Tharwat et al., 2012）；因此，这些动物偶尔被误认为有三个腔室的胃。在所有反刍动物中，皱胃是真胃，与非反刍动物相似。

（2）瘤胃的发育

作为饲草和谷物的发酵室，瘤胃的发育对反刍动物的营养至关重要（Hungate, 1966）。反刍动物出生时，瘤胃未发育，仅有数量有限的微生物。新生反刍动物的瘤胃和皱胃分别占整个胃重量的 25% 和 60%，随着年龄增长而增加。瘤胃的发育依赖于纤维日粮的摄入和微生物种群的建立，包括厌氧细菌（原核生物）、真菌（主要是多细胞真核生物），以及原虫（单细胞真核生物）。在瘤胃中定植的微生物主要来自于生存环境，母畜、幼畜接触的其他动物以及乳和其他饲粮中的细菌。瘤胃壁和瘤胃乳头的发育主要受丁酸的影响，丙酸也有一定的影响。幼年动物的瘤胃在解剖学上和机能上还未发育成熟，与单胃动物的机能相似，仅依靠它们自身的消化酶进行消化。幼年瘤胃动物有食管沟——一个从食管开口向下延伸到瓣胃的褶皱。由于神经刺激，吮乳或者摄取流质性食物会引起食管沟反射封闭成管状结构，引导奶类进入皱胃，以便营养素的有效利用和动物的生长。食管沟的不完全闭合，主要是由于吸吮反射的缺乏（如强制饲喂），导致奶或任何液体食物最开始进入瘤胃或者网胃，造成了新生儿的消化不良。干料，如谷物混合物或者草料不通过食管沟，因此，从食管进入瘤胃来进一步刺激瘤胃的发育。在动物3 个月的时候，瘤胃和皱胃分别占整个胃的 65% 和 20%。断奶的时候（3–8 个月），瘤胃更加成熟，能够消化纤维食物。断奶之后，瘤胃（包括瘤胃乳头）会继续发育。成年之后，瘤胃和皱胃分别占整个胃的 80% 和 8%（Steele et al., 2016）。在发育良好的瘤胃中，瘤胃液包含了大量的厌氧细菌（10^{10}–10^{11}/mL）、原虫（10^5–10^6/mL）和真菌（10^3–10^4/mL），日粮有机纤维被大量发酵，每一个瘤胃乳头都可以有效地吸收瘤胃最终发酵产物（如短链脂肪酸）。在代谢产物被瘤胃上皮细胞吸收之后，这些代谢产物进入血液被反刍动物利用。

（3）瘤胃和皱胃的消化功能

食物首先从食管进入瘤胃（固体进入瘤胃颅囊部和背囊部，液体进入瘤胃的腹囊部），然后进入网胃（McDonald et al., 2011）。在网胃和瘤胃内发生如下反应：第一，蛋白质被蛋白酶和肽酶水解为小肽、氨基酸、氨、其他含氮代谢物，碳骨架和短链脂肪酸。第二，氨基酸和氨类小肽首先被细菌用来合成新的氨基酸和蛋白质，然后细菌被原始动物吞噬和消化（Firkins et al., 2007）。第三，日粮纤维和可溶性的碳水化合物发酵成丙酮酸、乳酸和大量短链脂肪酸。第四，微生物利用合适的前体合成维生素。第五，不饱和长链脂肪酸经过生物氢化还原之后成为饱和长链脂肪酸和共轭脂肪酸，然而脂肪酸氧化成为 CO_2 和水的过程是被限制的（Bauman et al., 2011）。日粮及其发酵产物在进入瓣胃之前在瘤网胃内自由混合。最后，食糜进入皱胃如同非反刍动物一样进一步消化。因此，反刍动物可以将低质量的粗饲料转化成高质量的蛋白质（如牛奶和肉），以供人类食用。

瘤胃中的高活性脲酶把尿素水解为氨和 CO_2。其中一部分氨被微生物利用合成了氨基酸及蛋白质；剩余的氨通过瘤胃上皮和门静脉进入血液，然后到达肝，在肝中转变为尿素（Wu, 2013）。通过循环，这些氨类物质成为唾液的一部分，并重新进入瘤胃被微生物利用（Wickersham et al., 2009）。这条尿素代谢途径在消化系统中称为尿素循环。其作用是在反刍动物中最大限度地利用日粮中的非蛋白氮（nonprotein nitrogen，NPN）和蛋白氮用于氨基酸（amino acid，AA）合成。反刍动物独特的特点是反刍行为，指的是食糜从前胃回流进入食管，被动物再次咀嚼，以及重新吞咽回前胃进行进一步消化。

饲料摄入量，瘤胃内液体、颗粒和细菌的周转率与微生物发酵效率呈正相关（Hungate, 1966）。首先，瘤胃微生物的数量取决于它们的繁殖速率是否等于或大于其在瘤胃中的损失率。其次，瘤胃微生物与饲料颗粒的结合提高了瘤胃微生物的存活率。第三，当饲料颗粒通过瘤胃的转运被延长时，瘤胃微生物消化饲料的效率会提高。当瘤胃微生物总数降低时，瘤胃内有机物的消化率将降低。微生物的发酵效率对于反刍动物来说非常重要，因为宿主需要短链脂肪酸和微生物蛋白质来维持其存活、生长和繁殖（Stevens and Hume, 1998）。

1.3.4.3 小肠

哺乳动物和鸟类的肠道被分为小肠（幽门和回盲瓣之间的消化道部分）和大肠（回肠瓣和肛门之间的消化道部分），但鱼类不区分大、小肠。哺乳动物和鸟类的小肠分为三部分：十二指肠（幽门和空肠之间的消化道部分，如幼猪的十二指肠长 10 cm）、空肠和回肠。空肠和回肠分别占十二指肠以下小肠部分长度的 40% 和 60%（Madara, 1991）。在小肠的内腔内，有一个与肠黏膜相邻的水性扩散层（被称为不流动水层）。这种未搅动的水层可以影响营养吸收和药物输送的效率。小肠中营养物质的消化与吸收机制在反刍动物和非反刍动物之间是相似的（Beitz, 1993; Bergen and Wu, 2009; Liao et al., 2010）。

小肠是高度分化和复杂的器官（图 1.15）。小肠壁主要由 4 层组成：①黏膜；②黏膜下层；③肌层外侧；④浆膜。小肠上皮细胞位于固有层上，固有层是一个结缔组织层，含有血液、毛细血管和毛细淋巴管，以及单核细胞（如淋巴细胞、肥大细胞、浆细胞和巨噬细胞）、多形核白细胞和神经纤维（Madara, 1991）。毛细血管和毛细淋巴管将吸收的水溶性和脂溶性营养物质分别输送给门静脉和淋巴管。固有层被一种称为基膜的无定形薄片所覆盖。固有层由下面的肌层黏膜支撑（两层薄的平滑肌和不同数量的弹性组织）。肠上皮、固有层和黏膜肌层统称为黏膜（Barrett, 2014）。黏膜由黏膜下层支撑，其是一个结缔组织层并含有较大的血管丛。黏膜下层位于外肌层（两层相当坚实的平滑肌，分别是用于收缩的内环肌和外纵肌）的上方，将肠腔内容物从十二指肠向下推进盲肠。小肠上皮直接附着于基膜上。小肠壁的第四层（最外层）是一层由间皮细胞组成的浆膜。

小肠上皮分上下两部分：绒毛和隐窝。隐窝-绒毛的连接点被定义为两个相对的上皮层之间的距离突然变宽的部位（Madara, 1991）。隐窝分为潘氏细胞区、干细胞区、增殖室和成熟区。隐窝的未分化干细胞是肠上皮细胞的祖细胞。在小肠上皮细胞通过肠隐窝-绒毛轴从隐窝转移到绒毛尖端的过程中，干细胞分化成 4 种成熟细胞：绒毛柱形的吸收细胞（肠细胞）、产生黏蛋白和分泌黏蛋白的杯状细胞、分泌各种物质的肠内分泌细胞，以及可能通过分泌必要的分子以防止微生物群落不利影响的潘氏细胞（Yen, 2000）。随着上皮细胞的增生和绒毛的产生，消化酶在绒毛膜上的活性及绒毛吸收营养的能力增强。小肠上皮作为身体免疫系统的一部分还含有上皮内淋巴细胞和淋巴集结（Li et al., 1990）。

肠细胞占小肠黏膜上皮细胞的 85% 以上（Klein and Mckenzie, 1983）。黏膜上皮细胞的半衰期为 3–5 天。每个肠细胞都具有一由微绒毛组成的顶端膜（刷状缘）和一轮廓相当光滑的基底外侧膜。肠上皮细胞的这两质膜在化学、生化和物理上是不同的。肠细胞的极性结构允许它们从两个来源接收营养物质：穿过基底外侧膜的动脉血和从肠腔穿过刷状缘膜的养分。这对于选择饲养途径（如肠内和肠外）向动物输送营养物质具有重要的实际意义（Burrin et al., 2000）。肠细胞的刷状缘膜是一个特殊的位点，其含有：①内

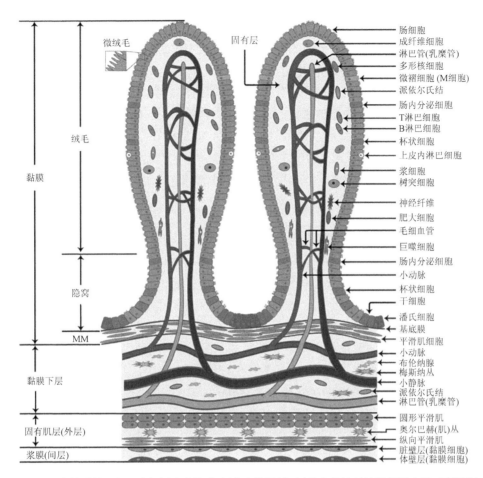

图 1.15 小肠壁的结构。小肠壁包括上皮隐窝和绒毛的区域，以及支持性结缔组织固有层、平滑肌细胞、血管、神经和基底上皮细胞。固有层包含毛细血管、淋巴管和各种类型的细胞（包括淋巴细胞和巨噬细胞）。隐窝的干细胞分化为 4 种主要类型的细胞：肠上皮细胞、杯状细胞、肠内分泌细胞和潘氏细胞。

在的肠消化酶，如二糖水解酶（乳糖酶-根皮苷水解酶和蔗糖酶-异麦芽糖酶）和肽酶；②负责摄取氨基酸、电解质、脂肪酸、单糖和维生素的转运蛋白；③膳食中凝集素的结合位点（Madara，1991）。还有证据表明，与肠细胞的基底外侧表面一样，肠细胞的刷状缘膜具有表皮生长因子（Avissar et al.，2000）、胰岛素样生长因子-1（Morgan et al.，1996）和维生素 D（Nemere et al.，2012）的细胞表面受体。基底外侧膜似乎不含糖或肽水解酶。只有特定的物质才能穿过肠细胞膜，肠道吸收异常会导致疾病，如腹泻、乳糜泻（自身免疫性疾病）、食物过敏，以及药物诱发性损伤（Li et al.，1990; Mowat，1987）。通过上皮钙黏素（一种细胞黏着分子）来达到细胞间相互作用是肠细胞极化的重要特征，并且细胞在沿着隐窝-绒毛轴的生长和迁移期间一直保持这种特性。

小肠具有许多营养和生理功能。首先，它负责日粮营养的最终消化和吸收（Yin et al.，2002），因此对于动物的健康、生长、发育、繁殖和维持生命至关重要（Barrett，2014）。小肠的收缩作用增强了营养物质消化和吸收的速率，允许肠腔内容物在径向方向（从腔中心向上皮中心）混合，使其靠近上皮细胞，减少非搅动水层的厚度。如果小肠收缩不存在，肠腔内容物就会像在管道中发生的层流一样通过小肠。其次，小肠可以在"肠道上皮封闭"之前从母乳中吸收免疫球蛋白（例如，犊牛和幼龄山羊出生后 24 h；小猪和羔羊出生后 24–36 h；驹、猫和狗出生后 24–28 h）。这对新生儿的免疫力很重要。再次，肠道是将动物体的内部环境与外部环境分开的屏障，因此，排除食源性病原体和防止肠腔内的微生物转运到血液循环中至关重要。最后，作为体内重要的淋巴器官，小肠参与肠上皮层的免疫监视和调节对外来抗原的黏膜反应（Mowat, 1987），这具有十分重要的免疫学意义，因为：①正常肠道承受大量的膳食抗原；②摄取的膳食抗原需要被加工和识别而不会引起有害的过敏反应；③肠黏膜的完整性确保了小肠免受外来致病微生物的侵袭。

1.3.4.4 大肠

大肠也称为后肠，是脊椎动物消化系统的最后一部分。大肠被定义为盲肠、结肠、直肠和肛管的组合（Barret, 2014）。像小肠一样，大肠的内腔也有一层非搅动水层。动物物种间大肠的相对容量显著不同（表 1.5）。后肠含有大量的微生物（如细菌、原生动物和真菌），它们可以像瘤胃细菌一样发酵碳水化合物、蛋白质和氨基酸，形成短链脂肪酸、硫化氢、氨、吲哚、3-甲基吲哚和其他氨基酸代谢物（Bondi, 1987; Yang et al., 2014）。所有动物大肠中的细菌数量比小肠中的多得多（表 1.5）。例如，在哺乳动物、鸟类和爬行动物的后肠中已经报道了 10^7–10^{12}/g 粪便的细菌数量。此外，在这些物种的大肠中也发现了大量的原生动物（10^3–10^8/g 粪便）。结肠上皮细胞具有很高的吸收短链脂肪酸、电解质和水的能力，但是这些细胞仅从大肠腔中摄取有限量的氨基酸和含氮代谢物（Bergen and Wu, 2009）。与小肠上皮细胞相反，结肠细胞利用丁酸作为它们的主要能量来源，并且在较小程度上利用谷氨酰胺、乙酸和丙酸作为其代谢燃料（Barrett, 2014; Wu, 2013）。由于膳食纤维刺激肠道运动并在大肠中产生短链脂肪酸，因此，摄入足量的植物源物质有利于动物最佳的肠道健康、寿命和生产力，特别是哺乳期的母畜和种畜。

一些非反刍食草动物，如马（Coverdale et al., 2004）和兔（Brewer et al., 2006），大肠消化膳食纤维和植物源蛋白的能力特别高，因此可以在牧场上吃草并消耗粗饲料。它们被称为"后肠发酵动物"，其被细分为盲肠发酵动物和结肠发酵动物。盲肠发酵动物是以盲肠为主要发酵部位的后肠发酵动物，包括兔、豚鼠、鸵鸟、鹅和鸭（Cheeke and Dierenfeld, 2010; Clemens et al., 1975）。除了考拉（约 10 kg）和水豚（约 50 kg）（Cheeke and Dierenfeld, 2010）之外，这些动物成年时一般体重都较轻（如 3–6 kg）。值得注意的是，通过神经舔舐反应，兔直接摄取其自身的软粪粒（食粪行为）（Davies and Davies, 2003）。结肠发酵动物以近端结肠作为发酵的主要部位，并且通常成年时体型都较大。结肠发酵的动物包括马、斑马、驴、大象、犀牛、猴、狐猴和海狸。后肠发酵动物（特别是兔、鹅、鸭）由于具有较高的利用植物细胞壁物质和膳食纤维的能力，与反刍动物一样，对可持续的农业动物生产作出巨大贡献。

1.3.4.5 胰腺

胰腺是具有内分泌和外分泌功能的器官。它存在于所有的脊椎动物中，但是形状因物种不同而异,啮齿动物中具有柔软而弥散的组织,而不像猪具有坚硬的梨形结构(Dyce et al., 1996)。作为一种内分泌器官,胰腺合成并释放胰岛素和胰高血糖素以调节血糖水平。产生胰岛素的 β 细胞的自身免疫性破坏可导致动物胰岛素依赖型糖尿病(Beitz, 1993)。与肥胖人类一样,肥胖动物也会发生胰岛素不依赖性(抵抗)糖尿病。作为一种外分泌器官,胰腺合成并释放:①蛋白酶、辅脂肪酶和促磷脂酶 A_2,它们作为酶原在小肠腔中被激活为有生物活性的酶;②活性形式的 α-淀粉酶、脂肪酶、胆固醇酯水解酶、核糖核酸酶(RNA 酶)和脱氧核糖核酸酶(DNA 酶)。这些消化酶水解日粮蛋白质、淀粉、糖原、脂质和核酸。胰液还含有碳酸钠和碳酸氢钠来中和胃酸,以增加小肠内腔的碱度(Guyton and Hall, 2000)。由于这些重要的消化和代谢功能,有胰脏疾病的动物经常发生快速的体重减轻。同样,年轻的哺乳动物在断奶后第一周表现出生长抑制,其中胰脂肪酶、α-淀粉酶和蛋白酶的分泌大大减少(Yen, 2000)。

1.3.4.6 肝脏

肝脏是消化、代谢、运输和储存营养物质的中心器官,也是解毒和免疫的中心器官。根据大体解剖学,肝脏有 4 个大小和形状不等的叶:左叶、右叶、尾状叶和方形叶(Dyce et al., 1996)。在猪肝脏中,右叶分为主叶和尾状突起。胆囊是大多数脊椎动物中位于肝脏下面的小囊,储存由肝脏产生的胆汁(水、胆汁盐、胆固醇和胆红素的混合物),消化时将胆汁释放到十二指肠(如 45 kg 和 60 kg 的猪,分别为 46 mL/kg 体重和 38 mL/kg 体重;Yen, 2000)。有胆囊的动物主要有熊、猫、牛、鲶鱼、鸡、狗、鹅、山羊、豚鼠、鹰、人、小鼠、猴、猫头鹰、猪、兔、绵羊和斑马鱼(Oldham-Ott and Gilloteaux, 1997)。相反,一些哺乳动物(如马、鹿、大鼠、海豹和蜥蜴类)、鸟类(如鸽子、鹦鹉和雉鸡)和鱼类(如七鳃鳗)以及所有无脊椎动物都缺乏胆囊(Oldham-Ott and Gilloteaux, 1997)。在没有胆囊的物种中,胆汁直接从肝脏通过胆管流入十二指肠腔。

作为一个高度灌注性的器官,肝脏可以为心脏输出 20%–25%的血液(Dyce et al., 1996)。门静脉吸收的营养物质和肝动脉内携带的营养物质进入肝脏,由肝细胞和其他类型的细胞所摄取。绕过肝脏而不被吸收的养分和从肝脏释放出的代谢物进入下腔静脉,被肝外组织利用(包括代谢)或通过肾脏排泄。值得注意的是,肝脏的多孔内皮允许肝细胞从血液中提取小分子量和大分子量的物质,并将大分子量的物质(如脂蛋白和胆固醇)释放到血液中(Guyton et al., 1972)。但是,红细胞不能穿过肝窦内皮。肝脏中的库普弗(Kupffer)细胞(巨噬细胞)在对抗病原体和局部免疫反应中起重要作用。

在组织学水平上,肝脏的每个肝叶都由许多小叶组成,每个小叶的中心都是肝中央静脉。肝小叶周边是肝门三体(portal triad),其中包含肝动脉、肝门静脉、胆总管、淋巴管和迷走神经分支(Argenzio, 1993)。肝小叶由肝脏的实质细胞(器官的功能部位)(即肝细胞;肝脏体积的 80%,细胞数量的 60%)和非实质细胞(肝脏体积的 6.5%,细胞数量的 40%)组成(Guyton and Hall, 2000)。每个肝小叶形状为六角形,由肝板、门静脉和肝动脉分支、狄氏腔(非常小的血管)、肝中央静脉、肝静脉、胆管和相关的非实质细胞(如肝脏星状细胞和库普弗细胞)组成。如前所述,门静脉和肝动脉向肝脏供血。这两种来源的血液在肝窦中混合,营养和气体通过细胞间质与肝细胞和相关细胞交换。之后，血液依次流入肝窦、肝中央静脉和肝静脉的小静脉末端，然后通过下腔静脉（也称为尾腔静脉）离开肝脏进入心脏的右心房（Dyce et al., 1996）。

根据供氧和代谢情况，肝脏的功能单位是肝腺泡，它围绕着传入血管系统（Rappaport, 1958）。肝腺泡分为三个区域。1 区（门静脉周边的肝细胞）最靠近门静脉的小静脉和肝动脉的小动脉，并且含有最充足的氧。距离进入血管微血管最远的 3 区（静脉周边的肝细胞）位于肝中央静脉周围，氧气不足（图 1.16）。2 区（中区肝细胞）是位于 1 区和 3 区之间的过渡区。门静脉周边的肝细胞、中间过渡的肝细胞和肝静脉周边的肝细胞分别占肝细胞总数的约 80%、10%–15% 和 5%–10%。这三种不同类型的细胞具有非常不同的代谢模式（Schleicher et al., 2015）。这种代谢分区的概念有助于我们理解肝脏中的营养物质如何被利用和合成。

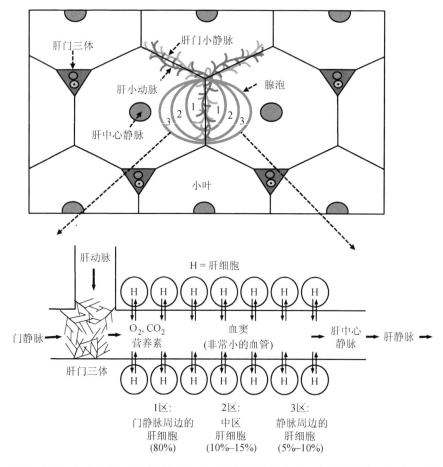

图 1.16 肝脏的腺泡和营养物质通过肝脏的血窦。肝脏由许多小叶（六角形结构）组成，每个小叶的中心为肝中央静脉。肝小叶周围是肝门三体（portal triad），其中包含肝动脉和门静脉，供血至肝脏。在传入血管系统周围定向的肝腺泡是肝脏的功能单位。腺泡由排列在肝动脉的小动脉和在门静脉的小静脉周边的肝细胞组成，它们的微血管与血窦吻合。血窦是营养物质、O_2 和 CO_2 与肝细胞交换的部位。根据与门静脉的小静脉和肝动脉的距离，肝腺泡分成三个区域：1 区（门静脉肝周边的细胞，氧最充足），2 区（中区肝细胞）和 3 区（肝静脉周边的肝细胞，低氧）。血液通过肝中央静脉离开肝脏。

肝细胞不含有从血液中摄取生理物质所需的所有转运蛋白，也不表达所有的营养物质代谢酶（Häussinger et al., 1992）。例如，哺乳动物肝细胞缺乏一些分子（如瓜氨酸）的转运蛋白和酶，因此，不能进行：①在生理条件下启动一些氨基酸（如支链氨基酸）的分解代谢；②一些氨基酸（如精氨酸）的净合成；③某些代谢产物（如酮体、尿素和尿酸）的氧化（Roach et al., 2012; Wu, 2013）。然而，肝细胞具有很高的氧化脂肪酸和氨基酸的 α-酮酸成 CO_2 和 H_2O 的能力，并且在动物营养物质的器官间代谢中起到重要作用。此外，肝细胞能够合成葡萄糖、糖原、脂肪、血浆蛋白（如白蛋白、铁蛋白和纤维蛋白原）、脂蛋白、胆固醇和胆汁，以及储存糖原、维生素（如维生素 A 和 B_{12}）及矿物质（如铁和铜）（Jungermann and Keitzmann, 1996）。

1.3.5 肌肉骨骼系统

肌肉骨骼系统是骨骼肌以及与其相关的骨骼、软骨、附着的肌腱、韧带、关节和其他结缔组织的组合。骨骼是含有血管、淋巴管和神经的生物支架（Guyton and Hall, 2000）。约三分之一的骨骼重量由纤维组织和细胞构成的有机骨架组成，其余三分之二由沉积在有机骨架中的无机盐（主要是钙和磷）组成。在哺乳动物和鸟类中，骨髓是宿主祖细胞形成和分化血细胞的部位（造血作用；Barminko et al., 2016）。通常，没有骨骼的鱼类中没有髓腔（骨髓），肾脏是造血功能的主要部位（Kobayashi et al., 2016）。虾有坚硬的外壳，通常是透明的。

骨骼肌由多核肌细胞（也称为肌细胞或肌纤维）组成，呈圆柱体。这些细胞是由胎儿生长期间发育生成的肌细胞融合形成的，其数量在出生时是固定的（Oksbjerg et al., 2013）。生肌素是一种骨骼肌特异性转录因子，能够刺激肌细胞生成和修复受伤的肌肉。肌纤维中的肌原纤维（由肌动蛋白和肌球蛋白细丝组成，在称为肌节的单位中重复出现）实现收缩的功能。骨骼肌是动物体中最大的组织，分别占新生儿和新成年家畜体重的40%和45%（Dyce et al., 1996）。虽然骨骼肌传统上被认为是一种相对惰性的蛋白质库，但现在已知其积极参与哺乳动物和鸟类中器官间氨基酸的代谢及全身的生理平衡。与血液相比，骨骼肌含有高浓度的谷氨酰胺、丙氨酸、牛磺酸、β-丙氨酸和肌肽，以支持动物的糖异生、免疫功能和抗氧化反应（Wu, 2013）。

1.3.6 呼吸系统

呼吸系统的解剖结构因动物种类不同而异。哺乳动物的呼吸系统由鼻、气道（气管、支气管和细支气管）、肺和隔膜肌（骨骼肌）组成，它们共同作用使空气进出肺部；O_2 和 CO_2 通过被动扩散在外部气体环境和肺泡内的血液之间进行交换（Dyce et al., 1996）。鸟缺乏膈膜肌，但有气囊，气体在毛细血管之间而不是在肺泡之间进行交换（King and Molony, 1971）。大多数鱼类和许多无脊椎动物的呼吸是通过鳃完成的；然而，肺鱼有一个或两个肺。两栖动物中，皮肤在气体交换中起着至关重要的作用。缺乏膈膜肌的爬行动物，其气体交换仍然存在于肺泡中。

向组织提供 O_2 和从组织中排出 CO_2 是呼吸系统的两大主要功能（Dyce et al., 1996）。

次要功能包括控制温度、排水和发音。此外，CO_2 的呼出有助于调节血液中的酸碱平衡。呼吸系统的生理重要性体现在氧气对动物至关重要这一事实上。动物可以在没有饮水的情况下存活数天，也可以数周没有食物，但如果无氧气吸入仅能存活数分钟。

1.3.7　泌尿系统

哺乳动物和鸟类的泌尿系统由两个肾、两条输尿管、一个膀胱和一条尿道组成。在哺乳动物、鸟类和爬行类动物中肾脏位于腹腔的背面，并且被一种称为肾被膜肾小囊的坚固纤维组织包围（Boron, 2004）。肾脏又分为两部分：外部的肾皮质和内部的肾髓质。肾脏由一对肾动脉供血，经过肾脏的血液从一对肾静脉流出。流经肾脏的血液所占比例非常高，大约占心脏左心室血液输出量的 20%（Dyce et al., 1996）。

肾脏的功能单位是肾小体。肾小体跨越肾皮质和肾髓质的长度（图 1.17）。下面是几种动物的肾小体数目：牛 4×10^6；猪 1.25×10^6；狗 0.415×10^6；猫 0.19×10^6（Reece, 1993）。尿液形成的第一个过程是肾小球滤过，也就是说，当血液成分通过肾小球毛细血管内皮、基底膜和肾小囊上皮进入肾皮质肾小囊的腔内空间时，进行过滤。肾小球滤液是血液的超滤液，包括易于通过过滤膜的水、离子和小分子物质。然而，较大的分子，如蛋白质和血细胞，无法通过过滤膜。肾小球每分钟产生的滤液的量（肾小球滤过率）很高［例如，9.5 kg 狗的量为 4 mL/(min·kg 体重)］（Reece, 1993）。尿液产生的第二个过程是肾小管的重吸收作用，其主要发生在近端小管（如 65% Na）中，随后是髓祥回路（25% Na）、远端小管（5% Na）和集合管（5% Na）。在此过程中，肾小管管腔内的水、氨基酸、葡萄糖、代谢物、维生素和矿物质通过管状上皮的刷状缘膜和基底外侧膜进入管周毛细血管（图 1.18）。其他的部分称为管腔液。当滤液通过肾单位时，约 99% 的滤液被吸收，剩下的 1% 变成尿液。尿液形成的最后一个过程是肾小管的分泌，其涉及将一些物质（如 H^+、矿物质和一些废物）从管周毛细血管输送到间质液，然后通过管状上皮细胞运送到管状内腔（Weiner and Verlander, 2011）。最后尿液被收集到输尿管，储存在膀胱中，并通过尿道排出。

泌尿系统的主要功能是从动物中除去水和代谢物（如氨、尿素、肌酸酐、亚硝酸盐、硝酸盐、硫酸盐和药物）。在健康动物中，肾脏不排泄大量的葡萄糖或酮体（Boron, 2004）。当这些物质的血液浓度升高从而超过肾小管的重吸收能力时，它们作为尿的一部分从体内丢失（如糖尿病酮酸中毒）。此外，肾脏在调节中起重要作用：①维持全身水分平衡和血量；②调节血压；③调节血液和尿液中电解质和代谢物的浓度；④调节血液 pH。肾脏也参与器官间氨基酸的代谢。例如，成年哺乳动物通过瓜氨酸内源性合成精氨酸以及动物由羟脯氨酸生成甘氨酸（Wu, 2013）。

1.3.8　雄性生殖系统

哺乳动物雄性生殖系统包括：①两只睾丸（产生精子和雄性生殖激素）；②阴囊（包裹和保护睾丸）；③附睾（送入输精管之前精子成熟和储存的部位）；④输精管（精子管），将成熟精子从附睾携带到射精管的管腔；⑤阴茎（其勃起依赖于海绵体中一氧化氮诱导的

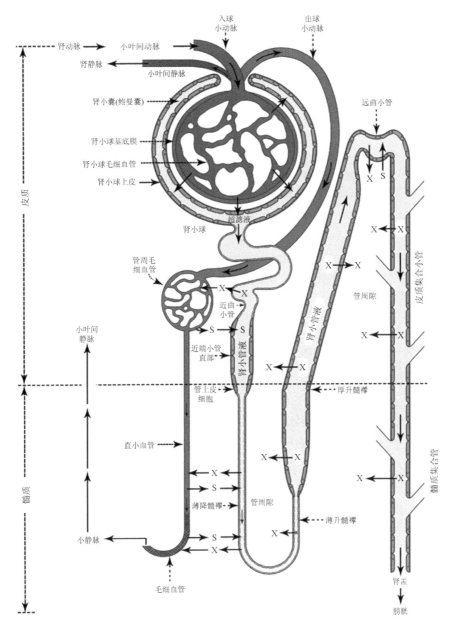

图 1.17 肾脏的结构。肾脏由外部肾皮质和内部肾髓质组成。一对肾动脉向肾脏供血，静脉血液通过一对肾静脉离开肾脏。肾脏的功能结构体是肾单位，跨越皮层和髓质。尿液形成涉及三个过程：①动脉血在肾小球的滤过；②将滤液重新吸收到肾小管周围的毛细血管中；③由肾小管分泌到组织液中，然后通过肾小管上皮细胞分泌到管腔。代谢产物主要通过尿液从体内排出，其被收集到输尿管，储存在膀胱中，然后通过尿道排出体外。字母"X"代表以区段依赖的方式从肾小管重新吸收到血液中的营养物质：在近端小管中主要是氨基酸、葡萄糖、维生素、H_2O、NaCl、K^+ 和 HCO_3^-；髓袢中的 H_2O；髓袢升支粗段管中的 NaCl；远端小管中的 H_2O、NaCl 和 HCO_3^-；集合管中的 NaCl、一些尿素和 H_2O。字母"S"代表以区段依赖的方式从血液进入肾小管的物质：主要是近端小管中的 H^+ 和 NH_3 及远端小管中的 H^+ 和 K^+。（改编自：Dyce, K.M., W.O. Sack, and C.J.G. Wensing. 1996. *Textbook of Veterinary Anatomy*. W.B. Saunders Company, Philadelphia，PA.）

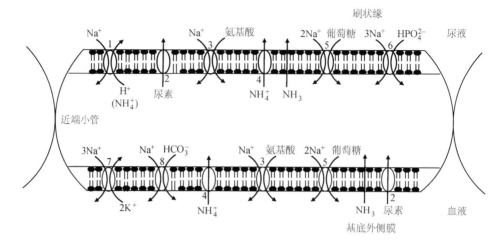

图 1.18　近端小管对钠、葡萄糖、氨基酸、NH_3 和 NH_4^+ 的转运。主动运输或次级主动运输由以下数字表示：1. Na^+/H^+（NH_4^+）交换蛋白；2. 尿素转运蛋白；3. 钠依赖性氨基酸转运蛋白；4. NH_4^+ 转运蛋白；5. SGLT1（钠-葡萄糖协同转运蛋白 1）；6. Na^+-磷酸协同转运蛋白；7. Na^+-K^+ 泵；8. Na^+-碳酸氢盐协同转运蛋白。NH_3 通过简单扩散转运穿过细胞膜。（改编自：Weiner, I.D. and J.W. Verlander. 2011. *Am. J. Physiol. Renal Physiol.* 300:F11–F23; Reece, W.O. 1993. *Dukes' Physiology of Domestic Animals.*　Edited by M.J. Swenson and W.O. Reece. Cornell University Press, Ithaca, NY, pp. 573–628.）

血管扩张）；⑥副性腺（精囊腺、前列腺和尿道球腺），产生液体润滑生殖道并滋养精子细胞（Dyce et al., 1996）。精液是由精子和副性腺产生的液体即精清组成。该液体具有高浓度的精氨酸和多胺，这对于 DNA 和蛋白质合成是必需的。总体来说，雄性生殖器官产生成熟的精子，并使其能够对雌性卵巢产生的卵进行授精。

除了以下几个方面，鸟类的雄性生殖系统与哺乳动物相似（Lake, 1971）。第一，与大多数哺乳动物相比，鸟类睾丸位于体腔内（前腹部），睾丸位于腹部外侧并被保护在阴囊内。第二，与哺乳动物相比，鸟类的附睾导管很短。第三，精子主要储存在鸟类的导管内，而哺乳动物精子储存在附睾中。第四，在哺乳动物中存在的副性腺在鸟类中没有。鸟类雄性生殖系统的这些解剖学特征可能有助于鸟类适应其行为（如长途飞行）和生活环境。第五，射精后，禽类精子的存活期比哺乳动物的长。例如，在阴道袋（子宫阴道腺）和输卵管内，禽类精子细胞可以存活长达两周。

1.3.9　雌性生殖系统

哺乳动物雌性生殖系统由阴道、子宫、一对输卵管和一对卵巢组成（Dyce et al., 1996）。阴道与子宫颈（颈部）连接，子宫与输卵管连接，输卵管又与卵巢紧密连接。子宫选择性输送或合成分泌物质，为子宫腔提供"组织培养液"。其组分包括营养转运蛋白、离子、分裂素、细胞因子、白细胞介素、酶、激素、生长因子、蛋白酶及蛋白酶抑制剂、氨基酸及其衍生物、脂肪酸及其衍生物、葡萄糖、果糖、维生素和矿物质（Bazer et al., 2015）。子宫颈和子宫分泌物有助于调节精子从阴道进入输卵管的过程，卵子在输卵管中受精。

在受精前，卵子（卵）从卵巢排出，由输卵管伞部（输卵管）接受，并移动到通常发生受精的输卵管壶腹部。在妊娠开始时，子宫内膜中的组织营养素会为胚胎提供有利于生存、生长和发育的环境。随着胎体（胚胎/胎儿和有关的胚外膜）的大小增加，胎盘（羊膜、尿囊膜和卵黄囊）发展成为满足营养需求增长的一种方式（Bazer et al., 2014）。胎盘是在母体和胎儿循环之间输送营养物质、呼吸气体及其产生的代谢产物的器官（Dyce et al., 1996）。发育中的胎儿被羊水包围，胎儿在羊水中浮起来，有利于胎儿对称发育。尿囊液由于从母体运输水分到胎儿而积聚增多，尿囊也通过尿囊膜内的胎盘脉管系统连接到胎儿膀胱。因此，在胎儿中，通过胎儿肾脏排出进入膀胱的营养物质可以到达尿囊，然后通过尿囊上皮重新进入胎儿–胎盘循环。传统上，尿囊被认为是用来储藏胎儿废物，但现在已知它是营养物质的储存库（如氨基酸的精氨酸家族），并且在营养代谢中起重要作用（Wu et al., 2006）。许多证据表明，为成功维持妊娠，母体需要：①维持黄体功能以生成孕酮（类固醇激素）；②孕体与各种子宫细胞（如子宫腔上皮细胞、浅表上皮细胞和腺上皮细胞以及间质细胞）之间的相互作用（Bazer et al., 2010）。这些细胞之间的协调确保母体为胎儿充分提供营养和氧气，以及孕体的生存、成长和发育。

鸟类雌性生殖系统由阴道、子宫、输卵管和卵巢组成（Dyce et al., 1996）。鸟类子宫非常短，被称为壳腺或卵袋，卵巢产生的卵（动物界中已知的最大的细胞）在整个壳形成期间会一直停留在其中。有趣的是，大多数的雌鸟（包括家禽）只有一个功能性卵巢（左侧的一个），由输卵管的毛囊覆盖。右侧的卵巢存在于胚胎期，但之后会退化。含有所有沉积卵黄的成熟卵泡破裂以释放卵子，落入输卵管上端的袋状伞部。卵在输卵管中停留 15–20 min，这是唯一可以受精的时间，然后横穿输卵管头部，在这里卵保持 4 h，以获得蛋黄周围的蛋白质（蛋的白色物质）的沉积（Gilbert, 1971）。之后，卵进入峡部，并在那里保持 15 min 以获得壳膜来保护胚胎。然后，卵进一步迁移到子宫，在 18–20 h 获得蛋壳及蛋壳色素，最后通过阴道排出。母鸡的生产力非常惊人，因为它每年产出大量的蛋（如 275 个鸡蛋，每个平均重 58 g）。与哺乳动物相反，禽类受精卵在母体外孵出。在鸟类中，像大多数爬行动物一样，胚胎及其胚外膜在带壳的蛋中发育。

1.3.10 内分泌系统

内分泌系统由可以合成和分泌激素的腺体和器官组成，将激素传递给靶器官，并发挥其作用。动物内分泌腺包括下丘脑、垂体（前叶和后叶）、松果腺、肾上腺（皮质和髓质）、甲状腺、甲状旁腺、胰腺、性腺（睾丸和卵巢）、胎盘、胃肠道和白色脂肪组织（Devlin, 2011）。激素（如胰岛素和胰高血糖素）传统上被定义为由专门的内分泌细胞分泌并通过血液循环携带到远端身体部位的靶细胞的物质（Dyce et al., 1996）。激素现在被更广泛地定义为在身体中引起生物效应的化学信使（Cooper and Hausman, 2016）。因此，旁分泌激素（如成纤维细胞生长因子和转化生长因子-β）是由细胞产生和释放、作用于相邻细胞的物质。自分泌激素（如白细胞介素-1 和血管内皮生长因子）是由细胞产生的物质，其结合同一细胞上的膜受体。

让我们用分泌素（secretin，一种在 1902 年被首次发现的激素，是含 27 个氨基酸的多肽）作为一个例子来说明激素的作用。它由十二指肠和空肠的 S 细胞产生及释放，并调节胃、胰腺和肝脏中的分泌作用。在胃中，分泌素通过促进生长抑素的释放和抑制胃泌素的分泌来增加盐酸的产生。在胰腺中，分泌素通过泡心细胞和胰管增加碳酸氢盐的形成，同样，分泌素也调节肝脏产生胆汁。此外，分泌素与胆囊收缩素协同刺激胆囊收缩以将其储存的胆汁释放到十二指肠肠腔中。对于所有靶组织，激素与其质膜上的受体结合，导致腺苷酸环化酶的激活，由 ATP 产生 cAMP（细胞第二信使）。因此，分泌素在消化营养物质，特别是脂质、蛋白质和维生素中起重要作用。

了解内分泌系统对于研究营养非常重要，因为动物代谢由激素调节，血浆中的激素浓度受动物发育阶段、饮食、疾病、毒素和畜舍条件的影响。一般而言，下丘脑分泌和释放抑制激素，控制垂体前叶的活动，其分泌的激素作用于靶腺体或组织以调节级联效应（cascade）中最终激素的释放（Guyton and Hall, 2000）。相比之下，垂体后叶的激素由下丘脑合成，并在其释放之前被输送到垂体后叶进行储存。各种类型内分泌腺与细胞所分泌的激素总结在表 1.6 中。

表 1.6　动物分泌的激素及其主要功能

内分泌腺或外分泌器官	激素	主要功能
下丘脑	促甲状腺素释放激素	促进垂体前叶释放促甲状腺激素
	促肾上腺皮质激素释放激素	促进垂体前叶释放促肾上腺皮质激素
	生长激素释放激素	促进垂体前叶释放生长激素
	促性腺激素释放激素	促进垂体前叶释放 FSH 和 LH
	生长抑素	抑制生长激素和促甲状腺激素的分泌
	催乳素释放激素	促进催乳素细胞释放催乳素
	多巴胺	抑制垂体前叶释放催乳素
垂体前叶	生长激素	促进蛋白质合成和全身肌肉组织生长
	催乳素	促进乳的合成（含蛋白质和脂肪合成）
	促甲状腺激素	促进甲状腺素（T_4）和三碘甲状腺素（T_3）合成
	黄体生成素（LH）	促进雌性黄体的发育和排卵；促进雄性睾丸间质细胞产生睾酮；LH 与 FSH 协同作用
	促卵泡激素（FSH）	调节雄性和雌性生殖器官的生长发育；与 LH 协同作用
	促肾上腺皮质激素	促进肾上腺皮质生成和释放糖皮质激素
	β-促脂解素	促进黑色素细胞在皮肤和头发中产生黑色素
	β-内啡肽	对细胞和神经元起作用以产生镇痛作用
	促黑激素	促进皮肤和头发中黑色素细胞产生黑色素；通过大脑中的作用调节食物摄入和性唤起
	激活素（促性腺激素细胞）	促进 FSH 分泌；对 LH 分泌无影响
垂体后叶	加压素（ADH）[a]	促进肾小管中水的重吸收；上调动脉血压
	催产素 [a]	促进子宫收缩；促进乳汁从乳腺排出
松果体	褪黑激素	控制昼夜节律；作为抗氧化剂
肾上腺皮质	糖皮质激素 [b]	调节葡萄糖、蛋白质和脂肪代谢以及基因表达；在抗炎症反应中起重要作用
	醛固酮 [c]	促进肾脏中钠和水的重吸收
	雄激素 [d]	调节雄性和雌性器官的发育和维持第二性征
肾上腺髓质	多巴胺	影响情绪、自发活动和神经内分泌

续表

内分泌腺或外分泌器官	激素	主要功能
肾上腺髓质和脑中去甲肾上腺素（NEP）神经元	肾上腺素和去甲肾上腺素	作为激素来增强葡萄糖代谢、心率、肌肉力量和血压，以及作为脑内的神经传递素
肾脏	促红细胞生成素	促进血红蛋白合成与骨髓分化
	肾素	作为血管紧张素转换酶的酶原
心脏心房	心房钠尿因子	抑制醛固酮释放
甲状腺	T_3 和 T_4	促进全身能量代谢
	降钙素	促进骨钙沉积与血钙降低
甲状旁腺	甲状旁腺激素	提高肾 1α-羟化酶活性和血钙浓度
胸腺	促胸腺生成素（α-胸腺素）	促进 T 淋巴细胞发育；刺激吞噬细胞
胰腺	胰岛素（β-细胞）	促进葡萄糖氧化、蛋白质合成、脂肪酸合成、甘油三酯的合成和储存，以及糖原的合成
	胰高血糖素（α-细胞）	促进糖原分解、葡萄糖合成和脂肪分解
	生长抑素（D-细胞）	抑制胰腺分泌胰岛素和胰高血糖素（旁分泌作用）
	胰多肽（F-细胞）	调节胰腺分泌活动（内分泌和外分泌）；作为胆囊收缩素的拮抗剂；减少食物摄入量
肝脏	胰岛素样生长因子 1	促进肌肉蛋白的合成；合成代谢
胃肠道	多种激素 [e]	调节胰腺分泌；调节肠道的运动、分泌和功能
白色脂肪组织	多种激素 [f]	调节脂肪和糖代谢、炎症反应，以及食物摄入量
多种器官	前列腺素	调节血管舒张、代谢、炎症反应和繁殖
胚胎	绒毛膜促性腺激素 [g]	妊娠识别
胎盘 [h]	胎盘催乳素 [i]	促进乳腺生长发育；类似于生长激素
睾丸	睾酮（性激素）	促进雄性生殖器官发育与蛋白质合成
	抑制素（睾丸支持细胞）	通过拮抗激活素抑制 FSH 的分泌
卵巢	孕酮（黄体）	满足在怀孕期的胚胎发生和妊娠维持所需；促进 DNA 和蛋白质的合成，以及子宫内生长；抑制子宫收缩；保持子宫处于静止状态
	17-β-雌二醇（性激素）	促进雌性生殖器官发育与蛋白质合成；调控发情和乳腺发育
	松弛素	抑制子宫肌层的收缩；保持子宫处于静止状态
	抑制素（颗粒细胞）	通过拮抗激活素抑制 FSH 的分泌
	卵泡抑素	作为激活素结合蛋白抑制 FSH 的分泌
其他器官 [j]	1,25-二羟胆钙化醇	促进钙和磷的吸收

资料来源：Cooper, G.M. and R.E. Hausman. 2016. *The Cell: A Molecular Approach*. Sinauer Associates, Sunderland, MA; Devlin, T.M. 2011. *Textbook of Biochemistry with Clinical Correlations*. John Wiley & Sons, New York, NY。

[a] 在下丘脑合成并储存在垂体后叶。

[b] 皮质醇是人类和猪的主要糖皮质激素，而皮质酮是大鼠体内主要的糖皮质激素。

[c] 盐皮质激素的一种。

[d] 包括脱氢表雄酮（DHEA）、硫酸脱氢表雄酮和雄烯二酮。

[e] 包括胃泌素（刺激壁细胞分泌盐酸）、胆囊收缩素（CCK，刺激胆囊收缩和胰腺酶的释放）、胰泌素（刺激胰腺腺泡细胞释放碳酸氢钠和水）、生长抑素、胰高血糖素样肽- I（增加胰岛素的释放和降低胰高血糖素的释放）和 P 物质（血管扩张剂）。

[f] 从白色脂肪组织释放的激素包括瘦素、脂联素、抵抗素和脂肪细胞因子。

[g] 存在于某些物种（如马和人类），但在其他物种（如猪和反刍动物）中不存在。

[h] 胎盘分泌的孕激素和雌激素（雌酮、雌二醇和雌三醇）。

[i] 不存在于猪和兔中。

[j] 主要在肾脏和其他组织中，如骨、胎盘和皮肤。

1.3.11 免疫系统

免疫系统有两个组成部分：先天免疫系统（非特异性）和适应性免疫系统（获得性和特异性），它们共同起作用以预防和/或响应各种病原体的入侵（Dyce et al., 1996）。先天免疫系统包括：①物理屏障（如皮肤、呼吸道上皮细胞层和胃肠道）；②单核吞噬细胞（如单核细胞和巨噬细胞）、树突细胞、多形核粒细胞（如嗜中性粒细胞、嗜酸性粒细胞和嗜碱性粒细胞）、肥大细胞、天然杀伤细胞和血小板；③体液因子，包括凝集素、补体、溶菌酶、C反应蛋白和干扰素；④小肠黏膜和内腔中的抗菌肽；⑤嗜中性粒细胞胞外陷阱，由DNA和蛋白质组成，作为其主要结构组分（Iyer et al., 2015; Li et al., 2007）。先天免疫系统可以快速应对入侵的微生物，是抵御感染的第一道防线。然而，这种免疫系统的主要缺点包括非特异性和缺乏记忆。

适应性免疫系统由T淋巴细胞、B淋巴细胞和体液因子组成。在出生时，这种免疫系统就普遍存在，但功能上不成熟（Mowat, 1987）。骨髓主要负责造血和淋巴细胞生成，而胸腺是T淋巴细胞发育所必需的。次要淋巴器官包括脾脏、淋巴结以及胃肠道、呼吸道和生殖道中的淋巴组织。与先天免疫系统相比，获得性免疫应答是高度特异性的，因为每个淋巴细胞仅携带单个抗原的表面受体。此外，适应性免疫系统在初始刺激后几天内都会有效，并且通过B淋巴细胞产生特异性抗体，具有免疫记忆（Wu, 2013）。当病原体逃避体液免疫时，它们会成为细胞因子［如干扰素-γ（IFN-γ）］和由T淋巴细胞产生的具有细胞毒性的蛋白质的靶标。细胞外病原体被抗体有效中和，而感染的宿主细胞中的细胞内病原体（如病毒和某些细菌）通常被细胞毒性T淋巴细胞清除（Iyer et al., 2015）。

先天和特异性免疫系统由化学通信的互作网络进行调节，其中包括抗原呈递机制、免疫球蛋白和细胞因子的合成（Calder, 2006）。两种免疫系统都高度依赖于合成这些蛋白质和多肽及其他具有巨大生物学重要性的分子（如NO、超氧化物、过氧化氢、组胺、谷胱甘肽和邻氨基苯甲酸）的氨基酸。氨基酸通过其代谢物直接或间接地影响免疫应答（Wu, 2013）。此外，脂肪酸、矿物质和维生素也在调节免疫调节物质的生成中起重要作用。虽然免疫系统对健康至关重要，但在某些情况下（如胰岛素依赖性糖尿病、类风湿性关节炎和哮喘）可能会引起功能障碍，导致自身免疫性和过敏性疾病的发生。营养素（如甘氨酸、色氨酸和多不饱和脂肪酸）有益于预防和治疗与免疫相关的疾病（Li et al., 2007, 2016）。

1.3.12 感觉器官

动物有5种感觉：视觉（眼）、听觉（耳）、味觉（舌）、嗅觉（鼻）和触觉（皮肤）。这些器官通过外周神经系统将外部环境（包括食物）的信息传递给大脑，从而使动物及时作出反应（Dyce et al., 1996）。这些感觉器官具有专门的感觉神经元（也称为受体），用于感受特定的刺激。这些受体的实例包括光感受器（视觉受体）、机械感受器（听觉和触觉受体）及化学感受器（味觉受体和嗅觉受体或嗅觉感觉神经元）。当感觉受体被激活时，电势的产生导致膜的去极化，将其相应的刺激通过细胞膜传导至附着的神经元（Sporns et al., 2004）。电化学信息由神经元的树突收集，通过其细胞体转移，然后带到轴突，这使得电化学信号被传送到大脑进行处理和集成。

被皮系统包括皮肤（软外壳）及其相关结构（包括头发、鳞片、羽毛、蹄、指甲、神经受体和外分泌腺）（Dyce et al., 1996）。皮肤由多层外胚层组织（如哺乳动物的表皮、基底膜和真皮）组成，以保护下面的肌肉、骨骼、韧带和内脏（Guyton and Hall, 2000）。因此，皮肤系统保护身体免受损伤、感染和内部水分的损失。皮肤也起到调节温度和防止外界水分进入动物体的作用。如前所述，皮肤和身体其他部位的神经末梢将感觉传递给大脑。

1.4 代谢途径概述

1.4.1 主要代谢途径及其意义

在所有动物中，膳食营养素通过氧化产生 CO_2 和 H_2O，并伴随化学能的释放，为各种生物过程提供能量。值得注意的是，法国化学家 Antoine Lavoisier（1743—1794），常被认为是营养科学的创始人，他对现代化学的发展作出了开创性的贡献，他发现了氧气在营养素氧化过程中的作用。众所周知，营养物质通过多个系列的生化反应进行氧化和分解。这些代谢途径是复杂的，但它们是生命的基础（Brosnan, 2005; Srere, 1987; Watford, 1991）。因此，营养学家了解生物体内主要代谢途径的特征和生理意义以及它们之间的相互关系是非常重要的。

代谢途径可以定义为一系列酶催化的反应，其中包括物质被降解成更简单的产物或从较简单的前体合成更大的分子。途径可以是线性的（如脯氨酸合成）、循环的（如三羧酸循环）或螺旋的（脂肪酸合成）。表 1.7 总结了主要代谢途径及其生理学意义。代谢通路在生理学上的定义为一系列酶催化的反应，由净通量（flux）的产生开始，以最终产物的形成而结束。这样的定义表明一个代谢途径可能跨越多个组织。器官间氨基酸的代谢图解说明了这一点。例如，在大多数成年哺乳动物中，精氨酸合成途径可以被认为是在小肠中通过将谷氨酰胺转化成瓜氨酸启动的，在肾脏和其他类型的细胞（如内皮细胞和巨噬细胞）中将瓜氨酸转化成精氨酸而终止（谷氨酰胺→→瓜氨酸→→精氨酸）（Wu, 2013）。三羧酸循环在桥接葡萄糖、脂肪酸和氨基酸代谢中的核心作用如图 1.19 所示。

1.4.2 代谢途径的特征

1.4.2.1 酶促反应

酶是生物催化剂，负责细胞内几乎所有的反应。例如，通过己糖激酶将 D-葡萄糖转化为 D-葡萄糖-6-磷酸：

$$D\text{-葡萄糖} + ATP \rightarrow D\text{-葡萄糖-6-磷酸} + ADP（己糖激酶）$$

表 1.7　营养代谢的主要途径及其生理学意义

营养素	途径	位置	主要功能
所有的营养素	三羧酸循环	线粒体	氧化由葡萄糖、脂肪酸和氨基酸衍生而来的乙酰辅酶 A，产生 CO_2、H_2O、NADH、ATP 和 GTP；桥接葡萄糖、脂肪酸和氨基酸的代谢；回补反应 [a]
	呼吸链	线粒体	含有线粒体的细胞的主要能量来源
	葡萄糖-丙氨酸循环	肝和骨骼肌细胞质	骨骼肌把从肝脏中吸收的葡萄糖衍生为丙酮酸，利用丙酮酸和氨基酸合成并释放丙氨酸
	一碳代谢	大多数细胞的细胞质与线粒体	为 DNA、RNA、蛋白质和氨基酸的甲基化以及为同型半胱氨酸转化为蛋氨酸提供甲基；为核酸的合成产生胸腺嘧啶核苷和嘌呤
葡萄糖	糖酵解	所有细胞的细胞质	将葡萄糖转化为丙酮酸和乳酸；产生 3-磷酸甘油，为 TAG、磷脂和糖脂提供甘油主链；所有的细胞在厌氧条件下产生 ATP；不含线粒体的细胞能量的唯一来源
	合成糖原	多数细胞的细胞质（特别是肝脏、心脏和骨骼肌）	在喂食状态下，将葡萄糖转化为糖原储存；有助于调节血糖浓度；通过改变单体聚合物状态来控制细胞渗透压
	糖原降解	大多数细胞的细胞质（特别是肝脏、心脏和骨骼肌）	响应机体需求从而快速提供葡萄糖；肌肉中，将葡萄糖转化成葡萄糖-1-磷酸，以葡萄糖-6-磷酸的形式进入糖酵解；肝中，提供游离葡萄糖进入血液
	糖异生	肝脏和肾脏（主要是细胞质，也包括某些物种的线粒体）	非糖物质转化为葡萄糖；调节血糖平衡（尤其是在新生儿、严格的食肉动物、反刍动物，以及饥饿状态下的所有动物中）[b]；有助于通过消耗 H^+ 来调节血液 pH
	戊糖循环	所有细胞的细胞质	作为细胞内 NADPH 的主要来源；为嘌呤和嘧啶的合成提供 5-磷酸核糖
	氨基己糖	所有细胞的细胞质	将果糖-6-磷酸和谷氨酰胺转化为葡糖胺-6-磷酸，作为所有氨基糖和糖蛋白的合成前体
脂肪酸	脂肪酸合成	所有细胞的细胞质 [c]	将过量的葡萄糖和氨基酸转化为脂肪酸，作为 TAG 合成的前体；防止体内水溶性物质的流失
	TAG 合成	大多数细胞的细胞质和线粒体 [c]	将脂肪酸和甘油转化为脂肪储存；避免游离脂肪酸的毒性
	TAG-脂肪酸循环	大多数细胞；主要是白色脂肪组织	调节体内 TAG 的平衡
	胆固醇的合成	肝细胞质和线粒体	从乙酰辅酶 A 合成胆固醇，形成细胞膜，合成胆汁酸、胆汁醇和甾体激素
	脂蛋白	小肠与肝脏	在小肠中合成乳糜微粒，在肝脏中合成超低密度脂蛋白，在外周组织合成高密度脂蛋白
	β-氧化	主要在肝脏、心脏和骨骼肌中的线粒体	将脂肪酸氧化成乙酰辅酶 A，后者通过三羧酸循环氧化；为禁食期、哺乳期、妊娠后期的生酮作用，以及为肝脏丙酮酸羧化酶的活化提供乙酰辅酶 A
	HMG-CoA 循环	肝细胞；瘤胃上皮	从乙酰辅酶 A 形成乙酰乙酸（一种酮体）；有助于调节细胞中乙酰辅酶 A 的浓度
	生酮作用	肝脏、结肠和瘤胃上皮的线粒体	当血糖浓度较低时，乙酰辅酶 A 转化为酮体，后者为大脑和其他肝外组织提供能量
氨基酸	尿素循环	哺乳动物的肠和肝细胞的细胞质和线粒体	将氨和碳酸氢盐转化为尿素以解氨毒
	蛋白质合成	主要在除成熟红细胞外的所有细胞的细胞质和线粒体	在粗面内质网中合成分泌蛋白和膜蛋白，在核糖体上合成细胞蛋白，在线粒体中合成一些（约 13 kDa）蛋白质；有助于通过将氨基酸单体转化为蛋白质聚合物来控制细胞中的渗透压

营养素	途径	位置	主要功能
氨基酸	蛋白质水解	主要在所有细胞的细胞质和溶酶体	降解蛋白质从而释放氨基酸
	蛋白质周转	除不能合成蛋白质的成熟红细胞以外的大多数细胞	调节细胞中蛋白质的平衡,从细胞释放分泌性蛋白质,以及提供内源性氨基酸;调节新陈代谢、免疫反应和细胞生长
	泛素循环	所有细胞的细胞质	由依赖泛素的蛋白酶体降解细胞内的蛋白质
	氨基酸合成	细胞的胞质和/或线粒体	以依赖细胞类型的方式合成氨基酸,补偿日粮中氨基酸的不足;满足特定的生理需求(如葡萄糖-丙氨酸循环和苹果酸-天冬氨酸转化)
	氨基酸降解	细胞的胞质和/或线粒体	以依赖细胞类型的方式降解氨基酸,调节机体内氨基酸的平衡
	尿酸合成	主要是多种动物(如鸟类和哺乳动物)的肝脏	将氨和碳(来自甲酸、甘氨酸和碳酸氢盐)转化成尿酸,实现氨在鸟类中的脱毒;嘌呤在哺乳动物中的降解
	核苷酸的合成	肝脏和其他组织	生产用于合成蛋白质的 RNA 和 DNA;遗传物质的组成部分
	其他物质的合成	肝脏和肾脏,以及许多类型的细胞	提供肉碱、肌肽、谷胱甘肽、肌酸、肌醇和乙酰胆碱
维生素	生产维生素 B_3 和 D	肝脏、肾脏、皮肤、骨骼和/或小肠	以依赖动物种类的方式从前体合成维生素 B_3 和 D
	维生素由 β-胡萝卜素形成	除猫以外的所有物种的肠上皮细胞	将 β-胡萝卜素转化为视黄醇以维持眼睛、上皮细胞和生殖系统的功能
	维生素 C 合成	大多数物种的肝脏[d]	将葡萄糖转化为维生素 C,以维持抗氧化功能及脯氨酰氧化酶和 γ-氧化酶的活性
	维生素 K 循环	肝细胞细胞质	从氧化态的维生素 K 转变为还原态的维生素 K

注:HMG-CoA, 3-羟基-3-甲基戊二酰-辅酶 A;TAG, 甘油三酯。

[a] 三羧酸循环提供:①草酰乙酸,用于糖异生;②琥珀酰-CoA,用于血红素合成;③α-酮戊二酸,用于合成谷氨酸和谷氨酰胺;④柠檬酸,用于将乙酰辅酶 A 从线粒体转运到细胞质中合成脂肪酸。

[b] 食肉动物从其日粮中摄取少量的碳水化合物,而反刍动物在小肠中吸收很少或不吸收葡萄糖。

[c] 主要的脂肪生成部位:鸡、人和成年大鼠的肝脏;猪和反刍动物的白色脂肪组织;猫、狗、小鼠、兔和幼龄大鼠的肝脏以及白色脂肪组织。

[d] 人类和其他灵长类动物以及豚鼠和果蝙蝠都不能合成维生素 C。

大多数酶实质上是蛋白质,而少数已知酶是核糖核酸(RNA)(Devlin, 2011)。酶在活的生物体中的意义不仅在于催化生化反应。酶的存在提高了代谢途径的速率,而且使其精确调节以满足生理需要。作为这种调控的结果,个体反应和代谢途径可以被整合到精细的代谢系统中,在整个生物体中有效地起作用,以维持体内的动态平衡(Brosnan, 2005; Schimke and Doyle, 1970)。

应该牢记的是,大多数但不是所有的酶催化的反应在双曲线关系中遵循 Michaelis-Menten 动力学(米氏动力学)(图 1.20)。初始速率(即催化活性)和底物浓度之间的数学关系可以通过以下等式来描述:

$$V_i = \frac{V_{max}[S]}{K_M + [S]} \qquad \frac{1}{V_i} = \frac{K_M + [S]}{V_{max}[S]} \qquad \frac{1}{V_i} = \frac{K_M}{V_{max}} \times \frac{1}{[S]} + \frac{[S]}{V_{max}[S]}$$

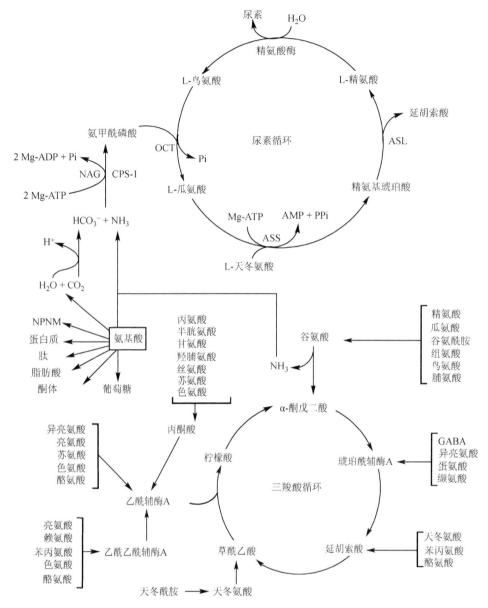

图 1.19　动物中葡萄糖、氨基酸和脂肪酸代谢之间的相互关系。三羧酸循环在联结营养代谢途径中发挥核心作用。在动物中，氨基酸用于产生蛋白质（包括酶）、小肽、其他含氮代谢物（如一氧化氮、肌酸、肉碱和氨）、脂肪酸和葡萄糖。氨在联系尿素循环和三羧酸循环中起重要作用。ASL，精氨基琥珀酸裂解酶；ASS，精氨基琥珀酸合成酶；CPS-1，氨基甲酰磷酸合成酶-1；GABA，γ-氨基丁酸；NAG，N-乙酰谷氨酸；NPNM，非肽含氮代谢物；OCT，鸟氨酸氨甲酰转移酶。（改编自：Rezaei, R., W.W. Wang, Z.L. Wu, Z.L. Dai, J.J. Wang, and G. Wu. 2013. *J. Anim. Sci. Biotechnol.* 4:7.）

式中，V_{max} 是最大反应速率；K_M 是米氏常数；[S]是底物浓度。一些酶可能表现出比米氏动力学更复杂的 S 形的变构动力学（Devlin, 2011）。

底物的分解代谢随着其浓度的增加而增强，直到反应速率达到最大值。动物对摄入营养物质的高降解能力是高安全水平膳食补充的生化基础。类似的原理也适用于前体

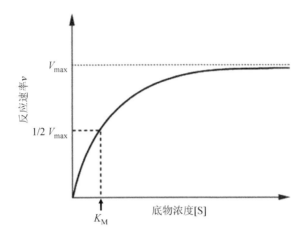

图 1.20 酶催化反应中底物浓度和反应速率之间存在双曲线关系。大多数酶显示出米氏动力学。反应的初始速率随着底物浓度的增加而增强，并且当底物饱和时达到最大值（V_{max}）。方程 $v = V_{max}[S]/(K_M +[S])$ 被称为米氏方程，其中 v 是反应速率，K_M 是反应速率为最大值一半（即 $1/2\ V_{max}$）时的底物浓度[S]。K_M 值可以表明动物中酶催化反应的生理相关性。

物质在动物体内形成产品的过程。这也意味着动物的营养素分解和合成会受到限制。例如，底物可利用性和酶活性限制了猪的氨基酸合成，进而限制了其生长、发育、哺乳和繁殖（Hou et al., 2016）。因此，在饲料中提供足够数量的营养素或它们的直接前体物是农场动物获得最大生长、最佳生产性能，以及最佳健康和福利所必需的。

　　酶可分为：①催化氧化还原反应的氧化还原酶（如乳酸脱氢酶和甘油醛-3-磷酸脱氢酶）；②催化化学基团从一个分子转移到另一个分子的转移酶（如己糖激酶和转氨酶）；③催化基本上不可逆水解反应的水解酶类（如精氨酸和谷氨酰胺酶），其中化学键被水破坏；④通常催化碳–碳键裂解的裂解酶（如醛缩酶和脱羧酶）；⑤催化官能团（如氨基酸消旋酶和葡萄糖-6-磷酸异构酶）的分子内转移的异构酶；⑥通过形成新的化学键（如精氨基琥珀酸合成酶和氨基酰基 tRNA 合成酶）来催化两个分子连接的连接酶（Devlin, 2011）。不管反应类型如何，酶都含有底物结合位点。变构酶还具有用于结合活化剂或抑制剂的附加位点（变构位点）。在催化反应中，酶可能需要辅酶、辅助底物（第二底物，如蛋白激酶的 ATP）或辅因子。辅酶是一种小的有机分子，通常是维生素的衍生物（如 NADH 和 FAD），而辅因子是与酶结合的无机金属离子（如 Mn^{2+} 或 Mg^{2+}）。在所有的酶催化反应中，一个重要的动力学变量是 K_M，它是指反应速率为最大值（V_{max}）一半时的底物浓度[S]。K_M 值可以表明酶催化反应的生理相关性，例如，酶对其底物的亲和力以及在生理条件下可能发生的反应。

　　养分利用的代谢控制具有细胞特异性（Fell, 1997）。但是，生物化学研究已经揭示了调节动物体内酶活性的一般机制：①底物和辅因子的浓度，基于前面提到的米氏动力学；②变构调节，通过效应分子调节酶活性，该效应分子结合酶活性位点（底物结合）之外的调节位点；增强或降低酶活性的效应物分别称为变构激活剂或抑制剂；③共价修饰，通过添加或除去化学基团从而改变催化酶的活性，如蛋白质的磷酸化和去磷酸化；磷酸化和去磷酸化机理不涉及酶蛋白质的质量的变化，并且允许酶的快速活化或失活；

④激活剂和抑制剂的浓度，变构激活剂或抑制剂，以及竞争性、非竞争性或无竞争性抑制剂；⑤还原氧化（即氧化还原）电位，NADH 与 NAD$^+$，NADPH 与 NADP$^+$或还原型谷胱甘肽与氧化型谷胱甘肽的比例；⑥酰基辅酶 A 位势：酰基辅酶 A 与辅酶 A 的比例；⑦酶量，通过蛋白质合成或降解或蛋白质合成和降解过程中的变化来长期调节酶活性；⑧pH 和温度，影响酶化学结构的因素，每种酶具有最佳的 pH 和温度；⑨离子浓度，影响酶化学结构的因素；一些离子是特定酶的辅因子。营养素和激素可以影响上面列出的一个或多个因素，因此可以影响体内的代谢途径。

动物在生理和病理条件下含有酶的内源性抑制剂或活化剂。抑制剂通过以下模式之一降低酶活性：①竞争抑制（具有与底物结构相似的物质，其抑制底物与酶的结合），其中 K_M 增加，但 V_{max} 不改变；②非竞争性抑制（抑制剂结合游离的酶和酶-底物的复合物），其中 K_M 不改变，但 V_{max} 降低；③无竞争性抑制（抑制剂仅结合酶-底物复合物），其中 K_M 和 V_{max} 均降低，这种酶抑制非常罕见。这些知识可以大大促进克服酶抑制的技术手段的发展。例如，L-N^G-单甲基精氨酸通过竞争性抑制来抑制细胞中的 NO 合成酶，这可以通过增加酶底物 L-精氨酸的浓度来缓解（Alderton et al., 2001）。相比之下，L-乳酸通过非竞争性抑制来抑制猪肠细胞中的脯氨酸氧化酶，其活性必须通过去除细胞外的 L-乳酸来改善（Dillon et al., 1999）。

长期以来尽管我们一直认为某个代谢通路受到单一酶的限制，但分布式代谢控制的概念已经在过去 30 年中得到越来越多的认可（Fell, 1997）。因此，代谢控制分布在整个代谢序列中或存在于一个或多个反应中。例如，糖酵解的控制点可以是血浆葡萄糖浓度、ATP 含量、葡萄糖转运、己糖激酶、6-磷酸果糖激酶-1、烯醇化酶和丙酮酸激酶，而不是单独的 6-磷酸果糖激酶-1，以确保动物不会发生代谢紊乱（Brosnan, 2005）。

1.4.2.2 细胞内代谢通路的区室化

酶和代谢通路位于细胞的不同细胞器中。尿素循环涉及线粒体和细胞质，是细胞内代谢途径区域性的一个很好的例子。在分区内，酶有可能是松散或密切相连的，并且它们依次沿着反应途径产生中间代谢体（Ovadi and Saks, 2004）。在肝脏尿素循环中，细胞内区室化的生理学意义是显而易见的，因为在线粒体中产生的氨和鸟氨酸被局部转化为瓜氨酸——一种无毒的产物，用于输出到细胞溶质，其中瓜氨酸和天冬氨酸是形成精氨酸的有效底物，其水解产生尿素和鸟氨酸。当这种代谢途径有序组织在一起时，称为代谢区室（Srere, 1987）。代谢区室的优点包括：①促进酶之间中间代谢体的转移，从而在催化位点保持高浓度的底物，提高产物形成的效率；②减少副反应（化学或酶促），当中间代谢体在细胞间不以游离形式存在。

1.4.2.3 细胞、区域、年龄和物种依赖的代谢途径

新陈代谢的另一个特征是其在细胞、年龄或物种方面的特异性。例如，哺乳动物糖异生仅发生在肝脏和肾脏中。即使在相同的器官内，细胞也不具有相同的代谢途径，如肝脏的代谢分区图所示（Häussinger et al., 1992）。具体地说，肝脏在肝窦中央轴的

超微结构和酶的表达上表现出显著的异质性，导致肝小叶不同区域的不同代谢模式（表1.8）。各种代谢途径和功能的空间组织为以下功能提供了生化基础：①肝脏对营养、生理和病理状况的变化的适应；②防止无效循环（Schleicher et al., 2015）。在同一动物中，酶表达的时间差异也是显著的。例如，断奶仔猪的小肠大量地降解精氨酸，但在断奶前，小肠中精氨酸的分解是微不足道的（Wu and Morris, 1998）。

表 1.8　门静脉周边和肝静脉周边的肝细胞的代谢通路的主要定位 [a]

门静脉周边的肝细胞	肝静脉周边的肝细胞
氨基酸代谢	氨基酸代谢
氨基酸的摄取和降解（除了谷氨酸、天冬氨酸和组氨酸）	摄取谷氨酸和 α-酮戊二酸 [b]
谷氨酰胺酶 [b]	鸟氨酸转氨酶
组氨酸的降解 [b]	谷氨酰胺合成酶 [b]
尿素循环	天冬氨酸的摄取
	谷胱甘肽的合成
脂类代谢	脂类代谢
ATP 柠檬酸裂合酶	胆汁酸的合成 [b]
胆固醇的合成	游离脂肪酸的酯化
脂肪酸的氧化	脂肪酸的合成
生酮作用 [c]	甘油三酯的合成
肝脂肪酶	极低密度脂蛋白的合成
葡萄糖代谢	葡萄糖代谢
葡萄糖的释放	葡萄糖的摄取
糖异生	糖酵解
糖原降解为葡萄糖	糖原降解为丙酮酸
糖原由乳酸和氨基酸合成	糖原由葡萄糖合成
其他途径	其他途径
碳酸酐酶 V	碳酸酐酶 II 和 III
氧化性的能量代谢	外源性物质的代谢和解毒

资料来源：Schleicher, J., C. Tokarski, E. Marbach, M. Matz-Soja, S. Zellmer, R. Gebhardt, and S. Schuster. 2015. *Biochim. Biophys. Acta.* 1851:641–656; Häussinger, D., W.H. Lamers, and A.F. Moorman. 1992. *Enzyme* 46:72–93。

[a] 除了用字母 b 标明的途径，大部分的途径是沿肝腺泡不均匀分布（代谢区域性）的，在表中相应列的肝细胞中活性最高。

[b] 仅位于表中相应列的肝细胞中。

[c] 这一代谢途径在大多数动物饥饿时非常活跃，但在猪中是有限的。

在物种依赖性代谢中，一个众所周知的差异在于，哺乳动物可以将氨和二氧化碳转化为尿素，但这一代谢途径在鸟类中无法进行。此外，牛在肝脏中利用丙酸合成大量的葡萄糖（Thompson et al., 1975），但是这种糖异生途径在非反刍类动物中是微不足道的（Bondi, 1987）。此外，绵羊的胎盘中具有很高的精氨酸酶活性，所以，胎盘摄取的精氨酸会大量降解。特别有趣的是，在妊娠的母羊中，大量的瓜氨酸通过胎盘从母体转移到胎儿中储存，用来合成精氨酸，因此有效地保存了精氨酸（Kwon et al., 2003），所以，在妊娠早期和中期尿囊液中，瓜氨酸异常丰富（例如，高达 10 mmol/L）。相比之下，在妊娠的母猪中，其胎盘没有精氨酸酶活性，大量的精氨酸从母体直接转运到胎儿，因此在尿囊液中精氨酸特别丰富（Wu et al., 1996）。这些例子说明了动物物种为了最大限度地提高其存活率和营养物的利用效率而具有复杂代谢途径。

由此可见，了解细胞或组织特异性代谢途径对于正确评价养分利用协调性对机体精准调控稳态是至关重要的。长期的稳态失调可能导致疾病甚至死亡。例如，血液 pH 从 7.4 降低到 7.1 是致命的，如未经治疗的胰岛素依赖型糖尿病动物和人类（Marliss et al., 1982）。这是因为低 pH 使蛋白质变性、破坏细胞结构并且抑制酶活性，造成多种器官功能障碍这一严重的不良后果，如脑中呼吸中枢的功能受损，以及心脏和肾衰竭。

1.4.3 线粒体内的生物氧化

在化学中，氧化被定义为电子供体（称为还原剂）失去电子的过程，还原定义为电子受体（氧化剂）获得电子的过程。在氧化还原反应中，氧化剂及还原剂形成氧化还原对。例如，在由 L-乳酸脱氢酶催化的以下反应中，L-乳酸被氧化成丙酮酸，NAD^+被还原为 NADH。

$$L-乳酸 + NAD^+ \longleftrightarrow 丙酮酸 + NADH + H^+$$

在含有线粒体的动物细胞中，食物能量（即氨基酸、脂类和碳水化合物中的化学能）转化为生物能（主要是 ATP，少量的 GTP 和 UTP）是通过协调良好的代谢途径。主要反应是：①乙酰辅酶 A 通过糖酵解（丙酮酸生成）由葡萄糖生成，通过线粒体内的 β-氧化由脂肪酸生成，通过线粒体内的氧化由氨基酸生成，这些知识将在其他章节展开讨论；②通过三羧酸循环氧化乙酰辅酶 A 以形成 GTP、CO_2、H_2O、$NADH + H^+$和 $FADH_2$；③在 O_2 存在条件下，$NADH + H^+$和 $FADH_2$ 在电子传递系统（呼吸链）中氧化产生 H_2O；④通过线粒体呼吸链中的质子梯度，ATP 合成酶利用 ADP 和无机磷酸(Pi)合成 ATP(Devlin, 2011)。如前所述，三羧酸循环和电子传递系统是动物生物氧化的两个主要代谢途径。

1.4.3.1 线粒体内的 Krebs 循环

1937 年，Hans A. Krebs 发表了一篇具有里程碑意义的论文，这篇文章描述了柠檬酸对鸽子胸肌匀浆中乙酸（通过乙酰辅酶 A）氧化的作用。这条代谢途径以 Krebs 博士之名被命名为"Krebs 循环"，也被称为柠檬酸循环或三羧酸循环。在这个循环中，乙酰辅酶 A 结合草酰乙酸（OAA）而形成柠檬酸，然后有序地转换为异柠檬酸、α-酮戊二酸、琥珀酸、延胡索酸、苹果酸和草酰乙酸（图 1.21）。L-苹果酸、柠檬酸和 α-酮戊二酸是三羧酸循环的中间体，可以从线粒体基质排出到细胞质中。在动物细胞中，线粒体基质含有除与线粒体内膜结合的琥珀酸脱氢酶以外的三羧酸循环的所有酶。在缺乏线粒体的原核细胞（如细菌）中，三羧酸循环中的酶存在于细胞质中。在三羧酸循环中，由一系列的 8 个酶所催化的反应生成 GTP（相当于 ATP 的高能磷酸键）、二氧化碳、水、$NADH+H^+$和 $FADH_2$。这两个还原物（$NADH+H^+$和 $FADH_2$）随之就被送入在线粒体内膜的电子传输系统中进行氧化，利用 ADP 和 Pi 产生 ATP，并利用 2 H^+ 和 0.5 O_2 产生 H_2O。

应该牢记的是，三羧酸循环只氧化乙酰辅酶 A，在该循环中的任何中间体都没有

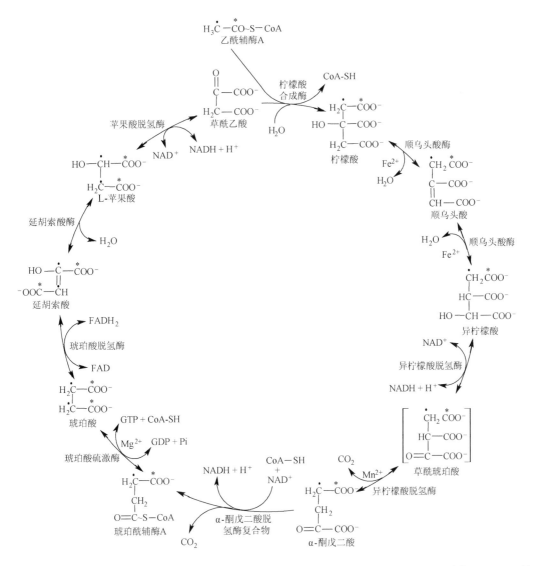

图 1.21　三羧酸循环。通过此循环，乙酰辅酶 A 被氧化为 CO_2、H_2O、$NADH + H^+$ 和 $FADH_2$。乙酰辅酶 A 的羧基和甲基碳分别用符号"*"和"·"标示。三羧酸循环的第一个回合产生两个分子的 CO_2，其是来自柠檬酸的草酰乙酸部分而不是立即进入循环的乙酰辅酶 A。因为琥珀酸是一种对称的化合物，琥珀酸脱氢酶不区分它的两个羧基，"随机"标记出现在这一步。所以，琥珀酸、延胡索酸、苹果酸和草酰乙酸所有的 4 个碳原子在三羧酸循环的第一个回合后被标记。乙酰辅酶 A 的羧基和甲基碳在三羧酸循环的第 2 和第 15 个回合后完全转化为 CO_2。（引自：Wu, G. 2013. *Amino Acids: Biochemistry and Nutrition*, CRC Press, Boca Raton, Florida. 获得许可。）

发生净变化。这些中间体的净氧化需要通过其在线粒体内先转换成 L-苹果酸来完成，在这一过程中，L-苹果酸离开线粒体进入细胞质，转换成丙酮酸。随后丙酮酸被转运到线粒体基质中，被丙酮酸脱氢酶氧化成乙酰辅酶 A。除了具有氧化乙酰辅酶 A（一种脂肪酸、氨基酸和葡萄糖的常见代谢产物）和产生 ATP 的功能外，三羧酸循环还为葡萄糖和特定的氨基酸（如天冬氨酸、谷氨酸、天冬酰胺、谷氨酰胺、丙氨酸和脯氨酸）提供四碳和五碳前体，同时也为许多生化反应提供 $NADH + H^+$。在有利于脂肪合成代谢的条件下，柠檬酸离开线粒体进入细胞质，为脂肪酸合成提供乙酰辅酶 A。因此，三羧酸循环是一条在动物体内连接脂肪酸、氨基酸和葡萄糖代谢的中枢通路。

三羧酸循环的活性受多种因素控制，以满足各种合成反应所需的 ATP 和底物（图 1.22）。这些因素包括：①通过葡萄糖、甘油和氨基酸衍生的丙酮酸氧化生成的乙酰辅酶 A，以及脂肪酸的氧化所提供的乙酰辅酶 A 的量；②草酰乙酸及其前体（如葡萄糖和葡萄糖生成的氨基酸）的浓度，以影响乙酰辅酶 A 进入三羧酸循环；③作为脱氢酶辅酶的 NAD^+ 和 FAD 的浓度；④作为三羧酸循环的辅酶因子的矿物质（如 Fe^{2+}、Mg^{2+} 和 Mn^{2+}）的浓度；⑤电子传输系统氧化 $NADH+H^+$ 和 $FADH_2$ 而分别再生为 NAD^+ 和 FAD 的活性；⑥ATP 的合成率（由 ATP 的代谢需求决定），以及 ADP、Pi 和 O_2 进入线粒体的量；⑦线粒体膜的完整性，以防止任何物质进行不受控的跨膜交换；⑧三羧酸循环的酶的量和 α-酮戊二酸脱氢酶的磷酸化状态；⑨铁、铜和钙的浓度，以及 ATP/ADP 值和 GTP/GDP 值；⑩三羧酸循环的许多内源性和外源性的酶抑制剂。例如，顺乌头酸酶被 H_2O_2、NO 和氟乙酸抑制；α-酮戊二酸脱氢酶系被亚砷酸抑制；琥珀酸脱氢酶被丙二酸抑制。此外，三羧酸循环也被电子传递系统的内源性和外源性的酶抑制剂所抑制，这些物质包括：抑制复合物Ⅰ、Ⅲ和Ⅳ的寡霉素和解偶联剂，以及抑制复合体Ⅳ的 H_2S、CO 和氰化物（Devlin，2011）。因此，三羧酸循环是同时由内在和外在因素调节的。

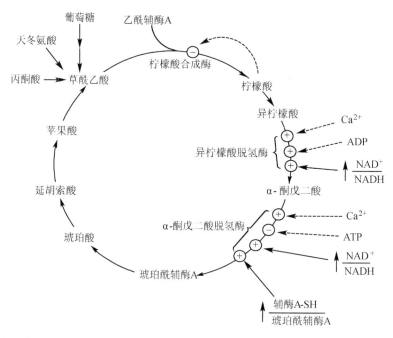

图 1.22　三羧酸循环内在和外在因素的调节。内在因素包括循环本身的组成部分。外在因素包括乙酰辅酶 A 的供应和电子传递系统的活性，以及相关的酶和底物（如氧气和磷酸盐供应）。

1.4.3.2　线粒体内的电子传递系统

脂肪酸、氨基酸和葡萄糖在线粒体基质中氧化生成的 NADH 及 $FADH_2$ 通过电子传

递系统被氧化为 NAD^+ 和 FAD（图 1.23）。呼吸链酶的发现使得 Otto H. Warburg 在 1931 年被授予诺贝尔生理学或医学奖。请注意，NAD^+ 分子有一个净负电荷，上标 "+" 表示其烟酰胺环中氮原子上的正电荷，其涉及醌、NAD^+、FAD 和 Fe^{2+} 的氧化还原反应（图 1.24）。这种呼吸链定位于线粒体内膜，由复合物 I–IV 组成。复合物 I、III、IV 也作为质子泵从线粒体的基质转运 4 个电子到线粒体的膜间隙（即线粒体的内膜与外膜之间的空隙），在线粒体内膜产生质子动力势（图 1.25）。电化学梯度的能量被 ATP 合成酶（也称为复合物 V）利用，以驱动由 ADP 和 Pi 合成 ATP。此 ATP 合成酶复合物由两个结构域组成：F_0 和 F_1。在哺乳动物、鸟类、鱼类和其他动物中，F_0 域是线粒体内膜的一种整合蛋白，含有质子通道，而 F_1 域（具有 ATP 合成酶活性）是一种位于线粒体基质的外周蛋白，但是与线粒体内膜相连。因此，F_0 域为质子从线粒体的膜间隙进入线粒体基质的 F_1 域提供了一个通道（图 1.23）。F_0 域和 F_1 域通过由蛋白质组成的中央和外周柄连接。在没有线粒体的原核生物（如细菌）中，ATP 合成酶定位于细胞膜。Paul D. Boyer 和 John E. Walker 因发现了 ATP 合成酶的酶促反应机制在 1997 年获得了诺贝尔化学奖。

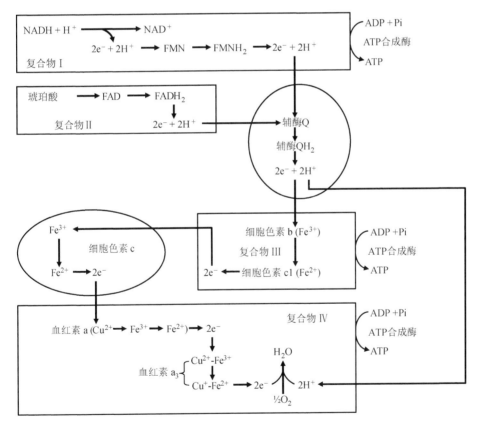

图 1.23　线粒体电子传递系统（呼吸链）。NADH 和 $FADH_2$ 是由线粒体基质中的脂肪酸、氨基酸和葡萄糖氧化生成的。这些还原当量通过电子传递系统分别被氧化为 NAD^+ 和 FAD，形成 H_2O。呼吸链定位于线粒体膜内，由复合物 I–IV 组成。从氧化反应中释放出来的能量被用来形成质子梯度，由 ATP 合成酶（也称为复合物 V）驱动 ADP 和 Pi 的结合，产生 ATP。FAD，黄素腺嘌呤二核苷酸；FMN，黄素单核苷酸。（改编自：Dai, Z.L., Z.L. Wu, Y. Yang, J.J. Wang, M.C. Satterfield, C.J. Meininger, F.W. Bazer, and G. Wu. 2013. *BioFactors* 39:383-391.）

A. 通过黄素单核苷酸(FMN)参与电子传递中的氧化还原反应

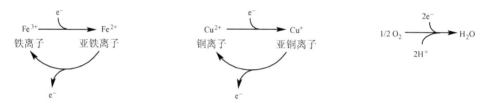

氧化型的FMN　　　　　　　　　　半醌型　　　　　　　　　FMNH₂
（醌型）　　　　　　　　　　　　（自由基）　　　　　　　　（还原型）

B. 通过泛醌 (辅酶Q)参与电子传递中的氧化还原反应

氧化型的辅酶 Q　　　　　　　　　半醌型　　　　　　　　还原型的辅酶 QH₂
（醌型）　　　　　　　　　　　　（自由基）　　　　　　　　（Ubiquinol）

C. 通过细胞色素参与电子传递中的氧化还原反应

Fe^{3+} → Fe^{2+}　　　　　Cu^{2+} → Cu^{+}　　　　　$1/2\ O_2$ → H_2O
铁离子　亚铁离子　　　　铜离子　亚铜离子

图 1.24　线粒体电子传递系统中醌、NAD^+、FAD 和 Fe^{2+}的氧化还原反应。氧化是指从电子供体（称为还原剂）中除去电子，而还原是指电子受体（称为氧化剂）获得电子。一个电子供体给一个电子受体释放电子的倾向称为氧化还原电位。具有大负值电位的氧化还原对的还原剂将比具有较小值的负电位或正电位的氧化还原对更容易释放电子。

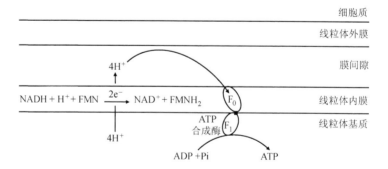

图 1.25　动物中线粒体电子传递系统复合物 I 中质子的转移与线粒体 ATP 合成。在 $NADH+H^+$和 $FADH_2$ 的氧化过程中，复合物 I 作为一个质子泵从线粒体基质转运 4 个电子到线粒体膜间隙，这就产生了跨线粒体内膜的质子驱动力，由 ATP 合成酶（亦称复合物 V）由 ADP 和 Pi 合成 ATP。ATP 合成酶复合物由两个域组成：F_0（含有质子通道的完整蛋白）和 F_1（含有 ATP 合成酶活性的外周蛋白）。电子通过 F_0-F_1 复合体导致 ATP 合成。（改编自：Devlin, T.M. 2011. *Textbook of Biochemistry with Clinical Correlations*. John Wiley & Sons, New York, NY.）

复合物 I（NADH 脱氢酶）也称为 NADH-辅酶 Q 还原酶，并含有铁硫中心（FeS）。这个复合物以 NADH + H$^+$ 为底物，以 FMN 和辅酶 Q（辅酶 FMN，脂溶性的活动载体）作为它的辅酶。值得注意的是，NADH + H$^+$ 是由 NAD$^+$ 和还原剂（如琥珀酸）生成的，催化这一反应的酶是线粒体酶（如琥珀酸脱氢酶）（图 1.26）。复合物 I 从 NADH + H$^+$ 转移 2 个电子和 2 个质子至 FMN，然后从 FMNH$_2$ 至辅酶 Q（一次 1 个电子和 1 个质子），形成还原型辅酶 Q（即辅酶 QH$_2$，泛醇）（图 1.23）。因此，FMN 是 2 个电子的受体，而 FMNH$_2$ 是 1 个电子的供体。质子和电子在从 NADH + H$^+$ 转移到辅酶 Q 的过程中释放的能量被复合物 I 用于将 4 个质子（H$^+$）从线粒体基质泵入线粒体膜间隙。如前所述，这 4 个质子穿过线粒体内膜产生一个电化学梯度（质子动力）。这使线粒体膜间隙更具酸性，并且使线粒体基质更具碱性。从线粒体基质转运到线粒体膜间隙的 4 个质子，通过 ATP 合成酶的 F$_0$ 域（线粒体内膜）到达 ATP 合成酶的 F$_1$ 域（线粒体基质），引起 F$_1$ 域的构象变化（Devlin，2011）。这导致了一分子 ADP 和一分子 Pi 结合，产生一分子 ATP；然后，ATP 从 F$_1$ 域释放到线粒体基质中。通过这个过程合成 ATP 的假设称为化学渗透理论，1961 年由 Peter D. Mitchell 提出，现今已经被生物化学领域广泛接受。

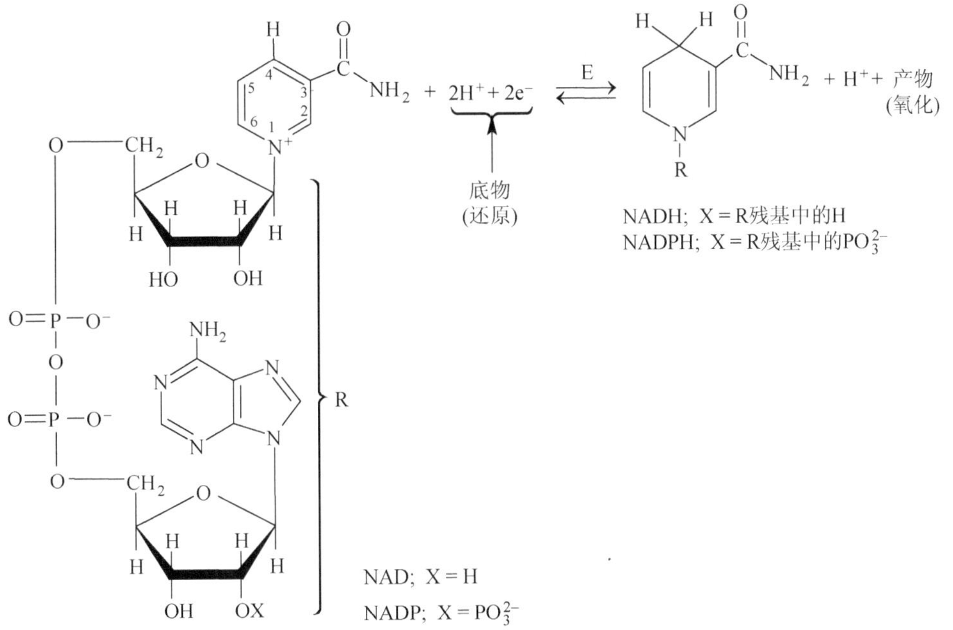

图 1.26　NAD$^+$ 和 NADP$^+$ 在氧化还原反应中的作用。NAD$^+$ 和 NADP$^+$ 接受质子分别被还原为 NADH 和 NADPH。NAD$^+$ 分子有一个净负电荷，上标"+"表示烟酰胺环中氮原子的正电荷。同样，NADP$^+$ 分子有三个净负电荷，上标"+"表示烟酰胺环中氮原子的正电荷。

复合物 II（琥珀酸脱氢酶）也称为琥珀酸-辅酶 Q 还原酶，它包含 FeS 中心和共价结合的 FAD。随着 2 个电子和 2 个质子从 FAD 转移至 FADH$_2$（图 1.27），这种酶将琥珀酸氧化成延胡索酸。FADH$_2$ 提供的电子和质子通过 FeS 中心到达辅酶 Q，产生辅酶 QH$_2$。在这些氧化过程中释放的自由能量不足以将质子从线粒体基质泵入膜间隙。因此，复合物 II 不是质子泵，不能跨线粒体内膜产生电化学梯度，因此不能合成 ATP。

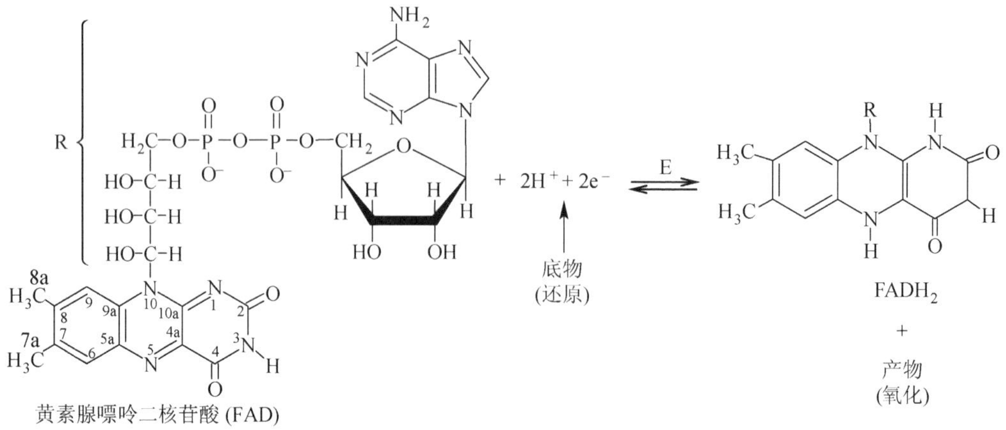

图 1.27　FAD 在氧化还原反应中的作用。FAD 接受来自还原剂（如琥珀酸酯）的 2 个质子，被还原成 $FADH_2$。在线粒体中，脂肪酸的 β-氧化和乙酰辅酶 A 的氧化产生 $FADH_2$。这种还原当量通过呼吸链氧化为 FAD，生成 H_2O 和 ATP。

复合物Ⅲ也称为细胞色素 c 还原酶（细胞色素 c 还原酶的辅酶 Q 或细胞色素 bc_1 复合体）。这种复合物含有细胞色素 b、细胞色素 c_1（水溶性的、移动电子载体）和一个可以结合一个电子的血红素基团的 Rieske 硫铁蛋白。复合物Ⅲ是一个细胞色素 b 和一个细胞色素 c_1 的二聚体，Rieske 硫铁蛋白的球形头在细胞色素 b 和 c_1 之间移动。因为细胞色素一次只能接受一个电子，来自泛醇（$CoQH_2$）的两个电子通过一系列涉及铁硫簇和血红素的反应而被转移到细胞色素 c 上，此过程称为 Q-循环。总体来说，复合物Ⅲ从泛醇中转移两个电子和两个质子到细胞色素 b_1。与复合物Ⅰ一样，氧化反应释放的能量驱动了 4 个质子从线粒体基质转移到线粒体膜间隙，在线粒体内膜产生一个电化学梯度，以此来通过 1 个 ADP 分子和 1 个 Pi 分子合成 1 个 ATP 分子。

复合物Ⅳ也称为细胞色素 c 氧化酶。它由 13 个亚基组成，分别是由线粒体 DNA 编码的 3 个亚基和核 DNA 编码的 10 个亚基。细胞色素 c 氧化酶含有细胞色素 a 和 a_3 及两个铜中心——Cu_A 和 Cu_B。复合物Ⅳ从还原型的细胞色素 c 转移 2 个电子和 2 个质子至 $1/2\ O_2$ 作为 NADH + H^+ 和 $FADH_2$ 的最终氧化剂（即来自 NADH + H^+ 或 $FADH_2$ 的 2 个电子的终端受体），产生 H_2O。氧化反应过程中释放的能量由复合物Ⅳ用于将 4 个质子从线粒体基质泵入线粒体膜间隙。然而，4 个质子中的 2 个从线粒体膜间隙泵入细胞液中，产生超氧阴离子（O_2^-），而剩下的 2 个质子在线粒体内膜内形成一个较小的电化学梯度。因此，只有 2 个质子从线粒体膜间腔转移到 ATP 合成酶的 F_0-F_1 复合体中，并且电化学电位只足够将 1/2 ADP 和 1/2 Pi 分子合成 1/2 ATP 分子。请注意，由于 2 个电子从线粒体膜间隙被释放到细胞质中，超氧阴离子的产生率（氧化应激）与细胞内 ATP 的生成率（饮食能量摄入）呈正相关。

电子在线粒体的呼吸链中传输而产生 ATP 的效率约为 80%。具体来说，1 个 NADH + H^+ 分子在复合物Ⅰ、Ⅲ和Ⅳ中的氧化所释放出的能量可被 ATP 合成酶利用，分别合成 1 个、1 个和 0.5 个 ATP 分子。合成 1 个 ATP 分子需要 1 个 ADP 分子和 1 个 Pi 分子。所以，1 个 NADH + H^+ 分子的完全氧化，将 2 个电子和 2 个质子从 NADH + H^+ 转移给 $1/2\ O_2$，从 2.5 个 ADP 分子和 2.5 个 Pi 分子中产生 2.5 个 ATP 分子，其 P/O 值为 2.5（即每耗 1 个氧原子能合成的 ATP 分子的数量），而不是一个理论值为 3 的 P/O 值。$FADH_2$ 的氧化不涉及复合物Ⅰ。但是，1 个 $FADH_2$ 分子在复合物Ⅲ和Ⅳ中的氧化所释放出的能量可被 ATP 合成酶利用，分别合成 1 个和 0.5 个 ATP 分子。所以，1 个 $FADH_2$ 分子的完全氧化，将 2 个电子和 2 个质子从 $FADH_2$ 转移给 $1/2\ O_2$，从 1.5 个 ADP 分子和 1.5 个 Pi 分子中产生 1.5 个 ATP 分子，其 P/O 值为 1.5，而不是一个理论值为 2 的 P/O 值。1mol 乙酰辅酶 A 通过细胞中三羧酸循环和呼吸链的氧化生成 3 mol $NADH + H^+$（相当于 7.5 mol ATP）、1 mol $FADH_2$（相当于 1.5 mol ATP），以及 1 mol GTP（由琥珀酸硫激酶催化，相当于 1 mol ATP），亦即一共 10 mol ATP。

1.4.3.3 氧化磷酸化的解偶联剂和电子传递系统的抑制剂

解偶联蛋白-1 将氧化反应与 ATP 的合成分开。这种蛋白质在棕色脂肪组织中能够特异性表达（Wu et al., 2012）。解偶联蛋白-1 完全局限于线粒体膜，并为电子从线粒体膜间隙转移到线粒体基质的运动提供了一个孔隙，使该电子不能通过 ATP 合成酶的 F_0-F_1 复合体。因此，线粒体的电子传递是与 ATP 合成相分开的，并且由 $NADH + H^+$ 和 $FADH_2$ 的氧化释放出的能量作为热量而消散。因此，在氧化磷酸化的解偶联过程中，尽管 O_2 被细胞消耗，电子在线粒体呼吸链中的传输不能生成 ATP。在许多哺乳动物（包括人、大鼠、小鼠、牛和绵羊）中，棕色脂肪组织在妊娠中期或晚期开始发育，并且在新生儿中大量存在，大多数棕色脂肪组织位于肾脏、心脏和颈部附近。脂肪酸在棕色脂肪组织中氧化，对于这些物种的新生儿的非战栗性抖动产热保暖起到主要作用，特别是暴露于寒冷的环境中时（Cannon and Nedergaard, 2004）。棕色脂肪组织也可以氧化葡萄糖（Pravenec et al., 2016）、谷氨酰胺和亮氨酸（Xi et al., 2010）。值得注意的是，一些动物（如猪和鸡）在其生命周期的任何阶段都不含有棕色脂肪组织（Satterfield and Wu, 2011）。

除了解偶联蛋白-1，哺乳动物在白色脂肪组织、胃、脾、肺中也表达解偶联蛋白-2，而且解偶联蛋白-3 也在骨骼肌、心脏、肝、脾和胸腺中表达（Mailloux and Harper, 2011）。在这些组织中的解偶联蛋白-2 和解偶联蛋白-3（线粒体膜的载体转运蛋白）的主要功能表现为抑制线粒体产生活性氧，而不是促进产热。此外，一些化学品（如质子载体）可以通过降低线粒体内膜质子浓度作为线粒体氧化磷酸化的解偶联剂（表 1.9）。具体而言，这些化学物质是脂溶性的（如 2,4-二硝基苯酚-O^-），并且接受线粒体膜间隙中的质子（在这个区域，质子浓度比较高）来形成质子化的分子（如 2,4-二硝基苯酚-OH）。质子化的分子迅速扩散到线粒体基质，在此处，由于 H^+ 的浓度相对较低，在线粒体膜间隙中被接载的质子发生解离。由于一个质子加入到线粒体内膜的一个解偶联剂上（此过程被称为质子化），在 $NADH + H^+$ 和 $FADH_2$ 的氧化过程中从线粒体基质转移到线粒体膜间隙的电子不进入 ATP 合成酶的 F_0-F_1 域，导致不产生 ATP。

除了氧化磷酸化的内源性和外源性解偶联剂之外，一些有毒物质还可以通过直接抑制电子传递系统中的酶或蛋白质从而阻止 ATP 合成酶利用 ADP 和 Pi 来合成 ATP。这些物质列于表 1.9。我们应该小心谨慎，确保此类有毒化学品不要出现在动物的任何饮食中。值得注意的是，虽然生理水平的 CO 和 NO 刺激有机体的能量代谢，但高浓度的这些气体通过抑制复合物Ⅰ–Ⅳ来减少 ATP 的产生（Dai et al., 2013）。这进一步强调了均衡饮食在哺乳动物、鸟类、鱼类和其他动物的健康及福利中的重要性。

表 1.9　氧化磷酸化解偶联剂和抑制剂阻断线粒体电子传递系统由 ADP 和无机磷酸盐合成 ATP

物质	反应	评论阐释
解偶联蛋白-1	氧化磷酸化的解偶联剂	在许多动物的棕色脂肪组织中表达
2,4-二硝基苯酚	氧化磷酸化的解偶联剂	化学合成的物质
双香豆素	氧化磷酸化的解偶联剂	天然的抗凝剂
鱼藤酮	复合物 I 的抑制剂	植物根中常见的杀虫剂
粉蝶霉素	复合物 I 的抑制剂	化学合成的物质
异戊巴比妥	复合物 I 的抑制剂	化学合成的物质
汞制剂	复合物 I 的抑制剂	汞的衍生物（有毒物质）
杜冷丁	复合物 I 的抑制剂	又名哌替啶、化学合成的物质
丙二酸	复合物 II 的抑制剂	结合到靶酶的活性部位
萎锈灵	复合物 II 的抑制剂	化学合成的一种农药
2-噻吩甲酰三氟丙酮	复合物 II 的抑制剂	化学合成的螯合物
抗霉素	复合物 III 的抑制剂	链霉菌属细菌的产生
二巯基丙醇	复合物 III 的抑制剂	通过螯合法处理金属毒性
氰化物	复合物 IV 的抑制剂	化学合成的物质
叠氮化物	复合物 IV 的抑制剂	化学合成的物质
硫化氢（H_2S）	复合物 IV 的抑制剂	半胱氨酸的代谢物；化学合成的物质
一氧化碳（高剂量）	复合物 IV 的抑制剂	血红素的代谢产物；化学合成的物质
一氧化氮（高剂量）	复合物 I –IV 的抑制剂	精氨酸的代谢物；化学合成的物质
二亚胺（DCCD）	ATP 合成酶抑制剂	蛋白质羧基的共价键合
寡霉素	ATP 合成酶抑制剂	结合 F_0 并且阻止电子进入 F_0-F_1-ATP 酶复合物

资料来源：Cooper, G.M. and R.E. Hausman. 2016. *The Cell: A Molecular Approach*. Sinauer Associates, Sunderland, MA; Devlin, T.M. 2011. *Textbook of Biochemistry with Clinical Correlations*. John Wiley & Sons, New York, NY。

1.5　小　　结

　　营养素是动物维持生命、生长、发育、泌乳和繁殖所需的物质。饲料的概略养分分析传统上提供有关它们的水和干物质含量的有用信息，其中干物质包括粗蛋白质、粗脂肪、矿物质、粗纤维和其他碳水化合物。现代分析方法使测定蛋白质中氨基酸的组成、游离脂肪酸及其衍生物、单糖和复合糖、常量和微量元素以及水溶性和脂溶性维生素成为可能。迄今为止，已知有超过 40 种营养素对哺乳动物、鸟类、鱼类和甲壳类至关重要。在神经系统的控制和感官的影响下，动物摄入饲料和水以满足它们的营养需要。此外，当将营养物归类为非必需的、有条件的必需或必需时，必须考虑动物的生理状态（如怀孕、泌乳、哺乳和断奶）。

　　膳食营养素的利用（包括在线粒体中通过三羧酸循环和电子传递系统对营养素进行生物氧化以产生 ATP）取决于良好的生物化学和生理过程。它们包括：①胃肠道的消化吸收；②通过循环系统（包括毛细血管）吸收营养物质；③毛细淋巴管吸收过量的间质液，并将其转移至淋巴管，以返回血液循环；④呼吸系统供应氧；⑤酶、辅酶和营养素辅基因子在一系列复杂的代谢途径（如糖酵解、糖异生、三羧酸循环、尿素循环、细胞内蛋白质的周转、β-氧化、酮体生成、氨基己糖的合成，一碳单元转移和线粒体电子传递系统）中扮演重要角色；⑥在肾脏中，肾小管腔（如近端小管）内的营养素和碳酸氢盐被重吸收回流到血液；⑦通过肾脏、肺和皮肤排出代谢物。值得注意的是，代谢途径具有区域性（如细胞质、细胞核、线粒体、核糖体和溶酶体，并且因细胞、组织、物种和年龄的不同而异。各种激素（如胰岛素、胰高血糖素、生长因子、甲状腺激素、糖皮质激素、孕酮、雌激素和脂联素）调节代谢途径，这对动物生长（主要是肌肉骨骼生长和胎儿生长）、免疫力、健康和生存至关重要。在动物中，营养素的缺乏会引起广泛的代谢疾病，如表 1.10 所示。因此，有必要充分了解动物营养学的原理，以发展均衡的饮食，提高全球牲畜、家禽和鱼类生产的效率，以及改善所有动物的健康和福利。

表 1.10　动物的代谢疾病、营养缺乏症或代谢紊乱疾病

代谢性疾病	原因
非反刍动物	
肺性高血压（家禽）	缺乏精氨酸；一氧化氮的合成或活性不足
高钾型周期性瘫痪（HYPP，马）	血钾升高和钠通道缺陷
低血糖（猪）	血液中的葡萄糖浓度低
猪应激综合征（热应激和浅软性渗出性猪肉）	抗氧化营养素的缺乏；氧化应激的存在
反刍动物	
牲畜缺镁症（放牧低镁血症）	牛的镁（Mg）缺乏症；绵羊也易遭受这种疾病
奶牛酮病	膳食能量的摄入不足而引起的大量的脂肪动员
乳热症（产后瘫痪，奶牛）	缺乏钙
妊娠毒血症（最常见于绵羊）	膳食能量的摄入不足而引起的大量的脂肪动员
低脂牛奶综合征（乳脂肪抑制）	过量产生反-10,顺-12-共轭亚油酸（奶牛）
瘤胃膨胀（瘤胃鼓胀）	瘤胃内气体过剩
瘤胃酸中毒	瘤胃内乳酸的过量积累
反刍和非反刍动物	
羊毛异常（绵羊）	缺乏铜
脱毛（毛发或羽毛脱落；秃头）	缺乏维生素（特别是烟酸、核黄素、生物素和泛酸）和蛋白质/氨基酸
贫血	缺乏维生素 B_{12}、维生素 E、维生素 K、叶酸、铁和蛋白质/氨基酸
脚气病（beriberi）	由硫胺素缺乏引起的病（腿部疾病，包括虚弱、水肿、疼痛和瘫痪）
毛细血管脆性	缺乏维生素 C 和铁
心肌病与骨骼肌肌病	缺乏维生素 E、牛磺酸和蛋白质
唇干裂[a]和口角炎[b]（同时发生）	缺乏核黄素
糖尿病	由于胰岛素缺乏或组织（如骨骼肌）对胰岛素不敏感而导致血液中葡萄糖浓度升高
水肿（液体积聚异常）	缺乏蛋白质/氨基酸和硫胺素
甲状腺肿大	缺乏碘
痛风	精氨酸的缺乏而引起的过量尿酸堆积
哈特纳普（Hartnup）病	小肠对日粮色氨酸的吸收受损
出血（失血）	缺乏铁，维生素 K、E、C 和蛋白质/氨基酸

续表

代谢性疾病	原因
高同型半胱氨酸血症	缺乏维生素 B_6、B_{12} 和叶酸；过度摄入含硫氨基酸（蛋氨酸和半胱氨酸）
高氨血症	缺乏精氨酸和锰；氨基酸的过量摄入
高血压	缺乏精氨酸；膳食钠过量摄入
受损的凝血	缺乏维生素 K
雄性和雌性生育能力受损和胎儿死亡	缺乏营养素，特别是维生素 A 和 E、锌、精氨酸和磷
生长发育障碍和全身无力	缺乏营养素，尤其是蛋白质/氨基酸，n-3、n-6 多不饱和脂肪酸，维生素和矿物质
克山病	硒的缺乏而导致氧化应激
恶性营养不良（Kwashiorkor）	主要是膳食蛋白质和氨基酸的严重缺乏
肝硬化（实质细胞变性）	缺乏胆碱和精氨酸；过量氨的积累
肝肾脂肪变性	多余脂肪堆积而导致组织退化
低食欲	缺乏营养素，尤其是蛋白质/氨基酸，n3、n6 多不饱和脂肪酸，维生素（如烟酸）和矿物质
消瘦（marasmus）	主要是蛋白质和能量在饮食中的严重缺乏
神经管缺陷	缺乏叶酸；同型半胱氨酸的积累
糙皮病（pellagra，玉米红斑病）	烟酸缺乏而导致的病
畏光	缺乏核黄素
佝偻病和骨软化症	缺乏维生素 D 与钙
坏血病（牙龈出血）	缺乏维生素 C
眼干燥症、角膜软化症	缺乏维生素 A

[a] 口角有裂纹和裂缝。[b] 口腔黏膜发炎。

（译者：苏 勇）

参 考 文 献

Alderton, W.K., C.E. Cooper, and R.G. Knowles. 2001. Nitric oxide synthases: Structure, function and inhibition. *Biochem. J.* 357:593–615.

Argenzio, R.A. 1993. General functions of the gastrointestinal tract and their control and integration. In: *Dukes' Physiology of Domestic Animals*. Edited by M.J. Swenson and W.O. Reece. Cornell University Press, Ithaca, NY, pp. 325–348.

Asher, G. and Sassone-Corsi P. 2015. Time for food: The intimate interplay between nutrition, metabolism, and the circadian clock. *Cell* 161:84–92.

Avissar, N.E., H.T. Wang, J.H. Miller, P. Iannoli, and H.C. Sax. 2000. Epidermal growth factor receptor is increased in rabbit intestinal brush border membrane after small bowel resection. *Dig. Dis. Sci.* 45:1145–1152.

Baker, D.H. 2005. Comparative nutrition and metabolism: Explication of open questions with emphasis on protein and amino acids. *Proc. Natl. Acad. Sci. USA* 102:17897–17902.

Baracos, V.E. 2006. Integration of amino acid metabolism during intense lactation. *Curr. Opin. Clin. Nutr. Metab. Care* 9:48–52.

Barboza, P.S., K.L. Parker, and I.D. Hume. 2009. *Integrative Wildlife Nutrition*. Springer, New York, NY.

Barminko, J., B. Reinholt, and M.H. Baron. 2016. Development and differentiation of the erythroid lineage in mammals. *Dev. Comp. Immunol.* 58:18–29.

Barrett, K.E. 2014. *Gastrointestinal Physiology*. McGraw Hill, New York, NY.

Bauman, D.E., K.J. Harvatine, and A.L. Lock. 2011. Nutrigenomics, rumen-derived bioactive fatty acids, and the regulation of milk fat synthesis. *Annu. Rev. Nutr.* 31:299–319.

Bazer F.W., G.A. Johnson, and G. Wu. 2015. Amino acids and conceptus development during the peri-implantation period of pregnancy. *Adv. Exp. Med. Biol.* 843:23–52.

Bazer, F.W., G. Wu, G.A. Johnson, and X. Wang. 2014. Environmental factors affecting pregnancy: Endocrine disrupters, nutrients and metabolic pathways. *Mol. Cell. Endocrinol.* 398:53–68.

Bazer, F.W., G. Wu, T.E. Spencer, G.A. Johnson, R.C. Burghardt, and K. Bayless. 2010. Novel pathways for implantation and establishment and maintenance of pregnancy in mammals. *Mol. Hum. Reprod.* 16:135–152.

Beitz, D.C. 1993. Carbohydrate metabolism. In: *Dukes' Physiology of Domestic Animals.* Edited by M.J. Swenson and W.O. Reece. Cornell University Press, Ithaca, NY, pp. 437–472.

Bennett, B.J., K.D. Hall, F.B. Hu, A.L. McCartney, and C. Roberto. 2015. Nutrition and the science of disease prevention: A systems approach to support metabolic health. *Ann. N.Y. Acad. Sci.* 1352:1–12.

Bergen, W.G. 2007. Contribution of research with farm animals to protein metabolism concepts: A historical perspective. *J. Nutr.* 137:706–710.

Bergen, W.G. and G. Wu. 2009. Intestinal nitrogen recycling and utilization in health and disease. *J. Nutr.* 139:821–825.

Blaxter, K.L. 1989. *Energy Metabolism in Animals and Man.* Cambridge University Press, New York, NY.

Bondi, A.A. 1987. *Animal Nutrition.* John Wiley & Sons, New York, NY.

Booijink, C.C.G.M. 2009. Analysis of diversity and function of the human small intestinal microbiota. *Ph.D. Thesis.* Wageningen University, Wageningen, the Netherlands.

Boron, W.F. 2004. *Medical Physiology: A Cellular and Molecular Approach.* Elsevier, New York, NY.

Brewer, N.R. 2006. Biology of the rabbit. *J. Am. Assoc. Lab. Anim. Sci.* 45:8–24.

Brodal, P. 2004. *The Central Nervous System: Structure and Function.* Oxford University Press, Cambridge, UK.

Brosnan, J.T. 2005. Metabolic design principles: Chemical and physical determinants of cell chemistry. *Adv. Enzyme Regul.* 45:27–36.

Brosnan, M.E., L. MacMillan, J.R. Stevens, and J.T. Brosnan. 2015. Division of labour: How does folate metabolism partition between one-carbon metabolism and amino acid oxidation? *Biochem. J.* 472:135–146.

Burrin, D.G., B. Stoll, R.H. Jiang, X.Y. Chang, B. Hartmann, J.J. Holst, G.H. Greeley, and P.J. Reeds. 2000. Minimal enteral nutrient requirements for intestinal growth in neonatal piglets: How much is enough? *Am. J. Clin. Nutr.* 71:1603–1610.

Calder, P.C. 2006. Branched-chain amino acid and immunity. *J. Nutr.* 136:233S–288S.

Campbell, T.W. 1995. *Avian Hematology and Cytology.* Iowa State University Press, Ames, IA.

Cannon, B. and J. Nedergaard. 2004. Brown adipose tissue: Function and physiological significance. *Physiol. Rev.* 84:277–359.

Cheeke, P.R. and E.S. Dierenfeld. 2010. *Comparative Animal Nutrition and Metabolism.* CABI, Wallingford, UK.

Clemens, E.T., C.E. Stevenes, and M. Southworth. 1975. Site of organic acid production and pattern of digesta movement in gastrointestinal tract of geese. *J. Nutr.* 105:1341–1350.

Cooper, G.M. and R.E. Hausman. 2016. *The Cell: A Molecular Approach.* Sinauer Associates, Sunderland, MA.

Coverdale, J.A., J.A. Moore, H.D. Tyler and P.A. Miller-Auwerda. 2004. Soybean hulls as an alternative feed for horses. *J. Anim. Sci.* 82:1663–1668.

Croze, E.M. and D.J. Morré. 1984. Isolation of plasma membrane, Golgi apparatus, and endoplasmic reticulum fractions from single homogenization of mouse liver. *J. Cell Physiol.* 119:46–57.

Dai, Z.L., Z.L. Wu, S.Q. Hang, W.Y. Zhu, and G. Wu. 2015. Amino acid metabolism in intestinal bacteria and its potential implications for mammalian reproduction. *Mol. Hum. Reprod.* 21:389–409.

Dai, Z.L., Z.L. Wu, S.C. Jia, and G. Wu. 2014. Analysis of amino acid composition in proteins of animal tissues and foods as pre-column o-phthaldialdehyde derivatives by HPLC with fluorescence detection. *J. Chromatogr.* B. 964:116–127.

Dai, Z.L., Z.L. Wu, Y. Yang, J.J. Wang, M.C. Satterfield, C.J. Meininger, F.W. Bazer, and G. Wu. 2013. Nitric oxide and energy metabolism in mammals. *BioFactors* 39:383–391.

Dallas, S. and E. Jewell. 2014. *Animal Biology and Care.* Wiley-Blackwell, London, UK.

Davies, R.R. and J.A.E.R. Davies. 2003. Rabbit gastrointestinal physiology. *Vet. Clin. Exot. Anim.* 6:139–153.

Davis, T.A., M.L. Fiorotto, D.G. Burrin, P.J. Reeds, H.V. Nguyen, P.R. Beckett, R.C. Vann, and P.M. O'Connor. 2002. Stimulation of protein synthesis by both insulin and amino acids is unique to skeletal muscle in neonatal pigs. *Am. J. Physiol. Endocrinol. Metab.* 282:E880–E890.

De Duve, C. 1971. Tissue fractionation: Past and present. *J. Cell Biol.* 50:20D–55D.

Dellschaft, N.S., M.R. Ruth, S. Goruk, E.D. Lewis, C. Richard, R.L. Jacobs, J.M. Curtis, and C.J. Field. 2015. Choline is required in the diet of lactating dams to maintain maternal immune function. *Br. J. Nutr.* 113:1723–1731.

Devlin, T.M. 2011. *Textbook of Biochemistry with Clinical Correlations.* John Wiley & Sons, New York, NY.

Dillon, E.L., D.A. Knabe, and G. Wu. 1999. Lactate inhibits citrulline and arginine synthesis from proline in pig enterocytes. *Am. J. Physiol.* 276:G1079–G1086.

Dyce, K.M., W.O. Sack, and C.J.G. Wensing. 1996. *Textbook of Veterinary Anatomy.* W.B. Saunders Company, Philadelphia, PA.

Farmer, C. 1997. Did lungs and the intracardiac shunt evolve to oxygenate the heart in vertebrates? *Paleobiology* 23:358–372.

Fell, D. 1997. *Understanding the Control of Metabolism.* Portland Press, London, UK.

Ferguson, R.A. and R.G. Boutilier. 1989. Metabolic-membrane coupling in red blood cells of trout: The effects of anoxia and adrenergic stimulation. *J. Exp. Biol.* 143:149–164.

Field, C.J., I.R. Johnson, and P.D. Schley. 2002. Nutrients and their role in host resistance to infection. *J. Leukoc. Biol.* 71:16–32.

Firkins, J.L., Z. Yu, and M. Morrison. 2007. Ruminal nitrogen metabolism: Perspectives for integration of microbiology and nutrition for dairy. *J. Dairy Sci.* 90 (Suppl. 1):E1–E16.

Ford, S.P., B.W. Hess, M.M. Schwope, M.J. Nijland, J.S. Gilbert, K.A. Vonnahme, W.J. Means, H. Han, and P.W. Nathanielsz. 2007. Maternal undernutrition during early to mid-gestation in the ewe results in altered growth, adiposity, and glucose tolerance in male offspring. *J. Anim. Sci.* 85:1285–1294.

Fox, J.G., L.C. Anderson, F.M. Loew, and F.W. Quimby. 2002. *Laboratory Animal Medicine.* Academic Press, New York, NY.

Friedman, M. 2008. *Principles and Models of Biological Transport.* Springer, New York, NY.

Gashev, A.A. and D.C. Zawieja. 2010. Hydrodynamic regulation of lymphatic transport and the impact of aging. *Pathophysiology* 17:277–287.

Gilbert, A.B. 1971. Transport of the egg through the oviduct ad oviposition. In: *Physiology and Biochemistry of the Domestic Fowl.* Edited by D.J. Bell and B.M. Freeman. Academic Press, London, UK, pp. 1345–1352.

Granger, H.J., M.E. Schelling, R.E. Lewis, D.C. Zawieja, and C.J. Meininger. 1988. Physiology and pathobiology of the microcirculation. *Am. J. Otolaryngol.* 9:264–277.

Guyton, A.C., T.G. Coleman, and H.J. Granger. 1972. Circulation: Overall regulation. *Annu. Rev. Physiol.* 34:13–46.

Guyton, A.C. and J.E. Hall. 2000. *Textbook of Medical Physiology.* W.B. Saunders Company, Philadelphia, PA.

Häussinger, D., W.H. Lamers, and A.F. Moorman. 1992. Hepatocyte heterogeneity in the metabolism of amino acids and ammonia. *Enzyme* 46:72–93.

Hill, K.J. 1971. The structure of the alimentary tract. In: *Physiology and Biochemistry of the Domestic Fowl.* Edited by D.J. Bell and B.M. Freeman. Academic Press, London, UK, pp. 91–169.

Hou, Y.Q., K. Yao, Y.L. Yin, and G. Wu. 2016. Endogenous synthesis of amino acids limits growth, lactation and reproduction of animals. *Adv. Nutr.* 7:331–342.

Hou, Y.Q., Y.L. Yin, and G. Wu. 2015. Dietary essentiality of "nutritionally nonessential amino acids" for animals and humans. *Exp. Biol. Med.* 240:997–1007.

Hu, S.D., X.L. Li, R. Rezaei, C.J. Meininger, C.J. McNeal, and G. Wu. 2015. Safety of long-term dietary supplementation with L-arginine in pigs. *Amino Acids* 47:925–936.

Hungate, R.E. 1966. *The Rumen and Its Microbes.* Academic Press, New York, NY.

Iyer, A., L. Brown, J.P. Whitehead, J.B. Prins, and D.P. Fairlie. 2015. Nutrient and immune sensing are obligate pathways in metabolism, immunity, and disease. *FASEB J.* 29:3612–3625.

Jungermann, K. and T. Keitzmann. 1996. Zonation of parenchymal and nonparenchymal metabolism in liver. *Annu. Rev. Nutr.* 16:179–203.

Kaeser, P.S. and W.G. Regehr. 2014. Molecular mechanisms for synchronous, asynchronous, and spontaneous neurotransmitter release. *Annu. Rev. Physiol.* 76:333–363.

Kim, S.W. and G. Wu. 2004. Dietary arginine supplementation enhances the growth of milk-fed young pigs. *J. Nutr.* 134:625–630.

King, A.S. and V. Molony. 1971. The anatomy of respiration. In: *Physiology and Biochemistry of the Domestic Fowl.* Edited by D.J. Bell and B.M. Freeman. Academic Press, London, UK, pp. 91–169.

Klein, R.M. and J.C. McKenzie. 1983. The role of cell renewal in the ontogeny of the intestine. I. Cell proliferation patterns in adult, fetal, and neonatal intestine. *J. Pediatr. Gastroenterol. Nutr.* 2:10–43.

Kobayashi, I., F. Katakura, and T. Moritomo. 2016. Isolation and characterization of hematopoietic stem cells in teleost fish. *Dev. Comp. Immunol.* 58:86–94.

Kwon, H., T.E. Spencer, F.W. Bazer, and G. Wu. 2003. Developmental changes of amino acids in ovine fetal fluids. *Biol. Reprod.* 68:1813–1820.

Laale, H.W. 1977. The biology and use of zebrafish, *Brachydanio rerio*, in fisheries research: A literature review. *J. Fish Biol.* 10:121–173.

Lake, P.E. 1971. The male in reproduction. In: *Physiology and Biochemistry of the Domestic Fowl*. Edited by D.J. Bell and B.M. Freeman. Academic Press, London, UK, pp. 1411–1447.

Lebeck, J. 2014. Metabolic impact of the glycerol channels AQP7 and AQP9 in adipose tissue and liver. *J. Mol. Endocrinol.* 52:R165–178.

Lemasters, J.J. and E. Holmuhamedov. 2006. Voltage-dependent anion channel (VDAC) as mitochondrial governator—Thinking outside the box. *Biochim. Biophys. Acta* 1762:181–190.

Li, D.F., J.L. Nelssen, P.G. Reddy, F. Blecha, J.D. Hancock, G.L. Allee, R.D. Goodband, and R.D. Klemm. 1990. Transient hypersensitivity to soybean meal in the early-weaned pig. *J. Anim. Sci.* 68:1790–1799.

Li, X.L., R. Rezaei, P. Li, and G. Wu. 2011. Composition of amino acids in feed ingredients for animal diets. *Amino Acids* 40:1159–1168.

Li, Y.S., W.F. Xiao, W. Luo, C. Zeng, W.K. Ren, G. Wu, and G.H. Lei. 2016. Alterations of amino acid metabolism in osteoarthritis: Its implications for nutrition and health. *Amino Acids* 48:907–914.

Li, P., Y.L. Yin, D.F. Li, S.W. Kim, and G. Wu. 2007. Amino acids and immune function. *Br. J. Nutr.* 98:237–252.

Liao, S.F., D.L. Harmon, E.S. Vanzant, K.R. McLeod, J.A. Boling, and J.C. Matthews. 2010. The small intestinal epithelia of beef steers differentially express sugar transporter messenger ribonucleic acid in response to abomasal versus ruminal infusion of starch hydrolysate. *J. Anim. Sci.* 88:306–314.

Lu, D.X. 2014. Systems nutrition: An innovation of A scientific system in animal nutrition. *Front. Biosci.* 6:55–61.

Madara, J.L. 1991. Functional morphology of epithelium of the small intestine. In: *Handbook of Physiology: The Gastrointestinal System*. Edited by S.G. Shultz. American Physiological Society, Bethesda, MD, pp. 83–120.

Mailloux, R.J. and M.E. Harper. 2011. Uncoupling proteins and the control of mitochondrial reactive oxygen species production. *Free Radic. Biol. Med.* 51:1106–1115.

Marliss, E.B., A.F. Nakhooda, P. Poussier, and A.A. Sima. 1982. The diabetic syndrome of the "BB" Wistar rat: Possible relevance to type 1 (insulin-dependent) diabetes in man. *Diabetologia* 22:225–232.

McCorry, L.K. 2007. Physiology of the autonomic nervous system. *Am. J. Pharm. Educ.* 71(4):78.

McDonald, P., R.A. Edwards, J.F.D. Greenhalgh, C.A. Morgan, and L.A. Sinclair. 2011. *Animal Nutrition*, 7th ed. Prentice Hall, New York, NY.

Meredith, D. 2009. The mammalian proton-coupled peptide cotransporter PepT1: Sitting on the transporter-channel fence? *Philos. Trans. R. Soc. Lond. B Biol. Sci.* 364:203–207.

Merriam-Webster. 2005. *The Merriam-Webster Dictionary*. Merriam-Webster Inc., Springfield, MA.

Moore, S.A., E. Yoder, and A.A. Spector. 1990. Role of the blood-brain barrier in the formation of long-chain omega-3 and omega-6 fatty acids from essential fatty acid precursors. *J. Neurochem.* 55:391–402.

Morgan, C.J., A.G.P. Coutts, M.C. McFadyen, T.P. King, and D. Kelly. 1996. Characterization of IGF-I receptors in the porcine small intestine during postnatal development. *J. Nutr. Biochem.* 7:339–347.

Mowat, A.M. 1987. The cellular basis of gastrointestinal immunity. In: *Immunopathology of the Small Intestine*. Edited by M.N. Marsh. John Wiley, London, UK, pp. 41–72.

National Research Council (NRC). 2002. *Scientific Advances in Animal Nutrition*. National Academies Press, Washington, DC.

National Research Council (NRC). 2012. *Nutrient Requirements of Swine*. National Academies Press, Washington, DC.

Nemere, I., N. Garcia-Garbi, G.J. Hämmerling, and Q. Winger. 2012. Intestinal cell phosphate uptake and the targeted knockout of the $1,25D_3$-MARRS receptor/PDIA3/ERp57. *Endocrinology* 153:1609–1615.

Oksbjerg, N., P.M. Nissen, M. Therkildsen, H.S. Møller, L.B. Larsen, M. Andersen, and J.F. Young. 2013. In utero nutrition related to fetal development, postnatal performance, and meat quality of pork. *J. Anim. Sci.* 91:1443–1453.

Oldham-Ott, C.K. and J. Gilloteaux. 1997. Comparative morphology of the gallbladder and biliary tract in vertebrates: Variation in structure, homology in function and gallstones. *Microsc. Res. Tech.* 38:571–597.

Ovadi, I. and V. Saks. 2004. On the origin of intracellular compartmentalization and organized metabolic systems. *Mol. Cell. Biochem.* 256:5–12.

Palmieri, F. and M. Monné. 2016. Discoveries, metabolic roles and diseases of mitochondrial carriers: A review. *Biochim. Biophys. Acta* 1863:2362–2378.

Pond, W.G., D.C. Church, and K.R. Pond. 1995. *Basic Animal Nutrition and Feeding*, 4th ed. John Wiley & Sons, New York, NY.

Pravenec, M., P. Mlejnek, V. Zídek, V. Landa, M. Šimáková, J. Šilhavý, H. Strnad et al. 2016. Autocrine effects of transgenic resistin reduce palmitate and glucose oxidation in brown adipose tissue. *Physiol. Genomics* 48:420–427.

Rappaport, A.M. 1958. The structural and functional unit in the human liver (liver acinus). *Anat. Rec.* 130:673–689.

Reece, W.O. 1993. Water balance and excretion. In: *Dukes' Physiology of Domestic Animals.* Edited by M.J. Swenson and W.O. Reece. Cornell University Press, Ithaca, NY, pp. 573–628.

Reynolds, L.P., M.C. Wulster-Radcliffe, D.K. Aaron, and T.A. Davis. 2015. Importance of animals in agricultural sustainability and food security. *J. Nutr.* 145:1377–1379.

Rezaei, R., W.W. Wang, Z.L. Wu, Z.L. Dai, J.J. Wang, and G. Wu. 2013. Biochemical and physiological bases for utilization of dietary amino acids by young pigs. *J. Anim. Sci. Biotechnol.* 4:7.

Roach, P.J., A.A. Depaoli-Roach, T.D. Hurley, and V.S. Tagliabracci. 2012. Glycogen and its metabolism: Some new developments and old themes. *Biochem. J.* 441:763–787.

Robinson, C.J., B.J.M. Bohannan, and V.B. Young. 2010. From structure to function: The ecology of host-associated microbial communities. *Microbiol. Mol. Biol. Rev.* 74:453–476.

Russell, J.B. and J.L. Rychlik. 2001. Factors that alter rumen microbial ecology. *Science* 292:1119–1122.

Sarin, H. 2010. Physiologic upper limits of pore size of different blood capillary types and another perspective on the dual pore theory of microvascular permeability. *J. Angiogenes. Res.* 2:14.

Satterfield, M.C. and G. Wu. 2011. Growth and development of brown adipose tissue: Significance and nutritional regulation. *Front. Biosci.* 16:1589–1608.

Savage, D.C. 1977. Microbial ecology of the gastrointestinal tract. *Ann. Rev. Microbiol.* 31:107–133.

Scallan, J., V.H. Huxley, and R.J. Korthuis. 2010. *Capillary Fluid Exchange: Regulation, Functions, and Pathology.* Morgan & Claypool Life Sciences, San Rafael, CA.

Scanes, C.G. 2009. Perspectives on the endocrinology of poultry growth and metabolism. *Gen. Comp. Endocrinol.* 163:24–32.

Schimke, R. and D. Doyle. 1970. Control of enzyme levels in animal tissues. *Annu. Rev. Biochem.* 39:929–976.

Schleicher, J., C. Tokarski, E. Marbach, M. Matz-Soja, S. Zellmer, R. Gebhardt, and S. Schuster. 2015. Zonation of hepatic fatty acid metabolism—The diversity of its regulation and the benefit of modeling. *Biochim. Biophys. Acta* 1851:641–656.

Sporns, O., D.R. Chialvo, M. Kaiser, and C.C. Hilgetag. 2004. Organization, development and function of complex brain networks. *Trends Cogn. Sci.* 8:418–425.

Srere, P.A. 1987. Complexes of sequential metabolic enzymes. *Annu. Rev. Biochem.* 56:89–124.

Steele, M.A., G.B. Penner, E. Chaucheyras-Durand, and L.L. Guan. 2016. Development and physiology of the rumen and the lower gut: Targets for improving gut health. *J. Dairy. Sci.* 99:4955–4966.

Stevens, C.E. and I.D. Hume. 1998. Contributions of microbes in vertebrate gastrointestinal tract to production and conservation of nutrients. *Physiol. Rev.* 78:393–427.

Stocco, D.M. 2000. Intramitochondrial cholesterol transfer. *Biochim. Biophys. Acta* 1486:184–197.

Tharwat, M., F. Al-Sobayil, A. Ali, and S. Buczinski. 2012. Transabdominal ultrasonographic appearance of the gastrointestinal viscera of healthy camels (*Camelus dromedaries*). *Res. Vet. Sci.* 93:1015–1020.

Thompson, J.R., G. Weiser, K. Seto, and A.L. Black. 1975. Effect of glucose load on synthesis of plasma glucose in lactating cows. *J. Dairy Sci.* 58:362–370.

Watford M. 1991. The urea cycle: A two-compartment system. *Essays Biochem.* 26:49–58.

Wilson, E.O. 1992. *The Diversity of Life.* Harvard University Press, Cambridge, MA.

Van Soest, P.J. 1967. Development of a comprehensive system of feed analyses and its application to forages. *J. Anim. Sci.* 26:119–128.

Van Soest, P.J. and R.H. Wine. 1967. Use of detergents in the analysis of fibrous feeds. IV. Determination of plant cell-wall constituents. *J. Assoc. Off. Anal. Chem.* 50:50–55.

Vernon, H.J. 2015. Inborn errors of metabolism: Advances in diagnosis and therapy. *JAMA Pediatr.* 169:778–782.

Vieira, R.A., L.O. Tedeschi, and A. Cannas. 2008. A generalized compartmental model to estimate the fibre mass in the ruminoreticulum: 2. Integrating digestion and passage. *J. Theor. Biol.* 255:357–368.

Weber-Lotfi, F., M.V. Koulintchenko, N. Ibrahim, P. Hammann, D.V. Mileshina, Y.M. Konstantinov, and A. Dietrich. 2015. Nucleic acid import into mitochondria: New insights into the translocation pathways. *Biochim. Biophys. Acta* 1853:3165–3181.

Weiner, I.D. and J.W. Verlander. 2011. Role of NH_3 and NH_4 transporters in renal acid-base transport. *Am. J. Physiol. Renal Physiol.* 300:F11–F23.

Wickersham, T.A., E.C. Titgemeyer, and R.C. Cochran. 2009. Methodology for concurrent determination of urea kinetics and the capture of recycled urea nitrogen by ruminal microbes in cattle. *Animal* 3:372–379.

Wilson, J.M. and L.F.C. Castro. 2011. Morphological diversity of the gastrointestinal tract in fishes. *Fish Physiol.* 30:1–55.

Wu, G. 2013. *Amino Acids: Biochemistry and Nutrition.* CRC Press, Boca Raton, FL.

Wu, G., F.W. Bazer, and H.R. Cross. 2014a. Land-based production of animal protein: Impacts, efficiency, and sustainability. *Ann. N.Y. Acad. Sci.* 1328:18–28.

Wu, G., F.W. Bazer, W. Tuo, and S.P. Flynn. 1996. Unusual abundance of arginine and ornithine in porcine allantoic fluid. *Biol. Reprod.* 54:1261–1265.

Wu, G., F.W. Bazer, J.M. Wallace, and T.E. Spencer. 2006. Intrauterine growth retardation: Implications for the animal sciences. *J. Anim. Sci.* 84:2316–2337.

Wu, G., J. Fanzo, D.D. Miller, P. Pingali, M. Post, J.L. Steiner, and A.E. Thalacker-Mercer. 2014b. Production and supply of high-quality food protein for human consumption: Sustainability, challenges and innovations. *Ann. N.Y. Acad. Sci.* 1321:1–19.

Wu, G., and S.M. Morris, Jr. 1998. Arginine metabolism: Nitric oxide and beyond. *Biochem. J.* 336:1–17.

Wu, G., T.L. Ott, D.A. Knabe, and F.W. Bazer. 1999. Amino acid composition of the fetal pig. *J. Nutr.* 129:1031–1038.

Wu, Z.L., M.C. Satterfield, F.W. Bazer, and G. Wu. 2012. Regulation of brown adipose tissue development and white fat reduction by L-arginine. *Curr. Opin. Clin. Nutr. Metab. Care* 15:529–538.

Xi, P.B., Z.Y. Jiang, Z.L. Dai, X.L. Li, K. Yao, W. Jobgen, M.C. Satterfield, and G. Wu. 2010. Oxidation of energy substrates in rat brown adipose tissue. *FASEB J.* 24:554.5.

Xue, Y., S.F. Liao, K.W. Son, S.L. Greenwood, B.W. McBride, J.A. Boling, and J.C. Matthews. 2010. Metabolic acidosis in sheep alters expression of renal and skeletal muscle amino acid enzymes and transporters. *J. Anim. Sci.* 88:707–717.

Yang, Y.X., Z.L. Dai, and W.Y. Zhu. 2014. Important impacts of intestinal bacteria on utilization of dietary amino acids in pigs. *Amino Acids* 46:2489–2501.

Yen, J.T. 2000. Digestive system. In: *Biology of the Domestic Pig.* Edited by W.G. Pond and H.J. Mersmann. Cornell University Press, Ithaca, NY, pp. 390–453.

Yin, Y.L., R.L. Huang, H.Y. Zhong, T.J. Li, W.B. Souffrant, and C.F. de Lange. 2002. Evaluation of mobile nylon bag technique for determining apparent ileal digestibilities of protein and amino acids in growing pigs. *J. Anim. Sci.* 80:409–420.

2　碳水化合物化学

碳水化合物是自然界中广泛分布的有机物质（Sinnott, 2013）。植物吸收阳光的能量将水和二氧化碳转化为葡萄糖（$6CO_2 + 6H_2O + 2870\ kJ \rightarrow C_6H_{12}O_6 + 6O_2$）。随后，葡萄糖被用来合成淀粉和其他复杂的碳水化合物。来自阳光的能量转化为碳水化合物的过程对粮食生产是必不可少的，同时释放的氧分子对维持动物生命起着十分重要的作用（Demura and Ye, 2010）。在生态系统中，动物通过采食植物作为其主要的单糖、双糖、淀粉和纤维素来源用于生产肉（含糖原）和奶（乳糖来源）。乳糖是哺乳动物断奶前主要的膳食碳水化合物。

在 19 世纪，化学家认为碳水化合物是碳的水合物，其通式为 $C_m(H_2O)_n$，其中 $m \geqslant 3$ 且 m 可能不等于 n。该通式对当时已知的单糖及共价键连接的二聚物和多聚物都是成立的。1891 年，Emil Fisher 建立了单糖的结构（葡萄糖、果糖、甘露糖和阿拉伯糖），并发现这些化合物含有羟基和羰基。在 1920–1930 年，W. Norman Haworth 发现己糖主要形成六元环结构（吡喃糖），但也可形成五元环结构（呋喃糖），每个环的结构中含有一个氧原子。随后发现一些具有碳水化合物化学性质的物质（如脱氧核糖 [$C_5H_{10}O_4$] 和丙酮酸 [$C_3H_4O_3$]）可由多羟基醛或多羟基酮产生，但它们不符合通式 $C_m(H_2O)_n$。目前，碳水化合物被定义为多羟基醛、多羟基酮或其衍生物（Sinnott, 2013），如己糖、淀粉、纤维素、糖原、几丁质（存在于动物的外骨骼）、胞壁质（存在于细菌细胞壁），以及糖醇、脱氧糖、氨基糖和糖磷酸盐（Robyt, 1998）。因此，根据现在碳水化合物的定义，并非所有碳水化合物中氢氧比为 2∶1，且其中一些碳水化合物还含有氮、硫或磷。

碳水化合物大量存在于植物源饲料中，以干物质（dry matter，DM）计可达 75% 以上。除肉食动物以外，其他动物所消化的日粮中糖类所占比例最大（Pond et al., 2005）。然而，动物体内葡萄糖和糖原含量相对较少，它们起着参与能量代谢及合成前体物的作用。复杂的碳水化合物也存在于微生物、植物和动物的细胞膜中。在植物中，非水溶性糖类，尤其是纤维素和半纤维素，负责其结构稳定性和坚固性，而水溶性糖类（如葡萄糖和淀粉）则作为能量储备（Robyt, 1998）。本章重点介绍与动物营养有关的碳水化合物化学。

2.1　碳水化合物的一般分类

2.1.1　概述

在营养学中，碳水化合物被分为五类：①单糖（也被称为简单的糖）；②二糖（含有 2 个单糖）；③寡糖（含 3–10 个单糖）；④多糖（含有 10 个以上的单糖）；⑤共轭碳水化合物。共轭碳水化合物与脂类或蛋白质共价结合形成糖脂或糖蛋白。多糖可被细分为同型聚多糖（同聚多糖，只含有一种类型单糖的聚多糖）和杂型聚多糖（杂聚多糖，含一种类型以上单糖的聚多糖）。寡糖和多糖被强酸或特定酶水解后，可以分解为单糖。碳水化合物的营养学分类汇总在表 2.1 中。

表 2.1 碳水化合物的分类

分类	举例
单糖	
丙糖（$C_3H_6O_3$）	甘油醛和丙酮
丁糖（$C_4H_8O_4$）	赤藓糖
戊糖（$C_5H_{10}O_5$）	阿拉伯糖、木糖、木酮糖、核糖、核酮糖和5-脱氧核糖
己糖（$C_6H_{12}O_6$）	葡萄糖、果糖、半乳糖、甘露糖
庚糖（$C_7H_{14}O_7$）	景天庚酮糖、甘露庚酮糖（存在于鳄梨）和L-甘油-D-甘露庚糖
二糖	蔗糖（D-α-葡萄糖和D-α-果糖）、乳糖（D-α-葡萄糖和D-α-半乳糖）、麦芽糖、异麦芽糖、纤维二糖、α,α-海藻糖、α,β-海藻糖和 β,β-海藻糖
寡糖[a]	
三糖	棉子糖、蔗果三糖、麦芽三糖（三个葡萄糖单元）、车前糖、松三糖（来自树木甜分泌物和昆虫）、潘塘（由微生物合成）
四糖	水苏糖和剪秋罗糖（1-α-半乳糖基-棉子糖）
多糖[b]	
同聚多糖[c]	戊聚糖（$C_5H_8O_4$）$_n$，如阿拉伯聚糖和木聚糖 己聚糖（$C_6H_{12}O_6$）$_n$，如淀粉、纤维素、甘露聚糖、果聚糖和糖原
杂聚多糖[d]	半纤维素、果胶、渗出树胶、海藻多糖［褐藻胶、卡拉胶、琼胶、氨基多糖（如软骨素和透明质酸）和硫酸化多糖（如软骨素硫酸盐）］
共轭糖	
糖脂[e]	甘油糖脂和鞘脂
糖蛋白[f]	黏蛋白、免疫球蛋白、膜上结合激素的受体

[a] 含有 3–10 个单糖分子。

[b] 含有 10 个以上单糖分子。

[c] 含有 10 个以上单一类型的单糖分子。

[d] 含有 10 个以上及一种以上不同类型的单糖分子。

[e] 单糖或低聚糖与脂质共价结合。

[f] 单糖或低聚糖与蛋白质共价结合。

2.1.2 D-和 L-碳水化合物

最小的碳水化合物含有三个碳原子。1885 年，Emil Fischer 根据甘油醛的绝对构型指出，如果碳水化合物含有一个及以上不对称碳原子或手性中心，那它就存在 D 和 L 构型。如果分子中含有一个以上的手性中心，则以编号最大的手性中心来决定其构型（如图所示，单糖上与–OH 基团相连的碳原子）。D、L 构型是彼此的镜像，因此被称为对映体。大多数天然碳水化合物只有 D 构型，但其中一些同时具有 D 构型和 L 构型。D、L 构型不应与 "*d*" "*l*" 混淆，"*d*"（右旋）为分子平面偏振光向右旋转，而 "*l*"（左旋）为分子平面偏振光向左旋转。例如，D-葡萄糖的平面偏振光向右旋转，而 D-果糖的平面偏振光向左旋转。

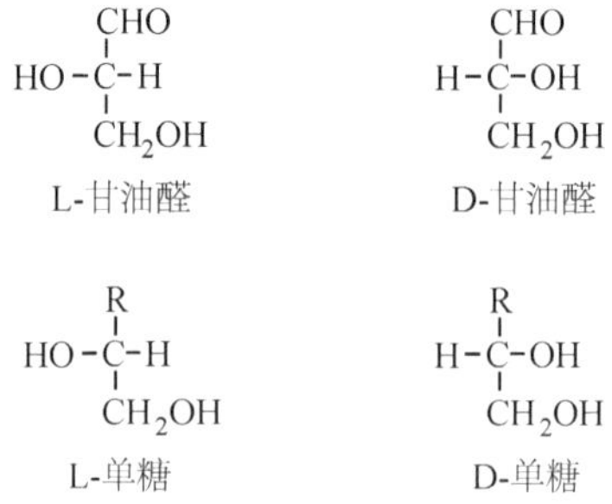

L-甘油醛 D-甘油醛

L-单糖 D-单糖

R = 单糖的残基；R ≠ H。

2.1.3 环状半缩醛（醛糖）和半缩酮（酮糖）

碳水化合物含有重要的官能团：醛基（–CHO）、羟基（–OH）和羰基（–C=O）。它们主要以环状半缩醛、乙缩醛、缩酮或半缩酮化合物的形式存在。一分子半缩醛（hemiacetal，"*hemi*"在希腊语中译为"半"）含有一个羟基（–OH）和一个烷氧基（–OCH$_3$）。在一分子乙缩醛中，两个烷氧基（–OCH$_3$）共同结合在一个碳原子上。在盐酸存在下，一分子醛（如乙醛）可与甲醇反应生成一分子半缩醛（如1-甲氧基-1-乙醇）、一分子乙缩醛（1,1-二甲氧基-乙烷）和水。但是，当酮基代替醛基时，反应产物为一分子半缩酮、一分子缩酮和水。因此，半缩醛和半缩酮分别由醛类和酮类生成（Ege, 1984）。

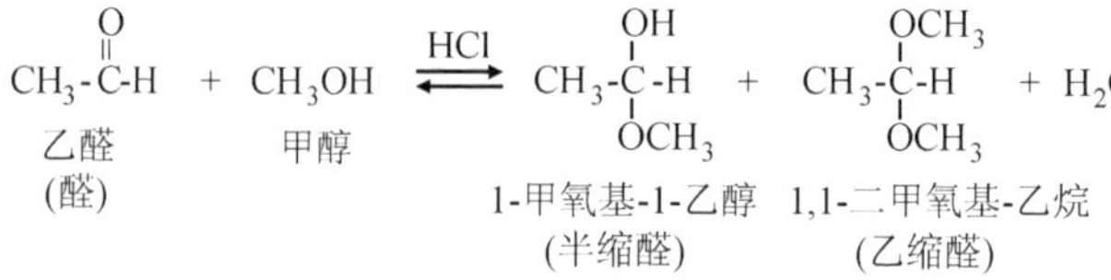

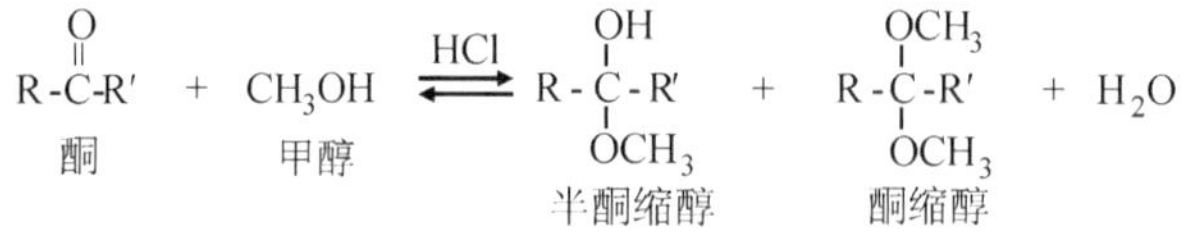

乙醛 甲醇 1-甲氧基-1-乙醇 1,1-二甲氧基-乙烷
（醛）   （半缩醛） （乙缩醛）

酮 甲醇 半酮缩醇 酮缩醇

R可能与R′相同。然而，R或R′不能为氢原子。

这些半缩醛和半酮糖的概念可以用醛糖和酮糖来解释（Bruice, 2011）。在醛糖中（如D-葡萄糖），稳定的环状半缩醛由C5上的羟基与C1的醛基间分子内环化形成（一个六元环吡喃糖）。D-葡萄糖的环状结构被称为D-吡喃葡萄糖。在酮糖中（如D-果糖），稳定的环状半缩酮由C6上的羟基与C2的酮基间分子内环化形成（一个六元环吡喃糖）。但是，当D-果糖上C2酮基与C5上的羟基发生反应时，能形成稳定的环状呋喃糖（五元环）。因此，D-果糖的环状结构被称为D-吡喃果糖或D-呋喃果糖。在水溶液中，吡喃果糖和呋喃果糖的比例为3∶1。值得注意的是，醛糖和酮糖间的转化能在没有酶催化的情况下自发进行。

2.2 单　　糖

2.2.1　定义

根据其是否含有醛基或酮基，单糖被分为醛糖（也被称为多羟基醛）和酮糖（也被称为多羟基酮）（Sinnott, 2013）。在生物体内，大多数单糖仅以 D-构型存在（如 D-葡萄糖、D-果糖和 D-核糖），但有些单糖以 D-构型和 L-构型同时存在（如乳糖、阿拉伯糖和半乳糖）。值得注意的是，动物细胞只能利用 D-葡萄糖和其他底物产生 L-乳酸（一种含有 3 个碳原子的代谢产物）。而细菌则会根据细胞类型合成 D-乳酸和 L-乳酸。L-阿拉伯糖和 L-半乳糖存在于植物中。含有游离醛基或游离酮基的单糖是一种还原糖。还原糖通过将羰基碳转化为羧基来氧化自身，从而还原另一种化合物。酮糖（如 D-果糖）并不是还原糖，除非它们先异构化成醛糖的形式（例如，在碱性条件下，D-果糖异构化成 D-葡萄糖）。所有的单糖都易溶于水。在植物细胞壁中，常见的单糖主要包括己糖（D-葡萄糖、D-半乳糖、D-甘露糖）、戊糖（L-阿拉伯糖和 L-木糖）、6-脱氧己糖（L-鼠李糖和 L-岩藻糖）和糖醛酸（葡萄糖醛酸和半乳糖醛酸或它们的 4-O-甲基醚）。

2.2.2　单糖的化学结构

2.2.2.1　开链形式

单糖可以用线性（开链）形式、哈沃斯（Haworth）透视式或椅式构象来表示（图 2.1）。在水中，单糖的开链形式和环状形式可以自发地相互转化。虽然溶液中开链形式单糖较少（如 0.002% D-葡萄糖、0.02% D-半乳糖、0.05% D-核糖和 0.8%D-果糖）（表 2.2），但是许多含有 C-1 的反应都以开链形式发生（Robyt, 1998）。因为开链形式的 D-葡萄糖游离的醛基具有化学活性（如可与游离或蛋白质结合的赖氨酸 ε-NH_2 基团结合形成共价键），这种低浓度的单糖构型对减少蛋白质的糖基化反应具有重要的生理意义。因此，在所有己醛糖（阿洛糖、阿卓糖、葡萄糖、甘露糖、古洛糖、艾杜糖、半乳糖和塔罗糖）中，葡萄糖的直链结构比例最低，因此，游离醛基的含量也最低（Angyal, 1984）。这可能是植物和动物进化过程中葡萄糖作为重要单糖的主要原因（Brosnan, 2005）。

2.2.2.2　环状半缩醛或环状半缩酮形式

在水溶液中，分子内环化形成的环状半缩醛或环状半缩酮，通过酸和碱催化会导致 C-1 位点发生差向异构，生成 α 或 β-异构体（称为异头物）。在 α-异构体中，六元环或五元环 C-1 位的–OH 朝下；β-异构体中，六元环的 C-1 位–OH 朝上。在水溶液中，D-葡萄糖、D-果糖、D-半乳糖、D-木糖、D-核糖主要以 β-异构体存在，而 D-甘露糖、D-鼠李糖则主要以 α-异构体存在（表 2.2）。值得注意的是，在己糖的水溶液中，α-和 β-吡喃糖的比例不受温度的影响，但 α-和 β-呋喃糖比例随温度的升高而增加（Angyal, 1984）。半缩醛与开链醛处于化学平衡状态，半缩酮与开链酮也处于化学平衡状态。一个具有半缩醛或游离醛的单糖是还原糖。

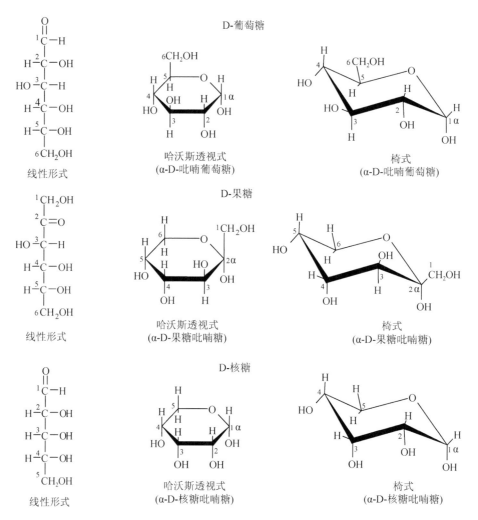

图 2.1　单糖分子线性（开链）形式、哈沃斯透视式或椅式的化学结构。与环形相比，只有少量单糖以开链形式存在，但其参与了许多含 C-1 位的反应。当半缩醛或半缩酮形成环时，C-1 发生正位异构化（也被称为变旋）形成 α-或 β-异构体（称为端基异构体）。在 α-异构体中，六元环 C-1 位的–OH 朝下。在 β-异构体中，六元环 C-1 位的–OH 朝上。

表 2.2　水溶液中单糖处于平衡状态时各种结构形式的分布 [a]

糖类	温度（℃）	吡喃糖形式		呋喃糖形式		开链形式
		α	β	α	β	
D-阿洛糖	31	14	77.5	3.5	5	0.01
D-阿拉伯糖	31	60	35.5	2.5	2	0.03
D-果糖	31	2.5	65	6.5	25	0.8
D-半乳糖	31	30	64	2.5	3.5	0.02
D-葡萄糖	31	38	62	0.5	0.5	0.002
丙三基-D-半乳糖	22	28	67	2	3	0.01
丙三基-L-半乳糖	22	36	57	3	4	0.02
D-艾杜糖	31	38.5	36	11.5	14	0.2

续表

糖类	温度（℃）	吡喃糖形式		呋喃糖形式		开链形式
		α	β	α	β	
D-甘露糖	44	65.5	34.5	0.6	0.3	0.005
D-阿洛酮糖	27	22	24	39	15	0.3
D-鼠李糖	44	65.5	34.5	0.6	0.3	0.005
D-核糖	31	21.5	58.5	6.5	13.5	0.05
D-山梨糖	31	93	2	4	1	0.25
D-塔格糖	31	71	18	2.5	7.5	0.3
D-塔罗糖	22	42	29	16	13	0.03
D-木糖	31	36.5	63	0.3	0.3	0.002

资料来源：改编自 Angyal, S.J. 1984. *Adv. Carbohydr. Chem. Biochem*. 42:15–68.

[a] 单糖的分布值以%（mol/mol）表示。

　　根据哈沃斯投影，单糖可以以六元环结构（吡喃糖）或五元环结构（呋喃糖）存在（图 2.2）。单糖主要以吡喃糖形式存在，而不是呋喃糖形式（表 2.2）。例如，溶液中 D-果糖（含有一个酮基）C-6 上的羟基与 C-2 的酮基结合形成氧连接桥，生成六元环状半缩酮（D-吡喃果糖）。当开链形式 D-果糖 C-5 上的羟基与 C-2 的酮基结合时，可形成五元环的 D-呋喃果糖。与 D-果糖不同，溶液中的 D-葡萄糖（含有一个醛基）C-5 上的羟基与 C-1 的醛基结合形成氧连接桥，生成六元环状半缩醛（D-吡喃葡萄糖）。开链形式的 D-葡萄糖 C-4 上的羟基与 C-1 上的醛基结合形成五元环的 D-呋喃葡萄糖。对于 D-果糖和 D-葡萄糖来说，吡喃糖形式在热力学上比呋喃糖形式更稳定。因此，水溶液中 D-吡喃葡萄糖（或 D-吡喃果糖）含量比 D-呋喃葡萄糖（或 D-呋喃果糖）含量更高（表 2.2）。

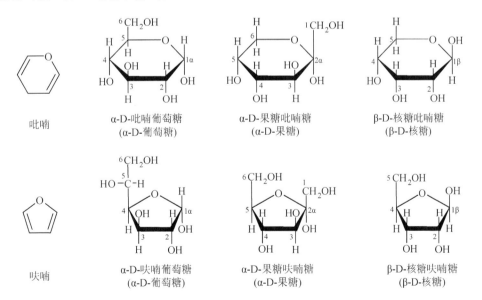

图 2.2　六元环（吡喃糖）或五元环（呋喃糖）单糖的哈沃斯透视式。对于单糖，吡喃糖形式比呋喃糖的形式更稳定，如 α-D-葡萄糖、α-D-果糖和 β-D-核糖。

　　单糖的差向异构化是指除 C-1 以外的碳原子发生异构化而产生不同立体异构体的现象（图 2.3）。例如，D-葡萄糖的 C-2 和 C-4 发生异构化分别形成 D-甘露糖和 D-半乳糖，这三种糖互为差向异构体。差向异构化可以是自发进行的（通常是一个缓慢的过程），也可以通过酶催化（差向异构酶）或碱催化（如在碱性溶液中）进行。差向异构化在自发反应速率及相应化学机制上都有别于变旋（通常是一个快速的过程）。具体来说，差向异构化是指单糖的某个手性中心发生异构化形成立体异构体（称为差向异构体）。而变旋则是单糖分子内环化成环后再特定方向旋转形成环状半缩醛或环状半缩酮的过程（图 2.4）。

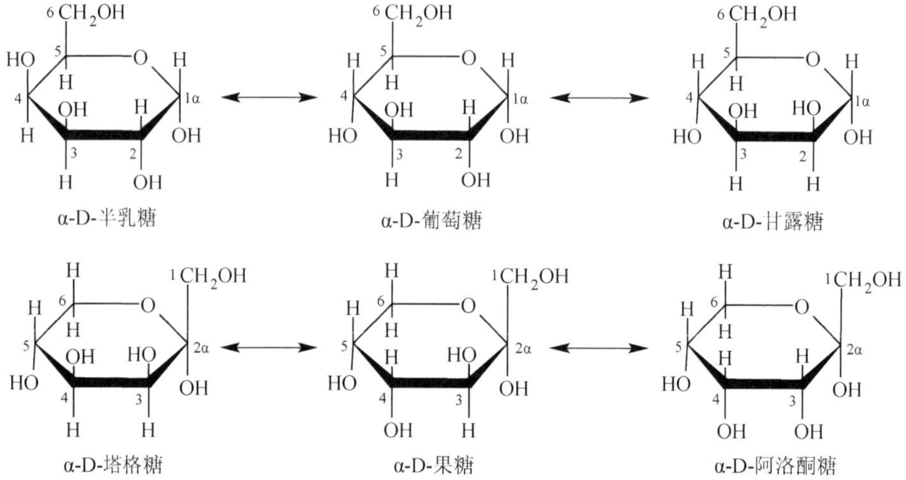

图 2.3　溶液中单糖的异构化。碳水化合物的异构化指除 C-1 位的其他碳原子形成异构体，生成不同物质。差向异构化可以是自发进行的（通常是一个非常缓慢的过程），也可以通过酶催化（差向异构酶）。例如，在动物和植物细胞内 α-D-葡萄糖异构化形成 α-D-半乳糖和 α-D-甘露糖。

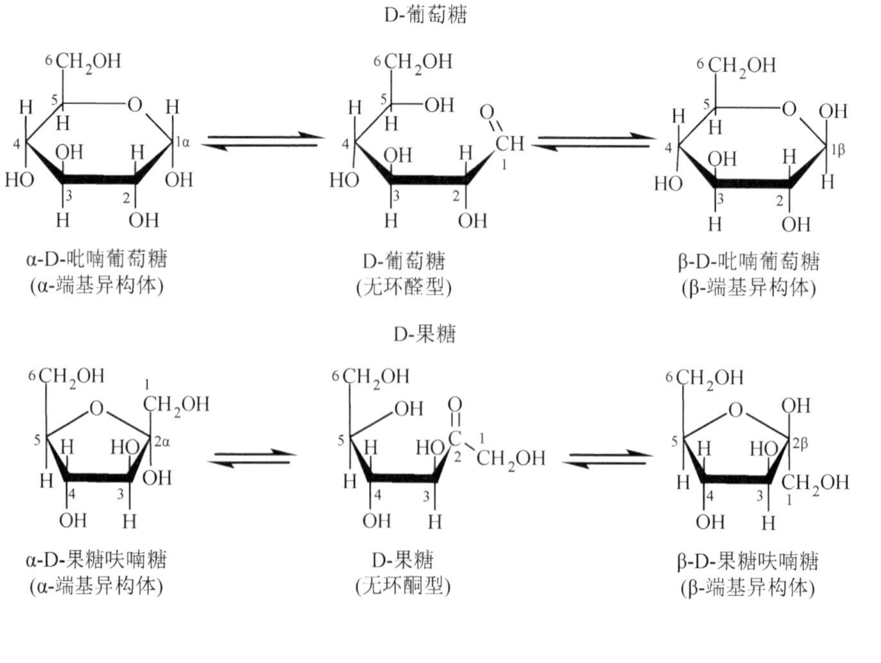

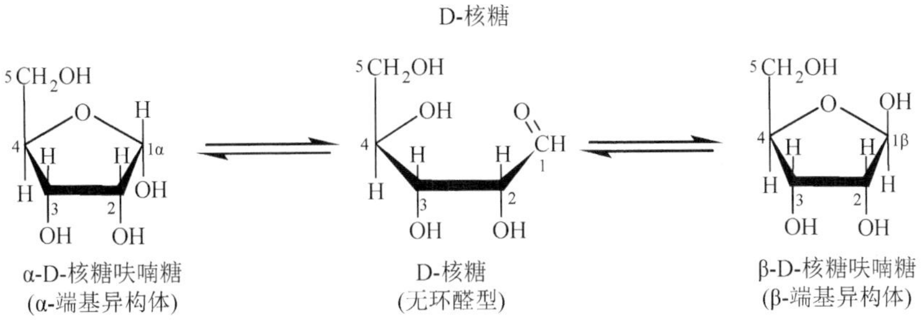

D-核糖

α-D-核糖呋喃糖　　　　D-核糖　　　　β-D-核糖呋喃糖
（α-端基异构体）　　　（无环醛型）　　　（β-端基异构体）

图 2.4　溶液中单糖的变旋（如 D-葡萄糖、D-果糖和 D-核糖）。开链单糖在分子内发生环化反应，生成具有 α-或 β-端基异构体的环结构。该反应可以在 pH 为 7.0 时自发并快速进行，也可以通过变旋酶催化。α-或 β-端基异构体在溶液中处于平衡状态。例如，D-葡萄糖的醛基（–CHO）与 C-5 位的羟基（醇）反应在 C-1 形成半缩醛，D-果糖的酮基（–C = O）与 C-5 位羟基（醇）反应形成半缩酮，单糖在半缩醛或半缩酮碳上的羟基最活跃。

2.2.3　植物中的葡萄糖和果糖

葡萄糖和果糖的化学结构不同，但具有相同的分子式 $C_6(H_2O)_6$（Robyt, 1998）。葡萄糖和果糖通常是植物中含量最高的两种单糖，葡萄糖的含量一般大于果糖。葡萄糖是组成淀粉的基本单位，是植物单糖的主要储存形式。值得注意的是，果糖是自然界中唯一广泛存在的具有营养和生理意义的酮糖，它存在于许多植物（尤其是绿色植物）、蜂蜜、乔木、藤本果树、花卉、浆果类、块茎类和大多数根类蔬菜中（Rumessen, 1992）。此外，果糖是植物中甜二糖（蔗糖）和聚多糖（果聚糖）的组成成分。

不同生长阶段及品种植物中葡萄糖或果糖的含量存在显著差异（表 2.3）。饲料作物中葡萄糖和果糖的总含量为 1%–3%（以干物质计）。绿色植物中游离己糖（葡萄糖和

表 2.3　植物源饲料中单糖、双糖、低聚糖和淀粉的组成

饲料	干物质	葡萄糖	果糖	蔗糖	棉子糖	水苏糖	毛蕊花糖	淀粉	β-葡聚糖
				%	（饲喂基础）				
大麦	89.0	0.15	0.10	2.0	0.23	0.002	–	60.5	5.0
玉米	88.3	0.35	0.25	1.4	0.20	0.01	0.01	63.7	–
燕麦	89.0	0.05	0.09	0.64	0.19	0.03	–	55.8	5.4
豌豆（田间）	88.1	–	–	0.19	0.04	0.23	0.32	43.5	–
水稻（碾磨）	90.0	0.04	0.03	0.14	0.02	–	–	73.5	0.11
黑麦	88.0	0.08	0.10	1.90	0.40	0.002	–	58.7	2.4
豆粕 A（48%粗蛋白质，去皮）	90.0	–	–	4.30	3.78	7.33	0.00	1.89	–
豆粕 B（45%粗蛋白质，压榨）	93.9	–	–	7.10	0.77	4.88	0.00	1.89	–
高粱	89.0	0.09	0.09	0.85	0.11	–	–	67.1	1.0
大豆浓缩蛋白	92.6	–	–	0.67	0.46	0.91	0.00	1.89	–
小麦	89.0	0.03	0.03	0.79	0.62	0.01	–	58.6	1.4

资料来源：改编自 Henry, R.J. and H.S. Saini. 1989. *Cereal Chem.* 66:362-365; Koehler, P. and H. Wieser. 2013. *Handbook of Sourdough Biotechnology*, edited by M. Gobbetti and M. Gänzle. Springer, New York; Shelton, D.R. and W.J. Lee. 2000. *Handbook of Cereal Science and Technology*, edited by K. Kulp and J.G. Ponte, Jr.: 11–45, Marcell Dekker, New York: 385–414; National Research Council, *Nutrient Requirements of Swine*, National Academy Press, Washington D.C., 2012.

果糖）的含量比淀粉少很多。因为其己糖间相互连接形成了多糖（淀粉、纤维素和半纤维素），这些多糖是植物源饲料最重要的组成成分（McDonald et al., 2011）。

2.2.4 动物中的葡萄糖和果糖

α-D-葡萄糖是非反刍动物胃肠道中淀粉消化的主要产物，反刍动物和非反刍动物代谢生糖底物也可产生 α-D-葡萄糖。健康妊娠哺乳动物和新生动物血液中主要的己糖是葡萄糖，其浓度为 2–15 mmol/L，具体浓度取决于物种、生长发育阶段和营养状况（Bergman, 1983b）。当摄入果糖、其二糖或多糖量较低时，新生哺乳动物、鸟类、鱼类的血浆中几乎不存在果糖。同样，D-果糖在人类胎儿体液（浓度为 0.05–0.08 mmol/L；Trindade et al., 2011）、狗、猫、豚鼠、兔子、老鼠和雪貂中含量非常低（Wang et al., 2016）。相反，雄性精液（Akhter et al., 2014; Baronos, 1971）、有蹄类动物（如牛、羊和猪）的胎儿体液（包括血液）、鲸鱼中含有大量的果糖（表 2.4）。例如，在牛和绵羊精液中果糖浓度分别为 29 mmol/L 和 14 mmol/L，而葡萄糖含量则为 3 mmol/L。在绵羊怀孕期间，尿囊液的果糖浓度（多达 32 mmol/L）是葡萄糖浓度的 30 倍（Kim et al., 2012）。在家畜和其他哺乳动物的体液中，葡萄糖和果糖的不同分布可能具有重要的生理意义。

表 2.4 雄性精液和胎儿的血液、体液中 D-葡萄糖与 D-果糖的浓度[a]

	体积（mL）	D-葡萄糖（mmol/L）	D-果糖（mmol/L）
	牛		
精液	5.0	3.0	29
胎儿血液（第 260 天）	13%的胎儿体重	1.5	3.5
胎儿尿囊液（第 100 天）	480	1.7	18
胎儿羊水（第 100 天）	1025	2.2	3.7
	猪		
精液	300	0.17	0.72
胎儿血液（第 103 天）	11%的胎儿体重	2.1	4.6
胎儿尿囊液（第 30 天）	200	1.8	6.5
胎儿羊水（第 30 天）	1.5	1.7	4.2
	羊		
精液	1.5	3.0	14
胎儿血液（第 76 天）	13%的胎儿体重	1.1	5.6
胎儿尿囊液（第 80 天）	115	1.1	32
胎儿羊水（第 80 天）	432	0.56	9.0
	人		
精液	3.4	5.7	15
胎儿血液（妊娠期满）	11%的胎儿体重	3.6	0.08

资料来源：改编自 Bacon, J.S.D. and D.J. Bell. 1948. *Biochem. J.* 42:397–405; Baronos, S. 1971. *J. Reprod. Fertil.* 24:303–305; Bazer, F.W., W.W. Thatcher, F. Martinat-Botte, and M. Terqui. 1988. *J. Reprod. Fertil.* 84:37–42; Bazer, F.W., T.E. Spencer, and W.W. Thatcher. 2012. *J. Anim. Sci.* 90:159–170; Bearden, H.J. and J.W. Fuquay. 1980. *Applied Animal Reproduction.* Reston Publishing Company, Reston, Virginia; Britton, H.G. 1962. *Biochem. J.* 85:402–407; Hitchcock, M.W.S. 1949. *J. Physiol.* 108:117–126; Li, N., D.N. Wells, A.J. Peterson, and R.S.F. Lee. 2005. *Biol. Reprod.* 73:139–148; Schirren, C. 1963. *J. Reprod. Fertil.* 5:347–358; Trindade, C.E., R.C. Barreiros, C. Kurokawa, and G. Bossolan. 2011. *Early Hum. Dev.* 87:193–197.

[a] 在括号里注明了怀孕的日期。在牛、猪、羊和人的 1 mL 精液中，精子数量分别为 12 亿、2 亿、20 亿和 1 亿。只有微量的果糖存在于母体血液或成年雄性动物血液中。

Wang 等（2013）报道，开链形式葡萄糖（22.6 mmol/L）的游离醛基可以在没有酶催化的情况下，通过共价键糖基化血清白蛋白（1.5 mmol/L，接近血液生理浓度），该反应也发生在糖尿病患者中。有趣的是，果糖（酮糖，22.6 mmol/L）不能与血清白蛋白发生反应。很多证据表明，非酶糖基化是由高浓度葡萄糖驱动的，可导致蛋白质的结构和功能异常（Cao et al., 2015）。在胎儿血液和体液中，果糖含量高于葡萄糖有助于减少孕体蛋白质的糖基化。这种保护机制对胚胎和胎儿的存活与生长具有重要的生理意义。因此，胚胎细胞培养基中会加入 D-果糖（Barceló-Fimbres and Seidel, 2008）。

2.2.5 植物和动物中的其他单糖

自然界中几种单糖 [丙糖、丁糖、戊糖和己糖（如半乳糖）] 的结构如图 2.5 和图 2.6 所示。这几种单糖都存在于植物中用于合成多糖。其中一些单糖（丙糖、D-山梨醇和肌醇）

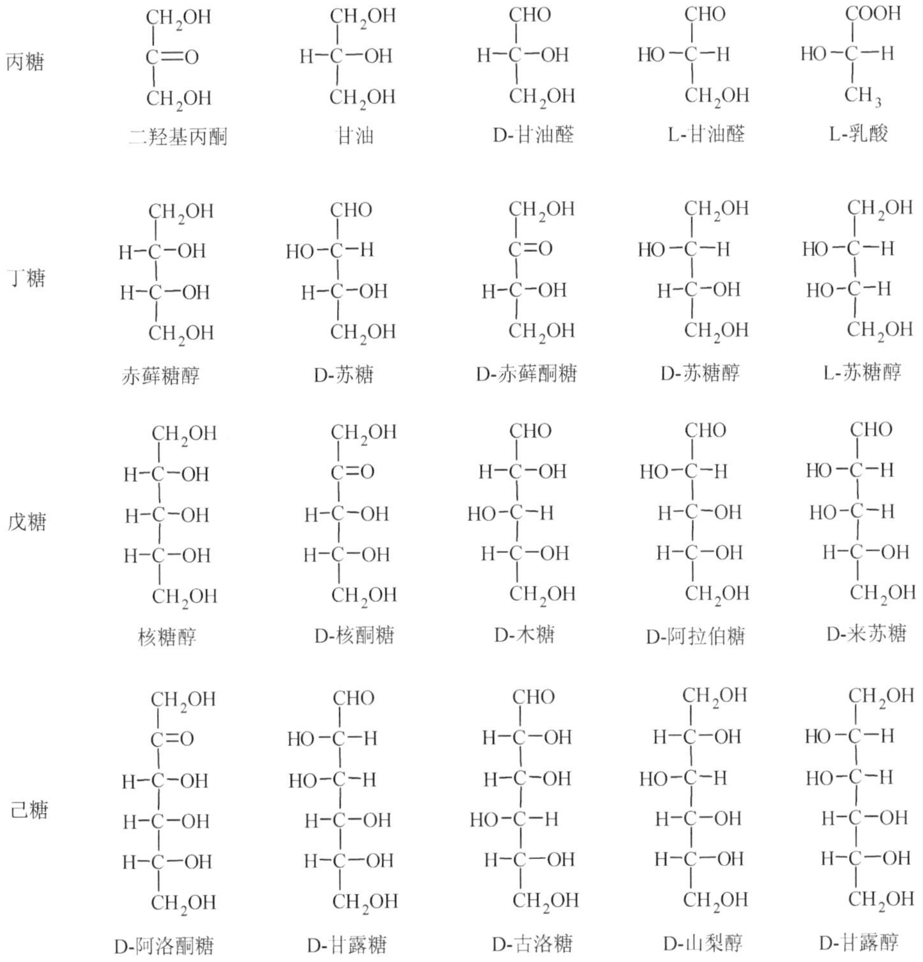

丙糖	CH_2OH $C=O$ CH_2OH 二羟基丙酮	CH_2OH $H-C-OH$ CH_2OH 甘油	CHO $H-C-OH$ CH_2OH D-甘油醛	CHO $HO-C-H$ CH_2OH L-甘油醛	$COOH$ $HO-C-H$ CH_3 L-乳酸
丁糖	CH_2OH $H-C-OH$ $H-C-OH$ CH_2OH 赤藓糖醇	CHO $HO-C-H$ $H-C-OH$ CH_2OH D-苏糖	CH_2OH $C=O$ $H-C-OH$ CH_2OH D-赤藓酮糖	CH_2OH $HO-C-H$ $H-C-OH$ CH_2OH D-苏糖醇	CH_2OH $HO-C-H$ $H-C-OH$ CH_2OH L-苏糖醇
戊糖	CH_2OH $H-C-OH$ $H-C-OH$ $H-C-OH$ CH_2OH 核糖醇	CH_2OH $C=O$ $H-C-OH$ $H-C-OH$ CH_2OH D-核酮糖	CHO $HO-C-H$ $H-C-OH$ $H-C-OH$ CH_2OH D-木糖	CHO $H-C-OH$ $H-C-OH$ $H-C-OH$ CH_2OH D-阿拉伯糖	CHO $HO-C-H$ $HO-C-H$ $H-C-OH$ CH_2OH D-米苏糖
己糖	CH_2OH $C=O$ $HO-C-H$ $H-C-OH$ $H-C-OH$ CH_2OH D-阿洛酮糖	CHO $HO-C-H$ $H-C-OH$ $H-C-OH$ $H-C-OH$ CH_2OH D-甘露糖	CHO $H-C-OH$ $HO-C-H$ $HO-C-H$ $H-C-OH$ CH_2OH D-古洛糖	CH_2OH $H-C-OH$ $HO-C-H$ $H-C-OH$ $H-C-OH$ CH_2OH D-山梨醇	CH_2OH $HO-C-H$ $HO-C-H$ $H-C-OH$ $H-C-OH$ CH_2OH D-甘露醇

图 2.5 部分丙醛、丁糖、戊糖和己糖的结构。这些单糖都存在于植物中，但丙糖和 D-山梨醇也是动物体内葡萄糖代谢的产物。含有对称平面（如赤藓糖醇、木糖醇和半乳糖醇）或不含不对称碳（如二羟基丙酮、甘油和丙酮酸）的化合物都是非旋光的，并没有 D-型或 L-型之分。

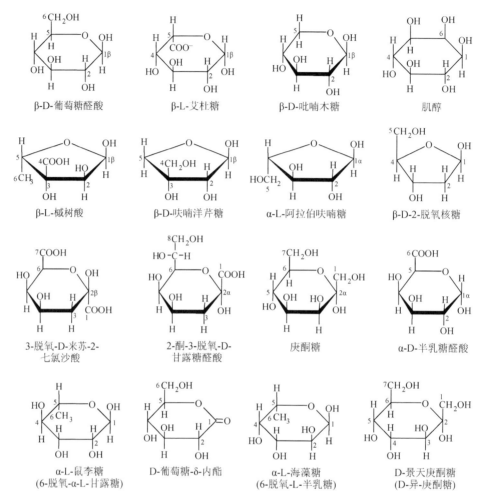

图 2.6　部分己糖（六碳分子）和庚糖（七碳分子）的哈沃斯结构。这些单糖都存在于植物中，动物和微生物葡萄糖代谢也会产生肌醇。

也存在于动物中。值得特别注意的是，在马精液中，D-山梨醇（2.2 mmol/L）的含量比 D-果糖或 D-葡萄糖要高很多；然而，在猪精液和雄鼠附睾管腔液中，肌醇（D-葡萄糖的代谢产物）的浓度分别为 29 mmol/L（表 2.5）和 50 mmol/L（Hinton et al., 1980）。核糖作为核糖核酸、某些维生素和高能化合物（如 ADP 和 ATP）的组成部分存在于所有活细胞中。含有醛基（–CHO）的木糖和阿拉伯糖（醛糖）在木聚糖（木糖）、阿拉伯聚糖（阿拉伯糖）和半纤维素中以聚合物的形式存在。此外，动物和植物中都含有具七个碳原子的庚糖。

表 2.5　常见家畜精液中 D-山梨糖醇、肌醇、甘油基磷酰胆碱（GPC）和柠檬酸的浓度

动物	D-山梨糖醇（mmol/L）	肌醇（mmol/L）	甘油基磷酰胆碱（mmol/L）	柠檬酸（mmol/L）
牛	4.1	2.0	14	38
羊	4.0	0.67	64	7.3
猪	0.66	29	6.8	6.8
马	2.2	1.7	2.7	1.4

资料来源：改编自 Bearden, H.J. and J.W. Fuquay. 1980. *Applied Animal Reproduction*. Reston Publishing Company, Reston, Virginia。

2.2.6 简单的氨基糖作为植物和动物中的单糖

某些单糖（2-氨基-2-脱氧糖）可与 L-谷氨酰胺和 D-果糖-6-磷酸生成的葡糖胺-6-磷酸的氨基发生酰胺化反应。一些简单的氨基糖如图 2.7 所示。自然界中存在 60 多种氨基糖，N-乙酰-D-葡糖胺（几丁质的主要成分）是最丰富的（Denzel and Antebi, 2015）。由 L-谷氨酰胺和果糖-6-磷酸合成的葡糖胺-6-磷酸是植物与动物代谢及生理中重要的氨基糖。其他重要的氨基糖还包括 N-乙酰葡糖胺、唾液酸和氨基糖苷类。一些氨基糖苷类也是抗菌物质。

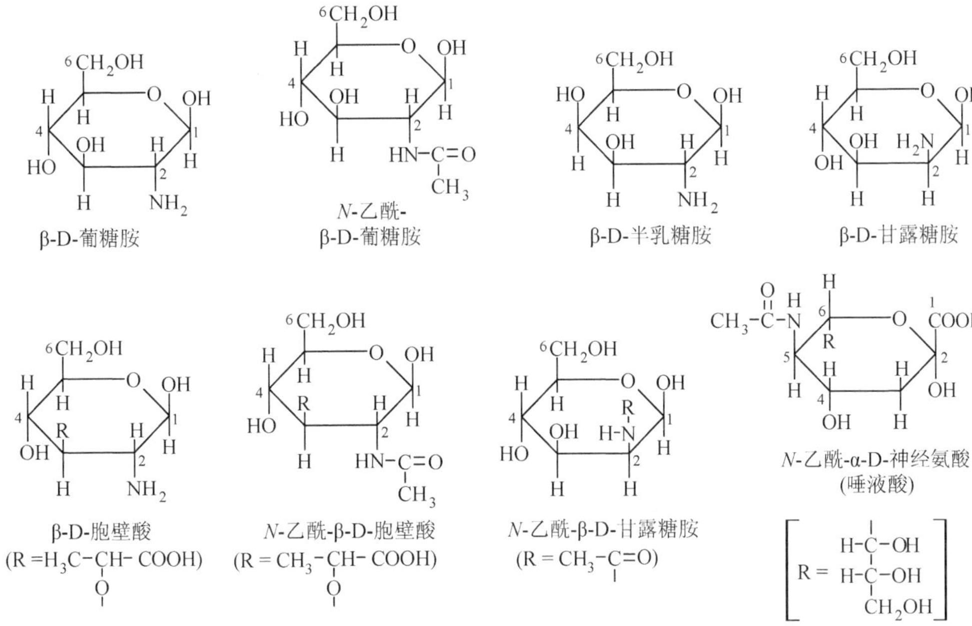

图 2.7 部分简单和复杂氨基糖的结构。这些氨基糖都存在于植物中，动物和微生物内果糖-6-磷酸和 L-谷氨酰胺代谢也可产生唾液酸、D-葡萄糖胺和 N-乙酰-D-葡糖胺的 α-端基异构体。

2.3 二   糖

2.3.1 定义

二糖是由两个单糖分子通过糖苷键连接，同时失去一分子水形成的，即 $2C_6H_{12}O_6 \rightarrow C_{12}H_{22}O_{11} + H_2O$。这种连接可能涉及：①半缩醛 C-1 或 C-2 上的 α-或 β-羟基；②单糖 C-2、C-3、C-4 或 C-6 上的 α-羟基。在两分子单糖形成二糖过程中，当第一个单糖的 C-1 是 α-D-葡萄糖时，产生的糖苷键有一个 "glucosyl 'α-1'," 前缀。"glucosyl" 在书写中经常被省略。例如，α-D-葡萄糖的 C-1（第一个单糖）和 β-D-果糖的 C-2（第二个单糖）形成 α-1,2 糖苷键的双糖（蔗糖）。

糖苷通常是一种非还原性糖，但少数几种二糖（如纤维二糖、蜜二糖、松二糖）仍具有还原能力。大多数自然产生的双糖都存在于植物中，但是乳糖是在哺乳动物的乳腺中合成的（Rezaei et al., 2016）。几种双糖的结构如图 2.8 所示。从化学上来说，葡萄糖基 β-1,4 连接键不同于半乳糖基 β-1,4 连接键，其具有重要的营养学意义。例如，哺乳动物小肠产生乳糖酶水解乳糖（半乳糖基 β-1,4 糖苷键连接的二糖），但其黏膜细胞不能分泌用于水解葡萄糖基 β-1,4 糖苷键的酶。同样，所有动物细胞都不能代谢由葡萄糖基 β-1,4 糖苷键连接的二糖。而动物消化道内的细菌则能分泌降解含 α-1,4 或 β-1,4 糖苷键双糖的酶。

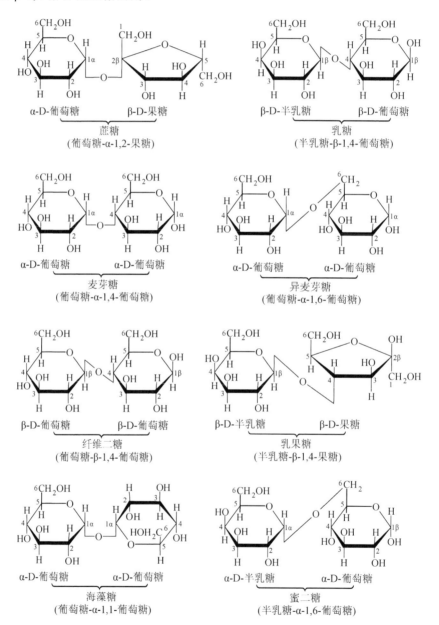

图 2.8　部分双糖的结构。除了乳糖之外，这些双糖都存在于植物中。乳糖是家畜、狗、大鼠、小鼠和人类乳汁中含量最高的碳水化合物。

2.3.2 纤维二糖

纤维二糖(纤维素的基本重复单位)是一种还原糖,由两分子的β-D-葡萄糖通过β-1,4糖苷键连接而成。这种糖苷键根据第一个单糖(如β-D-葡萄糖)异头碳的构型及第一个单糖异头碳的序号(C-1)和与其连接的第二个单糖(如β-D-葡萄糖)的碳原子序号(C-4)来命名。纤维二糖可以由两分子的β-D-葡萄糖合成,或者通过酶或酸水解纤维素或富含纤维素的材料生成(如棉和纸)。纤维二糖含有八个羟基(–OH)、一个缩醛键和一个半缩醛键,从而为其提供了很强的分子内和分子间氢键(Robyt, 1998)。

2.3.3 乳糖

乳糖是一种由 β-D-半乳糖和 α-D-葡萄糖通过半乳糖基 β-1,4 糖苷键连接形成的二糖,这种键不同于纤维二糖和膳食纤维中的葡萄糖基 β-1,4 糖苷键。乳糖首次被分离于1633 年,并于 1780 年被确认为糖。这种二糖只存在于哺乳动物的乳汁中(表 2.6),并且是大多数陆地动物(包括猫、牛、狗、山羊、马、小鼠、猪、大鼠和绵羊)的乳汁中含量最高的糖类(Rezaei et al., 2016)。

表 2.6 哺乳动物乳汁中乳糖和总碳水化合物的组成 (g/kg 全乳)

种类	乳糖	总碳	种类	乳糖	总碳	种类	乳糖	总碳
羚羊	42	47	狐狸	47	50	兔子	18	21
狒狒	60	77	大熊猫	12	15	鼠(实验)	30	38
蝙蝠	34	40	长颈鹿	34	40	驯鹿	28	35
黑熊	3.0	27	山羊(家养)	43	47	恒河猴	70	82
灰熊	4.0	32	山羊(野生)	28	32	犀牛	66	72
北极熊	4.0	30	大猩猩	62	73	海狮	0.0	6.0
河狸	17	22	几内亚猪	30	36	海豹(毛皮)	1.0	24
美洲野牛	51	57	仓鼠	32	38	海豹(灰)	1.0	26
水牛	40	47	马(家养)	62	69	海豹(竖琴)	8.9	23
蓝鲸	10	13	人类	70	80	海豹(盔状)	0.0	10
骆驼	49	56	袋鼠	<0.01	47	绵羊(家养)	48	55
家猫	42	49	狮子	27	34	抹香鲸	20	22
黑猩猩	70	82	美洲驼羊	60	66	松鼠(灰)	30	34
奶牛	49	56	水貂	69	76	树鼩	15	20
丛林狼	30	32	驼鹿	33	38	水牛	48	55
鹿	26	30	老鼠(医用)	30	36	水鼩	1.0	30
家狗	33	38	骡子	55	62	白鲸	2.0	18
海豚	10	11	麝香鹿	27	33	狼	32	35
驴	61	68	负鼠	16	20	牦牛	50	54
大象	51	60	野猪	66	71	斑马	74	82
雪貂	38	44	家猪	52	58			
翅鲸	2.0	26	麋鹿	40	43			

资料来源:改编自 Rezaei, R., Z.L. Wu, Y.Q. Hou, F.W. Bazer, and G. Wu. 2016. *J. Anim. Sci. Biotechnol.* 7:20。

值得注意的是，大多数海洋哺乳动物乳汁中仅含有少量或不含乳糖，这些动物可能对乳糖无耐受性（Geraci, 1981）。然而，乳糖是海豚泌乳中期乳汁中的主要糖类。在熊和单孔目动物（如鸭嘴兽和针鼹）的乳汁中，乳糖的含量很低。在全球范围内，很多成年人由于其胃肠道水解乳糖能力降低而产生乳糖消化不良。与未发酵乳制品相比，他们对发酵乳制品具有更好的耐受性（Heaney, 2013）。这种消化问题也发生在一些实验动物、宠物或农场动物中，如猴子、狗、猫、犊牛、驹和山羊（Gaschen and Merchant, 2011）。

2.3.4 麦芽糖和异麦芽糖

麦芽糖由两分子 α-D-葡萄糖通过 α-1,4 糖苷键连接形成。这种糖是淀粉和糖原的基本重复单位（Lu and Sharkey, 2006）。麦芽糖和纤维二糖（β-1,4 糖苷键）间糖苷键的构型不同决定了其在非反刍动物中消化率的不同。异麦芽糖是淀粉和糖原的水解产物，类似于麦芽糖，但其含有 α-1,6 糖苷键，而不是 α-1,4 糖苷键。

2.3.5 蔗糖

1857 年，英国化学家 William Miller 发明了"sucrose"一词，取自法语"sucre"和糖的英文通用化学后缀"-ose"。蔗糖是由 α-D-葡萄糖和 β-D-果糖通过 α-1,2 糖苷键连接形成的。这个共价键命名包含：第一个单糖（如 α-D-葡萄糖）异头碳的构型（α）；第一个单糖异头碳的序号（C-1）；第二个单糖（如 β-D-果糖）与第一个单糖相连接的碳原子的序号（C-2）。异头碳构型的正确标识是非常重要的。在不同饲料中，蔗糖含量差别很大（表 2.3）。甜菜和甘蔗中蔗糖含量非常高（Sinnott, 2013）。事实上，牧草中蔗糖的含量（干物质的 2%–8%）比单糖要高很多。牧草在白天进行光合作用积累大量二糖，夜间二糖含量减少（Ruan, 2014）。在牧草青贮的时候，成功的关键在于可发酵碳水化合物（糖、淀粉或果聚糖）的含量。

2.3.6 α,α-海藻糖

海藻糖（trehalose，也被称为 mycose 或 tremalose）是由两分子的 α-D-葡萄糖通过 α,α-1,1-糖苷键连接形成的（Lunn et al., 2014）。这种糖苷键的命名包含：第一个单糖（如 α-D-葡萄糖）和第二个单糖（如 α-D-葡萄糖）异头碳的构型（α）；第一个单糖异头碳的序号（C-1）；第二个单糖与第一个单糖相连接的碳原子的序号（C-1）。α,α-海藻糖于 1832 年首次被发现在一种黑麦麦角中，随后从茧蜜甘露中提取出来。这种二糖可由真菌、酵母、植物和无脊椎动物（如昆虫）产生。值得注意的是，α,α-海藻糖也是昆虫主要的能量来源，因为它是其主要的"血"（hemolymph）糖。

2.4 寡 糖

2.4.1 定义

寡糖是由三至十个单糖分子通过糖苷键连接而成的。每个糖苷键的形成都会缩合失去一分子的水，与二糖的形成过程一样。几乎所有天然存在的寡糖都在植物中被发现。但人类、大象和熊乳汁中也含有相对高的寡糖含量。表 2.3 中显示了玉米、豌豆和豆粕中的寡糖含量。动物消化道内的细菌能分泌酶水解所有含有 α-1,4 或 β-1,4 糖苷键的寡糖。然而，动物细胞不能产生水解 α-1,6-半乳糖基寡糖（如水苏糖、棉子糖和毛蕊花糖）或 β-1,4-葡糖基寡糖（如微生物纤维素的水解产物）所必需的酶。

2.4.2 三糖

三糖是由三个单糖分子通过两个糖苷键连接而成的。这些化合物通常存在于植物中，在动物中几乎不存在。类似于二糖，三糖中的每个糖苷键都是在单糖的羟基之间形成的，每个糖苷键的形成都会产生一分子水（Robyt, 1998）。棉子糖（raffinose，也被称为 melitose）[α-D-吡喃半乳糖基-(1,6)-α-D-吡喃葡糖基-(1,2)-β-D-呋喃果糖苷] 是一种非还原性的三糖，存在于植物中，特别是甜菜和豆类中，如大豆、绿豆（Sengupta et al., 2015）。松三糖是一种存在于许多树的甜分泌物中的非还原性三糖。值得注意的是，由 β-D-吡喃半乳糖基-(1,3)-β-D-吡喃半乳糖基-(1,4)-β-D-葡萄糖组成的三糖（3′-半乳糖基-乳糖）是一些哺乳动物（如袋鼠和灰袋鼠）的乳汁中主要的低聚糖（Messer et al., 1980）。几种三糖的结构如图 2.9 所示。

2.4.3 四糖

植物也含有四糖和五糖。四糖是由四个单糖分子通过三个糖苷键连接而成的。水苏糖 [α-D-吡喃半乳糖基-(1,6)-α-D-吡喃半乳糖基-(1,6)-α-D-吡喃葡糖基-(1,2)-β-D-呋喃果糖苷] 是一种四糖（图 2.10），广泛存在于植物中，包括绿豆、大豆和其他豆类（Hagely et al., 2013）。它是由两分子的 α-D-半乳糖、一分子的 α-D-葡萄糖和一分子的 β-D-果糖，依次通过半乳糖(α-1,6)半乳糖(α-1,6)葡萄糖(α-1,2)果糖连接而成的。

2.4.4 五糖

五糖是由五个单糖分子通过四个糖苷键连接而成的。毛蕊花糖 [α-D-吡喃半乳糖基-(1,6)-α-D-吡喃半乳糖基-(1,6)-α-D-吡喃半乳糖基-(1,6)-α-D-吡喃葡糖基-(1,2)-β-D-呋喃果糖苷]（图 2.10）是一种主要的五糖，存在于很多豆类中（Peterbauer et al., 2002）。与棉子糖和水苏糖一样，毛蕊花糖是一种水溶性膳食纤维，在动物的小肠中无法消化。这些寡糖会使肠道食糜及大便更加柔软。在大肠中，它们会被细菌分泌的酶降解成为对结肠有益的短链脂肪酸（SCFA）（Turner et al., 2013）。

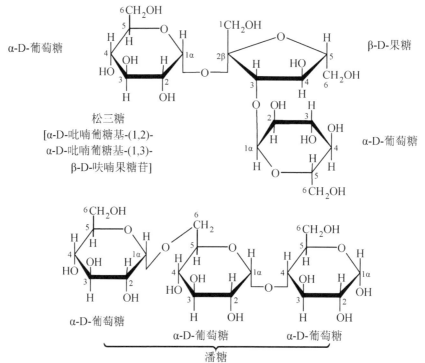

松三糖
[α-D-吡喃葡糖基-(1,2)-
α-D-吡喃葡糖基-(1,3)-
β-D-呋喃果糖苷]

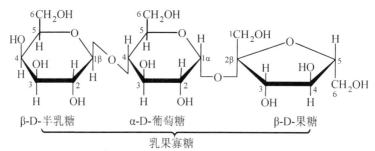

潘糖
[α-D-吡喃葡糖基-(1,6)-α-吡喃葡糖基-(1,4)-α-D-吡喃葡糖苷]

乳果寡糖
[β-D-吡喃半乳糖基-(1,4)-α-吡喃葡糖基-(1,2)-β-D-呋喃果糖苷]

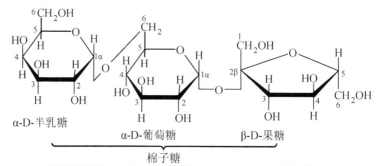

棉子糖
[α-D-吡喃半乳糖基-(1,6)-α-吡喃葡糖基-(1,2)-β-D-呋喃果糖苷]

图 2.9 植物源饲料中部分三糖的结构。这些三糖均存在于植物中。棉子糖（在小肠不消化）是豆科植物碳水化合物的重要成分，而动物体内只含有松三糖。松三糖也是许多昆虫产生的蜜露的成分。

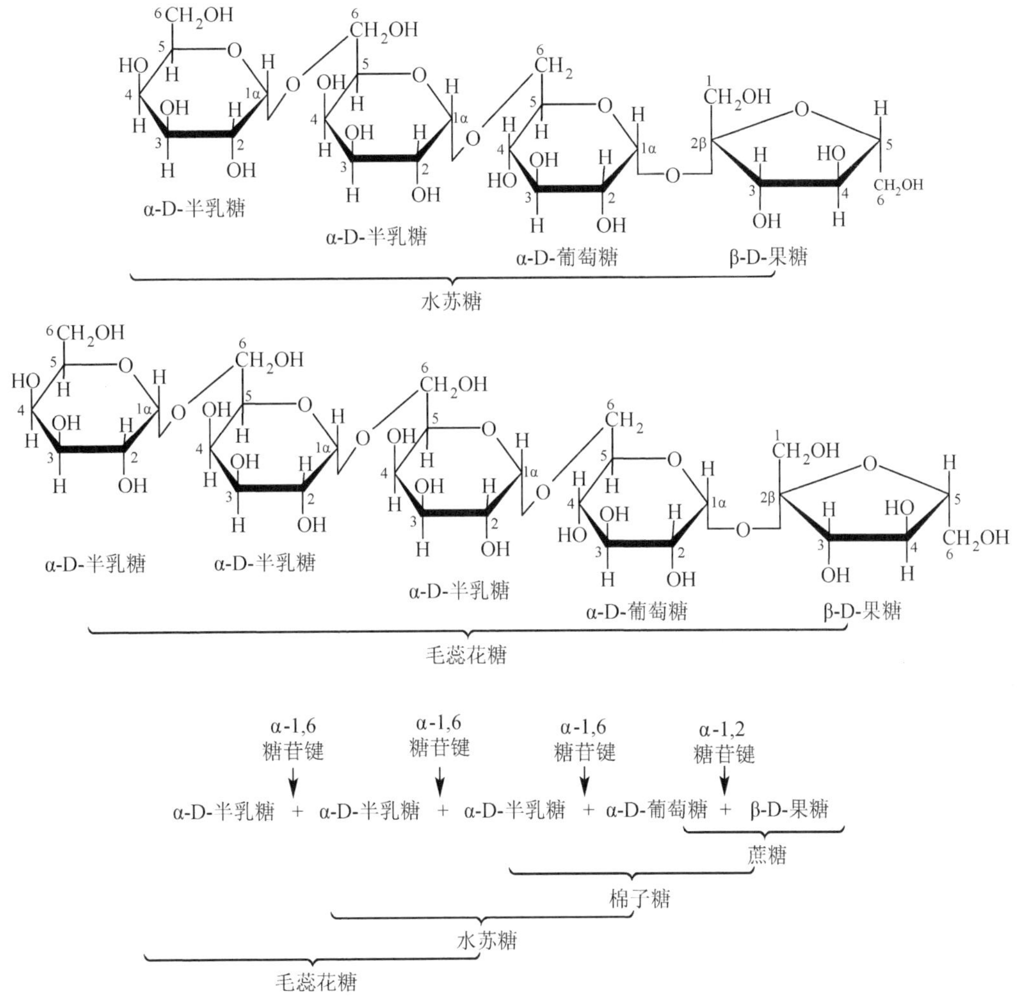

图 2.10 植物源饲料中的部分四糖和五糖。水苏糖（四糖）和毛蕊花糖（五糖）是可溶性膳食纤维，在小肠中不能被消化。这些寡糖广泛分布于各种植物中，特别是豆科植物，但是在动物体内不存在。细菌分泌的酶可以将四糖和五糖降解为单糖。

2.5　同　聚　多　糖

2.5.1　植物中的同聚多糖

2.5.1.1　定义

同聚多糖（同聚糖）是由 10 个以上的单糖分子通过单一类型的糖苷键连接而成的聚多糖。根据单糖分子的类型，同聚多糖可分为葡聚糖（由 D-葡萄糖组成）、果聚糖（由果糖组成）、半乳聚糖（由半乳糖组成）、阿拉伯聚糖（由阿拉伯糖组成）和木聚糖（由木糖组成）等多糖。自然界中，植物源性的同聚多糖主要有：淀粉、纤维素、果聚糖、半乳聚糖和 β-D-葡聚糖（Robyt, 1998）。动物由糖原储存葡萄糖和能量，其他同聚多糖则主要是植物细胞壁的组成成分。动物细胞能水解含 α-1,4 糖苷键的同聚多糖，但不能水解含 β-1,4 糖苷键的同聚多糖。反刍动物瘤胃及所有动物大肠内的细菌能够分泌降解纤维素、果聚糖、半乳聚糖和 β-D-葡聚糖的多种酶类（Pond er al., 2005）。

2.5.1.2 阿拉伯聚糖

阿拉伯聚糖具有复杂的由 D-阿拉伯糖残基通过 α-1,3 糖苷键、α-1,5 糖苷键和 β-1,2 糖苷键连接形成的支链结构（Chandrasekaran, 1998）。植物细胞壁中纯的阿拉伯聚糖浓度很低。高纯度的直链 1,5-α-L-阿拉伯聚糖可从甜菜根中获取。

2.5.1.3 纤维素

纤维素是高等植物中的主要结构性物质，也是地球上分布最广的生物聚合物。绿色植物（包括草类和竹类）中纤维素含量一般为 20%–40%（干物质基础），亚麻、黄麻和木材的纤维素含量分别为 80%、60%–70% 和 40%–50%（Robyt, 1998）。纤维素是由 D-葡萄糖通过 β-1,4 糖苷键连接形成的直链大分子，没有支链结构（图 2.11）。纤维素中聚合的葡萄糖分子数一般为 900–2000 个。植物组织中，结晶微原纤维通过氢键结合而成的纤维素可以形成粗纤维（Li et al., 2015）。纤维素中的结晶微原纤维被大量无定形的半纤维素、木质素（一种高分子量交联的酚类聚合物）和一些蛋白质包裹在植物细胞壁上。植物细胞壁上不同类型的多糖、木质素和蛋白质通过氢键与范德华力相互连接（Li et al., 2015）。这种化学结构是高等植物刚性和强度的主要因素。另外，葡萄糖分子间的 β-1,4 糖苷键可以使纤维素不溶于水，而且不被动物源消化酶降解。

2.5.1.4 半乳聚糖

植物中的半乳聚糖（也称为乳聚糖）是由 β-D-半乳糖残基通过 β-1,4 糖苷键连接形成的直链结构（Arifkhodzhaev, 2000）。半乳聚糖在植物细胞壁中的含量很低。宽叶榆绿木中的半乳聚糖由半乳糖残基通过 α-1,6 糖苷键连接，而洋槐树中则是通过 α-1,3 糖苷键连接。

2.5.1.5 β-D-葡聚糖

β-D-葡聚糖是由 β-D-葡萄糖通过 β-1,3 糖苷键连接形成的直链和 β-1,4、β-1,6 糖苷键形成的支链组成的同聚物，在谷物中广泛存在（表 2.3）。胼胝质和地衣均是 β-D-葡聚糖。有些 β-D-葡聚糖的支链部分含有多种 β-D-葡萄糖连接键。这些 β-D-葡聚糖也被称作可溶纤维或 β-葡聚糖。β-D-葡聚糖广泛存在于植物细胞壁（如大麦、燕麦、小麦）、酵母、细菌、真菌和藻类中（Farrokhi, 2006）。不同来源的 β-葡聚糖其主链、支链、分子量及水溶性均不同。例如，谷物中的 β-葡聚糖的主链上含有 β-1,3 和 β-1,4 糖苷键，而地衣中的 β-葡聚糖则含有 β-1,3 和 β-1,6 糖苷键。酵母和真菌 β-葡聚糖主链上除了含有 β-1,3 糖苷键外，其支链上含有 β-1,6 糖苷键。而大麦和燕麦的 β-D-葡聚糖则不含支链，且通常情况下，谷物中的 β-D-葡聚糖会在大肠内发酵降解（Robyt, 1998）。

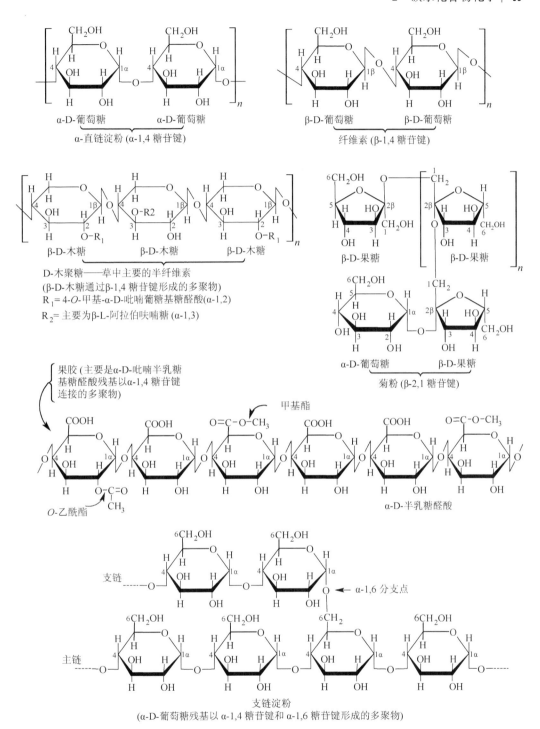

图 2.11 植物中部分同聚多糖和杂聚多糖。直链淀粉是一种没有支链的由 α-1,4 糖苷键连接葡萄糖残基形成的聚合物，而支链淀粉由 α-1,4 糖苷键连接葡萄糖残基形成主链，以 α-1,6 糖苷键连接支链的聚合物。淀粉是直链淀粉和支链淀粉的混合物。纤维素是 β-D-葡萄糖以 β-1,4 糖苷键连接的聚合物。淀粉和纤维素是同聚多糖。而 D-木聚糖和菊粉（杂多糖）则含有 10 多种不同类型的单糖；动物本身并不能产生这些多糖。

2.5.1.6 果聚糖

果聚糖是由 D-果糖聚合形成的同聚多糖，广泛存在于多种植物中，如牧草、块茎和甜菜（Benkeblia, 2013）。果聚糖的定义为由果糖聚合形成的寡糖或聚多糖（Bali et al., 2015）。果聚糖的主链由 100–200 个 D-呋喃果糖通过 β-2,6 糖苷键连接形成，支链则由 D-呋喃果糖以 β-2,1 糖苷键连接形成。D-呋喃果糖的数量从 1–4 不等。在一些特殊种类植物中果聚糖可以代替淀粉作为碳水化合物能量储存方式，且不能被动物源消化酶所消化（van Arkel et al., 2013）。

2.5.1.7 甘露聚糖

植物中甘露聚糖是由 D-甘露糖以 β-1,4 糖苷键连接形成的直链同聚多糖，是植物半纤维素重要的组成部分。棕榈籽和象牙坚果（石棕榈属）中甘露聚糖含量高达 60%（Melton, 2009）。植物细胞壁中，甘露聚糖与纤维素相连，为植物存储游离的碳水化合物，且能调节植物生长发育。

2.5.1.8 淀粉

自然界中，所有的植物均能合成淀粉（Keeling and Myers, 2010）。淀粉是植物最重要的同聚多糖，特别是谷物、种子（按原样计算可占据 70%）、谷类副产物及块茎（约含 30%DM 基础）。但其含量在饲料中差异较大（表 2.3 和表 2.7）。总的来说，淀粉是直链淀粉和支链淀粉的混合物，它们均由 α-D-葡萄糖组成（Smith et al., 2005）。直链淀粉是由 250–300 个 D-葡萄糖以 α-1,4 糖苷键连接的长直链，没有分支。而支链淀粉由 D-葡萄糖以 α-1,4 糖苷键连接的短主链和 α-1,6 糖苷键形成的支链组成，每 24–30 个 α-D 葡萄糖单位就有一个支链分支。淀粉的来源不同，其直链淀粉和支链淀粉的比例也不同，通常是 1∶3（g∶g）。

不同来源的植物中淀粉的结构也不同（图 2.11）。根据其在体外试验中被酶降解速率不同，淀粉可分为 3 种：①具有高含量支链淀粉和高消化率的快速降解淀粉，如类蜡状谷物（1909 年在中国发现，包含 100%的支链淀粉和 0%的直链淀粉）、新鲜熟淀粉和白面包中的淀粉；②直链淀粉和支链淀粉为一定比例（如 45∶55，支链淀粉的含量高于直链淀粉），具有低消化率的缓慢降解淀粉，如生谷物（玉米、大麦、小麦和大米）中的淀粉，其半结晶结构使其不易被消化酶降解；③直链淀粉含量高且消化率非常低的抗性淀粉，如高直链淀粉玉米、高直链淀粉小麦、豆类和香蕉（Zhang and Hamaker, 2009）。抗性淀粉可进一步分为物理上不易降解（RS1；如部分磨碎的谷物）、抗性淀粉颗粒（RS2；如生马铃薯和香蕉淀粉）、变性淀粉（RS3；如冷却的熟马铃薯）和化学修饰淀粉（RS4；许多类型的淀粉交联在一起）。RS4 淀粉在小肠内的消化率相对较低（Yin et al., 2010）。在自然状态下，块茎和谷物淀粉（如马铃薯淀粉）以不溶于水的颗粒状物质存在（Sinnott, 2013），可以抵抗来自于非反刍动物小肠的消化（Pond et al., 2005）。富含这种淀粉的饲料必须熟化后才能被鸡和猪更有效地消化。饲料的熟化可以通过裂解和水溶淀粉颗粒提高动物的消化率。通常情况下，一般无定形或完全分散的淀粉更容易被消化酶降解。

表 2.7 部分饲料中非纤维碳水化合物和非淀粉多糖的含量

饲料	单糖	淀粉	果胶	短链脂肪酸
	% （非纤维碳水化合物和短链脂肪酸）[a]			
紫花苜蓿	0	24.5	33.0	42.5
干草	35.4	15.2	49.4	0
青贮玉米	0	71.3	0	28.7
大麦	9.1	81.7	9.2	0
玉米粒	20.0	80.0	0	0
甜菜渣	33.7	1.8	64.5	0
大豆皮	18.8	18.8	62.4	0
豆粕（48%粗蛋白质）	28.2	28.2	43.6	0

资料来源：改编自 National Research Council. 2001. *Nutrient Requirements of Dairy Cattle*, 7th Revised Edition. National Academy Press, Washington D.C.。

[a] 非纤维碳水化合物包括单糖、淀粉和可溶性纤维。

2.5.2 动物中的同聚多糖

2.5.2.1 定义

同植物一样，动物体中的同聚多糖是由同一类型的单糖分子通过糖苷键连接形成的同聚物。与植物不同的是，单糖分子可以是 D-葡萄糖或其衍生物 N-乙酰葡糖胺。迄今为止，糖原和壳多糖是动物体中仅有的同聚多糖。

2.5.2.2 壳多糖

动物源性壳多糖是一种不溶于水的长链聚合物，主要由 N-乙酰葡糖胺分子以 β-1,4 糖苷键连接而成。壳多糖存在于甲壳类（如螃蟹、虾、龙虾）和昆虫的外壳、软体动物的齿舌，以及乌贼和章鱼的喙与内壳（Younes and Rinaudo, 2015）。动物源性壳多糖的结构类似于植物中的纤维素，只是纤维素的 D-吡喃葡萄糖残基的 C-2 被 N-乙酰氨基取代（图 2.12）。壳多糖对动物体具有的结构和保护作用也同植物中的纤维素一样。在强碱性条件下（如氢氧化钠），壳聚糖会部分脱乙酰化形成由 N-乙酰-D-氨基葡糖构成的水溶性壳聚糖（又称 2-氨基-2-脱氧-β-D-葡萄糖；Sinnott, 2013）。

2.5.2.3 糖原

糖原（glycogen）由 α-D-葡萄糖通过 α-1,4 糖苷键形成的主链和 α-1,6 糖苷键连接的支链组成（Roach et al., 2012）。糖原的分子量约为 10^8，相当于 6×10^5 个葡萄糖残基的分子量。然而目前尚不清楚其精确分子量。糖原的结构类似于支链淀粉（图 2.12），但比支链淀粉具有更高密度的分支。具体来说，糖原中每 8–12 个葡萄糖残基就会存在支链。

糖原存在于所有动物的细胞中（表 2.8），它是哺乳动物体内唯一的同聚多糖，是鸟类和鱼类的主要同聚多糖，大量存在于昆虫和甲壳类（如螃蟹、龙虾和虾）的外壳中。在哺乳动物、鸟类和鱼类中，糖原主要存在于肝脏、骨骼肌和心肌中。例如，动物肝脏中糖原含量为 1.5%–8%；犊牛、成年牛、母鸡和鹅的肝脏中糖原含量分别为 2%–5%、1.5%–4%、3%–4% 和 4%–6%，骨骼肌中糖原含量为 0.5%–1%（Bergman, 1983; McDonald

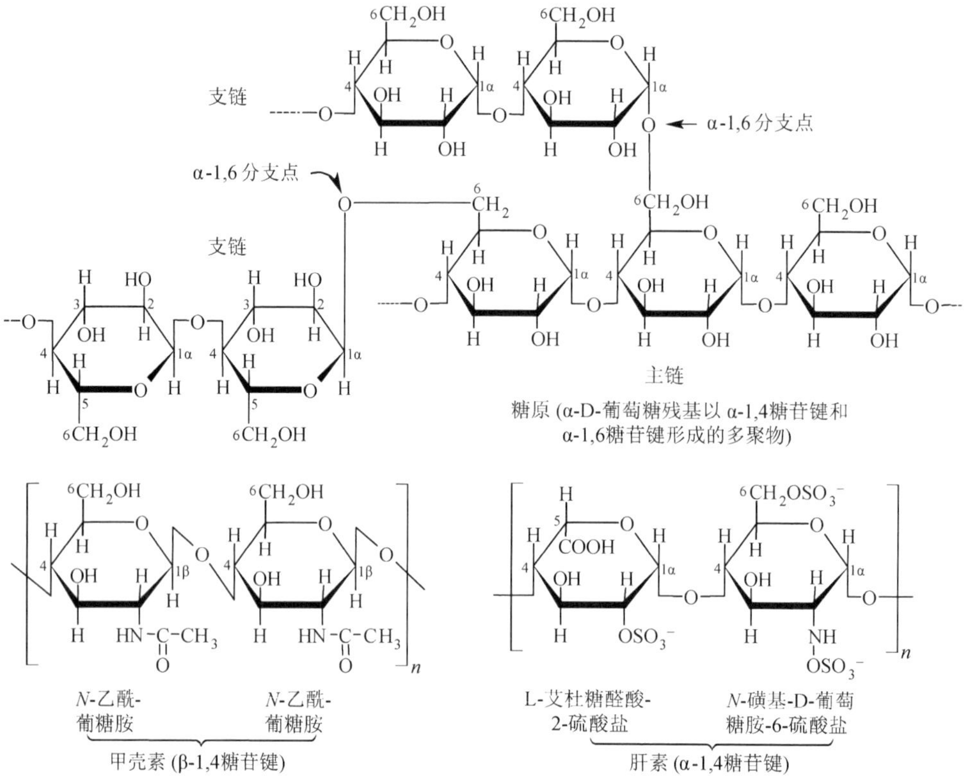

图 2.12　动物体内的部分同聚多糖和杂聚多糖。糖原是哺乳动物、鸟类和鱼体内主要的同聚多糖，也存在于虾和昆虫体内。它是由 α-D-葡萄糖以 α-1,4 糖苷键连接形成主链，以 α-1,6 糖苷键连接支链形成的聚合物。几丁质是一种由 D-葡糖胺组成的聚合物，是许多水生动物的主要同聚多糖。肝素是动物体内的杂聚多糖，含有 α-1,4 和 β-1,4 糖苷键。

表 2.8　动物采食后肝脏和肌肉（骨骼肌和心脏）中糖原的含量

动物	组织	组织重量（kg）	组织中的糖原			
			总重量（g）	占组织的比例（%）	占体重的比例（%）	能量（kcal）
鸡	肌肉	0.96	11.5	1.2	0.58	47
（2 kg）	肝脏	0.04	1.8	4.5	0.09	7.4
猪	肌肉	35	263	0.75	0.38	1 078
（70 kg）	肝脏	1.5	71	4.7	0.10	291
绵羊	肌肉	26	260	1.0	0.47	1 066
（55 kg）	肝脏	0.83	38	4.6	0.07	156
牛	肌肉	240	4 800	2.0	0.96	19 680
（500 kg）	肝脏	7.5	375	5.0	0.075	1 538
人类	肌肉	35	245	0.70	0.35	1 005
（70 kg）	肝脏	1.5	72	4.8	0.10	295
马	肌肉	212	4 452	2.1	1.05	18 253
（425 kg）	肝脏	6.8	370	5.4	0.087	1 517

资料来源：改编自 Bergman, E.N. 1983a. *World Animal Science*. Edited by P.M. Riis. Elsevier, New York. Vol. 3: 137–149; Bergman, E.N. 1983b. *World Animal Science*. Edited by P.M. Riis. Elsevier, New York. Vol. 3; 173–196; McDonald, P., R.A. Edwards, J.F.D. Greenhalgh, J.F.D. Greenhalgh, C.A. Morgan, and L.A. Sinclair. 2011. *Animal Nutrition*, 7th ed. Prentice Hall, New York。

et al., 2011）。健康状态良好的马骨骼肌糖原含量高达 4%。动物体中约有 80%的糖原存在于骨骼肌和心肌中，约 15%存在于肝脏中，约 5%存在于其他组织中。

糖原作为动物体内葡萄糖储存的主要形式，有助于减少因体内葡萄糖浓度过高对渗透压的负面影响。但是，肝脏和肌肉组织中糖原的过量存储会导致组织形态和功能的异常。由于动物体内的糖原储备有限，糖原仅能在 12 h 内为饥饿动物提供足够的葡萄糖。当然，糖原能瞬间为动物提供生理和应激条件下需要的大量葡萄糖（如运动和暴露于寒冷的环境中）。

2.5.3 微生物和其他低等生物中的同聚多糖

2.5.3.1 纤维素

一些细菌含有和植物中一样的由 D-葡萄糖以 β-1,4 糖苷键直线连接形成的纤维素（Römling and Galperin, 2015）。这些细菌主要为醋杆菌属、八叠球菌属和土壤杆菌属。主要包括：①植物共生的固氮根瘤菌；②土壤细菌 Burkholderia 属和假单胞菌 Pseudomonas putida；③植物病原细菌 Dickeya dadantii 和 Erwinia chrysanthemi；④肿瘤产生菌 Agrobacterium tumefaciens、Escherichia coli；⑤Salmonella enterica。在自然环境中，细菌合成纤维素主要用于保护自身的细胞膜。

2.5.3.2 壳多糖

除动物体外，壳多糖还存在于真菌（包括酵母菌）、绿藻及褐色和红色海藻（藻类的种类）中。像动物体中一样，壳多糖是由 N-乙酰葡糖胺以 β-1,4 糖苷键连接形成的一种长链线性多聚物（Egusa et al., 2015）。由于其分子间彼此通过氢键相连，因此壳多糖不溶于水。在这些低等生物中，壳多糖能够维持其细胞结构，促进细胞膜中的生物矿化。

2.5.3.3 葡聚糖

葡聚糖是由多种细菌所产生的蔗糖合成的（Sinnott, 2013）。这种碳水化合物含有由 D-吡喃葡萄糖以 α-1,6 糖苷键连接形成的主链和 α-D-吡喃葡萄糖残基以 α-1,2、α-1,3 或 α-1,4 糖苷键连接形成的支链（图 2.13）。不同种类细菌中其支链长度不同。葡聚糖易溶于水，且能降低饲喂动物血液黏度。

2.5.3.4 糖原

除动物外，糖原也存在于细菌、真菌 [包括酵母菌（单细胞生物）和多细胞物种的真菌]、原生动物和蓝藻中（Roach et al., 2012）。这些低等生物中，糖原也主要含 D-葡萄糖以 α-1,4 糖苷键连接形成的主链和 D-葡萄糖以 α-1,6 糖苷键连接形成的支链。细菌和酵母菌中糖原的平均链长为 8–12 和 11–12 个葡萄糖单元。糖原在非动物物种中的合成主要是为了应对能量过剩和应对饥饿的主要的葡萄糖储存方式。

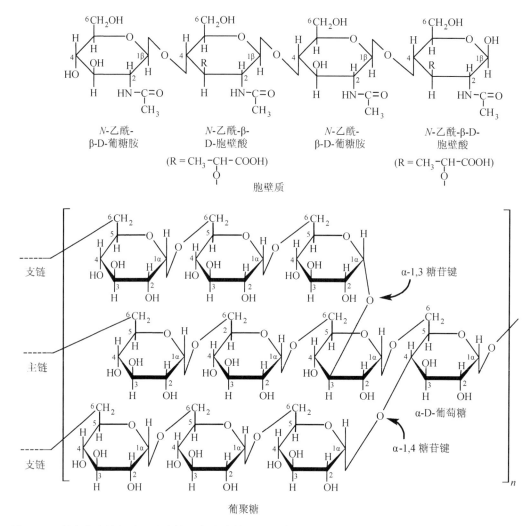

图 2.13　微生物内的部分同聚多糖和杂聚多糖。葡聚糖是多种细菌都可以产生的同聚多糖，而胞壁质是在所有已知的细菌细胞壁中都存在的一种杂聚多糖。

2.5.3.5　果聚糖

与植物中类似，微生物中的果聚糖是由果糖以 β-2,6 糖苷键连接形成的多聚物（Srikanth et al., 2015）。细菌中果聚糖也含有由 D-呋喃果糖残基以 β-2,1 糖苷键连接形成的支链。两个革兰氏阳性菌属（芽孢杆菌属和链球菌属）以蔗糖为原料合成果聚糖。细菌中果聚糖和植物中果聚糖具有相同的化学结构。微生物中的果聚糖用于其细胞外多糖基质的合成。

2.5.3.6　甘露聚糖

微生物和低等生物中的甘露聚糖是以 D-甘露糖为单元连接形成的同聚多糖，其结构因微生物的种类不同而不同（Chandrasekaran, 1998）。例如，属于海松科和粗枝藻科的绿藻中单糖分子通过 β-1,4 糖苷键连接形成线性聚合物（Frei and Preston, 1968）。在酵母菌中，甘露聚糖的主链含 α-1,6 糖苷键，支链含 α-1, 2 和 α-1, 3 糖苷键，且其结构与哺乳动物糖蛋白上的碳水化合物结构相似。*Saccharomyces cerevisiae* 中甘露聚糖的结构与 *Candida albicans* 中甘露聚糖结构在支链结构和出现频率上存在差异。有些细菌（如海洋细菌 *Edwardsiella tarda*）也生成含 α-1,3 糖苷键形成主链和 α-1,2、β-1,6 糖苷键形成支链的甘露聚糖（Guo et al., 2010）。

2.5.3.7 芽霉菌糖

多种真菌（包括酵母）都可产生芽霉菌糖（Cheng et al., 2011）。芽霉菌糖是由 α-D-吡喃葡萄糖以 α-1,4 和 α-1,6 糖苷键以 2∶1 的比例连接形成的直链。芽霉菌糖的直链结构中，麦芽三糖中的三个 α-D-葡萄糖分子通过 α-1,4 糖苷键连接，而麦芽三糖则通过 α-1,6 糖苷键接连。芽霉菌糖不含支链结构，极易溶于水（Robyt, 1998）。

2.6 杂聚多糖

2.6.1 植物中的杂聚多糖

2.6.1.1 定义

杂聚多糖是由两种或两种以上不同类型的单糖形成的聚多糖。植物中杂聚多糖的含量受植物种类和生长状态的影响。因此，其含量在动物饲料中显著不同（表 2.9）。植物源性的杂聚多糖包括渗出胶、半纤维素、菊粉、甘露聚糖、黏胶、果胶和共轭碳水化合物（如糖脂和糖蛋白）。

表 2.9 部分饲料中复杂碳水化合物的组成

饲料组分	中性洗涤纤维	非纤维性碳水化合物	非结构性碳水化合物
	干物质的百分比（%）		
苜蓿青贮	51.4	18.4	7.5
苜蓿干草	43.1	22.0	12.5
混合干草，主要是禾本科干草	60.9	16.6	13.6
玉米青贮	44.2	41.0	34.7
玉米粉	13.1	67.5	68.7
甜菜渣	47.3	36.2	19.5
全棉籽	48.3	10.0	6.4
高湿玉米粒	13.5	71.8	70.6
大麦	23.2	60.7	62.0
玉米蛋白粉	7.0	17.3	12.0
大豆皮	66.6	14.1	5.3
豆粕（48%粗蛋白质）	9.6	34.4	17.2

资料来源：改编自 National Research Council. 2001. *Nutrient Requirements of Dairy Cattle*, 7th Revised Edition. National Academy Press, Washington D.C.。

2.6.1.2 阿拉伯半乳聚糖

阿拉伯半乳聚糖含阿拉伯聚糖（阿拉伯糖残基以 α-1,5 糖苷键连接形成）和半乳聚糖（半乳糖残基以 α-1,4 糖苷键或 β-1,4 糖苷键连接形成）(Arifkhodzhaev, 2000)。在 *Stevia rebaudiana* 叶片中，具有抗病毒活性的阿拉伯半乳聚糖含有异常的 β-1,6-半乳聚糖核心。阿拉伯聚糖通过 β-1,3 和 β-1,6 糖苷键连接到半乳聚糖骨架上（Arifkhodzhaev, 2000）。阿拉伯半乳聚糖是水溶性的，可从苹果果实、水生苔藓、蚕豆叶、咖啡豆、针叶树、油菜籽、仙人掌皮质、沙拉特罗叶、大豆种子、梧桐和番茄中获取（Fincher et al., 1974）。在植物中，阿拉伯半乳聚糖是很多植物树胶的主要成分（包括阿拉伯树胶和口香糖胶），通常与蛋白质相连（8%蛋白多糖的重量），形成阿拉伯半乳聚糖-蛋白复合物（Fincher et al., 1974）。含有 90%聚多糖的蛋白多糖是一种细胞间信号分子，也是治愈植物伤口的修复剂。

2.6.1.3 树胶渗出物

树胶渗出物由植物产生，用于密封树皮中的伤口。大部分树胶渗出物可溶于水，一般结构复杂，具有乳化、稳定、增稠和凝胶的特性。其主链由 D-吡喃半乳糖以 β-1,3 和 β-1,6 糖苷键连接形成，或由 D-葡萄糖吡喃糖基糖醛酸以 β-1,6 糖苷键连接形成（Aspinall, 1967）。主链含有三种支链三糖，分别由 α-L-鼠李糖吡喃糖、β-D-葡萄糖醛酸、β-D-吡喃半乳糖和 α-L-阿拉伯呋喃糖以 1,3、1,4 和 1,6 糖苷键连接。树胶渗出物在非还原末端还含有 α-L-鼠李糖基吡喃单体。非反刍动物小肠很难化学降解树胶分泌物（Pond et al., 2005）。因此，树胶分泌物不能被动物源消化酶降解，但能在一定程度上被大肠中的微生物发酵。

2.6.1.4 半纤维素

半纤维素是含有多种单糖的直链和高支链多糖混合物（Scheller and Ulvskov, 2010）。D-木聚糖是广泛研究的半纤维素，其主链主要由 D-吡喃木糖以 β-1,4 糖苷键连接形成，还包含 α-1,2 糖苷键连接的 4-*O*-甲基-D-吡喃葡糖基糖醛酸（图 2.11）。D-木聚糖的侧链包含 D-木糖、D-半乳糖、岩藻糖和其他糖类。半纤维素中主要的糖残基包括 β-二羟基吡喃糖、β-D-木糖、β-D-甘露糖、β-D-阿拉伯糖、β-D-葡萄糖、β-D-半乳糖和糖醛酸（Scheller and Ulvskov, 2010）。半纤维素主要存在于饲料植物细胞壁中，比纤维素更易化学降解。例如，半纤维素可以被相对温和的酸水解，而纤维素水解需要浓酸。与降解纤维素相比，非反刍动物大肠中的细菌更易发酵半纤维素（McDonald et al., 2011）。在反刍动物中，大部分半纤维素像纤维素一样被瘤胃微生物所降解，少部分过瘤胃后在后面肠道中被进一步降解。

2.6.1.5 菊粉

菊粉是存在于多种植物和部分藻类的根与块茎中的果聚糖类（Apolinário et al., 2014），一般由 20–30 个 D-呋喃果糖以 β-2,1 糖苷键连接形成。其 D-呋喃果糖末端的 C-2

位与 D-吡喃葡萄糖相连。菊粉可溶于水，其分子量为一般为 3000–5000 Da（Robyt, 1998）。在某些植物中菊粉能够代替淀粉作为能量的主要储存方式。

2.6.1.6 甘露聚糖作为葡甘露聚糖、半乳甘露聚糖或半乳葡甘露聚糖

除前面提到的纯甘露聚糖外，一些植物中的甘露聚糖主链由 β-1,4-D-甘露糖构成，而支链则含其他碳水化合物。当甘露糖主链的 C-6 碳以 β-1,6 或 α-1,6 糖苷键与 β-D-葡萄糖相连，或通过 α-1,6 糖苷键与 D-半乳糖相连时，这种以甘露聚糖为核心的杂多糖被称为葡甘露聚糖或半乳甘露聚糖（Moreira and Filho, 2008）。如果侧链上的 D-半乳糖残基也与 D-葡萄糖残基相连，则称为半乳葡甘露聚糖。葡甘露聚糖含有 8% 的 β-D-葡萄糖，并在 O-2 或 O-3 位置上乙酰化。而半乳甘露聚糖侧链上的 α-D-半乳糖残基数量则是可变的。例如，刺槐豆胶中甘露糖与半乳糖的比例为 3.5∶1；口香糖胶（*Caesalpinia spinosa*）为 3∶1，瓜尔豆胶则为 1.5∶1（Melton et al., 2009）。

2.6.1.7 植物黏液

与树胶类似，黏液是几乎所有植物（含豆科植物和海藻）和某些微生物产生的胶状物质。它们所含的多糖通过共价键与蛋白质相连。黏液的结构未知，水解后生成五碳糖和六碳糖，包括阿拉伯糖、半乳糖、葡萄糖、甘露糖、鼠李糖和木糖（Hamman et al., 2015）。黏液中最常见的酸为糖醛酸（如半乳糖醛酸），也存在其他酸（如磺酸）。

2.6.1.8 果胶

果胶主要存在于植物的细胞壁中，也存在于细胞壁和细胞膜之间。果胶的结构比半纤维素的结构更简单。所有的果胶均由 D-吡喃半乳糖醛酸以 α-1,4 糖苷键连接形成，有些果胶也含有阿拉伯聚糖（D-阿拉伯糖的短链）和鼠李糖（Atmodjo et al., 2013）。果胶的平均分子量为 100 000 Da。半乳糖醛酸中的多数羧基被甲醇（–CH$_3$OH）酯化，或者被钙或镁中和。有些果胶的 D-吡喃半乳糖醛酸还含有 2-O-乙酰基、3-O-乙酰基和 α-L-鼠李糖吡喃糖基。另外，在果胶分子中，其环平面上的第一个单糖的 C-1 羟基与其环平面下的第二个单糖的 C-4 羟基发生反应形成糖苷键（Robyt, 1998）。这种交叉平面键不易被动物源消化酶水解。但果胶可被反刍动物微生物酶水解而被其利用。果胶具有持水能力，因此，用柑橘皮制成的果胶可用于减少犊牛的腹泻。另外，在 Mg^{2+} 或 Ca^{2+} 存在时或高糖浓度的酸性环境中，果胶可形成凝胶。

2.6.2 动物中的杂聚多糖

2.6.2.1 定义

动物中的杂聚多糖通常含有氨基、硫酸根或羧基。它们是细胞外基质和细胞膜的重要结构（Sinnott, 2013）。例如，糖胺聚糖由糖醛酸和 2-乙酰氨基-2-脱氧糖组成的二糖单元重复而成（图 2.14）。这种杂聚多糖（如透明质酸、硫酸软骨素、硫酸皮肤素、硫酸乙酰肝素、硫酸肝素、硫酸角质素和壳多糖）广泛存在于动物体中，其中大多数是半乳

聚糖类。这些杂多糖具有重要的生物功能：①骨骼、结缔组织或特定的血液成分的有机物成分；②抗凝剂；③细胞信号传导。杂聚多糖被外切糖苷酶和内切糖苷酶降解以释放 N-乙酰葡糖胺，在动物体内继而被转化为葡糖胺-6-P、果糖-6-P 和丙酮酸（Wu, 2013）。糖胺聚糖能被动物源消化酶降解。

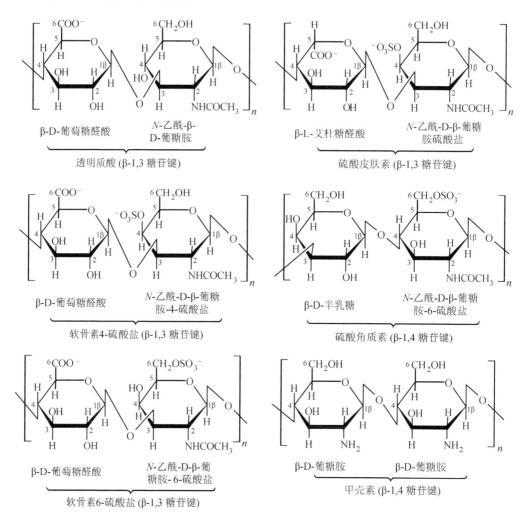

图 2.14 动物体内的甘油氨基聚糖。这些杂聚多糖是由重复双糖单元组成的无分支长链多糖。它们广泛存在于哺乳动物、鸟类、鱼类中。除角质素外，重复单元含有一个氨基糖（N-乙酰葡糖胺或 N-乙酰氨基半乳糖）和一个醛糖（糖醛酸或艾杜糖醛酸）或半乳糖。葡萄糖醛酸或半乳糖是 D-葡萄糖的衍生物。

2.6.2.2 透明质酸

透明质酸（也称透明质酸糖胺多糖）是非硫酸化杂聚多糖（Viola et al., 2015）。其直链结构是由 D-葡萄糖醛酸和 D-N-乙酰基-葡糖胺二糖以交替的 β-1,4 糖苷键和 β-1,3 糖苷键连接的重复结构。透明质酸的长度一般为 250–25 000 个二糖重复单位，是一种重要的糖胺聚糖，由胎盘细胞合成并存在于胎盘基质中。它的主要作用为：①胚胎的存活、生长及发育；②关节润滑；③血管再生（从现有血管形成新血管）；④支撑皮肤、血管和骨骼中的结缔组织。

2.6.2.3 硫酸化杂聚多糖

硫酸化杂聚多糖是结缔组织中的主要成分，包括硫酸软骨素、硫酸皮肤素、硫酸角质素和硫酸乙酰肝素（Mikami and Kitagawa, 2013）。硫酸软骨素以 β-D-葡萄糖醛酸和硫酸化 N-乙酰基-半乳糖为重复二糖单元通过交替的 β-1,3 和 β-1,4 糖苷键连接形成，是软骨中的主要成分。硫酸皮肤素主要存在于皮肤中，以 β-D-异丙酸和硫酸化 N-乙酰基-半乳糖为重复二糖单元通过交替的 α-1,3 和 β-1,4 糖苷键连接形成。硫酸角质素以 β-D-半乳糖和硫酸化 N-乙酰基-葡糖胺为重复二糖单元，通过 β-1,4 糖苷键连接形成，主要存在于红细胞、角膜、软骨和骨中。

硫酸肝素的直链以葡萄糖醛酸和硫酸化 N-乙酰基-葡糖胺为重复二糖单元通过 β-1,4 糖苷键连接形成，存在于所有动物组织中。硫酸肝素是胎盘组织中含量第二的糖胺聚糖。相比之下，硫酸乙酰肝素则是以 2-O-硫酸化 L-艾杜糖醛酸和 6-O-硫酸化，N-硫酸化 N-乙酰基葡糖胺为重复二糖单元通过 α-1,4 糖苷键连接形成，存在于心脏、血液、肠、肺和皮肤等各种组织中。C-5 差向异构酶可将硫酸乙酰肝素上的 D-葡萄糖醛酸残基通过5-差向异构化变为 L-艾杜糖醛酸，从而将硫酸乙酰肝素转化成硫酸肝素（Robyt, 1998）。硫酸肝素由肥大细胞的蛋白聚糖释放到血液中，是重要的抗凝血剂。

2.6.3 微生物中的杂聚多糖

2.6.3.1 阿拉伯半乳聚糖

在微生物中，阿拉伯半乳聚糖是阿拉伯糖和半乳糖残基仅由呋喃糖构型连接形成的杂聚多糖（Knoch et al., 2014）。微生物阿拉伯半乳聚糖中半乳聚糖部分由约 30 个半乳糖残基通过交替的 β-1,5 和 β-1,6 糖苷键连接形成。约 30 个阿拉伯糖残基通过 α-1,3、α-1,5 和 β-1,2 糖苷键连接形成的阿拉伯聚糖链连接在半乳聚糖链的三个分支点上（残基 8、10 和 12）。阿拉伯聚糖通常以霉菌酸结束。阿拉伯半乳聚糖是微生物细胞壁的主要构成成分，与其他微生物杂多糖一样，不能被动物源消化酶降解。

2.6.3.2 脂多糖

脂多糖（LPS）也称为脂聚糖或内毒素，是革兰氏阴性细菌外膜中的糖脂（Gnauck et al., 2015）。脂多糖的脂质部分是由 α-2,6 糖苷键连接形成的含内核和外核的多糖核（图 2.15）。内核中常见的多糖是 3-脱氧-D-甘露聚糖酸（也称为 KDO, 酮-脱氧-八甲氧基）和庚糖。外核含有重复的聚多糖（由 β-D-半乳糖、β-D-半乳糖胺、β-D-葡糖胺和 β-D-葡萄糖组成）形成的 O-抗原。此外，α-D-葡糖胺通过共价键与脂质部分连接。由于这些独特的化学结构，LPS 是高效的动物免疫反应促进剂。

2.6.3.3 胞壁质

胞壁质是微生物细胞壁中碳水化合物的主要成分（Fiedler et al., 1973），是由交替

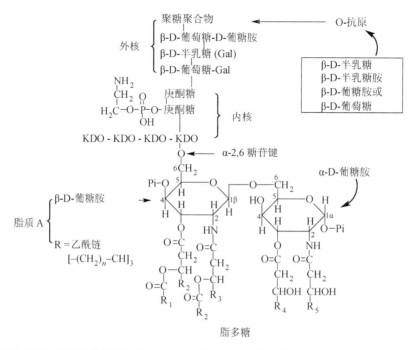

图 2.15 革兰氏阴性菌外膜中的脂多糖（LPS）。脂多糖（一种内毒素）是一种复杂的碳水化合物，包含糖、α-D-氨基葡萄糖和脂类。LPS 的化学结构和生物活性因菌种或菌株而异。

的 β-1,4 糖苷键连接的 N-乙酰基-葡糖胺和 N-乙酰基胞壁酸残基形成的直链结构。胞壁质与短肽交互连接形成不溶于水的肽聚糖，用以维持细菌的形状和刚度。

2.6.3.4 黄原胶

黄原胶由革兰氏阴性菌产生。它由两个 D-葡萄糖残基、两个 D-甘露糖残基和一个 D-葡萄糖醛酸残基形成的五糖单元重复形成（Becker et al., 1998）。两个 D-葡萄糖残基通过 β-1,4 糖苷键连接。在主链中，三糖通过 α-1,3 糖苷键连接到第二个 D-葡萄糖残基形成戊糖重复单元。三糖是 D-甘露吡喃糖基通过 β-1,4 糖苷键连接到 D-吡喃葡萄糖醛酸，通过 β-1,2 糖苷键连接到另一个 D-甘露吡喃糖基残基形成的。黄原胶极易溶于水。

2.6.4 藻类和海藻（海洋植物）中的杂聚多糖

藻类和海藻中的大多数杂聚多糖以半乳糖为支架并连接其他的糖类组成，包括 D-葡萄糖醛酸、糖醛酸、D-甘露糖醛酸及 L-葡萄糖醛酸。因此，这些物质都是以半乳聚糖为基础糖的杂聚多糖。这些杂聚多糖有些被硫酸化，还有些可能包含丙酮酸和矿物质（如钠）。藻类和海藻中结构性的杂聚多糖不能被动物源消化酶降解。

2.6.4.1 琼脂（又名洋菜）

琼脂是两个直链多糖的混合物（琼脂糖和琼脂胶）。由海洋红藻中获得（Mišurcová et al., 2012）。琼脂糖的化学结构和 κ-角叉菜胶、ι-角叉菜胶相似，但琼脂糖有以下几个特点：①重复性二糖结构的第一个残基含有未硫酸化的 α-D-吡喃半乳糖；②重复二糖单元的第二个残基为 L-构型而不是 D-构型；③约 20%的 α-D-吡喃半乳糖残基有 2-O-甲基团（Robyt, 1998）。琼脂糖的 3,6-酐-吡喃半乳糖残基具有 L-构型，与 κ-角叉菜胶、l-角叉菜胶的 3,6-酐-α-D-吡喃半乳糖基和藻酸的 L-古罗糖醛酸基相似。因此，琼脂糖是以 β-1,3 糖苷键-D-吡喃半乳糖和 α-1,4 糖苷键连接的 3,6-酐-L-吡喃半乳糖为重复单位形成的。而琼脂胶是一个硫酸化的多糖聚合物，其含有 3%–10%的硫酸基，形成硫酸酯、D-葡萄糖醛酸和少量的丙酮酸（Robyt, 1998）。海藻的种类不同，其琼脂糖和琼脂胶的比例也不同。与真菌、酵母、藻类或海草中其他多糖类似，琼脂可作为益生元在动物营养中应用（Mišurcová et al., 2012; Rajapakse and Kim, 2011）。

2.6.4.2 褐藻胶（海藻酸）

褐藻中含有大量的褐藻胶，占其生物量的 20%–40%。15%–20%的褐藻胶存在于褐藻细胞壁中，而其余 80%–85%的褐藻胶存在于植物细胞之间。褐藻胶由糖醛酸组成（Robyt, 1998），可以以不溶于水的酸性形式存在，也可以以溶于水的钠盐存在（Tavassoli-Kafrani et al., 2016）。褐藻胶是一条直链聚多糖，由 β-D-吡喃甘露糖醛酸和 α-L-吡喃古罗糖醛酸以 β-1,4 和 α-1,4 糖苷键连接组成。大多数褐藻胶中 D-甘露糖醛酸和 L-古罗糖醛酸以 2：1 的比例存在（Robyt, 1998）。

2.6.4.3 角叉菜胶（卡拉胶）

角叉菜胶是 D-半乳聚糖的直链结构，由硫酸化的 D-吡喃半乳糖及其衍生物以 β-1,4-和 α-1,3 糖苷键连接而成（Tavassoli-Kafrani et al., 2016），是红藻（海藻的一种）中主要的多糖。角叉菜胶由三个线性 D-半乳聚糖组成：κ-卡拉胶、l-卡拉胶和 λ-卡拉胶。κ-卡拉胶以 4-O-硫酸-β-D-吡喃半乳糖和 3,6-酐-α-D-吡喃半乳糖为主要重复双糖单元。l-卡拉胶和 κ-卡拉胶结构相似，只是 κ-卡拉胶内重复双糖单元的第二个糖即 3,6-酐-α-D-吡喃半乳糖换成了 l-卡拉胶中的 3,6-酐-2-O-硫酸-α-D-吡喃半乳糖。λ-卡拉胶的结构和上述两个胶都相似，但 λ-卡拉胶的重复双糖单元是 2-O-硫酸-β-D-吡喃半乳糖和 2,6-二-O-硫酸-α-D-吡喃半乳糖（Robyt, 1998）。

2.6.5 植物的酚类聚合物

2.6.5.1 木质素

木质素是植物中高度交联的高分子甲氧基酚聚合物（Boerjan et al., 2003）。它既不溶于水，也不是碳水化合物。木质素存在于植物组织（形成坚韧的木质纤维）和一些海藻中，但不存在于动物体内。由于木质素和纤维素、半纤维素之间的联系，营养学上，人们通常将木质素和碳水化合物一起讨论。木质素使纤维素变得坚硬，从而给植物提供了坚硬的结构支撑。木质素占植物干物质重的 5%–10%。植物种类和成熟度不同，木质素组成（如 3-苯丙醇和甲基团的数量及氮的含量）也不同。甲氧基在木料木质素中含量约为 15%，草料木质素中约 8%，豆科植物木质素中约 5%（Mottiar et al., 2016; Robyt, 1998）。木质素由于其缩合型结构而非常稳定，几乎不会被微生物侵蚀。饲草中木质素与纤维素和半纤维素的紧密连接，减少了微生物对纤维素和半纤维素的降解。然而，木质素中的甲氧基降低了饲草通过反刍动物胃肠道的速率。碱处理可以部分溶解木质素，并破坏木质素与纤维素、半纤维素的连接，从而提高低质草料和秸秆的消化率。

2.6.5.2　单宁

单宁（又名单宁酸）是植物中含有大量羟基的多酚聚合物，有苦味（Sieniawska, 2015）。单宁可溶于水，但不是碳水化合物。单宁和木质素在化学结构和特性方面有很多不同。单宁可以被分为水解单宁和缩合单宁（原花青素）。水解单宁包括塔拉单宁（没食子酸和奎尼酸）和咖啡单宁（如咖啡酸、绿原酸）。缩合单宁有矢车菊素、飞燕草色素、锦葵色素、芍药、天竺葵色素和矮牵牛。单宁能与蛋白质、铁和其他金属离子、碳水化合物及生物碱结合。因此，对于非反刍动物，饲料中单宁含量高会降低采食量、生长速率、饲料效率和蛋白质消化率，而对于反刍动物，单宁可以保护优质蛋白不在瘤胃内被降解（Patra and Saxena, 2011）。由于其多酚结构，单宁能清除氧自由基，改善动物的氧化应激。

2.6.5.3　植物、藻类和海藻中的非淀粉多糖

非淀粉多糖（NSP）是指在植物、藻类和海藻中除淀粉外的同聚多糖与杂聚多糖。如前所述，它们一般都包含线性 β-葡聚糖或 β-糖苷键连接的杂聚多糖。豆科植物、谷类、草料和粗饲料的细胞壁中富含 NSP，海生植物中也有 NSP。根据其水溶性，NSP 可分为水溶性 NSP 和非水溶性 NSP。水溶性 NSP 包括果胶、菊糖、黄原胶、海藻酸盐（钠盐）和卡拉胶（钠盐），而非水溶性 NSP 包括纤维素、半纤维素、抗性淀粉、甲壳素（海洋植物）和木质素。多数植物源产品中，非水溶性 NSP 都比水溶性 NSP 含量丰富（表 2.10）。水溶性和非水溶性 NSP 对动物有着不同的营养及生理作用（Grabitke and Slavin, 2009）。即使非淀粉多糖和木质素都被称为膳食纤维，但这个说法是误称，因为它们都不是纤维。可发酵的纤维在小肠内是很难被消化吸收的，但在大肠内可以被微生物部分或完全降解（Gidenne, 2015; Turner et al., 2013）。

表 2.10　植物饲料中水溶性和非水溶性非淀粉多糖的含量

饲料	水溶性非淀粉多糖（g/100g）	非水溶性非淀粉多糖（g/100g）	总非淀粉多糖（g/100g）
苹果纤维	13.9	48.7	62.6
竹粉	<0.1	44.8	44.9
大麦麸皮	3.0	67	70
玉米粒（湿重）	2.1	2.7	4.8
干生白扁豆	4.3	13.4	17.7
芸豆	3.0	4.0	7.0
燕麦纤维	1.5	73.6	75.1

饲料	水溶性非淀粉多糖（g/100g）	非水溶性非淀粉多糖（g/100g）	总非淀粉多糖（g/100g）
燕麦壳	6.7	16.4	23.1
棕榈仁粕	7.7	42.3	50
米糠	4.7	46.7	51.4
糙米	0.8	6.0	6.8
精白米	0.0	0.7	0.7
大豆皮	8.4	48.3	56.7
番茄纤维	8.3	57.6	65.9
麦麸（用于人）	4.6	49.6	54.2
麦麸（用于猪）	4.1	26.5	30.6

资料来源：改编自 Chawla, R. and G.R. Patil. 2010. *Compre. Food Sci. Saf.* 9:178-196; Yu, C., S. Zhang, Q. Yang, Q. Peng, J. Zhu, X. Zeng, and S. Qiao. 2016. *Arch. Anim. Nutr.* 70:263–277。

2.7 碳水化合物的化学反应

研究碳水化合物的化学反应对其分析有作用，且可以指导营养学研究。其中一些反应可能发生在动物体内，并对研究过量碳水化合物在体内引起的不良反应提供生化基础。总的来说，碳水化合物的化学反应取决于它们的功能团，如酮和醛。

2.7.1 单糖

2.7.1.1 差向异构化

在碱性溶液中，单糖可以转化为多羟基醛和多羟基酮的复合物。这个反应能形成一对 C-2 位的差向异构体，因此被称为差向异构化。

$$D\text{-葡萄糖} + {}^-OH \rightarrow D\text{-甘露糖（在 C-2 位发生了差向异构化）}$$

2.7.1.2 还原反应

单糖的羰基可以被 $NaBH_4$ 还原成醇。例如，D-甘露糖被还原成 D-甘露醇，D-果糖被还原成 D-甘露醇和 D-山梨醇（也被称为 D-葡萄糖醇）。

$$D\text{-甘露糖} + NaBH_4 + H_3O^+ \rightarrow D\text{-甘露醇}$$
$$D\text{-果糖} + NaBH_4 + H_3O^+ \rightarrow D\text{-甘露醇} + D\text{-山梨醇}$$

2.7.1.3 氧化反应

1）银氨溶液氧化反应［Ag^+、NH_3 和 OH^-；托伦（Tollens 试剂）］。在碱性条件下，酮糖（–C=O）被转化为醛糖（–CHO）。醛糖可以被银氨溶液氧化形成羧酸根离子。因此，不能用银氨溶液来区分葡萄糖和果糖。

酮糖（如果糖）+ OH^- → 醛糖（如葡萄糖）+ 银氨溶液 → 羧酸根离子

2）本尼迪克特（Benedict's）试剂［碳酸钠、柠檬酸钠、硫酸铜(Ⅱ)］氧化。在碱性条件下，醛糖（如葡萄糖）可被本尼迪克特试剂氧化为烯二醇（–CH=C–OH）。烯二醇可以把 2 价铜离子还原为 1 价铜离子，产生砖红色的一氧化二铜沉淀（Cu_2O）。由于酮糖（如果糖）可在碱性条件下转化为醛糖，本尼迪克特试剂也可用于检测果糖的存在。

$$酮糖（如果糖）+ OH^- \rightarrow 醛糖（如葡萄糖）+ 本尼迪克特试剂 \rightarrow Cu_2O \downarrow （砖红色）$$

3）溴（Br_2）氧化。醛（如葡萄糖上的–CHO）可由 Br_2 水溶液（红色）氧化为葡萄糖酸（–COOH），同时 Br_2 被还原为 2 个溴离子（无色）。酮糖（如果糖）和 Br_2 不发生反应。因此，酮糖不能使 Br_2 水溶液的红色褪去。该方法可用于鉴别酮糖和醛糖。

$$醛糖（如葡萄糖）+ Br_2 水溶液（红色）\rightarrow 葡萄糖酸 + 2Br^- （无色）$$

2.7.1.4 醛糖和酮糖的脱水反应

己糖在强酸和高温下发生脱水反应生成羟甲基糠醛。糠醛衍生物可以结合两分子酚（如 α-萘酚、间苯二酚或麝香草酚）生成紫色或樱桃红色物质。同样，戊糖可以脱水产生糠醛，糠醛可以和蒽酮反应生成一种蓝绿色物质。

$$己糖 + HCl（或 H_2SO_4）\rightarrow 羟甲基糠醛 + 3H_2O$$
$$戊糖 + HCl（或 H_2SO_4）\rightarrow 糠醛 + 3H_2O$$

酮糖脱水反应是生物样品中检测果糖的化学依据。具体地说，果糖可以在 18% HCl 溶液和 80℃时脱水生成 5-羟甲基糠醛。有乙醇存在时，糠醛衍生物可与间苯二酚（一种苯二酚）反应（由 0.5g 间苯二酚溶解于 500 mL 95%乙醇溶液生成浓度为 20%的溶液）生成一种樱桃红色的物质。在这种情况下，如果检测物中含有葡萄糖，就不会生成这种颜色。这个方法可以用来分析脱蛋白的血浆、尿液、精液和胎液中的果糖。

$$果糖 + HCl \rightarrow 5-羧甲基糠醛 + 3H_2O$$

2.7.1.5 糖苷的形成

半缩醛类（如 D-葡萄糖）或半缩酮（如 D-果糖）与乙醇发生反应生成缩醛（如 β-D-葡萄糖苷和 α-D-葡萄糖苷）或缩酮（如 β-D-呋喃果糖苷和 α-D-呋喃果糖苷）。如前所述，半缩酮单糖是非还原糖，不能被银离子或溴氧化。葡萄糖、半乳糖和果糖的苷类被称为葡萄糖苷、半乳糖苷和呋喃果糖苷。下图是葡萄糖和乙醇反应形成葡萄糖苷的过程。

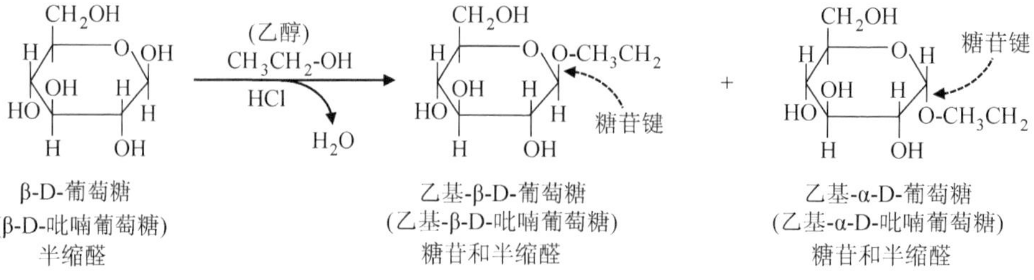

2.7.1.6 酯化反应

在催化剂（如硫酸）中的作用，碳水化合物的–OH 与脂肪酸的–COOH 发生酯化反应生成酯。这种反应可通过细胞内的酶催化。脂肪酸和甘油反应生成的甘油酯是生物体内重要的酯类。半乳糖或氨基葡萄糖的硫酸酯是动物体内主要的蛋白多糖。

$$CH_2OH \quad\quad\quad\quad\quad CH_2O\text{-}C\text{-}CH_2\text{-}R$$

甘油 + 3 R-CH₂-COOH（脂肪酸）→ 甘油酯（甘油的脂肪酸酯） + 3 H₂O

2.7.1.7 非酶糖化作用

在开链结构中，己醛（如葡萄糖）的游离醛基与氨基酸（游离或与蛋白结合）发生反应生成席夫碱（一种共价键），然后形成重排产物。参与这种美拉德（Maillard）反应的氨基酸主要是赖氨酸或精氨酸，也可能是组氨酸或谷氨酰胺。加热可以加速美拉德反应并产生动物不易消化的类黑精聚合物（棕色）。因此，非酶糖化作用对饲料制粒和动物营养具有非常重要的影响。

D-葡萄糖（–CHO，开链）+ 赖氨酸的 ε-NH₂ → 席夫碱（–CH=N-赖氨酸）→ 糖化作用

2.7.2 二糖和多糖

2.7.2.1 氧化反应

如前所述，本尼迪克特试剂可与还原性双糖发生反应（如乳糖和麦芽糖），但不与非还原性双糖（如蔗糖）发生反应。然而，与稀盐酸在加热条件下，蔗糖可水解为 D-葡萄糖和 D-果糖。随后，葡萄糖和果糖可以用本尼迪克特试剂进行检测。因为其长链末端的还原糖数量有限，淀粉和糖原与本尼迪克特试剂基本不发生反应。肌糖（肌醇）是另一种不能用这种方法检测的碳水化合物。

2.7.2.2 碘化反应

淀粉或糖原与鲁氏（Lugol's）碘液反应（I-KI；碘溶于碘化钾水溶液）形成深蓝色或棕蓝色物质。颜色深度随着温度的升高和水溶性有机溶剂（如乙醇）的存在而降低。该反应的原理是碘与淀粉或糖原的螺旋结合分别形成淀粉碘或糖原碘复合物。淀粉的螺旋比糖原的长，因此可以结合更多的碘原子，从而产生比糖原更深的颜色。在 pH 非常低的情况下，这个测试方法不适用，因为此时淀粉和糖原会被水解。其他多糖和单糖与鲁氏碘液不发生反应。

2.7.2.3 Molisch 反应检测几乎所有的碳水化合物

除了糖醇、2-去氧糖和 2-氨基-2-脱氧糖，水溶液中所有的碳水化合物均由莫利希（Molisch）反应检测（Robyt, 1998）。在这个适应性广、与碳水化合物特异性好的检测中，

浓硫酸可以水解糖苷键，使寡糖或多糖转化为单糖。在强酸（硫酸）存在下，单糖脱水生成糠醛衍生物，生成的糖醛衍生物再与 α-萘酚（酚类化合物）浓缩产生特有的紫色。Molisch 反应检测碳水化合物的最低浓度值为 10 mg/L。2-脱氧糖和 2-氨基-2-脱氧糖可通过高效液相色谱与质谱进行分析。

2.8 小 结

碳水化合物是多羟基醛或酮及其酰胺化或硫酸化衍生物（如葡糖胺、N-乙酰葡糖胺和硫酸皮肤素）。它们是植物、动物和微生物的重要组成部分（表 2.11）。碳水化合物可分为两类：简单的碳水化合物或复杂的碳水化合物。简单的碳水化合物指单糖，不能发生水解反应。绿色植物中，葡萄糖（醛糖）由 CO_2 和 H_2O 合成，动物体内葡萄糖由许多糖异生前体物质生成。它是自然界中最丰富的单糖，其次是果糖（酮糖）。所有己糖单糖（六碳糖），无论醛糖或酮糖，都有 α-或 β-异构体（称为端基异构体）。碳水化合物能在水中自发地改变它的化学构型。醛糖（如葡萄糖）主要以开链形式的含游离醛的环状半缩醛形式存在（六元环的吡喃糖）。同样，酮糖（如 D-果糖）主要以开链形式的含酮结构的环状半缩酮形式存在（吡喃糖、呋喃糖）。在水溶液中，与呋喃糖相比，吡喃糖在热力学方面更稳定，含量更高。

表 2.11 聚多糖内的糖苷键

多糖	来源	单体	主链	支链连接键
同聚多糖				
阿拉伯聚糖	植物	D-阿拉伯糖	α-1-3、α-1-5、β-1-2	—
直链淀粉	绿色植物	D-葡萄糖	α-1,4	—
支链淀粉	绿色植物	D-葡萄糖	α-1,4	α-1,6
纤维素	植物、一些细菌	D-葡萄糖	β-1,4	—
甲壳素	动物、真菌、绿藻等	N-乙酰-葡糖胺	β-1,4	—
葡聚糖	某些细菌	D-葡萄糖	α-1,6	α-1,3
半乳糖	植物	D-半乳糖	β-1,4	—
半乳糖	微生物	D-半乳糖	—	—
β-D-葡聚糖	酵母、其他真菌	D-葡萄糖	β-1,3	β-1,6
β-D-葡聚糖	大麦、燕麦	D-葡萄糖	β-1,3、β-1,4	—
β-D-葡聚糖	地衣	D-葡萄糖	β-1,3、β-1,6	—
糖原	动物、细菌、真菌等	D-葡萄糖	α-1,4	α-1,6
甘露聚糖	某些细菌	D-甘露糖	α-1,3	α-1,2、β-1,6
甘露聚糖	绿藻	D-甘露糖	β-1,4	—
甘露聚糖	植物	D-甘露糖	β-1,4	—
甘露聚糖	酵母、其他真菌	D-甘露糖	α-1,6	α-1,2、α-1,3
普鲁兰	酵母、其他真菌	D-葡萄糖	α-1,4、α-1,6	—

续表

多糖	来源	单体	主链	支链连接键
杂聚多糖		主要的糖		
藻酸盐	海藻	D-甘露糖醛、D-古罗糖醛酸	β-1,4 + α-1,4	–
琼脂	红藻	D-半乳糖	β-1,4 + α-1,3	–
阿拉伯半乳聚糖	植物	D-阿拉伯糖 + D-半乳糖	α-1,5 α-1,4 或 β-1,4	β-1,3、β-1,6
阿拉伯半乳聚糖	微生物	D-阿拉伯糖 + D-半乳糖	α-1-3、α-1-5、 β-1-2 β-1-5、β-1-6	β-1,3、β-1,6
卡拉胶	红藻	D-半乳糖-4-硫酸、3,6-酐-D-半乳糖-2-硫酸	β-1,4 + α-1,3	–
硫酸软骨素	动物	D-葡糖醛、N-乙酰-D-半乳糖胺	β-1,3、β-1,4	–
硫酸皮肤素	动物	α-L-艾杜糖醛酸、N-乙酰-D-半乳糖胺	β-1,3、β-1,4	–
半乳甘露聚糖	植物	D-甘露糖（主链）、D-半乳糖	β-1,4	α-1,6
半乳葡甘露聚糖	植物	D-甘露糖（主链）、D-半乳糖（侧链）、D-葡萄糖（侧链）	β-1,4	α-1,6
半乳甘露聚糖	植物	D-甘露糖（主链）、D-葡萄糖	β-1,4	β-1,6、α-1,6
半纤维素	植物	己糖 [a]	β-1,4、α-1,2	–
透明质酸	动物	葡萄糖醛酸、N-乙酰-葡糖胺	β-1,4、α-1-3	–
菊粉	植物块茎	D-果糖	β-2,1	–
甘露聚糖	植物	D-甘露糖	β-1,4	β-1,6、α-1,6
胞壁质	细菌	N-乙酰-葡糖胺、N-乙酰-D-胞壁酸	β-1,4	–
果胶	绿色植物	D-半乳糖醛酸酯、其他	β-1,4 +其他	–
黄原胶	细菌	己糖 [b]	β-1,4、α-1-3	–
木聚糖	植物、棕藻	D-木糖	β-1,3	–

[a] 包括 β-D-吡喃木糖、β-D-木糖、β-D-甘露糖、β-D-阿拉伯糖、β-D-葡萄糖、β-D-半乳糖和糖醛酸。
[b] 包括 D-葡萄糖、D-甘露糖和 D-葡萄糖醛酸。

　　复杂的碳水化合物包括双糖（如乳糖和蔗糖）、低聚糖（由 3–10 个单糖组成）和多糖（如淀粉、糖原、纤维素、半纤维素、果胶）。在主链上，单糖主要通过 α-1,4 和/或 α-1,6 糖苷键（淀粉和糖原）或 β-1,3 和 β-1,4 糖苷键（其他复杂的碳水化合物）连接。淀粉和糖原分别是植物和动物中主要的同聚多糖。其他同聚多糖包括植物中的纤维素、β-D-葡聚糖、果聚糖、甘露聚糖和动物体内的几丁质。杂聚多糖主要包括：①植物中的渗出胶、半纤维素、菊糖、甘露聚糖、黏胶和果胶；②动物中的透明质酸、硫酸软骨、硫酸皮肤素、硫酸乙酰肝素、硫酸肝素、硫酸角质素和几丁质；③微生物中的脂多糖、胞壁质和黄原胶；④藻类植物和海草中的琼脂、海藻酸钠（褐藻酸）与卡拉胶。除了乳糖（含 β-1,4 半乳糖苷键）可以被小肠的乳糖酶水解外，含有 D-葡萄糖苷或 D-果糖苷 β-1,4 糖苷键的复杂碳水化合物或膳食纤维一般不能被动物源性酶所降解，但可被大肠内的微生物进行不同程度的发酵。非淀粉多糖（NSP）是陆生动物饲料的重要组成部分，可以维持其肠道健康。虽然木质素和单宁不是碳水化合物，但是在植物体内它们通常与多糖紧密连接，从而影响动物胃肠道对多糖的消化。

　　单糖可发生多种化学反应，如异构化、还原、氧化、脱水、形成糖苷、酯化和糖基化。而复杂的碳水化合物只有淀粉和糖原可以与碘结合生成有色物质。这种反应为检测饲料和动物体内的某些碳水化合物提供了依据。除了一些糖醇，所有的碳水化合物水溶液都可以通过 Molisch 反应进行分析。动物的最佳饲料配方必须满足：①对断奶的动物必须提供充足的植物源纤维和淀粉；②所有动物合成充足的葡萄糖、糖原和杂多糖；③哺乳动物奶产品中最大的乳糖产量。这些有关碳水化合物化学的知识为我们了解其在动物体中的代谢和营养功能（第 5 章）提供了必要的基础。

（译者：成艳芬）

参 考 文 献

Akhter, S., M.S. Ansari, B.A. Rakha, S.M.H. Andrabi, M. Qayyum, and N. Ullah. 2014. Effect of fructose in extender on fertility of buffalo semen. *Pakistan J. Zool.* 46:279–281.

Angyal, S.J. 1984. The composition of reducing sugars in solution. *Adv. Carbohydr. Chem. Biochem.* 42:15–68.

Apolinário, A.C., B.P. de Lima Damasceno, N.E. de Macêdo Beltrão, A. Pessoa, A. Converti, and J.A. da Silva. 2014. Inulin-type fructans: A review on different aspects of biochemical and pharmaceutical technology. *Carbohydr. Polym.* 101:368–378.

Arifkhodzhaev, A.O. 2000. Galactans and galactan-containing polysaccharides of higher plants. *Chem. Nat. Compd.* 36:229–244.

Aspinall, G.O. 1967. The exudate gums and their structural relationship to other groups of plant polysaccharides. *Pure Appl. Chem.* 14:43–55.

Atmodjo, M.A., Z. Hao, and D. Mohnen. 2013. Evolving views of pectin biosynthesis. *Annu. Rev. Plant Biol.* 64:747–779.

Bacon, J.S.D. and D.J. Bell. 1948. Fructose and glucose in the blood of the foetal sheep. *Biochem. J.* 42:397–405.

Bali, V., P.S. Panesar, M.B. Bera, and R. Panesar. 2015. Fructo-oligosaccharides: Production, purification and potential applications. *Crit. Rev. Food Sci. Nutr.* 55:1475–1490.

Barceló-Fimbres, M. and G.E. Seidel. 2008. Effects of embryo sex and glucose or fructose in culture media on bovine embryo development. *Reprod. Fertil. Dev.* 20:141–142.

Baronos, S. 1971. Seminal carbohydrates in boar and stallion. *J. Reprod. Fertil.* 24:303–305.

Bazer, F.W., T.E. Spencer, and W.W. Thatcher. 2012. Growth and development of the ovine conceptus. *J. Anim. Sci.* 90:159–170.

Bazer, F.W., W.W. Thatcher, F. Martinat-Botte, and M. Terqui. 1988. Conceptus development in large white and prolific Chinese Meishan pigs. *J. Reprod. Fertil.* 84:37–42.

Bearden, H.J. and J.W. Fuquay. 1980. *Applied Animal Reproduction*. Reston Publishing Company, Reston, Virginia.

Becker, A., F. Katzen, A. Pühler, and L. Ielpi. 1998. Xanthan gum biosynthesis and application: A biochemical/genetic perspective. *Appl. Microbiol. Biotechnol.* 50:145–152.

Benkeblia, N. 2013. Fructooligosaccharides and fructans analysis in plants and food crops. *J. Chromatogr. A.* 1313:54–61.

Bergman, E.N. 1983a. The pools of tissue constituents and products: Carbohydrates. In: *World Animal Science*. Edited by P.M. Riis, Elsevier, New York, Vol. 3, pp. 137–149.

Bergman, E.N. 1983b. The pool of cellular nutrients: Glucose. In: *World Animal Science*. Edited by P.M. Riis, Elsevier, New York, Vol. 3, pp. 173–196.

Boerjan, W., J. Ralph, and M. Baucher. 2003. Lignin biosynthesis. *Annu. Rev. Plant Biol.* 54:519–546.

Britton, H.G. 1962. Some non-reducing carbohydrates in animal tissues and fluids. *Biochem. J.* 85:402–407.

Brosnan, J.T. 2005. Metabolic design principles: Chemical and physical determinants of cell chemistry. *Adv. Enzyme Regul.* 45:27–36.

Bruice, P.Y. 2011. *Organic Chemistry*. Prentice Hall, New York, NY.

Cao, H., T. Chen, and Y. Shi. 2015. Glycation of human serum albumin in diabetes: Impacts on the structure and function. *Curr. Med. Chem.* 22:4–13.

Chandrasekaran, R. 1998. X-ray diffraction of food polysaccharides. *Adv. Food Nutr. Res.* 42:131–210.

Chawla, R. and G.R. Patil. 2010. Soluble dietary fiber. *Compr. Rev. Food Sci. Saf.* 9:178–196.

Cheng, K.C., A. Demirci, and J.M. Catchmark. 2011. Pullulan: Biosynthesis, production, and applications. *Appl. Microbiol. Biotechnol.* 92:29–44.

Demura, T. and Z.H. Ye. 2010. Regulation of plant biomass production. *Curr. Opin. Plant Biol.* 13:299–304.

Denzel, M.S. and A. Antebi. 2015. Hexosamine pathway and (ER) protein quality control. *Curr. Opin. Cell Biol.* 33:14–18.

Ege, S. 1984. *Organic Chemistry.* D.C. Heath and Company, Toronto, Canada.

Egusa, M., H. Matsui, T. Urakami, S. Okuda, S. Ifuku, H. Nakagami, and H. Kaminaka. 2015. Chitin nanofiber elucidates the elicitor activity of polymeric chitin in plants. *Front. Plant Sci.* 6:1098.

Farrokhi, N., R.A. Burton, L. Brownfield, M. Hrmova, S.M. Wilson, A. Bacic, and G.B. Fincher. 2006. Plant cell wall biosynthesis: Genetic, biochemical and functional genomics approaches to the identification of key genes. *Plant Biotechnol. J.* 4:145–167.

Fiedler, F., K. Schleifer, and O. Kandler. 1973. Amino acid sequence of the threonine-containing mureins of coryneform bacteria. *J. Bacteriol.* 113:8–17.

Fincher, G.B., W.H. Sawyer, and B.A. Stone. 1974. Properties of an arabinogalactan-peptide from wheat endosperm. *Biochem. J.* 139:535–545.

Frei, E and R.D. Preston. 1968. Non-cellulosic structural polysaccharides in algal cell walls. III. Mannan in siphoneous green algae. *Proc. R Soc. B.* 169:127–145.

Gaschen, F.P. and S.R. Merchant. 2011. Adverse food reactions in dogs and cats. *Vet. Clin. North Am. Small Anim. Pract.* 41:361–379.

Geraci, J.R. 1981. Dietary disorders in marine mammals: Synthesis and new findings. *J. Am. Vet. Med. Assoc.* 179:1183–1191.

Gidenne, T. 2015. Dietary fibres in the nutrition of the growing rabbit and recommendations to preserve digestive health: A review. *Animal* 9:227–242.

Gnauck, A., R.G. Lentle, and M.C. Kruger. 2015. The characteristics and function of bacterial lipopolysaccharides and their endotoxic potential in humans. *Int. Rev. Immunol.* 25:1–31.

Grabitke, H.A. and J.L. Slavin. 2009. Gastrointestinal effects of low-digestible carbohydrates. *Crit. Rev. Food Sci. Nutr.* 49:327–360.

Guo, S., W. Mao, Y. Han, X. Zhang, C. Yang, Y. Chen et al. 2010. Structural characteristics and antioxidant activities of the extracellular polysaccharides produced by marine bacterium *Edwardsiella tarda*. *Bioresour. Technol.* 101:4729–4732.

Hagely, K.B., D. Palmquist, and K.D. Bilyeu. 2013. Classification of distinct seed carbohydrate profiles in soybean. *J. Agric. Food Chem.* 61:1105–1111.

Hamman, H., J. Steenekamp, and J. Hamman. 2015. Use of natural gums and mucilages as pharmaceutical excipients. *Curr. Pharm. Des.* 21:4775–4797.

Heaney, R.P. 2013. Dairy intake, dietary adequacy, and lactose intolerance. *Adv. Nutr.* 4:151–156.

Henry, R.J. and H.S. Saini. 1989. Characterization of cereal sugars and oligosaccharides. *Cereal Chem.* 66:362–365.

Hinton, B.T., R.W. White, and B.P. Setchell. 1980. Concentrations of myo-inositol in the luminal fluid of the mammalian testis and epididymis. *J. Reprod. Fert.* 58:395–399.

Hitchcock, M.W.S. 1949. Fructose in the sheep fetus. *J. Physiol.* 108:117–126.

Keeling, P.L. and A.M. Myers. 2010. Biochemistry and genetics of starch synthesis. *Annu. Rev. Food Sci. Technol.* 1:271–303.

Kim, J.Y., G.W. Song, G. Wu, and F.W. Bazer. 2012. Functional roles of fructose. *Proc. Natl. Acad. Sci. USA* 109:E1619–E1628.

Knoch, E., A. Dilokpimol, and N. Geshi. 2014. Arabinogalactan proteins: Focus on carbohydrate active enzymes. *Front. Plant Sci.* 5:198.

Koehler, P. and H. Wieser. 2013. Chemistry of cereal grains. In: *Handbook of Sourdough Biotechnology.* Edited by M. Gobbetti and M. Gänzle. Springer, New York, pp. 11–45.

Li, N., D.N. Wells, A.J. Peterson, and R.S.F. Lee. 2005. Perturbations in the biochemical composition of fetal fluids are apparent in surviving bovine somatic cell nuclear transfer pregnancies in the first half of gestation. *Biol. Reprod.* 73:139–148.

Li, S., L. Lei, Y.G. Yingling, and Y. Gu. 2015. Microtubules and cellulose biosynthesis: The emergence of new players. *Curr. Opin. Plant Biol.* 28:76–82.

Lu, Y. and T.D. Sharkey. 2006. The importance of maltose in transitory starch breakdown. *Plant Cell Environ.* 29:353–366.

Lunn, J.E., I. Delorge, C.M. Figueroa, P. Van Dijck, and M. Stitt. 2014. Trehalose metabolism in plants. *Plant J.* 79:544–567.

McDonald, P., R.A. Edwards, J.F.D. Greenhalgh, J.F.D. Greenhalgh, C.A. Morgan, and L.A. Sinclair. 2011. *Animal Nutrition*, 7th ed. Prentice Hall, New York.

Melton, L.D., B.G. Smith, R. Ibrahim, and R. Schröder. 2009. Mannans in primary and secondary plant cell walls. *N. Z. J. Forestry Sci.* 39:153–160.

Messer, M., E. Trifonoff, W. Stern, and J.W. Bradbury. 1980. Structure of a marsupial milk trisaccharide. *Carbohydrate Res.* 83:327–334.

Mikami, T. and H. Kitagawa. 2013. Biosynthesis and function of chondroitin sulfate. *Biochim. Biophys. Acta.* 1830:4719–4733.

Mišurcová, L., S. Škrovánková, D. Samek, J. Ambrožová, and L. Machů. 2012. Health benefits of algal polysaccharides in human nutrition. *Adv. Food Nutr. Res.* 66:75–145.

Moreira, L.R. and E.X. Filho. 2008. An overview of mannan structure and mannan-degrading enzyme systems. *Appl. Microbiol. Biotechnol.* 79:165–178.

Mottiar, Y., R. Vanholme, W. Boerjan, J. Ralph, and S.D. Mansfield. 2016. Designer lignins: Harnessing the plasticity of lignification. *Curr. Opin. Biotechnol.* 37:190–200.

National Research Council. 2001. *Nutrient Requirements of Dairy Cattle*, 7th Revised ed. National Academy Press, Washington, DC.

National Research Council (NRC). 2012. *Nutrient Requirements of Swine*. National Academy Press, Washington, DC.

Patra, A.K. and J. Saxena. 2011. Exploitation of dietary tannins to improve rumen metabolism and ruminant nutrition. *J. Sci. Food Agric.* 91:24–37.

Peterbauer, T., J. Mucha, L. Mach, and A. Richter. 2002. Chain elongation of raffinose in pea seeds. Isolation, characterization, and molecular cloning of multifunctional enzyme catalyzing the synthesis of stachyose and verbascose. *J. Biol. Chem.* 277:194–200.

Pond, W.G., D.B. Church, K.R. Pond, and P.A. Schoknecht. 2005. *Basic Animal Nutrition and Feeding*, 5th ed. Wiley, New York.

Rajapakse, N. and S.K. Kim. 2011. Nutritional and digestive health benefits of seaweed. *Adv. Food Nutr. Res.* 64:17–28.

Rezaei, R., Z.L. Wu, Y.Q. Hou, F.W. Bazer, and G. Wu. 2016. Amino acids and mammary gland development: Nutritional implications for neonatal growth. *J. Anim. Sci. Biotechnol.* 7:20.

Roach, P.J., A.A. Depaoli-Roach, T.D. Hurley, and V.S. Tagliabracci. 2012. Glycogen and its metabolism: Some new developments and old themes. *Biochem. J.* 441:763–787.

Robyt, J.F. 1998. *Essentials of Carbohydrate Chemistry*. Springer, New York.

Römling, U. and M.Y. Galperin. 2015. Bacterial cellulose biosynthesis: Diversity of operons, subunits, products, and functions. *Trends Microbiol.* 23:545–557.

Ruan, Y.L. 2014. Sucrose metabolism: Gateway to diverse carbon use and sugar signaling. *Annu. Rev. Plant Biol.* 65:33–67.

Rumessen, J.J. 1992. Fructose and related food carbohydrates. Sources, intake, absorption, and clinical implications. *Scand. J. Gastroenterol.* 27:819–828.

Scheller, H.V. and P. Ulvskov. 2010. Hemicelluloses. *Annu. Rev. Plant Biol.* 61:263–289.

Schirren, C. 1963. Relation between fructose content of semen and fertility in man. *J. Reprod. Fertil.* 5:347–358.

Sengupta, S., S. Mukherjee, P. Basak, and A.L. Majumder. 2015. Significance of galactinol and raffinose family oligosaccharide synthesis in plants. *Front. Plant Sci.* 6:656.

Shelton, D.R. and W.J. Lee. 2000. Cereal carbohydrates. In: *Handbook of Cereal Science and Technology*. Edited by K. Kulp and J.G. Ponte, Jr. Marcell Dekker, New York, pp. 385–414.

Sieniawska, E. 2015. Activities of tannins: From *in vitro* studies to clinical trials. *Nat. Prod. Commun.* 10:1877–1884.

Sinnott, M. 2013. *Carbohydrate Chemistry and Biochemistry: Structure and Mechanism*, 2nd ed. Royal Society of Chemistry, London, UK.

Smith, A.M., S.C. Zeeman, and S.M. Smith. 2005. Starch degradation. *Annu. Rev. Plant Biol.* 56:73–98.

Srikanth, R., C.H. Reddy, G. Siddartha, M.J. Ramaiah, and K.B. Uppuluri. 2015. Review on production, characterization and applications of microbial levan. *Carbohydr. Polym.* 120:102–114.

Tavassoli-Kafrani, E., H. Shekarchizadeh, and M. Masoudpour-Behabadi. 2016. Development of edible films and coatings from alginates and carrageenans. *Carbohydr. Polym.* 137:360–374.

Trindade, C.E., R.C. Barreiros, C. Kurokawa, and G. Bossolan. 2011. Fructose in fetal cord blood and its relationship with maternal and 48-hour-newborn blood concentrations. *Early Hum. Dev.* 87:193–197.

Turner, N.D., L.E. Ritchie, R.S. Bresalier, and R.S. Chapkin. 2013. The microbiome and colorectal neoplasia—environmental modifiers of dysbiosis. *Curr. Gastroenterol. Rep.* 15(9):1–16.

van Arkel, J., R. Sévenier, J.C. Hakkert, H.J. Bouwmeester, A.J. Koops, and I.M. van der Meer. 2013. Tailor-made fructan synthesis in plants: A review. *Carbohydr. Polym.* 93:48–56.

Viola, M., D. Vigetti, E. Karousou, M.L. D'Angelo, I. Caon, P. Moretto, G. De Luca, and A. Passi. 2015. Biology and biotechnology of hyaluronan. *Glycoconj. J.* 32:93–103.

Wang, X.Q., G. Wu, and F.W. Bazer. 2016. mTOR: The master regulator of conceptus development in response to uterine histotroph during pregnancy in ungulates. In: *Molecules to Medicine with mTOR*. Edited by K. Maiese. Elsevier, New York, pp. 23–35.

Wang, Y., H. Yu, X. Shi, Z. Luo, D. Lin, and M. Huang. 2013. Structural mechanism of ring-opening reaction of glucose by human serum albumin. *J. Biol. Chem.* 288:15980–15987.

Wu, G. 2013. *Amino Acids: Biochemistry and Nutrition*. CRC Press, Boca Raton, Florida.

Yin, F., Z. Zhang, J. Huang, and Y.L. Yin. 2010. Digestion rate of dietary starch affects systemic circulation of amino acids in weaned pigs. *Br. J. Nutr.* 103:1404–1412.

Younes, I. and M. Rinaudo. 2015. Chitin and chitosan preparation from marine sources. Structure, properties and applications. *Mar. Drugs* 13:1133–1174.

Yu, C., S. Zhang, Q. Yang, Q. Peng, J. Zhu, X. Zeng, and S. Qiao. 2016. Effect of high fibre diets formulated with different fibrous ingredients on performance, nutrient digestibility and faecal microbiota of weaned piglets. *Arch. Anim. Nutr.* 70:263–277.

Zhang, G. and B.R. Hamaker. 2009. Slowly digestible starch: Concept, mechanism, and proposed extended glycemic index. *Crit. Rev. Food Sci. Nutr.* 49(10): 852–867.

3 脂 质 化 学

脂质（lipid），是一类不溶于水（一些小分子物质除外）而溶于有机溶剂（如氯仿和乙醇）的碳氢化合物（Gunstone，2012）。脂质是高度还原的分子，在所有日粮宏量营养素（糖、蛋白质和脂质）中，其氢原子的比例最高。由于脂质只是单一地依据其疏水特性进行分类，因此脂质具有多种化学结构和生物学功能。在自然界，脂质的例子包括脂肪酸、甘油三酯（TAG）、甘油脂质、甘油磷脂、鞘脂、胆固醇、皮质醇、睾酮、孕酮和维生素 A 等（Mead et al., 1986）。根据动物种类、年龄、营养状况、疾病等不同情况，脂质可占到体重的 1%–50%（Cherian, 2015; Pond et al., 2005）。植物和藻类是脂肪酸很好的来源，且其中的脂肪酸并不能在动物中合成（NRC, 2011, 2012）。在饲料分析中，所有脂质以酯类提取物的形式一起被测定，称为粗脂肪。

脂质是植物、动物和微生物重要的结构与细胞组分。脂质广泛分布在细胞膜和细胞器膜上，参与调控气体、营养素、离子和代谢产物进出细胞（Ridgway and McLeod, 2016）。在动物中，甘油三酯是能量储存的主要方式，而脂肪酸是关键器官（肝脏、骨骼肌和心脏）的主要代谢燃料，同时脂肪酸还可促进脂溶性维生素的消化和吸收（Conde-Aguilera et al., 2013; Smith and Smith, 1995）。在新生儿中，皮下白色脂肪组织可以隔绝机体的热损失。在很多哺乳动物中，褐色脂肪组织可以氧化脂肪酸来产生大量的热，从而维持新生动物的体温（Smith and Carstens, 2005; Satterfield and Wu, 2011）。在所有生物体中，脂质可以作为信号分子调节生理过程。但是，过多的脂肪也会导致一系列的代谢紊乱和慢性疾病，包括肥胖、糖尿病和心血管疾病等。

我们目前对脂质的认识是建立在该领域先驱的肩膀之上的（Block et al., 1946; Mead et al., 1986）。19 世纪，人们对自然界脂质有了巨大的发现。1813 年，M.E. Chevreul 报道了动物脂肪的组成，并提出了脂肪酸的概念。10 年后，该作者出版了一本有关脂质化学的里程碑式的书。在书中，M.E. Chevreul 描述了几种直链脂肪酸（十七烷酸、油酸、硬脂酸、丁酸和己酸）和一种从海豚油中分离出来的支链脂肪酸（异戊酸）。1884 年，Couerbe J-P 介绍了用乙醚从动物组织中提取油脂的方法，从而促进了该领域的研究。1929 年，G.O. Burr 发现亚油酸（一种长链脂肪酸）对幼年大鼠生长和健康来说，是一种营养性必需脂肪酸。Wesson 和 Burr（1931）报道，动物体不能合成 α-亚麻酸和亚油酸。20 世纪 40 年代，K.E. Bloch 发现在肝脏中可以从乙酸合成胆固醇。这些影响深远的发现开创了 20 世纪脂质营养研究的新纪元（Field et al., 2008; Kessler et al., 1970; Pedersen, 2016; Spector and Kim, 2015; Tso, 1985; Wood and Harlow, 1960）。本章重点介绍与动物营养有关的脂质化学。

3.1　脂质的分类与结构

脂质（也称为脂类）可分为脂肪酸、简单脂质、复合脂质和衍生脂质（图 3.1）。脂肪酸也称前体脂质，包括含有不同数量的碳原子和不饱和双键的脂肪酸。其中一些脂肪酸还含有顺式（*cis*）和/或反式（*trans*）的化学构型（Ma et al., 1999），还有一些脂肪酸含有侧链的甲基。与甘油（丙三醇）、乙醇、丝氨酸、鞘氨醇、胆碱、乙醇胺一起，脂肪酸可用于合成动物体内的其他脂质（Ridgway and McLeod, 2016）。

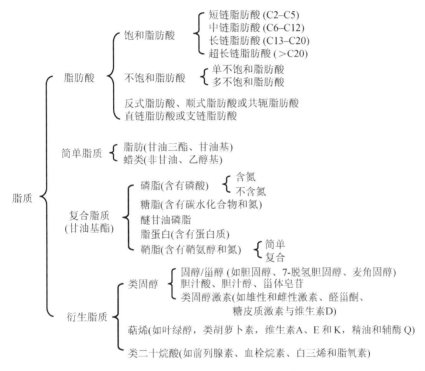

图 3.1　动物营养中脂质的分类。脂质包括脂肪酸（前体脂质）、简单脂质、复合脂质和衍生脂质。丝氨酸、胆碱和乙醇胺通常是磷脂与鞘脂的组分。

简单脂质包括脂肪与油（由酯化长链脂肪酸与甘油组成）和蜡类（由酯化长链脂肪酸与脂醇组成）。脂肪与蜡类在化学和生物化学属性方面都有差别（Rijpstra et al., 2007; Schreiber, 2010）。由于甘油的三个羟基都被酯化成了甘油骨架，因此脂肪又被称为甘油三酯。在植物中，油是液体状态的脂肪，其中脂肪酸主要是多不饱和脂肪酸（Mead et al., 1986）。

复合脂质是指含有其他非脂成分的脂肪酸（通常为长链脂肪酸）甘油酯，非脂成分包括磷酸（如磷脂和醚磷脂）、糖类（如糖脂）、鞘氨醇（如简单和复杂的鞘脂类）和蛋白质（如脂蛋白）。复合脂质往往含有氮元素，其存在形式有胆碱、乙醇胺和丝氨酸（Guidotti, 1972; Ridgway and McLeod, 2016）。和简单脂质一样，复合脂质以可皂化形式存在于植物、细菌和动物中。

衍生脂质包括类固醇、类二十烷酸和萜烯（如类胡萝卜素，辅酶 Q，维生素 A、E 和 K，精油和叶绿醇等）。除了甾体皂苷存在于植物中外，其他类固醇，包括固醇（如胆固醇）、类固醇激素（如雄性和雌性生殖激素）、胆汁酸和胆汁醇都是在动物体内形成的（Pond et al., 2005）。萜烯（类胡萝卜素，辅酶 Q，维生素 E、K，精油和叶绿醇）由植物产生，经常被动物所消耗（Pichersky, 2006）。在动物体内，维生素 A 可由类胡萝卜素生成。相反，类二十烷酸（前列腺素、血栓素和白三烯）可以在几乎所有类型细胞（特别是内皮、平滑肌和大脑）中由长链脂肪酸生成。

在动物中，脂类物质具有结构、贮存、调节、保护、分泌和转运等多种功能，如过多的能量会在动物体中贮存为脂肪（Bergen and Mersmann, 2005）。体内脂肪的绝缘作用对于维持新生动物温暖及保护成年动物免受冷冻起着重要作用。在抹香鲸中，其头部中存在的大量脂质可以探测水中的声波。脂肪对于脂溶性维生素的消化和吸收也是必需的（Pond et al., 2005）。此外，磷脂是能够调节营养物质代谢的信号分子，而脂蛋白对于甘油三酯、胆固醇及其他脂质在器官间的运输起着重要作用。缺乏营养性必需脂肪酸会导致皮肤损害、生长受限和疾病，而白色脂肪组织中过多的甘油三酯和血浆中过多的胆固醇是导致动物肥胖及胰岛素耐受的主要原因（Fox et al., 2002; Hausman et al., 1982）。

3.1.1 脂肪酸

3.1.1.1 脂肪酸的定义

脂肪酸是指由 2 个或 2 个以上碳原子和一个羧基构成的烃链（图 3.2）。由于这些物质最早是从动物脂肪中分离出来的，因此称为"脂肪酸"。目前，从植物和动物中分离出来的脂肪酸已有 300 多种（Gunstone, 2012）。根据碳链长度不同，脂肪酸可分为：①短链脂肪酸（SCFA），含有 2–5 个碳原子；②中链脂肪酸（MCFA），含有 6–12 个碳原子；③长链脂肪酸（LCFA），含有 13–20 个碳原子；④超长链脂肪酸，含有 20 个以上碳原子。

根据碳链中双键的数量，脂肪酸可以分为：①饱和脂肪酸，没有双键；②单不饱和脂肪酸（MUFA），有一个双键；③多不饱和脂肪酸（PUFA），有两个以上双键（Mead et al., 1986）。由于双键结构的不同，脂肪酸又可以分为：①顺式脂肪酸，氢原子位于双键的同一侧；②反式脂肪酸，氢原子位于双键的不同侧；③共轭脂肪酸，至少有一对双键被一个碳原子分开（Barnes et al., 2012; Brandebourg and Hu, 2005）。

由于绝大多数自然存在的脂肪酸都是从二碳的乙酰辅酶 A 合成的，因此其都具有偶数个碳原子，并且是直链的（表 3.1）。但是，也有一些脂肪酸具有奇数个碳原子或者

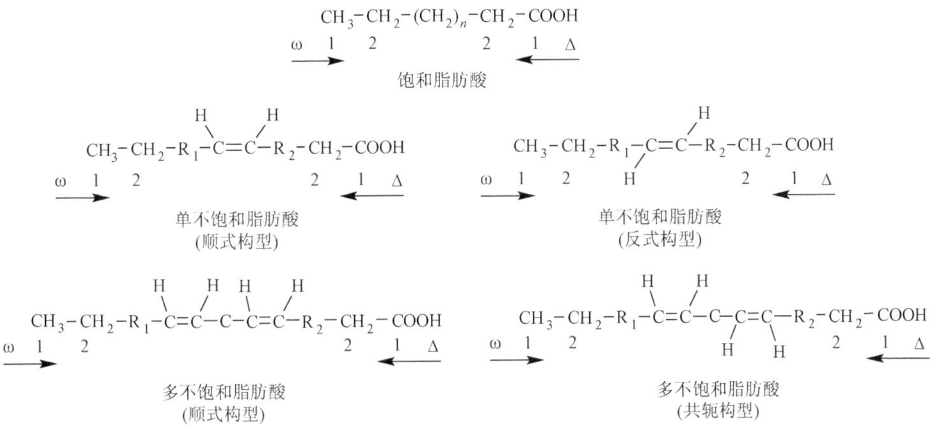

$$CH_3-CH_2-(CH_2)_n-CH_2-COOH$$

饱和脂肪酸

$$CH_3-CH_2-R_1-\overset{H}{\underset{}{C}}=\overset{H}{\underset{}{C}}-R_2-CH_2-COOH$$

单不饱和脂肪酸
(顺式构型)

$$CH_3-CH_2-R_1-\overset{H}{\underset{}{C}}=\underset{H}{C}-R_2-CH_2-COOH$$

单不饱和脂肪酸
(反式构型)

$$CH_3-CH_2-R_1-\overset{H}{\underset{}{C}}=\overset{H}{\underset{}{C}}-\overset{H}{\underset{}{C}}=\overset{H}{\underset{}{C}}-R_2-CH_2-COOH$$

多不饱和脂肪酸
(顺式构型)

$$CH_3-CH_2-R_1-\overset{H}{\underset{}{C}}=\underset{H}{C}-\overset{H}{\underset{}{C}}=\underset{H}{C}-R_2-CH_2-COOH$$

多不饱和脂肪酸
(共轭构型)

图 3.2　脂肪酸的命名。脂肪酸的命名包括 delta（Δ）命名系统、omega（ω）命名系统、普通（非系统）命名系统和系统（科学）命名系统。在Δ命名系统中，羧基的碳原子被标记为 C-1，而在 ω 命名系统中，则是末端甲基的碳原子被标记为 C-1。脂肪酸的普通命名一般来自其发现的来源，而系统命名则是依照有机化学的命名方法。饱和脂肪酸没有双键，具有 1 个或多个双键的脂肪酸被称作单不饱和或多不饱和脂肪酸。不饱和脂肪酸可分为：①顺式（cis）脂肪酸，其氢原子位于双键的同侧；②反式（trans）脂肪酸，其氢原子位于双键的两侧；③共轭脂肪酸，至少有一对双键被一个碳原子分开。尽管前缀顺式（cis）经常被省略，大多数自然存在的脂肪酸都具有顺式的构型。

表 3.1　饲料和动物中常见的脂肪酸

普通名称	系统名称 （不饱和脂肪酸的Δ命名系统 羧基端为 C-1）	碳原子数	双键数	脂肪酸标识
饱和脂肪酸				
乙酸	二烷酸	2	0	C2:0
丙酸	三烷酸	3	0	C3:0
丁酸	四烷酸	4	0	C4:0
异丁酸	2-甲基四烷酸	4	0	C4:0[a]
戊酸	五烷酸	5	0	C5:0
异戊酸	3-甲基五烷酸	5	0	C5:0[b]
己酸	六烷酸	6	0	C6:0
辛酸	八烷酸	8	0	C8:0
癸酸	十烷酸	10	0	C10:0
月桂酸	十二烷酸	12	0	C12:0
肉豆蔻酸	十四烷酸	14	0	C14:0
棕榈酸	十六烷酸	16	0	C16:0
硬脂酸	十八烷酸	18	0	C18:0
花生酸	二十烷酸	20	0	C20:0
山嵛酸	二十二烷酸	22	0	C22:0
木蜡酸	二十四烷酸（$C_{23}H_{47}COOH$）	24	0	C24:0
蜂花酸	三十烷酸（$C_{29}H_{59}COOH$）	30	0	C30:0
不饱和脂肪酸（所有双键为顺式）				
棕榈油酸	9-十六碳烯酸	16	1	C16:1（ω7）
油酸	9-十八碳烯酸	18	1	C18:1（ω9）
亚油酸	9,12-十八碳二烯酸	18	2	C18:2（ω6）

续表

普通名称	系统名称 （不饱和脂肪酸的Δ命名系统 羧基端为 C-1）	碳原子数	双键数	脂肪酸标识
α-亚麻酸	9,12,15-十八碳三烯酸	18	3	C18:3（ω3）
γ-亚麻酸	6,9,12-十八碳三烯酸	18	3	C18:3（ω6）
花生四烯酸	5,8,11,14-二十碳四烯酸	20	4	C20:4（ω6）
二十碳五烯酸	EPA	20	5	C20:5（ω3）
二十二碳六烯酸	DHA	22	6	C22:6（ω3）
神经酸	15-二十四碳烯酸	24	1	C24:1（ω9）

a $(CH_3)_2$-CH-COOH。

b $(CH_3)_2$-CH-CH_2-COOH。

注：EPA，5,8,11,14,17-二十碳五烯酸。DHA，5,8,11,14,17,20-二十二碳六烯酸。

是支链的。此外，绝大多数脂肪酸含有的是顺式双键，这是由于植物和动物中的脂肪酸去饱和酶不能产生反式的双键。随着脂肪酸碳链长度的增加，其在水中的溶解度和酸度急剧下降（表 3.2）。脂肪酸的多样性使其在动物体中具有多种营养和生理功能（Clandinin, 1999; Swift et al., 1988）。

表 3.2　脂肪酸的熔点和水中溶解度

脂肪酸	分子量（Da）	熔点（℃）	水中溶解度（g/100 mL）	
			20℃	30℃
饱和脂肪酸				
乙酸（C2:0）	60.05	16.5	混溶	混溶
丙酸（C3:0）	74.08	−20.5	混溶	混溶
丁酸（C4:0）	88.11	−5.1	混溶	混溶
异丁酸（C4:0）	88.11	−47	混溶	混溶
戊酸（C5:0）	102.13	−34.5	4.03	5.03
异戊酸（C5:0）	102.13	−29.3	4.07	5.27
己酸（C6:0）	116.16	−3.4	0.968	1.02
辛酸（C8:0）	144.21	16.7	0.068	0.079
癸酸（C10:0）	172.27	31.6	0.015	0.018
月桂酸（C12:0）	200.32	44.2	0.005 5	0.006 3
肉豆蔻酸（C14:0）	228.38	53.9	0.002 0	0.002 4
棕榈酸（C16:0）	256.43	63.1	0.000 72	0.000 83
硬脂酸（C18:0）	284.48	69.6	0.000 29	0.000 34
花生酸（C20:0）	312.54	75.5	不溶	不溶
山嵛酸（C22:0）	340.59	81.0	不溶	不溶
木蜡酸（C24:0）	368.63	86.0	不溶	不溶
蜂花酸（C30:0）	452.46	93.0	不溶	不溶
不饱和脂肪酸（所有双键都是顺式）				
棕榈油酸（C16:1，ω7）	254.41	−0.5	不溶	不溶
油酸（C18:1，ω9）	282.47	13.4	不溶	不溶
亚油酸（C18:2，ω6）	280.45	−5	不溶	不溶

脂肪酸	分子量（Da）	熔点（℃）	水中溶解度（g/100 mL）	
			20℃	30℃
α-亚麻酸（C18:3，ω3）	278.44	−11	不溶	不溶
γ-亚麻酸（C18:3，ω6）	278.44	−11	不溶	不溶
花生四烯酸（C20:4，ω6）	304.47	−49.5	不溶	不溶
二十碳五烯酸（EPA，C20:5，ω3）	302.45	−53.5	不溶	不溶
二十二碳六烯酸（DHA，C22:6，ω3）	328.49	−44.0	不溶	不溶
神经酸 （C24:1，ω9）	366.62	42.5	不溶	不溶

资料来源：改编自 Bruice, P.Y. 2011. *Organic Chemistry*. Prentice Hall, Boston; Lehninger, A.L., D.L. Nelson and M.M. Cox. 1993. *Principles of Biochemistry*, Worth Publishers, New York; Mead, J.F, E.B., Alfin-Slater, D.R. Howton and G. Popják. 1986. *Lipids*: *Chemistry, Biochemistry, and Nutrition*. Plenum Press, New York; Ralston, A.W. and C.W. Hoerr. 1942. *J. Org. Chem.* 7:546–555.

注：EPA，5,8,11,14,17-二十碳五烯酸；DHA，5,8,11,14,17,20-二十二碳六烯酸。

3.1.1.2 脂肪酸的命名

脂肪酸具有四种命名系统：Δ 系统命名、ω 系统命名、普通（非系统）名称及系统（科学）名称（Gunstone, 2012）。在 Δ 系统命名中，脂肪酸的碳原子从羧基开始计数，羧基碳原子为 C-1，出现第一个双键的碳原子的序号（如 C-9）表示为 Δ 加该碳原子的序号（如Δ9）（图 3.3）。在 ω 系统命名中，则从末端甲基的碳原子开始计数，甲基碳原子为 C-1，出现第一个双键碳原子的序号（如 C-3）则表示为 ω 或 n 加该碳原子的序号（如 ω3 或 n-3）（图 3.3）。在微生物、植物和动物中存在 ω3、ω6、ω7 及 ω9 不饱和脂肪酸（Smith and Smith, 1995）。

脂肪酸的普通名称要早于其系统名称，往往源于它们的发现（Ralston and Hoerr, 1942; Mead et al., 1986）。例如，月桂酸是樟科植物种子中广泛存在的一种脂肪酸，棕榈酸是棕榈树油中的主要成分，油酸在橄榄油中含量丰富，而蜂花酸富含于吸引蜜蜂的花蜜中。脂肪酸的系统命名是基于有机化学的命名系统，通常用希腊语前缀（如二、三、四、五、六和八）表明脂肪酸中的碳原子数和双键数（Bruice, 2011）。例如，十八碳酸（硬脂酸）是含有 18 个碳原子、没有双键的脂肪酸，含有一个双键的十八碳酸称为十八碳烯酸（油酸），含有两个双键的十八碳酸称为十八碳二烯酸（亚油酸），含有三个双键的十八碳脂肪酸称为十八碳三烯酸（亚麻酸）。

关于脂肪酸命名其他需要说明的是，在脂肪酸名称前面的数字往往表示双键的位置。如从羧基端开始数碳原子，9,12-十八碳二烯酸是含有 18 个碳原子、两个位于 C-9 和 C-10、C-12 和 C-13 双键的脂肪酸。此外，脂肪酸盐往往具有一个以-ate 结尾的名字（如油酸为 oleate）。动物饲料原料中脂肪酸的组成见表 3.3。

3.1.1.3 短链脂肪酸

短链脂肪酸是挥发性有机物，包括乙酸、丙酸、丁酸、异丁酸、戊酸和异戊酸。短

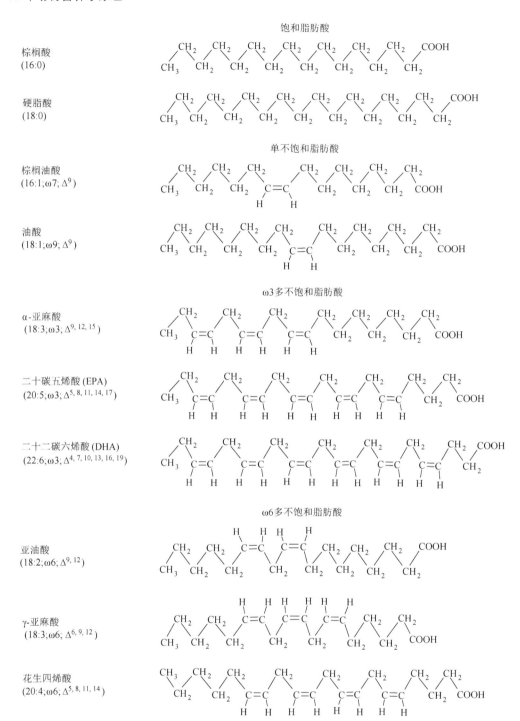

图 3.3　饱和、单不饱和（ω7 或 ω9）、ω3 多不饱和及 ω6 多不饱和脂肪酸。在大多数动物中，长链脂肪酸中双键可以形成于Δ1 和Δ9 碳原子之间。α-亚麻酸（ω3）是动物体内合成 EPA（二十碳五烯酸）和 DHA（二十二碳六烯酸）的前体，但动物自身不能合成 α-亚麻酸。亚油酸（ω6）是动物体内合成 γ-亚麻酸和花生四烯酸的前体，但动物自身也不能合成亚油酸。因此，α-亚麻酸和亚油酸对动物来说是营养性必需脂肪酸。

表 3.3 常见食品/饲料中脂肪酸的组成

类别	粗脂肪 [a] (%)	脂肪酸占粗脂肪比例 (%) (醚提取)										
		C14:0	C16:0	C16:1	C18:0	C18:1	C18:2	C18:3	C18:4	C20:0	C20:5	C22:6
苜蓿草粉	1.70	0.95	12.8	0.70	1.90	2.20	9.65	18.5	0.00	1.80	0.00	0.00
牛油	100	5[b]	28	—	22.5	40	3	—	—	—	—	—
芥花油	100	0.10	3.99	0.38	1.71	55.1	19.5	9.31	0.00	0.00	0.00	0.00
玉米粒	3.48	0.00	12.0	0.08	1.58	26.3	44.2	1.37	—	—	—	0.00
棉籽粕	5.50	0.88	22.0	0.67	2.22	17.3	46.6	0.19	—	0.00	0.00	0.00
羽毛粉	5.97	1.00	17.4	3.10	6.90	20.0	1.65	0.00	0.00	0.00	0.00	0.00
鱼油	100	7.3	19.0	9.0	4.2	13.2	1.3	0.3	2.80	—	11.0	9.1
亚麻籽	33.8	0.02	5.14	0.06	3.15	17.5	14.0	54.1	—	0.12	0.00	0.00
肉骨粉	9.21	1.89	19.3	2.59	13.4	28.5	2.52	0.63	0.00	1.05	0.00	0.00
燕麦	5.42	0.22	15.0	0.19	0.94	31.4	35.1	1.61	—	0.00	—	—
橄榄油	100	0.0	11.0	0.8	2.2	72.5	7.9	0.6	—	—	—	—
棕榈油	100	1.0	43.5	0.3	4.3	36.6	9.1	0.2	—	—	—	—
棕榈仁油	100	16.0	8.2	0.00	2.5	15.3	2.5	0.20	0.00	—	—	—
花生粕	6.50	0.00	8.73	0.00	1.82	39.8	26.0	0.00	—	0.00	—	—
大米	1.30	0.36	17.1	0.36	1.80	35.9	34.3	1.51	—	0.00	—	—
红花籽粕	2.24	0.08	6.03	0.08	2.18	11.3	65.9	0.25	—	0.00	—	—
SBM,脱皮	6.64	0.08	7.88	0.15	2.85	16.3	39.8	5.55	0.00	0.00	0.00	0.00
脱脂乳	0.90	10.8	30.5	2.86	11.0	21.7	2.47	1.43	—	0.00	—	—
高粱	3.42	0.27	12.3	0.88	1.06	29.2	40.0	1.97	—	0.00	—	—
豆油	100	0.1	10.3	0.2	3.8	22.8	51.0	6.8	—	—	—	—
SPC	1.05	0.22	8.26	0.22	2.83	17.0	38.5	5.22	—	0.00	—	—
SFM,脱皮	2.90	0.15	4.73	0.30	3.23	15.2	48.7	0.23	0.00	0.00	0.00	0.00
小麦	1.82	0.06	15.2	0.52	0.84	12.5	39.0	1.75	—	0.00	—	—

资料来源：改编自 National Research Council (NRC). 2012. *Nutrient Requirements of Swine*, National Academy of Science, Washington D.C.; and National Research Council (NRC). 2011. *Nutrient Requirements of Fish and Shrimp*, National Academy of Science, Washington D.C.。

注：SBM,豆粕（45% 粗蛋白质）；SFM,葵粕（40% 粗蛋白质）；SPC,大豆浓缩蛋白（65% 粗蛋白质）。

[a] 以湿重来表示。棕榈仁油含有 0.3% C6:0、3.6% C8:0、3.5% C10:0 和 48.3% C12:0。

[b] 包括月桂酸。

链脂肪酸易溶于水，在反刍动物的瘤胃和血液中大量存在，主要由碳水化合物和蛋白质发酵生成（Rook, 1964）。由于青贮饲料（如玉米、高粱和其他谷物）在高湿环境下长期储存会发酵，因此也含有短链脂肪酸。戊酸也被发现于多年生开花植物缬草中。瘤胃细菌发酵产生的短链脂肪酸对于反刍动物营养至关重要。丁酸是结肠细胞主要的能量来源，在大肠健康中起着重要作用。

3.1.1.4 中链脂肪酸

中链脂肪酸可占到椰子油和棕榈仁油中总脂肪酸的 58.7% 和 56.4%（表 3.4）。六碳的中链脂肪酸在水中具有很好的溶解度，而 8–12 碳的中链脂肪酸在水中的溶解度较低。

表 3.4　食品/饲料中脂肪酸的种类

脂肪酸种类	饱和比例（%）	单不饱和比例（%）	多不饱和比例（%）
主要为饱和脂肪酸			
牛油	52	40	8
黄油	66	30	4
椰子油 [a]	92	6	2
肉骨粉	51	44	5
棕榈油	52	37	11
棕榈仁油 [b]	83	15	2
脱脂奶粉	66	29	5
主要为单不饱和脂肪酸			
菜籽油	7	62	31
鸡油	31	47	22
猪油	41	47	12
人造黄油（硬）	21	50	29
橄榄油	14	73	13
花生油	18	46	36
大米（米糠油）	21	40	39
芝麻油	18	42	40
起酥油（氢化）	27	50	33
主要为多不饱和脂肪酸			
苜蓿草粉	40	6	54
大麦	25	14	61
玉米油	13	24	63
棉籽油	27	18	55
鱼油（鲱鱼）	33	25	42
亚麻籽油	9	19	72
人造黄油（软）	13	26	61
人造黄油（桶装）	19	35	46
燕麦	19	37	44
红花油	10	12	78
高粱	16	35	49
豆油	15	23	62
大豆浓缩蛋白	16	24	60
葵花籽油	11	20	69
小麦	23	19	58

资料来源：改编自 National Research Council (NRC). 2012. *Nutrient Requirements of Swine*, National Academy of Science, Washington D.C.; and National Research Council (NRC). 2011. *Nutrient Requirements of Fish and Shrimp*, National Academy of Science, Washington D.C.。

[a] ≤12 碳的饱和脂肪酸占总脂肪酸的 58.7%。
[b] ≤12 碳的饱和脂肪酸占总脂肪酸的 56.4%。

在生理温度和浓度下，中链脂肪酸是可以溶于水的（Odle, 1997）。在马、奶牛、绵羊和山羊的奶中，有 10%–20%的脂肪酸为中链脂肪酸（Breckenridge and Kuksis, 1967; Park and Haenlein, 2006)。由于中链脂肪酸可溶于水，因此中链脂肪酸在小肠中被吸收进入门静脉。

3.1.1.5 长链脂肪酸

长链脂肪酸一般不溶于水。长链脂肪酸包括饱和脂肪酸（如棕榈酸、硬脂酸和花生酸）和不饱和脂肪酸（棕榈油酸、油酸、亚油酸、α-亚麻酸、γ-亚麻酸和花生四烯酸）。在细胞中，肉豆蔻酸可以与一些蛋白质以共价键形式连接，而神经酸富含于鞘脂中。在植物和动物中，最常见的饱和长链脂肪酸是棕榈酸，最常见的单不饱和长链脂肪酸是油酸，最常见的多不饱和长链脂肪酸是亚麻酸（表 3.3）。由于多不饱和脂肪酸两个双键之间的–CH$_2$–基团含有活性氢原子，因此其在储存和处理过程中容易被氧化，特别是在高温条件下（Mead et al., 1986）。

在细菌中，脂肪酸代谢会形成共轭脂肪酸，因此其在反刍动物的奶和肉制品中具有相对高的含量（Bauman et al., 2011）。具有重要营养功能的共轭脂肪酸有共轭亚油酸(CLA)，其分子中同时含有顺式和反式双键（图 3.4）。自然界中反式脂肪酸很少，其往往会在食品处理过程中产生，可能对动物健康产生不良影响。16–18 碳的顺式脂肪酸包含了甘油三酯和复合脂质中大部分脂肪酸（Tan et al., 2011）。牛奶中顺式和反式不饱和脂肪酸的浓度见表 3.5。需要注意的是非反刍动物的奶中往往不含有反式脂肪酸，大部分自然界存在的脂肪酸都是顺式构型，因此脂肪酸名称中"顺式"往往被省略。

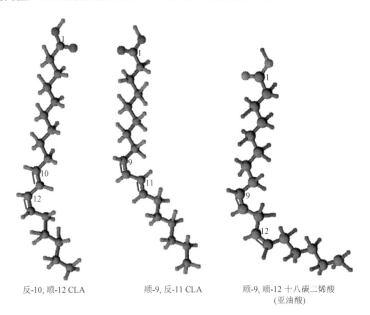

反-10, 顺-12 CLA   顺-9, 反-11 CLA   顺-9, 顺-12 十八碳二烯酸
（亚油酸）

图 3.4 共轭亚油酸。共轭亚油酸由细菌（如瘤胃细菌）催化形成，因此其在反刍动物的奶和组织中含量较高。CLA，共轭亚油酸。顺-亚油酸作为比较。

与动物源脂肪相比，植物油往往含有更多的不饱和长链脂肪酸和 ω6 多不饱和脂肪酸（表 3.4）。除了海洋鱼类组织外，动物产品中 ω3 多不饱和脂肪酸的含量往往低于植物产品（Smith and Smith, 1995）。一般饲料原料中长链脂肪酸的组成见表 3.3。动物体内不能合成营养性必需脂肪酸——亚油酸（$C_{18:2}$，ω6）和 α-亚麻酸（$C_{18:3}$，ω3），因此，必须在所有动物日粮中添加这两种脂肪酸（Spector and Kim, 2015）。相反，细菌、海洋藻类和植物却能够合成亚油酸与 α-亚麻酸。红花油和玉米油富含 ω6 多不饱和脂肪酸，而鱼肝油和鲑鱼油富含 ω3 多不饱和脂肪酸（表 3.6）。还有某些植物产品，如菜籽油和豆油中同时含有大量的 ω6 与 ω3 多不饱和脂肪酸（Adeola et al., 2013; Calder, 2006）。在微生物、植物和动物中，大多数长链脂肪酸都是与甘油酯化以甘油三酯的形式存在的（Gunstone, 2012）。

表 3.5　牛奶和猪奶中主要的脂肪酸

脂肪酸	牛奶	猪奶
	占总脂肪酸的重量百分比（%）	
4:0	3.25	–
6:0	2.28	–
8:0	1.57	–
10:0	3.36	–
12:0	4.11	2（C_2–C_{12}）
14:0	13.13	2
14:1,顺-9	0.95	–
15:0	1.10	–
16:0	32.58	28
16:1,顺-9	1.83	–
18:0	10.74	–
18:1,顺-9	20.23	35
18:1,反-11	7.07	–
18:2	2.70	14
18:3	1.28	<1

资料来源：Palmquist, D.L. 2006. In: *Advanced Dairy Chemistry*, Volume 2: Lipids, 3rd edition. Edited by P.F. Fox and P.L.H. McSweeney, Springer, New York; Park, Y.W. and G.F.W. Haenlein. 2006. *Handbook of milk of non-bovine mammals*. Blackwell Publishing, Oxford, UK.

表 3.6　动物日粮中 ω6 和 ω3 多不饱和脂肪酸（PUFA）的丰富来源

食品/饲料	ω6 PUFA	ω3 PUFA
红花油	73% C18:2	0.4% C18:3
玉米油	57% C18:2	0.7% C18:3
鱼肝油	1.4% C18:2；1.6% C20:4	11.2% C20:5；12.6% C22:6
鲑鱼油	1.2% C18:2；0.9% C20:4	12% C20:5；13.8% C22:6
菜籽油	22% C18:2	9.5% C18:3
大豆油	51% C18:2	7% C18:3

资料来源：National Research Council (NRC). 2011. *Nutrient Requirements of Fish and Shrimp*, National Academy of Science, Washington D.C.。

3.1.2　简单脂质

3.1.2.1　脂肪

脂肪是由饱和或不饱和脂肪酸与甘油形成的酯，在大多数浓缩的动物饲料中，脂肪占了脂质的最大部分（约 98%）（Ding et al., 2003; Pond et al., 2005）。甘油分子的第一、第二和第三个碳原子分别表示为 sn-1、sn-2 和 sn-3 位。在脂肪中，甘油三酯是长链脂肪酸在自然界最主要的储存方式，从而防止长链脂肪酸的毒性。但是，少量的甘油一酯（也称甘油单酯）和甘油二酯也存在于细菌、酵母、植物及动物中（Ridgway and McLeod, 2016; Zinser et al., 1991）。在同一个甘油三酯分子中，三个脂肪酸可能相同（虽然很少见，如三硬脂酸甘油酯和三油酸甘油酯），也可能不同（如 1-棕榈油酸-2-油酸-3-硬脂酸甘油酯）（图 3.5）。10 个碳原子以上脂肪酸形成的甘油三酯在 25℃ 环境下是固态的，一般称为脂肪；而由 10 个碳原子以下脂肪酸形成的甘油三酯是液态的，一般称为油。在植物油中，不饱和脂肪酸的比例远高于饱和脂肪酸的比例。

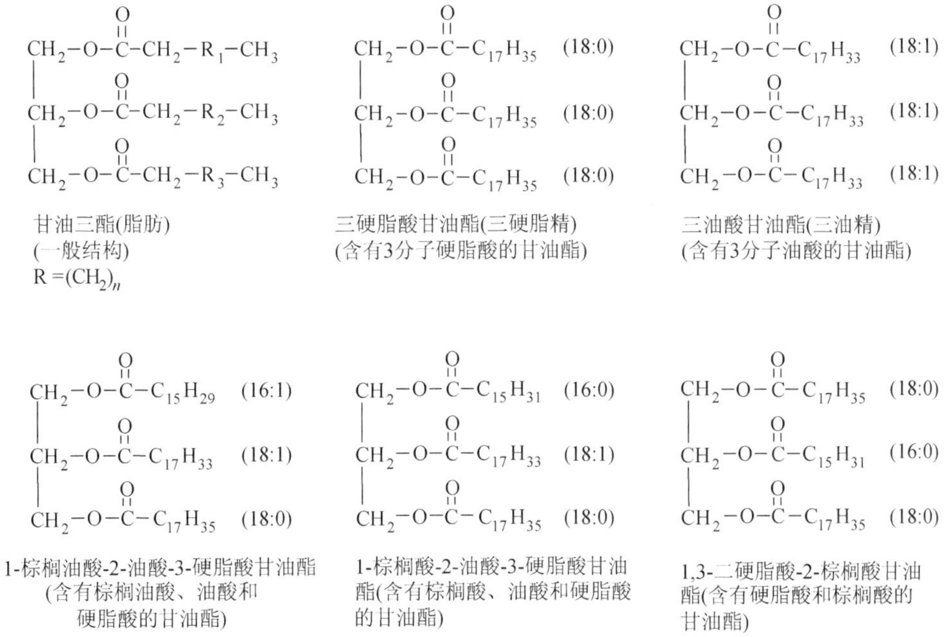

甘油三酯(脂肪)
(一般结构)
R =(CH₂)ₙ

三硬脂酸甘油酯(三硬脂精)
(含有3分子硬脂酸的甘油酯)

三油酸甘油酯(三油精)
(含有3分子油酸的甘油酯)

1-棕榈油酸-2-油酸-3-硬脂酸甘油酯
(含有棕榈油酸、油酸和
硬脂酸的甘油酯)

1-棕榈酸-2-油酸-3-硬脂酸甘油酯(含有棕榈酸、油酸和硬脂酸的甘油酯)

1,3-二硬脂酸-2-棕榈酸甘油酯(含有硬脂酸和棕榈酸的甘油酯)

图 3.5　植物、细菌和动物中的甘油三酯或脂肪。脂肪是饱和或不饱和脂肪酸与甘油形成的酯。在同一脂肪分子中，三个脂肪酸可能相同（如三硬脂酸甘油酯和三油酸甘油酯），也可能不同（如 1-棕榈油酸-2-油酸-3-硬脂酸甘油酯）。R_1、R_2 和 R_3 代表烷基 $[-(CH_2)_n]$，其碳原子数目可能相同也可能不同。甘油分子的第 1、2、3 个碳原子分别表示为 sn-1、sn-2 和 sn-3 位置。

在动物中，根据脂肪中脂肪酸的种类及其组成的不同，可以呈现较硬或较软的状态（Smith et al., 1998; Ramsay et al., 2001; Whitney and Smith, 2015）。刚出生时，动物体内的脂肪含量很低，随着年龄的增长，脂肪含量会有所增加（表 3.7）。如前所示，甘油三酯是动物体内主要的能量储存形式。脂肪具有疏水特性，可以对皮肤和皮下组织起到保护作用。在海洋哺乳动物中（如鲸鱼，其头部重量占到体重的 30%），其头部的脂肪具有感知声波的作用（Madsen and Surlykke, 2013）。而过多的白色脂肪组织会导致肥胖、胰岛素耐受和多种健康问题（Bergen and Brandebourg, 2016; Jobgen et al., 2006）。因此，动物体内的脂肪含量必须受到精细的调控。

表 3.7　动物在出生和老龄时的脂肪含量 [a]

物种	出生		老龄		
	体重（kg）	脂肪含量(%, g/100 g)	体重（kg）	日龄（天）	脂肪含量(%, g/100 g)
肉鸡	0.038	1.5	2.6	42	13
猫	0.12	1.8	4.5	360	15
牛	35	3.0	545	540	31
豚鼠	0.08	10.1	1.0	200	30
马	45	3.0	450	1800	18
人	3.5	16.1	70	9125	13
小鼠	0.0016	2.1	0.03	60	15
猪	1.4	1.1	110	180	36
兔子	0.054	2	2.3	63	8.0
大鼠	0.0058	1.1	0.3	90	15
绵羊	4.0	3.0	52	180	20

资料来源：Cherian, G. 2015. *J. Anim. Sci. Biotechnol.* 6:28; Conde-Aguilera, J.A., C. Cobo-Ortega, S. Tesseraud, M. Lessire, Y. Mercier, and J. van Milgen. 2013. *Poultry Science* 92:1266-1275; Fox, J.G., L.C. Anderson, F.M. Loew, and F.W. Quimby. 2002. *Laboratory Animal Medicine*, 2nd ed. Academic Press, New York; Pond, W.G., D.C. Church, and K.R. Pond. 1995. *Basic Animal Nutrition and Feeding*. 4th ed., John Wiley & Sons, New York。

[a] 体重和脂肪含量的数据源于文献的报道，其数值会随着品种、饲养水平及环境的改变而发生变化。

3.1.2.2　蜡类

蜡是脂肪酸与脂肪族或脂环族高分子量一元醇形成的酯。其中脂肪酸通常为长链脂肪酸（大于 12 个碳原子），包括硬脂酸（$C_{18:0}$）、木蜡酸（也叫二十四烷酸，$C_{24:0}$）和蜂蜡酸（$C_{30:0}$），而具有少于 12 个碳原子的脂肪酸是很少的（Butovich et al., 2009）。蜡类广泛存在于植物和动物（如动物皮肤和鸟类羽毛）中，可以提供保护功能和防水功能（Buschhaus and Jetter, 2011; Chung and Carroll, 2015）。

天然蜡类中最常见的醇类物质是油酸醇［$CH_3–(CH_2)_7–CH=CH–(CH_2)_8–OH$］、鲸蜡醇［$CH_3–(CH_2)_{15}–OH$］、二十四烷醇［$CH_3–(CH_2)_{23}–OH$］和蜂蜡醇。值得注意的是，鸟类的尾羽腺会产生特殊的蜡，这些蜡是由羟基酸（Ⅰ型蜡）或烷烃-1,2-二醇（Ⅱ型蜡）与中链或长链脂肪酸形成的酯（Kolattukudy et al., 1987; Rijpstra et al., 2007）。在巴西东北部的一种卡那巴棕榈树的叶子中含有丰富的巴西棕榈蜡。羊毛脂（也称为羊毛蜡）是由产毛动物（如绵羊）的皮脂腺分泌的一种动物蜡，而鲸蜡是一些海洋动物（如抹香鲸）产生的另一种动物蜡（Takagi and Itabashi, 1977）。棕榈酸鲸蜡酯是蜂蜡的主要成分。由于其酯基的弱极性特性，蜡是不溶于水的（图 3.6）。与脂肪不同，动物不能够消化和利用蜡作为营养物质。

3.1.3　复合脂质

3.1.3.1　糖脂类（甘油-糖脂）

糖脂是由甘油形成的酯，通常是由一个碳水化合物（如单糖或寡糖）通过糖苷与脂质结合所形成的（图 3.7），糖脂广泛存在于植物、细菌、真菌和动物中（Mead et al.,

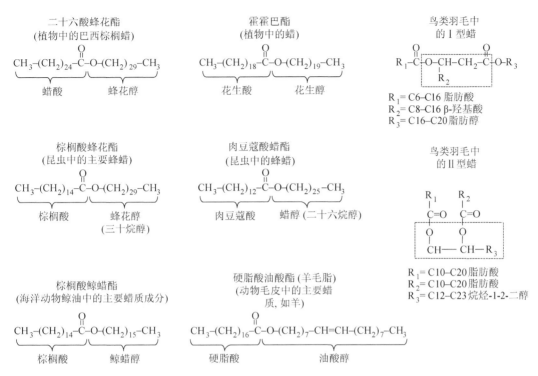

图 3.6 动植物中的蜡。蜡是脂肪酸与脂肪族或脂环族高分子量一元醇所形成的酯。蜡可以为动物和植物提供防水保护层。与脂肪不同，蜡不能够作为营养物质被动物消化和利用。

1986）。糖脂是细胞膜的两亲性成分，在所有真核细胞膜的外表面具有亲水性的极性糖骨架，而在膜中锚定的是疏水性非极性脂质部分。

糖脂是牧草的主要脂质成分（McDonald et al., 2011）。在糖脂中，甘油的两个羟基被脂肪酸（主要是亚油酸）酯化，而甘油的第三个羟基（*sn*-3 位置）则含有一个或两个糖（如半乳糖）。在叶片组织中，其干物质中脂质（约 60% 为半乳糖脂）含量为 3%–10%。髓鞘是包裹神经元轴突的一种结构，可以对神经元提供保护，提高神经传递速率。在髓鞘中，糖脂是最丰富的复合脂质（Tanford, 1980）。在动物中，糖脂可作为细胞识别的标记和能量来源。

3.1.3.2 磷脂类

磷脂是由甘油形成的酯，其中甘油的两个羟基被长链脂肪酸所酯化，第三个羟基（*sn*-3）被磷酸酯化（图 3.7）。因此，磷脂酸（在 *sn*-1 和 *sn*-2 羟基位被脂肪酸酯化的甘油基磷脂）是合成其他磷脂的共同前体（Colbeau et al., 1971）。在大多数情况下，饱和脂肪酸位于 *sn*-1 位置，不饱和脂肪酸位于 *sn*-2 位置（表 3.8），而 *sn*-3 位置有一个含氮或非氮化合物（Gunstone, 2012）。

根据化学结构，磷脂通常含有两个疏水的脂肪酸尾和一个亲水的磷酸基团，二者被一个甘油分子连接在一起（Vance, 2014）。在一般的甘油磷脂结构中（图 3.7），X 基团被乙醇胺、胆碱、丝氨酸、肌醇、甘油或磷脂酰甘油替代，就会产生相应的磷脂衍生物（图 3.8）。例如，在 1847 年第一个被鉴定为存在于鸡蛋黄中的磷脂，磷脂酰胆碱，就含

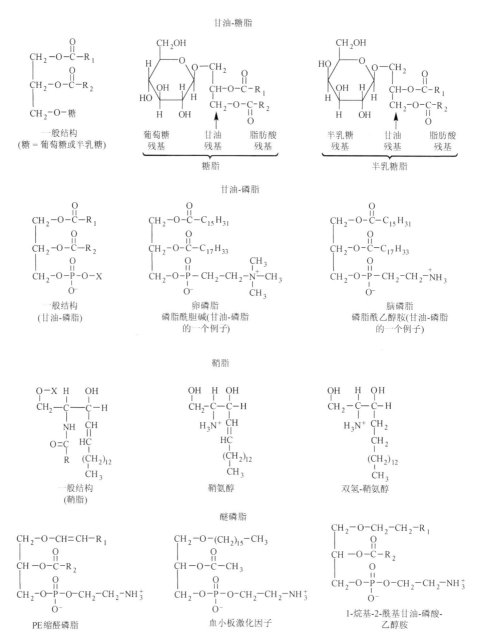

图3.7 植物、细菌和动物中以甘油为基础形成的糖脂、磷脂、醚磷脂，以及以鞘氨醇为基础形成的鞘脂的一般结构和例子。糖脂和磷脂分别包含碳水化合物和磷酸基团。鞘脂是一种长链氨基醇，在大脑和肝脏等组织中可由丝氨酸及乙酰辅酶A来合成。醚甘油磷脂的 sn-1 位置是一个醚键（–CH$_2$–O–CH$_2$–），sn-2 位置是一个酯键（–O–CO–CH$_2$–），sn-3 头部位置通常是磷酸乙醇胺基团（–PO$_3$–CH$_2$–CH$_2$–NH$_3$$^+$）。R$_1$ 通常是长链饱和脂肪酸的烷基 [–(CH$_2$)$_n$–CH$_3$]，R$_2$ 通常是一个不饱和脂肪酸（如油酸）的烃。在鞘脂中，R 是不同碳原子数的饱和脂肪酸的烷基。X 代表一个特定的基团。PE，磷脂酰乙醇胺。

有胆碱。其他常见的磷脂有磷脂酰乙醇胺（脑磷脂）、磷脂酰丝氨酸、磷脂酰肌醇和双磷脂酰甘油（心磷脂）。磷脂酰胆碱是动物组织中最丰富的磷脂，同时也是动物和酵母细胞膜上的主要成分（表3.9）。在营养学中，大豆卵磷脂（98%丙酮的不溶物）经常被

表 3.8　肝脏和大脑中磷脂酰丝氨酸中脂肪酸的位置分布

组织	位置	脂肪酸					
		16:0	18:0	18:1	18:2	20:4	22:6
大鼠肝脏	sn-1	5	93	1	0	0	0
	sn-2	6	29	8	4	32	19
牛大脑	sn-1	3	81	13	0	0	0
	sn-2	2	1	25	微量	1	60

资料来源：Wood, R. and R.D. Harlow. 1960. *Arch. Biochem. Biophys.* 135:272–281; Yabuuchi, H. and J.S. O'Brien. 1968. *J. Lipid Res.* 9:65–67。

X的名称	X的化学式	磷脂的名称
–	–H	磷脂酸
乙醇胺	$-CH_2CH_2\overset{+}{N}H_3$	磷脂酰乙醇胺（脑磷脂）
胆碱	$-CH_2CH_2\overset{+}{N}(CH_3)_3$	磷脂酰胆碱（卵磷脂）
丝氨酸	$-CH_2CH(\overset{+}{N}H_3)COO^-$	磷脂酰丝氨酸
肌醇	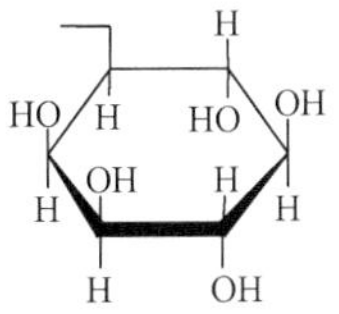	磷脂酰肌醇
甘油	$-CH_2CH(OH)CH_2OH$	磷脂酰甘油
磷脂酰甘油	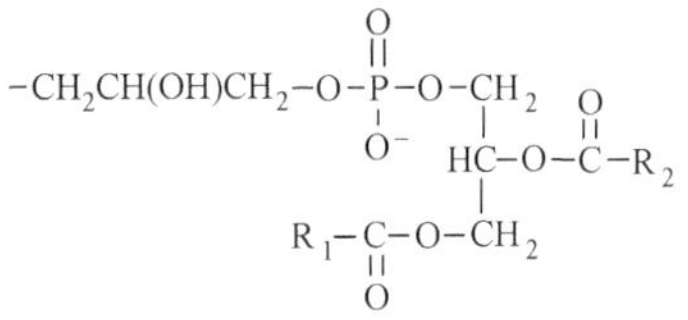	双磷脂酰甘油（心磷脂）

图 3.8　植物、细菌和动物中富含磷脂的结构。磷脂一般结构（图 3.7）中的 X 可被不同基团（如乙醇胺、胆碱、丝氨酸或肌醇）所替代，从而形成不同的磷脂（如磷脂酰乙醇胺、磷脂酰胆碱、磷脂酰丝氨酸或磷脂酰肌醇）。这些化合物都是以甘油为基础形成的脂质。

表 3.9　一些生物膜中脂质、蛋白质和碳水化合物的组成

变量	细胞膜				线粒体外膜		线粒体内膜		牛心脏线粒体	内质网	人髓鞘
	人红细胞	大鼠肝脏[b]	大肠杆菌	酵母[c]	大鼠肝脏	酵母	大鼠肝脏	酵母			
蛋白质，%（g/100g）	49	52	68	53	52	52	76	84	74	55	18
碳水化合物，%（g/100g）	8	8	–	–	2–4	–	1–2	–	–	–	3
脂质，%（g/100g）	43	40	32	47	48	48	24	16	24	45	79
磷脂酸[a]	1.5	2.4	0	1	1	4	1	1.7	0	1	0.5
磷脂酰胆碱[a]	19	20	0	4.4	42	46	40	32	39	60	10
磷脂酰乙醇胺[a]	18	11	65	5.1	27	33	34	20	27	23	20

变量	细胞膜				线粒体外膜		线粒体内膜		牛心脏线粒体	内质网	人髓鞘
	人红细胞	大鼠肝脏[b]	大肠杆菌	酵母[c]	大鼠肝脏	酵母	大鼠肝脏	酵母			
磷脂酰甘油[a]	0	2.7	18	1.8	–	–	–	–	0	–	0
磷脂酰肌醇[a]	1	4.0	2	4.7	11	10	2	13	7	10	1
磷脂酰丝氨酸[a]	8.5	5.0	2	8.7	2	1	3	3.3	0.5	2	8.5
心磷脂[a]	0	0.3	12	0.3	5	6	18	13	22.5	1	0
鞘磷脂[a]	17.5	10	0	0	2	0	2	0	0	3	8.5
糖脂[a]	10	5.6	0	–	0	0	0	0	0	–	26
胆固醇[a]	25	20.4	0	0[d]	10	0	1.5	0	3	–	26

资料来源：Colbeau, A., J. Nachbaur, and P.M. Vignais. 1971. *Biochim. Biophys. Acta.* 249:462–492; Daum, G. 1985. *Biochim. Biophys. Acta.* 882:1–42; Guidotti, G. 1972. *Annu. Rev. Biochem.* 41:731–752; Horvath, S.E. and G. Daum. 2013. *Prog. Lipid Res.* 52:590–614; Ray, T.K., V.P. Skipski, M. Barclay, E. Essner, and F.M. Archibald 1969. *J. Biol. Chem.* 244:5528–5536; Tanford, C. 1980. *The Hydrophobic Effect: Formation of Micelles and Biological Membranes.* Wiley, New York; Zinser, E., C.D. Sperka-Gottlieb, E.V. Fasch, S.D. Kohlwein, F. Paltauf, and G. Daum. 1991. *J. Bacteriol.* 173:2026–2034。

[a] 以占总脂质重量的百分比（%）表示。

[b] 在肝脏细胞膜中，磷脂、糖脂和中性脂质分别占总脂质重的 55.4%、5.6% 和 39%。中性脂质（占总脂质的百分比）包括以下组成：甘油三酯 3.9、甘油二酯 1.6、甘油一酯 1.8、游离胆固醇 18.1、酯化胆固醇 0.9、胆固醇酯 1.4、游离脂肪酸 7.9、碳氢化合物（烃）2.5、未鉴定脂质 0.9（Ray et al., 1969）。

[c] 为酿酒酵母。

[d] 酿酒酵母不含有固醇或鞘磷脂，但其细胞膜含有麦角固醇和鞘脂。酵母细胞膜中磷脂、麦角固醇和鞘脂的含量（mg/mg 蛋白）分别是 0.23、0.4 和 0.27。

用作磷脂酰胆碱、磷脂酰乙醇胺和磷脂酰肌醇的丰富来源。磷脂的其他好的来源包括：油菜籽、葵花籽、鸡蛋、牛奶、脑、肝和鱼。磷脂的作用包括：①细胞膜的主要成分；②细胞信号中的第二信使；③胆碱、肌醇和重要生理功能脂肪酸的来源；④调控营养物质（脂质、氨基酸和葡萄糖）代谢、肠道脂质吸收，以及胆固醇和脂蛋白在器官间的运输（Jacobs et al., 2005）。

3.1.3.3 鞘脂类

鞘脂是以鞘氨醇（一个 18 碳的氨基醇）而非甘油为基础形成的（图 3.7）。鞘脂最早是 19 世纪 70 年代在脑提取物中发现的，现在已经知道，鞘脂可以从丝氨酸和乙酰辅酶 A 合成（Morell and Braun, 1972）。在一般的鞘脂结构中（图 3.7），X 基团被胆碱磷酸、葡萄糖、半乳糖、乳糖或复杂寡糖替代，就会产生相应的鞘脂衍生物（图 3.9）。通常，鞘氨醇骨架可与以下基团连接形成不同物质：①与酰基（如脂肪酸）通过酰胺键形成神经酰胺；②与含氮的电荷基团（如乙醇胺、丝氨酸和胆碱）连接生成神经鞘磷脂；③与多种糖的单体或二聚体结合生成糖鞘脂（如脑苷脂）（Ridgway and McLeod, 2016）。与卵磷脂和脑磷脂一样，神经鞘磷脂是表面活性剂和动物细胞膜的重要成分（Daum, 1985）。值得注意的是，大肠杆菌和酵母没有神经鞘磷脂（哺乳动物中主要的磷酸鞘脂）。相反，酵母含有与哺乳动物神经鞘磷脂功能类似的肌醇磷酸鞘脂（Horvath and Daum, 2013）。

X的名称	X的化学式	R	鞘脂的名称
—	–H	$-(CH_2)_{22}-CH_3$	神经酰胺
胆碱磷酸	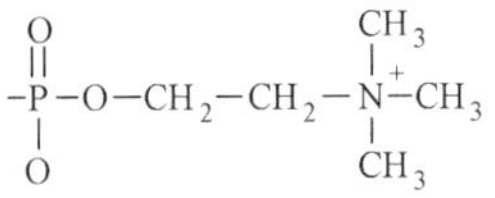 (磷酸胆碱结构式)	$-(CH_2)_{14}-CH_3$	鞘磷脂
葡萄糖	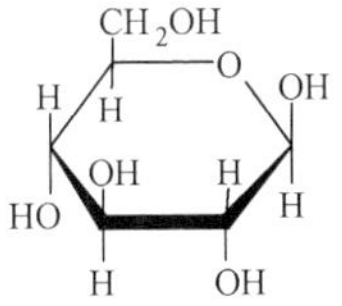 (葡萄糖结构式)	$-(CH_2)_n-CH_3$	葡萄糖脑苷脂
半乳糖	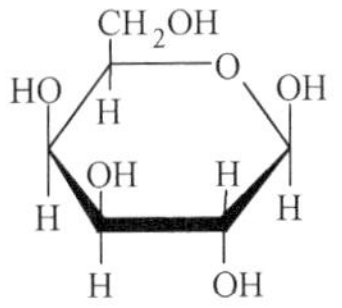 (半乳糖结构式)	$-(CH_2)_n-CH_3$	半乳糖脑苷脂
乳糖	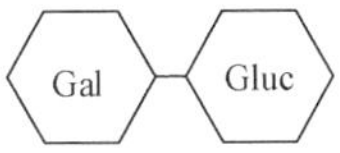 Gal–Gluc	$-(CH_2)_n-CH_3$	乳糖脑苷脂
二糖、三糖或四糖	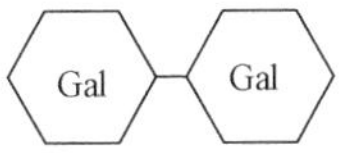 Gal–Gal	$-(CH_2)_n-CH_3$	乳糖神经酰胺
复杂的寡糖	Gal–Gal–Gal-NAc（含Neu-NAc）	$-(CH_2)_n-CH_3$	神经节苷脂

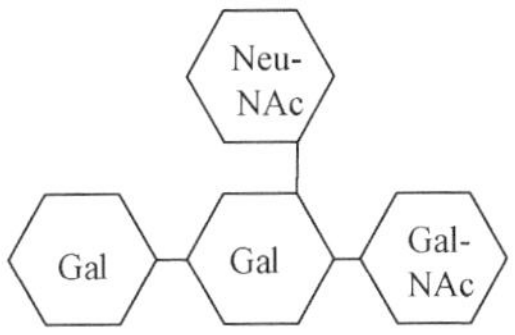

（乳糖神经酰胺与神经节苷脂合称为天然糖脂）

图 3.9　植物、细菌和动物中富含鞘脂的结构。鞘脂一般结构（图 3.7）中的 X 和 R 可被不同基团（如乙醇胺、胆碱、丝氨酸或肌醇）所替代，从而形成不同的鞘脂。例如，当 X 为氢原子（H），R 为 $-(CH_2)_{22}-CH_3$ 时所形成的鞘脂称为神经酰胺；当 X 为胆碱磷酸，R 为 $-(CH_2)_{14}-CH_3$ 时所形成的鞘脂称为神经鞘磷脂。Gal，半乳糖；Gluc，葡萄糖；Gal-NAc，N-乙酰半乳糖；Neu-NAc，N-乙酰神经氨酸（唾液酸）。

　　鞘脂具有一个共同的结构特征，即含有一个类鞘氨醇碱（包括鞘氨醇）的骨架。根据结构的不同，鞘脂可以分为简单鞘脂和复杂鞘脂。简单鞘脂包括类鞘氨醇碱（所有鞘脂的基本骨架结构）和神经酰胺，而复杂鞘脂包括鞘磷脂、鞘糖脂、脑苷脂（包括硫化脑苷脂）、神经节苷脂（含有至少 3 个糖，其中一个是唾液酸）和含肌醇神经酰胺（图 3.10）。鞘脂在神经系统（如大脑）中的含量特别丰富，其含量在神经细胞髓鞘中可占到总脂质的 25%（Maceyka and Spiegel, 2014）。此外，鞘脂可以作为胞外蛋白的黏附点，在细胞信号传导和细胞识别过程中起着重要作用。肉品、乳制品、蛋和大豆是很好的神经酰胺、鞘磷脂、脑苷脂、神经节苷脂与硫苷脂等鞘脂的食物来源。

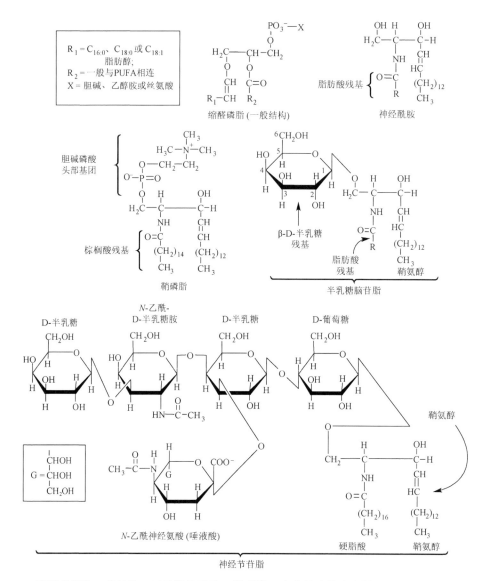

图 3.10 缩醛磷脂的一般结构，以及神经酰胺、鞘磷脂、半乳糖脑苷脂和神经节苷脂的特定结构。鞘氨醇骨架可以与不同基团连接形成不同物质：①与酰基（如脂肪酸）通过酰胺键形成神经酰胺；②与含氮的电荷基团（如乙醇胺、丝氨酸或胆碱）连接生成鞘磷脂；③与多种糖的单体或二聚体结合生成糖鞘脂（如脑苷脂）。PUFA，多不饱和脂肪酸。

3.1.3.4 醚甘油磷脂

醚甘油磷脂是甘油、脂肪酸、磷和乙醇胺的衍生物，其 *sn*-1 位置是一个醚键（–CH₂–O–CH₂–），*sn*-2 位置是一个酯键（–O–CO–CH₂–），*sn*-3 头部位置是一个磷氧基含氮基团（Lehninger et al., 1993）。醚甘油磷脂包括缩醛磷脂和血小板活化因子（图 3.10）。

缩醛磷脂最早发现于 1924 年，是醚磷脂的一个主要种类。在缩醛磷脂分子中，其 *sn*-1 位置通常连接着 C₁₆:₀、C₁₈:₀ 或 C₁₈:₁ 的脂肪醇，*sn*-2 位置通常连接着多不饱和脂肪酸，sn-3 位置的头部基团包括胆碱、乙醇胺或丝氨酸。在哺乳动物和鸟类中，缩醛磷脂中最常见的头部基团是磷酸乙醇胺 $[-PO_3-CH_2-CH_2-NH_3^+]$ 或磷酸胆碱（Lehninger et al., 1993）。缩醛磷脂在很多组织中含量都很丰富，尤其是神经、免疫和心血管系统的组织。在心脏中，缩醛磷脂代表了 30%–40% 的胆碱甘油磷脂；在大脑中，缩醛磷脂代表了 30% 的甘油磷脂；在髓鞘中，缩醛磷脂代表了 70% 的乙醇胺甘油磷脂（Ridgway and McLeod, 2016）。

血小板活化因子（乙酰基-甘油基-醚基-磷酸胆碱）被发现于 20 世纪 70 年代，是具有细胞内信使功能的一个磷脂。血小板活化因子的 sn-1 位置通过醚键连接着一个饱和脂肪酸（如棕榈酸），其 sn-2 位置通过酯键连接着一个乙酸单元（有助于提高其水溶性），其 sn-3 位置则是磷酸胆碱（Gunstone, 2012）。血小板活化因子在调控动物的白细胞趋化性和功能、血小板聚集与去颗粒化、炎症、过敏症、血管通透性及活性氧迸发等过程中起着重要作用。

3.1.3.5 脂蛋白

脂蛋白是由脂质通过非共价键与特定蛋白质偶联形成的，在小肠和肝脏中合成并释放（Ridgway and McLeod, 2016），其作用是参与乳化脂质分子。脂蛋白包括高密度脂蛋白（HDL）、中密度脂蛋白（IDL）、低密度脂蛋白（LDL）和极低密度脂蛋白（VLDL）及乳糜微粒（表 3.10）。不同脂蛋白中，由于其蛋白质、胆固醇、胆固醇酯、磷脂和甘油三酯的比例不同，因此具有不同的密度值。实际上，高密度脂蛋白和乳糜微粒（小肠中主要的脂蛋白）分别含有最高比例的蛋白质和甘油三酯（Besnard et al., 1996）。

表 3.10 动物小肠和血浆中脂蛋白的组成

理化属性	小肠来源或血浆	脂蛋白类型				
		乳糜微粒	极低密度脂蛋白（VLDL）	中密度脂蛋白（IDL）	低密度脂蛋白（LDL）	高密度脂蛋白（HDL）
密度（g/mL）	小肠	<0.95	0.95–1.006	1.006–1.040	1.04	1.12
	血浆	0.94	0.94–1.006	1.006–1.019	1.019–1.063	1.063–1.21
大小（nm）	小肠	70–600	28–70	40	22–26	5–15
	血浆	80–500	30–80	25–30	16–25	7–13
蛋白（%）	小肠	1.5–2	5–10	11	20–22	40–50
	血浆	1.5–2.5	5–10	15–20	20–25	40–55
主要载脂蛋白（Apo）	小肠	B48, A1, A4	B48, A1, A4	B48, A1, A4	B48	A1
	血浆	B48, A1, A2, C1, C2, C3, E	B100, C1, C2, C3, E	B100, C3, E	B100	A1, A2, C1, C2, C3, D, E
总脂质（%）	小肠	98–98.5	90–95	89	78–80	50–60
	血浆	97–98.5	90–95	80–85	75–80	45–60
甘油三酯（%）	小肠	85–88	50–55	24–30	10–15	3–5
	血浆	84–89	50–65	22	7–10	3–5

续表

理化属性	小肠来源或血浆	脂蛋白类型				
		乳糜微粒	极低密度脂蛋白（VLDL）	中密度脂蛋白（IDL）	低密度脂蛋白（LDL）	高密度脂蛋白（HDL）
胆固醇酯（%）	小肠	3	12–15	25–30	37–45	15–20
	血浆	3–5	10–15	30	35–42	12–20
游离胆固醇[a]（%）	小肠	1	8–10	8–10	8–10	2–5
	血浆	1–3	5–10	8	7–10	3–5
磷脂（%）	小肠	8	18–20	25–27	20–28	26–30
	血浆[b]	7–9	15–20	22	15–22	25–30
非酯化脂肪酸（%）	小肠	0	1	1	1	2
	血浆[b]	0	1	1	1	2

资料来源：改编自 Besnard, P., Niot, I., Bernard, A., and Carlier, H. 1996. *Proc. Nutr. Soc.* 55:19–37; Devlin, T.M. 2006. *Textbook of Biochemistry with Clinical Correlations*. Wiley-Liss, New York; Kessler, J.I., J. Stein, D. Dannacker, and P. Narcessian. 1970. *J. Biol. Chem.* 245:5281–5288; Mead, J.F, E.B., Alfin-Slater, D.R. Howton and G. Popják. 1986. *Lipids: Chemistry, Biochemistry, and Nutrition*. Plenum Press, New York; Swift, L.L., M.E. Gray, and V.S. LeQuire. 1988. *Biochim. Biophys. Acta.* 962:186–195.

注：A1、A2，载脂蛋白 A-1、A-2；B100，载脂蛋白 B-100；C1、C2、C3，载脂蛋白 C1、C2、C3；D，载脂蛋白 D；E，载脂蛋白 E。

[a] 表面组分。

[b] 主要是磷脂酰胆碱。

脂蛋白存在于血液、跨膜蛋白、细胞内脂肪酸结合蛋白及某些抗原、黏附素和毒素中。载脂蛋白的功能包括：①帮助形成脂蛋白；②从小肠转运长链脂肪酸、甘油三酯和胆固醇到淋巴管（乳糜管），将上述物质从肝脏转运到外周组织，以及上述物质在血液循环系统中的运输；③作为脂蛋白受体的配体；④调节脂蛋白的代谢（Gunstone, 2012; Ridgway and McLeod, 2016）。乳糜微粒残体、VLDL、IDL 和 LDL（坏的胆固醇）具有促动脉粥样硬化的作用，而 HDL 具有抗动脉粥样硬化和抗氧化的作用，属于好的胆固醇。

3.1.4 衍生脂质

3.1.4.1 定义

衍生脂质是由胆固醇和异戊二烯化合物所形成的脂质（Gunstone, 2012），其结构复杂，可分为类固醇、类二十烷酸和萜烯。类固醇和萜烯是不可皂化的。类固醇具有环戊烷多氢菲环结构（图 3.11），包括固醇、类固醇激素、胆汁酸和胆汁醇。类二十烷酸是 ω3 和 ω6 多不饱和脂肪酸的产物。萜烯是一类含有异戊二烯单元的有机化合物（Zerbe and Bohlmann, 2015）。"萜"的名字来源于希腊词语"松脂"（turpentine），其意思是一种松油脂树。多种植物、绿藻和一些昆虫（如白蚁和燕尾蝶）都可以产生萜烯。萜烯（terpene）和萜类（terpenoid）的区别在于，萜类含有除了萜烯烃链之外的功能基团。

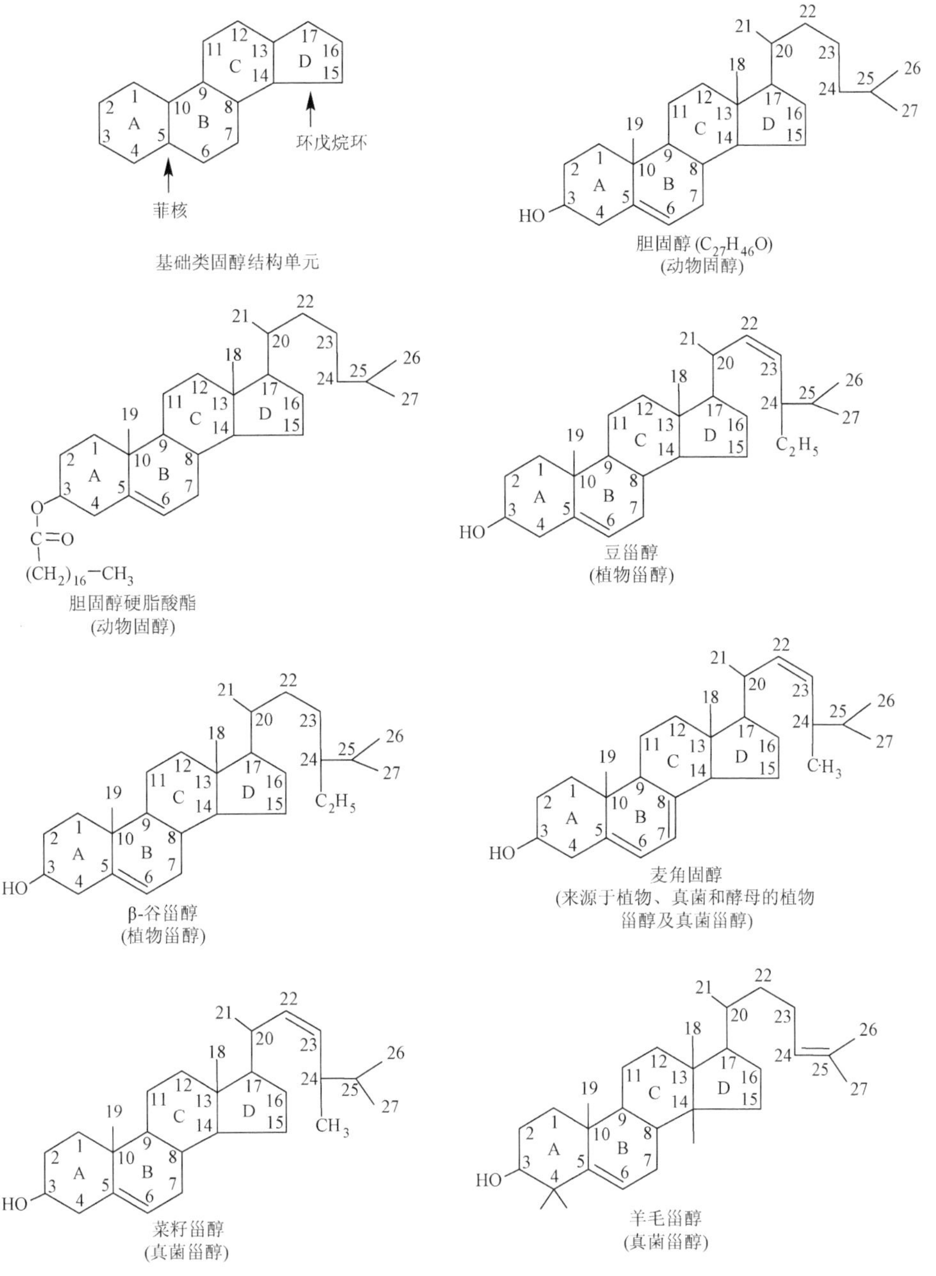

图 3.11 植物和动物中固醇/甾醇的结构。固醇是类固醇乙醇，包括动物来源的动物甾醇（如胆固醇和胆固醇硬脂酸酯）、植物来源的植物甾醇（如豆甾醇和 β-谷甾醇）和真菌来源的真菌甾醇（如菜籽甾醇和羊毛甾醇）。麦角固醇在植物、真菌和酵母中都存在。

3.1.4.2 类固醇

1）固醇/甾醇。固醇是类固醇的一类，是含有羟基的类固醇（类固醇乙醇）。例如，植物来源的植物甾醇、真菌来源的真菌甾醇，以及动物来源的动物甾醇都属于固醇。动物甾醇包括胆固醇、7-脱氢胆固醇及硫偶联胆固醇，这些都是皮肤脂质的一种组分

（Gunstone, 2012）。"胆固醇"最初源于希腊词语"*chole-*"（胆）和"*stereos*"（固体）的组合，后来又在后面添加了化学后缀"*-ol*"表示醇。动物甾醇（而非植物甾醇和真菌甾醇）可以被动物的小肠吸收（Ridgway and McLeod, 2016）。然而，麦角固醇是一种广泛分布于褐藻、细菌、酵母和高等植物中的固醇，这些生物含有极少（或没有）胆固醇。麦角固醇可以被阳光转化生成麦角钙化醇（维生素 D_2），进而可以被动物所摄取。相反，动物体中只含有胆固醇而没有麦角固醇。在哺乳动物、鸟类和鱼类中，胆固醇是合成 7-脱氢胆固醇（维生素 D_3 的前体）、类固醇激素、胆汁酸和胆汁醇的共同前体物（Mead et al., 1986; Stamp and Jenkins, 2008）。从数量上来讲，固醇是自然界最丰富的类固醇，胆固醇是动物中最主要的固醇。作为细胞膜的一种组分，胆固醇会影响细胞膜的流动性和营养物质的转运（包括小肠对日粮营养物质的吸收）。如后面段落中所述，作为合成类固醇激素、胆汁酸和胆汁醇的底物，生理浓度的胆固醇对于动物营养和代谢都是必需的。但是，过量的胆固醇会提高动物罹患心血管疾病的风险。

2）类固醇激素。类固醇激素是在生物学上具有激素功能的类固醇（Gunstone, 2012）。在动物中，类固醇激素是从胆固醇合成的，可分为皮质类固醇（在肾上腺皮质合成）和性类固醇（在雄性、雌性的性腺和胎盘产生）。皮质类固醇进一步又可以分为糖皮质激素（例如，包括猪和牛在内的大多数哺乳动物中的皮质醇，或者在鸡和大鼠中的皮质酮）及盐皮质激素（如醛固酮）。性激素包括孕酮、雌激素和睾酮。维生素 D 是另外一种动物可以合成的类固醇激素。作为疏水性分子，类固醇激素可以和其细胞质中特定的受体结合，形成一个类固醇-受体配体复合物（Ridgway and McLeod, 2016），该复合物可以进入细胞核，与特定的 DNA 序列进行结合，从而诱导其靶基因的转录。类固醇激素在机体生殖、免疫功能、抗炎反应，以及蛋白质、脂质、碳水化合物、矿物质和水的代谢中起着重要的作用。

3）胆汁酸。胆汁酸包括初级胆汁酸和次级胆汁酸。在几乎所有哺乳动物、大部分鸟类和一些鱼类（如硬骨鱼类）中，胆汁酸都是含有 24 个碳原子的复合物（Agellon, 2008），而在一些古哺乳动物（如大象和海牛）、爬行类动物和一些种类的水生动物中，其胆汁酸是 27 碳的化合物（Hagey et al., 2010; Hofmann, 1999; Kurogi et al., 2011）。27 碳胆汁酸含有 8 碳的胆固醇侧链，而 24 碳的胆汁酸含有 5 碳的侧链。初级胆汁酸在肝脏中由胆固醇合成，在不同物种中，初级胆汁酸的种类也不相同（图 3.12）。例如，反刍动物和猪中的初级胆汁酸分别是胆酸和猪胆酸，而 β-鼠胆酸只存在于大鼠和小鼠中（表 3.11）。从胆固醇生成胆汁酸需要肝细胞内不同部位（如线粒体、内质网、胞浆和过氧化物酶体）发生的多种酶促反应（Lefebvre et al., 2009）。肝脏中超过 50%的胆固醇会转化成胆汁酸。

在哺乳动物和鸟类中，胆汁酸从肝脏中分泌之前，98%的胆汁酸的末端羧基会与牛磺酸和甘氨酸共价偶联形成高度溶于水的胆汁盐（Stamp and Jenkins, 2008）。硬骨鱼类中的胆汁盐与哺乳类中的胆汁盐完全相同。但是，胆汁盐中牛磺酸或甘氨酸的量在不同物种中会有所差异（Washizu et al., 1991）。有报道显示，在肉食动物中，胆汁酸主要与牛磺酸偶联，草食动物中主要与甘氨酸偶联，而杂食动物中与牛磺酸或甘氨酸偶联（Agellon, 2008）。常见的胆汁盐有牛黄胆酸（胆汁酸和牛磺酸的衍生物）和甘氨胆酸（胆酸

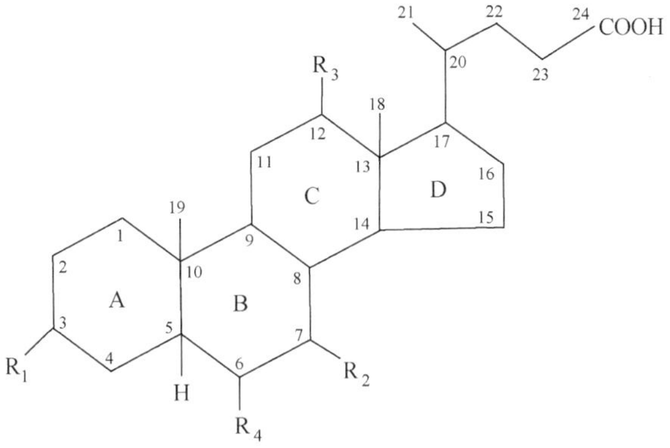

动物体内胆汁酸的结构

胆汁酸	R₁	R₂	R₃	R₄
石胆酸	αOH	H	H	H
脱氧胆酸	αOH	H	αOH	H
鹅脱氧胆酸	αOH	αOH	H	H
熊脱氧胆酸	αOH	βOH	H	H
胆酸	αOH	αOH	αOH	H
熊胆酸	αOH	βOH	αOH	H
猪胆酸	αOH	αOH	H	αOH
β-鼠胆酸	αOH	βOH	H	βOH
猪脱氧胆酸	αOH	H	H	αOH

图 3.12　动物中初级和次级胆汁酸的结构。胆汁酸的羧基可以和牛磺酸或甘氨酸偶联。肝脏和小肠细菌可以将初级胆汁酸 C-6 位置脱羟基化，从而产生次级胆汁酸。不同动物中的主要胆汁酸的种类和形式各不相同。当鹅脱氧胆酸（CDCA）的 C-6 位置包含一个 α-羟基时，则被修饰为猪胆酸（HCA，猪肝脏中合成的主要胆汁酸）；当熊脱氧胆酸（UCDA）C-6 位置包含一个 β-羟基时，则被修饰为 β-鼠胆酸（β-MCA，小鼠和大鼠肝脏中合成的一种胆汁酸）。

表 3.11　动物中初级和次级胆汁酸

胆汁酸	动物
初级胆汁酸	
鹅脱氧胆酸（CDCA）[a,b]	熊、仓鼠、马、人、猪
胆酸（CA）[a,c]	熊、猫、牛、鸡、狗、仓鼠、人、小鼠、兔子、大鼠、绵羊
熊胆酸（UCA）[d]	熊
猪胆酸（HCA）[e]	猪
β-鼠胆酸（β-MCA）[f]	小鼠、大鼠
次级胆汁酸	
石胆酸（LCA）	熊、仓鼠、人、猪
脱氧胆酸（DCA）	熊、猫、牛、鸡、狗、仓鼠、人、小鼠、兔子、大鼠、绵羊
熊脱氧胆酸（UCDA）[d]	熊
猪脱氧胆酸（HDCA）	猪

注：初级胆汁酸 C-6 位置的脱羟基化会形成相应的次级胆汁酸。

[a] 仓鼠和人中主要的初级胆汁酸。

[b] 马中主要的初级胆汁酸。

[c] 猫、牛、鸡、狗、仓鼠、人、小鼠、兔子、大鼠和绵羊中主要的初级胆汁酸。

[d] 熊中主要的胆汁酸。

[e] 猪中主要的初级胆汁酸。

[f] 小鼠和大鼠中另外一种主要的初级胆汁酸。

和甘氨酸的衍生物）。但是，需要知道的是，在同一动物中会同时存在牛磺酸和甘氨酸偶联的胆汁酸，只不过二者的浓度会有很大的差异。肝脏会释放胆汁酸到胆囊中进行储存。有趣的是，由于胆囊中水和电解质在不断地减少，其中的胆汁酸浓度会非常高（>300 mmol/L）（Stamp and Jenkins, 2008）。动物采食后，胆囊会分泌胆汁酸，通过胆管到达小肠的十二指肠中（Tso, 1985）。

胆汁盐从肝脏分泌到十二指肠肠腔中，其浓度一般为 0.2%–2%（g/100 mL 液体）（Agellon, 2008）。典型的哺乳动物胆汁（一种黄绿色的液体）包含 82% 的水、12% 的胆汁盐、4% 的磷脂（主要是磷脂酰胆碱）、1% 的非酯化胆固醇和 1% 的其他物质 [包括蛋白质、色素（与可溶性葡萄糖醛酸偶联的胆红素和胆绿素）]（Ridgway and McLeod, 2016）。在小肠中，胆汁酸可通过形成微胶粒促进脂质的消化和吸收，胆汁酸还可激活法尼醇 X 受体（farnesoid X receptor，FXR；一种核受体转录因子）。

在回肠末端，95% 的胆汁盐通过肠肝循环重新回到肝脏，剩余的 5% 胆汁盐进入大肠并被细菌产生的酶进行修饰（Devlin, 2006）。修饰的生化反应主要包括初级胆汁酸的脱羟基和去偶联（如去除牛磺酸或甘氨酸）。例如，经过脱羟基，胆酸可转化成脱氧胆酸，鹅脱氧胆酸转化成石胆酸，猪胆酸或鼠胆酸转化成猪脱氧胆酸，熊胆酸转化成熊脱氧胆酸，这些转化后生成的胆酸称为次级胆汁酸。在粪便中，98% 的胆汁酸都没有与牛磺酸和甘氨酸偶联，因此这两种氨基酸可以被机体保留。

4）胆汁醇。胆汁醇是在鱼类和爬行类动物肝脏中由胆固醇合成、通常含有 27 个碳原子的复合物，在其 27 碳末端往往含有羟基（图 3.13）。在哺乳动物，如果线粒体内胆汁酸合成通路中 26-羟化酶功能受损，会导致中间产物转化产生胆汁醇。和 27 碳的胆汁酸一样，27 碳的胆汁醇也含有 8 碳的胆固醇侧链。因此，从胆固醇向胆汁醇的转化不需要移除任何碳原子。

胆汁醇的分子式在鱼类和爬行类动物中有所不同。通常，胆汁醇是从这些动物肝脏分泌出的硫酸盐结合物，并往往与钠等矿物质形成盐（Kurogi et al., 2011）。例如，斑马鱼产生鲤胆醇和鲤胆醇硫酸盐，而没有胆汁酸。相反，八目鳗鱼类会合成 myxinol 和 myxinol 硫酸盐，而海洋板鳃类脊椎动物则合成鲨胆甾醇和鲨胆甾醇硫酸盐（图 3.13）。鱼类肠腔中胆汁醇硫酸盐的浓度与哺乳动物和鸟类肠腔中胆汁盐的浓度基本相当（Lefebvre et al., 2009）。

5）甾体皂苷。甾体皂苷是植物代谢物，在北美洲（墨西哥、美国加利福尼亚和亚利桑那州）的丝兰树中含量很丰富，可以占到其干物质的 10%。丝兰的名称可以应用到多达 40 种的树木和灌木中，包括芦荟叶丝兰（Yucca aloifolia）、whipplei 丝兰（Yucca whipplei）和西地格丝兰（Yucca schidigera）。甾体皂苷含有一个醚键（C–O–C）和一个或多个通过 β-1,2 或 β-1,3 糖苷键连接的单糖。Oleszek 等（2001）报道，在西地格丝兰中存在 8 个甾体皂苷结构（图 3.14）。甾体皂苷与动物中的糖皮质激素具有类似的结构。

西地格丝兰提取物是公认安全的（generally recognized as safe，GRAS）产品，并且被美国食品和药物管理局（FDA）批准作为食品天然佐剂。西地格丝兰提取物也广泛用作家畜（包括猪）和家禽的饲料添加剂，来改善畜禽舍的空气质量和提高动物的健康、生长与生产效率（Cheeke, 2000）。有研究显示，丝兰提取物可以结合氨，从而可以减

5α-鲤胆醇
(一种胆汁醇; 如斑马鱼)

5α-鲤胆醇-27-硫酸盐
(一种胆汁醇; 如斑马鱼)

5α-Myxinol
(一种胆汁醇; 如八目鳗)

5α-Myxinol-3β, 27-disulfate
(一种胆汁醇; 如八目鳗)

5β-鲨胆甾醇
(一种胆汁醇; 如板鳃鱼)

5β-鲨胆甾醇-27-硫酸盐
(一种胆汁醇; 如板鳃鱼)

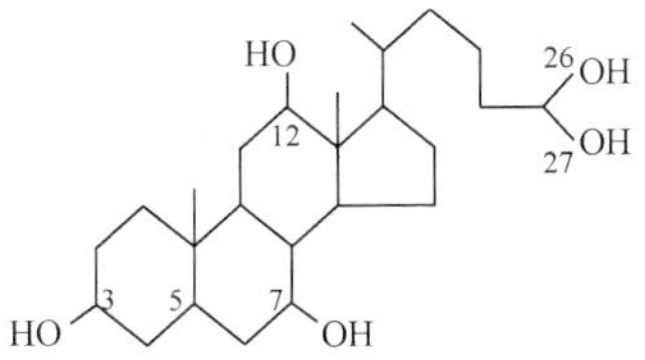

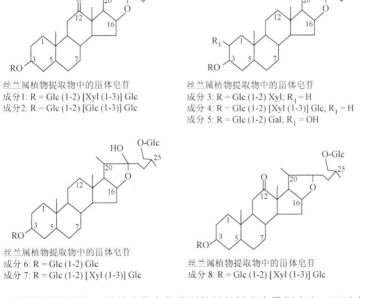

图 3.13　鱼类中胆汁醇的结构。胆汁醇是在水生动物和爬行动物肝脏中由胆固醇合成的一种 27 碳的化合物，其末端羟基（–OH）位于 C-27 的位置。在体内，硫酸基团可与钠形成相应的盐。

丝兰属植物提取物中的甾体皂苷
成分1: R = Glc (1-2) [Xyl (1-3)] Glc
成分2: R = Glc (1-2) [Glc (1-3)] Glc

丝兰属植物提取物中的甾体皂苷
成分 3: R = Glc (1-2) Xyl; R_1 = H
成分 4: R = Glc (1-2) [Xyl (1-3)] Glc; R_1 = H
成分 5: R = Glc (1-2) Gal; R_1 = OH

丝兰属植物提取物中的甾体皂苷
成分 6: R = Glc (1-2) Glc
成分 7: R = Glc (1-2) [Xyl (1-3)] Glc

丝兰属植物提取物中的甾体皂苷
成分 8: R = Glc (1-2) [Xyl (1-3)] Glc

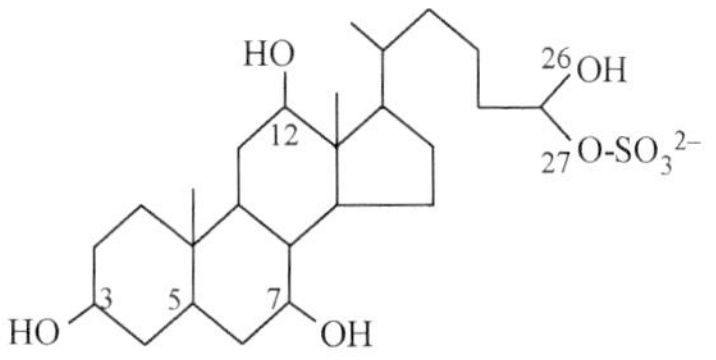

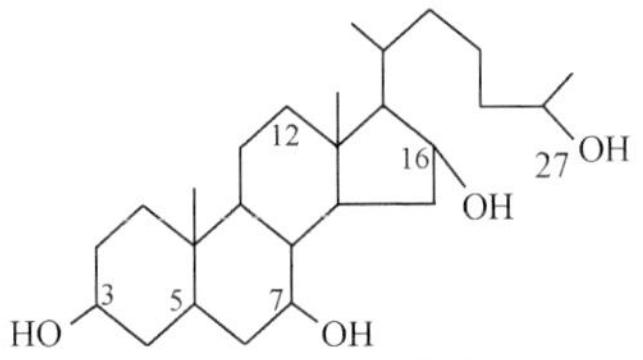

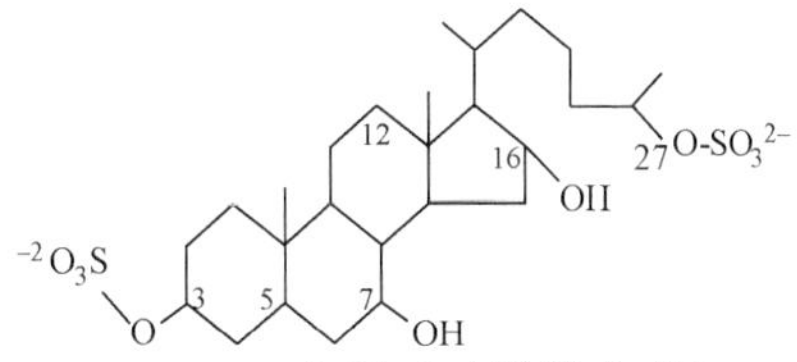

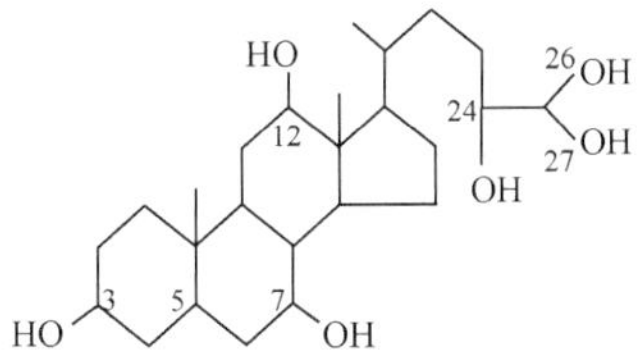

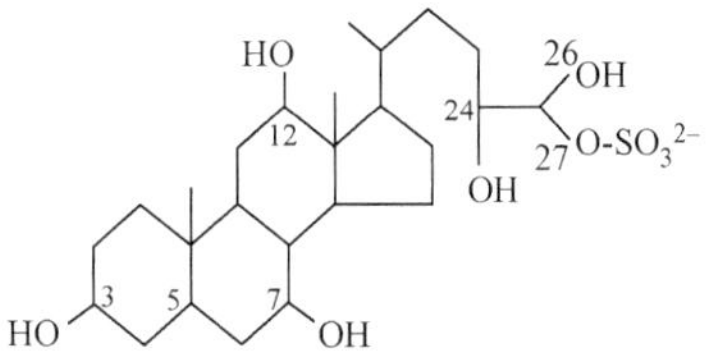

图 3.14　植物中甾体皂苷的结构。甾体皂苷在北美洲的丝兰树中含量很丰富，可以占到其干物质的 10%。甾体皂苷含有一个醚键（C–O–C）和一个或多个通过 β-1,2 或 β-1,3 糖苷键连接的单糖。图示西地格丝兰中存在 8 种甾体皂苷结构的异同。Glc，葡萄糖；Xyl，木糖。

少动物对氨气的排放（Colina et al., 2001）。作为甾体衍生物，甾体皂苷对动物还具有很强的促进合成代谢和抗氧化的作用。例如，在高温环境下，甾体皂苷可以拮抗糖皮质激素和氧化应激在动物体内的作用，从而提高饲料效率和生产性能。这种观点代表了我们对西地格丝兰提取物在畜禽的生长发育和健康中有益作用的机制的理解。

3.1.4.3 类二十烷酸

1）前体物（precursor）。类二十烷酸是 ω3 多不饱和脂肪酸（α-亚麻酸）和 ω6 多不饱和脂肪酸（亚油酸和花生四烯酸）的衍生物。类二十烷酸包括前列腺素、血栓素、白三烯和脂氧素。由于前列腺素、血栓素和白三烯最初分别被发现在男性前列腺、血小板和白细胞中合成，因此而得名。现在，人们已经知道类二十烷酸可以在动物的多种细胞中生成（Ridgway and McLeod, 2016）。

2）前列腺素（prostaglandin，PG）。每个前列腺素分子包含 20 个碳原子，其中有 5 个碳环（图 3.15）。前列腺素作用与激素类似但又有所不同，前列腺素不是由机体特定部位产生的，体内的多种类型细胞都可以产生（Gunstone, 2012）。前列腺素有 3 种系列：系列 1（有 1 个双键）和系列 2（有 2 个双键）分别来自于亚油酸和花生四烯酸（二者均为 ω6 多不饱和脂肪酸）。系列 1 前列腺素有 PGH_1、PGE_1、$PGF_{1\alpha}$、PGI_1 和 PGD_1；系列 2 前列腺素有 PGH_2、PGE_2、$PGF_{2\alpha}$、PGI_2 和 PGD_2；系列 3 前列腺素（有 3 个双键）来源于 α-亚麻酸，包括 PGH_3、PGE_3、$PGF_{3\alpha}$、PGI_3 和 PGD_3。系列 2 前列腺素具有促进炎症的作用，而系列 1 和 3 前列腺素具有抗炎症的作用（Folco and Murphy, 2006）。

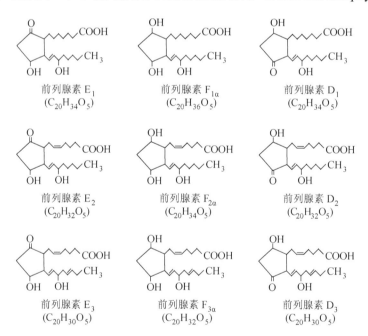

图 3.15　动物中前列腺素（PG）E、F 和 D 的结构。前列腺素包含 20 个碳原子，其中有 5 个碳环。前列腺素有 3 种系列：系列 1 和系列 2（分别含有 1 个和 2 个双键）分别由亚油酸和花生四烯酸合成。系列 3 前列腺素（有 3 个双键）由 α-亚麻酸合成。

3）白三烯（leukotriene，LT）。白三烯是不饱和长链脂肪酸的衍生物，包含 3 个共轭双键。白三烯 A 是环氧化物，而白三烯 B 含有 2 个羟基（图 3.16）。系列 3 白三烯（LTA$_3$ 和 LTB$_3$）是从二十碳三烯酸（C$_{20:3}$ ω9、Mead's 酸）合成的，含有 3 个共轭双键（Devlin，2006）。LTC$_3$ 是羟基化的 LTA$_3$ 与谷胱甘肽（谷氨酸-半胱氨酸-甘氨酸）偶联生成的，LTD$_3$ 是羟基化的 LTA$_3$ 与半胱氨酰甘氨酸二肽（半胱氨酸-甘氨酸）偶联生成的，LTE$_3$ 是羟基化的 LTA$_3$ 与半胱氨酸偶联生成的。

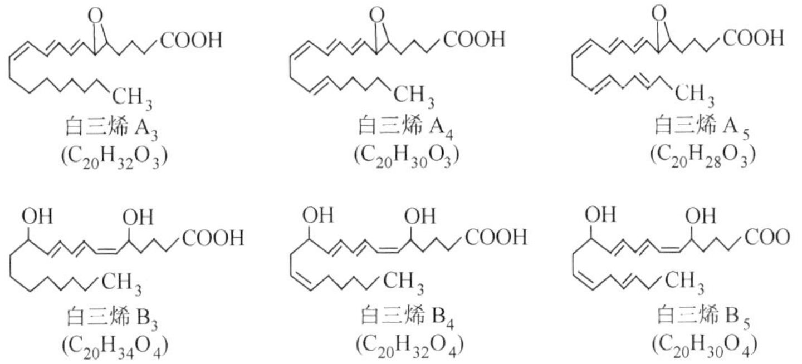

图 3.16　动物中白三烯（LT）的结构。白三烯是不饱和长链脂肪酸的衍生物，包含 3 个共轭双键。白三烯 A 是环氧化物，而白三烯 B 含有 2 个羟基。系列 3、4、5 白三烯分别由二十碳三烯酸（C20:3，ω9）、花生四烯酸（C20:4，ω6）和 EPA（C20:5，ω3）合成。

系列 4 白三烯含有 4 个双键（其中含 3 个共轭双键），是最早发现的白三烯。系列 4 白三烯由花生四烯酸合成，包括 LTA$_4$、LTB$_4$、LTC$_4$、LTD$_4$、LTE$_4$ 和 LTF$_4$。LTC$_4$、LTD$_4$、LTE$_4$ 和 LTF$_4$ 是 LTA$_4$ 的衍生物，都含有半胱氨酸基团。具体来讲，LTC$_4$ 是羟基化的 LTA$_4$ 与谷胱甘肽偶联生成的，LTD$_4$ 是羟基化的 LTA$_4$ 与二肽半胱氨酰甘氨酸偶联生成的，LTE$_4$ 是羟基化的 LTA$_4$ 与半胱氨酸偶联生成的，LTF$_4$ 是羟基化的 LTA$_4$ 与半胱氨酸和谷氨酸偶联生成的。因此，LTC$_4$、LTD$_4$、LTE$_4$ 和 LTF$_4$ 称为半胱氨酰白三烯。在炎性调节因子存在下，系列 4 白三烯的生成会增加，从而诱导血管内皮部位白细胞的黏附和激活（Folco and Murphy，2006）。

系列 5 白三烯（如 LTA$_5$、LTB$_5$、LTC$_5$、LTD$_5$ 和 LTE$_5$）含有 5 个双键，包括 3 个共轭双键。系列 5 白三烯是由鱼油中含量丰富的二十碳五烯酸（EPA）合成的。LTC$_5$ 是羟基化的 LTA$_5$ 与谷胱甘肽偶联生成的，LTD$_5$ 是羟基化的 LTA$_5$ 与半胱氨酰甘氨酸二肽偶联生成的，LTE$_5$ 是羟基化的 LTA$_5$ 与半胱氨酸偶联生成的。系列 5 白三烯可抑制系列 4 白三烯的合成，从而发挥其在血管中的抗炎作用。

4）血栓素（thromboxane，TX）。血栓素由于其缩血管和促血栓形成的作用而得名。血栓素包含一个六元环醚。目前，有 3 个系列的血栓素被鉴定（图 3.17）。系列 1 血栓素 TXA$_1$ 和 TXB$_1$ 含有 1 个双键，系列 2 血栓素 TXA$_2$ 和 TXB$_2$ 含有 2 个双键，系列 3 血栓素 TXA$_3$ 和 TXB$_3$ 含有 3 个双键，3 个系列血栓素分别由二高 γ-亚麻酸（ω6 多不饱和脂肪酸）、花生四烯酸和 EPA 合成（Folco and Murphy，2006）。TXA$_2$ 和 TXB$_2$ 是目前被鉴定的两种主要的血栓素。3 个系列的血栓素都可以作用于血小板细胞膜上特定的受体，进而调节这些细胞的功能。血管内皮细胞中由花生四烯酸产生的 PGI$_2$ 可以抑制血小板聚集，同时使血管平滑肌舒张。

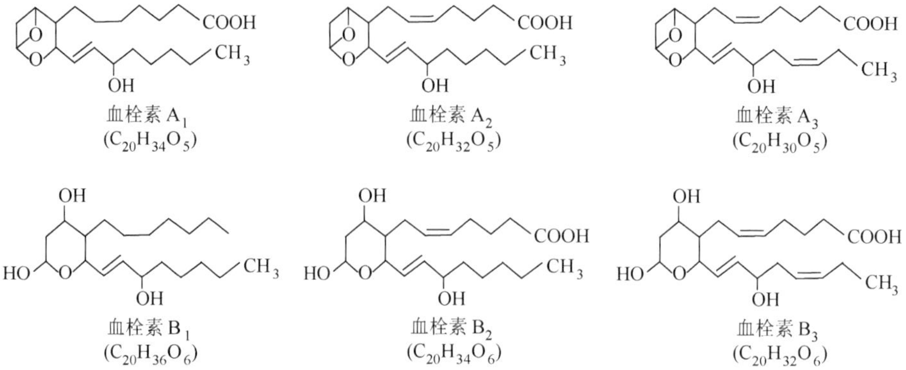

图 3.17 动物中血栓素的结构。血栓素（TX）是不饱和长链脂肪酸的衍生物，包含 1 个六元环醚。血栓素有 3 个系列：系列 1 血栓素 TXA_1 和 TXB_1 含有 1 个双键，系列 2 血栓素 TXA_2 和 TXB_2 含有 2 个双键，系列 3 血栓素 TXA_3 和 TXB_3 含有 3 个双键，3 个系列血栓素分别由二高 γ-亚麻酸（ω6 多不饱和脂肪酸）、花生四烯酸和 EPA 合成。

5）脂氧素（lipoxin，Lx）。脂氧素于 1984 年被发现，是目前发现的类二十烷酸中最新的一类。脂氧素含有 4 个共轭双键和 3 个羟基（图 3.18），由花生四烯酸通过形成 15(S)-羟基二十碳四烯酸（HETE）和 15-过氧化氢前体物而生成。目前，在动物组织中共鉴定出 4 种脂氧素：脂氧素 A_4、A_5、B_4 和 B_5，其中，A_4 和 B_4 具有相同的分子量，A_5 和 B_5 具有相同的分子量。和 LTB4 一样，脂氧素能够促进超氧阴离子的产生和脱粒化。与白三烯类似，脂氧素可以和半胱氨酸偶联形成半胱氨酰脂氧素。越来越多的证据显示，脂氧素在动物中具有抗炎的作用（Romano et al., 2015）。

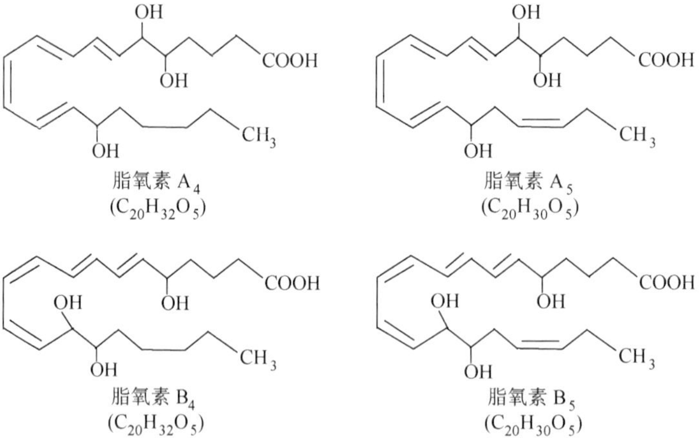

图 3.18 动物中脂氧素的结构。脂氧素含有 4 个共轭双键和 3 个羟基，因此脂氧素具有共轭三羟基四烯的结构。目前，已知脂氧素 A_4、A_5、B_4 和 B_5 是由花生四烯酸合成的。

3.1.4.4 萜烯

1）叶绿醇。叶绿醇是一种无环的双萜醇，作为叶绿素的组成部分，在植物和藻类中广泛存在，同时细菌（包括动物胃肠道内的细菌）也能够产生叶绿醇。植物和藻类来源的一种叶绿醇是 3,7,11,15-四甲基-2-十六碳烯-1-醇，其分子式为 $C_{20}H_{40}O$（图 3.19）。植物、藻类和细菌可以将叶绿醇转化成维生素 E 与维生素 K_1，以及植烷酸和降植烷（一种饱和烃萜烯）。因此，在一般的水果、蔬菜和藻类产品中都能够发现这些物质（Chung et al., 1989）。同样，某些动物（如鲨鱼）的肝脏能够降解叶绿醇生成降植烷，降植烷最初是从拉丁语 "*pristis*"（鲨鱼）而来的。作为具有芳香特性的化合物，叶绿醇被植物用来抵御捕食。同样，一些昆虫（如漆树跳甲）会依赖植物的叶绿醇进行防卫。

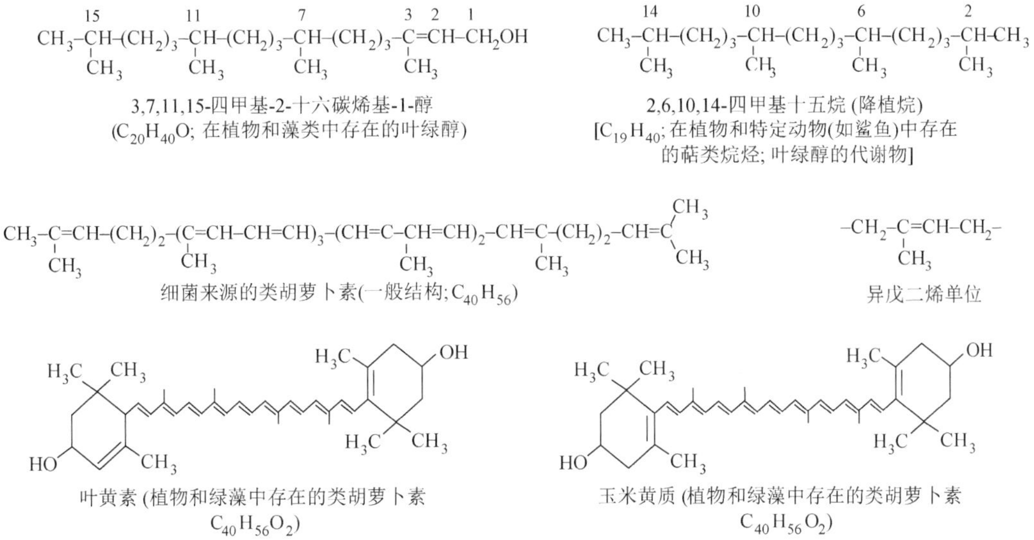

图 3.19　叶绿醇和类胡萝卜素的结构。叶绿醇和类胡萝卜素属于萜烯，含有一个异戊二烯结构。叶绿醇是存在于植物、藻类和细菌中的一种无环的双萜醇。类胡萝卜素包含类异戊二烯单位和共轭双键，来源于非环的 $C_{40}H_{56}$ 结构。自然界中有超过 600 种的类胡萝卜素，产生的色素构成了植物和某些生物体中鲜红、黄色与橙色等不同颜色。

　　2）类胡萝卜素。类胡萝卜素是包含类异戊二烯单位和共轭双键的脂质，因此也被称作类异戊二烯（Mead et al., 1986）。类胡萝卜素来源于无环的 $C_{40}H_{56}$ 结构（图 3.19），是植物或藻类的色素，构成了水果、蔬菜和其他食物（如红薯和木瓜）中鲜红、黄色与橙色等不同颜色。自然界中有 600 多种不同的类胡萝卜素，可分为胡萝卜素（如 α-胡萝卜素、β-胡萝卜素、γ-胡萝卜素和番茄红素）和叶黄素（叶黄质、玉米黄质、环氧玉米黄质和 β-隐黄质）。胡萝卜素和叶黄素都是烃类化合物，但结构有所不同。具体来讲，叶黄素含有氧，而胡萝卜素不含氧。动物不能够合成类胡萝卜素（Pond et al., 2005），而类胡萝卜素又是动物日粮中重要的抗氧化剂。

　　3）脂溶性维生素。萜烯中的脂溶性维生素包括维生素 A、E 和 K。植物或藻类含有维生素 A 的前体。在动物中，小肠可以将 β-胡萝卜素转化生成维生素 A，植物、藻类和细菌能够从莽草酸合成维生素 E 和 K（Bentley and Meganathan, 1983；DellaPenna, 2005），而动物不能够合成维生素 E 和 K（Pond et al., 2005）。

　　4）精油。精油是一种含有酚环的、浓缩的疏水液体，它与长链脂肪酸甘油的液体"油"完全不同。水蒸气蒸馏法是从某些植物中提取精油的常用方法（Tongnuanchan and

Benjakul, 2014）。"essential"一词并不意味着这些物质对动物营养是必需的。更确切地说，之所以使用精油（essential oil）的名称是因为提取了植物的精华（essence）。一些精油的成分的结构如图 3.20 所示。很多不同成分往往具有相同的分子量和不同的结构，而有一些则是同分异构体（如百里香酚和香芹酚）。需要注意的是，精油是挥发性芳香化合物，具有独特的香味。

毕澄茄烯
$(C_{15}H_{24})$

樟脑
$(C_{10}H_{16}O)$

香芹酚
$(C_{10}H_{14}O)$

香芹酮
$(C_{10}H_{14}O)$

1,8-桉树脑
$(C_{10}H_{18}O)$

肉桂醛
(C_9H_8O)

丁香油
$(C_7H_{12}ClN_3O_2)$

丁香油酚
$(C_{10}H_{12}O_2)$

柠檬烯
$(C_{10}H_{16})$

薄荷脑/薄荷醇
$(C_{10}H_{20}O)$

薄荷酮
$(C_{10}H_{18}O)$

胡椒酮
$(C_{10}H_{16}O)$

胡薄荷酮
$(C_{10}H_{16}O)$

百里香酚
$(C_{10}H_{14}O)$

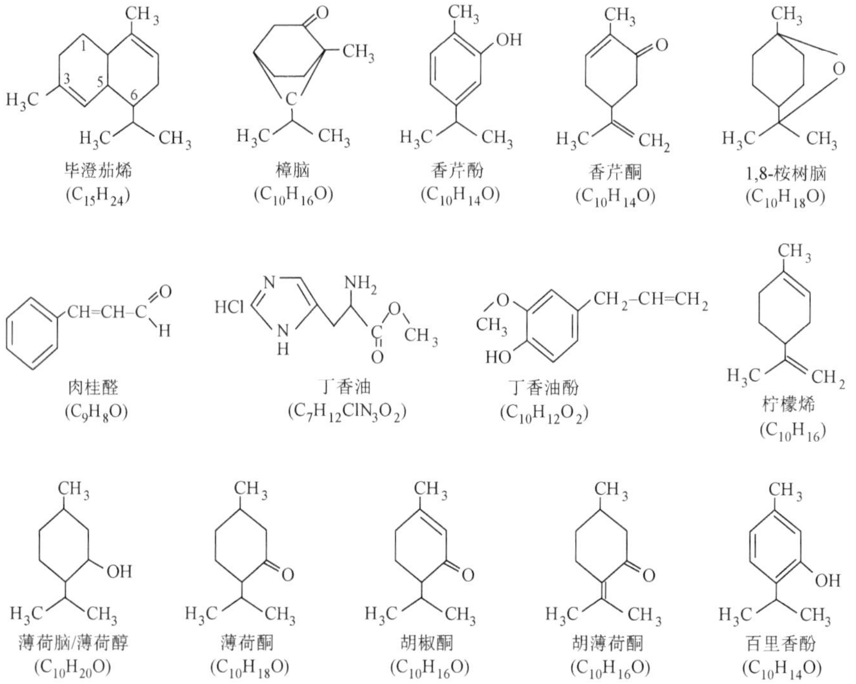

图 3.20　植物中精油的结构。精油是一种含有酚环、浓缩的疏水液体。在某些植物中，精油是挥发性芳香化合物，具有独特的香味。很多精油往往具有相同的分子量和不同的结构，而有一些则是同分异构体（如百里香酚和香芹酚）。

精油往往是一些植物所特有的。例如，肉桂醛是一种淡黄色的黏性液体，存在于肉桂树及樟属其他树种的树皮中。丁香油酚是一种烯丙基链被取代的愈创木酚，在植物化学分类上属于苯丙素类物质（图 3.20）。丁香油酚是一种淡黄色或无色的液体，可从丁香、肉豆蔻、肉桂、罗勒和月桂等植物叶子中提取。百里香酚（也被称为 2-异丙基-5-甲酚）是一种伞花烃的天然单萜酚类衍生物，可从百里香和多种其他植物中分离出来。百里香酚是一种具有宜人芳香气味的白色结晶物质。

精油具有抗菌、抗寄生虫、抗炎、抗氧化和免疫调节的功能（Benchaar et al., 2008; Zeng et al., 2015）。精油可单独或以多种混合的形式添加到日粮中。例如，在断奶仔猪日粮中添加肉桂醛可降低脂多糖（lipopolysaccharide，LPS）诱导的肠道中炎性因子的表达（Wang et al., 2015）。此外，在鸡日粮中添加肉桂醛和百里香酚可提高采食量、调节肠道菌群、提高体增重（Zeng et al., 2015）。但是，应该注意的是，由于精油的脂溶性特点及其参与化学反应，过量的精油对动物是有毒的。

5）辅酶 Q。辅酶 Q 于 1957 年被发现，其化学结构是 2,3-二甲氧基-5-甲基-6-多异戊烯-1,4-苯醌。辅酶 Q 是一种存在于所有动物细胞器（特别是线粒体）中的疏水化合物。不同类型的辅酶 Q 的区别是其侧链异戊烯重复单位数的不同（一般是 6–10 个重复单位）。在哺乳动物和鸟类中，最常见的辅酶 Q 是辅酶 Q10 和辅酶 Q9（其中，9 和 10 指的是分子中异戊烯重复单位数）（Turunen et al., 2004）。在小鼠和大鼠中，大约 90% 的辅酶 Q 是辅酶 Q9，而在鸡、奶牛、山羊、豚鼠、马、人、兔子和猪中，辅酶 Q10 的比例大于或等于 96%，辅酶 Q9 比例不超过 4%（Lass et al., 1997）。鱼也是辅酶 Q10 的一个很好的来源。辅酶 Q 在线粒体电子传递和 ATP 生成过程中起着必不可少的作用，同时，辅酶 Q 还可作为一种抗氧化剂，在细胞膜、脂蛋白和线粒体中发挥作用。

所有动物都能够合成辅酶 Q，因此不需要再在日粮中添加。辅酶 Q 的合成可以发生在包括肝脏和大脑在内的多种组织中。辅酶 Q10 的合成包括 3 个主要步骤：①从酪氨酸合成苯醌结构，这一步骤要依赖维生素 B6 才能将酪氨酸转化成 4-羟基苯丙酮酸；②从乙酰辅酶 A 通过甲羟戊酸（胆固醇合成）途径合成异戊烯侧链；③苯醌和甲羟戊酸结构进行缩合反应（Turunen et al., 2004）。羟甲基戊二酸 CoA 还原酶在调节胆固醇和辅酶 Q 的合成中起着关键的作用。

3.2 脂质的化学反应

3.2.1 甘油三酯的水解和脂肪酸的皂化

甘油三酯在碱性化合物（如氢氧化钠）存在的情况下，通过煮沸，可水解生成甘油和脂肪酸。脂肪酸可进一步与碱基发生反应来产生肥皂（脂肪酸的碱性盐）（Ridgway and McLeod, 2016），该反应称为皂化，是化学工业中制造肥皂的过程。类似的，脂肪酸也可以和氢氧化钙形成盐，该反应已经被用于从脂肪酸和氧化钙来生产过瘤胃保护的脂肪酸钙盐。

$$\text{甘油三酯} + 3\,H_2O \xrightarrow{\text{与碱煮沸}} \text{R-COOH} + \text{甘油}$$

$$\text{R-COOH} + NaOH \longrightarrow \text{R-COONa} + H_2O$$

$$2\,\text{R-COOH} + Ca(OH)_2 \longrightarrow (\text{R-COO})_2Ca + 2\,H_2O$$

$$2\,\text{R-COOH} + CaO + H_2O \longrightarrow (\text{R-COO})_2Ca + 2\,H_2O$$

在动物中，脂肪水解发生在小肠的肠腔中，在胆汁盐存在的情况下，被脂肪酶催化产生 sn-2 甘油一酯或甘油二酯、脂肪酸和/或甘油（Lefebvre et al., 2009）。这些消化产物与胆汁盐一起形成水溶性微胶粒，水溶性微胶粒的亲水性头部区域与周围的水进行接触，而疏水性的单尾区域被隔离在微胶粒的中央。

对脂质的饲料分析经常要求测定脂肪酸的"酸值"，即中和 1 g 脂肪中游离有机酸所需的氢氧化钾量。酸值是样品中游离脂肪酸含量的量度，该方法提供了一种快速测定脂肪酸量的方法，但其准确度需用高效液相色谱法或气相色谱法加以验证。

3.2.1.1 与醇类的酯化反应

前文已经提到，脂肪酸可以与甘油（具有三个羟基的糖醇）形成酯类，该缩合反应对于动物体内脂肪的沉积具有重要作用（Tso, 1985; Yabuuchi and O'Brien, 1968）。与此类似，磷酸也可以与甘油的羟基发生反应产生磷酸酯（如磷脂）。此外，脂肪酸也可以与直链醇（如乙醇）反应形成酯类（Gunstone, 2012）。如下反应所示的是工业上产生聚酯的化学基础。需要注意的是，乙酸乙酯是酒中最常见的酯类，是在发酵过程中由乙酸和乙醇在酶催化下形成的。

$$CH_3\text{-}\overset{\displaystyle O}{\overset{\|}{C}}\text{-OH} + CH_3CH_2\text{-OH} \xrightarrow{H_2SO_4} CH_3\text{-}\overset{\displaystyle O}{\overset{\|}{C}}\text{-O-CH}_2CH_3 + H_2O$$

乙酸　　　　乙醇　　　　　　　　乙酸乙酯

3.2.1.2 羟基氢的取代作用

亲电体（亲电子试剂）可提取长链脂肪酸羟基中的氢原子（Gunstone, 2012）。亲电试剂具有空轨道可被吸引到富电子中心，从而通过接收一对电子来参加化学反应。这一类物质（亲电体）的例子有卤代烷、酰基卤化物、羰基化合物、硫化氢阴离子、乙醇和氢，以及氧化剂。饱和或不饱和脂肪酸中的羟基氢被取代后会导致其容易被氧化，从而使其化学稳定性和生物活性降低。

$$R\text{-COOH} + E^+ \rightarrow R\text{-COO-E} + H^+ \qquad (E^+ 是亲电子体)$$

3.2.1.3 不饱和脂肪酸的氢化作用

在 37℃呈现液态的不饱和脂肪酸可通过其双键的氢化作用而转化为饱和脂肪酸（Mead et al., 1986），这一过程被用来将油转化为固态的人造黄油。瘤胃微生物可通过酶催化不饱和脂肪酸氢化，该过程称为生物氢化作用。该过程也很好地解释了为什么反刍动物的脂肪组织和肌肉中饱和脂肪酸占总脂质的比例要比非反刍动物的高，以及为什么反刍动物体内的脂肪要比非反刍动物的硬（Smith and Smith, 1995; Tan et al., 2011）。

$$R\text{–}CH_2\text{–}CH{=}CH\text{–}CH_2\text{–}\overset{\displaystyle O}{\overset{\|}{C}}\text{–OH} + 2H \longrightarrow R\text{–}CH_2\text{–}CH_2\text{–}CH_2\text{–}CH_2\text{–}\overset{\displaystyle O}{\overset{\|}{C}}\text{–OH}$$

不饱和脂肪酸　　　　　　　　　　　　　饱和脂肪酸

3.2.1.4 不饱和脂肪酸的碘化和溴化作用

不饱和脂肪酸中的双键能与碘发生反应，形成碘化脂肪酸。该反应已经被广泛用作脂质（油、脂肪或蜡）不饱和度的一个检测指标：碘值（碘价），其定义是每 100 g 脂质所能够吸收（加成）碘的克数。饱和的油、脂肪和蜡不会与碘发生反应，因此其碘值为零。双键越多的脂肪酸，其碘值就越高。测量碘值往往会加过量的碘（通常以氯化碘的形式），未反应完剩余的碘再用滴定法进行定量。需要注意的是，不饱和脂肪酸中的双键也可以和溴发生反应产生溴化脂肪酸。

$$R\text{—}CH_2\text{—}CH\text{=}CH\text{—}CH_2\text{—}\overset{\displaystyle O}{\overset{\|}{C}}\text{—}OH + I_2 \longrightarrow R\text{—}CH_2\text{—}\underset{I}{CH}\text{—}\underset{I}{CH}\text{—}CH_2\text{—}\overset{\displaystyle O}{\overset{\|}{C}}\text{—}OH$$

不饱和脂肪酸　　　　　　　　　　　　　　碘化脂肪酸

$$R\text{—}CH_2\text{—}CH\text{=}CH\text{—}CH_2\text{—}\overset{\displaystyle O}{\overset{\|}{C}}\text{—}OH + Br_2 \longrightarrow R\text{—}CH_2\text{—}\underset{Br}{CH}\text{—}\underset{Br}{CH}\text{—}CH_2\text{—}\overset{\displaystyle O}{\overset{\|}{C}}\text{—}OH$$

不饱和脂肪酸　　　　　　　　　　　　　　溴化脂肪酸

3.2.1.5　不饱和脂肪酸的过氧化作用

不饱和脂肪酸的双键具有化学反应活性（Mead et al., 1986），因此不饱和脂肪酸（特别是多不饱和脂肪酸）可以被活性氧（ROS，如·OH 和 HOO·）进行过氧化反应，从而形成脂质过氧化物或脂质氧化产物。脂质过氧化反应在体外和体内都可发生，并且高温和增加氧暴露会加速该反应（Rosero et al., 2015）。脂质过氧化反应包括三个主要步骤：引发、增长和终止（图 3.21）。在引发阶段，自由基从双键邻近的碳中提取一个质子和一个电子，产生不稳定的脂肪酸自由基。脂肪酸自由基再与氧分子反应产生不稳定的过氧化脂肪酸自由基，过氧化脂肪酸自由基再与另外一分子的不饱和脂肪酸发生反应，形成新的脂肪酸自由基和脂质过氧化物（Gunstone, 2012）。这种活性氧引发的链反应会导致脂肪酸自由基的增长。

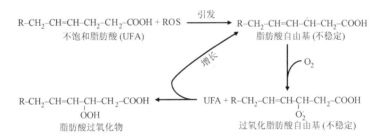

图 3.21　不饱和脂肪酸的过氧化作用。不饱和脂肪酸中的双键可以被活性氧进行过氧化反应，从而形成脂质过氧化或脂质氧化产物。脂质过氧化反应包括三个主要步骤：引发、增长和终止。在引发阶段，会产生不稳定的脂肪酸自由基，进而再增长脂肪酸自由基。当两个自由基反应产生一个稳定的非自由基产物时，自由基反应就会终止。

当两个自由基反应产生一个稳定的非自由基产物时，自由基反应就会终止。在动物中，抗氧化剂（如维生素 E、维生素 C 和酚类化合物）和抗氧化酶（如超氧化物歧化酶、过氧化氢酶和过氧化物酶）均有利于自由基反应的终止（Fang et al., 2002）。抗氧化剂可与脂肪酸自由基反应形成无反应活性的产物，从而阻断过氧化反应中的链增长（Fang et al., 2002）。实际上，这些抗氧化剂化合物可以将一个氢原子贡献给形成于脂质氧化增长阶段的脂肪酸自由基。

脂肪酸过氧化的知识对于不饱和脂肪酸的存储（保质期）和分析，以及保护动物免受氧化损伤均具有重要的应用意义。氧化损伤是造成哺乳动物和鸟类慢性疾病的因素之一。利用酸败法检测过氧化物含量可以为脂肪、油及饲料中脂肪酸的氧化稳定性研究提供有用的信息。

3.2.1.6 亚甲基和羧基中的氢原子与卤素的反应

脂肪酸的亚甲基（-CH$_2$）中的氢原子可以被卤素（氟、氯、溴、碘）所取代而产生卤化脂肪酸（Dembitsky and Srebnik, 2002）。在微生物、藻类、海洋无脊椎动物、高等植物和一些动物中，存在超过 200 种的卤化脂肪酸（Dembitsky and Srebnik, 2002）。此外，脂肪酸的羧基中的氢原子也能够被卤素所替代而产生卤代化合物。比如，短链、中链和长链脂肪酸（包括不饱和脂肪酸）在碱基（如 K$_2$CO$_3$）存在的情况下，可以与 9-氯甲基蒽（Xie et al., 2012）或 2-溴甲基蒽醌（Tapia, 2014）发生反应产生发荧光的、稳定的脂肪酰衍生物（图 3.22）。这些衍生物可以在反相高效液相色谱柱上进行分离，并通过荧光进行检测。这些化学反应为生物样品中脂肪酸的灵敏分析提供了有用的工具。

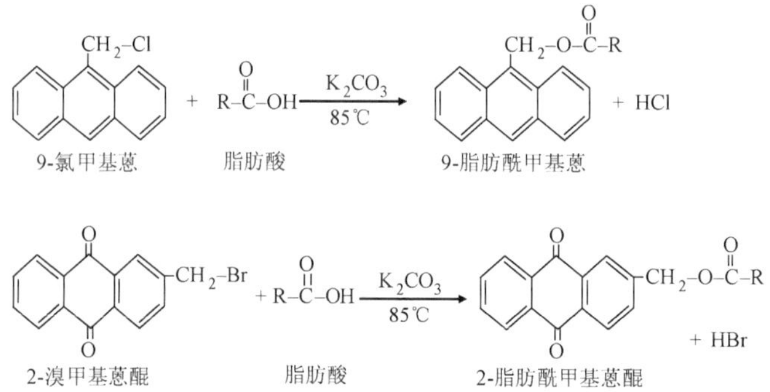

图 3.22　脂肪酸与卤素的反应。在碱基（如 K$_2$CO$_3$）存在的情况下，脂肪酸羧基中的氢原子可以被卤代化合物（如 9-氯甲基蒽、2-溴甲基蒽醌）中的卤素所替代，产生一种发荧光的、稳定的脂肪酰衍生物。该反应为利用色谱方法（如高效液相色谱）分析脂肪酸提供了基础。

3.3　小　　结

脂质是根据其共有的疏水性而定义的一类多种形式的碳氢化合物。脂质包括脂肪酸、简单脂质、复合脂质和衍生脂质，具有必需的营养性和生理性功能。脂肪酸包含 2–30 个碳原子和一个羧基，包括短链脂肪酸（C$_{2-5}$）、中链脂肪酸（C$_{6-12}$）、长链脂肪酸（C$_{13-20}$）和超长链脂肪酸（>C$_{20}$）。在动物组织中，长链脂肪酸的含量要远高于短链脂肪酸和中链脂肪酸。长链脂肪酸可有 0–6 个不包含双键。在不饱和脂肪酸中，氢原子通常位于双键的同侧（*cis*），也有位于双键的两侧（*trans*）。大多数自然存在的脂肪酸都具有偶数个碳原子，但也有一些脂肪酸含有奇数个碳原子或者含有侧链。由于过高浓度的长链脂肪酸对于细胞是有毒性的，因此在动物中脂肪酸主要以甘油酯的形式存在（如脂肪或甘油三酯），也有一少部分脂肪酸以蜡的形式存在。油是液态的脂肪，主要含有多不饱和脂肪酸。脂肪和蜡都属于单纯脂质，但是二者在组成和功能方面有差异。例如，脂肪能够被消化，作为能量的主要来源；而蜡不能够被消化，但可提供保护防水层。

复合脂质包括：①糖脂（包含一个糖基）；②磷脂（包含一个磷酸基团和一个乙醇胺、胆碱、丝氨酸、肌醇、甘油或磷脂酰甘油基团）；③鞘脂（以鞘氨醇为基础，或包含一个酰基形成神经酰胺，或包含一个含氮的电荷基团（如乙醇胺、丝氨酸和胆碱）生成神经鞘磷脂，或包含糖形成糖鞘脂）；④醚甘油磷脂（在磷脂中含有一个醚键，如血小板活化因子和缩醛磷脂）；⑤脂蛋白（由小肠或肝脏生成和释放，具有转运长链脂肪酸和胆固醇的蛋白基团）。卵磷脂、脑磷脂和神经鞘磷脂是细胞膜的重要组分（表3.10），在神经系统中含量很丰富。血浆乳糜微粒和高密度脂蛋白分别具有最高含量的甘油三酯和蛋白质。脂蛋白中胆固醇的比例对心血管健康具有重要的意义。

衍生脂质包括类固醇、类二十烷酸和萜烯。类固醇包括固醇（如胆固醇）及其衍生物，如在动物中合成的类固醇激素（雄性和雌性生殖激素）、胆汁酸和胆汁醇，以及在植物中存在的甾体皂苷。类二十烷酸包括系列1、2和3（分别含有1个、2个和3个双键）的前列腺素与血栓素，以及系列4和5（分别含有4个和5个双键）的白三烯与脂氧素。萜烯（含有1个或多个异戊二烯单元）包括类胡萝卜素、辅酶Q、维生素A/E/K、精油和叶绿醇。

脂质可发生很多反应，如甘油三酯的水解、脂肪酸的皂化、脂肪酸的醇酯化、羟基氢的取代、不饱和脂肪酸的氢化、不饱和脂肪酸的过氧化（尤其高温时），以及与氯或溴的反应。尽管脂质的不同结构在实验室分析中面临挑战，但近年来化学研究的进展为前体脂肪酸及其代谢产物的营养研究奠定了坚实的基础。脂质化学的知识也为了解脂质在动物体内的代谢和营养（第6章）提供了基础。

（译者：王松波）

参 考 文 献

Adeola, O., D.C. Mahan, M.J. Azain, S.K. Baidoo, G.L. Cromwell, G.M. Hill, J.E. Pettigrew, C.V. Maxwell, and M.C. Shannon. 2013. Dietary lipid sources and levels for weanling pigs. *J. Anim. Sci.* 91:4216–4225.

Agellon, J.B. 2008. Metabolism and function of bile acids. In: *Biochemistry of Lipids, Lipoproteins and Membranes (Fifth Edition)*. Edited by D.E. Vance and J.E. Vance, Elsevier, New York, pp. 423–440.

Aparicio, R., L. Roda, M.A. Albi, and F. Gutiérrez. 1999. Effect of various compounds on virgin olive oil stability measured by Rancimat. *J. Agric. Food Chem.* 47:4150–4155.

Bauman, D.E., K.J. Harvatine, and A.L. Lock. 2011. Nutrigenomics, rumen-derived bioactive fatty acids, and the regulation of milk fat synthesis. *Annu. Rev. Nutr.* 31:299–319.

Barnes, K.M., N.R. Winslow, A.G. Shelton, K.C. Hlusko, and M.J. Azain. 2012. Effect of dietary conjugated linoleic acid on marbling and intramuscular adipocytes in pork. *J. Anim. Sci.* 90:1142–1149.

Benchaar, C., S. Calsamiglia, A.V. Chaves, G.R. Fraser, D. Colombatto, T.A. McAllister, and K.A. Beauchemin. 2008. A review of plant-derived essential oils in ruminant nutrition and production. *Anim. Feed Sci. Technol.* 145:209–228.

Bentley, R. and R. Meganathan. 1983. Vitamin K biosynthesis in bacteria: Precursors, intermediates, enzymes, and genes. *J. Nat. Prod.* 46:44–59.

Bergen, W.G. and T.D. Brandebourg. 2016. Regulation of lipid deposition in farm animals: Parallels between agriculture and human physiology. *Exp. Biol. Med.* 241:1272–1280.

Bergen, W.G. and H.J. Mersmann. 2005. Comparative aspects of lipid metabolism: Impact on contemporary research and use of animal models. *J. Nutr.* 135:2499–2502.

Besnard, P., Niot, I., Bernard, A., and Carlier, H. 1996. Cellular and molecular aspects of fat metabolism in the small intestine. *Proc. Nutr. Soc.* 55:19–37.

Block, K., E. Borek, and D. Rittenberg. 1946. Synthesis of cholesterol in living liver. *J. Biol. Chem.* 162:441–449.

Brandebourg, T.D. and C.Y. Hu. 2005. Isomer-specific regulation of differentiating pig preadipocytes by conjugated linoleic acids. *J. Anim. Sci.* 83:2096–2105.

Breckenridge, W.C. and A. Kuksis. 1967. Molecular weight distributions of milk fat triglycerides from seven species. *J. Lipid Res.* 8:473–478.

Bruice, P.Y. 2011. Organic Chemistry. Prentice Hall, Boston.

Burr, G.O. and M.M. Burr. 1929. A new deficiency disease produced by the rigid exclusion of fat from the diet. *J. Biol. Chem.* 82:345–367.

Buschhaus, C. and R. Jetter. 2011. Composition differences between epicuticular and intracuticular wax substructures: How do plants seal their epidermal surfaces? *J. Exp. Bot.* 62:841–853.

Butovich, I.A., J.C. Wojtowicz, and M. Molai. 2009. Human tear film and meibum. Very long chain wax esters and (O-acyl)-omega-hydroxy fatty acids of meibum. *J. Lipid Res.* 50:2471–2485.

Calder, P.C. 2006. n-3 polyunsaturated fatty acids, inflammation, and inflammatory diseases. *Am. J. Clin. Nutr.* 83:1505S–1519S.

Campbell, E.M., J.O. Sanders, D.K. Lunt, C.A. Gill, J.F. Taylor, S.K. Davis, D.G. Riley, and S.B. Smith. 2016. Adiposity, lipogenesis, and fatty acid composition of subcutaneous and intramuscular adipose tissues of Brahman and Angus crossbred cattle. *J. Anim. Sci.* 94:1415–1425.

Cheeke, P.R. 2000. Actual and potential applications of *Yucca schidigera* and *Quillaja saponaria* saponins in human and animal nutrition. *Proc. Phytochem. Soc. Eur.* 45:241–254.

Cherian, G. 2015. Nutrition and metabolism in poultry: Role of lipids in early diet. *J. Anim. Sci. Biotechnol.* 6:28.

Clandinin, M.T. 1999. Brain development and assessing the supply of polyunsaturated fatty acid. *Lipids* 34:131–137.

Colbeau, A., J. Nachbaur, and P.M. Vignais. 1971. Enzymic characterization and lipid composition of rat liver subcellular membranes. *Biochim. Biophys. Acta.* 249:462–492.

Colina, J.J., A.J. Lewis, P.S. Miller, and R.L. Fischer. 2001. Dietary manipulation to reduce aerial ammonia concentrations in nursery pig facilities. *J. Anim. Sci.* 79:3096–3103.

Conde-Aguilera, J.A., C. Cobo-Ortega, S. Tesseraud, M. Lessire, Y. Mercier, and J. van Milgen. 2013. Changes in body composition in broilers by a sulfur amino acid deficiency during growth. *Poult. Sci.* 92:1266–1275.

Chung, H. and S.B. Carroll. 2015. Wax, sex and the origin of species: Dual roles of insect cuticular hydrocarbons in adaptation and mating. *Bioessays* 37:822–830.

Chung, J.G., L.R. Garrett, P.E. Byers, and M.A. Cuchens. 1989. A survey of the amount of pristane in common fruits and vegetables. *J. Food Comp. Anal.* 2(22):22.

Daum, G. 1985. Lipids of mitochondria. *Biochim. Biophys. Acta* 882:1–42.

DellaPenna, D. 2005. A decade of progress in understanding vitamin E synthesis in plants. *J. Plant Physiol.* 162:729–737.

Dembitsky, V.M. and M. Srebnik. 2002. Natural halogenated fatty acids: Their analogues and derivatives. *Prog. Lipid Res.* 41:315–367.

Devlin, T.M. 2006. *Textbook of Biohemistry with Clinical Correlations*. Wiley-Liss, New York, NY.

Ding, S.T., A. Lapillonne, W.C. Heird, and H.J. Mersmann. 2003. Dietary fat has minimal effects on fatty acid metabolism transcript concentrations in pigs. *J. Anim. Sci.* 81:423–431.

Fang, Y.Z., S. Yang, and G. Wu. 2002. Free radicals, antioxidants, and nutrition. *Nutrition* 18:872–879.

Field, C.J., J.E. Van Aerde, L.E. Robinson, and M.T. Clandinin. 2008. Effect of providing a formula supplemented with long-chain polyunsaturated fatty acids on immunity in full-term neonates. *Br. J. Nutr.* 99:91–99.

Folco, G. and R.C. Murphy. 2006. Eicosanoid transcellular biosynthesis: From cell-cell interactions to *in vivo* tissue responses. *Pharmacol. Rev.* 58:375–388.

Fox, J.G., L.C. Anderson, F.M. Loew, and F.W. Quimby. 2002. *Laboratory Animal Medicine*, 2nd ed. Academic Press, New York.

Guidotti, G. 1972. Membrane proteins. *Annu. Rev. Biochem.* 41:731–752.

Gunstone, F.D. 2012. *Fatty Acid and Lipid Chemistry*, Springer, New York.

Hagey, L.R., P.R. Møller, A.F. Hofmann, and M.D. Krasowski. 2010. Diversity of bile salts in fish and amphibians: Evolution of a complex biochemical pathway. *Physiol. Biochem. Zool.* 83:308–321.

Hausman, G.J., T.R. Kasser, and R.J. Martin. 1982. The effect of maternal diabetes and fasting on fetal adipose tissue histochemistry in the pig. *J. Anim. Sci.* 55:1343–1350.

Hofmann, A.F. 1999. Bile acids: The good, the bad, and the ugly. *Physiology* 14:24–29.

Horvath, S.E. and G. Daum. 2013. Lipids of mitochondria. *Prog. Lipid Res.* 52:590–614.

Jacobs, R.L., L.M. Stead, C. Devlin, I. Tabas, M.E. Brosnan, J.T. Brosnan, and D.E. Vance. 2005. Physiological regulation of phospholipid methylation alters plasma homocysteine in mice. *J. Biol. Chem.* 280:28299–28305.

Jobgen, W.S., S.K. Fried, W.J. Fu, C.J. Meininger, and G. Wu. 2006. Regulatory role for the arginine-nitric oxide pathway in metabolism of energy substrates. *J. Nutr. Biochem.* 17:571–588.

Kessler, J.I., J. Stein, D. Dannacker, and P. Narcessian. 1970. Intestinal mucosa biosynthesis of low density lipoprotein by cell-free preparations of rat. *J. Biol. Chem.* 245:5281–5288.

Kolattukudy, P.E., S. Bohnet, and L. Rogers. 1987. Diesters of 3-hydroxy fatty acids produced by the uropygial glands of female mallards uniquely during the mating season. *J. Lipid Res.* 28:582–588.

Kurogi, K., M.D. Krasowski, E. Injeti, M.Y. Liu, F.E. Williams, Y. Sakakibara, M. Suiko, and M.C. Liu. 2011. A comparative study of the sulfation of bile acids and a bile alcohol by the *Zebra danio* (*Danio rerio*) and human cytosolic sulfotransferases (SULTs). *J. Steroid. Biochem. Mol. Biol.* 127:307–314.

Lass, A., S. Agarwal, and R.S. Sohal. 1997. Mitochondrial ubiquinone homologues, superoxide radical generation, and longevity in different mammalian species. *J. Biol. Chem.* 272:19199–19204.

Lefebvre, P., B. Cariou, F. Lien, F. Kuipers, and B. Staels. 2009. Role of bile acids and bile acid receptors in metabolic regulation. *Physiol. Rev.* 89:147–191.

Lehninger, A.L., D.L. Nelson, and M.M. Cox. 1993. *Principles of Biochemistry*, Worth Publishers, New York, NY.

Ma, D.W., A.A. Wierzbicki, C.J. Field, and M.T. Clandinin. 1999. Conjugated linoleic acid in Canadian dairy and beef products. *J. Agric. Food Chem.* 47:1956–1960.

Maceyka, M. and S. Spiegel. 2014. Sphingolipid metabolites in inflammatory disease. *Nature* 510:58–67.

Madsen, P.T. and A. Surlykke. 2013. Functional convergence in bat and toothed whale biosonars. *Physiology (Bethesda)* 28:276–283.

Mao, G., G.A. Kraus, I. Kim, M.E. Spurlock, T.B. Bailey, Q. Zhang, and Beitz DC. 2010. A mitochondria-targeted vitamin E derivative decreases hepatic oxidative stress and inhibits fat deposition in mice. *J. Nutr.* 140:1425–1431.

McDonald, P., R.A. Edwards, J.F.D. Greenhalgh, J.F.D. Greenhalgh, C.A. Morgan, and L.A. Sinclair. 2011. *Animal Nutrition*, 7th ed. Prentice Hall, New York.

Mead, J.F., E.B. Alfin-Slater, D.R. Howton, and G. Popják. 1986. *Lipids: Chemistry, Biochemistry, and Nutrition.* Plenum Press, New York.

Morell, P. and P. Braun. 1972. Biosynthesis and metabolic degradation of sphingolipids not containing sialic acid. *J. Lipid Res.* 13:293–310.

National Research Council (NRC). 2011. *Nutrient Requirements of Fish and Shrimp*, National Academy of Science, Washington, DC.

National Research Council (NRC). 2012. *Nutrient Requirements of Swine*, National Academy of Science, Washington, DC.

Odle, J. 1997. New insights into the utilization of medium-chain triglycerides by the neonate: Observations from a piglet model. *J. Nutr.* 127:1061–1067.

Oleszek, W., M. Sitek, A. Stochmal, S. Piacente, C. Pizza, and P. Cheeke. 2001. Steroidal saponins of *Yucca schidigera* Roezl. *J. Agric. Food Chem.* 49:4392–4396.

Palmquist, D.L. 2006. Milk fat: Origin of fatty acids and influence of nutritional factors thereon. In: *Advanced Dairy Chemistry*, Volume 2: Lipids, 3rd edition. Edited by P.F. Fox and P.L.H. McSweeney, Springer, New York, NY.

Park, Y.W. and G.F.W. Haenlein. 2006. *Handbook of Milk of Non-Bovine Mammals*, Blackwell Publishing, Oxford, UK, 2006.

Pedersen, T.R. 2016. The success story of LDL cholesterol lowering. *Circ. Res.* 118:721–731.

Pichersky, E. 2006. Biosynthesis of plant volatiles: Nature's diversity and ingenuity. *Science* 311: 808–811.

Pond, W.G., D.C. Church, and K.R. Pond. 1995. *Basic Animal Nutrition and Feeding.* 4th ed., John Wiley & Sons, New York.

Ralston, A.W. and C.W. Hoerr. 1942. The solubilities of the normal saturated fatty acids. *J. Org. Chem.* 7:546–555.

Ramsay, T.G., C.M. Evock-Clover, N.C. Steele, and M.J. Azain. 2001. Dietary conjugated linoleic acid alters fatty acid composition of pig skeletal muscle and fat. *J. Anim. Sci.* 79:2152–2161.

Ray, T.K., V.P. Skipski, M. Barclay, E. Essner, and F.M. Archibald. 1969. Lipid composition of rat liver plasma membranes. *J. Biol. Chem.* 244:5528–5536.

Ridgway, N.D. and R.S. McLeod. 2016. *Biochemistry of Lipids, Lipoproteins and Membranes*, Elsevier, New York.

Rijpstra, W.I., J. Reneerkens, T. Piersma, and J.S. Damsté. 2007. Structural identification of the beta-hydroxy fatty acid-based diester preen gland waxes of shorebirds. *J. Nat. Prod.* 70:1804–1807.

Romano, M., E. Cianci, F. Simiele, and A. Recchiuti. 2015. Lipoxins and aspirin-triggered lipoxins in resolution of inflammation. *Eur. J. Pharmacol.* 760:49–63.

Rook, J.A.F. 1964. Ruminal volatile fatty acid production in relation to animal production from grass. *Proc. Nutr. Soc.* 23:71–80.

Rosero, D.S., J. Odle, A.J. Moeser, R.D. Boyd, and E. van Heugten. 2015. Peroxidised dietary lipids impair intestinal function and morphology of the small intestine villi of nursery pigs in a dose-dependent manner. *Br. J. Nutr.* 114:1985–1992.

Satterfield, M.C. and G. Wu. 2011. Growth and development of brown adipose tissue: Significance and nutritional regulation. *Front. Biosci.* 16:1589–1608.

Schreiber, L. 2010. Transport barriers made of cutin, suberin and associated waxes. *Trends Plant Sci.* 15:546–553.

Smith, S.B. and G.E. Carstens. 2005. Ontogeny and metabolism of brown adipose tissue in livestock species. In: *Biology of Metabolism in Growing Animals*. Edited by D.G. Burren and H.J. Mersmann. Elsevier Science Publishers, Oxford.

Smith, S.B. and D.R. Smith. 1995. *The Biology of Fat in Meat Animals: Current Advances*. Am. Soc. Anim. Sci., Champaign, IL.

Smith, S.B., A. Yang, T.W. Larsen, and R.K. Tume. 1998. Positional analysis of triacylglycerols from bovine adipose tissue lipids varying in degree of unsaturation. *Lipids* 33:197–207.

Spector, A.A. and H.Y. Kim. 2015. Discovery of essential fatty acids. *J. Lipid Res.* 56:11–21.

Stamp, D. and G. Jenkins 2008. An overview of bile-acid synthesis, chemistry and function. In: *Bile Acids: Toxicology and Bioactivity*. Edited by G. Jenkins and L.J. Hardie. Royal Society of Chemistry, pp. 1–13.

Swift, L.L., M.E. Gray, and V.S. LeQuire. 1988. Intestinal lipoprotein synthesis in control and hypercholesterolemic rats. *Biochim. Biophys. Acta.* 962:186–195.

Takagi, T. and Y. Itabashi. 1977. Random combinations of acyl and alcoholic groups through overall wax esters of sperm whale head oils. *Comp. Biochem. Physiol. B.* 57:37–39.

Tan, B.E., Y.L. Yin, Z.Q. Liu, W.J. Tang, H.J. Xu, X.F. Kong, X.G. Li et al. 2011. Dietary L-arginine supplementation differentially regulates expression of lipid-metabolic genes in porcine adipose tissue and skeletal muscle. *J. Nutr. Biochem.* 22:441–445.

Tanford, C. 1980. *The Hydrophobic Effect: Formation of Micelles and Biological Membranes*. Wiley, New York.

Tapia, J.B. 2014. Chromatographic analysis of fatty acids using 9-chloromethyl-anthracene and 2-bromomethylanthraquinone. Thesis. University of Northern Colorado, Greeley, CO.

Tongnuanchan, P. and S. Benjakul. 2014. Essential oils: Extraction, bioactivities, and their uses for food preservation. *J. Food Sci.* 79:R1231–R1249.

Tso, P. 1985. Gastrointestinal digestion and absorption of lipid. *Adv. Lipid Res.* 21:143–186.

Turunen, M., J. Olsson, and G. Dallner. 2004. Metabolism and function of coenzyme Q. *Biochim. Biophys. Acta* 1660:171–199.

Vance, D.E. 2014. Phospholipid methylation in mammals: From biochemistry to physiological function. *Biochim. Biophys. Acta.* 1838:1477–1487.

Wang, L., Y.Q. Hou, D. Yi, B.Y. Ding, D. Zhao, Z.X. Wang, H.L. Zhu et al. 2015. Dietary oleum cinnamomi alleviates intestinal injury. *Front. Biosci.* 20:814–828.

Washizu, T., I. Tomoda, and J.J. Kaneko. 1991. Serum bile acid composition of the dog, cow, horse and human. *J. Vet. Med. Sci.* 53:81–86.

Wesson, L.G. and G.O. Burr. 1931. The metabolic rate and respiratory quotients of rats on a fat-deficient diet. *J. Biol. Chem.* 91:525–539.

Whitney, T.R. and S.B. Smith. 2015. Substituting redberry juniper for oat hay in lamb feedlot diets: Carcass characteristics, adipose tissue fatty acid composition, and sensory panel traits. *Meat Sci.* 104:1–7.

Wood, R. and R.D. Harlow. 1960. Structural analyses of rat liver phosphoglycerides. *Arch. Biochem. Biophys.* 135:272–281.

Xie, Z., L. Yu, and Q. Deng. 2012. Application of a fluorescent derivatization reagent 9-chloromethyl anthracene on determination of carboxylic acids by HPLC. *J. Chromatogr. Sci.* 50:464–468.

Yabuuchi, H. and J.S. O'Brien. 1968. Positional distribution of fatty acids in glycerophosphatides of bovine gray matter. *J. Lipid Res.* 9:65–67.

Zeng, Z., S. Zhang, H. Wang, and X. Piao. 2015. Essential oil and aromatic plants as feed additives in non-ruminant nutrition: A review. *J. Anim. Sci. Biotechnol.* 6(1):7–8.

Zerbe, P. and J. Bohlmann. 2015. Plant diterpene synthases: Exploring modularity and metabolic diversity for bioengineering. *Trends Biotechnol.* 33:419–428.

Zinser, E., C.D. Sperka-Gottlieb, E.V. Fasch, S.D. Kohlwein, F. Paltauf, and G. Daum. 1991. Phospholipid synthesis and lipid composition of subcellular membranes in the unicellular eukaryote *Saccharomyces cerevisiae. J. Bacteriol.* 173:2026–2034.

4 蛋白质和氨基酸化学

"蛋白质"一词起源于希腊单词"*proteios*",意为主要的或初级的(Meister, 1965),是通过肽键(–CO–NH–)连接的氨基酸(AA)的大分子聚合物。不同的蛋白质具有不同的化学性质(如氨基酸序列、分子量、离子电荷、三维结构、疏水性和功能等),氨基酸的一般结构如图 4.1 所示。

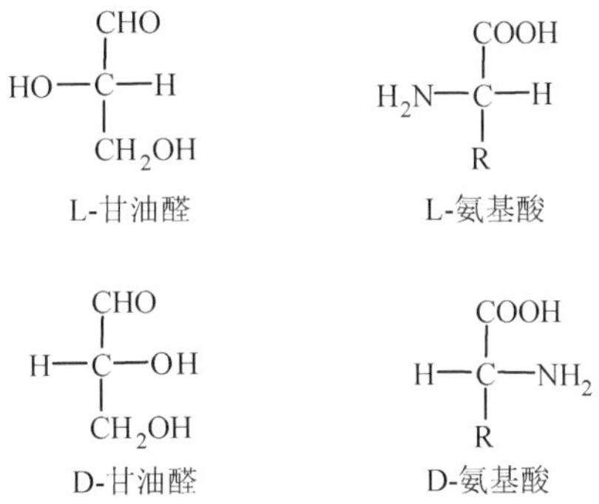

图 4.1 氨基酸相对于 L-和 D-甘油醛的费歇尔投影式。氨基酸的总体结构是非离子形式。氨基酸的 L-或 D-异构体仅指其 α-碳的化学构型。

一个蛋白质中可能存在一个或多个多肽链,其组分包含氮、碳、氧、氢和硫原子,蛋白质可以与其他原子和分子(如磷酸盐)共价结合,并能与矿物质(如钙、铁、铜、锌、镁和锰)、某些维生素(如维生素 B_6、维生素 B_{12} 和脂溶性维生素)或脂质非共价连接。蛋白质是食物中主要的含氮营养素和动物组织的基本成分(Wu, 2016),在动物中具有结构、信号和生理调控功能(表 4.1)。

表 4.1 蛋白质在动物中的结构作用和生理作用

作用	蛋白质
缓冲	血红蛋白和肌红蛋白
细胞和组织结构	胶原蛋白、弹性蛋白、角蛋白、黏蛋白、蛋白多糖、波形蛋白
胶体性质	血浆蛋白(白蛋白和球蛋白)和明胶
酶催化反应	脱羧酶、脱氢酶、激酶、脂肪酶、蛋白酶
基因表达	DNA 结合蛋白、组蛋白、阻遏蛋白
激素介导的效应	FSH、胰岛素、LH、胎盘催乳素、促生长素、TSH
肌肉收缩	肌动蛋白、肌球蛋白、原肌球蛋白、肌钙蛋白、微管蛋白
保护	凝血因子、免疫球蛋白、干扰素
调节细胞信号转导	钙调蛋白、GPCR、瘦蛋白、MTOR、AMPK、骨桥蛋白
储存营养物质和 O_2	FAB、铁蛋白、金属硫蛋白、肌红蛋白、脂滴包被蛋白
运输营养物质和 O_2	白蛋白、血红蛋白、血浆脂蛋白、转运蛋白

注:AMPK, AMP 激活的蛋白激酶;FAB, 脂肪酸结合蛋白;FSH, 促卵泡激素;GPCR, G 蛋白偶联受体;LH, 黄体生成素;MTOR, 雷帕霉素靶蛋白;TSH, 促甲状腺激素。

氨基酸的分类可根据其分子量大小、化学性质 [疏水或亲水、净离子电荷（中性、酸性或碱性）、直链或支链、结构（伯氨基与亚氨基）、组成中氮（1–4 个氮原子）和硫（0–2 个硫原子）的个数] 及生理功能（如蛋白原性与非蛋白原性）来进行。作为蛋白质合成前体的 20 种氨基酸称为蛋白质氨基酸（图 4.2），而不用于蛋白质合成底物的氨基酸称为非蛋白质氨基酸（Wu et al., 2016），动物中具有重要生理功能的非蛋白质氨基酸的实例如图 4.3 所示。蛋白质氨基酸和非蛋白质氨基酸在动物体内具有不同的作用，需要维持它们在体内的平衡（Wu, 2013）。饲料成分中的动物和植物来源的蛋白质具有不同的氨基酸组成（Li et al., 2011），在动物体内组织中合成不同的蛋白质。

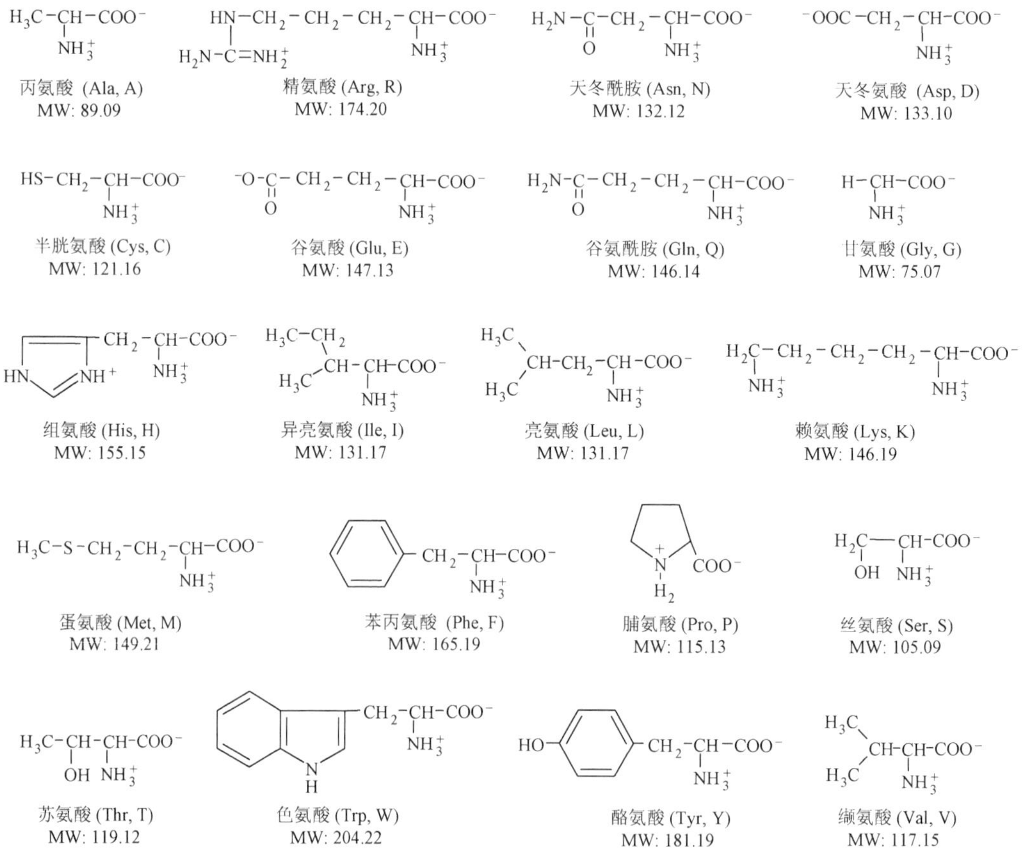

图 4.2 动物中用于合成蛋白质的氨基酸在中性 pH 时的化学结构，这些蛋白质氨基酸也存在于微生物和植物中。MW 为分子量。

关于氨基酸的化学研究历史悠久（Greenstein and Winitz, 1961; Vickery and Schmidt, 1931），对天然和合成氨基酸的研究始于欧洲，至今已有 200 多年。天冬酰胺是法国化学家 L.N. Vauquelin 和 P.J. Robiquet 在 1806 年发现的第一个天然氨基酸；另一位法国化学家 H. Braconnot 在 1820 年首先从蛋白质（即明胶）中分离出甘氨酸；1925 年在燕麦蛋白和头孢菌素中发现的苏氨酸，是构成生物体的 20 种蛋白质氨基酸中最后被发现的氨基酸；十年后，W.C. Rose 确定苏氨酸在酪蛋白中的存在。这项工作需要制定纯化

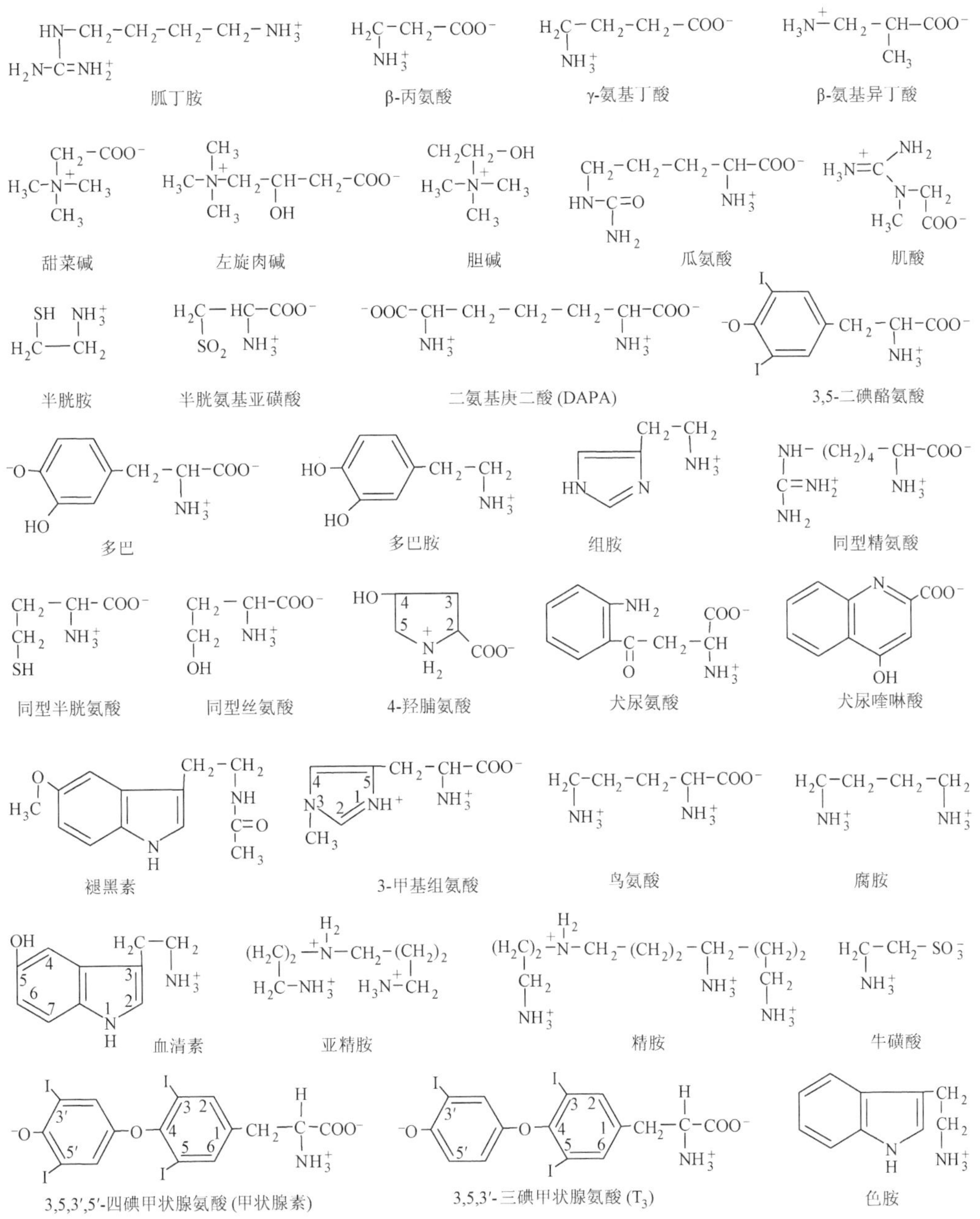

图 4.3 动物中非蛋白质氨基酸在中性 pH 时的化学结构，这些物质存在于动物的生理液体中，其中一些还存在于微生物和植物中。牛磺酸作为一种游离氨基酸，仅存在于动物体内。

饮食计划，以确定动物对单体氨基酸的饮食需求。基于其酸、碱、酶的水解，可对饲料和动物蛋白中肽结合的氨基酸进行分析（Dai et al., 2014; Li et al., 2011）。蛋白质作为膳食氨基酸的主要来源，是动物日粮中最昂贵的成分，因此，实现动物生产的最大经济效益和可持续性需要有足够的蛋白质和氨基酸化学知识（Wu et al., 2014a, b），这部分在本章中将详细介绍。

4.1 氨基酸的定义、化学分类和性质

4.1.1 氨基酸的定义

4.1.1.1 α-，β-，γ-，δ-或 ε-氨基酸

氨基酸被定义为含有氨基和酸性基团的有机物质，酸性基团即蛋白质氨基酸中的羧基（–COOH），但在非蛋白质氨基酸中可以是磺酸基（–SO_2–OH，其电离形式称为磺酸盐）（Wu, 2013）。氨基酸中碳的数量≥2 个时，与中心酸性基团相邻的碳称为 α-碳，其他碳原子按照希腊字母顺序命名，即 β-，γ-，δ-或 ε-碳，如果氨基（–NH_2）与 α-碳相连，则该氨基酸称为 α-氨基酸。同样的，如果氨基连接到 β-，γ-，δ-或 ε-碳上，则分别称为 β-，γ-，δ-或者 ε-氨基酸，所有这些类型的氨基酸都在自然界中存在。

$$H_2N-\underset{\underset{H}{|}}{\overset{\overset{R}{|}}{C}}_\alpha-COOH \qquad H_2N-\underset{\underset{H}{|}}{\overset{\overset{R}{|}}{C}}_\beta-CH_2-COOH \qquad H_2N-\underset{\underset{H}{|}}{\overset{\overset{R}{|}}{C}}_\gamma-CH_2-CH_2-COOH$$

α-氨基酸　　　　　　　β-氨基酸　　　　　　　　　　γ-氨基酸
(R = 侧链)　　　　　　(R = 侧链)　　　　　　　　　(R = 侧链)

4.1.1.2 亚氨基酸

脯氨酸和羟脯氨酸是具有吡咯烷环的特殊含氮化合物，它们含有次级 α-氨基（α-亚氨基；–NH）基团，因此是 α-亚氨基酸（Phang et al., 2008），亚氨基的化学性质与氨基的化学性质存在显著不同。由于脯氨酸同 α-氨基酸一样是合成蛋白质的常见底物，且羟脯氨酸是脯氨酸翻译后的衍生物，因此在生物化学和营养中脯氨酸及羟脯氨酸被笼统地归为 α-氨基酸，羟脯氨酸在动物中以 4-羟脯氨酸（主要形式）和 3-羟脯氨酸（次要形式）存在，但在植物和微生物中很少存在。

4.1.1.3 氨基酸结构的差异

氨基、酸性基团及侧链基团的数目随着氨基酸的不同而变化（Greenstein and Winitz, 1961）。例如，谷氨酸和天冬氨酸含有两个羧基和一个 α-氨基，而赖氨酸和鸟氨酸含有两个氨基和一个羧基；精氨酸及它的一些代谢物（如甲基精氨酸和高精氨酸）都含有胍基，而精氨酸家族的一些其他氨基酸，如瓜氨酸和高瓜氨酸都含有脲基。虽然大多数氨基酸具有直链碳链（如丙氨酸、谷氨酰胺和甘氨酸），但也有一些氨基酸（如亮氨酸、异亮氨酸和缬氨酸）含有支链结构，氨基酸侧链间的差异大大影响了其化学性质。

所有的氨基酸均由氮（N）、碳（C）、氧（O）和氢（H）原子组成，且氨基酸中氮原子的丰度可能差异很大。例如，每分子精氨酸、高精氨酸和精氨基琥珀酸盐中的氮原子数为 4 个；瓜氨酸和组氨酸中为 3 个；谷氨酰胺、赖氨酸、鸟氨酸、色氨酸和胱氨酸中为 2 个；丙氨酸、谷氨酸、甘氨酸和亮氨酸中为 1 个。骨骼肌和大多数其他组织中氮的平均含量为 16%。

一些氨基酸（如蛋氨酸、半胱氨酸、高半胱氨酸、牛磺酸和硒代半胱氨酸）含有一

个硫原子，而半胱氨酸和黎豆氨酸中含有两个硫原子，它们都称为含硫氨基酸。硒代半胱氨酸是仅存在于硒蛋白（Stadtman, 1996）中的稀有氨基酸，并且在翻译步骤中由丝氨酸和硒（以硒化物和 ATP 为原料，经硒磷酸盐合成酶 2 合成硒磷酸盐）衍生（Leibundgut et al., 2005），游离硒代半胱氨酸不是蛋白质合成的底物，硫原子的存在极大地影响含硫氨基酸和蛋白质中 α-氨基的性质。

4.1.1.4 氨基酸的命名及化学式

氨基酸的常见名称来源于：①被发现的历史；②特征，包括外观（如精氨酸和亮氨酸）、气味（如甘氨酸）和化学结构（羟脯氨酸、异亮氨酸、赖氨酸、蛋氨酸、脯氨酸和苏氨酸）；③分离来源（如天冬酰胺、瓜氨酸、半胱氨酸、谷氨酸、丝氨酸、色氨酸、酪氨酸和缬氨酸）；④化学合成的前体（如丙氨酸和苯丙氨酸）。由于侧链的变化，氨基酸具有显著不同的化学性质和生理功能（Greenstein and Winitz, 1961）。

根据国际生物化学和分子生物学联合会的规定，可以使用 3 个字母的缩写来表示蛋白质氨基酸，即一个大写字母后面加上两个小写字母（如谷氨酰胺的 Gln）。单字母缩写用于表示蛋白质或多肽序列中的氨基酸（如 E、Q 和 R 分别对应谷氨酸、谷氨酰胺和精氨酸），对于表示蛋白质的主要结构非常有用。

4.1.2 氨基酸的两性离子形式（电离）

氨基（或亚氨基）和酸性基团具有相反的电荷，因此氨基酸可以分别通过得到或失去氢离子（H^+，也称为质子）来作为碱或酸，所有氨基酸都以结晶态和水溶液的形式形成分子内盐。分子同时具有正电荷和负电荷的这种结构被称为两性离子，所有的氨基酸都在生理液和细胞蛋白中离子化，酸、氨基和侧链基团的解离常数分别称为 pK_1、pK_2 和 pK_3（表 4.2）。

$$H_3\overset{+}{N}-\underset{H}{\overset{R}{\underset{|}{\overset{|}{C}}}}_\alpha-COO^-$$

氨基酸的两性离子（电离）形式

表 4.2　氨基酸的分子量和化学性质

氨基酸	分子量	熔点（℃）	溶解度[a]	pK_1[b]	pK_2[c]	pK_3[d]	pI
			1）中性				
L-丙氨酸	89.09	297	16.5	2.35	9.87		6.11
β-丙氨酸	89.09	197	82.8	3.55	10.24		6.90
γ-氨基丁酸	103.12	202	107.3	4.03	10.56		7.30
L-天冬酰胺	132.12	236	2.20	2.02	8.80		5.41
L-瓜氨酸	175.19	222	15.2	2.43	9.41		5.92
L-半胱氨酸	121.16	178	17.4	1.96[e]	8.18[e]	10.28[e]	5.07[e]
L-胱氨酸	240.30	261	0.011	1.04[f]	8.02[f]		5.06[f]
				2.10[f]	8.71[f]		

续表

氨基酸	分子量	熔点（℃）	溶解度 [a]	pK_1 [b]	pK_2 [c]	pK_3 [d]	pI
			1）中性				
L-谷氨酰胺	146.14	185	4.81 [e]	2.17	9.13		5.65
甘氨酸	75.07	290	25.0	2.35	9.78		6.07
L-羟脯氨酸	131.13	270	36.1	1.92	9.73		5.83
L-异亮氨酸	131.17	284	4.12	2.36	9.68		6.02
L-亮氨酸	131.17	337	2.19	2.33	9.75		6.04
L-蛋氨酸	149.21	283	5.06	2.28	9.21		5.74
L-苯丙氨酸	165.19	284	2.96	2.20	9.31		5.76
L-脯氨酸	115.13	222	162.3	1.99	10.6		6.30
L-丝氨酸	105.09	228	41.3	2.21	9.15		5.68
牛磺酸	125.15	328	10.5	1.50	8.74		5.12
L-苏氨酸	119.12	253	9.54	2.15	9.12		5.64
L-色氨酸	204.22	282	1.14	2.38	9.39		5.89
L-酪氨酸	181.19	344	0.045	2.20	9.11	10.07	5.66
L-缬氨酸	117.15	315	5.82	2.29	9.72		6.01
			2）碱性				
L-精氨酸	174.20	238	18.6	2.17	9.04	12.48	10.76
L-组氨酸	155.15	277	4.19	1.80	9.33	6.04	7.69
L-赖氨酸	146.19	224	78.2 [g]	2.18	8.95	10.53	9.74
L-鸟氨酸	132.16	231 [h]	54.5 [h]	1.94	8.65	10.76	9.71
			3）酸性				
L-天冬氨酸	133.10	270	0.45	1.88	9.60	3.65	2.77
L-谷氨酸	147.13	249	0.86	2.19	9.67	4.25	3.22

资料来源：Wu, G. 2013. *Amino Acids: Biochemistry and Nutrition*. CRC Press, Boca Raton, Florida。

[a] 25℃时在水中的溶解度（g/100 mL，除非另有说明）。
[b] 25℃时 α-COOH（牛磺酸的 SO_3H）的 pK 值（除非另有说明）。
[c] 25℃时 α-NH_3^+ 的 pK 值（除非另有说明）。
[d] 25℃时侧链中的离子化基团的 pK 值（除非另有说明）。
[e] 30℃时的测定值。
[f] 35℃时的测定值。
[g] L-赖氨酸-H_2O。
[h] L-鸟氨酸-HCl。

氨基酸所带净电荷为零时溶液的 pH 称为等电点（pI）。当氨基酸溶解在纯水中直到溶液饱和时，该溶液的 pH 将接近氨基酸的等电点值。对于不具有可电离侧链的氨基酸（如谷氨酰胺和甘氨酸），pI = (pKa1 + pKa2) / 2。例如，谷氨酰胺，pI = (2.17 + 9.13) / 2 = 5.65；甘氨酸，pI =（2.35 + 9.78）/ 2 = 6.07。

对于具有可电离侧链的氨基酸（如谷氨酸和精氨酸），pI = 两个最相似的酸性基团的 pK_a 值的平均值。例如，谷氨酸，pI =（2.19 + 4.25）/ 2 = 3.22；精氨酸，pI =（9.04 + 12.48）/ 2 = 10.76。

由于 α-氨基酸的 α-羧酸基团的 pK_a 值为 2.0–2.4（表 4.2），因此在 pH ＞ 3.5 时，这些基团几乎全部为羧酸盐的形式。与之相似，由于 α-氨基酸的 α-氨基的 pK_a 值为 9.0–10.0，因此这些基团在 pH ＜ 8.0 时几乎完全为铵离子的形式。因此，在生理 pH（如血液的 pH 7.4 和细胞质的 pH 7.0）中，α-氨基酸的 α-羧酸和 α-氨基被完全电离以获得两性离子，在其离子化形式中，谷氨酸和天冬氨酸分别称为谷氨酸盐和天冬氨酸盐。

基于其在中性 pH 下的净电荷，氨基酸分为中性（净电荷 ＝ 0）、碱性（净电荷 ≥+1）和酸性（净电荷 ≤–1），将酸性或碱性氨基酸添加到具有弱缓冲能力的溶液中将分别显著降低或升高其 pH。同样的，将大量酸性氨基酸（如天冬氨酸）或碱性氨基酸（如精氨酸）静脉注射到动物和人体中将干扰身体的酸碱平衡，因此，在静脉注射之前，应该先将酸性或碱性的氨基酸中和（如天冬氨酸钠盐或精氨酸-盐酸盐的形式）。有趣的是，将适量的酸性氨基酸（如 1%谷氨酸）或碱性氨基酸（如 1%精氨酸）补充到玉米和豆粕的饮食中不影响猪胃肠道的 pH，这可能是由于胃的高度酸性环境（pH 2–2.5）和小肠肠腔内含有碳酸氢盐的胰腺分泌物。

4.1.3 D-或 L-氨基酸

4.1.3.1 L-和 D-氨基酸的定义

参考甘油醛（图 4.1）定义的氨基酸（由 Emil Fischer 于 1908 年提出的 L-或 D-异构体）绝对构型，现在主要应用于氨基酸化学及营养学。对于氨基酸来说，L-或 D-异构体仅指其 α-碳的化学构型，不对称碳也称为手性中心，由于每个不对称碳可以具有两种可能的构型，具有 n 个不对称碳的氨基酸具有 2^n 种不同可能的立体异构体。除了甘氨酸（最简单的天然氨基酸）没有手性中心，不存在 L-或 D-构型外，动物细胞中所有的蛋白质氨基酸仅以 L-氨基酸存在（图 4.2）。大多数非蛋白质氨基酸可以作为 L-或 D-氨基酸或两者同时存在，但是也有一些氨基酸（如牛磺酸、β-丙氨酸和 γ-氨基丁酸）不具有手性中心，因此不具有 D-或 L-异构体。通过化学合成可以产生氨基酸的 D-和 L-异构体。

4.1.3.2 L-和 D-氨基酸的光学活性

光学异构体（如 L-或 D-氨基酸）可以表现出光学活性或旋转极化，也就是说，当一束平面偏振光通过光学异构体的溶液时，光将向右或向左旋转。氨基酸的光学旋转可以用光电偏振计在 20–28℃时测定，其浓度为 0.5%–2%（Greenstein and Winitz, 1961）。当溶液中存在等量的 D-和 L-氨基酸（如合成的 DL-蛋氨酸）时，所得混合物不具有光学活性。

传统上有机分子的光学异构体根据其旋光方向被分为右旋（右、"+" 或 d）或左旋（左、"–" 或 l），但由于测量条件可能会影响旋转角度，术语"右旋"和"左旋"已不再使用。应当注意，通过有机物质的 D-和 L-异构体不一定能确定平面偏振光的旋转，如天然存在的果糖形式是具有左旋光学活性的 D（–）异构体（D-构型）。

4.1.3.3 天然存在的 L-和 D-氨基酸

据报道，到 20 世纪 80 年代，存在于动物、植物和微生物中的天然 L-和 D-氨基酸大约有 700 种（Wagner and Musso, 1983），然而其中只有 20 种是细胞蛋白的构建成分，因此 97%以上的天然氨基酸为非蛋白质氨基酸，其中一些存在于动物中（图 4.4），也有一些存在于饲料、微生物和植物中（图 4.5）。除了蛋白质氨基酸外，许多非蛋白质氨基酸通常存在于所有生物体内。然而，一些非蛋白质氨基酸只存在于特定的生物体内。例如，牛磺酸仅由动物肝脏合成，不在植物或微生物中形成（Wu, 2013）。与之相反，茶氨酸（N-乙基-L-谷氨酰胺）仅在植物中被发现，不在动物或微生物中存在。

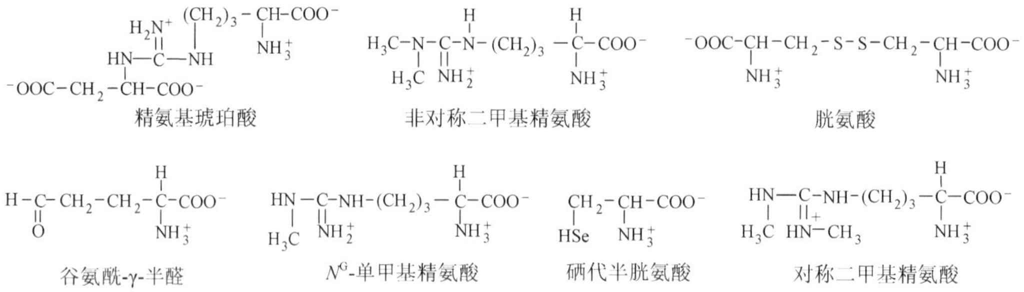

精氨基琥珀酸　　非对称二甲基精氨酸　　胱氨酸

谷氨酰-γ-半醛　　N^G-单甲基精氨酸　　硒代半胱氨酸　　对称二甲基精氨酸

图 4.4　在中性 pH 时，甲基精氨酸和一些特殊氨基酸的化学结构，这些物质也存在于微生物和植物中。

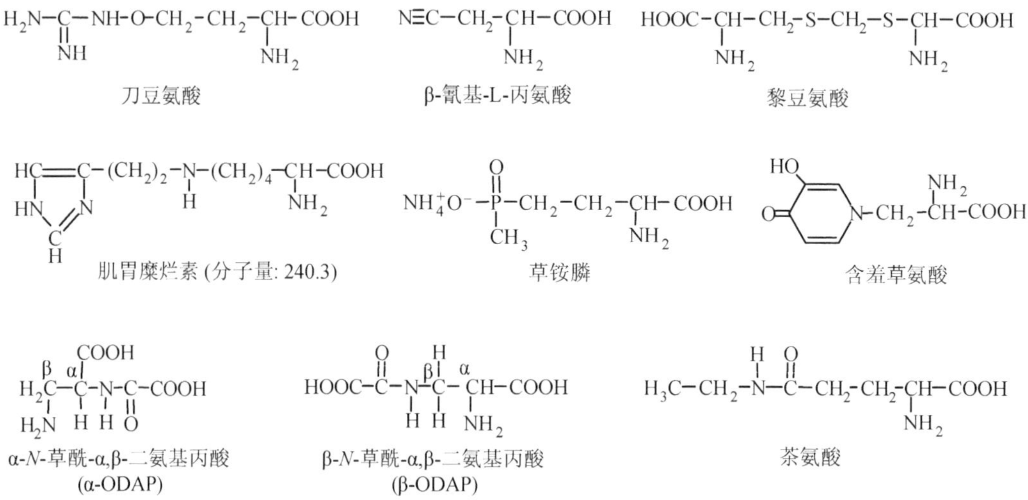

刀豆氨酸　　β-氰基-L-丙氨酸　　黎豆氨酸

肌胃糜烂素 (分子量: 240.3)　　草铵膦　　含羞草氨酸

α-N-草酰-α,β-二氨基丙酸（α-ODAP）　　β-N-草酰-α,β-二氨基丙酸（β-ODAP）　　茶氨酸

图 4.5　非离子化形式的肌胃糜烂素、草铵膦和一些植物氨基酸的化学结构。在加工和储存期间，鱼粉中的组胺和赖氨酸可能形成肌胃糜烂素。草铵膦和 β-氰基-L-丙氨酸由微生物产生。本图中所有其他的氨基酸都出现在植物中。刀豆氨酸在结构上类似于精氨酸，黎豆氨酸与胱氨酸、含羞草氨酸与酪氨酸、茶氨酸与谷氨酰胺相似。除了茶氨酸之外，图中所示的所有氨基酸对动物都具有高毒性。

植物中的一些非蛋白质氨基酸（如茶中的 L-茶氨酸和西瓜中的瓜氨酸）对动物健康有益，而其他一些氨基酸［如 β-氰基丙氨酸、黎豆氨酸（通过亚甲基连接的两个半胱氨酸自由基）、含羞草氨酸（化学结构上与酪氨酸相似）、肌胃糜烂素和草铵膦］可能对动物具有高毒性（Nunn et al., 2010），在高温（如＞140℃）的鱼粉中由组胺和赖氨酸形成的肌胃糜烂素，在日粮中以非常低的剂量 0.2 ppm[①]就可引起鸡发生严重的砂囊糜烂（称

———————————
① 1 ppm = $1×10^{-6}$

为黄热病）（Sugahara，1995），且在动物中发挥毒性作用的是 L-肌胃糜烂素，而不是 D-肌胃糜烂素。一些天然存在的氨基酸衍生物显示出对抗杂草、真菌和昆虫的活性（Lamberth，2016）。例如，草铵膦是存在于一些链霉菌（土壤细菌）中的一种天然除草剂，可以抑制动物的谷氨酰胺合成（Hack et al.，1994）。

D-氨基酸天然存在于微生物、动物和植物中（表 4.3）。自然界中 D-氨基酸首次被认定是在 1935 年 W.A. Jacobs 和 L.C. Craig 报道的麦角碱中存在的 D-脯氨酸（从麦角中分离的三肽生物碱）。其他的 D-氨基酸实例众多。例如，细菌细胞壁肽聚糖中的 D-天冬氨酸、D-谷氨酸和 D-丙氨酸；大鼠胰腺、小鼠脑和外周组织、鱼中的 D-丙氨酸；大鼠

表 4.3　含有 D-氨基酸的天然肽

通用名	结构和来源
麦角碱	Phe-D-Pro-Val-麦角酸（一种三肽，Val 的氨基与麦角酸连接）
(麦角异克碱)	由麦角（真菌）产生
短杆菌酪肽 A[a]	D-Phe-Pro-Phe-D-Phe-Asn-Gln-Tyr-Val-Orn-Leu（环十肽）
	由土壤中的革兰氏阳性菌、短芽孢杆菌产生
短杆菌肽 [a]	甲酸基-Val-Gly-Ala-D-Leu-Ala-D-Val-Val-D-Val-Trp-D-Leu-Trp-D-Leu-Trp-D-Leu-Trp-乙醇胺（环十肽）
	由土壤中的革兰氏阳性菌、短芽孢杆菌产生
乳酸杆菌素 S[a]	含有 37 个氨基酸残基的肽，包括羊毛硫氨酸和 D-Ala
脑啡肽	Tyr-Gly-Gly-Phe-Met 和 Tyr-Gly-Gly-Phe-Leu（五肽）
	由大脑产生（五肽），结合阿片受体
皮啡肽 [b]	Tyr-D-Ala-Phe-Gly-Tyr-Pro-Ser-NH$_2$; Tyr-D-Ala-Phe-Gly-Tyr-Pro-Lys-NH$_2$
	Tyr-D-Ala-Phe-Trp-Tyr-Pro-Asn-NH$_2$（七肽）
	由南美洲叶水蛙、细菌、两栖类和软体动物产生
δ 啡肽	Tyr-D-Met-Phe-His-Leu-Met-Asp-NH$_2$; Tyr-D-Ala-Phe-Asp-Val-Val-Gly-NH$_2$;
	Tyr-D-Ala-Phe-Glu-Val-Val-Gly-NH$_2$
	由两栖类皮肤中的阿片肽产生
Achatin I[c]	Gly-D-Phe-Ala-Asp-NH$_2$（四肽）
	产自非洲大蜗牛（Achatina fulica）的神经节和中庭
Fulicin	Phe-D-Asn-Glu-Phe-NH$_2$（四肽）
	产自非洲大蜗牛的神经节
ω-Agatoxins	含有 48 个氨基酸残基的肽，包括羊毛硫氨酸和 D-Ser
	由漏斗网蜘蛛（Agelenopsis aperta）产生并存在于其毒液中
肽聚糖	含有 D-Ala、D-Asp 和 D-Glu 的多肽
	由细菌产生并存在于细菌细胞壁上

资料来源：Kreil, G. 1997. *Annu. Rev. Biochem.* 66:337–345；Li, H., N.Anuwongcharoen, A.A.Malik, V. Prachayasiltikul, J.E. Wikberg, and C. Nantasenamat. 2016. *Int. J. Mol. Sci.* 17. pii: E1023。

注：除了 Gly 以外，L-异构体中还存在未表示为 D-异构体的氨基酸。

[a] 抗生素。

[b] 通过与阿片受体结合起作用；在诱导长效持久镇痛方面皮啡肽比吗啡更有效；如果 D-Ala 被 L-Ala 取代，该肽不具有生物学活性。

[c] 充当控制肌肉收缩的神经肽；如果 D-Phe 被 L-Phe 取代，该肽对蜗牛的心脏或其他肌肉没有兴奋活性。

内分泌腺（如胰腺、松果体、肾上腺和垂体）、生殖器官（如睾丸、卵巢和胎盘）、免疫系统（如脾脏和胸腺）、心脏和生理液体（如血浆和唾液）中的 D-天冬氨酸；小鼠脑和外周组织（如血液、心脏、胰腺、脾脏、肝脏、肾脏、睾丸、附睾、肺、骨骼肌和视网膜）中的 D-丝氨酸（Nishikawa, 2011）。此外，在高温下处理食物，根据时间和 pH 的不同，导致游离的、肽结合的 D-氨基酸的形成（0.2%–2%）。食物蛋白质中不同的 L-氨基酸残基转化为各自的 D-异构体的速率有所不同，但在相同条件下不同蛋白质中相同 D-氨基酸形成的相对速率相似。与 L-氨基酸相比，D-氨基酸在定量上是天然氨基酸的次要异构体（Li et al., 2016; Wu, 2013），在生物体中，总 L-氨基酸与总 D-氨基酸的比例可能大于 100∶0.02，动物中 D-氨基酸的生理功能仍有待确定（Brosnan, 2001）。

在室温（如 25℃）下，水或缓冲溶液中的 L-或 D-氨基酸的构型不变。在标准的酸性（在氮气下，110℃，6 mol/L HCl，24 h）、碱性（4.2 N NaOH 加 1%硫二甘醇，抗氧化剂，110℃，20 h）或酶催化的条件下水解蛋白质不影响预先存在于肽中的氨基酸异构体。然而，在高温下（如>105℃），并且在更高浓度的酸或碱溶液中，L-或 D-氨基酸可能丧失其光学活性（称为外消旋化）。对饲料蛋白加热超过 105℃可能会产生少量的 D-氨基酸（Friedman, 1999）。迄今为止，D-氨基酸通常通过手性或配体柱上的高效液相色谱法进行分析，或者使用将对映异构体转化为非对映异构体的试剂进行柱前衍生化，以提高色谱分离度。

4.1.3.4 氨基酸的 *R/S* 构型

为了更好地区分一些天然存在和多于一个手性中心的化学合成的氨基酸（如苏氨酸、异亮氨酸和羟脯氨酸），*R/S* 系统被用于命名其绝对构型，拉丁文中 *R* 是 *rectus*（右），*S* 是 *sinister*（左）（图 4.6），该命名系统不涉及参考分子，如甘油醛，而是基于附着于手性中心的四个不同基团的优先空间排列。*R/S* 系统与（+；右旋形式）/（−；左旋形式）系统没有固定关系，*R* 异构体可以是右旋或左旋，这取决于其确切的取代基。在 *R/S* 系统中，与碳水化合物一样，天然存在的氨基酸大部分是第一手性中心的 *S* 构型。L-苏氨酸、D-苏氨酸、L-异亮氨酸和 D-异亮氨酸的 *R/S* 构型如图 4.7 所示。

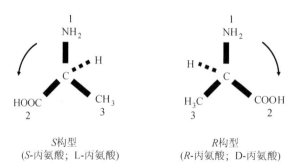

S构型
(S-丙氨酸；L-丙氨酸)

R构型
(R-丙氨酸；D-丙氨酸)

图 4.6　有机物质的 *R* 和 *S* 构型，该命名系统不涉及一些参考分子，如甘油醛。1，原子序数最高的组；2，原子序数第二高的组；3，原子序数第三高的组；4，原子序数最低的组。为了确定手性中心是 *R* 还是 *S* 构型，首先需要根据原子序数优先考虑连接到手性中心的所有 4 个组（即较高的原子序数优先于较低的原子序数）。然后，旋转分子使第 4 个（最低）优先级组指向您（虚线）。如果前三个优先级组 1-2-3 的顺序是顺时针的，则标号是 *R*，如果前三个优先级组 1-2-3 的顺序是逆时针的，则标号是 *S*。

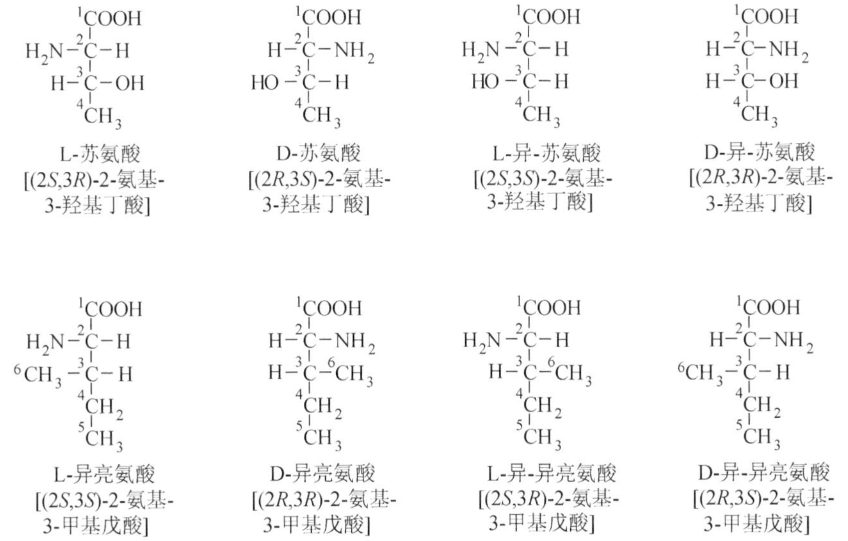

^{1}COOH — ^{2}C — H (H$_2$N), ^{3}C — OH (H), ^{4}CH$_3$

L-苏氨酸
[(2S,3R)-2-氨基-
3-羟基丁酸]

D-苏氨酸
[(2R,3S)-2-氨基-
3-羟基丁酸]

L-异-苏氨酸
[(2S,3S)-2-氨基-
3-羟基丁酸]

D-异-苏氨酸
[(2R,3R)-2-氨基-
3-羟基丁酸]

L-异亮氨酸
[(2S,3S)-2-氨基-
3-甲基戊酸]

D-异亮氨酸
[(2R,3R)-2-氨基-
3-甲基戊酸]

L-异-异亮氨酸
[(2S,3R)-2-氨基-
3-甲基戊酸]

D-异-异亮氨酸
[(2R,3S)-2-氨基-
3-甲基戊酸]

图 4.7　L-苏氨酸、D-苏氨酸、L-异亮氨酸和 D-异亮氨酸的 *R/S* 构型。如果两种非对映异构体在 β-或 γ-碳中具有不同的构型，则以它们的前缀 "allo" 命名。注意，非对映异构体是具有两个或更多个彼此不成镜像且彼此不可重叠的具有立体中心的立体异构体。

　　动物的胶原和血浆中含有 4-羟基-L-脯氨酸（4-羟基-L-吡咯烷-2-羧酸）和 3-羟基-L-脯氨酸（3-羟基-L-吡咯烷-2-羧酸），其比例约为 100∶1。根据 *R/S* 命名系统，胶原中 4-羟基-L-脯氨酸的生理同种型及其酶水解物为(2S,4R)-4-羟基-脯氨酸（图 4.8），3-羟基-L-脯氨酸为(2S,3S)-3-羟基-脯氨酸；L-4-羟脯氨酸和 L-3-羟脯氨酸都仅存在于反式亚型中，然而在高温（如 110℃）下，胶原蛋白的酸水解产生少量顺式同型的 4-羟脯氨酸和 3-羟脯氨酸。顺-4-羟基-L-脯氨酸[顺-(2S,4S)-4-羟脯氨酸]是 L-4-羟脯氨酸的非对映异构体，存在于伞形香菇的毒性环肽中。此外，海绵和环肽类抗生素（如远霉素）都具有(2S,3S)-和(2S,3R)-3-羟脯氨酸。

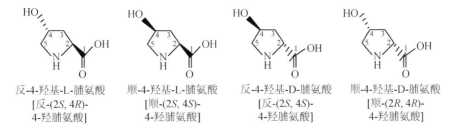

反-4-羟基-L-脯氨酸
[反-(2S, 4R)-
4-羟脯氨酸]

顺-4-羟基-L-脯氨酸
[顺-(2S, 4S)-
4-羟脯氨酸]

反-4-羟基-D-脯氨酸
[反-(2S, 4S)-
4-羟脯氨酸]

顺-4-羟基-D-脯氨酸
[顺-(2R, 4R)-
4-羟脯氨酸]

图 4.8　反式与顺式 4-羟基-L-脯氨酸和 4-羟基-D-脯氨酸的 *R/S* 构型。脯氨酸也称为吡咯烷-2-羧酸。动物胶原蛋白中 4-羟脯氨酸的生理异构体及其酶促水解产物是反式 4-羟基-L-脯氨酸。通常，当有机化合物含有不能旋转的双键时，或者有机化合物（如脯氨酸）含有使其中键的旋转受到限制的环状结构时，会出现顺式和反式异构体。当非对映异构体的两个官能团以相同方向取向时，非对映体（也称为非对映异构体）称为顺式。相反，当非对映异构体的两个官能团以相反的方向取向时，非对映异构体称为反式。注意，顺/反命名与 *R/S* 命名不同。

4.1.3.5 氨基酸的同分异构体

对具有多于一个不对称碳的氨基酸的命名应包括其异构形式，也就是说，如果两个非对映异构体在 β-或 γ-碳上具有不同的构型，则它们用前缀"allo"表示。例如，其 β-碳具有与其天然存在的非对映异构体[L-(2S,3R)苏氨酸]相反构型合成的 L-苏氨酸(2S,3S)被称为 L-异-苏氨酸（图 4.7），L-苏氨酸和 L-异-苏氨酸为非对映异构体，两种氨基酸之间的关系称为非对映异构，这也适用于 D-苏氨酸和 D-异-苏氨酸。异亮氨酸的异构形式如图 4.7 所示。

4.1.4 蛋白质或多肽中修饰过的氨基酸残基

蛋白质中的某些氨基酸残基可经过修饰，如磷酸化（Bischoff and Schlüter, 2012），以及乙酰化、甲基化、亚硝基化、羟基化和糖基化（N-或 O-连接）（图 4.9）。蛋白质的翻译后磷酸化导致氨基酸与磷酸基团的共价连接，产生磷酸-丝氨酸、磷酸-酪氨酸和磷酸-苏氨酸。某些天然存在的游离氨基酸被磷酸化，产生新的衍生物（如甲壳动物等各种无脊椎动物中的磷酸-精氨酸和某些植物中的磷酸-谷氨酸）。蛋白质中氨基酸残基的甲基化产生甲基化氨基酸（如来自组氨酸的 1-甲基组氨酸和 3-甲基组氨酸；来自精氨酸的不对称二甲基精氨酸、对称二甲基精氨酸和 N^G-单甲基精氨酸）（Wu and Morris, 1998）。

此外，蛋白质中氨基酸残基的羟基化产生羟基化的氨基酸（如来自脯氨酸的 4-羟脯氨酸和 3-羟脯氨酸，来自丝氨酸的羟丝氨酸，来自苏氨酸的羟苏氨酸，以及来自酪氨酸的羟酪氨酸）。其他实例包括由于翻译后修饰在多肽中形成新的氨基酸残基，包括来自精氨酸的瓜氨酸，来自酪氨酸的亚硝基化酪氨酸，来自赖氨酸的乙酰化赖氨酸、羟赖氨酸和甲基化赖氨酸、羟丁赖氨酸。值得注意的是，羟丁赖氨酸存在于真核生物翻译起始因子 5A（eIF5A）中，并且由①脱氧酪氨酸合成酶形成，其催化多胺亚精胺的裂解及其 4-氨基丁基部分转移到 eIF5A 前体的一个特定赖氨酸残基的 ε-氨基以形成脱氧羟丁赖氨酸和 1,3-二氨基丙烷；②脱氧酪氨酸羟化酶通过向脱氧酪氨酸残基加入羟基来介导羟丁赖氨酸的形成。最后，转谷氨酰胺酶 1 和 2 可以通过伯胺或蛋白质结合的赖氨酸修饰某些蛋白质中的谷氨酰胺残基（如血液凝固蛋白因子 XIII，以及皮肤和毛发蛋白），分别将胺掺入蛋白质或交联蛋白质中。由转谷氨酰胺酶形成的连接对蛋白质水解具有很高的抗性，转谷氨酰胺酶还催化除去蛋白质中谷氨酰胺残基侧链中的–NH_2 基团（脱酰胺作用）。这些反应的实例如下：

蛋白质-Gln-NH_2 + 初级胺（H_2N-R）= 蛋白质-Gln-NH-R +NH_3（转谷氨酰胺酶 1）

蛋白质-Gln-NH_2 + H_2N-CH_2-Lys-蛋白质 = 蛋白质-Gln-NH-CH_2-Lys-蛋白质 + NH_3
（转谷氨酰胺酶 2）

蛋白质-Gln-NH_2 + H_2O = 蛋白质-Glu + NH_3（脱酰胺作用）

4.1.5 游离氨基酸和肽（蛋白质）结合的氨基酸

游离氨基酸被定义为在肽或蛋白质中不共价结合的那些氨基酸，所有的非蛋白质氨

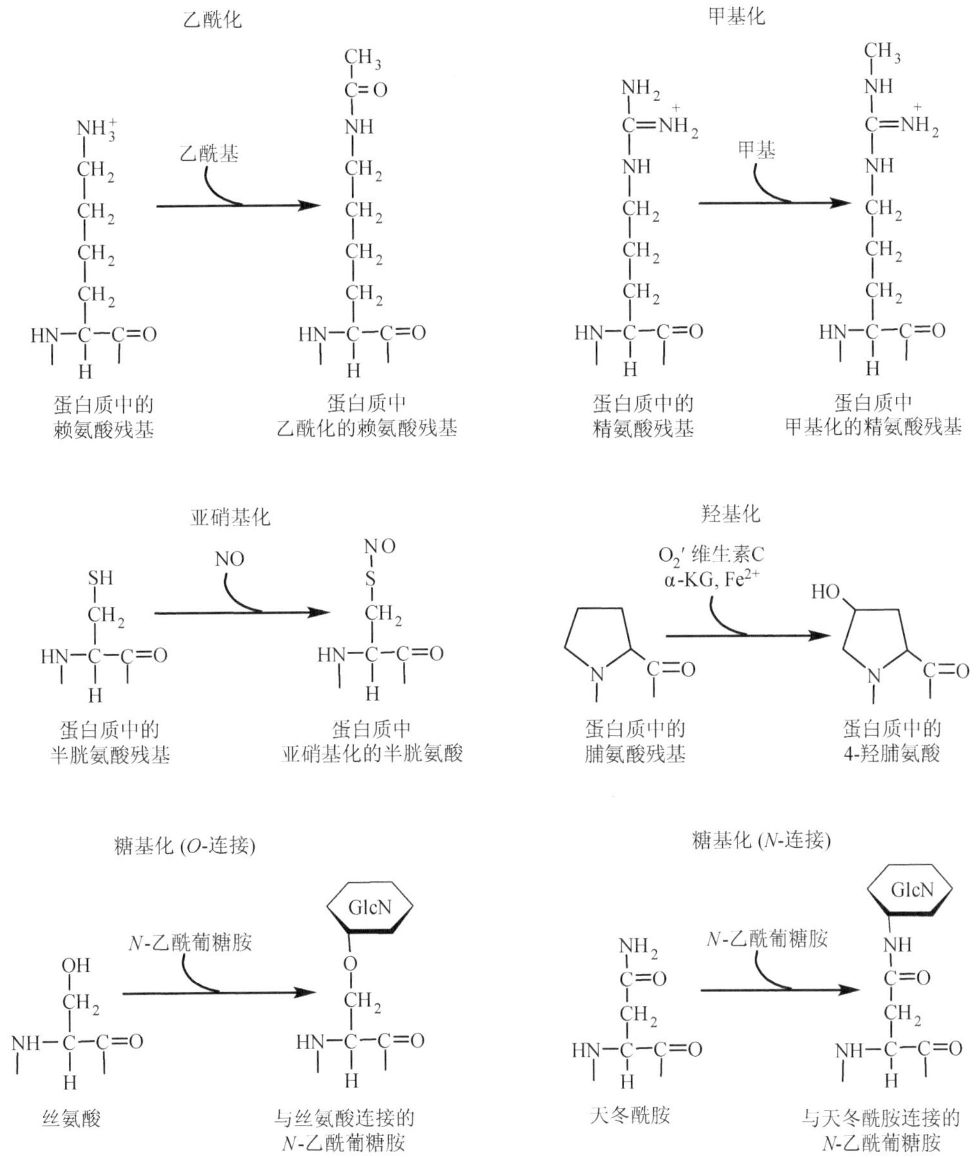

图 4.9　通过乙酰化、甲基化、亚硝基化、羟基化和糖基化对蛋白质中某些氨基酸残基的修饰。这些反应发生在动物、微生物和植物中。α-KG，α-酮戊二酸。

基酸都是游离氨基酸，肽（蛋白质）结合的氨基酸是存在于肽或蛋白质中的氨基酸，除了硒代半胱氨酸外，所有蛋白质氨基酸都存在于游离池中。细胞中蛋白原性氨基酸的总量是其在肽结合和游离氨基酸库中的总和。个体游离氨基酸的浓度在细胞、组织和物种中可能有显著差异。例如，游离谷氨酰胺在健康人和鸡的血浆中的浓度分别为 0.5 mmol/L 和 1 mmol/L，并且依据肌肉类型不同，在相同物种的骨骼肌中分别为 20–25 mmol/L 和 1.5–15 mmol/L（Hou et al., 2016; Watford and Wu, 2005）。健康人和猪的血浆中游离甘氨酸的浓度分别为 0.25 mmol/L 和 1 mmol/L（表 4.4）。有趣的是，甘氨酸是猪出生后血浆中最丰富的游离氨基酸，而非谷氨酰胺（Flynn et al., 2000）。此外，妊娠期的羊尿囊液中精氨酸、谷氨酰胺、瓜氨酸和丝氨酸的浓度分别高达 1 mmol/L、25 mmol/L、10 mmol/L 和 20 mmol/L，而猪尿囊液中相应的氨基酸的浓度分别为 6 mmol/L、2.5 mmol/L、0.1 mmol/L 和 0.2 mmol/L（Kwon et al., 2003; Wu et al., 1996），游离氨基酸浓度的差异反映了在组织和物种上氨基酸代谢的差异。

表 4.4　动物血浆中的氨基酸浓度　（单位：μmol/L）

氨基酸	猫[a]	牛[b]	鸡[c]	狗[d]	鱼[e]	山羊[f]	马[g]	小鼠[h]	猪[i]	大鼠[j]	绵羊[k]
Ala	570	192	665	312	865	186	121	673	763	492	270
Arg	111	55	297	187	144	145	70	235	126	279	191
Asn	96	25	121	26	145	67	28	50	101	120	38
Asp	8	10	87	5.7	8	21	9.7	39	16	46	17
Cit	19	47	1	39	20	111	61	70	65	70	181
Cys[*]	14	156	162	33	9	92	147	124	158	157	188
Gln	816	200	912	967	281	256	323	754	521	559	248
Glu	43	56	290	48	35	131	22	308	151	137	137
Gly	299	243	391	257	505	912	405	234	912	384	566
His	141	45	89	73	107	67	59	75	103	120	70
Ile	84	62	96	65	225	136	39	149	119	144	66
Leu	157	131	219	179	419	158	64	279	180	216	111
Lys	124	57	162	234	437	146	100	246	237	259	119
Met	54	27	70	62	96	18	19	120	80	107	22
Orn	16	72	19	19	57	84	32	54	75	68	98
Phe	89	47	137	59	95	42	42	67	95	106	33
Pro	149	102	315	160	115	225	128	195	580	286	115
Ser	138	72	446	145	160	134	210	472	252	353	80
Tau	136	31	170	69	417	52	23	632	127	670	54
Thr	156	41	220	207	278	81	61	195	254	381	98
Trp	68	44	58	83	21	38	62	45	43	115	30
Tyr	65	48	158	55	87	52	45	126	164	125	43
Val	210	54	156	250	468	238	115	485	294	249	171

注：Cit，瓜氨酸；Orn，鸟氨酸；Tau，牛磺酸。

[a] 血浆由成年猫在进食状态时的血液样本制备（Sabatino et al., 2013）。

[b] 生长中的安格斯阉牛饲喂磨碎的以玉米、高粱和棉籽壳为基础的饮食（Choi et al., 2014）。

[c] 42 日龄的肉鸡采食含 18.4%粗蛋白质的玉米–豆粕基础日粮，在喂饲后 2 h 从翼静脉血中制备血浆。按照 Watford 和 Wu（2005）的方法进行氨基酸分析。

[d] 除了 Asn、Cit、Gln 和 Orn 之外，在饲喂 3 h 后从成年狗的血液样品制备血浆用于大多数氨基酸的分析（Ikada et al., 2002）；Outerbridge 等（2002）报道了这 4 种氨基酸的值。

[e] 体重为 695–1483 g 的虹鳟鱼，在最后一次喂食后 3 h 从动脉血样制备血浆（Karlsson et al., 2006）。

[f] 哺乳山羊，除了 Cys、牛磺酸和 Trp（Mepham and Linzell, 1966）之外，从动脉血制备血浆用于分析大多数氨基酸。这 3 种氨基酸的值由 G. Wu 获得（未发表）。

[g] 12 月龄的马饲养在草地上，自由采食青草和干草，并且每天接受两次含有 15%粗蛋白质的颗粒饮食补充，在最后一次喂食后 14 h 从血样制备血浆（Manso Filho et al., 2009）。

[h] 从进食状态的成年小鼠的血液样品制备血浆（Nagasawa et al., 2012; G. Wu，未发表）。

[i] 由母猪哺育的 21 日龄的仔猪，哺乳后 1.5 h 从其血样制备血浆（Flynn et al., 2000）。

[j] 饲喂含有 20%酪蛋白的半纯化饮食的 13 周龄雄性大鼠，喂食后 5 h 从血样制备血浆（Assaad et al., 2014）。

[k] 怀孕 30 天的绵羊饲喂含 15.8%粗蛋白质的苜蓿基础饮食，喂食后 24 h 从血样制备血浆（Kwon et al., 2003）。

[*] 总半胱氨酸（1/2 半胱氨酸＋游离半胱氨酸）；在猪血浆中游离胱氨酸 = 77 μmol/L，游离半胱氨酸 = 4.2 μmol/L。

　　动物产品或组织中肽所结合的氨基酸，其组成在不同的蛋白质中可能存在较大差异（Davis et al., 1994; Wu et al., 2016）。例如，母猪母乳中的蛋白质含有约 10% 的谷氨酸和 10% 的谷氨酰胺（表 4.5），而肌肉蛋白含有约 5% 的谷氨酸和 5% 的谷氨酰胺。全身蛋白质中的氨基酸总体组成在不同的物种（如鸡、鱼、人、牛、大鼠、猪和绵羊）中基本相似。全身和大多数组织（如骨骼肌、肝脏和小肠）中总游离氨基酸与总肽结合的氨基酸的比例约为 1∶30（g∶g），说明人和动物中总游离氨基酸占总氨基酸（游离与肽结合氨基酸的和）的百分比约为 3%。然而，一些游离氨基酸与其相同的肽结合氨基酸

表 4.5　母猪初乳和母乳中游离、肽结合和总氨基酸的组成

氨基酸	哺乳期第 2 天			哺乳期第 14 天			哺乳期第 28 天		
	总氨基酸	游离氨基酸	肽结合氨基酸	总氨基酸	游离氨基酸	肽结合氨基酸	总氨基酸	游离氨基酸	肽结合氨基酸
				全脂奶（g/L）					
Ala	3.74	0.025	3.72	1.99	0.056	1.93	1.84	0.058	1.78
Arg	2.89	0.008	2.89	1.43	0.010	1.42	1.35	0.011	1.34
Asn	4.31	0.004	4.31	2.51	0.017	2.49	2.17	0.032	2.14
Asp	4.58	0.027	4.55	2.77	0.060	2.71	2.35	0.066	2.28
Cys[*]	1.72	0.028	1.69	0.72	0.048	0.67	0.75	0.095	0.65
Glu	7.72	0.062	7.59	4.97	0.187	4.78	4.40	0.176	4.22
Gln	7.65	0.054	7.41	4.85	0.226	4.62	4.71	0.546	4.16
Gly	2.20	0.024	2.18	1.12	0.068	1.05	1.03	0.104	0.93
His	1.54	0.136	1.40	0.94	0.116	0.82	0.83	0.079	0.75
Ile	3.89	0.001	3.89	2.29	0.002	2.29	2.11	0.003	2.11
Leu	8.04	0.003	8.04	4.58	0.005	4.57	4.23	0.006	4.22
Lys	4.23	0.005	4.22	4.18	0.008	4.17	3.77	0.009	3.76
Met	1.81	0.001	1.81	1.05	0.003	1.05	0.93	0.003	0.93
Phe	3.35	0.003	3.35	2.03	0.006	2.02	1.90	0.006	1.89
Pro	7.49	0.004	7.49	5.61	0.009	5.60	5.28	0.014	5.27
OH-Pro	1.37	0.015	1.35[†]	1.04	0.009	1.03[†]	0.69	0.007	0.68[†]
Ser	4.48	0.005	4.47	2.35	0.031	2.32	2.20	0.048	2.15
Thr	4.36	0.013	4.35	2.28	0.019	2.26	2.07	0.054	2.02
Trp	1.28	0.001	1.28	0.66	0.003	0.66	0.62	0.004	0.62
Val	4.70	0.006	4.69	2.53	0.013	2.52	2.26	0.017	2.24
β-Ala	0.001	0.001	0.000	0.003	0.003	0.000	0.004	0.004	0.000
Cit	0.001	0.001	0.000	0.007	0.007	0.000	0.009	0.009	0.000
Orn	0.005	0.005	0.000	0.008	0.008	0.000	0.008	0.008	0.000
Tau	0.134	0.134	0.000	0.176	0.176	0.000	0.186	0.186	0.000
所有氨基酸	81.2	0.57	80.7	50.1	1.09	49.0	45.7	1.55	44.1

　　注：从饲喂含有 18.5% 粗蛋白质饲料的泌乳母猪中获得奶样品（Mateo et al., 2008），并分析游离和肽结合的氨基酸值（Wu et al., 2016），取 10 头母猪的平均值；泌乳第 0 天定义为分娩日；完整氨基酸的分子量用于计算乳中肽结合氨基酸的浓度。

　　[*] 总半胱氨酸（1/2 半胱氨酸+游离半胱氨酸）。

　　[†] 存在于小肽中。

的比例可以大于 1∶10，也有可能小于 0.1∶100（g∶g）。例如，在人骨骼肌中，游离谷氨酰胺与肽结合的谷氨酰胺的比例约为 2∶10（g∶g），而游离色氨酸与肽结合的色氨酸的比例仅为 0.06∶100（g∶g）。根据年龄和营养状况，动物体内蛋白质的含量为 12%–16%。如前所述，硒代半胱氨酸在蛋白质中罕见，在动物细胞或血浆中实际上没有游离的硒代半胱氨酸。

在大多数植物和动物来源的食品成分中，超过 98% 的总氨基酸存在于蛋白质和多肽中，而只有少量（<2% 的总氨基酸）以游离形式出现（Li et al., 2011）。但是，一些游离氨基酸也可代表某些动物产品中的总氨基酸。值得注意的是，在哺乳期第 28 天，游离谷氨酸和谷氨酰胺（分别为 1 mmol/L 和 4 mmol/L）分别约占母猪母乳中总谷氨酸和谷氨酰胺（游离加上肽结合）的 2.5% 和 10%（表 4.5），人乳中也有类似的结果。此外，游离牛磺酸在人和猪乳中的浓度可高达 1 mmol/L。这些氨基酸在新生小肠的生长和发育中起重要作用。

4.1.6 氨基酸的物理状态、熔点和味道

氨基酸晶体通常为白色（Ajinomoto, 2003）。除谷氨酰胺和半胱氨酸外，所有结晶 α-氨基酸的熔点高于 200℃，谷氨酰胺和半胱氨酸的熔点分别为 185℃ 和 178℃，在其熔点以上时，氨基酸自发分解。L-精氨酸的盐酸盐（L-精氨酸-HCl）、L-赖氨酸的盐酸盐（L-赖氨酸-HCl）和 L-鸟氨酸的盐酸盐（L-鸟氨酸-HCl）熔点分别为 235℃、236℃ 和 231℃（表 4.2），L-精氨酸和 L-精氨酸-HCl 的熔点几乎相同。

氨基酸的味道是由于它们与舌头上的特异性受体［鸟嘌呤核苷酸结合蛋白（G 蛋白）-偶联受体］相互作用而产生的（Fernstrom et al., 2012）。L-谷氨酸具有"肉质"的味道；L-丙氨酸和甘氨酸具有甜味；L-丝氨酸和 L-苏氨酸具有微弱的甜味；L-瓜氨酸具有微甜味。L-精氨酸碱基本身具有苦味和难闻的气味，但在饮用水中与柠檬酸混合时味道有所改善。L-异亮氨酸具有苦味，L-赖氨酸、L-天冬氨酸和 L-苯丙氨酸具有轻微的苦味。L-谷氨酰胺、β-丙氨酸和牛磺酸基本无味。L-天冬酰胺、L-半胱氨酸、L-胱氨酸、L-蛋氨酸、L-色氨酸、L-脯氨酸、L-鸟氨酸、L-组氨酸、L-亮氨酸、L-酪氨酸和 L-缬氨酸为淡淡的苦味。D-谷氨酸几乎无味，D-天冬氨酸气味很淡。D-丙氨酸、D-亮氨酸、D-丝氨酸、D-色氨酸和 D-缬氨酸非常甜，D-谷氨酰胺、D-组氨酸、D-异亮氨酸、D-蛋氨酸、D-苯丙氨酸、D-苏氨酸和 D-酪氨酸具有甜味（Kawai et al., 2012）。碱性氨基酸的味道能被其盐酸盐改变（San Gabriel et al., 2009）。

4.1.7 氨基酸在水和溶液中的溶解性

所有的氨基酸在室温下都溶于水。亮氨酸、异亮氨酸、缬氨酸、苯丙氨酸、色氨酸、蛋氨酸、酪氨酸和半胱氨酸是最疏水的氨基酸。所有氨基酸（胱氨酸除外）都可溶于 Krebs 碳酸盐缓冲液（pH 7.4，25℃），其溶解度至少比其在动物血浆中的浓度高 10 倍。α-氨基酸在水中的溶解度随其侧链变化，脯氨酸和胱氨酸分别是最易溶和最难溶的氨基酸（表 4.2）。β-丙氨酸和 γ-氨基丁酸在水中的溶解度高于赖氨酸。盐能影响氨基酸在水中

的溶解度，且这种程度取决于它们的结构（Wu, 2013）。氨基酸（中性和碱性）如胱氨酸、精氨酸、组氨酸和赖氨酸等的盐酸盐，通常比相应的游离氨基酸更易溶于水，大部分氨基酸的盐酸盐高度溶于无水乙醇中。碱性氨基酸（如精氨酸和赖氨酸）的盐酸盐通常用于在水和生理溶液中进行中和反应。大多数氨基酸的钠盐在水中更易溶解，并且比相应的游离氨基酸更易溶于乙醇。

当温度升高时，氨基酸在酸性或碱性溶液中的溶解度通常会增加。除脯氨酸和羟脯氨酸外，氨基酸通常不溶于有机溶剂（如无水乙醇），由于具有吡咯环结构，脯氨酸和羟脯氨酸可溶于无水乙醇（在 20℃ 时约为 1.6 g/100 mL），因此，具有高脯氨酸含量的蛋白质可溶于 70%–80% 乙醇中。

4.1.8 氨基酸的化学稳定性

4.1.8.1 结晶氨基酸的稳定性

所有氨基酸的结晶形式可于室温（即 25℃）下稳定至少 25 年没有任何损失，这适用于 L- 和 D- 氨基酸，以及蛋白质和非蛋白质氨基酸。然而，像所有物质一样，氨基酸应避免光照影响，以及不宜在高湿度环境储存（Ajinomoto, 2003）。

4.1.8.2 氨基酸在水和缓冲液中的稳定性

除了半胱氨酸外，所有氨基酸可在水、缓冲液（如 Krebs 碳酸氢盐缓冲液）或脱蛋白及已中和的生物样品中于 –80℃ 条件下稳定 6 个月。同样，氨基酸在生理 pH 和 37–40℃ 的水溶液中通常是稳定的，除了：①半胱氨酸，特别是在金属离子存在和还原剂不存在的情况下，快速氧化生成胱氨酸；②谷氨酰胺，其侧链酰胺基和 α-氨基自发缓慢相互作用，形成环状产物吡咯烷酮羧酸铵（焦谷氨酸，一种潜在的神经毒素）的铵盐。对于 1 mmol/L 谷氨酰胺，上述反应在 37℃ 条件下以 <1%/d 的速率进行。

在健康受试者的血浆或血清中，胱氨酸与半胱氨酸的比例约为 10∶1。在生理条件下，胱氨酸很容易在细胞内转化为半胱氨酸，N-乙酰半胱氨酸（水溶性化学合成的物质）是用于给予人和动物静脉、口服或培养细胞所需的半胱氨酸的稳定前体（Hou et al., 2015b）。在化学分析中，半胱氨酸的硫醇（–SH）基团可以被碘乙酸保护，而胱氨酸可以通过 2-巯基乙醇很容易地被还原成半胱氨酸。与半胱氨酸相比，很少有方法可用于保护谷氨酰胺免于水溶液中的自发环化。

4.1.8.3 氨基酸在酸性和碱性溶液中的稳定性

除半胱氨酸和谷氨酰胺以外，0.01–5 mmol/L 浓度的所有氨基酸在 5% 三氯乙酸（TCA）、0.75 mol/L 高氯酸（HClO₄）或碱性溶液（pH 8.4）中，可在室温（25℃）下稳定保存 12 h 或 –80℃ 条件下保存 2 个月。然而，在高温酸水解的标准条件下（即 6 mol/L 盐酸，110℃ 和氮气下 24 h），下列氨基酸会发生变化：①所有谷氨酰胺和天冬酰胺分别转化为谷氨酸和天冬氨酸；②色氨酸被完全破坏；③20% 的蛋氨酸经氧化生成蛋氨酸亚砜。

值得注意的是，在这些条件下，其他氨基酸或完全稳定（即丙氨酸、精氨酸、胱氨酸、谷氨酸、甘氨酸、组氨酸、亮氨酸、赖氨酸、苯丙氨酸和缬氨酸没有检测到损失）或相对稳定（天冬氨酸和苏氨酸损失 3%；酪氨酸和脯氨酸损失 5%；丝氨酸损失 10%）。在高温碱性条件下（如 4.2 mol/L NaOH 和 105℃），大部分氨基酸（如甘氨酸、组氨酸、丝氨酸和苏氨酸）几乎完全被破坏，许多氨基酸（如半胱氨酸和蛋氨酸）在很大程度上发生降解，并且一些氨基酸被水解（如谷氨酰胺转化为谷氨酸，天冬酰胺转化为天冬氨酸，精氨酸转化为鸟氨酸）。相比之下，即使在 105℃高温下，色氨酸在碱性溶液中也可稳定 20 h（100%回收率），因此，蛋白质中色氨酸的分析可以通过在 4.2 mol/L NaOH 和 1%硫二甘醇（一种抗氧化剂）存在条件下，于 110℃条件下碱性水解 20 h 完成。

水或中性溶液中的游离氨基酸可在高压和高温条件下（如在高压灭菌器中）保持稳定，除了 3 个例外：谷氨酰胺和天冬酰胺几乎完全被破坏，半胱氨酸被氧化成胱氨酸，然而胱氨酸在同样的条件下是稳定的。在二肽形式（如 L-丙氨酰-谷氨酰胺和甘氨酰-谷氨酰胺，以及 L-亮氨酰-天冬酰胺和甘氨酰-天冬酰胺）中，谷氨酰胺和天冬酰胺在这些条件下是稳定的。在用于细胞或组织培养之前，含有游离谷氨酰胺和天冬酰胺的溶液可以通过 0.2 μm 过滤器灭菌，以防止在高压灭菌条件下谷氨酰胺和天冬酰胺的损失。但应注意，在高压灭菌条件下，脱氧水中的半胱氨酸（2%，w/v）在 pH 4.9 下稳定，但在 pH 为 7 和 8 时分别损失 8%和 17%。

4.2 肽和蛋白质的定义、化学分类及性质

4.2.1 肽和蛋白质的定义

肽的定义为由两个或更多个氨基酸残基通过肽键连接而组成的有机分子。在大多数肽中，典型的肽键由相邻氨基酸的 α-氨基和 α-羧基形成。肽可以由氨基酸通过化学及生物化学合成（Fridkin and Patchornik, 1974），合成一个肽键导致去除一个水分子（图 4.10）。肽可根据其氨基酸残基的数量进行分类，寡肽由 2–20 个氨基酸残基组成（Hughes, 2012）。含有≤10 个氨基酸残基的寡肽称为小的寡肽（或小肽）。例如，刺激泌乳的催产素含有 9 个氨基酸残基。含有 11–20 个氨基酸残基的寡肽称为大的寡肽（或大肽）。例如，具有 14 个氨基酸残基的生长抑素，它是生长激素释放的抑制剂。含有≥21 个氨基酸残基且不具有三维结构的肽称为多肽。例如，具有 21 个氨基酸残基的内皮素是一种有效的血管收缩剂。蛋白质由一个或多个多肽组成，具有明确的三维结构。例如，分子

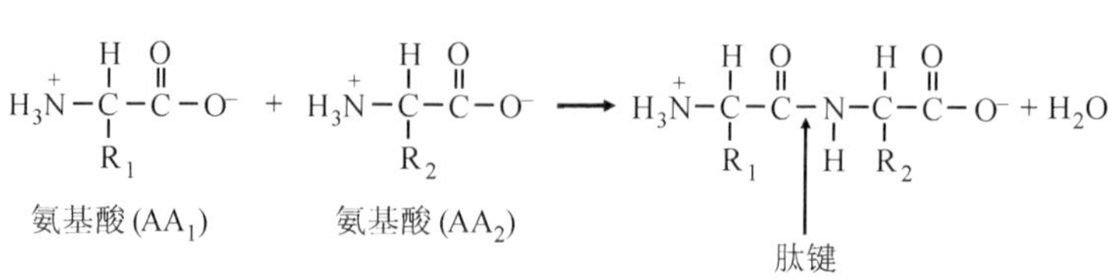

图 4.10　由两种氨基酸合成二肽，R_1 和 R_2 代表两个氨基酸的侧链，随着一个 H_2O 分子的损失，形成肽键（–CONH–）。

量为 66 463 Da（583 个氨基酸残基）的成熟牛血清白蛋白。所有的肽和蛋白质都是聚合物，并且在血液中很丰富（Gilbert et al., 2008）。

蛋白质和多肽之间的分界线通常是它们的分子量和氨基酸残基的数目（Kyte, 2006）。一般来说，蛋白质的分子量≥8000 Da（即≥72 个氨基酸残基），因为这样的分子具有明确的三维结构。例如，生长激素是一种含有 191 个氨基酸、分子量约为 22 000 Da 的蛋白质；泛素（72 个氨基酸残基的单链）和酪蛋白 α-S1（200 个氨基酸残基）也是蛋白质。除非具有明确的三维结构，否则分子量＜8000 Da 和 72 个氨基酸残基的多肽通常不被认为是蛋白质。例如，胰高血糖素（分子量约 3500 Da, 29 个氨基酸残基）是一个多肽。同样，从猪的小肠黏膜分离的 PEC-60（60 个氨基酸残基的单链氨基酸；Agerberth et al., 1989）和多巴因（dopuin）（62 个氨基酸残基的单链氨基酸；Chen et al., 1997）也被称为多肽。然而，不能绝对简单根据其分子量或其氨基酸残基的数目对蛋白质或多肽进行分类。例如，胰岛素 [51 个氨基酸残基（链 A 中 20 个，链 B 中 31 个）] 是公认的蛋白质，因为它具有蛋白质所表现出的明确的三维结构。迄今为止，在家畜中具有不同氨基酸组成的不同蛋白质的数量约为 100 000 个，植物中高达 50 000 个（Sterck et al., 2007）。

一些具有非典型肽键的物质 [如谷胱甘肽（GSH）和 N-蝶酰-L-谷氨酸（叶酸）] 对营养和生理有益，而其他物质（如麦角瓦灵和鬼笔碱）对人和动物有毒性作用。由 L-谷氨酸、L-半胱氨酸和甘氨酸组成的谷胱甘肽是动物细胞和液体中最丰富的低分子量抗氧化剂三肽（高达 10 mmol/L）。谷胱甘肽是一种非常特殊的小肽，因为它是 L-谷氨酸分子通过 γ-羧基而不是 α-羧基与 L-半胱氨酸的 α-氨基反应形成肽 γ-连接（图 4.11），可以保护谷胱甘肽免受细胞外或细胞内肽酶的水解。

4.2.2 动物体内的主要蛋白质

4.2.2.1 肌动蛋白和肌球蛋白

肌动蛋白和肌球蛋白是大多数动物细胞（如肌肉）中主要的细胞内蛋白质。例如，肌动蛋白和肌球蛋白分别占骨骼肌和非肌肉细胞总细胞蛋白的 65% 和 2%–10%（Rennie and Tipton, 2000）。肌动蛋白具有 3 种类型，即 α-亚型（如在骨骼肌、心肌和平滑肌中）、β-亚型和 γ-亚型（如在肌肉和非肌肉细胞中）（Dominguez and Holmes, 2011）。肌动蛋白同种型仅相差几个氨基酸残基，并且经过翻译后修饰（例如，骨骼肌 α-肌动蛋白的 His-73 甲基化以形成 3-甲基-组氨酸），有趣的是，肌动蛋白可以以单体球状（G-肌动蛋白）和丝状（F-肌动蛋白）存在。肌球蛋白由 6 个多肽组成：两条重链，以及两对不同的轻链（必需轻链和调控轻链；Sweeney and Houdusse, 2010）。肌球蛋白和 F-肌动蛋白都具有 ATP 酶活性，在静息状态下，肌动蛋白和肌球蛋白丝以交叉的方式部分重叠。当肌肉收缩时，肌动蛋白和肌球蛋白相互滑过，所需的能量通过 ATP 水解由肌球蛋白球形头提供。除收缩外，肌动蛋白和肌球蛋白还具有其他生物学活性，如维持细胞运动、分裂、信号转导、细胞器运动，以及细胞骨架和形态。

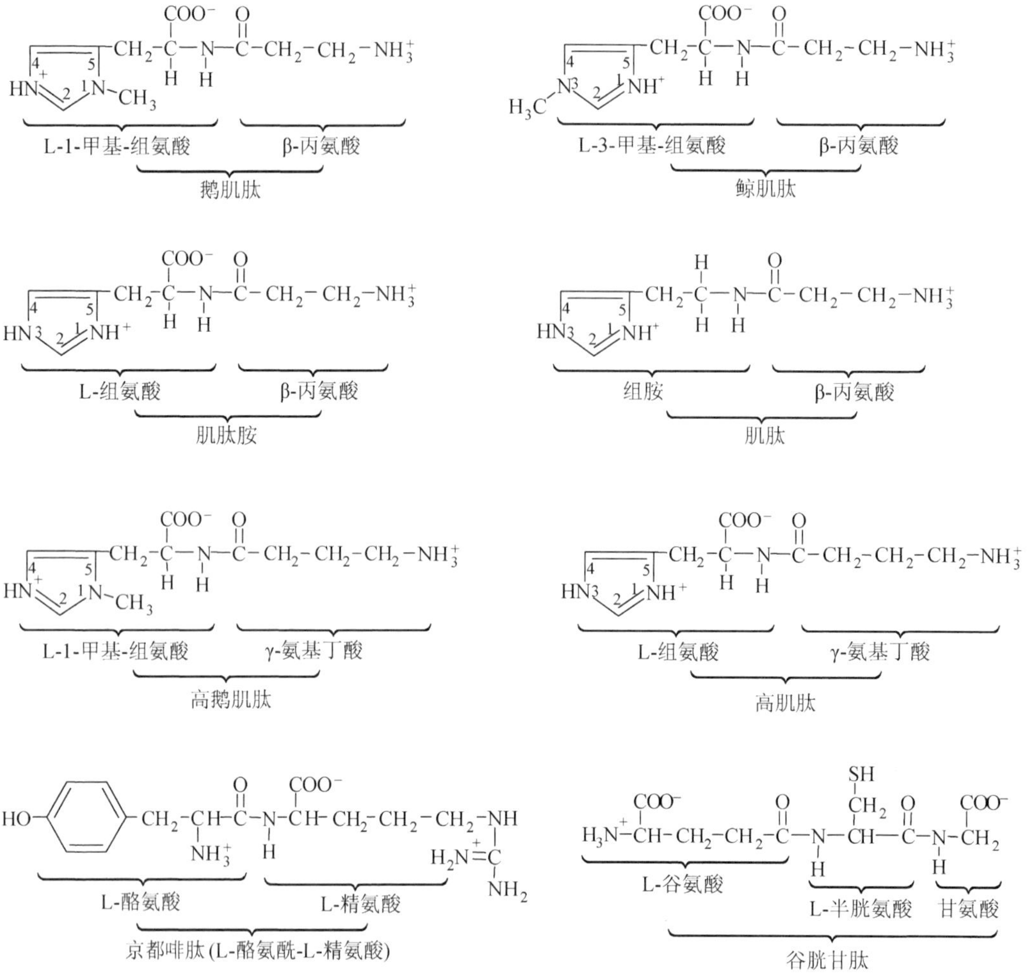

图 4.11　动物组织中起重要生理作用的二肽和谷胱甘肽。

4.2.2.2　结缔组织中的蛋白质

结缔组织（如皮肤）中 4 种主要的蛋白质类型是胶原蛋白、弹性蛋白、糖胺聚糖（GAG）和蛋白聚糖，均为胞外蛋白质，由成纤维细胞合成和释放。胶原蛋白富含脯氨酸和羟脯氨酸，它们以重复的三肽形式（Gly-Pro-Y 和 Gly-X-Hyp）存在，其中 X 和 Y 可以是任何氨基酸，这使胶原蛋白具有结构作用从而赋予组织和机体形态和强度。除了 4-羟脯氨酸（9%）和 3-羟脯氨酸（0.1%）外，胶原蛋白还含有 5-羟赖氨酸（0.6%）。胶原蛋白（体内总蛋白的 30%–33%）是动物中最丰富的蛋白质，动物界大约有 20 种不同类型的胶原蛋白，每个成熟的胶原蛋白含有 3 条多肽链，它们可能是相同的肽链，但也可能是不同的肽链。在 I 型胶原蛋白中（如主要在皮肤、肌腱、骨骼、牙齿、韧带和器官之间），有两条 α1（I）链和一条 α2（I）链，每条多肽链有 1000 个氨基酸残基；在 II 型胶原蛋白中（如主要在软骨和眼中），有 3 条相同的 α1（II）链。值得注意的是，I 型和 II 型胶原蛋白都不含半胱氨酸或胱氨酸；在 III 型胶原蛋白（主要在血管、肌肉、肠壁和子宫壁、新生儿皮肤中）中，有 3 条相同的 α1（Ⅲ）链；在Ⅳ型胶原蛋白（主要在基底膜、眼晶状体和肾毛细血管和肾小球中）中，有 3 条相同的 α1（Ⅳ）或 α2（Ⅳ）链，Ⅲ型和Ⅳ型胶原蛋白都含有半胱氨酸残基。心脏和骨骼肌含有Ⅰ型、Ⅲ型和Ⅳ型胶原蛋白。

含有赖氨酸残基的两种特殊衍生物（即锁链素和异锁链素）的弹性蛋白比胶原蛋白更具有伸缩性，从而有助于保持组织弹性。糖胺聚糖（GAG）和蛋白多糖是特殊的生物聚合物，其将水保持在组织内并提供机械保护。GAG 由 N-乙酰葡糖胺、N-乙酰半乳糖胺和葡糖胺硫酸盐组成。这些单元形成各种类型的 GAG，如透明质酸、硫酸角蛋白、肝素、硫酸肝素、硫酸皮肤素和硫酸软骨素。当 GAG 连接到蛋白质骨架上时，形成大于 GAG 的蛋白聚糖。

4.2.3 从蛋白质中分离肽

蛋白质可以通过加热、酸、碱、醇、尿素和重金属盐变性。三氯乙酸（TCA；终浓度为 5%）或高氯酸（$HClO_4$，PCA；终浓度为 0.2 mol/L）可以从动物组织、细胞、血浆和其他生理液中完全沉淀蛋白质（如瘤胃、尿囊、羊膜、肠腔液和消化液），而不是沉淀肽（Moughan et al., 1990; Rajalingam et al., 2009）。钨酸（1%）可由≥4 个氨基酸残基组成的小肽沉淀。因此，可以将 PCA 或 TCA 与钨酸一起用于区分小肽和大肽。乙醇（80%，体积/体积）可以有效地从水溶液中沉淀蛋白质和核酸（Wilcockson, 1975）。该方法可用于从蛋白质水解产物中除去水溶性无机化合物（如铝）。应该注意到，具有高含量脯氨酸的某些植物蛋白（如玉米醇溶蛋白、麸质蛋白和大麦醇溶蛋白）可溶于70%–80%乙醇中，但不溶于水或 100%乙醇中；这类蛋白质统称为醇溶蛋白。最后，硫酸铵（如最终浓度为 35%）可以从溶液中沉淀蛋白质而不改变它们的生物结构。

4.2.4 蛋白质的结构

蛋白质是细胞中最丰富的大分子，它们具有 4 个结构顺序：①一级结构（多肽链的氨基酸序列）；②二级结构（多肽骨架的构象）；③三级结构（蛋白质分子的三维排列）；④四级结构（多肽亚基的空间排列）（图 4.12）。蛋白质中氨基酸的一级序列决定其二级、三级和四级结构及其生物学功能。稳定多肽聚集体的力是氢键和氨基酸残基之间的静电键。肽和蛋白质在室温下通常在无菌水溶液中稳定存在（Lubec and Rosenthal, 1990）。

蛋白质的二级结构由几种重复模式组成（Jones, 2012）。最常见的二级结构类型是 α 螺旋和 β 折叠。α 螺旋是一种刚性棒状结构，当多肽链扭曲成右旋螺旋构象时，每个氨基酸的 NH 基团与氨基酸 4 个残基的羰基之间形成氢键。一些氨基酸促进或抑制特定二级结构的形成。例如，甘氨酸的 R 基团（氢原子）太小以至于多肽链可能过于柔软，而脯氨酸含有刚性环，从而阻止 N–C 键旋转。另外，脯氨酸没有 NH 基团可用于形成对 α 螺旋结构至关重要的链内氢键。同样，具有大量带电氨基酸（如谷氨酸和天冬氨酸）和大量 R 基（如色氨酸）的氨基酸序列也与 α 螺旋结构不相容。并且，当两个或更多个多肽链并排排列时形成 β 折叠片，每个单独的片段称为 β 链，β 链不卷曲，可以完全延伸。

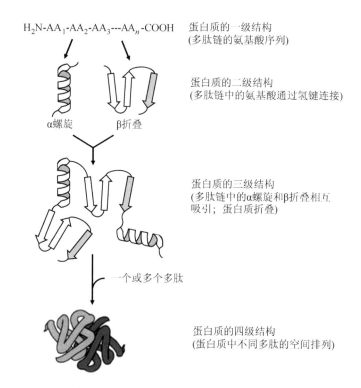

$H_2N-AA_1-AA_2-AA_3---AA_n-COOH$　蛋白质的 一级结构
(多肽链的氨基酸序列)

蛋白质的二级结构
(多肽链中的氨基酸通过氢键连接)

α螺旋　β折叠

蛋白质的三级结构
(多肽链中的α螺旋和β折叠相互
吸引；蛋白质折叠)

一个或多个多肽

蛋白质的四级结构
(蛋白质中不同多肽的空间排列)

图 4.12　4 个蛋白质结构的顺序。蛋白质具有：①一级结构（多肽链的氨基酸序列）；②二级结构（多肽骨架的构象）；③三级结构（蛋白质的三维排列）；④四级结构（多肽亚基的空间排列）。蛋白质中的氨基酸序列决定其二级、三级和四级结构及其生物学功能。

β 折叠片既可以平行也可以反平行。在平行的 β 折叠片结构中，多肽链中的氢键排列在相同的方向上；在反平行链中，这些键排列在相反的方向上。在二级结构中，α 螺旋和 β 折叠片模式通过蛋白质骨架中羧基和 NH 基团之间的局部氢键来稳定。脯氨酸在形成 β 折叠的 β 转角中起关键作用。

　　蛋白质可根据其整体形状（球状或纤维状）、在水中的溶解性（疏水性或亲水性）、三维结构或生物学功能（表 4.1）进行分类。基于其化学性质，可以将蛋白质分为简单蛋白质、硬蛋白和复合蛋白质（如黄素蛋白、糖蛋白、血红素蛋白、脂蛋白、金属蛋白、黏蛋白、核蛋白和磷蛋白）。白蛋白和血红蛋白是球状蛋白质，这是所有植物来源的饲料所共有的特性。纤维蛋白包括肌动蛋白、肌球蛋白、胶原蛋白、弹性蛋白、α-角蛋白和β-角蛋白，仅限于动物和海洋来源的饲料。胶原蛋白含有丰富的脯氨酸和甘氨酸（约 1/3），占动物总蛋白的 30%。角蛋白富含半胱氨酸，羊毛蛋白含硫约 4%。成熟的胶原蛋白不溶于水。具有高百分比水不溶性蛋白质的饲料是鱼粉、肉骨粉、甜菜渣、干啤酒谷物、干酒糟、饲料、高粱和大豆皮（NRC, 2001）。由于蛋白质的大尺寸，其具有胶体特性以维持生理液体的稳定性。胶体是具有均匀分布的直径在 1 nm 和 1 μm 之间的颗粒的溶液。

　　蛋白质与其周围的分子相互作用。依据浓度和类型，蛋白质在水中的溶解度不同，膜结合蛋白质是疏水性的。像氨基酸一样，蛋白质具有特征性的等电点和缓冲能力。所有的蛋白质都可以通过加热、酸、碱、醇、尿素和重金属盐由天然状态变性或修饰。由于美拉德反应涉及还原糖的羰基与氨基酸残基的游离氨基（如赖氨酸）之间的缩合，在碳水化合物存在条件下，食品蛋白质对热损伤的敏感性增加。

饮食中蛋白质的结构影响其对动物源蛋白酶的易感性。例如，在哺乳动物、鸟类和鱼类中，不能被消化蛋白酶水解的自然存在的 α-角蛋白（哺乳动物毛发、羊毛、蹄、角和指甲的主要蛋白质）主要是 α 螺旋结构；不能被水解的 β-角蛋白（鸟类和爬行动物的指甲、鳞片和爪子，以及鸟类喙和羽毛的主要蛋白质）是由堆叠的 β 折叠构成的。相反，消化蛋白酶容易降解：①酪蛋白，其具有数量非常少的 α 螺旋和 β 折叠二级结构，没有二硫键或三级结构；②肌动蛋白和肌球蛋白，它们是骨骼、平滑肌和心肌中主要的球状蛋白质。

4.2.5　粗蛋白质（CP）和真蛋白质的概念

饲料或生物样品中混合蛋白质的含量通常是将其含氮量乘以 6.25，这是基于蛋白质中的平均氮含量为 16%，使用该方法获得的值称为粗蛋白质含量。然而，这样的计算对于确定真正的蛋白质含量并不是非常精确，因为一些蛋白质由于其氨基酸组成而含有更多或更少的氮，以及不同饲料含有各种百分比的非蛋白氮（NPN）（如肽、氨基酸、氨、尿素、酰胺、胺、胆碱、甜菜碱、嘌呤、嘧啶、亚硝酸盐和硝酸盐）。青草和豆类牧草中富含 NPN 物质（NRC，2001）。因为在枯萎或发酵过程中会发生蛋白质水解，所以干草和青贮饲料中的 NPN 含量通常要高于其新鲜时的同种饲料。一些富含氮的物质（如含有 66% 氮的三聚氰胺）导致粗蛋白质含量高并且对动物有剧毒。利用先进的分析方法，可以精确测定日粮或组织中蛋白质的氨基酸组成，并根据氨基酸残基的分子量（Dalton）计算真蛋白质的含量（即一个完整氨基酸-18 的分子量）（Dai et al., 2014）。

动物源饲料成分［酪蛋白、明胶、血粉、水解羽毛粉、肉骨粉（MBM）、家禽副产品（PBM）和鲱鱼粉］通常比植物源饲料成分［饼干粉、豆粕（SBM）、脱壳豆粕、棉籽粕、花生饼粉、玉米粒和高粱粒］含有更高的粗蛋白质和真蛋白质（表 4.6）。根据其类型不同，这些成分中粗蛋白质的百分比为 9%–100%，大于反刍动物的牧草和粗饲料（基础饲料中粗蛋白质低至 3%）（表 4.7）。依据种类不同，真蛋白质的含量为粗蛋白质的 80%–100%。与饼干粉、棉籽粕、花生粕和去皮豆粕比较，血粉、酪蛋白、羽毛粉、鱼粉、明胶、肉骨粉、鸡肉粉、豆粕中粗蛋白质和真蛋白质含量的差异较小（Li et al., 2011）。在所有这些饲料成分中，不能在动物细胞中合成的氨基酸的总含量低于可在动物细胞中合成的氨基酸的总含量。

表 4.6　饲料原料中的氨基酸组成

氨基酸	血粉	酪蛋白	饼干粉	玉米粒	CSM	羽毛粉	鱼粉	明胶	MBM	花生粕	PBM	SBM	SBM(P)	SGH
	一般营养素（食品原料的百分比，%）													
DM	91.8	91.7	90.8	89.0	90.0	95.1	91.8	88.9	96.1	91.8	96.5	89.0	96.4	89.1
CP	89.6	88.0	12.3	9.3	40.3	82.1	63.4	100.1	52.0	43.9	64.3	43.6	51.8	10.1
TP	88.0	86.2	10.5	8.2	32.3	81.0	63.7	97.4	50.7	35.1	60.4	38.2	41.6	8.8
EA	41.9	37.2	3.3	3.0	10.7	24.9	24.9	14.4	15.4	10.7	18.4	14.5	15.5	3.2
SA	46.1	49.0	7.2	5.2	21.6	56.1	38.8	83.0	35.3	24.3	42.0	23.7	26.1	5.6

氨基酸	血粉	酪蛋白	饼干粉	玉米粒	CSM	羽毛粉	鱼粉	明胶	MBM	花生粕	PBM	SBM	SBM(P)	SGH
							氨基酸（食品原料的百分比，%）							
Ala	7.82	2.77	0.52	0.71	1.42	4.18	5.07	9.01	4.78	1.86	4.91	1.95	2.08	0.96
Arg	4.91	3.40	0.58	0.38	4.32	5.74	4.85	7.68	3.67	5.68	4.63	3.18	3.12	0.41
Asn	4.67	2.56	0.40	0.35	1.57	1.67	2.92	1.42	2.21	1.80	2.73	2.10	2.41	0.31
Asp	6.20	3.88	0.45	0.43	1.94	2.92	4.34	2.86	3.08	2.52	4.10	3.14	3.40	0.36
Cys	1.92	0.43	0.18	0.20	0.70	4.16	0.67	0.05	0.49	0.65	1.05	0.70	0.69	0.19
Gln	4.32	11.2	1.44	1.02	3.60	2.86	3.94	3.03	2.81	2.66	3.54	3.80	4.11	0.85
Glu	6.38	9.38	1.92	0.64	4.59	4.81	6.01	5.26	4.05	4.18	4.89	4.17	4.53	1.18
Gly	3.86	1.86	0.78	0.40	2.12	8.95	6.58	33.6	8.67	3.17	9.42	2.30	2.72	0.39
His	5.57	2.78	0.22	0.23	1.08	0.88	1.51	0.74	1.19	0.95	1.30	1.13	1.15	0.23
Hyp	0.20	0.14	0.00	0.00	0.05	4.95	1.86	12.8	2.88	0.07	3.31	0.09	0.07	0.00
Ile	2.54	4.91	0.51	0.34	1.19	3.79	3.26	1.17	1.92	1.41	2.32	2.03	2.10	0.38
Leu	11.4	8.82	0.88	1.13	2.26	6.75	5.24	2.61	3.56	2.48	4.21	3.44	3.70	1.21
Lys	8.25	7.49	0.41	0.25	1.66	2.16	5.29	3.75	3.13	1.37	3.44	2.80	2.87	0.21
Met	1.16	2.64	0.19	0.21	0.66	0.75	2.02	1.03	1.10	0.47	1.39	0.60	0.64	0.20
Phe	5.83	4.87	0.50	0.46	2.02	3.95	2.76	1.67	1.85	1.93	2.36	2.21	2.44	0.51
Pro	6.29	10.8	0.98	1.06	1.89	11.7	4.25	20.6	5.86	2.29	6.72	2.40	3.18	0.96
Ser	4.49	5.08	0.56	0.45	1.72	8.80	2.80	3.44	2.08	2.03	2.67	2.12	2.35	0.46
Trp	1.30	1.19	0.15	0.07	0.44	0.79	0.70	0.22	0.39	0.38	0.49	0.62	0.63	0.10
Thr	3.95	4.10	0.42	0.31	1.25	3.97	4.11	3.45	2.42	1.67	2.85	1.76	2.03	0.32
Tyr	2.86	5.06	0.55	0.43	1.10	2.04	2.36	0.93	1.45	1.39	1.84	1.66	1.72	0.45
Val	8.21	6.03	0.53	0.44	1.69	5.76	3.80	1.96	2.23	1.69	2.89	2.09	2.25	0.50

资料来源: Li, X.L., R. Rezaei, P. Li, and G. Wu. 2011. *Amino Acids*. 40:1159–1168.

注：使用完整的氨基酸分子量来计算饲料成分中肽结合的氨基酸含量。

CP，粗蛋白质（N%×6.25）；CSM，棉籽粉；DM，干物质；EA，动物细胞不能合成的氨基酸总量；MBM，肉骨粉；(P)，（处理）；PBM，家禽副产品；SA，可在动物细胞中合成的氨基酸总量；SBM，豆粕；SGH，高粱；TP，真蛋白质，根据蛋白质中氨基酸残基的分子量计算。

表 4.7　反刍动物饲料及粗饲料日粮中粗蛋白质的含量

饲料	DM（%）	CP（%）
狗牙根干草	87.1	10.4
玉米（黄色）		
棒	90.8	3.0
青贮（未成熟）	23.5	9.7
青贮（正常）	35.1	8.8
青贮（成熟）	44.2	8.5
外壳	89.0	6.2
草		
牧场（集约管理）	20.1	5.3
干草（未成熟）	84.0	18.0
干草（中等成熟）	83.8	13.3

饲料	DM（%）	CP（%）
干草（成熟）	84.4	10.8
青贮（未成熟）	36.2	16.8
青贮（中等成熟）	42.0	16.8
青贮（成熟）	38.7	12.7
豆类, 草料		
牧场（集约管理）	21.4	5.7
干草（未成熟）	84.2	22.8
干草（中等成熟）	83.9	20.8
干草（成熟）	83.8	17.8
青贮（未成熟）	41.2	23.2
青贮（中等成熟）	42.9	21.9
青贮（成熟）	42.6	20.3
大豆壳	90.9	13.9
小麦		
麸皮	89.1	17.3
干草	86.8	9.4
麦麸	89.5	18.5
稻草	92.7	4.8

资料来源：National Research Council (NRC). 2001. *Nutrient Requirements of Dairy Cattle*. National Academies Press, Washington D.C.

4.3　动物日粮中晶体氨基酸、蛋白质饲料和肽类添加剂

4.3.1　晶体氨基酸

　　膳食补充剂是一种口服摄入的物质，为可能无法从常规饮食中获得充分营养的动物提供营养物质，以保证其最佳生长、发育和健康状况。在美国，大多数的蛋白质氨基酸可以作为动物的饲料添加剂。过去 60 年来，动物生产大大受益于在膳食中补充的一些氨基酸。农场动物（如鸡、猪、牛和绵羊）通常饲喂含有低水平的赖氨酸、蛋氨酸、苏氨酸和色氨酸的基于植物饲料的日粮，这些氨基酸的不足限制了动物的生长和生产性能表现，同时降低了它们的免疫力（Li et al., 2007）。为了解决这个问题，DL-蛋氨酸在 20 世纪 50 年代首次被用作肉鸡饲料的补充剂；20 世纪 60 年代，商品化的 L-赖氨酸-HCl 用于仔猪日粮；20 世纪 80 年代，人们开始使用 L-苏氨酸和 L-色氨酸作为猪和家禽饲料的补充剂，以促进其生长、改善其免疫功能，并降低糖皮质激素诱导的应激反应；1990–2000 年，人们研究使用异亮氨酸和缬氨酸来提高泌乳母猪的产奶量，但可能由于实验条件的不同，文献报道的结果不一致（Wu et al., 2014b）；在过去十年中，过瘤胃赖氨酸被用于反刍动物（如牛和肉牛）的日粮，以增加泌乳牛的产奶量和增强断奶犊牛的生长性能。

　　虽然传统的研究集中在膳食中补充动物细胞中不能合成的氨基酸，但最近对可合成的氨基酸的生理作用方面的科研进展已经促进其用于猪和家禽的生产。例如，2005 年，

谷氨酸和谷氨酰胺的混合物首先在一些国家（包括巴西和墨西哥）被用于饲养断奶仔猪和鸡，以防止肠道萎缩，提高饲料转化率。由于历史原因，动物中谷氨酸和谷氨酰胺的营养作用一直被忽视，包括：①由于分析方法的问题，缺乏关于饲料中谷氨酰胺含量的数据；②20 世纪 90 年代以前，畜牧生产中缺乏对谷氨酰胺的研究；③在经典动物营养教科书中没有将谷氨酰胺描述为蛋白质的组成成分。迄今为止，美国许多州已经批准使用谷氨酸和谷氨酰胺作为动物饲料添加剂。根据基础研究的发现，精氨酸（Progenos™）于 2006 年首次投放市场，以增强母猪子宫内胚胎存活率及其产仔数。饲料级精氨酸现在可以从 Ajinomoto Inc.（日本，东京）获得，作为猪、家禽和鱼的饲料添加剂。除了促进瘦肉组织的生长，精氨酸还可以减少全身白色脂肪组织，增强家畜和禽类的免疫力。

日粮中的结晶氨基酸可直接被小肠吸收，它们被肠上皮细胞吸收且出现在门静脉中的速率比蛋白质消化水解后释放的小肽结合氨基酸更快（Yen et al., 2004），这可能会导致系统循环中氨基酸之间暂时失衡，其程度取决于膳食蛋白质的质量和数量。基于这种现象，营养学家提出了关于补充的结晶氨基酸相对于日粮中蛋白质和肽中氨基酸的生物等效性的问题。然而，来自人、猪、鸡和大鼠研究的实验资料一致表明，晶体氨基酸在加入缺乏这些氨基酸的饮食中时具有较高的营养价值。饮食中补充氨基酸的优点包括：①平衡饮食中氨基酸的组成；②降低饮食中总蛋白质含量而不损害动物的生长或生产性能；③尽量减少动物生产对环境污染的影响；④改善健康状况，减少传染病及相关的治疗费用；⑤提高饲料效率和经济效益；⑥缓解全球蛋白质资源短缺。大量的研究也表明，给动物补充适量的氨基酸（占干物质饮食的 0.2%–2.5%，通常取决于单体氨基酸、年龄和物种）通常是安全的。例如，在含有 16%–20%粗蛋白质的基于玉米和豆粕的泌乳母猪及断奶后仔猪的日粮中补充 2%丙氨酸、1%精氨酸、0.2%半胱氨酸、4%谷氨酸、1%谷氨酰胺、1%异亮氨酸、2%亮氨酸、2%甘氨酸、0.2%蛋氨酸、2%脯氨酸、0.5%苏氨酸、0.2%色氨酸、1%缬氨酸是安全的。给妊娠的青年母猪和经产母猪饲喂以玉米和豆粕为基础的日粮（含 12%粗蛋白质），可以耐受：①在第 14 天和第 25 天之间或妊娠第 14 天和第 114 天之间添加 1%精氨酸；②在妊娠 90–114 天和产后 1–21 天的哺乳期添加 1%谷氨酰胺。然而，在妊娠的第 0 天和第 25 天之间添加 0.83%精氨酸会减少青年母猪的孕酮产生和胚胎存活。

4.3.2 蛋白质饲料

植物源和动物源饲料都是动物日常饮食中蛋白质的常规来源。饲料和动物组织中的不同蛋白质具有不同的氨基酸组成。在干物质基础上，植物源饲料的蛋白质和氨基酸含量通常比动物源饲料低（表 4.6）。例如，玉米、高粱是猪和家禽的优良能源，但它们仅含有 9%–10%粗蛋白质、0.21%–0.25%赖氨酸和 0.07%–0.1%色氨酸，且氨基酸间的比例不平衡。与之相比，鱼粉含有 63.4%粗蛋白质、5.28%赖氨酸和 0.7%色氨酸（Li et al., 2011）。此外，家禽副产品中含有 64.3%粗蛋白质、3.44%赖氨酸和 0.49%色氨酸。

蛋白质饲料的质量取决于许多因素，包括：①其提供足够量的所有蛋白原氨基酸的能力；②其蛋白质消化率；③其抗营养或有毒物质的含量。在全球范围内，依据加工方法（如去除外壳和油提取），包含 40%–48% 粗蛋白质的豆粕，由于其具有广泛可用性、高蛋白质消化率、平衡的氨基酸配比及低成本，是非反刍动物饲料的优选蛋白质来源。已经用于动物（包括鱼）饲料的各种加工过的大豆产品包括大豆浓缩蛋白（SPC）、大豆蛋白分离物（SPI）、挤压的豆粕和蛋白质水解产物（McCalla et al., 2010）。其他常用的植物蛋白来源包括小麦、油菜粉、棉籽粉、花生粕、葵花粉、豌豆、干啤酒谷物和干酒糟。值得注意的是，除了在豆粕中发现的之外，这些产品还含有许多抗营养因子（如棉酚、草酸盐、甲状腺肿素、丹宁、氰苷、绿原酸和有毒氨基酸）。植物来源的抗营养因子可分为热不稳定因子（如胰蛋白酶抑制剂、血凝素、植酸盐、甲状腺肿素和抗维生素因子）和热稳定因子（如皂苷、雌激素、肠胃气胀因子和赖丙氨酸）等。

干酒糟可溶物（DDGS）作为饲料蛋白质的新来源值得动物营养学家重视。随着乙醇工业的快速发展，全球反刍动物和非反刍动物日粮中低成本 DDGS 数量正在增加。玉米和小麦源 DDGS 分别含有 26%–30% 和 40%–45% 的 CP（DM 基准）（Cromwell et al., 2011; Widyaratne and Zijlstra, 2007）。由于在乙醇生产过程中的微生物发酵（碳水化合物分解代谢和蛋白质/AA 合成），DDGS 含有更高的 CP 含量。DDGS 是动物纤维和磷的极好来源。使用 DDGS 喂养动物的担忧是其硫含量偏高（DM 的 0.4%–1.5%）。这主要是因为：①使用不同量的硫酸来维持生物燃料工业中的发酵罐 pH，其中技术变化迅速；②谷物和水中可能还含有一些硫原子。DDGS 在日粮中的含量取决于动物种类和生产阶段。例如，在生长、育肥、哺乳和妊娠猪日粮中的 DDGS 含量分别为 15%、20%、30% 和 40%（Cromwell et al., 2011; Song et al., 2010），在家禽、奶牛和肉牛日粮中的 DDGS 含量分别为 10%、20% 和 40%（Shurson, 2017）。

如前所述，与动物源蛋白质相比，植物蛋白饲料（包括豆粕）中许多氨基酸的含量较低（如半胱氨酸、甘氨酸、赖氨酸、蛋氨酸、色氨酸和苏氨酸），并且由于植物性饲料含有抗营养因子，会限制其在日粮中的用量（特别是对于幼年动物）。因此，动物营养学家已经使用动物源蛋白质来配制氨基酸平衡的日粮。迄今为止，动物蛋白的补充剂是由家禽、猪肉、牛肉和鱼类副产品等动物性副产物加工生产的。骨粉、肉骨粉、家禽粉、水解羽毛粉、肠黏膜制品和血粉用作家畜、家禽和鱼类的饲料以产生成本效益。除了高含量的氨基酸之外，动物源饲料还提供高水平的有效磷、钙、其他矿物质及适量的能量，重要的是，动物源成分几乎不含抗营养因子。尽管所有的动物蛋白产品都有较高的氨基酸含量，但血粉（蛋白质凝固后的屠宰场副产品）中异亮氨酸（仅 2.54%）和甘氨酸（3.86%）的含量却低于其他支链氨基酸和可合成的氨基酸（Li et al., 2011）。值得注意的是，干燥的血液制品（如喷雾干燥的血浆蛋白和通过将全血分离成血浆和血细胞而获得的血细胞）已经在饲料工业中作为高质量蛋白质的来源。干燥的方法（如加热和喷雾干燥）对于含有免疫球蛋白、生长因子、多胺和生物活性肽的这些产品的质量具有很大影响。

4.3.3 用作饲料添加剂的肽类

工业生产的肽现在被广泛用作动物营养的饲料添加剂（McCalla et al., 2010）。饲喂动物源或植物源饲料之前对其蛋白质进行化学、酶促或微生物水解是产生高质量的小肽或大肽的有效手段，其在家畜、家禽和鱼类中具有营养、生理或调节功能（Zhang et al., 2015）。表 4.8 显示了由动物蛋白水解产生的抗氧化肽。

表 4.8　动物蛋白水解产生的抗氧化肽

来源	蛋白酶	氨基酸序列
猪肌肉肌动蛋白	木瓜蛋白酶 + 肌动蛋白酶 E	Asp-Ser-Gly-Val-Thr
猪肌肉	木瓜蛋白酶 + 肌动蛋白酶 E	Ile-Glu-Ala-Glu-Gly-Glu
猪肌肉原肌球蛋白	木瓜蛋白酶 + 肌动蛋白酶 E	Asp-Ala-Gln-Glu-Lys-Leu-Glu
猪肌肉原肌球蛋白	木瓜蛋白酶 + 肌动蛋白酶 E	Glu-Glu-Leu-Asp-Asn-Ala-Leu-Asn
猪肌肉肌球蛋白	木瓜蛋白酶 + 肌动蛋白酶 E	Val-Pro-Ser-Ile-Asp-Asp-Gln-Glu-Glu-Leu-Met
猪胶原	胃蛋白酶 + 木瓜蛋白酶 + 其他 [a]	Gln-Gly-Ala-Arg
猪血浆	碱性蛋白酶	His-Asn-Gly-Asn
鸡肌肉	–	His-Val-Thr-Glu-Glu
鸡肌肉	–	Pro-Val-Pro-Val-Glu-Gly-Val
鹿肌肉	木瓜蛋白酶	Met-Gln-Ile-Phe-Val-Lys-Thr-Leu-Thr-Gly
鹿肌肉	木瓜蛋白酶	Asp-Leu-Ser-Asp-Gly-Glu-Gln-Gly-Val-Leu
牛奶酪蛋白	胃蛋白酶，pH 2，24 h	Tyr-Phe-Tyr-Pro-Glu-Leu
牛奶酪蛋白	胃蛋白酶，pH 2，24 h	Phe-Tyr-Pro-Glu-Leu
牛奶酪蛋白	胃蛋白酶，pH 2，24 h	Tyr-Pro-Glu-Leu
牛奶酪蛋白	胃蛋白酶，pH 2，24 h	Pro-Glu-Leu
牛奶酪蛋白	胃蛋白酶，pH 2，24 h	Glu-Leu
牛奶酪蛋白	胰蛋白酶，pH 7.8，24–28 h	Val-Lys-Glu-Ala-Met-Pro-Lys
牛奶酪蛋白	胰蛋白酶，pH 7.8，24–28 h	Ala-Val-Pro-Tyr-Pro-Gln-Arg
牛奶酪蛋白	胰蛋白酶，pH 7.8，24–28 h	Lys-Val-Leu-Pro-Val-Pro-Glu-Lys
牛奶酪蛋白	胰蛋白酶，pH 7.8，24–28 h	Val-Leu-Pro-Val-Pro-Glu-Lys
牛乳清蛋白	嗜热菌，80℃，8 h	Leu-Gln-Lys-Trp
牛乳清蛋白	嗜热菌，80℃，8 h	Leu-Asp-Thr-Asp-Tyr-Lys-Lys
牛 β-乳球蛋白	胰酶，37℃，24 h	Trp-Tyr-Ser-Leu-Ala-Met-Ala-Ala-Ser-Asp-Ile
牛 β-乳球蛋白	胰酶，37℃，24 h	Met-His-Ile-Arg-Leu
牛 β-乳球蛋白	胰酶，37℃，24 h	Try-Val-Glu-Glu-Leu
蛋黄	胃蛋白酶	Tyr-Ile-Glu-Ala-Val-Asn-Lys-Val-Ser-Pro-Arg-Ala-Gly-Gln-Phe
蛋黄	胃蛋白酶	Tyr-Ile-Asn-Gln-Met-Pro-Gln-Lys-Ser-Arg-Glu

资料来源：Hou, Y.Q., Z.L. Wu, Z.L. Dai, G.H. Wang, and G. Wu. 2017. *J. Anim. Sci. Biotechnol.* 8:24。
[a] 牛胰蛋白酶加上来自链霉菌芽孢杆菌（*Streptomyces bacillus*）的细菌蛋白酶。

法国化学家 H. Braconnot 于 1920 年首次报道了高温下蛋白质（明胶）的酸水解。现在可用更短的时间（如 2–6 h）生产肽来作为动物饮食中的风味增强剂（如水解植物蛋白）（Pasupuleki and Braun, 2010）。蛋白质的酸水解具有低成本的优点，但会导致色氨酸被完全破坏、损失部分丝氨酸、谷氨酰胺转化为谷氨酸及天冬酰胺转化为天冬氨酸。蛋白质的碱水解（如 1 mol/L NaOH）通常在 27–55℃条件下进行 4–8 h（Pasupuleki et al., 2010），用于生产发泡剂（如蛋白质的替代品），这种方法会导致大多数氨基酸被完全破坏和许多氨基酸的部分损失。

大多数用于生产肽的酶可从动物、植物和微生物中获得，如来自猪的胰酶、胰蛋白酶、胃蛋白酶、羧肽酶和氨肽酶，来自植物的木瓜蛋白酶和菠萝蛋白酶，以及来自细菌和真菌的具有广谱适宜温度、pH 和离子浓度的蛋白酶。根据原料和所需水解程度，可使用单一酶（如胰蛋白酶）或多种酶（如链霉蛋白酶、胃蛋白酶和脯氨酸酶的蛋白酶混合物）进行蛋白质水解。疏水肽和具有苦味的氨基酸可以通过猪肾皮质匀浆或活性炭处理进行降解（Pasupuleki and Braun, 2010）。蛋白质的酶促水解具有以下优点：①水解条件（如温度和 pH）温和且不会导致氨基酸的任何损失；②蛋白酶更为具体和精确，以控制肽键水解的程度；③少量酶在水解后容易失活（如 85℃，3 min）；④所得产品具有抗氧化性（表 4.8）及抗菌活性（表 4.9）。

表 4.9　动物蛋白水解产生的抗菌肽

来源	氨基酸序列	抗革兰氏阳性菌	抗革兰氏阴性菌
牛肉	Gly-Leu-Ser-Asp-Gly-Glu-Trp-Gln	蜡状芽孢杆菌 李斯特菌	鼠伤沙门氏菌 大肠杆菌
	Gly-Phe-His-Ile	无影响	铜绿假单胞菌
	Phe-His-Gly	无影响	铜绿假单胞菌
牛胶原蛋白	肽＜2 kDa（胶原酶）[a]	金黄色葡萄球菌	大肠杆菌
山羊乳清	GWH（730 Da）及 SEC-F3（1183 Da）	蜡状芽孢杆菌	鼠伤寒沙门氏菌
	（水解蛋白酶）	金黄色葡萄球菌	大肠杆菌
红细胞	各种肽（由真菌蛋白酶水解 24 h）	金黄色葡萄球菌	大肠杆菌 铜绿假单胞菌
鸡蛋白溶菌酶	Asn-Thr-Asp-Gly-Ser-Thr-Asp-Tyr-Gly-Ile-Leu-Gln-Ile-Asn-Ser-Arg （木瓜蛋白酶和胰蛋白酶水解）[b]	肠膜状明串珠菌	大肠杆菌
鳟鱼副产品	各种肽（20%~30%水解） （鳟鱼胃蛋白酶水解）	鲑肾杆菌	嗜冷黄杆菌
小肠（潘氏细胞）	α-防御素，溶菌酶 C，血管生成素-4 和隐窝素相关肽序列 磷脂-sn-2 酯酶和 C 型凝集素	革兰氏阴性菌（广谱） 革兰氏阳性菌（广谱）	革兰氏阴性菌（广谱） 无影响

资料来源：Hou, Y.Q., Z.L. Wu, Z.L. Dai, G.H. Wang, and G. Wu. 2017. *J. Anim. Sci. Biotechnol.* 8:24.

[a] 最小抑制浓度 = 0.6–5 mg/mL。

[b] 最小抑制浓度 = 0.36–0.44 μg/mL。

蛋白质的微生物水解使用液体（高水分条件）或固体（高水分条件）状态发酵，产生大肽和小肽。合适的微生物包括米曲霉（*Aspergillus oryzae*）、大豆曲霉（*Aspergillus sojae*）和塔玛曲菌（*A. tamari*）（真菌）；酿酒酵母（*Saccharomyces cerevisiae*）（酵母）；细菌，如芽孢杆菌属和乳酸杆菌属。与常规豆粕相比，发酵水解大豆产品含有较低水平的超敏因子或抗营养因子，后者包括蛋白酶（如胰蛋白酶）抑制剂、淀粉酶抑制剂、大豆球蛋白、β-伴大豆球蛋白、肌醇六磷酸、凝集素、低聚糖（棉子糖和水苏糖）及大豆中的皂苷。因此，发酵水解程度较高的大豆产品可以用于动物日粮中（McCalla et al., 2010）。

4.4 游离氨基酸的化学反应

有关游离氨基酸的化学反应的知识对于它们的分析及代谢有益,可进行氨基酸营养方面的研究。有些反应可能发生在动物中,并且对于理解动物中氨基酸的安全性可能具有生化意义。许多氨基酸代谢物(包括新衍生的氨基酸)通常存在于动物、植物和微生物中(Wu, 2013)。特别有趣的是,生物活性胺是在生物体中合成的一类重要的化合物,包括多胺和其他胺类(胍丁胺、5-羟色胺、酪胺、组胺、苯乙胺、色胺和儿茶酚胺)。总体来说,氨基酸的化学反应取决于氨基、羧基、侧链和完整分子。

4.4.1 α-氨基酸中氨基的化学反应

α-氨基酸的氨基具有化学活性,并参与各种物质的反应。这些化学反应包括:乙酰化、苯甲酰化、苄氧羰基化、缩合、脱氨基、二硝基苯基化、基团保护、甲基化、氧甲基化和转氨基(Wu, 2013)。这些反应中的缩合、脱氨基、转氨基和氧甲基化 4 种,因为它们的生物学相关性并且可用于分析氨基酸及其代谢物,所以在本部分简要地介绍。

4.4.1.1 氨基酸中 α-氨基与强酸的反应

碱性氨基酸,如精氨酸和赖氨酸,通常以其盐酸盐的形式用于静脉滴注或饮食添加剂。这涉及在室温(如 25℃)下,氨基酸的 α-氨基与 HCl 反应。得到的产品没有苦味或刺激性气味。

$$
\underset{\text{氨基酸}}{R-\overset{\overset{\displaystyle H}{|}}{\underset{\underset{\displaystyle NH_2}{|}}{C}}-COOH} + HCl \longrightarrow \underset{\text{氨基酸盐酸盐}}{R-\overset{\overset{\displaystyle H}{|}}{\underset{\underset{\displaystyle NH_3^+Cl^-}{|}}{C}}-COOH}
$$

4.4.1.2 氨基酸中 α-氨基的乙酰化

氨基酸的氨基容易进行乙酰化(通过乙酰氯、乙酸酐等试剂的乙酰化将–$COCH_3$ 加入氨基酸)。在细胞中,蛋白质中氨基酸残基的乙酰化对其生物活性起着重要的作用。在肽的化学合成中,需要通过试剂(如苄氧基碳酰氯和叔丁氧基羰基氯)来乙酰化氨基,以产生期望的氨基酸序列。

$$
\underset{\text{氨基酸}}{R-\overset{\overset{\displaystyle H}{|}}{\underset{\underset{\displaystyle NH_2}{|}}{C}}-COOH} + \underset{\text{乙酰氯}}{CH_3COCl} \longrightarrow \underset{\text{乙酰氨基酸}}{R-\overset{\overset{\displaystyle H}{|}}{\underset{\underset{\displaystyle NHCOCH_3}{|}}{C}}-COOH} + HCl
$$

4.4.1.3 氨基酸中 α-氨基与化学试剂的结合

邻苯二甲醛(OPA,一种非荧光物质)是一种与主要氨基酸、β-氨基酸、γ-氨基酸及小肽(如丙氨酰-谷氨酰胺和谷胱甘肽)反应的试剂(Wu and Meininger, 2008)。OPA首先由 A. Colson 和 H. Gautier 于 1887 年通过 α,α,α′,α′-四氯邻二甲苯化学合成。在 2-巯基乙醇或 3-巯基丙酸存在的条件下，OPA 与含有伯氨基的分子快速反应形成高荧光的加合物（图 4.13）。脯氨酸不与 OPA 反应（Wu, 1993），半胱氨酸或胱氨酸与 OPA 的反应非常有限（Dai et al., 2014）。然而，OPA 容易于 60℃时在氯胺-T 和硼氢化钠存在的条件下由脯氨酸氧化产生 4-氨基-1-丁醇；在碘乙酸存在的条件下与由半胱氨酸形成的 S-羧甲基半胱氨酸反应。OPA 的方法由于具有以下优点而被广泛用于高效液相色谱（HPLC）的氨基酸分析：制备样品、试剂和流动相溶液的步骤简单；OPA 衍生物可快速形成并可在室温下有效分离；在皮摩尔（pmol）水平下检测具有高灵敏度；简易自动化的仪器；干扰性副反应少；稳定的色谱基线和峰面积的精确整合；保护柱和分析柱的快速再生。这种方法适用于分析组织和蛋白质水解产物中的氨基酸及相关代谢物（Dai et al., 2004; Hou et al., 2015a）。

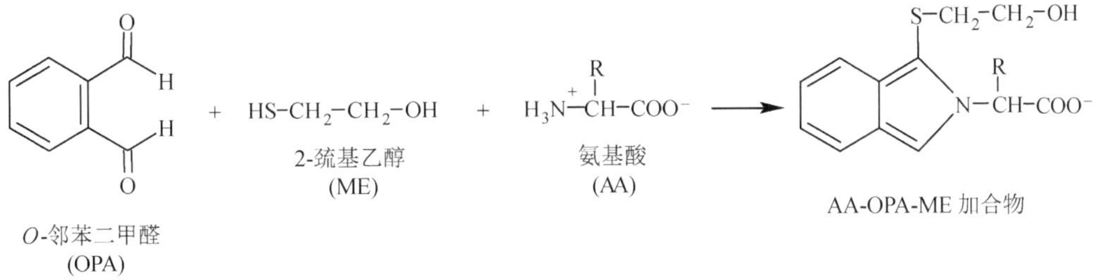

图 4.13 邻苯二甲醛衍生物分析主要氨基酸。用于与 OPA 反应的每种氨基酸标准品的浓度是 10 μmol/L。所得产物用高效液相色谱分离，然后在 340 nm 的激发波长和 455 nm 的发射波长下检测。

4.4.1.4 氨基酸的脱氨基反应

早在 20 世纪头十年就可用亚硝酸处理从氨基酸中除去 α-氨基得到相应的羟基酸和氮气，这种反应被称为范斯莱克（Van Slyke）测定法，在 1911 年由 D.D. Van Slyke 首次用于测定氨基酸。氮气通过容积法或压力法测量，其产量与氨基酸的量成正比。应注意次级氨基酸（如脯氨酸和羟脯氨酸）不与亚硝酸反应。

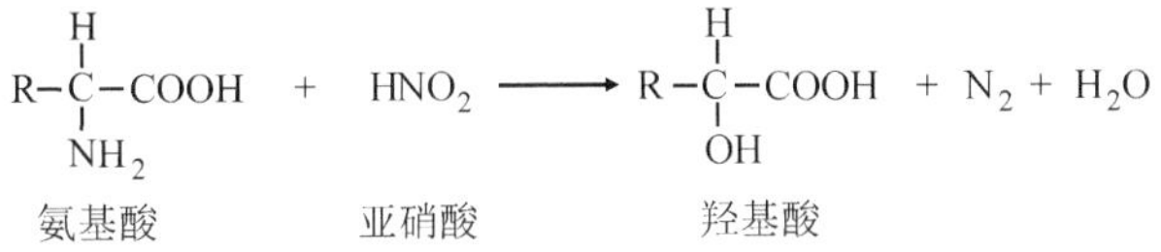

在反应性羰基（如四氧嘧啶、靛红和醌）或 α-酮酸（如甲基乙二醛和苯基乙二醛）存在的情况下，氨基酸可经历脱氨，产生氨气和相应的 α-酮酸。在生物学中，脱氨基由 D-氨基酸脱氨酶（氧化酶）和 L-氨基酸脱氨酶（氧化酶）催化。1909 年，O. Neubauer 报道了哺乳动物体内 α-氨基酸的脱氨基反应。1935 年，H.A. Krebs 发现在动物组织中催化氨基酸脱氨基的酶。这种生化反应在神经系统和免疫系统中都有重要的作用。

4.4.1.5 氨基酸与 α-酮酸的转氨基反应

加热时可用 α-酮酸对氨基酸进行非酶促转氨基反应。例如，α-氨基苯乙酸 [$C_6H_5CH(NH_2)COOH$] 与丙酮酸在水溶液中反应生成丙氨酸、苯甲醛（C_6H_5CHO）和 CO_2。这种化学反应在 1934 年由 R.M. Herbst 和 L.L. Engel 发现，并用于合成二肽，如丙氨酰-丙氨酸。酶催化的氨基酸转氨反应广泛发生于动物、植物和微生物中，并且在许多氨基酸的合成和分解代谢中起重要作用（Brosnan，2001）。

$$R_1-\overset{\overset{\displaystyle H}{|}}{\underset{\underset{\displaystyle NH_2}{|}}{C}}-COOH \ + \ R_2-\overset{}{\underset{\underset{\displaystyle O}{\|}}{C}}-COOH \ \longrightarrow \ R_2-\overset{\overset{\displaystyle H}{|}}{\underset{\underset{\displaystyle NH_2}{|}}{C}}-COOH \ + \ R_1-\overset{}{\underset{\underset{\displaystyle O}{\|}}{C}}-COOH$$

氨基酸$_1$ α-酮酸$_1$ 氨基酸$_2$ α-酮酸$_2$

4.4.1.6 氨基酸的氧甲基化反应

在氧甲基化反应中，氨基酸的 α-氨基与甲醛反应形成 *N*-羟甲基氨基酸。这个反应由 H. Schiff 于 1899 年提出，并于 1907 年由 S.P.L. Sörensen 用于氨基酸分析。该方法是将过量的甲醛加入氨基酸溶液中，然后以酚酞作为指示剂，用标准碱滴定到深红色。应该注意的是：①氨基酸必须溶解在无色溶液中以防止对测定的任何干扰；②是半胱氨酸而不是胱氨酸与甲醛或 1,2-萘醌-4-磺酸钠反应；③氨、肽和伯胺（氨中的 1 个氢原子被烷基取代）、亚硝酸盐、硝酸盐等多种含氮物质也与甲醛反应。因此，该方法在很大程度上高估了动物产品或组织酶水解产物中游离氨基酸的浓度。

$$R-\overset{\overset{\displaystyle H}{|}}{\underset{\underset{\displaystyle NH_2}{|}}{C}}-COOH \ + \ H-\overset{\displaystyle O}{\underset{\underset{\displaystyle H}{}}{C}} \ \longrightarrow \ R-\overset{\overset{\displaystyle H}{|}}{\underset{\underset{\displaystyle NH-CH_2-OH}{|}}{C}}-COOH$$

氨基酸   甲醛   *N*-羟甲基氨基酸

4.4.2 α-氨基酸中羧基的化学反应

4.4.2.1 氨基酸的羧基与碱性物质的反应

大多数氨基酸的羧基与强碱（如 NaOH；pH > 12）在室温（如 25℃）下反应生成羧酸钠盐，这解释了在强碱条件下这些氨基酸的不稳定性，然而色氨酸是一个例外，它在强碱（如 4.2 mol/L NaOH）中也非常稳定，即使在 105℃ 也至少可稳定存在 20 h。

$$R-\overset{\overset{\displaystyle H}{|}}{\underset{\underset{\displaystyle NH_2}{|}}{C}}-COOH \ + \ NaOH \ \longrightarrow \ R-\overset{\overset{\displaystyle H}{|}}{\underset{\underset{\displaystyle NH_2}{|}}{C}}-\overset{\displaystyle O}{\underset{\underset{\displaystyle O^-Na^+}{}}{C}} \ + \ H_2O$$

氨基酸   氨基酸钠盐

4.4.2.2 氨基酸的脱羧反应

氨基酸的 α-羧基参与脱羧、酯化和还原这几个化学反应（Wu，2013）。氨基酸脱羧的实例是组氨酸转化为组胺，以及谷氨酸转化为 γ-氨基丁酸，这两个反应由动物细胞中的酶催化。

谷氨酸 → γ-氨基丁酸 ＋CO$_2$（谷氨酸脱羧酶）

组氨酸 → 组胺 ＋CO$_2$（组氨酸脱羧酶）

氨基酸可以被强碱（如 NaOH）酯化。另外，许多氨基酸的甲酯、乙酯和苄酯可以分别用 2,2-二甲氧基丙烷、无水乙醇和对甲苯磺酸加苄醇进行化学制备。氨基酸的酯化起到阻断其 α-羧基的作用，最后通过化学方法将 α-氨基酸转化为 1,2-氨基醇。在这些方法中，将未保护的或 N-保护的 α-氨基酸修饰成相应的氨基醇，包括将酸性基团活化成酸酐、酰性氟或活性酯，然后用硼氢化钠还原，或者使用四氢呋喃中的硼氢化钠和碘直接还原氨基酸以形成相应的醇。

4.4.3 α-氨基酸中侧链的化学反应

α-氨基酸侧链的氨基或羧基可以参与某些化学反应。例如，赖氨酸的 ε-氨基和精氨酸的胍基可以参与氢键的形成、甲基化和涉及碳水化合物的反应。另外，精氨酸的胍基，而不是其氨基，可以与二酮类发生特异性反应（Dinsmore and Beshore, 2002），该反应用于确定精氨酸残基在稳定蛋白质的三级和四级结构及酶的变构和活性位点中的作用。此外，天冬酰胺的 γ-氨基可以与还原性碳水化合物反应，从而为蛋白质的 N-连接糖基化提供关键位点。天冬酰胺还可以在高温下与反应性羰基即碳水化合物反应，生成存在于烘烤食品中的一种潜在的致癌物——丙烯酰胺。

4.4.3.1 酰胺化反应

氨基酸的酰胺化的例子是由谷氨酸和 NH_4^+ 形成谷氨酰胺，另一个例子是由天冬氨酸和 NH_4^+ 合成天冬酰胺，这些是存在于动物、植物和微生物中的重要反应。

$$谷氨酸 + NH_4^+ \rightarrow 谷氨酰胺（谷氨酰胺合成酶）$$
$$天冬氨酸 + NH_4^+ \rightarrow 天冬酰胺（天冬酰胺合成酶，微生物中）$$

4.4.3.2 脱酰胺反应

如前所述，谷氨酰胺和天冬酰胺在相对高的温度（110℃）及强酸（如 6 mol/L HCl）存在下进行脱酰胺作用，分别产生谷氨酸和天冬氨酸，这些反应也产生 NH_4^+。在室温（如 25℃）、0.75 mol/L $HClO_4$ 或 5% TCA 存在时，检测不到谷氨酰胺或天冬酰胺的水解。

4.4.3.3 酪氨酸中苯环的碘化反应

酪氨酸的苯环在碱性条件下被碘化。酪氨酸在动物体内合成甲状腺激素还涉及酪氨酸的碘化，其包括一系列的 H_2O_2 依赖性过氧化反应，如过氧化物酶催化的碘化氧化、酪氨酸残基的碘化及甲状腺球蛋白中碘化酪氨酸的偶联反应。

4.4.4 赖氨酸的 ε-NH₂ 基团的化学反应

饲料蛋白中的游离赖氨酸或赖氨酸残基与甲基异脲进行胍基反应生成高精氨酸。具体而言，将实验材料（含有 200 g 粗蛋白质）与 1 L 的 0.5 mol/L 甲基异脲（使用 1 mol/L

NaOH 调节 pH 至 10.5）充分混合，然后将混合物在 4℃放置 4–6 天。将含有高精氨酸残基的蛋白质饲喂动物（如猪和家禽），以确定氨基酸的真实可消化性（Yin et al., 2015），该方法基于高精氨酸不能由测试动物合成这一假设。但现在已经知道，这种假设是无效的，因为许多动物（如猪和大鼠）的组织可以由精氨酸和甘氨酸合成高精氨酸（Hou et al., 2016）。

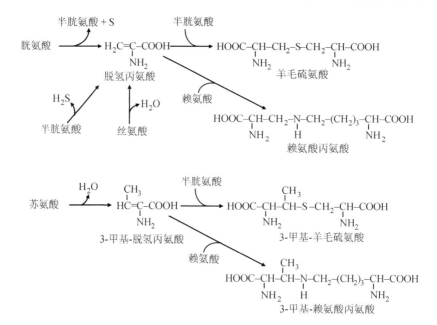

4.4.4.1 氨基酸的缩合反应

在高温（如进料加热）下，两种氨基酸可以通过其侧链的化学反应进行缩合，以形成新的氨基酸。这种缩合不涉及肽键的形成，实例是由胱氨酸加上半胱氨酸、半胱氨酸（或丝氨酸）加上赖氨酸，分别生成羊毛硫氨酸和赖氨酸丙氨酸，以及由苏氨酸加上半胱氨酸、苏氨酸加上赖氨酸，分别形成 3-甲基-羊毛硫氨酸和 3-甲基-赖氨酸丙氨酸（图 4.14）。在肽结合的赖氨酸、苏氨酸、丝氨酸和半胱氨酸中也发生这样的反应，会降低蛋白质的质量，因为这些氨基酸衍生物不被任何酶水解并且对动物没有营养价值。

图 4.14 加热游离氨基酸后形成羊毛硫氨酸、赖氨酸丙氨酸、3-甲基-羊毛硫氨酸、3-甲基-赖氨酸丙氨酸。这些反应也可以在肽结合的氨基酸中发生。

4.4.5 α-氨基酸中同时涉及氨基和羧基的化学反应

由于 α-氨基酸含有具有化学活性的氨基和羧基，它们参与一些独特的反应，包括螯合、环化、消旋、*N*-羧酸酐形成和氧化脱氨（脱羧）（Wu, 2013）。这些反应产生氨基酸螯合物、二氢唑酮、二酮哌嗪、*N*-羧基环内酸酐（NCA）、肽键和醛。这些反应的一些产物（包括铜-氨基酸配合物）的结构如下所示：

| 铜-氨基酸螯合物 | 乙内酰脲 | 吁内酯 | *N*-羧基环内酸酐 | 二酮哌嗪 |

4.4.5.1 氨基酸与金属物质的螯合

氨基酸与金属的螯合物可向动物有效地提供无机营养物（如 Zn、Cu 和 Fe）。氨基酸具有可电离的羧基和氨基，因此具有形成金属络合物的能力，氨基酸的这种理化性质是在 1854 年由 A. Gössmann 首次制备铜-亮氨酸螯合物时发现的。随后在 1904 年通过在热水溶液中将甘氨酸与过量的碳酸铜混合，制备比例为 1∶2 的甘氨酸铜络合物 $[(NH_2CH_2COO)_2Cu]$。氨基酸-矿物螯合物被广泛用作动物饲料的补充剂。

在铜-甘氨酸配合物中，每个甘氨酸分子中的氢原子被单个铜原子置换，并且该金属与两个甘氨酸分子的氨基形成配位共价键（Yamauchi et al., 2002）。和碱金属与甘氨酸盐相反，铜-甘氨酸配合物的水溶液实际没有电导率。现在已知只有 α-和 β-氨基酸可以形成稳定的铜配合物，而 γ-或 δ-氨基酸不能，并且它们的稳定性不仅取决于侧链的性质，还取决于络合氮原子的解离常数。除了铜之外，α-和 β-氨基酸还可以与 Ni^{2+}、Zn^{2+}、Co^{2+}、Fe^{2+}、Mn^{2+}、Mg^{2+} 和 Ca^{2+} 形成螯合物，如现在市售可作为农场动物饲料添加剂的 Zn-Met、Cu-Lys 和 Mn-Gly。Ca^{2+} 可以与丝氨酸、苏氨酸和酪氨酸的所有官能团（即羧基、氨基和羟基）形成共价键。

4.4.5.2 α-氨基酸的酯化和 N^α-脱氢反应

一个 α-氨基酸的酯化和 N^α-脱氢反应的实例是由 L-精氨酸单盐酸盐、乙醇和月桂酰氯合成月桂酸精氨酸（乙基-N^α-月桂酰-L-精氨酸盐酸盐）（Wu, 2013）。该反应由氯化亚砜（$SOCl_2$）催化 L-精氨酸（L-Arg）羧基与乙醇在碱（NaOH）存在下酯化生成乙基精氨酸二盐酸盐，再与月桂酰氯缩合生成月桂酸酯。这种物质是一种新型阳离子表面活性剂，具有很强的抗菌作用。因此，月桂酰精氨酸（如 200 ppm）现在被用作食品和饮料工业中的安全防腐剂，也可以在动物（如断奶仔猪）饮食中作为饲料添加剂，以改善肠道健康和营养物质利用效率。

乙基-N^α-月桂酰-L-精氨酸盐酸盐

4.4.5.3 氨基酸的氧化脱氨基（脱羧基）反应

1849 年，J. von Liebig 首先发现，在二氧化铅和稀硫酸混合物存在的条件下，氨基酸可氧化脱氨（脱羧）产生氨气、二氧化碳和醛。当用次氯酸钠或氯胺-T 处理氨基酸时，也发生这样的反应。氨基酸在一定条件下特异性地生成醛，而氨气和 CO_2 是由所有氨基酸非特异性生成的。氨基酸的另一个氧化脱氨基（脱羧基）反应是其与茚三酮反应产生有色产物，这个复杂的化学反应是 S. Ruhemann 于 1911 年发现的。首先，氨基酸与茚三酮反应形成中间体胺、相应的醛、二氧化碳和氨气。有趣的是，最初的产物因氨基酸的不同而不同。例如，天冬氨酸和胱氨酸产生 2 mol 的 CO_2，而脯氨酸和羟脯氨酸不产生氨气。其次，中间体胺与茚三酮反应生成茚二酮-2-N-2′-茚酮烯醇化物（罗曼紫色）、二氢丹宁（可通过紫外吸收检测）和氨气。最后，还原茚三酮与氨反应生成鲁希曼紫色（蓝紫色，在 570 nm 处有最大吸收峰）。另外，氨与茚三酮和还原茚三酮反应也产生罗曼紫色。总体而言，该烯醇化物的氮原子来自 α-氨基酸。在纸层析中，脯氨酸或羟脯氨酸与茚三酮反应生成黄色产物（在 440 nm 处有最大吸收），而其他氨基酸与其生成紫蓝色产物。除了氨基酸和氨之外，肽还可以与茚三酮反应以产生有色产物。迄今为止，茚三酮通常用于氨基酸分析。

$$\text{茚三酮} + \text{氨基酸} \rightarrow \text{RCHO（醛）} + CO_2 + H_2O + \text{罗曼紫色产物}$$

4.4.6 α-氨基酸侧链基团与 α-氨基的分子内环化反应

如前所述，在室温下，溶液中的谷氨酰胺在酰胺基团和 α-氨基之间发生非常缓慢的自发环化，产生焦谷氨酸，并伴随氨气的释放。在 180℃时，在谷氨酸分子内，侧链羧基与 α-氨基环化形成焦谷氨酸，并伴随着 H_2O 的释放。这些反应如下所示。

谷氨酰胺 $(C_5H_{10}N_2O_3)$　在水中自发反应 (25℃)　NH_3　焦谷氨酸 (5-oxoproline) $(C_5H_7NO_3)$

谷氨酸 $(C_5H_9NO_4)$　在水中自发反应(180℃)　H_2O　焦谷氨酸 (5-oxoproline) $(C_5H_7NO_3)$

4.4.7 肽的合成

一个氨基酸的羧基和另一个氨基酸的氨基失去一个 H_2O 分子可以形成一个分子量为 18 Da 的肽键（–CONH–）（图 4.10）。N-羧基环内酸酐是氨基酸的重要活化衍生物，用于化学合成小肽和蛋白质。液相肽合成法是肽合成的经典方法，并且对于工业用途肽的大规模生产很有用。由 R.B. Merrifield 于 1963 年率先开发的固相肽合成法现已被广泛用于实验室合成多肽和蛋白质（Marglin and Merrifield, 1970）。与核糖体蛋白质合成不同，肽的化学合成以 C 端至 N 端方式进行，N 端由叔丁氧基氨基甲酸酯（t-BOC）或 9-芴基甲基氯甲酸酯（FMOC）保护。

在动物细胞中，多肽合成需要 mRNA 模板、tRNA、rRNA、翻译起始因子、延伸因子、许多酶和生物能（ATP 和 GTP）共同作用。需要注意的是，一些特殊的抗氧化剂二肽（如丝氨酸、鲸肌肽、β-丙氨酰组胺、肌肽、高丝氨酸和高肌肽）的形成是由特定的酶催化的，不需要 mRNA、tRNA 或 rRNA（图 4.15）。同样，神经活性二肽（京都啡肽）由脑中的 ATP 依赖性神经啡肽合成酶及 L-酪氨酸和 L-精氨酸合成，这些二肽的分布随组织而变化（表 4.10）。例如，肌肽和鹅肌肽分别是哺乳动物骨骼肌和鸟类中最丰富的二肽（Wu et al., 2016）。鲸肌肽也存在于猪的骨骼肌和鸟视网膜的绒毛膜上。在哺乳动物大脑中，高肌肽和高鹅肌肽比肌肽更丰富。蟹肌肉及脊椎动物的神经组织和心脏富含 β-丙氨酰组胺。

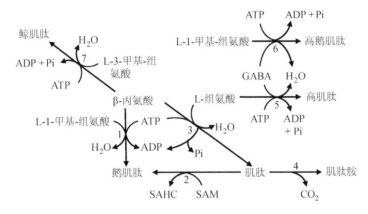

图 4.15　动物组织中特殊抗氧化剂的合成。催化所示反应的酶如下：①鹅肌肽合成酶；②肌肽-N-甲基转移酶；③肌肽合成酶；④肌肽脱羧酶；⑤高肌肽合成酶；⑥高鹅肌肽合成酶；⑦鲸肌肽合成酶。这些酶的表达具有种属和组织特异性。GABA，γ-氨基丁酸；SAHC，S-腺苷高半胱氨酸；SAM，S-腺苷甲硫氨酸。（复制自：Wu G. 2013. *Amino Acids: Biochemistry and Nutrition.* 版权 2013，CRC 出版社授权）

表 4.10　动物中的二肽和三肽 [a]

通用名	组成	储存的主要组织
	1）二肽	
丝氨酸 [b]	β-丙氨酰-L-1-甲基-组氨酸	鸟类的骨骼肌和大脑；哺乳动物的骨骼肌
鲸肌肽	β-丙氨酰-L-3-甲基-组氨酸	骨骼肌和大脑
肌肽胺	β-丙氨酰-组胺	脊椎动物的大脑和心脏；蟹肌肉
肌肽 [c]	β-丙氨酰-L-组氨酸	大脑和骨骼肌
高肌肽	γ-氨基丁酰基-L-组氨酸	脊椎动物的大脑
高丝氨酸	γ-氨基丁酰基-L-1-甲基-组氨酸	脊椎动物的大脑
京都啡肽	L-酪氨酰-L-精氨酸	哺乳动物的大脑
	2）三肽	
谷胱甘肽	γ-谷氨酸-半胱氨酸-甘氨酸	细胞、胆汁酸、胰液和子宫液
胶原肽	甘氨酸-脯氨酸-羟脯氨酸	牛奶和血浆

[a] 存在于哺乳动物和鸟类中（除非另有说明）。

[b] 也称为甲基肌肽，未在哺乳动物肌肉或大脑中发现。

[c] 不存在于鸟类中。

4.5 蛋白质和多肽的化学反应

4.5.1 蛋白质和多肽中肽键的水解

蛋白质中的肽键可以在强酸（如 6 mol/L HCl）或强碱（如 4 mol/L NaOH）及高温（如 105–110℃）的条件下水解，且水解程度具有时间依赖性。酸水解法是测定蛋白质中大部分氨基酸的标准方法，碱水解法是测定蛋白质中色氨酸的标准方法。在动物体内，蛋白质在胃肠道（细胞外蛋白水解）和所有类型细胞（细胞内蛋白水解）中被蛋白酶水解。

$$蛋白质 + H_2O \rightarrow 氨基酸（6\ mol/L\ HCl, 110℃，24\ h）$$
$$蛋白质 + H_2O \rightarrow 色氨酸（4\ mol/L\ NaOH, 105℃，20\ h）$$

完整氨基酸的分子量（如天冬氨酸，133.10 Da）比其蛋白质残基的分子量（如天冬氨酸残基 115.10 Da）大 18 Da。因此，当计算酸或碱水解后的饲料或动物组织中的真蛋白质含量时应该加以注意。在动物（如猪）体内，蛋白质的平均分子量（其氨基酸残基的分子量的总和）为 100 Da（表 4.11），对应化学式为 $C_{4.3}H_7O_{1.4}N_{1.2}S_{0.069}$。一般需要 118 g 氨基酸才能在动物体内产生 100 g 蛋白质（表 4.11）。如果使用完整氨基酸的分子量来计算蛋白质的量，则该值是 118 g，这时会将蛋白质的真实数量高估 18%。

表 4.11 猪体蛋白质的氨基酸组成

氨基酸	完整氨基酸的分子量（Da）	氨基酸残基的分子量（Da）	100 g 蛋白质中的氨基酸残基（g）	100 g 蛋白质中的氨基酸残基（mmol）	生产 100 g 蛋白质所需的氨基酸（g）	完整氨基酸的能量（kJ/mol）	生产 100 g 蛋白质需要完整氨基酸的能量（kJ）
	A	B =（A−18）	C	D=C×1000/B	E = A× D/1000	F	G = D×F/1000
Ala	89.09	71.09	6.16	86.7	7.72	1577	136.6
Arg	174.2	156.2	7.14	45.7	7.96	3739	170.9
Asn	132.12	114.12	3.65	32.0	4.23	1928	61.7
Asp	133.1	115.1	4.36	37.9	5.04	1601	60.6
Cys	121.16	103.16	1.32	12.8	1.55	2249	28.8
Gln	146.14	128.14	5.28	41.2	6.02	2570	105.9
Glu	147.13	129.13	8.7	67.4	9.91	2244	151.2
Gly	75.07	57.07	10.5	184.0	13.81	973	179.0
His	155.15	137.15	2.16	15.7	2.44	3213	50.6
OH-Pro	131.13	113.13	3.85	34.0	4.46	2593	88.2
Ile	131.17	113.17	3.59	31.7	4.16	3581	113.6
Leu	131.17	113.17	6.93	61.2	8.03	3582	219.3
Lys	146.19	128.19	6.22	48.5	7.09	3683	178.7
Met	149.21	131.21	1.93	14.7	2.19	3245	47.7
Phe	165.19	147.19	3.59	24.4	4.03	4647	113.3
Pro	115.13	97.13	8.53	87.8	10.11	2730	239.7

氨基酸	完整氨基酸的分子量（Da） A	氨基酸残基的分子量（Da） B =（A–18）	100 g 蛋白质中的氨基酸残基（g） C	100 g 蛋白质中的氨基酸残基（mmol） D=C×1000/B	生产 100 g 蛋白质所需的氨基酸（g） E = A× D/1000	完整氨基酸的能量（kJ/mol） F	生产 100 g 蛋白质需要完整氨基酸的能量（kJ） G = D×F/1000
Ser	105.09	87.09	4.31	49.5	5.20	1444	71.5
Thr	119.12	101.12	3.5	34.6	4.12	2053	71.1
Trp	204.22	186.22	1.19	6.4	1.31	5628	36.0
Tyr	181.19	163.19	2.86	17.5	3.18	4429	77.6
Val	117.15	99.15	4.2	42.4	4.96	2933	124.2
平均	136.6	118.6	–	–	–	–	–
总值	–	–	100	–	118	–	2326

资料来源：Wu, G. 2013. *Amino Acids: Biochemistry and Nutrition*. CRC Press, Boca Raton, Florida。

4.5.2 蛋白质和多肽的染料结合

考马斯染料在酸性溶液中与蛋白质结合，使染料的最大吸收峰的位置由 465 nm 变为 595 nm，溶液的颜色也由棕黑色变为蓝色。通过测定 595 nm 处光吸收的增加量可知与其结合蛋白质的量。该方法在蛋白质定性和定量（如蛋白质组学）方面有重要应用价值。

4.5.3 双缩脲法测定蛋白质和肽类

在碱性条件下，含有两个或两个以上肽键的物质与试剂中的铜离子（Cu^{2+}）形成紫色络合物（9 g 酒石酸钠钾、3 g 五水硫酸铜和 5 g 碘化钾，按顺序溶解在 400 mL 的 0.2 mol/L NaOH 中，随后加水至终体积为 1 L），基本原理是 Cu^{2+} 与肽键螯合，测量 545 nm 处溶液的吸光度，产生的颜色强度与溶液中的蛋白质和肽浓度成比例。注意此测定试剂实际上不包含双缩脲试剂（一种化学式为 $C_2H_5N_3O_2$ 的化合物，也称为缩二脲）。双缩脲试验的命名是因为双缩脲和蛋白质（或多肽）对碱性铜试剂具有相同的反应。

4.5.4 劳里法检测蛋白质和多肽

在碱性条件下，铜离子（Cu^{2+}）与肽键螯合，导致铜离子（Cu^{2+}）被还原成亚铜离子（Cu^+）。亚铜离子与福林-西奥卡特（Folin Ciocalteu）试剂（磷钼酸/磷钨酸）反应可以在 650–750 nm 处产生蓝色。蛋白质和肽中芳香族氨基酸残基的氧化加深了溶液的蓝色。产生的颜色强度与肽键的量成正比，这种方法通常被称为蛋白质或肽定量的劳里（Lowry）法。

4.5.5 蛋白质和肽类的美拉德反应

由于美拉德反应，蛋白质或游离氨基酸在碳水化合物存在时对热损伤的敏感性增加。该反应发生在某些氨基酸的游离氨基[特别是蛋白质中赖氨酸残基的 ε-氨基（–NH₂）]和羰基化合物（–HC=O）[特别是还原糖（如葡萄糖、果糖或核糖）]之间（图 4.16）。

蛋白质中精氨酸残基的胍基或谷氨酰胺残基的侧链–CH_2 也可与羰基化合物反应。游离赖氨酸、精氨酸和谷氨酰胺也可以参与美拉德反应。

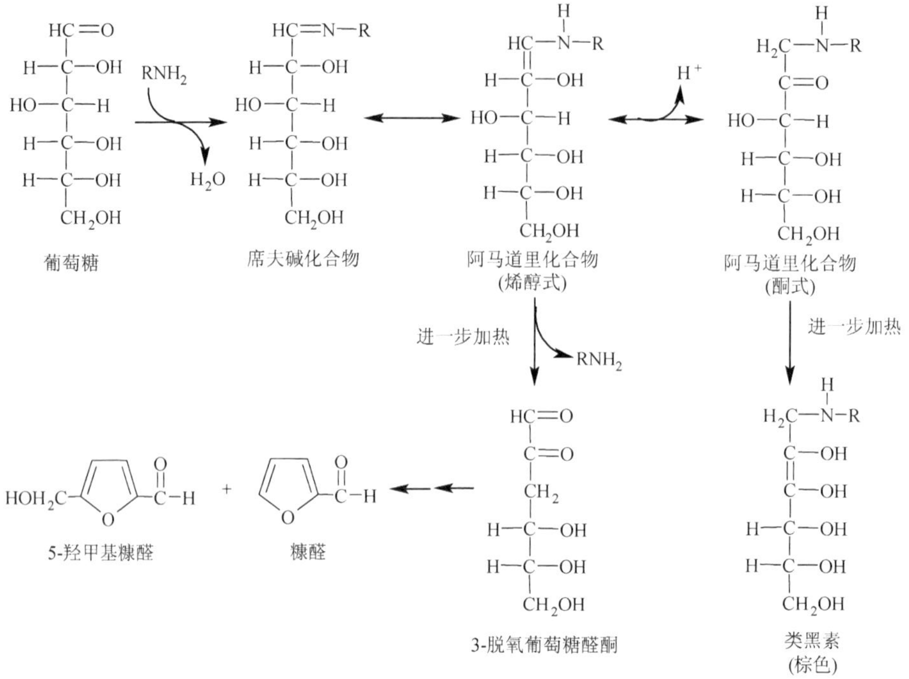

图 4.16　氨基酸和碳水化合物之间的美拉德反应。（复制自：Wu G. 2013. *Amino Acids: Biochemistry and Nutrition.* 版权 2013，CRC 出版社授权）

最初的步骤是形成席夫碱，然后阿马道里重排席夫碱以生成阿马道里化合物。席夫碱的形成是可逆的。然而，进一步的加热导致黑色素聚合物的产生，呈现棕色。过热干草和青贮的黑色着色是美拉德反应的表现，黑色素聚合物形式修饰的赖氨酸不能在动物营养上应用。因此，饲料蛋白质的过量加热是一个问题。如果被加热的蛋白质通过瘤胃中的蛋白酶而不被分解，这些蛋白质也可以通过皱胃和小肠中的蛋白酶而不被分解。美拉德反应在高血糖条件下可以在动物中低速率发生，对于其营养和健康也具有重要意义。

4.5.6　蛋白质的缓冲反应

蛋白质含有可离子化基团的氨基酸残基（如组氨酸、精氨酸、赖氨酸和甘氨酸），且每个都具有不同的 pK_a 值，由于其在血液和细胞中浓度很高，蛋白质为细胞和生物体提供了较强的缓冲能力，蛋白质在细胞内缓冲的一个很好的例子是富含组氨酸的血红蛋白在红细胞内富集，由于红细胞膜对 H^+ 的渗透性，这种缓冲作用也影响血液的 pH。

$$H·蛋白质 \longleftrightarrow H^+ + 蛋白质$$

4.5.7　血红蛋白与 O_2、CO_2、CO 和 NO 的结合

脱氧血红蛋白是没有结合氧的血红蛋白的形式，这种蛋白质由 4 个对称的亚基和 4

个血红素基团组成，因此，一个血红蛋白分子运输 4 个 O_2 分子。与血红素相关的铁（Fe^{2+}）以协作的形式结合 O_2 形成氧合血红蛋白[$Hb(Fe(II)-O_2)$]，这个过程发生在与肺泡相邻的肺毛细血管中。氧合血红蛋白中的氧气穿过血流，并在 O_2 被用作末端电子受体的细胞和组织处释放。在由能量底物氧化产生 CO_2 的细胞和组织中，CO_2 与血红蛋白的末端氨基（每分子血红蛋白 4 个 CO_2 分子）结合形成氨基甲酰血红蛋白。该反应的平衡取决于血红蛋白是否与 O_2 结合，当溶解的 O_2 减少时则其与 CO_2 的结合增加。因为 CO_2 与血红蛋白的结合是可逆的，所以当它到达肺部毛细血管时，CO_2 自由地从这种蛋白质中解离出来。

$$蛋白质\text{-}NH_2 + CO_2 \longleftrightarrow 蛋白质\text{-}NH\text{-}COO^- + H^+$$
$$血红蛋白\text{-}NH_3^+ \longleftrightarrow 血红蛋白\text{-}NH_2 + H^+$$
$$血红蛋白\text{-}NH_2 + CO_2 \longleftrightarrow 血红蛋白\text{-}NH\text{-}COOH$$
$$血红蛋白\text{-}NH\text{-}COOH \longleftrightarrow 血红蛋白\text{-}NH\text{-}COO^- + H^+$$

除氧气外，血红蛋白还与竞争性抑制剂［如一氧化碳（CO）和一氧化氮（NO）］结合，因此，高浓度的 CO 和 NO 对动物是有毒的。在生理水平上，NO 与血红蛋白中半胱氨酸残基的巯基结合形成 S-亚硝基硫醇，随着血红蛋白从其血红素位点释放出 O_2，后者又分解成游离的 NO 和巯基，这有助于 O_2 和 NO 向身体组织的运输。在 CO 存在时，或者当血红素 Fe 被氧化成 Fe（III）态时，O_2 不能与血红蛋白结合。

NO 容易与氧合血红蛋白或氧合肌红蛋白反应产生硝酸盐（NO_3^-）和高铁血红蛋白或高铁肌红蛋白。血红蛋白或肌红蛋白的存在形式是氧化血红蛋白，不能结合 O_2。此外，NO 能与血红蛋白或肌红蛋白的氧化和脱氧形式反应生成亚硝酸盐（NO_2^-）和血红蛋白[$Fe(II)$-NO]复合物，这些反应总结如下。

$$氧合血红蛋白[Fe(II)\text{-}O_2] + NO \longrightarrow 高铁血红蛋白[Fe(III)] + NO_3^-$$
$$高铁血红蛋白[Fe(III)] + NO \longrightarrow 脱氧的血红蛋白[Fe(II)] + NO_2^- + 2H^+$$
$$脱氧的血红蛋白[Fe(II)] + NO \longrightarrow 氧合血红蛋白[Fe(II)]\text{-}NO 复合物$$

4.5.8　蛋白质在水中的溶解度

动物中的大多数蛋白质可溶于水，但是一些蛋白质如跨膜蛋白、具有共价分子间交联的成熟胶原，以及 α-和 β-角蛋白不溶于水。成熟的胶原蛋白可以通过在 1%乙酸中溶解，然后用蒸馏水透析（Veis and Anesey, 1965），从结缔组织中分离出来。可以将角蛋白溶解在 pH 10–13 的 0.5 mol/L 硫化钠中以破坏它们的二硫键，通过 35%硫酸铵沉淀，并像其他蛋白质一样在 1 mol/L NaOH 中再溶解（Gupta et al., 2012）。这种方法可用于从鸟类羽毛、哺乳动物角和爬行动物鳞片中分离蛋白质。

4.6　小　　结

蛋白质是由一个或多个多肽链组成的大分子，每个链由约 40 个至超过 1000 个氨基酸通过肽键连接而成。它们是除了脂肪细胞以外细胞中最丰富的干物质。蛋白质具有 4

个结构顺序：①一级结构（多肽链的氨基酸序列）；②二级结构（多肽骨架的构象）；③三级结构（蛋白质的三维排列）；④四级结构（多肽亚基的空间排列）。蛋白质中氨基酸的主要序列决定了其结构和生物学功能，稳定多肽聚集体的力是氢键和氨基酸残基之间的静电键。蛋白质在生理 pH（7–7.4）和温度（哺乳动物 37℃和鸟类 40℃）的水溶液中是稳定的。与碳水化合物和脂肪不同，蛋白质是唯一为动物提供氮、碳和硫的常量营养素。蛋白质作为动物组织的最基本组成成分，对机体包括细胞和组织的结构、酶催化反应、肌肉收缩、激素介导效应、免疫反应、储氧运输、营养、代谢调节、缓冲和基因表达等方面起着重要作用。对于动物体的组成，动物源饲料通常含有更多的蛋白质和更平衡的氨基酸比例，因此具有比植物源饲料更高的营养价值。日粮中蛋白质的消化产生大肽，其进一步水解成为小肽和游离氨基酸被吸收到小肠的肠细胞中。因此，动物需要的是膳食氨基酸而不是蛋白质。

　　除了甘氨酸、牛磺酸、β-丙氨酸和 γ-氨基丁酸之外，氨基酸以 L-和 D-构型存在。在动物中，L-氨基酸和甘氨酸是蛋白质合成的底物，但是一些 D-氨基酸也存在于生理液体中。氨基酸的多样性通过不同的侧链表现，在数量上，L-氨基酸可能占动物生物体中总氨基酸（L-氨基酸 + D-氨基酸）的 99.98%以上。所有结晶氨基酸在室温下（如 25℃）通常是稳定的，除半胱氨酸（其在氧化溶液中易氧化成胱氨酸）和谷氨酰胺（其以非常缓慢的速率自发环化形成焦谷氨酸）外，所有氨基酸在 25–40℃条件下均在水和生理溶液中稳定。除半胱氨酸和谷氨酰胺以外，所有的氨基酸在 5% TCA 或 0.75 mol/L $HClO_4$ 溶液或碱性溶液（pH 8.4）中可于室温（如 25℃）下稳定存在至少 12 h 或在–80℃下稳定存在 2 个月。在高温酸水解的标准条件下（即 6 mol/L HCl，110℃，24 h），除了谷氨酰胺、天冬酰胺、色氨酸和蛋氨酸以外，所有氨基酸都是高度稳定的。相反，大多数氨基酸（包括精氨酸、天冬酰胺、半胱氨酸、胱氨酸、谷氨酰胺和丝氨酸）在高温（如 105℃）下被碱水解破坏，而色氨酸在碱性溶液中稳定存在。

　　游离氨基酸和肽结合的氨基酸参与各种化学反应。它们包括：①氨基酸 α-氨基与强酸的反应或氨基酸的羧基与碱的反应；②氨基酸 α-氨基的乙酰化；③氨基酸 α-氨基与试剂的结合；④氨基酸的脱氨、氧化脱氨、转氨、脱羧、氧甲基化、缩合、酯化和分子内环化；⑤与金属螯合；⑥与染料结合；⑦肽的合成（Wu, 2013）。特定的氨基酸也参与某些反应，如苯酚在酪氨酸中的碘化、赖氨酸的 ε-NH_2 基团的胍基反应和美拉德反应。蛋白质和肽中的肽键可以：①被强酸和碱，以及蛋白酶和肽酶水解；②稳定氨基酸；③与铜离子（Cu^{2+}）反应生成有色产物，作为蛋白质/肽分析的基础（双缩脲和劳里分析）。此外，血红蛋白与 O_2、CO_2 和 NO 结合，因此在氧合和气体交换中起重要作用。蛋白质是动物机体最基本的组成部分，发生多种化学反应，具有重要的生物学意义。

（译者：车东升）

参 考 文 献

Agerberth, B., J. Söderling-Barros, H. Jörnvall, Z.W. Chen, C.G. Ostenson, S. Efendić, and V. Mutt. 1989.

Isolation and characterization of a 60-residue intestinal peptide structurally related to the pancreatic secretory type of trypsin inhibitor: Influence on insulin secretion. *Proc. Natl. Acad. Sci. USA.* 86:8590–8594.

Ajinomoto. 2003. *Ajinomoto's Amino Acid Handbook.* Ajinomoto Inc., Tokyo, Japan.

Assaad, H., L. Zhou, R.J. Carroll, and G. Wu. 2014. Rapid publication-ready MS-Word tables for one-way ANOVA. *SpringerPlus.* 3:474.

Bischoff, R. and H. Schlüter. 2012. Amino acids: Chemistry, functionality and selected non-enzymatic post-translational modifications. *J. Proteomics.* 75:2275–2296.

Brosnan, J.T. 2001. Amino acids, then and now—A reflection on Sir Hans Krebs' contribution to nitrogen metabolism. *IUBMB Life.* 52:265–270.

Chen, Z.W., T. Bergman, C.G. Ostenson, S. Efendic, V. Mutt, and H. Jörnvall. 1997. Characterization of dopuin, a polypeptide with special residue distributions. *Eur. J. Biochem.* 249:518–522.

Choi, S.H., T.A. Wickersham, G. Wu, L.A. Gilmore, H.D. Edwards, S.K. Park, K.H. Kim, and S.B. Smith. 2014. Abomasal infusion of arginine stimulates *SCD* and *C/EBPβ* gene expression, and decreases *CPT1β* gene expression in bovine adipose tissue independent of conjugated linoleic acid. *Amino Acids.* 46:353–366.

Cromwell, C.L., M.J. Azain, O. Adeola, S.K. Baidoo, S.D. Carter, T.D. Crenshaw, S.W. Kim, D.C. Mahan, P.S. Miller, and M.C. Shannon. 2011. Corn distillers dried grains with solubles in diets for growing-finishing pigs: A cooperative study. *J. Anim. Sci.* 89:2801–2811.

Dai, Z.L., Z.L. Wu, S.C. Jia, and G. Wu. 2014. Analysis of amino acid composition in proteins of animal tissues and foods as pre-column *o*-phthaldialdehyde derivatives by HPLC with fluorescence detection. *J. Chromatogr. B.* 964:116–127.

Davis, T.A., H.V. Nguyen, R. Garciaa-Bravo, M.L. Fiorotto, E.M. Jackson, D.S. Lewis, D.R. Lee, and P.J. Reeds. 1994. Amino acid composition of human milk is not unique. *J. Nutr.* 124:1126–1132.

Dinsmore, C.J. and D.C. Beshore. 2002. Recent advances in the synthesis of diketopiperazines. *Tetrahedron* 58:3297–3312.

Dominguez, R. and K.C. Holmes. 2011. Actin structure and function. *Annu. Rev. Biophys.* 40:169–186.

Fernstrom, J.D., S.D. Munger, A. Sclafani, I.E. de Araujo, A. Roberts, and S. Molinary. 2012. Mechanisms for sweetness. *J. Nutr.* 142:1134S–1141S.

Flynn, N.E., D.A. Knabe, B.K. Mallick, and G. Wu. 2000. Postnatal changes of plasma amino acids in suckling pigs. *J. Anim. Sci.* 78:2369–2375.

Fridkin, M. and A. Patchornik. 1974. Peptide synthesis. *Annu. Rev. Biochem.* 43:419–443.

Friedman, M. 1999. Chemistry, nutrition, and microbiology of D-amino acids. *J. Agric. Food Chem.* 47:3457–3479.

Gilbert, E.R., E.A. Wong, and K.E. Webb, Jr. 2008. Board-invited review: Peptide absorption and utilization: Implications for animal nutrition and health. *J. Anim. Sci.* 86:2135–2155.

Greenstein, J.P. and M. Winitz. 1961. *Chemistry of Amino Acids.* John Wiley, New York.

Gupta, A, N.B. Kamarudin, C.Y.G. Kee, and R.B.M. Yunus. 2012. Extraction of keratin protein from chicken feather. *J. Chem. Chem. Eng.* 6:732–737.

Hack, R., E. Ebert, G. Ehling, and K.-H. Leist. 1994. Glufosinate ammonium—Some aspects of its mode of action in mammals. *Food Chem. Toxic.* 32:461–470.

Hou, Y.Q., S.D. Hu, S.C. Jia, G. Nawaratna, D.S. Che, F.L. Wang, F.W. Bazer, and G. Wu. 2016. Whole-body synthesis of L-homoarginine in pigs and rats supplemented with L-arginine. *Amino Acids.* 48:993–1001.

Hou, Y.Q., S.C. Jia, G. Nawaratna, S.D. Hu, S. Dahanayaka, F.W. Bazer, and G. Wu. 2015a. Analysis of L-homoarginine in biological samples by HPLC involving pre-column derivatization with *o*-phthalaldehyde and *N*-acetyl-L-cysteine. *Amino Acids.* 47:2005–2014.

Hou, Y.Q., L. Wang, D. Yi, and G. Wu. 2015b. N-acetylcysteine and intestinal health: A focus on mechanisms of its actions. *Front. Biosci.* 20:872–891.

Hou, Y.Q., Z.L. Wu, Z.L. Dai, G.H. Wang, and G. Wu. 2017. Protein hydrolysates in animal nutrition: Industrial production, bioactive peptides, and functional significance. *J. Anim. Sci. Biotechnol.* 8:24.

Hughes, A.B. 2012. *Amino Acids, Peptides and Proteins in Organic Chemistry.* Wiley-VCH Verlag Gmbh, Weinheim, Germany.

Ikada, K., M. Takeishi, N. Ishikawa, H. Hori, F. Sakurai, and T. Ishibashi. 2002. Relationship between dietary protein levels and concentration of plasma free amino acids in adult dogs. *J. Pet. Anim. Nutr.* 5:120–127.

Jones S. 2012. Computational and structural characterisation of protein associations. *Adv. Exp. Med. Biol.* 747:42–54.

Karlsson, A., E.J. Eliason, L.T. Mydland, A.P. Farrell, and A. Kiessling. 2006. Postprandial changes in plasma free amino acid levels obtained simultaneously from the hepatic portal vein and the dorsal aorta in rainbow trout (*Oncorhynchus mykiss*). *J. Exp. Biol.* 209:4885–4894.

Kawai, M., Y. Sekine-Hayakawa, A. Okiyama, and Y. Ninomiya. 2012. Gustatory sensation of L- and D-amino acids in humans. *Amino Acids.* 43:2349–2358.

Kreil, G. 1997. D-amino acids in animal peptides. *Annu. Rev. Biochem.* 66:337–345.

Kwon, H., T.E. Spencer, F.W. Bazer, and G. Wu. 2003. Developmental changes of amino acids in ovine fetal fluids. *Biol. Reprod.* 68:1813–1820.

Kyte, J. 2006. *Structure in Protein Chemistry*, 2nd ed. Garland Science, New York, p. 832.

Lamberth, C. 2016. Naturally occurring amino acid derivatives with herbicidal, fungicidal or insecticidal activity. *Amino Acids.* 48:929–940.

Leibundgut, M., C. Frick, M. Thanbichler, A. Böck, and N. Ban. 2005. Selenocysteine tRNA-specific elongation factor SelB is a structural chimaera of elongation and initiation factors. *EMBO J.* 24:11–22.

Li, H., N. Anuwongcharoen, A.A. Malik, V. Prachayasittikul, J.E. Wikberg, and C. Nantasenamat. 2016. Roles of d-amino acids on the bioactivity of host defense peptides. *Int. J. Mol. Sci.* 17:pii: E1023.

Li, P., Y.L. Yin, D.F. Li, S.W. Kim, and G. Wu. 2007. Amino acids and immune function. *Br. J. Nutr.* 98:237–252.

Li, X.L., R. Rezaei, P. Li, and G. Wu. 2011. Composition of amino acids in feed ingredients for animal diets. *Amino Acids.* 40:1159–1168.

Lubec, G. and G.A. Rosenthal (eds.) 1990. *Amino Acids: Chemistry, Biology and Medicine.* ESCOM Science Publisher B.V., Leiden, The Netherlands.

Manso Filho, H.C., K.H. McKeever, M.E. Gordon, H.E. Manso, W.S. Lagakos, G. Wu, and M. Watford. 2009. Developmental changes in the concentrations of glutamine and other amino acids in plasma and skeletal muscle of the Standardbred foal. *J. Anim. Sci.* 87:2528–2535.

Marglin, A. and R.B. Merrifield. 1970. Chemical synthesis of peptides and proteins. *Annu. Rev. Biochem.* 39:841–866.

Mateo, R.D., G. Wu, H.K. Moon, J.A. Carroll, and S.W. Kim. 2008. Effects of dietary arginine supplementation during gestation and lactation on the performance of lactating primiparous sows and nursing piglets. *J. Anim. Sci.* 86:827–835.

McCalla, J., T. Waugh, and E. Lohry. 2010. Protein hydrolysates/peptides in animal nutrition. In: *Protein Hydrolysates in Biotechnology.* Edited by V.K. Pasupuleki and A.L. Demain. Springer Science, New York, pp. 179–190.

Meister, A. 1965. *Biochemistry of Amino Acids.* Academic Press, New York.

Mepham, T.B. and J.L. Linzell. 1966. A quantitative assessment of the contribution of individual plasma amino acids to the synthesis of milk proteins by the goat mammary gland. *Biochem. J.* 101:76–83.

Moughan, P.J., A.J. Darragh, W.C. Smith, and C.A. Butts. 1990. Perchloric and trichloroacetic acids as precipitants of protein in endogenous ileal digesta from the rat. *J. Sci. Food Agric.* 52:13–21.

Nagasawa, M., T. Murakami, S. Tomonaga, and M. Furuse. 2012. The impact of chronic imipramine treatment on amino acid concentrations in the hippocampus of mice. *Nutr. Neurosci.* 15:26–33.

National Research Council (NRC). 2001. *Nutrient Requirements of Dairy Cattle.* National Academies Press, Washington, DC.

Nishikawa, T. 2011. Analysis of free D-serine in mammals and its biological relevance. *J. Chromatogr. B.* 879:3169–3183.

Nunn, P.B., E.A. Bell, A.A. Watson, and R.J. Nash. 2010. Toxicity of non-protein amino acids to humans and domestic animals. *Nat. Prod. Commun.* 5:485–504.

Outerbridge, C.A., S.L. Marks, and Q.R. Rogers. 2002. Plasma amino acid concentrations in 36 dogs with histologically confirmed superficial necrolytic dermatitis. *Vet. Dermatol.* 13:177–186.

Pasupuleki, V.K. and S. Braun. 2010. State of the art manufacturing of protein hydrolysates. In: *Protein Hydrolysates in Biotechnology.* Edited by V.K. Pasupuleki and A.L. Demain. Springer Science, New York, pp. 11–32.

Pasupuleki, V.K., C. Holmes, and A.L. Demain. 2010. Applications of protein hydrolysates in biotechnology. In: *Protein Hydrolysates in Biotechnology.* Edited by V.K. Pasupuleki and A.L. Demain. Springer Science, New York, pp. 1–9.

Phang, J.M., S.P. Donald, J. Pandhare, and Y. Liu. 2008. The metabolism of proline, a stress substrate, modulates carcinogenic pathways. *Amino Acids.* 35:681–690.

Rajalingam, D., C. Loftis, J.J. Xu, and T.K.S. Kumar. 2009. Trichloroacetic acid-induced protein precipitation involves the reversible association of a stable partially structured intermediate. *Protein Sci.* 18:980–993.

Rennie, M.J. and K.D. Tipton. 2000. Protein and amino acid metabolism during and after exercise and the effects of nutrition. *Annu. Rev. Nutr.* 20:457–483.

Sabatino, B.R., B.W. Rohrbach, P.J. Armstrong, and C.A. Kirk. 2013. Amino acid, iodine, selenium, and coat color status among hyperthyroid, siamese, and age-matched control cats. *J. Vet. Intern. Med.* 27:1049–1055.

San Gabriel, A., E. Nakamura, H. Uneyama, and K. Torii. 2009. Taste, visceral information and exocrine reflexes with glutamate through umami receptors. *J. Med. Invest.* 56(Suppl.):209–217.

Shurson, G.C. 2017. The Role of biofuels coproducts in feeding the world sustainably. *Annu. Rev. Anim. Biosci.* 5:229–254.

Song, M., S.K. Baidoo, G.C. Shurson, M.H. Whitney, L.J. Johnston, and D.D. Gallaher. 2010. Dietary effects of distillers dried grains with solubles on performance and milk composition of lactating sows. *J. Anim. Sci.* 88:3313–3319.

Stadtman, T.C. 1996. Selenocysteine. *Annu. Rev. Biochem.* 65:83–100.

Sterck, L., S. Rombauts, K. Vandepoele, P. Rouzé, and Y. Van de Peer. 2007. How many genes are there in plants (… and why are they there)? *Curr. Opin. Plant Biol.* 10:199–203.

Sugahara, M. 1995. Black vomit, gizzard erosion and gizzerosine. *Worlds Poult. Sci. J.* 51:293–306.

Sweeney, H.L. and A. Houdusse. 2010. Structural and functional insights into the myosin motor mechanism. *Annu. Rev. Biophys.* 39:539–557.

Veis, A. and J. Anesey. 1965. Modes of intermolecular cross-linking in mature insoluble collagen. *J. Biol. Chem.* 240:3899–3908.

Vickery, H.B. and C.A. Schmidt. 1931. The history of the discovery of the amino acids. *Chem. Rev.* 9:169–318.

Wagner, I. and H. Musso. 1983. New naturally occurring amino acids. *Angew. Chem. Int. Ed. Engl.* 22:816–828.

Watford, M. and G. Wu. 2005. Glutamine metabolism in uricotelic species: Variation in skeletal muscle glutamine synthetase, glutaminase, glutamine levels and rates of protein synthesis. *Comp. Biochem. Physiol. B.* 140:607–614.

Widyaratne, G.P. and R.T. Zijlstra. 2007. Nutritional value of wheat and corn distiller's dried grain with solubles: Digestibility and digestible contents of energy, amino acids and phosphorus, nutrient excretion and growth performance of grower-finisher pigs. *Can. J. Anim. Sci.* 87: 103–114.

Wilcockson, J. 1975. The differential precipitation of nucleic acids and proteins from aqueous solutions by ethanol. *Anal. Biochem.* 66:64–68.

Wu, G. 1993. Determination of proline by reversed-phase high performance liquid chromatography with automated pre-column *o*-phthaldialdehyde derivatization. *J. Chromatogr.* 641:168–175.

Wu, G. 2013. *Amino Acids: Biochemistry and Nutrition.* CRC Press, Boca Raton, Florida.

Wu, G. 2016. Dietary protein intake and human health. *Food Funct.* 7:1251–1265.

Wu, G., F.W. Bazer, and H.R. Cross. 2014a. Land-based production of animal protein: Impacts, efficiency, and sustainability. *Ann. N.Y. Acad. Sci.* 1328:18–28.

Wu, G., F.W. Bazer, Z.L. Dai, D.F. Li, J.J. Wang, and Z.L. Wu. 2014b. Amino acid nutrition in animals: Protein synthesis and beyond. *Annu. Rev. Anim. Biosci.* 2:387–417.

Wu, G., F.W. Bazer, W. Tuo, and S.P. Flynn. 1996. Unusual abundance of arginine and ornithine in porcine allantoic fluid. *Biol. Reprod.* 54:1261–1265.

Wu, G., H.R. Cross, K.B. Gehring, J.W. Savell, A.N. Arnold, and S.H. McNeill. 2016. Composition of free and peptide-bound amino acids in beef chuck, loin, and round cuts. *J. Anim. Sci.* 94:2603–2613.

Wu, G. and C.J. Meininger. 2008. Analysis of citrulline, arginine, and methylarginines using high-performance liquid chromatography. *Methods Enzymol.* 440:177–189.

Wu, G. and S.M. Morris, Jr. 1998. Arginine metabolism: Nitric oxide and beyond. *Biochem. J.* 336:1–17.

Yamauchi, O., A. Odani, and M. Takani. 2002. Metal-amino acid chemistry. Weak interactions and related functions of side chain groups. *J. Chem. Soc., Dalton Trans.* 2002:3411–3421.

Yen, J.T., B.J. Kerr, R.A. Easter, and A.M. Parkhurst. 2004. Difference in rates of net portal absorption between crystalline and protein-bound lysine and threonine in growing pigs fed once daily. *J. Anim. Sci.* 82:1079–1090.

Yin, J., W.K. Ren, Y.Q. Hou, M.M. Wu, H. Xiao, J.L. Duan, Y.R. Zhao, T.J. Li, Y.L. Yin, G. Wu, and C.M. Nyachoti. 2015. Use of homoarginine for measuring true ileal digestibility of amino acids in food protein. *Amino Acids.* 47:1795–1803.

Zhang, H., C.A. Hu, J. Kovacs-Nolan, and Y. Mine. 2015. Bioactive dietary peptides and amino acids in inflammatory bowel disease. *Amino Acids.* 47:2127–2141.

5 碳水化合物营养与代谢

碳水化合物是陆生草食和杂食动物日粮中含量最高的营养素，为这些动物提供主要的代谢所需的能量。与之相反，鱼类饵料中碳水化合物的含量远远低于大多数陆生动物的日粮中所含碳水化合物的量。同样，纯肉食动物的日粮中也只含有有限的碳水化合物。碳水化合物的消化在不同种类动物之间及同一种类动物的不同消化道部位是不同的（McDonald et al., 2011）。对于单胃动物，小肠只能消化淀粉和糖原来生成葡萄糖，而纤维素主要在大肠中通过微生物发酵来生成短链脂肪酸（SCFA），但这种发酵的程度在不同单胃动物大肠中的差异很大（Stevens and Hume, 1998）。对于反刍动物，淀粉、糖原及纤维素都在瘤胃中发酵并生成短链脂肪酸和甲烷，只有那些少量经过瘤胃未发酵的纤维素在大肠中进一步发酵。所以，反刍动物几乎没有从小肠或大肠吸收葡萄糖，而是在肝脏中通过把丙酸转化成葡萄糖后进入血液循环系统（Thompson et al., 1975）。葡萄糖在精囊或孕体中转化成果糖也对有蹄动物的正常繁殖至关重要（Kim et al., 2012）。因此，碳水化合物代谢的多样性是动物在适应环境、生存及进化过程中逐步发展出的一种应对策略。

葡萄糖和短链脂肪酸对反刍动物及单胃动物都很重要，尤其是当血液中酮体的浓度低时（如<0.1 mmol/L；Brosnan, 1999），葡萄糖是动物大脑的代谢所需的唯一能量供体。在任何生理条件下，葡萄糖也是红细胞唯一的代谢能量供体，它同时也是免疫细胞、视网膜细胞和肾髓质细胞的一种代谢能量供体（Swenson and Reece, 1984）。在所有细胞类型中，葡萄糖是合成各种酶，如 NO 合成酶（Devlin, 2011）和抗氧化酶必需的 NADPH 的来源（Fang et al., 2002; Krebs, 1964）。所以，通过日粮来源和内源合成及代谢生成来维持血液中葡萄糖的稳态对所有哺乳动物、鸟类及鱼类生物的生存、生长和发育至关重要。另外，丁酸（一种短链脂肪酸）是大肠上皮细胞的主要代谢能量供体，所以日粮纤维素在肠道健康方面发挥着重要作用（Turner and Lupton, 2011）。

碳水化合物特别是纤维素影响反刍和单胃动物对营养物质的消化、吸收和代谢（Bondi, 1987; Pond et al., 1995）。例如，摄入过量淀粉会损害反刍动物瘤胃中微生物对蛋白质的利用（Bondi, 1987），而摄入过量纤维素会降低单胃动物的小肠对蛋白质、碳水化合物及总干物质（DM）的消化（Zhang et al., 2013）。这是一个难解决的问题，也就是说，如何充分地利用非淀粉、非糖原碳水化合物改善肠道健康的同时减少其对营养物质消化和吸收的不利影响。为了更好地解决这个营养难题，本章主要阐述单胃动物、反刍动物及鱼类生物对碳水化合物的消化和吸收，以及葡萄糖通过糖酵解、三羧酸循环、戊糖循环、尿酸通路、糖异生、糖原生成、糖原分解和其他相关通路的代谢。

5.1 非反刍动物对碳水化合物的消化和吸收

5.1.1 非反刍动物对淀粉和糖原的消化

5.1.1.1 α-淀粉酶在口腔和胃中的作用

淀粉在断奶单胃动物的典型日粮中的含量一般占 46%–52%。这些动物从含有动物源原料的日粮中也可以摄入少量的糖原。淀粉和糖原是碳水化合物中仅有的可以在单胃动物口腔和小肠通过体内分泌的酶进行消化的多糖。对同质多糖的消化是从口腔开始的，通过动物咀嚼和唾液中的 α-淀粉酶（也叫 α-1,4 内源葡萄糖苷酶）水解进行消化。α-淀粉酶由唾液腺分泌，它在口腔中水解淀粉或糖原的时间和程度都有限，可以继续在胃贲门区到胃底区（胃液 pH < 3.6）起作用，但胃对碳水化合物的消化很有限（Yen, 2001）。唾液 α-淀粉酶在口腔和胃中把淀粉或糖原分解成糊精、α-极限糊精、麦芽糖、麦芽三糖和异麦芽糖（图 5.1）。糊精是通过 α-1,4 或 α-1,6 糖苷键结合的低分子量葡萄糖聚合物，而 α-极限糊精是支链淀粉或糖原残余物的短支链葡萄糖聚合物。需要指出的是 α-淀粉酶不能水解 α-1,6 糖苷键。

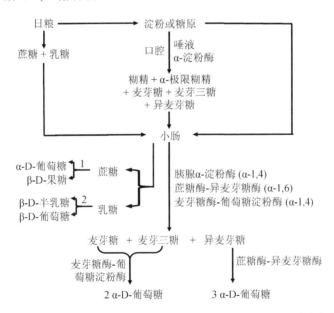

图 5.1　单胃动物消化道对淀粉、糖原、二糖和低聚糖的消化。除了口腔中唾液本身含有的 α-淀粉酶外，其他反应（胰腺分泌的 α-淀粉酶催化的反应）都发生在小肠。麦芽糖、麦芽三糖、异麦芽糖水解形成 α-D-葡萄糖分别由麦芽糖酶、α-1,4 葡萄糖苷酶、低聚-1,6 葡萄糖苷酶催化，这些酶都分布在肠上皮细胞（简称为肠细胞）顶端膜外刷状缘。异麦芽糖酶也是低聚-1,6 葡萄糖苷酶。唾液 α-淀粉酶和胰腺 α-淀粉酶活性都需要 Ca^{2+}，催化此反应的酶是：①蔗糖酶；②乳糖酶。

5.1.1.2 胰腺 α-淀粉酶和顶端膜二糖酶在小肠中的作用

淀粉和糖原，以及它们的部分水解产物由口腔进入小肠。小肠中含有多种消化酶：

①从胰腺分泌的 α-淀粉酶；②由小肠分泌而结合到小肠细胞顶端膜（刷状缘膜）的蔗糖酶-异麦芽糖酶（具有双重功能的蛋白质）和麦芽糖酶-葡糖淀粉酶（也叫淀粉外切葡聚糖酶）。胰腺 α-淀粉酶和唾液 α-淀粉酶一样，具有 α-1,4 内源葡萄糖苷酶活性，它在以下反应中通过打开 α-1,4 糖苷键起作用：①水解直链淀粉生成麦芽三糖和麦芽糖；②水解支链淀粉生成麦芽三糖、麦芽糖和 α-极限糊精。同时，蔗糖酶-异麦芽糖酶具有的淀粉-1,6 糖苷键活性可以打开 α-1,6 糖苷键，使支链淀粉暴露出来，从而有利于其被 α-淀粉酶水解。总之，这些酶可以把淀粉和糖原水解成直链和支链的寡聚葡萄糖如麦芽糖、麦芽三糖和 α-极限糊精。α-极限糊精进一步被麦芽糖酶-葡糖淀粉酶水解成麦芽糖、麦芽三糖和异麦芽糖，然后麦芽糖和麦芽三糖经麦芽糖酶-葡糖淀粉酶、异麦芽糖经蔗糖酶-异麦芽糖酶水解成葡萄糖。因此，对于断奶后的单胃动物，淀粉和糖原的消化起始于口腔而终止于小肠，使小肠内获得了大量的 D-葡萄糖（表 5.1）。需要知道的是，不管是胎儿还是新生幼畜，它们的小肠细胞没有二糖、三糖和寡聚糖的转运载体（Drozdowski and Thomson, 2006）。为了满足对糖的营养需要，胎儿和新生幼畜必须利用刷状缘上的蔗糖酶-异麦芽糖酶和麦芽糖酶-葡糖淀粉酶水解碳水化合物生成单糖，后者被小肠细胞吸收，该水解过程已经在上文提到。

表 5.1　动物小肠肠腔和组织中的葡萄糖浓度 [a]

动物	小肠肠腔	血浆	肝脏	大脑	肾脏	骨骼肌	心脏	脂肪组织
大鼠 [b]	42.8 ± 1.3	6.0 ± 0.2	7.4 ± 0.3	1.6 ± 0.1	3.3 ± 0.2	2.1 ± 0.1	0.65 ± 0.04	0.45 ± 0.02
猪 [c]	36.4 ± 1.0	5.9 ± 0.2	7.2 ± 0.4	1.7 ± 0.1	3.2 ± 0.2	2.0 ± 0.1	0.70 ± 0.05	0.48 ± 0.02
鸡 [d]	39.2 ± 1.6	12.4 ± 0.5	7.6 ± 0.4	1.9 ± 0.1	3.5 ± 0.3	1.6 ± 0.1	0.73 ± 0.05	0.51 ± 0.03
绵羊 [e]	0.15 ± 0.01	3.4 ± 0.1	3.8 ± 0.2	1.0 ± 0.1	1.9 ± 0.1	1.2 ± 0.1	0.54 ± 0.03	0.37 ± 0.02

　[a] 数值单位为 mmol/L，以平均值 ± SEM 表示，$n = 6$。所有动物饲喂传统日粮。所有的组织样品和空肠近端食糜均在动物饲喂 1 h 后获得。葡萄糖浓度使用酶法测得（Wu et al., 1991）。

　[b] 三月龄雄性大鼠。

　[c] 35 日龄去势公猪。

　[d] 35 日龄公鸡。

　[e] 9 月龄雌性绵羊（无怀孕和哺乳）。

5.1.1.3　淀粉的结构对其在小肠中消化的影响

在小肠中消化淀粉的部位受淀粉类型的影响。例如，在生长猪日粮中 82% 的糯米淀粉、47% 的玉米淀粉和 30% 的抗性淀粉在空肠前端被水解（Yin et al., 2010）。通过回肠食糜收集法研究发现，日粮中几乎所有的糯米淀粉（含有 23.6% 的直链淀粉和 76.4% 的支链淀粉）、93% 的蜡样玉米淀粉（全部为支链淀粉）和 67% 的抗性淀粉（含有 96.5% 的直链淀粉和 3.5% 的支链淀粉）可以在整段小肠中被消化。日粮淀粉被快速消化会使血液中的葡萄糖和胰岛素水平快速上升，反之亦然。因此，抗性淀粉由于具有中度的血糖和胰岛素反应，它可能对控制肥胖和糖尿病动物的血糖有益处。

日粮淀粉的消化率受到直链和支链淀粉的比率、α-1,4 链的长度及 α-1,6 支链多少的影响，并且这些影响因素在不同植物性饲料原料中存在差异。许多谷物类淀粉和豆类淀粉在断奶猪的真消化率分别为 95% 以上和大约 90%（Bach Knudsen, 2001）。与谷物类淀粉相比,豆类淀粉由细胞壁包被而接触不到消化酶,并且其中含有的直链与支链淀粉的比率较高。许多谷物类淀粉在 4–21 日龄仔鸡上的真消化率达 82%–89%(Noy and Sklan,1995),而在 3 周龄以上肉鸡的真消化率为 95% 以上(Svihus, 2014)。马的典型日粮中只含有 6%–8% 淀粉(按干物质计算),其对谷物类淀粉的消化受到日粮加工方式的影响:对玉米颗粒、玉米粉和颗粒玉米粉中淀粉的消化率分别是 20%–30%、45%–80% 和 50%–70%;对碾压大麦、粉碎大麦和颗粒大麦中淀粉的消化率分别是 25%、80% 和 95%;对全燕麦、碾压燕麦和粉碎大麦中淀粉的消化率分别是 55%–85%、50%–90% 和 85%–95%(Julliand et al., 2006)。

5.1.2 非反刍动物对乳源及植物来源的二糖和寡糖的消化

乳源和植物来源的二糖在小肠中通过二糖酶水解成组成它们的单糖。这些二糖酶在小肠细胞内合成后分泌到肠细胞的顶端膜上。例如,乳糖通过乳糖酶(一种 β-半乳糖苷酶,也称为乳糖酶-根皮苷水解酶)水解成 β-D-半乳糖和 β-D-葡萄糖,而蔗糖通过小肠细胞顶端膜的蔗糖酶-异麦芽糖酶水解成 α-D-葡萄糖和 β-D-果糖。在大肠杆菌(肠道细菌)中,β-半乳糖苷酶基因(*lacZ* 基因)是诱导表达系统乳糖操纵子的一部分,这个操纵子在葡萄糖浓度低时可以被乳糖诱导表达。通过 α-1,4 和 α-1,6 糖苷键连接的寡糖则分别是通过 α-1,4 糖苷酶和寡-1,6 糖苷酶水解而生成组成它们的单糖。新生动物(如新生仔猪)对日粮乳糖的消化率接近 100%(Manners, 1976)。

5.1.3 非反刍动物体内碳水化合物酶的底物特异性

除了海藻糖酶和乳糖酶外,其他由小肠黏膜分泌的碳水化合物酶并不是只对一种底物有特异性,而是对具有相似化学结构的一类底物具有特异性。海藻糖酶是一种结合在小肠细胞顶端膜的酶,它只能特异性地水解海藻糖而生成两分子的葡萄糖,但是不能水解其他底物。相反,蔗糖酶-异麦芽糖酶可以水解淀粉、糖原和异麦芽糖,麦芽糖酶-葡糖淀粉酶也可以水解麦芽糖、麦芽三糖和低分子量的寡葡萄糖(如 α-极限糊精)。

5.1.4 非反刍动物体内碳水化合物酶的发育性变化

5.1.4.1 非反刍类哺乳动物

碳水化合物酶的发育性变化受以下因素影响:①小肠黏膜细胞的底物转运活性;②总细胞数或小肠的重量。底物的特异性转移活力指的是黏膜中的每个细胞或每个单位转运底物的量,而底物总转移活力是指每只动物或每个小肠转运底物的量。对于哺乳动物,除乳糖酶(β-半乳糖苷酶)外,α-淀粉酶、蔗糖酶-异麦芽糖酶和麦芽糖酶-葡糖淀粉酶的特异性酶活(μmol 生成物量/g 组织)和总酶活(μmol 生成物量/总组织量)在出生时很低或者没有,但随着年龄的增长而增加,直至小肠发育成熟(Manners, 1976)。例如,在猪中,麦芽糖酶在出生时其特异性酶活和总酶活很低,从出生到 56 日龄逐渐升高，然后以中等速率降低。而对于蔗糖酶-异麦芽糖酶和海藻糖酶，猪出生时，其在小肠中几乎没有酶活，7 天后才开始有酶活，之后酶活急剧增加直至 56 日龄。所以，如果给幼龄哺乳动物饲喂大量蔗糖就会导致它们腹泻，因为它们不能分泌足够的蔗糖酶来消化这些蔗糖。而两周大的仔猪可以消化少量的蔗糖。相反，哺乳动物小肠黏膜中的乳糖酶的特异性酶活和总酶活在出生时最高，这种高酶活性一直保持到断奶，然后就会急剧下降。小肠中这些酶活性的变化使哺乳动物适应从含有乳糖的母乳到含有淀粉和糖原的固体食物的转变。糖皮质激素对这些消化酶的表达有重要调节作用。

在哺乳动物中会出现蔗糖或乳糖不耐受性，这是由于未消化的二糖通过其高渗作用将水分从小肠黏膜和血管中渗透到小肠肠腔，从而形成水样状食糜。同样的，小肠乳糖酶活性低的人会降低其对日粮中乳糖的利用能力，这些人会对喝大量牛奶具有不耐受性。但这些人对奶酪却有很好的耐受性，这是因为在生产奶酪过程中添加的一些微生物把奶中的多数乳糖降解了。

5.1.4.2 禽类

禽类肠道的碳水化合物酶表现出与哺乳动物类不同的模式和发育变化（Chotinsky et al., 2001）。新孵出的肉仔鸡的小肠细胞顶端膜就有很强活性的 α-淀粉酶和蔗糖酶-异麦芽糖酶。这种特性加上肌胃的挤压作用使仔鸡在刚孵出后就可以消化、利用以玉米和豆粕为基础的日粮。这两种酶的特异性活性在孵出到 35 日龄之间增加 2–3 倍，之后开始下降。相反，麦芽糖酶-葡糖淀粉酶、乳糖酶和海藻糖酶的特异性活性在胎儿发育第 18 天最高，然后逐渐降低。麦芽糖酶-葡糖淀粉酶的特异性酶活在孵出时很高，18 日龄后降低，然后一直保持低活性直至 56 日龄。乳糖酶和海藻糖酶在 1–7 日龄或大于 7 日龄禽类的肌胃、胰腺和黏膜（包括小肠细胞）中基本上检测不到酶活。所以，孵化的雏鸡不能在它们的胃和小肠中消化乳糖或海藻糖。因此，鸡不能耐受添加到日粮中的大量乳糖或海藻糖。然而，在日粮中添加适量的乳糖（如 0.5%–4%）已经被用来作为家禽（如肉鸡和火鸡）日粮中一种有效的益生元（Douglas et al., 2003; Simoyi et al., 2006）。在禽类后肠，微生物发酵未消化的乳糖生成乳酸和短链脂肪酸来降低肠腔的 pH，从而抑制病原微生物的生长，进而减少感染，还可以增加大肠黏膜细胞能量底物的供给，提高禽类的生长性能。

5.1.5 非反刍动物小肠对单糖的吸收

5.1.5.1 小肠细胞顶端膜上葡萄糖和果糖转运载体的作用

小肠细胞对单糖的吸收是通过其顶端膜的特异性单糖转运载体进行的（表 5.2），这些转运载体包括：①14 种葡萄糖转运蛋白（GLUT，属于 SLC2A 家族蛋白）的一种或多种；②钠-葡萄糖协同转运载体-1（SGLT1）。它们都属于膜蛋白，其中 GLUT 1–12 是不依赖钠离子的单向载体（uniporter），而 SGLT1 属于依赖钠离子的协同转运载体（symporter）（Deng and Yan, 2016）。

表 5.2　动物细胞中的葡萄糖易化转运蛋白（GLUT）

GLUT[a]	动物细胞和组织中的分布
GLUT1	细胞中普遍表达；尤其是在血液-大脑屏障、胶质细胞、红细胞、胎盘和乳腺组织；提供细胞基本葡萄糖需求
GLUT2	主要在肝细胞、胰岛 β 细胞、肠上皮细胞的基底膜表达；肾脏中也有少量表达；当小肠肠腔内的葡萄糖和 Ca^{2+} 浓度升高时，上皮细胞的顶端膜也有葡萄糖转运蛋白的表达；负责葡萄糖、半乳糖和果糖从小肠细胞向固有膜的单向转运，以及葡萄糖、半乳糖和果糖在肝脏中的双向转运；吸收日粮中的脱氢抗坏血酸
GLUT3	分布在许多组织中；胎盘、大脑神经组织、肾脏、胎儿骨骼肌中尤其丰富；但在成年人骨骼肌中水平较低
GLUT4	组织中主要的葡萄糖转运蛋白，组织中受胰岛素刺激促进葡萄糖吸收的主要转运蛋白，如骨骼肌、心脏、脂肪组织；褐色脂肪组织中也有表达；禽类的骨骼肌中不存在
GLUT5	一种果糖转运蛋白，大量存在于精子、睾丸和小肠中；其次在脂肪组织、骨骼肌、心脏、大脑、肾脏、乳腺组织和胎盘（母体向胎儿单项转运）中表达；单胃动物的肝细胞中几乎不存在；禽类和牛肝脏中具有很高的 mRNA 丰度
GLUT6	存在于脾脏、白细胞和大脑中
GLUT7	存在于肝细胞内质网、大脑、小肠、结肠和睾丸中
GLUT8	存在于睾丸、胚胎细胞、大脑、骨骼肌、心脏、脂肪细胞、肠细胞的顶端膜中；在哺乳动物肝细胞中转运海藻糖；吸收日粮中的脱氢抗坏血酸
GLUT9	存在于肝脏和肾脏中
GLUT10	存在于肝脏和胰腺中
GLUT11	存在于心脏和骨骼肌中
GLUT12	存在于乳腺组织、骨骼肌、心脏、脂肪组织和小肠中
GLUT13	存在于动物细胞中用于肌醇运输
GLUT14	存在于动物细胞中用于葡萄糖和果糖运输

资料来源：Aschenbach, J.R., K. Steglich, G. Gäbel, and K.U. Honscha. 2009. *J. Physiol. Biochem*. 65:251-266; Deng, D. and N. Yan. 2016. *Protein Sci*. 25:546-558; Gilbert, E.R., H. Li, D.A. Emmerson, K.E. Webb Jr., and E.A. Wong. 2007. *Poult. Sci*. 86:1739–1753; Zhao, F.Q. and A.F. Keating. 2007. *J. Dairy Sci*. 90(E. Suppl.):E76–E86.

[a] 葡萄糖转运载体属于溶质转运载体中的 SLC2A 家族。相应的基因名称是从 SLC2A1 对应 GLUT1 直至 SLC2A14 对应 GLUT14。

GLUT1 在所有动物细胞中都表达，GLUT3 也在许多种动物细胞中存在。这两种转运载体为细胞提供了满足其基本需要的葡萄糖。GLUT2 主要位于细胞的基底外侧膜，但也少量存在于小肠细胞的顶端膜，可以转运葡萄糖和果糖进出细胞。当小肠内葡萄糖和钙离子浓度升高时（如餐后），GLUT2 就会聚集在细胞顶端膜。小肠细胞吸收日粮来源的葡萄糖主要是通过 SGLT1 转运的，GLUT2 在小肠细胞中转运葡萄糖的作用是次要的（Ferraris et al., 1999）。除 GLUT5 外，其他小肠细胞顶端膜的葡萄糖转运载体可以转运 D-葡萄糖、D-半乳糖和 D-木糖。GLUT5 是小肠、精囊、精子、孕体及肌肉细胞顶端膜转运 D-果糖的特异性载体。

前面已经提到，小肠细胞顶端膜的 SGLT1 是从小肠细胞吸收葡萄糖和半乳糖的主要转运载体（表 5.3），它同时也转运钠离子进入细胞。钠离子从小肠细胞转出到固有膜

是通过细胞基底外侧膜中的钠钾泵（一种 ATP 酶），钠钾泵每次泵入 2 个钾离子和泵出
3 个钠离子（第 1 章），同时 1 分子氯离子从细胞内转到固有膜以维持细胞内的电中性。
依赖钠离子的葡萄糖转运系统会影响细胞膜的电极性，当在小肠黏膜一侧添加 α-D-葡萄
糖时，由于葡萄糖向细胞内转运，细胞膜上的电流急剧升高。与之相比较，SGLT2 主要
负责从肾小管远端重吸收葡萄糖进入血液。

表 5.3　动物细胞中的钠-葡萄糖协同转运蛋白（SGLT）

SGLT	动物细胞和组织中的分布
SGLT1	小肠中肠细胞的顶端膜（吸收肠腔中葡萄糖进入肠细胞的主要葡萄糖转运载体）
SGLT2	近肾小管膜（吸收肾小管中的葡萄糖进入血液的主要葡萄糖转运载体）
SGLT3	肠黏膜下层和肌间神经丛的胆碱类神经，骨骼肌（可能作为葡萄糖传感器）
SGLT4	小肠上皮细胞的顶端膜和近肾小管的管腔膜（吸收小肠中的甘露糖和果糖进入肠上皮细胞或者从肾小管中进入血液的单糖转运载体）
SGLT5	小肠上皮细胞的顶端膜和近肾小管的管腔膜（吸收小肠中的甘露糖、果糖、葡萄糖和半乳糖进入小肠上皮细胞或者从肾小管进入血液的单糖转运载体）
SGLT6	小肠上皮细胞的顶端膜和近肾小管的管腔膜（吸收小肠中肌醇进入小肠上皮细胞或者从肾小管吸收供给血液的单糖转运载体）

资料来源：Gilbert, E.R., H. Li, D.A. Emmerson, K.E. Webb Jr., and E.A. Wong. 2007. *Poult. Sci.* 86:1739-1753; Deng, D., and N. Yan. 2016. *Protein Sci.* 25: 546–558.

5.1.5.2　基底膜上的 GLUT2 在将单糖从肠上皮细胞转运至固有层过程中的作用

　　GLUT2 是消化系统各组织中的主要葡萄糖转运载体。GLUT2 在小肠细胞基底外侧
膜广泛表达。D-葡萄糖、D-半乳糖和 D-果糖被吸收进小肠细胞后，它们通过基底外侧
膜上的 GLUT2 从细胞质转出到固有层的细胞外间隙（间质液）。由于 GLUT2 是一种高
承载量的葡萄糖转运载体，因此它能从小肠细胞向固有层转运大量的葡萄糖。GLUT2
也能转运 D-甘露糖和 2-脱氧-D-葡萄糖（Gilbert et al., 2007; Deng and Yan, 2016）。小肠
含有的各类细胞仅利用少量日粮中的葡萄糖和其他单糖。

5.1.5.3　单糖从固有层被运入肝脏

　　如前所述，单糖（如 D-葡萄糖、D-半乳糖、D-果糖、D-甘露糖和 2-脱氧-D-葡萄糖）
经过一系列转运从小肠进入固有层的间质液，再进入肠静脉，之后通过血液循环最终进
入门静脉后被肝细胞吸收。在肝脏中，GLUT2 主要负责葡萄糖的吸收和释放。肝脏中
葡萄糖的净流入主要由细胞膜两侧的葡萄糖浓度决定。在进食状态，血浆中葡萄糖浓度
高于肝细胞内浓度，葡萄糖就会被肝细胞吸收。在这种情况下，血液中仅有相对一小部
分的葡萄糖被肝脏利用（Kristensen and Wu, 2012）。相反，在禁食状态下，肝细胞内葡
萄糖浓度高于血浆中葡萄糖浓度，葡萄糖就会被释放进入静脉血液中（Williamson and
Brosnan, 1974）。

　　在单胃动物中，日粮来源的葡萄糖大概有 5% 被小肠代谢，其余 95% 会进入肝门静
脉（Watford, 1988）。葡萄糖代谢只能给饲喂状态下的小肠提供所需能量的 5%–10%。如

前所述，肝门静脉中 10%–15%的葡萄糖会被肝脏吸收用来合成糖原和有限的代谢，门静脉中其余的葡萄糖（85%–90%）进入全身血液循环用于肝外组织（如心脏、大脑、骨骼肌和淋巴结）的代谢。葡萄糖代谢也为小肠细胞内氨基酸和脂肪酸的合成提供了所需的 NADPH。

5.1.5.4　非反刍动物小肠单糖转运载体的发育变化

（1）非反刍类哺乳动物

对于妊娠期较长的哺乳动物（如猪、牛和绵羊），在妊娠早期胎儿的小肠中已经存在小肠细胞顶端膜的 GLUT1 和 SGLT1 蛋白及基底外侧膜的 GLUT2 蛋白，而对于妊娠期较短的哺乳动物（如大鼠和小鼠），这些蛋白则是在妊娠末期才表达（Ferraris et al.，1999）。这些葡萄糖转运载体的功能是使这些哺乳动物在出生前或刚出生时能吸收 D-葡萄糖、D-半乳糖和 D-木糖。单胃动物小肠的葡萄糖转运载体的特异性活性（每单位黏膜转运葡萄糖的量）在出生时最高，然后逐渐降低，直至 21 日龄。这个日龄是一般动物的断奶日龄，对于猪和大鼠来说，其特异性活性分别只有出生时的 30%和 50%（Ferraris et al.，1999）。但是小肠葡萄糖转运载体的总活性在哺乳期逐渐升高，这是由于小肠重量在这个阶段急剧增加（Drozdowski et al.，2010）。同样，基底外侧膜的 GLUT2 蛋白早在动物出生时的小肠内就已经存在，其蛋白丰度在开始吃奶时增加 2–3 倍。小肠细胞基底外侧膜的 GLUT2 的总活性在动物出生和断奶间逐渐增加，主要将 D-葡萄糖和 D-半乳糖从小肠细胞转运到固有层间质。

小肠 GLUT5 蛋白在动物出生时基本上检测不到，在出生后的第一周才有少量表达，用来吸收肠道中的少量 D-果糖。例如，大鼠小肠顶端膜的 GLUT5 蛋白从出生到断奶期间基本上检测不到；猪小肠顶端膜 GLUT5 在 0–7 日龄仔猪小肠中也基本不表达，到 2 周龄时才有少量表达。因此，给断奶前动物口服果糖后大部分不能被小肠吸收。所以，当给哺乳新生动物（如新生仔猪）饲喂大量果糖时会引起肠道功能紊乱、吸收不良和腹泻，这被称为果糖毒性，和新生仔畜出现的蔗糖毒性一样。动物断奶后小肠顶端膜的 GLUT5 表达逐渐升高，这时才可以高效吸收日粮中的果糖。

（2）家禽

对于家禽，小肠细胞顶端膜的 GLUT5 和 SGLT1 在孵化前 5 天的胎儿小肠中就有表达，它们的 mRNA 丰度在孵化后 14 天内增加 2–3 倍（Ferraris et al.，1999; Gilbert et al.，2007）。这两种转运载体的表达使家禽在刚孵出时就能吸收小肠内的 D-果糖、D-葡萄糖、D-半乳糖和 D-木糖。相反，SGLT5 mRNA 虽然在胚胎第 18 天的小肠细胞顶端膜就有表达，并且到孵出时其丰度增加 2 倍，但是在孵出后 14 日龄与刚孵出时并没有差别。需要指出的是，基底外侧膜的 GLUT2 在胚胎第 18 天时就有表达，到孵化时其丰度增加 10 倍，之后到 14 日龄时又增加 2 倍（Gilbert et al.，2007）。mRNA 丰度的变化并不能总代表单糖转运载体活性的变化。例如，小肠葡萄糖转运载体的特异性活性从孵化到 1 日龄增加了大约 3 倍，然后在 7 日龄和 21 日龄分别逐渐降低到最大活性（1 日龄）的 85%

和 35%，之后一直维持在较低水平（Ferraris et al., 1999）。这表明，测定小肠内底物的实际转运率比仅测定这些转运载体的 mRNA 水平更有意义。由于小肠黏膜重量从刚孵出到 6 周龄时增加 10 倍以上，因此在这期间小肠转运葡萄糖、半乳糖和果糖的总量增加。家禽在刚孵出时小肠就可以吸收 D-果糖，这解释了之前的一个研究发现，即在日粮中添加 D-果糖（15%高果糖玉米糖浆）可以增加肉鸡的生产性能，而不影响其采食量（Miles et al., 1987）。

5.2 幼龄反刍动物对碳水化合物的消化和吸收

5.2.1 幼龄反刍动物对碳水化合物的消化

幼龄反刍动物（如犊牛和羊羔）吮吸液体（如奶）时，由于食管沟反射性关闭，将液体绕过网胃和瘤胃，自食管经瓣胃直接进入皱胃（见第 1 章）。像幼龄单胃哺乳动物一样，幼龄反刍动物在小肠中快速消化乳糖，消化率达 99%。然而，由于它们小肠中蔗糖酶活性低，其不能消化蔗糖或消化蔗糖有限。由于它们缺乏降解纤维素和半纤维素的酶，因此也不能破坏谷物类的细胞壁。另外，由于分泌很少或不分泌唾液和胰液淀粉酶，幼龄反刍动物不能利用纯合日粮或未加工谷物中的淀粉（Porter, 1969）。因此，给犊牛口服蔗糖或淀粉并不能增加其血液中的葡萄糖或果糖浓度。但当幼畜日龄增加后（如 80 kg 重的犊牛），它们能消化少量日粮中含有的预糊化淀粉（如小于日粮中的 5%），且消化率很高（如 95%）（Gerrits et al., 1997）。

5.2.2 幼龄反刍动物对碳水化合物的吸收

像断奶前单胃哺乳动物一样，所有幼龄反刍动物的小肠细胞可以快速吸收 D-葡萄糖、D-半乳糖和 D-木糖。对于绵羊，每单位小肠黏膜的顶端膜 SLGT1 蛋白丰度在刚出生时较高，3 周龄时降低约 50%，到 11 周龄时降至最低（Ferraris et al., 1999）。与此相对应的是羔羊在哺乳期小肠细胞可以吸收大量的葡萄糖和半乳糖。一般而言，除了 GLUT，小肠中其他转运载体如 SGLT1、GLUT1 和 GLUT2 转运 D-葡萄糖的量比其他单糖高。对于犊牛，GLUT5 在 0–10 日龄小肠中不表达，只有在 30–50 日龄时才有少量表达（Porter, 1969）。所以，犊牛不能耐受其日粮中含有大量 D-果糖。因此，口服的 D-果糖大部分只是通过小肠而不能被其吸收。给犊牛饲喂 D-果糖会像蔗糖一样导致其腹泻。

5.3 反刍动物对碳水化合物的消化和吸收

5.3.1 反刍动物对碳水化合物的发酵性消化

5.3.1.1 进入瘤胃中的主要的复杂碳水化合物

饲草的细胞壁主要由 β-1,4 糖苷键连接的多糖和木质素组成。成熟谷物由最外层的果皮（麸子，占谷粒重的 3%–8%，含有 β-1,4 糖苷键连接的纤维素和戊聚糖）、淀粉胚乳（占谷粒重的 60%–90%）和胚芽（占谷粒重的 2%–3%）组成。大麦和燕麦除了果皮外，还包着一层纤维状的壳（含 90% 纤维素，高度木质化，最多可占谷粒重的 25%）。细胞壁由纤维素和充于其中的阿拉伯木聚糖、木聚糖和葡聚糖组成（如小麦和玉米粒中主要是阿拉伯木聚糖，而燕麦和大麦中主要是 β-葡聚糖）。胚乳中的淀粉颗粒包裹在蛋白质基质中。淀粉颗粒与蛋白质在玉米中结合紧密，而在大麦和燕麦中的结合比较松散。

外皮是阻止谷物在瘤胃中消化的主要屏障。因此，通过物理加工（如碾碎）和咀嚼破坏谷物外皮对于有效利用其内的淀粉至关重要。胚乳暴露后，其细胞壁可以在瘤胃中被轻易消化。通过降解蛋白质从而解离出其基质中的淀粉颗粒后，各种谷物在瘤胃的发酵消化方式基本一样。所以降解蛋白质复合物是消化酶消化淀粉颗粒的前提条件。

植物来源的碳水化合物可以大致分为结构性和非结构性碳水化合物两大类。在反刍动物消化道中，结构性碳水化合物（如纤维素和半纤维素）的可消化性低于非结构性碳水化合物（蔗糖、淀粉和其他存在于植物细胞内的碳水化合物）。断奶反刍动物的日粮通常含有 60%–70% 的碳水化合物，它们是反刍动物及其瘤胃内的微生物的主要能量来源。不同饲料中碳水化合物［如中性洗涤纤维（NDF）和酸性洗涤纤维（ADF）］的组成不同（见第 2 章）。粗饲料中含有的 NDF 一般比非纤维性碳水化合物（如淀粉）高，而谷物、大麦和豆粕中 NDF 的含量则比非纤维性碳水化合物低。果胶（pectin）是粗饲料中可溶性非淀粉多糖的主要成分。谷物、青贮玉米和大麦中淀粉的含量远远高于游离糖和果胶的含量。

5.3.1.2 瘤胃中饲料和碳水化合物的存留时间

摄入的饲料各组分在瘤胃中具有不同的存留时间。饲料各组分通过瘤胃的时间与它们在瘤胃中的存留时间成反比，因此影响反刍动物对其的消化率，存留时间越长，对干物质（包括纤维素）的消化率就越高。碳水化合物在瘤胃中的存留时间受多种因子影响，包括滞后发酵池、采食量、日粮营养成分、饲料颗粒大小、饲料颗粒过瘤胃速率、发酵营养物质的瘤胃微生物系统和动物种类（Ellis et al., 1979）。粗饲料在牛、绵羊和山羊瘤胃液中的存留时间大约是 10 h（Lechner-Doll et al., 1991）。对于饲喂粗饲料的反刍动物来说，饲料在瘤胃中的存留时间如下：大颗粒的饲料大概为 10 h，而对于小颗粒的饲料大概为 25 h（牛大约 28 h，而绵羊和山羊约 20 h）（Lechner-Doll et al., 1991）。与之相比较，食糜在反刍动物消化道各部分的通过时间如下：瓣胃 4 h（混合流速）；皱胃和小肠 4 h（管道流速）；盲肠和近端结肠 5 h（混合流速）；远端结肠 4 h（管道流速）（Huhtanen et al., 2008）。

5.3.1.3 瘤胃微生物来源的酶在细胞外将复杂碳水化合物水解成单糖

在瘤胃水解复杂碳水化合物过程中细菌起重要作用，而真菌和原生动物也参与对复杂碳水化合物的水解。植物细胞壁被纤维素酶、半纤维素酶和木糖酶水解成单糖，这些酶主要由细菌分泌，但厌氧真菌也能大量分泌这些酶（Akin and Borneman, 1990）。可以降解纤维素的主要细菌有产琥珀酸拟杆菌、黄色瘤胃球菌和白色瘤胃球菌（见第 1 章）。

因此，瘤胃细菌和真菌在水解膜多糖的 β-1,4 糖苷键以降解植物细胞壁是必需的。细胞壁的降解可以释放细胞内可溶性碳水化合物（如单糖），也可以把谷粒中的蛋白质-淀粉颗粒基质暴露给消化酶。瘤胃中的真菌假根可以直接进入蛋白质基质，能加强微生物定植和提高蛋白质的降解，从而释放被包被的淀粉颗粒（McAllister et al., 1993）。淀粉颗粒和可溶性淀粉被微生物分泌的 α-淀粉酶和寡聚糖酶水解成单糖，这些酶主要由细菌分泌，但真菌也能分泌（Mountfort and Asher, 1988）。

5.3.1.4 瘤胃中的原虫将复杂碳水化合物细胞内水解成单糖

瘤胃中的原虫像细菌和真菌一样可以分泌纤维素酶、半纤维素酶、木聚糖酶和 α-淀粉酶。原虫能通过胞饮作用把细菌、水不溶性饲料颗粒及淀粉颗粒吸入细胞内。对细菌的胞饮作用是调控瘤胃内细菌数量的方式之一。原虫分泌的酶将胞饮到其体内的多糖水解成单糖。随着日粮中谷物类饲料含量从 0 增加到 40%，瘤胃原虫的数量逐渐升高。由于原虫可以胞饮淀粉颗粒和分泌淀粉酶的细菌，因此可以显著降低瘤胃中淀粉的消化速率（消化最长需要 36 h），会使宿主发生临床或亚临床酸中毒。Jouany 和 Ushida（1999）估计原虫可以消化瘤胃中 40%的淀粉。

5.3.1.5 瘤胃微生物细胞内降解单糖

瘤胃中主要由细菌将单糖代谢成短链脂肪酸，但真菌也能产生降解单糖需要的酶。原虫可以通过胞饮作用控制瘤胃内的细菌数量，从而调控瘤胃中短链脂肪酸的产量。具体来说，单糖（如葡萄糖、果糖和木糖）被细菌和真菌吸入细胞内以后，经过一系列酶作用生成丙酸（短链脂肪酸的前体）、二氧化碳、甲烷和氢气（图 5.2）。微生物发酵是消化日粮中纤维素的唯一方式。对于成年反刍动物，当只饲喂干草（Heald, 1951）或饲喂含 50%干草和 50%谷物的维持日粮（Bergman et al., 1974）时，除少量的纤维素外，其他碳水化合物（包括葡萄糖）很少能到达十二指肠（Heald, 1951; Macrae and Armstrong, 1969）。然而，对于成年肉牛和绵羊，当饲喂全精料日粮时，大约 30%的淀粉可以避开瘤胃的发酵而进入小肠（Macrae and Armstrong, 1969; Symonds and Baird, 1975），这可能是由于瘤胃 pH 的变化导致瘤胃内微生物降解碳水化合物能力的降低和瘤胃中微生物的数量及种类的降低。越来越多的证据表明，瘤胃氨基酸可以促进纤维素降解菌的生长，特别是那些能降解半纤维的菌（Firkins et al., 2007）。这表明蛋白质对瘤胃有效利用日粮中纤维素和提高瘤胃工作效率有重要作用。

5.3.1.6 瘤胃内 NADH 和 NADPH 的生成及利用

瘤胃微生物可以通过糖酵解将淀粉和纤维素来源的葡萄糖、果糖和戊糖代谢成丙酮酸，并产生 NADH 和 H^+（Downs, 2006）。葡萄糖通过磷酸戊糖途径进行代谢可以生成 NADPH 和 H^+。此外，偶联 NADP 的苹果酸酶把苹果酸转化成丙酮酸,同时产生 NADPH。NADH 被微生物用来产生甲烷和氢气（见下文），也可以把丙酮酸还原成乳酸，把乙酸转化成丁酸，而重新生成的 NAD^+ 用于糖酵解（Kandler, 1983）。非不饱和脂肪酸还原成饱和脂肪酸、硫酸转化成硫化物、氧化型谷胱甘肽变成还原型谷胱甘肽、硝酸盐变

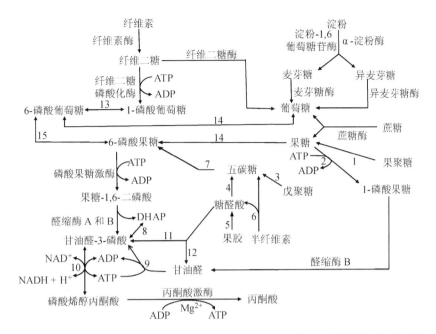

图 5.2　瘤胃中碳水化合物发酵形成丙酮酸。催化此反应的酶是：①β-果聚糖水解酶（如外切酶和内切酶）；②果糖激酶（己酮糖激酶）；③水解戊糖聚合物的酶（如木糖和阿拉伯糖），包括阿拉伯糖苷酶（水解阿拉伯糖基木聚糖生成阿拉伯糖和木糖）、木聚糖内切酶（水解木聚糖糊精生成木糖）、外切木聚糖酶和β-木糖吡喃糖苷酶（水解木二糖生成木糖）；④降解半乳糖醛酸（果胶的主要成分）从而生成戊糖的酶是 D-半乳糖醛脱氢酶、半乳糖酸脱水酶、5-脱氢-4-脱氧葡萄糖酸脱水酶（苹果酸脱氢酶）、2,5-二氧戊酸脱氢酶；⑤果胶酶（如果胶裂解酶）和聚半乳糖醛酸酶（果胶水解酶），能水解半乳糖醛酸残基之间的α-1,4 糖苷键；⑥半纤维素酶［如内切β-1,4 木聚糖酶（木聚糖酶）］，水解半纤维素中木聚糖主链内部的β-1,4 糖苷键生成不同长度的寡聚体；β-木糖苷酶，将木糖寡聚物水解为木糖；阿拉伯糖酶，水解阿拉伯糖的聚合物；葡聚糖酶，水解葡萄糖聚合物；葡萄糖醛酸酶，从葡萄糖醛酸木聚糖中释放葡萄糖醛酸；乙酰木聚糖酯酶，水解乙酰基苯胺中的乙酰酯键；阿魏酸酯酶，水解木聚糖中的木质素-阿魏酯键；⑦戊糖循环的酶；⑧磷酸三糖异构酶；⑨甘油醛激酶；⑩糖酵解酶，包括甘油醛-3-磷酸脱氢酶、磷酸甘油酸激酶（Mg^{2+}）、磷酸甘油酸变位酶和烯醇酶（Mg^{2+}）；⑪降解半乳糖醛酸生成 D-甘油醛-3-磷酸的酶有糖醛酸异构酶、D-塔格糖醛酸还原酶、D-阿拉伯糖酸脱水酶、2-酮-3-脱氧-D-葡萄糖酸激酶和 2-酮基-3-脱氧-6-磷酸葡萄糖酸醛缩酶；⑫将半乳糖醛酸降解成 2-酮戊二酸的酶有 D-半乳糖醛酸还原酶、L-半乳糖酸脱水酶和 3-脱氧-L-苏己糖-2-尿苷酸醛缩酶；⑬葡萄糖磷酸变位酶；⑭己糖激酶和果糖激酶；⑮磷酸己糖异构酶。DHAP，磷酸二羟丙酮。（改编自：Downs, D.M. 2006. *Annu. Rev. Microbiol.* 60:533-559; Kandler, O. 1983. *Antonie Van Leeuwenhoek.* 49:209-224; McDonald, P., R. A. Edwards, J. F. D. Greenhalgh, J. F. D. Greenhalgh, C. A. Morgan, L. A. Sinclair. 2011. *Animal Nutrition*, 7th ed. Prentice Hall, New York, NY.）

成亚硝酸盐及亚硝酸盐变成氨气都需要 NADPH，这些反应会生成 $NADP^+$，使磷酸戊糖途径得以持续进行。NADH 和 NADPH 的生成速率必须与被利用速率相近，这样才能保持瘤胃的稳态。由于瘤胃中碳水化合物一般被深度发酵生成短链脂肪酸，因此反刍动物中很少有葡萄糖进入小肠（表 5.1）。

5.3.1.7　瘤胃内短链脂肪酸的生成

反刍动物和单胃动物对碳水化合物的消化有着本质的不同（Weimer, 1998）。这是由于反刍动物的瘤胃内含有的丰富的厌氧菌、原虫和真菌提供了持续发酵的环境。总结瘤胃中微生物发酵的特点见表 5.4。大部分碳水化合物在瘤胃中被微生物酶发酵成短链脂肪酸，即乙酸、丙酸和丁酸。在瘤胃中把碳水化合物降解成短链脂肪酸的过程分为两个阶段（图 5.2）：①如前所述，在细胞外把碳水化合物（如淀粉、纤维素、半纤维素和胶质）降解成单糖，也包括丙酮酸；②在细胞内单糖转化成丙酮酸，然后代谢形成短链脂肪酸（图 5.3）。上述这些反应需要能特异性水解 β-1,4 和 β-1,6 糖苷键的酶，以及降解乙酰酯键和阿魏酸酯键的酶（Richard and Hilditch, 2009; Tanaka and Johnson, 1971）。饲喂粗饲料肉牛的瘤胃内淀粉、果胶和纤维素的发酵速率（mmol/h）达到峰值的时间分别出现在饲喂后大约 2.5 h、5 h 和 10 h（Baldwin, 1977）。完全消化完淀粉和胶质的时间分别在饲喂后 5 h 和 15 h。与之相比较，纤维素的发酵速率（mmol/h）在饲喂后 10–15 h 保持稳定，之后稍降低（Baldwin, 1977）。

表 5.4　瘤胃微生物的发酵特性

种类	作用	产物
产琥珀酸拟杆菌	降解纤维素、分解淀粉	甲酸、乙酸、琥珀酸
白色瘤胃球菌	降解纤维素、分解木聚糖	甲酸、乙酸、乙醇、H_2、CO_2
黄色瘤胃球菌	降解纤维素、分解木聚糖	甲酸、乙酸、琥珀酸、H_2
溶纤维丁酸弧菌	降解纤维素、分解木聚糖、PR	甲酸、乙酸、丁酸、乳酸、乙醇、H_2、CO_2
梭状芽孢杆菌	降解纤维素、PR	甲酸、乙酸、丁酸、乙醇、H_2、CO_2
牛链球菌	分解淀粉、PR、SS	甲酸、乙酸、乳酸
嗜淀粉拟杆菌	分解淀粉、分解果胶、PR	甲酸、乙酸、琥珀酸
栖瘤胃拟杆菌	分解淀粉、分解果胶、分解木聚糖、PR	甲酸、乙酸、琥珀酸、丙酸
溶淀粉琥珀酸单胞菌	分解淀粉、分解糊精	乙酸、琥珀酸
反刍兽新月形单胞菌	分解淀粉、PR、SS、GU、LU	乙酸、乳酸、丙酸、H_2、CO_2
毛螺菌	分解淀粉、分解果胶、PR	甲酸、乙酸、乳酸、乙醇、H_2、CO_2
溶糊精琥珀酸弧菌	分解果胶、分解糊精	甲酸、乙酸、琥珀酸、乳酸
瘤胃甲烷短杆菌	生成甲烷、H_2	甲烷
巴氏甲烷八叠球菌	生成甲烷、H_2	甲烷、CO_2
螺旋菌类	分解果胶、SS	甲酸、乙酸、乳酸、琥珀酸、乙醇
埃希氏巨球菌	SS、LU	乙酸、丙酸、丁酸、戊酸、己酸、H_2、CO_2
乳酸杆菌属	SS	乳酸
脂解厌氧弧杆菌	分解脂肪、GU	乙酸、丙酸、琥珀酸
真杆菌	SS	甲酸、乙酸、丁酸、CO_2

资料来源：Stevens, C.E., and I.D. Hume. 1998. *Physiol. Rev.* 78: 393–427。
注：GU，甘油利用；LU，乳酸利用；PR，蛋白质水解；SS，可溶性糖发酵。

反刍动物在饲喂各种粗饲料和精饲料的条件下，乙酸是瘤胃中主要的短链脂肪酸（表 5.5）。瘤胃中短链脂肪酸的浓度取决于它们生成的速率和被瘤胃上皮细胞吸收的速率。瘤胃内短链脂肪酸的浓度受反刍动物采食的日粮和采食后的时间长短影响，但在 75–150 mmol/L 的正常范围内（Baldwin et al., 1977）。短链脂肪酸中各组分的比例取决于日粮中可溶性碳水化合物与不溶性纤维素之比。例如，采食成熟期饲草会生成大量乙酸

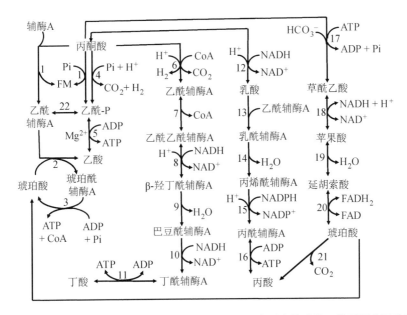

图 5.3 瘤胃细菌利用丙酮酸合成甲酸和短链脂肪酸。催化图中反应的酶是：①丙酮酸甲酸裂解酶（乙酰辅酶 A：甲酸 C-乙酰转移酶；ATP-依赖酶）；②乙酸：琥珀酸辅酶 A 转移酶；③琥珀酸硫激酶；④丙酮酸氧化酶；⑤乙酸激酶；⑥丙酮酸：铁氧还蛋白氧化还原酶；⑦硫解酶；⑧β-羟丁酰辅酶 A 脱氢酶；⑨β-羟丁酰辅酶 A 脱水酶；⑩巴豆酰辅酶 A 还原酶；⑪丁酸激酶；⑫乳酸脱氢酶；⑬CoA 转移酶；⑭乳酰辅酶 A 脱水酶；⑮丙烯酰辅酶 A 还原物酶；⑯丙酸激酶；⑰丙酮酸羧化酶；⑱苹果酸脱氢酶；⑲延胡索酸酶；⑳琥珀酸脱氢酶；㉑琥珀酸脱羧酶；㉒磷酸转乙酰酶。CoA，辅酶 A；Pi，无机磷酸盐。（改编自：Downs, D.M. 2006. *Annu. Rev. Microbiol.* 60:533-559; Kandler, O. 1983. Antonie Van Leeuwenhoek 49:209-224; McDonald, P., R.A. Edwards, J.F.D. Greenhalgh, C.A. Morgan, and D.J. Timson. 2011. *Animal Nutrition*, 7th ed. Prentice Hall, New York, NY.）

表 5.5 饲喂各种日粮的反刍动物瘤胃中短链脂肪酸（SCFA）的浓度

日粮	总量（mmol/L）	物质的量比（mol/mol）		
		乙酸	丙酸	丁酸
饲喂粗饲料或精饲料的牛				
成熟黑麦草	137	0.64	0.22	0.11
青贮牧草	108	0.74	0.17	0.07
大麦（瘤胃中无纤毛虫）	146	0.48	0.28	0.14
大麦（瘤胃中有纤毛虫）	105	0.62	0.14	0.18
长干草/精饲料（0.4∶0.6；g/g）	96	0.61	0.18	0.13
颗粒干草/精饲料（0.4∶0.6；g/g）	140	0.50	0.30	0.11
干草/精饲料（g/g）				
1∶0	97	0.66	0.22	0.09
0.8∶0.2	80	0.61	0.25	0.11
0.6∶0.4	87	0.61	0.23	0.13
0.4∶0.6	76	0.52	0.34	0.12
0.2∶0.8	70	0.40	0.40	0.15

续表

日粮	总量（mmol/L）	物质的量比（mol/mol）		
		乙酸	丙酸	丁酸
饲喂粗饲料的绵羊				
嫩黑麦草	107	0.60	0.24	0.12
切断苜蓿干草	113	0.63	0.23	0.10
粉碎苜蓿干草	105	0.65	0.19	0.11

资料来源：McDonald, P., R.A. Edwards, J.F.D. Greenhalgh, J.F.D. Greenhalgh, C.A. Morgan, and L.A. Sinclair. 2011. *Animal Nutrition*, 7th ed. Prentice Hall, New York, NY.

（约 70%）、20%丙酸和 10%丁酸，而饲喂次成熟期饲草会降低乙酸的比例而提高丙酸的比例。在粗饲料中添加精饲料也会提高丙酸生成的比例而降低乙酸的产量。饲喂完全精饲料，产生丙酸的量可能超过产生乙酸的量。日粮影响挥发性脂肪酸产量的机制是复杂的，可能是由于日粮影响了瘤胃中微生物的种类和代谢。特别需要指出，精饲料中的淀粉和单糖快速发酵，会通过糖酵解产生大量的丁酸，从而引起瘤胃液 pH 急速下降，这可能会导致代谢性酸中毒（瘤胃 pH＜5.5）。瘤胃低 pH 会抑制纤维素降解菌和乙酸产生菌的生长而促进丙酸产生菌的生长，导致降低对饲草的消化和乙酸的产量而刺激丙酸的生成（Chesson and Fossberg, 1997）。如果日粮含有大量的纤维而淀粉所占比例低，就会出现与上述相反的结果。因此，NRC（2001）对反刍动物日粮中非纤维性碳水化合物的最大推荐量为 44%。瘤胃短链脂肪酸的产量除了受日粮中粗精饲料比影响外，还受许多其他因子（如日粮物理形态、水和脂肪含量、采食量及饲喂方式）对瘤胃的物理作用和反刍（回流、咀嚼、唾液分泌和吞咽）的影响（Weimer, 1998）。

5.3.1.8 短链脂肪酸从瘤胃进入血液

瘤胃产生的短链脂肪酸主要通过 3 个途径进入血液循环：大约 75%直接通过瘤胃壁被吸收，20%在瓣胃和皱胃中被吸收，5%通过混在食糜中进入小肠，然后通过门静脉进入血液。短链脂肪酸的吸收是通过被动运输，所以吸收速率取决于其浓度差。短链脂肪酸被细胞吸收是通过反向转运体（也叫交换体）转出细胞内碳酸氢根（HCO_3^-）实现的。短链脂肪酸从瘤胃进入血液的速率随着瘤胃液 pH 的降低而增加。这形成了一个概念，也就是未解离的酸比它们相对应的阴离子通过瘤胃的速率快。在从瘤胃进入血液的过程中，一些丁酸和丙酸在瘤胃上皮分别代谢形成 β-羟丁酸和乳酸。

短链脂肪酸对反刍动物营养起重要作用。首先，乙酸、丙酸和丁酸是反刍动物的主要能量来源。如前所述，丁酸是大肠上皮细胞生成 ATP 的主要底物，因此，可以维护反刍和非反刍动物的后肠健康。奶牛和绵羊的瘤胃每天分别产 3–4 kg 和 0.3–0.4 kg 短链脂肪酸。因此，短链脂肪酸可以有效地替代大量的葡萄糖和长链脂肪酸作为大肠、肝脏、骨骼肌和肾脏代谢所需的能量。同样的，短链脂肪酸也可以替代大量的葡萄糖作为反刍动物大脑的氧化底物。其次，丙酸可以在反刍动物的肝脏内被用来合成葡萄糖。再次，乙酸和丁酸在瘤胃壁和大肠细胞内分别转化成乙酰乙酸和 β-羟基丁酸，这些酮体可以为肝外组织包括大脑、小肠、心脏、骨骼肌和肾脏代谢提供能量。最后，短链脂肪酸和 NH_3 共同维持瘤胃液 pH 稳定在 5.5–6.8，这对于瘤胃中菌类的生长和代谢至关重要。

5.3.1.9 瘤胃内甲烷的生成

能产甲烷的微生物称为产甲烷菌，它们属于古细菌域和古生菌门。甲烷的产生不需要氧气，实际上氧气反而会抑制甲烷的产生。产甲烷酶的底物是 CO_2（或 HCO_3^-）+ H_2、乙酸、甲醇、甲醛和甲胺（如一甲胺、二甲胺、三甲胺）（图 5.4）。CO_2 和 H_2O 可以自发地形成 HCO_3^- 和 H^+，而碳酸酐酶可以大大促进这一反应的发生。碳水化合物发酵是瘤胃中 CO_2 和 H_2 的主要来源。这两种气体也可由 F_{420} 依赖性甲酸脱氢酶（需要 FAD 和钼作为配体）或者 NAD 依赖性甲酸脱氢酶分解甲酸生成。F_{420} 作为转移负氢离子（氢化物）的辅酶，是一种可以被紫外线激发显现蓝绿荧光的脱氮黄素衍生物。乙酸主要通过丙酮酸脱羧生成，而丙酮酸主要由碳水化合物和少量氨基酸代谢产生。在瘤胃中，甲醇

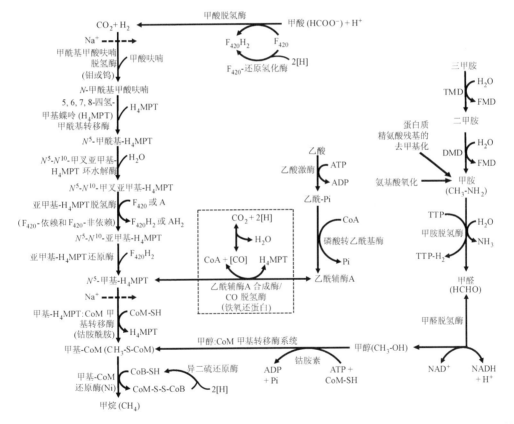

图 5.4　瘤胃细菌中二氧化碳和氢气，以及乙酸、甲醇、甲酸和甲胺生成甲烷。CoA，辅酶 A；CoM（辅酶 M；2-巯基乙磺酸盐；$HS-CH_2-CH_2-SO_3^-$）是甲基转移反应所需的辅酶。CoB（辅酶 B；7-巯基庚酰-苏氨酸-磷酸）和 F_{420}（8-羟基-5-脱氮喹喋碱）是氧化还原反应所需的辅酶。A，电子受体；DMD，二甲胺脱氢酶（黄素蛋白）；FMD，甲醛；$F_{420}H_2$，还原 F_{420}；H_4MPT，5,6,7,8-四氢-甲烷蝶呤；TMD，三甲胺脱氢酶（黄素蛋白）；TTP，色氨酸色氨酰醌。（改编自：Hook, S.E., A.G. Wright, and B.W. McBride. 2010. *Archaea*: Article ID 945785; Shima, S., E. Warkentin, R.K.Thauer, and U. Ermler. 2002. *J. Biosci. Bioeng.* 93:519-530.）

主要从果胶甲酯的代谢中生成，并且生成的甲醇能全部转化成甲烷。甲酸由丙酮酸-甲酸裂解酶裂解丙酮酸生成（图 5.4）。甲胺通过细菌降解氨基酸和蛋白质的精氨酸残基去甲基化生成。

在瘤胃中，通过 H_2 还原 CO_2 是生成甲烷的主要路径，在这个过程中碳是终端电子受体。少量的甲烷直接由瘤胃中的乙酸生成。一些甲烷八叠球菌属的产甲烷菌在 H_2 和 CO_2 中缓慢生长，利用甲醇和甲胺来产生甲烷。

把 CO_2 和 H_2O 转换成甲烷需要几种特殊的辅酶（如辅酶 M、G、F_{420} 和四氢甲烷蝶呤）及 10 种酶催化的一系列复杂反应（图 5.4），这些辅酶通过细菌合成或者由外源提供。如图 2.18 所示，从丙酮酸生成乙酸和丁酸会产生 H_2 和以还原当量形式存在的代谢氢（如 NADH 和 NADPH）。丙酸的合成需要消耗这些还原当量，因此，它是瘤胃中竞争利用氢的一个通路。所以随着乙酸和丁酸的生成会产生过量的氢，而丙酸的生成则不会出现这种结果。饲喂纤维含量低而淀粉含量高的日粮能增加瘤胃产短链脂肪酸中丙酸所占的比例，导致降低每摩尔底物发酵产生甲烷的量。跨膜的钠离子电化学差为 CO_2 和 H_2 生成甲烷提供能量。

由于甲烷不能被动物组织利用，并且产生甲烷是一个耗能的过程，因此产生甲烷会造成不可逆的还原当量损失，并且会降低日粮能量转化成奶、骨骼肌或毛的效率。因此，降低甲烷产量是提高反刍动物能量利用效率的一种重要方法。此外，甲烷也是一种温室气体，降低甲烷的排放也有助于动物生产的环境可持续发展。抑制甲烷产生的方法主要包括：①被卤代甲烷类似物或相关物质直接抑制［如氯仿（无法实际应用）、水合氯醛（无法实际应用）、阿米氯醛（体内饲喂安全）、三氯乙酰胺、三氯乙基酯、氯溴甲烷、2-溴乙基磺酸和 9,10-蒽醌］；②使用离子载体（如莫能霉素和盐霉素）来改变微生物种类；③提高丙酸的产量（如苹果酸和延胡索酸）；④调节产甲烷的底物生成其他替代物，如降低辅酶、辅基、还原当量（如通过氢化不饱和脂肪酸）、电子受体（碳源）和电子载体（如细胞色素）；⑤使用植物化学物（皂苷）去除瘤胃原虫；⑥通过营养（如长链饱和脂肪酸和脂类）、植物提取物（如浓缩单宁和精油）、益生菌（如酵母和真菌）、其他物质（如甲酸）来调控瘤胃中微生物的种类和活性。最大的挑战是瘤胃中的微生物可能会产生抗性，从而使那些方法只能起到短暂的作用。

5.3.1.10　瘤胃代谢紊乱

（1）乳酸中毒

当给反刍动物饲喂大量可发酵碳水化合物时，瘤胃中通过糖酵解生成乳酸的速率远远大于乳酸被利用的速率，导致瘤胃液 pH 急剧下降，造成酸中毒。瘤胃中主要的产乳酸菌（如牛链球菌）可以耐受低 pH，而利用乳酸的细菌的生长和代谢活性受到低 pH 的抑制（Fellner, 2002）。当反刍动物采食过量的精饲料（如占泌乳奶牛日粮的 50%；干物质基础）时，由于瘤胃缺乏糖酵解的反馈抑制机制，一旦酸中毒出现就会发展得越来越严重。因此，反刍动物日粮中粗饲料的最低推荐量为 50%（干物质基础）。让反刍动物在几周内慢慢适应逐渐升高的精饲料量可以降低酸中毒的发生率（如泌乳期奶牛和肉牛），这是由于逐渐适应精饲料提高量可以同时刺激乳酸产生菌和乳酸利用菌的生长。此外，向日粮中添加抗菌药物（如离子载体）可以有效降低瘤胃中产乳酸菌的生长，从而缓解酸中毒。由于酸中毒会降低反刍动物采食量、生长性能、奶产量和经济效益，同时还会增加淘汰率和死亡率，因此必须避免这种代谢障碍的发生。

（2）瘤胃胀气

在正常情况下，瘤胃产生的几乎所有甲烷、氢气及大部分 CO_2 通过嗳气排出体外。当气体产生的速率远远大于气体通过嗳气排出的速率时，体内正常去除瘤胃气体的平衡会被打破，导致瘤胃胀气的发生。胀气以一种持续泡沫的形式出现，它可以和瘤胃内容物结合在一起（称为主要胀气），也可以与食糜分开（称为次要胀气）。胀气的主要特征是腹部严重膨胀，造成对心脏和肺部的严重挤压，从而损害血液循环。这种代谢病可以使采食豆致胀气牧草的肉牛的死亡率达 20%。反刍动物瘤胃胀气的发生受动物基因型和采食日粮种类影响。例如，瘤胃胀气主要在肉牛中出现，而绵羊和山羊的发生率相对低一些。采食牧草产生的胀气常见于采食豆科植物的牛，这可能是由于豆科植物中高含量的可溶性植物蛋白快速降解产生气体［如氨气、CO_2 和硫化氢（H_2S）］，同时豆科植物中也含有大量的磷脂，它们会在瘤胃中促进气体形成泡沫并且稳定泡沫的存在。相反，圈养肉牛胀气主要是由于日粮中精饲料比例过高，以及日粮中的苜蓿或三叶草在分解淀粉的微生物的作用下形成松软和黏性食糜，导致稳定性泡沫的形成。对于采食高含量精饲料或全精饲料肉牛出现的胀气可以通过在日粮中添加一些粗饲料来降低其发生率。

5.3.1.11　不同反刍动物对碳水化合物消化的差别

反刍动物对碳水化合物的消化存在动物种类的差别。例如，采食中高含量纤维日粮，对干物质的消化率在肉牛中最高，绵羊和山羊次之，鹿最低（Huston et al., 1986）。此外，日粮种类对干物质消化率的影响要大于动物种类，如精饲料食糜相对于粗饲料食糜在瘤胃中的存留时间短。反刍动物对不同饲料原料中碳水化合物的消化率差别很大，对糖类、青草、干草和秸秆的总消化率分别为 95%、75%、60% 和 40%。和单胃动物一样，反刍动物在胃肠道中对淀粉的消化率远高于对粗纤维的消化率。肉牛对苜蓿草纤维的消化率为44%，绵羊中为 45%，山羊中为 41%（Huston et al., 1986）。因此，不同种类动物对碳水化合物的不同消化特性是影响反刍动物对其饲料利用的一个重要因子。

5.3.2　反刍动物小肠对单糖的吸收

反刍动物小肠细胞表达葡萄糖和果糖转运载体，因此可以吸收小肠中的葡萄糖、半乳糖和果糖。反刍动物小肠转运单糖的机制与单胃动物相同。但是，饲喂饲料的反刍动物，由于瘤胃过度发酵，很少有葡萄糖进入小肠。因此，在正常饲喂情况下，几乎没有葡萄糖被小肠吸收进入肉牛、绵羊、山羊和其他反刍动物的门静脉。

反刍动物小肠对葡萄糖的利用率很低。例如，以 0.5 h 间隔饲喂苜蓿干草的非怀孕非泌乳成年母绵羊，动脉血向肝门静脉引流内脏（PDV）（主要在小肠）提供 56.7 g 葡萄糖/h，但 PDV 只利用 0.6 g 葡萄糖/h。门静脉和肝动脉分别向肝脏输送 56.1 g 葡萄糖/h 和 9.5 g 葡萄糖/h，但被肝脏利用的只有 0.8 g 葡萄糖/h（Bergman，1983）。因此，与单胃动物不同，在反刍动物，门静脉血中的葡萄糖只有 1.4%被肝脏摄取，剩下的（98.6%）葡萄糖进入体循环用于肝外组织的代谢。

5.4　非反刍动物和反刍动物大肠对碳水化合物的发酵

相对于小肠，大肠含有大量的微生物（包括细菌和原虫）（第 1 章）。小肠中未被消化的日粮淀粉和纤维素就会进入大肠进行发酵。单胃动物和反刍动物大肠中的碳水化合物被微生物发酵和吸收的过程与其在瘤胃中被消化和吸收的过程相似。然而，所有动物大肠的发酵效率都低于瘤胃，这是由于大肠相对于瘤胃含有较少的微生物，并且食糜在大肠中的停留时间较短。研究发现，在盲肠和结肠中总短链脂肪酸的浓度可达 150 mmol/L。丁酸是大肠黏膜细胞的主要能源，对于维持反刍动物和单胃动物大肠健康具有重要作用。

对于马和兔，其发达的结肠和盲肠中的微生物对日粮养分（包括纤维素）的发酵反应过程与瘤胃发酵相似。马采食的 4%–30%淀粉在进入盲肠前不能被消化，但这些淀粉进入大肠后几乎会被彻底消化（Julliand et al.，2006）。不管采用何种加工工艺，玉米、燕麦、大麦和小麦中的淀粉在马胃肠道中的表观消化率分别为 98.8%、96.8%、97.9%和 99.5%（Julliand et al.，2006）。大肠发酵占日粮中可溶性碳水化合物总利用量的 15%–30%，而占细胞壁类型碳水化合物的 75%–85%。但是马采食过多的蔗糖和淀粉（如敏感型马和非敏感型马分别含有大于 12%和 20%非溶性碳水化合物时）可能会造成后肠糖酵解速率高从而产生过量的丁酸，进而损害细菌和原虫的活性（包括日粮中性纤维发酵）（Brøkner et al.，2012; Jensen et al.，2014）。所以，马不能耐受一次采食大量的可溶性碳水化合物，因此推荐少量多次饲喂高含量糖/淀粉日粮（谷物和精饲料）从而预防代谢障碍和肠道疾病（如腹痛和蹄叶炎）的发生。采食干草和精饲料混合日粮，马的整个消化道可以消化日粮中将近 85%的有机物（包括碳水化合物、蛋白质和脂肪）（Brøkner et al.，2016; Jensen et al.，2014）。断奶小马采食粗饲料尽管生长速率低，但仍可以生长。相反，兔的大肠对日粮纤维素的发酵程度不是特别高（对干苜蓿纤维素仅为 14%）（Yu and Chiou，1996），但是它们对粗饲料的强适应能力为它们的存活和依靠采食青草生长奠定了生理基础。

猪的大肠相对于马发达，所以粗饲料发酵效果差（如对含 5%苜蓿日粮中苜蓿纤维素的消化率仅约为 20%）。但当把生长期植物、谷物和它们的副产品加入断奶仔猪传统日粮中时，它们中的纤维素和半纤维素的消化率最高可达 50%。因此，绿叶蔬菜可以用来喂猪。生长育肥猪的大肠发酵纤维素可以提供 8 kJ 能量/g［如抗性淀粉（8.8 kJ/g）、果寡糖（8.4 kJ/g）和菊粉（8.8 kJ/g）］（Eswaran et al.，2013）。

5.5　鱼类对碳水化合物的消化和吸收

5.5.1　鱼类日粮中的碳水化合物

鱼类对碳水化合物的利用取决于鱼的种类。杂食性鱼类（如普通鲤鱼和斑点叉尾鮰）

可以消化相对多的淀粉和糖原，而草食性鱼类（如草鱼）可以利用以草类为主要日粮来源的碳水化合物。此外，杂交条纹鲈鱼可以有效地利用日粮中 25% 的淀粉作为葡萄糖和能量来源（Wu et al., 2015）。相反，肉食性鱼类（如大西洋三文鱼和日本鲕）尽管可以利用日粮中少量的糖原，但几乎不能利用淀粉。肉食性鱼类对碳水化合物的消化效率低于杂食性和草食性鱼类，因此，它们不能耐受复杂碳水化合物含量高的日粮。除具有营养和代谢功能外，碳水化合物还有利于提升饲料加工工艺，这是因为：①淀粉在膨化过程中的膨胀和糊化可以提高膨化饲料颗粒的浮力和完整性；②水不溶性纤维（如纤维素、半纤维素及其衍生物质）是一种很有效的结合剂，可以使饲料颗粒粘在一起和维持颗粒质量。

5.5.2 鱼类对碳水化合物的消化

5.5.2.1 淀粉和糖原的消化

鱼类没有唾液腺或唾液 α-淀粉酶（Rønnestad et al., 2013），因此，在鱼口腔内对淀粉和糖原几乎没有消化。和陆生动物一样，鱼类的 α-淀粉酶由胰腺合成，然后分泌到小肠内消化淀粉和糖原。然而，不同品种鱼的 α-淀粉酶活性相差很大（Bakke et al., 2011）。α-淀粉酶活性在草食性鱼类中最强，并且整个消化道都有。肉食性鱼类（如大西洋三文鱼、虹鳟鱼和海鲈）可能由于基因突变使它们消化道内的 α-淀粉酶活性很低。Frøystad 等（2006）报道，α-淀粉酶蛋白在大西洋三文鱼上缺失一段多肽，导致其在肠道的酶活只有普通鲤鱼的 0.67%。杂食性鱼类（如大多数淡水罗非鱼）的 α-淀粉酶活性介于草食性和肉食性鱼类之间，并且其在胰腺内的活性远远大于其在肠道前端部分的活性。除了胰腺之外，肠道微生物可能是水产生物肠道 α-淀粉酶的另一个来源。鱼类和哺乳动物类似，碳水化合物首先通过 α-淀粉酶分解成二糖和寡糖，然后被蔗糖酶-异麦芽糖酶和麦芽糖酶-葡糖淀粉酶进一步分解成单糖（如葡萄糖、果糖、半乳糖、甘露糖、木糖和阿拉伯糖）。

摄入的淀粉可以促进草食性和杂食性鱼类胰腺 α-淀粉酶的分泌，但对肉食性鱼类胰腺 α-淀粉酶的分泌没有影响（Bakke et al., 2011）。当日粮中碳水化合物含量 >20% 时，肉食性鱼类对淀粉和糊精的消化能力急剧下降，但它们可以利用日粮中 60% 的葡萄糖、蔗糖或乳糖，说明在它们肠道中有很强的二糖酶活性。因此，肉食性鱼类和草食性鱼类一样，可以很好地消化二糖。研究发现，当饲料原料（如玉米、小麦）经过熟化改变其结构和基质，使其完全水化和膨胀时，鱼类如斑点叉尾鲴和虹鳟鱼就会像陆生动物一样对这些熟化后的碳水化合物有很强的消化能力。总之，证据表明胰腺 α-淀粉酶活性是鱼类对淀粉和糖原消化的主要限制因子。

5.5.2.2 含 β-1,4 糖苷键碳水化合物的消化

有些鱼类（如肉食性鱼类）的胃和肠黏膜可以合成及分泌几丁质酶（chitinase）（Bakke et al., 2011），胃肠道中的细菌也可能分泌这种酶。几丁质酶可以打开几丁质中的 β-1,4 糖苷键，从而释放出 N-乙酰-D-葡糖胺。内源几丁质酶为某些种鱼类提供了对猎物的外骨骼中几丁质消化的能力。

多数种类鲤鱼的肠道内存有由细菌分泌的纤维素酶和β-半乳糖苷酶。然而，一般而言，鱼类实际上不能消化日粮中纤维素，因为鱼类小肠像陆生动物的胃和小肠一样缺乏纤维素酶和β-半乳糖苷酶，这解释了鱼类对日粮中豆粕消化能力差的原因，因为豆粕中含有大量的半乳糖苷寡糖如棉子糖和水苏糖。如果在加工前经过酶解，豆粕和其他豆类的营养价值就会提高。需要指出的是，其他豆科作物种子对鱼类的营养价值也可以通过酶解来提高，这是由于豆类中含有大量寡糖。

5.5.2.3　淀粉的整体消化性

鱼类对淀粉的代谢受许多因子的影响，包括：①淀粉的分子结构、来源、糊化度和组成；②鱼的种类、品种、日龄及鱼的健康状况；③环境温度。例如，10–25 g 重的虹鳟鱼在 15℃淡水中饲养，对日粮中含20%的土豆淀粉和20%的糊精的表观消化率分别为69%和77%；80 g 重的大西洋三文鱼在 10.2℃海水中饲养，当日粮中含 10.5%、14.5%和21.3%小麦淀粉时，其表观消化率分别为88%、82%和75%；28 g 重的欧洲黑鲈在 25℃海水中饲养，日粮中 20%的淀粉和 20%的糊化淀粉的表观消化率分别为 66%和 95%（NRC，2011）。

5.5.3　鱼类肠道对单糖的吸收

淀粉、糖原和其他复杂碳水化合物在鱼类肠道中首先分解成单糖，然后和哺乳动物一样，单糖通过鱼的小肠上皮细胞膜上的葡萄糖和果糖转运载体进入小肠细胞（Ferraris，2001）。研究发现，肉食性鱼类（Polakof and Soengas，2013）、金头鲷（Sala-Rabanal et al.，2004）和斑马鱼（Castillo et al.，2009）的小肠细胞顶端膜的 SGLT1 载体在肠道吸收葡萄糖、半乳糖、木糖和阿拉伯糖过程中起重要作用。鱼类和哺乳动物一样，SGLT1 在小肠细胞顶端膜表达，可以转运一些葡萄糖进入小肠细胞（Teerijoki et al.，2000）。GLUT5 也在顶端膜表达，用来吸收 D-果糖（Sundell and Rønnestad，2011）。被吸收的单糖（如葡萄糖、果糖、半乳糖、甘露糖、木糖和阿拉伯糖）通过细胞基底外侧膜上的 GLUT2 转入固有层，然后进入肠小静脉。通过血液循环，单糖从小静脉进入门静脉。根据鱼的种类及它们的生长阶段、饲养环境和日粮组成不同，小肠细胞吸收单糖的效率为 95%–99%。

5.6　葡萄糖在动物组织中的代谢

5.6.1　葡萄糖在动物体内的周转

葡萄糖能作为能源被所有动物利用，它通过不同的速率和转运载体进入各组织［如 GLUT4 主要存在于骨骼肌（鸟类除外）、心脏和脂肪；GLUT3 存在于胎盘；GLUT2 存在于肝脏和胰腺］中。在生理稳态时，体内葡萄糖的利用量等于其合成量。葡萄糖在体内持续合成和代谢称为葡萄糖周转。如果根据代谢体重计算，各种哺乳动物体内的葡萄糖周转率基本一致，而鸟类比哺乳动物的葡萄糖周转率高（表 5.6）。禁食会降低体内葡萄糖的周转率，这是由于缺乏外源底物的供给。而在妊娠和泌乳时葡萄糖的周转率会增高，因为这时对葡萄糖的需要量急剧升高，这可以从对羊的研究中看出（表 5.7）。

表 5.6　动物体内葡萄糖代谢率 [a]

种类	体重（kg）	血液葡萄糖浓度（mmol/L）	机体葡萄糖代谢率		
			g/h	g/(h·kg BW)	g/(h·kg BW$^{0.75}$)
大鼠	0.2	5.5	0.9	4.5	5.36
蛋鸡	2	12	1.6	0.80	0.85
狗	15	5.0	2.5	0.17	0.26
绵羊	40	3.3	4.4	0.11	0.19
猪	59	5.5	11.8	0.20	0.30
人	71	5.0	9.1	0.13	0.22
马	186	5.0	15.3	0.082	0.15
奶牛	500	3.3	30	0.060	0.12

资料来源：Bergman, E.N., R.P. Brockman, and C.F. Kaufman. 1974. *Proc. Fed. Am. Soc. Exp. Biol.* 33:1849–1854；Bergman, E.N. 1983. *World Animal Science*, Elsevier, New York. Vol. 3: 173–196。

注：BW，体重；BW$^{0.75}$，代谢体重。

[a] 这些值是从非反刍哺乳动物和产蛋母鸡处于吸收后状态或从喂养状态的绵羊和奶牛中获得的。

表 5.7　禁食、妊娠或者哺乳对绵羊机体葡萄糖代谢的影响 [a]

绵羊	体重（kg）	血液葡萄糖浓度（mmol/L）	机体葡萄糖代谢率		
			g/h	g/(h·kg BW)	g/(h·kg BW$^{0.75}$)
		非妊娠			
饲喂	53	3.3	4.6	0.087	0.16
禁食 [b]	53	3.0	3.0	0.057	0.12
		妊娠			
饲喂	68	2.6	7.5	0.110	0.19
禁食 [b]	71	1.6	4.6	0.064	0.13
		哺乳（2–4 周）			
饲喂	61	3.2	13.3	0.218	0.32

资料来源：Bergman, E.N., R.P. Brockman, and C.F. Kaufman. 1974. *Proc. Fed. Am. Soc. Exp. Biol.* 33:1849–1854；Bergman, E.N. 1983. *World Animal Science*, Elsevier, New York. Vol. 3: 173–196。

注：BW，体重；BW$^{0.75}$，代谢体重。

[a] 不处于泌乳状态的非妊娠或已经妊娠的羊。

[b] 禁食 3–4 天。

[c] 双胎妊娠最后一个月。

　　不同动物体内组织的葡萄糖代谢通路是一样的（包括反刍动物、单胃动物和鱼类），因此，这部分主要阐述这些代谢通路。分解代谢指的是营养物质的降解，合成代谢则指的是营养物质的生物合成。然而，一种底物的降解通路可以被看作为另一种物质的合成通路。例如，谷氨酰胺在肝脏或肾脏中的分解代谢，也是葡萄糖的合成通路。糖酵解、糖原的合成和戊糖磷酸途径存在于所有组织中，而糖异生只存在于肝脏和肾脏中。目前葡萄糖在鱼类代谢中的定量方面还不是很清楚，或许葡萄糖不是鱼类的一个主要能源。

5.6.2 糖酵解

5.6.2.1 糖酵解的定义

糖酵解是指葡萄糖转化为丙酮酸。这一途径由 Otto F. Meyerhof 发现并因此使他获得 1922 年诺贝尔生理学或医学奖。糖酵解发生于所有动物细胞的细胞液中，在肝脏中，糖酵解主要在静脉周边的肝细胞中进行。在没有线粒体的细胞中（如哺乳动物红细胞和细菌中），丙酮酸由 $NADH + H^+$ 还原生成乳酸（Murray et al., 2001）。在限制氧气供应的情况下，含有线粒体的细胞内会产生大量的乳酸，然而即使氧气供应不受限制，在一些特定细胞（如淋巴细胞、巨噬细胞和肿瘤细胞）中也会产生大量的乳酸。在动物细胞中，丙酮酸会被氧化生成水和二氧化碳。

5.6.2.2 葡萄糖通过不同转运载体进入细胞内

转运葡萄糖是细胞利用葡萄糖的第一步，因此，了解葡萄糖转运系统很重要。动物细胞中葡萄糖的转运属于易化扩散，这是一个不需要消耗能量的转运过程，它是通过浓度差进行的。在 12 种葡萄糖转运载体中（GLUT1–GLUT12），GLUT2、GLUT3 和 GLUT4 具有相对组织特异性。在具有极性的小肠上皮细胞和肾近端小管中，葡萄糖分别通过 SGLT1 和 SGLT2 由极性膜（面朝小肠管腔一侧）转入细胞内。在小肠和肾脏中，葡萄糖主要由位于基底外侧的 GLUT2 从细胞内转运到细胞外。因此，在小肠，通过 SGLT1 和 GLUT2 协同工作来高效吸收小肠中的葡萄糖进入静脉血循环，而在肾脏，通过 SGLT2 和 GLUT2 协同作用来高效重吸收肾小管过滤的葡萄糖进入静脉血中。在肝脏［哺乳动物、鸟类和鱼（Ferraris, 2001; Krasnov et al., 2001）］，GLUT2 主要负责葡萄糖的吸收和释放，这一过程取决于细胞膜两侧葡萄糖的浓度。GLUT3 是胎盘和大脑神经的主要葡萄糖转运载体，但在其他一些组织细胞中也少量分布（如大脑、肝脏、心脏、骨骼肌和肾脏中）。GLUT4 是哺乳动物和鱼类动物骨骼肌、心脏和白色脂肪组织中的主要葡萄糖转运载体（Hall et al., 2006）。在这些组织中，GLUT4 的表达主要受胰岛素对其 mRNA 和蛋白质水平的调控，并在胰岛素的作用下转移至细胞膜。有趣的是，鸟类骨骼肌中不含 GLUT4 蛋白，这是鸟类血浆中葡萄糖浓度较高的一个原因。GLUT5（果糖转运载体）主要在小肠、睾丸和胎盘中表达，但同时也在骨骼肌、白色脂肪组织、肾脏和大脑中表达。

由于哺乳动物细胞中同时存在多种葡萄糖转运载体，因此很难只对一种葡萄糖转运载体的葡萄糖转运动力学进行测定，但人类红细胞是个例外，因为其仅表达 GLUT1。为了克服哺乳动物细胞中多种葡萄糖转运载体的相互干扰，爪蟾卵母细胞常被用来进行单一种类葡萄糖转运载体转运葡萄糖的动力学研究，这得益于该细胞转运葡萄糖的量很低，并且仅表达特定种类的葡萄糖转运载体。由于葡萄糖很容易被哺乳动物细胞所代谢，因此很多无法被代谢的葡萄糖类似物常被用来进行葡萄糖的转运动力学研究。例如，2-脱氧葡萄糖可被己糖激酶磷酸化，但无法进入随后的代谢途径，这有利于在磷酸化反应不是限速因子的情况下研究葡萄糖转运动力学。3-O-甲基葡萄糖是一种既无法被磷酸化也无法被代谢的葡萄糖类似物，因此也是研究葡萄糖转运动力学的首选底物。3-O-甲基葡萄糖的葡萄糖转运载体的 K_M 值（单位为 mmol/L）分别为：GLUT1，16.9–26.2；GLUT2，40；GLUT3，10.6；GLUT4，1.8–4.8（Olson and Pessin, 1996）。虽然卵细胞内 K_M 的检测值不同于内源的葡萄糖转运载体的检测值，但以上数据表明，GLUT3 和 GLUT4 相对于 GLUT1 和 GLUT2 对葡萄糖具有更高的亲和性。根据所有已知的葡萄糖转运载体，GLUT2 对 D-葡萄糖的 K_M 值最高，这使得 GLUT2 成为葡萄糖的一个感应器。

5.6.2.3 糖酵解途径

图 5.5 所示为糖酵解途径（又称为 Embden-Meyerhof 途径）。糖酵解的非平衡反应过程由葡萄糖转运系统、己糖激酶、磷酸果糖激酶 1 和丙酮酸激酶共同催化完成。通常

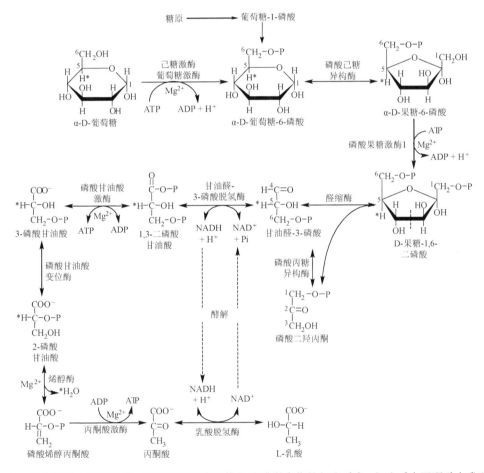

图 5.5　动物细胞中的糖酵解。糖酵解发生在动物细胞或微生物的细胞质中。细胞质中丙酮酸向乳酸的转化或线粒体中丙酮酸向乙酰辅酶 A 的氧化需要生成 NAD^+ 从而进行糖酵解。在有氧条件下，糖酵解是哺乳动物红细胞中 ATP 的唯一来源，并且是一些动物细胞（如免疫系统的细胞）ATP 的主要来源，同时在厌氧条件下为所有动物细胞提供大量能量。这条通路是葡萄糖完全被氧化为 CO_2 和 H_2O 所需的。注意，葡萄糖激酶也被称为己糖激酶Ⅳ，其存在于人类、猪、大鼠和许多其他单一哺乳动物中，但在反刍动物、许多鸟类（包括鸡）和某些鱼类的肝脏中不存在。数字 1–6 表示碳在分子中的位置。符号"*"表示特定的氢原子。（改编自：Devlin, T.M. 2011. *Textbook of Biochemistry with Clinical Correlations*. John Wiley & Sons, New York, NY.）

认为葡萄糖在小肠的吸收或糖原在肝脏的水解产生葡萄糖是糖酵解的启动点，糖酵解反应的关键步骤如下。

（1）己糖激酶

在哺乳动物细胞，葡萄糖磷酸化为 6-磷酸葡萄糖的过程由关系密切的己糖激酶家族催化，Mg^{2+} 是该激酶家族中的辅因子。哺乳动物细胞中已经鉴定出 4 种己糖激酶，依据其在淀粉凝胶电泳上的移动特点，分为己糖激酶（HK）- Ⅰ、Ⅱ、Ⅲ和Ⅳ（表 5.8）。HK-Ⅰ普遍存在于动物细胞中，HK-Ⅱ主要存在于骨骼肌、心脏和脂肪组织中，HK-Ⅲ的表达量在大多数组织中相对较少，包括肺、肾脏和肝脏中。HK-Ⅰ、Ⅱ、Ⅲ可磷酸化葡萄糖和果糖，但对果糖的酶活性只有其对葡萄糖的 88%（Weinhouse, 1976）。

HK-Ⅳ（也称为葡萄糖激酶）只在肝脏和胰腺 β 细胞中特异性表达，可以像 HK-Ⅰ、Ⅱ和Ⅲ那样将葡萄糖转化为 6-磷酸葡萄糖，但对果糖活性很低（表 5.8），对半乳糖、阿洛塘、山梨糖、木糖醇、3-甲基葡萄糖和葡糖胺完全无活性（Weinhouse, 1976）。肝脏中的葡萄糖激酶依物种不同而表现出表达差异性：在青蛙、狗、豚鼠、仓鼠、人类、小鼠、猴、猪、兔、大鼠和乌龟中有较高水平的表达，在猫、金鱼和雀类中的表达量极低，而在鸡、9 种鸟类、响尾蛇、虹鳟鱼和反刍动物（如牛、绵羊）中完全没有表达（Weinhouse, 1976）。在葡萄糖激酶的酶活性很低或没有的动物中，它们的肝脏在生理状态下很难代谢葡萄糖。例如，饲喂状态下由牛门静脉和肝动脉向肝脏供应的葡萄糖，仅有 1.2% 被肝脏利用（Bergman, 1983）。这对于反刍动物节省体内葡萄糖消耗具有重要营养作用，因为反刍动物采食粗饲料后，小肠肠腔内几乎没有葡萄糖。

表 5.8　己糖激酶的动力学比较

	GK（HK-Ⅳ）	HK-Ⅰ、Ⅱ和Ⅲ
葡萄糖的 K_M 值	5–12 mmol/L	0.02–0.13 mmol/L
ATP 的 K_M 值	约 0.5 mmol/L	0.2–0.5 mmol/L
6-磷酸葡萄糖的 K_i 值	60 mmol/L	0.2–0.9 mmol/L
分子量	52 kDa	约 100 kDa
底物偏好		
葡萄糖	1	1
甘露糖	0.8	1–1.2
2-脱氧葡萄糖	0.4	1–1.4
果糖	0.2	1.1–1.3

资料来源：Olson, A.L. and J.E. Pessin. 1996. *Annu. Rev. Nutr.* 16:235–256。

在所有细胞中，HK-Ⅰ、Ⅱ、Ⅲ都对葡萄糖有较低的 K_M 值（<0.2 mmol/L），导致在许多细胞类型中生理浓度的葡萄糖就可以饱和这些激酶。而 HK-Ⅳ对葡萄糖的 K_M 值很高（5–12 mmol/L），可以应对采食后升高的血浆葡萄糖浓度。HK-Ⅰ–Ⅳ具有组织表达和动力学的特异性，说明每种酶都有其特有的代谢功能。例如，在牛和羊体内，由于肝细胞缺乏葡萄糖激酶，其很难吸收葡萄糖。对于非反刍动物来讲，由于 HK-Ⅳ对葡萄糖的 K_M 值比 HK-Ⅰ、Ⅱ、Ⅲ高得多，使肝脏利用葡萄糖的速率低于骨骼肌。因此，当采

食造成血浆中葡萄糖浓度上升时，骨骼肌、心脏和脂肪组织细胞内的葡萄糖更易被 HK-Ⅱ磷酸化为 6-磷酸葡萄糖。由于 6-磷酸葡萄糖不能透过细胞膜，因此葡萄糖磷酸化过程可将葡萄糖留于细胞内。同样的，非反刍动物进食碳水化合物后肝脏中的 HK-Ⅳ可将葡萄糖磷酸化为 6-磷酸葡萄糖。相反，当禁食引起血浆中葡萄糖浓度下降时，肝脏 HK-Ⅳ活性降低，肝脏就会使糖异生底物生成葡萄糖，使其成为净产生葡萄糖的器官。因此 HK-Ⅳ被认为是肝脏中的"葡萄糖感应器"，就像葡萄糖转运载体-2 是肝脏和胃肠道组织中的"葡萄糖感应器"一样。在胰腺 β 细胞中同样如此。

（2）磷酸果糖激酶 1

磷酸果糖激酶 1（PFK-1）可将 6-磷酸果糖转化为 1,6-二磷酸果糖，在调控糖酵解反应速率中起重要作用（Han et al., 2016）。磷酸果糖激酶 1 是可变构和可诱导激酶。如第 1 章中所述，变构酶是指在该酶的催化位点可被变构效应因子修饰调节。"变构"是指"占领另一位点"。

（3）丙酮酸激酶

丙酮酸激酶可催化磷酸烯醇丙酮酸上的磷酸基团转移至 ADP，生成一分子丙酮酸和一分子 ATP。该酶以 Mg^{2+} 作为辅因子，有两个亚型，即 M 型（肌肉中）和 L/R 型（肝脏和红细胞中），这两种亚型在一级结构上存在差异。

5.6.2.4 糖酵解的产能及其意义

1 mol 葡萄糖转化为 2 mol 丙酮酸可净生成 2 mol ATP（见后文计算），同时将 2 mol NAD^+ 还原为 $NADH + H^+$。如前所述，所有不含线粒体的细胞无论是否有氧气供应，糖酵解是唯一产生 ATP 的代谢过程。在含有线粒体的细胞中，糖酵解可将葡萄糖分解代谢为丙酮酸，但糖酵解的能量生成效率很低。

糖酵解总反应过程：

D-葡萄糖 $+ 2Pi + 2ADP + 2NAD^+ \rightarrow$ 2 丙酮酸 $+ NADH + 2H^+ + 2ATP + 2H_2O$

1 mol D-葡萄糖的磷酸化需要 1 mol ATP：

葡萄糖 $+ ATP \rightarrow$ 6-磷酸葡萄糖 $+ ADP$ （己糖激酶催化）

1 mol 6-磷酸果糖的磷酸化需要 1 mol ATP：

6-磷酸果糖 $+ ATP \rightarrow$ 1,6-二磷酸果糖 $+ ADP$（PFK-1）

2 mol 1,3-二磷酸甘油酸转化为甘油酸-3-磷酸生成 2 mol ATP（磷酸甘油酸激酶催化）：

2（1,3-二磷酸甘油酸）$+ 2ADP \leftrightarrow$ 2（甘油酸-3-磷酸）$+ 2ATP$

2 mol 磷酸烯醇丙酮酸转化为丙酮酸生成 2 mol ATP：

$2PEP + 2ADP \rightarrow$ 2 丙酮酸 $+ 2ATP$

1 mol 葡萄糖转化为 2 mol 丙酮酸净生成 ATP：

$2 + 2 - 1 - 1 = 2$ mol ATP

糖酵解对动物的营养与生理有着极其重要的意义。可通过该途径提供能量的细胞类型包括：①缺氧的细胞；②厌氧微生物；③在有氧情况下的某些动物细胞（如免疫细胞）；

④以糖酵解为唯一供能途径的哺乳动物红细胞。糖酵解是葡萄糖完全氧化为水和二氧化碳的必需路径，且在含有线粒体的细胞内发挥着维持葡萄糖稳态的重要作用。另外，糖酵解的中间产物2,3-二磷酸甘油酸也可维持血红蛋白四聚体的稳定结构并调节其对氧气的亲和性。最后，糖酵解可为生物合成过程提供中间体：①6-磷酸葡萄糖，其是嘌呤和嘧啶核苷酸合成过程中所需 5-磷酸核糖的前体物；②3-磷酸甘油和二羟丙酮磷酸，它们是合成甘油三酯和磷酸甘油的前体物；③6-磷酸果糖，它是由谷氨酸:6-磷酸葡萄糖转氨基酶（细胞液中）催化合成的 6-磷酸葡糖胺的前体物。6-磷酸葡糖胺是合成尿苷二磷酸-N-乙酰氨基葡糖的底物，而尿苷二磷酸-N-乙酰氨基葡糖是细胞内合成所有含氨基糖大分子的前体物质。在出生后的动物体内，6-磷酸葡糖胺浓度的提高可能会使患 2 型糖尿病患者和有心血管异常的糖尿病患者对胰岛素不敏感。

$$6\text{-磷酸果糖} + 谷氨酰胺 \rightarrow 6\text{-磷酸葡糖胺} + 谷氨酸$$

5.6.2.5 丙酮酸转化为乳酸和科里（Cori）循环

在不含线粒体的细胞中，丙酮酸可被乳酸脱氢酶转化为乳酸，同时 NADH 氧化为 NAD^+，这一过程在无氧状态下的含有线粒体的细胞中也可发生（如免疫细胞和肿瘤细胞）。丙酮酸转化为乳酸可以重新生成 NADH，使糖酵解得以进行。

$$D\text{-葡萄糖} + 2ADP + 2Pi \rightarrow 2L\text{-乳酸} + 2ATP + 2H_2O$$
$$丙酮酸 + NADH + H^+ \leftrightarrow 乳酸 + NAD^+$$

1929 年，G.F. Cori 和 G. Cori 提出，骨骼肌释放出乳酸，然后被肝脏吸收并转化为葡萄糖，而由乳酸转化而来的葡萄糖又被肌肉吸收。这一途径被命名为科里循环，G. F. Cori 和 G. Cori 因此获得 1947 年诺贝尔生理学或医学奖。目前研究表明，除骨骼肌细胞外，包括淋巴细胞和巨噬细胞在内的细胞均可将葡萄糖转化为乳酸并释放。在 Cori 循环中，乳酸并未净生成葡萄糖。

5.6.2.6 丙酮酸转化为乳酸或乙醇

在缺氧条件下，丙酮酸由乳酸脱氢酶催化转化为乳酸，或者由丙酮酸脱羧酶（细胞液和线粒体中）或乙醇脱氢酶（酵母中）催化转化为乙醇，同时 NADH 被氧化为 NAD^+。丙酮酸转化为乙醇可以重新生成 NADH，使糖酵解得以进行，从而增加乙醇的产量。

$$丙酮酸 \rightarrow 乙醛 + CO_2 （酵母）$$
$$乙醛 + NADH + H^+ \leftrightarrow 乙醇 + NAD^+ （酵母）$$

5.6.2.7 动物细胞内的氧化还原状态

L-乳酸脱氢酶（一种细胞质酶）可催化 L-乳酸和丙酮酸相互转化，该反应的平衡常数（K_{eq}）计算如下：

$$丙酮酸 + NADH + H^+ \leftrightarrow L\text{-乳酸} + NAD^+$$
$$K_{eq} = （[L\text{-乳酸}] \times [NAD^+]） / （[丙酮酸] \times [NADH] \times [H^+]）$$

由于 K_{eq} 为一常数，而细胞中 pH 在生理状态下也是常数，因此 L-乳酸/丙酮酸值的变化与 NADH/NAD^+ 值的变化相同。由于这一反应发生在细胞液中，L-乳酸/丙酮酸值常用来指示动物细胞中的氧化还原状态。当细胞内 pH 有较大波动时，计算 K_{eq} 时就必须将 H^+ 浓度计算在内。

5.6.2.8 糖酵解与细胞增殖

体外培养的细胞即使在有氧条件下也会进行很高速率的糖酵解反应，称为有氧糖酵解。细胞增殖与糖酵解速率和 H^+ 的产生成正相关，因此在没有葡萄糖的培养基中细胞无法增殖分化。在丝裂素刺激下快速增殖的淋巴细胞（如胸腺细胞），乳糖脱氢酶的高表达增加了细胞液内 NAD^+ 的再成，这与 NADH 转运至线粒体形成竞争。由于糖酵解并不能产生活性氧（ROS），因此快速增殖的细胞可以避免氧化应激。

5.6.2.9 *动物细胞的巴斯德效应*

巴斯德效应是指含有线粒体的细胞中有氧氧化抑制糖酵解反应的现象。这一效应被路易斯·巴斯德于 1857 年发现，这一效应的发生是因为由三羧酸循环在有氧情况下产生的 ATP 和柠檬酸抑制了磷酸果糖激酶 1 的活性。换句话说，当氧气含量很低时，由葡萄糖转化而来的丙酮酸被转化为乳酸（或乙醇和 CO_2）。当氧气含量较高时，丙酮酸被氧化为乙酰辅酶 A 并进入三羧酸循环，进行氧化反应生成水和 CO_2，进而抑制了糖酵解过程。

5.6.2.10 瓦尔堡效应

一些细胞（如肿瘤细胞、激活的巨噬细胞及增殖中的淋巴细胞）即使在氧气充足的状态下也倾向进行糖酵解反应，这一现象被称为瓦尔堡效应。在癌症细胞，导致代谢异常的驱动因素包括：适应细胞外微环境（低 CO_2 浓度和低 O_2 分压）及异常的原癌基因激活信号（p53、Myc、Ras、Akt 和 HIF）。这种代谢方式的优势包括：①提高核酸、脂质和蛋白质的生物合成速率；②通过降低线粒体电子传递链产生 ROS 从而避免细胞凋亡；③参与由局部代谢物介导的旁分泌和自分泌信号传递过程。瓦尔堡效应的不良后果就是生成大量的代谢物（如葡萄糖生成乳酸）和大量地消耗体内能源物质（如由蛋白质与氨基酸如谷氨酰胺和丙氨酸生成葡萄糖）。

5.6.2.11 *动物细胞内糖酵解的定量*

在厌氧条件下，乳酸积累量是衡量细胞糖酵解反应速率的指标，而在有氧条件下通常用[5-^{3}H]葡萄糖来测算糖酵解反应（Wu and Thompson，1988），该方法基于以下原则：①1 mol ^3H_2O 由 1 mol [5-^{3}H]葡萄糖通过糖酵解转化而来；②所产生的 ^3H_2O 被细胞内和细胞外 H_2O 极度稀释，因此 ^3H_2O 再次进入代谢通路的量可以忽略不计。需要注意的是，通过[2-^{3}H]葡萄糖测算糖酵解的反应速率是错误的，因为 6-磷酸[2-^{3}H]葡萄糖在被磷酸葡萄糖异构酶转化为 6-磷酸果糖时将失去 ^{3}H。其实，在完整的细胞，[2-^{3}H]葡萄糖除氚速率常被用来估测葡萄糖磷酸化速率（Van Schaftingen，1995）。

5.6.2.12 糖酵解的调控

糖酵解可在葡萄糖转运、己糖激酶、磷酸果糖激酶 1 和丙酮酸激酶步骤中被调控（表 5.9），事实上这就是"分布式代谢调控"最好的例子。例如，组织（如肝脏和骨骼肌）中的 1,6-二磷酸果糖是丙酮酸激酶的变构激活因子，可作为促进糖酵解反应的正反馈调节因子。由于可以把患者空腹时的高浓度血糖（＞6.1 mmol/L 为高血糖症）作为糖尿病的诊断依据，在哺乳动物细胞上进行了大量葡萄糖代谢的研究。葡萄糖几乎不能刺激胰岛素分泌是胰岛素依赖性糖尿病（1 型）的共同特征，而非胰岛素依赖型糖尿病（2 型）患者仍可分泌甚至在早期分泌更多的胰岛素。胰岛素及其刺激糖酵解的作用由 Frederick G. Banting 于 1921 年发现，他因此获得诺贝尔生理学或医学奖。

表 5.9 动物细胞中糖酵解的调节

	激活或诱导	抑制
GLUT1	佛波醇酯、磺酰脲类、钒酸盐、丁酸盐、葡萄糖、缺氧、腺苷-3′,5′-环化一磷酸（CAMP）、血清、甲状腺激素、胰岛素、IGF-1、PDFG、FGF、生长激素、TGF-β、癌基因	悬钩子苷（一种植物化学成分）、腺苷酸环化酶激活剂、细胞松弛素 B
GLUT2	葡萄糖、蛋白激酶 C	糖尿病、腺苷酸环化酶激活剂、细胞松弛素 B
GLUT4	胰岛素、肌肉收缩、cAMP	糖尿病、食物掠夺、腺苷酸环化酶激活剂、细胞松弛素 B
GLUT5	果糖、糖皮质激素、甲状腺激素	植物源化合物（悬钩子苷和黄芪苷-6-葡萄糖苷）
葡萄糖激酶 HK-1, 2, 3	缺氧诱导因子和 Akt 胰岛素、碳水化合物饲喂	6-磷酸葡萄糖和 Pi、胰高血糖素、cAMP、糖尿病、食物掠夺、葡糖胺
PFK-1	胰岛素、碳水化合物饲喂、AMP、Pi、6-磷酸果糖、果糖-2,6-二磷酸	柠檬酸盐、ATP、cAMP、胰高血糖素、糖尿病、禁食
丙酮酸激酶	胰岛素、碳水化合物饲喂、果糖、果糖-1,6-二磷酸	ATP、丙氨酸、胰高血糖素、糖尿病、食物掠夺

注：Akt, 蛋白激酶 B; IGF-1, 胰岛素样生长因子-1; PDFG, 血小板衍生生长因子; FGF, 成纤维细胞生长因子; TGF-β, 转化生长因子-β。

5.6.2.13 NADH 从细胞质到线粒体的转运

有氧条件有利于丙酮酸的氧化，由糖酵解途径产生的 NADH 进入线粒体进行氧化反应。由于 NADH 无法直接穿过线粒体内膜，需要通过甘油磷酸穿梭（图 5.6）和苹果酸穿梭（图 5.7）系统进入线粒体。在甘油磷酸穿梭系统中，线粒体中甘油-3-磷酸脱氢酶是以 FAD（而非 NAD$^+$）作为辅因子的黄素蛋白，而以 FAD 为前体的 FADH$_2$ 的形成也伴随着从甘油-3-磷酸到磷酸二羟丙酮的转化。结果是，细胞液中 1 mol NADH 完全氧化只能产生 1.5 mol（而非 2.5 mol）ATP。这种穿梭系统在昆虫翅肌中活性很高。然而，在哺乳动物和鸟类中，线粒体内的甘油-3-磷酸脱氢酶的表达量因组织器官的不同而表现各异，其中在大脑、棕色脂肪组织、肝脏和白色骨骼肌中可检测到其活性，但在心肌和其他组织中则无活性（Mráček et al., 2013）。苹果酸穿梭系统包括苹果酸、谷氨酸和天冬氨酸，这一穿梭系统的复杂性归因于线粒体膜对草酰乙酸（OAA）的不通透性。在所有动物细胞和组织中都可广泛观察到苹果酸穿梭系统，与甘油磷酸穿梭系统相比，人们认为在脊椎动物中这一穿梭系统更加通用（Ying, 2008）。在心脏中，苹果酸穿梭系统在

NADH 从细胞质到线粒体的转运过程中发挥主要作用（该穿梭系统的活性可达到甘油磷酸穿梭系统的 10 倍甚至更多）。1 mol NADH 通过苹果酸穿梭系统进入线粒体后产生 2.5 mol ATP，但是如果通过甘油磷酸穿梭系统进入线粒体后氧化，那么 1 mol NADH 只能产生 1.5 mol ATP。

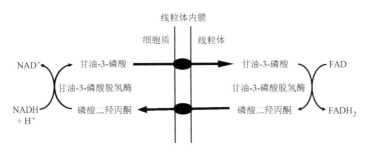

图 5.6　在动物细胞，NADH 甘油磷酸穿梭系统能将细胞质中的 NADH 转运到线粒体中。这种穿梭系统需要细胞质和线粒体甘油-3-磷酸脱氢酶，它们是不同的蛋白质，由不同的基因编码。在昆虫的飞行肌肉中，甘油磷酸穿梭系统的酶具有很高的活性，但以组织特异性方式出现在哺乳动物和鸟类。在这些脊椎动物中，线粒体甘油-3-磷酸脱氢酶的表达是高度可变的，其酶活性存在于肝脏、大脑、棕色脂肪组织、白色脂肪组织和白色骨骼肌中，在心脏和许多其他组织中缺乏。

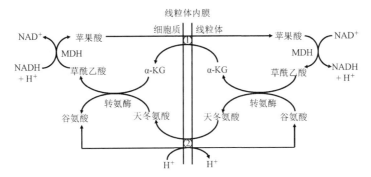

图 5.7　在动物细胞，苹果酸穿梭系统将细胞质中的 NADH 转运到线粒体中。这种穿梭系统需要谷氨酸和天冬氨酸，以及细胞质和线粒体苹果酸脱氢酶（MDH），这一系统，广泛存在于所有动物的细胞和组织中并具有较高活性。对于脊椎动物（如哺乳动物和鸟类），在将 NADH 从细胞质转运到线粒体中，苹果酸穿梭系统比甘油磷酸穿梭系统更具有普遍性。α-KG，α-酮戊二酸。

5.6.3　丙酮酸在线粒体内氧化形成乙酰辅酶 A

丙酮酸可以由葡萄糖、乳糖及绝大部分的氨基酸（如丙氨酸、丝氨酸、苏氨酸、甘氨酸、谷氨酰胺、谷氨酸、天冬氨酸和天冬酰胺）生成。如果丙酮酸在细胞质中生成（如糖酵解途径），其必须通过丙酮酸或单羧酸转运载体进入线粒体内。在线粒体内，粘在线粒体内膜内侧上的丙酮酸脱氢酶复合体（pyruvate dehydrogenase complex，PDH）把丙酮酸氧化脱羧成为乙酰辅酶 A。丙酮酸脱氢酶复合体由 3 种酶（丙酮酸脱氢酶、二氢硫辛酸转乙酰基酶和二氢硫辛酸脱氢酶）组成，它们通过先后顺序作用产生 CO_2 和乙酰辅酶 A（图 5.8）。PDH 需要 4 种维生素（硫胺素、烟酸、核黄素和泛酸）作为辅酶发挥作用。硫胺素是硫胺素焦磷酸盐（二磷酸硫胺素）的一种组成成分，核黄素（维生素B_2）是黄素单核苷酸（FMN）和黄素腺嘌呤二核苷酸（FAD）的组成部分，烟酸（尼克酰胺）是一种 B 族维生素，是生成 NAD^+和 $NADP^+$不可或缺的成分，而泛酸（由戊酸和 β-丙氨酸生成）是合成 CoA-SH（CoA，辅酶 A）的成分。PDH 中非维生素的辅因子为 α-硫辛酸。

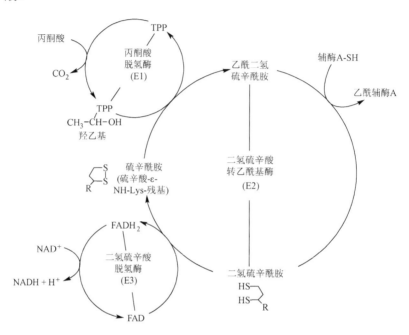

图 5.8　在动物细胞中的丙酮酸脱氢酶复合物。这种酶复合物由 3 种不同的蛋白质组成，共同使丙酮酸脱羧并在线粒体中产生乙酰辅酶 A。需要硫胺素、NAD^+、FAD 和辅酶 A 作为这种酶的辅因子。TPP，硫胺素焦磷酸（硫胺素二磷酸盐）；E1–E3，酶 1–3。（改编自：Murray, R.K., D.K. Granner, P.A. Mayes, and V.W. Rodwell. 2001. *Harper's Review of Biochemistry*. Appleton & Lange, Norwalk, Connecticut.）

丙酮酸通过脱羧反应生成硫胺素焦磷酸（TPP）丙烯酸衍生物：
$$丙酮酸 + TPP \rightarrow CO_2 + 丙烯酸\text{-}TPP（丙酮酸脱氢酶）$$
乙酰基团从丙烯酸-TDP 转移至 CoA-SH 并生成乙酰辅酶 A：
$$丙烯酸\text{-}TDP + 氧化型 \rightarrow 乙酰硫辛酰胺$$
$$乙酰硫辛酰胺 + CoA\text{-}SH \rightarrow 乙酰辅酶 A + 二氢硫辛酰胺（还原型辛酰胺）$$
以上两步反应由二氢硫辛酸转乙酰基酶催化。

二氢硫辛酰胺在二氢硫辛酸脱氢酶的催化下再转化为氧化型硫辛酰胺，这一过程需要辅酶 FAD 和 NAD^+参与：
$$二氢硫辛酰胺 + FAD \rightarrow 氧化型硫辛酰胺 + FADH_2$$
$$FADH_2 + NAD^+ \rightarrow FAD + NADH + H^+$$
$$总反应：丙酮酸 + NAD^+ + CoA \rightarrow CO_2 + 乙酰辅酶 A + NADH + H^+$$

细胞中丙酮酸脱氢酶活性可由终端产物抑制与通过依赖 cAMP 进行的磷酸化和磷酸酶催化的去磷酸化共价蛋白修饰调控（图 5.9）。PDH 去磷酸化（活性形式）向磷酸化（无活性形式）的转化由 PDH 激酶催化。PDH 磷酸酶可将 PDH 由无活性形式转化为活性形式。PDH 在磷酸化形式下无活性，而在去磷酸化形式下是有活性的。因此，肝细胞中胰高血糖素通过 PDH 抑制丙酮酸氧化以促进丙酮酸向葡萄糖的转化。

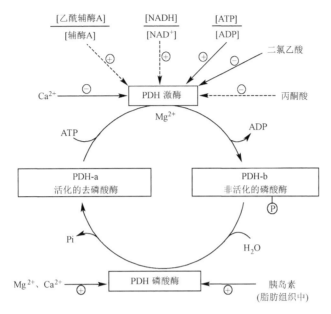

图 5.9　在动物细胞中通过终产物抑制和共价蛋白质修饰调节丙酮酸脱氢酶复合体（PDH）。PDH 活性受 PDH 激酶的蛋白质磷酸化（无活性状态，b 形式）和 PDH 磷酸酶的去磷酸化（活性状态，a 形式）调节。胰岛素、Mg^{2+} 和 Ca^{2+} 因子激活 PDH 磷酸酶，丙酮酸、Ca^{2+} 和二氯乙酸因子抑制 PDH 激酶并促进丙酮酸脱羧。相反，高比例的 ATP/ADP、$NADH/NAD^+$ 和乙酰辅酶 A/辅酶 A 是细胞中高能量水平的指示物，通过刺激 PDH 激酶从而减少丙酮酸脱羧。符号（+）和（−）分别表示激活和抑制。（改编自：Devlin, T.M. 2011. *Textbook of Biochemistry with Clinical Correlations*. John Wiley & Sons, New York, NY.）

5.6.4　乙酰辅酶 A 通过线粒体内三羧酸循环和 ATP 合成进行氧化

5.6.4.1　三羧酸循环总反应

如第 1 章所述，代谢循环是指一个按顺序循环反应的总化学变化过程。代谢循环拥有极高的反应效率，因为在此循环中没有任何会被浪费的副产物。三羧酸循环是代谢循环中一个最好的例子，它由 Hans Krebs 博士在 1937 年发现，他因此获得 1953 年诺贝尔生理学或医学奖。

三羧酸循环是用体外制备的鸽胸肌做试验得出的。除琥珀酸脱氢酶位于线粒体内膜的内表面外，所有参与三羧酸循环的酶都位于线粒体基质中。因此，三羧酸循环的所有反应都在线粒体中进行，以草酰乙酸（OAA）和乙酰辅酶 A 生成柠檬酸为起始反应（第 1 章），总反应可总结如下：

$$乙酰辅酶 A + 3NAD^+ + FAD + GDP + Pi + 2H_2O \rightarrow 2CO_2 + 3NADH +$$
$$FADH_2 + GTP + CoA + 3H^+$$

NAD^+ 是烟酰胺腺嘌呤二核苷酸的氧化型，FAD 是黄素腺嘌呤二核苷酸，CoA 即辅酶 A。整个循环中的中间产物既没有生成也没有被降解代谢。葡萄糖、氨基酸和脂肪酸必须转化成为乙酰辅酶 A 才能被完全氧化分解。需要指出的是，在该循环中，有些中间产物可离开线粒体进入细胞质中参与其他代谢途径，如葡萄糖代谢和氨基酸合成。

5.6.4.2 线粒体内 ATP 和水的产生

NADH 和 $FADH_2$ 由三羧酸循环中乙酰辅酶 A 氧化生成。这些还原当量可被用于线粒体呼吸链氧化生成 ATP 和水。简言之，在呼吸链中，氧化和磷酸化是紧密偶联的，它含有通过 ATP 合成酶催化 ADP 和 Pi 生成 ATP 的 3 个作用位点。根据 Mitchell 基于氧化磷酸化机制的化学渗透学说，质子（H^+）由还原当量在呼吸链中氧化生成，可被呼吸链从线粒体基质转移到线粒体内膜中。由于线粒体膜从内到外 H^+ 分布不均而产生的电化学势能是驱动 ADP 和 Pi 合成 ATP 的动力来源。作为该电子传递链中的最后一步，2 mol H^+ 接受 1/2 mol O_2 生成 1 mol H_2O。

1 mol NADH 氧化成 H_2O 可合成 2.5 mol ATP：

$$NADH + H^+ + 1/2O_2 + 2.5ADP + 2.5Pi \rightarrow NAD^+ + H_2O + 2.5ATP$$
$$P/O = 2.5$$

1 mol $FADH_2$ 氧化成 H_2O 可合成 1.5 mol ATP：

$$FADH_2 + 1/2O_2 + 1.5ADP + 1.5Pi \rightarrow FAD + H_2O + 1.5ATP$$
$$P/O = 1.5$$

5.6.4.3 乙酰辅酶 A 的氧化供能

三羧酸循环合成 NADH 和 $FADH_2$ 的反应如下：

异柠檬酸 $+ NAD^+ \leftrightarrow \alpha$-酮戊二酸 $+ CO_2 + NADH + H^+$（2.5 mol ATP）

α-酮戊二酸 $+ NAD^+ + CoA\text{-}SH \rightarrow$ 琥珀酰辅酶 $A + CO_2$（2.5 mol ATP）

琥珀酰辅酶 $A + GDP + Pi \leftrightarrow$ 琥珀酸 $+ CoA\text{-}SH + GTP$

$GTP + ADP \leftrightarrow ATP + GDP$（1 mol ATP）

琥珀酸 $+ FAD \leftrightarrow$ 延胡索酸 $+ FADH_2$（1.5 mol ATP）

苹果酸 $+ NAD^+ \leftrightarrow$ 草酰乙酸 $+ NADH + H^+$（2.5 mol ATP）

综上所述，细胞中 1 mol 乙酰辅酶 A 完全氧化可生成 10 mol ATP。

5.6.4.4 葡萄糖通过有氧呼吸氧化供能

有氧呼吸状态下，1 mol 葡萄糖完全氧化可产生 6 mol CO_2 和 6 mol H_2O 并伴随着 30 mol ATP 的合成，这一过程需要借助细胞质内甘油磷酸穿梭系统将 NADH 转运至线粒体完成。当细胞质内 NADH 通过苹果酸穿梭系统进入线粒体后，1 mol 葡萄糖完全氧化可产生 32 mol ATP。保守起见，营养学家更倾向于以 30 mol ATP/mol 葡萄糖来计算动物细胞内葡萄糖完全氧化所产生的能量（McDonald et al., 2011）。

1 mol 葡萄糖 $\rightarrow$ 通过糖酵解产生 2 mol 丙酮酸（净生成 2 mol ATP）

2 mol NADH（由葡萄糖通过糖酵解途径产生）完全氧化（3 mol 或 5 mol ATP）

2 mol 丙酮酸 $\rightarrow$ 2 mol 乙酰辅酶 A（5 mol ATP）

2 mol 乙酰辅酶 A 经过三羧酸循环氧化（20 mol ATP）

5.6.4.5 三羧酸循环对动物的营养与生理意义

（1）氧化葡萄糖、脂肪酸和氨基酸生成二氧化碳

当日粮中碳水化合物、脂质、蛋白质和氨基酸超过机体合成代谢所需时，这些养分均可转化为乙酰辅酶 A 并生成 CO_2，随后进入三羧酸循环进一步氧化。CO_2 通过呼吸系统被排出体外。这一过程是机体器官内不可逆转的能量物质的损失，因此，三羧酸循环的主要功能就是氧化乙酰辅酶 A。

（2）产生 ATP

ATP 是细胞内的主要化学能量物质。乙酰辅酶 A 经三羧酸循环氧化不仅生成 CO_2，也生成 NADH、$FADH_2$ 和 GTP。GTP 和 ATP 可通过核苷二磷酸激酶互相转化（GTP + ADP ↔ GDP + ATP）。NADH 和 $FADH_2$ 通过线粒体呼吸链氧化生成 ATP，其中 O_2 作为终端氧化剂氧化还原当量生成 H_2O。该反应可以清除日粮中碳水化合物、脂质、蛋白质和氨基酸中的氢原子。有氧呼吸状态下线粒体内乙酰辅酶 A 的氧化是动物体细胞能量的主要来源，因此有氧呼吸中三羧酸循环在从食物能量到生物能量（ATP）的转化过程中扮演着重要角色。需要注意的是，无论是消化状态还是吸收后状态，葡萄糖是大脑唯一的能源物质。有趣的是，血浆中葡萄糖浓度与大脑的尺寸呈正相关关系（表 5.10）。缺氧状态或部分缺氧可导致三羧酸循环完全或部分抑制。

表 5.10　大脑的大小和吸收后状态的健康动物的血浆葡萄糖浓度呈负相关

物种	大脑重量（%体重）	血浆葡萄糖浓度（mmol/L）
鸡	6	12–15
猪	2	5.0–5.5
人	2	5.0–5.5
牛	0.2	2.5–3.4
绵羊	0.2	2.5–3.4

资料来源：Bell, D.J. and B.M. Freeman. 1971. *Physiology and Biochemistry of the Domestic Fowl*. Vol. 2, Academic Press, New York, NY；Bergman, E.N. 1983. *World Animal Science*, Vol. 3. Elsevier, New York, NY: 173–196; Swenson, M.J. and W.O. Reece. 1984. *Duke's Physiology of Domestic Animals*. Cornell University Press, Ithaca, New York。

AMP 是细胞能量缺乏的很好的标志物，这是因为随着 ATP 大量水解，ADP 和 AMP 含量相继大量累积升高（ATP → ADP + Pi → AMP + 2Pi），因此与单一的核苷酸浓度相比，储备状态更能指示细胞中的能荷状态。ADP 可被腺苷酸激酶（肌激酶）转化成 ATP（2ADP ↔ ATP + AMP），因此，基于这些核苷酸的代谢，细胞中腺苷酸的能荷水平可以通过以下公式计算：（ATP + 0.5ADP）/（ATP + ADP + AMP）。

（3）细胞代谢中的重要作用

乙酰辅酶 A 是葡萄糖、氨基酸和脂肪酸的共同代谢产物，因此三羧酸循环是动物代谢的核心。细胞内其他代谢途径或者以三羧酸循环中间体为终产物，或者以其为代谢起始物，如糖异生、脂肪酸合成，以及氨基酸的转氨、脱氨和合成。因此，三羧酸循环在细胞氧化代谢和合成过程中起重要作用，更为特殊的是，在同一细胞中这一两用性的代谢通路不仅包含分解代谢而且包含合成代谢。

5.6.4.6 三羧酸循环的代谢调控

在三羧酸循环中，乙酰辅酶 A 的氧化代谢由细胞内草酰乙酸浓度和其他几个因子包括柠檬酸合成酶、异柠檬酸脱氢酶和 α-酮戊二酸脱氢酶活性综合调控（第 1 章）。α-酮戊二酸脱氢酶与 PDH 类似，其在磷酸化状态下为无活性形式，在非磷酸化状态下为活性形式。调控这些酶的因子包括柠檬酸、Ca^{2+}、ADP、NAD^+/NADH、ATP 和辅酶 A。当来自葡萄糖的乙酰辅酶 A 的量超过其氧化代谢时，乙酰辅酶 A 将会在肝脏和脂肪组织中转化成脂肪酸。如果脂肪酸代谢生成的乙酰辅酶 A 的量超过其氧化代谢时，乙酰辅酶 A 将在肝脏被用于合成酮体。但如果肝脏合成酮体过多将导致动物酮症酸中毒，如奶牛在哺乳期第一个月，以及母羊在哺乳后期（如最后 4 周）都容易发生酮症酸中毒。在这两种情况下，母畜采食量降低，但产奶或胎儿生长对能量的需求增加，这促进了母体内脂肪的动员，增加了酮体的生成及其血液浓度。反刍动物发生酮症酸中毒时可通过静脉注射丙酸盐、草酰乙酸或葡萄糖进行治疗。

5.6.4.7 同位素标记示踪三羧酸循环

标记的追踪物对于研究三羧酸循环中能量物质的氧化路径是必需的，因此有必要了解标记物在三羧酸循环中间体和产物中的标记模式。当[1-^{14}C]乙酰辅酶 A（意为乙酰辅酶 A 中第一个碳原子被 ^{14}C 标记）一旦进入三羧酸循环中，便可与草酰乙酸反应生成[5-^{14}C]柠檬酸、[5-^{14}C]顺乌头酸、[5-^{14}C]异柠檬酸、[5-^{14}C]α-酮戊二酸、[4-^{14}C]琥珀酰辅酶 A、[4-^{14}C]琥珀酸及[1,4-^{14}C]琥珀酸。[1,4-^{14}C]琥珀酸是"同位素随机化"分子的产物，因为该琥珀酸分子是对称的，琥珀酸脱氢酶在这两个羧基基团中并未表现出任何差异。[1,4-^{14}C]琥珀酸继而生成[1,4-^{14}C]延胡索酸、[1,4-^{14}C]苹果酸和[1,4-^{14}C]草酰乙酸。因此，经过第一轮循环没有 $^{14}CO_2$ 产生。请注意，每经过一个完整循环后，两个 C 原子会随 CO_2 丢失，但这两个 C 原子并非来自刚直接进入三羧酸循环中的乙酰辅酶 A，而是来自从草酰乙酸生成的柠檬酸分子中。第一轮循环过后，草酰乙酸已被[1,4-^{14}C]标记，[1,4-^{14}C]草酰乙酸继而与未标记的乙酰辅酶 A 结合生成[1,6-^{14}C]柠檬酸、[1,6-^{14}C]草酰琥珀酸和[1-^{14}C]α-酮戊二酸，在此过程中又有 50% ^{14}C 以 $^{14}CO_2$ 的形式丢失，经过第二轮循环，所有的 ^{14}C 均以 $^{14}CO_2$ 的形式退出三羧酸循环。

当[2-^{14}C]乙酰 CoA（标记在甲基中）进入三羧酸循环后，便与草酰乙酸合成[4-^{14}C]柠檬酸、[4-^{14}C]顺乌头酸、[4-^{14}C]异柠檬酸、[4-^{14}C]草酰琥珀酸、[4-^{14}C]α-酮戊二酸、[3-^{14}C]琥珀酰辅酶 A、[2,3-^{14}C]延胡索酸、[2,3-^{14}C]苹果酸和[2,3-^{14}C]草酰乙酸，在此过程中没有 ^{14}C 以 $^{14}CO_2$ 的形式丢失，在第二轮循环中，[2,3-^{14}C]草酰乙酸与未标记的乙酰辅酶 A 反应生成[2,3-^{14}C]柠檬酸、[2,3-^{14}C]草酰琥珀酸、[2,3-^{14}C]α-酮戊二酸、[1,2-^{14}C]琥珀酰辅酶 A、[1,2-^{14}C]琥珀酸和[1,2,3,4-^{14}C]琥珀酸（同位素随机化产物）。[1,2,3,4-^{14}C]琥珀酸生成[1,2,3,4-^{14}C]延胡索酸、[1,2,3,4-^{14}C]苹果酸和[1,2,3,4-^{14}C]草酰乙酸，经过第二轮循环，仍然未发生 ^{14}C 丢失。在第三轮循环中，[1,2,3,4-^{14}C]草酰乙酸与未标记的乙酰辅酶 A 反

应生成[1,2,3,6-^{14}C]柠檬酸、[1,2,3,6-^{14}C]异柠檬酸、[1,2,3,6-^{14}C]草酰琥珀酸和[1,2,3-^{14}C]α-酮戊二酸，在此过程中 25% ^{14}C 以 $^{14}CO_2$ 的形式退出三羧酸循环。[1,2,3-^{14}C]α-酮戊二酸脱羧反应生成[1,2-^{14}C]琥珀酰辅酶 A，又以 $^{14}CO_2$ 的形式丢失了 25% ^{14}C。这一过程生成了[1,2-^{14}C]琥珀酸、[1,2,3,4-^{14}C]琥珀酸（由于同位素随机化）和 [1,2,3,4-^{14}C]草酰乙酸。至此，第三轮循环过后已有 50% ^{14}C 以 $^{14}CO_2$ 的形式丢失。经过 15 个循环后，所有的 ^{14}C 皆以 $^{14}CO_2$ 的形式退出三羧酸循环（表 5.11）。

表 5.11 [2-^{14}C]乙酰辅酶 A 的 ^{14}C 在三羧酸循环中以 $^{14}CO_2$ 形式的丢失

三羧酸循环周期	以 $^{14}CO_2$ 形式丢失的 ^{14}C	以 $^{14}CO_2$ 形式累计丢失的 ^{14}C
第一轮	0	0
第二轮	0	0
第三轮	50%	50%
第四轮	25%	75% （50%＋25%）
第五轮	12.5%	87.5% （75%＋12.5%）
第六轮	6.25%	93.75% （87.5%＋6.25%）
第七轮	3.125%	96.88% （93.75%＋3.125%）
第八轮	1.56%	98.44% （96.88%＋1.56%）
第九轮	0.78%	99.22% （98.44%＋0.78%）
第十轮	0.39%	99.61% （99.22%＋0.39%）
第十一轮	0.195%	99.81% （99.61%＋0.195%）
第十二轮	0.10%	99.91% （99.81%＋0.10%）
第十三轮	0.05%	99.96% （99.91%＋0.05%）
第十四轮	0.025%	99.99% （99.96%＋0.025%）
第十五轮	0.0125%	100% （99.99%＋0.0125%）

资料来源：Weinman, E.O., E.H. Strisower, and I.L. Chaikoff. 1957. *Physiol. Rev.* 37:252–272.

注：当[2-^{14}C]乙酰辅酶 A（在甲基中标记）仅被引入三羧酸循环中一次时，其与草酰乙酸缩合形成[4-^{14}C]柠檬酸。在循环的第一轮和第二轮没有 ^{14}C 以 $^{14}CO_2$ 形式丢失。第三轮开始，第二轮结束时，50%标记的 C 丢失。第 15 轮结束时，所有的[2-^{14}C]乙酸的 ^{14}C 以 $^{14}CO_2$ 形式退出三羧酸循环。

三羧酸循环中间体错综复杂的标记模式取决于进入三羧酸循环的起始物的标记方式，这也导致很多利用同位素标记物研究三羧酸循环所获取的数据难以解释说明。例如，在奶牛的生理研究中，同位素随机化效应导致[^{14}C]乙酸出现在葡萄糖分子中，但这不能被视作葡萄糖是由乙酸生成的。相反，在许多植物细胞和微生物，由于存在乙醛酸循环，它们都可以乙酸为前体物合成葡萄糖供自身利用，但动物体细胞中就不存在这一代谢循环。

5.6.4.8 线粒体内的氧化还原状态

β-羟基丁酸脱氢酶（线粒体酶）可催化 β-羟基丁酸与乙酰乙酸的相互转化，因此，[β-羟基丁酸]/[乙酰乙酸]值可反应线粒体内氧化还原反应状态。这种酶几乎存在于所有的肝外组织中，包括骨骼肌、心脏、小肠、肾脏和大脑。在生理状态下，K_{eq} 和 pH 都是常数，因此，[β-羟基丁酸]/[乙酰乙酸]值的变化等价于[NADH]/[NAD$^+$]的变化，但当细胞内 pH 变化较大时，在计算 K_{eq} 时就必须把 H$^+$ 考虑在内。

$$乙酰乙酸 + NADH + H^+ \leftrightarrow \beta\text{-羟基丁酸} + NAD^+$$

$$K_{eq} = （[\beta\text{-羟基丁酸}] \times [NAD^+]）/（[乙酰乙酸] \times [NADH] \times [H^+]）$$

5.6.4.9 动物细胞内 Crabtree 效应

Crabtree 效应是指高浓度葡萄糖抑制动物细胞消耗氧气的现象。这是因为三羧酸循环中有氧条件下糖酵解（有氧状态下在线粒体内的乳糖产物）的增高导致乙酰辅酶 A 的氧化速率降低。Crabtree 效应是由 Crabtree 于 1929 年在肿瘤细胞中发现的，这一效应也同样存在于非肿瘤细胞中，如猪血小板、冠状动脉上皮细胞、胸腺细胞和豚鼠精子中。人们认为 Crabtree 效应的主要作用是节省细胞内的能源物质，尽可能减少细胞内氧化代谢及其产生的活性氧。

5.6.5 细胞质戊糖循环

5.6.5.1 戊糖循环反应

在动物细胞中戊糖循环（也称为戊糖磷酸途径或者己糖磷酸支路）是葡萄糖氧化的途径之一（图 5.10），也是机体葡萄糖氧化形成 CO_2 的第二个重要途径。不同于葡萄糖通过糖酵解和三羧酸循环氧化，葡萄糖通过戊糖循环没有 ATP 生成。和糖酵解类似，戊糖循环发生在细胞质（Wamelink et al.，2008）。但和糖酵解相反的是，在戊糖循环中氢的受体是 $NADP^+$ 而不是 NAD^+。

戊糖循环反应可看成由两步组成：①氧化性不可逆反应阶段；②非氧化性可逆反应阶段。在氧化性不可逆反应阶段，6-磷酸葡萄糖经脱氢和脱羧作用生成戊糖、5-磷酸核糖、CO_2 和 NADPH。值得注意的是，6-磷酸葡萄糖经脱羧作用生成 5-磷酸核糖是戊糖循环中唯一生成 CO_2 的反应。CO_2 分子中的碳来源于 6-磷酸葡萄糖中的 C1。如前所述，6-磷酸葡萄糖中的 C1 可通过糖酵解和三羧酸循环被氧化成 CO_2。6-磷酸葡萄糖中的 C6 只能通过三羧酸循环被氧化成 CO_2。

在非氧化性可逆反应阶段，5-磷酸核糖反转化为 6-磷酸葡萄糖需要通过一系列的反应，包含 4 个主要的酶，即差向异构酶、类固醇异构酶、转酮醇酶和转醛醇酶。虽然 5-磷酸核糖转化为磷酸己糖的每一步反应是直截了当的，但我们不能把它们看作简单的线性反应。戊糖循环从 3 分子 6-磷酸葡萄糖开始，以生成 2 分子 6-磷酸果糖和 1 分子甘油醛结束。因此，如果戊糖循环从 6 分子 6-磷酸葡萄糖开始，那么就可以生成 4 分子 6-磷酸果糖和 2 分子甘油醛。通过磷酸己糖异构酶，6-磷酸果糖可以被转化为 6-磷酸葡萄糖，而通过糖酵解逆反应 2 分子甘油醛可以生成 1 分子 6-磷酸葡萄糖，动物细胞中都有该反应发生。戊糖循环总反应如下：

$$6G\text{-}6\text{-}P + 12NADP^+ + 6H_2O \rightarrow 6CO_2 + 5F\text{-}6\text{-}P + 12NADPH + 12H^+ \quad （5.1）$$

$$（G\text{-}6\text{-}P = 6\text{-磷酸葡萄糖}；F\text{-}6\text{-}P = 6\text{-磷酸果糖}）$$

由于 F-6-G 可以转化成 G-6-P，反应（5.1）可以写成：

$$6G\text{-}6\text{-}P + 12NADP^+ + 6H_2O \rightarrow 6CO_2 + 5G\text{-}6\text{-}P + 12NADPH + 12H^+ \quad （5.2）$$

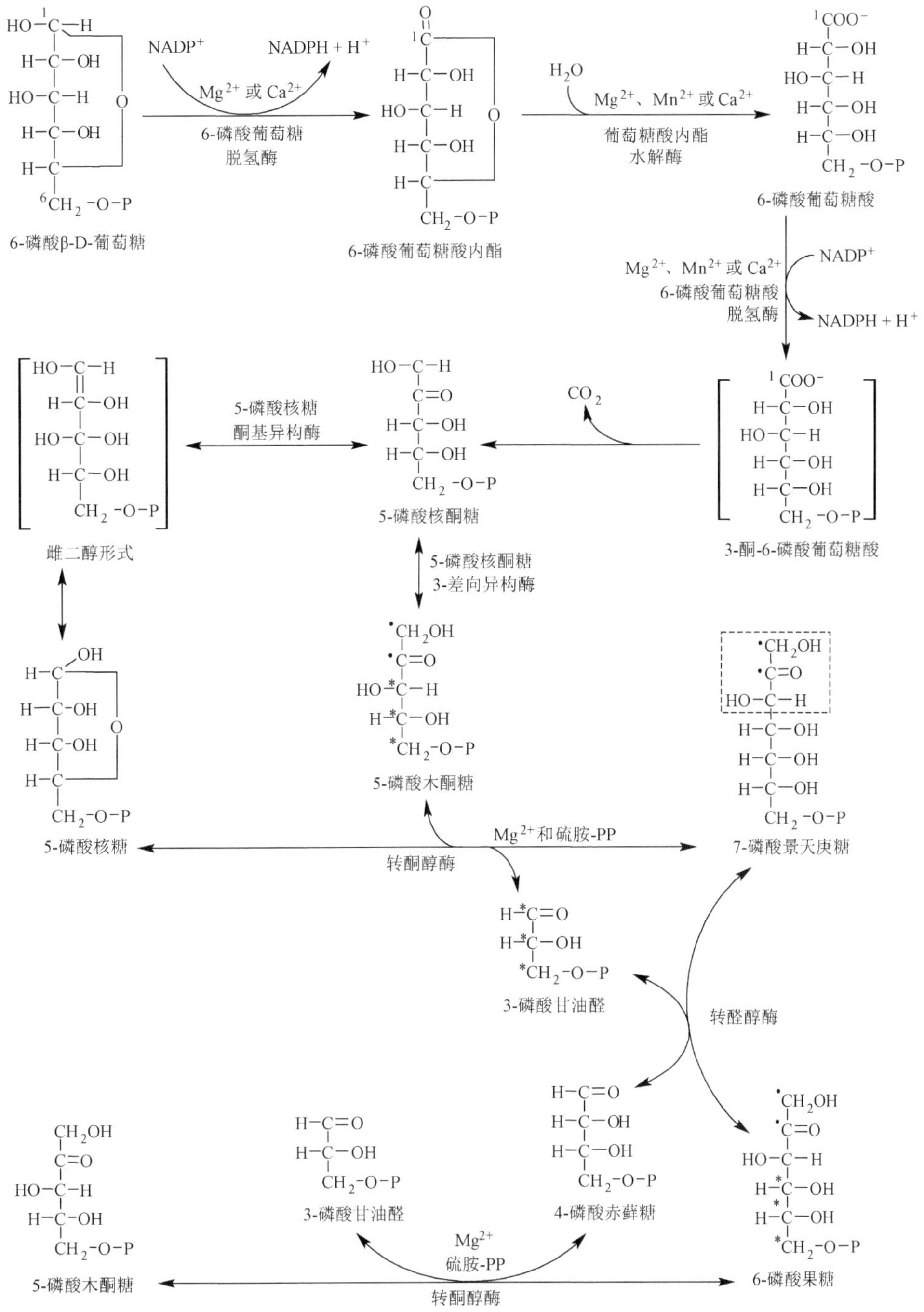

图 5.10 在动物细胞中的戊糖循环。戊糖循环也称为戊糖磷酸途径或己糖磷酸支路，存在于所有动物细胞的细胞质中。该途径由氧化性不可逆反应和非氧化性可逆反应组成。在氧化性不可逆反应阶段，6-磷酸葡萄糖发生脱氢和脱羧生成戊糖、5-磷酸核糖、CO_2 和 NADPH。在非氧化性可逆反应中，5-磷酸核酮糖转化回 6-磷酸葡萄糖。当 NADPH 不通过线粒体电子系统被氧化时，通过戊糖循环的葡萄糖分解代谢不产生 ATP。数字 1 和 6 表示碳在分子中的位置。"·"和"*"表示特定的碳原子。

因此，戊糖循环净反应如下：

$$G\text{-}6\text{-}P + 12NADP^+ + 6H_2O \rightarrow 6CO_2 + 12NADPH + 12H^+ \qquad (5.3)$$

反应（5.3）表示 1 分子葡萄糖通过戊糖循环可以被氧化成 6 分子 CO_2，但实际上这个反应是不存在的，反应（5.3）只是表明葡萄糖通过戊糖循环生成 NADPH 的效率。

5.6.5.2 动物组织和细胞中的戊糖循环

戊糖循环存在于动物肝脏、脂肪组织、肾上腺皮质、甲状腺、红细胞、睾丸、泌乳期的乳腺、活化的吞噬细胞（巨噬细胞和单核细胞）、活化的中性粒细胞和肠细胞中。例如，在新生仔猪的肠细胞和活化的大鼠巨噬细胞中分别有约 15% 和 25%–30% 的葡萄糖通过戊糖循环被利用（Wu, 1996; Marliss, 1993）。相反，戊糖循环在非泌乳期的乳腺、没有被激活的巨噬细胞、其他没有被激活的单核细胞（如淋巴细胞）、内皮细胞和骨骼肌中活性很低。例如，在没有被激活的大鼠巨噬细胞和内皮细胞中，分别只有 5% 和 2%–3% 的葡萄糖通过戊糖循环被利用（Wu and Marliss, 1993; Wu et al., 1994）。在血管内皮细胞，戊糖循环途径的活性相对较低，但这并不表明此代谢途径对细胞功能的影响非常小。例如，NADPH 是血管内皮细胞合成 NO 所必需的。

戊糖循环途径非常活跃的组织和细胞有如下特点：①脂肪酸（如肝脏、脂肪组织和泌乳期的乳腺）和类固醇（如肝脏、胎盘和肾上腺皮质）合成活跃；②通过非线粒体呼吸链（如吞噬细胞）合成超氧化物（O_2^-）活跃；③利用精氨酸合成 NO 较活跃 [如被活化的巨噬细胞（豚鼠的巨噬细胞除外）和肝细胞]。所有这些合成过程都需要 NADPH 并且在储能（脂肪组织）和宿主防御（吞噬细胞）方面有重要作用。

5.6.5.3 戊糖循环的生理意义

葡萄糖代谢通过戊糖循环生成 5-磷酸核糖，5-磷酸核糖被转化为磷酸核糖基焦磷酸（5-磷酸核糖-1-焦磷酸）。磷酸核糖基焦磷酸是合成嘌呤和嘧啶核苷酸所必需的。另外，戊糖循环是 $NADP^+$ 生成 NADPH 的主要代谢途径（Wu et al., 2001）。许多生化反应都需要 NADPH，其中一些如下。

1）细胞质中的脂肪酸合成（如肝脏、脂肪组织和乳腺组织）（第 6 章）。

2）在特定组织由乙酰辅酶 A 合成胆固醇和雌激素（如肝脏、肾上腺皮质、睾丸和卵巢）（第 6 章）。

3）在肾上腺髓质和神经组织的细胞质中合成多巴胺、肾上腺素和去甲肾上腺素（第 7 章）。

4）在细胞质中将氧化型谷胱甘肽还原成两分子还原型谷胱甘肽，有助于某些组织中 H_2O_2 向 H_2O 的转化（如红细胞、红肌、晶状体和角膜）（第 7 章）。

5）参与多元醇通路合成果糖（见下文）。

6）在细胞质中通过 5-吡咯啉羧酸合成脯氨酸。脯氨酸-（5-吡咯啉羧酸）循环被认为是细胞质向线粒体转运 NADPH 的机制（第 7 章）。

$$5\text{-吡咯啉羧酸} + NADPH + H^+ \rightarrow \text{脯氨酸} + NADP^+$$

7）在巨噬细胞中通过 NADPH 氧化酶合成超氧化物（O_2^-）。NADPH 氧化酶存在于细胞质和细胞膜中。免疫应激导致巨噬细胞和中性粒细胞中 O_2 及产物 O_2^- 和 H_2O_2 增加，称为爆发性呼吸。研究发现，爆发性呼吸与吞噬细胞杀死大量微生物有关。

$$2O_2 + NADPH + H^+ \rightarrow 2O_2^- + NADP^+ + 2H^+ \quad （NADPH\ 氧化酶）$$

$$2O_2^- + 2H^+ \rightarrow H_2O_2 + O_2 \quad （超氧化物歧化酶）$$

$$O_2^- + H_2O_2 \rightarrow O_2 + HO^- + HO \quad （Haber\text{-}Weiss\ 反应）$$

8）在细胞质、细胞膜和线粒体中以精氨酸为底物通过 NO 合成酶合成 NO。合成 NO 需要四氢蝶呤（BH_4）、FAD^+、FMN、Ca^{2+} 和钙调蛋白。

$$L\text{-}精氨酸 + O_2 + 1.5NADPH + 1.5H^+ \rightarrow L\text{-}瓜氨酸 + NO + 1.5NADP^+$$

9）在大多数哺乳动物肠细胞的线粒体中可以利用谷氨酸合成 5-吡咯啉羧酸（包括猪、大鼠、绵羊、牛和人类）。5-吡咯啉羧酸合成酶几乎只存在于哺乳动物小肠细胞的线粒体中。这表明哺乳动物小肠对瓜氨酸和精氨酸代谢有重要作用。在鸡的小肠中没有 5-吡咯啉羧酸合成酶。

$$谷氨酸 + NADPH + H^+ + ATP \rightarrow 5\text{-}吡咯啉羧酸 + NADP^+ + ADP + Pi$$

$$（5\text{-}吡咯啉羧酸合成酶）$$

10）葡萄糖醛酸、抗坏血酸（维生素 C）和戊糖的合成可以通过糖醛酸途径进行，这是细胞质中 6-磷酸葡萄糖代谢的另一个途径（见下文）。

11）在线粒体中转化为 NADH。NADPH 在线粒体中可以通过烟酰胺核苷酸转氢酶转化为 NADH（Hoek and Rydstrom, 1988）：

$$NADP^+ + NADH + H^+_{out} \leftrightarrow NADPH + NAD^+ + H^+_{in}$$

在哺乳动物细胞，烟酰胺核苷酸转氢酶是线粒体内膜的一个整合蛋白。上面的正向反应（转移 NADH 的电子到 $NADP^+$）与质子从线粒体内膜细胞质转移到其基质生成 NADPH 的反应偶联。Wu（1996）报道，这个反应在猪小肠细胞中不能提供足够量的 NADPH 来满足由谷氨酰胺合成瓜氨酸。在烟酰胺核苷酸转氢酶的逆反应中，NADPH 转移电子到 NAD^+ 的同时也转移线粒体内膜基膜的质子到其细胞质生成 NADH。这使细胞质中的核苷酸通过苹果酸途径或者甘油磷酸途径进入线粒体后氧化细胞质中的 NADPH 产生 ATP。

5.6.5.4 戊糖循环的定量测定

动物细胞中[1-^{14}C]葡萄糖和[6-^{14}C]葡萄糖代谢生成的 $^{14}CO_2$ 量可用来估计戊糖循环效率（如肝细胞和脂肪细胞）。这是基于[1-^{14}C]葡萄糖通过戊糖循环和三羧酸循环产生 $^{14}CO_2$ 而[6-^{14}C]葡萄糖只能通过三羧酸循环产生 $^{14}CO_2$。特别注意的是，葡萄糖的碳在被氧化为 CO_2 之前必须被转化为丙酮酸。

（1）Katz 和 Wood 方程式

在 1963 年，Katz 和 Wood 发明了经典的方程式来估计葡萄糖通过戊糖循环的量：

$$\frac{G1_{CO_2} - G6_{CO_2}}{1 - G6_{CO_2}} = \frac{3PC}{1 + 2PC}$$

式中，$G1_{CO_2}$ 为在稳定态[1-^{14}C]葡萄糖生成 $^{14}CO_2$ 的量；$G6_{CO_2}$ 为在稳定态[6-^{14}C]葡萄糖生成 $^{14}CO_2$ 的量；PC 为通过戊糖循环途径被代谢为 CO_2 和 3-磷酸甘油的葡萄糖的量。

在提出以上方程式时，Katz 和 Wood 做了以下假设：①由[1-^{14}C]葡萄糖和[6-^{14}C]葡萄糖生成 $^{14}CO_2$ 的同位素标记处于稳定状态；②组织中细胞是均匀的，即组织可被认为是由单一细胞组成或所有细胞代谢方式一致；③组织或者细胞中缺乏糖异生；④由进入细胞的葡萄糖生成的磷酸己糖与由戊糖循环生成的 6-磷酸果糖完全混合。

（2）Larrabee 方法

Katz 和 Wood 公式的假设不适用于许多组织和细胞，包括巨噬细胞、上皮细胞、肠细胞和鸡的胚胎。同时，[6-^{14}C]葡萄糖生成 $^{14}CO_2$ 达到稳定状态需要很长时间。不幸的是，许多研究者使用 Katz 和 Wood 公式验证戊糖循环效率，但没有说明其假设，或者假设不能被验证为有效。由于 Katz 和 Wood 公式存在上述问题， Larrabee（1989, 1990）提出用[1-^{14}C]葡萄糖和[6-^{14}C]葡萄糖产生 $^{14}CO_2$ 量的差值来估计戊糖循环活性，这适用于代谢上同型或不同型的细胞（组织），以及组织或细胞是否达到同位素稳定态和具有糖异生能力。葡萄糖通过戊糖循环量的上下值可以通过在不同时间点[1-^{14}C]葡萄糖和[6-^{14}C]葡萄糖产生 $^{14}CO_2$ 的差值来优化，当不能获得在各个时间点的数据时，可以通过下面的方式来得到有用的值。

任何时间通过戊糖循环的葡萄糖的量如下：

通过戊糖循环的葡萄糖的量≥*C1–*C6

*C1：[1-^{14}C]葡萄糖生成的 $^{14}CO_2$

*C6：[6-^{14}C]葡萄糖生成的 $^{14}CO_2$

通过戊糖循环的葡萄糖量的最小值≥*C1–*C6

通过戊糖循环的葡萄糖量的最大值≤在稳定阶段[1-^{14}C]葡萄糖生成的 $^{14}CO_2$

因此，如果从[1-^{14}C]葡萄糖生成的 $^{14}CO_2$ 和从[6-^{14}C]葡萄糖生成的 $^{14}CO_2$ 的差异值为 0，这不一定表明动物细胞中不存在戊糖磷酸途径。而且，当[1-^{14}C]葡萄糖生成 $^{14}CO_2$ 的量较[6-^{14}C]葡萄糖生成 $^{14}CO_2$ 的量大很多时，通过戊糖循环的葡萄糖的量接近[1-^{14}C]葡萄糖生成 $^{14}CO_2$ 的量。Larrabee（1989）报道，鸡胚胎周围神经节里通过戊糖循环途径的葡萄糖的最小值是 34 μmol/（g·h），最大值是 46 μmol/（g·h）。因此通过戊糖循环的葡萄糖流量介于 34 μmol/（g·h）和 46 μmol/（g·h）之间。基于葡萄糖的吸收速率［125 μmol/（g·h）］，有 27%–37% 的葡萄糖被这些细胞通过戊糖循环途径利用。

5.6.5.5　戊糖循环的调节

动物细胞中戊糖循环的效率受细胞内 NADP$^+$ 量的调节，NADP$^+$ 是 6-磷酸葡萄糖脱氢酶和 6-磷酸葡萄糖酸脱氢酶重要的辅助因子。因此，通过依赖 NADPH 反应氧化 NADPH 成 NADP$^+$ 对于调节戊糖循环的氧化性阶段及整个阶段有重要作用。另外，6-磷酸葡萄糖脱氢酶受 NADPH 反馈抑制，长链脂肪酰基辅酶 A（如软脂酰辅酶 A）和脱氢表雄酮的变构抑制，以及竞争性抑制剂（如 6-磷酸氨基葡萄糖相对于 6-磷酸葡萄糖；没食子酸儿茶素相对于 NADP$^+$）和非竞争性抑制剂（如噻吩并嘧啶和喹唑啉酮衍生物）的抑制（图 5.11）。因此，当细胞中 NADPH 的利用增加时戊糖循环被激发。另外，胰岛素、糖皮质激素、甲状腺激素、高糖饮食、缺氧和过氧化氢在转录或/和翻译水平提高 6-磷酸葡萄糖脱氢酶的表达（Kletzien et al., 1994）。因为戊糖循环和糖酵解都以 6-磷酸葡萄糖作为底物，这两个通路会根据 NADPH 和 NADH 代谢的需要在细胞质中竞争 6-磷酸葡萄糖。胰岛素通过戊糖循环提高细胞中的葡萄糖代谢（如血管上皮细胞；Wu et al., 1994），可能的机制是胰岛素增加葡萄糖的吸收、己糖激酶活性、钙离子进入细胞和 NADPH 的氧化。

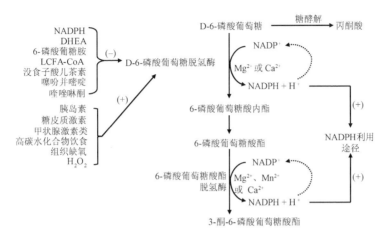

图 5.11　动物细胞中戊糖循环的调节。6-磷酸葡萄糖脱氢酶是葡萄糖通过戊糖循环代谢的限速酶。在短期调节中，6-磷酸葡萄糖脱氢酶活性被 NADPH、DHEA、6-磷酸葡糖胺、LCFA-CoA、没食子酸儿茶素，以及化学合成的噻吩并嘧啶（thienopyrimidine）和喹唑啉酮（quinazolinone）衍生物抑制。在长期调节中，这种酶的表达被胰岛素、糖皮质激素、甲状腺激素、高碳水化合物饮食、低氧、转录和/或翻译水平 H_2O_2 激活。通过 NADPH 依赖性的反应氧化 NADPH，可再生成 $NADP^+$，以确保 6-磷酸葡萄糖和 6-磷酸葡萄糖酸的脱氢反应能继续进行。DHEA，脱氢表雄酮；LCFA-CoA，长链脂肪酰基辅酶 A。符号（+）和（−）分别表示激活和抑制。

5.6.6　葡萄糖通过糖醛酸通路代谢

在动物细胞，除了戊糖循环和糖酵解之外，6-磷酸葡萄糖也通过糖醛酸通路被利用，在这个通路中，6-磷酸葡萄糖转化为葡萄糖醛酸、抗坏血酸（维生素 C）和戊糖（图 5.12）。虽然糖醛酸通路从代谢量上看是动物细胞中葡萄糖代谢的一个很小的通路，但葡萄糖醛酸可以通过转化成葡萄糖醛酸苷的形式排出有毒代谢产物和外源性化学物质。UDP-葡萄糖醛酸酯是葡萄糖醛酸的活性形式，参与葡萄糖醛酸生成蛋白聚糖和杂聚多糖（如透明质酸）的反应，或者参与葡萄糖醛酸与一些底物如类固醇激素、某些药物和胆红素（血红素代谢物）结合的反应。在人类和其他灵长类及豚鼠中，由于缺乏古洛糖酸内酯氧化酶，葡萄糖不能转化为抗坏血酸。和戊糖循环一样，糖醛酸通路不能生成 ATP。

5.6.7　糖异生

5.6.7.1　糖异生的定义

糖异生被定义为非碳水化合物转化为葡萄糖的代谢过程，非碳水化合物包括乳酸、丙酮酸、甘油、丙酸、氨基酸和奇数长链脂肪酸。丙酸（一种含 3 个碳原子的短链挥发

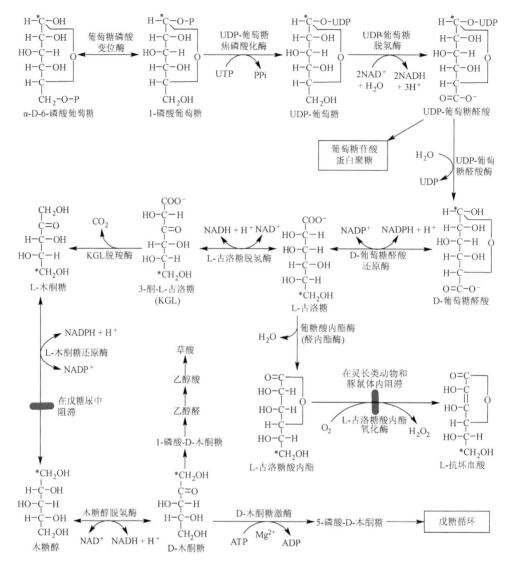

图 5.12 动物细胞细胞质中葡萄糖的糖醛酸代谢。该代谢途径最初的分子是 D-6-磷酸葡萄糖，它由己糖激酶 I、II 和 III 或葡萄糖激酶催化。6-磷酸葡萄糖末端碳的羟基被氧化成羧基。糖醛酸途径产生葡萄糖醛酸、戊糖和抗坏血酸（维生素 C）。葡萄糖醛酸在以下方面发挥重要作用：①毒性代谢产物和外源性化学物质（异生物质）以葡萄糖醛酸苷的形式排泄；②蛋白聚糖和杂聚多糖（如透明质酸）的合成。在灵长类动物（如人类和猴）和豚鼠，以及一些昆虫、鸟类、鱼类和无脊椎动物的种类中，由于缺乏 L-古洛糖酸内酯氧化酶，维生素 C 不能由葡萄糖合成。

性脂肪酸）是反刍动物中糖异生的主要底物。对于哺乳动物和鸟类，糖异生只发生在肝脏和肾脏，这是由于葡萄糖-6-磷酸酶只存在于这两个组织中。新合成的葡萄糖通过血液循环转移到其他组织。因此，糖异生是一个生物合成过程，因为 1 分子含 3 个碳原子的物质转化成 1 分子含 6 个碳原子的葡萄糖。

血浆葡萄糖浓度由机体葡萄糖合成速率和利用速率共同决定。部分是由于葡萄糖合成受损，低血糖症可发生于新生儿（如仔猪和早产儿）、反刍动物怀孕后期、发育迟缓婴儿、败血症或肿瘤患者中。相反，在健康动物中，剧烈运动增加肝脏的糖异生作用，进而提高血糖浓度。同样的，没有胰岛素治疗的糖尿病患者会出现高血糖，因为机体会增加糖异生和降低糖的分解代谢。

5.6.7.2 糖异生的途径

糖异生可以被认为是部分糖酵解反应的逆反应，因为许多糖酵解反应参与糖异生（图 5.13）。糖酵解和糖异生途径中共用的反应是处于平衡状态的，当其中一个反应产物

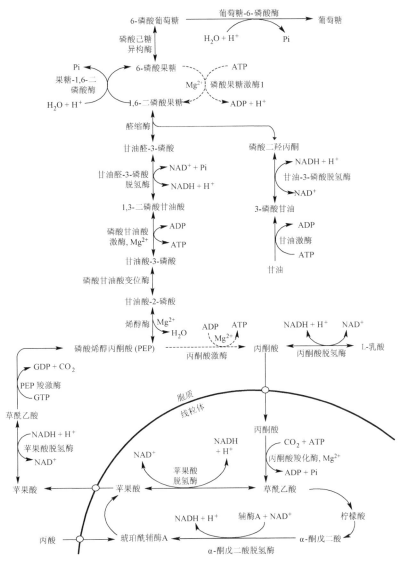

图 5.13 丙酮酸、乳酸、甘油和生糖氨基酸在动物肝脏和肾脏中的糖异生。丙酮酸、乳酸、甘油和生糖氨基酸合成葡萄糖的过程含有糖酵解的逆反应。磷酸烯醇丙酮酸（PEP）和丙酮酸之间、6-磷酸果糖和 1,6-二磷酸果糖之间，以及葡萄糖和 6-磷酸果糖之间的不可逆反应被由丙酮酸羧化酶、PEP 羧激酶、果糖-1,6-二磷酸酶和果糖-6-磷酸酶催化的不同反应所克服。果糖-6-磷酸酶只在肝脏和肾脏中表达。细胞内 PEP 羧激酶的位置影响氨基酸和甘油生成葡萄糖，但不影响乳酸或丙酮酸生成葡萄糖。

的浓度少量增加或者反应底物少量减少时都能逆转反应的方向。但在糖酵解中有 3 个非平衡反应：

1. 磷酸烯醇丙酮酸和丙酮酸间的反应（$\Delta G = -26.4$ kJ/mol）（丙酮酸激酶）
2. 6-磷酸果糖和 1,6-二磷酸果糖间的反应（$\Delta G = -24.5$ kJ/mol）（磷酸果糖激酶 1）
3. 葡萄糖和 6-磷酸葡萄糖间的反应（$\Delta G = -32.9$ kJ/mol）（己糖激酶）

逆转非平衡反应的反应方向需要反应物和产物浓度发生很大改变，细胞内代谢物质发生如此大改变在生理上是不可行的。因此，这些反应被描述为糖异生的能量屏障（Krebs, 1964），要克服上述 3 个非平衡反应，细胞需要丙酮酸羧化酶、磷酸烯醇丙酮酸羧激酶（PEPCK）、果糖-1,6-二磷酸酶和果糖-6-磷酸酶（Van de Werve et al., 2000），其中果糖-6-磷酸酶只在肝脏和肾脏中表达。

（1）丙酮酸转化为磷酸烯醇丙酮酸（PEP）

丙酮酸 $+ CO_2 + ATP \rightarrow$ 草酸乙酸 $+ ADP + Pi$ （丙酮酸羧化酶）

丙酮酸羧化酶需要一种维生素 B（亦即生物素）和 Mg^{2+}。在肝脏和肾脏中，丙酮酸羧化酶只存在于线粒体中。

草酰乙酸 $+ GTP \rightarrow PEP + CO_2 + GDP$ （PEPCK）

在大鼠、小鼠和金仓鼠中，PEPCK 仅存在于细胞质中。但在鸽子、鸡和兔的肝脏，PEPCK 几乎全部是线粒体酶，PEP 从线粒体转移到细胞质后被转化为 1,6-二磷酸果糖（表5.12）。PEPCK 在鸡肾脏线粒体和细胞质中的分布受营养和生理状态影响：线粒体≫细胞质（采食），线粒体＞细胞溶质（饥饿 48 h），线粒体＝细胞溶胶（饥饿 96 h 并且酸中毒）。对于人类、牛、绵羊、猪、豚鼠和青蛙，PEPCK 在线粒体和细胞质分布的量相同。PEPCK 在鸡肝脏线粒体的位置解释了为何鸡的肝脏细胞利用氨基酸合成葡萄糖的能力有限（Watford et al., 1981）。

表5.12 磷酸烯醇丙酮酸羧激酶（PEPCK）在不同种类动物肝脏和肾脏细胞内的分布

物种	组织	细胞内分布
大鼠、小鼠、仓鼠	肝脏	主要存在于细胞质
	肾脏	PEPCK-M = PEPCK-C
鸡、鸽子、兔	肝脏	只存在于线粒体
	肾脏	线粒体和细胞质共存
		PEPCK-M ≫ PEPCK-C（饲喂）
		PEPCK-M ＞ PEPCK-C（禁食 48 h）
		PEPCK-M = PEPCK-C（禁食 96 h 或者酸中毒）
人类、猪、牛、绵羊、青蛙	肝脏	PEPCK-M = PEPCK-C
	肾脏	PEPCK-M = PEPCK-C
豚鼠	肝脏	PEPCK-M ＞ PEPCK-C
	肾脏	PEPCK-M ＞ PEPCK-C

资料来源：Watford, M. 1985. *Fed. Proc.* 44:2469-2074; Yang, J.Q., S.C. kalhan, and R.W. Hanson. 2009. *J. Biol. Chem.* 284:27025–27029。

注：PEPCK-M，PEPCK 线粒体型；PEPCK-C，PEPCK 细胞质型。

（2）1,6-二磷酸果糖转化为 6-磷酸果糖

1,6-二磷酸果糖 $+ H_2O + H^+ \rightarrow$ 6-磷酸果糖 $+ Pi$ （果糖-1,6-二磷酸酶）

果糖-1,6-二磷酸酶存在于肝脏和肾脏的细胞质中，在骨骼肌中也有发现。果糖-1,6-二磷酸酶可以被 2,6-二磷酸果糖抑制（Van Schaftingen et al., 1980）。2,6-二磷酸果糖在糖酵解和糖异生中具有重要的调控作用。

（3）6-磷酸果糖转化为葡萄糖

$$6\text{-磷酸果糖} + H_2O + H^+ \rightarrow \text{葡萄糖} + Pi（\text{葡萄糖-6-磷酸酶}）$$

葡萄糖-6-磷酸酶存在于肝脏和肾脏的细胞质中，而不存在于骨骼、肌肉、心脏和脂肪组织中。

（4）从丙酮酸开始的糖异生净反应

$$2 \text{ 丙酮酸} + 4ATP + 2GTP + 2NADH + 2H^+ + 2H_2O \rightarrow \text{葡萄糖} + 4ADP + 2GDP + 6Pi + 2NAD^+$$

因此，2 分子丙酮酸合成 1 分子葡萄糖需要 6 分子 ATP。糖异生需要大量 ATP，可由脂肪酸氧化提供。

5.6.7.3 糖异生的生理性底物

（1）乳酸

动物机体主要由葡萄糖生成大量乳酸。据估计，正常运动的男性每天生成 120 g 乳酸。其中有 40 g 由组织无氧代谢生成（如红细胞、肾髓质、视网膜）。其他组织和细胞（如骨骼肌、小肠、大脑、皮肤、免疫系统细胞）的乳酸生成量将基于生理和病例状况。正常情况下，血浆乳酸浓度是 1 mmol/L，这代表一个稳定态浓度，反映了机体乳酸生成和利用速率的平衡。

利用乳酸的主要组织是肝脏，肝脏中乳酸主要被转化为葡萄糖和糖原，只有一小部分被转化为甘油三酯。但在其他组织，如骨骼肌和心脏中，乳酸既可以被氧化也可以被转化为糖原。乳酸转化为葡萄糖和糖原可以清除由糖酵解生成的 H^+，因此，这一代谢途径在维持机体酸碱平衡上有重要作用。正常采食和禁食 3 天的成年羊，机体利用乳酸合成葡萄糖的量分别占总葡萄糖合成量的 15% 和 10%（Bergman, 1983）。

$$2 \text{ 乳酸} + 2NAD^+ \longleftrightarrow 2 \text{ 丙酮酸} + 2NADH + 2H^+ \rightarrow \text{葡萄糖}$$

（2）甘油

对于哺乳动物和鸟类，甘油主要由白色脂肪组织和骨骼肌中脂蛋白脂肪酶、三酰甘油脂肪酶、激素敏感性脂肪酶水解甘油三酯生成，而白色脂肪组织和骨骼肌中不表达甘油激酶。因为乳腺中不存在甘油激酶，所以哺乳动物的乳腺是甘油的另一来源。因此，血浆中的甘油浓度通常是脂肪分解反应的标记。禁食和激烈运动后脂肪分解增加，长时间饥饿后甘油是糖异生作用的重要底物。例如，禁食休息的成年男性每天产生 19 g 甘油，几乎所有的甘油都可以转化为葡萄糖。正常采食和禁食 3 天的成年绵羊，机体大约分别有 5% 和 25% 甘油合成葡萄糖（Bergman, 1983）。有趣的是，哺乳动物和鸟类的血浆中甘油含量通常不超过 0.25 mmol/L，但对于生长在北大西洋中的亚洲胡瓜鱼，冬天海水温度接近 0℃ 时其血浆甘油含量可达 0.4 mol/L（Driedzic et al., 2006）。对于水生动物，甘油起防冻剂作用，并且其只能由肝脏中的甘油-3-磷酸酶分解 3-磷酸甘油（葡萄糖和丝氨酸代谢的中间过程）生成。这个过程就是甘油异生，是指通过非脂类分解生成甘油。有证据表明哺乳动物和鸟类中也存在甘油异生。

$$甘油 + ATP \longrightarrow 3\text{-}磷酸甘油 + ADP（甘油激酶；肝脏和肾脏）$$

$$3\text{-}磷酸甘油 + NAD^+ \longrightarrow 磷酸二羟丙酮 + NADH + H^+（甘油-3-磷酸脱氢酶）$$

$$磷酸二羟丙酮 \longleftrightarrow 甘油醛\text{-}3\text{-}磷酸（磷酸丙糖异构酶）$$

$$磷酸二羟丙酮 + 甘油醛\text{-}3\text{-}磷酸 \longleftrightarrow 1,6\text{-}二磷酸果糖（醛缩酶）$$

（3）氨基酸

1930 年的实验证明，基于生成葡萄糖或者酮体的能力，氨基酸可被分为 3 类：生糖类、生酮类、生糖兼生酮类（表 5.13）。生糖氨基酸（丙氨酸、精氨酸、天冬氨酸、胱氨酸、谷氨酰胺、谷氨酸、甘氨酸、组氨酸、蛋氨酸、脯氨酸、丝氨酸和缬氨酸）代谢产物通过丙酮酸和三羧酸循环中间产物转化为葡萄糖。生酮氨基酸（亮氨酸和赖氨酸）代谢产生乙酰辅酶 A（酮体的前体）但其不能转化为葡萄糖。生糖兼生酮氨基酸（亮氨酸、苯丙氨酸、苏氨酸、色氨酸和酪氨酸）代谢的中间产物能被转化为葡萄糖和乙酰辅酶 A。丙氨酸和谷氨酰胺是哺乳动物肝脏中主要的生糖氨基酸。另外，丝氨酸在反刍动物的肝脏中是主要的生糖氨基酸，特别是在患败血症和怀孕期间。在正常采食的动物（如绵羊和猪），肾脏中糖异生的发生率很低，但在禁食的动物，此代谢通路增加，而谷氨酰胺是最重要的反应底物。正常采食和禁食 3 天的成年绵羊，机体分别有约 30% 和 45% 的葡萄糖由氨基酸合成（Bergman，1983）。

表 5.13 动物体内的生糖兼生酮氨基酸

生糖氨基酸	生酮氨基酸	生糖兼生酮氨基酸
Ala → 丙酮酸	Lys → 乙酰辅酶 A	Ile → 丙酰辅酶 A、乙酰辅酶 A
Arg → α-酮戊二酸	Leu → 乙酰辅酶 A	Phe → 延胡索酸、乙酰乙酸
Asp → 草酰乙酸		Thr → 丙酰辅酶 A、乙酰辅酶 A
Cys → 丙酮酸		Trp → 丙酮酸、乙酰辅酶 A
Gln → α-酮戊二酸		Tyr → 延胡索酸、乙酰乙酸
Glu → α-酮戊二酸		
Gly → 丙酮酸		
His → α-酮戊二酸		
Met → 琥珀酰辅酶 A		
Pro → α-酮戊二酸		
Ser → 丙酮酸		
Val → 琥珀酰辅酶 A		

（4）丙酸

丙酸是反刍动物主要的葡萄糖来源（如牛、绵羊和山羊），先转化为琥珀酰辅酶 A，然后通过三羧酸循环进入糖异生途径（图 5.14）。在这一途径中，丙酰辅酶 A 羧化酶需要生物素（一种维生素），甲基丙二酰辅酶 A 异构酶需要维生素 B_{12}（钴胺素）。Wilson 等（1983）报道，在正常饲喂的母羊，从丙酸合成葡萄糖由非妊娠阶段的 37% 增加到妊娠中期的 55%，妊娠后期和哺乳期的 60%。在禁食三天的绵羊，其肝脏和肾脏几乎摄取不到丙酸，因此，不能以此短链脂肪酸为底物合成葡萄糖（Bergman, 1983）。

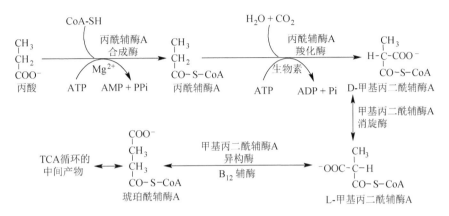

图 5.14 丙酸转化为琥珀酰辅酶 A 进入反刍动物肝脏的主要糖异生途径。丙酸由瘤胃中的碳水化合物发酵产生，是进食后反刍动物用于肝脏生物合成最多的单一底物。该途径需要维生素生物素和 B_{12} 作为辅因子。糖异生在维持反刍动物体内葡萄糖平衡方面起着重要的作用。

（5）除动物以外的其他生物体中的乙酸

乙酸通过乙醛酸循环转化为葡萄糖，广泛存在于微生物（包括瘤胃中的细菌）、酵母、蕨类孢子中（图 5.15）。除了含有典型的三羧酸循环酶（柠檬酸合成酶、乌头酶和苹果酸脱氢酶），乙醛酸循环还包括两种独特的酶，即异柠檬酸裂合酶和苹果酸合成酶。此代谢途径绕开了三羧酸循环脱羧的步骤，由两分子乙酰辅酶 A 生成一分子琥珀酸，因此允许除了动物以外的其他生物体的脂肪酸转化为葡萄糖。所有证明昆虫有乙醛酸循环的尝试都以失败告终。许多证据表明，动物细胞中不存在乙醛酸循环（Ward, 2000）。

5.6.7.4 糖异生的调节

在采食高淀粉和充足蛋白质日粮的动物，糖异生受限（Kristensen and Wu, 2012）。禁食期间，血清胰高血糖素水平增加，胰岛素水平下降，尽管骨骼肌释放氨基酸的量增加，但是生糖氨基酸水平降低。另外，在禁食的动物，白色脂肪组织释放甘油的量增加。运动期间，骨骼肌释放的乳酸和氨基酸的量及白色脂肪组织释放的甘油的量都提高，血液中胰高血糖素和肾上腺素水平也提高。禁食和运动期间，所有的代谢改变都支持糖异生。

（1）细胞内区域化

在肝脏中，与脂肪酸氧化一样，糖异生发生在门静脉周边的肝细胞中。同一细胞存在这两条通路具有以下代谢上的优势：①有效地利用由脂肪酸氧化产生的 ATP 进行糖异生；②通过脂肪酸氧化的产物如乙酰辅酶 A、柠檬酸盐和 ATP 促进对糖异生的代谢调控。在细胞质中含有 PEPCK 的肾脏，谷氨酰胺或天冬氨酸在线粒体中生成草酰乙酸和苹果酸，然后苹果酸进入细胞质中被高效地转化成葡萄糖（Watford, 1985）。

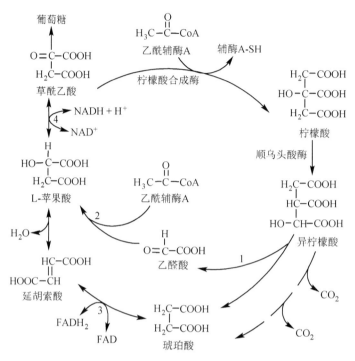

图 5.15　在动物以外的有机体中的乙醛酸循环。在微生物（包括瘤胃内的细菌）、酵母菌、蕨类孢子中，乙酸通过乙醛酸循环转化为葡萄糖。在这个途径中，异柠檬酸被分解成乙醛酸和琥珀酸。乙醛酸与乙酰辅酶 A 结合形成 L-苹果酸，而琥珀酸经脱氢生成延胡索酸。催化上述反应的酶是：①异柠檬酸裂合酶；②苹果酸合成酶；③琥珀酸脱氢酶。由于缺乏异柠檬酸裂合酶和苹果酸合成酶，动物体内不存在乙醛酸循环。

（2）提供葡萄糖合成的前体物质、ATP 和 NADH

因为糖异生的限速因子是其反应底物（包括氨基酸、甘油、乳酸和丙酸）的浓度，所以动物机体中这几种物质的可用量是决定肝脏和肾脏糖异生作用的重要因素（Neese et al., 1995）。同样的，肝脏和肾脏中 ATP（特别是由长链脂肪酸和氨基酸氧化合成的）和 NADH 的可获得量能够限制由底物合成葡萄糖的反应。以禽类为例说明 NADH 在糖异生中的重要作用（图 5.16）。在鸡的肝细胞中，PEPCK 只存在于线粒体中，生糖氨基酸代谢不能在细胞质中生成 NADH，因此，即使是禁食 48 h，这些氨基酸也不能被转化为葡萄糖（Watford et al., 1981）。相反，在鸡的肾小管细胞质中存在 PEPCK，并且生糖氨基酸代谢也能在细胞质中生成 NADH，因此，在正常采食和禁食情况下，这些氨基酸都能在肾中生成葡萄糖（Watford et al., 1981）。

（3）细胞内的乙酰辅酶 A、柠檬酸和腺嘌呤核苷酸浓度

肝细胞和肾小管中的乙酰辅酶 A、柠檬酸和腺嘌呤核苷酸浓度也能够调节糖异生（图 5.17）。特别是乙酰辅酶 A 能够激活丙酮酸羧化酶，因此促进丙酮酸转化为草酰乙酸。另外，乙酰辅酶 A 能够抑制丙酮酸脱氢酶的活性，因此能够增加丙酮酸的量，有利于其向葡萄糖的转化。柠檬酸（来源于乙酰辅酶 A）和 ATP 也能够抑制磷酸果糖激酶 1 的活性。这些反应解释了为何脂肪酸氧化生成乙酰辅酶 A 能够抑制糖酵解而促进糖异生。

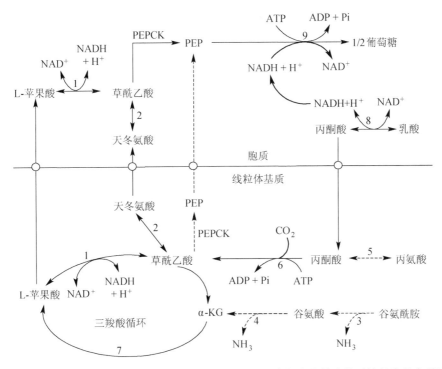

图 5.16 NADH 的供应和磷酸烯醇丙酮酸羧激酶（PEPCK）在细胞内的定位对糖异生具有重要作用。对于 PEPCK 只定位于线粒体的细胞来说，生糖氨基酸的代谢不会在细胞质中产生 NADH，因此不会产生葡萄糖。相反，在 PEPCK 位于细胞质的细胞中，生糖氨基酸（如丙氨酸、谷氨酰胺和谷氨酸）的代谢在细胞质中产生 NADH，因此产生葡萄糖。在化学计量上，由 1 mol 丙氨酸合成 0.5 mol 葡萄糖。α-KG，α-酮戊二酸；PEP，磷酸烯醇丙酮酸。（改编自：Watford, M. 1985. *Fed. Proc.* 44:2469-2074.）

此外，脂肪酸氧化可以生成糖异生所需要的 ATP。糖异生和脂肪酸氧化都发生在门静脉周边的肝细胞中，因此脂肪酸氧化受损会引起哺乳动物的低血糖发生。同样，当线粒体的 ATP 浓度降低而细胞质的 ADP 或 AMP 浓度升高时，肝细胞和肾脏的糖异生的活性就会降低，这是因为 ADP 和 AMP 分别能抑制丙酮酸激酶和 1,6-二磷酸果糖激酶的活性。

（4）胰高血糖素和 2,6-二磷酸果糖

胰高血糖素能够抑制糖酵解促进糖异生，但 2,6-二磷酸果糖的作用恰恰与其相反，2,6-二磷酸果糖是磷酸果糖激酶 1 的强活性剂和 1,6-二磷酸果糖激酶的抑制剂（Hers and Van Schaftingen, 1982）。胰高血糖素通过提高细胞内 cAMP 浓度促进丙酮酸激酶磷酸化，从而降低丙酮酸激酶活性，进而有利于丙酮酸向葡萄糖的转化。cAMP 依赖性激酶能够磷酸化磷酸果糖激酶 2/果糖-2,6-二磷酸激酶（双功能酶；一种蛋白质具有两种酶功能），增加了果糖-2,6-二磷酸酶活性，降低了磷酸果糖激酶 2 活性（图 5.18）。这导致细胞内 2,6-二磷酸果糖浓度降低，促进糖异生。这一机制解释了为何血液中葡萄糖过量或者缺乏时分别抑制或者促进糖异生（图 5.19）。特别强调，葡萄糖供应充足时肝细胞和肾小管中 2,6-二磷酸果糖浓度升高，因此促进糖酵解生成丙酮酸。相反，葡萄糖供应不足时肝细胞和肾小管中 2,6-二磷酸果糖浓度降低，进而促进草酰乙酸和丙酮酸转化为葡萄糖。

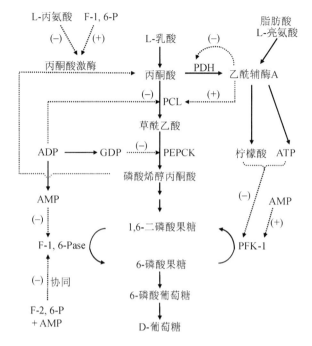

图 5.17 乙酰辅酶 A、柠檬酸、丙氨酸和腺嘌呤核苷酸的细胞内浓度调节肝脏和肾脏的糖异生。增加细胞内 6-磷酸果糖浓度的因素（如果糖-1,6-二磷酸酶、丙酮酸羧化酶和磷酸烯醇丙酮酸羧激酶的活性增强，以及磷酸果糖激酶 1、丙酮酸激酶和丙酮酸脱氢酶的活性降低）有利于糖异生。1,6-二磷酸果糖向 6-磷酸果糖的转化不仅为葡萄糖合成提供底物，而且减轻了 1,6-二磷酸果糖对丙酮酸激酶的激活性变构效应。柠檬酸、ATP、乙酰辅酶 A 和丙氨酸促进葡萄糖合成，而 2,6-二磷酸果糖和 AMP 通过果糖-1,6-二磷酸酶的协同机制抑制该途径。F-1,6-P, 1,6-二磷酸果糖；F-2,6-P, 2,6-二磷酸果糖；F-1,6-Pase，果糖-1,6-二磷酸酶；PCL，丙酮酸羧化酶；PDH，丙酮酸脱氢酶；PEPCK，磷酸烯醇丙酮酸羧激酶；PFK-1，磷酸果糖激酶 1。符号（＋）和（－）分别表示激活和抑制。

（5）胰岛素和糖异生

健康动物进食高碳水化合物或者高蛋白日粮后血液葡萄糖浓度升高，促进胰岛 β 细胞释放胰岛素，但禁食期间血液胰岛素浓度降低。胰岛素水平过高会拮抗胰高血糖素，抑制肝细胞的糖异生作用，此效应是通过降低细胞内 cAMP 浓度实现的，这是由于肝细胞中 3′,5′-环核苷酸磷酸二酯酶活性降低，以及肝脏摄取乳酸的量、血液中生糖氨基酸浓度、肝脏和肾脏中生糖酶的表达降低。因此，当生长猪饲喂高淀粉日粮和含 16% 蛋白质日粮时，肝脏利用氨基酸和其他底物合成葡萄糖的能力受限（图 5.20）。部分由于能抑制肝细胞的糖异生作用，胰岛素对促进动物采食具有一定作用（Nizielski et al., 1986）。

（6）糖皮质激素和糖异生

糖皮质激素是类固醇激素，其能通过促进骨骼肌中的蛋白质分解提供生糖氨基酸、增加细胞 cAMP 浓度和生糖基因表达，促进肝脏中的糖异生（Devlin, 2011）。尤其通过激活 CCAAT/增强子结合蛋白和 cAMP 调节结合蛋白，糖皮质激素可以促进 PEPCK 基因的转录，促进肝细胞的糖异生。同样，糖皮质激素能够通过拮抗胰岛素作用降低骨骼

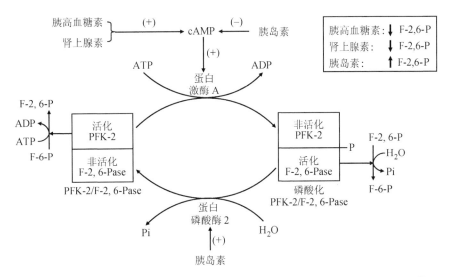

图 5.18 2,6-二磷酸果糖对磷酸果糖激酶 2/果糖-2,6-二磷酸酶的调节。磷酸果糖激酶 2/果糖-2,6-二磷酸酶是一种双功能酶，即一种蛋白质具有两种不同的酶活性。通过 cAMP 依赖性蛋白激酶磷酸化磷酸果糖激酶-2/果糖-2,6-二磷酸酶，增加果糖-2,6-二磷酸酶的活性，同时降低磷酸果糖激酶 2 的活性。胰高血糖素和肾上腺素增加 cAMP 产生，由此降低 6-磷酸果糖向 2,6-二磷酸果糖（果糖-1,6-二磷酸酶抑制剂）的转化并刺激葡萄糖合成。相比之下，胰岛素的作用正好相反，其在抑制肝脏的糖异生中起重要作用。F-6-P, 6-磷酸果糖；F-2,6-P, 2,6-二磷酸果糖；F-2,6-Pase，果糖-2,6-二磷酸酶；PFK-2，磷酸果糖激酶 2。符号（+）和（−）分别表示激活和抑制。

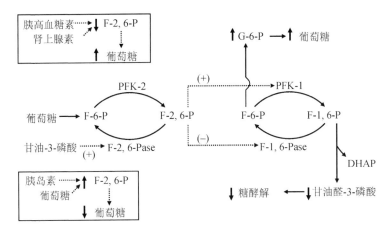

图 5.19 葡萄糖供应和激素通过改变 2,6-二磷酸果糖的细胞内浓度调节肝脏和肾脏的糖异生。当血液中葡萄糖和胰岛素的水平升高时，肝脏和肾脏中的 2,6-二磷酸果糖（果糖-1,6-二磷酸酶抑制剂）的浓度增加，从而抑制葡萄糖的合成。相反，当血液中胰高血糖素和肾上腺素的水平升高时，肝脏和肾脏中 2,6-二磷酸果糖（果糖-1,6-二磷酸酶抑制剂）的浓度减少，从而促进葡萄糖合成。DHAP，磷酸二羟丙酮；F-6-P, 6-磷酸果糖；F-2,6-P, 2,6-二磷酸果糖；F-2,6-Pase，果糖-2,6-二磷酸酶；G-6-P, 6-磷酸葡萄糖；PFK-2，磷酸果糖激酶 2。符号（+）和（−）分别表示激活和抑制。

肌和白色脂肪组织对葡萄糖的吸收和利用，促进肝脏合成葡萄糖。因此，糖皮质激素过量会引起动物高血糖症和胰岛素抵抗。

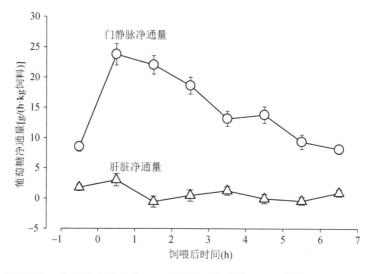

图 5.20 以每天体重的 3.6%饲喂高淀粉和 16%粗蛋白质日粮的 60 kg 生长猪的门静脉葡萄糖净通量和肝脏葡萄糖净通量。饲料被分成三等份，每隔 8 h 饲喂一次。正通量表示净释放，负通量表示通过组织的净吸收。每个数据点代表平均值±SEM，*n*=16。（经许可后重用 Kristensen, N.B. and G. Wu. 2012. *In: Nutritional Physiology of Pigs*, Chapter 13. edited by K.E. Bach, N.J. Knudsen, H.D. Kjeldsen, and B.B. Jensen. Danish Pig Research Center, Copenhagen, Denmark, pp. 1-17.）

（7）乙醇和糖异生

高浓度乙醇（如 10 mmol/L）能够抑制乳酸、甘油、二羟丙酮、脯氨酸、丝氨酸、丙氨酸、果糖、半乳糖在肝脏中的糖异生（Krebs et al., 1969）。相反，乙醇不影响在肝脏中由丙酮酸合成葡萄糖。当乙醇被乙醇脱氢酶氧化形成乙醛时，NAD^+ 还原为 NADH 和 H^+，降低了肝细胞中[游离 NAD^+]/[游离 NADH]的比值。当乙醛被乙醛脱氢酶氧化为乙酸时，细胞内[游离 NAD^+]/[游离 NADH]的比值被进一步干扰。这导致丙酮酸生成减少，进而降低由乳酸生成葡萄糖的量。因为丙酮酸转化为葡萄糖不需要 NAD^+，所以乙醇不能抑制这条途径。乙醇通过减少肝脏摄取甘油、二羟丙酮、生糖氨基酸、果糖、半乳糖抑制糖异生。

$$CH_3CH_2OH \xrightarrow[\text{乙醇脱氢酶}]{NAD^+ \quad NADH+H^+} CH_3CHO \xrightarrow[\text{乙醛脱氢酶}]{NAD^+ \quad NADH+H^+} \text{乙酰辅酶A}$$

乙醇 乙醛

5.6.7.5 糖异生的定量测定

（1）体外细胞培养

使用生理浓度的生糖底物（标记或未标记）培养肝细胞来测定葡萄糖（标记或未标记）的产生量。具体来讲，就是用一个合适的标记底物来测量此底物生成葡萄糖的量。例如，用 1 mL 含有 1 mmol/L L-乳酸和 L-[U-^{14}C]乳酸（3×10^6 dpm）的缓冲液培养肝细胞，生成[^{14}C]葡萄糖（6000 dpm），细胞合成葡萄糖的量可以在假设细胞内和细胞外

L-[U-^{14}C]乳酸的特异性放射活性一致的基础上计算得出。首先，我们要知道放射性标记物（如 ^{14}C-标记的 L-乳酸）特异性放射活性的概念或者稳定同位素（如 ^{13}C-标记的 L-乳酸）富集的概念。

$$特定性放射活性（SA）= \frac{放射性同位素的量（dpm）}{标记和未标记同位素的量（nmol）} = \frac{^{14}C\ (dpm)}{^{14}C\ (nmol) + {}^{12}C\ (nmol)}$$

$$同位素富集（IE）= \frac{稳定同位素的量（\mu mol）}{标记和未标记同位素的量（\mu mol）} = \frac{^{13}C\ (\mu mol)}{^{13}C\ (\mu mol) + {}^{12}C\ (\mu mol)}$$

计算特定性放射活性和生成物产量的例子如下：

$$乳酸的特定性放射活性（SA）= 3 \times 10^6\ dpm/1000\ nmol =$$
$$3000\ dpm/nmol\ 乳酸 = 3000/3 = 1000\ dpm/nmol\ C$$

$$由乳酸合成的葡萄糖 = \frac{标记葡萄糖的产量（dpm）}{[U-^{14}C]乳酸的特定性放射活性（dpm/nmol\ C）} \times \frac{1}{6}$$

$$= \frac{6000\ dpm}{1000\ dpm/nmol\ C} \times \frac{1}{6} = 1\ nmol葡萄糖$$

（2）器官灌注

分离肝脏后对其进行灌注，一般用来研究糖异生（Ekberg et al., 1995）。通常先用生理浓度的生糖底物（标记或未标记）灌注肝脏，然后收集排出的灌注产物用来计算葡萄糖（标记或未标记）的生成量。用器官灌注方法做试验计算葡萄糖合成的公式和体外细胞培养的计算公式一致。

（3）在体研究

在体研究糖异生必须使用同位素标记，以区别其与体内其他生糖底物（Chung et al., 2015）。在涉及动物和人类的试验中，经常静脉注射一种合适的放射性或稳定同位素，生成的同位素标记的葡萄糖利用液体闪烁计数器（放射性同位素）或者质谱分析（稳定同位素）进行测定。当然，就计算和数据解释来说，体内试验要比体外培养和器官灌注复杂得多。

5.6.7.6　糖异生的营养和生理意义

（1）维持动物体内血糖稳定

我们必须认识到持续的葡萄糖供应是必需的，因为当酮体水平过低时（<0.15 mmol/L），葡萄糖是神经系统重要的能量来源，同时在任何情况下葡萄糖也是红细胞唯一的能量来源。这对肉食动物［猫、老虎、肉食性鱼类和某些海洋哺乳动物（海狮、海豹和白鲸）］尤其重要，因为这些动物通过日粮摄入的碳水化合物很有限。糖异生对反刍动物也是必需的，因为在正常采食情况下反刍动物小肠对葡萄糖的吸收很少或者不吸收葡萄糖。当成年绵羊每隔 0.5 h 采食苜蓿干草时，其肝脏和肾脏中葡萄糖的生成速率分别是 4.5 g/h 和 0.7 g/h。绵羊中糖异生速率和葡萄糖利用速率相当，内脏（PDV+肝脏）和其他组织（骨骼肌、大脑、心脏、血液、肾脏和脂肪组织）利用葡萄糖的速率分别是 1.4 g/h 和

3.8 g/h（Bergman, 1983）。因此糖异生受阻对动物是致命的。

消化吸收后的狗、猫、人类、猪和大鼠的血浆正常葡萄糖浓度为 5.0–5.5 mmol/L，反刍动物为 2.5–3.4 mmol/L，鸡为 12–15 mmol/L。当血浆葡萄糖浓度低于临界值时（如猪 3.5 mmol/L 和绵羊 1 mmol/L），动物会出现脑功能障碍，导致昏迷或者死亡。因为非反刍动物能够发生糖异生，所以其对日粮中的碳水化合物无特定营养需要。这和对猪、大鼠、家禽、鱼类和海洋哺乳动物的研究结果一致。但我们要注意：①日粮中的纤维素对非反刍动物肠道健康是必需的（特别对于妊娠和哺乳期母猪）；②完全依靠通过氨基酸内源合成为机体提供葡萄糖不仅增加饲养成本，而且对肾脏、肝脏及其他器官的功能有负面影响。

（2）当日粮碳水化合物含量低或组织对葡萄糖要求高时

在非反刍动物中，当日粮中碳水化合物含量过低或者完全依赖葡萄糖的组织对碳水化合物需求量高时，糖异生就变得尤其重要。如果糖异生不足，动物就会出现低血糖。虽然大多数日粮含有充足的碳水化合物，但一些日粮（如爱斯基摩人的传统饮食和肉食性动物的日粮）中碳水化合物含量不足。在这些情况下，动物需要较高水平的糖异生来维持血浆正常的葡萄糖浓度。

（3）禁食

禁食期间，碳水化合物摄入停止，机体储存的糖原在 12 h 后也被消耗殆尽，这时糖异生对维持动物机体血糖稳定有重要作用（Brosnan, 1999）。在血浆酮体浓度大幅度增加之前，大脑神经组织依靠葡萄糖提供能量。这就需要糖异生来应对禁食。值得注意的是，禁食动物整个机体内葡萄糖的生成速率依赖于获得的生糖底物量和禁食期间的不同阶段。

（4）新生儿

低血糖通常发生在新生儿（如仔猪，它仅含有有限的白色脂肪组织）中，特别是糖尿病母亲所产的新生儿。母体血液高水平葡萄糖会导致胎儿出现高血糖，从而激活胎儿胰岛 β 细胞释放胰岛素。出生时，新生儿持续分泌胰岛素但不再接受来自母体的葡萄糖。因此，出生后的前几天，产前有高血糖症的新生儿通常会发生低血糖症。

（5）泌乳

泌乳期间，大量的葡萄糖被乳腺合成乳糖和甘油三酯。因此，母体为了哺乳后代，糖异生显著提高。这对泌乳期的反刍动物尤为重要，这是因为瘤胃微生物利用了大量的碳水化合物而小肠几乎吸收不到葡萄糖。和前面所说一致，丙酸是反刍动物重要的生糖底物。

（6）酸碱平衡

一些底物（如乳酸）转化为葡萄糖消耗 H^+，因此对调节酸碱平衡非常重要。剧烈运动时尤其重要，因为骨骼肌的糖酵解速率很高，会产生大量乳酸。乳酸合成葡萄糖可以保留碳（特别是反刍动物），与之相反的是乳酸氧化生成二氧化碳和水的不可逆反应。

由于乳酸来源于葡萄糖，因此，动物体内以乳酸为底物的糖异生不会净增加葡萄糖。类似的，肝脏和肾脏中谷氨酸和天冬氨酸转化为葡萄糖也与去除 H^+ 有关。同样的，饥饿期间肾脏以谷氨酰胺为生糖底物会同时生成氨，从而缓冲由肝脏生酮作用产生的 H^+。

$$乳酸氧化成 CO_2：C_3H_5O_3^- + H^+ + 3O_2 \rightarrow 3CO_2 + 3H_2O$$
$$乳酸转化为葡萄糖：2C_3H_5O_3^- + 2H^+ \rightarrow C_6H_{12}O_6$$

5.6.8 糖原代谢

5.6.8.1 糖原是一种亲水性大分子物质

过量的葡萄糖在动物体内以糖原的形式储存，在植物中以淀粉的形式储存。糖原是高度支链化的多糖分子，α-葡萄糖残基由 α-1,4 糖苷键（主链）和 α-1,6 糖苷键连接。糖原的分子量为 10^8，相当于 6×10^5 个葡萄糖残基的质量。几乎所有动物细胞都含有糖原，肝脏、骨骼肌和心脏是在动物中糖原合成和沉积的主要部位（第 2 章）。糖原是与水以 1:2 的比例结合的亲水性大分子。因此，在骨骼肌中沉积 1 g 糖原保留 2 g 水。肌肉（骨骼肌和心脏）和肝脏是动物糖原储存的主要部位。

5.6.8.2 糖原合成的途径

肝脏、骨骼肌和心脏都是在动物中糖原合成（糖原生成）的主要部位。这种代谢途径有直接途径和间接途径。直接途径以葡萄糖作为底物，而间接途径依赖 C-3 单位，如丙氨酸和乳酸。糖原合成发生在细胞质中，其途径如图 5.21 所示。葡萄糖首先被磷酸化成 6-磷酸葡萄糖，由肌肉中的己糖激酶和肝脏中的葡萄糖激酶催化（注意，6-磷酸葡萄糖也是戊糖循环的初始底物）。6-磷酸葡萄糖通过磷酸葡萄糖变位酶转化为 1-磷酸葡萄糖。在该反应中，磷酸葡萄糖变位酶本身被磷酸化，磷酸基团参与以 1,6-二磷酸葡萄糖作为中间物的可逆反应。

磷酸化磷酸葡萄糖变位酶 + 6-磷酸葡萄糖 ↔ 磷酸葡萄糖变位酶 + 1,6-二磷酸葡萄糖 ↔ 磷酸化磷酸葡萄糖变位酶 + 1-磷酸葡萄糖

随后，1-磷酸葡萄糖在 UDP-葡萄糖焦磷酸化酶的催化下与尿苷三磷酸（UTP）反应生成尿苷二磷酸葡萄糖（UDPGlc）。随后无机焦磷酸（PPi）被无机焦磷酸酶水解，使反应向方程的右侧推进。

$$UTP + 1\text{-磷酸葡萄糖} \leftrightarrow UDP\text{-葡萄糖} + PPi$$

糖原蛋白（分子量为 37 000–38 000 Da 的蛋白质）用作糖原合成的生理引物（见图 2.14）。将约 8 个葡萄糖残基（以 UDPGlc 的形式）加入糖原蛋白的酪氨酸-194 中，以形成完全糖基化的糖原蛋白（用于合成糖原的蛋白引物）。完全糖基化的糖原蛋白是在糖原合成酶、分支酶和 UDPGlc 参与下合成前糖原（分子量为 400 000 Da）的蛋白质引物。葡萄糖残基（以 UDPGlc 的形式）在巨糖原合成酶和分支酶的催化下进一步加入前糖原形成巨糖原（分子量为 10^7 Da）。

如前所述，糖原是具有 α-1,4 和 α-1,6 糖苷键的高度分支分子。分支是由分支酶淀粉 α-1,4→1,6-转移葡萄糖苷酶的作用引起的。该酶将部分 α-1,4 链（最小长度为 6 个

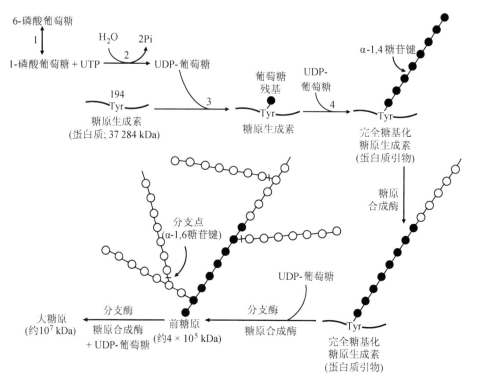

图 5.21　动物体内糖原的合成（糖原合成）。糖原蛋白是动物细胞中糖原合成的引物。来自 UDP-葡萄糖的葡萄糖部分连接到糖原的酪氨酸-194，随后在 α-1,4 糖苷键（主链）中形成葡萄糖聚合物。分支酶在葡萄糖链分支处形成 α-1,6 糖苷键。催化上述反应的酶有：①磷酸葡萄糖变位酶；②UDP-葡萄糖焦磷酸化酶；③糖原生成蛋白的酪氨酸葡萄糖基转移酶；④自发性自动催化，向连接到糖原生成蛋白的酪氨酸-194 的现有葡萄糖残基添加 7 个葡萄糖残基。

葡萄糖残基）转移到相邻的链上，形成 α-1,6 糖苷键，由此在分子中形成分支点。糖原中的分支部分通过进一步添加 α-1,4 葡萄糖基单元而形成。

　　1985 年发现的糖原蛋白作为引发糖原合成的自我糖基化蛋白，极大地提高了我们对糖原合成机制的理解。这个发现是基于最初的研究结果，即肝脏颗粒能利用 UDPGlc 合成可被三氯乙酸沉淀的糖原样产物（Krisman and Barengo, 1975）。这一发现改变了传统的观点，即动物体内需要预先存在的糖原作为糖原合成的引物（Alonso et al., 1995）。

5.6.8.3　糖原降解（糖原分解）的途径

　　糖原降解也称为糖原分解，发生在细胞质中。这种代谢途径不是糖原合成途径的逆反应，涉及单独的酶和脱支机制（图 5.22）。糖原分解的第一步和限速步骤是由糖原磷酸化酶催化的。

$$糖原(C_6)_n + Pi \rightarrow 糖原(C_6)_{n-1} + 1\text{-磷酸葡萄糖(糖原磷酸化酶)}$$

糖原磷酸化酶特异性地裂解糖原的 1,4 糖苷键以形成 1-磷酸葡萄糖。依次脱去糖原分子最外链的末端葡萄糖残基，直到在 α-1,6 分支的任一侧保留大约 4 个葡萄糖残基。葡聚糖转移酶将三糖单元（3 个葡萄糖残基）从糖原分子的一个分支转移到另一个分支，由此暴露 α-1,6 分支点。α-1,6 糖苷键的水解需要特定的脱支酶（淀粉-1,6-葡萄糖苷酶）。

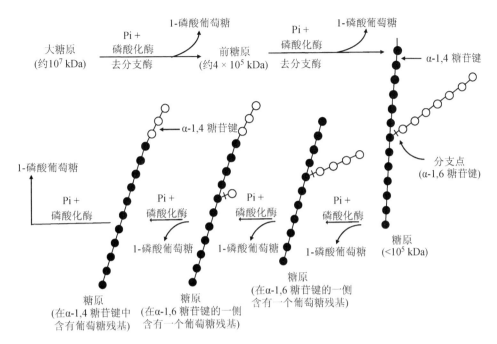

图 5.22　动物体内糖原的降解（糖原分解）。活化的糖原磷酸化酶启动糖原降解以形成 1-磷酸葡萄糖。侧链中的支链 α-1,6 糖苷键被脱支酶水解，产生由 α-1,4 糖苷键相连的葡萄糖残基链，随后通过糖原磷酸化酶的作用裂解。请注意，Pi 是糖原磷酸化酶活性所必需的。

注意，真核细胞的糖原脱支酶（一种双功能蛋白）在单一多肽链上具有两种不同的催化活性（低聚-1,4 → 1,4-葡萄糖转移酶/淀粉-1,6-葡萄糖苷酶）（Nakayama et al., 2001）。随着分支的移除，糖原磷酸化酶的进一步催化使 1-磷酸葡萄糖继续释放。因此，糖原磷酸化酶和糖原脱支酶的联合作用导致糖原的完全分解。如前所述，1-磷酸葡萄糖可转化为 6-磷酸葡萄糖。肝脏和肾脏（而不是骨骼肌或心脏）中葡萄糖-6-磷酸酶的存在能将6-磷酸葡萄糖和糖原转化为葡萄糖。

5.6.8.4　糖原合成的调控

　　调节糖原合成的主要酶是糖原合成酶。该酶以去磷酸化状态（活性形式）或磷酸化状态（无活性形式）存在。糖原合成酶被蛋白激酶（主要是蛋白激酶 A）磷酸化，而糖原合成酶磷酸酶（也称为蛋白磷酸酶 1）催化其去磷酸化（图 5.23）。几种蛋白激酶可以磷酸化糖原合成酶，从而抑制其活性。这些激酶是 cAMP 依赖性蛋白激酶、Ca^{2+}/钙调蛋白依赖性蛋白激酶、糖原合成酶激酶 3、糖原合成酶激酶 4 和糖原合成酶激酶 5。抑制剂-1-磷酸被 cAMP 依赖性蛋白激酶活化时，糖原合成酶磷酸酶活性被抑制。一些激素和代谢物也影响糖原合成。例如，胰岛素通过促进糖原合成酶 b 的去磷酸化（无活性）形成糖原合成酶 a（活性形式）而增加糖原合成，而禁食、肾上腺素、去甲肾上腺素和胰高血糖素通过促进糖原合成酶 a（活性形式）磷酸化为糖原合成酶 b（无活性形式）降低糖原合成。注意，血浆中这 3 种激素的浓度在剧烈运动过程中上升，促使血浆中葡萄糖浓度升高。

　　糖皮质激素以组织特异性方式控制糖原生成来调节动物体内葡萄糖的动态平衡。

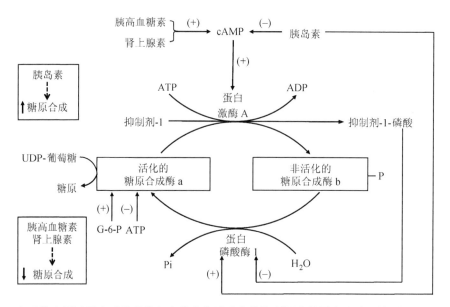

图 5.23　在动物中通过蛋白质磷酸化和去磷酸化以及变构控制调节糖原合成酶。糖原合成酶以去磷酸化状态（活性形式）或磷酸化状态（无活性形式）存在。这种酶被蛋白激酶 A 磷酸化，而蛋白磷酸酶-1 催化其去磷酸化。蛋白激酶 A 也磷酸化抑制剂-1，抑制剂-1 是蛋白磷酸酶 1 的抑制剂。蛋白激酶 A 本身由 cAMP 激活。胰高血糖素和肾上腺素通过增加细胞中的 cAMP 浓度抑制糖原合成。胰岛素的作用正好相反。糖原合成酶被 6-磷酸葡萄糖（G-6-P）变构活化并被 ATP 抑制。符号（＋）和（－）分别表示激活和抑制。

具体而言，糖皮质激素通过增加葡萄糖的可获得量以及促进葡萄糖生成酶和糖原合成酶的表达来增加肝脏中糖原的合成和储存（Devlin, 2011）。糖皮质激素通过拮抗胰岛素信号通路抑制骨骼肌中由胰岛素促进的糖原合成。此外，糖皮质激素抑制胰腺 β 细胞分泌胰岛素，拮抗胰岛素在肝脏、骨骼肌、心脏和白色脂肪组织中的作用。

　　6-磷酸葡萄糖（糖原合成酶的变构激活剂）和葡萄糖（6-磷酸葡萄糖的前体）促进真核细胞（如肌细胞和肝细胞）的糖原合成，而 ATP（糖原合成酶的变构抑制剂）却抑制糖原合成（Palm et al., 2013）。有证据表明，精氨酸刺激白色脂肪细胞中的糖原形成（Egan et al., 1995）。相反，高浓度的糖原通过反馈抑制机制减少糖原合成，特别是在肝细胞中。糖原合成酶也被 ATP 变构性抑制。作为细胞中第二信使的 cAMP 的发现使 Earl W. Sutherland 在 1971 年获得了诺贝尔生理学或医学奖。

　　细胞内区室化是调节肝脏中糖原生成途径的另一个因子。具体而言，来自乳酸和氨基酸的糖原合成以及糖异生主要发生在门静脉周边的肝细胞中，由葡萄糖合成糖原以及糖原降解成丙酮酸主要发生在肝静脉周边的肝细胞中。这两条截然相反的途径分布于两种不同类型的肝细胞中，使得肝脏中可以净生成糖原。

5.6.8.5　糖原分解的调控

（1）骨骼肌和心脏中糖原分解的调控

糖原磷酸化酶是控制骨骼肌和心脏糖原分解的主要靶点。该酶以磷酸化形式（a 形式，活性）或去磷酸化形式（b 形式，无活性）存在。磷酸化酶激酶将磷酸化酶 b（无活性）转化为磷酸化酶 a（活性），从而提高糖原磷酸化酶的活性（图 5.24）。对这一机制的阐明使得 Edwin G. Krebs 和 Edmond H. Fischer 在 1992 年被授予诺贝尔生理学或医学奖。与糖原合成酶一样，磷酸化酶激酶也被 cAMP 依赖性蛋白激酶磷酸化。然而，与糖原合成酶不同的是，磷酸化提高了糖原磷酸化酶的活性，从而促进了糖分解。Ca^{2+} 通过刺激钙调蛋白依赖性磷酸化酶激酶使糖原磷酸化酶的活化与肌肉收缩同步。值得注意的是，蛋白质磷酸化以及蛋白质与钙的结合能各自单独部分地激活磷酸化酶激酶，而糖原磷酸化酶的完全激活则需要这两部分同时作用。抑制剂-1-磷酸酶被 cAMP 依赖性蛋白激酶激活后抑制蛋白磷酸酶 1。禁食、肾上腺素和去甲肾上腺素通过提高细胞内 cAMP 浓度来增强骨骼肌和心肌中的糖原分解。值得注意的是，糖皮质激素在儿茶酚胺诱导的骨骼肌糖原分解中起着重要作用（Devlin, 2011）。相反，胰岛素通过抑制糖原磷酸化酶活性来抑制肌内糖原分解。在骨骼肌中，这种酶被 AMP（剧烈运动时肌内浓度增加）变构刺激，但被 6-磷酸葡萄糖和 ATP（其肌内浓度在摄食后增加）抑制。

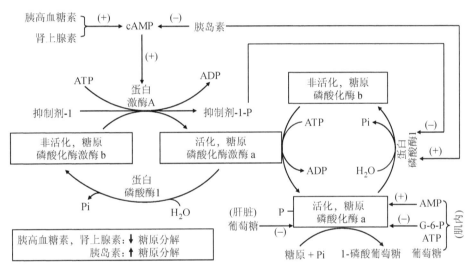

图 5.24 在动物中通过蛋白质磷酸化和去磷酸化调节糖原磷酸化酶。糖原磷酸化酶以去磷酸化状态（无活性形式）或磷酸化状态存在（活性形式）。该酶被蛋白激酶 A 磷酸化，而蛋白磷酸酶 1 催化其去磷酸化。蛋白激酶 A 也磷酸化抑制剂-1，抑制剂-1 是蛋白磷酸酶 1 的抑制剂。蛋白激酶 A 本身被 cAMP 激活。胰高血糖素和肾上腺素通过增加细胞中的 cAMP 浓度刺激糖原分解。胰岛素的作用正好相反。代谢物（如葡萄糖）的变构调节在骨骼肌和肝脏之间存在差异。符号（+）和（−）分别表示激活和抑制。G-6-P, 6-磷酸葡萄糖。

（2）肝脏中糖原分解的调控

像肝脏中的同工酶一样，肝糖原磷酸化酶也以磷酸化形式（a 形式，活性）或去磷酸化形式（b 形式，无活性）存在（图 5.24）。然而，肝糖原磷酸化酶在免疫学上和遗传上不同于肌肉磷酸化酶。胰岛素通过降低细胞内 cAMP 浓度抑制糖原分解，而禁食、胰高血糖素、肾上腺素和去甲肾上腺素通过增加细胞内 cAMP 浓度促进糖原分解（Devlin, 2011）。肾上腺素和去甲肾上腺素还可以通过将 Ca^{2+} 从线粒体移动到细胞质中，然后刺

激对 Ca^{2+}/钙调蛋白敏感的磷酸化酶激酶而促进肝糖原分解。因此，cAMP 通过 cAMP 依赖性蛋白激酶在肝中整合糖原生成和糖原分解的调控。肝糖原磷酸化酶活性被葡萄糖变构抑制，但对 6-磷酸葡萄糖、AMP 或 ATP 的变构控制不敏感。肝脏和骨骼肌糖原磷酸化酶变构调节之间的差异，反映了它们分别作为葡萄糖的生产者和利用者在各种生理条件下的不同作用。

5.6.8.6 糖原合成与分解的测定

可以在孵育的细胞和灌注的器官中测量糖原生成和糖原分解（Ekberg et al., 1995）。例如，可以在 D-[U-^{14}C]葡萄糖存在的条件下测量糖原合成。另外，糖原分解可以通过从预先标记[^{14}C]的糖原产生的 $^{14}CO_2$ 加上[^{14}C]乳酸盐的量测得。在体内，糖原合成和糖原分解的测量在技术上是困难的，因为其中间产物可来源于多个代谢途径（Chung et al., 2015）。

5.6.8.7 糖原代谢的营养与生理意义

糖原合成的主要功能是在食用含淀粉的食物后，或当饮食中葡萄糖供应过量时，立即将葡萄糖储存为糖原。这有助于防止高浓度游离葡萄糖引起的细胞外和细胞内渗透压的显著增加。在鸭子饲养上，在上市前几个星期强制喂食过量的淀粉有助于其肝脏产生大量的糖原。然而，过多的糖原会损害肝脏和肌肉的功能。肝糖原分解可以立即提供葡萄糖以维持禁食、短时间饥饿、运动期间以及可能导致低血糖的其他状况（如胰岛素短暂过量产生或损伤）的血糖浓度。同样，肌糖原分解在运动和禁食期间提供能量。假设正常运动的 70 kg 体重男子的能量消耗为 3000 kcal/天，则身体内所有糖原和葡萄糖的完全氧化可以最多提供 1341 kcal 能量或者不及一天所需能量的一半。然而，当血糖降低（如饥饿）或能量需求增加（如运动）时，动物可以动员肌肉和/或肝脏中糖原以提供用于代谢的葡萄糖或 6-磷酸葡萄糖。

5.7 果糖在动物组织中的代谢

5.7.1 由葡萄糖合成果糖的细胞特异性

在动物机体中，D-果糖由 D-葡萄糖在醛糖还原酶和山梨糖醇脱氢酶的作用下以特定的方式合成（图 5.25），这些酶位于细胞质中。肝脏、卵巢、胎盘（滋养层细胞）、精囊、肾脏、红细胞和眼睛（晶状体、视网膜和施万细胞）均表达醛糖还原酶。这种酶需要辅助因子 NADPH 的参与，因此，戊糖循环在 D-葡萄糖转化为 D-山梨糖醇进而再转化为 D-果糖的过程中起着重要的作用。在这些组织和细胞中，肝脏、卵巢、胎盘和精囊也具有山梨糖醇脱氢酶活性，因此它们能够由 D-葡萄糖合成 D-果糖。在所有研究的哺乳动物的精液和胎儿体液（包括胎儿血液、尿囊液和羊水）中含有大量果糖，说明果糖可能在精囊和胎盘中的净合成率很高。

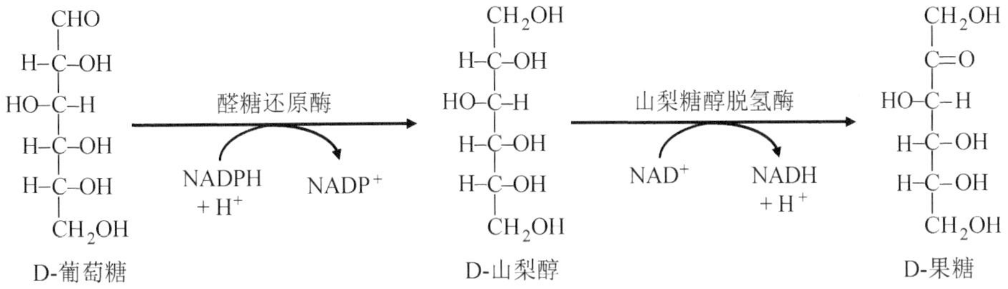

图 5.25 某些动物组织中由 D-葡萄糖合成 D-山梨糖醇和 D-果糖。肝脏、卵巢、胎盘和雄性精囊可通过醛糖还原酶和山梨糖醇脱氢酶将细胞质中的 D-葡萄糖转化为 D-果糖。这种山梨糖醇（多元醇）途径需要 NADPH 和 NAD$^+$ 作为辅因子。山梨糖醇脱氢酶也被称为艾杜糖醇脱氢酶。

生殖激素能上调葡萄糖合成果糖。有证据表明，17β-雌二醇和孕酮可以增强醛糖还原酶在动物组织中的表达。这也与怀孕期间胎儿组织液中果糖的含量增加相一致（第 2 章）。胎儿血液、尿囊液和羊水中果糖的浓度很高，部分原因是果糖不能从胎儿运输到母体。一些证据表明，雄性家畜的睾酮在诱导果糖产生中发挥关键作用（Gonzales, 2001; Schirren, 1963）。首先，对仔畜而言，各种雄性家畜的精囊腺中没有检测到果糖。其次，果糖存在于睾酮分泌量很高的发情期动物中。最后，发情期动物去势导致精囊和精液中的果糖浓度降低，而注射睾酮后可以恢复这些雄性动物精囊和精液中的果糖浓度。

5.7.2 果糖的分解代谢途径

图 5.26 是果糖在动物细胞的细胞质中分解产生甘油、甘油酸-3-磷酸和葡萄糖的总体途径。应该清楚的是，果糖的代谢途径具有高度细胞特异性。例如，多数果糖在哺乳动物肝脏中代谢并最终变为葡萄糖，然而在滋养外胚层细胞中果糖转化为 6-磷酸葡糖胺，而不是葡萄糖（Kim et al., 2012）。在缺乏糖异生的组织中（如猪子宫内膜和胎盘），从 1 mmol/L 或 5 mmol/L D-果糖底物反应中没有检测到丙酮酸、乳酸或二氧化碳的产生。果糖分解代谢是否发生在细胞各个区室还有待于确定。

果糖进入细胞（主要是由肝细胞中的 GLUT2 和肝外细胞中的 GLUT5 介导）是动物利用果糖的第一步。值得注意的是，GLUT5 蛋白在非反刍哺乳动物（如人类、大鼠和猪；Aschenbach et al., 2009）的肝细胞中几乎不存在，但是在禽类和牛肝细胞中具有很高的 GLUT5 mRNA 水平（Gilbert et al., 2007）。胰岛素能刺激骨骼肌对果糖的摄取，但对肝脏没有效果。因此，在糖尿病或胰岛素抵抗患者中，全身清除果糖能力受损。进入细胞后，果糖的分解代谢由果糖激酶、己糖激酶和山梨糖醇脱氢酶启动（图 5.25）。值得注意的是，这些酶的表达也具有细胞特异性，净反应的方向取决于细胞内葡萄糖和相关代谢物的浓度。肝脏是哺乳动物、禽类和鱼类代谢降解果糖的主要器官。

1-磷酸果糖是果糖激酶催化的产物，而 6-磷酸果糖由己糖激酶催化产生。在动物组织中 1-磷酸果糖和 6-磷酸果糖可以在磷酸果糖变位酶的催化下相互转化。这类似于动物组织中 6-磷酸葡萄糖和 1-磷酸葡萄糖通过磷酸葡萄糖变位酶催化而相互转换。尽管动物体中不存在磷酸果糖变位酶，但该酶已经被发现存在于细菌细胞中，并且 D-果糖或 D-甘露糖水平升高可诱导其表达（Binet et al., 1998）。1-磷酸果糖被醛缩酶 B 降解转

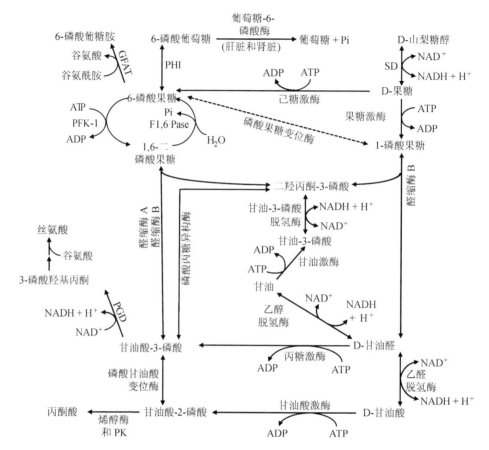

图 5.26　D-果糖在动物体内的分解代谢。果糖的分解代谢是由果糖激酶、己糖激酶和山梨糖醇脱氢酶以细胞特异性方式启动的。肝脏是所有动物降解果糖的主要器官，而 6-磷酸葡糖胺是由胎盘中的果糖形成的。这 3 种酶分别将果糖转化为 1-磷酸果糖、6-磷酸果糖和山梨糖醇。1-磷酸果糖和 6-磷酸果糖可能通过磷酸果糖变位酶相互转化。醛缩酶 B 将 1-磷酸果糖分解为二羟丙酮-3-磷酸和 D-甘油醛，而 6-磷酸果糖被醛缩酶 A 和 B 降解为二羟丙酮-3-磷酸和甘油酸-3-磷酸。6-磷酸果糖也可转化为 6-磷酸葡萄糖或 1,6-二磷酸果糖，从而通过谷氨酰胺:6-磷酸果糖转氨酶参与糖胺聚糖（包括透明质酸和软骨素）的合成。在肝脏和肾脏中，果糖的三碳中间体（如甘油醛、甘油、甘油醛-3-磷酸和丝氨酸）可转化为葡萄糖。肝细胞和精子都将果糖降解为乳酸和二氧化碳作为能源（Jones, 1998）。然而，在其他细胞类型中，果糖氧化生成乳酸和二氧化碳是有限的。F1,6 Pase，果糖-1,6-二磷酸酶；GFAT，谷氨酰胺果糖-6-磷酸酰胺转移酶；PGD，甘油酸-3-磷酸脱氢酶；PFK-1，磷酸果糖激酶 1；PHI，磷酸己糖异构酶；PK，丙酮酸激酶；SD，山梨糖醇脱氢酶。

化成二羟丙酮-3-磷酸和 D-甘油醛，而 6-磷酸果糖被醛缩酶 A 和 B 转化为二羟丙酮-3-磷酸和甘油酸-3-磷酸。6-磷酸果糖也可转化为 6-磷酸葡萄糖或 1,6-二磷酸果糖，从而通过谷氨酰胺:6-磷酸果糖转氨酶参与糖胺聚糖（包括乙酰透明质酸和软骨素）的合成。己糖胺合成途径可被谷氨酰胺激活，而谷氨酰胺同样在胎儿中含量丰富［如在妊娠第 60 天绵羊尿囊液中的浓度为 25 mmol/L（Kwon et al., 2003）］。因此，果糖激酶和己糖激酶可促使果糖分解代谢为三碳中间体（如可能是甘油醛、甘油、甘油醛-3-磷酸和丝氨酸）。相反，山梨糖醇脱氢酶在细胞内捕获果糖后将其合成山梨糖醇，在肝外和肾外细胞中山梨糖醇转化成葡萄糖可能非常有限。这是因为山梨糖醇脱氢酶的稳定存在有利于由 D-葡萄糖形成 D-山梨糖醇。肝细胞和精子都能将果糖降解为乳酸和二氧化碳并作为能源的来源（Jones, 1998）。然而，在其他类型细胞中，果糖氧化为乳酸盐和 CO_2 的能力有限，从而保存果糖碳骨架。将来的许多研究都有必要量化动物细胞中的果糖代谢，尤其是在雄性和雌性的生殖系统中。

5.7.3　果糖的营养、生理与病理意义

5.7.3.1　果糖在繁殖中的益处

果糖在雄性精液和胎儿液体中含量非常高，说明果糖可能对繁殖有重要生理意义。葡萄糖转化为果糖可以减少葡萄糖碳骨架不可逆的流失，同时果糖像葡萄糖一样，可以有助于维持蛋白质的合成。果糖在雌性和雄性生殖中的重要作用主要有以下证据。首先，Kim 等（2012）证明，与 4 mmol/L D-葡萄糖一样，4 mmol/L D-果糖通过刺激 mTOR（雷帕霉素靶蛋白）信号转导通路，以促进绵羊和猪滋养外胚层细胞中的蛋白质合成、增殖和结构重塑。其次，在培养基中添加 2 mmol/L D-果糖可改善牛胚胎的发育，但添加 2 mmol/L D-葡萄糖却对牛胚胎有毒性作用（Barceló-Fimbres and Seidel, 2008）。再次，在人类和家畜中，精液中低浓度的 D-果糖与不育相关，并作为精子质量低下的判定指标（Schirren, 1963）。最后，在精液中添加 10 mmol/L D-果糖可将通过人工授精的水牛的繁殖力从 25% 提高到 40%（Akhter et al., 2014）。总体来说，这些结果表明，D-果糖对于哺乳动物的繁殖是必需的。

5.7.3.2　过量果糖的病理作用

果糖或蔗糖的摄入量过高可能导致动物出生后胰岛素抵抗和肥胖症（Gaby, 2005）。作用机制是多方面的，其中包括骨骼肌、心脏和白色脂肪组织由于细胞信号通路受阻而导致葡萄糖的利用受到阻碍。在糖尿病患者中，山梨糖醇的累积使得细胞渗透压升高，因此该糖是造成视网膜损伤和肾功能异常的重要影响因素。果糖本身可能对动物细胞没有毒性，然而，过量的果糖通过诱导胰岛素抵抗和干扰葡萄糖氧化途径，会对出生后哺乳动物的健康造成不利影响。但有趣的是，这种情况不会发生在胎儿身上，这可能是因为：①胎儿中的葡萄糖可以回到母体进行处理，而胎儿中的果糖则不能被转运到母体；②由于葡萄糖和氨基酸，而不是脂肪酸，是胎儿的主要代谢原料，胎儿中产生的活性氧（ROS）降到最低；③孕体中高浓度的谷胱甘肽和甘氨酸可以保护胎儿免受氧化损伤。

5.8　半乳糖在动物组织中的代谢

5.8.1　在动物组织中由 D-葡萄糖合成 UDP-半乳糖的途径

D-半乳糖是 D-葡萄糖的 C4 差向异构体。尽管 D-葡萄糖能够自发差向异构化产生 D-半乳糖，但是该反应的速率很低。在动物组织，包括哺乳期的乳腺中，D-葡萄糖通过几种细胞质酶作用才能生成 UDP-半乳糖。具体而言，D-葡萄糖被己糖激酶磷酸化成 6-磷酸葡萄糖，6-磷酸葡萄糖在磷酸葡萄糖变位酶的作用下转化为 1-磷酸葡萄糖。1-磷酸

葡萄糖和 UTP 在 UDP-焦磷酸化酶的催化下生成 UDP-葡萄糖。UDP-葡萄糖-4-差向异构酶（也称为 UDP-半乳糖-4-差向异构酶）将 UDP-葡萄糖转化为 UDP-半乳糖（图 5.27）。细胞质中的 UDP-半乳糖被活性转运蛋白转运至高尔基体腔中，被用于在细胞中合成糖脂、磷脂、蛋白多糖和糖蛋白。

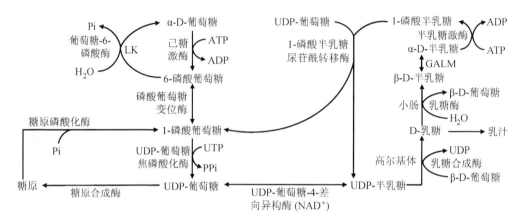

图 5.27 在泌乳哺乳动物中将 D-葡萄糖转化成 D-乳糖和 D-半乳糖。这一系列细胞质反应称为 Leloir 途径。泌乳乳腺上皮细胞高尔基体含有乳糖合成酶，将 UDP-半乳糖和 β-D-葡萄糖合成 D-乳糖。然而，这种酶在其他组织中是缺失的。UDP-葡萄糖-4-差向异构酶也称为 UDP-半乳糖-4-差向异构酶，并且需要 NAD⁺作为辅因子。GALM，半乳糖木聚糖酶；LK，肝脏和肾脏。

哺乳期乳腺上皮细胞的高尔基体腔中含有乳糖合成酶，由 UDP-半乳糖和 β-D-葡萄糖合成 D-乳糖，但这种酶在其他组织中不存在（Rezaei et al., 2016）。因此，除了乳腺上皮细胞以外，其他细胞不能从 D-葡萄糖生物合成 D-乳糖或 D-半乳糖。乳糖合成酶是半乳糖基转移酶和 α-乳清蛋白（酶复合物的调节亚基）的复合物。α-乳清蛋白只能由泌乳乳腺的上皮细胞合成，这表明氨基酸（作为蛋白质的前体）在泌乳哺乳动物的乳糖生产中具有重要作用。在非乳腺上皮细胞中，α-乳清蛋白的缺乏使得半乳糖基转移酶不能形成功能性乳糖合成酶复合物，因此不能合成乳糖（Permyakov et al., 2016）。乳糖合成由催乳素引发，生长激素和胰岛素样生长因子-1 能够正反馈调节这一过程（Rezaei et al., 2016）。

5.8.2 半乳糖的分解代谢途径

半乳糖在自然界中有 α-和 β-两种构型，存在于牛奶和其他乳制品中，一些植物源材料也含有（如甜菜和黏胶）。在小肠中，乳糖酶（存在于肠细胞表面）将 D-乳糖水解成 β-D-半乳糖和 β-D-葡萄糖。半乳糖分解代谢的第一步是通过半乳糖变旋酶将 β-D-半乳糖转化为 α-D-半乳糖。α-D-半乳糖通过半乳糖激酶、1-磷酸半乳糖尿苷酰转移酶和 UDP-半乳糖-4-差向异构酶等酶的作用转化为 UDP-葡萄糖（图 5.27）。发生在细胞质中的这一系列反应被称为 Leloir 途径。具体来说，就是 α-D-半乳糖在半乳糖激酶作用下磷酸化为 1-磷酸半乳糖。1-磷酸半乳糖尿苷酰转移酶将 UDP-葡萄糖的 UMP 基团转移至 1-磷酸半乳糖上，生成 UDP-半乳糖（Yager et al., 2004）。最后，UDP-半乳糖-4-差向异构酶将 UDP-半乳糖转化为 UDP-葡萄糖。UDP-葡萄糖是所有细胞糖原合成的通用底物。糖原通过糖原磷酸化酶降解产生 1-磷酸葡萄糖，再通过磷酸变位酶转化成 6-磷酸葡萄糖。在肝脏和肾脏中，葡萄糖-6-磷酸酶催化 6-磷酸葡萄糖形成 D-葡萄糖。在细胞中，6-磷酸葡萄糖代谢生成丙酮酸和乳酸。在线粒体中，丙酮酸可通过三羧酸循环和呼吸链进一步氧化成二氧化碳和水。

除了上述反应之外，D-半乳糖也可通过其他途径降解。例如，在大多数动物细胞的细胞质溶胶中，D-半乳糖被醛糖还原酶还原为 D-半乳糖醇（图 5.28）。当 D-半乳糖的细胞外浓度较高时，因为动物缺乏降解 D-半乳糖醇的酶，D-半乳糖醇会在组织中积累。此外，动物肝脏中的酶，依次将 D-半乳糖转化为 D-半乳糖酸内酯、D-半乳糖酸、β-酮-D-半乳糖酸和 D-木酮糖（Cuatrecasas and Segal, 1966）。然后 D-木酮糖被木酮糖激酶磷酸化成 D-木酮糖-6-磷酸，进入戊糖循环后，代谢生成 5-磷酸核糖和 NADPH（图 5.27）。细菌和真菌在利用半乳糖时也发生这些反应，这些微生物还含有醛糖还原酶，将 D-半乳糖转化为 D-塔格糖-6-磷酸。

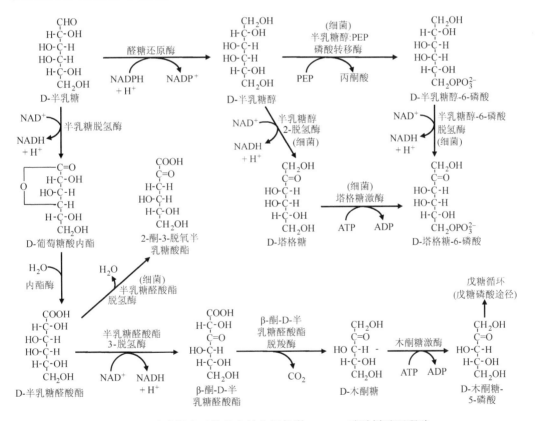

图 5.28　D-半乳糖在动物体内的分解代谢。PEP，磷酸烯醇丙酮酸。

5.8.3　半乳糖的生理与病理意义

半乳糖是几乎所有陆生哺乳动物乳汁合成和牛奶生产所必需的单糖（Rezaei et al., 2016），在新出生哺乳动物的营养和生长中起着重要的作用。根据乳汁中的乳糖浓度，半乳糖对于部分水生哺乳动物也起着重要的作用。除了参与乳糖合成之外，半乳糖还参与高尔基体中蛋白质和脂质的半乳糖基化反应（Coelho et al., 2015）。例如，半乳糖基转移酶催化 UDP-半乳糖和 N-乙酰-D-葡糖胺生成半乳糖基-N-乙酰-D-葡糖胺，可用于糖蛋白的合成。另外，在内质网内，神经酰胺通过 UDP-半乳糖:神经酰胺半乳糖基转移酶进行半乳糖化生成半乳糖基神经酰胺。这些化合物在糖鞘脂合成、在神经系统中轴突传导和细胞信号转导中起着重要的调节作用。在某些动物机体内，当 D-半乳糖降解途径中的关键酶（如半乳糖激酶或 1-磷酸半乳糖尿苷酰转移酶）发生遗传缺陷时会诱发产生一些代谢病，称为半乳糖血症。这种代谢病症表现为肝肿大、肝硬化、肾衰竭、白内障、呕吐、癫痫发作和脑损伤（McAuley et al., 2016）。有证据表明，过量的半乳糖醇诱导在晶状体中形成白内障，并使中枢神经系统中细胞损伤，而过量的 1-磷酸半乳糖会减弱肝代谢并引发肝功能障碍。有趣的是，具有低半乳糖激酶活性的鸡对半乳糖毒性综合征非常敏感（Gordon et al., 1971）。因此，饲料中含有 10%或 15%的半乳糖会导致肉鸡死亡率增高（Douglas et al., 2003）。这说明哺乳动物和禽类之间在碳水化合物代谢上存在着另一个差异。

5.9 日粮中非淀粉多糖（NSP）在动物体内的营养与生理意义

5.9.1 非反刍动物

5.9.1.1 NSP 对动物采食量的影响

高膳食水溶性或不溶性 NSP 通过不同的机制降低单胃动物（如猪和家禽）的采食量（Bedford and Morgan, 1996; Lindberg, 2014）。可溶性 NSP（如果胶、瓜尔豆胶、阿拉伯木聚糖、β-葡聚糖和海藻酸钠）易溶解于水中变成凝胶状和黏稠物质，这增加了其在胃和小肠腔中的黏度（流体抗流动性）。这导致胃排空速率、小肠收缩强度和食糜通过小肠速率的降低。请注意，一些易发酵的纤维素并不是凝胶形式的，有些黏稠的纤维素也并不都是容易发酵的。有证据表明，通过胃肠道平滑肌黏膜的感觉机制和肠-脑信号通路，膳食可溶性 NSP 刺激 YY 肽和胰高血糖素样肽-1（GLP-1）的释放，但抑制胃肠道生长素的释放（Greenway et al., 2007; Zijlstra et al., 2007）。由于 YY 肽和 GLP-1 抑制采食，而生长素促进采食，因此可溶性 NSP 对这些激素分泌的影响有助于解释 NSP 如何降低动物的食欲和采食量。

与可溶性 NSP 相比，不溶性 NSP（如纤维素和半纤维素）是非黏性的，对胃排空的影响可以忽略，并且增加了小肠转运的速率。有证据表明，不溶性 NSP 在小肠的初始量会降低食欲和采食量。具体来说，不溶性 NSP 降低了小肠对葡萄糖的吸收，导致其在回肠末端的浓度增加，从而导致 GLP-1 的分泌。另外，不溶性 NSP 刺激胆囊收缩素（CCK）的分泌（Holt et al., 1992）。众所周知，GLP-1 和 CCK 都有助于增加饱腹感和抑制食物摄取（Flint et al., 1998）。

5.9.1.2 NSP 对养分消化率、生长和饲料转化效率的影响

通过共性和特异性的机制，水溶性或不溶性的 NSP 的高摄入量会降低单胃动物（如

猪和家禽）的营养物消化率、生长速率和饲料转化效率（Bedford and Morgan, 1996; Lindberg, 2014）。可溶性和不溶性的 NSP 结合脂类、蛋白质、淀粉、维生素和矿物质形成纤维复合物。其结果导致：①消化酶及其底物的稀释；②酶-底物相互作用的干扰；③营养物质的消化减少；④减少和延迟营养物质（包括葡萄糖、脂类和氨基酸）在小肠的吸收。此外，如前所述，小肠内可溶性 NSP 诱导的黏度增加还通过减少小肠收缩和增加未搅拌的水层厚度，进一步损害营养物质的消化和吸收。此外，通过机械刺激，不溶性 NSP 缩短了食糜通过小肠的时间，从而减少了营养物质的消化和吸收。例如，饲喂含 15.2%中性洗涤纤维饲料（含 5%竹粉）的断奶仔猪的采食量、干物质消化率和日增重分别比饲喂含 11.9%中性洗涤纤维饲料的仔猪低 4.8%、3.2%和 16%（Yu et al., 2016）。同样，高水平的可溶性或不溶性 NSP 抑制了生长猪（Longland et al., 1994）、虹鳟鱼、罗非鱼和大西洋三文鱼（Refstie et al., 1999; Shiau et al., 1988）的采食量、营养物消化率和增重。值得注意的是，在肥胖动物中，向日粮中添加可溶性或不溶性 NSP 可增加氮、灰分和脂肪的排泄量，同时减少采食后的血糖反应、血脂浓度和心血管疾病风险（Blaak et al., 2012）。

5.9.1.3 NSP 对肠道和整体健康的影响

虽然高比例的 NSP 在饲料中是一种抗营养因子，但它们的适当摄入对于动物的肠道健康非常重要。尽管所有的 NSP 在小肠中几乎没有被降解，但是在大肠中完全或部分发酵以产生短链脂肪酸。因此，膳食 NSP 对肠道健康的影响受其理化性质的影响，包括其在水中的溶解度（Bach Knudsen et al., 2017）。可溶性 NSP 在大肠中也具有高度的发酵能力，可产生短链脂肪酸，这些短链脂肪酸是结肠细胞的主要代谢能源及其基因表达的调节剂。植物成分中可溶性 NSP 和蛋白质的水解为细菌生长提供了碳源和氮源。细菌、脂类、发酵产物（包括短链脂肪酸、NH_4^+ 和气体）和其他生物量（如内源性分泌物和未消化物质）是随着快速发酵的可溶性 NSP（如燕麦麸中）的摄入而增加粪便体积的主要因素，同时降低动物患结肠癌的风险（Turner and Lupton, 2011）。

不溶性 NSP（如麦麸）没有明显的持水能力。它们在结肠和盲肠中只是部分可消化，因此对短链脂肪酸产生的影响小于可溶性 NSP。然而，不溶性 NSP 会产生膨胀效应，增加粪便重量，缩短腔内内容物通过大肠的时间，并缓解便秘（Bach Knudsen et al., 2017）。不溶性 NSP 与未消化物质结合，通过机械感受器刺激肠黏膜，诱导肠道的分泌和蠕动，从而起到有效通便的作用。大颗粒、粗颗粒饲料比细颗粒饲料提供更大的缓泻作用（后者没有或几乎没有效果）（Blaak et al., 2012）。粪便重量通常通过向饮食中添加不溶性 NSP 来增加。

甜菜渣、燕麦麸、大麦、黑麦和豆类中水溶性 NSP 的比例高于苜蓿干草、麦秸、麦麸、棕榈仁榨出物、竹粉，以及小麦、燕麦、玉米和水稻。在所有这些产品中，不溶性 NSP 比可溶性 NSP 更丰富。有趣的是，等量的小麦和燕麦麸皮 NSP 对每日产粪量有同样的影响，即使它们分别含有大于 90%和仅 50%–60%的不溶性 NSP。然而，麦麸在预防和治疗便秘方面比燕麦麸更有效，而燕麦麸比麦麸更能降低动物血液中葡萄糖、甘油三酯和胆固醇的浓度。饮食中低水平的可溶性或不溶性 NSP 可导致便秘、结肠炎症和非反刍动物痔疮的发生（Bach Knudsen et al., 2017）。

作为食草动物，马已经进化成采食低淀粉但富含 NSP 的日粮。这些日粮通常包括对消化系统健康至关重要的粗饲料（如干草、草本植物和青草）。据报道，日粮中添加可溶性纤维素可以增加马的总盲肠短链脂肪酸和丙酸的浓度，使其保持稳定的血糖水平和胰岛素反应（Brøkner et al., 2016）。

5.9.2 反刍动物

5.9.2.1 膳食纤维（NDF）对瘤胃 pH 和环境的影响

在反刍动物营养中一个常用的术语是 NDF，主要指饲料中纤维素、半纤维素和木质素的含量。因此，NDF 相当于非反刍动物营养中的不溶性 NSP，但它是断奶后反刍动物的必需营养物质。在放牧和饲养的反刍动物（如牛）中，NDF 通过以下机制防止瘤胃酸中毒从而在维持瘤胃健康方面发挥重要作用：①促进反刍，使大量的缓冲液通过唾液和消化液进入瘤胃；②减缓淀粉和 NSP 发酵形成短链脂肪酸以维持瘤胃 pH；③降低瘤胃中的乙酸浓度；④促进日粮中蛋白质和非蛋白质含氮物质的发酵从而产生 NH_3，NH_3 结合 H^+ 产生 NH_4^+。单一品种粗饲料可以影响反刍的频率，但是瘤胃 NDF 很少会对适当采食高精料日粮的肉牛产生负面影响（Galyean and Defoor, 2003）。

5.9.2.2 NDF 对肠道健康的影响

如前所述，短链脂肪酸在反刍动物的大肠和在非反刍动物大肠中具有相同的生理功能。由于并非所有的膳食纤维都在瘤胃中发酵，因此过瘤胃的纤维进入大肠后，被大肠内的细菌大量发酵，从而影响结肠细胞的代谢和健康，以及粪便的形成、膨胀和排泄。NDF 的这些作用随着其类型、纤维素与半纤维素的比例，以及植物细胞壁的木质化而变化。虽然纤维素含量与瘤胃填充物或物理填充物呈显著正相关，但在添加高水平精饲料的放牧肉牛中，其对肠道健康的负面影响很小（Galyean and Defoor, 2003）。相反，在反刍动物中，NSP 摄入不足对胃肠功能有不利影响。

5.9.2.3 NDF 对泌乳和生长的影响

NDF 必须在瘤胃中发酵才能发挥其对反刍动物的泌乳和生长的作用。因此，NDF 的消化率是饲草质量的重要指标，尤其是由于 NDF 在牧草中的含量和瘤胃中的降解率随品种、成熟度、生长环境和木质化程度的不同而有很大差异。NDF 在瘤胃的大量发酵能使反刍动物获得大量的代谢能，最终提高奶牛和肉牛生产系统的饲料效率和生产性能。例如，尽管有足量的总碳水化合物，含有＜25% NDF 或＜16% NDF 的饲料会降低泌乳奶牛的乳脂含量，这是因为瘤胃细菌的乙酸合成减少了（Clark and Armentano, 1993）。每增加体外或原位 NDF 消化率 1 个百分比单位（在 54.5%–62.9% 范围内）会伴随着增加 0.17 kg 干物质采食量和 0.25 kg 的 4% 乳脂矫正的乳（Oba and Allen, 1999）。奶牛日粮中一般至少含有 25% NDF，日粮中大部分（至少 76%）的 NDF 应来自饲草（即最低饲草 NDF 为 19%）。如前所述，日粮中 NDF 的含量与咀嚼活动密切相关，它是调节反刍动物（包括奶牛）瘤胃 pH 的决定因素。因此，这些动物需要饲料中含有足够的 NDF 以使其生长速率和产奶量达到最大化（NRC, 2001）。

5.9.2.4 NDF 对采食量的影响

采食量影响反刍动物的生产性能。维持适当的瘤胃功能需要充足的日粮 NDF。然而，过量的日粮 NDF 会在瘤胃中形成物理填充，从而限制了反刍动物的自由采食量。大量的证据表明，日粮中 NDF 含量与采食量之间的关系是复杂和非线性的（Arelovich et al., 2008）。取决于在日粮中数量的多少和质量的优劣，NDF 可以显著增加或减少反刍动物的采食量。例如，随着日粮 NDF 含量从 7.5% 增加到 22%，肉牛的干物质采食量可以增加，但当 NDF 含量从 22% 增加到 46% 时，干物质采食量急剧下降。日粮 NDF 的消化率也影响干物质的采食量。在饲喂 NDF 和粗蛋白质含量相似的青贮饲料条件下，NDF 消化率较高的日粮会比 NDF 消化率较低的日粮增加奶牛的干物质采食量和产奶量（Oba and Allen, 1999），作用机制可能涉及肠-脑轴中的一系列细胞信号转导通路。

5.10　小　　结

胃肠道是动物利用日粮中碳水化合物的首要场所，在不同种类和不同年龄的动物中其作用方式不同。在出生和哺乳期间，新生哺乳动物（反刍动物和非反刍动物）肠道乳糖酶活性高，可将乳糖转化为 β-D-半乳糖和 β-D-葡萄糖，但利用淀粉、糖原、蔗糖和麦芽糖的肠道 α-淀粉酶、蔗糖酶-异麦芽糖酶和麦芽糖-葡糖淀粉酶的活性很低或无活性。相反，禽类不能耐受日粮中大量的乳糖，但可以在孵化后立即采食和利用谷物。断奶后的哺乳动物肠道乳糖酶的活性急剧下降，但是唾液中的 α-淀粉酶和胰腺 α-淀粉酶，以及肠 α-淀粉酶、蔗糖酶-异麦芽糖酶和麦芽糖-葡糖淀粉酶的含量逐渐增加，直至小肠完全成熟。因此，哺乳类动物在断奶后可以有效地利用饲料，包括：①淀粉和糖原在 α-淀粉酶、蔗糖酶-异麦芽糖酶和麦芽糖-葡糖淀粉酶的联合作用下，在小肠中水解成 α-D-葡萄糖；②二糖（如蔗糖，水解成 α-D-葡萄糖和 β-D-果糖；麦芽糖，水解成两个 α-D-葡萄糖单位）。在非肉食性鱼类中，其胰腺产生和分泌大量的 α-淀粉酶，日粮中的淀粉或糖原可作为低成本的能量来源。单糖被 SGLT1（葡萄糖和半乳糖）和 GLUT5（果糖）吸收到小肠的肠细胞中，进入门静脉循环。所有出生后的动物的肠上皮细胞都能有效地吸收 D-葡萄糖和 D-半乳糖，孵化后的禽类肠细胞也能很好地吸收 D-果糖，哺乳动物的肠细胞只有在断奶后才能显著吸收 D-果糖。因此，日粮中的蔗糖和果糖对新生哺乳动物是有害的，而日粮中大量的乳糖会引起家禽发病。

在非反刍动物（如猪、家禽、鱼类和人类）中，几乎所有难消化的膳食纤维都会进入大肠发酵，以生成短链脂肪酸。相反，可溶性和不溶性复杂碳水化合物（如淀粉、纤维素和半纤维素）在反刍动物的瘤胃中被广泛地发酵成短链脂肪酸及较少量的二氧化碳和甲烷，从而使牛、绵羊、山羊和鹿的肠道细胞吸收不到葡萄糖。由于丁酸是结肠细胞的主要能量来源，膳食纤维对反刍动物和非反刍动物的肠道健康都至关重要。NDF 在维持适当的瘤胃 pH 和功能方面具有额外的作用，被认为是反刍动物营养必需的碳水化合物。

　　D-葡萄糖被小肠上皮细胞吸收后，经多个途径代谢。在所有动物细胞的细胞质中，通过糖酵解利用 D-葡萄糖来产生丙酮酸和 NADH。当糖酵解产生 NADH 的速率超过电子传递链氧化 NADH 的速率时，如在低氧条件下或在剧烈运动期间，丙酮酸在没有线粒体的细胞中或者在有线粒体的细胞中转化为 L-乳酸。当供氧充足时，丙酮酸和 NADH 通过特定的转运系统从细胞质转运到线粒体中，丙酮酸被 PDH 氧化成乙酰辅酶 A，然后通过三羧酸循环，转化为 CO_2、$FADH_2$ 和 NADH。还原当量（$FADH_2$ 和 NADH）通过线粒体呼吸链氧化成 H_2O，其中 1 分子 $FADH_2$ 和 NADH 分别产生 1.5 个和 2.5 个 ATP 分子。值得注意的是，D-葡萄糖在肝脏、卵巢、胎盘和雄性精囊中转化为 D-果糖。在生殖道中，D-果糖激活 mTOR 细胞信号，促进胚胎发育，维持精子活力。在所有动物中，过量的 D-葡萄糖主要在肝脏和骨骼肌中通过糖原合成途径以糖原的形式储存，当糖原磷酸化酶被 cAMP 依赖性蛋白激酶激活时（如禁食和剧烈运动），糖原被迅速分解，最终产生葡萄糖。D-葡萄糖也通过戊糖循环代谢产生 NADPH 和核糖-5-磷酸，并通过糖醛酸途径产生葡萄糖醛酸、抗坏血酸（在一些物种中合成的维生素 C）和戊糖。

　　D-葡萄糖除了分解代谢外，还可由动物的肝脏和肾脏根据动物品种和营养状态，由葡萄糖底物（如丙氨酸、谷氨酰胺、丝氨酸、甘油、乳酸、丙酮酸和丙酸）合成。当葡萄糖或含葡萄糖的碳水化合物的摄入有限或没有采食时，由氨基酸和甘油合成葡萄糖的代谢通路具有很高的活性，可为反刍动物和非反刍动物的组织（特别是大脑和红细胞）提供葡萄糖。此外，日粮中的碳水化合物（如淀粉、糖原和寡糖）在瘤胃中被广泛发酵以形成短链脂肪酸，并且丙酸的糖异生在反刍动物中尤其重要。因此，这些动物必须合成葡萄糖才能生存和生长。在泌乳乳腺的上皮细胞中，葡萄糖被用于合成半乳糖和乳糖。日粮中的半乳糖是通过转化为葡萄糖被利用的。葡萄糖代谢途径受激素（如胰岛素、胰高血糖素、儿茶酚胺和催乳素）、细胞能量状态和细胞代谢物浓度的调节，以维持血液中的葡萄糖稳态。特别值得注意的是，糖酵解和糖异生作用是由肝脏中的 2,6-二磷酸果糖相互控制的。这种协调一致的代谢控制对于有效利用日粮中的碳水化合物和葡萄糖稳态，以及所有动物的生长、发育和健康至关重要。否则，低血糖会导致所有动物的神经功能障碍，最终导致其昏迷和死亡。同样，骨骼肌对葡萄糖的利用受到损害会导致糖尿病，半乳糖分解代谢的降低会导致动物死亡，其中禽类对半乳糖血症高度敏感。因此，碳水化合物代谢的精细调控对于动物的生长、发育和生存至关重要。

（译者：李习龙）

参 考 文 献

Akhter, S., M.S. Ansari, B.A. Rakha, S.M.H. Andrabi, M. Qayyum, and N. Ullah. 2014. Effect of fructose in extender on fertility of buffalo semen. *Pakistan J. Zool.* 46:279–281.

Akin, D.E. and W.S. Borneman. 1990. Role of rumen fungi in fiber degradation. *J. Dairy Sci.* 73:3023–3032.

Alonso, M.D., J. Lomako, W.M. Lomako, and W.J. Whelan. 1995. A new look at the biogenesis of glycogen. *FASEB J.* 9:1126–1137.

Arelovich, H.M., C.S. Abney, J.A. Vizcarra, and M.L. Galyean. 2008. Effects of dietary neutral detergent fiber on intakes of dry matter and net energy by dairy and beef cattle: Analysis of published data. *Prof. Anim. Sci.* 24:375–383.

Aschenbach, J.R., K. Steglich, G. Gäbel, and K.U. Honscha. 2009. Expression of mRNA for glucose transport proteins in jejunum, liver, kidney and skeletal muscle of pigs. *J. Physiol. Biochem.* 65:251–266.

Bach Knudsen, K.E. 2001. The nutritional significance of "dietary fiber" analysis. *Anim. Feed Sci. Technol.* 90:3–20.

Bach Knudsen, K.E., N.P. Nørskov, A.K. Bolvig, M.S. Hedemann, and H.N. Laerke. 2017. Dietary fibers and associated phytochemicals in cereals. *Mol. Nutr. Food Res.* 61(7):1–15.

Bakke, A.M., C. Glover, and A. Krogdahl. 2011. Feeding, digestion and absorption of nutrients. *Fish Physiol.* 30:57–110.

Baldwin, R.L., L.J. Koong, and M.J. Ulyatt. 1977. Model of ruminant digestion. *Agr-Bio. Syst.* 2:282.

Barceló-Fimbres, M. and G.E. Seidel. 2008. Effects of embryo sex and glucose or fructose in culture media on bovine embryo development. *Reprod. Fertil. Dev.* 20:141–142.

Bedford, M.R. and A.J. Morgan. 1996. The use of enzymes in poultry diets. *World's Poult. Sci. J.* 52:61–68.

Bergman, E.N. 1983. The pool of cellular nutrients: Glucose. In: *World Animal Science*, Vol. 3. Edited by P.M. Riis, Elsevier, New York, pp. 173–196.

Bergman, E.N., R.P. Brockman, and C.F. Kaufman. 1974. Glucose metabolism in ruminants: Comparison of whole-body turnover with production by gut, liver, and kidneys. *Proc. Fed. Am. Soc. Exp. Biol.* 33:1849–1854.

Binet, M.R., M.N. Rager, and O.M. Bouvet. 1998. Fructose and mannose metabolism in *Aeromonas hydrophila*: Identification of transport systems and catabolic pathways. *Microbiology.* 144:1113–1121.

Blaak, E.E., J.-M. Antoine, D. Benton, I. Björck, L. Bozzetto, F. Brouns, M. Diamant et al. 2012. Impact of postprandial glycaemia on health and prevention of disease. *Obesity Rev.* 13:923–984.

Bondi, A.A. 1987. *Animal Nutrition.* John Wiley & Sons, New York, NY.

Brøkner, C., D. Austbø, J.A. Næsset, D. Blache, K.E. Bach Knudsen, and A.H. Tauson. 2016. Metabolic response to dietary fibre composition in horses. *Animal.* 10:1155–1163.

Brøkner, C., D. Austbø, J.A. Næsset, K.E. Knudsen, and A.H. Tauson. 2012. Equine pre-caecal and total tract digestibility of individual carbohydrate fractions and their effect on caecal pH response. *Arch. Anim. Nutr.* 66:490–506.

Brosnan, J.T. 1999. Comments on metabolic needs for glucose and the role of gluconeogenesis. *Eur. J. Clin. Nutr.* 53(Suppl. 1):S107–S111.

Castillo, J., D. Crespo, E. Capilla, M. Díaz, F. Chauvigné, J. Cerdà, and J.V. Planas. 2009. Evolutionary structural and functional conservation of an ortholog of the GLUT2 glucose transporter gene (SLC2A2) in zebrafish. *Am. J. Physiol. Regul. Integr. Comp. Physiol.* 297:R1570–R1581.

Chesson, A. and C.W. Fossberg. 1997. Polysaccharides degradation by rumen microorganisms. In: *The Rumen Microbial Ecosystem*, 2nd ed. Edited by P.N. Hobson and C.S. Stewart. Blackie, London, UK, pp. 329–381.

Chotinsky, D., E. Toncheva, and Y. Profirov. 2001. Development of disaccharidase activity in the small intestine of broiler chickens. *Br. Poult. Sci.* 42:389–393.

Chung, S.T., S.K. Chacko, A.L. Sunehag, and M.W. Haymond. 2015. Measurements of gluconeogenesis and glycogenolysis: A methodological review. *Diabetes.* 64:3996–4010.

Clark, P.W. and L.E. Armentano. 1993. Effectiveness of neutral detergent fiber in whole cottonseed and dried distillers grains compared with alfalfa haylage. *J. Dairy Sci.* 76:2644–2650.

Coelho, A.I., G.T. Berry, and M.E. Rubio-Gozalbo. 2015. Galactose metabolism and health. *Curr. Opin. Clin. Nutr. Metab. Care.* 18:422–427.

Cuatrecasas, P. and S. Segal. 1966. Galactose conversion to D-xylulose: An alternate route of galactose metabolism. *Science.* 153:549–551.

Deng, D. and N. Yan. 2016. GLUT, SGLT, and SWEET: Structural and mechanistic investigations of the glucose transporters. *Protein Sci.* 25:546–558.

Devlin, T.M. 2011. *Textbook of Biochemistry with Clinical Correlations.* John Wiley & Sons, New York, NY.

Douglas, M.W., M. Persia, and C.M. Parsons. 2003. Impact of galactose, lactose, and Grobiotic-B70 on growth performance and energy utilization when fed to broiler chicks. *Poult. Sci.* 82:1596–1601.

Downs, D.M. 2006. Understanding microbial metabolism. *Annu. Rev. Microbiol.* 60:533–559.

Drozdowski, L.A. and A.B.R. Thomson. 2006. Intestinal sugar transport. *World J. Gastroenterol.* 12:1657–1670.

Driedzic, W.R., K.A. Clow, C.E. Short, and K.V. Ewart. 2006. Glycerol production in rainbow smelt (*Osmerus mordax*) may be triggered by low temperature alone and is associated with the activation of glycerol-3-phosphate dehydrogenase and glycerol-3-phosphatase. *J. Exp. Biol.* 209:1016–1023.

Drozdowski, L.A., T. Clandinin, and A.B.R. Thomson. 2010. Ontogeny, growth and development of the small intestine: Understanding pediatric gastroenterology. *World J. Gastroenterol.* 16:787–799.

Egan, J.M., T.E. Henderson, and M. Bernier. 1995. Arginine enhances glycogen synthesis in response to insulin in 3T3-L1 aipocytes. *Am. J. Physiol.* 269:E61–E66.

Ekberg, K., V. Chandramouli, K. Kumaran, W.C. Schumann, J. Wahren, and B.R. Landau. 1995. Gluconeogenesis and glucuronidation in liver *in vivo* and the heterogeneity of hepatocyte function. *J. Biol. Chem.* 270:21715–21717.

Ellis, W.C., J.H. Matis, and C. Lascano. 1979. Quantitating ruminal turnover. *Fed. Proc.* 38:2702–2706.

Eswaran, S., J. Muir, and W.D. Chey. 2013. Fiber and functional gastrointestinal disorders. *Am. J. Gastroenterol.* 108:718–727.

Fang, Y.Z., S. Yang, and G. Wu. 2002. Free radicals, antioxidants, and nutrition. *Nutrition* 18:872–879.

Fellner, V. 2002. Rumen microbes and nutrient management. *Proceedings of American Registry of Professional Animal Scientists—California Chapter Conference*, October 2002, Coalinga, California.

Ferraris, R.P. 2001. Dietary and developmental regulation of intestinal sugar transport. *Biochem. J.* 360:265–276.

Ferraris, R.P., R.K. Buddington, and E.S. David. 1999. Ontogeny of nutrient transporters. In: *Development of the Gastrointestinal Tract*. Edited by I.R. Sanderson and W.A. Walker. B.C. Decker Inc., Hamilton, Canada, pp. 123–146.

Firkins, J.L., Z. Yu, and M. Morrison. 2007. Ruminal nitrogen metabolism: Perspectives for integration of microbiology and nutrition for dairy. *J. Dairy Sci.* 90(E. Suppl.):E1–E16.

Flint, A., A. Raben, A. Astrup, and J.J. Holst. 1998. Glucagon-like peptide 1 promotes satiety and suppresses energy intake in humans. *J. Clin. Invest.* 101:515–520.

Frøystad, M.K., E. Lilleeng, A. Sundby, and A. Krogdahl. 2006. Cloning and characterization of alpha-amylase from Atlantic salmon (*Salmo salar* L.). *Comp. Biochem. Physiol. A* 145:479–492.

Gaby, A.R. 2005. Adverse effects of dietary fructose. *Altern. Med. Rev.* 10:294–306.

Galyean, M.L. and P.J. Defoor. 2003. Effects of roughage source and level on intake by feedlot cattle. *J. Anim. Sci.* 81(E. Suppl. 2):E8–E16.

Gerrits, W.J.J., J. Dijkstra, and J. France. 1997. Description of a model integrating protein and energy metabolism in preruminant calves. *J. Nutr.* 127:1229–1242.

Gilbert, E.R., H. Li, D.A. Emmerson, K.E. Webb Jr., and E.A. Wong. 2007. Developmental regulation of nutrient transporter and enzyme mRNA abundance in the small intestine of broilers. *Poult. Sci.* 86:1739–1753.

Gonzales, G.F. 2001. Function of seminal vesicles and their role on male fertility. *Asian J. Androl.* 3:251–258.

Gordon, M., H. Wells, and S. Segal. 1971. Enzymes of the sugar nucleotide pathway of galactose metabolism in chick liver. *Enzyme* 12:513–522.

Greenway, F., C.E. O'Neil, L. Stewart, J. Rood, M. Keenan, and R. Martin. 2007. Fourteen weeks of treatment with Viscofiber (R) increased fasting levels of glucagon-like peptide-1 and peptide-YY. *J. Med. Food.* 10:720–724.

Hall, J.R., C.E. Short, and W.R. Driedzic. 2006. Sequence of Atlantic cod (*Gadus morhua*) GLUT4, GLUT2 and GPDH: Developmental stage expression, tissue expression and relationship to starvation-induced changes in blood glucose. *J. Exp. Biol.* 209:4490–4502.

Han, H.S., G. Kang, J.S. Kim, B.H. Choi, and S.H. Koo. 2016. Regulation of glucose metabolism from a liver-centric perspective. *Exp. Mol. Med.* 48:e218.

Heald, P.J. 1951. The assessment of glucose-containing substances in rumen microorganisms during a digestion cycle in sheep. *Br. J. Nutr.* 5:84–93.

Hers, H.G. and M. Van Schaftingen. 1982. Fructose 2,6-bisphosphate 2 years after its discovery. *Biochem. J.* 206:1–12.

Hoek, J.B. and J. Rydstrom. 1988. Physiological roles of nicotinamide nucleotide transhydrogenase. *Biochem. J.* 254:1–10.

Holt, S., J. Brand, C. Soveny, and J. Hansky. 1992. Relationship of satiety to postprandial glycaemic, insulin and cholecystokinin responses. *Appetite* 18:129–141.

Hook, S.E., A.G. Wright, and B.W. McBride. 2010. Methanogens: Methane producers of the rumen and mitigation strategies. *Archaea* 2010: Article ID 945785.

Huhtanen, P., S. Ahvenjärvi, M.R. Weisbjerg, and P. NØrgaard. 2008. Digestion and passage of fibre in ruminants. In: *Ruminant Physiology*. Edited by K. Sejrsen, T. Hvelplund, and M.O. Nielsen. Wageninger Academic, Wageningen, The Netherlands, pp. 87–135.

Huston, J.E., B.S. Rector, W.C. Ellis, and M.L. Allen. 1986. Dynamics of digestion in cattle, sheep, goats and deer. *J. Anim. Sci.* 62:208–215.

Jensen, R.B., D. Austbø, K.E. Bach Knudsen, and A.H. Tauson. 2014. The effect of dietary carbohydrate composition on apparent total tract digestibility, feed mean retention time, nitrogen and water balance in horses. *Animal.* 8:1788–1796.

Jones, A.R. 1998. Chemical interference with sperm metabolic pathways. *J. Reprod. Fertil. Suppl.* 53:227–234.

Jouany, J.P. and K. Ushida. 1999. The role of protozoa in feed digestion—Review. *Asian Australas. J. Anim. Sci.* 12:113–128.

Julliand, V., A. De Fombelle, and M. Varloud. 2006. Starch digestion in horses: The impact of feed processing. *Livest. Sci.* 100:44–52.

Kandler, O. 1983. Carbohydrate metabolism in lactic acid bacteria. *Antonie Van Leeuwenhoek* 49:209–224.

Katz, J. and H.G. Wood. 1963. The use of $^{14}CO_2$ yields from glucose-1- and -6-^{14}C for the evaluation of the pathways of glucose metabolism. *J. Biol. Chem.* 238:517–523.

Kim, J.Y., G.W. Song, G. Wu, and F.W. Bazer. 2012. Functional roles of fructose. *Proc. Natl. Acad. Sci. USA.* 109:E1619–E1628.

Kletzien, R.F., P.K. Harris, and L.A. Foellmi. 1994. Glucose-6-phosphate dehydrogenase: A "housekeeping" enzyme subject to tissue-specific regulation by hormones, nutrients, and oxidant stress. *FASEB J.* 8:174–181.

Krasnov, A., H. Teerijoki, and H. Mölsä. 2001. Rainbow trout (*Onchorhynchus mykiss*) hepatic glucose transporter. *Biochim. Biophys. Acta.* 1520:174–178.

Krebs, H.A. 1964. Gluconeogenesis. *Proc. R. Soc. (Biol).* 159:545.

Krebs, H.A., R.A. Freedland, R. Hems, and M. Stubbs. 1969. Inhibition of hepatic gluconeogenesis by ethanol. *Biochem. J.* 112:117–124.

Krisman, C.R. and R. Barengo. 1975. A precursor of glycogen biosynthesis: Alpha-1,4-glucan-protein. *Eur. J. Biochem.* 52:117–123.

Kristensen, N.B. and G. Wu. 2012. Metabolic functions of the porcine liver. In: *Nutritional Physiology of Pigs*, Chapter 13. Edited by K.E. Bach, N.J. Knudsen, H.D. Kjeldsen, and B.B. Jensen. Danish Pig Research Center, Copenhagen, Denmark, pp. 1–17.

Kwon, H., T.E. Spencer, F.W. Bazer, and G. Wu. 2003. Developmental changes of amino acids in ovine fetal fluids. *Biol. Reprod.* 68:1813–1820.

Larrabee, M.G. 1989. The pentose cycle (hexose monophosphate shunt). *J. Biol. Chem.* 264:15875–15879.

Larrabee, M.G. 1990. Evaluation of the pentose phosphate pathway from $^{14}CO_2$ data. *Biochem. J.* 272:127–132.

Lechner-Doll, M., M. Kaske, and W. van Engelhardt. 1991. Factors affecting the mean retention time of particles in the forestomach of ruminants and camelids. In: *Physiological Aspects of Digestion and Metabolism in Ruminants.* Edited by T. Tsuda, Y. Sasaki, and R. Kawashima. Academic Press, Inc., New York, NY, pp. 455–482.

Lindberg, J.E. 2014. Fiber effects in nutrition and gut health in pigs. *J. Anim. Sci. Biotechnol.* 5:15.

Longland, A.C., J. Carruthers, and A.G. Low. 1994. The ability of piglets 4 to 8 weeks old to digest & perform on diets containing two contrasting sources of non-starch polysaccharide. *Anim. Prod.* 58:405–410.

Macrae, J.C. and D.G. Armstrong. 1969. Studies on intestinal digestion in sheep. II. Digestion of carbohydrate constituents in hay, cereal, and hay-cereal rations. *Br. J. Nutr.* 23:377–387.

Manners, M.J. 1976. The development of digestive function in the pig. *Proc. Nutr. Soc.* 35:49–55.

McAllister, T.A., Y. Dong, L.J. Yanke, H.D. Bae, and K.-J. Cheng. 1993. Cereal grain digestion by selected strains of ruminal fungi. *Can. J. Microbiol.* 39:113–118.

McAuley, M., H. Kristiansson, M. Huang, A.L. Pey, and D.J. Timson. 2016. Galactokinase promiscuity: A question of flexibility? *Biochem. Soc. Trans.* 44:116–122.

McDonald, P., R.A. Edwards, J.F.D. Greenhalgh, C.A. Morgan, and L.A. Sinclair. 2011. *Animal Nutrition*, 7th ed. Prentice Hall, New York, NY.

Miles, R.D., D.R. Campbell, J.A. Yates, and C.E. White. 1987. Effect of dietary fructose on broiler chick performance. *Poult. Sci.* 66:1197–1201.

Mountfort, D.O. and R.A. Asher. 1988. Production of α-amylase by the ruminal anaerobic fungus *Neocallimastix frontalis. Appl. Environ. Microbiol.* 54:2293–2299.

Mráček, T., Z. Drahota, and J. Houštěk. 2013. The function and the role of the mitochondrial glycerol-3-phosphate dehydrogenase in mammalian tissues. *Biochim. Biophys. Acta.* 1827:401–410.

Murray, R.K., D.K. Granner, P.A. Mayes, and V.W. Rodwell. 2001. *Harper's Review of Biochemistry.* Appleton & Lange, Norwalk, Connecticut.

Nakayama, A., K. Yamamoto, and S. Tabata. 2001. Identification of the catalytic residues of bifunctional glycogen debranching enzyme. *J. Biol. Chem.* 276:28824–28828.

National Research Council (NRC). 2001. *Nutrient Requirements of Dairy Cattle.* National Academy Press, Washington, DC.

National Research Council (NRC). 2011. *Nutrient Requirements of Fish and Shrimp.* National Academy Press, Washington, DC.

Neese, R.A., J.M. Schwarz, D. Faix, S. Turner, A. Letscher, D. Vu, and P. Hellerstein. 1995. Gluconeogenesis and intrahepatic triose phosphate flux in response to fasting or substrate loads. *J. Biol. Chem.* 270:14452–14463.

Nizielski, S.E., J.E. Morley, T.J. Bartness, U.S. Seal, and A.S. Levine. 1986. Effects of manipulations of glucoregulation on feeding in the ground squirrel. *Physiol. Behav.* 36:53–58.

Noy, Y. and D. Sklan. 1995. Digestion and absorption in the young chick. *Poult. Sci.* 74:366–373.

Oba. M. and M.S. Allen. 1999. Evaluation of the importance of the digestibility of neutral detergent fiber from forage: Effects on dry matter intake and milk yield of dairy cows. *J. Dairy Sci.* 82:589–596.

Olson, A.L. and J.E. Pessin. 1996. Structure, function, and regulation of the mammalian facilitative glucose transporter gene family. *Annu. Rev. Nutr.* 16:235–256.

Palm, D.C., J.M. Rohwer, and J.S. Hofmeyr. 2013. Regulation of glycogen synthase from mammalian skeletal muscle—A unifying view of allosteric and covalent regulation. *FEBS J.* 280:2–27.

Permyakov, E.A., S.E. Permyakov, L. Breydo, E.M. Redwan, H.A. Almehdar, and V.N. Uversky. 2016. Disorder in milk Proteins: α-lactalbumin. *Curr. Protein Pept. Sci.* 17:352–367.

Polakof, S. and J.L. Soengas. 2013. Evidence of sugar sensitive genes in the gut of a carnivorous fish species. *Comp. Biochem. Physiol. B* 166:58–64.

Pond, W.G., D.C. Church, and K.R. Pond. 1995. *Basic Animal Nutrition and Feeding,* 4th ed. John Wiley & Sons, New York, NY.

Porter, J.W.G. 1969. Digestion in the pre-ruminant animal. *Proc. Nutr. Soc.* 28:115–121.

Refstie, S., B. Svihus, K.D. Shearer, and T. Storebakken. 1999. Nutrient digestibility in Atlantic salmon and broiler chickens related to viscosity and non-starch polysaccharide content in different soybean products. *Aquaculture.* 79:331–345.

Rezaei, R., Z.L. Wu, Y.Q. Hou, F.W. Bazer and G. Wu. 2016. Amino acids and mammary gland development: nutritional implications for neonatal growth. *J. Anim. Sci. Biotechnol.* 7:20.

Richard, P. and S. Hilditch. 2009. D-Galacturonic acid catabolism in microorganisms and its biotechnological relevance. *Appl. Microbiol. Biotechnol.* 82:597–604.

Rønnestad, I., M. Yúfera, B. Ueberschär, L. Ribeiro, Ø. Sæle, and C. Boglione. 2013. Feeding behaviour and digestive physiology in larval fish: Current knowledge, and gaps and bottlenecks in research. *Rev. Aquaculture.* 5(Suppl. 1):S59–S98.

Sala-Rabanal, M., M.A. Gallardo, J. Sánchez, and J.M. Planas. 2004. Na-dependent D-glucose transport by intestinal brush border membrane vesicles from gilthead sea bream (*Sparus aurata*). *J. Membr. Biol.* 201:85–96.

Schirren, C. 1963. Relation between fructose content of semen and fertility in man. *J. Reprod. Fertil.* 5:347–358.

Shiau, S.Y., H.L. Yu, S. Hwa, S.Y. Chen, and S.I. Hsu. 1988. The influence of carboxymethylcellulose on growth, digestion, gastric emptying time and body composition of tilapia. *Aquaculture.* 70:345–354.

Shima, S., E. Warkentin, R.K. Thauer, and U. Ermler. 2002. Structure and function of enzymes involved in the methanogenic pathway utilizing carbon dioxide and molecular hydrogen. *J. Biosci. Bioeng.* 93:519–530.

Simoyi, M. F., M. Milimu, R. W. Russell, R. A. Peterson, and P. B. Kenney. 2006. Effect of dietary lactose on the productive performance of young turkeys. *J. Appl. Poult Res.* 15:20–27.

Stevens, C.E. and I.D. Hume. 1998. Contributions of microbes in vertebrate gastrointestinal tract to production and conservation of nutrients. *Physiol. Rev.* 78:393–427.

Sundell, K.S. and I. Rønnestad. 2011. Intestinal absorption. In: *Encyclopedia of Fish Physiology.* Edited by A.P. Farrell, Elsevier, New York, NY, pp. 1311–1321.

Svihus, B. 2014. Starch digestion capacity of poultry. *Poult. Sci.* 93:2394–2399.

Swenson, M.J. and W.O. Reece. 1984. *Duke's Physiology of Domestic Animals.* Cornell University Press, Ithaca, New York.

Symonds, H.W. and G.D. Baird. 1975. Evidence for the absorption of reducing sugar from the small intestine of the dairy cow. *Br. Vet. J.* 131:17–22.

Tanaka, N. and M.J. Johnson. 1971. Equilibrium constant for conversion of pyruvate to acetyl phosphate and formate. *J. Bacteriol.* 108:1107–1111.

Teerijoki, H., A. Krasnov, T. Pitkänen, and H. Mölsä. 2000. Cloning and characterization of glucose transporter in teleost fish rainbow trout (*Oncorhynchus mykiss*). *Biochim. Biophys. Acta.* 1494:290–294.

Thompson, J.R., G. Weiser, K. Seto, and A.L. Black. 1975. Effect of glucose load on synthesis of plasma glucose in lactating cows. *J. Dairy Sci.* 58:362–370.

Turner, N.D. and J.R. Lupton. 2011. Dietary fiber. *Adv. Nutr.* 2:151–152.

Van de Werve, G., A. Lang, C. Newgard, M.C. Mechin, Y. Li, and A. Berteloot. 2000. New lessons in the regulation of glucose metabolism taught by the glucose 6-phosphatase system. *Eur. J. Biochem.* 267:1533–1549.

Van Schaftingen, E. 1995. Glucosamine-sensitive and -insensitive detritiation of [2-³H]glucose in isolated rat hepatocytes: A study of the contributions of glucokinase and glucose-6-phosphatase. *Biochem. J.* 308:23–29.

Van Schaftingen, E., Hue, L. and Hers, H.G. 1980. Fructose 2,6-bisphosphate, the probably structure of the glucose- and glucagon-sensitive stimulator of phosphofructokinase. *Biochem. J.* 192:897–901.

Wamelink, M.M., E.A. Struys, and C. Jakobs. 2008. The biochemistry, metabolism and inherited defects of the pentose phosphate pathway: A review. *J. Inherit. Metab. Dis.* 31:703–717.

Ward, K.A. 2000. Transgene-mediated modifications to animal biochemistry. *Trends Biotechnol.* 18:99–102.

Watford, M. 1985. Gluconeogenesis in the chicken: Regulation of phosphoenolpyruvate carboxykinase gene expression. *Fed. Proc.* 44:2074–2469.

Watford, M. 1988. What is the metabolic fate of dietary glucose? *Trends Biochem. Sci.* 13:329–330.

Watford, M., Y. Hod, Y.B. Chiao, M.F. Utter, and R.W. Hanson. 1981. The unique role of the kidney in gluconeogenesis in the chicken. The significance of a cytosolic form of phosphoenolpyruvate carboxykinase. *J. Biol. Chem.* 256:10023–10027.

Weimer, P.J. 1998. Manipulating ruminal fermentation: A microbial perspective. *J. Anim. Sci.* 76:3114–3122.

Weinhouse, S. 1976. Regulation of glucokinase in liver. *Curr. Top Cell. Regul.* 11:1–50.

Weinman, E.O., E.H. Strisower, and I.L. Chaikoff. 1957. Conversion of fatty acids to carbohydrate: Application of isotopes to this problem and role of the Krebs cycle as a synthetic pathway. *Physiol. Rev.* 37:252–272.

Williamson, D.H. and J.T. Brosnan. 1974. Concentrations of metabolites in animal tissues. In: *Methods of Enzymatic Analysis.* Edited by H.U. Bergmeyer, Academic Press, New York, pp. 2266–2292.

Wilson, S., J.C. MacRae, and P.J. Buttery. 1983. Glucose production and utilization in non-pregnant, pregnant and lactating ewes. *Br. J. Nutr.* 50:303–316.

Wu, G. 1996. An important role for pentose cycle in the synthesis of citrulline and proline in porcine enterocytes. *Arch. Biochem. Biophys.* 336:224–230.

Wu, G., C.J. Field and E.B. Marliss. 1991. Glutamine and glucose metabolism in thymocytes from normal and spontaneously diabetic BB rats. *Biochem. Cell Biol.* 69:801–808.

Wu, G., T.E. Haynes, H. Li, W. Yan, and C.J. Meininger. 2001. Glutamine metabolism to glucosamine is necessary for glutamine inhibition of endothelial nitric oxide synthesis. *Biochem. J.* 353:245–252.

Wu, G., S. Majumdar, J. Zhang, H. Lee, and C.J. Meininger. 1994. Insulin stimulates glycolysis and pentose cycle activity in bovine microvascular endothelial cells. *Comp. Biochem. Physiol.* 108C:179–185.

Wu, G. and E.B. Marliss. 1993. Enhanced glucose metabolism and respiratory burst in peritoneal macrophages from spontaneously diabetic BB rats. *Diabetes.* 42:520–529.

Wu, G. and J.R. Thompson. 1988. The effect of ketone bodies on alanine and glutamine metabolism in isolated skeletal muscle from the fasted chick. *Biochem. J.* 255:139–144.

Wu, X., S. Castillo, M. Rosales, A. Burns, M. Mendoza, and D.M. Gatlin III. 2015. Relative use of dietary carbohydrate, non-essential amino acids, and lipids for energy by hybrid striped bass, Morone chrysops ♀? × M. saxatilis ♂. *Aquaculture* 435:116–119.

Yager, C., C. Ning, R. Reynolds, N. Leslie, and S. Segal. 2004. Galactitol and galactonate accumulation in heart and skeletal muscle of mice with deficiency of galactose-1-phosphate uridyltransferase. *Mol. Genet. Metab.* 81:105–111.

Yang, J.Q., S.C. Kalhan, and R.W. Hanson. 2009. What is the metabolic role of phosphoenolpyruvate carboxykinase? *J. Biol. Chem.* 284:27025–27029.

Yen, J.T. 2001. Digestive system. In: *Biology of the Domestic Pig.* Edited by W.G. Pond and H.J. Mersmann. Cornell University Press, Ithaca, New York, pp. 390–453.

Yin, F., Z. Zhang, J. Huang, and Y.L. Yin. 2010. Digestion rate of dietary starch affects systemic circulation of amino acids in weaned pigs. *Br. J. Nutr.* 103:1404–1412.

Ying, W. 2008. NAD$^+$/NADH and NADP$^+$/NADPH in cellular functions and cell death: Regulation and biological consequences. *Antioxid. Redox Signal.* 10:179–206.

Yu, B. and P.W.S. Chiou. 1996. Effects of crude fibre level in the diet on the intestinal morphology of growing rabbits. *Lab. Anim.* 30:143–148.

Yu, C., S. Zhang, Q. Yang, Q. Peng, J. Zhu, X. Zeng, and S. Qiao. 2016. Effect of high fibre diets formulated with different fibrous ingredients on performance, nutrient digestibility and faecal microbiota of weaned piglets. *Arch. Anim. Nutr.* 70:263–277.

Zhang, W., D. Li, L. Liu, J. Zang, Q. Duan, W. Yang, and L. Zhang. 2013. The effects of dietary fiber level on nutrient digestibility in growing pigs. *J. Anim. Sci. Biotechnol.* 4(1):17.

Zhao, F.Q. and A.F. Keating. 2007. Expression and regulation of glucose transporters in the bovine mammary gland. *J. Dairy Sci.* 90(E. Suppl.):E76–E86.

Zijlstra, N., M. Mars, D.E. Wijk, R.M. Westerterp-Plantenga, and C. de Graaf. 2007. The effect of viscosity on ad libitum food intake. *Int. J. Obesity.* 32:676–683.

6 脂质营养与代谢

脂质是高度还原性的分子，包括脂肪（甘油三酯，也称为三酰甘油）、脂肪酸、磷脂、胆固醇和相关代谢物（第 3 章）。脂质可溶于有机溶剂（如苯、乙醚或氯仿）。除短链和中链脂肪酸外，脂质只能微溶于水。因此，脂肪和游离的长链脂肪酸（也称为非酯化脂肪酸）以蛋白复合物的形式在血液中循环（Goldberg et al., 2009）。在细胞内，这些营养物质及其疏水性衍生物连接到与甘油三酯或脂肪酸结合的特定的蛋白质上（Pepino et al., 2014）。因此，动物中的"游离"脂肪酸实际上不是完全游离的，这可以防止它们的毒性作用。在最新的概略养分分析中，所有种类的脂质均被定义为醚提取物（Li et al., 1990）。由于脂质的主要作用是作为能量底物，因此脂肪和脂肪酸是本章关于脂质营养和代谢的重点。

脂质是食物中的主要营养元素之一，是营养代谢中信号分子的重要组成部分（Field et al., 1989; Hou et al., 2016）。在小肠中，甘油三酯被胆汁盐乳化，并被酶水解成游离脂肪酸和甘油一酯（也称为单酰甘油），然后组装成混合微粒。在混合微粒中的脂质消化产物会被转运到小肠的肠上皮细胞（简称为肠细胞），并与载脂蛋白重新组装成乳糜微粒，然后被转运到淋巴管并返回到血液循环中（Besnard et al., 1996）。乳糜微粒在血液中运输期间，脂蛋白被位于肝外组织（如骨骼肌和白色脂肪组织内）的血管内皮细胞表面上的脂蛋白脂肪酶在细胞外水解（Kersten, 2014; Thomson and Dietschy, 1981）。当日粮中脂肪的摄入量大于摄食间隔期间脂肪的分解量时，脂肪酸的从头合成将会减弱，过量的膳食能量将以甘油三酯的形式储存在体内（Jobgen et al., 2006）。相比之下，当动物摄入低脂高淀粉的食物时，过量的碳水化合物以组织特异性方式合成脂肪酸和甘油三酯。当营养必需的 $\omega 3$ 和 $\omega 6$ 不饱和脂肪酸缺乏时，动物会出现许多综合征，如皮肤损伤、生长受限和生殖障碍（Spector and Kim, 2015）。在没有能量摄入或能量摄入不足（如禁食和早期泌乳期）的条件下，激素敏感性脂肪酶会从组织中（特别是白色脂肪组织，但也包括肝脏）分解甘油三酯以产生其他代谢供能物（如长链脂肪酸、酮体和甘油）（Yeaman, 1990）。由于血脑屏障的存在，大脑不能从血液中摄取饱和或单不饱和长链脂肪酸，因此当血浆中的葡萄糖浓度降低时，酮体对大脑的功能至关重要。

从消耗量上看，长链脂肪酸是进食和禁食状态下肝脏、骨骼肌、心脏和肾脏的主要能量底物，因此长链脂肪酸对这些组织的功能有重要作用（Jobgen et al., 2006）。脂肪酸主要在细胞的线粒体中通过 β 氧化途径被氧化成二氧化碳和水。长链脂肪酸的链缩短也可能发生在过氧化物酶体中，产生脂酰辅酶 A，随后进入线粒体进行 β 氧化（Reddy and Hashimoto, 2001）。与脂肪酸合成的调节类似，脂肪酸氧化也受激素（如胰岛素、糖皮质激素）、代谢物（如乙酰辅酶 A 和丙二酰辅酶 A）和过氧化物酶体增殖物激活受体（PPAR，核激素受体超家族的成员）等调节。虽然脂肪可以保证必要的生理功能，但过量摄取会导致各种代谢紊乱和慢性疾病，包括动物中的肥胖症、糖尿病和心血管疾病（Beitz, 1993）。但在肉牛生产中，一定水平的肌内脂肪[特别是单不饱和脂肪酸（MUFA，含有一个双键的脂肪酸）] 是改善肉质的必要条件（Smith, 2013）。因此，脂类营养和代谢的研究对于动物农业和医药都非常重要。

6.1 非反刍动物中脂肪的消化和吸收

6.1.1 概述

猪的日粮中通常含有 5% 的脂肪，但是猪可以消化饮食中至少 20% 的脂肪（包括甘油三酯）（日粮风干基础）。肉鸡饲料中的脂肪含量（风干基础）通常为：初期（1–21日龄），5%；生长期（22–35日龄）：6%；后期（36–49日龄），8%。马饲料中通常含有 4%–5% 的脂肪，但是马可以消化饮食中（日粮干物质基础）高达 20% 的脂肪（包括甘油三酯），并且不会发生腹泻。鱼类日粮中通常含有 5%–15% 的脂肪，但是一些鱼（如鲑鱼）可以消化 30% 的脂肪（日粮干物质基础）。在非反刍动物中，脂肪的消化开始于口腔（舌脂肪酶）和胃（胃脂肪酶），但大多数消化发生在小肠中。脂肪消化的产物被吸收进入小肠上皮细胞（Phan and Tso, 2001）。在所有非反刍动物中，脂肪消化和吸收的过程包括：①通过脂肪酶（来自胰腺和小肠的肠上皮细胞）水解脂肪；②脂肪消化产物在小肠中溶解；③小肠的肠上皮细胞通过顶端膜摄取溶解的产物；④甘油三酯的再合成，以及乳糜微粒组装、初级的极低密度脂蛋白（VLDL）和早期的高密度脂蛋白（HDL）在小肠的肠上皮细胞中的组装；⑤脂蛋白分泌到淋巴循环（大多数非反刍动物）或门静脉（家禽）中。脂肪消化和吸收的概述如图 6.1 所示。

6.1.2 脂肪在口腔和胃内的消化

大多数非反刍动物（如猪、狗、啮齿动物、鸟类和鱼类）的饮食中，98%–99% 的脂质是甘油三酯。然而，食草动物（如马和兔）从营养物质中消耗大量的半乳糖脂（Drackley, 2000）。在非反刍动物中，脂质的消化开始于口腔，舌腺分泌的舌脂肪酶可以水解甘油三酯（Doreau and Chilliard, 1997）。之后，脂质通过以下方式在胃中继续进行脂肪消化：①在胃蛋白酶的作用下，饲料中的脂肪被释放；②由于胃的酸性环境和运动（即蠕动或搅动作用）形成粗脂乳液；③被舌和胃脂肪酶分解（Thomson and Dietschy, 1981），后者由胃底部分泌。舌和胃脂肪酶主要作用于甘油三酯的 sn-3 位置上的短链和中链脂肪酸键（Velazquez et al., 1996）。哺乳期新生儿的胃脂肪酶的活性高于成年动物，并且乳汁中的甘油三酯的活性也高于胰脂肪酶（Drackley, 2000）。在幼年和成年动物中，脂肪的粗脂乳液在胃中加工成精细的脂滴进入十二指肠。综上所述，在非反刍动物的口腔和胃中，甘油三酯水解成甘油一酯和甘油的数量是有限的。

6.1.3 脂质在小肠中的消化

6.1.3.1 一般过程

在非反刍动物中，脂质的消化主要发生在小肠。脂质在小肠中的消化需要肝脏（通

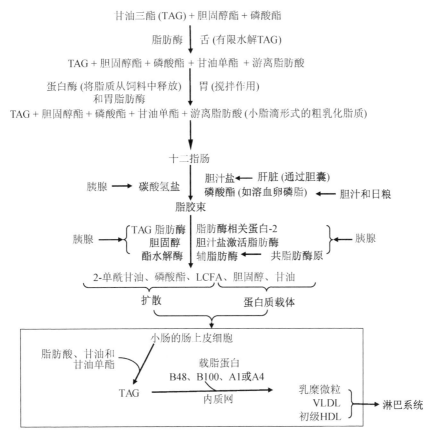

图 6.1　非反刍动物胃肠道中脂质（脂类）的消化吸收。脂质的消化始于口腔和胃,主要在小肠内完成。脂质消化产物被吸收进入小肠的肠上皮细胞。空肠是脂质消化和吸收的主要场所。HDL,高密度脂蛋白;LCFA,长链脂肪酸;VLDL,极低密度脂蛋白。

过胆囊分泌胆汁）和胰腺参与,同时肝脏和胰腺分泌活动能参与脂质混合微粒形成,以及将甘油三酯水解为脂肪酸、甘油一酯、磷脂和胆固醇酯。胆汁的主要成分是胆汁盐和磷脂。而三酰甘油脂肪酶（甘油三酯水解酶）、辅脂肪酶、磷脂酶（包括前磷脂酶 A2）和碳酸氢钠（调节小肠肠腔内 pH）是胰液的组成成分,它们都是脂肪消化过程中所必需的（Drackley, 2000）。在十二指肠中,辅脂肪酶和磷脂酶 A2 前体可以通过胰蛋白酶的限制性水解被激活成为有活性的辅脂肪酶和磷脂酶 A2。辅脂肪酶也可以由一种五肽的胰辅脂肪酶原激活肽激活。因此,脂质的完全消化需要各器官间相互合作。脂肪的消化和吸收障碍主要受以下因素的影响:①牛磺酸、甘氨酸、蛋白质和磷脂的不足导致混合微粒形成障碍;②一些损害胆汁酸分泌的疾病,如胆道梗阻或肝病;③影响胰腺分泌三酰甘油脂肪酶、辅脂肪酶和碳酸氢盐的疾病,如胰腺癌和囊性纤维化（Goldstein and Brown, 2015）。对哺乳动物和鸟类而言,脂类的消化主要发生在空肠,少部分发生在十二指肠和回肠（Iqbal and Hussain, 2009）。

6.1.3.2　脂质微粒的形成

脂质能够在胃部发生乳化,然后进入十二指肠,与胆汁盐和胰液（包括脂肪酶）结合，导致其化学和物理形态发生显著的变化。特别是甘油三酯、甘油一酯、胆固醇和磷脂，它们能与胆汁盐聚合形成由胆汁盐包裹的乳化微粒（图 6.2）。这些乳化微粒能够增加脂肪表面积，从而使脂肪从胃到十二指肠的过程中更多地与胰脂肪酶、辅脂肪酶和酯酶表面接触。在辅脂肪酶的帮助下，胰脂肪酶可以将甘油三酯水解为甘油一酯，将磷脂水解为溶血磷脂，将胆固醇酯水解为游离胆固醇；同时，在这些反应过程中都会产生长链脂肪酸。溶血卵磷脂（由胆道和膳食中的磷脂酰胆碱产生）和甘油一酯在微粒的形成和稳定中起关键作用，微粒是非常小的球状体，在十二指肠腔内自发形成（Phan and Tso, 2001）。小肠肠腔内的磷脂主要是磷脂酰胆碱，大部分（约 80%）来源于胆汁，少部分（10%）从饮食中获得。球状的混合微粒表面具有极性头部，它能够与亲水的和非极性的尾部（烃链）相互作用，被隔离在小球内以排除水分。胆汁盐和甘油一酯含有与水和脂质相互作用部分。混合微粒的形成增加了脂质复合物在水溶液中的溶解度，降低了游离脂肪酸和胆汁盐的细胞毒性。同时，脂质微粒可以将其脂质组分输送到血管的内皮细胞。如第 3 章所述，胆汁盐作为胆汁酸与牛磺酸/甘氨酸的结合物，由肝脏中的胆固醇合成并分泌到十二指肠。猪的体内含有牛磺酸和甘氨酸胆汁盐（鹅脱氧胆酸），但胆汁酸（胆酸）-牛磺酸结合物只在家禽中存在。反刍动物（如牛和羊）的胆汁盐（主要是胆酸）含有的甘氨酸作为主要的共轭氨基酸，并且胆汁盐含有大量的牛磺酸。

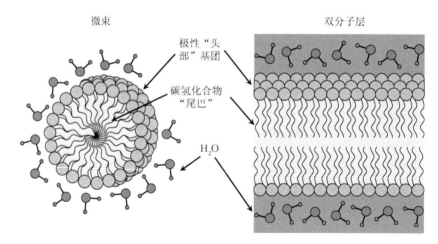

图 6.2　小肠肠腔内脂质和胆汁盐形成的混合微粒。脂质表面覆盖有胆汁盐。亲水的"头部"和疏水的"尾巴"分别在微束表面和中心。细胞膜磷脂双分子层模式图可供比较参考。

6.1.3.3　甘油三酯、磷脂和胆固醇酯的消化

用于脂肪消化的胰酶主要包括三酰甘油脂肪酶、脂肪酶相关蛋白-2、胆汁盐刺激的脂肪酶（也称为羧基酯脂肪酶）、辅脂肪酶原和胆固醇酯酶（Lowe, 2002）。胰腺三酰甘油脂肪酶的水解方式包括：①切割长链甘油三酯的 sn-1 和 sn-3 键以产生 2-单酰甘油和两分子长链脂肪酸；②切割中链甘油三酯的 sn-1、sn-3 和 sn-2 产生三分子的长链脂肪酸和一分子甘油（图 6.3）。胰腺三酰甘油脂肪酶不能水解 sn-2 长链甘油三酯，因此脂肪水解会停留在 2-单酰甘油阶段。在非反刍动物的小肠中，少量的甘油二酯由甘油三酯降解产生。其中胰脂肪酶的作用主要是在混合微粒的表面产生液晶界面。

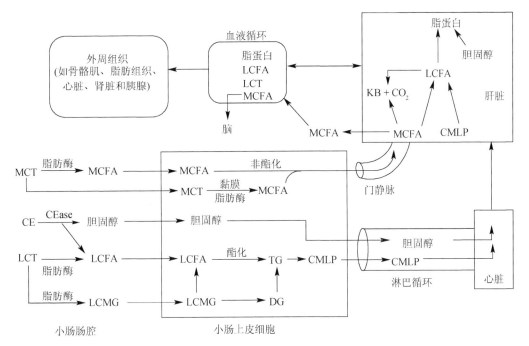

图 6.3　非反刍动物小肠中脂质的消化和吸收。在非反刍动物的小肠内腔中发生由胆固醇酯酶（CEase）中的胰脂肪酶和胆固醇酯水解中链甘油三酯（MCT）和长链甘油三酯（LCT）的反应。小肠的肠上皮细胞摄入中链脂肪酸（MCFA），长链脂肪酸（LCFA），胆固醇，长链甘油单酯（LCMG）和胆固醇。中链脂肪酸不能主动酯化成细胞内的甘油一酯，进而直接被吸收入门静脉。在肠上皮细胞的内质网中，长链脂肪酸和长链甘油单酯通过形成的甘油二酯（DG）被重新酯化为甘油三酯（TG）。甘油三酯被包含进乳糜微粒和其他脂蛋白（CMLP）中一起输送到乳糜管。乳糜微粒和其他脂蛋白以及中链脂肪酸被肝脏和外周组织分解代谢。KB，酮体。

　　胰脂肪酶相关蛋白-2 具有广泛的底物特异性并优先作用于甘油一酯、磷脂和半乳糖脂。同样的，胆汁盐刺激的脂肪酶也具有广泛的底物特异性，它能够水解甘油三酯、磷脂、胆固醇酯，以及 ω3 和 ω6 多不饱和脂肪酸（Thomson and Dietschy, 1981）。此外，磷脂能够被磷脂酶 A2 水解，主要产生溶血磷脂和游离脂肪酸。例如，磷脂酰胆碱可以在内腔中水解形成溶血磷脂酰胆碱。胆固醇酯可以被胰胆固醇酯酶水解，产生胆固醇和长链脂肪酸（Lowe, 2002）。辅脂肪酶是维持胰脂肪酶具有最佳酶活性所需的小分子蛋白质。辅脂肪酶通过结合到胰脂肪酶的 C 端非催化结构域，可以阻止胆汁盐对脂肪酶催化的十二指肠内长链甘油三酯水解的抑制作用。

　　脂质的疏水产物可以进一步在小肠中被乳化，然后通过混合微粒吸收进入小肠的肠上皮细胞。同时混合微粒可以转移至肠腔中的水不溶性脂质（如脂肪酸、甘油一酯和胆固醇），穿过肠上皮细胞的刷状膜外未搅动的水层，到达肠上皮细胞的表面用于吸收。

6.1.3.4　日粮脂质的消化率

　　新生哺乳动物可以高效地消化乳脂。例如，2 日龄的初生仔猪对乳脂的消化率可达 95%，而在日龄更大的猪中消化率会更高（Manner, 1976）。谷物或添加的脂质中的甘油三酯的消化率在断奶单胃哺乳动物（如猪中通常为 90%–95%）和孵化后的家禽中非常高（例如，第 2 天为 82%，第 21 天为 89%，3 周龄后为 90%–95%）（Doreau and Chilliard, 1997; Li et al., 1990）。日粮中甘油三酯的消化率在马中为 90%–95%，鱼中为 85%–95%。小肠的肠上皮细胞对脂肪的有效吸收确保了日粮脂质作为细胞功能所需的主要能源。甘油三酯在动物体中被用作能量储存库，运输脂蛋白、合成胆汁酸和类固醇。日粮中的不饱和脂肪酸的存在增强了日粮脂质的消化和吸收率。许多证据表明，肠内甘油三酯的消化率随着不饱和度的增加而增加，饱和或不饱和长链脂肪酸随链长度的增加消化率降低。以下 3 种原因可以解释这种营养现象。首先，不饱和脂肪酸（如油酸、亚油酸和 α-亚麻酸）容易与胆汁盐形成混合微粒，并且在胆汁酸微粒中比长链饱和脂肪酸具有更高的溶解度。其次，在小肠中甘油一酯和不饱和脂肪酸起协同作用，共同促进日粮中的饱和脂肪酸融入微粒。最后，随着碳链长度的增加，饱和或不饱和长链脂肪酸在混合微粒中的溶解度降低。这些原则可以指导实践生产中的动物饲养。例如，由于胆汁盐的产生有限，雏鸡中饱和脂肪的消化率差（例如，在第 1 天和第 7 天牛脂的消化率分别为 40% 和 79%）（Carew et al., 1972）。然而，在日粮中添加不饱和脂肪酸（如植物油）则提高了鸟类中饱和脂肪的消化率（Carew et al., 1972）。

6.1.4 脂质在小肠中的吸收

6.1.4.1 一般过程

小肠中脂质吸收的过程涉及以下几个步骤：①混合微粒通过未搅动的水层扩散；②脂肪消化产物通过简单扩散（不依赖蛋白质载体）、被动转运（不依赖蛋白质载体，如几种脂肪酸转运蛋白）或主动转运（依赖蛋白质载体）进入小肠的肠上皮细胞膜；③在细胞质中激活和脂肪酸酯化；④乳糜微粒和脂蛋白的形成；⑤乳糜微粒、VLDL 和 HDL 从小肠的肠上皮细胞通过胞吐作用释放到固有层中。对于单胃哺乳动物和鸟类，脂质的吸收主要发生在空肠中，也有小部分在十二指肠和回肠中被吸收（Iqbal and Hussain, 2009）。通过摄入大量的膳食纤维可以减少脂质被小肠吸收。对胰腺或小肠的任何损伤都可能导致脂质吸收不良。

6.1.4.2 肠上皮细胞对脂质的吸收

甘油一酯（主要是 2-单酰甘油）、磷脂和少量的甘油三酯主要通过脂质膜的简单扩散进入小肠的肠上皮细胞（图 6.3）。来自小肠腔的长链脂肪酸以不依赖能量的方式通过简单扩散和蛋白质载体（如 CD36）被吸收（Chen et al., 2001; Pepino et al., 2014）。CD36（多配体受体）的遗传缺失降低了肠上皮细胞对长链脂肪酸的摄取（Goldberg et al., 2009）。膳食脂肪或某些形式的遗传性肥胖会上调脂肪酸转运蛋白的表达。但是胆固醇的吸收需要转运体，Niemann-Pick C1-like 1 蛋白质载体（NPC1L1）可作为小肠的肠上皮细胞顶端膜的胆固醇摄取转运蛋白，在依泽替米贝（Ezetimibe；一种降低胆固醇吸收的药物）敏感型胆固醇吸收途径中起关键作用（Kawase et al., 2015），该过程需要依赖能量的消耗。在胆固醇不足的猪肠道中，*Npc1l1* 的表达增强。而当饲喂富含胆固醇的日粮时，小鼠中 *Npc1l* 的表达被抑制。值得注意的是，ATP 结合盒（ABC）转运蛋白、ABCG5 和 ABCG8 作为胆固醇流出的转运蛋白，也定位于小肠的肠上皮细胞的顶端膜上，这些胆固醇转运蛋白促进胆固醇和植物甾醇从肠细胞中主动流入肠腔中（Kawase et al., 2015）。因此，胆固醇的净吸收是通过肠内穿过肠上皮细胞刷状缘的胆固醇分子流入和流出之间的平衡来确定的。在动物中，膳食中胆固醇的净吸收量约为 50%（其余部分在粪便中排泄）。需要注意的是，在生理条件下，动物几乎不吸收植物甾醇。小于 14 个碳原子的脂肪酸不会在肠上皮细胞中主动酯化成甘油三酯，而是被直接吸收到门静脉中（图 6.4）。

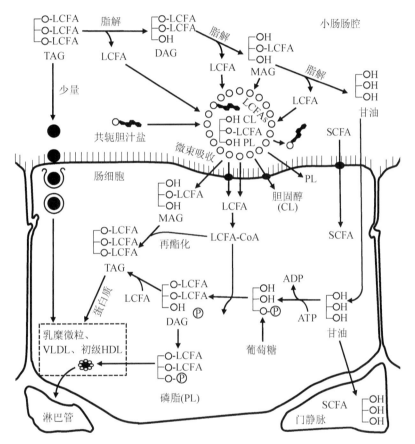

图 6.4　非反刍动物小肠的肠上皮细胞摄取微粒中的脂质。这些细胞摄取：①单酰甘油（MAG；主要是 2-单酰甘油）和磷脂（PL），通过简单扩散；②胆固醇（CL）和短链脂肪酸（SCFA），通过特定跨膜蛋白载体；③长链脂肪酸（LCFA），通过简单扩散和跨膜蛋白载体。乳糜微粒、极低密度脂蛋白（VLDL）和初级高密度脂蛋白（HDL）由甘油三酯（TAG）、蛋白质、磷脂和胆固醇组装而成。通过小肠黏膜固有层，短链脂肪酸和甘油进入门静脉，而脂蛋白进入淋巴管。

　　在十二指肠、空肠和回肠中，混合微粒中的脂肪消化产物被肠上皮细胞吸收后，胆汁盐被释放出来。在回肠末端，大多数（95%）胆汁盐被主动运输系统吸收入肝门静脉血并进入肝脏以再次分泌到十二指肠的内腔，称为"肠肝循环"（图 6.5）。在动物（包括猪、家禽和人类）中，"肠肝循环"非常活跃。回肠未吸收的少量（5%）胆汁盐从末端回肠流入大肠，被微生物转化成称为"次级胆汁盐"的产物，并随粪便排泄。肠肝循环有助于保存体内的胆汁盐。

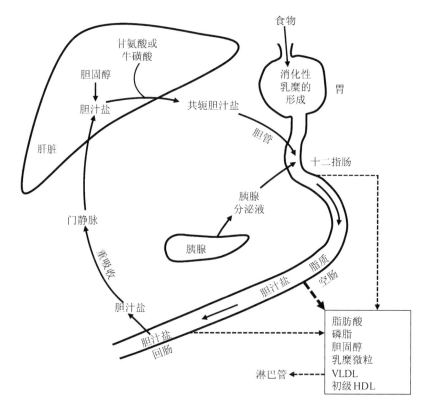

图 6.5　肠肝循环。胆汁盐在小肠的肠上皮细胞（主要是空肠）吸收脂质消化产物过程中起重要作用。在回肠末端，大部分（95%）胆汁盐被主动转运至肝门静脉中，随后进入肝脏再分泌到十二指肠腔中。

6.1.4.3　肠上皮细胞中甘油三酯的再合成

在小肠的肠上皮细胞的内质网中，溶血磷脂酰胆碱被再次酰化形成磷脂酰胆碱。而长链脂肪酸通过可逆反应与细胞质脂肪酸结合蛋白非共价结合，并被长链脂酰辅酶 A 合成酶活化以产生脂酰辅酶 A（Phan and Tso, 2001）。脂酰辅酶 A 在内质网、线粒体和过氧化物酶中代谢，或结合到脂酰辅酶 A 结合蛋白以构成细胞内脂酰辅酶 A 的代谢池（图 6.3）。大多数脂酰辅酶 A 用于与甘油一酯的酯化及后续的甘油三酯再合成。甘油一酯通路主要负责来自脂肪酸的甘油三酯的再合成，在甘油-3-磷酸通路中也起着重要的作用。甘油一酯通路对反刍动物尤其重要（参见本章中关于甘油三酯合成的部分）。在小肠中脂肪酸几乎不被氧化生成 CO_2 和水（Jobgen et al., 2006）。

6.1.4.4　肠上皮细胞中蜡酯的同化作用

蜡酯（长链脂肪醇与长链脂肪酸的酯化物）是鸟类的重要膳食中性脂质，包括海鸟和一些雀形目（第 3 章）。在这些动物（效率大于 90%）中，相比于哺乳动物（效率少于 50%），小肠的肠上皮细胞更能高效率地吸收和同化蜡酯。脂肪消化的这个特征可以由 Place（1992）提出的以下几方面原因来解释。首先，鸟类中小肠腔（～50 mmol/L）和胆囊（>600 mmol/L）中胆汁盐的浓度远高于哺乳动物。其次，鸟类具有将十二指肠内容物正常逆行运动到沙囊的能力，这有助于进一步消化蜡酯。最后，鸟类水解蜡酯的能力和水解甘油三酯一样高效。因此，尽管鸟类和哺乳动物之间脂质消化过程类似，但是鸟类可以比哺乳动物更有效地利用日粮中的蜡酯。

6.1.4.5 肠上皮细胞内乳糜微粒、VLDL 和 HDL 的装配

载脂蛋白（Apo）B（主要是 ApoB48 和痕量的 ApoB100）和微粒体甘油三酯转移蛋白参与小肠的肠上皮细胞中脂蛋白的高效装配和分泌（Iqbal and Hussain, 2009）。ApoB48 是 ApoB100 的剪切体，由 ApoB100 基因转录后的 mRNA 编码产生（Davidson and Shelness, 2000）。在小肠的肠上皮细胞的内质网中，甘油三酯、胆固醇和磷脂与载脂蛋白一起被装配，主要进入乳糜微粒（含有 ApoB48 和 ApoA4），极少量进入 VLDL（还含有 ApoB48）和初级 HDL（含有 ApoA1）。酯化的胆固醇作为胆固醇酯对这些脂蛋白的组装至关重要。脂蛋白中约 70% 的胆固醇以胆固醇酯的形式存在，30% 以游离形式存在。在肠上皮细胞中，胆固醇酯在脂蛋白中的形成是通过以下方式催化的：①卵磷脂:胆固醇酰基转移酶（也称为磷脂酰胆碱酰基转移酶）（图 6.6）；②脂酰辅酶 A:胆固醇酰基转移酶（图 6.7）。卵磷脂:胆固醇酰基转移酶和脂酰辅酶 A:胆固醇酰基转移酶将游离胆固醇转化为胆固醇酯（疏水形式的胆固醇），然后将其转移到脂蛋白颗粒的中心（图 6.3）。由卵磷脂:胆固醇酰基转移酶和脂酰辅酶 A:胆固醇酰基转移酶产生的胆固醇酯进入脂蛋白颗粒的中心后，脂蛋白的成熟需要磷脂转移蛋白的作用，提供磷脂以允许颗粒的表面膨胀。卵磷脂:胆固醇酰基转移酶存在于多种组织（包括小肠和肝脏）中，并从肝脏释放到血液循环中。另外，脂酰辅酶 A:胆固醇酰基转移酶（膜结合蛋白）以长链脂酰辅酶 A 和胆固醇作为底物，在细胞质中形成胆固醇酯。在哺乳动物中，由两种不同基因编码的两种同工酶，即脂酰辅酶 A:胆固醇酰基转移酶-1 和脂酰辅酶 A:胆固醇酰基转移酶-2，调节组织中的胆固醇平衡。卵磷脂:胆固醇酰基转移酶和脂酰辅酶 A:胆固醇酰基转移酶的缺损会导致脂蛋白的异常包装。

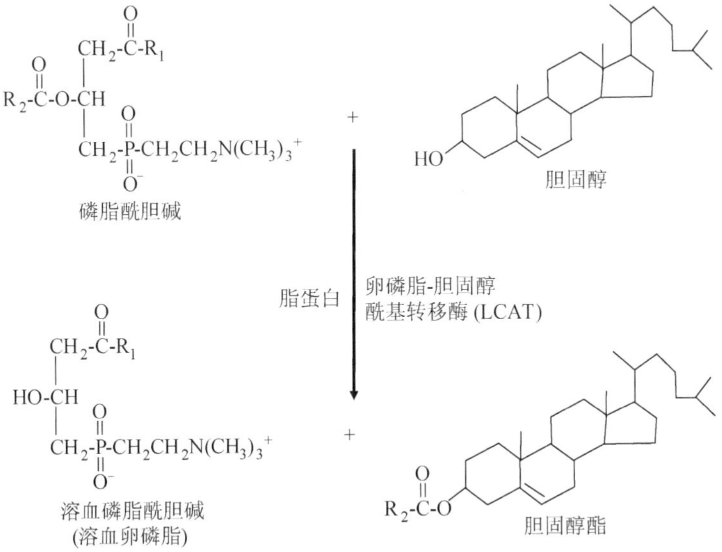

图 6.6　由胆固醇和磷脂酰胆碱在脂蛋白中通过卵磷脂-胆固醇酰基转移酶（LCAT）形成胆固醇酯。该酶在小肠的肠上皮细胞和其他类型细胞中表达以催化胆固醇酯化。

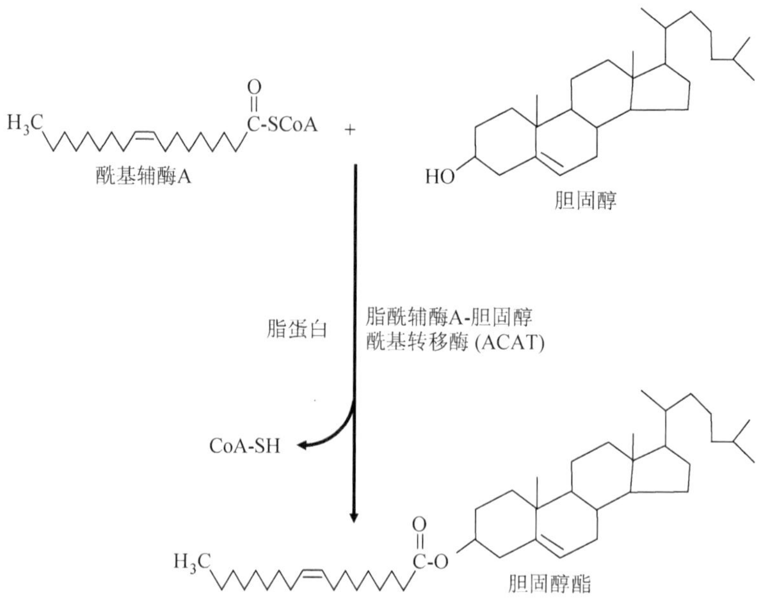

图 6.7 通过脂酰辅酶 A-胆固醇酰基转移酶（ACAT）由胆固醇和乙酰辅酶 A 在脂蛋白中形成胆固醇酯。该酶在小肠的肠上皮细胞和其他类型细胞中表达以催化胆固醇酯化。CoA，辅酶 A。

　　乳糜微粒是非常不均匀的颗粒，其组成以甘油三酯和胆固醇酯为核心，还包括单层的磷脂、胆固醇和载脂蛋白（Wang et al., 2015）。在动物中，乳糜微粒仅在小肠中形成。这些肠脂蛋白在高尔基体中加工后以胞吐的方式被肠上皮细胞释放出来。在单胃动物中，乳糜微粒、VLDL 和 HDL 太大，不能直接进入小肠静脉血中，而是分泌到肠道淋巴管中，然后再进入静脉系统（第 1 章）。在淋巴系统发育不良的家禽中，非常大的脂蛋白颗粒（称为门静脉糜微粒）在小肠的肠上皮细胞中完成装配并且具有比哺乳动物乳糜微粒更低的甘油三酯比例，被吸收后穿过基底膜进入门静脉（Fraser et al., 1986）。鸟类小肠不释放 VLDL 或 HDL。在爬行动物中，乳糜微粒和 VLDL 进入淋巴管，然后进入血液（Price, 2017）。小肠肠腔内的短链脂肪酸和中链脂肪酸可以直接进入门静脉循环。因此，由肠产生的脂蛋白将摄取的甘油三酯、胆固醇和磷脂转运至肠外组织。

　　虽然已知小肠的肠上皮细胞产生的脂蛋白是完全吸收日粮脂质所必需的，但对于这些脂质-蛋白复合物如何从细胞间隙通过基底膜转移到固有层没有完全弄清楚（Kohan et al., 2010）。乳糜微粒通过固有层的运动可能是简单扩散，可以被间质水合作用促进，并且在肠内乳糜管的淋巴中单向流动（Phan and Tso, 2001）。

6.1.4.6　肠道内脂质吸收的昼夜变化

　　在啮齿动物中的研究显示了肠道脂质吸收的昼夜变化（Iqbal and Hussain, 2009）。在啮齿动物吸收了脂质之后，血浆脂质浓度在喂食后 1–2 h 达到峰值，并且之后保持在狭窄的生理范围内。在大鼠中，由于其夜间采食的行为，脂质吸收在 24:00 比 12:00 更高。使用原位杂交方法和分离的小肠的肠上皮细胞研究表明，脂质消化的昼夜循环是由于肠道微粒体甘油三酯转移蛋白的表达和脂蛋白的组装改变（例如，微粒体甘油三酯转移蛋白的表达在 24:00 高于 12:00）。这种微粒体甘油三酯转移蛋白的表达模式在进食时最大限度地吸收脂质，也可能导致乳糜微粒和 VLDL 的血浆浓度的餐后及昼夜变化。

6.2　幼龄反刍动物对脂质的消化和吸收

6.2.1　脂质在口腔和小肠中的消化

6.2.1.1　口腔、前胃和皱胃中的唾液脂肪酶对脂质的有限消化

脂质在乳汁中的含量差异很大，如马为 16%，反刍动物（牛、绵羊）为 37%，猪为 40%，大鼠为 47%，兔为 49%。幼龄反刍动物的唾液含有脂肪酶（称为前胃酯酶），能有限地水解日粮中的甘油三酯。该酶也以类似于小肠中胰脂肪酶的作用方式在其皱胃中起作用，使丁酸和其他脂肪酸从母乳的甘油三酯中释放。幼龄反刍动物前胃酯酶的活性随着年龄的增长而降低，并且在饲喂全脂牛奶的犊牛中通常在 3 个月龄时消失（Drackley，2000）。与母乳喂养的新生小牛相比，幼龄反刍动物前胃酯酶的分泌量在饲喂脱脂牛奶或高粗饲料日粮的犊牛中减少的速率更快。因为幼龄反刍动物瘤胃的功能不足和微生物群系发育不够完善，日粮中的不饱和脂肪酸不被氢化就能从口腔到达小肠。因此，幼龄反刍动物的组织含有比成年反刍动物更多的不饱和脂肪酸。总之，幼龄反刍动物中，脂质消化速率在口腔、瘤胃和皱胃中较低，不成熟的网胃可以从牛奶及其有限的微生物发酵产物中吸收少量的短链脂肪酸。

6.2.1.2　脂质在小肠中的充分消化

在幼龄反刍动物，脂质的消化主要在小肠完成。在瘤胃功能未成熟的幼龄动物（如哺乳小牛和羔羊）中，肠脂质消化的过程与断奶前单胃哺乳动物相同。具体而言，幼龄反刍动物的胰腺分泌胰脂肪酶和辅脂肪酶进入十二指肠的内腔中。这些酶的活性在出生时较高，在产后的第一周可能会增加一倍（Porter，1969）。因此，幼龄反刍动物消化母乳中甘油三酯的能力很强，真消化率可达 95%–99%（Gerrits et al.，1997），同时对乳化粒径＜4 μm 的其他动植物源的脂肪利用也较强。所以，使用非乳制品饲料时，甘油三酯的消化率在反刍动物中一般也很高（90%–95%）（Bauchart，1993）。然而，这些幼龄动物对硬脂酸甘油酯的水解能力较低，而对天然乳脂肪的消化能力则较强。

6.2.2　脂质在小肠中的吸收

和断奶前的非反刍哺乳动物一样，日粮中的脂质及脂质消化产物都在幼龄反刍动物的小肠中被吸收。正如前文提到的，肠上皮细胞中的中链脂肪酸不会发生酯化。因此，当幼龄反刍动物摄入母乳或者母乳替代液态奶时，小肠肠道中的中链脂肪酸（水溶性的）会被肠上皮细胞顶端膜和基底膜上的中链脂肪酸转运载体转运至小肠固有层中。然后中链脂肪酸会依次通过微静脉、小静脉及门静脉。长链脂肪酸（脂溶性的）和甘油一酯是通过小肠的肠上皮细胞顶端膜和基底膜上的特异载体转运或者简单扩散至肠细胞中。幼

龄反刍动物会分泌大量胆汁盐和溶血磷脂到十二指肠中，用于溶解日粮中的脂质，因此牛乳中饱和脂肪酸的吸收率非常高（95%–99%）。在幼龄反刍动物小肠的肠上皮细胞中，被吸收的脂质会聚合成乳糜微粒（主要是 ApoB48）、VLDL 和初级的 HDL，然后通过固有层进入肠道淋巴管或者门静脉（Bauchart et al., 1989）。在幼龄反刍动物体内，肠淋巴液中 80%的脂质以甘油三酯的形态存在（Laplaud et al., 1990）。

6.3 脂质在反刍动物体内的消化和吸收

脂质在反刍动物和非反刍动物体内的消化吸收有着明显的差别（Nafikov and Beitz, 2007）。对于成年反刍动物而言：①唾液脂肪酶活性低；②甘油三酯在瘤胃中会发生明显的水解；③瘤胃微生物对日粮中脂质的降解能力比糖类低很多；④瘤胃微生物对瘤胃中的不饱和脂肪酸有很强的生物氢化作用；⑤小肠中胰脂肪酶的活性较低（Palmquist, 1988）。这些特性限制了反刍动物对日粮中脂肪的吸收（干物质中脂肪含量高达 7%）。在反刍动物中，瘤胃、瓣胃或者皱胃几乎不吸收长链或者中链脂肪酸，长链或者中链脂肪酸在瓣胃或者皱胃中不发生改变（Bauchart, 1993）。但是，大量的短链脂肪酸（尤其是硬脂酸，$C_{18:0}$）在瘤胃中被瘤胃上皮细胞吸收，然后进入血液循环（图 6.8）。因此，小肠中被吸收的脂肪酸比日粮中的脂肪酸更饱和。这就能够解释为何反刍动物日粮中不饱和脂肪酸的含量很高（特别是亚麻酸和 α-亚麻酸），但是体内沉积的脂肪却更富含硬脂酸。在瘤胃中未被消化的日粮脂质和微生物脂质会在小肠中进一步水解。总体来说，日粮中的酯化脂肪（包括甘油三酯）在反刍动物消化道中的真消化率是 70%–75%。

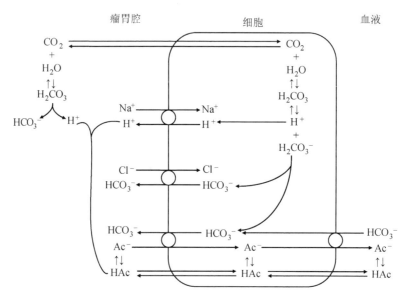

图 6.8 从瘤胃腔中吸收短链脂肪酸（SCFA）进入血液循环。瘤胃上皮细胞表达转运蛋白，从瘤胃腔中摄取短链脂肪酸。这个过程与从细胞分泌 H^+ 以及从细胞和血液中分泌 HCO_3^- 有关。Ac^-，乙酸乙酯；HAc，乙酸。

6.3.1 脂质在瘤胃内的消化

6.3.1.1 微生物的作用

瘤胃中的细菌在脂质消化过程中发挥着重要的作用,现在没有证据表明原生动物、真菌或者唾液和植物源的脂肪酶在脂质消化过程中有显著的作用(Palmquist, 1988)。但是原生动物对日粮中的磷脂有水解和异构化的作用。值得注意的是,这种水解和异构化都发生在细胞外。瘤胃微生物将日粮中甘油三酯和糖类代谢产生的短链脂肪酸转化为脂肪酸,并将支链氨基酸转化为支链脂肪酸。这些新生成的脂肪酸先用于合成微生物细胞膜上的甘油三酯和磷脂,然后在皱胃和小肠中被消化吸收。瘤胃中的厌氧环境不利于脂肪酸氧化成 CO_2 和水。因此,瘤胃中的不饱和脂肪酸在微生物的作用下既可以形成微生物脂质也可以发生氢化反应。

6.3.1.2 脂质水解的产物

反刍动物草料中的脂质主要以单半乳糖甘油二酯和双半乳糖甘油二酯的酯化形式存在,而精饲料中主要以甘油三酯的形式存在,另外磷脂在一定程度上存在于所有植物性饲料中(Drackley, 2000)。瘤胃微生物酶消化脂质的首要步骤是水解甘油三酯、磷脂和糖脂中的酯键。具体来说,是通过细菌 α-半乳糖苷酶水解双半乳糖甘油二酯,得到半乳糖和单半乳糖甘油二酯,然后通过细菌 β-半乳糖苷酶水解单半乳糖甘油二酯产生半乳糖和甘油二酯。日粮中大部分的酯化脂质都是在细菌脂肪酶的作用下水解的(Bauman and Griinari, 2003)。例如,脂解厌氧弧菌负责甘油三酯的水解,溶纤维丁酸弧菌可以水解磷脂和糖脂,细菌脂肪酶会切割甘油三酯的 3 个酯键 *sn*-1、*sn*-2 和 *sn*-3。因此与非反刍动物的脂质消化相比,反刍动物的瘤胃中几乎没有甘油一酯。脂质水解生成的甘油和半乳糖会酵解为短链脂肪酸。85%–95% 的酯化脂质在反刍动物瘤胃中水解成其组成成分(如长链脂肪酸、甘油和半乳糖)。

6.3.1.3 多不饱和脂肪酸的生物氢化作用

如前文所述,由于瘤胃中缺氧,瘤胃微生物无法将脂肪酸氧化为 CO_2 和水。因此作为微生物存活和维持活性的防御机制,微生物通过加氢减少不饱和脂肪酸中的双键而产生饱和脂肪酸(即氢化反应)(Jenkins, 1993)。这些由甘油三酯水解释放的不饱和脂肪酸首先在细菌和原生动物作用下异构化,然后经过氢化反应产生饱和脂肪酸。瘤胃微生物采食的草料中一般含有 2%–3% 的脂肪酸,其中不饱和脂肪酸与饱和脂肪酸的比例高于非反刍动物日粮。例如,α-亚麻酸($C_{18:2}$;顺-9, 顺-12)占牧草总脂肪酸的 61%(Palmquist, 1988)。另外,亚油酸($C_{18:2}$;顺-9, 顺-12)是谷物和种子中主要的脂肪酸(如玉米粒中含量为 47%)。事实上,生物氢化的主要底物就是亚油酸和亚麻酸。脂肪酸的瘤胃生物氢化速率通常是随着脂肪酸不饱和度的增加而增加的。在大多数日粮中,分别有 70%–95% 的亚油酸和 85%–100% 的亚麻酸被氢化为硬脂酸($C_{18:0}$)(Beam et al., 2000)。

氢化过程的初始阶段同样也涉及异构化反应,从而导致许多带有反式双键或共轭脂肪酸的中间化合物(如以亚油酸为原料合成共轭亚油酸和 11-十八碳烯酸)以及饱和脂肪酸的生成（图 6.9）。例如，α-亚麻酸（顺-12）双键异构化成反-11 生成共轭二烯或三烯脂肪酸，然后减少了顺-9 双键的产生，生成了反-11 脂肪酸。最后，反式双键的氢化反应产生了硬脂酸（亚油酸和亚麻酸途径）或者反-15 $C_{18:1}$（亚油酸途径）。值得注意的是，两种关键的生物氢化反应的中间体分别是：①由亚油酸和亚麻酸形成的反-11 $C_{18:1}$（十八碳烯酸）；②由亚油酸产生的顺-9，反-11 共轭亚油酸。虽然共轭亚油酸可能产生 8 个结构异构体，但是在瘤胃中主要产生顺-9，反-11 异构体。在瘤胃中，90%以上的多不饱和脂肪酸（PUFA，含有多个双键的脂肪酸）都会发生氢化作用，<10%会逃逸出瘤胃（Drackley et al., 2000）。由于长链不饱和脂肪酸对很多种类的细菌产生毒害作用，尤其是一些参与纤维消化的细菌，也因为在瘤胃中存在大量的氢，氢化作用的发生有利于 CO_2 和 $[2H^+]$ 反应生成甲烷和丙酸。然而，大量的不饱和长链脂肪酸会超过机体自身生物氢化的能力，从而给瘤胃微生物种群和膳食纤维的消化带来不良影响。在瘤胃中，脂类分解是发生氢化作用的先决条件，而异构酶只能将带有一个游离羧基的非酯化脂肪酸的顺式双键催化生成反式双键，因此饲喂瘤胃保护性脂肪有助于减少瘤胃中的脂质分解，使它们最大限度地进入小肠。

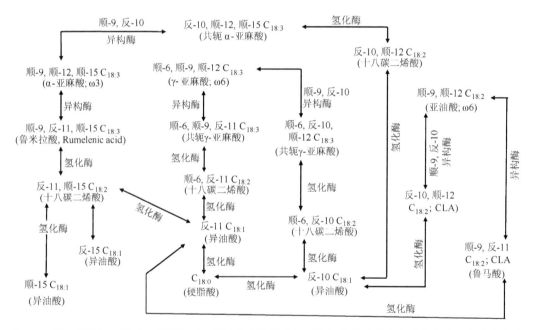

图 6.9　通过瘤胃细菌形成共轭脂肪酸。通过顺式和反式多不饱和脂肪酸的异构化和氢化，在瘤胃细菌中产生多种共轭脂肪酸。实例包括由亚油酸形成共轭亚油酸（CLA）和由 α-亚麻酸形成共轭 α-亚麻酸。

6.3.2　脂质在皱胃内的消化

　　如上所述，瘤胃里的长链脂肪酸不会被它的上皮细胞吸收而是进入皱胃。残留在瘤胃中（pH 5.5–6）的脂质主要包括以下几类：①以钾盐、钠盐或者钙盐形式存在的游离脂肪酸（85%–90%）；②微生物细胞膜上存在的磷脂（10%–15%）。在皱胃中（pH 约 2），脂肪酸盐分解产生游离脂肪酸，后者进入小肠。小肠是脂肪酸吸收的主要场所。因此，到达小肠的脂肪酸的形式与动物日粮摄入的有很大不同（Drackley, 2000）。

6.3.3 脂质在小肠内的消化

进入小肠的脂质（不包括中链脂肪酸）中，大约 85%（80%–90%）以游离的长链脂肪酸形式附着在膳食饲料颗粒上，其余的脂质是微生物磷脂，以及少量来自饲料残留物的甘油三酯和糖脂饲料（Palmquist et al., 1988）。与非反刍动物小肠中的一样，这些酯化的脂肪酸在反刍动物小肠中被胰脂肪酶水解。与非反刍动物相比，反刍动物小肠中的脂肪消化仅为中等水平，主要是由于释放到反刍动物小肠的胆汁盐和胰脂肪酶的量的限制（Bergen and Mersmann, 2005）。

6.3.3.1 日粮脂肪在小肠中的可消化性

在反刍动物中，进入小肠的瘤胃微生物脂肪酶和分泌到小肠中的胰脂肪酶对水解高度饱和（或氢化）的甘油三酯具有相对低的活性。因此，进入小肠的脂肪（6%–8% 干燥的食糜）的消化率约为 80%，通常低于非反刍动物（Doreau and Chilliard, 1997）。在 16- 和 18-碳之间的脂肪酸的肠消化率（约 75%–80%）在单胃动物和反刍动物之间相似，并且不饱和脂肪酸的消化率比饱和脂肪酸稍微高一些（Avila et al., 2000）。在小肠中，甘油三酯水解的程度随着脂肪摄入水平的升高或瘤胃 pH 和离子载体类抗生素等因素造成的细菌活性和生长的抑制而减少。例如，在奶牛中，当日粮中脂肪摄入量从 200 g/天（干物质中含 1% 脂肪）增加到 1400 g/天（干物质中含 8% 脂肪）时，小肠中的真实脂肪消化率从 95% 逐渐降低到 78%（Bauchart, 1993; Drackley, 2000）。这是由于瘤胃脂肪酶的活性相对较低。有证据表明，当饮食中日粮脂肪含量超过 7%（干物质基础）时，瘤胃细菌的数量和活性大幅度降低，从而影响日粮脂肪、蛋白质和纤维的水解，以及氨基酸和短链脂肪酸的产生（Nafikov and Beitz, 2007）。因此，尽管补充脂肪已经成为增加高产奶牛饮食能值的常见做法，但是对于反刍动物，如牛、山羊和绵羊，建议日粮中总的脂肪含量（以干物质为基础）不要超过 7%（Drackley et al., 2000）。

6.3.4 脂质在小肠内的吸收

6.3.4.1 肠上皮细胞对脂质的吸收

除了溶血磷脂酰胆碱取代甘油一酯（其不是瘤胃中脂质水解的最终产物）作为乳化剂外，反刍动物的小肠（主要是空肠）对脂肪酸、磷脂和胆固醇的吸收与非反刍动物相同（Doreau and Chilliard, 1997）。在反刍动物的小肠前段，溶血磷脂酰胆碱是由胰腺分泌的磷脂酶催化卵磷脂（主要是瘤胃微生物细胞、胰液和胆汁中的磷脂）生成的。通过胆总管进入十二指肠的胰液和胆汁盐对于脂质吸收是必需的。胆汁盐对于从饲料颗粒中消化释放脂肪酸是必不可少的。在反刍动物中，与牛磺酸结合的胆汁盐比与甘氨酸结合的胆汁盐更多，因为在小肠的低 pH 环境中牛磺酸缀合物更易溶解。在反刍动物的常规饮食中，消化道中总脂肪酸的 15%–25% 在空肠前段被吸收，55%–65% 在空肠后段被吸收（Bauchart et al., 1993）。

被小肠吸收的脂肪酸被运送到各种组织，包括乳腺、骨骼肌、心脏和脂肪组织

（Bergen and Mersmann, 2005）。值得注意的是，饲喂过量谷物或低纤维日粮的哺乳期牛的瘤胃产生较多的在第 10 和第 11 个碳之间具有反式双键的一些脂肪酸，可能会抑制牛奶中的脂肪合成，因此可能导致乳脂降低（Bauman and Griinari, 2003）。

6.3.4.2　肠上皮细胞中甘油三酯的重新合成

反刍动物小肠的肠上皮细胞内质网通过甘油-3-磷酸途径从游离脂肪酸和甘油合成甘油三酯（参见本章中关于甘油三酯合成的部分）。这些细胞缺少甘油三酯合成的 2-单酰甘油途径，这是因为只有少量 2-单酰甘油从皱胃进入小肠。与谷氨酸、谷氨酰胺和天冬氨酸相比，脂肪酸在小肠中氧化生成 CO_2 和水的量非常低（Wu, 2013）。

6.3.4.3　肠上皮细胞中乳糜微粒和极低密度脂蛋白的组装

正如前面对非反刍动物所描述的一样，在反刍动物小肠的肠上皮细胞的内质网中，ApoB 和微粒体甘油三酯转移蛋白对于乳糜微粒和 VLDL 的装配和分泌是必需的。反刍动物中的乳糜微粒类似于非反刍动物中的乳糜微粒，但是由于具有较低比例的甘油三酯而被归类为 VLDL（Drackley et al., 2000）。这反映出反刍动物饲料中甘油三酯的含量比大多数非反刍动物饮食中的低。

6.4　鱼类对脂质的消化和吸收

6.4.1　脂质在小肠内的消化

鱼类的日粮中可以包含 6%–40% 的脂质，如甘油三酯、磷脂、蜡和游离脂肪酸，所有的这些脂质一般都有高含量的不饱和脂肪酸。与非反刍哺乳动物一样，鱼类中脂质在肠道消化系统近端的消化需要乳化剂（蛋白质、磷脂和胆汁盐）和胰液（包括碳酸氢钠，以及胰脂肪酶、辅脂肪酶和胆固醇酯水解酶）。鱼类中存在脂肪酶，但是在不同种类（如大西洋鲑、虹鳟鱼、杂交狼鲈和斑马鱼）中它们的活性显著不同（Bakke et al., 2011; Tocher and Sargent, 1984）。例如，依赖辅脂肪酶的胰脂肪酶（它对甘油三酯具有高的特异性和消化效率）和依赖胆汁盐的羧基脂肪酶（它对脂质包括蜡酯具有显著特异性）分别是淡水鱼类和海洋鱼类中的主要脂肪酶。鱼类能合成磷脂酶以有效地水解磷脂。在这些水生动物中，日粮中脂肪的含量和脂质的类型可以影响胰腺分泌胰脂肪酶、辅脂肪酶和胆固醇酯水解酶，以适应不同来源的食物。鱼类中脂质的消化率为 85%–99%，变异情况取决于各种因素（Bakke et al., 2011），这些因素包括物种、品种、发育阶段、进食率、水温、脂质来源和类型，以及日粮成分中的所有其他营养素（特别是蛋白质和磷脂酰胆碱）。例如，随着甘油三酯中脂肪酸链长度的增加，脂质消化率降低；但是随着甘油三酯中脂肪酸去饱和度的增加，脂质消化率增加。此外，许多种不同的蛋白质在水解甘油三酯和磷脂中起着重要的作用。鱼类中蛋白质营养不良会减少日粮中脂质的消化率，这与哺乳动物类似。

6.4.2 脂质在小肠内的吸收

在鱼类中，日粮中脂质吸收的主要位置是盲肠，而不是肠道近端（Sire et al., 1981）。脂质消化的产物（包括甘油一酯、游离脂肪酸和甘油）与胆汁盐、溶血卵磷脂、胆固醇和脂溶性维生素混合成为微粒。随着肠道收缩，肠腔内的混合微粒通过未搅动的水层进入肠上皮细胞表面，然后通过转运蛋白和扩散被肠上皮细胞吸收。例如，食草硬骨鱼中已经被确认具有肠膜短链脂肪酸交换器（Titus and Ahearn, 1991），然而在斑马鱼和鲤鱼（Bakke et al., 2011）中都发现有肠脂肪酸结合蛋白。水溶性短链和中链脂肪酸离开肠上皮细胞的基底外侧膜进入固有层，然后进入肠道小静脉和门静脉。在肠上皮细胞内，吸收的长链脂肪酸与甘油一酯或甘油进行酯化形成甘油三酯，并参与形成乳糜微粒和VLDL（Sire et al., 1981; Tocher 和 Glencross, 2015）。

虽然日粮中脂质（包括长链脂肪酸）能被有效地吸收进入鱼的血液中（Tocher and Glencross, 2015），但对于把日粮中脂肪和长链脂肪酸从肠上皮细胞转运到体循环的过程了解得很少。鱼类的淋巴系统并不像哺乳动物那样发达（Steffensen and Lomholt, 1992）。因此，有人提出肠源性乳糜微粒和 VLDL 同时进入淋巴管和门静脉循环（Rust, 2002）。在对虹鳟鱼的研究中，Sire 等（1981）发现在注射 6 h 之后尽管在肠道内发现了大量的示踪物（盲肠中给予的剂量分别为 44% 和 56%），但在肝脏和血液中也出现微量过胃的 ^{14}C 标记的亚油酸和棕榈酸，因此可推断餐后的脂质被缓慢吸收进入淋巴液而不是门静脉。与这些结果一致的是，Eliason 等（2010）报道，在饲喂包含脂质的日粮（体重的 1%）的虹鳟鱼，其门静脉中总脂质和甘油三酯的浓度在饲喂后 0 h、3 h、6 h 和 12 h 没有差异。总体来说，现有证据显示，肠衍生的乳糜微粒和 VLDL 离开肠上皮细胞基底外侧膜进入肠道淋巴管。

影响脂质消化的因素也影响鱼类中脂质的吸收。例如，在这些动物中，可溶于水的短链脂肪酸和中链脂肪酸在肠道内被吸收的速率比饱和的长链脂肪酸更快。长链脂肪酸具有高度的疏水性和低微粒溶解度，必须通过肠腔内未搅动的水层才能到达肠上皮细胞（Bakke et al., 2011）。此外，游离（非酯化）脂肪酸和磷脂酰胆碱被吸收的比例高于甘油三酯。因为前者具有比后者更小的体积和更低的疏水性。另外，正如在哺乳动物中一样，摄入高水平的中性甘油三酯会导致它们在鱼的肠上皮细胞中累积，因此减少了它们在肠上皮细胞基底外侧膜上的输出，从而减少了脂质通过肠上皮细胞顶端膜被吸收到细胞中。这也许可以解释为何随着日粮中甘油三酯含量的增加，鱼类消化系统组织中的日粮脂质的生物利用率降低。

6.5 动物体内脂蛋白的运输与代谢

肠源性脂蛋白的化学组成和分泌影响动物对日粮中脂质的利用，并因此影响动物的生长和生产性能，以及它们的肉、蛋、奶的质量。有效地利用日粮中的脂质来获取瘦肉以及形成高质量的产品取决于对脂蛋白在关键器官（如小肠、肝脏、骨骼肌和脂肪组织）中的运输和新陈代谢的认知。这些过程在各种动物物种之中定性地说是相似的，但是在定量上差异显著。

6.5.1 脂蛋白从小肠和肝脏中的释放

6.5.1.1 概述

甘油三酯是乳糜微粒和 VLDL 中的主要脂质,但胆固醇和磷脂分别是低密度脂蛋白(LDL)和 HDL 中的主要脂质(Puri, 2011)。LDL 包含 10%–15%甘油三酯。这些脂蛋白的体积很大,在未被水解之前它们不能通过毛细血管的内皮细胞。研究者对动物中脂蛋白的代谢有极大的兴趣,因为脂蛋白的异常会引起脂肪肝和慢性病(如糖尿病、高胆固醇、高甘油三酯血症)并会导致动物肥胖。对于反刍动物和非反刍哺乳动物,脂蛋白的运输和代谢途径是相似的。在它们体内,小肠释放乳糜微粒进入门静脉而不是淋巴系统。采食后的非反刍哺乳动物(如猪和人类)和反刍动物的淋巴管中,乳糜微粒和 VLDL 分别是主要的脂质部分,这与非反刍动物小肠来源脂质主要是乳糜微粒及反刍动物小肠来源脂质主要是 VLDL 的研究结果相一致。从哺乳动物小肠释放的乳糜微粒和新合成的 VLDL(或在禽类是小肠门静脉微粒),以及从动物(包括鸟)肝脏中释放的初级的 VLDL 和成熟的 HDL,都会随着肠道内甘油三酯的吸收而增加。在哺乳动物中,乳糜微粒和 VLDL 通过淋巴循环进入全身血液循环,在被肝外组织利用后,其余组分主要分别通过 ApoE 受体和 LDL 受体被肝脏摄取(图 6.10)。肝脏合成和释放初级的 VLDL 和成熟的 HDL。值得注意的是,在成年动物(包括人类)肝脏中缺少脂蛋白脂肪酶,其只在围产期时的肝脏中表达(表 6.1)。在健康的动物中,由脂蛋白脂肪酶水解脂蛋白中的甘油三酯产生脂肪酸和甘油,有效地被氧化成 CO_2 和水,为组织代谢提供能量,甘油也可以被用于葡萄糖的合成。肝脏是脂蛋白胆固醇分解代谢形成胆汁酸的最终器官,而肾脏通过外围组织在脂蛋白的蛋白质组分的降解过程中发挥主要作用。

6.5.1.2 乳糜微粒、VLDL 和 LDL 的代谢

(1)来源于小肠的乳糜微粒和 VLDL 以及来源于肝脏的 VLDL 的合成与释放

进食后所产生的脂类,包括乳糜微粒(含有 ApoB48)和初级的 VLDL(含有 ApoB100 和 ApoA4),是由脂肪酸、甘油、2-单酰甘油、胆固醇酯、游离胆固醇、磷脂及肠细胞内质网网状组织中的多种蛋白质合成(Tso et al., 2001)。随后,乳糜微粒和 VLDL 被运送到高尔基体,并在高尔基体进行聚集和加工,如多种蛋白的添加及糖基化(包括载脂蛋白)。含有乳糜微粒和 VLDL 的高尔基体囊泡被运送到小肠的肠上皮细胞的基底外侧膜后,两分子的脂蛋白会通过胞吐作用进入肠固有层的细胞间隙(反向胞饮)(Besnard et al., 1996)。乳糜微粒中甘油三酯的脂肪酸组成与动物消耗的日粮脂类组成相类似。乳糜微粒是摄食状态下小肠分泌的主要脂蛋白,VLDL 是禁食状态下肠道分泌的唯一脂蛋白(Yen et al., 2015)。高脂日粮可以促进小肠分泌乳糜微粒和 VLDL,它们在肠道淋巴液的比值随着进入十二指肠的多不饱和脂肪酸(如亚油酸)数量的增加而增加。乳糜

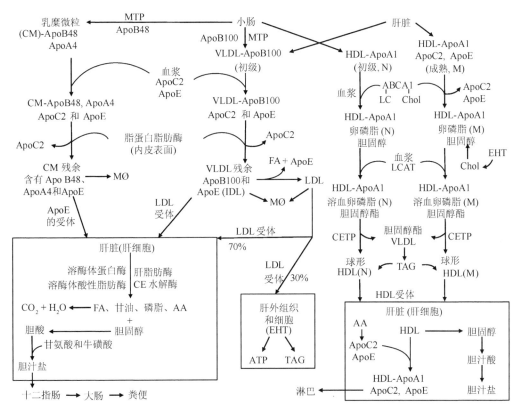

图 6.10 动物器官间脂蛋白的代谢。小肠能够释放乳糜微粒、极低密度脂蛋白（VLDL）和初级的高密度脂蛋白（HDL），然而肝脏释放 VLDL 和成熟的 HDL。在通过血液循环的运输过程中，乳糜微粒和 VLDL 从 HDL 获得载脂蛋白（Apo）C2 和 E，失去甘油三酯（TAG）成为乳糜微粒残粒和 VLDL 残粒 [中密度脂蛋白（IDL）和低密度脂蛋白（LDL）]。乳糜微粒残粒主要由肝脏通过 ApoE 受体吸收，而 VLDL 残粒主要由肝脏吸收，并在较低程度上通过 LDL 受体被外周组织吸收。在血液循环的转运过程中，来自小肠（N）的初级 HDL 和来自肝脏（M）的成熟 HDL 从血浆脂质转运蛋白接受来自血脂转运体的卵磷脂（LC）和小肠释放的游离胆固醇（Chol）。此后，由 ApoA1 激活的血浆卵磷脂:胆固醇酰基转移酶（LCAT）将 HDL 上的卵磷脂和游离胆固醇分别转化成溶血卵磷脂和胆甾醇酯，产生球形 HDL。在血浆胆固醇酯转运蛋白（CETP）的作用下，由卵磷脂:胆固醇酰基转移酶催化产生的 1/3 胆固醇酯从球形 HDL 变成 VLDL，促进 VLDL 分解代谢，球形 HDL 被肝脏摄取。来自脂蛋白的游离脂肪酸（FA）被肝脏和外周组织氧化生成 CO_2 和水，而胆固醇在肝细胞中转化为胆汁酸，最终排泄到粪便中。MØ，巨噬细胞。

微粒中的 ApoA4 可通过大脑下丘脑中的细胞信号转导调控动物脂质产生的饱腹感（Tso and Liu, 2004）。

在家禽中，小肠释放门静脉糜微粒（相当于哺乳动物的乳糜微粒）进入门静脉。这些微粒太大而不能通过鸟类肝脏毛细血管床的内皮细胞，也不能被鸟类肝细胞吸收（Hermier, 1997）。因此，鸟类肝脏不能分解代谢肠源性脂蛋白（Hermier, 1997）。禁食状态下鸟类的血浆中不存在门静脉糜微粒，并且由于大多数家禽日粮中脂肪含量相对较低，以及肝外组织中门静脉糜微粒的分解代谢速率快，摄食状态下的新生幼雏血浆中门静脉糜微粒的含量非常低。

表 6.1 组织和细胞特异性脂蛋白降解酶的分布

酶	肝细胞	巨噬细胞	脂肪组织	骨骼肌	心脏	肾脏	平滑肌
HSL	可忽略	低	高	高	高	中	低
LPL	无	低	高	高	高	中	低
LAL	高	中	低	低	低	高	低
HL	高	低	无	无	无	无	无
蛋白酶	高	中	低	中	中	高	低
LCEH	高	中	低	低	低	中	低

资料来源：Fried, S.K., C.D. Russell, N.L. Grauso, and R.E. Brolin. 1993. *J. Clin. Invest.* 92:2191–2198; Jobgen, W.S., S.K. Fried, W.J. Fu, C.J. Meininger, and G. Wu. 2006. *J. Nutr. Biochem.* 17:571–588; Yeaman, S. J. 1990. *Biochim. Biophys. Acta.* 1052: 128–132.

注：高，高活性；低，低活性；中，中度活性；HL，肝脂肪酶（细胞外）；HSL，激素敏感性脂肪酶（细胞内）；LAL，溶酶体酸性脂肪酶；LCEH，溶酶体胆固醇酯水解酶（胆固醇酯酶）；LPL，脂蛋白脂肪酶（在肝外组织内的微血管内皮细胞表面，将脂蛋白和胆甾醇酯水解成脂肪酸和甘油）。

在幼龄反刍动物中，大多数肠源性 VLDL 能被释放到肠淋巴细胞管中。其中一些 VLDL 被释放到门静脉，并且由肝脏释放大量的 HDL 和少量的 VLDL（Laplaud et al., 1990）。在摄食 10 h 后（脂类吸收达到高峰）获取的淋巴细胞样品中，乳糜微粒与 VLDL 的物质的量比是 4∶1。在幼龄犊牛的血浆中，VLDL 仅占总脂蛋白的 5%，并且胎儿时期的牛缺乏 VLDL（Bauchart, 1993）。由于幼龄反刍动物有限的瘤胃发酵和氢化作用，日粮脂类的摄入很大程度地影响了乳糜微粒中脂肪酸和 VLDL 的组成。

所有动物的肝脏不能产生或释放乳糜微粒。然而，肝脏中的肝细胞可利用甘油三酯、胆固醇、磷脂、ApoB100 和其他蛋白质合成并释放 VLDL。肝脏释放 VLDL 进入淋巴细胞，进而进入血液循环（Goldstein and Brown, 2015）。在生理状态下，肝脏是血液 VLDL 的主要来源。在摄食状态下，肝细胞聚集并分泌 VLDL，胰岛素能抑制肝细胞释放游离脂肪酸。其作用机制如下：①因为合成甘油三酯的白色脂肪组织的增加及全身脂类分解代谢的降低，胰岛素能降低肝细胞摄取血液中游离脂肪酸的效率；②胰岛素能够激活磷脂酰肌醇-3-激酶信号通路，该信号通路通过 ADP 核糖基化因子抑制甘油三酯被添加到载体蛋白前体。这与胰岛素作为合成代谢激素增强肝脏和白色脂肪组织中的甘油三酯作为能量储存的作用一致。相反，肥胖、胰岛素抵抗的 2 型糖尿病和代谢综合征的主要特征是肝脏分泌过多的 VLDL，从而导致高血脂。

（2）乳糜微粒和 VLDL 在血液运输中的代谢

在肠源性乳糜微粒进入血液后，肠道来源和肝脏来源的 VLDL 通过分泌作用又依次进入毛细血管系统，随后依次进入静脉循环、右心室、肺、左心室、主动脉和动脉血管（第 1 章）。乳糜微粒和 VLDL 在血液运输过程中可以从由肝脏释放到血液中的成熟 HDL 中获得 ApoC2 和 ApoE（图 6.10）。之后，乳糜微粒和 VLDL 上的大多数甘油三酯被肝外组织（特别是骨骼肌和白色脂肪组织）的内皮细胞表面的脂蛋白脂肪酶水解（Fried et al., 1993）。脂蛋白脂肪酶的反应从乳糜微粒中消耗约 80% 的甘油三酯；随后，乳糜微粒释放 ApoC2（脂蛋白脂肪酶的激活剂），终止了与血管内皮细胞的外膜表面相结合的脂蛋白脂肪酶对甘油三酯的水解。脂蛋白脂肪酶的反应也从 VLDL 中除掉约 60% 的甘油三酯，此水解以及 ApoC2 从 VLDL 中的释放产生中密度脂蛋白（IDL）。血管内皮细胞表面结合的脂蛋白脂肪酶可以从 IDL 中去掉约 60% 的甘油三酯，同时从 IDL 中释放 ApoE，形成 LDL（Goldstein and Brown, 2015）。因此，VLDL 包含 IDL 和 LDL。值得注意的是，通过脂蛋白脂肪酶水解乳糜微粒和 VLDL 也能产生游离脂肪酸、甘油、磷脂和游离胆固醇。血液中大约 7.5%、2.5% 及 90% 的 ApoB100 分别存在于 VLDL、IDL 和 LDL 中。LDL 是人类、猪、兔、绵羊和豚鼠中胆固醇的主要携带者。随着乳糜微粒和 VLDL 中的脂肪酸、磷脂、胆固醇和甘油被毛细血管的内皮细胞转运，以供肝脏或外周组织（非肝）摄取，乳糜微粒和 VLDL 降解为比自身直径小 50% 的残粒。

（3）肝脏和外周组织（非肝）摄取及代谢乳糜微粒与 VLDL 的残粒

经过血液循环，肝脏和少量的巨噬细胞通过 ApoE 的特异性受体摄取乳糜微粒的残粒（包含 ApoB48 和 ApoE）（图 6.10）。肝脏，以及少量的特定肝外组织和细胞（如骨骼肌、心脏、脂肪组织、肾脏及巨噬细胞）也能通过 LDL 受体摄取 LDL（包含 ApoB100）进行分解代谢（Goldstein and Brown, 2015）。此外，肝脏也可以通过 LDL 受体摄取少量的 IDL。乳糜微粒的残粒、IDL 和 LDL 通过受体介导的内吞作用效率是由其特异受体的量和活性所决定的，而不受脂蛋白浓度的影响（Goldstein and Brown, 2015）。由肝细胞合成并释放的肝脂肪酶对于肝脏中细胞外脂蛋白的代谢很重要。这是因为肝脂肪酶位于肝窦状毛细血管的表面和肝细胞的表面，用以水解细胞外的甘油三酯、胆固醇脂及乳糜微粒残粒中的磷脂，随后 IDL 和 LDL 进入肝脏。

在肝脏及肝外组织中，内源性脂蛋白中溶酶体酸性脂肪酶可以水解细胞内甘油三酯和胆固醇酯，溶酶体胆固醇酯水解酶（胆固醇酯酶）可以降低细胞内的胆固醇酯水平（表 6.1）。在肝外组织（特别是骨骼肌和白色脂肪组织），激素敏感性脂肪酶水解细胞内甘油三酯（Yeaman, 1990）。乳糜微粒、IDL、LDL 分解代谢的产物是脂肪酸、甘油、磷脂、游离胆固醇和氨基酸。这些产物的代谢命运取决于不同类型的组织。例如，在肝细胞和骨骼肌中，脂肪酸被氧化为 CO_2 和 H_2O。相比之下，在肝细胞中游离胆固醇转化为胆汁酸，但在肝外组织转化为 HDL 粒子。LDL 受体在 LDL 代谢中有重要的生理意义，家族性高胆固醇血症中缺失 LDL 受体导致血脂异常（Goldstein and Brown, 2015）。肝脏和肾脏是降低乳糜微粒和 LDL 中脂蛋白的主要部位，大约 70%、30% 的 LDL 分别在肝及肝外组织降解（Puri, 2011）。因此，肝脏在乳糜微粒、VLDL 和 LDL 的分解代谢中也起着重要的作用。

（4）肝脏、外围组织（非肝脏）摄取和代谢长链脂肪酸

在血浆中，乳糜微粒和 VLDL 在结合于血管内皮表面的脂蛋白脂肪酶的作用下部分降解并释放出长链脂肪酸，然后通过简单扩散和膜结合转运蛋白被肝脏，以及骨骼肌、心脏、白色脂肪组织、肾脏、巨噬细胞外围（非肝脏）组织和细胞摄取（图 6.3）。敲除一个主要长链脂肪酸转运体 CD36，会大大削弱这些组织和细胞转运长链脂肪酸，以及清除血液中脂蛋白的能力（Goldberg et al., 2009）。在骨骼肌中，胰岛素、肌肉收缩和 PPAR-δ 会上调 CD36 的丰度，从而增加长链脂肪酸的吸收（Nahle et al., 2008）。脂肪酸

是肝脏、骨骼肌、心脏的主要代谢能量，也可以供给肾脏所需的 ATP。多不饱和脂肪酸也在细胞中参与信号转导。所有脂肪酸可在组织中，尤其是肝脏和白色脂肪组织，合成甘油三酯（Jobgen et al., 2006），并参与细胞代谢中磷脂双层的组装。

（5）乳糜微粒和 VLDL 的周转及功能

从小肠中释放的乳糜微粒，以及从小肠和肝脏中释放的 VLDL，迅速在动物体内代谢。例如，静脉注射甘油三酯中脂肪酸被标记的乳糜微粒时发现，小型动物（如大鼠）中脂肪酸标记的半衰期为 8–9 min，大型动物中半衰期＜60 min（如健康人中为 14 min，高甘油三酯血症患者为 51 min）（Cortner et al., 1987）。大约 80%标记的脂肪酸存在于脂肪组织、心脏和骨骼肌中，而 20%存在于肝脏中。IDL 和 LDL 中 ApoB100 的半衰期（约 2 天）比乳糜微粒和 VLDL 中的长。乳糜微粒和 VLDL 主要运输甘油三酯到肝脏和外周（非肝脏）组织作为能源利用或储存。而 LDL 主要转运胆固醇到各种组织（肝脏、肾上腺皮质）来特异性合成胆汁酸和类固醇激素。

（6）脂蛋白脂肪酶活性的调控

不同亚型的脂蛋白脂肪酶在不同组织的薄壁组织细胞（如白色脂肪组织中的脂肪细胞、骨骼肌中的肌纤维和心脏中的肌细胞）中合成，此酶被分泌到毛细血管内皮表面（Lee et al., 2014; Macfarlane et al., 2008）。脂蛋白脂肪酶被 ApoC2（HDL 的组成部分）激活，但被 ApoC3（VLDL 的一个组成部分）和 Angptl4（血管生成素样蛋白 4）抑制（Goldberg et al., 2009）。脂蛋白脂肪酶的表达、活性受到组织特异的激素、营养状态和其他因素（如细胞因子、运动）调控（表 6.2），这取决于动物的营养状态和生理水平需要。例如，生理水平的胰岛素会增强白色脂肪组织中脂蛋白脂肪酶的活性，抑制肌肉中脂蛋白脂肪酶的活性，而禁食状态下则正好相反。这反映了这两个组织对甘油三酯代谢的不同。具体来说，脂蛋白脂肪酶在白色脂肪组织中促进血液中甘油三酯在细胞外水解为长链脂肪酸和甘油，并被脂肪细胞吸收，而长链脂肪酸和甘油重新酯化为甘油三酯储存起来（Kersten, 2014）。另外，在骨骼肌中脂蛋白脂肪酶促进血管内皮细胞外（血液）的甘油三酯转化为长链脂肪酸，作为主要代谢能量。总体而言，在摄食状态下，胰岛素促进甘油三酯储存在白色脂肪组织中，而在禁食状态下，血液中的甘油三酯被骨骼肌利用，用来产生 ATP 和节省葡萄糖。因此，脂蛋白脂肪酶控制不同营养状态下动物体内甘油三酯的存储或氧化，从而在调节全身脂肪体内平衡中发挥着重要的作用。

表 6.2　激素、营养条件以及其他因素对脂蛋白脂肪酶、激素敏感性脂肪酶在白色脂肪组织（WAT）、骨骼肌中的表达及活性的影响

	脂蛋白脂肪酶		激素敏感性脂肪酶	
	WAT	骨骼肌	WAT	骨骼肌
激素				
儿茶酚胺	↓	↑	↑	↑
胰高血糖素	↓	↑	↑	↑
糖皮质激素				
短期	↑	↑	↑	↑
长期	↑	↑	↓	↓

续表

	脂蛋白脂肪酶		激素敏感性脂肪酶	
	WAT	骨骼肌	WAT	骨骼肌
生长激素	↓	↑	↑	↑
胰岛素	↑	↓	↓	↓
甲状旁腺激素	↓	↑	↑	↑
甲状腺激素	↓	↑	↑	↑
营养条件				
禁食（与摄食状态）	↓	↑	↑	↑
摄食（与禁食）	↑	↓	↓	↓
高脂日粮（与低脂日粮相比）	↑	↑	↑	↑
高淀粉日粮（与低淀粉日粮相比）	↑	↓	↓	↓
高蛋白日粮（与正常蛋白日粮相比）	NC	↑	↑	↑
ω3 多不饱和脂肪酸	↓	↑	↑	↑
其他因素				
腺苷酸活化蛋白激酶	↓	↑	↑	↑
运动	↓	↑	↑	↑
干扰素-α	↓	↓	↑	↑
干扰素-γ	↓	↓	↑	↑
白细胞介素-1	↓	↓	↑	↑
脂多糖	↓	↓	↑	↑
过氧化物酶体增殖物活化受体-α	—	↑	—	↑
过氧化物酶体增殖物活化受体-γ	↑	NC	↓	NC
过氧化物酶体增殖物活化受体-δ/β	↓	↑	↑	↑
肿瘤坏死因子-α	↓	↓	NC	↑

资料来源：Bijland, S., S.J. Mancini, and I.P. Salt. 2013. *Clin. Sci.* 124: 491–507; Donsmark, M., J. Langfort, C. Holm, T. Ploug, and H. Galbo. 2004. *Proc. Nutr. Soc.* 63:309–314; Goldberg, I.J., R.H. Eckel, and N.A. Abumrad. 2009. *J. Lipid Res.* 50:S86–S90; Huang, C.W., Y.S. Chien, Y.J. Chen, K.M. Ajuwon, H.M. Mersmann, and S.T. Ding. 2016. *Int. J. Mol. Sci.* 17:1689; Lee, M.J., P. Pramyothin, K. Karastergiou, and S.K. Fried. 2014. *Biochim. Biophys Acta.* 1842: 473–481; Macfarlane, D.P., S. Forbes, and B.R. Walker. 2008. *J. Endocrinol.* 197:189–204; Picard, F., D. Arsenijevic, D. Richard, and Y. Deshaies. 2002. *Clin. Vaccine Immunol.* 9: 4771–4776。

注：↓，减少；↑，增加；NC，无变化。

在乳腺中，催乳素在妊娠后期和哺乳期增强脂蛋白脂肪酶的表达，为甘油三酯的合成提供脂肪酸（Rezaei et al., 2016）。该酶将血源性甘油三酯转换为长链脂肪酸和甘油从而被乳腺上皮细胞吸收。尽管脂蛋白脂肪酶不是直接被 cAMP 依赖的激酶激活，但在寒冷暴露时脂蛋白脂肪酶在棕色脂肪组织、白色脂肪组织、心脏、骨骼肌、肾上腺中的表达增加（Goldberg et al., 2009）。这种状态下脂蛋白脂肪酶表达水平的提高是由血液中提高的甲状腺激素和儿茶酚胺介导了靶基因转录。在各种组织中，提供脂肪酸用于非战栗性产热具有重要的生理意义。

脂蛋白脂肪酶在胚胎期和出生早期的肝脏中表达，但此后转录因子 RF-1-LPL 会结合到脂蛋白脂肪酶启动子的 NF-1 样糖皮质激素效应原素上，从而抑制了该酶的表达

（Semenkovich et al.，1989）。在围产期动物肝脏中，脂蛋白脂肪酶的表达受甲状腺激素和糖皮质激素诱导。在成年动物肝脏中，脂蛋白脂肪酶的消失对于膳食和内源性脂类（如甘油三酯和胆固醇）传递到肝外组织极其重要。脂蛋白脂肪酶在肝脏中可以被肝脂肪酶替代。

（7）肝脂肪酶活性调节

肝脂肪酶几乎只在肝细胞中表达，在其他组织（如胰腺、白色脂肪组织、肺、心脏、骨骼肌、乳腺、肾上腺和卵巢）中检测不到肝脂肪酶的 mRNA（Semenkovich et al.，1989）。生长激素、雄性激素和糖皮质激素可增强肝脂肪酶的表达，但雌激素、ω3 多不饱和脂肪酸抑制肝脂肪酶的表达，胆固醇控制肝细胞吸收甘油三酯和血浆中的游离脂肪酸浓度（Perret et al.，2002）。最近的研究表明，鞘磷脂也可抑制肝脂肪酶的活性，当鞘磷脂在脂蛋白基质中被耗尽时，该酶的活性最强（Yang et al.，2015）。与 HDL 相比，肝脂肪酶对 LDL 和 VLDL 的作用更大。

6.5.1.3　HDL 的代谢

1）HDL 的代谢起源于小肠和肝脏，其中初级 HDL 来源于小肠，成熟的 HDL 来源于肝脏（图 6.10）。初级和成熟的 HDL 含有不同比例的载脂蛋白、胆固醇和磷脂，载脂蛋白含量比乳糜微粒和 VLDL 中的高。初级和成熟的 HDL 都参与了脂蛋白中甘油三酯和胆固醇的代谢。

新形成的 HDL（称为初级 HDL）的量小，由小肠的肠上皮细胞合成并释放进入淋巴循环，含有 ApoA1，无 ApoC2 或 ApoE（Goldstein and Brown，2015）。相比之下，肝脏中的肝细胞合成并释放大量具有 ApoA1、ApoC2 和 ApoE 的成熟 HDL。从肝脏释放的 HDL 通过淋巴管进入血液循环。在哺乳动物、鸟类和鱼类中，肝脏是血浆中 HDL 的主要来源。

2）肠源性 HDL 在血液中的代谢。进入血液后，肠道衍生的 HDL 中的 ApoA1 较大程度与血浆中从肝脏释放的脂质转运蛋白（ATP 结合盒转运蛋白 A1）相互作用，这是细胞外的一个反应。该脂质转运蛋白主要是从肝脏释放（70%），较少（30%）来源于肠道（Lee et al.，2012）。这种相互作用促进磷脂和游离胆固醇从 ATP 结合盒转运蛋白 A1 转移到 ApoA1，产生盘状初级 HDL。因此，ATP 结合盒转运蛋白 A1 介导游离胆固醇和磷脂与 ApoA1 的结合。此后，由 ApoA1 激活的血浆卵磷脂:胆固醇酰基转移酶将 HDL 上的磷脂酰胆碱和游离胆固醇分别转化成溶血磷脂酰胆碱和胆固醇酯，产生球形 HDL（Puri，2011）。通过血浆胆固醇酯转移蛋白的作用，卵磷脂:胆固醇酰基转移酶衍生的 1/3 胆固醇酯从球形 HDL 变成 VLDL 以促进 VLDL 的分解代谢。该反应还导致甘油三酯与 HDL 颗粒的交换。球形 HDL 具有极性脂质和载脂蛋白的表面层，可被肝脏识别。

3）血液运输中肝源性 HDL 的代谢。如前所述，肝脏将含有 ApoA1、ApoC2 和 ApoE 的成熟 HDL 释放到血液中。这些成熟的 HDL 将 ApoC2 和 ApoE 转移到乳糜微粒和 VLDL，产生较小的 HDL 颗粒（Semenkovich et al.，1989）。肝源性的 HDL 在血液运输过程中的代谢与肠源性的初级 HDL 的代谢相似,不同之处在于肝源性的 HDL 从外周(非肝)组织和细胞中收集的游离胆固醇比肠源性的初级 HDL 吸收的多。最终,肝源性的球形 HDL 含有大量的溶血磷脂酰胆碱和胆甾醇酯,这些球形 HDL 产生并回到肝脏。在血浆中,球形 HDL 占所有 HDL 的大部分(90%),其大小、形状和蛋白质/脂质含量是不均匀的。从外周组织和细胞向肝脏转运胆固醇的过程称为"反向胆固醇转运"(Krieger,1998)。通过 ApoC2 和 ApoE 的释放,肝源性的成熟 HDL 是乳糜微粒和 VLDL 代谢所必需的。这是因为 ApoC2 为组织中脂蛋白脂肪酶的激活剂,而含有 ApoE 的乳糜微粒残余在肝细胞中被 ApoE 特异性受体识别。因此,肝脏释放出的成熟 HDL 是 Apo C2 和 ApoE 的一个储存库,肝脏也是通过合成胆汁酸来降解 HDL 中的胆固醇酯的最终器官,而一些胆汁酸则会随粪便排出。

4)肝脏对血浆球形 HDL 的摄取和代谢。由肠源性和肝源性的 HDL 产生的血浆球形 HDL 通过 HDL 受体(如清道夫受体 B 类 I 型)被肝脏摄取。一旦进入肝细胞,球形 HDL 具有两个代谢命运:①与 ApoC2 和 ApoE 结合形成成熟的、有活性的 HDL,从肝脏释放;②被肝脂肪酶、溶酶体酸性脂肪酶、溶酶体胆固醇酯水解酶和溶酶体蛋白酶水解以产生脂肪酸、甘油、胆固醇、溶血磷脂酰胆碱和氨基酸。

5)HDL 的周转和功能。蛋白质组学研究已经确定了与成熟 HDL 相关的超过 50 种不同蛋白质的存在,其中一些是涉及 HDL 抗炎功能的蛋白质(Iqbal and Hussain, 2009)。HDL 的平均半衰期为 5 天(Puri, 2011)。HDL 脂质也是不尽相同的,如各种各样的生物活性脂质,如磷脂(如鞘氨醇 1 磷酸盐)、氧化型胆固醇和溶血脂质。HDL 的作用如下:①作为脂蛋白的储存库将其转移到其他脂蛋白;②作为未酯化胆固醇的受体(因为 HDL 中高含量的磷脂可溶解胆固醇);③作为胆固醇酯化位点(通过卵磷脂:胆固醇酰基转移酶的作用);④作为胆固醇的载体,将胆固醇从外周组织和细胞逆向转运到肝脏,最终胆固醇变为胆汁酸。因此,由于 HDL 的抗氧化性和胆固醇的逆向转运作用,有助于减少动脉粥样硬化的发展,而动脉粥样硬化是导致心血管疾病的主要原因(Goldstein and Brown, 2015)。

6.5.1.4 HDL 在胆固醇代谢中的重要作用

发生在细胞和血浆中的胆固醇代谢需要酯化反应(Puri, 2011)。在几乎所有的动物细胞中,脂酰辅酶 A:胆固醇酰基转移酶促进胆固醇和脂肪酸在内质网中形成胆固醇酯(胆固醇油酸酯)。该酶由游离胆固醇激活,在肝胆汁酸生物合成中起关键作用。因此,脂酰辅酶 A:胆固醇酰基转移酶调节游离胆固醇的细胞内稳态及其从细胞中的释放。在血液中,胆固醇被由肝脏释放出来的卵磷脂:胆固醇酰基转移酶酯化。胆固醇酯是胆固醇酯转移蛋白的底物,它附着在血浆中的 HDL 上。胆固醇酯转移蛋白接受来自 VLDL 或 LDL 的甘油三酯,并将 HDL 中的甘油三酯交换给胆固醇酯,也可将胆固醇酯中的甘油三酯交换给 HDL。换句话说,胆固醇酯转移蛋白促进胆固醇酯和甘油三酯在血液中脂蛋白之间的转运。因此,HDL 在胆固醇从外周组织逆向转运到肝脏的过程中起重要作用。

6.5.1.5 脂蛋白代谢的物种差异

脂蛋白血浆浓度存在物种差异。例如,猪和人类血浆中具有高水平的 LDL,LDL

是血浆中的主要脂蛋白（Puri, 2011）。在马和反刍动物中，HDL 是主要的脂蛋白，LDL
和 HDL 的密度范围有较大的重合（Drackley, 2000）。因此，使用传统的超离心方法会更
难分离 LDL 和 HDL。在具有家族性高胆固醇血症的动物中，IDL 不能被摄入肝脏，从
而在血液中代谢被转化为 LDL。因此，这些患病动物的血浆 LDL 水平较高。脂蛋白脂
肪酶的缺陷可能导致一些患病动物体内的高血浆甘油三酯水平。

6.6 组织中脂肪酸的合成

6.6.1 由乙酰辅酶 A 合成饱和脂肪酸

乙酰辅酶 A 几乎是所有动物细胞细胞质中主要的脂肪酸合成的前体。在肝脏中，这
种代谢途径主要发生在肝静脉周边的肝细胞中（Jobgen et al., 2006）。如果由线粒体中丙
酮酸、氨基酸和脂肪酸的氧化形成乙酰辅酶 A，则乙酰辅酶 A 通过与草酰乙酸形成柠檬
酸而被转入细胞质。线粒体生成的乙酰辅酶 A 用于脂肪酸合成是一个复杂的生化过程。
首先，乙酰辅酶 A 在线粒体中转化成柠檬酸，柠檬酸通过柠檬酸转运蛋白进入细胞
质（图 6.11）。在细胞质中，当 ATP 和辅酶 A 存在时，柠檬酸被 ATP-柠檬酸裂合酶
分解形成草酰乙酸和乙酰辅酶 A。如果短链脂酰辅酶 A 由细胞质中的短链脂肪酸形成，
则脂酰辅酶 A 直接用于局部脂肪酸合成。以前认为低活性的 ATP-柠檬酸裂合酶限制了
反刍动物脂肪组织中利用葡萄糖来合成脂肪酸。然而现在已经确定，与许多其他组织一

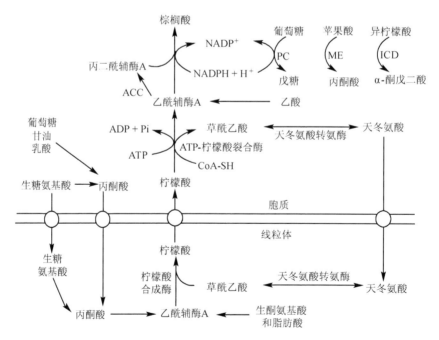

图 6.11 乙酰辅酶 A 从线粒体到细胞质的转移。乙酰辅酶 A 和草酰乙酸在线粒体中由柠檬酸合成酶催
化合成柠檬酸。柠檬酸转运体将柠檬酸从线粒体转运至细胞质中并进一步在柠檬酸裂合酶的作用下裂
解为乙酰辅酶 A 和草酰乙酸。ACC，乙酰辅酶 A 羧化酶；ICD，异柠檬酸氢化酶；ME，苹果酸酶；
PC，戊糖循环。

样，用于脂肪酸合成的葡萄糖的摄取和利用会受到 6-磷酸果糖激酶低活性的限制（Smith and Prior, 1981）。

6.6.1.1 乙酰辅酶 A 在乙酰辅酶 A 羧化酶作用下生成丙二酰辅酶 A

通过乙酰辅酶 A 羧化酶将乙酰辅酶 A 转化为丙二酰辅酶 A 是乙酰辅酶 A 合成脂肪酸的第一步和限速步骤（图 6.12）。这一多亚基的酶存在于内质网中，需要 NADPH、ATP、Mn^{2+}、生物素和 HCO_3^- 作为辅助因子。乙酰辅酶 A 羧化酶催化的反应包括两个步骤：生物素的羧化和羧基生物素转移到乙酰辅酶 A 形成丙二酰辅酶 A。

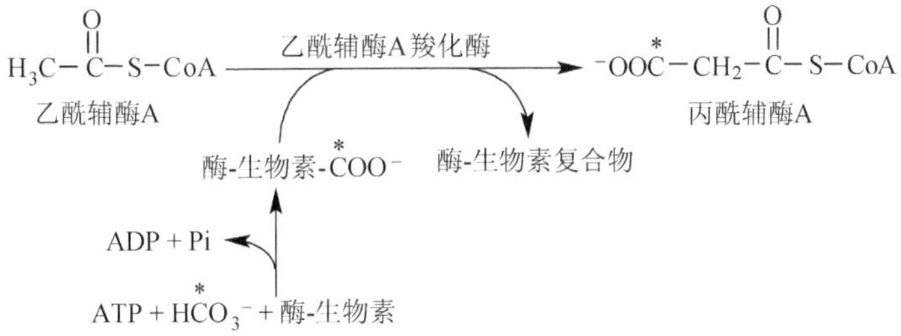

图 6.12 细胞质中乙酰辅酶 A 在乙酰辅酶 A 羧化酶的作用下向丙二酰辅酶 A 的转化。这是乙酰辅酶 A 合成脂肪酸反应中的第一步以及限速反应。

动物具有两种亚型的乙酰辅酶 A 羧化酶（ACC1 和 ACC2），其组织分布和功能不同。乙酰辅酶 A 羧化酶-1（ACC1）主要在脂肪生成的组织（如脂肪组织和哺乳期乳腺）中表达，其中脂肪酸的从头合成在营养和生理上是重要的。相比之下，乙酰辅酶 A 羧化酶-2（ACC2）主要存在于氧化性组织（如骨骼肌和心脏）中，其中脂肪酸的 β-氧化为代谢利用提供了大量的 ATP。值得注意的是，乙酰辅酶 A 羧化酶-1 和乙酰辅酶 A 羧化酶-2 都在肝脏中高度表达，根据营养状况和生理需要，脂肪酸的合成和氧化都很重要。因此，乙酰辅酶 A 羧化酶-1 主要参与脂肪酸的合成。

6.6.1.2 乙酰辅酶 A 和丙二酰辅酶 A 在脂肪酸合成酶作用下形成 C_4 脂肪酸链

在哺乳动物、鸟类、鱼类和酵母中，脂肪酸合成酶是多酶复合物（图 6.13）。脂肪酸合成酶复合物是由"头尾"排列的两个相同单体组成的二聚体。每个单体（多肽）含有 7 种不同活性的酶（酮脂酰合成酶、乙酰转酰基酶、丙二酰转酰基酶、脱水酶、烯酰还原酶、酮脂酰还原酶和硫酯酶）和酰基载体蛋白。功能单元由一个单体的一半与另一个互补单体的一半相互作用组成。在细菌和植物中，脂肪酸合成酶系统的各种酶是分离的蛋白质。真核生物中的脂肪酸合成酶是一种高效的代谢区室，将乙酰辅酶 A 转化为脂肪酸。

由乙酰辅酶 A 和丙二酰辅酶 A 形成 C_4 脂肪酸链如图 6.14 所示。该过程包括脱羧、NADPH 还原、脱水和 NADPH 还原。脂肪酸合成酶复合物的两个单元由图 6.14 中的 1 和 2 表示。NADPH 的主要来源是在细胞质中发生的戊糖磷酸途径（Bauman, 1976）。NADPH 的其他来源在定量上是次要的，包括苹果酸酶（NADP-连接的苹果酸脱氢酶）和细胞质中的异柠檬酸脱氢酶（图 6.11）。在反刍动物脂肪组织中，NADP-连接的苹果酸

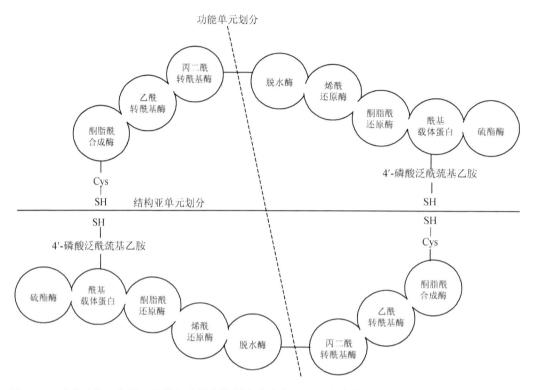

图 6.13 哺乳动物、鸟类、鱼类和酵母中的脂肪酸合成酶。脂肪酸合成酶是二聚体，由两个相同的单体从头合成而来。每个单体有 7 种不同活性的酶（酮脂酰合成酶、乙酰转酰基酶、丙二酰转酰酶、脱水酶、烯酰还原酶、酮脂酰还原酶和硫酯酶）和酰基载体蛋白。该功能单元由单体的一半与互补的另一半相互作用而成。（改编自：Mayes，P. A，1996a. *Harper's Biochemistry*. Appleton and Lange, Stamford, Connecticut. pp. 216–223.）

脱氢酶的活性低（Smith and Prior, 1981）。然而，牛（但不是羊）脂肪组织中的苹果酸酶活性超过乙酰辅酶 A 羧化酶和脂肪酸合成酶的活性（Smith and Prior, 1981）。这表明有足够的苹果酸酶活性来生成大量的 NADPH 以支持牛脂肪组织中的脂肪酸合成。

6.6.1.3 丙二酰辅酶 A 先后生成 C_4 脂肪酸和 C_{16} 脂肪酸

新的丙二酰辅酶 A 分子与脂肪酸合成酶的 4'-磷酸泛酰巯基乙胺（单元 2）的–SH 基团结合，将饱和酰基残基置换到脂肪酸合成酶复合物的游离半胱氨酸的–SH 基团（单元 1）上（图 6.14）。在合成棕榈酸的组织中，这样的反应顺序重复 6 次以形成棕榈酰-酶复合物。棕榈酸通过脂肪酸合成酶的第七种酶（硫酯酶）从棕榈酰-酶复合物中释放出来。从乙酰辅酶 A 和丙二酰辅酶 A 合成棕榈酸的总体反应如下：

$$乙酰辅酶 A + 7 丙二酰辅酶 A + 14NADPH + 14H^+ \rightarrow 棕榈酸 + 7CO_2 + 6H_2O +$$
$$8 辅酶 A + 14NADP^+$$

6.6.1.4 棕榈酸的代谢途径

在有利于脂肪生成的生理和营养条件下，游离的棕榈酸通过棕榈酰辅酶 A 合成酶在

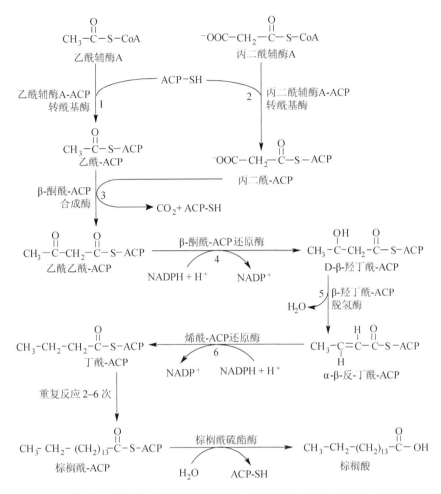

图 6.14 在动物细胞中以乙酰辅酶 A 合成长链脂肪酸（如棕榈酸）的合成途径。这些反应都发生在内质网。ACP，酰基载体蛋白。

细胞质中活化成棕榈酰辅酶 A。所得到的棕榈酰辅酶 A 被酯化成甘油三酯和胆固醇酯，并且在滑面内质网中经历链延长和去饱和。棕榈酰辅酶 A 也可通过蛋白质棕榈酰转移酶（跨膜蛋白）参与蛋白质半胱氨酸残基的棕榈酰化，以调节其生物学活性。脂肪酸链超过 C_{16} 的延伸发生在滑面内质网中，这一代谢途径需要在烃链中添加乙酰辅酶 A 作为丙二酰辅酶 A 的前体，同时也需要添加 NADPH（图 6.15）。

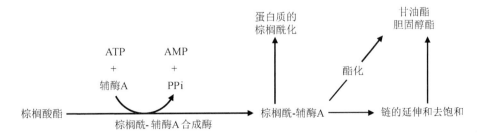

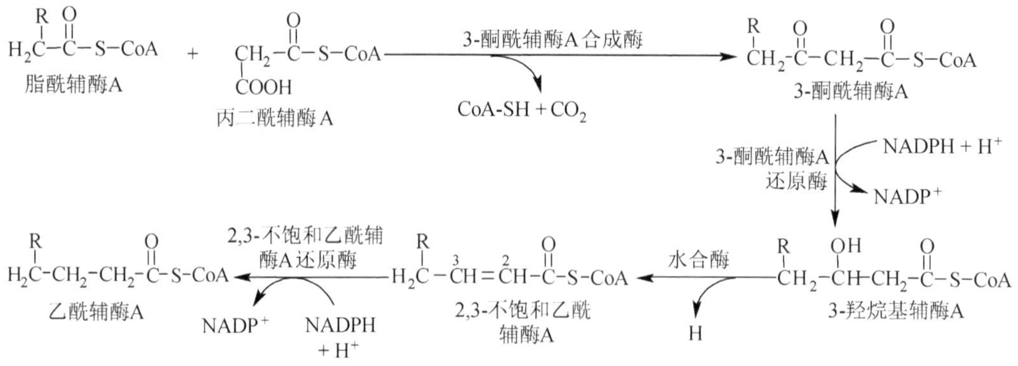

$$H_2C-\overset{R}{\underset{}{C}}-\overset{O}{\underset{}{C}}-S-CoA$$

脂酰辅酶 A

$$+ \quad CH_2-\overset{O}{\underset{}{C}}-S-CoA$$
$$\overset{|}{COOH}$$

丙二酰辅酶 A

3-酮酰辅酶 A 合成酶 → CoA-SH + CO_2

$$CH_2-\overset{R}{\underset{}{C}}-CH_2-\overset{O}{\underset{}{C}}-S-CoA$$

3-酮酰辅酶 A

3-酮酰辅酶 A 还原酶 ← NADPH + H⁺ → NADP⁺

$$CH_2-\overset{R}{\underset{}{CH}}-CH_2-\overset{O}{\underset{}{C}}-S-CoA$$
$$\overset{|}{OH}$$

3-羟烷基辅酶 A

水合酶 ← H

$$H_2C-\overset{R}{\underset{}{CH}}=CH-\overset{O}{\underset{}{C}}-S-CoA$$

2,3-不饱和乙酰辅酶 A

2,3-不饱和乙酰辅酶 A 还原酶 ← NADP⁺ NADPH + H⁺

$$H_2C-CH_2-CH_2-\overset{R}{\underset{}{C}}-\overset{O}{\underset{}{C}}-S-CoA$$

乙酰辅酶 A

图 6.15 滑面内质网上饱和脂肪酸链长超过 C_{16} 的延伸。这种代谢途径需要：①乙酰辅酶 A 作为丙二酰辅酶 A 的前体添加到脂肪酸烃链；②NADPH + H⁺ 作为还原当量。CoA，辅酶 A。

6.6.2 由丙二酰辅酶 A 或丁酰辅酶 A 与乙酰辅酶 A 合成饱和脂肪酸

除乙酰辅酶 A 外，用于脂肪酸合成的引物还可以是丙二酰辅酶 A 或丁酰辅酶 A。所有后续 C_2 单元的添加也通过丙二酰辅酶 A 的掺入，并且丙二酰辅酶 A 由乙酰辅酶 A 合成。由丙二酰辅酶 A 或丁酰辅酶 A 和乙酰辅酶 A 合成饱和脂肪酸的途径与前面由乙酰辅酶 A 合成脂肪酸所述相同。在反刍动物中，瘤胃中形成大量的丙酸，有助于形成具有奇数碳的脂肪酸。

6.6.3 短链脂肪酸的合成

短链脂肪酸是指碳链长度在 C_{2-5} 的有机脂肪酸，主要产生在反刍动物的瘤胃和非反刍动物的肠道（主要是大肠）中，是厌氧细菌发酵膳食脂肪、蛋白质和碳水化合物（包括非淀粉纤维）（第 5 章）的产物。在动物的后肠，短链脂肪酸的 83% 是乙酸、丙酸和丁酸，其浓度可以达到 100–150 mmol/L。在反刍动物，乙酸是重要的能量底物，丙酸是糖异生的主要底物，丁酸则是结肠上皮细胞的首选能量底物并能够调控它们的生长和分化。从结肠近端到远端，慢速发酵纤维（如麦麸）与完全发酵纤维（如燕麦麸）相比能更有效地发酵产生丁酸（Turner and Lupton, 2011）。事实上，不同的营养底物优先发酵形成不同的短链脂肪酸，这在日粮影响肠道健康的关系中可能具有十分重要的作用。因此，通过增加丁酸的产量、增加肠道蠕动、稀释排泄物中的毒性物质、大量摄入膳食纤维能够减少结肠癌的发生。相反，日粮中纤维摄取不足可能会造成肠功能障碍和结肠癌。

6.6.4 动物体内单不饱和脂肪酸的合成

6.6.4.1 Δ^9 单不饱和脂肪酸的合成

所有动物的细胞滑面内质网都具有脂酰辅酶 A Δ^9 去饱和酶，能够将饱和的脂酰辅酶 A 转化成单不饱和的脂酰辅酶 A。随后经过脂酰辅酶 A 硫酯酶水解脂酰辅酶 A 的酯，生成相应的脂肪酸和辅酶 A。脂酰辅酶 A Δ^9 去饱和酶需要细胞色素 b_5、NADH(P)-细胞

色素 b_5 和分子氧共同作用下在饱和的长链脂肪酸的 Δ^9 位置引入一个双键（Ntambi，1999）。因此，哺乳动物、鸟类和鱼类能够利用长链饱和脂肪酸（棕榈酸；$C_{16:0}$），通过碳链的延伸和去饱和作用合成 $\omega9$（油酸；$C_{18:1}\ \omega7$）和 $\omega7$（棕榈油酸；$C_{16:1}\ \omega7$）家族的不饱和脂肪酸。所以，油酸和棕榈油酸在动物营养上被归为非必需脂肪酸，意味着在日粮中可以不添加这些脂肪酸。

饱和的脂酰辅酶 A + 2 亚铁细胞色素 b_5 + O_2 + $2H^+$ → 饱和的脂酰辅酶 A + 2 高铁细胞色素 b_5 + $2H_2O$ （脂酰辅酶 A Δ^9 去饱和酶）

硬脂酰辅酶 A + 2 亚铁细胞色素 b_5 + O_2 + $2H^+$ → 油脂酰辅酶 A + 2 高铁细胞色素 b_5 + $2H_2O$ （硬脂酰辅酶 A 去饱和酶，SCD）

脂酰辅酶 A + H_2O → 游离脂肪酸 + 辅酶 A （脂酰辅酶 A 硫酯酶）

在营养上一类重要的脂酰辅酶 A Δ^9 去饱和酶是硬脂酰辅酶 A 去饱和酶（SCD），因为其能够将硬脂酸转化为油酸而由此得名（Koeberle et al.，2016）。SCD 也能够将其他的饱和脂肪酸转化成相对应的单不饱和脂肪酸。SCD 在多个组织中均表达，但在不同的物种之间表达水平各异。例如，在啮齿类动物肝脏中的 SCD 活性比白色脂肪组织中高两个数量级，而在牛、绵羊和猪中，白色脂肪中的 SCD 活性最高，并在肌肉、肠黏膜和肝脏中依次递减（Kouba et al.，1997；Smith，2013）。事实上，牛的肝脏中几乎没有 SCD（Smith，2013）。鸡的肝脏中的 SCD 活性远高于白色脂肪组织。SCD 的组织分布为解释在不同物种之间组织中油酸浓度存在差异提供生物化学基础。例如，在小鼠和其他物种（牛、绵羊、猪）的肝脏脂质中，硬脂酸所占的比例分别为 12% 和 25%。有证据表明，SCD 是唯一可以通过日粮大幅度改变其在动物组织中表达和活性的去饱和酶（Smith，2013）。

6.6.4.2 Δ^9 碳与 Δ^1 碳之间双键的引入

在大多数动物（如牛、山羊、绵羊、猪、大鼠、狗、鸟类和许多鱼类）中，长链不饱和脂肪酸的双键可以在 Δ^9 碳原子和 Δ^1 碳原子之间引入（羧基端）。例如，长链不饱和脂肪酸除了 Δ^9 位置，还可以在 Δ^4、Δ^5 和 Δ^6 碳原子引入双键。Δ^4、Δ^5 和 Δ^6 位置的双键分别由 Δ^4、Δ^5 和 Δ^6 去饱和酶催化形成。哺乳动物、鸟类、大西洋鲑鱼和其他种类的鱼（包括淡水鱼和海水鱼）由不同的基因编码 Δ^5（*FADS1*）和 Δ^6（*FADS2*）合成去饱和酶（Nakamura and Nara，2004）。而在斑马鱼中，一个双功能蛋白同时包含 Δ^5 和 Δ^6 去饱和酶活性（Hastings et al.，2001）。Δ^6 去饱和酶催化亚油酸（$C_{18:2}$；$\omega6$）和 α-亚麻酸（$C_{18:3}$；$\omega3$）的去饱和与延伸的第一步，也是限速步骤。因此，在动物细胞中，$\omega3$、$\omega6$ 和 $\omega9$ 多不饱和脂肪酸分别由其相应的前体在 Δ^9 碳原子和 Δ^1 碳原子引入一个或多个双键并随同碳链的延伸而合成（图 6.16）。有证据表明，猪的膳食 CLA 可抑制幼猪肝脏和脑中亚油酸及花生四烯酸合成 PUFA，而且相比于高脂日粮（25% 的脂肪），新生仔猪在饲喂低脂日粮（3% 的脂肪）时这种抑制效果更加显著（Lin et al.，2011）。

不同于其他哺乳动物，猫科动物的组织（如肝脏）中具有 Δ^5 去饱和酶活性，但是很少或几乎没有 Δ^6 去饱和酶活性。因此，猫科动物无法将亚油酸转化为花生四烯酸和二十二碳五烯酸或将 α-亚麻酸转化为 EPA 和 DHA（Sinclair et al.，1979）。因为肉食

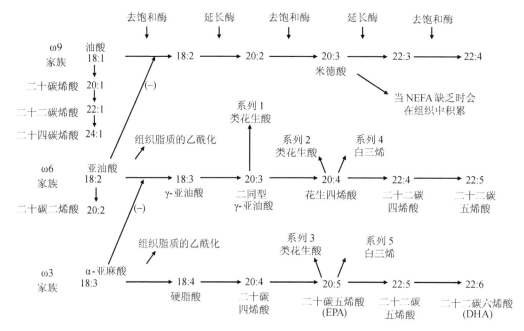

图 6.16　动物细胞生成 1、2、3、4 系列类花生酸类物质以及 4 和 5 系列白三烯。这些生物活性物质都是由多不饱和脂肪酸合成的。

动物合成多不饱和脂肪酸的能力非常有限，所以在这些动物的日粮中需额外添加预制的长链脂肪酸（如 C_{20} 和 C_{22} 多不饱和脂肪酸）（Rivers et al., 1975, 1976）。

在哺乳动物和鸟类中，并没有发现单独编码 Δ^4 去饱和酶的基因。但是在哺乳动物细胞中，Δ^6 去饱和酶具有 Δ^4 去饱和酶活性，因此可以有限地将 EPA 转化为 DHA（Park et al., 2015）。有趣的是，一个低等真核生物破囊壶菌（Qiu et al., 2001）和原始的食草海洋硬骨鱼（Li et al., 2010）具有 Δ^4 去饱和酶的基因。因此，大多数动物能：①从亚油酸（$C_{18:2}$ ω6）合成花生四烯酸（$C_{20:4}$ ω6）和二十二碳五烯酸（$C_{22:5}$ ω6）；②从 α-亚麻酸（$C_{18:3}$ ω3）合成二十碳五烯酸（EPA，$C_{20:5}$ ω-3）、n-3 二十二碳五烯酸（$C_{22:5}$ ω-3）和二十二碳六烯酸（DHA，$C_{22:6}$ ω3）（图 6.17）。

6.6.4.3　动物不能在 Δ^9 碳之外引入双键

所有的动物（包括哺乳动物、鸟类和鱼类）缺乏在饱和脂肪酸或不饱和脂肪酸的 Δ^9 碳之外引入双键的酶，不能从乙酰辅酶 A 和棕榈酸合成亚油酸和 α-亚麻酸，因此这两类脂肪酸被归为营养上动物所需的必需脂肪酸。深海鱼类的肝脏和脂肪组织中含有丰富的多不饱和长链脂肪酸、EPA 和 DHA，其原因是海洋生物摄取含有这些脂肪酸的藻类。与此相反，植物和细菌中能够在 Δ^6、Δ^9、Δ^{12} 和 Δ^{15} 碳原子位置引入双键，因此可以合成营养上的必需脂肪酸。

6.6.5　在动物营养中反式不饱和脂肪酸和多不饱和脂肪酸的区别

反式不饱和脂肪酸在自然界中并不常见，但在食品加工时，植物油通过化学反应加

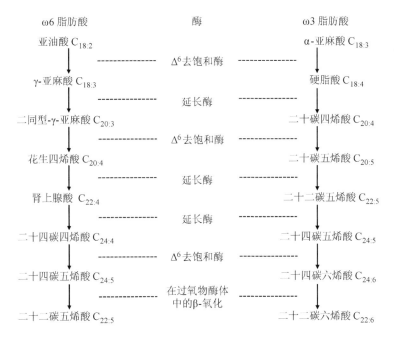

图 6.17 滑面内质网上不饱和脂肪酸链长超过 C_{18} 的延伸。这种代谢途径需要将乙酰辅酶 A 作为丙二酰辅酶 A 的前体添加到脂肪酸烃链，还需要 NADPH。此图还显示了通过过氧化物酶体中的 β-氧化将 C_{24}–C_{22} 的多不饱和脂肪酸链缩短。

氢从液态向固态转变，在此过程中，反式不饱和脂肪酸是一种副产物。异油酸（$C_{18:1}$ ω9，油酸的一种反式异构体）是主要的反式不饱和脂肪酸，常由植物油部分加氢生成，并被应用于人造奶油、零食、烘焙食品和油炸食品中。值得注意的是，在牛或其他反刍动物的肉类和乳类中，异油酸（约占总脂肪酸的 0.1%）的含量可以忽略不计（Alonso et al., 1999）。十八碳烯酸是反刍动物肉类和乳类中主要的单不饱和脂肪酸。反式不饱和脂肪酸（化学上仍然是不饱和脂肪酸）具有和饱和脂肪酸一样的直链结构，它的代谢方式也更像饱和脂肪酸，而不像顺式不饱和脂肪酸。因此，反式不饱和脂肪酸可以提高人 LDL 含量，降低 HDL 含量（Abbey and Nestel, 1994）。反式多不饱和脂肪酸并不具有必需脂肪酸的生物活性，甚至会对营养性必需脂肪酸的代谢起到负面作用并且加剧营养上必需脂肪酸的缺乏。因此，反式不饱和脂肪酸在动物营养和食品安全方面很重要。

日粮中不饱和脂肪酸的组成具有营养和生理重要性，因为它不仅决定了膜磷脂的组成，并在膜流动性、膜受体、酶，以及膜转运蛋白中起作用；而且提供体内不能合成的 ω6 和 ω3 脂肪酸，这对于正常的细胞功能必不可少。例如，SCD 活性几乎表现在所有细胞型中，并且对膜的流动性非常重要。另外，花生四烯酸和 DHA 大量地储存在发育中的中枢神经系统非髓鞘膜中。ω6 和 ω3 脂肪酸摄入不足会损害神经发育、学习能力、记忆力、视觉功能、心脏和骨骼结构、血液循环、细胞膜完整性、营养物质吸收和转运、皮肤完整性和免疫反应（Field et al., 2008; Gimenez et al., 2011）。除此以外，ω3 多不饱和脂肪酸促进饱和长链脂肪酸和单不饱和长链脂肪酸氧化为 CO_2 和 H_2O，从而降低血液中脂肪酸和甘油三酯的浓度。动物日粮中必须包含 ω3 多不饱和脂肪酸，以达到最理想的生长和健康状态。日粮中 ω3 与 ω6 脂肪酸的合适比例为 2∶1。

6.6.6 脂肪酸合成的测定方法

脂肪酸在细胞和组织中的从头合成可以通过以下方法进行测定：①用 ^{14}C 标记的乙酸、葡萄糖和氨基酸，它们可以被转化成 ^{14}C 标记的长链脂肪酸（如棕榈酸）；②用 $^{3}H_2O$，它将成为 ^{3}H 标记长链脂肪酸的一部分（Smith and Prior, 1986）。随后通过有机溶剂萃取的方法将被标记的脂肪酸从其被标记的前体中分离。用"被标记的脂肪酸中的放射量"/"被标记前体的特定放射活性"来计算脂肪酸生成的速率。

6.6.7 脂肪酸从头合成对底物利用的物种差异

底物（如葡萄糖、乳酸、丙酮酸、甘油和氨基酸）被代谢成乙酰辅酶 A，然后可以作为脂肪酸合成的前体（Prior et al., 1981）。但是，这个合成路径在不同物种间具有一定差异（表 6.3）。例如，非反刍动物主要利用葡萄糖作为底物合成脂肪酸。又如，80 kg 体重阶段的育肥猪利用其吸收的葡萄糖总量的 40%合成脂肪酸。相比之下，反刍动物不能在脂肪酸合成中很好地利用葡萄糖（Smith and Prior, 1981），原因如下。首先，与非反刍动物脂肪组织相比，反刍动物脂肪组织中 ATP-柠檬酸裂合酶的活性很低。其次，反刍动物组织中己糖激酶活性很低（表 6.4），所以由葡萄糖生成丙酮酸的速率非常低。在反刍动物中，短链脂肪酸是脂肪酸合成的主要底物。在这种情况下，细胞液中的乙酸、丙酸和丁酸首先被激活，然后分别形成乙酰辅酶 A、丙酰辅酶 A 和丁酰辅酶 A，这样就绕过了线粒体和 ATP-柠檬酸裂合酶这一步骤。由于瘤胃中产生大量的丙酸，反刍动物血浆、组织和乳中有大量的奇碳数脂肪酸（Bergen and Mersmann, 2005）。另外，由于支链氨基酸在瘤胃中生成支链脂肪酸，反刍动物血浆、组织和乳中有大量中链和长链的支链脂肪酸。

表 6.3   肝脏和白色脂肪组织中脂肪酸从头合成的物种差异

物种	脂肪酸从头合成	
	肝脏	白色脂肪组织
猫	是	是
鸡	是	否
狗	是	是
人类	是	否
小鼠	是	是
猪	否	是
兔	是	是
大鼠（成年）	是	否
大鼠（幼年）	是	是
反刍动物 [a]	否	是

资料来源：Jobgen, W.S., S.K. Fried, W.J. Fu, C.J. Meininger, and G. Wu. 2006. *J. Nutr. Biochem.* 17:571–588。

[a] 反刍动物：牛、山羊和绵羊。

表 6.4 牛的皮下脂肪组织合成脂肪的相关酶的活性 [a]

酶	最大活性 [nmol/（min·g 湿重）]
己糖激酶	18
磷酸果糖激酶 1	84
丙酮酸激酶	44
ATP-柠檬酸裂合酶	79
NADP-苹果酸脱氢酶	207
丙酮酸羧化酶	42
顺乌头酸酶（一种水合酶）	49
NADP-异柠檬酸脱氢酶	1976
乙酰辅酶 A 羧化酶	54

资料来源：Smith, S.B. and R.L. Prior. 1981. *Arch. Biochem. Biophys*. 211:192–201。

[a] 细胞外 10 mmol/L L-乳酸转化为脂肪酸的速率是 48 nmol/(min·g 湿重)。

6.6.8　同种动物在脂肪酸从头合成中利用底物的组织差异

所有的组织都能从乙酰辅酶 A 合成脂肪酸，同一动物体内该代谢途径的主要场所具有高度的组织依赖性（表 6.3）。例如，白色脂肪组织是干乳期奶牛、绵羊、山羊、猪、狗和猫脂质合成的主要场所（Tobgen et al., 2006）。在家禽、人类、成年大鼠中，肝脏是脂肪酸从头合成和脂质生成的主要场所（Bergen and Mersmann, 2005）。在小鼠、兔和幼小的大鼠中，肝脏和白色脂肪组织都是脂质生成的主要场所。成年大鼠的白色脂肪组织缺乏乙酰辅酶 A 羧化酶活性，因此不能合成脂肪酸。泌乳期哺乳动物的乳腺会合成大量的脂肪酸和其他脂质。巨噬细胞会合成和释放大量的脂肪酸及其代谢产物以应答免疫活化。

6.6.9　脂肪酸合成的营养与激素调控

营养物质和激素对脂肪酸合成的调控包括短期机制和长期机制（表 6.5）。细胞内的能量状态，乙酰辅酶 A、丙二酰辅酶 A 和 NADPH 的浓度，乙酰辅酶 A 羧化酶、脂肪酸合成酶和戊糖循环酶的活性，是影响饱和直链脂肪酸合成的重要因素（Bauman, 1976）。乙酰辅酶 A 羧化酶活性受蛋白质磷酸化和去磷酸化、变构因子、酶蛋白浓度等调控。Δ^9 去饱和酶是由饱和脂肪酸合成单不饱和脂肪酸的限速酶。

表 6.5 激素、营养状况和其他因素在脂肪酸合成以及在动物白色脂肪组织（WAT）、骨骼肌（SKM）和肝脏中氧化的作用

	脂肪酸合成			脂肪酸氧化		身体中的净效应	
	WAT	SKM	肝脏	SKM	肝脏	TAG 合成	TAG 沉积
激素							
儿茶酚胺	↓	↓	↓	↑	↑	↓	↓
胰高血糖素	↓	↓	↓	↑	↑	↓	↓
糖皮质激素							
短期	↑	↑	↑	↑	↑	↓	↓

续表

	脂肪酸合成			脂肪酸氧化		身体中的净效应	
	WAT	SKM	肝脏	SKM	肝脏	TAG 合成	TAG 沉积
长期	↑	↑	↑	↓	↓	↑	↑
生长激素	↓	↓	↓	↑	↑	↓	↓
胰岛素	↑	↑	↑	↓	↓	↑	↑
甲状旁腺激素	↓	↓	↓	↑	↑	↓	↓
甲状腺激素	↓	↓	↓	↑	↑	↓	↓
营养状况							
禁食（相对于饲养）	↓	↓	↓	↑	↑	↓	↓
饲养（相对于禁食）	↑	↑	↑	↓	↓	↑	↑
高脂日粮（相对于低脂日粮）	↓	↓	↓	↑	↑	↓	↓
高淀粉日粮 [a]	↑	↑	↑	↓	↓	↑	↑
高蛋白质日粮 [b]	↓	↓	↓	↑	↑	↓	↓
ω3 多不饱和脂肪酸	↓	↓	↓	↑	↑	↓	↓
其他因素							
腺苷酸活化的蛋白激酶	↓	↓	↓	↑	↑	↓	↓
运动	↓	↓	↓	↑	↑	↓	↓
干扰素-α	↓	↓	↓	↑	↑	↓	↓
干扰素-γ	↓	↓	↓	↑	↑	↓	↓
干扰素-tau	↓	↓	↓	↑	↑	↓	↓
白细胞介素-1	↓	↓	↓	↑	↑	↓	↓
脂多糖	↓	↓	↓	↓	↓	↓	↓
PPAR-α	—	↓	↓	↑	↑	↓	↓
PPAR-γ	↑	NC	NC	NC	NC	↑	↑
PPAR-δ/β	↓	↓	↓	↑	↑	↓	↓
肿瘤坏死因子-α	↓	↓	↓	↑	↑	↓	↓

资料来源：Bijland, S., S.J. Mancini, and I.P. Salt. 2013. *Clin. Sci.* 124:491–507; Donsmark, M., J. Langfort, C. Holm, T. Ploug, and H. Galbo. 2004. *Proc. Nutr. Soc.* 63:309–314; Goldberg, I.J., R.H. Eckel, and N.A. Abumrad. 2009. *J. Lipid Res.* 50:S86–S90; Huang, C.W., Y.S. Chien, Y.J. Chen, K.M. Ajuwon, H.M. Mersmann, and S.T. Ding. 2016. *Int. J. Mol. Sci.* 17:1689; Lee, M.J., P. Pramyothin, K. Karastergiou, and S.K. Fried. 2014. *Biochim. Biophys Acta.* 1842: 473–481; Macfarlane, D.P., S. Forbes, and B.R. Walker. 2008. *J. Endocrinol.* 197:189–204; Minnich, A., N. Tian, L. Byan, and G. Bilder. 2001. *Am. J. Physiol. Endocrinol. Metab.* 280:E270–279; Picard, F., D. Arsenijevic, D. Richard, and Y. Deshaies. 2002. *Clin. Vaccine Immunol.* 9: 4771–4776; Tekwe, C.D., J. Lei, K. Yao, R. Rezaei, X.L. Li, S. Dahanayaka, R.J. Carroll, C.J. Meininger, F.W. Bazer, and G. Wu. 2013. *BioFactors* 39:552–563.

注：↓，减少；↑，增加；NC，无改变；PPAR，过氧化物酶体增殖物激活受体；TAG，甘油三酯。

[a] 与低淀粉日粮比较。

[b] 与标准蛋白质的日粮比较。

6.6.9.1 短期机制

脂肪酸合成的短期调控机制主要通过对乙酰辅酶 A 羧化酶和肉碱棕榈酰基转移酶-1（CPT-1）的变构和共价修饰。活化的乙酰辅酶 A 羧化酶将乙酰辅酶 A 转化为丙二酰辅酶 A（CPT-1 的抑制剂），从而促进脂肪酸合成和抑制脂肪酸氧化。乙酰辅酶 A 羧化酶被其磷酸化（由 cAMP 依赖性蛋白激酶 A 催化）所抑制，但是被其去磷酸化所激活。最终，cAMP

激活蛋白激酶 A，使脂蛋白脂肪酶和围脂滴蛋白磷酸化，从而引起细胞内甘油三酯的水解。因此，增强或减少细胞内 cAMP 浓度的因子能分别促进或者抑制脂肪生成（表 6.5）。

（1）乙酰辅酶 A 羧化酶

该酶可以被乙酰辅酶 A（脂肪酸合成的产物）通过反馈抑制而灭活，这表明大量供给脂肪酸可以减少乙酰辅酶 A 向脂肪酸的转化，有助于乙酰辅酶 A 的氧化，因此脂肪酸转化成 CO_2 和 H_2O。

（2）激素

胰岛素是调节脂肪酸在白色脂肪组织和肝脏中合成的主要激素，通过乙酰辅酶 A 羧化酶蛋白去磷酸化后将其活化，以及通过提高脂肪酸转运蛋白-1（FATP/Slc27 蛋白家族一员）的表达量和血流量使肝细胞和脂肪细胞吸收更多的长链脂肪酸。与胰岛素相反，乙酰辅酶 A 羧化酶通过 cAMP 依赖的磷酸化被胰高血糖素、肾上腺素和去甲肾上腺素抑制（如禁食和运动时）。

合成代谢和分解代谢的激素通过不同的机制影响细胞内 cAMP 的浓度。例如，儿茶酚胺与 G 蛋白偶联的 β-肾上腺素受体相结合，激活腺苷酸环化酶，从而将 ATP 转化为 cAMP。甲状腺激素与核甲状腺激素受体结合，增强靶基因（包括腺苷酸环化酶）的表达。胰高血糖素与其细胞膜的受体结合，该受体与位于细胞质侧的 G 蛋白相偶联，随着 G 蛋白的构象变化，其 α-亚基中的 GDP 被 GTP 替代，导致由 G 蛋白的 β 亚基和 γ 亚基复合体释放 α 亚基，然后该 α 亚基与腺苷酸环化酶相互作用，导致酶的活化。生长激素与其细胞膜受体结合，导致受体的二聚化。生长激素受体的构象变化导致细胞内 Janus 激酶（一种酪氨酸激酶，JAK）和潜在的细胞质转录因子的磷酸化及活化，这种转录因子被称为信号转导和转录激活因子（STAT）蛋白，包括 STAT1、STAT3 和 STAT5。这一系列信号转导促进腺苷酸环化酶等靶基因的表达。糖皮质激素下调环核苷酸磷酸二酯酶 3B（PDE3B，一种水解 cAMP 产生 AMP 的酶）的表达，从而提高细胞内 cAMP 的浓度（Xu et al., 2009）。相比之下，胰岛素通过与其细胞膜受体结合，促进蛋白激酶 B 介导的磷酸化而产生相反的作用，导致 PDE3B 的活化以分解 cAMP。

当机体处于运动、冷应激和高摄取蛋白质状态时，血浆中胰高血糖素和肾上腺素的浓度会增加。在 1 型糖尿病患者和禁食情况下，胰高血糖素与胰岛素的比率会更高。生长激素可以通过抑制脂肪酸合成酶的表达以及增加 cAMP 的产生来减少组织中脂肪酸的合成和脂质的生成。同时，生长激素可以促进脂肪分解来减少动物脂肪沉积。生长激素是导致体内血浆脂肪酸浓度增加的最有效的激素之一，也是在其注射后 3.5 h 内能产生这种作用的唯一垂体激素（Goodman, 1968）。

（3）柠檬酸

柠檬酸可以激活乙酰辅酶 A 羧化酶的表达。在营养充足的情况下，细胞质中的柠檬酸浓度会增加。以葡萄糖、氨基酸作为能量底物，动物能产生大量的乙酰辅酶 A，而柠檬酸是机体产生乙酰辅酶 A 的一个标记物。在这些营养条件下，脂肪酸合成增加有助于将膳食能量以甘油三酯的形式储存起来。

（4）长链脂酰辅酶 A

这些长链脂肪酸衍生物如长链脂酰辅酶 A 能够抑制乙酰辅酶 A 羧化酶的表达，这是代谢物反馈抑制的一个很好的例子。长链脂酰辅酶 A 通过抑制线粒体内膜 ATP-ADP 互换来抑制丙酮酸脱氢酶活性。线粒体[ATP]与[ADP]比率的增加可以激活丙酮酸脱氢酶激酶，将丙酮酸脱氢酶从活性形式（去磷酸化）转化为无活性形式（磷酸化），从而减少丙酮酸转换为乙酰辅酶 A，即脂肪酸的合成。

（5）碳酸氢盐（HCO$_3^-$）

碳酸氢盐是乙酰辅酶 A 羧化酶具备活性所必需的。碳酸酐酶将 CO_2 和 H_2O 转化为 HCO_3^- 和 H^+。当机体处于代谢性酸中毒时，HCO_3^- 的可用量会降低（如哺乳期和怀孕期的酮病），动物体内的脂肪酸合成会减少。

6.6.9.2　长效机制

调控脂肪酸合成的长效机制主要包括相关酶的合成速率、降解速率及胰岛素敏感性的变化（Jump et al., 2013）。这伴随着日常的采食-禁食周期，因此涉及复杂的生物化学反应过程。胰岛素是诱导酶生物合成的重要激素，胰高血糖素和糖皮质激素起着相反的作用。在基因水平上，甾醇调节元素结合蛋白 1c（SREBP-1c）可以上调乙酰辅酶 A 羧化酶的表达。SREBP-1c 是一种转录因子，它可以调控脂肪酸和胆固醇生物合成途径中关键基因的转录。同时，值得注意的是，饲喂高淀粉日粮会刺激肝脏和白色脂肪组织中 SREBP-1c 的表达。相反，多不饱和脂肪酸可以通过拮抗肝脏 X 受体（LXR）的配体依赖性活化来抑制脂肪组织中 SREBP-1c 的表达，以减少脂肪酸合成：$C_{20:5} \omega3 = C_{20:4} \omega6 > C_{18:2} \omega6 > C_{18:1} \omega9$（Jump et al., 2013）。

乙酰辅酶 A 羧化酶-1 以组织特异性形式在白色脂肪组织和乳腺组织中表达，乙酰辅酶 A 羧化酶-2 主要在骨骼肌和心肌中表达，这表明乙酰辅酶 A 羧化酶-1 和乙酰辅酶 A 羧化酶-2 在调节脂肪酸的合成及氧化作用方面起重要作用，可以应对长期的营养和激素变化。空腹、糖尿病或摄入过多的多不饱和脂肪酸（如亚油酸）都能抑制 SCD 的表达；相反，通过注射胰岛素、摄入高淀粉、饱和脂肪酸膳食或高胆固醇可以增强 SCD 的表达（Ntambi, 1999）。这些长效机制需要几天时间才能充分体现出来。部分原因是，在肝脏和白色脂肪组织中与脂肪酸合成有关的基因的表达增加，这些代谢途径中酶的活性通常随年龄的增长而增强。

6.6.10　胆固醇的合成及细胞来源

6.6.10.1　肝脏内由乙酰辅酶 A 合成胆固醇

胆固醇在肝脏中由乙酰辅酶 A 合成。自 1784 年首次从胆结石中分离出来以来，胆固醇已经受到了来自化学和生物医学领域科学家的广泛关注。在所有哺乳动物、鸟类和鱼类肝细胞中，由乙酰辅酶 A 合成胆固醇主要通过 3 个阶段：①异戊烯焦磷酸的合成，由乙酰辅酶 A 得到活化的异戊二烯单位；②六分子的异戊烯焦磷酸聚合形成鲨烯；③鲨烯环化后形成四环产物，随后被转化为胆固醇（图 6.18）。在鲑鱼和金鱼中，肝脏（主要场所）和肠道都能够从头合成胆固醇。然而，昆虫和海洋无脊椎动物[如白虾（也被称为太平洋白虾、南美白对虾）、龙虾、蟹类、牡蛎和小龙虾]却不能由乙酸合成胆固醇或其

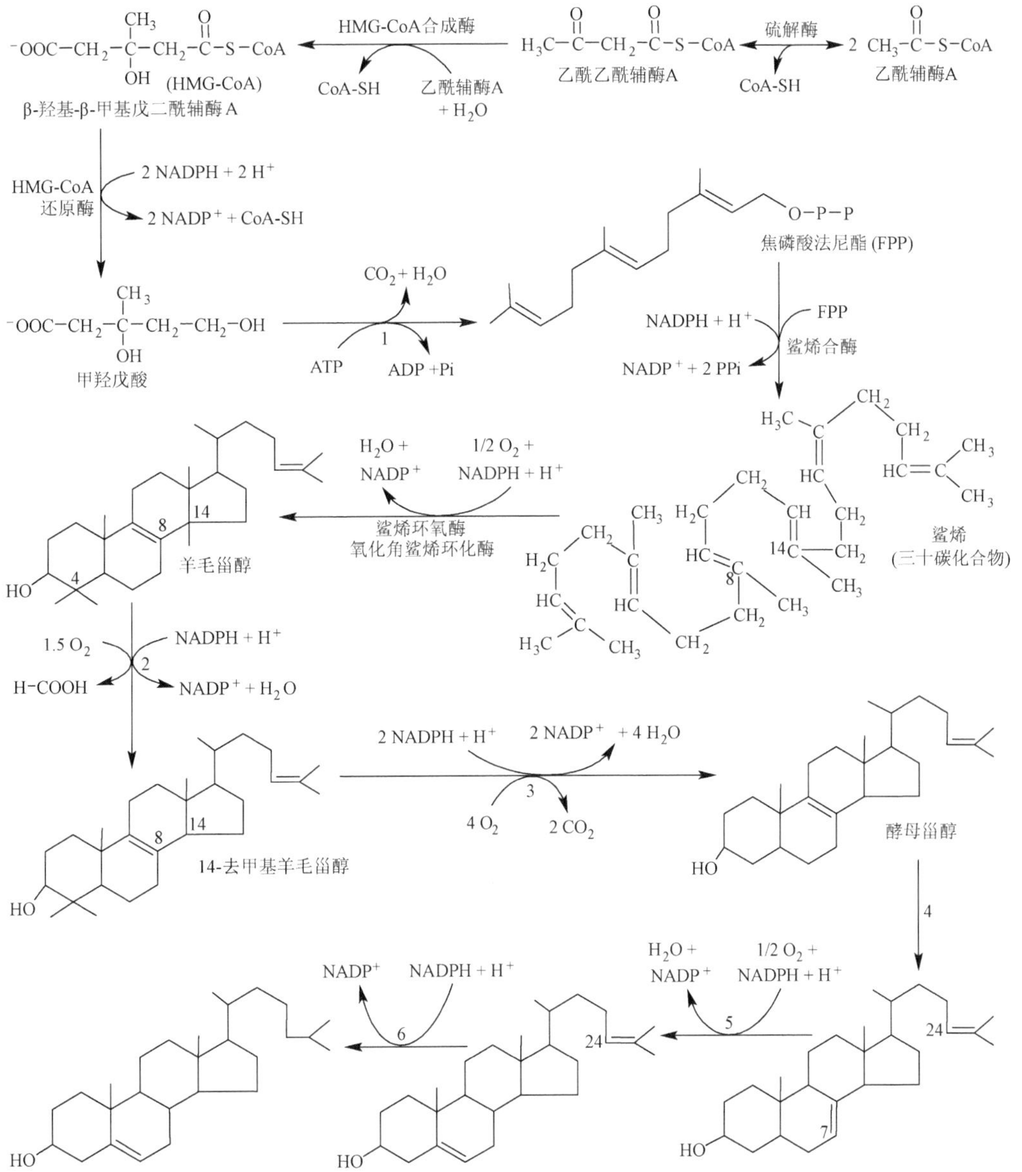

图 6.18 动物肝脏中由乙酰辅酶 A 合成胆固醇。这一代谢途径通过 3 个阶段进行：①由乙酰辅酶 A 合成异戊二烯单位；②六分子的异戊烯焦磷酸缩合成 1 分子鲨烯；③鲨烯环化生成四环产物，随后转化为胆固醇。

他固醇类物质（Teshima and Kanazawa, 1971），因此这些动物必须从日粮中摄取胆固醇来保证生存、生长和发育。

胆固醇合成反应的第一阶段发生在细胞质中，乙酰辅酶 A 和乙酰乙酰辅酶 A 在 β-羟基-β-甲基戊二酸单酰辅酶 A（HMG-CoA）合成酶的作用下生成 HMG-CoA，随后 HMG-CoA 在 HMG-CoA 还原酶的作用下马上转化为甲羟戊酸，然后甲羟戊酸通过 3 个连续性的 ATP 依赖性反应生成 3-异戊烯焦磷酸。HMG-CoA 还原酶是存在于内质网膜上的一个整合蛋白，它是胆固醇合成反应的限速酶。胆固醇合成反应的第二阶段发生在内质网，异戊烯焦磷酸被异构化成二甲丙烯焦磷酸（C_5 单位）。在香叶基转移酶的作用下，二甲丙烯焦磷酸与一个十碳复合物（异戊烯焦磷酸）缩合，生成十五碳复合物（法尼焦磷酸），法尼焦磷酸在鲨烯合成酶的作用下合成鲨烯。

$$2 \text{ 法尼焦磷酸（} C_{15} \text{）} + NADPH \rightarrow \text{ 鲨烯（} C_{30} \text{）} + 2PPi + NADP^+ + H^+$$

胆固醇合成反应的第三阶段是从 O_2^- 和 NADPH 依赖的鲨烯环化酶形成环化鲨烯开始的，环化鲨烯附着在内质网膜上。环化鲨烯在氧化四环素环化酶的作用下被环化成羊毛固醇。最后羊毛固醇被转化为胆固醇，该过程发生在内质网膜，涉及一系列酶催化的反应：三个甲基的去除，一个双键被 NADPH 还原和一个双键位置的转移。

6.6.10.2 细胞内胆固醇的来源和胆固醇稳态的调节

肝细胞中胆固醇有 4 个来源：饮食的乳糜微粒；由小肠释放的 VLDL 生成的细胞外的 LDL；由小肠和外周组织释放的 HDL；从头合成的胆固醇（Goldstein and Brown, 2015）。因此，从日粮摄入的胆固醇能直接影响血浆和肝脏中胆固醇的浓度。肝外组织的胆固醇来源于由小肠释放的乳糜微粒，也有由来自于小肠和肝脏的 VLDL 及 HDL 生成的细胞外的 LDL。胆固醇的合成和从日粮摄入的脂肪酸、碳水化合物、氨基酸能间接影响血液中胆固醇的水平。在健康动物体内，血浆胆固醇水平是被严格控制的（Puri, 2011）。

如前所述，HMG-CoA 合成酶是胆固醇合成的限速酶，它在肝脏中催化由乙酰辅酶 A 生成胆固醇。该途径受乳糜微粒和由外周组织转运至肝脏的胆固醇的浓度的调控。当肝细胞内和非肝细胞中胆固醇水平升高时，LDL 受体的丰度将减少，从而减少这些组织（主要是肝脏组织）吸收细胞外的 LDL，进而致使血浆中 LDL 水平升高。相反，洛伐他汀（lovastatin）和他汀（statin）类药物能抑制细胞质 HMG-CoA 合成酶的活性，从而降低动物血浆中胆固醇和 LDL 水平。

6.7 动物体内甘油三酯的合成与分解代谢

6.7.1 动物体内甘油三酯的合成

作为脂溶性油类，高浓度的游离脂肪酸对动物是有毒性的。血浆中长链脂肪酸通过白蛋白进行转运，而白蛋白在血液中携带大量脂溶性物质的能力有限。日粮来源或从头合成的中链与长链脂肪酸在白色脂肪组织中被酯化形成甘油三酯（高还原性和无水）。甘油三酯是机体转运和储存脂肪酸的主要方式及动物生长的组分，并且可用于动物在禁食条件下维持其生命活动（Etherton and Walton, 1986）。虽然所有细胞类型均可合成甘油三酯，但对于非泌乳期动物，小肠、肝脏和白色脂肪组织是甘油三酯合成的主要部位。在泌乳期动物中，乳腺也积极合成和释放乳中的甘油三酯。动物内质网甘油三酯合成的两个主要途径涉及以甘油一酯或甘油-3-磷酸作为起始酰基受体（Coleman and Mashek, 2011）。两种途径均以脂酰辅酶 A 硫酯作为酰基的供体，并且它们在最后的酰化步骤上聚合（图 6.19）。每个途径的重要程度取决于不同组织。

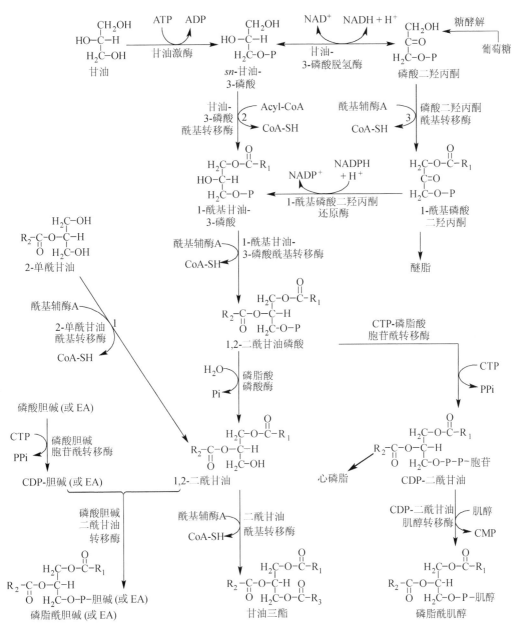

图 6.19　动物细胞内质网中甘油三酯的合成。甘油三酯由长链脂肪酸和甘油经两种主要途径合成，分别是以甘油一酯或甘油-3-磷酸（G3P）作为起始酰基受体。这两种途径都使用脂酰辅酶 A 硫酯作为酰基的供体，并在最后的酰化步骤上聚合。CDP，胞苷二磷酸；CMP，胞苷单磷酸；CTP，胞苷三磷酸；EA，乙醇胺。

6.7.1.1 甘油三酯合成的甘油一酯途径

甘油一酯途径主要负责非反刍动物小肠的肠细胞中甘油三酯的合成，同时也存在于肠外组织（Bell and Coleman, 1980）。在细胞内甘油三酯合成的每一阶段，长链脂肪酸是与脂肪酸结合蛋白（FABP）结合（Storch and Corsico, 2008）。在甘油一酯途径中，2-单酰甘油与脂酰辅酶 A 首先由单酰甘油酰基转移酶（MGAT）催化，共价结合形成甘油二酯；其次二酰甘油酰基转移酶进一步酰化甘油二酯生成甘油三酯。有两种二酰甘油酰基转移酶已被鉴定，并命名为二酰甘油酰基转移酶-1 和二酰甘油酰基转移酶-2。二酰甘油酰基转移酶-1 在许多组织（包括小肠、肝脏、肾上腺和皮肤）中表达，而二酰甘油酰基转移酶-2 主要在小肠和肝脏中表达。单酰甘油酰基转移酶-2 和单酰甘油酰基转移酶-3 也具有二酰甘油酰基转移酶的活性（Cao et al., 2007）。最终，二酰甘油酰基转移酶催化甘油二酯生成甘油三酯。在餐后状态下，脂肪酸和甘油一酯被肠细胞吸收，甘油一酯途径占小肠甘油三酯合成的 75%以上（Yen et al., 2015）。在摄入脂质食物后，甘油一酯途径通过加工大量流入的底物，在日粮脂肪有效吸收过程中发挥着重要作用。

6.7.1.2 甘油三酯合成的甘油-3-磷酸途径

在肠外组织，甘油三酯的合成主要通过甘油-3-磷酸途径：甘油二酯由甘油-3-磷酸经两次酰化步骤并去除磷酸基团后产生。这一系列反应由 3 种酶依次催化，即甘油-3-磷酸酰基转移酶、1-酰基甘油-3-磷酸酰基转移酶（也称为溶血磷酸酰基转移酶）和磷脂酸磷酸酶。甘油-3-磷酸途径还产生用于合成主要甘油磷脂的前体，这些甘油磷脂是所有细胞膜的组成成分（Bell and Coleman, 1980）。在具有少量甘油一酯的反刍动物小肠中，脂肪酸和甘油转化成甘油三酯是通过甘油-3-磷酸途径实现的。与甘油一酯途径一样，甘油-3-磷酸途径最终也由二酰甘油酰基转移酶催化甘油二酯生成甘油三酯。

6.7.1.3 甘油三酯合成的其他途径

少量存在的甘油三酯合成的其他途径也被提出。例如，在大鼠肠道组织中报道了一种脂酰辅酶 A 非依赖性的二酰甘油酰基转移酶，其催化两分子甘油二酯生成甘油三酯和甘油一酯（Lehner and Kuksis, 1993）。编码这种二酰甘油酰基转移酶的基因尚未被鉴定。此外，一些甘油三酯的合成可通过磷脂酸的去磷酸化作用及甘油二酯的酰化作用产生。

6.7.2 甘油二酯在蛋白激酶 C 信号转导中的作用

蛋白激酶 C 在膜信号转导中发挥重要作用，介导多种生物学功能，如细胞增殖、细胞分化和分泌。该酶的活化需要 Ca^{2+} 和酸性磷脂，而甘油二酯可增强蛋白激酶 C 对 Ca^{2+} 的敏感性，使其在生理浓度的 Ca^{2+} 条件下完全被活化。在动物细胞中，甘油二酯由 4 种途径产生：磷脂的水解、甘油三酯的去酰基化，甘油一酯的酰化，以及由葡萄糖衍生的甘油经磷脂酸从头合成（Puri, 2011）。因此，甘油三酯代谢与细胞信号转导密切相关。

6.7.3 甘油三酯在白色脂肪组织与其他组织中的储存

甘油三酯主要储存在白色脂肪组织，少部分储存在其他组织（如肝脏和骨骼肌）。在白色脂肪组织，储存的甘油三酯被一层脂滴包被蛋白（perilipin）包围（Greenberg et al., 1991）。该脂滴包被蛋白家族在脂肪细胞中稳定脂滴，控制脂肪分解（Brasaemle, 2007）。cAMP 依赖性蛋白激酶能磷酸化脂滴包被蛋白，这对于从白色脂肪组织中动员脂肪是必不可少的。在脂肪肝中，过量的甘油三酯导致多种代谢功能障碍。肌纤维之间存在适量的甘油三酯（称为肌内脂肪）可增加肉的风味，然而过量的肌内脂肪则降低肉的品质和价值。

6.8 动员组织中的甘油三酯释放甘油和脂肪酸

6.8.1 动物组织中激素敏感性脂肪酶催化的细胞内脂肪分解

6.8.1.1 激素敏感性脂肪酶的组织分布和功能

当动物需要来自日粮以外的能量时，细胞内甘油三酯（特别是在骨骼肌）被脂肪酶水解生成脂肪酸和甘油（图 6.20），该过程称为细胞内脂肪分解。激素敏感性脂肪酶（hormone-sensitive lipase，HSL）是从甘油三酯中水解第一个脂肪酸的主要酶，产生一分子脂肪酸和甘油二酯。HSL 的命名反映出某些激素（如儿茶酚胺、胰高血糖素、生长激素和睾酮）对该酶活性的有效刺激作用。作为细胞内的一种中性脂肪酶，HSL 不仅能水解甘油三酯，也能水解甘油二酯和甘油一酯，以及胆固醇酯和视黄酯（Kraemer and Shen, 2002）。因此，HSL 具有广泛的底物特异性。值得注意的是，HSL 对甘油二酯和甘油一酯的水解活性不会受蛋白质磷酸化的影响（Yeaman, 1990）。HSL 的这种特征区别于其他脂肪酶（如脂蛋白脂肪酶和肝脂肪酶）。白色脂肪细胞甘油三酯的水解过程如下所示：

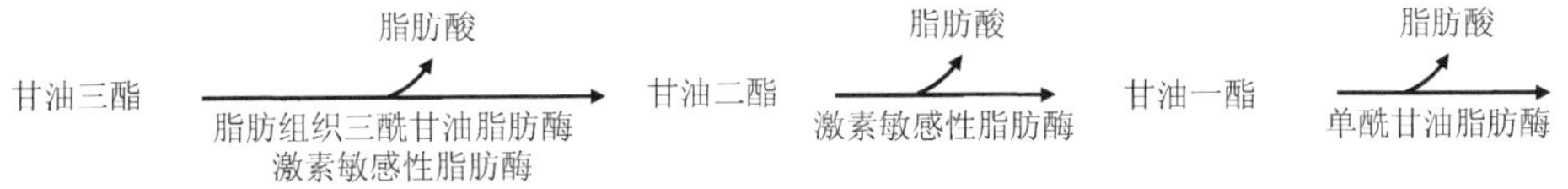

甘油三酯水解产生的甘油可在除白色脂肪组织和肌肉以外的组织中通过甘油激酶作用生成甘油三酯，也可在肝脏和肾脏中形成葡萄糖（Doreau and Chilliard, 1997）。根据营养和生理条件，脂肪酸的代谢命运既可通过线粒体氧化产生 CO_2、水和 ATP，也可通过肝脏生酮作用产生乙酰乙酸和 β-羟基丁酸。

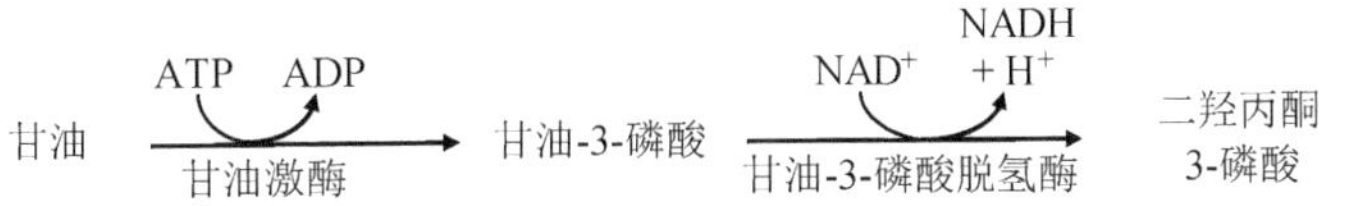

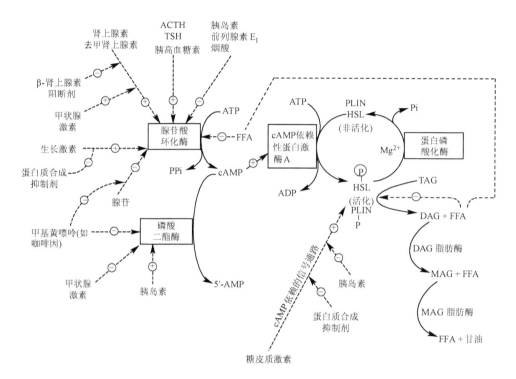

图 6.20　通过激素敏感性脂肪酶（HSL）和脂滴包被蛋白（PLIN）的 cAMP 依赖性磷酸化从组织中动员 TAG 以释放甘油和脂肪酸。在不具有甘油激酶活性的组织（如骨骼肌和白色脂肪组织）中，甘油不会再重新用于该组织甘油三酯的合成。ACTH，促肾上腺皮质激素；DAG，甘油二酯；FFA，游离脂肪酸；MAG，甘油一酯；TAG，甘油三酯；TSH，促甲状腺激素。

　　HSL 在白色脂肪组织和类固醇生成组织中高度表达，在很多其他类型组织和细胞中少量表达，包括心脏、骨骼肌、肾脏、胰岛、睾丸、卵巢和巨噬细胞。相比之下，HSL 通常在肝细胞中以极低水平表达，而 PPARγ 的激活可上调其在肝脏中的表达（Reid et al., 2008）。在生理条件下，HSL 主要在脂肪细胞调节脂肪分解中起关键作用，并且有助于类固醇的生成和精子发生，以及可能对整个机体中胰岛素的分泌及活性产生影响（Kraemer and Shen, 2002）。

6.8.1.2　动物组织中激素敏感性脂肪酶活性的调节

　　HSL 是调节白色脂肪组织、骨骼肌和心脏细胞内脂肪分解的主要靶点（Lee et al., 2014）。该酶受短期（数分钟到数小时）和长期（数日到数周）机制的调节。短期调节涉及蛋白磷酸化，特别是 cAMP 依赖性蛋白激酶 A 将 HSL 由未活化形式（去磷酸化的）转化成活性形式（磷酸化的）。没有蛋白激酶 A 的激活，HSL 在组织内是没有活性的。蛋白激酶 A 同时也磷酸化脂滴包被蛋白，使 HSL 进入脂滴水解甘油三酯。儿茶酚胺、甲状腺激素、甲状旁腺激素、生长激素和糖皮质激素通过增加细胞内 cAMP 的浓度来激活 HSL，而胰岛素的作用恰恰相反（表 6.5）。

6.8.2 脂肪三酰甘油脂肪酶催化的细胞内脂肪分解

6.8.2.1 脂肪三酰甘油脂肪酶的组织分布与功能

脂肪三酰甘油脂肪酶（adipose triglyceride lipase，ATGL）位于细胞质内，与脂滴紧密结合，是动物组织中另一种水解细胞内甘油三酯生成一分子甘油二酯和一分子游离脂肪酸的脂肪酶。该甘油三酯水解酶对甘油二酯、甘油一酯、胆固醇酯和视黄酯底物几乎没有催化活性。ATGL 主要表达于白色脂肪组织和棕色脂肪组织，同时也在睾丸、胰岛、心脏和骨骼肌中低表达（Nagy et al., 2014）。它对甘油骨架 *sn*-2 位包含长链脂肪酸酯（C_{16-20}）的甘油三酯有很强的特异性。同样，ATGL 对在 *sn*-2 位包含一个多不饱和脂肪酸的卵磷脂也起作用。它催化的反应的主要产物是 1,3-二酰甘油，其是二酰基甘油酰基转移酶 2（脂肪生成酶之一）的偏好底物。有意思的是，ATGL 在结合到其共激活子"比较基因鉴定因子-58"（comparative gene identification58, CGI-58）后，开始水解 *sn*-1 位的脂肪酸酯，释放 2,3-二酰甘油；后者是 HSL 的偏好底物。因此，ATGL 和 HSL 负责啮齿动物及人类的白色脂肪细胞中 95% 的甘油三酯的水解。有趣的是，Fowler 等（2015）最近报道，ATGL 是空腹海豹白色脂肪组织中主要的脂肪分解酶，而不是 HSL。

6.8.2.2 脂肪三酰甘油脂肪酶活性的调节

如前所述，ATGL 由比较基因鉴定因子-58 激活。依据现有的发现，比较基因鉴定因子-58 遗传缺陷会导致 Chanarin-Dorfman 综合征、骨骼肌病变和运动不耐受。其中，Chanarin-Dorfman 综合征是一种罕见的中性脂质贮积病，其特征是在非脂质储存细胞（如骨骼肌、心脏和皮肤）中异常积累甘油三酯。ATGL 活性可被胰岛素和长链脂酰辅酶 A 抑制，而糖皮质激素可增强其活性（Nagy et al., 2014; Perret et al., 2002）。禁食会上调白色脂肪组织中 ATGL 基因和蛋白质的表达量，而再喂食则下调其表达量。此外，在肥胖和 2 型糖尿病动物模型（小鼠和大鼠）中，ATGL 的表达量下降。

6.8.3 动物组织中二酰甘油脂肪酶和单酰甘油脂肪酶催化的细胞内脂肪分解

6.8.3.1 二酰甘油脂肪酶与单酰甘油脂肪酶的功能

虽然 HSL 可水解甘油二酯和甘油一酯，但这些脂肪酸酯分别以组织依赖性方式被二酰甘油脂肪酶（DGL）和单酰甘油脂肪酶（MGL）降解。在 DGL 低表达的脂肪细胞中，HSL 是唯一催化甘油二酯水解生成甘油一酯和脂肪酸的酶，该反应的速率比甘油三酯水解高 10–30 倍。在其他类型细胞中，甘油二酯同时被 HSL 和 DGL 催化释放一分子甘油一酯和一分子游离脂肪酸。例如，在大脑中，DGL 降解 *sn*-2 位含有花生四烯酸的甘油二酯，生成一分子脂肪酸和一分子 2-花生酰基甘油。后者是脑中大麻素受体最丰富的配体，可调节轴突生长与发育，以及新神经元的产生和迁移。它也是组织中花生四烯酸的前体。

MGL 首次在大鼠脂肪组织中分离获得，现已知其存在于所有其他组织中，包括肝脏、骨骼肌、心脏、大脑、肺、胃、肾脏、脾脏、肾上腺和睾丸等。该酶以相同速率特异性地水解甘油一酯 sn-1 位和 sn-2 位酯键，但是对甘油二酯、甘油三酯和胆固醇酯没有催化活性。在组织中（如大脑），MGL 负责水解 85%的内源性大麻素 2-花生酰基甘油。这种生化反应可调节内源性大麻素的浓度，而内源性大麻素是介导中枢突触和其他形式短程神经元通信的逆行信号转导的脂质分子。在白色脂肪组织和其他组织中，DGL 和 MGL 水解它们各自底物（甘油二酯和甘油一酯）的活性是 HSL 水解甘油三酯、甘油二酯和甘油一酯活性的 10–30 倍（Yang et al., 2015）。

6.8.3.2 二酰甘油脂肪酶与单酰甘油脂肪酶活性的调节

DGL 是组成性存在的（亦即其活性不需诱导作用），但动物组织中 DGL 的酶活性可被 cAMP 依赖性蛋白磷酸化与棕榈酰化增强（Reisenberg et al., 2012）。棕榈酰化指的是长链脂肪酸共价结合到蛋白质的半胱氨酸残基上，可增强酶的疏水性、与膜的结合、蛋白-蛋白互作、亚细胞运输和底物进入。现有证据表明，蛋白磷酸化不会影响 MGL 活性，而糖皮质激素和 PPAR-α 可上调白色脂肪组织和其他组织中 MGL 基因的表达。

6.8.4 溶酶体酸性脂肪酶催化的细胞内脂肪分解

溶酶体酸性脂肪酶存在于肝细胞和非肝组织的溶酶体中。它能在酸性环境下水解细胞内的甘油三酯和胆固醇酯，因此是一种酸性脂肪酶。溶酶体酸性脂肪酶是在肝脏中催化细胞内甘油三酯降解的唯一脂肪酶，并且是水解 LDL 衍生的胆固醇酯的主要酶（Dubland and Francis, 2015）。水解生成的胆固醇离开溶酶体到达内质网，用于再酯化和形成细胞质脂滴。溶酶体酸性脂肪酶的缺乏导致各种组织如肝脏、小肠、脾脏、肾上腺、淋巴结和血管壁等中脂肪的积累。受到影响的个体，特别是新生儿，会出现消化紊乱和吸收障碍、肝脏功能异常、冠状动脉疾病。

6.9　动物体内脂肪酸的氧化

6.9.1　脂肪酸的代谢命运：产生 CO_2 与酮体

在饲喂和禁食状态下，所有动物都可以很容易地将脂肪酸氧化成 CO_2 和水。然而，即使在长期食物剥夺期间，并不是所有动物都能高效率地将脂肪酸氧化成酮体（乙酰乙酸、β-羟基丁酸和丙酮）。乙酰乙酸与 β-羟基丁酸作为代谢燃料和信号分子发挥多种生理功能，而丙酮则只是一种具有不良气味的代谢废弃物（Robinson and Williamson, 1980）。由乙酰辅酶 A 形成酮体即生酮作用。在肝脏线粒体中，长链脂肪酸 β-氧化产生的乙酰辅酶 A 是否进一步氧化生成 CO_2 或酮体，取决于细胞内草酰乙酸和丙二酰辅酶 A 的浓度、CPT-1 活性，以及 HMG-CoA 合成酶活性。肝脏脂肪酸氧化的增加并不意味着

来自肝脏底物中的 CO_2 和酮体的产生都提高了。例如，饲喂含脂饲料的大鼠的肝脏中，脂肪酸氧化生成 CO_2 和水的量增加了，但酮生成却被抑制了，以致乙酰乙酸和 β-羟基丁酸浓度相对较低（<0.2 mmol/L）。与此不同，食物匮乏导致大多数动物（包括大鼠和反刍动物等）肝脏脂肪酸氧化生成的 CO_2 和酮体均增加了。此外，食用含有足够可消化碳水化合物的均衡饮食可抑制生酮作用，促进脂肪酸氧化成 CO_2 和水。这些研究显示出调节脂肪酸氧化形成 CO_2 或者酮体的复杂机制。

6.9.2　线粒体内脂肪酸 β-氧化生成 CO_2 和水

在正常饲喂和禁食条件下，脂肪酸是很多组织的主要能量来源，包括肝脏、心脏与骨骼肌等。当日粮脂肪摄入增加时，脂肪酸氧化增加以产生 CO_2 和水。因此，在高温环境下，日粮中添加脂肪可改善母猪泌乳性能（Rosero et al., 2012）。禁食期间，大多数动物脂肪酸 β-氧化的增加为合成大量酮体提供乙酰辅酶 A。酮体可在没有采食或采食量严重不足时作为大脑、心脏、骨骼肌、肠道和肾脏的重要代谢燃料。因此，脂肪酸 β-氧化在动物食物剥夺和正常饲喂条件下均存在。

碳链<20 的脂肪酸（有短链、中链、长链脂肪酸）在线粒体内经 β-氧化生成 CO_2 和水。该途径在有线粒体的动物细胞中发生。长链和极长链脂肪酸（碳链≥20）则先在过氧化物酶体与滑面内质网中生成更短链的脂肪酸（如 C_{16} 或 C_{18}），然后再在线粒体内进行 β-氧化。基于组织的质量和脂肪酸 β-氧化的速率，肝脏、心脏、骨骼肌和肾脏是动物脂肪酸氧化的主要组织。在肝脏中，β-氧化代谢途径主要发生在肝门静脉周边的肝细胞中，生酮作用也是如此。

6.9.2.1　线粒体内脂肪酸 β-氧化途径

早在 20 世纪，Knoop（1904）通过给大鼠饲喂 ω 碳上含有苯基的脂肪酸（偶数碳）衍生物，发现苯乙酸是氧化过程的最终产物。但是，给大鼠饲喂同样在 ω 碳上含有苯基的奇数碳脂肪酸衍生物，苯甲酸则是氧化终产物。50 年后，Lynen 和 Reichert（1951）发现 β-氧化产生的二碳片段是乙酰辅酶 A，不是乙酸。

现在人们已经知道，脂肪酸在线粒体内氧化，这有利于其产物乙酰辅酶 A 通过 Krebs 循环（三羧酸循环）和电子传递系统进行氧化。脂肪酸氧化的主要途径是 β-氧化，这种氧化每次都有 2 个碳原子从脂酰辅酶 A 中断开。C_2 单位的裂解开始于羧基端，碳链在 α（C_2）和 β（C_3）碳原子间断开，因此称作 β-氧化。线粒体脂肪酸 β-氧化途径包括脂肪酸活化为脂酰辅酶 A，脂酰辅酶 A 从细胞质转移到线粒体基质，以及脂酰辅酶 A 通过 β-氧化形成乙酰辅酶 A（Bartlett and Eaton, 2004）。

（1）脂肪酸活化成脂酰辅酶 A

脂肪酸氧化的第一步是脂肪酸在脂酰辅酶 A 合成酶（ACS；也叫硫激酶）的催化下转化成脂酰辅酶 A。长链脂肪酸由长链脂酰辅酶 A 合成酶（ACS_L）活化，其发生在线粒体外膜与内质网表面。该过程是 ATP 依赖性反应，ATP 分子上的 2 个高能键水解以提供能量。脂酰辅酶 A 合成酶所需能量相当于 2 分子 ATP 转化成 2 分子 ADP 与 2 分子 Pi。长链脂酰辅酶 A 在细胞质形成，到达线粒体基质进行 β-氧化从而生成乙酰辅酶 A。

$$\text{含有偶数碳的脂肪酸} \quad \langle\!\bigcirc\!\rangle\text{-CH}_2(\text{CH}_2)_{16}\text{COOH} \xrightarrow[\text{大鼠}]{\text{O}_2} \langle\!\bigcirc\!\rangle\text{-CH}_2\text{-COOH} + 8\,\text{CH}_3\text{-COOH}$$

苯乙酸　　　　　乙酸

$$\text{含有奇数碳的脂肪酸} \quad \langle\!\bigcirc\!\rangle\text{-CH}_2(\text{CH}_2)_{15}\text{COOH} \xrightarrow[\text{大鼠}]{\text{O}_2} \langle\!\bigcirc\!\rangle\text{-COOH} + 8\,\text{CH}_3\text{-COOH}$$

苯甲酸　　　　　乙酸

长链脂肪酸 + ATP + 辅酶 A → 长链脂酰辅酶 A + AMP + PPi（ACS_L，细胞质）

短链与中链脂肪酸从细胞质转运进线粒体，分别被线粒体内短链与中链脂肪酸的脂酰辅酶 A 合成酶（ACS_S 与 ACS_M）活化形成硫酯键的辅酶 A。例如，乙酸与丁酸被乙酰辅酶 A 合成酶催化分别形成乙酰辅酶 A 与丁酰辅酶 A。通过线粒体内的 β-氧化，1 mol 丁酰辅酶 A 被分解成 2 mol 乙酰辅酶 A、1 mol $FADH_2$ 与 1 mol NADH。

短链脂肪酸 + ATP + 辅酶 A → 短链脂酰辅酶 A + AMP + PPi（ACS_S，线粒体）

中链脂肪酸 + ATP + 辅酶 A → 中链脂酰辅酶 A + AMP + PPi（ACS_M，线粒体）

（2）长链脂酰辅酶 A 从细胞质转移到线粒体基质

长链脂肪酸氧化的第二步是长链脂酰辅酶 A 以酰基肉碱形式从线粒体外膜转移到线粒体基质。该过程涉及肉碱棕榈酰转移酶-1（CPT-1，在线粒体外膜），肉碱棕榈酰转移酶-2（CPT-2，在线粒体内膜内侧）和肉碱酰基肉碱转位酶（图 6.21）。肉碱由肝脏和肾脏中的赖氨酸与蛋氨酸合成。没有肉碱，长链脂肪酸和长链脂酰辅酶 A 不能进入线粒体。但是，短链和中链脂肪酸不需要肉碱即可穿透进入线粒体。CPT-1 是控制长链脂肪酸进入线粒体的主要酶，它是肉碱棕榈酰转移酶系统和肝脏脂肪酸氧化的限速步骤。大鼠与猪在出生时，肝脏和肝外组织（如骨骼肌）CPT-1 的表达水平较低，但出生后表达量很快上调。与此不同，CPT-2 表达水平在胎儿期很高，但在产后并没有变化。

哺乳动物 CPT-1 亚家族蛋白包括 3 个成员：CPT-1A、CPT-1B 与 CPT-1C（Price et al.，2003）。CPT-1C 仅在中枢神经元组织中表达，功能未知。CPT-1A（又称作肝脏亚型）在肝脏、肾脏、胰岛与肠组织中表达，而 CPT-1B（又称作肌肉亚型）在心脏、骨骼肌、睾丸和棕色脂肪细胞中有高活性（Brown et al.，1997）。与 CPT-1 肌肉亚型相比，肝脏亚型对肉碱的 K_M 值较低，且比肌肉亚型灵敏度低，但受丙二酰辅酶 A 的抑制作用仍然高度敏感。

（3）脂酰辅酶 A 的 β-氧化形成乙酰辅酶 A

脂肪酸氧化的第三步是脂酰辅酶 A（C_{4-19}）经 β-氧化形成乙酰辅酶 A（图 6.22）。这一步包含分别由脂酰辅酶 A 脱氢酶（FAD 连接的）、烯酰辅酶 A 水合酶、3-羟酰辅酶 A 脱氢酶（NAD^+ 连接的）与 3-酮酰辅酶 A 硫解酶催化的 4 个反应。动物的烯酰辅酶 A 水合酶、3-羟酰辅酶 A 脱氢酶与 3-酮酰辅酶 A 硫解酶活性均由相同的一个蛋白质控制，

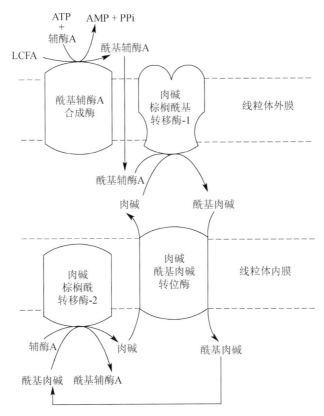

图 6.21 长链脂酰辅酶 A 从细胞质转运到线粒体基质。该过程需要肉碱棕榈酰转移酶-1（CPT-1，在线粒体外膜），肉碱棕榈酰转移酶-2（CPT-2，在线粒体内膜内侧）和肉碱酰基肉碱转位酶。LCFA，长链脂肪酸。（改编自：Mayes, P.A. 1996b. *Harper's Biochemistry*. Appleton & Lange, Stamford, CT, pp. 224-235.）

称为线粒体三功能蛋白。一分子 C_2 键断开生成 1 mol 乙酰辅酶 A，同时产生 1 mol NADH 与 1 mol $FADH_2$。棕榈酸 β-氧化的总反应式如下：

$$棕榈酸 + 8CoA + ATP + 7FAD + 7NAD^+ \rightarrow 8\ 乙酰辅酶\ A + AMP + PPi + 7FADH_2 + 7NADH + 7H^+$$

奇数碳脂肪酸的氧化与偶数碳类似，直到三碳分子即丙酰辅酶 A 的产生。丙酰辅酶 A 进一步被一系列的酶如 ATP 依赖的丙酰辅酶 A 羧化酶（生物素作为辅酶）、甲基丙二酰辅酶 A 消旋酶、甲基丙二酰辅酶 A 变位酶（维生素 B_{12} 作为辅酶）催化形成琥珀酰辅酶 A。琥珀酰辅酶 A 在很多组织中通过进入柠檬酸循环进行氧化，或者在肝脏组织用于葡萄糖合成。因此，奇数碳脂肪酸来源的丙酰残基是动物尤其是反刍动物中从脂肪酸生成葡萄糖的唯一途径。

6.9.2.2 脂肪酸 β-氧化的能量学

线粒体内 β-氧化的主要功能是产生乙酰辅酶 A，乙酰辅酶 A 进一步经过柠檬酸循环与线粒体电子传递系统氧化生成 CO_2 和水，并且产生 ATP。脂肪酸（以 1 mol 棕榈酸为例）完全氧化产生的 ATP 量计算如下：

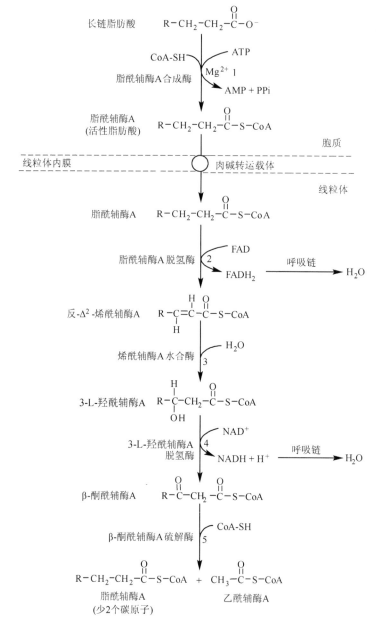

图 6.22　在动物细胞线粒体中，长链脂酰辅酶 A 经 β-氧化形成乙酰辅酶 A。在细胞质中，脂酰辅酶 A 合成酶将长链脂肪酸转化为长链脂酰辅酶 A，其随后通过肉碱依赖的转运系统转运到线粒体基质中。在每次长链脂酰辅酶 A 氧化的循环中，会产生 2 分子碳单位（乙酰辅酶 A）、1 分子 $FADH_2$ 和 1 分子 NADH + H^+。该生化过程称为 β-氧化。

$7FADH_2$	→	10.5ATP $(7 \times 1.5 = 10.5)$
7NADH + H^+	→	17.5ATP $(7 \times 2.5 = 17.5)$
8乙酰辅酶A	→	80ATP $(8 \times 10 = 80)$

　　产生的 ATP 总量是 108mol，由于 2mol ATP 在棕榈酸活化生成棕榈酰辅酶 A 过程

中被消耗，因此氧化 1 mol 棕榈酸的 ATP 净产生量是 106 mol。脂肪酸氧化是肝脏、心脏、骨骼肌与肾脏的主要能量来源。在肝细胞中，该代谢途径在禁食情况下与糖异生作用相偶联。

6.9.3　长链不饱和脂肪酸的氧化

直到双键前，单不饱和脂肪酸（具有一个双键的脂肪酸）的氧化过程与偶数碳的饱和脂肪酸类似。然后，顺-Δ^3-烯酰辅酶 A-异构酶使双键从顺式构型转化成反式构型。新形成的反式脂肪酸绕过水合酶反应，直接进入 β-氧化途径。图 6.23 以油酸（$C_{18:1}$）为例，描绘了单不饱和脂肪酸氧化形成乙酰辅酶 A 的过程。多不饱和脂肪酸的氧化途径与单不饱和脂肪酸基本类似，除了需要一种 NADPH 依赖的 2,4-二烯酰辅酶 A 还原酶还原一个双键，如图 6.24 所示，以亚油酸（$C_{18:2}$）为例阐明多不饱和脂肪酸的氧化。

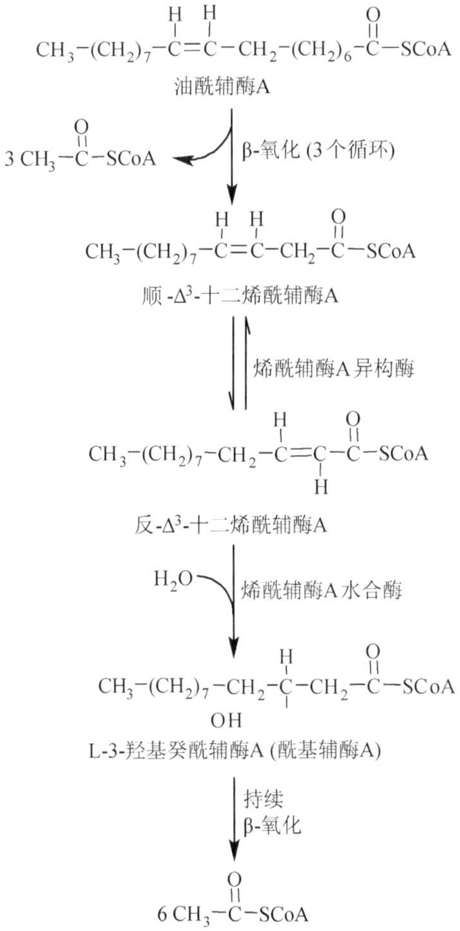

图 6.23　以油酸（$C_{18:1}$）为例说明动物细胞线粒体中单不饱和脂肪酸氧化产生乙酰辅酶 A 的过程。烯酰辅酶 A 异构酶（线粒体酶）催化脂肪酸的 γ-碳（位置 3）上的顺式或反式双键转化为 β-碳（位置 2）上的反式双键。

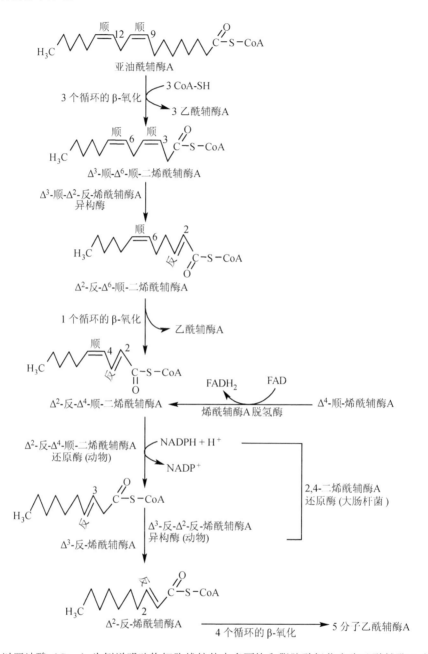

图 6.24　以亚油酸（$C_{18:2}$）为例说明动物细胞线粒体中多不饱和脂肪酸氧化产生乙酰辅酶 A 的过程。

6.9.4　短链和中链脂肪酸的氧化

短链、中链脂肪酸从细胞质转运到线粒体，被线粒体脂酰辅酶 A 合成酶活化形成硫酯键的辅酶 A。动物细胞线粒体中有短链脂酰辅酶 A 合成酶（ACS_S）和中链脂酰辅酶 A 合成酶（ACS_M）。例如，乙酸与丁酸被脂酰辅酶 A 合成酶分别转化为乙酰辅酶 A 与丁酰辅酶 A。经过线粒体内的 β-氧化，1 mol 丁酰辅酶 A 转化为乙酰乙酰辅酶 A（β-酮酰辅酶 A），然后进一步氧化形成 2 mol 乙酰辅酶 A，并产生 1 mol $FADH_2$ 与 1 mol NADH。

另外，丁酸也可经乙酰乙酰辅酶 A、HMG-CoA（由 HMG-CoA 合成酶催化）的转变，代谢生成 D-β-羟基丁酸，该途径在后面生酮作用的章节描述。

短链脂肪酸 ＋ATP＋ 辅酶 A → 短链脂酰辅酶 A＋AMP＋PPi（ASC$_S$，线粒体）

中链脂肪酸 ＋ATP＋ 辅酶 A → 中链脂酰辅酶 A＋AMP＋PPi（ASC$_M$，线粒体）

如第 5 章所述，丙酸通过一系列酶转化生成琥珀酰辅酶 A。琥珀酰辅酶 A 通过以下反应代谢生成丙酮酸。根据生理条件，丙酮酸既可被氧化生成 CO_2 和 H_2O，也可在肝脏用于产生葡萄糖（第 5 章）。在生理条件下，丙酸是反刍动物糖异生的主要底物。

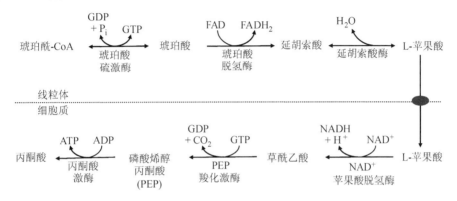

6.9.5　线粒体脂肪酸 β-氧化的调节

多种组织中线粒体脂肪酸 β-氧化的速率受到很多因素的调节，包括细胞外与细胞质内脂肪酸的可用量、长链脂酰辅酶 A 的跨线粒体膜转运，以及线粒体内的酶、辅酶因子与氧化还原状态。影响脂肪酸合成与脂肪生成的因素也影响线粒体脂肪酸的 β-氧化（表 6.5）。

（1）乙酰辅酶 A 羧化酶、CPT-1、激素与 AMP 活化的蛋白激酶

长链脂酰辅酶 A 从细胞质进入线粒体基质需要 CPT-1，因此，CPT-1 活性是线粒体 β-氧化的限速因素（McGarry，1995）。在肝脏与可能的其他胰岛素敏感组织（如心脏与骨骼肌）中，正常情况下 CPT-1 对长链脂肪酸 β-氧化发挥 80% 的调节作用（Bartlett and Eaton，2004）。如前所述，胰高血糖素、肾上腺素、去甲肾上腺素、生长激素、甲状腺激素和糖皮质激素抑制乙酰辅酶 A 羧化酶，从而降低丙二酰辅酶 A（CPT-1 的变构拮抗剂）的可用量，促进动物组织长链脂肪酸的氧化。类似的，AMP 活化的蛋白激酶通过使其磷酸化抑制乙酰辅酶 A 羧化酶，导致丙二酰辅酶 A 的可用量下降，进而增强了长链脂肪酸的氧化。与此相反，胰岛素激活乙酰辅酶 A 羧化酶，抑制脂肪酸氧化。此外，cGMP 依赖性蛋白激酶 G 激活 AMP 活化的蛋白激酶，通过蛋白磷酸化抑制乙酰辅酶 A 羧化酶，进而促进脂肪酸的氧化（Jobgen et al.，2006）。

在禁食条件下，肝脏、骨骼肌与心脏的丙二酰辅酶 A 浓度降低，促进了脂肪酸的氧化（Saha et al.，1995）。类似的代谢情况也在严重胰岛素缺乏的 1 型糖尿病患者中观察到。相反，肥胖与 2 型糖尿病患者骨骼肌的丙二酰辅酶 A 浓度则由于乙酰辅酶 A 羧化酶活

性的增加而提高，进而导致长链脂肪酸氧化受阻、长链脂肪酸在骨骼肌内累积，以及胰岛素抵抗。同样的，葡萄糖浓度的增加会引起肝脏和肌肉中丙二酰辅酶 A 浓度上升，进而减弱脂肪酸氧化。

（2）代谢物的浓度

辅酶因子与底物（如草酰乙酸、辅酶 A、NADH、NAD$^+$、FAD 与脂酰辅酶 A）可影响脱氢酶、还原酶、柠檬酸合成酶与氧化酶的活性，从而对线粒体脂肪酸 β-氧化速率产生影响。例如，如果线粒体内 NAD$^+$ 与 FAD 有限，并且经过线粒体电子传递系统再氧化的 NADH 与 FADH$_2$ 减少（如由于辅酶 Q 池减少、酶缺乏、酶抑制、高比例的 ATP/ADP 或者氧气不足），β-氧化就会受到抑制。在抑制 3-羟酰辅酶 A 脱氢酶后，任何 3-羟酰辅酶 A 酯的累积都将引起 2-烯酰辅酶 A 水合酶和脂酰辅酶 A 脱氢酶的反馈抑制，进而导致乙酰辅酶 A 的产量减少。此外，由于线粒体辅酶 A 浓度低，线粒体脂酰辅酶 A 的累积可降低游离辅酶 A（3-酮酰辅酶 A 硫解酶的底物）的浓度，引起 3-酮酰辅酶 A 的积累，抑制 3-羟酰辅酶 A 脱氢酶、烯酰辅酶 A 水合酶及脂酰辅酶 A 脱氢酶活性。最后，由于乙酰辅酶 A 也是 3-酮酰辅酶 A 硫解酶的抑制剂，乙酰辅酶 A/辅酶 A 的比例增加会抑制 3-酮酰辅酶 A 硫解酶活性，因此积累了 3-酮酰辅酶 A，然后抑制 β-氧化。

6.9.6 过氧化物酶体 β-氧化系统 Ⅰ 和Ⅱ

在动物体中，极长直链脂肪酸（≥ C$_{20}$）、极长支链脂肪酸（≥ C$_{20}$）、二元羧酸和胆汁酸衍生物是通过过氧化物酶体途径 Ⅰ 和Ⅱ进行 β-氧化的（Van Veldhoven, 2010）。过氧化物酶体脂肪酸 β-氧化最初于 1969 年在发芽的蓖麻籽苗中被发现，随后于 1976 年在大鼠肝脏中被发现。现在已知极长链脂肪酸的过氧化物酶体 β-氧化也发生在肾脏及其他组织中。这种代谢途径的产物是中链、长链脂酰辅酶 A，以及 H$_2$O$_2$ 和乙酰辅酶 A。

6.9.6.1 极长链脂肪酸活化形成极长链脂酰辅酶 A

在该代谢途径中，极长链脂肪酸首先在细胞质中被极长链脂酰辅酶 A 合成酶活化，形成极长链脂酰辅酶 A。过氧化物酶体系统 Ⅰ（也被称作经典过氧化物酶体 β-氧化系统）负责极长直链脂肪酸的 β-氧化，而过氧化物酶体系统Ⅱ负责极长支链脂肪酸的 β-氧化（Reddy and Hashimoto, 2001）。过氧化物酶体脂肪酸 β-氧化对 ATP 的产生不重要，但与其相关的失调会导致诸如神经性异常的疾病的发生。

6.9.6.2 极长链脂酰辅酶 A 从细胞质到过氧化物酶体的转运

极长链脂酰辅酶 A 从细胞质到过氧化物酶体的转运是通过一种 ABC 转运蛋白。该转运系统不需要肉碱，但可被 ATP 促进，ATP 可改变这种蛋白转运体的构象。在哺乳动物过氧化物酶体中，ABC 转运蛋白也被称作肾上腺脑白质营养不良（adrenoleukodystrophy, ALD）蛋白。ALD 蛋白的重要性体现在当其先天缺乏时会引起髓鞘（包裹在大脑神经细胞的一种隔离膜）的损伤与死亡。

6.9.6.3　极长链脂酰辅酶 A 碳链的缩短

极长链脂酰辅酶 A 的过氧化物酶体 β-氧化反应包括脱氢作用、水合作用、二次脱氢作用与硫解断裂（图 6.25），这些反应相当于线粒体脂肪酸 β-氧化。然而，过氧化物酶体途径的第一步反应由脂酰辅酶 A 氧化酶催化（而不是如同线粒体 β-氧化途径由脂酰辅酶 A 脱氢酶催化）。此外，在系统 I 中，L-双功能蛋白（烯酰辅酶 A 水合酶与 L-3-羟酰辅酶 A 脱氢酶）催化烯酰辅酶 A 转化成 L-3-酮酰辅酶 A，而在系统 II 中，D-双功能蛋白（烯酰辅酶 A 水合酶与 D-3-羟酰辅酶 A 脱氢酶）催化烯酰辅酶 A 转化为 D-3-酮酰辅酶 A。无论系统 I 还是 II，极长链脂肪酸的过氧化物酶体 β-氧化都生成乙酰辅酶 A，以及中链、长链脂酰辅酶 A，它们随后被转运到线粒体进行进一步的 β-氧化。

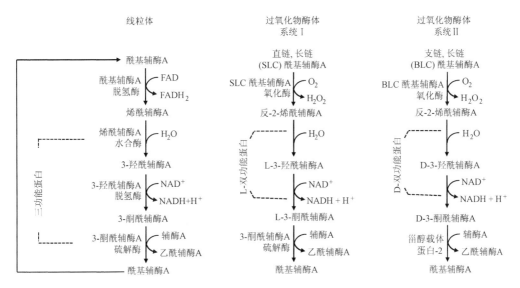

图 6.25　长链和极长链脂肪酸的过氧化物酶体 β-氧化与线粒体 β-氧化的比较。在动物中，长链和极长链脂肪酸（≥C_{20}），以及二元羧酸、长支链和极长支链脂肪酸和胆汁酸衍生物通过两种过氧化物酶体途径进行 β-氧化。产生的较短链脂酰辅酶 A 产物进入线粒体，最终氧化成 CO_2 和水。

6.9.6.4　过氧化物酶体 β-氧化的调节

过氧化物酶体 β-氧化可由多种 PPAR 配体通过结合到不同的 PPAR［如 PPAR-α、PPAR-β（也称作 PPAR-δ）和 PPAR-γ（1、2 和 3）］来调节（表 6.6）。PPAR-α 促进脂肪酸氧化，它主要在肝脏和骨骼肌中表达。PPAR-γ1 存在于所有组织中，PPAR-γ2（上调脂肪储存）主要在白色脂肪组织中表达，PPAR-γ3（抗炎作用）在 M2-巨噬细胞和白色脂肪组织中高度表达。PPAR-δ/β（模拟运动的效应）在动物骨骼肌组织中丰度最高。PPAR 配体称为过氧化物酶体增殖物，包括多种合成的化合物以及天然产物，以及类花生酸的生化代谢产物，它们到达细胞核发挥生理和药理作用。

表 6.6　过氧化物酶体增殖物激活受体在动物组织中的表达及配体情况

PPAR	组织表达	配体
PPAR-α	主要在肝脏与骨骼肌中表达；也在心脏、近端肾小管上皮、棕色脂肪组织、肾上腺与小肠中表达。在禁食期间，促进脂肪酸氧化与生酮作用；在进食状态下，促进脂肪酸氧化	非诺贝特（Tricor）、格列酮类和吉非贝齐（合成）；ω3多不饱和脂肪酸与其他长链脂肪酸；高脂肪日粮；肾上腺类固醇脱氢表雄酮；花生四烯酸（天然）衍生的类花生酸
PPAR-β （PPAR-δ）	骨骼肌中表达丰度最高；广泛表达于各种组织，如心脏、肝脏、肾脏与脂肪组织。促进细胞分化；减少细胞增殖；促进葡萄糖与脂肪酸氧化	GW156（合成）（由于具有致癌作用，现已被放弃）；ω3多不饱和脂肪酸及其代谢物（天然）
PPAR-γ1	几乎在所有组织中表达。促进上皮细胞分化	噻唑烷二酮（TZD）（格列酮类；合成的），ω3多不饱和脂肪酸
PPAR-γ2	主要在白色脂肪组织中表达。促进脂肪生成；改善胰岛素敏感性	噻唑烷二酮（TZD）（格列酮类；合成的），ω3多不饱和脂肪酸
PPAR-γ3	主要在M2-巨噬细胞与白色脂肪组织中表达（抗炎作用）	噻唑烷二酮（TZD）（格列酮类；合成的），ω3多不饱和脂肪酸

资料来源：Puri, D. 2011. *Textbook of Medical Biochemistry*. Elsevier, New York, NY, pp. 235–266; Reddy, J.K. and T. Hashimoto. 2001. *Annu. Rev. Nutr*. 21: 193–230; Van Veldhoven, P.P. 2010. *J. Lipid Res*. 51: 2863–2895。

过氧化物酶体系统 I 由 PPAR-α 配体转录激活。PPAR-α 作为核激素受体超家族成员，在肝细胞、棕色脂肪组织、肠细胞、近端肾小管上皮、肾上腺与心肌中高度表达，在骨骼肌中表达量较低。化学合成的 PPAR-α 配体有降血脂药物（如非诺贝特、吉非贝齐）、某些食品调味剂与白三烯 D$_4$ 受体拮抗剂等。PPAR-α 的天然生物配体有长链和极长链脂肪酸（特别是 ω3 多不饱和脂肪酸）、高脂肪日粮、肾上腺类固醇脱氢表雄酮，以及花生四烯酸经脂氧合酶和环加氧酶途径衍生的类花生酸（Puri, 2011）。一般而言，PPAR-α 配体没有明显的结构相似性，仅有的化学共性特征是它们都能转化成羧酸衍生物。活化的 PPAR-α 与 9-顺-视黄酸受体（RXR）结合形成 PPAR-α/RXR 异二聚体，该二聚体随后结合到位于很多基因启动子的 PPAR 反应元件上，上调过氧化物酶系统 I 的所有酶的表达。在能量不足的条件下，PPAR-α 被激活以促进脂肪酸 β-氧化，并通过促进脂肪酸的吸收、利用及代谢产生酮体。因此，合成的 PPAR-α 配体，如非诺贝特、吉非贝齐，可以降低血浆中甘油三酯和总胆固醇的浓度。

动物中的 PPAR 家族，除了 PPAR-α 之外，PPAR-γ 与 PPAR-δ（都是核受体）也已被鉴定。动物组织有 3 种 PPAR-γ 蛋白（PPAR-γ1、PPAR-γ2 和 PPAR-γ3），它们在 5′端有区别，并都有其自己的启动子进行调节。PPAR-γ 主要在白色脂肪组织、肝脏、乳腺、膀胱、结肠黏膜和 M2-巨噬细胞中表达，其可能在脂肪生成、上皮细胞分化与抗炎症应答方面发挥重要作用。因此，PPAR-γ 可改善肥胖受试者的胰岛素敏感性。PPAR-δ 在大多数组织中广泛表达，其可能的作用包括促进上皮细胞发育、细胞增殖，以及葡萄糖和脂肪酸的氧化。

6.9.6.5　过氧化物酶体 β-氧化在缓解代谢综合征中的作用

过氧化物酶体 β-氧化的主要功能是缩短极长链脂肪酸，使其进一步在线粒体内降解成 CO$_2$ 和水。生理或药理学活性的 PPAR 配体促进：血浆脂肪酸以 TAG 形式在白色脂肪组织中的沉积，脂肪酸在肝脏和骨骼肌中的氧化，以及在巨噬细胞和循环系统中的抗炎反应。例如，抗糖尿病药物（如格列酮类）结合 PPAR-α 和 PPAR-γ，引起过氧化物酶体的显著增加及血循环中甘油三酯、VLDL 和 LDL 水平的降低（Puri, 2011）。这些药物还可减弱骨骼肌中由长链脂酰辅酶 A 诱导的 NF-κB 的激活，从而改善胰岛素信号通路（DeFronzo, 2010）。因此，与二甲双胍、磺酰脲类类似，PPAR 配体或激动剂有助于降低肥胖和糖尿病动物血循环中的葡萄糖水平，改善血脂异常，降低心血管疾病的发生风险。

6.9.7　动物体内酮体的生成与利用

6.9.7.1　酮体主要在肝脏中生成

在一定条件下（如禁食、低胰岛素与胰高血糖素比例、营养不良或哺乳期、妊娠期和运动时的能量不足），大多数动物物种（如牛、绵羊、山羊、大鼠、狗、鸡等）能够由脂肪酸衍生的乙酰辅酶 A 生成大量的酮体（Beitz, 1993）。该线粒体反应途径如图 6.26 所示，HMG-CoA 合成酶是其限速酶（Hegardt, 1999）。乙酰辅酶 A 转化为乙酰乙酸的过程包括硫解酶、HMG-CoA 合成酶和 HMG-CoA 裂解酶催化的乙酰乙酰辅酶 A 及 HMG-CoA 的生成。最后，乙酰乙酸被 D-β-羟基丁酸脱氢酶还原形成 β-羟基丁酸，该可逆反应在所有含线粒体的细胞中均存在。需要注意的是，根据国际纯粹与应用化学联合会（IUPAC）命名法，β-羟基丁酸从专业来说不算酮，尽管其由于历史原因已经被称作酮。

$$乙酰乙酸 + NADH + H^+ \longleftrightarrow β\text{-}羟基丁酸 + NAD^+$$

生酮作用主要发生在同样也进行脂肪酸 β-氧化的门静脉周边的肝细胞中，在结肠细胞也有少量发生。此外，瘤胃上皮细胞也有产生乙酰乙酸与 β-羟基丁酸的能力。酮体合成与 H^+ 的产生有关，因此，高速率的生酮作用发生在不受控制的糖尿病患者、奶牛泌乳早期和妊娠晚期，会导致严重的酮病（Beitz, 1993）。如果 H^+ 没有被缓冲或清除，血液低 pH 会像 1 型糖尿病一样危及患者生命。在动物生产中，酮病会引起奶牛产奶量下降，以及绵羊和山羊妊娠毒血症（特别是多胎妊娠）。

有趣的是，因为 HMG-CoA 合成酶活性很低，幼年、成年猪的生酮作用非常有限（Duée et al., 1994）。在 48 h 的初生仔猪的肝脏中几乎检测不到线粒体 HMG-CoA 合成酶蛋白的表达。因此，即使进食 2 天或更长时间，猪血浆中酮体浓度仍很低（<0.2 mmol/L）（Gentz et al., 1970），尽管这些代谢物也可由生酮氨基酸分解代谢产生。禁食 12 h 或 24 h 对仔猪血循环中乙酰乙酸与 D-β-羟基丁酸浓度无显著影响（表 6.7）。猪的这种代谢特征，外加缺乏棕色脂肪组织，增加了新生儿期的低血糖症以及高发病率与高死亡率风险。

6.9.7.2　肝脏生酮作用的调节

肝脏生酮作用的调节涉及多种组织：①白色脂肪组织，为肝脏提供游离脂肪酸；②肝脏，既氧化脂肪酸，又合成甘油三酯；③骨骼肌及其他组织（如心脏、肾脏、大脑与小肠）氧化酮体。在细胞水平影响生酮作用的因素有：①细胞内脂肪酸、乙酰辅酶 A、草酰乙酸与丙二酰辅酶 A 的浓度；②CPT-1 与 HMG-CoA 合成酶的活性。所有这些因素都受到胰岛素、胰高血糖素以及两者比例的代谢调控（图 6.27）。

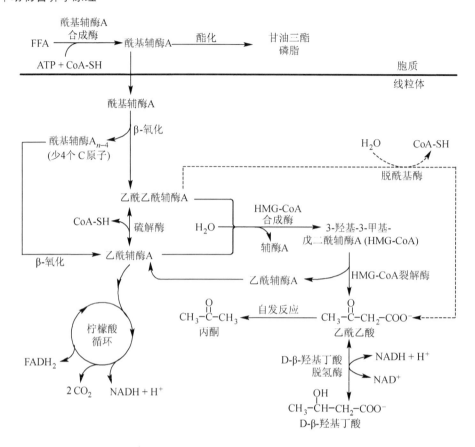

图 6.26　动物线粒体中由乙酰辅酶 A 产生酮体（乙酰乙酸、D-β-羟基丁酸和丙酮）的过程。所有这些反应都发生在哺乳动物、鸟类和鱼类的线粒体中。在猪体内，由于 HMG-CoA 合成酶活性很低，生酮作用受到限制。CoA，辅酶 A。

表 6.7　幼鸡和仔猪在禁食 12 h 与 24 h 后血浆中酮体浓度的变化

营养状态	鸡[a]		猪[b]	
	D-β-羟基丁酸	乙酰乙酸	D-β-羟基丁酸	乙酰乙酸
饲喂	0.15 ± 0.002	0.11 ± 0.01	0.071 ± 0.004	0.054 ± 0.003
12 h 禁食	1.34 ± 0.01	0.78 ± 0.04	0.073 ± 0.005	0.056 ± 0.004
24 h 禁食	2.63 ± 0.02	0.89 ± 0.05	0.076 ± 0.005	0.058 ± 0.004

资料来源：Wu, G., and J.R. Thompson. 1987. Ketone bodies inhibit leucine degradation in chick skeletal muscle. *Int. J. Biochem.* 19:937–943。

注：数值（mmol/L）取平均值 ± SEM，$n = 10$。

[a] 血液样品取自饲喂、禁食 12 h 或 24 h 的 10 日龄公肉鸡。

[b] 血液样品取自母乳饲喂、禁食 12 h 或 24 h 的 7 日龄公猪。酮体分析方法如 Wu 等（1991）所述。

　　在食物剥夺期间，除非血液中来自白色脂肪组织甘油三酯脂解产生的游离脂肪酸的水平显著提高，否则体内酮体产量并不会显著增加（Prior and Smith, 1982）。如表 6.7 所示，10 日龄鸡禁食 12 h、24 h 后其血浆乙酰乙酸的浓度分别增加 6.1 倍、7.1 倍，D-β-羟基丁酸的浓度分别增加 7.9 倍、16.5 倍。通过静脉注射丙酮酸钠、丙酸钠或葡萄糖电

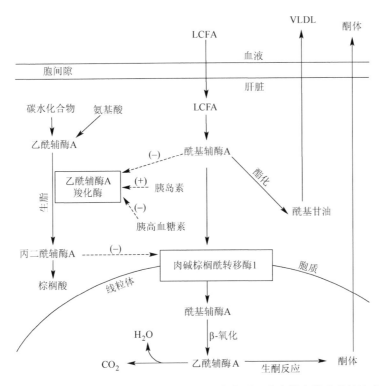

图 6.27 动物线粒体生酮作用的调节。肝脏生酮作用发生率受血浆中游离脂肪酸的浓度、肝脏脂肪酸氧化形成乙酰辅酶 A 的速率，以及其所需的蛋白质表达的共同影响。所有这些因素都受胰岛素、胰高血糖素和胰岛素/胰高血糖素值的影响。LCFA，长链脂肪酸；VLDL，极低密度脂蛋白。

解质溶液，或者通过向日粮中添加丙二醇（一种合成的有机化合物）、玉米糖浆或糖蜜（可消化碳水化合物来源），以增加细胞内草酰乙酸的浓度，能有效治疗反刍动物的酮病。图 6.28 概括了丙二醇转化为 L-乳酸，然后转化为 D-葡萄糖，抑制肝脏生酮作用的代谢情况。由乙酰辅酶 A 羧化酶的抑制引起的可利用的丙二酰辅酶 A 的减少，会促进长链脂肪酸的氧化与酮体的产生。最后，静脉内或肌内注射胰岛素可降低 1 型糖尿病患者的肝脏生酮作用与血循环中的酮体浓度。表 6.8 总结了代谢状态与肝脏生酮作用的关系。

6.9.7.3 肝外组织对酮体的利用

动物的肝脏组织不能将酮体氧化成乙酰辅酶 A，因为其缺乏将乙酰乙酸转化成乙酰乙酰辅酶 A 的相关酶［3-酮酸辅酶 A 转移酶（也称作琥珀酰辅酶 A:3-酮酸辅酶 A 转移酶）与乙酰乙酰辅酶 A 合成酶］（Robinson and Williamson, 1980）。相反，很多肝外组织，包括大脑、骨骼肌、心脏、肾脏、白色脂肪组织和小肠，具有上述的一种或两种酶，以活化乙酰乙酸形成乙酰乙酰辅酶 A（图 6.29）。3-酮酸辅酶 A 转移酶与乙酰乙酰辅酶 A 合成酶分别存在于所有肝外组织的线粒体基质与细胞质中。因此，在辅酶 A 存在的条件下，乙酰乙酸与 D-β-羟基丁酸在肝外组织被广泛氧化。

酮体不是机体代谢产生的废物。在长期禁食、血糖浓度很低的情况下，它们是大脑的主要能量来源。饥饿时，酮体抑制肝外组织蛋白质、氨基酸、葡萄糖的分解代谢，以

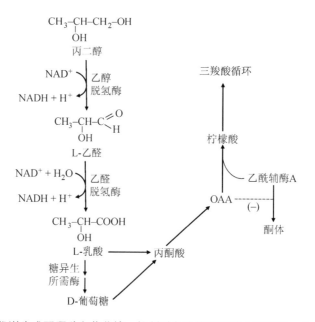

图 6.28　丙二醇代谢生成丙酮酸和葡萄糖，抑制反刍动物的肝脏生酮作用。OAA，草酰乙酸。

表 6.8　营养与激素对肝脏生酮作用的调节

饲喂状态水平	激素	丙二酰辅酶 A	脂肪酸合成	脂肪酸氧化	酮生成
碳水化合物	↑胰岛素	↑	↑	↓	↓
	↓胰高血糖素				
饥饿	↓胰岛素	↓	↓	↑	↑
	↑胰高血糖素				
不受控制的	↓胰岛素	↓	↓	↑	↑
糖尿病	↑胰高血糖素				

注：↓，下降；↑，上升。

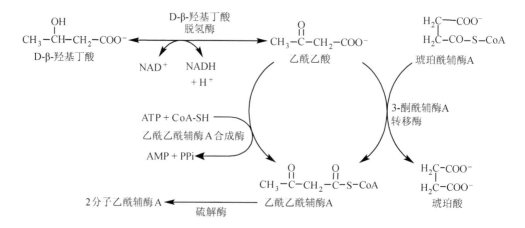

图 6.29　肝外组织对酮体的利用。所有这些反应都发生在哺乳动物、鸟类和鱼类除肝脏外的组织中。肝脏缺乏将乙酰乙酸转化为乙酰辅酶 A 的酶，因此不能利用酮体。

节约氮源和营养素（Thompson and Wu, 1991）。酮体可作为组织重要的代谢能源与信号分子。例如，β-羟基丁酸可保护神经元免受 1-甲基-4-苯基吡啶（海洛因类似物）或淀粉样蛋白片段的毒性（Kashiwaya et al., 2000）。此外，由生酮饮食产生的血循环中高浓度的乙酰乙酸与 β-羟基丁酸，可以保护癫痫患者免于癫痫发作（Clanton et al., 2017）。

6.9.8 脂肪酸的 α-氧化

尽管线粒体 β-氧化是动物短、中、长链脂肪酸氧化的主要途径，但脂肪酸的 α-氧化可在大脑、肝脏、肾脏和皮肤组织中少量存在（Van Veldhoven, 2010）。α-氧化每次在分子的羧基端移除一个碳原子。脂肪酸的 α-氧化主要发生在过氧化物酶体，少量发生在滑面内质网，其不需要辅酶 A 中间体或产生高能磷酸化合物（Jansen and Wanders, 2006）。在雷氏症候群的患者肾脏、肝脏和大脑中发现大量植烷酸，提示需要广泛研究这种植烷酸经 α-氧化途径的分解代谢过程。

植烷酸（3,7,11,15-四甲基十六烷酸；一种在 C_{16} 位含有 4 个甲基残基的多支链 C_{20} 脂肪酸）在 20 世纪 50 年代被发现是牛奶中的组分（Hansen and Shorland, 1951）。它来自于细菌对叶绿醇（3,7,11,15-四甲基十六烷酸-反-2-烯-1-醇）的代谢。植烷酸的 α-氧化步骤为：①长链脂酰辅酶 A 转移酶催化脂肪酸活化为植烷脂酰辅酶 A，并将脂酰辅酶 A 转运到过氧化物酶体；②植烷脂酰辅酶 A 被植烷脂酰辅酶 A 羟化酶（Fe^{2+}）2-羟基化，形成 2-羟基植烷脂酰辅酶 A；③2-羟基植烷脂酰辅酶 A 进一步被 2-羟基植烷脂酰辅酶 A 裂解酶（硫胺素焦磷酸，Mg^{2+}）转化成姥鲛醛（pristanal）与甲酰辅酶 A；④姥鲛醛被 NAD^+-醛脱氢酶催化脱氢（Jansen and Wanders, 2006）；甲酰辅酶 A 则水解成为甲酸和辅酶 A。目前已知，雷氏症候群患者正是由植烷酸经 α-氧化的分解代谢受损引起的。

6.9.9 脂肪酸的 ω-氧化

另一种少量存在的脂肪酸氧化途径是 ω-氧化，其由内质网中细胞色素 P450 参与的羟化酶（也称为多功能氧化酶）催化，产生 H_2O_2（Van Veldhoven, 2010）。在 ω-氧化过程中，脂肪酸的 –CH_3 基团转化成 –CH_2OH 基团，随后被氧化为 –COOH，即产生二羧酸。参与 ω-氧化的酶分布于肝脏和肾脏的滑面内质网上，而不是像 β-氧化那样分布在线粒体内（Kroetz and Xu, 2005）。ω-氧化的 3 个反应步骤为：①多功能氧化酶催化的羟基化；②NAD^+乙醇脱氢酶催化的氧化反应；③NAD^+乙醛脱氢酶催化的氧化反应。长链二羧酸通常被 β-氧化（主要在过氧化物酶体）后形成己二酸（C_6）与辛二酸（C_8），随尿排出。ω-氧化是脂肪酸分解代谢的次要途径，但其在 β-氧化受阻时可发挥重要作用。

6.9.10 脂肪酸氧化与脂肪分解的测定

测定组织细胞中脂肪酸的氧化可使用[^{14}C]或[^{3}H]标记的脂肪酸作为底物，然后检测 $^{14}CO_2$ 或 ^3H_2O 这两个产物。脂肪酸的 1-位碳和其他碳均可被 ^{14}C 标记，但 ^{3}H 不能在羧基端被标记，因为它会被水中的 H^+ 交换。^{14}C 或 ^3H 的放射活性使用液体闪烁计数器来检测。脂肪酸氧化速率的计算为："标记的脂肪酸氧化产物（$^{14}CO_2$ 或 ^3H_2O）的放射活性量"/"标记前体的特定放射活性"。此外，当利用质谱分析设备时，^{13}C 与 ^2H 可作为示踪底物分别替换 ^{14}C 和 ^3H 标记。

在缺乏甘油激酶的脂肪细胞和肌细胞中，细胞甘油的释放可作为脂解作用的重要指示剂。然而，这种方法不适用于检测肝脏中含有高水平甘油激酶活性的脂解。动物全身的脂肪分解可使用一种甘油示踪物来定量。活体动物白色脂肪组织和骨骼肌的局部脂肪分解可采用动静脉取样或微透析技术来测定甘油的量。

6.10 类花生酸的代谢与功能

6.10.1 由多不饱和脂肪酸合成具有生物活性的类花生酸

具有生物活性的类花生酸主要在内质网由花生四烯酸（$C_{20:4}$ ω6）合成，也有少量由α-亚麻酸、EPA（$C_{20:5}$ ω3）或双高-γ-亚麻酸（$C_{20:3}$ ω6，亚油酸的代谢物）的代谢形成。这些前体脂肪酸通常结合到细胞膜与核膜上，由磷脂酶（磷脂酶 A2）释放，通过多种途径代谢以合成有生物活性的类花生酸（Field et al., 1989; Hou et al., 2016）。

动物细胞组成性地产生多种类花生酸，当细胞暴露于病原体、创伤、局部缺血、趋化因子、细胞因子或生长因子时，它们的生物合成得到增强（Christmas, 2015）。4 个酶家族发起催化花生四烯酸为类花生酸的反应：①环加氧酶，环加氧酶-1（组成型）或环加氧酶-2（诱导型），将花生四烯酸转化为前列腺素（PG）（图 6.30）；②脂肪氧合酶，将花生四烯酸转化为 5-羟基二十碳四烯酸、5-酮-二十碳四烯酸（5-oxo-ETE）、白三烯与脂氧素；③细胞色素 P450 单加氧酶，将花生四烯酸转化为 20-羟基二十碳四烯酸和 19-羟基二十碳四烯酸；④环氧化酶，将花生四烯酸转化为非典型的类花生酸环氧化物（如 5,6-环氧二十碳三烯酸与 14,15-环氧二十碳三烯酸）。环加氧酶、脂肪氧合酶、磷脂酶的活性受到严格调节，因为由环加氧酶或脂肪加氧酶催化的氧化反应能产生高活性氧物质和过氧化物。阿司匹林和吲哚美辛是环加氧酶的有效抑制剂（Powell and Rokach, 2015）。花生四烯酸的代谢产物含有两个双键（2 系列类花生酸）。EPA 与双高-γ-亚麻酸的代谢途径与花生四烯酸类似，分别产生含有 3 个双键的类花生酸代谢物（3 系列类花生酸，如 PGE_3、$PGF_{3\alpha}$ 和血栓素 A_3）与含有 1 个双键的类花生酸代谢物（1 系列类花生酸，如 PGE_1、$PGF_{1\alpha}$ 和血栓素 A_1）。此外，EPA 与 DHA 的代谢分别产生含有 3 个羟基基团的 E 系列与 D 系列消退素（resolvin），而且，DHA 代谢还可生成有 2 个羟基基团的保护素和抑制素；脂氧素、消退素、保护素和抑制素共同作为抑炎的介质（Serhan, 2014）。

6.10.2 具有生物活性的类花生酸的降解

动物细胞可通过细胞色素 P450 解毒系统的修饰（如烃链的羟基化）、与谷胱甘肽或葡萄糖苷酸的共轭后排泄和过氧化物酶体 β-氧化途径快速降解具生物活性的类花生酸

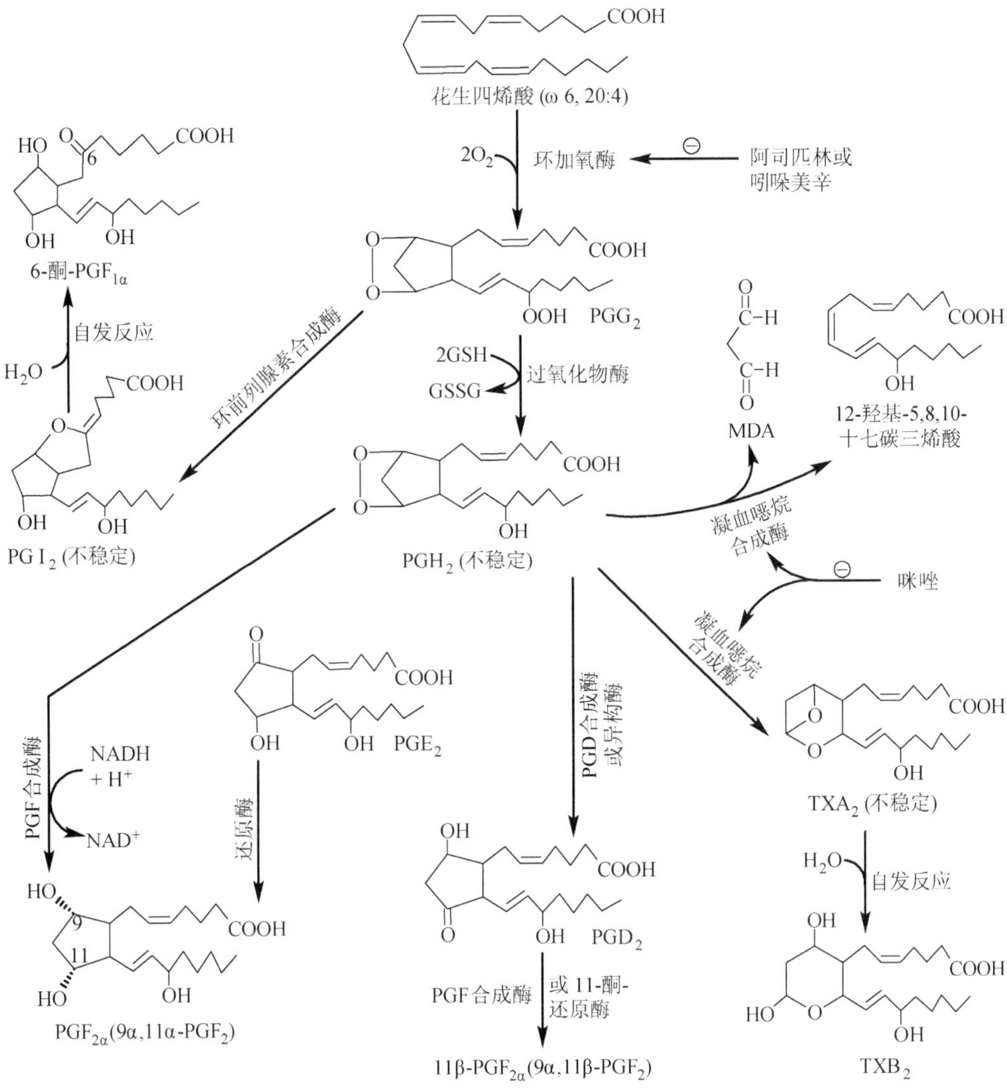

图 6.30 动物体通过环加氧酶将花生四烯酸代谢生成类花生酸。PG，前列腺素；TX，血栓素。

（Turgeon et al., 2003）。在所有组织中，肺部具有最高的类花生酸降解速率。大多数类花生酸在动物血浆的半衰期为几秒到几分钟，这对于最大限度地减少血循环中炎症性的类花生酸水平以及防止某些类花生酸的病理影响有重要意义。

如前所述，细胞色素 P450 酶对于将多不饱和脂肪酸转化成具生物活性的类花生酸至关重要，并且它能将类花生酸代谢成非活性的化合物而排出（Christmas, 2015; Xu et al., 2016）。细胞色素 P450 是一种含有亚铁血红素作为辅因子的血红素蛋白。P450 的命名来源于这种细胞色素蛋白的还原态与 CO 结合后在最大吸收波长（450 nm）处有吸收峰。细胞色素 P450 系统是指 NADPH 依赖性电子传递链中的一系列酶 [如细胞色素 P450 ω-羟化酶（一种单加氧酶）、细胞色素 P450 单加氧酶和环氧化酶]。细胞色素 P450 系统最常见的反应是由单加氧酶（细胞色素 P450 ω-羟化酶或细胞色素 P450 单加氧酶）催化，将 O_2 中的一个氧原子插入有机物的脂肪族位，另外一个氧原子转化为水（Powell and Rokach, 2015）。类花生酸被细胞色素 P450 酶去活化后的代谢产物主要由尿液排出，少量经粪便排泄。

$$有机物质 + O_2 + NADPH + H^+ \rightarrow 有机物质\text{-}OH + H_2O + NADP^+$$

类花生酸与谷胱甘肽、葡萄糖醛酸的共轭主要发生在肝脏组织，分别生成硫醚氨酸盐（mercapturate）（图 6.31）和葡萄糖苷酸。谷胱甘肽共轭物由谷胱甘肽 S-转移酶、γ-谷氨酰转肽酶、半胱氨酰-甘氨酸二肽酶与 N-乙酰转移酶催化形成。葡萄糖醛酸共轭（葡萄糖苷酸化）反应则由 UDP-葡萄糖苷酸转移酶催化，将核苷酸糖（UDP-葡萄糖醛酸）上的糖基转移到多种化合物（包括类花生酸）中，形成水溶性的衍生物（如葡萄糖苷酸）。谷胱甘肽共轭与葡萄糖苷酸化反应的终产物主要由尿液排出，少量经粪便排泄。

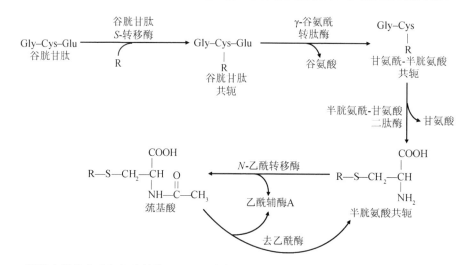

图 6.31　肝脏中类花生酸与谷胱甘肽（GSH）共轭形成硫醚氨酸盐。R = 物质［如各种亲电体，生理化合物和代谢物（雌激素、前列腺素、白三烯和黑色素）以及外源性化学物质（如溴苯和对乙酰氨基酚），其可与肝细胞中的谷胱甘肽结合从而随尿液和粪便排泄］。

作为极长链脂肪酸，类花生酸及其代谢产物（包括前列腺素、环氧脂肪酸、血栓素和白三烯）可经过氧化物酶体 β-氧化途径分解产生更短链的脂酰辅酶 A 和乙酰辅酶 A（Van Veldhoven, 2010）。然后这些产物进入线粒体进一步通过 β-氧化生成 CO_2 和水。因此，利用过氧化物酶体与线粒体的协同作用，动物体中的类花生酸可被完全氧化。这种方式在细胞色素 P450、谷胱甘肽共轭、与葡萄糖苷酸化途径减少时具有重要的生理意义。

6.10.3　类花生酸的生理功能

类花生酸在靠近其产生场所的靶细胞有特定作用（Hou et al., 2016）。它们被称为"局部激素"，参与细胞间、细胞内信号级联，对炎症、发热症、血流动力学、凝血、免疫系统调节、生殖、细胞生长与生物钟等产生影响（表 6.9）。前列腺素结合到：①细胞质膜 G 蛋白偶联受体，激活 cAMP 形成（如 PGE_1、PGI_2 和 PGD_2）、磷脂酰肌醇-4, 5-二磷酸信号通路和细胞内 Ca^{2+} 释放；②PPAR-γ，影响基因转录，这种基因转录的调节取决于不同的细胞类型及类花生酸种类。一些白三烯也能通过细胞质膜特异性 G 蛋白偶联受体发挥功能。除了通过受体介导发挥生理作用以外，某些类花生酸，如 ω3 和 ω6 多不饱和脂肪酸可直接影响它们各自的代谢，从而产生不同的生物学应答。例如，ω3 多不饱和脂肪酸抑制由花生四烯酸合成促炎类花生酸，反之亦然（Clandinin et al., 1993）。因此，动物体内过量的 ω6 多不饱和脂肪酸会促进炎症，而 ω3 多不饱和脂肪酸则抑制炎症。ω3 多不饱和脂肪酸抗炎作用的关联机制包括：①改变磷脂脂肪酸的细胞膜组成；②破坏脂质筏(lipid raft)；③抑制促炎转录因子 NF-κB 的活性以下调炎症相关基因表达；④激活抗炎转录因子 PPAR-γ；⑤与 G 蛋白偶联受体 GPR120 结合，减少 PGE_2 与其他促炎细胞因子的产生（Calder, 2015）。

表 6.9　类花生酸的生理功能

类花生酸	生理功能
PGI_2	松弛动脉平滑肌；抑制血小板聚集
TXA_2	收缩动脉平滑肌；促进血小板聚集；参与血液凝结；参与过敏反应
PGE_2	收缩平滑肌细胞；促进炎症；诱发发热；痛觉
PGE_1	松弛平滑肌细胞；改善勃起功能
$PGF_{2\alpha}$	促进子宫收缩；诱导分娩；增强支气管收缩
PGD_2	松弛平滑肌细胞；抑制血小板聚集；抑制神经递质释放；参与过敏反应；促进头发生长
20HETE	促进血管收缩；抑制血小板聚集
LTB4	作为白细胞趋化因子；作为白细胞激活剂；促进炎症
LTC4，LTD4	增强血管通透性；促进血管平滑肌收缩；参与过敏反应
LTE4	增强血管通透性；促进呼吸道黏蛋白分泌
LXA4，LXB4	抑制促炎性细胞的功能
14, 15EET	促进血管扩张；抑制血小板聚集；抑制促炎性细胞的功能
SPMs	引发抗炎反应并有助于炎症消退

注：EET，环氧二十碳三烯酸；HETE，羟二十烷四烯酸；LT，白三烯；LX，脂氧素；PG，前列腺素；SPMs，特异性促炎症消退介质，包括脂氧素、消退素、保护素和抑制素；TX，血栓素。

6.11　磷脂与鞘磷脂的代谢

6.11.1　磷脂的代谢

如第 1 章所述，磷脂由一个甘油分子、两个脂肪酸和一个磷酸基团构成。它们是细胞膜脂质双分子层中的两亲性分子（亲水、亲脂性），构成了膜的物理化学特性（如膜流动性）。因此，磷脂影响了膜结合蛋白（如激素受体、离子通道和营养素转运蛋白等）的构象与功能。此外，作为合成信号分子的前体，磷脂可调节基因表达与营养素代谢。营养素如蛋白质、脂肪酸（饱和与多不饱和）、维生素（如维生素 A、维生素 E 和叶酸）、矿物质（如锌和镁）等的摄入量，会影响动物磷脂的组成与代谢（Gimenes et al., 2011）。

6.11.1.1 磷脂的合成

在细菌（如动物消化道中的细菌）和酵母中，磷脂的从头合成涉及从二羟丙酮磷酸（糖酵解中间体）和脂酰辅酶 A 到磷脂酸（二酰甘油-3-磷酸）的转化，进一步生成胞苷二磷酸-二酰甘油（图 6.32）。由于细菌和酵母含有 Mn^{2+} 与胞苷二磷酸-二酰甘油依赖性磷脂酰丝氨酸合成酶，因此，它们能够由胞苷二磷酸-二酰甘油和丝氨酸合成磷脂酰丝氨酸。然而，哺乳动物、鸟类和鱼类中缺乏这种酶。尽管在它们的内质网存在能将葡萄糖、脂酰辅酶 A 和丝氨酸转化为胞苷二磷酸-二酰甘油的酶，但动物细胞不能由胞苷二磷酸-二酰甘油合成磷脂酰丝氨酸、磷脂酰乙醇胺和卵磷脂。动物中的胞苷二磷酸-二酰甘油可作为线粒体内膜心磷脂（线粒体膜上的一种丰富的磷脂）与内质网磷脂酰肌醇的合成前体（图 6.33）。

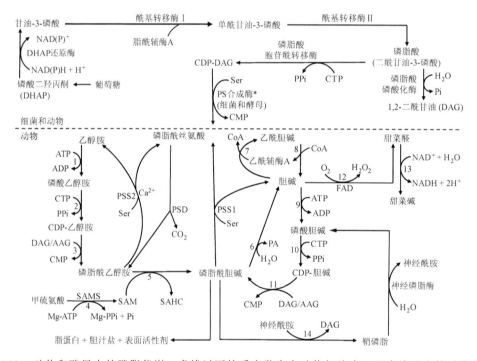

图 6.32 动物和酵母中的磷脂代谢。虚线以下的反应发生在动物细胞中，而虚线以上的反应发生在细菌和动物细胞中（除了 Mn^{2+} 和 CDP-DAG 依赖性磷脂酰丝氨酸（PS）合成酶。*表示不存在于动物细胞中的酶。催化所示反应的酶是：①乙醇胺激酶；②CTP:磷酸乙醇胺胞苷转移酶；③CDP-乙醇胺:1,2-二酰甘油乙醇胺磷酸转移酶；④S-腺苷甲硫氨酸合成酶；⑤磷脂酰乙醇胺 N-甲基转移酶；⑥各种磷脂酶和溶血磷脂酶；⑦乙酰胆碱转移酶；⑧乙酰胆碱转移酶；⑨胆碱激酶；⑩CTP:磷酸胆碱胞苷转移酶；⑪CDP-胆碱:1,2-二酰甘油磷酸胆碱转移酶；⑫胆碱氧化酶；⑬甜菜碱醛脱氢酶；⑭磷脂酰胆碱:神经酰胺胆碱磷酸转移酶。除了 PSD（位于线粒体内膜），磷脂合成的酶存在于内质网中。AAG，1-O-烷基-2-乙酰基-sn-甘油；CTP，胞苷三磷酸；CDP，胞苷二磷酸；CMP，胞苷一磷酸；DAG，二酰甘油；PA，磷脂；PSD，磷脂酰丝氨酸脱羧酶；PSS1，磷脂酰丝氨酸合成酶-1；PSS2，磷脂酰丝氨酸合成酶-2；SAHC，S-腺苷高半胱氨酸；SAM，S-腺苷甲硫氨酸；SAMS，S-腺苷甲硫氨酸合成酶。

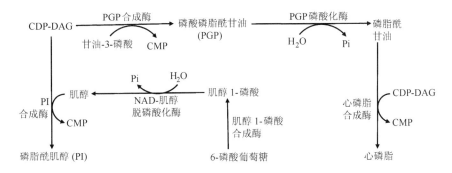

图 6.33 动物细胞中胞苷二磷酸-二酰甘油（CDP-DAG）合成心磷脂和磷脂酰肌醇。将 CDP-DAG 转化成心磷脂的反应发生在线粒体内膜上，而磷脂酰肌醇由内质网中的 6-磷酸葡萄糖产生。CDP，胞苷二磷酸；CMP，胞苷一磷酸；DAG，二酰甘油。

　　动物中有两种产生磷脂酰乙醇胺的途径：①在内质网由乙醇胺与甘油二酯从头合成；②在线粒体内膜由磷脂酰丝氨酸脱羧形成（Tatsuta et al., 2014）。磷脂酰乙醇胺是合成磷脂酰丝氨酸、卵磷脂与鞘磷脂的共同前体（图 6.32）。具体而言，磷脂酰乙醇胺向卵磷脂的转化由 N-甲基转移酶催化，并且需要 S-腺苷甲硫氨酸（甲硫氨酸的代谢物）作为辅因子。对于磷脂酰丝氨酸的合成，磷脂酰丝氨酸合成酶-1 交换磷脂酰胆碱中的丝氨酸到胆碱，而磷脂酰丝氨酸合成酶-2 交换磷脂酰乙醇胺中的丝氨酸到乙醇胺。这两种不同的酶与细菌和酵母中的 Mn^{2+} 与胞苷二磷酸-二酰甘油依赖性磷脂酰丝氨酸合成酶无关（Vance and Tasseva, 2013）。卵磷脂被各种磷脂酶和溶血磷脂酶水解形成胆碱和磷脂酸。如前所述，磷脂酸再循环到内质网中的胞苷二磷酸-二酰甘油。在该过程中，连同由卵磷脂衍生的鞘磷脂转化形成磷酸胆碱，有助于保存体内的磷脂。

　　大多数脂质（包括磷脂）在内质网合成，并被转运到线粒体。然而，由胞苷二磷酸-二酰甘油转化形成心磷脂，以及由磷脂酰丝氨酸向磷脂酰乙醇胺的转化则发生在线粒体内膜。因此，细胞内磷脂从合成场所转运到目的场所对于所有细胞膜的形成和功能是必不可少的。在生理条件下，从头合成磷脂无法满足动物的需要，包括牛、猫、狗、鱼、毛皮动物、马、小鼠、猪、家禽和大鼠等（Gimenes et al., 2011）。所以，日粮必须提供这些营养素来保证动物的最佳生长、发育和健康。

6.11.1.2 动物体内乙醇胺与胆碱的来源

　　植物和藻类可通过一种可溶性的丝氨酸脱羧酶产生乙醇胺。相比之下，动物细胞和细菌则缺乏丝氨酸脱羧酶，所以不能直接使丝氨酸脱羧形成乙醇胺。但是，在动物和细菌中，丝氨酸与棕榈酰辅酶 A 在内质网可被一系列酶的催化反应生成神经酰胺；神经酰胺进一步代谢产生脂肪醛与磷酸乙醇胺（图 6.34）。磷脂酰丝氨酸合成酶-2 将磷脂酰乙醇胺和丝氨酸转化为磷脂酰丝氨酸和乙醇胺。细菌还可以从葡萄糖、丝氨酸和脂酰辅酶 A 合成磷脂酰丝氨酸，磷脂酰丝氨酸代谢为磷脂酰乙醇胺，然后代谢为乙醇胺（图 6.32）。需要注意的是，尽管少量乙醇胺可通过鞘氨醇-1-磷酸裂解酶分解鞘脂产生，但该反应并没有从内源鞘脂净从头合成乙醇胺。此外，日粮中磷脂和乙醇胺是动物额外的乙醇胺来源。非反刍动物血浆乙醇胺浓度通常较低（2–10 μmol/L；Wu, 2013）。反刍动物由于瘤胃细菌可由葡萄糖、脂肪酸和丝氨酸从头合成乙醇胺，根据日粮、日龄和生理状态的不同，其血浆乙醇胺浓度为 30–100 μmol/L（Kwon et al., 2003）。

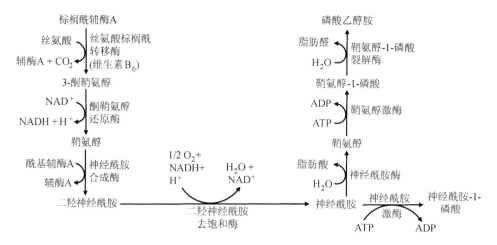

图 6.34　由棕榈酰辅酶 A 和 L-丝氨酸从头合成神经酰胺，以及神经酰胺在动物细胞中的降解。这些反应均发生在内质网。

　　卵磷脂由磷脂酰乙醇胺与磷脂酰丝氨酸形成，是内源胆碱的来源（图 6.32）。丝氨酸和蛋氨酸（也称作甲硫氨酸）是动物合成胆碱所必需的。胆碱合成途径在动物肝脏组织中最活跃。在生理条件下，胆碱的从头合成不能满足动物的需要，因此，日粮必须提供胆碱（Zeisel, 1981）。提供胆碱对胎儿和新生儿（包括幼龄反刍动物）特别重要，因为它们小肠中的微生物活性不存在或者很低，不能合成足量的胆碱。由于胆碱是合成卵磷脂和乙酰胆碱的底物，胆碱的缺乏会损害神经发育、认知功能、神经冲动传递，以及造成肌肉损伤与甘油三酯在肝脏的异常沉积（称为非酒精性脂肪肝）。日粮中较好的胆碱来源有蛋、肉、家禽、鱼类、十字花科蔬菜、花生和乳制品。

6.11.2　鞘磷脂的代谢

　　鞘磷脂发挥重要的营养与生理学功能，它们代谢产生的多种多样的分子可以充当细胞结构组分（细胞膜上的鞘磷脂、鞘糖脂），以及具有信号转导的作用（如鞘氨醇、神经酰胺和鞘氨醇-1-磷酸）。动物大脑中鞘脂含量特别丰富（Denisova and Booth, 2005）。这些脂质由磷脂以及丝氨酸和脂肪酸形成。具体而言，"卵磷脂:神经酰胺"胆碱磷酸转移酶将卵磷脂与神经酰胺转化成鞘磷脂。此外，动物细胞可由丝氨酸和棕榈酰辅酶 A 在内质网从头合成鞘脂（如神经酰胺）（图 6.34）。这些合成的鞘脂随后被输送到线粒体及其他细胞膜，从而提供不透水的皮肤表层，以及参与各种各样的细胞信号转导，调节细胞分化、增殖与凋亡。

　　鞘脂的水解起始于溶酶体。例如，鞘磷脂被溶酶体内鞘磷脂酶催化水解形成磷酸胆碱与神经酰胺（图 6.32）。复合鞘脂最后被分解成为鞘氨醇，然后经再酰化作用重新利用以形成神经酰胺（补救途径）。值得注意的是，鞘脂代谢的关键步骤是由鞘氨醇-1-磷酸裂解酶催化，该酶广泛存在于组织内质网中。该酶裂解磷酸化的鞘氨醇基质形成磷脂酰乙醇胺和脂肪醛。脂肪醛是十六烯醛或者十六醛，分别是在以鞘氨醇-1-磷酸、二氢鞘氨醇-1-磷酸为底物的情况下生成的。细胞内鞘脂浓度取决于体内合成与分解代谢速率的平衡，以及日粮摄取、肠道消化与吸收。

现在并不知道动物对鞘脂的营养需要。动物摄取的鞘脂在肠道被水解成神经酰胺与鞘氨醇类基质，然后被吸收入肠细胞（Vesper et al., 1999）。动物研究结果表明，日粮中添加鞘脂可抑制结肠癌的发生，降低血清 LDL 浓度，提高血清 HDL 浓度。因此，鞘脂可能是改善动物健康的一种功能性日粮组分。如果缺乏从日粮中摄取的鞘脂，则动物不能维持体内脂质平衡。

6.12　类固醇激素的代谢

6.12.1　孕酮与糖皮质激素的合成

细胞色素 P450（CYP）酶、羟基类固醇脱氢酶与类固醇还原酶负责以细胞特异性方式（如肾上腺、睾丸和卵巢）由胆固醇合成类固醇激素（图 6.35）。这些酶具有高度的底物选择性，包括 NADPH 依赖性类固醇脱氢酶和还原酶。类固醇激素合成途径的起始步骤是由 CYP11A1（胆固醇单加氧酶、胆固醇侧链裂解酶）催化将胆固醇转化为孕烯醇酮。该酶结合到所有类固醇生成组织的线粒体内膜上。孕烯醇酮被转化成：①孕酮，由 3β-羟基类固醇脱氢酶催化，该酶是存在于胎盘及类固醇生成组织的线粒体与内质网中的一种非 CYP450 酶；②17α-羟基孕烯醇酮，由 CYP17 催化，该酶是一种兼有 17α-羟化酶和 17,20-裂解酶活性的单一蛋白，其在卵巢、睾丸和肾上腺皮质中表达（Sanderson, 2006）。在肾上腺皮质，孕酮被代谢为皮质酮、醛固酮和皮质醇，而 17α-羟基孕烯醇酮转化为皮质醇。血循环中肾上腺激素水平因物种不同而异。例如，皮质醇和皮质酮分别是猪和鸡血浆中主要的糖皮质激素。促肾上腺皮质激素或应激条件（如热应激）可刺激肾上腺分泌糖皮质激素。高水平的糖皮质激素诱导动物的分解代谢反应，该反应可通过在日粮中添加激素的结构类似物来改善，如添加丝兰提取物。

6.12.2　睾酮和雌激素的合成

由胆固醇衍生的 17α-羟基孕烯醇酮是睾丸间质细胞合成睾酮和卵巢颗粒细胞合成雌激素的共同中间体。睾酮与雌激素是促进蛋白质合成和细胞生长的同化激素。黄体生成素通过在睾丸间质细胞膜上与其受体结合，活化 cAMP 依赖性蛋白激酶，刺激睾酮合成（Sanderson, 2006）。睾酮与促卵泡激素通过激活 cAMP 依赖性蛋白激酶起作用，它们是雄性动物产生成熟精子、实现完全的生殖潜能所必需的。日粮摄入的营养素（特别是蛋白质、精氨酸、维生素 A、维生素 E、锌和多不饱和脂肪酸）对精子发生至关重要。黄体生成素和促卵泡激素可通过上调芳香化酶和 17β-羟基类固醇脱氢酶的表达，促进雌酮转化为雌二醇，从而促进雌激素的合成。母体营养可以影响雌性生殖激素的产生。一些日粮和环境的非营养因素（如毒素）对性激素合成的干扰会损害雄性与雌性动物的生殖。

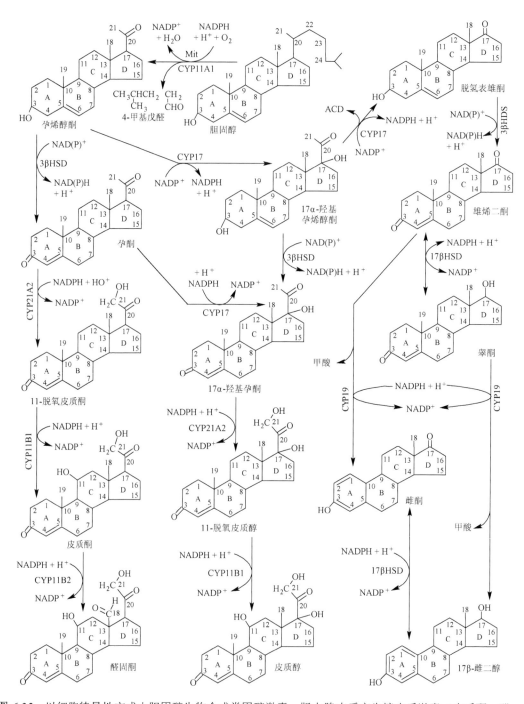

图 6.35　以细胞特异性方式由胆固醇生物合成类固醇激素。肾上腺皮质产生糖皮质激素（皮质酮、醛固酮和皮质醇）和孕酮。促肾上腺皮质激素或应激条件（如热应激）可刺激肾上腺分泌糖皮质激素。高水平的糖皮质激素会诱发动物体内的分解代谢反应，而通过在日粮中补充其结构类似物，如丝兰提取物，可以改善其代谢反应。

6.13 动物脂肪沉积与健康

动物脂肪沉积取决于甘油三酯合成与分解代谢速率的平衡（图 6.36）。当日粮中脂质没有完全被氧化成 CO_2 和水时，脂肪酸会以甘油三酯的形式沉积在组织中（主要是脂肪组织）（Jobgen et al., 2006）。同样，当过量的乙酰辅酶 A 不能通过三羧酸循环氧化时，乙酰辅酶 A 转化为脂肪酸和胆固醇。然后，脂肪酸形成甘油三酯，沉积在白色脂肪组织和其他组织中。高比例的胰岛素/胰高血糖素刺激合成代谢途径，包括肝脏或白色脂肪组织中甘油三酯的合成，以及白色脂肪组织中甘油三酯的沉积；而低比例的胰岛素/胰高血糖素（如由于日粮能量供应减少）有利于分解代谢反应（表 6.5）。此外，胰岛素、糖皮质激素和 PPAR-γ 促进脂肪细胞的分化，使其成为甘油三酯合成和储存的成熟细胞。由于高血糖和胰岛素抵抗，肥胖动物或者具有 1 型或 2 型糖尿病的动物通常表现出血脂异常，导致 LDL 代谢受损、氧化应激和心血管疾病风险增加（图 6.37）。血浆中高浓度的脂肪酸和甘油三酯可导致胰腺疾病（如炎症和肿瘤发生）。像过量饲喂一样，在长时间严重能量摄入不足期间，白色脂肪组织长链脂肪酸的过度动员也会导致血脂异常。例如，泌乳早期奶牛中常见的脂肪肝（即肝脂沉积症）（Bobe et al., 2004）。当肝脏对血液中脂质的摄取超过肝脏对脂质的氧化和分泌时，就会产生这种代谢紊乱，并且在出现代谢紊乱之前，通常在血浆中会出现高浓度的长链脂肪酸。因此，过度营养或营养不足对动物健康和生产性能均会产生负面影响。

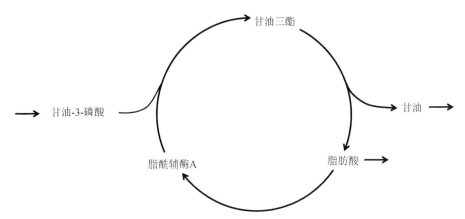

图 6.36 动物细胞甘油三酯的周转。脂肪合成和分解代谢速率之间的平衡决定了甘油三酯在细胞和整个机体中的沉积。

家畜和家禽生产的一个主要问题就是在上市体重时过量沉积皮下脂肪（如背膘和腹脂）（Etherton and Walton, 1986）。以猪为例，猪从 45 kg 体重开始大量沉积体脂，并且脂肪含量在 45–115 kg（上市体重）不成比例地增加 10 倍。上市体重猪皮下脂肪组织占胴体脂质的 70%。由于消费者需求低脂肪肉类，为了迎合政府和消费者的需要，过量的皮下脂肪组织在屠宰猪时被去除。上市体重猪的背膘越厚，价格或等级就越低。皮下脂肪组织的沉积不仅降低了胴体中瘦肉组织的比例和经济回报，还潜在地减少了用于增加肌肉蛋白质的日粮能量。因此，尽量减少过量的皮下和腹部白色脂肪组织对于提高全球养猪业的质量和经济效益具有极其重要的意义。这也适用于反刍动物、家禽和鱼类的生产。

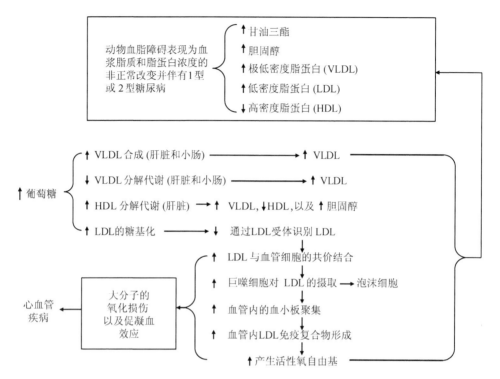

图 6.37　1 型或 2 型糖尿病动物体内的血脂异常。糖基化的低密度脂蛋白（LDL）不能被它们的受体识别，导致高水平的血液 LDL 和氧化应激，以及心血管疾病风险增加。

激素和营养手段已经被探索用来调节农业动物的脂肪含量。具体而言，增加生长激素在血循环中的水平或蛋白质和氨基酸的日粮摄入量可潜在减少动物脂肪沉积（Bergen and Mersmann, 2005; McKnight et al., 2010; Wray-Cahen et al., 2012）。例如，给 74 kg 重的阉公猪（每天 50 μg/kg 体重）肌内注射猪重组生长激素 24 天，增加了动物体和骨骼肌中的蛋白质及水的比例，同时降低了全身和白色脂肪组织中脂肪的比例（Kramer et al., 1993）。与饲喂 14% 粗蛋白质的日粮相比，饲喂高蛋白日粮（20% 粗蛋白质）增加了生长猪的蛋白质沉积，减少了甘油三酯的积累。此外，与含有饱和脂肪酸的日粮相比，含有不饱和脂肪酸的日粮可增强长链脂肪酸的 β-氧化，同时减少动物（如猪和鸡）体内的腹脂沉积和脂肪酸合成（Sanz et al., 2000）。在 110 日龄的阉公猪的日粮中添加 1% L-精氨酸 60 天，使血清甘油三酯浓度降低 20%，全身脂肪含量降低 11%，同时使全身骨骼肌重量增加 5.5%（Tan et al., 2009）。血清样品的代谢组学分析也表明，L-精氨酸对降低育肥猪的脂肪含量和提高蛋白质沉积效率有显著的作用（He et al., 2009）。出乎意料的是，补充精氨酸的猪的肌内脂肪含量比对照组高 70%，有效地改善了肉质（Tan et al., 2009），该研究结果表明脂质代谢及其调节因白色脂肪组织的解剖学位置不同而异。由于肌肉脂肪仅约占胴体脂肪的 3%，因此对日粮中添加精氨酸的猪的全身脂肪含量几乎没有影响（Tan et al., 2009）。这种潜在的机制很复杂，可能包括：①促进了白色脂肪组织中脂肪的分解、线粒体的生物合成、组织中脂肪酸氧化成 CO_2 和水（主要是肝脏和骨骼肌），以及将日粮能量分配到合成骨骼肌中的蛋白质；②减少了肝脏和/或白色脂肪组织中脂肪酸的合成和脂肪生成（McKnight et al., 2010; Tan et al., 2012）。

6.14 小　　结

脂肪来源的长链脂肪酸和短链脂肪酸分别是单胃动物和反刍动物的主要能量来源。在非反刍动物和幼龄反刍动物中，脂质的消化开始于口腔和胃，主要在小肠的前端完成，其需要借助牛磺酸或甘氨酸共轭的胆汁盐和胰液（包括脂肪酶和碳酸氢盐）。由脂质的消化产物（甘油一酯、长链脂肪酸、磷脂和胆固醇）组成的微粒通过未搅动的水层，并且这些脂质组分通过简单扩散和蛋白质载体转运的方式被肠细胞顶端膜吸收。在反刍动物中，瘤胃对甘油三酯的消化是有限的（日粮中脂肪含量最高为7%），产生上述的类似产物，但不含甘油一酯；所产生的长链脂肪酸（含有许多生物氢化和共轭的长链脂肪酸）同非反刍动物一样在小肠中被吸收。在所有动物中，甘油以及短链脂肪酸和中链脂肪酸被吸收进入肠细胞均由蛋白质载体介导。

在肠细胞，甘油三酯被组装到乳糜微粒、初级 VLDL 和未成熟的 HDL。这些脂蛋白分泌到小肠淋巴管（lacteal）（大多数非反刍动物和所有反刍动物）或门静脉（家禽）中，然后进入颈静脉和锁骨下静脉交界处的血液循环。在血液中转运过程中，从肝脏释放的成熟 HDL 将 ApoC2 和 ApoE 转移至乳糜微粒和 VLDL，然后这些富含脂肪的脂蛋白被位于肝外组织的微血管内皮腔表面上的脂蛋白脂肪酶在细胞外水解，这些肝外组织包括骨骼肌、心脏、白色脂肪组织、肾脏和巨噬细胞等。产生的乳糜微粒残粒主要由肝脏摄取，较少量由巨噬细胞摄取；而产生的 VLDL 残粒（主要是 LDL，此外还有 IDL）主要由肝脏摄取，较少量由外周组织（如骨骼肌、心脏、白色脂肪组织和肾脏）摄取，以组织依赖性方式进行分解代谢。由于肝脏缺乏脂蛋白脂肪酶（LPL），肝脂肪酶（hepatic lipase）在清除来源于血液中的甘油三酯过程中起着重要作用。从小肠和肝脏释放的 HDL 从外周组织收集胆固醇进入肝脏。在肝脏中，胆固醇由乙酰辅酶 A 合成并转化为胆汁酸或胆汁醇，由粪便排出。胆固醇也用于合成所有的类固醇激素。磷脂，特别是磷脂酰胆碱，在甘油三酯消化以及器官间胆固醇和脂蛋白代谢中起重要作用。在所有动物细胞中，多不饱和脂肪酸可被代谢产生具有多种生理功能（如血管舒张、平滑肌收缩，以及促炎或抗炎反应的介导作用等）的类花生酸。

在动物的进食和禁食状态下，脂肪酸主要通过线粒体 β-氧化途径被氧化成 CO_2 和水。长链脂肪酸和极长链脂肪酸分解代谢的次要途径分别是过氧化物酶体 β-氧化和内质网中的 ω-氧化途径。大多数动物，除了猪以外，在禁食、能量缺乏（如泌乳、妊娠晚期、剧烈运动时）和患 1 型糖尿病的情况下，脂肪酸被氧化成乙酰乙酸和 D-β-羟基丁酸，作为大脑和肝外组织的主要能量底物，也可作为细胞信号分子。在进食状态下，非反刍动物中的饱和与单不饱和长链脂肪酸主要由葡萄糖和氨基酸合成，但是，在反刍动物则由短链脂肪酸和乳酸以组织依赖性方式合成。当日粮能量摄入超过能量消耗时，甘油三酯在白色脂肪组织和肝脏中累积。体内甘油三酯的沉积取决于其合成和分解代谢之间的平衡，该平衡经激素（胰岛素、生长激素和糖皮质激素）、氨基酸（如精氨酸）和代谢物（如 NO 和 CO）通过涉及蛋白激酶 A 和蛋白激酶 G 等的细胞信号转导进行调节（图 6.38）。甘油三酯在组织中的过量沉积会导致肥胖，并可导致胰岛素抵抗和血脂异常，以及增加心血管疾病、脂肪肝和胰腺疾病发生风险。脂质的组织间代谢在维持哺乳动物、鸟类和鱼类的全身稳态和健康中起着重要作用。

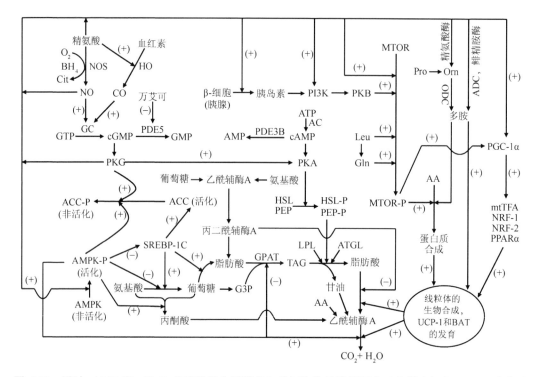

图 6.38　通过 cAMP 和 cGMP 依赖性蛋白激酶参与的细胞信号转导调节动物脂肪沉积。AC，腺苷酸环化酶；ACC，乙酰辅酶 A 羧化酶；ADC，精氨酸脱羧酶；AMPK，AMP 活化的蛋白激酶；ATGL，脂肪三酰甘油脂肪酶；BAT，棕色脂肪组织；BH_4，四氢蝶呤；Cit，瓜氨酸；GC，鸟苷酸环化酶；G3P，甘油-3-磷酸；GPAT，甘油-磷酸酰基转移酶；HO，血红素加氧酶；HSL，激素敏感性脂肪酶；LPL，脂蛋白脂肪酶；MTOR，雷帕霉素的机制靶点；mtTFA，线粒体转录因子 A；NO，一氧化氮；NOS，NO 合成酶；NRF，核呼吸因子；Orn，鸟氨酸；ODC，鸟氨酸脱羧酶；PDE5，5-磷酸二酯酶；PDE3B，磷酸二酯酶 3B；PEP，围脂滴蛋白；PGC-1α，PPAR-γ 共激活因子；PKA，环磷酸腺苷（cAMP）依赖性蛋白激酶 A；PKG，环磷酸鸟苷（cGMP）依赖性蛋白激酶 G；PPAR-γ，过氧化物酶体增殖激活受体-γ；Pro，脯氨酸；SREBP-1C，固醇调节元素结合蛋白-1c；TAG，甘油三酯；UCP-1，解偶联蛋白-1。（改编自：Wu G. 2013. *Amino Acids: Biochemistry and Nutrition.* CRC Press, Boca Raton, FL.）。

（译者：魏宏逸，余凯凡）

参 考 文 献

Abbey, M. and P.J. Nestel. 1994. Plasma cholesteryl ester transfer protein activity is increased when trans-elaidic acid is substituted for cis-oleic acid in the diet. *Atherosclerosis* 106:99–107.

Alonso, L., J. Fontecha, L. Lozada, M.J. Fraga, and M. Juárez. 1999. Fatty acid composition of caprine milk: Major, branched-chain, and trans fatty acids. *J. Dairy Sci.* 82(5):878–884.

Avila, C.D., E.J. DePeters, H. Perez-Monti, S.J. Taylora, and R.A. Zinn. 2000. Influences of saturation ratio of supplemental dietary fat on digestion and milk yield in dairy cows. *J. Dairy Sci.* 83:1505–1519.

Bakke, A.M., C. Glover, and A. Krogdahl. 2011. Feeding, digestion and absorption of nutrients. *Fish Physiol.* 30:57–110.

Bartlett, K. and S. Eaton. 2004. Mitochondrial β-oxidation. *Eur. J. Biochem.* 271:46–49.

Bauchart, D. 1993. Lipid absorption and transport in ruminants. *J. Dairy Sci.* 76:3864–3881.

Bauchart, D., D. Durand, P.M. Laplaud, P. Forgez, S. Goulinet, and M.J. Chapman. 1989. Plasma lipoproteins and apolipoproteins in the preruminant calf, *Bos* spp.: Density distribution, physicochemical properties, and the *in vivo* evaluation of the contribution of the liver to lipoprotein homeostasis. *J. Lipid Res.* 30:1499–1514.

Bauman, D.E. 1976. Intermediary metabolism of adipose tissue. *Fed. Proc.* 35:2308–2313.

Bauman, D.E. and J.M. Griinari. 2003. Nutritional regulation of milk fat synthesis. *Annu. Rev. Nutr.* 23:203–227.

Beam, T.M., T.C. Jenkins, P.J. Moate, R.A. Kohn, and D.L. Palmquist. 2000. Effects of amount and source of fat on the rates of lipolysis and biohydrogenation of fatty acids in ruminal contents. *J. Dairy Sci.* 83:2564–2573.

Beitz, D.C. 1993. Lipid metabolism. In: *Dukes' Physiology of Domestic Animals.* Edited by M.J. Swenson and W.O. Reece. Cornell University Press, Ithaca, NY, pp. 453–472.

Bell R.M. and R.A. Coleman. 1980. Enzymes of glycerolipid synthesis in eukaryotes. *Annu. Rev. Biochem.* 49:459–487.

Bergen, W.G. and H.J. Mersmann. 2005. Comparative aspects of lipid metabolism: Impact on contemporary research and use of animal models. *J. Nutr.* 135:2499–2502.

Besnard, P., I. Niot, A. Bernard, and H. Carlier. 1996. Cellular and molecular aspects of fat metabolism in the small intestine. *Proc. Nutr. Soc.* 55:19–37.

Bijland, S., S.J. Mancini, and I.P. Salt. 2013. Role of AMP-activated protein kinase in adipose tissue metabolism and inflammation. *Clin. Sci.* 124:491–507.

Bobe, G., J.W. Young, and D.C. Beitz. 2004. Invited review: Pathology, etiology, prevention, and treatment of fatty liver in dairy cows. *J. Dairy Sci.* 87:3105–3124.

Brasaemle, D.L. 2007. The perilipin family of structural lipid droplet proteins: Stabilization of lipid droplets and control of lipolysis. *J. Lipid Res.* 48:2547–2559.

Brown, M.S., J. Herz, and J.L. Goldstein. 1997. LDL-receptor structure. Calcium cages, acid baths and recycling receptors. *Nature* 388:629–630.

Calder, P.C. 2015. Marine omega-3 fatty acids and inflammatory processes: Effects, mechanisms and clinical relevance. *Biochim. Biophys. Acta* 1851:469–484.

Cao J., L. Cheng, and Y. Shi. 2007. Catalytic properties of MGAT3, a putative triacylglycerol synthase. *J. Lipid Res.* 48:583–591.

Carew, L.B., Jr., R.H. Machemer, Jr., R.W. Sharp, and D.C. Foss. 1972. Fat absorption by the very young chick. *Poult. Sci.* 51:738–742.

Chen, M., Y. Yang, E. Braunstein, K.E. Georgeson, and C.M. Harmon. 2001. Gut expression and regulation of FAT/CD36: Possible role in fatty acid transport in rat enterocytes. *Am. J. Physiol. Endocrinol. Metab.* 281:E916–E923.

Christmas, P. 2015. Role of cytochrome P450s in inflammation. *Adv. Pharmacol.* 74:163–192.

Clandinin, M.T., S. Cheema, C.J. Field, and V.E. Baracos. 1993. Dietary lipids influence insulin action. *Ann. N.Y. Acad. Sci.* 683:151–163.

Clanton, R.G., G. Wu, G. Akabani, and R. Aramayo. 2017. Control of seizures by ketogenic diet-induced modulation of metabolic pathways. *Amino Acids* 49:1–20.

Coleman, R.A. and D.G. Mashek. 2011. Mammalian triacylglycerol metabolism: Synthesis, lipolysis, and signaling. *Chem. Rev.* 111:6359–6386.

Cortner, J.A., P.M. Coates, N.A. Le, D.R. Cryer, M.C. Ragni, A. Faulkner, and T. Langer. 1987. Kinetics of chylomicron remnant clearance in normal and in hyperlipoproteinemic subjects. *J. Lipid Res.* 28:195–206.

Davidson, N.O. and G.S. Shelness. 2000. Apolipoprotein B: mRNA editing, lipoprotein assembly, and presecretory degradation. *Annu. Rev. Nutr.* 20:169–193.

DeFronzo, R.A. 2010. Insulin resistance, lipotoxicity, type 2 diabetes and atherosclerosis: The missing links. *Diabetologia* 53:1270–1287.

Denisova, N.A. and S.L. Booth. 2005. Vitamin K and sphingolipid metabolism: Evidence to date. *Nutr. Rev.* 63:111–121.

Donsmark, M., J. Langfort, C. Holm, T. Ploug, and H. Galbo. 2004. Regulation and role of hormone-sensitive lipase in rat skeletal muscle. *Proc. Nutr. Soc.* 63:309–314.

Doreau, M. and Y. Chilliard. 1997. Digestion and metabolism of dietary fat in farm animals. *Br. J. Nutr.*

78:S15–S35.

Drackley, J.K. 2000. Lipid metabolism. In: *Farm Animal Metabolism and Nutrition*. Edited by J.P.F. D'Mello. CAPI Publishing, Wallingford, UK, pp. 97–119.

Dubland, J.A. and G.A. Francis. 2015. Lysosomal acid lipase: At the crossroads of normal and atherogenic cholesterol metabolism. *Front. Cell Dev. Biol.* 3:1–11 (Article 3).

Duée, P.H., J.P. Pégorier, P.A. Quant, C. Herbin, C. Kohl, and J. Girard. 1994. Hepatic ketogenesis in newborn pigs is limited by low mitochondrial 3-hydroxy-3-methylglutaryl-CoA synthase activity. *Biochem. J.* 298:207–212.

Eliason, E.J., B. Djordjevic, S. Trattner, J. Pickova, A. Karlsson, A.P. Farrell, and A.K. Kiessling. 2010. The effect of hepatic passage on postprandial plasma lipid profile of rainbow trout (*Oncorhynchus mykiss*) after a single meal. *Aquacult. Nutr.* 16:536–543.

Etherton, T.D. and P.E. Walton. 1986. Hormonal and metabolic regulation of lipid metabolism in domestic livestock. *J. Anim. Sci.* 63:76–88.

Field, C.J., M. Toyomizu, and M.T. Clandinin. 1989. Relationship between dietary fat, adipocyte membrane composition and insulin binding in the rat. *J. Nutr.* 119:1483–1489.

Field, C.J., J.E. Van Aerde, L.E. Robinson, and M.T. Clandinin. 2008. Effect of providing a formula supplemented with long-chain polyunsaturated fatty acids on immunity in full-term neonates. *Br. J. Nutr.* 99:91–99.

Fowler, M.A., D.P. Costa, D.E. Crocker, W.J. Shen, and F.B. Kraemer. 2015. Adipose triglyceride lipase, not hormone-sensitive lipase, is the primary lipolytic enzyme in fasting elephant seals (*Mirounga angustirostris*). *Physiol. Biochem. Zool.* 88:284–294.

Fraser, R., V.R. Heslop, F.E. Murray, and W.A. Day. 1986. Ultrastructural studies of the portal transport of fat in chickens. *Br. J. Exp. Pathol.* 67:783–791.

Fried, S.K., C.D. Russell, N.L. Grauso, and R.E. Brolin. 1993. Lipoprotein lipase regulation by insulin and glucocorticoids in subcutaneous and omental adipose tissues of obese women and men. *J. Clin. Invest.* 92:2191–2198.

Gentz, J., G. Bengtsson, J. Hakkarainen, R. Hellström, and B. Persson. 1970. Metabolic effects of starvation during neonatal period in the piglet. *Am. J. Physiol.* 218:662–668.

Gerrits, W.J., J. France, J. Dijkstra, M.W. Bosch, G.H. Tolman, and S. Tamminga. 1997. Evaluation of a model integrating protein and energy metabolism in preruminant calves. *J. Nutr.* 127:1243–1252.

Gimenez, M.S., L.B. Oliveros, and N.N. Gomez. 2011. Nutritional deficiencies and phospholipid metabolism. *Int. J. Mol. Sci.* 12:2408–2433.

Goldberg, I.J., R.H. Eckel, and N.A. Abumrad. 2009. Regulation of fatty acid uptake into tissues: Lipoprotein lipase- and CD36-mediated pathways. *J. Lipid Res.* 50:S86–S90.

Goldstein, J.L. and M.S. Brown. 2015. A century of cholesterol and coronaries: From plaques to genes to statins. *Cell* 161:161–172.

Goodman, H.M. 1968. Growth hormone and the metabolism of carbohydrate and lipid in adipose tissue. *Ann. N.Y. Acad. Sci.* 148:419–440.

Greenberg, A.S., J.J. Egan, S.A. Wek, N.B. Garty, E.J. Blanchette-Mackie, and C. Londos. 1991. Perilipin, a major hormonally regulated adipocyte-specific phosphoprotein associated with the periphery of lipid storage droplets. *J. Biol. Chem.* 266:11341–11346.

Hansen, R.P. and F.B. Shorland. 1951. The branched chain fatty acids of butterfat II. Isolation of a multi-branched C20 saturated fatty acid fraction. *Biochem. J.* 50:358–360.

Hastings, N., M. Agaba, D.R. Tocher, M.J. Leaver, J.R. Dick, J.R. Sargent, and A.J. Teale. 2001. A vertebrate fatty acid desaturase with $\Delta 5$ and $\Delta 6$ activities. *Proc. Natl. Acad. Sci. USA* 98:14304–14309.

He, Q.H., X.F. Kong, G. Wu, P.P. Ren, H.R. Tang, F.H. Hao, R.L. Huang et al. 2009. Metabolomic analysis of the response of growing pigs to dietary L-arginine supplementation. *Amino Acids* 37:199–208.

Hegardt, F.G. 1999. Mitochondrial 3-hydroxy-3-methylglutaryl-CoA synthase: A control enzyme in ketogenesis. *Biochem. J.* 338:569–582.

Hermier, D. 1997. Lipoprotein metabolism and fattening in poultry. *J. Nutr.* 127:805S–808S.

Hou, T.Y., D.N. McMurray, and R.S. Chapkin. 2016. Omega-3 fatty acids, lipid rafts, and T cell signaling. *Eur. J. Pharmacol.* 785:2–9.

Huang, C.W., Y.S. Chien, Y.J. Chen, K.M. Ajuwon, H.M. Mersmann, and S.T. Ding. 2016. Role of n-3 polyunsaturated fatty acids in ameliorating the obesity-induced metabolic syndrome in animal models and humans. *Int. J. Mol. Sci.* 17:1689.

Iqbal, J. and M.M. Hussain. 2009. Intestinal lipid absorption. *Am. J. Physiol. Endocrinol. Metab.* 296:E1183–E1194.

Jansen, G.A. and R.J. Wanders. 2006. Alpha-oxidation. *Biochim. Biophys. Acta* 1763:1403–1412.

Jenkins, T.C. 1993. Lipid metabolism in the rumen. *J. Dairy Sci.* 76:3851–3863.

Jobgen, W.S., S.K. Fried, W.J. Fu, C.J. Meininger, and G. Wu. 2006. Regulatory role for the arginine-nitric oxide pathway in metabolism of energy substrates. *J. Nutr. Biochem.* 17:571–588.

Jump, D.B., S. Tripathy, and C.M. Depner. 2013. Fatty acid-regulated transcription factors in the liver. *Annu. Rev. Nutr.* 33:249–269.

Kashiwaya, Y., T. Takeshima, N. Mori, K. Nakashima, K. Clarke, and R.L. Veech. 2000. D-ß-hydroxybutyrate protects neurons in models of Alzheimer's and Parkinson's disease. *Proc. Natl. Acad. Sci. USA* 97:5440–5444.

Kawase, A., S. Hata, M. Takagi, and M. Iwaki. 2015. Pravastatin modulate Niemann-Pick C1-like 1 and ATP-binding cassette G5 and G8 to influence intestinal cholesterol absorption. *J. Pharm. Pharm. Sci.* 18:765–772.

Kersten, S. 2014. Physiological regulation of lipoprotein lipase. *Biochim. Biophys. Acta.* 1841:919–933.

Knoop, F. 1904. Der Abbau aromatischer Fettsäuren im Tierkörper. *Beitr. Chem. Physiol. Pathol.* 6:150–162.

Koeberle, A., K. Löser, and M. Thürmer. 2016. Stearoyl-CoA desaturase-1 and adaptive stress signaling. *Biochim. Biophys. Acta* 1861:1719–1726.

Kohan, A., S. Yoder, and P. Tso. 2010. Lymphatics in intestinal transport of nutrients and gastrointestinal hormones. *Ann. N.Y. Acad. Sci.* 1207 (Suppl. 1):E44–E51.

Kouba, M., J. Mourot, and P. Peiniau. 1997. Stearoyl-CoA desaturase activity in adipose tissues and liver of growing large white and Meishan pigs. *Comp. Biochem. Physiol. B* 118:509–514.

Kraemer, F.B. and W.J. Shen. 2002. Hormone-sensitive lipase: Control of intracellular tri-(di-) acylglycerol and cholesteryl ester hydrolysis. *J. Lipid Res.* 43:1585–1594.

Kramer, S.A., W.G. Bergen, A.L. Grant, and R.A. Merkel. 1993. Fatty acid profiles, lipogenesis, and lipolysis in lipid depots in finishing pigs treated with recombinant porcine somatotropin. *J. Anim. Sci.* 71:2066–2072.

Krieger, M. 1998. The "best" of cholesterols, the "worst" of cholesterols: A tale of two receptors. *Proc. Natl. Acad. Sci. USA* 95:4077–4080.

Kroetz, D.L. and F. Xu. 2005. Regulation and inhibition of arachidonic acid omega-hydroxylases and 20-HETE formation. *Annu. Rev. Pharmacol. Toxicol.* 45:413–438.

Kwon, H., T.E. Spencer, F.W. Bazer, and G. Wu. 2003. Developmental changes of amino acids in ovine fetal fluids. *Biol. Reprod.* 68:1813–1820.

Laplaud, P.M., D. Bauchart, D. Durand, and M.J. Chapman. 1990. Lipoproteins and apolipoproteins in intestinal lymph of the preruminant calf, 60s spp., at peak lipid absorption. *J. Lipid Res.* 31:1781–1792.

Lee, J., Y. Park, and S.I. Koo. 2012. ATP-binding cassette transporter A1 and HDL metabolism: Effects of fatty acids. *J. Nutr. Biochem.* 23:1–7.

Lee, M.J., P. Pramyothin, K. Karastergiou, and S.K. Fried. 2014. Deconstructing the roles of glucocorticoids in adipose tissue biology and the development of central obesity. *Biochim. Biophys. Acta* 1842:473–481.

Lehner, R. and Kuksis, A. 1993. Triacylglycerol synthesis by an sn-1,2(2,3)-diacylglycerol transacylase from rat intestinal microsomes. *J. Biol. Chem.* 268:8781–8786.

Li, D.F., R.C. Thaler, J.L. Nelssen, D.L. Harmon, G.L. Allee, and T.L. Weeden. 1990. Effect of fat sources and combinations on starter pig performance, nutrient digestibility and intestinal morphology. *J. Anim. Sci.* 68:3694–3704.

Li, Y., O. Monroig, L. Zhang, S. Wang, X. Zheng, J.R. Dick, C. You, and D.R. Tocher. 2010. Vertebrate fatty acyl desaturase with Δ4 activity. *Proc. Natl. Acad. Sci. USA* 107:16840–16845.

Lin, X., J. Bo, S.A. Oliver, B.A. Corl, S.K. Jacobi, W.T. Oliver, R.J. Harrell, and J. Odle. 2011. Dietary conjugated linoleic acid alters long chain polyunsaturated fatty acid metabolism in brain and liver of neonatal pigs. *J. Nutr. Biochem.* 22:1047–1054.

Lowe, M.E. 2002. The triglyceride lipases of the pancreas. *J. Lipid Res.* 43:2007–2016.

Lynen, F. and E. Reichert. 1951. Zur chemischen Struktur der, aktivierten Essigsäure. *Angew. Chem.* 63:47–48.

Macfarlane, D.P., S. Forbes, and B.R. Walker. 2008. Glucocorticoids and fatty acid metabolism in humans: Fuelling fat redistribution in the metabolic syndrome. *J. Endocrinol.* 197:189–204.

Manners, M.J. 1976. The development of digestive function in the pig. *Proc. Nutr. Soc.* 35:49–55.

Mayes, P.A. 1996a. Biosynthesis of fatty acids. In: *Harper's Biochemistry*. Edited by R.K. Murray, D.K. Granner, and V.W. Rodwell. Appleton & Lange, Stamford, CT, pp. 216–223.

Mayes, P.A. 1996b. Oxidation of fatty acids: Ketogenesis. In: *Harper's Biochemistry*. Edited by R.K. Murray, D.K. Granner, and V.W. Rodwell. Appleton & Lange, Stamford, CT, pp. 224–235.

McGarry, J.D. 1995. Malonyl-CoA and carnitine palmitoyltransferase I: An expanding partnership. *Biochem.*

Soc. Trans. 23:481–485.

McKnight, J.R., M.C. Satterfield, W.S. Jobgen, S.B. Smith, T.E. Spencer, C.J. Meininger, C.J. McNeal, and G. Wu. 2010. Beneficial effects of L-arginine on reducing obesity: Potential mechanisms and important implications for human health. *Amino Acids* 39:349–357.

Minnich, A., N. Tian, L. Byan, and G. Bilder. 2001. A potent PPARalpha agonist stimulates mitochondrial fatty acid beta-oxidation in liver and skeletal muscle. *Am. J. Physiol. Endocrinol. Metab.* 280:E270–E279.

Nafikov, R.A. and D.C. Beitz. 2007. Carbohydrate and lipid metabolism in farm animals. *J. Nutr.* 137:702–705.

Nagy, H.M., M. Paar, C. Heier, T. Moustafa, P. Hofer, G. Haemmerle, A. Lass, R. Zechner, M. Oberer, and R. Zimmermann. 2014. Adipose triglyceride lipase activity is inhibited by long-chain acyl-coenzyme A. *Biochim. Biophys. Acta* 1841:588–594.

Nahle, Z., M. Hsieh, T. Pietka, C.T. Coburn, P.A. Grimaldi, M.Q. Zhang, D. Das, and N.A. Abumrad. 2008. CD36-dependent regulation of muscle FoxO1 and PDK4 in the PPAR delta/beta-mediated adaptation to metabolic stress. *J. Biol. Chem.* 283:14317–14326.

Nakamura, M.T. and T.Y. Nara. 2004. Structure, function, and dietary regulation of Δ^6, Δ^5, and Δ^9 desaturases. *Annu. Rev. Nutr.* 24:345–376.

Ntambi, J.M. 1999. Regulation of stearoyl-CoA desaturase by polyunsaturated fatty acids and cholesterol. *J. Lipid Res.* 40:1549–1558.

Palmquist, D.L. 1988. The feeding value of fats. In: *Feed Science.* Edited by E.R. Ørskov. Elsevier Science Publishers B. V., New York, NY, pp. 293–311.

Park, H.G., W.J. Park, K.S. Kothapalli, and J.T. Brenna. 2015. The fatty acid desaturase 2 (*FADS2*) gene product catalyzes Δ^4 desaturation to yield *n*-3 docosahexaenoic acid and *n*-6 docosapentaenoic acid in human cells. *FASEB J.* 29:3911–3919.

Pepino, M.Y., O. Kuda, D. Samovski, and N.A. Abumrad. 2014. Structure-function of CD36 and importance of fatty acid signal transduction in fat metabolism. *Annu. Rev. Nutr.* 34:281–303.

Perret, B., L. Mabile, L. Martinez, F. Tercé, R. Barbaras, and X. Collet. 2002. Hepatic lipase: Structure/function relationship, synthesis, and regulation. *J. Lipid Res.* 43:1163–1169.

Phan, C.T. and P. Tso. 2001. Intestinal lipid absorption and transport. *Front. Biosci.* 6:D299–D319.

Picard, F., D. Arsenijevic, D. Richard, and Y. Deshaies. 2002. Responses of adipose and muscle lipoprotein lipase to chronic infection and subsequent acute lipopolysaccharide challenge. *Clin. Vaccine Immunol.* 9:4771–4776.

Place, A.R. 1992. Comparative aspects of lipid digestion and absorption: Physiological correlates of wax ester digestion. *Am. J. Physiol.* 263:R464–R471.

Porter, J.W.G. 1969. Digestion in the pre-ruminant animal. *Proc. Nutr. Soc.* 28:115–121.

Powell, W.S. and J. Rokach. 2015. Biosynthesis, biological effects, and receptors of hydroxyeicosatetraenoic acids (HETEs) and oxoeicosatetraenoic acids (oxo-ETEs) derived from arachidonic acid. *Biochim. Biophys. Acta* 1851:340–355.

Price, E.R. 2017. The physiology of lipid storage and use in reptiles. *Biol. Rev. Camb. Philos. Soc.* 92:1406–1426. doi: 10.1111/brv.12288.

Price, N.T., V.N. Jackson, F.R. van der Leij, J.M. Cameron, M.T. Travers, B. Bartelds, N.C. Huijkman, and V.A. Zammit. 2003. Cloning and expression of the liver and muscle isoforms of ovine carnitine palmitoyltransferase 1: Residues within the N-terminus of the muscle isoform influence the kinetic properties of the enzyme. *Biochem. J.* 372:871–879.

Prior, R.L. and S.B. Smith. 1982. Hormonal effects on partitioning of nutrients for tissue growth: Role of insulin. *Fed. Proc.* 41:2545–2549.

Prior, R.L., S.B. Smith, and J.J. Jacobson. 1981. Metabolic pathways involved in lipogenesis from lactate and acetate in bovine adipose tissue: Effects of metabolic inhibitors. *Arch. Biochem. Biophys.* 211:202–210.

Puri, D., Ed. 2011. Lipid metabolism II: Lipoproteins, cholesterol and prostaglandins. In: *Textbook of Medical Biochemistry.* Elsevier, New York, NY, pp. 235–266.

Qiu, X., H. Hong, and S.L. MacKenzie. 2001. Identification of a $\Delta 4$ fatty acid desaturase from *Thraustochytrium* sp. involved in the biosynthesis of docosahexanoic acid by heterologous expression in *Saccharomyces cerevisiae* and *Brassica juncea. J. Biol. Chem.* 276:31561–31566.

Reddy, J.K. and T. Hashimoto. 2001. Peroxisomal ß-oxidation and peroxisome proliferator-activated receptor α: An adaptive metabolic system. *Annu. Rev. Nutr.* 21:193–230.

Reid, B.N., G.P. Ables, O.A. Otlivanchik, G. Schoiswohl, R. Zechner, W.S. Blaner, I.J. Goldberg, R.F. Schwabe, S.C. Chua, Jr., and L.S. Huang. 2008. Hepatic overexpression of hormone-sensitive lipase and adipose triglyceride lipase promotes fatty acid oxidation, stimulates direct release of free fatty acids, and ameliorates steatosis. *J. Biol. Chem.* 283:13087–13099.

Reisenberg, M., P.K. Singh, G. Williams, and P. Doherty. 2012. The diacylglycerol lipases: Structure, regulation and roles in and beyond endocannabinoid signaling. *Philos. Trans. R. Soc. Lond. B Biol. Sci.* 367:3264–3275.

Rezaei, R., Z.L. Wu, Y.Q. Hou, F.W. Bazer, and G. Wu. 2016. Amino acids and mammary gland development: Nutritional implications for neonatal growth. *J. Anim. Sci. Biotechnol.* 7:20.

Rivers, J.P.W., A.G. Hassam, M.A. Crawford, and M.R. Brambell. 1976. The inability of the lion (*Panthero leo*, L.) to desaturate linoleic acid. *FEBS Lett.* 67:269–270.

Rivers, J.P.W., A.J. Sinclair, and M.A. Crawford. 1975. Inability of the cat to desaturate essential fatty acids. *Nature* 258:171–173.

Robinson, A.M. and D.H. Williamson. 1980. Physiological roles of ketone bodies as substrates and signals in mammalian tissues. *Physiol. Rev.* 60:143–187.

Rosero, D.S., E. van Heugten, J. Odle, R. Cabrera, C. Arellano, and R.D. Boyd. 2012. Sow and litter response to supplemental dietary fat in lactation diets during high ambient temperatures. *J. Anim. Sci.* 90:550–559.

Rust, M.B. 2002. Nutritional physiology. *Fish Nutr.* 3:367–452.

Saha, A.K., T.G. Kurowski, and N.B. Ruderman. 1995. A malonyl-CoA fuel-sensing mechanism in muscle: Effects of insulin, glucose, and denervation. *Am. J. Physiol.* 269:E283–E289.

Sanderson, J.T. 2006. The steroid hormone biosynthesis pathway as a target for endocrine-disrupting chemicals. *Toxicol. Sci.* 94:3–21.

Sanz, M., C.J. Lopez-Bote, D. Menoyo, and J.M. Bautista. 2000. Abdominal fat deposition and fatty acid synthesis are lower and beta-oxidation is higher in broiler chickens fed diets containing unsaturated rather than saturated fat. *J. Nutr.* 130:3034–3037.

Semenkovich, C.F., S.H. Chen, M. Wims, C.C. Luo, W.H. Li, and L. Chan. 1989. Lipoprotein lipase and hepatic lipase mRNA tissue specific expression, developmental regulation, and evolution. *J. Lipid Res.* 30:423–431.

Serhan, C.N. 2014. Pro-resolving lipid mediators are leads for resolution physiology. *Nature* 510:92–101.

Sinclair, A.J., J.G. McLean, and E.A. Monger. 1979. Metabolism of linoleic acid in the cat. *Lipids* 14:932–936.

Sire, M.F., C. Lutton, and J.M. Vernier. 1981. New views on intestinal absorption of lipids in teleostan fishes: An ultrastructural and biochemical study in the rainbow trout. *J. Lipid Res.* 22:81–94.

Smith, S.B. 2013. Functional development of stearoyl-CoA desaturase gene expression in livestock species. In: *Stearoyl-CoA Desaturase in Lipid Metabolism.* Edited by J.M. Ntambi. Springer, New York, NY, pp. 141–160.

Smith, S.B. and R.L. Prior. 1981. Evidence for a functional ATP-citrate lyase:NADP-malate dehydrogenase pathway in bovine adipose tissue: Enzyme and metabolite levels. *Arch. Biochem. Biophys.* 211:192–201.

Smith, S.B. and R.L. Prior. 1986. Comparisons of lipogenesis and glucose metabolism between ovine and bovine adipose tissues. *J. Nutr.* 116:1279–1286.

Spector, A.A. and H.Y. Kim. 2015. Discovery of essential fatty acids. *J. Lipid Res.* 56:11–21.

Steffensen, J.F. and J.P. Lomholt. 1992. The secondary vascular system. *Fish Physiol.* 12A:185–217.

Storch, J. and B. Corsico. 2008. The emerging functions and mechanisms of mammalian fatty acid-binding proteins. *Annu. Rev. Nutr.* 28:73–95.

Tan, B.E., X.G. Li, Y.L. Yin, Z.L. Wu, C. Liu, C.D. Tekwe, and G. Wu. 2012. Regulatory roles for L-arginine in reducing white adipose tissue. *Front. Biosci.* 17:2237–2246.

Tan, B.E., Y.L. Yin, Z.Q. Liu, X.G. Li, H.J. Xu, X.F. Kong, R.L. Huang et al. 2009. Dietary L-arginine supplementation increases muscle gain and reduces body fat mass in growing-finishing pigs. *Amino Acids* 37:169–175.

Tatsuta, T., M. Scharwey, and T. Langer. 2014. Mitochondrial lipid trafficking. *Trends Cell Biol.* 24:44–52.

Tekwe, C.D., J. Lei, K. Yao, R. Rezaei, X.L. Li, S. Dahanayaka, R.J. Carroll, C.J. Meininger, F.W. Bazer, and G. Wu. 2013. Oral administration of interferon tau enhances oxidation of energy substrates and reduces adiposity in Zucker diabetic fatty rats. *BioFactors* 39:552–563.

Teshima, S. and A. Kanazawa. 1971. Biosynthesis of sterols in the lobster, *Panirlirus japonica*, the prawn, *Penaeus japonicus*, and the crab, *Porturius trituberculatus*. *Comp. Biochem. Physiol.* 38B:597–602.

Thompson, J.R. and G. Wu. 1991. The effect of ketone bodies on nitrogen metabolism in skeletal muscle. *Comp. Biochem. Physiol. B* 100:209–216.

Thomson, A.B.R. and J.M. Dietschy. 1981. Intestinal lipid absorption: Major extracellular and intracellular events. In: *Physiology of the Gastrointestinal Tract.* Edited by L.R. Johnson. Raven Press, New York, NY, pp. 1147–1220.

Titus, E. and G.A. Ahearn. 1991. Transepithelial acetate transport in a herbivorous teleost: Anion exchange at the basolateral membrane. *J. Exp. Biol.* 156:41–61.

Tocher, D.R. and B.D. Glencross. 2015. Lipids and fatty acids. In: *Dietary Nutrients, Additives, and Fish Health*. Edited by C.S. Lee, C. Lim, D.M. Gatlin, and C.D. Webster. John Wiley & Sons, Hoboken, NJ, pp. 47–94.

Tocher, D.R. and J.R. Sargent. 1984. Studies on triacylglycerol wax ester and sterol ester hydrolases in intestinal caeca of rainbow trout (*Salmo gairdneri*) fed diets rich in triacylglyceols and wax esters. *Comp. Biochem. Physiol.* 77B:561–571.

Tso, P., M. Liu, T.J. Kalogeris, and A.B. Thomson. 2001. The role of apolipoprotein A-IV in the regulation of food intake. *Annu. Rev. Nutr.* 21:231–254.

Tso, P. and M. Liu. 2004. Ingested fat and satiety. *Physiol. Behav.* 8:275–287.

Turgeon, D., S. Chouinard, P. Bélanger, S. Picard, J.F. Labbé, P. Borgeat, and A. Bélanger. 2003. Glucuronidation of arachidonic and linoleic acid metabolites by human UDP-glucuronosyltransferases. *J. Lipid Res.* 44:1182–1191.

Turner, N.D. and J.R. Lupton. 2011. Dietary fiber. *Adv. Nutr.* 2:151–152.

Van Veldhoven, P.P. 2010. Biochemistry and genetics of inherited disorders of peroxisomal fatty acid metabolism. *J. Lipid Res.* 51:2863–2895.

Vance, J.E. and G. Tasseva. 2013. Formation and function of phosphatidylserine and phosphatidylethanolamine in mammalian cells. *Biochim. Biophys. Acta* 1831:543–554.

Velazquez, O.C., R.W. Seto, and J.L. Rombeau. 1996. The scientific rationale and clinical application of short-chain fatty acids and medium-chain triacylglycerols. *Proc. Nutr. Soc.* 55:49–78.

Vesper, H., E.M. Schmelz, M.N. Nikolova-Karakashian, D.L. Dillehay, D.V. Lynch, and A.H. Merrill, Jr. 1999. Sphingolipids in food and the emerging importance of sphingolipids to nutrition. *J. Nutr.* 129:1239–1250.

Wang, F., A.B. Kohan, C.M. Lo, M. Liu, P. Howles, and P. Tso. 2015. Apolipoprotein A-IV: A protein intimately involved in metabolism. *J. Lipid Res.* 56:1403–1418.

Wray-Cahen, D., F.R. Dunshea, R.D. Boyd, A.W. Bell, and D.E. Bauman. 2012. Porcine somatotropin alters insulin response in growing pigs by reducing insulin sensitivity rather than changing responsiveness. *Domest. Anim. Endocrinol.* 43:37–46.

Wu, G. 2013. *Amino Acids: Biochemistry and Nutrition*. CRC Press, Boca Raton, FL.

Wu, G., A. Gunasekara, H. Brunengraber, and E.B. Marliss. 1991. Effects of extracellular pH, CO_2, and HCO_3^- on ketogenesis in perfused rat liver. *Am. J. Physiol.* 261:E221–E226.

Wu, G. and J.R. Thompson. 1987. Ketone bodies inhibit leucine degradation in chick skeletal muscle. *Int. J. Biochem.* 19:937–943.

Xu, C., J. He, H. Jiang, L. Zu, W. Zhai, S. Pu, and G. Xu. 2009. Direct effect of glucocorticoids on lipolysis in adipocytes. *Mol. Endocrinol.* 23:1161–1170.

Xu, X., R. Li, G. Chen, S.L. Hoopes, D.C. Zeldin, and D.W. Wang. 2016. The role of cytochrome P450 epoxygenases, soluble epoxide hydrolase, and epoxyeicosatrienoic acids in metabolic diseases. *Adv. Nutr.* 7:1122–1128.

Yang, P. and P.V. Subbaiah. 2015. Regulation of hepatic lipase activity by sphingomyelin in plasma lipoproteins. *Biochim. Biophys. Acta* 1851:1327–1336.

Yeaman, S.J. 1990. Hormone-sensitive lipase—A multipurpose enzyme in lipid metabolism. *Biochim. Biophys. Acta* 1052:128–132.

Yen, C.E., D.W. Nelson, and M.I. Yen. 2015. Intestinal triacylglycerol synthesis in fat absorption and systemic energy metabolism. *J. Lipid Res.* 56:489–501.

Zeisel, S.H. 1981. Dietary choline: Biochemistry, physiology, and pharmacology. *Annu. Rev. Nutr.* 1:95–121.

7 蛋白质和氨基酸营养与代谢

蛋白质由氨基酸通过肽链连接，是动物体的主要组成部分之一。个体的生长依赖于蛋白质在组织（如骨骼肌、小肠和胎盘）中的沉积（Bergen, 2008; Buttery, 1983; Reeds et al., 1993）。在胃肠道中，日粮蛋白质经蛋白酶和肽酶（寡肽酶、三肽酶和二肽酶）的水解释放三肽、二肽和游离氨基酸。这些消化产物被小肠微生物利用或被小肠的肠上皮细胞（简称为肠细胞）吸收（Dai et al., 2011）。被小肠吸收且未被降解的氨基酸进入门静脉被肠外组织利用（包括蛋白质的合成）。除新生哺乳动物的小肠可吸收完整的免疫球蛋白外，日粮蛋白质只有被消化才具有营养价值。因此，动物需要日粮氨基酸而不需要蛋白质（Chiba et al., 1991; Wu et al., 2014a）。日粮蛋白质中氨基酸的含量、消化率及比例决定蛋白质的营养价值。

氨基酸含有氮、硫、碳氢骨架并且不能被其他营养素（如碳水化合物和脂质）所替代。动物细胞是否能从头合成氨基酸的碳氢骨架取决于氨基酸的种类及动物的种属（Baker, 2009; Reeds et al., 2000）。适当摄取日粮氨基酸是所有动物实现最优生长、发育与健康所必需的。因此，蛋白质的营养缺乏可导致动物发育迟缓、贫血症、体质虚弱、水肿、血管机能障碍及免疫缺陷（Waterlow, 1995）。然而，过量摄入蛋白质导致蛋白质浪费、环境氮素污染以及动物的消化、肝脏、肾脏及血管功能异常。因此，优化动物日粮氨基酸需要的推荐量对于最大程度地实现动物的生长，改善动物的生产性能和饲料利用率，并同时促进动物的健康及其对传染病的抵抗能力十分重要。

传统意义上，氨基酸分为营养性必需氨基酸（EAA）和非必需氨基酸（NEAA），这仅仅是基于动物的氮平衡或生长。所谓的"NEAA"被假设为在动物体内足量合成而未被美国国家研究委员会（NRC）考虑。然而，越来越多的研究结果表明，这一假设并不成立。因为日粮中提供的可合成的氨基酸不能满足动物的最优生存、生长、繁殖与泌乳性能的需要（Hou et al., 2015; McKnight et al., 2010）。当为家畜、家禽、水产动物及伴侣动物设计日粮配方以改善养分利用效率及福利时，必须考虑不同氨基酸作为合成蛋白质单元以外的多种功能（Wang et al., 2017; Wu, 2013）。现在人们认识到动物对所有用于合成蛋白质的氨基酸在日粮中都需要；在营养科学中，长期使用的"NEAA"这一术语实际是一种误称（Hou and Wu, 2017）。动物氨基酸营养与代谢的这些关键方面在本章中将详细讨论。为了方便阅读，文中会使用所有氨基酸的标准缩写（第4章）。

7.1 非反刍动物对蛋白质的消化与吸收

基于饲喂基础，猪的日粮中通常含有 12%–20%的粗蛋白质。例如，断奶仔猪（21日龄），20%粗蛋白质；育肥期，14%粗蛋白质；妊娠期，12%粗蛋白质；泌乳期，18%粗蛋白质。鸡日粮的粗蛋白质水平（基于饲喂基础）：育雏期（1–21日龄），22%粗蛋白质；育成期（22–35 日龄），20%粗蛋白质；育肥期（36–49 日龄），18%粗蛋白质。马科动物日粮通常含有 12%–14%的粗蛋白质，但马能消化含 20%蛋白质的日粮（干物质基础）。鱼的日粮通常含有 30%–50%的粗蛋白质，不同品种有所差异。对非反刍动物而言，对日粮蛋白质的消化起始于胃，大部分在小肠中消化。这一消化过程包括：①胃对日粮蛋白质的变性及酶原的激活，继而激活胃蛋白酶，促成其的消化作用及释放大片段肽；②在小肠中由胰蛋白酶和肠细胞来源的蛋白酶水解大片段肽及未消化的蛋白质。蛋白酶通过水解肽链降解蛋白质，而寡肽酶、三肽酶、二肽酶分别水解寡肽、三肽、二肽。蛋白质降解产物通过氨基酸转运载体和肽转运载体被吸收进入小肠的肠上皮细胞（Matthews, 2000）。图 7.1 总结了蛋白质的消化和吸收过程。在小肠的不同肠段，空肠是蛋白质消化与吸收的主要部位，但十二指肠和回肠也参与这一过程。日粮蛋白质的消化率受生物学（如动物种属、生理状态及个体差异）、环境（如室温、污染和噪声）及日粮（如形状、气味、质地和饲料粒径）等多种因素的影响（Sauer et al., 2000）。

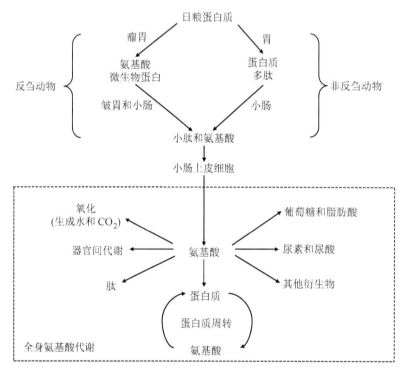

图 7.1 动物蛋白质代谢总览。在反刍动物中，瘤胃消化日粮蛋白质，皱胃和小肠消化过瘤胃蛋白质和微生物蛋白质。非反刍动物对日粮蛋白质的消化起始于胃，最后在小肠中完成。在所有动物中，蛋白质消化的产物（小肽和游离氨基酸）被小肠的肠上皮细胞吸收，并通过血液循环被运送至全身利用。

7.1.1　蛋白质在非反刍动物胃中的消化

7.1.1.1　胃酸的分泌

对于非反刍动物而言，日粮蛋白质在胃中的消化不仅需要胃中有活性蛋白酶（胃蛋白酶和凝乳酶），还需要盐酸。盐酸在胃腺的壁细胞中由氯化钠和碳酸合成，以营造酸性环境（例如，成年动物胃液的 pH = 2–2.5；相当于 $10^{-2.5}$–10^{-2} mol/L 盐酸）。控制胃酸分泌的激活与抑制因子主要是通过调节胃及十二指肠黏膜产生胃泌素（激活）和生长激素抑制素（抑制）而起作用的（图 7.2）。

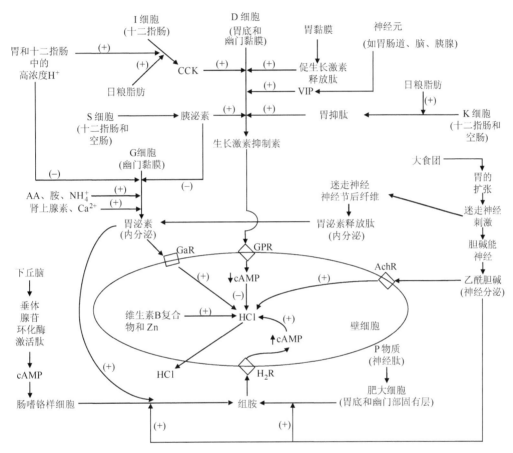

图 7.2 调控胃中盐酸分泌的激活和抑制因子。这些因子主要通过影响胃和十二指肠黏膜中胃泌素（刺激）或生长激素抑制素（抑制）的产生起作用。AA，氨基酸；AchR，乙酰胆碱受体；CCK，胆囊收缩素；GaR，胃泌素受体；GPR，G 蛋白偶联受体；H_2R，组胺受体；VIP，血管活性肠肽。（+）激活；（−）抑制。

（1）胃酸分泌的刺激因子

胃酸分泌的神经性、激素性和营养性刺激因子增强了一种或多种分子的产生：①胃泌素（内分泌；由 G 细胞分泌；主要刺激物）；②乙酰胆碱（神经分泌；由迷走神经和肠神经系统释放）；③组胺（营养性与旁分泌；由胃中肠嗜铬样细胞释放）（Cranwell, 1995; Yen, 2001）。这些信号分子与存在于胃壁细胞膜上对应的受体结合以增加组胺的释放与环化腺苷一磷酸（cAMP）的产生（图 7.2）。

（2）胃酸分泌的抑制因子

胃酸分泌的抑制因子包括：①胃排空的减慢；②胃与十二指肠内容物中的高 H^+

浓度（刺激胃泌素释放）；③一些营养因子（如日粮蛋白质与脂肪的摄入、饲料颗粒大小）；④许多不同来源的胃肠肽（图 7.2）。这些肽包括胃泌素（由十二指肠和空肠的 D 细胞释放）、胃抑肽（又称作葡萄糖依赖促胰岛素肽；由十二指肠和空肠的 K 细胞释放）、血管活性肠肽（由肠道、大脑、胰腺、心脏和许多其他组织释放）、YY 肽（由回肠黏膜的 L 细胞释放）和生长激素抑制素（由胃上皮的内分泌细胞分泌；主要抑制物）。胃泌素、胃抑肽和血管活性肠肽均可刺激生长激素抑制素的释放，后者与胃黏膜的壁细胞细胞质膜上的 G 蛋白偶联受体结合以抑制腺苷酸环化酶活性（如 cAMP 的生成）。

不同的日粮因子通过不同机制抑制胃中盐酸的分泌：①食物引起的扩张通过机械感受器刺激胃泌素的释放；②高浓度的脂肪消化产物激活胆囊收缩素的释放（由十二指肠内分泌 I 细胞产生）；③由日粮中蛋白质、锌和 B 族维生素缺乏导致的多个代谢途径受损；④过大的饲料颗粒迅速通过胃，有可能会损伤胃黏膜；⑤过小的饲料颗粒延长了其在胃中的停留时间（特别是食管区域）并造成胃黏膜的损伤（胃溃疡）（Rojas and Stein, 2017）。

7.1.1.2 胃酸和胃蛋白酶的消化功能

胃中的盐酸有两个主要的消化功能：①将非活化的胃蛋白酶（胃蛋白酶原 A、B、C 和 D 及凝乳酶原）转化为活化的蛋白酶（胃蛋白酶 A、B、C 和 D 及凝乳酶）（图 7.3）；②使日粮蛋白质变性，失去天然的折叠结构并暴露肽键以利于蛋白酶的水解。所有这些酶原由位于胃底和幽门部位的胃腺的主细胞合成并释放（Cranwell, 1995）。凝乳酶是哺乳动物独有的酶，禽类不能合成该酶。

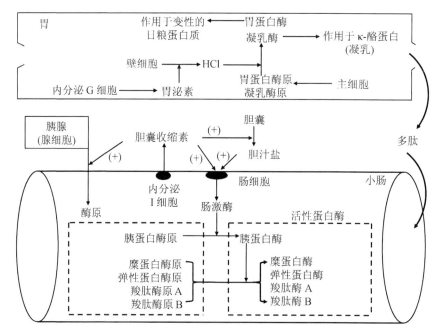

图 7.3　胃中通过有限的自身催化在盐酸作用下将胃酶原转化为具有活性的胃蛋白酶。

胰蛋白酶前体由胃中盐酸通过有限的自身催化激活。胃蛋白酶 A 是主要的胃蛋白酶，最优 pH = 2。作为肽链内切酶，胃蛋白酶通过从蛋白质内部切断疏水性氨基酸与偏好的芳香族氨基酸（如苯丙氨酸、色氨酸或酪氨酸）之间的肽键以生成多肽（图 7.4）。高的 pH 及胃蛋白酶抑制剂可抑制胃蛋白酶活性。胃蛋白酶抑制剂最初从放线菌培养物中分离，是包含一种不常见氨基酸［即抑胃酶氨酸（4-氨基-3-羟基-6-甲基庚酸）］的六肽。

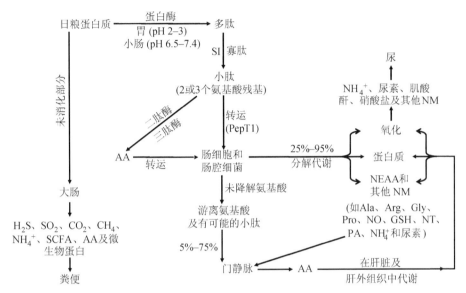

图 7.4　日粮蛋白质在非反刍动物（包括人）小肠中的消化。所有日粮来源的氨基酸会不同程度地被肠道微生物降解及小肠的肠上皮细胞氧化分解。例如，95%的可消化日粮谷氨酸被小肠利用，只有 5%的可消化日粮谷氨酸进入门静脉循环。氨基酸代谢物经由粪便和尿液排出体外。AA，氨基酸；GSH，谷胱甘肽；NEAA，营养性非必需氨基酸；NM，含氮代谢物；NT，核酸；PA，多胺；PepT1，H⁺梯度驱动的肽转运载体 1；SCFA，短链脂肪酸；SI，小肠。

7.1.1.3　非反刍哺乳动物体内胃蛋白酶的发育性变化

胃蛋白酶的发育性变化的所有方面并不是在每种动物中都十分清楚。目前，对大多数物种的研究数据表明，胃中胃蛋白酶原 A、B、C 的水平在出生时非常低，但出生后显著升高。以猪为例，胃中的胃蛋白酶原 A 和 C 在出生时很难检测到，但它们的浓度（mg/g 组织）从出生至 160 日龄在胃底黏膜中逐渐增加（Cranwell, 1995）。同样，猪胃底黏膜中的胃蛋白酶原 B 在出生时检测不到，但从出生到 30 日龄逐渐增加，30–60 日龄逐渐降至中等水平，并保持这一水平直至 160 日龄。从 30 日龄开始，胃蛋白酶原 A 是猪胃黏膜中所有酶原中含量最丰富的胃蛋白酶。

在动物出生后，肠道饲喂和糖皮质激素在诱导胃蛋白酶原 A、B、C 中扮演重要的角色。比较而言，胃凝乳酶原在妊娠后期胎猪体内逐渐升高并在出生时达到顶峰（Yen, 2001）。其结果是，整个胃底区域的胃壁中的凝乳酶原浓度（mg/g 组织）在仔猪出生时最高，然后逐渐降低直到 60 日龄，并保持最低水平至 160 日龄。胃蛋白酶原发育的这一模式在哺乳动物适应日粮蛋白质来源由母乳向植物蛋白为主的转变过程中扮演重要角色。

如前文所述，成年哺乳动物胃中凝乳酶的含量很低或可忽略不计。但是，新生哺乳动物胃中的凝乳酶（最适 pH = 3–4）在乳蛋白的凝固过程中起关键作用。凝乳酶具有很弱的蛋白水解活性。凝乳酶有 3 种同分异构体：凝乳酶 A、B 和 C（Rampilli et al., 2004）。酪蛋白是乳蛋白中的主要蛋白质，包含 4 种主要类型：α-s1，α-s2，β 和 κ。在乳汁中，κ 酪蛋白与 α 酪蛋白和 β 酪蛋白相互作用形成水溶性的微球。作为肽链内切酶，凝乳酶部分降解 κ 酪蛋白，将其转化为副-κ 酪蛋白和一个稍小的蛋白质（Brinkhuis and Payens, 1985）。其结果是，副-κ 酪蛋白不能稳定酪蛋白的微球结构并导致疏水的 α 酪蛋白和 β 酪蛋白与钙离子结合形成凝乳并析出。凝乳进一步被胃蛋白酶降解并产生多肽。如果乳蛋白不在胃中凝固，它们将迅速流出胃并不会被胃蛋白酶降解，而且有可能会迅速通过小肠。在缺乏凝乳酶的动物中，乳汁在胃蛋白酶作用下可部分凝固。

7.1.1.4 禽类动物体内胃蛋白酶的发育性变化

与哺乳动物相比，禽类胃蛋白酶的发育形式有所不同。在鸡和鹌鹑中的研究显示，在前胃（腺胃）中，胃蛋白酶 A、B 和 C 的活性在胚胎期逐渐增加（Yasugi and Mizuno, 1981）并在孵化前数天达到暂时的顶峰。有趣的是，与出生时相比，无论是否进食，鸡和鹌鹑的胃蛋白酶活性在孵化 24 h 后增加了 30 倍。胃蛋白酶表达的迅速改变有可能由激素介导（如糖皮质激素）。这一功能与肌胃的研磨功能一起为禽类孵化后采食和利用固体饲料作准备。

7.1.1.5 非反刍动物体内胃蛋白酶分泌的调控

非反刍动物胃中蛋白酶和肽酶的含量与活性受许多因素影响：①日粮蛋白质的摄入；②肠道饲喂和糖皮质激素对基因表达的影响；③由迷走神经释放的乙酰胆碱；④胃中酸的浓度；⑤胆囊收缩素、胃泌素和其他胃肠肽的分泌（Raufman, 1992）。由于胃蛋白酶是蛋白质，日粮氨基酸的补充对刺激胃黏膜主细胞对这些酶的合成有很大影响（San Gabriel and Uneyama, 2013）。例如，对大多数硬骨鱼而言，胰腺产生和分泌胰消化性蛋白酶以响应首次进食（Rønnestad et al., 2013）。此外，日粮蛋白质的摄入增加了胃酸的分泌以激活胃蛋白酶，协助蛋白质的消化。刺激胃蛋白酶分泌的因子包括：氨基酸、组胺、乙酰胆碱、胃泌素、胃泌素释放肽、迷走神经刺激、胆囊收缩素、分泌素和血管活性肠肽。这些因子中的大多数还可增强胃酸的产生；例外的有胆囊收缩素、分泌素和血管活性肠肽，这些因子有相反的作用（图 7.2）。比较而言，生长激素抑制素和 YY 肽可同时抑制胃蛋白酶和胃酸的分泌。

7.1.2 非反刍动物的小肠对蛋白质的消化

7.1.2.1 食糜从胃流向小肠以进行蛋白质水解

在胃中胃蛋白酶耐受日粮蛋白质与经胃蛋白酶水解产生的大分子多肽一起进入十二指肠。在十二指肠肠腔中，蛋白质和大分子多肽被胰蛋白酶和来源于肠黏膜的蛋白质水解酶在碱性环境下（包括胆汁盐、胰液和十二指肠分泌物，参见下文）进一步分解。

由于该肠段的长度很短，在十二指肠中胞外蛋白质的水解作用有限（Barrett，2014）。空肠的长度很长并且蛋白酶活性很高，食糜主要在该肠段进行蛋白质水解过程。在空肠中未被彻底降解的蛋白质和多肽在回肠中进一步被消化。

7.1.2.2 胰腺分泌蛋白酶原进入十二指肠肠腔

胰腺中的腺细胞可向十二指肠肠腔中分泌无活性的蛋白酶（蛋白酶原）。这些蛋白酶原包括内肽酶（胰蛋白酶，糜蛋白酶 A、B、C 和弹性蛋白酶）和外肽酶（羧肽酶 A 和羧肽酶 B）（表 7.1）。在十二指肠肠腔中，这些无活性的酶被一系列有限的蛋白水解［移除酶原 N 端寡肽（2–6 个氨基酸残基）］所激活。首先，由十二指肠的肠上皮细胞合成并释放的肠激酶通过移除 N 端六肽，将胰蛋白酶原转化为胰蛋白酶（有活性的酶）。然后，胰蛋白酶将其他胰腺来源的蛋白酶转化为有活性的形式，如糜蛋白酶 A、B、C，弹性蛋白酶，羧肽酶 A 和羧肽酶 B。这一系列蛋白酶的激活过程受胆汁酸和胆囊收缩素控制，它们刺激十二指肠的肠上皮细胞合成肠激酶并刺激胰腺合成蛋白酶（图 7.1）。有活性的胰腺来源的蛋白酶存在于小肠肠腔中，少部分也可与肠上皮细胞的刷状缘表面结合。

表 7.1 胃和小肠中的消化性蛋白酶和肽酶

酶	产生部位	在肽键中识别的氨基酸残基	最适 pH
(1) 胃中的蛋白酶			
胃蛋白酶 A、B、C 和 D[a]	胃黏膜	芳香族和疏水性氨基酸（非常高效）	1.8 – 2
凝乳酶 A、B 和 C[a]	胃黏膜	弱蛋白水解活性；凝固乳蛋白	1.8 – 2
(2) 小肠肠腔中的蛋白酶			
胰蛋白酶[a]	胰腺	精氨酸、赖氨酸	8 – 9
糜蛋白酶 A、B 和 C[a]	胰腺	芳香族氨基酸、蛋氨酸	8 – 9
弹性蛋白酶[a]	胰腺	脂肪族氨基酸	8 – 9
羧肽酶 A[b]	胰腺	芳香族氨基酸	7.2
羧肽酶 B[b]	胰腺	精氨酸、赖氨酸	8.0
氨基肽酶[b]	肠上皮细胞	含有游离 NH_2 基团的氨基酸	7.0 – 7.4
(3) 小肠肠腔中的寡肽酶、三肽酶和二肽酶			
寡肽酶 A	肠上皮细胞	广谱，对寡肽无选择性	6.5 – 7.0
寡肽酶 B	肠上皮细胞	寡肽中的碱性氨基酸	6.5 – 7.0
寡肽酶 P	肠上皮细胞	寡肽中的脯氨酸和羟脯氨酸	6.5 – 7.0
二肽酶	肠上皮细胞	二肽（不包含亚氨基酸）	6.5 – 7.5
三肽酶	肠上皮细胞	三肽（不包含亚氨基酸）	6.5 – 7.5
脯氨酰氨基酸二肽酶 I[c]	肠上皮细胞	脯氨酸或羟脯氨酸	7.2
脯氨酰氨基酸二肽酶 II[d]	肠上皮细胞	X-羟脯氨酸	8.0

[a] 内切肽酶（文献中也称作蛋白分解酶）。

[b] 外切肽酶（金属蛋白酶），包括氨基肽酶 A、B、N、L 和 P，分别从多肽的 N 端切开酸性氨基酸（如天冬氨酸或谷氨酸）、碱性氨基酸（如精氨酸或赖氨酸）、中性氨基酸（如丙氨酸或蛋氨酸）、亮氨酸和脯氨酸。氨基肽酶 M 既是氨基肽酶也是亚氨基肽酶，它可从多肽的 N 端位置移除任何未被取代的氨基酸（包括丙氨酸和脯氨酸）。

[c] 与所有的亚氨基二肽反应并具有很高的活性。

[d] 对甘氨酸-脯氨酸二肽具有很低的活性，可与 X（非甘氨酸的氨基酸，如蛋氨酸或苯丙氨酸）-羟脯氨酸的二肽反应并且具有很高的活性。

7.1.2.3 小肠黏膜分泌蛋白酶和寡肽酶进入肠腔

十二指肠、空肠、回肠的黏膜向刷状缘表面释放活性形式的蛋白酶和寡肽酶，这些酶有一部分进入肠腔内。因此，这些酶无须激活就可以发挥蛋白水解的功能。氨基肽酶是外肽酶，它从蛋白质和多肽的 N 端水解蛋白质。一部分肠道氨基肽酶（如氨基肽酶 A、B、N 和 P）有较广的底物特异性，而其他氨基肽酶［如丙氨酸氨基肽酶、亮氨酸氨基肽酶、甲硫氨酸（蛋氨酸）氨基肽酶和 N-甲酰甲硫氨酸氨基肽酶］有很高的 N 端氨基酸特异性（这些氨基酸包括丙氨酸、亮氨酸、蛋氨酸或甲酰甲硫氨酸）（Giuffrida et al., 2014; Sherriff et al., 1992）。值得注意的是，N-甲酰甲硫氨酰寡肽酶来源于细菌蛋白质前体的 N 端肽链。正如名字所示，氨基肽酶 A、B 和 N 分别从肽链 N 端邻近阴离子（A）、碱性（B）或中性（N）氨基酸的部位切开。氨基肽酶 P 从肽链 N 端邻近脯氨酸或羟脯氨酸的部位切开。许多但不是全部的氨基肽酶是锌金属蛋白酶。

寡肽酶水解包含 2–20 个氨基酸残基的寡肽的肽键（Giuffrida et al., 2014）。寡肽酶 A 具有广谱的寡肽底物。而寡肽酶 B 水解寡肽中含有碱性氨基酸的肽键。脯氨酰寡肽酶（脯氨酰肽链内切酶）切开寡肽内部包含脯氨酸或羟脯氨酸的肽键。正如上文所述，寡肽酶结合在小肠的肠上皮细胞的刷状缘表面。

7.1.2.4 小肠中蛋白质与多肽的细胞外水解

在小肠中存在的所有蛋白酶的最适 pH 为 6.5–9.0。该值与哺乳动物、禽类的十二指肠（pH 6.5）、空肠（pH 7.0）、回肠末端（pH 7.4）以及许多鱼类的肠道（pH 6.5–7.4）pH 类似。胰蛋白酶、糜蛋白酶和弹性蛋白酶（都是内切肽酶）分别特异性地切开位于蛋白质或多肽内部肽键中含有碱性氨基酸、芳香族氨基酸与蛋氨酸和脂肪族氨基酸的部位（图 7.5）。羧肽酶 A 和羧肽酶 B（外切肽酶）分别催化水解蛋白质或多肽的 C 端含有芳香族氨基酸（或脂肪族氨基酸，如苯丙氨酸或丙氨酸）和碱性氨基酸（赖氨酸、精氨酸或组氨酸）的部位（图 7.5）。氨基肽酶（外切肽酶）从多肽的 N 端切除氨基酸。例如，氨基肽酶 A、B、N、L 和 P 分别从多肽的 N 端移除酸性氨基酸（如天冬氨酸或谷氨酸）、碱性氨基酸（如精氨酸或赖氨酸）、中性氨基酸（如丙氨酸或蛋氨酸）、亮氨酸或脯氨酸。有趣的是，氨基肽酶 M（最初在所谓的微粒体中被发现）从多肽的 N 端位置切除任何未被取代的氨基酸（包括丙氨酸和脯氨酸），因此具有氨基肽酶和亚氨基肽酶的双重活性。

通过小肠中蛋白酶的组合酶解作用，最终蛋白质被水解成寡肽。在小肠肠腔中，寡肽在寡肽酶的作用下进一步水解成由 2–6 个氨基酸残基组成的小肽以及游离氨基酸。包含 4–6 个氨基酸残基的小肽在肽酶（主要结合于小肠的肠上皮细胞刷状缘表面，部分存在于肠腔中）的作用下进一步水解成游离氨基酸、二肽和三肽（Giuffrida et al., 2014）。二肽（不包含亚氨基酸，如脯氨酸或羟脯氨酸）与三肽分别被肠黏膜来源的二肽酶和三肽酶进一步水解。含有亚氨基酸的二肽被肠黏膜来源的脯氨酰氨基酸二肽酶（脯氨酸肽酶，prolidase）水解。脯氨酰氨基酸二肽酶 I 作用于所有包含亚氨基酸的二肽，而脯氨酰氨基酸二肽酶 II 有较严苛的底物需求［只作用于含有非甘氨酸氨基酸（如蛋氨酸或苯

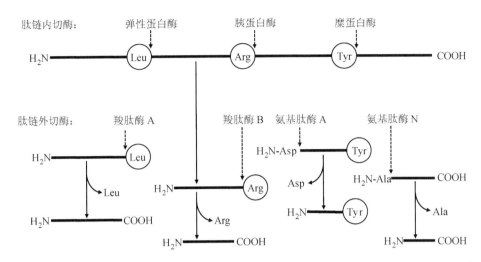

图 7.5 胰蛋白酶、糜蛋白酶、弹性蛋白酶（都是内切肽酶）以及羧肽酶 A 和羧肽酶 B（都是外切肽酶）对肽键的特异性切除。

丙氨酸）及亚氨基酸组成的二肽]。从出生至整个生命周期，位于小肠的肠上皮细胞顶端膜的所有肽酶都保持很高的活性（Austic, 1985）。在小肠肠腔中，蛋白质消化的产物包括 20% 的游离氨基酸、80% 的二肽和三肽。

7.1.2.5 非反刍哺乳动物小肠中胞外蛋白酶的发育性变化

哺乳动物（如猪）小肠中的糜蛋白酶 A、B 和 C 及弹性蛋白酶与羧肽酶 A 和羧肽酶 B 的活性在出生时较低，但肠道肽酶的活性较高（Austic, 1985; Cranwell, 1995）。出生后，整个小肠中的所有胰蛋白酶的总活性在断奶前逐渐增加，但在断奶后的第 3–7 天时显著降低，并在此后的生长期又逐渐升高；猪、豚鼠和兔的胰蛋白酶总活性的变化有相似的规律（Debray et al., 2003; Owsley et al., 1986; Tarvid, 1992; Yen, 2001）。肠道来源的蛋白酶与胰腺来源的蛋白酶有相似的变化规律（Austic, 1985）。肠道蛋白酶的发育对蛋白质消化有重要的应用意义。例如，幼龄哺乳动物可有效消化初乳（100%；Lin et al., 2009）和常乳（92%；Mavromichalis et al., 2001）中的非免疫球蛋白类的蛋白质。然而，与成年动物相比，幼龄动物水解植物来源蛋白质的能力较低（Wilson and Leibholz, 1981）。这是由于在断奶前幼龄动物的肠道黏膜及肠道微生物来源的蛋白酶尚未发育完善，牙齿强度不足，无法充分咬碎诸如谷物类的固体食物材料。幼龄动物不能很好地消化谷物，主要是由于不能充分将包裹在谷物内的蛋白质暴露给蛋白酶消化。其原因是植物细胞壁很难被降解，并且与植物蛋白质键合的日粮非淀粉多糖也很难被降解（Yen, 2001）。然而，如上文所述，幼龄动物可利用经过加工的包含在原料基质中的植物来源的蛋白质。但这些原料不能含有或含有很少的高致敏性或抗营养因子，如胰蛋白酶抑制因子、大豆球蛋白、β-伴大豆球蛋白、植酸、寡糖（棉子糖和水苏糖）及皂苷（Sauer and Ozimek, 1986）。断奶后，仔猪逐渐适应固体饲料并发育形成具较高活性的蛋白酶以消化玉米、豆粕、高粱及肉骨粉中的蛋白质，真回肠消化率可达 85%–90%（表 7.2）。

表 7.2   鸡和猪日粮饲料原料中蛋白质结合氨基酸的真回肠消化率 [a]

氨基酸	鸡（21 日龄）				猪（50–65 日龄）			
	玉米（%）	豆粕（%）	高粱（%）	肉骨粉(%)	玉米（%）	豆粕（%）	高粱（%）	肉骨粉(%)
Ala	87.6	88.9	85.4	90.2	88.5	89.0	87.2	90.5
Arg	88.4	90.6	87.2	91.4	89.3	90.2	88.4	91.3
Asn	86.5	88.3	85.9	90.6	86.8	88.5	86.0	90.2
Asp	87.2	89.5	86.1	90.2	86.3	88.2	85.8	89.7
Cys	85.1	86.4	84.8	89.4	86.0	87.1	85.1	89.0
Gln	88.6	89.5	87.6	90.8	87.7	89.2	86.8	90.8
Glu	89.2	90.2	88.4	91.2	88.1	89.6	87.4	91.0
Gly	86.4	88.3	85.7	90.5	86.6	88.0	85.7	89.5
His	85.5	87.4	84.9	89.6	87.0	88.5	86.2	90.2
Ile	88.7	89.3	88.0	90.8	88.2	88.9	87.6	90.5
Leu	88.2	89.0	87.6	90.3	87.8	89.6	86.4	90.6
Lys	85.0	88.4	84.3	90.0	84.5	89.8	83.7	90.4
Met	87.5	90.1	86.8	90.6	88.6	89.1	87.4	90.5
Phe	89.1	90.3	88.5	90.9	89.5	90.0	88.9	91.0
Pro	86.8	88.0	85.9	89.4	86.4	87.2	86.0	89.2
OH-Pro	–	–	–	88.7	–	–	–	88.4
Ser	88.4	90.2	87.5	91.1	88.6	89.0	87.9	90.6
Thr	85.2	86.5	84.8	89.3	84.9	86.8	84.3	88.5
Trp	86.0	87.2	85.3	89.0	85.2	88.1	84.6	89.7
Tyr	88.5	89.6	88.0	91.4	89.0	90.2	88.2	91.0
Val	88.2	89.8	87.6	90.7	87.1	88.7	86.1	90.3

资料来源：Wu, G. 2014. *J. Anim. Sci. Biotechnol.* 5:34。

[a] 除了甘氨酸，所有氨基酸均为 L-构型。

断奶后，马科动物的大肠对日粮蛋白质的消化能力逐渐增强并且可以消化植物来源的饲料（如饲草、各种青草、玉米、豆粕、小麦、大麦）。马对豆粕和谷物类饲料（如玉米、燕麦和高粱）的全肠道蛋白质消化率为 85%–90%，盲肠前（主要是小肠）的消化率大于 50%；苜蓿的全肠道蛋白质消化率为 78%，盲肠前的消化率为 28%；海岸狗牙根的全肠道蛋白质消化率为 60%，盲肠前的消化率为 17%（Spooner, 2012）。因此，当这些动物采食谷物饲料时，日粮蛋白质主要在小肠肠腔内水解消化；而当采食饲草时主要在后肠消化。马的后肠对蛋白质的消化过程与在瘤胃中类似。

7.1.2.6   禽类动物小肠中胞外蛋白酶的发育性变化

家禽小肠中总蛋白酶的活性从出生至 21 日龄显著增加（Noy and Sklan, 1995）。例如，孵化后 10 天的雏鸡肠道的胰蛋白酶活性是孵化后一天的雏鸡的 5–6 倍；糜蛋白酶活性从孵化后第 1 天至第 14 天逐渐增加，之后酶活性保持稳定直至孵化后第 23 天（Nir et al., 1993; Nitzan et al., 1991）。鸡的总羧肽酶 A 酶活在孵化后一天达到峰值，并在孵化一周内逐渐下降，之后保持稳定直至 56 日龄（Tarvid, 1991）。与哺乳动物类似，家禽的肠道肽酶活性在出生时很高（Tarvid, 1992）。这种肠道蛋白酶的发育模式配合具有可磨碎所采食谷物的肌胃，使得刚孵化的雏鸟有利用固体玉米-豆粕型日粮的能力。然而与成年动物相比，效率较低。鸡对植物来源的粗蛋白质的真消化率从 4 日龄的 78%上升至 21 日龄的 92%（Noy and Sklan, 1995）。类似的，3 周龄肉鸡能有效利用植物来源的蛋白质，各种氨基酸的消化率为 85%–90%（表 7.2）。与在哺乳动物中报道的类似，禽类小肠肠腔中的细菌是产生水解日粮蛋白质和肽的蛋白酶及肽酶的一个重要来源（Dai et al., 2015）。此外，饲料原料基质的特性在很大程度上影响日粮蛋白质的消化率（Moughan et al., 2014; Sauer et al., 2000）。

7.1.2.7 非反刍动物小肠蛋白酶活性的调节

日粮因素通过以下方式影响小肠中蛋白酶和肽酶的含量及活性：①直接抑制蛋白酶；②调控基因表达；③调节胆囊收缩素的分泌。例如，提高日粮蛋白质水平能刺激胰腺和小肠黏膜合成与释放蛋白水解酶（Yen, 2001）。相反，大豆和其他豆科植物的种子含有胰蛋白酶（如胰酶和糜蛋白酶）的抑制因子，导致蛋白质消化和动物生长受到抑制。由于蛋白酶抑制因子是热敏感的，大豆在用于动物饲料前必须要经过一定温度的热加工。含有大于 11 个碳（$\geqslant C_{12}$）的脂肪酸（如油酸和亚油酸）可以刺激肠道中的肠内分泌细胞 I（McLaughlin et al., 1998）和小肠（Chelikani et al., 2004）产生胆囊收缩素。这些脂肪酸（如亚油酸）是通过激活瞬时受体电位离子通道蛋白 M5（TRPM5）起作用的（Shah et al., 2012）。日粮脂肪酸，特别是 ω6 和 ω9 不饱和脂肪酸，通过胆囊收缩素诱导胰腺蛋白酶的产生以提高动物对日粮蛋白质的消化率。

7.1.2.8 非反刍动物对蛋白质的消化率与日粮氨基酸可利用率的比较

小肠是非反刍动物消化日粮蛋白质的最终部位。如第 1 章中提及，消化被定义为日粮成分在消化道中进行的化学性分解过程，生成的小分子物质供动物同化作用所需。在小肠中，对日粮蛋白质的消化过程是水解二肽、三肽和多肽的化学加工过程。应当指出，"氨基酸消化率"这一很长时间被用于描述日粮蛋白质水解的术语，在动物营养学中是一个误称。这是因为"氨基酸消化率"实际上不是指氨基酸在胃肠道中降解成小分子的过程。"氨基酸消化率"这一术语应当被"蛋白质消化率"或"氨基酸从蛋白质中的释放系数"取代。蛋白质消化率的概念与氨基酸生物可利用率的概念不同。后者表示的是日粮蛋白质和氨基酸在胃肠道中消化、吸收和代谢的综合结果。

7.1.2.9 非反刍动物小肠肠腔细菌对氨基酸和小肽的降解

小肠肠腔中寄居着多种细菌（第 1 章），它们可降解游离氨基酸和小肽。Dai 等（2011）报道，猪小肠的肠腔细菌对谷氨酰胺、赖氨酸、精氨酸、苏氨酸、亮氨酸、异亮氨酸、缬氨酸和组氨酸有很高的利用率。除了代谢谷氨酰胺生成谷氨酸及其代谢物（丙氨酸和天冬氨酸）和代谢精氨酸生成鸟氨酸以外，猪小肠细菌不利用谷氨酰胺、赖氨酸、精氨酸、苏氨酸、亮氨酸、异亮氨酸、缬氨酸和组氨酸净产生新的氨基酸。研究同时发现，小肠细菌，特别是链球菌、埃希氏巨球菌、大肠杆菌和克雷伯氏菌降解氨基酸的速率有差异，并且有一定的种属特异性。在这些细菌中，蛋白质合成是氨基酸代谢的主要途径。此外，Yang 等（2014）发现，小肠肠腔中的细菌能降解氨基酸，而与小肠黏膜紧密黏附的细菌可能含合成氨基酸，这提示肠道中不同生态位的细菌的氨基酸代谢存在差异。一些体内的研究表明，有 10%–30%的日粮氨基酸（以游离氨基酸和小肽形式），特别是那些不能被真核生物合成的氨基酸，被断奶仔猪小肠的微生物降解（Stoll and Burrin, 2006）。这一现象可能在其他动物物种中也存在，但需要开展相应的试验验证。这些来源于蛋白质消化的游离氨基酸和小肽被小肠细菌利用，主要合成蛋白质（Dai et al., 2010）。进入大肠的微生物蛋白质经粪便排出体外。

7.1.3　非反刍动物的小肠对小肽和氨基酸的吸收

吸收是指消化的产物经肠黏膜进入血液循环系统被动物利用的过程。小肠的肠上皮细胞包含顶端膜和基底膜，主要负责营养物质的吸收。两个肠上皮细胞之间存在间隙。这些肠上皮细胞的顶端膜形成微绒毛，增加了吸收面积。氨基酸通过两种途径吸收：①营养物质可完全通过肠上皮细胞，从顶端膜进入并从基底膜离开，然后进入小肠的固有层（跨细胞吸收）；②营养物质还可通过细胞间紧密连接直接进入小肠的固有层（细胞旁路吸收）。后者是指在新生哺乳动物"肠关闭"之前，小肠的肠上皮细胞通过受体介导实现对完整蛋白质（如免疫球蛋白）的吸收（第 1 章）。吸收进入小肠固有层的氨基酸和少量的小肽之后进入微静脉，继而汇入门静脉（图 7.6）。

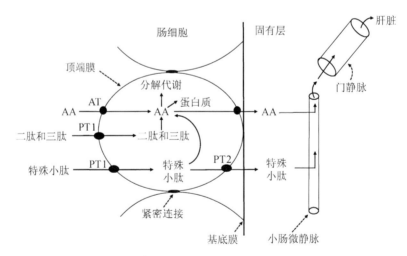

图 7.6　小肠的肠上皮细胞对小肽和游离氨基酸的吸收。进入小肠的肠上皮细胞后，游离氨基酸或被用于蛋白质合成或被降解。其余的氨基酸进入小肠的固有层。肠上皮细胞可迅速水解所吸收的二肽和三肽并释放游离氨基酸。有相当数量的一类特殊的小肽可能逃脱小肠的肠上皮细胞的分解代谢，进入小肠的固有层。AA，氨基酸；AT，氨基酸转运载体；PT1，肽转运载体-1；PT2，肽转运载体-2。

7.1.3.1　肠上皮细胞对二肽和三肽的转运

三肽和二肽的吸收需要借助位于顶端膜的 Na^+ 依赖和 H^+ 驱动的肽转运载体-1，该转运载体主要在小肠表达。然而，由于所需的质子必须由 Na^+/H^+ 交换提供，肽在小肠的肠上皮细胞的吸收间接与 Na^+ 转运耦合。更重要的是，三肽和二肽以完整形式从小肠的肠腔吸收至其上皮细胞中，并进一步被细胞质中的肽酶水解成为游离氨基酸（Zhanghi and Matthews, 2010）。肽转运载体-1 不能转运含有 4 个或更多氨基酸的肽（Gilbert et al., 2008）。在小肠中形成的小肽可降低肠腔中的渗透压并保持肠上皮细胞的稳态。由于小肠黏膜中细胞内的肽酶活性很高，在健康肠道肠腔内的肽不大可能通过跨细胞形式大量进入门静脉或肠淋巴中。这与小肠的肠上皮细胞的基底膜缺失肽转运载体-1 的发现相一致（Matthews, 2000）。然而，有限的但生理上有重要作用的一定量的特殊小肽可能通过跨黏膜细胞转运形式，经 M 细胞、外泌体和肠上皮细胞从肠腔内容物中被吸收至血液。这些特殊小肽可能含有亚氨基（例如，Gly-Pro-OH-Pro，一种胶原蛋白降解产物）或甲酰基氨基酸（例如，N-formyl-Met-Leu-Phe，一种细菌肽被用作真核生物的趋化因子）（Dorward et al., 2015）。日粮来源的肽可在小肠发挥它们的生物活性作用（如生理性和调节性的作用），然后由肠道产生的信号可传导至大脑、内分泌系统及免疫系统，在全身范围内发挥其有益的作用。

此外，研究显示，二肽和三肽比组成它们的游离氨基酸被吸收至小肠的肠上皮细胞的速率要快（Matthews, 2000）。小肽转运的速率很快，减少了它们暴露给小肠的肠道细菌进行分解代谢的时间，从而调节了门静脉血中的游离氨基酸平衡。这表明小肽对于动物营养的重要性。自 20 世纪 50 年代后期，生理学家首次发现肠道中肽被吸收的可能性，肽转运的概念经受了许多年的质疑。最终，肽转运的概念于 20 世纪 70 年代后期被科学界普遍接受。与饲喂等量氨基酸组成的游离氨基酸日粮相比，饲喂完整蛋白质和肽的日粮的动物会沉积更多的蛋白质并且生长得更快。例如，与含有相似氨基酸含量的等氮日粮相比，饲喂含有 15%酪蛋白日粮时幼鼠体重增加 62%，尿氮排放减少 25%（Daenzer et al., 2001）。同时，与饲喂 20%氨基酸的日粮相比，饲喂含有 11.9%酪蛋白、9.1%氨基酸及 1%碳酸氢钠的日粮时，5–20 kg 仔猪日增重提高 18%且料重比减少 20%（Officer et al., 1997）。

7.1.3.2 肠上皮细胞对氨基酸的转运

氨基酸在十二指肠和空肠中的吸收十分迅速，但在回肠中逐渐减慢。小肠的肠上皮细胞对不同氨基酸的吸收速率存在差异（Bröer and Palacín, 2011）。肠上皮细胞顶端膜转运氨基酸有 4 种机制：①Na^+非依赖系统（易化系统）；②Na^+依赖系统（主动转运）；③简单扩散（无须转运蛋白的被动、非饱和转运系统）；④γ-谷氨酰基循环。在生理条件下，简单扩散和 γ-谷氨酰基循环不是小肠的肠上皮细胞和其他类型细胞转运氨基酸的主要形式。比较而言，顶端膜 Na^+依赖和 Na^+非依赖的氨基酸转运载体（表 7.3）分别负责将约 60%和 40%的游离氨基酸从小肠的肠腔转运至肠上皮细胞中。图 7.7 给出了这些肠上皮细胞顶端膜的氨基酸转运载体（跨膜蛋白）的一些例子。氨基酸转运载体通常按照它们的主要底物来命名；然而，基因系统命名专业委员会按照氨基酸转运载体基因序列的相似性将它们归类为溶质转运载体（SLC）家族。例如，在普通 y^+ 系统中，SLC7A1、SLC7A2 和 SLC7A3 分别编码阳离子氨基酸转运载体（CAT-1、CAT-2 和 CAT-3 蛋白），在细胞中负责转运碱性氨基酸。

表 7.3　存在于动物小肠的肠上皮细胞及其他类型细胞顶端膜上的氨基酸转运载体

转运系统	基因名称	主要氨基酸	注释
		Na⁺非依赖系统	
asc	SLC7A10	小分子氨基酸（Ala、Ser、Cys、Gly 和 Thr）	转运小分子中性氨基酸和 D-Ser
$b^{0,+}$	SLC7A9	中性（0）和碱性（+）氨基酸	也转运胱氨酸
L	SLC7A5	大分子中性氨基酸（如 Leu、Phe 和 Met）	也转运 ABHDC 和 His
L	SLC7A8	所有中性氨基酸，除了 Pro	与大分子中性氨基酸有高亲和性
L	SLC43A1	大分子中性氨基酸	与支链氨基酸有高亲和性
X_c^-	SLC7A11	酸性氨基酸（Glu 和 Asp）	也转运胱氨酸
y^+(CAT-1)	SLC7A1	阳离子氨基酸（如 Arg、His、Lys 和 Orn）	也转运中性氨基酸
y^+(CAT-2)	SLC7A2	阳离子氨基酸（如 Arg、His、Lys 和 Orn）	也转运中性氨基酸
y^+(CAT-3)	SLC7A3	阳离子氨基酸（如 Arg、His、Lys 和 Orn）	也转运中性氨基酸
y^+L	SLC7A6	阳离子氨基酸和大分子中性氨基酸	也转运谷氨酰胺
y^+L	SLC7A7	阳离子氨基酸和大分子中性氨基酸	也转运 Ala、Gln 和 Cys
		Na⁺依赖系统	
A	SLC38A1	小分子和中性氨基酸（如 Ala 和 Met）	也转运 His、Asn 和 Cys
A	SLC38A2	小分子和中性氨基酸（如 Ala 和 Met）	也转运 His、Asn、Cys 和 Pro
ASC	SLC1A4	小分子氨基酸（Ala、Ser 和 Cys）	也转运 Thr
ASC	SLC1A5	小分子氨基酸（Ala、Ser 和 Cys）	也转运 Cys、Gln 和 Thr
BETA	SLC6A1	GABA	Na⁺和 Cl⁻依赖转运载体
BETA	SLC6A6	牛磺酸转运载体；β-Ala 和 GABA	Na⁺和 Cl⁻依赖转运载体
BETA	SLC6A11	GABA、甜菜碱、牛磺酸	Na⁺和 Cl⁻依赖转运载体
B^0	SLC6A15	中性氨基酸（如 BCAA、Met 和 Pro）	Na⁺和 Cl⁻依赖转运载体
$B^{0,+}$	SLC6A14	所有中性和碱性氨基酸及 β-Ala	Na⁺和 Cl⁻依赖转运载体
Gly	SLC6A9	Gly 和肌氨酸	被锂抑制
IMINO	SLC6A20	Pro 和 OH-Pro	也转运中性氨基酸（如 Gly）
N (SN1)	SLC38A3	Gln、Asn、Cit 和 His	也转运 Ala
N (SN2)	SLC38A5	Gln、Asn、Cit 和 His	也转运 Ala、Ser 和 Gly
NBB	SLC6A19	所有中性氨基酸（刷状缘转运载体）	与小肠的肠上皮细胞顶端膜结合
Phe	未知	Phe 和 Met（刷状缘转运载体）	与小肠的肠上皮细胞顶端膜结合
X_{AG}^-	SLC1A1	Asp 和 Glu	也转运 Cys、胱氨酸和 D-Asp
X_{AG}^-	SLC1A2	Asp 和 Glu	也转运 Cys、胱氨酸和 D-Asp
X_{AG}^-	SLC1A3	Asp 和 Glu	也转运 D-Asp

注：ABHDC，2-氨基二环-［2,2,1］-庚烷-二羧酸；BCAA，支链氨基酸；GABA，γ-氨基丁酸；SLC，溶质转运载体。

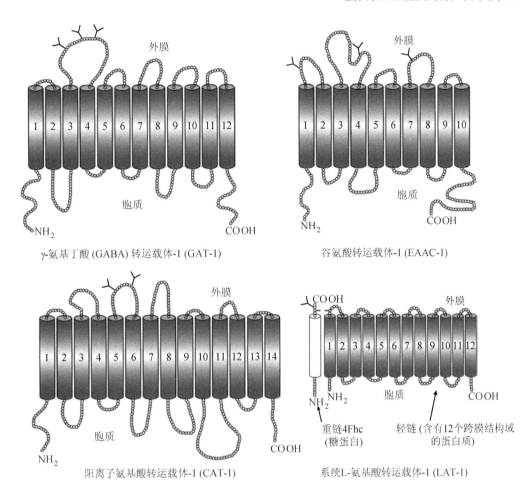

γ-氨基丁酸 (GABA) 转运载体-1 (GAT-1)

谷氨酸转运载体-1 (EAAC-1)

阳离子氨基酸转运载体-1 (CAT-1)

系统L-氨基酸转运载体-1 (LAT-1)

图 7.7　动物细胞中酸性、碱性和中性氨基酸的转运载体（跨膜蛋白）示例。（改编自：Bröer, S. and M. Palacín, 2011. *Biochem. J.* 436:193–211；Hyde, R. et al. 2003. *Biochem. J.* 373:1–18.）

小肠的肠上皮细胞顶端膜对氨基酸转运的一些特性如下。首先，一种氨基酸可由多个系统转运。例如，谷氨酰胺可由肠上皮细胞顶端膜和基底膜的 Na^+ 依赖系统 N（SN1 和 SN2）、B^0、$B^{0,+}$ 和 A 及 Na^+ 非依赖系统 $b^{0,+}$、L 和 y^+L 所摄取（Wu, 2013）。此外，支链氨基酸由 L、y^+L、B^0 和 $B^{0,+}$ 系统转运。氨基酸转运载体功能的冗余降低了细胞上由一种载体转运一种氨基酸导致某种氨基酸摄入缺失的风险。其次，氨基酸转运载体的表达呈现细胞和组织特异性。这一特征在氨基酸的跨器官代谢中扮演着重要角色。这一现象的营养学和生理学重要性可以哺乳动物肝细胞阳离子氨基酸转运载体（CAT-1、CAT-2 和 CAT-3 蛋白）为例来解释：由于肝细胞阳离子氨基酸转运载体的丰度很低，所以这些细胞对碱性氨基酸的摄取能力很低。由于哺乳动物肝细胞降解碱性氨基酸的能力很高，这些氨基酸在肝细胞的有限摄入减少了其在肝脏中的非可逆性损失，因此使它们在日粮、小肠及运至肝细胞及组织外血液中的利用率最大化。再次，在动物体内，不是所有细胞类型都能转运生理性的氨基酸。例如，巨噬细胞和内皮细胞很容易摄取细胞外的瓜氨酸，但哺乳动物肝细胞却不能转运瓜氨酸。这就保证了小肠来源的瓜氨酸可完全被肝外组织和细胞利用来合成精氨酸。最后，Na^+ 依赖的氨基酸转运载体以 ATP 依赖的方式

将氨基酸和 Na^+（均溶于水）转运至肠上皮细胞内。这一过程影响了细胞的跨膜电势及水的进出（Hyde et al., 2003）。进入肠上皮细胞内的 Na^+ 将通过其基底膜的 Na^+/K^+-ATP 泵（也称作 Na^+/K^+-ATP 酶）运输至细胞外，同时将 3 个 Na^+ 转运至肠上皮细胞外并交换 2 个 K^+ 进入细胞内。这一转运过程通过将 ATP 水解为 ADP 和 Pi 供能驱动。1 mol 氨基酸以 Na^+ 依赖方式从肠腔转运至肠上皮细胞需要消耗 1 mol ATP。因此，当向小肠黏膜侧加入谷氨酰胺或谷氨酸时，随着氨基酸转运至细胞内，细胞膜的跨膜电势和水的吸收同时增加。

氨基酸转运载体首先与 Na^+ 结合，然后再与氨基酸结合。转运载体与 Na^+ 的结合增加了其对氨基酸底物的亲和性。与 Na^+ 及氨基酸的结合导致氨基酸转运载体蛋白构象的改变，其结果是将两种底物从肠腔转运至肠上皮细胞的细胞质中。因此，小肠的肠上皮细胞对大多数氨基酸的迅速与完全吸收完全依赖于 Na^+ 的跨膜电化学梯度，该过程同时产生渗透压梯度，驱动细胞对水的吸收。

一些存在于小肠的肠上皮细胞顶端膜的氨基酸转运载体可能也存在于细胞的基底膜，将细胞内的氨基酸转运至肠黏膜固有层的间隙中。肠上皮细胞的基底膜包含另一套氨基酸转运载体，将氨基酸从细胞内转运至固有层，这些转运载体的特性详见表 7.4。基底膜的氨基酸转运载体将氨基酸从肠细胞转运至细胞外是 Na^+ 依赖或非依赖的方式。如前所述，为了维持肠细胞内的电解质平衡，通过 Na^+ 依赖的氨基酸转运载体从肠腔转运至肠上皮细胞内的 3 个 Na^+ 通过基底膜的 Na^+/K^+-ATP 酶转运至细胞外，同时将 2 个 K^+ 转运至细胞内。与顶端膜或非上皮细胞膜相比，肠上皮细胞的基底膜对氨基酸的通透性更强。因此，氨基酸有可能从小肠的肠上皮细胞向其固有层进行简单扩散，但与肠上皮细胞基底膜的氨基酸转运载体的转运相比，简单扩散只占肠道跨肠上皮细胞氨基酸吸收的很少一部分。

表 7.4 小肠的肠上皮细胞基底膜上的氨基酸转运载体

转运系统	异构体	主要氨基酸	Na^+依赖	注释
A	–	中性氨基酸（包括谷氨酰胺）	是	运出肠上皮细胞
ASC	–	Ala、Ser 和 Cys	是	运出肠上皮细胞
asc-Like	–	Ala、Ser 和 Cys	否	运出肠上皮细胞
Gly	GLY1	甘氨酸	Na^+、Cl^-	运出肠上皮细胞
L	LAT2-4F2hc	大分子中性氨基酸	否	运出肠上皮细胞
N	–	Gln、Asn、Cit、His	是	运出肠上皮细胞
TAT1[a]	–	芳香族氨基酸（Trp、Tyr、Phe）	否	运出肠上皮细胞
SNAT2[b]	–	中性氨基酸	是	运出肠上皮细胞
y^+L	Y$^+$LAT1	阳离子氨基酸	否	运出肠上皮细胞
		大分子中性氨基酸	是	从血液进入肠上皮细胞
	Y$^+$LAT2[c]	阳离子氨基酸	否	运出肠上皮细胞
		大分子中性氨基酸	是	从血液运入肠上皮细胞
y^+	CAT-1	阳离子氨基酸	否	运出肠上皮细胞

[a] T-型氨基酸转运载体-1。

[b] SNAT，钠离子依赖的中性氨基酸转运载体。SNAT1 和 SNAT4 在肠外组织表达。

[c] 在上皮和非上皮组织表达。

7.1.3.3 肠上皮细胞在氨基酸与肽转运中的极性

朝向小肠腔的肠上皮细胞的顶端膜能迅速吸收肠腔中的氨基酸（Yen et al., 2004）。在饲喂后的消化过程中，日粮氨基酸顺着其在小肠肠腔内的浓度梯度进入门脉系统。因此，氨基酸从肠腔至肝脏的流动是正向流入。在吸收后的状态下，非反刍动物肠道吸收很有限的日粮氨基酸。比较而言，在生长猪的吸收后阶段，朝向血液的肠上皮细胞基底膜从动脉血中摄取大量的谷氨酰胺，但对其他氨基酸的摄入量在营养上不显著（Wu et al., 1994b）。这是由于在小肠的肠上皮细胞的基底膜中存在高丰度的谷氨酰胺转运载体，而非谷氨酰胺转运载体的表达十分有限。也有另外一种可能，即在吸收后状态下，小肠黏膜固有层的细胞间液中的非谷氨酰胺氨基酸的浓度比肠上皮细胞胞液中的浓度低很多。这妨碍了 Na^+ 依赖或非依赖的氨基酸转运载体逆着氨基酸的浓度梯度对氨基酸进行转运。因此，必须给断奶动物饲喂日粮以提供肠道营养，从而获得足够的氨基酸以支持小肠黏膜的正常需要、生长、功能与健康。与成年大鼠类似，在吸收后的状态下，生长猪的小肠从动脉血中摄取 30% 的谷氨酰胺（Wu et al., 1994b），这表明肠道在全身谷氨酰胺利用中扮演着重要角色。

小肠黏膜不能从动脉血中摄取小肽。这是由于小肠的肠上皮细胞的基底膜缺乏肽转运载体-1。如上文所述，肠上皮细胞的基底膜可能表达其他肽转运载体。例如，有研究显示，大鼠小肠的肠上皮细胞的基底膜中存在一种肽转运载体（Shepherd et al., 2002）。这些研究人员观察到一种不可被水解的二肽，即 D-Phe-L-Gln（1 mmol/L），从小肠肠腔跨黏膜转运至血管灌注液中。也有研究表明，结肠细胞（人肠道细胞系-2）的基底膜可能含有 Na^+ 依赖的肽转运载体，将小肽从细胞内转运至大肠的固有层（Irie et al., 2004）。甘氨酸-肌氨酸（N-甲酰甘氨酸）二肽以 pH 依赖的方式通过人肠道细胞系-2 细胞的顶端膜进入细胞并通过其基底膜转运出细胞外。有意思的是，二肽流出的 K_M 比其流入的大。在大鼠小肠或人肠道细胞系-2 中的这一肽转运载体的分子特性尚未被鉴定。

7.1.3.4 肠上皮细胞对氨基酸的代谢

已有的研究显示：在猪、大鼠、羊和奶牛小肠的肠上皮细胞，①不被降解的氨基酸有天冬酰胺、半胱氨酸、组氨酸、苯丙氨酸、赖氨酸、苏氨酸、色氨酸和酪氨酸；②降解速率很低的氨基酸有丙氨酸、甘氨酸、蛋氨酸、丝氨酸；③精氨酸、脯氨酸和 3 个支链氨基酸具有高降解率；④主要代谢燃料的氨基酸有天冬氨酸、谷氨酸和谷氨酰胺（Chen et al., 2007, 2009; Wu et al., 2005）。在小肠黏膜中，蛋氨酸在细胞质中经脱羧作用代谢产生 CO_2 和 S-腺苷甲硫氨酸。后者用于多胺的合成以及 DNA 和蛋白质的甲基化。在肠上皮细胞中，S-腺苷甲硫氨酸（来自蛋氨酸）的脱羧反应量很低，蛋氨酸的其他碳链不能氧化产生 CO_2（Chen et al., 2009）。在肠黏膜中，脯氨酸被线粒体中的脯氨酸氧化酶氧化形成吡咯啉-5-羧酸（P5C），后者是合成鸟氨酸和瓜氨酸的前体。然而，由于小肠的肠上皮细胞中 P5C 脱氢酶的活性很低，氧化脯氨酸生成 CO_2 十分有限（Wu, 1997）。在猪、大鼠、羊、牛的肠上皮细胞中，谷氨酰胺、谷氨酸和脯氨酸通过形成鸟氨酸合成瓜氨酸；谷氨酰胺和谷氨酸代谢产生丙氨酸（Wu, 1997）。虽然在这些细胞中，由线粒体产生的鸟氨酸能有效地合成瓜氨酸，但由于鸟氨酸降解的复杂区室化，细胞外的鸟氨酸不能被用于合成瓜氨酸，取而代之的是代谢产生脯氨酸（Wu et al., 1994a）。比较而言，鸡小肠的肠上皮细胞不能利用谷氨酰胺、谷氨酸和脯氨酸合成鸟氨酸、瓜氨酸或精氨酸，其降解谷氨酰胺的速率也非常低（Wu et al., 1995）。因此，哺乳动物和禽类肠黏膜的氨基酸代谢存在显著差异。

对猪的研究显示了猪小肠黏膜氨基酸代谢的发育性变化。例如，在猪小肠的肠上皮细胞中，由谷氨酰胺合成瓜氨酸和精氨酸的速率在出生时最高，此后一直下降，并在14–21日龄达到最低水平，断奶后这一合成速率再次提高（Wu and Morris, 1998）。0–21日龄，脯氨酸是肠细胞合成瓜氨酸和精氨酸的主要底物（Wu, 1997）。在新生仔猪小肠的肠上皮肠细胞中，由于存在高活性的精氨基琥珀酸合成酶（ASS）和精氨基琥珀酸裂解酶（ASL），几乎所有的瓜氨酸都被转化为精氨酸，并且由于精氨酸酶的活性近乎缺失，几乎所有合成的精氨酸都被释放至细胞外。这有助于使由日粮和肠道来源的精氨酸供外周组织利用的程度最大化。在断奶仔猪肠上皮细胞中，由于ASS和ASL活性的降低，很少一部分（10%）从头合成的瓜氨酸被转化为精氨酸，其余90%从头合成的瓜氨酸被转运至细胞外。断奶后，肾脏表达高活性的ASS和ASL，因此，可以在精氨酸酶活性很低的近端小管中将瓜氨酸转化为精氨酸并将几乎所有合成的精氨酸释放进入血液循环系统。由于哺乳动物（包括猪）的断奶可诱导肠道中精氨酸酶的表达，这种对断奶的代谢适应在营养上十分重要，因为这样可节约肠道所合成的瓜氨酸（Wu, 1995）。精氨酸酶可水解精氨酸生成鸟氨酸和尿素，这会导致在断奶仔猪的肠细胞内由谷氨酸、谷氨酰胺和脯氨酸合成的瓜氨酸的损失。断奶后的哺乳动物的小肠上皮细胞可降解脯氨酸和精氨酸，这两种氨基酸部分通过合成多胺促进肠道的生长和重塑。对于断奶猪而言，只有不到20%被摄取的氨基酸用于合成肠黏膜蛋白。因此，不是所有从小肠肠腔进入肠上皮细胞的氨基酸都能被转运至门脉循环。

7.2 幼龄反刍动物对蛋白质的消化与吸收

7.2.1 蛋白质在幼龄反刍动物皱胃和小肠中的消化

在幼龄反刍动物中，乳汁和液体饲料大部分直接通过瘤网胃进入皱胃（第1章）。在幼龄反刍动物的皱胃和小肠，蛋白酶对日粮蛋白质的消化过程与哺乳期的非反刍哺乳动物相同。幼龄反刍动物胃和小肠内容物中的蛋白水解酶的浓度从出生到断奶时保持一致（Porter, 1969）。犊牛和羔羊胃肠道中的消化性蛋白酶具有足够的活性以水解进食的乳蛋白，在日粮中额外添加外源蛋白酶不能提高蛋白质的消化率。

与哺乳期的非反刍哺乳动物相同，幼龄反刍动物胃肠道中的pH在蛋白质消化中扮演重要角色。在饲喂前，幼龄反刍动物皱胃内容物的pH在2.0左右（激活胃蛋白酶），在吮乳后由于被大量呈中性的乳汁稀释，其pH在6.0左右。由于胃的排空及盐酸分泌，胃内容物中的pH在吮乳后5 h内逐渐降至饲喂前水平（Porter, 1969）。由于唾液和胃黏膜分泌液不断进入皱胃，离开皱胃的食糜体积是吮乳量的2倍。在进食后1 h，犊牛皱胃内容物进入十二指肠的流动速率达到顶峰，而食糜进入空肠的流动速率在进食后的前 4–5 h 最大。由于胰液和胆汁连续不断地分泌进入十二指肠肠腔，饲喂对小肠后段的 pH（7.0–7.4）影响很小。

与幼龄非反刍哺乳动物类似，幼龄反刍动物能很好地适应并消化乳蛋白。犊牛对天然乳蛋白的真消化率是 100%（Gerrits et al., 1997）。然而，与天然乳相比，过热加工乳的蛋白质消化率降低。巴氏消毒乳不影响幼龄反刍动物对乳蛋白的消化率。与乳汁相比，幼龄反刍动物不能降解谷物的细胞壁，因此不能利用未加工谷物或大豆中的蛋白质。如果大豆粉（精磨、脱脂豆粕）中含有胰蛋白酶抑制因子和其他导致采食量下降及抑制生长的因子，幼龄反刍动物对其的利用能力也有限。液体豆粉对幼龄反刍动物而言不是有效的蛋白质资源，因为此种日粮的适口性差并且经常导致严重的腹泻。有趣的是，研究报道，无胰酶抑制剂的大豆粉经过 pH 4 的酸在 37℃处理 5 h 后营养价值有所提高（Colvin and Ramsey, 1968）。这很有可能是由于对植物蛋白的变性作用及部分地抑制非胰蛋白酶的抗营养因子。

7.2.2　蛋白质消化产物在幼龄反刍动物小肠中的吸收

健康的幼龄反刍动物小肠，特别是空肠，能很好地吸收蛋白质消化的产物（Porter, 1969）。与幼龄非反刍哺乳动物类似，日粮蛋白质在小肠中消化的终产物为二肽、三肽及游离氨基酸。这些消化产物通过 H^+ 驱动的肽转运载体-1（转运小肽）和多种氨基酸转运载体（转运氨基酸）被吸收转运至小肠的肠上皮细胞内（表 7.3）。有研究显示，在犊牛小肠肠腔中的大量二肽和三肽能被迅速吸收进入肠上皮细胞中（Koeln et al., 1993）。与非反刍动物类似，这些动物的肠上皮细胞的顶端膜至少有 4 类 Na^+ 依赖的氨基酸转运载体，分别是酸性、碱性、中性及 β-氨基酸转运载体（Matthews, 2000）。日粮钠的摄入对日粮氨基酸从小肠肠腔到其固有层的迅速与完全吸收是必要的。因此，由于小肠的肠上皮细胞对氨基酸转运的同时驱动水跨膜吸收至血液，一些氨基酸（如甘氨酸和谷氨酰胺）与 D-葡萄糖及氯化钠一起被添加进体液补充液用于治疗犊牛的腹泻（Naylor et al., 1997）。

7.3　反刍动物对蛋白质的消化与吸收

在反刍动物营养中，粗蛋白质是一个重要的概念（第 4 章）。反刍动物对日粮蛋白质和非蛋白氮的利用包括在瘤胃、皱胃和小肠中的消化、吸收与代谢（图 7.8）。进食适量的瘤胃可降解粗蛋白质（RDP）对瘤胃微生物生长、饲料采食和养分消化率（特别是蛋白质和纤维）的最大化十分重要（Firkins and Yu, 2015）。根据类型不同，蛋白质可被细菌来源的蛋白酶和肽酶在细胞外进行充分降解（Wu, 2013）。降解的产物主要在细菌内作为氨基酸和蛋白质合成的前体物。细菌或被原虫吞噬或与原虫一起进入真胃，为反刍动物提供细菌和原虫蛋白质。后者被存在于胃和小肠中的蛋白酶和肽酶水解。反刍动物日粮中植物来源的蛋白质的回肠末端真消化率与瘤胃保护的高质量蛋白质的回肠末端（通过前胃、皱胃、十二指肠和空肠后）真消化率分别为 62%–66% 和

85%–90%（Chalupa and Sniffen, 1994）。大部分证据表明，高效的反刍动物生产与高的经济报酬必须基于以下两点：①使用低蛋白质日粮时必须满足瘤胃发酵对氮的需求；②必须为小肠提供可吸收至血液循环的适量与均衡的氨基酸（即微生物氨基酸谱必须与过瘤胃蛋白质氨基酸谱互相补充）（NRC, 2001）。

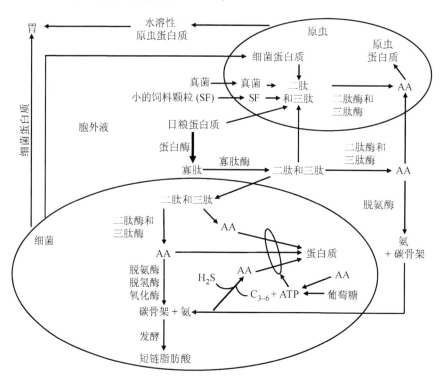

图 7.8　瘤胃中蛋白质的发酵性消化。日粮蛋白质被主要为细菌来源的胞外蛋白酶和寡肽酶水解生成二肽、三肽和游离氨基酸。一些氨基酸可被降解形成氨及其相应的α-酮酸。细菌利用小肽、氨基酸和氨合成新的蛋白质。原虫吞噬细菌、厌氧真菌、小的饲料颗粒及不溶性蛋白质，并且利用这些底物合成原虫蛋白质。AA，氨基酸。

7.3.1　日粮蛋白质在瘤胃中的降解

7.3.1.1　微生物来源蛋白酶和寡肽酶的细胞外蛋白质水解过程

瘤胃中定植着种类繁多的厌氧细菌、产甲烷古菌、原虫与真菌（Firkins and Yu, 2015）。大约超过 40%从瘤胃液中分离获得的细菌具有细胞外蛋白质水解活性，即可释放高活性的蛋白酶和肽酶。主要的蛋白质降解菌有嗜淀粉瘤胃杆菌（*Ruminobacter amylophilus*）、溶纤维丁酸弧菌（*Butyrivibrio fibrisolvens*）和在瘤胃中数量最多的蛋白降解菌栖瘤胃普雷沃菌（*Prevotella ruminicola*）（Nagaraja, 2016）。相比较而言，嗜淀粉瘤胃杆菌是培养过程中最活跃的蛋白降解菌，但在瘤胃中的数量较少。由于革兰氏阴性菌和革兰氏阳性菌不能利用具有 5 个氨基酸以上的肽，饲料蛋白质、大肽或寡肽（包含 5 个或更多的氨基酸残基）不能进入细菌内（Higgins and Gibson, 1986）。

细菌在瘤胃降解日粮蛋白质及其他潜在蛋白质源中扮演主要角色（Broderick et al., 1991; Russell et al., 1992; Wallace, 1994）。其他潜在蛋白质源包括内源性蛋白质，如唾液（如饲喂饲草日粮的牛为 5.4 g/天）和瘤胃上皮脱落的细胞（如奶牛和肉牛为 5 g/天），其余的是裂解了的瘤胃微生物。瘤胃中蛋白质的细胞外降解过程由细菌来源的蛋白酶启动。大约有 90% 和 10% 的总蛋白质水解活性分别位于细菌的细胞膜表面及细胞外（NRC, 2001）。水溶性蛋白质被吸附到细菌上，而细菌被吸附到不溶性蛋白质上。胞外蛋白酶（包括羧肽酶和氨基肽酶）水解蛋白质生成寡肽，寡肽酶降解寡肽生成小肽（包含 2–3 个氨基酸残基）和一些游离氨基酸（图 7.8）。一些二肽和三肽分别被二肽酶和三肽酶水解生成游离氨基酸。表 7.5 总结了主要的细菌来源的蛋白酶和肽酶。氨基酸在氨基酸脱氨酶、脱氢酶及氧化酶的作用下降解为氨及其对应的碳骨架（Wu, 2013）。有研究显示，莫能霉素和精油可降低瘤胃中的细菌数量并抑制氨基酸的脱氨作用。这一作用可以是独立的或是通过同时作用于瘤胃原虫而起作用（Bergen and Bates, 1984; Firkins et al., 2007）。

表 7.5　瘤胃中主要的蛋白酶和肽酶

1. 蛋白酶：蛋白质 → 寡肽
D. ruminantium、*B. fibrisolvens*[a] 和 *E. caudatum*
Clostridium spp.、*E. simplex* 和 *E. budayi*
E. caudatum ecaudatum、*E. ruminantium* 和 *E. maggii*
Fusobacterium spp. 和 *E. medium*
L. multipara、*O. caudatus* 和 *P. ruminicola*
P. multivesiculatum、*R. amylophilus*[b] 和 *S. ruminantium*
O. joyonii、*N. frontalis*、*S. bovis* 和 *P. communis*
2. 寡肽酶：寡肽 → 二肽和三肽 → 氨基酸
S. bovis、*R. amylophilus* 和 *P. ruminicola*
3. 二肽酶和三肽酶：二肽和三肽 → 氨基酸
D. ruminantium 和 *E. caudatum*
F. succinogenes、*M. elsdenii* 和 *P. ruminicola*[a]
Isotricha spp.、*L. multipara* 和 *S. ruminantium*
4. 脱氨酶：氨基酸→ 氨
C. aminophilum[b] 和 *C. sticklandii*
P. anerobius、*B. fibrisolvens* 和 *P. ruminicola*
M. elsdenii、*S. ruminantium* 和 *E. caudatum*

资料来源：Broderick, G.A., R.J. Wallace, and E.R. Ørskov. 1991. In: *Physiological Aspects of Digestion and Metabolism in Ruminants*. Edited by T. Tsuda and Y. Sasaki. Academic Press, Orlando, Florida, pp. 541–592; Russell, J.B., J.D. O'Connor, D.G. Fox, P.J. Van Soest, and C.J. Sniffen. 1992. *J. Anim. Sci.* 70:3551–3561; Wallace, R.J. 1994. In: *Principles of Protein Metabolism in Ruminants* . Edited by J.M. Asplund. CRC Press, Boca Raton, Florida, pp. 71–111.

[a] 数量多但活性低：*Butyrivibrio fibrisolvens*、*Megasphaera elsdenii*、*Prevotella ruminicola*（＞60% 的瘤胃细菌）、*Selenomonas ruminantium* 和 *Streptococcus bovis*［＞10^9 细胞/mL 瘤胃液；10–20 nmol NH_3/(min·mg 蛋白质)］。数量上，它们是瘤胃中主要的氨基酸发酵细菌。

[b] 数量少但活性高：*Clostridium aminophilum*、*Clostridium sticklandii* 和 *Peptostreptococcus anaerobius*［10^7 细胞/mL 瘤胃液；300 nmol NH_3/(min·mg 蛋白质)］。

7.3.1.2　非蛋白氮在瘤胃经细胞外和细胞内降解形成氨

瘤胃中的非蛋白氮包括氨、氨基酸、硝酸盐、亚硝酸盐、小肽、核酸（最高占非蛋白氮的 20%）、葡糖胺、尿酸和尿囊素，它们在细胞外主要通过细菌释放的酶代谢成氨（Vogels and Van der Driet, 1976）。瘤胃细菌同时也可摄取非蛋白氮并将其降解为氨。细菌将细胞外和细胞内的氨转化为氨基酸。图 7.9 总结了这些生化反应。

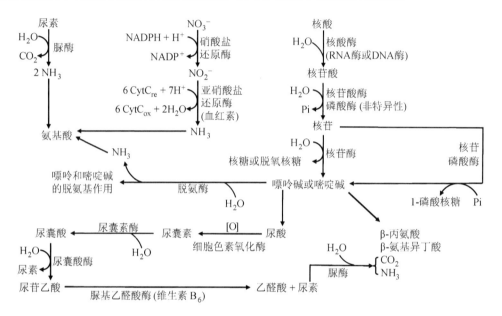

图 7.9　瘤胃中非蛋白氮的细胞外降解。这些反应由主要来源于细菌的酶进行细胞外催化。CytC$_{ox}$，氧化型细胞色素 c；CytC$_{re}$，还原型细胞色素 c。

（1）尿素、硝酸盐和亚硝酸盐的利用

尿素经脲酶水解为氨和 CO_2。动物细胞中缺乏此酶（Wu, 2013）。硝酸盐在硝酸盐还原酶作用下被还原成亚硝酸盐，亚硝酸盐在亚硝酸盐还原酶作用下转化为氨。这些反应需要消耗 $2H^+$ 或 H_2，因为 $2H^+$ 和 H_2 可在细菌的氢化酶和铁氧合酶作用下互相转化（Averill, 1996）。

在瘤胃中，硝酸盐利用菌包括产琥珀酸沃林氏菌（*Wolinella succinogenes*）、小韦荣氏球菌（*Veillonella parvula*）和反刍兽新月形单胞菌（*Selenomonas ruminantium*）（Yang et al., 2001）。因此，虽然 H_2 是分离获得的原虫、厌氧真菌和一些细菌发酵的主要产物，但由于它可被混合瘤胃微生物迅速利用，因此不会在瘤胃中积累（Moss et al., 2000）。同时，在瘤胃中一些硝酸盐和亚硝酸盐被还原成一氧化氮（NO）、NH_3 和 N_2O，很少有 N_2 的产生和固定（Nagaraja, 2016; Pun and Satter, 1975）。

$$
\begin{array}{ccc}
& \text{NO} & \text{N}_2\text{O} \\
& \text{(一氧化氮)} \longrightarrow & \text{(一氧化二氮)} \\
& \uparrow & \nearrow \\
\text{NO}_3^-\text{(硝酸盐)} \longrightarrow & \text{NO}_2^-\text{(亚硝酸盐)} \longrightarrow & \text{NH}_3\text{(氨)}
\end{array}
$$

$$NO_3^- + 2e^- + 2H^+（来自 NADPH + H^+）\leftrightarrow NO_2^- + H_2O + NADP^+$$
$$（细菌、硝酸盐还原酶 [Mo]）$$

$$NO_2^- + 2e^- + 2H^+ \leftrightarrow NO + H_2O（细菌、硝酸盐还原酶 [血红素]）$$
$$NO_2^- + 2e^- + 2H^+ \leftrightarrow NO + H_2O（细菌、硝酸盐还原酶 [铜]）$$
$$2NO_2^- + 4e^- + 3H_2O \leftrightarrow N_2O + 6OH^-（细菌、硝酸盐还原酶 [铜]）$$
$$NO_2^- + 6e^- + 7H^+ \leftrightarrow NH_3 + 2H_2O（细菌、硝酸盐还原酶 [细胞色素 c]）$$
$$2NO + 2e^- + 2H^+ \leftrightarrow N_2O + H_2O（细菌、亚硝酸盐氧化还原酶）$$
$$2NO + 2e^- + 2H^+（来自 NADPH + H^+）\leftrightarrow N_2O + H_2O + NADP^+$$
$$（真菌、亚硝酸盐氧化还原酶）$$

$$H_2 + 氧化型铁氧合酶 \leftrightarrow 2H^+ + 还原型铁氧合酶（细菌、铁氧合酶氢化酶 [Fe-S 中心]）$$
$$2H_2 + NAD^+ + 2 氧化型铁氧合酶 \leftrightarrow 2H^+ + NADH + H^+ + 2 还原型铁氧合酶$$
$$（细菌、铁氧合酶氢化酶 [Fe-S 中心]）$$
$$H_2 \leftrightarrow 2H^+（细菌、[Fe-Fe] 氢化酶 [Fe-S 中心] 或 [Ni-Fe] 氢化酶 [Fe-S 中心]）$$
$$H_2 \leftrightarrow 2H^+（细菌、[Fe] 氢化酶 [无 Fe-S 中心]）$$

微生物在 pH 7.0 的条件下产生 CH_4、HS^-、硝酸盐和氨的还原电势（E^o）如下（Lam and Kuypers, 2011）。还原电势值越大，还原反应越容易进行。

$$CO_2 + 4H_2 \to CH_4 + 2H_2O（E^o = -0.30V）$$
$$SO_4^{2-} \to HS^-（E^o = -0.23V）$$
$$NO_2^- \to NH_4^+（E^o = -0.34V）$$
$$NO_3^- \to NH_4^+（E^o = -0.36V）$$
$$NO_3^- \to NO_2^-（E^o = -0.42V）$$

因此，从能量需要的角度来看，将硝酸盐或亚硝酸盐还原为氨比将二氧化碳和氢气还原为甲烷更容易。其结果是，当硝酸盐加入瘤胃时，甲烷的产生减少（Moss et al., 2000）。由于在瘤胃中硝酸盐能作为备选的氢池，给反刍动物日粮添加适量剂量的硝酸盐（小于干物质的 1.5%）能降低甲烷的排放及改善生产性能（Lee and Beauchemin, 2014）。由于瘤胃细菌对硝酸盐或亚硝酸盐的还原过程较慢，所以这一饲喂方法的弊端是会导致硝酸盐或亚硝酸盐中毒（Nagaraja, 2016）。特别是当瘤胃中硝酸盐还原成亚硝酸盐的速率快于亚硝酸盐还原成氨的速率时，亚硝酸盐积累并进一步通过瘤胃壁进入血液（Yang et al., 2016）。在血液中，亚硝酸盐与红细胞结合将亚铁形式的血红蛋白转化成三价铁形式的高铁血红蛋白，而亚硝酸盐本身被氧化成硝酸盐。由于高铁血红蛋白不能携带氧气，血液中高水平的高铁血红蛋白将导致中毒症状，包括采食量降低、呼吸困难、脑损伤，并有可能导致死亡。为了降低硝酸盐或亚硝酸盐对反刍动物的毒性，在一些研究中采用在两周或更长时间内逐渐增加剂量的策略（Lee and Beauchemin, 2014）。值得注意的是，亚甲蓝（1 mg/kg 体重，静脉注射）可迅速将高铁血红蛋白转化为血红蛋白，因此可用于治疗硝酸盐或亚硝酸盐中毒（Van Dijk et al., 1983）。

（2）核酸的利用

瘤胃中，核酸（5%–10%的日粮氮）被核酸酶（如核糖核酸酶和脱氧核糖核酸酶）

降解为核苷酸,核苷酸被核苷酸酶和非特异性磷酸酶进一步水解为核苷和磷酸(Nagaraja,2016)。核苷进一步:①被核酸酶降解为嘌呤或嘧啶碱以及核糖或脱氧核糖;②被核苷磷酸酶降解为嘌呤或嘧啶碱以及 1-磷酸核糖。嘌呤进一步逐级转化为尿酸、尿囊素、尿囊酸、脲基乙酸、尿素及糖基。嘧啶碱被代谢为 β-丙氨酸、β-氨基异丁酸、氨和二氧化碳。所有这些产物都在反刍动物瘤胃中被发现(Vogels and Van der Driet, 1976)。实际上,有42%分离自瘤胃的肠杆菌可在以尿酸作为主要碳源和氮源的培养基中生长。最主要的尿素分解菌为 *Paracolobactrum aerogenoides*,但是反刍兽新月形单胞菌(*S. ruminantium*)也能利用腺嘌呤和尿酸,却不能利用尿囊素、黄嘌呤或尿嘧啶作为氮源。总体而言,瘤胃细菌对反刍动物宿主的有益作用是将非蛋白氮转化为氨、氨基酸和蛋白质。

7.3.1.3 微生物利用小肽、氨基酸及氨在细胞内合成蛋白质

瘤胃中,细胞外的二肽、三肽、游离氨基酸和氨被瘤胃细菌(瘤胃微生物的主体)摄取用于合成蛋白质(McDonal et al., 2011)。瘤胃原虫摄取少量的细胞外二肽、三肽和游离氨基酸,但不摄取细胞外的氨。瘤胃真菌摄取少量的细胞外二肽、三肽、游离氨基酸和氨。在被微生物利用合成蛋白质之前,小肽必须水解为游离氨基酸,而氨必须转化为游离氨基酸。在瘤胃微生物细胞内,游离氨基酸通过多条代谢通路产生以下物质:①蛋白质和肽;②新的氨基酸(包括所有的 L-氨基酸和少量的 D-氨基酸);③氨、NO 和 H_2S;④核酸;⑤胺类;⑥α-酮酸(如丙酮酸、草酰乙酸、α-酮戊二酸和支链 α-酮酸);⑦短链脂肪酸。细菌合成氨基酸与蛋白质以及氨基酸由细胞外转运至细胞内所需的能量主要通过发酵日粮碳水化合物及降解少量的氨基酸提供。此外,许多矿物质(如镁、锰、锌、硫和钴)参与到这些物质的合成过程中。因此,足量摄入可消化的碳水化合物及矿物质对实现瘤胃中菌体蛋白质合成的最大化是必要的。在所有微生物中,当氨基酸从日粮蛋白质中释放的速率与降解碳水化合物释放 ATP 的速率匹配时,微生物蛋白质的合成才能实现最大化。

瘤胃内容物的总氮中约 90%为不可溶形式(如微生物蛋白质、未消化日粮蛋白质的小颗粒以及脱落的瘤胃上皮细胞)。可溶部分的氮(约占瘤胃总氮的 10%)包括氨态氮(约 70%)和氨基酸与肽的混合物。根据日粮及进食后时间的不同,存在于瘤胃中的氨态氮的浓度为 20–500 mg/L。最低浓度的氨(50 mg/L 瘤胃液)可确保细菌在瘤胃中很好地生长。瘤胃中氨浓度通常在进食含蛋白质日粮后的 2 h 达到顶峰。瘤胃中氨基酸 N 和肽 N 的浓度通常<20 mg/L,比氨浓度低很多(McDonal et al., 2011)。瘤胃中来源于氨的微生物蛋白质的比例受 N 来源的影响。例如,当有高浓度肽和氨基酸存在时(肉牛日粮中添加高蛋白质精饲料情况下),这一比例为 26%;当以尿素为唯一氮源时,这一比例为 100%(Salter et al., 1979)。当给泌乳奶牛饲喂含 18%粗蛋白质的苜蓿干草日粮时,33%的微生物氮来源于氨(Hristov et al., 2005)。在正常瘤胃中,约 80%的微生物氮来源于氨(Firkins et al., 2007)。在瘤胃中,1 mol 尿素被脲酶水解生成 2 mol NH_3 和 1 mol CO_2,生成的氨被用于合成细菌蛋白质或被吸收进入血液(图 7.8)。在瘤胃中完整的微生物蛋白质占瘤胃中总氮的比例>50%(Bergen and Bates, 1984)。

　　微生物同化氮的最重要起始反应是由谷氨酸脱氢酶催化生成谷氨酸。谷氨酸分别在谷氨酰胺合成酶、谷氨酸-丙酮酸转氨酶、谷氨酸-草酰乙酸转氨酶和天冬酰胺合成酶的作用下生成谷氨酰胺、丙氨酸、天冬氨酸和天冬酰胺（图 7.10）。谷氨酸也可在谷氨酸合成酶作用下，由谷氨酰胺和 α-酮戊二酸生成。在瘤胃中，当有可发酵碳水化合物及硫存在时，微生物可利用这些谷氨酸家族的氨基酸（Glu、Gln、Ala、Asp 和 Asn）合成其他所有的氨基酸。硫可通过补充硫酸盐或蛋白质用于合成蛋氨酸和半胱氨酸。在瘤胃微生物中，硫酸盐（SO_4^{2-}）通过三步反应转化为亚硫酸盐（SO_3^{2-}），参与的酶有 ATP 依赖的硫酸化酶、ATP 依赖的腺苷-5′-磷酸酰硫酸激酶及 NADPH 依赖的 3′-磷酸腺苷-5′-磷酸酰硫酸还原酶（Wu, 2013）。在微生物中，亚硫酸盐在 NADPH 依赖的亚硫酸盐还原酶的作用下被还原为硫化物（S^{2-}），H_2S 参与将丝氨酸转化为半胱氨酸（图 7.9）。硫

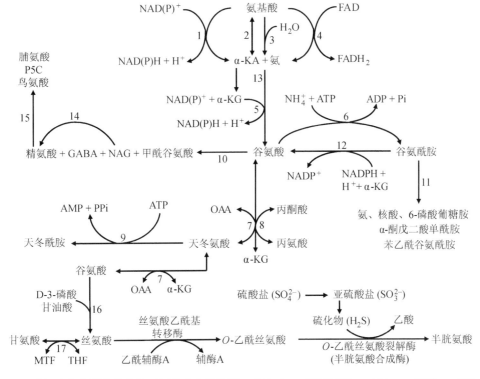

图 7.10　反刍动物瘤胃中微生物对氨的产生和利用。GABA，γ-氨基丁酸；α-KA，α-酮酸；α-KG，α-酮戊二酸；MTF，N^5,N^{10}-亚甲基四氢叶酸；NAG，N-乙酰谷氨酸；OAA，草酰乙酸；P5C，吡咯啉-5-羧酸；THF，四氢叶酸。催化相应反应的酶如下：①氨基酸脱氢酶；②氨基酸转氨酶；③氨基酸脱氢酶；④氨基酸氧化酶；⑤谷氨酸脱氢酶；⑥谷氨酰胺合成酶；⑦谷氨酸-草酰乙酸转氨酶（天冬氨酸转氨酶）；⑧谷氨酸-丙酮酸转氨酶（丙酮酸转氨酶）；⑨天冬酰胺合成酶；⑩谷氨酸合成 N-乙酰谷氨酸、γ-氨基丁酸、P5C 和甲酰谷氨酸分别由 N-乙酰谷氨酸合成酶、谷氨酸脱羧酶、γ-谷氨酰激酶与谷氨酰半乙醛脱氢酶和复杂酶系催化；⑪在多个代谢途径需要一系列酶；⑫谷氨酸合成酶（也称作 NADPH 依赖的谷氨酰胺：α-酮戊二酸氨基转移酶；谷氨酰胺 + 2 α-酮戊二酸 + NADPH + H^+ → 2 谷氨酸 + $NADP^+$）；⑬通过多个反应将 α-酮酸转化为 α-酮戊二酸；⑭将 N-乙酰谷氨酸转化为精氨酸的酶；⑮精氨酸酶、鸟氨酸氨基转移酶和 P5C 还原酶；⑯将 D-3-磷酸甘油酸和谷氨酸转化为丝氨酸的酶；⑰丝氨酸羟甲酰转移酶。

元素、两种形式的硫酸钙（含水的 $CaSO_4 \cdot 2H_2O$ 和无水的 $CaSO_4$）及硫酸铵 $[(NH_4)_2SO_4]$ 是瘤胃细菌硫化物的有效来源。根据生长和泌乳性能水平的不同，反刍动物日粮所含氮和硫的比例为 12：1–16：1。

7.3.1.4　瘤胃原虫在细胞外蛋白质降解中的作用

在瘤胃中，原虫很大，在瘤胃蛋白质降解过程中十分活跃。依据日粮配比类型的不同，它们在瘤胃中占总微生物量的 25% 左右（Firkins et al., 2007）。它们吞噬细菌、真菌、小的饲料颗粒及不溶性蛋白质，并在水解酶（包括可降解细菌细胞壁的溶酶体）的作用下进行消化（Jouany, 1996）。由于它们有限的吞噬作用，原虫只能很好地降解细胞外不溶性蛋白质，但不能很好地降解细胞外水溶性蛋白质（Firkins and Yu, 2015）。与细菌类似，原虫可对氨基酸进行脱氨基作用，生成氨和相应的碳骨架。然而，与细菌相反，原虫不利用氨合成氨基酸（Jouany, 1996），但向瘤胃中释放大量的肽、氨基酸和氨（约占摄取总蛋白质的 50%）。由于活跃的分泌能力、大量的自溶和凋亡，原虫是瘤胃液中高活性肽酶的来源之一，参与细胞外的肽水解过程。因此，通过吞噬细菌、细胞外蛋白质、细胞内蛋白质水解、蛋白质水解产物的释放与再摄取，原虫在瘤胃内的氮循环中扮演着重要角色。有证据表明，在正常营养和生理状态下，≥65% 的原虫蛋白质在瘤胃中循环（Punia et al., 1992）。广泛的氮循环以及瘤胃中等毛虫属原虫的选择性滞留有以下功能：①将细菌和真菌细胞膜及在瘤胃液中不溶性蛋白质转化为可溶性细胞质蛋白；②提供可利用的氮源以生成小肽、氨基酸和氨供细菌生长；③保存日粮和内源氮。这有助于部分地解释为何除去原虫后降低了瘤胃中蛋白质的降解及肽、氨基酸和氨浓度但同时促进了反刍动物的氮平衡（Firkins et al., 2007; Males and Purser, 1970）。

7.3.1.5　瘤胃厌氧真菌在细胞内蛋白质降解中的作用

厌氧真菌约占饲喂木质化纤维日粮的反刍动物的瘤胃微生物量的 5%，但是当饲喂高精饲料时它们的数量会下降。厌氧真菌可在细胞内进行蛋白质水解、肽水解及脱氨作用（Broderick et al., 1991），但是由于在瘤胃中真菌来源的胞外蛋白酶活性较低，厌氧真菌在降解瘤胃中饲料蛋白质（细胞外蛋白质）方面的作用有限（Brock et al., 1982）。在评价培养状态下 7 种最重要的瘤胃厌氧真菌时，Michel 等（1993）发现只有一种厌氧真菌（*Piromyces* sp.）具有降解细胞外酪蛋白的蛋白质水解酶活性。所有 7 株真菌均有细胞内氨基肽酶活性，但是没有羧肽酶活性，有可能是瘤胃厌氧真菌在饲料蛋白质的瘤胃降解过程中不扮演重要角色。然而，通过从瘤胃液中摄取二肽、三肽、游离氨基酸和氨可以降低瘤胃液中这些产物的浓度，厌氧真菌对细胞外蛋白质水解有间接的影响。瘤胃厌氧真菌对宿主蛋白质供给的贡献主要体现在其作为高质量的微生物蛋白质在皱胃和小肠中消化（Gruninger et al., 2014）。

7.3.2　影响蛋白质在瘤胃中降解的主要因素

影响微生物蛋白质降解的最重要的因素是日粮蛋白质和碳水化合物的种类，以及它们在瘤胃中代谢成氨或乳酸、瘤胃 pH、瘤胃中微生物数量和活力（包括主要的微生物区系）（Firkins and Yu, 2015）。其他影响因素包括日粮的粒径、饲料通过瘤胃的速率及环境温度。总体而言，微生物生态系统，包括细菌、原虫和厌氧真菌，对蛋白质在瘤胃中的发酵性消化十分重要（Nagaraja, 2016）。

7.3.2.1 日粮蛋白质类型对其在瘤胃中降解的影响

不同类型的日粮蛋白质在瘤胃中的发酵速率有所差异（Wallace, 1994）。不同蛋白质在瘤胃中的降解速率：可溶性蛋白质（如球蛋白和白蛋白）为 200%–300%/h；大多数白蛋白和谷蛋白为 5%–15%/h；醇溶谷蛋白、伸展蛋白、植物细胞壁蛋白和变性蛋白为 0.1%–1.5%；美拉德产物、木质素结合的蛋白和单宁结合的蛋白为 0（Chalupa and Sniffen, 1994; Ghorbani, 2012）。与现有的研究相一致，一些关于瘤胃蛋白质消化的定义是基于日粮及食糜中的粗蛋白质含量做出的：①瘤胃可降解的粗蛋白质，替代之前的摄入的可降解的粗蛋白质；②瘤胃不可降解的粗蛋白质，替代之前的摄入的不可降解的粗蛋白质；③瘤胃合成的微生物粗蛋白质；④可代谢蛋白质（被定义为真蛋白质，即瘤胃后消化的蛋白质），由 0.64×可代谢蛋白质算出。后者计算的依据是微生物粗蛋白质（由瘤胃细菌和原虫提供）包含 80%真蛋白质，以及微生物粗蛋白质中的真蛋白质有 80%在小肠中被消化（NRC, 2001）。

在瘤胃中降解的蛋白质占总日粮蛋白质的比例通常为 70%–85%，但饲喂含较少可溶性蛋白质的日粮时只有 30%–40%（表 7.6）。瘤胃中蛋白质降解的速率受瘤胃中滞留时间、瘤胃微生物的蛋白水解活力、蛋白质类型及饲喂水平等因素影响。例如，一些动物源蛋白质（如羽毛粉、肉骨粉和血粉）比植物源蛋白质更耐受瘤胃降解。越来越多的证据表明，日粮中瘤胃可降解的粗蛋白质为瘤胃细菌提供食物并确保有足量的微生物蛋白质进入小肠，而日粮中瘤胃不可降解的粗蛋白质（在皱胃和小肠中消化）与微生物蛋白质互补，为宿主反刍动物提供高质量的蛋白质（NRC, 2001）。

表 7.6 日粮蛋白质与非蛋白质含氮物质在牛瘤胃中的降解

原料	粗蛋白质含量（%）	瘤胃可降解的蛋白质（%）	瘤胃不可降解的蛋白质（%）
（1）植物源蛋白质原料			
苜蓿干草	22	84	16
大麦酒糟	29.2	34	66
菜籽粕	40.9	68	32
玉米酒糟	30.4	26	74
玉米蛋白粉	66.3	41	59
豆粕	52.9	80	20
Soypass®	52.6	34	66
（2）青贮饲料			
苜蓿	19.5	92	8
大麦	11.9	86	14
玉米	8.6	77	23

原料	粗蛋白质含量（%）	瘤胃可降解的蛋白质（%）	瘤胃不可降解的蛋白质（%）
	（3）其他植物源原料		
大麦谷物	13.2	67	33
大麦秸秆	4.4	30	70
梯牧草	10.8	73	27
	（4）动物源蛋白质原料		
血粉	93.8	25	75
水解羽毛粉	85.8	30	70
鱼粉	67.9	40	60
肉骨粉	50	47	53
	（5）非蛋白氮		
尿素	291	100	0

资料来源：Chalupa, W. and C.J. Sniffen. 1994. In: *Recent Advances in Animal Nutrition* Edited by P. C. Garnsworthy. and D.J.A. Cole. Nottingham: University of Nottingham Press. pp. 265–275; Ghorbani, G.R. 2012. *Dynamics of Protein Metabolism in the Ruminant*. http:// www.freepptdb.com/details-dynamics-of-protein-metabolism-in-the-ruminant。

7.3.2.2 碳水化合物类型对瘤胃微生物蛋白质合成的影响

作为瘤胃微生物能量的主要来源及影响瘤胃 pH 的因素，日粮碳水化合物的供给在很大程度上影响瘤胃氨的利用及微生物蛋白质的合成（Hristov et al., 2005）。与中性洗涤纤维相比，给泌乳奶牛的瘤胃灌注葡萄糖降低了：①瘤胃 NH_3-N 的流动（包括尿素从血液转运至瘤胃中）；②瘤胃中氨氮的不可逆性的消失（包括通过瘤胃上皮吸收进入血液的氨以及转化成微生物蛋白质的氨）；③瘤胃液中乙酸和氨的浓度；④瘤胃 pH。然而，向瘤胃中添加葡萄糖增加了：①瘤胃丁酸浓度；②瘤胃中微生物氮的浓度；③流出瘤胃的微生物氮；④泌乳奶牛瘤胃中源于氨的细菌氮的百分比。淀粉对瘤胃中可测变量的作用与葡萄糖类似，但对于瘤胃中氨的流动及瘤胃乙酸浓度，淀粉组与中性洗涤纤维饲喂组之间无差异（表 7.7）。葡萄糖或淀粉的饲喂降低了瘤胃的 pH，并对瘤胃中的丁酸产生菌、乙酸产生菌及氨产生菌的数量和活性产生影响（Firkins et al., 2007）。因此，日粮中适量的易发酵的碳水化合物可抑制瘤胃中氨基酸的脱氨并增强微生物蛋白质的合成。

表 7.7　日粮碳水化合物类型对泌乳奶牛瘤胃中氨氮利用的影响

变量	葡萄糖	淀粉	NDF
干物质采食量（kg/天）	21.8	21.4	22.6
有机物采食量（kg/天）	19.9	19.8	20.4
NDF 采食量（kg/天）	8.3	8.3	12.4
氮采食量（kg/天）	0.634	0.630	0.662
瘤胃干物质真消化率（%）	64.1	61.9	60.9
瘤胃有机物真消化率（%）	66.5	64.0	64.7
瘤胃 NDF 真消化率（%）	57.0	59.6	56.5
瘤胃氮真消化率（%）	57.5	59.1	66.6

变量	葡萄糖	淀粉	NDF
瘤胃液中 NH$_3$ 浓度（mmol/L）	8.5[b]	9.6[b]	16.4[a]
瘤胃中 NH$_3$-N 的流动（g/天）	350[b]	487[a]	533[a]
瘤胃液中微生物氮（g/kg TDOM）	15[a]	15[a]	12[b]
不可逆的瘤胃 NH$_3$-N 消失率（g/天）	230[b]	343[a]	320[a]
流出瘤胃的微生物氮（g/天）	197[a]	185[a]	153[b]
来源于 NH$_3$ 的微生物氮（g/天）	75[b]	111[a]	74[b]
来源于 NH$_3$ 的细菌氮比例（%）	33[a]	33[a]	23[b]
瘤胃原虫数量（log$_{10}$/mL）	5.26	5.21	5.42
瘤胃液中总 SCFA 浓度（mmol/L）	122	139	136
瘤胃液中乙酸浓度（mmol/L）	74.0[b]	95.4[a]	94.5[a]
瘤胃液中丙酸浓度（mmol/L）	22.1	23.0	23.2
瘤胃液中丁酸浓度（mmol/L）	22.2[a]	15.0[b]	12.4[c]
丁酸/总 SCFA（mol/100 mol）	18.2[a]	10.8[b]	9.1[b]
瘤胃液 pH	6.00[c]	6.19[b]	6.41[a]

资料来源：修改自 Hristov, A.N., J.K. Ropp, K.L. Grandeen, S. Abedi, R.P. Etter, A. Melgar, and A.E. Foley. 2005. *J. Anim. Sci.* 83: 408–421。

注：泌乳后期荷斯坦奶牛饲喂全苜蓿干草日粮（切断，约 18%粗蛋白质，12 h 饲喂间隔，干物质采食量为 22.2 kg/天）。在每次饲喂前，补充干物质采食量 20.6%的葡萄糖、淀粉或中性洗涤纤维。NDF，中性洗涤纤维（由白燕麦纤维提供）；SCFA，短链脂肪酸；TDOM，总可消化有机物。

a–c: 同一排，平均数有不同肩标者表示差异显著（$P<0.05$）。

7.3.2.3 日粮精饲料与饲草采食量对瘤胃蛋白质降解菌的影响

适量日粮蛋白质（例如，以干物质含量计，生长肉牛日粮含 14%粗蛋白质，高产泌乳奶牛日粮含 18%粗蛋白质）的摄入对瘤胃细菌的最优生长及蛋白质水解过程十分重要。给反刍动物饲喂一定量的精饲料可增加瘤胃中微生物的总量，其中包括一些活跃的蛋白质降解菌，同时也是淀粉降解菌［如栖瘤胃普雷沃氏菌（*Prevotella rumincola*）、嗜淀粉瘤胃杆菌（*Ruminobacter amylophilus*）和牛链球菌（*Streptococcus bovis*）］（Ghorbani, 2012）。在这些条件下（如高产奶牛），瘤胃中日粮蛋白质的发酵及原虫对细菌的吞噬作用较活跃，在给饲喂干草的羊补充或不补充精饲料的试验中也发现了这一现象（表 7.8）。同样，采食鲜饲草会增加瘤胃中蛋白质降解菌占总微生物数量的比例，这对瘤胃发酵低质量蛋白质有益（Chalupa et al., 1994）。如果日粮中淀粉比例过高将会迅速降低瘤胃 pH 及蛋白质降解菌数量，并对瘤胃中的蛋白质降解产生不利影响。

表 7.8 日粮精饲料的添加对草饲成年羊瘤胃微生物蛋白质合成的影响

变量	干草	60%干草 ＋40%精饲料 [a]
有机物摄入量（g/天）	804	750
氮摄入量（g/天）	21.7	21.2
颗粒在瘤胃滞留时间（h）	19.9	31.6
溶质在瘤胃滞留时间（h）	11.8	10.6
瘤胃 pH	6.48	6.08
瘤胃氨氮（mg/L 瘤胃液）	192	225

变量	干草	60%干草 + 40%精饲料 [a]
瘤胃微生物氮		
总微生物氮（g）	18.3	24.0
细菌氮（g）	10.9	8.54
原虫氮（g）	6.93	14.9
真菌氮（g）	0.41	0.56
占瘤胃内容物总微生物氮		
真菌氮（%）	2	2
原虫氮（%）	38	62
细菌氮（%）	60	36
流出瘤胃的氨氮（g/天）	2.80	2.2
十二指肠食糜氨氮（mg/L 十二指肠的肠液）	96.5	105.5
十二指肠食糜微生物氮		
总微生物氮（g/天）	14.8	15.1
细菌氮（g/天）	13.9	13.0
原虫氮（g/天）	0.82	1.73
真菌氮（g/天）	0.16	0.35
占十二指肠食糜总微生物氮流		
真菌（%）	1	2
原虫（%）	5	12
细菌（%）	94	86
流入十二指肠的氨氮（g/天）	0.98	0.99

资料来源：Faichney G.J., C. Poncet, B. Lassalas, J.P. Jouany, L. Millet, J. Doré, and A.G. Brownlee. 1997. *Anim. Feed Sci. Technol.* 64: 193–213。

[a] 精饲料含有（g/kg）：大麦，825；豆粕，110；干糖蜜，47；矿物质-维生素混合料，18。

7.3.3 瘤胃中蛋白质降解在营养上的重要性

反刍动物消化生理的特殊性在于，它们可以将非蛋白氮（如尿素和氨）、粗饲料、青贮料转化为细菌和原虫蛋白质，并最终在小肠中消化成小肽和氨基酸。肽和氨基酸在骨骼肌、泌乳的乳腺及其他组织中被用作合成高质量的动物蛋白。因此，反刍动物可在不与人和非反刍动物竞争食物或自然资源的前提下，将低质量的蛋白质和非蛋白质原料转化为高质量的产品（如肉和乳）供人类消费。这就强调了反刍动物消化植物蛋白在营养和经济上的重要性。理解这一复杂过程将有助于：①增加所有氨基酸向小肠的供给以促进氨基酸的吸收和组织利用氨基酸合成蛋白质；②维持区域和全球的动物生产；③提供高质量动物蛋白以促进人类生长、发育与健康。

与所有动物一样，在反刍动物中，由于瘤胃消化不彻底、氨基酸在胃肠道中大量地降解，以及组织（特别是骨骼肌）中的蛋白质合成速率未达到最优等因素造成了日粮蛋白质的大损失（Wu et al., 2014b）。例如，仅有30%–35%的饲料蛋白质转化成乳，而剩余的 65%–70%以粪尿中的含氮化合物形式损失。在反刍动物日粮中，可溶性蛋白质应该占总粗蛋白质的 30%–32%或是瘤胃可消化蛋白质的一半，同时瘤胃不可消化蛋白质应该占日粮粗蛋白质的 32%–39%（Fellner, 2002）。这种类型的日粮不仅要满足动物对中性洗涤纤维和淀粉的需要，而且要满足其对日粮总粗蛋白质、瘤胃可消化蛋白质和瘤胃不可消化蛋白质的需要。这是由于：①总粗蛋白质为瘤胃中微生物蛋白质的合成提供氮源，这一过程与糖酵解及葡萄糖在微生物内发酵产生短链脂肪酸的过程中产生 ATP 相偶联；②瘤胃可降解蛋白质是维持瘤胃中微生物生长及生物量所必需的；③瘤胃不可降解蛋白质为皱胃和小肠提供高质量蛋白质作为消化的底物；④日粮中性洗涤纤维可维持适合发酵的瘤胃环境。当给泌乳奶牛饲喂无脂肪添加且含 9%–17%粗蛋白质的日粮时，乳蛋白产量随日粮粗蛋白质每增加 1%而增加 0.02%（Emery, 1978）。

7.3.4　对高质量的蛋白质和氨基酸添加剂进行过瘤胃保护

日粮中需要补充一定量的高质量蛋白质以满足肉牛、奶牛、绵羊和山羊的最优生长、繁殖与泌乳性能。由于不是所有日粮蛋白质都被用于微生物蛋白质的合成，瘤胃细菌对这些蛋白质的降解导致大量的浪费。此外，微生物蛋白质的合成需要消耗大量的能量，从氨基酸转化为蛋白质的能量效率通常低于 75%。由于氨基酸在瘤胃中的迅速降解，在反刍动物日粮中补充晶体氨基酸不是有效的措施（Tedeschi and Fox, 2016）。因此，日粮中的高质量蛋白质或补充的氨基酸（如 Arg、His、Lys、Met）必须进行保护处理从而降低其在瘤胃中的降解。这些方法包括对蛋白质进行温和加热、化学处理、添加多酚类植物化学物及物理包被（如过瘤胃保护蛋白质）。在小肠中，用于包被的脂质在脂肪酶作用下很快降解并释放蛋白质或氨基酸。类似的，几乎所有的日粮游离氨基酸在瘤胃中大大地被利用或降解从而不能进入皱胃。给反刍动物补充的氨基酸必须被保护以防止其在瘤胃中降解，而这些氨基酸产品一般被认为是安全的。生产者应选择合适的过瘤胃保护氨基酸的黏合剂，以确保其高效性和安全性。过瘤胃保护的氨基酸必须性质稳定，特别是当它们用于和青贮料或饲草制成全混合日粮时。

7.3.4.1　加热

加热是最早使用的一种方法，以增加高质量蛋白质（如酪蛋白）过瘤胃的量。其基本原理是美拉德反应，包括特定氨基酸［特别是蛋白质中的赖氨酸残基的 ε-氨基基团 (–NH$_2$)］与羧基化合物（–HC=O），通常是还原糖（如葡萄糖）之间的反应（第 4 章）。此反应首先形成一个席夫碱，然后对席夫碱进行阿马道里重排，形成阿马道里化合物。其中席夫碱的形成是可逆的。然而，进一步加热导致蛋白黑素聚合物的形成，动物不能利用该物质。加热的同时也能使饲料原料中的蛋白酶抑制剂变性。

7.3.4.2　化学处理

对日粮蛋白质进行化学处理的目的是降低其在瘤胃中的溶解性以及对蛋白酶的易感性。化学处理的一种方式是利用甲醛。这种方法的优点是大多数甲醛-蛋白质反应的产物在低 pH 条件下（如皱胃和小肠前段）不稳定。因此，甲醛处理的蛋白质可在皱胃和小肠中被蛋白酶降解。然而，甲醛是潜在的致癌物质，对人和动物有一定危害。其他处理日粮蛋白质（如豆粕）的化学物质和方法包括氢氧化钠处理、乙醇处理、丙酸处理、木质素磺酸钙处理，以及挤压和压榨处理（Waltz and Stern, 1989）。到目前为止，一种常用的保护蛋白质原料（如油籽粕）的化学处理方法是将饲料原料与木质素磺酸钙（一种造纸业生产纸浆的副产品，包含各种糖类，主要为 D-木糖）混合并适当加热，以生产瘤胃保护产品。

7.3.4.3 多酚类植物化合物

单宁（天然植物化合物）常被用于保护蛋白质，以防止其在瘤胃中被降解。它们自发地与蛋白质反应，主要通过氢键形成一种不溶于水的复合物。这种单宁-蛋白质复合物在 pH 5.5–6.5 条件下能抵抗瘤胃蛋白酶的水解。然而，在皱胃中（pH 2–3），蛋白质与单宁解离并被蛋白酶降解。因此，高质量蛋白质可被有效保护，避免其在瘤胃中被降解并使其在皱胃和小肠中变成可被消化的形式，从而被动物利用。在实际生产中，可直接将单宁加入反刍动物饲料中。

7.3.4.4 对蛋白质或氨基酸的物理包被

在 20 世纪 70 年代的研究显示，一些动物来源的蛋白质可抵抗瘤胃的降解（Tamminga, 1979）。动物来源的蛋白质比植物来源的蛋白质更能抵抗细菌蛋白酶，这是由于动物蛋白在加工过程中受热后不溶于水，并且杀灭了潜在的致病菌以及使潜在的蛋白酶失活。到目前为止，对蛋白质或氨基酸进行物理包被的方法包括喷涂血粉以及使用氢化的脂质层。首先用血喷涂蛋白质补充料，然后将混合物加热干燥，形成有效的蛋白质表层包被。蛋白质或氨基酸也可用氢化脂质包被（如卵磷脂或大豆油）以形成微囊。所有这些包被的蛋白质和氨基酸不能定植于瘤胃细菌表面，因此在瘤胃液中很少与蛋白酶或氨基酸脱氨酶接触。

7.3.4.5 抑制氨基酸降解

将氨基酸转化为相应的碳骨架和氨是由氨基酸脱氨酶催化的。因此，在瘤胃中抑制这些酶可增加日粮氨基酸在小肠中的吸收。为了验证这一观点，在日粮中添加氨基酸脱氨酶抑制剂（如二苯基氯化碘）可增加高质量蛋白质从瘤胃进入皱胃和小肠的量，因此改善了饲喂高质量蛋白质的肉牛的生长性能。然而，抑制了氨基酸的脱氨作用会降低瘤胃细菌用于氨基酸合成的氨的量，因此对饲喂低质量蛋白质日粮的反刍动物是不利的。

7.3.5 微生物蛋白质从瘤胃进入皱胃和十二指肠

在瘤胃中，瘤胃细菌与原虫无时无刻不在进行更替，即产生新的细胞以取代旧的细胞。此外，由于自解酶、细菌素以及噬菌体和支原体的存在，微生物在瘤胃中发生裂解。值得注意的是，细菌从瘤胃进入皱胃和十二指肠的速率要大于原虫进入这两个肠段的速率。当给反刍动物饲喂粗饲料时，细菌和原虫在瘤胃中的平均滞留时间分别约为 20 h

和 35 h（Ffoulkes and Leng，1988）。因此，在性成熟羊，原虫氮占瘤胃中微生物总氮的约 25%–40%，但在十二指肠食糜中，这一比例仅占 5%（表 7.8）。值得注意的是，据 Sok 等（2017）估算：①十二指肠中 40% 的细菌存在于液相部分，也就意味着它们随皱胃液流入十二指肠；②有 60% 的细菌和大部分的瘤胃内毛目原虫（大于 90% 的原虫）存在于十二指肠的固相中。

瘤胃细菌和原虫蛋白质的氨基酸组成相似。但丙氨酸、甘氨酸和缬氨酸在瘤胃细菌蛋白质中的含量比在原虫蛋白质中的多；而谷氨酸、谷氨酰胺和赖氨酸在原虫中的含量高于细菌中的含量（表 7.9）。许多研究表明，给反刍动物饲喂不同的日粮可影响细菌蛋白质从瘤胃进入十二指肠的量，但一般不影响微生物蛋白质的氨基酸组成或质量（Bergen et al.，1968a；Bergen，2015）。与一般认识不同，瘤胃细菌蛋白质与酪蛋白相比，只有 10 种氨基酸的含量相似，即 His、Leu、Lys、Met、Cys、Phe、Ser、Trp、Tyr 和 Val。由于酪蛋白中含硫氨基酸的量不能满足幼龄动物最优生长的需要（Wu，2013），

表 7.9 瘤胃和小肠混合细菌及动物体蛋白质的氨基酸组成（g/100 g 总氨基酸）

氨基酸	绵羊瘤胃混合细菌[b]		绵羊瘤胃原虫[c]	十二指肠食糜[b]		酪蛋白[c]	牛体组织[a]	绵羊体组织[a]
	Bergen[b]	Chamberlain[c]		绵羊[b]	牛[c]			
Ala	6.5	7.4	4.1	7.09	5.4	2.6	7.6	6.65
Arg	5.2	4.9	4.9	4.91	5.0	3.6	7.5	6.80
Asp + Asn	12.1	11.7	11.6	11.3	7.7	6.5	8.7	7.95
Cys	0.54	–	–	–	–	0.4	1.4	1.46
Glu + Gln	13.4	12.9	15.1	12.1	14.4	20.9	13.8	13.4
Gly	5.0	5.3	4.1	6.48	7.4	1.8	12.1	11.3
His	2.1	2.1	2.1	2.53	2.0	2.6	2.7	2.12
Ile	5.7	6.5	6.8	6.86	5.7	4.8	3.0	3.60
Leu	7.6	8.3	8.5	9.65	9.1	8.8	7.4	6.94
Lys	8.5	7.8	11.3	7.55	6.2	7.4	6.9	6.10
Met	2.4	2.4	2.1	1.23	1.8	2.6	1.8	1.90
Phe	4.9	5.5	5.8	6.24	5.4	5.0	3.9	3.46
Pro	3.5	3.8	3.7	4.63	6.9	11.7	8.7	8.55
Ser	4.5	4.6	4.5	3.11	5.2	5.4	4.7	4.52
Thr	5.4	5.8	5.2	4.78	5.8	3.8	4.3	3.68
Trp	1.4	–	–	–	–	1.2	1.2	1.14
Tyr	4.4	5.0	5.4	2.71	5.1	5.3	2.7	2.70
Val	6.0	6.5	5.0	7.09	6.3	5.7	4.2	4.26

[a] Flores, D.A., L.E. Phillip, D.M. Veira, and M. Ivan. 1986. *Can. J. Anim. Sci.* 66:1019–1027. 给性成熟绵羊饲喂新鲜的苜蓿。

[b] Bergen, W.G. 2015. *Amino Acids* 47:251–258。

[c] Chamberlain, D.G., P.C. Thomas, and J. Quig. 1986. *Grass Forage Sci.* 41:31–38. 给性成熟绵羊饲喂干草和精饲料组成的日粮，给非泌乳期奶牛饲喂青贮和大麦饲料。

瘤胃微生物蛋白质不是实现反刍动物最优生长性能的理想蛋白质。特别是与酪蛋白相比，瘤胃微生物蛋白质中的 Ala、Arg、Asp、Asn、Gly 和 Thr 的含量很高，但 Glu、Gln 和 Pro 的含量很低（Bergen，2015）。除了 Ala、Glu、Gln 和 Lys，微生物蛋白质和原虫蛋白质的氨基酸组成类似。有趣的是，原虫蛋白质中 Glu + Gln 和 Lys 的百分比比在细菌蛋白质中分别高 17% 和 45%。因此，与细菌蛋白质相比，原虫蛋白质对小肠和宿主而言可能具有更高的营养价值。这就进一步支持了瘤胃中原虫对细菌的吞噬作用在营养上的重要性。

由于内源性蛋白质进入皱胃，除了下列一些氨基酸外，十二指肠食糜中的所有氨基酸与动物体氨基酸的组成变得十分相似。十二指肠食糜与动物体组织相比，Arg、Gly 和 Pro 的含量较低，而支链氨基酸、Phe 和 Thr 含量较高。因此，与非反刍动物类似（Wu，2013），反刍动物必须利用内源 N 供体（可能是支链氨基酸）合成 Arg、Gly 和 Pro，但 Arg、Gly 和 Pro 的合成不足可能会限制反刍动物的最优生长及生产性能的发挥。

7.3.6 微生物和饲料蛋白质在皱胃和小肠中的消化

除了细胞外水解细菌和原虫蛋白质的两个途径外，蛋白质在反刍动物皱胃和小肠中的消化过程与在非反刍动物胃和小肠中的消化过程大致相同。具体来说，与非反刍动物的胃相比，反刍动物（如牛、绵羊和鹿）的皱胃可分泌大量的胃溶菌酶，该酶可水解膜聚多糖的 β-1,4 糖苷键从而有效地降解细菌细胞壁（Irwin，1995; Irwin and Wilson，1990）。皱胃溶菌酶的最适 pH 为 2–3，相比而言，其他溶菌酶在 pH 7.4 时具有最高的活性且有较广的 pH 谱。有趣的是，这些酶可强烈地抵抗皱胃蛋白酶的剪切，因此延长了它们在皱胃内的存留时间。值得注意的，疣猴同样是前肠发酵者，也可产生高水平的胃溶菌酶（Irwin，1995）。因此，多种前肠发酵者拥有相似的消化细菌蛋白质的策略。一旦暴露于皱胃蛋白酶中，瘤胃细菌蛋白质和饲料蛋白质在这些蛋白酶的作用下被水解为多肽。

由于原虫和细菌细胞膜的结构存在差异，瘤胃原虫和瘤胃细菌在皱胃中的消化存在差异。瘤胃原虫的细胞膜以及其他多种原虫（主要为纤毛虫）的细胞膜不含有 β-1,4 连接的聚多糖或木质素。因此，降解原虫细胞膜不需要溶菌酶。通过食糜的运动，瘤胃原虫进入瓣胃，在此处它们变得没有活性并开始分解（Hungate，1966）。在皱胃中，原虫在盐酸作用下变性，并在胃蛋白酶的作用下分解为多肽（Hook et al.，2012）。逃脱皱胃的原虫在小肠中进一步被胰蛋白酶降解生成多肽。

与非反刍动物类似，在反刍动物的小肠中，细菌和原虫来源的多肽在寡肽酶的作用下降解成二肽、三肽和一些游离氨基酸。这些消化产物被吸收进小肠的肠上皮细胞，在肠上皮细胞中小肽进一步水解生成游离氨基酸。不被肠上皮细胞利用的氨基酸通过其基底外侧膜转运至肠静脉，并最终汇至肝门静脉。与非反刍动物类似，在吸收后阶段，反刍动物［如性成熟的绵羊（Wolff et al.，1972）和生长的牛（Lescoat et al.，1996）］的肠上皮细胞从动脉血中摄取大量的谷氨酰胺但不摄取在营养上有显著量的其他氨基酸。

通过校正回肠末端内源蛋白质的流量测定微生物蛋白质的真消化率。在性成熟绵羊，微生物蛋白质的真消化率为 85%（Storm and Orskov，1983），在牛为 80%（NRC，2001）。类似的，据 Larsen 等（2001）报道，采食大麦和精饲料的泌乳奶牛的微生物蛋白质的真消化率约为 80%，其大部分氨基酸的消化率为：Arg，79.5%；Asp 和 Asn，80.4%；Gly，79.3%；Ile，80.4%；Leu，80.4%；Lys，81.6%；Met，78.3%；Val，78.9%。反刍动物对原虫蛋白质的真消化率约为 90%（McDonald et al., 2011）。这比细菌蛋白质的消化率高 10%–15%（Bergen and Purser, 1968; Bergen et al., 1968b）。

7.3.7 核酸在小肠中的消化与吸收

流出瘤胃的日粮核酸以及细菌和原虫的核酸在小肠中经胰核酸酶（如胰腺分泌的核糖核酸酶及脱氧核糖核酸酶）和肠磷酸二酯酶（由小肠释放）的作用在细胞外水解为核苷酸。特异性的胰核苷酸酶和非特异性的磷酸酶（从胰腺释放）进一步将核苷酸降解为核苷和磷酸（Pi）。反刍动物小肠中将核酸消化为核苷以及嘌呤和嘧啶碱的消化率为 80%–90%（McDonald et al., 2011; Stentoft et al., 2015）。

核苷和磷酸分别在顶端膜 Na^+ 依赖的核苷转运载体（CNT1，嘌呤核苷特异性；CNT2，嘧啶核苷特异性）和 3 种 Na^+ 依赖的磷酸转运载体（NaPi2b、PiT1 和 PiT2）的作用下转运至小肠的肠上皮细胞。未被直接吸收的核苷在细胞外经胰核苷酶和小肠黏膜来源的核苷磷酸酶的作用下降解为嘌呤和嘧啶碱。嘌呤和嘧啶碱通过 Na^+ 依赖的核碱基转运载体转运至肠上皮细胞内。与幼龄反刍动物一样，反刍动物的小肠对核苷及其碱有很高的吸收能力。在奶牛，其肝脏移除嘌呤和嘧啶的量几乎与其肝门静脉引流内脏组织释放的量相同（Stentoft et al., 2015）。

$$核酸 + H_2O \rightarrow 核苷酸（核酸酶；RNA 酶或 DNA 酶）$$
$$核苷酸 + H_2O \rightarrow 核苷 + Pi（核苷酸酶）$$
$$核苷 + H_2O \rightarrow 嘌呤或嘧啶碱 + 核糖或脱氧核糖（核苷酶）$$
$$核苷 + Pi \rightarrow 嘌呤或嘧啶碱 + 核糖-1-磷酸（核苷磷酸酶）$$

7.3.8 反刍动物体内的氮循环及其营养应用

氨在反刍动物器官间的氨基酸代谢中扮演重要角色。在瘤胃中产生的氨不被微生物利用合成氨基酸或多肽的部分被吸收进入血液循环并转化为尿素（图 7.11）。瘤胃液中的氨也可被瘤胃上皮细胞利用，用于生物合成过程（包括尿素、谷氨酸和谷氨酰胺的生成）。在血浆中的氨被肝脏摄取经尿素循环合成尿素。一些尿素经尿液排出体外，依据日粮粗蛋白质摄入的不同，高达 70% 的尿素通过血液循环被回收利用（Wu, 2013）。循环系统中大约有 20% 的尿素被肠道摄取并在微生物尿素酶（脲酶）的作用下水解为氨和 CO_2。氨与 H^+ 生成 NH_4^+，这一过程可升高瘤胃中的 pH。血液中的一部分尿素可通过唾液进入瘤胃，约有 15% 的尿素通过唾液到达瘤胃实现再循环。在瘤胃中，尿素在微生物尿素酶的作用下生成氨和 CO_2。氮的再循环有利于节约氨以用于瘤胃中的生物合成。由于微生物尿素酶水解尿素生成氨，尿素可作为反刍动物日粮中的氮源。当日粮中粗蛋白质<13% 时，尿素可以很好地被瘤胃微生物利用。因此，尿素已作为非蛋白氮饲料原料用于反刍动物日粮超过 100 年。详细研究的结果显示，尿素可占肉牛、奶牛和绵羊日粮粗蛋白质的 15%–25%（Kertz, 2010）。

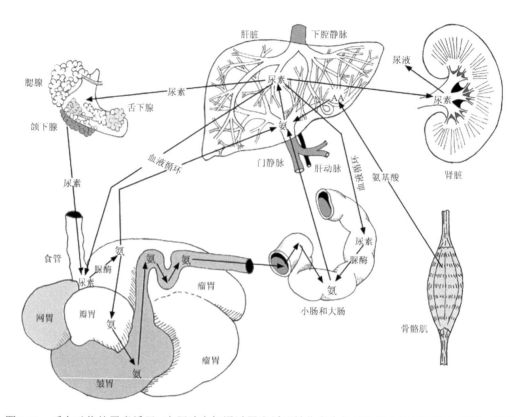

图 7.11 反刍动物的尿素循环。在肝脏中氨通过尿素循环转化产生的尿素经血液循环进入唾液、瘤胃、小肠和大肠。在瘤胃和肠腔中，尿素通过尿素酶（脲酶）水解为氨，部分氨被微生物用于合成氨基酸和蛋白质。剩下的氨重新进入肝脏用于重新合成尿素。此外，一些尿素返回瘤胃和肠道。这一过程称作尿素循环，有助于实现反刍动物氮素利用效率的最大化。

尿素是饲草中的天然成分，并且是常规反刍动物日粮的主要非蛋白氮。青贮玉米和苜蓿可能分别含有 50% 和 20% 的非蛋白氮。给牛和绵羊日粮中补充尿素的效率和安全性受以下因素影响：①剂量（通常在精饲料日粮中含量≤1%；而在低蛋白质饲草日粮中含量≤2%）和频率；②日粮中碳水化合物和粗蛋白质比例以及它们在瘤胃中的消化率；③磷、硫和微量元素的合理补充。必须注意的一点是，当氨和尿素在瘤胃中的浓度过高时会对动物产生毒性。可能的机制包括：①瘤胃 pH 的升高（尿素→ $2NH_3 + CO_2$；$NH_3 + H^+ \rightarrow NH_4^+$），导致瘤胃中细菌生长及合成代谢的减弱；②可将 α-酮戊二酸从三羧酸循环中移除，因此干扰细胞内 ATP 的产生，特别是中枢神经系统的细胞；③影响循环系统的酸碱平衡；④促进谷氨酰胺的合成，通过抑制血管内皮细胞利用精氨酸产生 NO，从而影响包括脑在内的重要器官的血流量和氧的供给。在生产中通过添加液体饲料的形式将尿素与糖浆（占日粮干物质采食量的 2.5%–10%）和磷酸酐（正磷酸，在 42℃ 以下为无毒白色固体；占日粮干物质采食量的 0.1%–0.3%）同时使用，效果会更好（Broderick and Radloff, 2004; Dixon, 2013; Kertz, 2010）。这是由于：①糖浆作为碳源为微生物利用氨合成蛋白质提供能量；②磷酸降低了瘤胃液的 pH。

7.4 非反刍动物和反刍动物大肠中的蛋白质发酵作用

7.4.1 非反刍动物

非反刍动物大肠中含有大量的微生物，可发酵从小肠流入的未被消化的日粮蛋白质。代谢产物主要为微生物蛋白质与小分子量的代谢物，如氨、氨基酸、尿素、亚硝酸盐、硝酸盐、H_2S、CO_2、甲烷及短链脂肪酸（Wu, 2013）。产生的游离氨基酸的量占后肠蛋白质发酵产物的比例＜1%。大肠中氮代谢的生化过程与反刍动物瘤胃中的过程类似，但是非反刍动物后肠发酵日粮蛋白质的活力比瘤胃发酵要低很多（Hendriks et al., 2012）。与小肠的肠上皮细胞相比，盲肠和结肠上皮细胞的氨基酸和肽转运载体的表达量低很多，并且在正常饲喂条件下暴露在肠腔中底物的量也很有限。值得注意的是，大肠不能吸收完整的蛋白质（Bergen and Wu, 2009）。因此，后肠微生物对日粮蛋白质的发酵为宿主提供的氨基酸十分有限。但有些动物（如兔）可以通过食粪部分地克服这一缺点。有食粪癖的动物可排泄硬粪颗粒和软粪，而进食的软粪可作为食物蛋白质的来源之一在胃和小肠中被消化。

7.4.2 反刍动物

在反刍动物，不被其小肠吸收的含氮化合物进入大肠被大肠微生物发酵，主要产物为蛋白质及小分子量代谢物（如氨、H_2S 及短链脂肪酸）（Bergen and Wu, 2009）。大肠中的其他氮来自血液尿素和氨的再循环，此外还有内源性蛋白质（如脱落的上皮细胞、酶和黏液）。大肠微生物不能降解与木质素结合的含氮化合物及美拉德反应的产物。当到达盲肠和结肠中的日粮可发酵碳水化合物增加时，微生物蛋白质的合成（有助于移除后肠过剩的氨）和粪氮的排放也增加。与非反刍动物类似，大肠中合成的微生物蛋白质不能被结肠上皮细胞吸收，因此对宿主的营养价值很小。

7.5 鱼类对蛋白质的消化与吸收

7.5.1 鱼类胃蛋白酶的发育性变化

正如在第 1 章中提到的，不是所有的鱼都有胃，无胃鱼既不发育形成胃也不合成胃蛋白酶，在成年阶段也是如此。早熟鱼在首次饲喂外源饲料时已具有功能性的胃，但晚熟鱼在变形时才形成具有功能的胃。由于缺乏功能性的胃，早熟鱼和晚熟鱼在幼鱼阶段缺乏胃蛋白酶。例如，直到孵育的第 16 天才能在鲈鱼幼鱼和杂交鲈鱼的胃中检测到胃蛋白酶，这与它们胃的发育相对应（Gabaudan, 1984）。在变形期，胃缓慢地产生胃蛋白酶样酶并逐渐发育产酸的能力（Rønnestad et al., 2013）。在具有功能的胃的酸性环境中（pH 2–3）存在着具有活性的胃蛋白酶。虽然大多数硬骨鱼的胃在解剖和功能发育上类似，但不同品种鱼的胃蛋白酶出现的顺序和时间有所不同。

7.5.2 鱼类肠道胞外蛋白酶的发育性变化

幼鱼在孵化后的前几天从卵黄囊中获取营养（鲈鱼和杂交鲈鱼孵化后的 4–5 天），与此同时它们进行变形及消化系统的发育（García-Gasca et al., 2006; Pedersen et al., 1987）。此后（开始进食饵料前），鱼的胰腺开始合成大量的胰蛋白酶。这些酶的丰度随幼鱼的发育而逐渐增加。例如，在孵化后的第 32 天鲈鱼和杂交鲈鱼胰腺中胰蛋白酶、糜蛋白酶、氨基肽酶、弹性蛋白酶，以及羧肽酶 A 和羧肽酶 B 的活性比孵育后 4 天的酶活高 65%–300%（Baragi and Lovell, 1986）。在肠道发育成熟后，胰腺向肠腔中分泌这些酶用于帮助消化鱼所进食的日粮蛋白质。依据鱼的品种及生理状态的不同、日粮蛋白质质量和含量的差异，以及其他日粮与环境因素的影响，鱼对日粮蛋白质的真消化率一般为 80%–90%（NRC, 2011; Ribeiro et al., 2011）。该值与陆生动物的数值相似。然而，鱼对蛋白质的消化和对氨基酸的吸收速率可能要比哺乳动物和禽类低很多。

7.6 肠外组织对日粮氨基酸的生物利用性

7.6.1 日粮氨基酸从小肠进入门静脉的净吸收

小肠的肠上皮细胞向肠道固有层的间隙释放出被吸收且未被降解的氨基酸，这些氨基酸进入毛细血管并到达微静脉。氨基酸通过血液循环被转运至小静脉并最终到达门静脉。由于哺乳动物小肠的肠上皮细胞、肠腔细菌及小肠的固有层可降解特定的氨基酸（Burrin and Davis, 2004; Wu, 1998），因此不是所有从日粮蛋白质水解释放的氨基酸均可进入门脉循环（表 7.10）。例如，对 30 日龄的生长猪而言，经消化过程从日粮释放出的氨基酸中，96%的 Glu、95%的 Asp、67%的 Gln，但仅有 13%的 Ala、13%的 Asn、17%的 Cys 和 18% 的 Gly 在小肠首过时被小肠代谢（Hou et al., 2016）。对饲喂含有 16%粗蛋白质日粮（8 h 一次，一天 3 次，日采食量为 3.6%的体重）的 60 kg 生长猪而言，小肠肠腔中几乎所有的日粮 Asp、Gln 和 Glu（游离或肽结合）都不能被吸收进入门脉血中（图 7.12）。平均而言，约有 50%的日粮氨基酸不能进入断奶仔猪、生长猪和成年大鼠的门静脉。因此，对饲喂足量蛋白质日粮的猪而言，除了精氨酸和丙氨酸，所有氨基酸呈现跨门静脉的负平衡（即输出＜输入）；由于小肠的肠上皮细胞可合成精氨酸和丙氨酸，这两种氨基酸表现为跨门静脉的正平衡（即输出＞输入）（Wu, 2013）。家禽小肠的肠上皮细胞对许多氨基酸（包括精氨酸和谷氨酰胺）的降解能力有限（Wu et al., 1995），因此有 50%以上的日粮氨基酸可进入门静脉。

7.6.2 肝脏对门静脉中氨基酸的截取

来自肝门静脉的氨基酸首先暴露给肝细胞。生长猪的肝脏从门静脉摄取合成蛋白质的碱性和中性氨基酸，其量不同于氨基酸的门静脉净流量；该器官表现出对酸性氨基酸的净释放，但不摄取瓜氨酸（表 7.10）。一般而言，肝脏对各种氨基酸的摄取速率从高

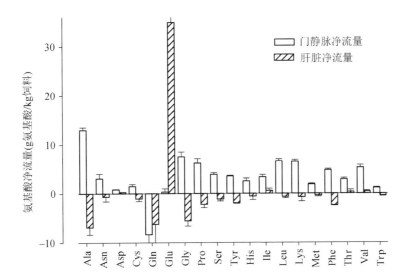

图 7.12 按体重的 3.6% 每天饲喂含有 16% 粗蛋白质日粮的 60 kg 猪的葡萄糖和氨基酸的门静脉净流量（空心柱）及肝脏净流量（斜线柱）。饲料平均分成 3 份，每 8 h 喂一次。正的流动表示跨组织的净释放，负的流动表示净吸收。小肠管腔中的日粮 Asp、Gln 和 Glu（游离或肽结合）几乎不能被吸收进入门静脉血。肝脏从门静脉血中摄取 Gln，但可以释放 Asp 和 Glu。氨基酸的净流量依据氨基酸种类的不同差异很大。每个数据点以平均值 ± SEM 表示，$n = 8$。（引自：Kristensen, N.B. and G. Wu. 2012. In: *Nutritional Physiology of Pigs*. Edited by K.E. Bach, N.J. Knudsen, H.D. Kjeldsen, and B.B. Jensen. Danish Pig Research Center, Copenhagen, Denmark. Chapter 13, pp. 1–17. 经允许使用。）

到低依次为：小分子中性氨基酸＞大分子中性氨基酸＞支链氨基酸 = 碱性氨基酸。基于门脉和肝脏中氨基酸的流通量，Kristensen 和 Wu（2012）把它们分成 3 组。第一组氨基酸由小肠吸收进入门静脉并被肝脏摄取的量大于等于它们门静脉净流量的 17%：Ala、Asn、Cys、Gly、Met、Phe、Pro、Ser、Trp 和 Tyr。第二组氨基酸由小肠吸收进入门静脉并被肝脏摄取的量小于等于它们的门静脉净流量的 10%：Arg、His、Ile、Leu、Lys、Thr 和 Val。第三组氨基酸几乎不从小肠肠腔进入门静脉：Asp、Gln 和 Glu。正如前面提到的，60 kg 猪的肝脏不获得日粮的 Asp、Gln 和 Glu，但可从门静脉（最终来自动脉血）摄取 6.4 g Gln/kg 饲料，并通过肝脏代谢释放 3.5 g Glu/kg 饲料和 0.3 g Asp/kg 饲料。在所有氨基酸中，生长猪的肝脏对 Gly（73%）和 Cys（70%）的摄取百分比最高（表 7.10）。

表 7.10 氨基酸在生长猪小肠和肝脏中以及在泌乳奶牛的肝门静脉引流内脏和肝脏中的代谢

氨基酸	生长猪			泌乳奶牛 [a]		
	小肠中的分解代谢 [b]	口源性生物可利用率 [c]	肝脏净摄取或净释放 [d]	小肠吸收的氨基酸在 PDV 的恢复率（%）	氨基酸 PDV 净流量（g/h）[e]	肝脏净摄取或净释放 [d]
Ala	13	87	+ 52	61	7.54	+11
Arg	40	60	+ 8	49	—	+4.9
Asn	13	87	+ 56	—	—	+17
Asp	95	5	−0.30 g/kg 饲料 [f]	20	—	+2.4

续表

氨基酸	生长猪			泌乳奶牛 [a]		
	小肠中的分解代谢 [b]	口源性生物可利用率 [c]	肝脏净摄取或净释放 [d]	小肠吸收的氨基酸在 PDV 的恢复率（%）	氨基酸 PDV 净流量（g/h）[e]	肝脏净摄取或净释放 [d]
Cit	10	90	0.0	85	—	+0.1
Cys	17	83	+70	—	0.47	—
Gln	67	33	+6.4 g/kg 饲料 [f]	—	0.61	+5.7
Glu	96	4	−35 g/kg 饲料 [f]	12	1.38	−24
Gly	18	82	+73	37	3.24	+15
His	20	80	+9	42	1.51	+4.8
Ile	35	65	+9	38	3.73	+1.9
Leu	34	66	+9	34	5.77	+2.1
Lys	25	75	+10	45	5.23	+2.2
Met	21	79	+17	56	2.09	+9.9
Phe	22	78	+51	45	4.20	+12
Pro	40	60	+40	24	—	+6.5
Ser	17	83	+28	58	4.28	+19
Thr	28	72	+10	38	3.16	+5.3
Trp	19	81	+35	—	1.51	+4.2
Tyr	20	80	+54	58	3.88	+11
Val	35	65	+10	29	3.82	+1.3

资料来源：Doepel, C.L., G.E. Lobley, J.F. Bernier, P. Dubreuil, and H. Lapierre. 2007. *J. Dairy Sci.* 90: 4325–4333；Hou, Y.Q., K. Yao, Y.L. Yin, and G. Wu. 2016. *Adv. Nutr.* 7: 331–342；Kristensen, N.B. and G. Wu. 2012. In: *Nutritional Physiology of Pigs.* Edited by K.E. Bach, N.J. Knudsen, H.D. Kjeldsen, and B.B. Jensen. Danish Pig Research Center, Copenhagen, Denmark. Chapter 13, pp. 1–17；Lescoat, P. D. Sauvant, and A. Danfær. 1996. *Reprod. Nutr. Dev.* 36: 137–174；Reynolds, C. K. 2006. In: *Ruminant Physiology.* Edited by K. Sejrsen, T. Hvelplund and M.O. Nielsen. Wageningen Academic Publishers, The Netherlands, Wageningen, pp. 225–248。

注：PDV，肝门静脉引流内脏。

[a] 奶牛每天采食 19.4 kg 干物质，产奶 16.5 kg。

[b] 在小肠肠腔中氨基酸的百分比。小肠细菌和小肠黏膜均可对氨基酸进行分解代谢。

[c] 猪口服氨基酸的百分比。

[d] 除特殊标注，均为门静脉流量的百分比。（+）净吸收，（−）净释放。

[e] 每天进食 18 kg 干物质（净能 30.6 Mcal/天，可代谢蛋白质 2067 g/天），产奶 40 kg 的泌乳奶牛的 PDV 净流量。

[f] 生长猪饲喂含有 16% 粗蛋白质的日粮时，每千克采食饲料的净吸收或净释放。

对生长动物而言，仅有一小部分氨基酸被肝脏降解。例如，对饲喂含有 16% 粗蛋白质日粮的 60 kg 猪而言，所有吸收进入门静脉血的氨在单次通过肝脏时被移除。肝脏可摄取由外周组织释放的少量的氨（Kristensen and Wu, 2012）。研究同时也报道，60 kg 猪从肝脏释放的尿素氮占肝脏从门静脉和肝动脉中摄取氨的 95%。换言之，当给猪饲喂平衡日粮时，肝脏释放的尿素氮中只有 5% 来源于肝脏中氨基酸的降解（图 7.13）。这与饲喂后猪肝脏中的生糖速率很低相一致（第 5 章）。

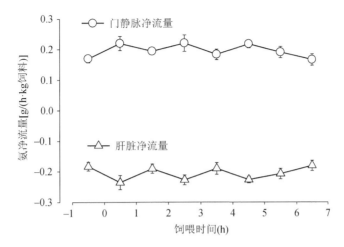

图 7.13　按每天体重的 3.6%饲喂含有 16%粗蛋白质日粮的 60 kg 生长猪体内氨的门静脉净流量和肝脏净流量。每日饲料平均分成 3 份，每 8 h 饲喂一次。正流量表示跨组织的净释放，负流量表示净吸收。每个数据点以平均值 ± SEM 表示，$n = 8$。（引自：Kristensen, N.B. and G. Wu. 2012. In: *Nutritional Physiology of Pigs*. Edited by K.E. Bach, N.J. Knudsen, H.D. Kjeldsen, and B.B. Jensen. Danish Pig Research Center, Copenhagen, Denmark. Chapter 13, pp. 1–17. 经允许使用。）

7.7　动物体内氨基酸的内源性合成

7.7.1　动物对内源性合成的氨基酸的需要

在满足机体合成蛋白质所需的 EAA（碳骨架不可以在体内从头合成的氨基酸）的基础上，通常给家畜、家禽、鱼和虾饲喂具有最低水平粗蛋白质的日粮。这一饲喂方法的目的是降低饲料成本及动物血液循环中的氨浓度。然而，最近在生长、妊娠和泌乳猪以及家禽和鱼中的研究显示，NRC 当前推荐的日粮蛋白质的提供量不能满足动物最优生长及生产性能对 NEAA（碳骨架可以在体内从头合成的氨基酸）的需要（Hou et al., 2016）。第一，哺乳仔猪所采食的日粮中的 EAA 量远大于蛋白质在体内沉积的量，而在 NEAA 中只有 Asn 和 Ser 在乳中的量超过它们在体内沉积的量。其他日粮中的 NEAA 不能满足新生仔猪蛋白质沉积的需要（表 7.11）。其中 Asp、Glu、Gly 和 Arg 的不足尤为严重。同时，这些氨基酸在哺乳仔猪体内的新合成必须十分活跃，以满足它们增重的需要。其中 Arg、Gln 和 Gly 的净合成速率至少分别为 0.58 g/(kg 体重·天)、1.15 g/(kg 体重·天)和 1.20 g/(kg 体重·天)。第二，当给断奶仔猪饲喂典型玉米豆粕日粮时，日粮中的 EAA 以及 Asn、Ser 和 Ala 超过了蛋白质合成的需要，而日粮中的 Asp、Glu、Gly、Pro、Arg 和 Gln 不能满足生长仔猪的需要，这些氨基酸必须在体内合成。第三，妊娠母猪每天饲喂 2 kg 含 12.2%粗蛋白质的玉米-豆粕型日粮时，除了 Lys、Trp 和 Met 外所有的 EAA 都超过子宫的摄取量，而 Ala、Asn 和 Ser 是仅有的几种 NEAA，其在日粮中的含量超过子宫摄取的量。其他 NEAA（包括 Arg、Glu、Gln 和 Gly）必须通过妊娠母猪自身合成以支持胎猪的生长和发育。第四，当给泌乳母猪饲喂含 18%粗蛋白质的玉米-豆粕型日粮时，所有进入门静脉的日粮 EAA（除了 Lys 外）都超过猪乳中的量，而日粮 Asp、

Glu、Gln、Pro（乳蛋白中最丰富的氨基酸）不能满足泌乳的需要，必须通过日粮中的 EAA 来合成。第五，饲喂普通蛋白质日粮（即 5–21 日龄饲喂含 18% 粗蛋白质的日粮；21–35 日龄饲喂含 17% 粗蛋白质的日粮）的肉鸡，Gly、Glu 和 Gln 必须通过 EAA 合成以满足肌肉生长的需要。在饲喂含 16.2% 粗蛋白质的低蛋白质日粮的肉鸡体内，Gly、Pro、Ala、Glu 和 Asp 必须由 EAA 合成以维持体内蛋白质合成的需要。因此，由于所采食日粮不能满足动物对 NEAA 的需要，内源合成及日粮供给对实现家畜、家禽和鱼的最优生长性能非常必要（Hou et al., 2016）。

表 7.11　14 日龄哺乳仔猪（体重 3.9 kg）体内的氨基酸代谢[a]

氨基酸	猪乳中的氨基酸（g/L）	进入门静脉的氨基酸（g/天）	氨基酸在肠外组织中的蓄积（g/天）	进入门静脉的氨基酸/氨基酸在肠外组织中的蓄积（g/g）	氨基酸通过非蛋白质合成途径在肠外组织中的代谢		
					总量（g/天）	总氮 (N)（mmol N/天）	总碳 (C)（mmol C/天）
在动物细胞内，碳骨架不能被合成的氨基酸的降解量							
Cys	0.72	0.50	0.40	1.25	0.10	0.83	2.48
His	0.92	0.76	0.63	1.21	0.13	2.51	5.03
Ile	2.28	1.41	1.07	1.32	0.34	2.59	15.6
Leu	4.46	2.78	2.06	1.35	0.72	5.49	32.9
Lys	4.08	3.09	1.82	1.70	1.27	17.4	52.1
Met	1.04	0.85	0.57	1.49	0.28	1.88	9.38
Phe	2.03	1.50	1.05	1.43	0.45	2.72	24.5
Thr	2.29	1.32	1.03	1.28	0.29	2.43	9.74
Trp	0.66	0.52	0.33	1.58	0.19	1.86	10.2
Tyr	1.94	1.43	0.80	1.79	0.63	3.48	31.3
Val	2.54	1.51	1.28	1.18	0.23	1.96	9.82
总量	**23.0**	**15.7**	**11.0**		**4.63**	**43.1**	**203**
在动物细胞内，碳骨架能被合成的氨基酸的净合成量[b]							
Ala	1.97	1.38	1.98	0.70	−0.80	−8.98	−26.9
Arg	1.43	1.06	2.05	0.52	2.27[b]	13.0[b]	0
Asn	2.53	2.00	1.07	1.87	−0.93	−14.1	−28.2
Asp	2.59	0.11	1.29	0.085	1.18	8.87	35.5
Glu	4.57	0.21	2.36	0.089	2.15	14.6	73.1
Gln	4.87	1.42	1.52	0.93	0.10	1.37	3.40
Gly	1.12	0.82	3.41	0.24	2.59	34.5	69.0
Pro	5.59	3.12	3.66[c]	0.85	0.37	3.21	16.1
OH-Pro	1.04	0.86	0.0	—	−0.86	−6.56	−32.8
Ser	2.35	1.72	1.34	1.28	−0.38	−3.62	−10.8
总量	**27.0**	**12.7**	**18.7**		**5.69**	**42.3**	**98.3**

资料来源：Hou, Y.Q., K. Yao, Y.L. Yin, and G. Wu. 2016. Endogenous synthesis of amino acids limits growth, lactation and reproduction of animals. *Adv. Nutr.* 7:331–342.

[a] 仔猪的乳摄取量和增重分别为 913 mL/天和 235 g/天。

[b] 来自日粮氨基酸降解所产生的 Ala、Pro 和 Arg 的速率估计分别为 1.40 g/天、0.17 g/天和 2.27 g/天，其他氨基酸可忽略不计。符号"−"表示日粮氨基酸对肠外氨基酸合成的贡献具有细胞和组织特异性。

[c] 在计算肠外碳氮平衡时包括 Pro 和 OH-Pro。

7.7.2 必需氨基酸作为合成非必需氨基酸的前体

本部分重点介绍动物体内氨基酸合成的 4 个重要方面。对所有动物而言：①不能从头合成以下 9 种用于蛋白质合成的氨基酸的碳骨架，即 His、Ile、Leu、Lys、Met、Phe、Thr、Trp 和 Val；②可以从头合成以下 8 种蛋白质的前体氨基酸，即 Ala、Asp、Asn、Glu、Gln、Gly、Pro 和 Ser（图 7.14）；③可水解 Phe 生成 Tyr，并可将 Met 转化为 Cys，但以上反应不可逆（Wu，2013）；④Arg 的合成有较高的种属特异性。在动物体内许多可合成的氨基酸是可以互相转化的。在非反刍动物体内，EAA 最终为合成 NEAA 提供氨基，并为合成大多数的 NEAA 提供碳骨架。在反刍动物体内，虽然存在瘤胃微生物与反刍动物之间的共生关系（Hungate，1966），但日粮氨基酸是瘤胃中氨基酸合成的主要氮源。因此，如果给动物饲喂只含 EAA 的纯合日粮，将会缺少大量 NEAA 以维持它们的最优生长和生产性能。除了氨基酸合成酶表达的发育性变化，日粮 EAA 的摄入是目前为止已知的影响动物 NEAA 合成的最重要的因素。

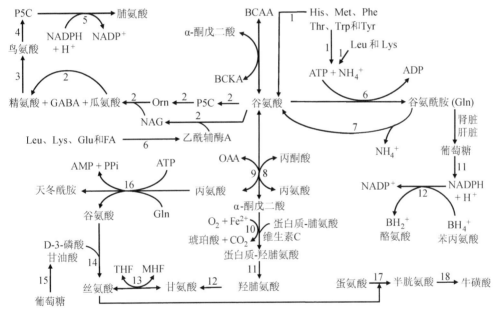

图 7.14 氨基酸在动物细胞中的合成。催化所示反应的酶是：①用于氨基酸降解的一系列酶；②用于合成精氨酸的一系列酶；③精氨酸酶；④鸟氨酸转氨酶；⑤吡咯啉-5-羧酸（P5C）还原酶；⑥谷氨酰胺合成酶；⑦磷酸活化的谷氨酰胺酶；⑧谷氨酸-丙酮酸转氨酶；⑨谷氨酸-草酰乙酸（OAA）转氨酶；⑩脯氨酰羟化酶；⑪蛋白质降解的一系列途径；⑫苯丙氨酸羟化酶；⑬丝氨酸羟甲基转移酶；⑭用于丝氨酸合成的一系列酶；⑮糖酵解中的一系列酶；⑯天冬酰胺合成酶；⑰通过转硫化途径降解蛋氨酸的一系列酶；⑱半胱氨酸双加氧酶和半胱氨酸亚磺酸脱羧酶。这些反应在动物中具有细胞和组织特异性。BCAA，支链氨基酸；BCKA，支链 α-酮酸。

7.7.3 氨基酸合成的细胞与组织特异性

在同一动物体内，氨基酸合成具有细胞和组织特异性，并且需要氨基酸的器官间代谢。由于缺乏一种或多种关键酶，一些 NEAA 的合成只能在特定的组织中进行。下面举例说明：第一，哺乳动物的肝脏可利用 EAA 合成许多 NEAA（如 Ala、Glu、Gln、Gly 和 Ser），但在生理条件下不能净合成 Cit 和 Arg。这是由于 Cit 可通过精氨基琥珀酸合成酶（argininosuccinate synthase，ASS）和精氨基琥珀酸裂解酶（argininosuccinate lyase，ASL）迅速转化为 Arg，然后 Arg 在肝脏精氨酸酶作用下迅速水解为尿素和 Orn。大多数哺乳动物（包括牛、猪、大鼠和绵羊）的小肠的肠上皮细胞可以利用 Gln 和 Glu 合成 Cit、Arg 和 Pro。但由于缺乏 P5C 合成酶，在同一动物的肝脏中缺乏这些代谢通路。

第二，骨骼肌、心脏、大脑、白色脂肪组织、乳腺组织和胎盘可利用支链氨基酸和 α-酮戊二酸合成 Ala、Asp、Glu 和 Gln（Harper et al., 1984）。位于细胞质和线粒体中的支链氨基酸转氨酶与 α-酮戊二酸一起催化支链氨基酸的转氨基作用并产生支链酮酸和谷氨酸。该酶在许多组织中表达，但在生理条件下其在肝脏中的活性很低。谷氨酸-草酰乙酸转氨酶将 Glu 和丙酮酸转化为 α-酮戊二酸和 Ala，而谷氨酰胺合成酶利用 Glu 和 NH_4^+ 按 ATP 依赖的方式合成 Gln。Ala 和 Gln 是器官间转运氮的主要载体，并且是生糖过程的主要底物。此外，Gln 可用于肠道 Cit 的合成（调节 NO 的产生和血流动力学）及肾脏氨的产生（调节酸碱平衡）。

第三，大多数哺乳动物的小肠可合成如下氨基酸：①利用 Glu 和 Gln 合成 Ala、Arg、Asp、Asn、Cit、Orn 和 Pro；②利用支链氨基酸、葡萄糖、Gln 和 Pro 合成 Glu；③利用 Phe 合成 Tyr。在许多哺乳动物中，处于吸收后状态的小肠可释放 Ala、Arg、Cit、Orn 和 Pro，这表明肠道可净合成这些氨基酸。大多数哺乳动物的小肠的肠上皮细胞利用 Gln、Glu 和 Pro 合成 Arg 的途径在图 7.15 中列出。值得注意的是，虽然 Arg 通过尿素循环在哺乳动物肝脏中作为中间代谢产物产生，但在生理状态下通过这一代谢循环不能净产生 Arg。虽然 Cit 可通过 ASS 和 ASL 途径转化为 Arg，但 Arg 在肝脏精氨酸酶作用下迅速水解为尿素和 Orn。因此，由于 Arg 的净合成存在于哺乳动物中而在禽类中缺乏，大多数哺乳动物（如小鼠、猪和大鼠）比家禽（如鸡、鸭和鹅）对日粮 Arg 的需求量低。

第四，肾脏可合成 Ala、Asp、Glu、Gly 和 Ser，并将 Phe 转化为 Tyr。肾脏还可以表达 ASS 和 ASL，将肠道来源的 Cit 转化为 Arg。这两种酶位于肾近曲小管，具有很弱的精氨酸酶活性以使流入血液循环的 Arg 的量最大化。这一器官间的代谢通路称为精氨酸合成的肠肾轴。鉴于通过肾脏的血流量很大，这一代谢途径在动物体内氨基酸的合成中扮演重要角色。

第五，血管内皮细胞、平滑肌细胞、心肌细胞、巨噬细胞和淋巴细胞可从 Gln 通过谷氨酰胺降解途径合成 Ala、Asp 和 Glu。这些细胞也可将 Cit 转化为 Arg，并以消耗 Asp 的形式保留 Arg，因此通过 NO 合成酶形式维持 NO 的产生。骨骼肌被归类为免疫系统的一部分，原因是：①这一器官是 Gln 的主要来源；②淋巴细胞和巨噬细胞从这一代谢途径分别获得 35% 和 50% 的 ATP。这表明骨骼肌在免疫应答中的关键作用。因此，Gln 是整合动物循环系统、免疫系统和肌肉系统功能的一种氨基酸。

氨基酸的细胞和组织特异性合成具有营养和生理上的重要性。例如，在饥饿状态下，Ala 和 Gln 约占骨骼肌释放总氨基酸的 50%。由 NH_4^+ 和 Glu 合成的 Gln 在移除来自骨骼肌、心脏和脑组织的氨中扮演关键角色，其中 Glu 的碳骨架来源于葡萄糖。值得注意的是，由于骨骼肌的量大（分别占新生动物和成年动物体重的 40% 和 45%），它是动物吸

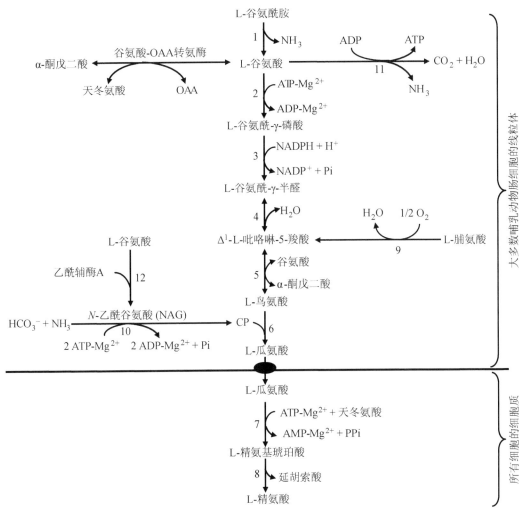

图 7.15 大多数哺乳动物（包括猪、反刍动物、大鼠和人类）利用谷氨酰胺、谷氨酸和脯氨酸合成瓜氨酸和精氨酸的代谢途径。绝大部分的瓜氨酸在小肠的肠上皮细胞的线粒体中通过利用谷氨酰胺、谷氨酸和脯氨酸合成，而所有类型细胞的细胞质中存在的酶将瓜氨酸转化为精氨酸。催化标注反应的酶如下：①谷氨酰胺酶（两种异构体：磷酸独立的和磷酸激活的）；②γ-谷氨酰激酶；③谷氨酰-γ-磷酸脱氢酶；④非酶促反应；⑤鸟氨酸氨基转移酶；⑥鸟氨酸氨甲酰转移酶；⑦精氨基琥珀酸合成酶；⑧精氨基琥珀酸裂解酶；⑨吡咯啉-5-羧酸还原酶；⑩氨甲酰磷酸合成酶Ⅱ；⑪一系列酶促反应，包括谷氨酸脱氢酶、α-酮戊二酸脱氢酶和琥珀酰辅酶 A 脱氢酶；⑫N-乙酰谷氨酸合成酶。CP，氨甲酰磷酸；OAA，草酰乙酸。

收营养物质后体内 Ala 和 Gln 的主要来源，并维持着这两种氨基酸的稳态。在脑中，细胞特异性地合成 Glu 和 Gln，对合成 γ-氨基丁酸（一种神经递质）十分重要，因此调节着神经功能。在妊娠哺乳动物体内，从胎盘释放的 Gln，为胎儿的血液循环和支持胎儿的快速生长提供大量的 Gln。在胚胎中，Gln 被用于合成 Glu、Asp 和 Asn，用于补偿妊娠子宫对这 3 种氨基酸的摄取不足。最后，在泌乳哺乳动物体内，乳腺组织可大量合成 Glu、Gln 和 Pro，结果导致乳汁中这 3 种氨基酸的丰度很高以确保新生动物的小肠及其他组织的最优生长和发育。在同一动物体内，不同细胞类型（如肝脏、骨骼肌、小肠和肾脏）的氨基酸合成速率有显著差异。

7.7.4 氨基酸合成的动物种属差异

有研究显示，一些氨基酸的合成具有种属特异性（Baker, 2005）。例如，大多数哺乳动物（如牛、狗、人类、小鼠、猪、大鼠和绵羊）可通过肠肾轴利用 Glu、Gln 和 Pro 合成 Arg。然而，禽类和一些哺乳动物（如猫、雪貂和水貂）不能在小肠的肠上皮细胞中利用 Glu、Gln 和 Pro 合成 Cit 或 Arg，大多数的鱼可能也有类似的特性。与哺乳动物相比，由于精氨酸酶在组织中的活性很低，禽类和一些鱼类体内利用 Arg 合成 Pro 的能力有限；并且由于缺乏肠道来源的 P5C 合成酶，禽类和大多数的鱼可能不能利用 Glu 和 Gln 合成 Pro。此外，猫体内由于胱氨酸脱氧酶和半胱亚磺酸脱羧酶（催化半胱亚磺酸生成牛磺酸）的活性很低，因此不能将半胱氨酸转化为牛磺酸。婴儿与成人相比，由于体内胱氨酸脱氧酶和半胱亚磺酸脱羧酶活性相对较低，需要从日粮中摄入牛磺酸以维持正常的肾脏、心脏和骨骼肌功能。在所有以植物蛋白为基础的、不含牛磺酸的日粮中补充牛磺酸可提高肉食鱼类（如虹鳟鱼和牙鲆）的生长和饲料转化率，但对鲤鱼无效，提示特定海洋动物可以从头合成一定量的牛磺酸（Li et al., 2009）。最后，在家禽、幼龄猪和婴儿体内，Gly 的合成速率比利用速率低很多（Graber and Baker, 1973; Wu et al., 2014a），但尚不明确在其他动物物种中是否也是如此。

7.7.5 动物细胞和细菌利用相应的 α-酮酸或类似物合成氨基酸

除了 5 种氨基酸（L-Arg、L-Cys、L-Lys、L-Thr 和 Gly）以外，所有合成蛋白质的氨基酸可以通过以下途径合成：①通过 L-氨基酸转氨酶利用对应的 α-酮酸；②通过 D-氨基酸氧化酶（过氧化物酶，以 FAD 作为辅因子）和广泛存在于动物组织中的 L-氨基酸转氨酶（存在于线粒体和细胞质）利用对应的 D 型异构体。动物细胞中合成 L-Arg、L-Cys 和 Gly，以及细菌中合成 L-Lys 和 L-Thr 的最后步骤不包含转氨基，因此这些氨基酸不在该物种内形成对应的 α-酮酸。

一种 α-酮酸与另一种氨基酸（通常是 Glu）发生转氨作用产生新的氨基酸和新的 α-酮酸（第 1 章）。由于 Glu 由氨和 α-酮戊二酸合成，这一反应能将一种 α-酮酸转化成对应的 L-氨基酸，以驱动氨的利用及新的氨基酸的生成。这对肝或肾功能障碍患者在生理上十分重要；从 α-酮酸（如 α-酮异己酸）合成新的氨基酸（如 Leu）不仅移除氨，而且产生新的氨基酸以支持蛋白质的合成和激活可能的合成代谢途径的活性。

动物细胞缺乏 D-氨基酸转氨酶。因此，D-氨基酸不能在哺乳动物、禽类及其他脊椎动物细胞内进行转氨基反应。然而，动物组织（如肝脏、肾脏、大脑和心脏）中含有 D-氨基酸氧化酶（氧化还原酶），可氧化 D-氨基酸（如 D-Met）形成对应的 α-酮酸（如 α-酮-γ-甲硫丁酸，也称作 2-酮-4-甲硫丁酸）。之后，L-氨基酸转氨酶催化 α-酮酸和谷氨酸转化为对应的 L-α-氨基酸（如 L-Met）和 α-酮戊二酸。由于通过微生物发酵生产 L-Met

有一定的技术挑战，在动物体内 2-酮-4-甲硫丁酸是 L-Met 的一种有效前体，因此被用于家禽和猪的饲料添加剂。

$$D\text{-甲硫氨酸} + O_2 + H_2O + FAD \rightarrow \alpha\text{-酮-}\gamma\text{-甲硫丁酸} + FADH_2 + H_2O_2$$

$$\alpha\text{-酮-}\gamma\text{-甲硫丁酸} + L\text{-谷氨酸} \leftrightarrow L\text{-甲硫氨酸} + \alpha\text{-酮戊二酸}$$

近些年，Met 的两种羟酮酸（L-2-羟-4-甲硫丁酸、D-2-羟-4-甲硫丁酸）也通过合成 2-酮-4-甲硫丁酸作为 L-Met 的前体在家畜中被使用（图 7.16）。这些羟基酸主要通过单羟酸转运载体-1 被吸收，该转运过程同时伴有 Na^+/H^+ 交换体-3 的作用。L-2-羟酸氧化酶（主要在肝脏和肾脏组织过氧化物酶体中存在的一种可产生 H_2O_2 的黄素酶）将 L-2-羟-4-甲硫丁酸氧化为 2-酮-4-甲硫丁酸，而 D-2-羟酸脱氢酶（主要在肝脏和肾脏组织线粒体中存在的一种可产生 H_2O_2 的黄素酶）将 D-2-羟-4-甲硫丁酸转化为 2-酮-4-甲硫丁酸（Zhang et al., 2015）。选择一种 L-Met 的前体用于饲料添加剂取决于它的成本（与其他 L-Met 源，如肉骨粉、肠黏膜蛋白和血粉相比）及日粮组成。

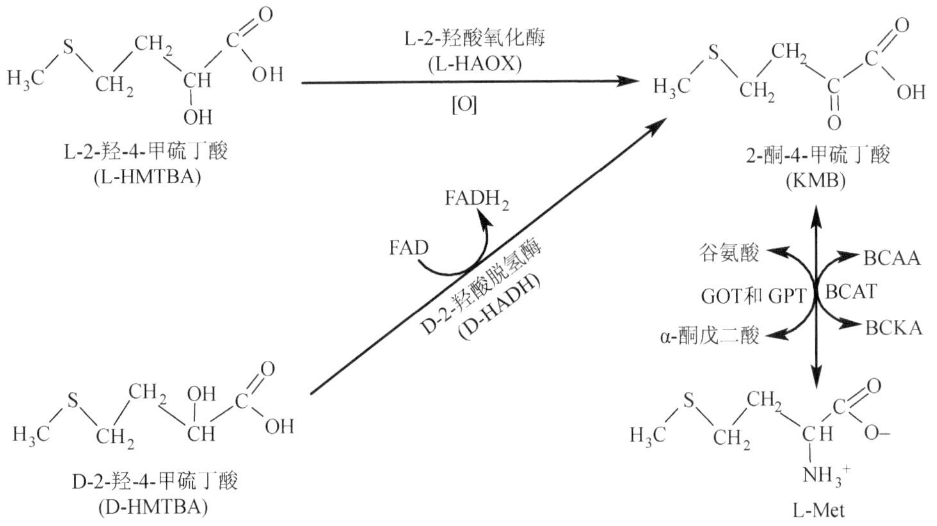

图 7.16 从对应的羟基酮酸合成甲硫氨酸的代谢通路。动物体组织广泛存在催化这些反应的酶。将 L-2-羟-4-甲硫丁酸和 D-2-羟-4-甲硫丁酸转化成 L-Met［L-甲硫氨酸（蛋氨酸）］需要多器官（主要为肝脏、肾脏和骨骼肌）协同作用。BCAA，支链氨基酸；BCAT，支链氨基酸转氨酶；BCKA，支链酮酸；GOT，谷草转氨酶；GPT，谷丙转氨酶。

细菌（如肠道细菌）细胞内含有 D-氨基酸氧化酶、D-氨基酸转氨酶及 L-氨基酸转氨酶，因此可以将 D-氨基酸转化为 L-氨基酸。然而，这些生化反应的酶在肠道微生物中的活性尚不十分清楚。微生物中存在 D-氨基酸转氨酶，为动物从 D-氨基酸合成 L-氨基酸提供了额外的途径（见下文）。依据动物的种类和 D-氨基酸的类型不同，利用 D-氨基酸合成 L-氨基酸的效率差异很大。例如，利用 D-Leu 合成 L-Leu 的效率在鸡、大鼠和小鼠体内分别为 100%、50% 和 15%，而利用 D-Trp 合成 L-Trp 的效率在鸡、大鼠和小鼠体内分别为 20%、100% 和 30%（Wu, 2013）。

$$D\text{-色氨酸} + \alpha\text{-酮戊二酸} \leftrightarrow \text{吲哚-3-丙酮酸} + L\text{-谷氨酸}$$

$$\text{吲哚-3-丙酮酸} + L\text{-谷氨酸} \leftrightarrow L\text{-色氨酸} + \alpha\text{-酮戊二酸}$$

7.7.6 D-氨基酸在动物细胞和细菌中的合成

正如在第 4 章中所提到的，D-氨基酸是天然存在的氨基酸。一种氨基酸消旋酶（也称作 D-氨基酸消旋酶）在动物细胞和细菌中将一种游离 L-氨基酸转化为一种游离 D-氨基酸。大多数氨基酸消旋酶（包括 D-天冬氨酸消旋酶、D-丝氨酸消旋酶和 D-丙氨酸消旋酶）依赖吡哆醛-5′-磷酸实现其催化活性。这些酶与它们的对应底物一起在细胞质中存在。目前，只有两种氨基酸消旋酶（D-天冬氨酸消旋酶和 D-丝氨酸消旋酶）在哺乳动物和禽类中得到鉴定。在以下细胞中已经鉴定出 D-天冬氨酸和 D-天冬氨酸消旋酶活性：①松果体中的松果腺细胞；②脑垂体后叶中的垂体细胞；③肾上腺髓质中可产生肾上腺素的嗜铬细胞；④睾丸中精细胞的延伸。在脑中，内源合成的 D-Asp 对神经功能十分重要。这是由于血脑屏障的作用使外周组织中的 D-氨基酸进入该器官的量有限。此外，在哺乳动物的肝脏和肾脏中也报道有 D-天冬氨酸消旋酶，这与在这些器官中发现 D-Asp 相一致。同样，所有动物（如哺乳动物、禽类和无脊椎动物）都可表达 D-丝氨酸消旋酶，该酶可将游离的 L-Ser 转化为 D-Ser。该酶在大鼠脑部（含高水平的 D-Ser）的神经胶质细胞中富集。

L-氨基酸（如 Ala、Asp 或 Ser）↔ D-氨基酸（如 Ala、Asp 或 D-Ser）

D-氨基酸消旋酶（维生素 B$_6$）

D-丙氨酸消旋酶将游离的 L-Ala 转化为 D-Ala，D-Ala 是合成细菌细胞壁中肽聚糖层的重要氨基酸。D-Ala 消旋酶广泛存在于微生物中，也存在于某些无脊椎动物中，但在哺乳动物、禽类和鱼类体内缺失。细菌（如粪链球菌、结核分枝杆菌、大肠杆菌、单核球增多性李斯特菌和炭疽杆菌）及无脊椎动物（如日本蚬，一种半咸水物种；小龙虾）可利用 D-Ala 生长。因此，D-丙氨酸消旋酶是医学及动物生产中开发新型抗微生物制剂的具有吸引力的目标。

7.7.7 动物体内氨基酸合成的调控

在一般营养和生理条件下，动物对氨基酸的合成受以下一种或多种因子限制：①前体氨基酸（主要为真核生物不能合成的氨基酸）的利用率；②细胞内或线粒体内辅助底物或辅助因子的浓度；③所需酶的量；④反馈抑制（如在骨骼肌细胞内 Gln 抑制 Gln 合成酶的表达）（Huang et al., 2007）；⑤变构抑制。一些激素（如胰岛素和糖皮质激素）可调节氨基酸合成中需要的酶（如 Gln 合成酶）（Wang and Watford, 2007）。下面以 Cit 和 Arg 在猪小肠的肠上皮细胞和微生物中的合成为例解释上述一般规律。

第一，增加日粮 Glu、Gln 和 Pro 的供给促进了哺乳仔猪、断奶仔猪、生长猪、妊娠和泌乳猪肠道 Cit 及 Arg 的合成（Hou et al., 2016）。因此，当给生长猪（如 10–20 kg）饲喂低蛋白质日粮（如 14%粗蛋白质）时，与含有 17%粗蛋白质或正常的 20%粗蛋白质日粮相比，可提供相当水平的所有 EAA，但不能满足 Arg 和其他可合成氨基酸（如 Asp 和 Gly）的需要，它们的生长性能、饲料转化率和肌肉蛋白质积累不能达到最优状态，并且它们体内脂肪的沉积会增加。如果日粮中粗蛋白质含量从 20%降至 17%和 14%，则

EAA 水平不变,但 NEAA 水平下降,生长猪的日增重也相应地逐渐降低(Li et al., 2016)。类似的,当日粮粗蛋白质含量从 20% 降低至 17.2%、15.3% 和 13.9% 时,EAA 水平不变但 NEAA 水平降低,猪(13–35 kg)的生长性能也相应地逐渐降低(Peng et al., 2016)。这些结果进一步证明,动物为了满足其最优生长与发育的需求,对日粮 NEAA 也有一定的需要(Wu et al., 2013a)。

第二,肠道合成 Cit 和 Arg 需要 N-乙酰谷氨酸(线粒体中的氨甲酰磷酸合成酶-Ⅰ的异构激活物)。正如上文所提到的,与新生仔猪相比,7–21 日龄仔猪小肠的肠上皮细胞线粒体中的 N-乙酰谷氨酸的浓度逐渐降低,限制了 Cit 和 Arg 的合成(Wu et al., 2004)。由于 N-乙酰谷氨酸在细胞质内很容易被去乙酰化酶降解,N-氨甲酰谷氨酸(一种代谢稳定的 N-乙酰谷氨酸类似物,不是去乙酰化酶的底物)可用于饲料添加剂促进幼龄猪肠道 Cit 和 Arg 的合成(Wu et al., 2004)。这一途径也可有效增加妊娠猪和大鼠 Arg 的合成。

第三,在 14–21 日龄仔猪中,断奶期可的松的产生量激增或肌内注射可的松均可通过以下机制增加肠道 Cit 和 Arg 的合成:①P5C 合成酶和 N-乙酰谷氨酸合成酶的表达;②线粒体 N-乙酰谷氨酸的合成及其在小肠的肠上皮细胞中的浓度。

第四,虽然体外试验中高浓度的 Orn(通过鸟氨酸氨基转移酶对 P5C 转氨基的产物)可抑制纯化的 P5C 合成酶的活性,但给生长猪基础日粮(含有约 1% 的 Arg)中添加高达 2% 的 Arg 没有降低小肠的肠上皮细胞利用 Gln 和 Pro 合成 Cit 和 Arg 的量(Wu et al., 2016)。这是由于 Arg 来源的 Orn 在这些细胞内被大量代谢为 Pro,因此肠上皮细胞内 Orn 的浓度不足以抑制 P5C 合成酶的活性。

第五,在肠道细菌内的许多与氨基酸(如 Arg、Gln 和 Trp)合成有关的代谢途径中,产物是某些关键酶的变构抑制剂(如 Gln 和 Trp 可分别抑制 Gln 合成酶及邻氨基苯甲酸合成酶的活性)。因此,在胃肠(包括瘤胃)微生物中,从游离氨基酸合成蛋白质的速率可影响氨基酸从非蛋白氮(如氨和尿素)合成的速率。

7.8 动物体内氨基酸的降解

7.8.1 氨基酸分解代谢的途径与蛋白质合成

对细胞中的氨基酸而言,氨酰-tRNA 合成酶(启动蛋白质合成的酶)的 K_M 值为 0.2–0.4 mmol/L(Wolfson et al., 1998)。这与细胞内大多数氨基酸的浓度类似[除了 Gln、Glu、Asp、Gly、Pro 和 Ala 的浓度为 2–25 mmol/L;Arg(非肝细胞)和 Thr 的浓度为 1–2 mmol/L 以外],但是低于动物组织中多种起始氨基酸降解的酶的 K_M 值(1.5–30 mmol/L)(Krebs, 1972)。因此,在动物体内,蛋白质合成优先于氨基酸降解,以保证动物的存活并节约氨基酸。然而,由于活的动物体内存在氨基酸降解酶,无论营养状况如何,动物体内都存在氨基酸降解,并且在采食后的速率最高。当氨基酸的供给超过其用于合成蛋白质和其他生物活性物质的需要以及它们在组织内的浓度时,必须通过细胞特异性方式进行降解。虽然一些细胞类型(如哺乳动物小肠的肠上皮细胞)依赖特定的氨基酸(Gln、Glu 和 Asp)的氧化作为它们主要的代谢能源,但与葡萄糖和脂肪酸的氧化相比,利用氨基酸产生 ATP 在能量上是比较低效的。一般而言，将蛋白质、脂肪和葡萄糖的能量传递给 ATP 的平均效率分别为 41.5%、54.8% 和 55.7%（Wu, 2013）。在一些动物（如鱼和食肉动物）体内，日粮氨基酸可能提供大量的能量，对于氨基酸利用的理解可为开发日粮替代物（如丙酮酸、α-酮戊二酸或草酰乙酸）提供基础。在哺乳动物、禽类和鱼类体内，当细胞外氨基酸浓度升高时，氨基酸的降解速率一般也增加。正如在第 1 章中所提及的，氨基酸的碳骨架必须最终转化为乙酰辅酶 A 从而净氧化为 CO_2 和水。因此，作为对日粮摄入的适应性响应，动物必须具有很高的降解氨基酸（如 Arg、Gln、Glu、Gly 和 Pro）的能力。

7.8.2 氨基酸降解的细胞和组织特异性

氨基酸的降解受特定酶的催化，这些酶在同一物种体内的分布有很强的细胞和组织特异性（Wu, 2013）。因此，通过以下例子来解释氨基酸的降解代谢途径中特定的细胞和组织特异性（表 7.12）。第一，猪和大鼠的胎盘、乳腺和成熟红细胞没有可降解 Gln 的由磷酸激活的谷氨酰胺酶途径，但是这一途径在其他细胞和组织（包括小肠、骨骼肌、心脏和免疫细胞）中十分活跃（图 7.17）。胎盘和泌乳乳腺也缺乏降解 Gln 的谷氨酰胺

表 7.12　正常生理条件下，氨基酸在哺乳动物和禽类细胞及组织中的特异性降解

氨基酸	哺乳动物					禽类			
	肠细胞 [a]	肝脏	骨骼肌	肾脏	乳腺	肠细胞 [a]	肝脏	骨骼肌	肾脏
Ala	有限	+++	有限	++	+	有限	+++	有限	++
Arg	+++	+++++	无	+ [b]	+++	无	无	无	+ [b]
Asn	无	+++	无	++	无	无	+++	无	++
Asp	+++++	+++	+	++	+	?	+++	+	++
Cys	无	+++	无	++	无	无	+++	无	++
Gln	+++++	+++	++	+++	无	有限	有限	++	+++
Glu	+++++	+++	++	+++	+	?	+++	++	+++
Gly	有限	+++	无	++	有限	有限	+++	无	++
His	无	+++	无	+	无	无	+++	无	+
Ile	+++	有限	+++	+++	+++	+++	有限	+++	+++
Leu	+++	有限	+++	+++	+++	+++	有限	+++	+++
Lys	无	+++	无	+	无	无	+++	无	+
Met	无	+++	无	+	无	无	+++	无	+
Orn	++++	+++	无	+++	+++	+	+++	无	+++
Phe	无	+++	无	++	无	无	+++	无	++
Pro	+++	++	无	++	无	?	++	无	++
Ser	有限	+++	无	++	有限	有限	+++	无	++
Thr	无	+++	无	++	无	无	+++	无	+
Tyr	无	+++	无	+	无	无	+++	无	+
Val	+++	有限	+++	+++	+++	+++	有限	+++	+++
D-AA	有限	+	无	++	无	有限	+	无	++

注：D-AA，D-氨基酸。

"+"表示可以降解，分为 5 个等级，"+"越多代表降解能力越强。

[a] 在此指的是小肠的肠上皮细胞。

[b] 由瓜氨酸合成精氨酸主要在肾脏中进行。近端肾小管中的活力有限，但在肾脏组织其他部位活力很高。

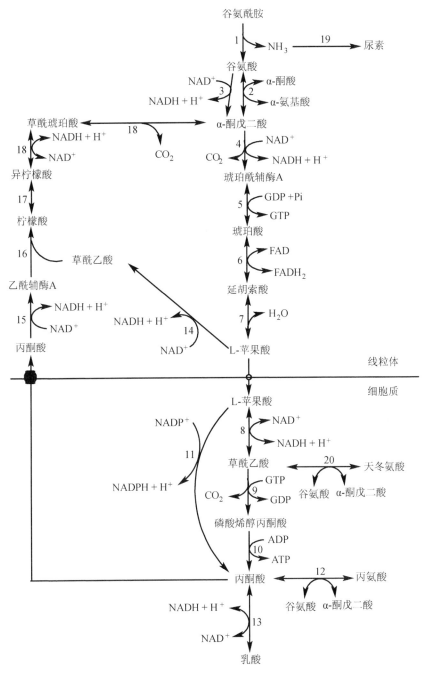

图 7.17 谷氨酰胺通过由磷酸激活的谷氨酰胺酶途径在动物体内的降解。催化相关反应的酶如下：
①磷酸激活的谷氨酰胺酶；②谷氨酸转氨酶；③谷氨酸脱氢酶；④α-酮戊二酸脱氢酶；⑤琥珀酸硫激酶；⑥琥珀酸脱氢酶；⑦延胡索酸酶；⑧NAD^+-苹果酸脱氢酶（细胞质中）；⑨磷酸烯醇丙酮酸羧激酶；⑩丙酮酸激酶；⑪$NADP^+$-苹果酸脱氢酶；⑫谷氨酸-丙酮酸转氨酶；⑬乳酸脱氢酶；⑭ NAD^+-苹果酸脱氢酶（线粒体中）；⑮丙酮酸脱氢酶；⑯柠檬酸合成酶；⑰顺乌头酸酶；⑱异柠檬酸脱氢酶；⑲通过尿素循环将氨转化为尿素；⑳天冬氨酸转氨酶。谷氨酰胺降解生成谷氨酸、天冬氨酸和丙氨酸的过程称为谷氨酰胺酵解。

酶，确保了 Gln 从母体传递给胚胎和新生动物的量的最大化，从而实现动物的最优生长发育和健康。由于骨骼肌和心脏可利用 Glu 从头合成 Gln，并且可降解 Gln 产生 Glu，因此细胞内 Gln-Glu 循环的净速率决定了从这些组织中释放 Gln 的量。这是影响动物内源提供 Gln 的主要因素。

第二，在哺乳动物、禽类或鱼类肝脏中，饱和底物浓度下的支链氨基酸转氨酶的活性很低，在生理状态下启动支链氨基酸降解的能力很低。相反，骨骼肌、肾脏、小肠和许多其他组织（包括泌乳的乳腺）具有高活性的支链氨基酸转氨酶，该酶可将支链氨基酸的氨基转至 α-酮戊二酸生成支链 α-酮酸和谷氨酸（图 7.18）。然而，支链 α-酮酸脱氢酶（氧化支链 α-酮酸）的活性在肝脏中很高，但在其他组织中的活性中等或很弱。依据生理需求，肝脏可将 Ile 和 Val 中的 α-酮酸转化为葡萄糖，并且可将所有的支链 α-酮酸转化为酮体。

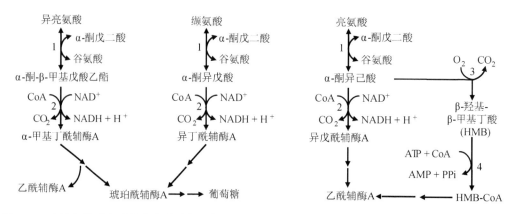

图 7.18 支链氨基酸在动物体内的降解。催化反应中的酶如下：①支链氨基酸转氨酶；②支链 α-酮酸脱氢酶；③酮异己酸双加氧酶；④β-羟基-β-甲基丁酰辅酶 A 合成酶。CoA，辅酶 A。

第三，肝脏可以降解除支链氨基酸以外的所有氨基酸。然而，依据在细胞外的浓度，不是所有非支链氨基酸在肝脏中总发生分解代谢（如之前对 Gln 在大鼠肝脏中降解的报道；Lund and Watford，1976）。应特别注意，灌注的大鼠肝脏不降解生理水平的 Gln（在灌注液中的浓度为 0.5–1 mmol/L）。但当细胞外的 Gln 浓度超过 1 mmol/L 时，肝脏可将 Gln 净降解为 CO_2 和氨。这一现象可通过肝脏中门脉周边的肝细胞和肝静脉周边的肝细胞间的 Gln-Glu 循环解释（Haüssinger，1990）。许多氨基酸在肝脏中降解可产生乙酰乙酸，而乙酰乙酸不能被肝细胞氧化，而是经肝外组织和细胞氧化成 CO_2 和水。此外，在肝外组织中 Ala、Asp、Gln、Glu、Arg、Pro 和 Orn 的降解速率依据细胞类型的不同而有所差异。例如，由于 P5C 脱氢酶的表达量很低，猪小肠的肠上皮细胞将 Pro 氧化为 CO_2 的能力十分有限，但由于肝脏中 P5C 脱氢酶的活性很高，Pro 可在该器官中被大量氧化。

第四，肝脏和肾脏可通过酵母氨酸和过氧化物酶体哌啶酸途径在线粒体中降解 Lys（图 7.19），并且可通过苏氨酸脱氢酶和细胞质脱水酶途径在线粒体内降解 Thr（图 7.20）。但是其他组织氧化 Lys 和 Thr 生成 CO_2 和水的能力十分有限（Benevenga and Blemings，2007）。Phe 主要在肝脏、肾脏和胰脏中转化为 Tyr，但在小肠、皮肤和脑中的转化能力有限。由于缺乏 Phe 羟化酶，Phe 的这种羟化作用在其他组织中缺失。应注意，Phe、其他芳香族氨基酸及 Arg 的羟化作用需要四氢蝶呤作为必需因子（图 7.21）。

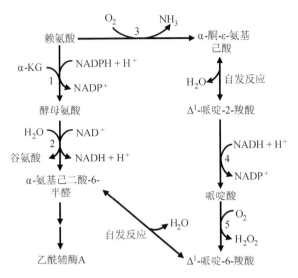

图 7.19 赖氨酸在动物肝脏中的降解。赖氨酸通过线粒体中的酵母氨酸途径和过氧化物酶体哌啶酸途径降解。催化具体反应的酶如下：①赖氨酸: α-酮戊二酸还原酶；②酵母氨酸脱氢酶（NAD⁺，产生谷氨酸）；③赖氨酸氧化酶（过氧化物酶体蛋白）；④六氢吡啶-2-羧酸还原酶；⑤哌啶氧化酶（过氧化物酶体蛋白）。α-KG，α-酮戊二酸。

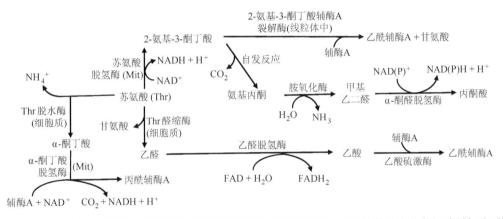

图 7.20 苏氨酸在动物肝脏中的降解。苏氨酸在肝脏中的降解主要由位于线粒体中的苏氨酸脱氢酶（其次为细胞质中的苏氨酸脱水酶和苏氨酸醛缩酶）起始。苏氨酸的降解产物包括甘氨酸、丙酮酸和丙酰辅酶 A。

第五，虽然在多种细胞中 Met 可通过 S-腺苷甲硫氨酸合成酶转化为 S-腺苷甲硫氨酸，为利用腐胺合成亚精胺和精胺提供 S-腺苷甲硫氨酸，肝脏是动物体内唯一可降解 Met 生成 Cys、牛磺酸、CO_2 和水的器官（Stipanuk, 2004）。图 7.22 列出了 Met 通过转硫途径进行降解的代谢通路。与 Met 类似，Trp 可在多个组织中降解（图 7.23），但肝脏是唯一可氧化 Trp 生成 CO_2 和水的器官。在动物体内，Trp 通过犬尿氨酸、5-羟色胺和转氨基途径分解。犬尿氨酸途径包括对色氨酸的脱氨基和脱羧基作用产生犬尿氨酸，该过程主要在肝脏和脑中进行（Le Floc'h et al., 2011）。犬尿氨酸进一步降解生成吲哚乙酸、烟酸、

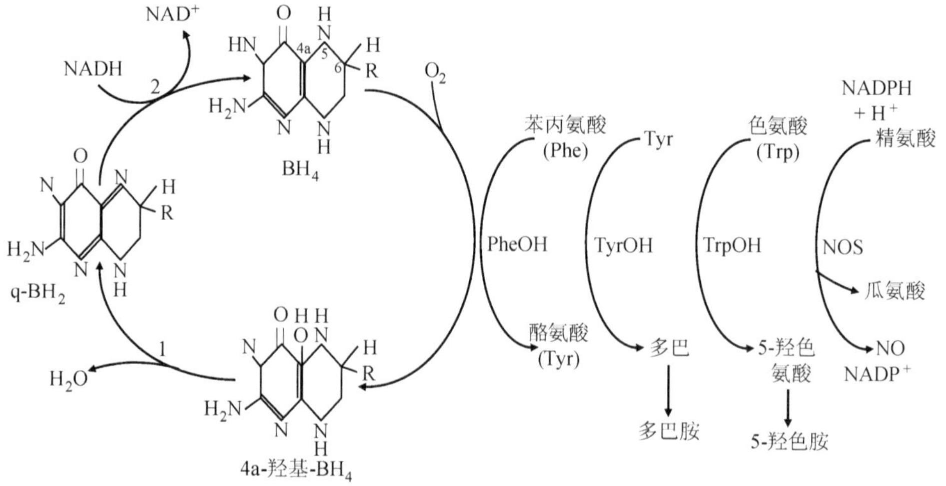

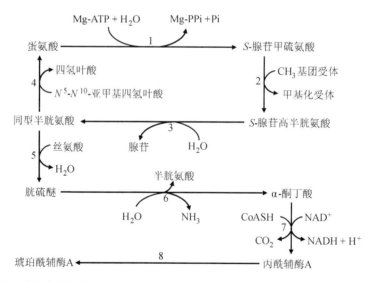

图 7.21 动物组织中通过羟化酶对芳香族氨基酸的羟化作用及通过 NO 合成酶对精氨酸的羟化作用。这些反应需要四氢蝶呤（BH_4）作为必需的辅因子。①4a-羟基-BH_4脱水酶；②6,7-BH_2还原酶。NOS，NO 合成酶；PheOH，苯丙氨酸羟化酶；TrpOH，色氨酸羟化酶；TyrOH，酪氨酸羟化酶。

丙酮酸和乙酰辅酶 A。犬尿氨酸途径约占外周可利用 Trp 降解途径的 95%。5-羟色胺途径依赖四氢蝶呤依赖的羟化作用和维生素 B_6 依赖的脱羧作用降解 Trp 生成 5-羟色胺，这一反应主要在位于胃肠道和脑的神经细胞中进行。5-羟色胺是一种生物胺，作为神经递质及胃肠激素起作用。因此，与氨基酸合成类似，大部分氨基酸的降解具有组织和细胞特异性。

图7.22 蛋氨酸通过转硫途径在动物体内的降解。催化具体反应的酶如下：①S-腺苷甲硫氨酸合成酶（甲硫氨酸腺苷酰基转移酶）；②S-腺苷甲硫氨酸甲基化酶；③S-腺苷高半胱氨酸酶；④高半胱氨酸甲基转移酶（维生素 B_{12} 依赖性酶）；⑤胱硫醚 β-合成酶（磷酸吡哆醛依赖性酶）；⑥胱硫醚 γ-裂解酶（磷酸吡哆醛依赖性酶）；⑦α-酮丁酸脱氢酶；⑧一系列酶［丙酰辅酶 A 羧化酶、甲基丙二酰辅酶 A 消旋酶和甲基丙二酰辅酶 A 变位酶（维生素 B_{12} 依赖性酶）］。半胱氨酸的所有碳来自丝氨酸。许多组织可将蛋氨酸转化为 S-腺苷甲硫氨酸，但肝脏是唯一可将蛋氨酸氧化为半胱氨酸、牛磺酸、CO_2和水的器官。

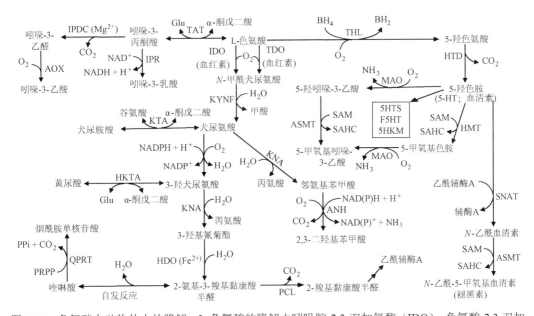

图 7.23 色氨酸在动物体内的降解。L-色氨酸的降解由吲哚胺 2,3-双加氧酶（IDO）、色氨酸 2,3-双加氧酶（TDO）和色氨酸羟化酶（THL）起始。这些通路具有细胞和组织特异性。5-羟色胺、褪黑素及它们的代谢物可形成硫和葡萄糖苷酸共轭物，从尿和粪中排出。色氨酸（Trp）降解的产物包括 NAD、5-羟色胺、褪黑激素、犬尿酸、吲哚类化合物及乙酰辅酶 A。许多组织可以起始 Trp 的降解，但肝脏是唯一可将色氨酸降解生成 CO_2 和水的器官。AOX，乙醛氧化酶；ANH，邻氨基苯甲酸羟化酶［也称作邻氨基苯甲酸 3-单加氧酶（脱氨基）］；ASMT，N-乙酰-5-羟色胺-O-甲基转移酶；F5HT，甲酰 5-羟色胺；HDO，3-羟基蒽酸双加氧酶；5HKM，5-羟犬尿酸；HKTA，3-羟基炔氨酸转氨酶；HMT，5-羟吲哚-O-甲基转移酶；5-HT，5-羟色胺；HTD，5-羟色氨酸脱羧酶；5HTS，5-羟色胺硫酸盐；IPDC，吲哚-3-丙酮酸脱羧酶（一种二磷酸硫胺素依赖性酶）；IPR，吲哚-3-丙酮酸还原酶；KNA，犬尿氨酸酶；KTA，犬尿氨酸转氨酶；KYNF，犬尿氨酸甲酰胺酶；MAO，单胺氧化酶；NER，非酶反应；PCL，吡啶甲酸羧化酶；PRPP，5-磷酸核糖-1-焦磷酸盐；QPRT，喹啉酸磷酸核糖基转移酶；SNAT，5-羟色胺-N-乙酰转移酶；SAM，S-腺苷甲硫氨酸；SAHC，S-腺苷高半胱氨酸；TAT，色氨酸氨基转移酶；TDO，色氨酸-2,3-双加氧酶；THL，色氨酸羟化酶。以下酶需要磷酸吡哆醛作为辅因子参与催化活性：5-羟色氨酸脱羧酶、3-羟基炔氨酸转氨酶、犬尿氨酸酶、犬尿氨酸转氨酶和色氨酸氨基转移酶。高浓度亮氨酸抑制喹啉酸磷酸核糖基转移酶的活性。

7.8.3 氨基酸在细胞中的区室化降解

氨基酸在动物体内降解的一个有趣特性是复杂的区室化（Haüssinger，1990）。这包含以下两点含义：①氨基酸降解的代谢途径特异存在于某些细胞器中；②细胞外来源与细胞内来源的氨基酸可能有不同的代谢去向。例如，在猪肠细胞中，Pro 氧化酶催化 Pro 氧化成 P5C 仅在线粒体中进行，而 Orn 脱羧酶仅在细胞质中表达，在线粒体中不表达。此外，Gln 在猪小肠的肠上皮细胞的线粒体中产生 Orn，而细胞外的 Orn 不在这些细胞的线粒体被转化为 Cit（Wu and Morris，1998）。因此，日粮 Orn 的供给不能增加猪、大鼠或人类血浆中的 Cit 或 Arg 浓度。以上例子描绘了在研究细胞和全身氨基酸代谢中一个具有挑战性的难题。

7.8.4　日粮氨基酸的器官间代谢

7.8.4.1　精氨酸合成的肠肾轴

正如上文提及，日粮 Gln、Glu 和 Pro 在大多数哺乳动物小肠的肠上皮细胞转化为 Cit 和 Arg。Cit 继而被肾脏和其他肝外组织利用合成 Arg。在这些可以合成 Cit 的哺乳动物的新生动物体内，由于具有高活性的 ASS 和 ASL，大多数在肠上皮细胞中产生的 Cit 进一步转化为 Arg，只有很少一部分的 Cit 从肠道释放（Wu and Morris, 1998）。Cit 和 Arg 的合成速率受动物发育阶段、底物利用率及肠道中关键酶（如 N-乙酰谷氨酸合成酶、P5C 合成酶和 Pro 氧化酶）活性的调控。然而，在生理范围内增加日粮 Arg 的摄入，不影响猪或大鼠肠道由 Glu、Gln 或 Pro 合成 Cit 的量（Wu et al., 2016），以及在肾脏中由 Cit 转化为 Arg 的量（Dhanakoti et al., 1992）。在那些缺乏小肠黏膜 P5C 合成酶的哺乳动物中，Cit 不能由 Glu、Gln 或 Pro 合成，但口服或静脉补充的 Cit 可在体内有效地转换成 Arg。

7.8.4.2　谷氨酰胺在肾脏中的利用及其对酸碱平衡的调节

通过肾脏的产 NH_3（氨）作用，Gln 在调节酸碱平衡中扮演重要角色。氨与 H^+（质子）结合形成 NH_4^+，后者从尿中排出（Xue et al., 2010）。在酸性环境下（通常发生于剧烈运动后、泌乳初期、妊娠后期以及患有 1 型糖尿病的动物中），肾脏利用 Gln 的量显著增加以满足移除 H^+ 对氨的需要。肾脏摄取的 Gln 主要来源于骨骼肌、白色脂肪组织和肝脏。在酸中毒动物体内，抑制 Gln 在小肠和免疫细胞中的降解同样可增加 Gln 在血液中的含量，以供肾脏的摄取。

7.8.4.3　从支链氨基酸合成谷氨酰胺和丙氨酸

在哺乳动物体内，大部分日粮 Gln 不能进入门静脉。因此，循环系统中的 Gln 必须主要来源于从头合成。由于肝脏几乎不降解支链氨基酸，从小肠吸收进入门静脉的日粮支链氨基酸大部分可绕过肝脏进入血液循环。在血液中的支链氨基酸被肝外组织利用，在细胞质和线粒体中的支链氨基酸转氨酶的催化下与 α-酮戊二酸反应，产生 Glu 和支链 α-酮酸。因此，支链氨基酸为 Glu 提供氨基。Glu 或在 Gln 合成酶催化下与氨发生酰胺化反应生成 Gln，或与丙酮酸和 α-酮戊二酸发生转氨基作用分别生成 Ala 和 Asp（图 7.24）。葡萄糖是 Gln、Glu、Ala 和 Asp 碳骨架的主要来源。用于合成 Gln 的 NH_4^+ 由血液供应。在骨骼肌中，用于 Gln 合成的氨的另一来源是通过嘌呤核苷酸循环产生的次黄嘌呤核苷酸，特别是在运动过程中（图 7.25）。在饥饿条件下，Ala 和 Gln 是肾脏合成葡萄糖的主要前体（Watford et al., 1980）。

在哺乳动物和禽类的骨骼肌、心脏、脂肪组织、肺，以及妊娠母猪的胎盘和泌乳动物的乳腺中，支链氨基酸的转氨酶活性很高，因此该酶在体内支链氨基酸降解的启动中扮演重要角色（Harper et al., 1984）。然而，由于其支链 α-酮酸脱氢酶的活性相对较低，肝外组织只能对支链 α-酮酸进行部分脱羧作用。支链 α-酮酸主要被肝脏摄取用于以下

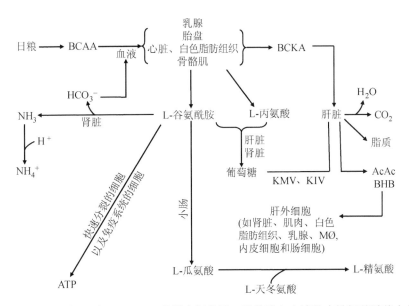

图 7.24 动物体内支链氨基酸（BCAA）的器官间代谢。吸收进入血液的支链氨基酸绝大部分通过肝脏，并在骨骼肌中降解用于合成谷氨酰胺和丙氨酸。肌肉中支链氨基酸的转氨基作用也导致支链 α-酮酸的释放。谷氨酰胺和丙氨酸被肝脏和肾脏利用合成葡萄糖。谷氨酰胺是小肠的肠上皮细胞和免疫细胞的主要代谢能源物质，并且是大多数哺乳动物小肠中合成瓜氨酸的底物，此外还是通过调节肾脏氨产生及 HCO_3^- 吸收而影响体内酸碱平衡的主要调节物。所有类型的细胞均可利用瓜氨酸合成精氨酸。从骨骼肌释放的支链 α-酮酸被肝脏利用或者被氧化或者转化为葡萄糖、酮体和脂质。AcAc，乙酰乙酸；BCKA，支链 α-酮酸；BHB，β-羟基丁酸；KIV，α-酮异戊酸；KMV，α-酮-β-甲基戊酸；MØ，巨噬细胞。

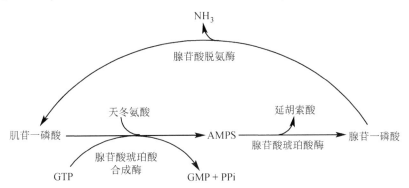

图 7.25 骨骼肌中通过嘌呤核苷酸循环产生氨。AMPS，腺嘌呤单磷酸琥珀酸；GTP，鸟嘌呤三磷酸；GMP，鸟苷-磷酸。

反应：①氧化生成 CO_2 和水；②生糖过程（除了亮氨酸的 α-酮酸）；③生酮过程；④合成脂质。目前，对鱼和虾体组织中的支链氨基酸代谢了解不多。

Gln 的内源性合成在动物生长和发育中扮演重要角色。这是由于：①Gln 对合成蛋白质（包括糖蛋白）、核酸、氨基糖和 NAD(P)是必需的；②Gln 的这些功能不能被任何其他氨基酸代替。例如，糖蛋白和核酸对胚胎与胎儿生长及发育十分关键。这与以下事实相一致：Gln 在大多数新生动物（包括反刍动物、大鼠和鸡）血浆中是最丰富的氨基酸，并且是猪和绵羊血浆中最丰富的两种氨基酸之一（另一种为 Gly）（Wu，2013）。

从日粮补充的 Ala 不能满足哺乳期哺乳动物（如仔猪）对 Ala 的需要，这就使新生动物骨骼肌必须利用支链氨基酸合成 Ala。例如，基于母猪乳中的 Ala 含量，猪乳最多只能满足 14 日龄仔猪体内蛋白质合成的 66%，因此母猪每日必须至少合成 0.18 g Ala/kg 体重（Wu, 2010）。据估计，组织蛋白中至少 30% 的 Ala 来自于内源性合成（Hou et al., 2016）。在所有的动物，当它们处于绝食或限饲条件下时，来自支链氨基酸的 Ala 在肝脏和肾脏中被利用合成葡萄糖，并且作为葡萄糖的主要来源在维持全身葡萄糖的稳态中起重要作用（见第 5 章）。骨骼肌利用葡萄糖产生丙酮酸（Ala 的碳骨架）和合成 Ala，然后释放 Ala，肝脏摄取和利用 Ala 合成葡萄糖，这些反应组成了动物体内的葡萄糖-丙氨酸循环（图 7.26）。

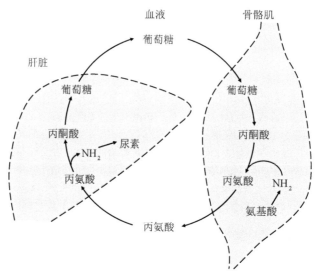

图 7.26　动物体内的葡萄糖-丙氨酸循环。肝脏向血液循环中释放葡萄糖。骨骼肌摄取动脉血中的葡萄糖产生丙酮酸，后者通过转氨基作用被用于合成丙氨酸。肝脏利用骨骼肌释放的丙氨酸将其转化为尿素和葡萄糖。当肌肉中丙酮酸的来源为葡萄糖时，葡萄糖-丙氨酸循环中无葡萄糖的净产生。

7.8.4.4　脯氨酸通过羟脯氨酸途径转化为甘氨酸

已被研究的所有哺乳动物（包括猪、牛、绵羊、山羊和人类）的乳汁中都严重缺乏 Gly。例如，在哺乳仔猪体内，猪乳最多只为体内组织蛋白的合成及其他代谢途径提供 23% 的 Gly。有趣的是，猪乳中含有丰富的肽结合羟脯氨酸（Wang et al., 2013）。有研究显示，羟脯氨酸可在肾脏中转化为 Gly，并可为支持新生仔猪的生长、发育和健康提供内源 Gly（Wu et al., 2013a）。通过 Gly 的合成，Pro 分子中的碳和氮都有效地被新生哺乳仔猪利用。这一代谢途径可能在维持动物（特别是哺乳期的幼龄哺乳动物）Gly 的稳态中扮演重要角色。

7.8.4.5　一氧化氮对血流的调节作用

动物对日粮氨基酸的利用是通过依赖不同器官间的协作来实现的。因此，需要借助血流将营养物质转移至这些器官。血流的速率受 NO 调节，其可影响机体对氨基酸和其他营养素的利用。NO 这一自由基可在几乎所有类型细胞内经 BH₄ 和 NADPH 依赖的 NO

合成酶催化利用 Arg 合成（Blachier et al., 2011）。在血管内皮细胞和胎盘内，Arg 通过促进 GTP 环水解酶-Ⅰ的表达刺激 BH_4 的生成（Wu et al., 2009）。NO 是由血管内皮细胞释放的主要血管扩张剂，以调控血液流入诸如小肠、子宫和胎盘、肝脏、骨骼肌及乳腺等组织。如果没有日粮 Arg 或来源于 Glu、Gln 和 Pro 内源合成的 Arg，血液流动及动物器官间的氨基酸代谢就会受阻（Wu, 2013）。

7.8.5　氨基酸氧化生成氨和二氧化碳过程的调节

在动物体内，氨基酸氧化生成氨和 CO_2 受以下因素调控：①变构激活剂或抑制剂；②酶的可逆性磷酸化和去磷酸化；③底物和辅因子的浓度；④酶的激活剂和抑制剂的浓度；⑤信号转导；⑥细胞容积的改变；⑦酶活调控的其他形式（Wu, 2013）。以上的一些因素影响来自氨基酸的丙酮酸和 α-酮戊二酸的氧化（第 5 章中讨论）。以下实例证实了这些原则。

第一，谷氨酸脱氢酶是在线粒体基质中存在的一种酶，可催化以下化合物的相互转化：谷氨酸 ↔ α-酮戊二酸 ＋NH_4^+。在肝脏和其他组织中，该酶的化学平衡可在生理条件下促进 Glu 代谢产生氨。谷氨酸脱氢酶可被 ADP 和 Leu 变构激活，但可被 GTP 和 ATP 所抑制（Li et al., 2012）。这种调控机制具有营养和生理上的重要性。例如，当细胞内 Leu 的浓度通过摄入高蛋白质日粮或添加 Leu 而升高时，位于胰腺 β 细胞内的谷氨酸脱氢酶被激活以增强能量代谢、ATP 敏感的 K^+ 通道活性及细胞膜的去极化，并导致胰岛素释放的增加。同样，谷氨酸脱氢酶的突变消除了 GTP 对其的变构抑制，导致血浆中胰岛素和氨的水平的升高（Li et al., 2012）。因此，谷氨酸脱氢酶的变构调节在胰岛素稳态及全身养分代谢中扮演着重要角色。

第二，已知氨基酸代谢中的一些酶可被磷酸化和非磷酸化调节。依据不同酶的特性，其磷酸化是否增加或降低酶催化活性的差异很大。例如，支链 α-酮酸脱氢酶经磷酸化后失活，但去磷酸化后被激活。该酶在心脏和骨骼肌中主要以磷酸化（失活）形式存在，但在肝脏和肾脏中以去磷酸化（激活）形式存在（Brosnan and Brosnan, 2006）。动物采食高蛋白质日粮可通过增加该酶的磷酸化形式向去磷酸化形式的转化，以增强心脏和肾脏中支链 α-酮酸脱氢酶的活性。类似的，可的松和胰高血糖素增强了支链氨基酸在牛乳腺上皮细胞中的降解，而胰岛素和生长激素刺激细胞内支链 α-酮酸脱氢酶的磷酸化以降低支链氨基酸的氧化脱羧反应（Flynn et al., 2009; Lei et al., 2013）。与支链 α-酮酸脱氢酶相比，Phe 羟化酶、Trp 羟化酶、Tyr 羟化酶和 Tyr 氨基转移酶的活性可被蛋白质的磷酸化激活，但被蛋白质的去磷酸化抑制。这种代谢调控不包括相关酶蛋白量的变化，但允许以组织和底物特异性方式迅速改变产物的形成。

第三，底物和辅因子的浓度在调节氨基酸代谢中扮演重要角色。下面以暴露于酮体的骨骼肌细胞的支链氨基酸降解为例。乙酰乙酸和 β-羟基丁酸通过抑制葡萄糖向丙酮酸和 α-酮戊二酸的转化抑制支链氨基酸的转氨基作用（Wu and Thompson, 1988）。相反，酮体对支链氨基酸转氨基作用的抑制被加入的丙酮酸阻止，这是由于后者反应产生 α-酮戊二酸。无论有无丙酮酸，酮体同样可在肝外组织（包括骨骼肌、乳腺、肾脏和小肠）

中抑制支链酮酸的氧化脱羧作用。乙酰乙酸和 β-羟基丁酸在这些组织中氧化成 CO_2 和水需要 CoA-SH 和 NAD^+，因此降低了支链酮酸脱氢酶辅因子的浓度。所以，与相关反应竞争的酶辅因子是酮体抑制支链氨基酸在骨骼肌中降解的主要机制。

第四，激活剂或抑制剂的浓度可影响代谢流量。例如，慢性的血浆高浓度乳酸（如 10–20 mmol/L）可导致婴儿严重的低瓜氨酸血症、低精氨酸血症及高脯氨酸血症。酶活性的动力学研究显示，乳酸可非竞争性地抑制肠细胞 Pro 氧化酶的活性（降低最快速率但不改变 K_M）（Dillon et al., 1999），这就为治疗乳酸导致的新生儿高氨血症提供了生化基础。酶抑制的另一个例子是，通过 N^G-单甲基-L-精氨酸和非对称二甲基精氨酸竞争性抑制所有 NO 合成酶（$K_i = 1.0$–1.6 μmol/L）。血浆中甲基精氨酸的浓度在肥胖、糖尿病和肾功能失调患者中会升高。降低 N^G-单甲基-L-精氨酸和非对称二甲基精氨酸的浓度可改善这些患者的代谢谱及健康。

第五，由细胞外化学物质（包括营养素、激素、细胞因子、药物、毒素或植物化学物质）引起的细胞内的信号转导可调控动物体内的氨基酸降解。例如，胰高血糖素刺激肝脏线粒体中甘氨酸的氧化（Jois et al., 1989），而可的松促进小肠的肠上皮细胞降解 Arg、Gln、Orn 和 Pro（Flynn et al., 2009）。氨基酸降解对细胞信号的反应可能具有细胞特异性，如 cAMP 可增加肝脏和肾脏中酪氨酸氨基转移酶的合成，但不能增加其在小肠或骨骼肌中的表达。信号转导的失效可导致：①生长发育及稳态失衡；②增加对传染病的易感性；③肥胖、糖尿病、心血管疾病、DNA 变异、癌症和其他疾病。

第六，通过细胞体积的改变以应对氨基酸摄取或细胞外渗透压的改变。例如，当进食固体食物或液体时，氨基酸、葡萄糖、离子和水转运至细胞内，导致细胞膨胀（Haüssinger, 1990）。相反，脱水时细胞失水导致细胞皱缩。维持合适的细胞体积是细胞生存、生长和发育的先决条件。由氨基酸或低渗导致的细胞膨胀会刺激 Gln 的降解，而细胞皱缩会增加大鼠肝脏中氨基酸的净合成。此外，在大鼠的骨骼肌，细胞膨胀会减少支链氨基酸的分解代谢及 Gln 和 Ala 的释放，而细胞皱缩会增加这一系列过程。最后，细胞体积的增加促进淋巴细胞和巨噬细胞中 Gln 的分解代谢。这一现象可能有重要的生理和免疫学重要性，如免疫细胞体积的增加以应对有丝分裂的刺激和免疫激活。

7.8.6 氨通过哺乳动物的尿素循环脱毒为尿素

7.8.6.1 哺乳动物通过尿素循环清除体内的氨

在所有动物体内，氨基酸的氧化产生氨。在水溶液中，游离氨和铵盐离子处于平衡状态（$NH_3 + H^+ \leftrightarrow NH_4^+$）。在 pH 7.4 和 37℃时，大约有 1.6% 和 98.4% 氨分别以游离 NH_3 和 NH_4^+ 的形式存在。本部分把游离的 NH_3 和 NH_4^+ 统称为氨。生理浓度的氨对生命是必需的，这是由于它参与许多反应：①在细胞质中通过氨甲酰磷酸合成酶-Ⅱ合成氨甲酰磷酸；②连接氨基酸代谢和葡萄糖代谢；③调节肾脏的酸碱平衡。然而，血液中过量的氨对大脑，以及胚胎和胎儿有毒害作用，因此必须通过肝脏中的尿素循环将氨转化为尿素（图 7.27）。肝脏可将细胞外和细胞内产生的氨转化为尿素。在生长猪体内，几乎所有（95%）肝脏释放的尿素氮来源于肝脏从门静脉及肝动脉摄取的氨。这表明在生理条件下肝脏的氨基酸降解速率很低。现在已知，哺乳动物小肠的肠上皮细胞也可利用细胞外和线粒体中产生的氨合成尿素（Wu, 1995）。

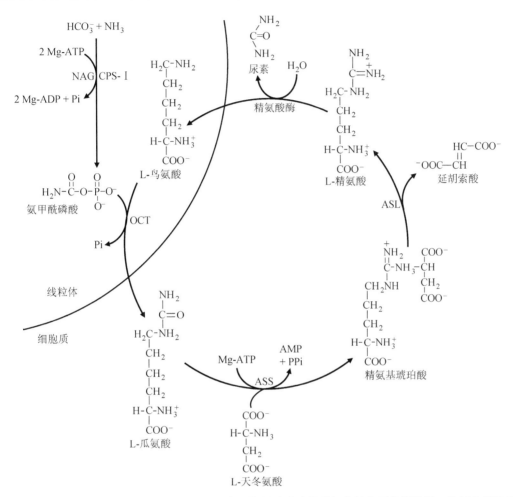

图 7.27 哺乳动物体内从氨和碳酸盐合成尿素。这是哺乳动物脱氨毒的主要代谢途径。从氨和碳酸盐合成尿素在细胞质及线粒体中进行。瓜氨酸从线粒体中进入细胞质并转化为精氨酸，在精氨酸酶作用下精氨酸水解为尿素和鸟氨酸。鸟氨酸被重新用于该循环的另一个周转。ASL，精氨基琥珀酸裂解酶；ASS，精氨基琥珀酸合成酶；CPS- I，氨甲酰磷酸合成酶- I ；NAG，N-乙酰谷氨酸。

尿素在水中的溶解性很好并且无毒，因此是哺乳动物间歇性通过尿液排出氨的形式。尿素在肾脏中的排出过程包括：①肾小球的滤过；②在近端肾小管通过协助扩散及转运载体重吸收入血液；③剩余的尿素移行通过集尿管形成尿液的一部分。

7.8.6.2 尿素合成的能量需要

尿素合成：①从氨甲酰磷酸合成酶- I 利用 NH_3（而不是 NH_4^+）和 HCO_3^-（而不是 CO_2）开始；②涉及细胞质和线粒体以及底物在这两个区室中的运送；③氨需要 6.5 mol ATP 清除 2 mol 氨。将 1 mol 氨、1 mol Asp 和 1 mol HCO_3^- 通过尿素循环转化为 1 mol 尿素需要 4 mol ATP，而 2.5 mol ATP 用于将 1 mol 氨整合进 1 mol Asp 中。后者的反应表示如下：

$$NH_4^+ + \alpha\text{-酮戊二酸} + NADH + H^+ \rightarrow \text{谷氨酸} + NAD^+ （相当于 2.5 mol ATP）$$

$$\text{谷氨酸} + \text{草酰乙酸} \leftrightarrow \alpha\text{-酮戊二酸} + \text{天冬氨酸}$$

由于通过尿素的合成以清除源于蛋白质的氨需消耗从氨基酸氧化产生的 10%–15% 的 ATP，优化动物所需日粮氨基酸的质量和含量可降低尿素的产生，因此可改善蛋白质和能量的利用效率。当线粒体中由氨、CO_2 和 ATP 产生氨甲酰磷酸的速率超过氨甲酰磷酸和鸟氨酸转化为瓜氨酸的速率时，氨甲酰磷酸可进入细胞质用于乳清酸的合成（Wu, 2013）。在以下条件下可发生上述情况：①鸟氨酸氨甲酰转移酶或精氨酸的不足；②采食过多的日粮蛋白质；③高浓度的血氨。

7.8.6.3 尿素循环的调控

尿素循环的活力主要受血浆中底物浓度（如氨基酸和氨）和辅因子（如 Mn^{2+} 和 Mg^{2+}）的调控。因此，当动物采食低蛋白质日粮时，肝脏中尿素的合成受到抑制以保存能量和氮。相反，在哺乳动物，当增加动物蛋白质摄入量以超出最优的氨基酸需要量时，其肝脏会不断增加尿素的合成。另外，尿素循环相关酶的活性改变也会影响肝脏的尿素合成。例如，当日粮蛋白质和氨基酸摄入量增加时，肝脏尿素循环相关酶的表达和活性增加，以利于将氨基酸来源的氨排出体外。相反，作为适应性机制，当给动物饲喂低蛋白质或氨基酸日粮时，肝脏中尿素循环相关酶的表达量显著下降。因此，当动物长期采食低蛋白质日粮，但忽然通过日粮大量进食蛋白质时可导致高氨血症甚至死亡。同样，在新生哺乳动物体内，如果尿素循环中的一个或多个酶的活性很低，进食高蛋白质日粮时氨的产生可能会超过肝脏移除氨的能力，从而造成死亡。低出生体重的新生动物可能比正常体重的动物的情况更严重。变构激活剂 Arg（激活 *N*-乙酰谷氨酸合成酶）和 *N*-乙酰谷氨酸（激活氨甲酰磷酸合成酶-Ⅰ）是调节尿素循环的主要因素。因此，当 Arg 缺乏时，氨从线粒体进入细胞质，氨在细胞质中被利用合成嘌呤、乳清酸及尿酸。高水平的乳清酸和尿酸可能分别导致脂肪肝和痛风。降低细胞外的 pH 可通过抑制氨基酸的转运从而降低肝脏中尿素的产生。因此，在代谢性酸中毒中，Gln 被转移至肾脏用于产生氨。相反，细胞外 pH 从 7.4 增强到 7.6 会增强谷氨酰胺酶的活性以及肝脏中尿素的合成。

最后，尿素的合成还受一些激素的调控（Morris, 2002）。例如，生长激素可降低肝脏中氨甲酰磷酸合成酶-Ⅰ、ASS、ASL、精氨酸酶和谷氨酰胺酶的活性，因此可节约氨基酸以用于合成蛋白质。生长激素和胰岛素可通过增加骨骼肌中蛋白质的净合成来降低血浆中氨基酸的浓度，从而降低用于尿素合成的氨基酸底物在肝脏的可用量（Bush et al., 2002）。相反，糖皮质激素通过 cAMP 依赖的机制增加氨基酸降解酶及尿素循环中酶的表达，因此在分解代谢状态下可促进尿素和氨的生成。目前，对激素调节小肠的肠上皮细胞中的尿素循环的机制了解甚少。

7.8.7 禽类将氨解毒生成尿酸

7.8.7.1 禽类通过尿酸合成清除氨

尿酸是一种弱有机酸，pK_a 为 5.75。在生理 pH 时，尿酸主要以尿酸钠形式存在（尿酸的化学稳定形式）。在禽类体内，尿酸由氨基酸分解代谢产生的氨合成。肝脏是此反应途径的最活跃的部位，其次为肾脏和胰腺（图 7.28）。一些动物（如蜥蜴和蛇）也有相同的特点，可能大多数的鱼（缺乏尿素循环）也是如此（Singer，2003）。在哺乳动物的肝脏和其他组织中也存在尿酸的合成。与哺乳动物体内的尿素循环类似，尿酸的合成同样

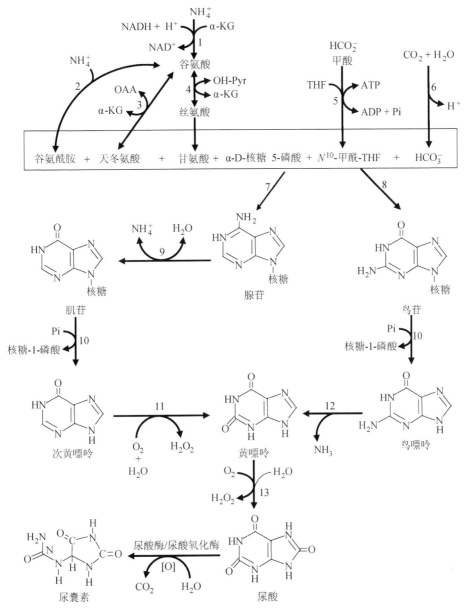

图 7.28 禽类和哺乳动物体内由氨和碳酸盐合成尿酸。这是禽类体内脱氨毒的主要代谢途径。催化相应途经的酶如下：①谷氨酸脱氢酶；②谷氨酰胺合成酶；③谷氨酸-草酰乙酸转氨酶；④谷氨酸-羟丙酮酸转氨酶；⑤N^{10}-甲酰四氢叶酸合成酶；⑥碳酸酐酶；⑦腺苷合成的一系列酶；⑧鸟嘌呤合成的一系列酶；⑨腺苷脱氨酶；⑩嘌呤核苷磷酸化酶；⑪黄嘌呤氧化酶；⑫鸟嘌呤脱氨酶；⑬黄嘌呤氧化酶。α-KG，α-酮戊二酸；THF，四氢叶酸。

从氨和 HCO_3^- 起始,并且需要线粒体和细胞质。具体来说,氨首先整合进入 Gln(线粒体)、Asp(线粒体和细胞质)和 Gly(线粒体和细胞质)。然后这些氨基酸在细胞质中通过一系列酶促反应与 HCO_3^- 及 N^{10}-甲酰四氢叶酸反应生成嘌呤。最后,腺苷和鸟嘌呤在细胞质中被氧化成黄嘌呤和尿酸。在许多哺乳动物物种和昆虫体内,尿酸可被尿酸酶氧化成尿囊素。

7.8.7.2 尿酸合成的能量需要

尿酸合成的 ATP 需求由以下三方面决定:①由 Gln、Asp、Gly、核糖-5-磷酸、碳酸盐和 N^{10}-甲酰四氢叶酸合成腺苷和鸟嘌呤;②将氨结合到 Gln、Asp 和 Gly;③由甲酸和四氢叶酸合成 N^{10}-甲酰四氢叶酸。在从腺苷合成尿酸的代谢途径中,1 mol 腺苷在腺苷脱氨酶作用下生成 1 mol 氨。生成的氨分子继而参加另一回循环的嘌呤和尿酸的合成。如果腺苷作为中间代谢物,4 mol NH_4^+ 合成 1 mol 尿酸需要 19.5 mol ATP;如果以鸟嘌呤作为中间代谢物,则需要 18.5 mol ATP(Wu, 2013)。假设等量的氨通过腺苷和鸟嘌呤途径合成尿酸,从 4 mol NH_4^+ 合成 1 mol 尿酸的整个过程平均需要 19 mol ATP。

虽然尿酸合成需要大量的能量,但这一代谢途径对禽类的生理十分重要。首先,禽类体内的尿酸合成使其体温与哺乳动物比相对较高(鸡和鸭的体温为 40℃,人类和猪的体温为 37℃)。其次,尿酸相对不溶于水(血浆中溶解性 = 0.2 mmol/L),而是以浓缩盐形式排泄,因此,允许禽类节约体内水的使用并在长途飞行中维持较低的体重。最后,在生理浓度下,尿酸可清除活性氧自由基,因此可保护细胞和组织免受氧化损伤。这可抵消在正常饲喂条件下禽类高血糖(血浆浓度为 12–15 mmol/L)的潜在负面作用。

7.8.7.3 尿酸降解的物种差异

研究显示尿酸的降解存在种属差异(表 7.13)。除了人类和高等灵长动物,在大多数哺乳动物(如牛、狗、马、小鼠、猪、兔、绵羊和大鼠)肝脏的过氧化物酶体,尿酸在含铜的尿酸酶(尿酸氧化酶)作用下被氧化为尿囊素(水合乙醛酸的二酰脲形式)(Singer, 2003)。可产生尿囊素的哺乳动物不能表达尿囊素酶,因此在血浆中含有尿囊素,并通过尿液将这种嘌呤代谢物排出体外。两栖动物的肾脏也可将尿酸转化为尿囊素。然而,人和其他灵长动物的组织中缺失尿酸酶,因此它们通过尿液将尿酸这一嘌呤分解代谢产物排出体外。同样,排尿酸动物(如鸡、鸭和鹅)不能表达尿酸酶,因此它们在尿中排出大量由氨基酸分解代谢产生的尿酸。在两栖动物和硬骨鱼的肝脏及肾脏中,尿囊素在尿囊素酶(在两栖动物体内为线粒体酶,而在鱼体内为细胞质和过氧化物酶体的酶)

表 7.13 动物排泄主要含氮代谢物的物种差异

代谢物	动物物种
尿素	哺乳动物、陆地两栖动物、硬骨鱼、板鳃亚纲(鲨鱼、魟、鳐)、一些海洋爬行动物和一些海洋龟类(海龟;但大多数缺失)
尿酸	禽类、陆地两栖动物(包括鳞状爬行动物,如蜥蜴和蛇;缺失肝脏尿素循环)、斑点狗、软体动物、一些陆生甲壳动物和多种昆虫
尿囊素	除灵长类动物的大多数哺乳动物、蚯蚓、蜥蜴、海龟和多种昆虫
尿囊酸	多种昆虫
氨	海洋两栖动物、大多数鱼(包括肺鱼)、海龟、蚯蚓、甲壳纲动物和一些昆虫

作用下水解为尿囊酸,尿囊酸在尿囊酸酶(过氧化物酶体酶)作用下进一步水解为尿素和水合乙醛酸。尿酸及其代谢物通过肾脏中的尿酸/阴离子交换蛋白载体分泌排泄。

7.8.7.4 尿酸合成的调控

与尿素相似,尿酸合成受相同的营养素和激素因子调控。此外,氨和碳酸盐的转化受细胞内四氢叶酸浓度,以及腺苷脱氨酶、嘌呤核苷磷酸酶和黄嘌呤氧化酶/黄嘌呤脱氢酶的影响。因此,一碳单位的代谢通过嘌呤核苷的合成调节尿酸的产生。此外,N^{10}-甲酰四氢叶酸合成酶是一种叶酸酶,以 ATP 依赖的方式催化四氢叶酸的甲酰基化。该酶是一种三功能蛋白,即 C_1-四氢叶酸合成酶。除了它的 N^{10}-甲酰四氢叶酸合成酶活性,C_1-四氢叶酸合成酶还包含 N^5,N^{10}-亚甲基四氢叶酸脱氢酶活性。在许多类型细胞中,细胞色素(如肿瘤坏死因子-α、干扰素-γ、白细胞介素-1 和白细胞介素-6)和糖皮质激素都会增加黄嘌呤氧化酶/黄嘌呤脱氢酶的表达,因此在感染和应激状态下刺激尿酸的产生。

7.8.8 尿素与尿酸合成的比较

尿素与尿酸合成具有一些共同的特性:①使用相同的原料(氨、Asp、碳酸盐和 ATP);②在线粒体中形成中性氨基酸(Cit vs. Gln),并在细胞质中形成碱性物质(Arg vs. 黄嘌呤)作为中间代谢物;③产生中性的终产物(尿素 vs. 尿酸钠,生理 pH)(图 7.29)。然而,尿酸与尿素的合成有许多差异:①脱毒 1 mol 氨,合成尿酸与合成尿素相比多消耗 46%的 ATP;②尿素和尿酸合成的中间代谢物分别为氨基酸和嘌呤;③尿素和尿酸合成过程中分别在线粒体中由碳酸盐参与或在细胞质中反应;④与合成尿素相比,合成尿酸需要四氢叶酸;⑤尿酸合成中需要使用 Gly 作为直接的底物,而尿素合成中 Gly 只作为氨的来源;⑥由氨合成尿素只在哺乳动物体内发生,在鱼类体内十分有限,但所有动物

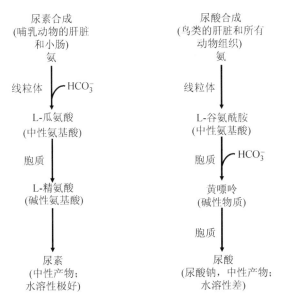

图 7.29 动物体内尿素和尿酸合成的比较。

物种均可合成尿酸；⑦尿素的形成有细胞特异性，而几乎所有细胞都可产生尿酸。因此，不同物种建立了不同的策略去除氨，以满足体内代谢和生理的需求。

7.8.9 氨基酸降解的物种特异性

在进化过程中，不同动物物种展现出不同的氨基酸代谢途径。这可能是对日粮、生活环境以及生理和解剖结构上的适应性变化（Davis and Austic, 1997; Wright, 1995）。下面以 Arg 代谢为例解释这一观点。例如，绵羊的胎盘及其附属物表达高活力的精氨酸酶，将 Arg 降解为 Orn 和尿素，此外 Orn 被用于合成 Pro（饲草中含量很低）和多胺（Kwon et al., 2003）。在反刍动物体内，尿素可被瘤胃微生物循环利用合成氨基酸和蛋白质。因此，反刍动物胎盘中存在高活性的精氨酸酶不会导致不可逆的 Arg 氮的流失。绵羊还能通过胍丁胺酶利用鲱精胺（微生物和绵羊孕体产生的精氨酸脱羧酶将 Arg 脱羧后的产物）产生多胺（图 7.30）。为了进一步保留 Arg，妊娠羊的尿囊液中储存大量的 Cit（例如，妊娠 60 天时为 10 mmol/L）和较少量的 Arg（例如，妊娠 60 天时为 2 mmol/L）。由于 Cit 在胎儿的肝外组织中可随即转化为 Arg，尿囊液中的 Cit 可为绵羊胎儿提供 Arg 库。相反，在整个妊娠期，猪的 Cit 和 Arg 代谢与绵羊截然不同（Wu et al., 2013a, b）。具体来说，猪的胎盘没有精氨酸酶活性，因此可有效地将母体的 Arg 转移给胎儿。所以，妊娠母猪尿囊液中有不同寻常的高浓度的 Arg（例如，妊娠 40 天时为 4–6 mmol/L），但只有低浓度的 Cit（例如，妊娠 40 天时为 0.06–0.07 mmol/L）。为了克服猪胎盘中因缺乏精氨酸酶活性而不利用 Arg 合成多胺这一缺陷，该组织可表达 Pro 氧化酶及 Orn 氨基转移酶，将 Pro 转化为 Orn，Orn 可在鸟氨酸脱羧酶的作用下生成腐胺（图 7.30）。由于猪的肠外组织缺乏脲酶，因此不能利用尿素合成氨基酸。胎盘中精氨酸酶的缺乏可帮助节约 Arg，同时允许 Pro（在猪日粮中两种丰富的氨基酸 Glu 和 Gln 的降解代谢产物）为多胺的合成提供碳骨架。到目前为止，没有证据显示猪体内可通过精氨酸脱羧酶和胍丁胺酶利用 Arg 合成多胺，这与绵羊体内的代谢形成鲜明对比（Wang et al., 2014）。因此，不同动物利用不同机制调节体内的氨基酸稳态。

虽然氨基酸降解酶在不同动物物种中的功能相似，但这些酶的组织特异性表达在哺乳动物和禽类中有很大的差异。以下一些现象可支持这一结论。首先，哺乳动物小肠的肠上皮细胞可大量降解 Gln，但在鸡小肠的肠上皮细胞中的降解速率很低（Wu et al., 1995）。这有助于解释鸡血浆中的 Gln 浓度（约 1 mmol/L）是新生哺乳动物血浆中浓度（约 0.5 mmol/L）两倍的原因。其次，在鸡的肝脏中，Gln 合成酶是线粒体酶，可在线粒体中利用氨合成 Gln，后者可以在细胞质中用于产生尿酸。在禽类中，由于肝细胞线粒体中磷酸激活的谷氨酰胺酶的活性很低，因此该细胞器可净合成 Gln。比较而言，哺乳动物肝脏中含有高活性的由磷酸激活的谷氨酰胺酶，如果 Gln 合成酶在线粒体内，将妨碍 Gln 的净合成（Häussinger, 1990）。因此，在哺乳动物肝细胞的细胞质中存在的 Gln 合成酶能使肝细胞合成 Gln，后者作为中性氨基酸将血液来源的氨解毒。最后，如上文所述，禽类肝细胞中缺乏精氨酸酶，但该酶在哺乳动物肝脏中具有很高的活性以起始 Arg 的分解代谢（图 7.31）。此外，Orn 氨基转移酶在猪的肠道中十分丰富，但在鸡体内

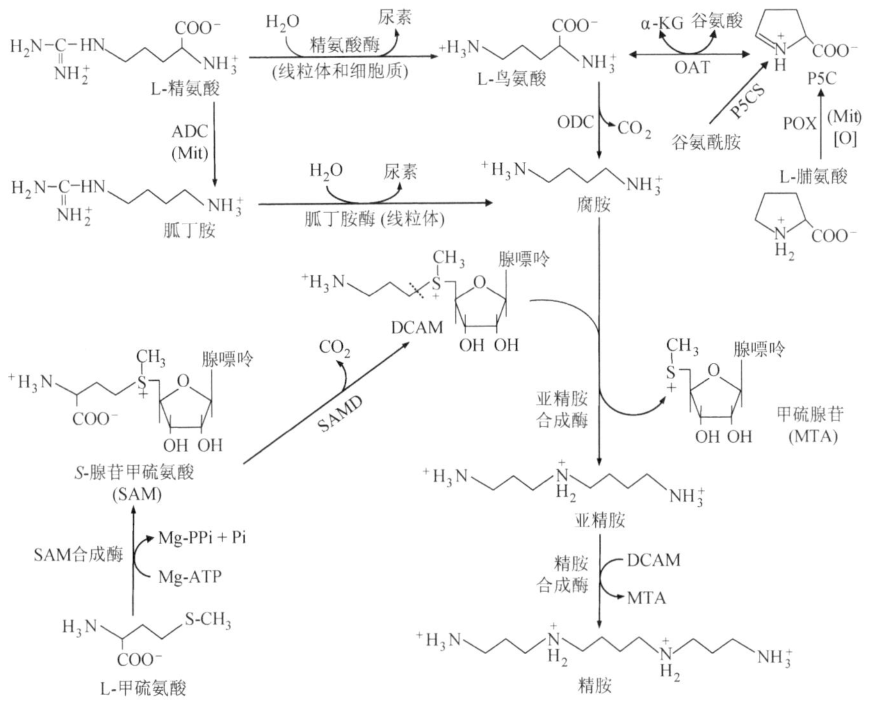

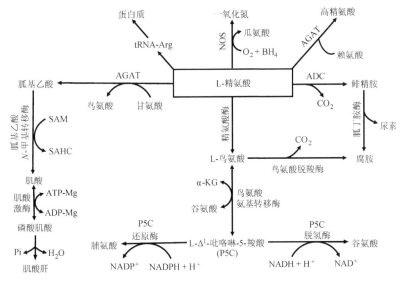

图 7.30 动物体内由精氨酸和脯氨酸合成多胺。DCAM，脱羧 5-腺苷甲硫氨酸；α-KG，α-酮戊二酸；MTA，甲硫腺苷；OAT，鸟氨酸氨基转移酶；P5C，吡咯啉-5-羧酸；SAM，S-腺苷甲硫氨酸；SAMD，S-腺苷甲硫氨酸脱羧酶；ODC，鸟氨酸脱羧酶；P5CS，吡咯啉-5-羧酸合成酶；POX，吡咯啉-5-羧酸氧化酶。

图 7.31 精氨酸通过多条途径在动物体内的降解。在哺乳动物、禽类和鱼体内，精氨酸酶是启动精氨酸降解的主要途径。所有动物均可合成大量的肌酸。在哺乳动物和禽类的一些组织（如骨骼肌和大脑）中，磷酸肌酸协助 ATP 的储存。肌酸以肌酐酸酐的形式每天自发性损失 1.7%。ADC，精氨酸脱羧酶；AGAT，精氨酸:甘氨酸脒基转移酶；BH4，(6R)-5,6,7,8-四氢-L-蝶呤；α-KG，α-酮戊二酸；NOS，NO 合成酶；SAM，S-腺苷甲硫氨酸；SAHC，S-腺苷同型半胱氨酸。

表达量很低（Wu et al., 1995）。不同动物物种氨基酸分解代谢的差异是它们对日粮氨基酸差异性需求的代谢基础（Baker, 2005）。

7.8.10 动物体内氨基酸分解代谢的主要产物

正如上文所述，不同氨基酸的分解代谢途径存在差异，但具有一些相同的步骤以产生一些相同的中间代谢物：丙酮酸、草酰乙酸、α-酮戊二酸、延胡索酸、琥珀酰辅酶 A 和乙酰辅酶 A（第 1 章）。转氨基反应是动物细胞内氨基酸降解起始的一个重要步骤，但是许多氨基酸的分解代谢也由其他反应起始，如切除、脱氨、脱羧、脱氧、水解和羟化。然而，一些氨基酸 [如 Arg（图 7.31）和 Lys] 的分解代谢不是以脱氨基起始。如上文提到的支链氨基酸的分解代谢。将许多氨基酸完全氧化为 CO_2、水和氨需要多器官的协作。氨基酸在动物体内分解代谢的主要终产物为 CO_2、氨、尿素、尿酸和硫酸盐（表 7.14）。其他具有重要营养和生理作用的氨基酸代谢物有：①葡萄糖；②短链、中链和长链脂肪酸，胆固醇和酮体；③信号气体（NO、CO 和 H_2S）；④氨基糖、核苷和血红素；⑤抗氧化物（如谷胱甘肽、肌酸、肉碱、牛磺酸、黑色素、褪黑激素、吲哚化合物、尿刊酸、氨基苯甲酸，以及肌肽、鹅肌肽和蛇肌肽）；⑥非气体性神经递质 [如 γ-氨基丁酸、N-乙酰胆碱、5-羟色胺（也称为血清素）和多巴胺]；⑦激素（如甲状腺激素、肾上腺素、去甲肾上腺素）；⑧乙醇胺、组胺、多胺、高精氨酸和胍丁胺；⑨D-氨基酸（如 D-Ser 和 D-Asp）；⑩其他（如 S-腺苷甲硫氨酸、胆红素、烟酸和甜菜碱）。因此，大部分氨基酸不仅是合成蛋白质的前体，还可调节关键代谢通路，改善动物健康、生存、生长、发育、泌乳和繁殖。这些氨基酸称为功能性氨基酸（Wu, 2013）。

表 7.14 动物体内氨基酸的主要代谢物与功能 [a]

氨基酸	代谢物	主要功能
氨基酸	氨	桥接氨基酸和葡萄糖代谢；调节酸碱平衡
	尿素	移除哺乳动物体内多余的氨
	葡萄糖	脑和红细胞主要的能量来源
	酮体	肝外细胞主要的能量底物；信号分子
	脂肪酸	细胞膜组成部分；用于储存能量的甘油三酯的组成部分
丙氨酸	D-丙氨酸	细菌细胞壁肽聚糖层的组成部分
β-丙氨酸	辅酶 A	多种代谢反应（如丙酮酸脱氢酶）
	泛酸	代谢反应（如脂肪酸合成）
	抗氧化物二肽	合成肌肽（β-丙氨酰-L-组氨酸）、肌肽胺（β-丙氨酰-L-组胺）、鹅肌肽（β-丙氨酰-1-甲基-L-组氨酸）和蛇肌肽（β-丙氨酰-3-甲基-组氨酸）
精氨酸	一氧化氮	信号分子；主要的血管扩张剂；神经递质
	胍丁胺	抑制 NOS；在反刍动物孕胎中合成腐胺
	鸟氨酸	尿素循环；合成脯氨酸、谷氨酸和多胺
	甲基精氨酸	竞争性抑制 NOS
天冬氨酸	精氨酸	参见上文（Cit + Asp → Arg）
	D-天冬氨酸	在脑中激活 NMDA

续表

氨基酸	代谢物	主要功能
半胱氨酸	牛磺酸	抗氧化剂；调节细胞氧化还原状态；渗透物
	H_2S	信号分子；主要的血管扩张剂；神经递质
谷氨酸	N-乙酰谷氨酸	参与尿素循环；参与肠道精氨酸合成
	γ-氨基丁酸	依据脑中部位不同，抑制性或兴奋性神经递质
谷氨酰胺	谷氨酸和天冬氨酸	兴奋性神经递质；苹果酸穿梭（malate shuttle）；细胞代谢
	6-磷酸葡糖胺	合成氨基糖和糖蛋白；调节细胞生长和发育
	氨	肾脏中酸碱平衡的调节
甘氨酸	血红素	血红素蛋白质（如血红蛋白、肌球蛋白、触酶和细胞色素 c）
	胆红素	细胞质中芳香烃受体的天然配体
组氨酸	组胺	过敏反应；血管扩张剂；胃肠道功能
	咪唑乙酸	镇痛和麻醉作用
	尿刊酸	调节皮肤免疫；保护紫外线辐射对皮肤的损伤
异亮氨酸、亮氨酸和缬氨酸	谷氨酰胺和丙氨酸	参见上文"谷氨酰胺"和"丙氨酸"
亮氨酸	HMB	调节免疫反应和骨骼肌蛋白质合成
赖氨酸	羟赖氨酸	胶原蛋白的结构和功能
蛋氨酸	同型半胱氨酸	氧化剂；抑制一氧化氮的合成
	甜菜碱	将同型半胱氨酸甲基化为蛋氨酸；一碳单位的代谢
	半胱氨酸	细胞代谢和营养
	SAM	蛋白质和 DNA 的甲基化；参与肌酸、肾上腺素和多胺的合成
	牛磺酸	作为抗氧化剂；作为渗透物；与胆酸结合
	磷脂	合成卵磷脂，磷脂酰胆碱的细胞信号
苯丙氨酸	酪氨酸	参见下文"酪氨酸"
脯氨酸	H_2O_2	杀死致病菌；作为信号分子；作为氧化剂
	P5C	细胞氧化还原状态；参与鸟氨酸、瓜氨酸、精氨酸和多胺的合成
丝氨酸	甘氨酸	参见上文"甘氨酸"
	D-丝氨酸	在脑中激活 NMDA
苏氨酸	黏蛋白	维持肠道的完整及功能
色氨酸	血清素	神经递质；采食调控
	N-乙酰血清素	抗氧化剂
	褪黑激素	抗氧化剂；调节昼夜节律
	邻氨基苯甲酸	抑制促炎性 Th1 细胞因子的产生
	烟酸	NAD(H) 和 NADP(H) 的组分
	吲哚类化合物	芳香烃受体的天然配体；免疫调节
酪氨酸	多巴胺	神经递质；调节免疫反应
	EPN 和 NEPN	神经递质；细胞代谢
	黑色素	抗氧化剂；皮肤和毛发的色素
	T_3 和 T_4	调节能量和蛋白质的代谢
精氨酸和蛋氨酸	多胺	基因表达；DNA 和蛋白质合成；细胞功能

续表

氨基酸	代谢物	主要功能
精氨酸、蛋氨酸和甘氨酸	肌酸	抗氧化剂；抗病毒；抗肿瘤；脑和肌肉中的能量代谢
半胱氨酸、谷氨酸和甘氨酸	谷胱甘肽	自由基清除剂；抗氧化剂；细胞代谢；基因表达
谷氨酰胺、天冬氨酸和甘氨酸	核酸	RNA 和 DNA 的组分；参与蛋白质合成
	尿酸	抗氧化剂；禽类体内氨的脱毒
赖氨酸和蛋氨酸	肉碱	将长链脂肪酸转运至线粒体内氧化
丝氨酸和蛋氨酸	胆碱	乙酰胆碱和磷脂酰胆碱的组分；参与甜菜碱的合成

资料来源：Wu, G. 2013. *Amino Acids: Biochemistry and Nutrition*. CRC Press, Boca Raton, Florida.

a 除特殊注明，此处提及的氨基酸为 L-氨基酸。BCAA，支链氨基酸；EPN，肾上腺素；HMB，β-羟基-β-甲基丁酸；NMDA，*N*-甲酰-D-天冬氨酸受体（在神经细胞中的谷氨酸受体和离子通道蛋白）；NEPN，去甲肾上腺素；NOS，NO 合成酶；P5C，吡咯啉-5-羧酸；SAM，*S*-腺苷甲硫氨酸；T_3，三碘甲腺原氨酸；T_4，甲状腺素。

7.9 细胞内蛋白质的周转

日粮蛋白质在动物体内通过一系列复杂的消化和代谢过程转化为组织蛋白。组织蛋白不是静态的，而是进行连续的降解和合成，总称细胞内蛋白质的周转（图 7.32）。这两个过程的速率的平衡是影响动物细胞和组织（如骨骼肌）在生长过程中蛋白质沉积的决定因素（Bergen et al., 1987; Buttery, 1983）。动物体内蛋白质的沉积是蛋白质合成速率大于蛋白质降解速率的结果，而处于分解代谢或疾病状态下的受应激影响的动物体内的蛋白质流失，是由蛋白质的降解速率大于蛋白质的合成速率造成的。健康成年个体的体内蛋白质的合成速率与蛋白质的降解速率相同，因此体内蛋白质的量没有净变化。然而，餐后组织中的蛋白质不平衡。因此，对于组织中（特别是骨骼肌这一体内主要的蛋白质库）的细胞内蛋白质周转的研究，将对改善畜禽和鱼类的生长性能及饲料转化率有重要的应用价值（Wu, 2009）。

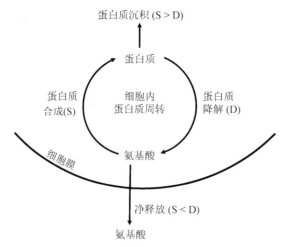

图 7.32　动物体细胞内蛋白质的周转。细胞内蛋白质合成与蛋白质降解的平衡是影响蛋白质的沉积和氨基酸的释放的决定因素。

7.9.1　细胞内蛋白质的合成

真核生物的细胞内蛋白质合成过程包括 5 个步骤：①基因转录形成 mRNA；②核糖体中 mRNA 翻译的起始及肽的合成；③肽的延伸形成蛋白质；④mRNA 上终止密码子的识别与蛋白质合成的终止；⑤新合成的蛋白质的翻译后修饰（图 7.33）。在细菌内，细胞核内的转录与后续粗面内质网中的翻译过程紧密连接。tRNA 对翻译是必需的，因为 mRNA 不能直接识别任何氨基酸，所以需要与携带有对应氨基酸的 tRNA 结合才能发挥作用（Manning and Cooper, 2017）。本质上，从 DNA 合成的 mRNA 通过特殊密码子（3 个核苷酸）编码的氨基酸合成多肽链。因此，tRNA 作为编辑者将核酸（如 DNA）中的遗传信息翻译成蛋白质。

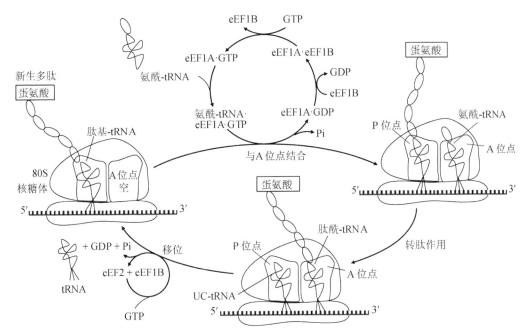

图 7.33　动物细胞内的蛋白质合成通路。80S 核糖体是将 mRNA 翻译成蛋白质的功能部位。这些过程需要：酶（氨酰 tRNA 合成酶和肽酰转移酶）、真核起始因子（eIF）、延伸因子（eEF）和释放因子（eRF）。将进入的氨酰 tRNA 结合到 A 位点需要 eEF1A·GTP，并且在 eEF1B 作用下，eEF1A·GDP 重新生成 eEF1A·GTP。mRNA 模板上的终止密码子终止多肽链的延伸。肽酰转移酶与 eRF1 共同水解肽酰 tRNA 并释放新合成的肽。UC-tRNA，未带氨酰的 tRNA。

7.9.1.1　基因转录形成 mRNA

蛋白质合成的第一步是细胞核内 DNA 中的有关基因在 RNA 聚合酶 Ⅰ、Ⅱ 和Ⅲ的作用下分别转录形成 rRNA、mRNA 和 tRNA。真核生物和原核生物的这一过程相似（Lackner and Bähler, 2008）。每个 tRNA 包含一个三核苷序列（反义密码子），与 mRNA 上的特定氨基酸的密码子互补。mRNA 有一个 5′帽子（甲酰-鸟苷三磷酸），在细胞核内对防止 RNA 酶的降解至关重要。在真核生物细胞内，大多数 mRNA 分子通过与聚腺苷酰基基团共价结合实现在 3′端的聚腺苷酰基化。多聚腺苷的尾巴及其相关蛋白可防止外切核苷酶对其进行降解。在通过核孔转运至细胞质中的核糖体以前，真核生物的 mRNA 前体需要经过复杂的加工过程［包括通过 S-腺苷甲硫氨酸依赖的鸟嘌呤-N^7-甲基转移酶，以及剪切体（核酶）对内含子的移除（剪切）］，以形成成熟的 mRNA（Manning and Cooper, 2017）。

7.9.1.2 核糖体中 mRNA 翻译的起始以及肽的合成

在蛋白质合成启动之前，真核细胞内通过 60S 和 40S 亚基形成 80S 核糖体。在原核细胞内，通过 50S 和 30S 亚基形成 70S 核糖体。真核生物与原核生物的这些过程相似，但真核细胞比原核细胞需要更多的起始因子，并且核糖体的大小有所差异。例如，真核细胞的 40S 亚基含有一个 18S RNA（与原核生物的 16S RNA 是同系化合物）。而真核生物细胞内含有的 60S 亚基包含 3 种 RNA：5S、28S（与原核生物的 5S 和 23S 分子对应）和 5.8S（真核生物特有）（Kong and Lasko, 2012）。

mRNA 翻译的起始可分为以下 4 个步骤：①在起始因子（如真核生物起始因子 eIF）和延伸因子（真核生物延伸因子 eEF）的控制下，将 80S 核糖体（如在动物体内）或 70S 核糖体（如在细菌内）以 GTP 依赖的方式从其组成的亚基上解离；②由 eIF2、GTP、Met-tRNAi（tRNA 用于结合起始的蛋氨酸）和 40S 亚基形成 43S 前起始复合物（三元复合物）（真核生物；图 7.34）或由 IF2、GTP、N-甲酰甲硫氨酸-tRNAi、mRNA 和 30S 亚基合成 30S 前起始复合物（原核生物；Laursen et al., 2005）；③以 ATP 依赖的方式，由 eIF4E、eIF4G、eIF4A、eIF4G、mRNA 和 43S 前起始复合物形成 48S 起始复合物（真核生物；图 7.34）或通过密码子-反密码子互作以及构象改变形成 30S 起始复合物（原核生物；Laursen et al., 2005）；④由 48S 起始复合物、60S 核糖体和核糖体蛋白 S6 形成具有翻译活性的 80S 核糖体（真核生物；图 7.34）或由 30S 起始复合物和 50S 核糖体形成 70S 核糖体（原核生物；Laursen et al., 2005）。80S 核糖体含有 3 个结合位点：氨酰位（也称作受体位点；A 位点）结合氨酰 tRNA；肽酰位（P 位点）结合与末尾氨酰 tRNA 连接的新生多肽链；移出位点（E 位点，一般不存在于真核生物中），允许在肽键形成后释放去酰化的 tRNA（图 7.35）。

7.9.1.3 肽链的延伸与蛋白质的形成

活跃的翻译过程发生在具有功能的 80S 核糖体复合物上，在此以 5′–3′方向读取 mRNA。在这一过程中，携带有对应氨基酸的 tRNA 从 80S 核糖体的 A 位点移行至 P 位点，然后通过 E 位点移出核糖体。延伸因子对向多肽链上添加氨基酸以及肽链的延伸至关重要。蛋白质以高速和精准的方式合成。真核生物和原核生物的核糖体可在 1 s 内分别连接 6 个和 18 个氨基酸。这一快速的肽链延伸过程起始于由 ATP 依赖的氨基酸的激活形成的氨酰 tRNA，并被 20 种不同的氨酰 tRNA 合成酶催化，被添加于 Met-tRNAi 上。在延伸过程中，氨基酸不断被添加到肽链上，并最终通过肽键结合在一起形成多肽或蛋白质链。

氨基酸 + tRNA + ATP → 氨酰 tRNA + AMP + PPi（氨酰 tRNA 合成酶）

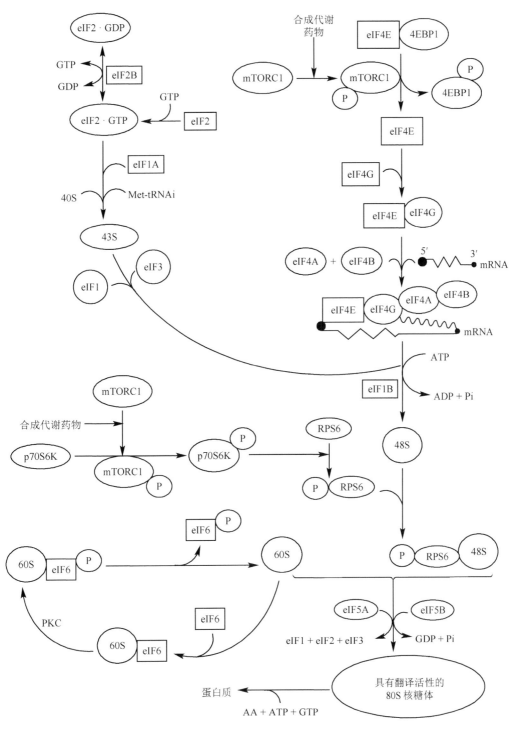

图 7.34　动物细胞中蛋白质合成的起始过程。在多种起始因子和 mRNA 模板存在时，40S 和 60S 核糖体结合形成具有翻译活性的 80S 核糖体，在此处发生细胞质和线粒体内的蛋白质合成。eIF，真核生物起始因子；4EBP1，eIF4E 结合蛋白-1；mTORC1，哺乳动物雷帕霉素靶标复合物-1；p70S6K，核糖体蛋白 S6 激酶-1（70 kDa 蛋白质）；RPS6，核糖体蛋白 S6；S，漂浮的斯韦德贝里单位。

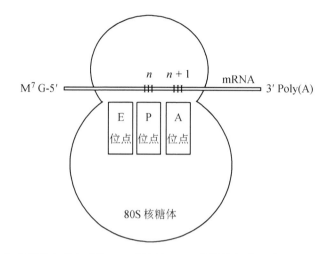

图 7.35　动物细胞中负责蛋白质合成的 80S 核糖体。80S 核糖体包含 3 个 RNA 结合位点：A、P 和 E。在肽链延伸过程中，在 80S 核糖体 P 位点上的 tRNA-氨基酸的肽基基团被转移至已存在于核糖体 A 位点的氨酰 tRNA 的受体末端。释放的 tRNA 迅速从 P 位点解离并在离开核糖体前转移至 E 位点。M^7G，7-甲酰鸟苷酸帽子；Poly(A)，多聚腺苷尾巴。

7.9.1.4　肽链延伸的终止

在经过多次延伸循环将氨基酸聚合到蛋白质分子中后，多肽链延伸的终止由位于 A 位点的终止信号即位于 mRNA 上的无义或终止密码子（如 UGA、UAG 或 UAA）识别。除了特殊的 Sec-tRNA$_{(Sec)}$，tRNA 中一般不含有可以识别终止密码子的反义密码子。识别位于 80S 核糖体 A 位点的终止密码子由真核生物蛋白质释放因子（eRF，如 eRF1、eRF2 和 eRF3）执行。终止密码子导致该释放因子的结合，促使整个核糖体-mRNA 复合物的解离。eRF1 识别 UAA 和 UAG，而 eRF2 识别 UAA 和 UGA。在含有 GTP 的复合物中，eRF3 促进 eRF1 和 eRF2 结合至 80S 核糖体，此后 eRF 水解肽键和终止 tRNA 之间的键。GTP 的水解导致 eRF 从核糖体上解离，而核糖体解离为 40S 和 60S 亚基，为另一回蛋白质合成循环作准备。

7.9.1.5　新合成的蛋白质的翻译后修饰

大多数从核糖体释放的新合成的蛋白质没有生物学活性。多肽必须在真核生物中的细胞质和/或粗面内质网中进行合适的修饰使其成为成熟的蛋白质。这些翻译后修饰包括：①起始氨基酸（如 Met 或 fMet）、C 端和 N 端残基的移除（如信号肽酶移除信号肽）；②前蛋白质或前肽（无活性的蛋白质和肽）的有限蛋白质降解；③对蛋白质或肽的特定氨基酸残基进行共价修饰，包括乙酰化（Lys）、ADP-核糖基化、生物素化、γ-羧化、二硫键（Cys）、核黄素连接、糖基化（Lys）、血红素连接、羟化（Lys、Pro、Ser、Thr 和 Tyr）、甲基化（Arg 和 Lys）、十四烷酰基化、棕榈酰化、泛素化（Lys）和转谷氨酰胺。从蛋白质中释放的经过修饰的氨基酸（如 3-甲基组氨酸和 4-羟脯氨酸）可分别用于估计在骨骼肌中肌纤维蛋白和结缔组织中胶原蛋白的降解。

7.9.2 线粒体内蛋白质的合成

大多数线粒体的蛋白质都在细胞质中的核糖体上合成。后续转运至线粒体内的新合成的蛋白质包含线粒体靶标序列，这一序列被线粒体表面的受体蛋白识别并摄取。现在已知线粒体内可利用氨基酸合成少数几种蛋白质，如特定酵母可合成 8 种，哺乳动物可合成 13 种，而植物大约可合成 20 种。在线粒体内翻译的蛋白质是由线粒体 DNA 编码的。这些蛋白质是位于线粒体内膜上的酶复合体的亚基，参与呼吸链的生化反应和氧化磷酸化。线粒体内的翻译系统与原核生物中的类似，包含一些特殊的特征，如一些不同的密码子由"通用"基因编码、使用有限数量的 tRNA，以及线粒体核糖体结构的特异性。

7.9.3 蛋白质合成的能量需要

1 mol 蛋白质含有不同数量的不同种氨基酸，氨基酸的总量为 1 mol。细胞内的蛋白质合成需要一定的能量，主要是由 ATP 和 GTP 提供。能量依赖的反应包括：①氨基酸激活形成 tRNA-氨基酸；②tRNA-氨基酸进入核糖体的 A 位点（肽链形成的起始）需要将 GTP 降解为 GDP；③新合成的肽酰 tRNA 从核糖体的 A 位点转移至 P 位点（肽链的延伸）；④多肽链合成的终止。

氨基酸激活：ATP → AMP + PPi（两个高能磷酸键）

肽链形成的起始：GTP → GDP + Pi（一个高能磷酸键）

肽链的延伸：GTP → GDP + Pi（一个高能磷酸键）

多肽链合成的终止：GTP → GDP + Pi（一个高能磷酸键）

因此，相当于需要 5 mol 的 ATP（5ATP → 5ADP + 5Pi）合成 1 mol 的蛋白质。此外，将一些氨基酸转运至细胞内需要 ATP（如平均 0.5 mol ATP/mol 氨基酸）。这与营养相关，因为动物体内的蛋白质需要日粮（外源）氨基酸来维持其更新和沉积。因此，需要 5.5 mol 的 ATP 合成 1 mol 或 100 g 的蛋白质，按照猪体内氨基酸的组成，这相当于 118 g 的氨基酸（Wu, 2013）。当细胞中的氨基酸来自细胞内的合成或细胞内的蛋白质降解时，蛋白质合成的能量消耗为 5 mol ATP/1 mol 或 100 g 蛋白质。当动物进食含有蛋白质的日粮后，蛋白质合成过程中释放的能量部分地导致"热增耗"。

7.9.3.1 蛋白质合成的测定

标记的氨基酸同位素示踪物（不可代谢的氨基酸，如使用 Leu 研究肝脏而使用 Phe 研究骨骼肌）被用于测定分离组织或被培养的细胞的蛋白质合成（Bergen et al., 1987; Klasing et al., 1987; Wu and Thompson, 1990）。例如，通过在培养基中使用 ^{14}C-Phe 作为示踪物加上 1 mmol/L Phe 研究骨骼肌中的蛋白质合成。2 h 内蛋白质合成的速率（通过测定 ^{14}C-Phe 进入蛋白质中的量）通过以下方法计算：

蛋白质中 ^{14}C-Phe 放射量（dpm）/ 前体池中 ^{14}C-Phe 的特定放射活性（dpm/nmol）= nmol Phe/2 h

蛋白质合成的分速率计算如下：

蛋白质中 ^{14}C-Phe 的特定放射活性（dpm/nmol）/前体池中 ^{14}C-Phe 的特定放射活性（dpm/nmol）× 100 =%/2 h

蛋白质合成的绝对量计算如下：

组织中蛋白质的含量（mg）× 蛋白质合成的分速率［%/（2 h × 100）］= mg/2 h

在所有这些计算中，需要考虑用于培养试验的组织用量。

研究已经建立了许多利用示踪物在活体测定动物组织中蛋白质合成的方法，包括：①单次给予示踪氨基酸；②大剂量技术（如幼龄动物；蛋白质标记 10–30 min）；③恒定灌注示踪氨基酸（大型动物；蛋白质标记 4–6 h）（Davis and Reeds, 2001; Southorn et al., 1992; Watford and Wu, 2005）。使用基于两个或多个区室模型的方法测定全身的蛋白质合成也被证实可用于动物研究（Waterlow et al., 1978）。最常用的方法为示踪物的短期大剂量灌注技术以及恒定灌流技术。然而，需要依据研究的科学问题选择合适的在活体测定组织蛋白质合成的试验方法。例如，为了减少示踪物的循环，在蛋白质合成速率很高的组织（如肝脏和小肠）中使用短期大剂量技术是有效的方法；而为了减少使用示踪物的花费及实现前体物的特定放射活性或同位素丰度的稳态，在大型动物体内蛋白质合成速率慢的组织中使用长期恒定灌注技术（Bergen et al., 1987）。

7.9.4 细胞内蛋白质的降解

7.9.4.1 细胞内蛋白质降解所需的蛋白酶

蛋白酶催化蛋白质的降解，生成的肽可进一步被寡肽酶、二肽酶和三肽酶水解（Baracos et al., 1986; Wu, 2013）。大多数蛋白酶是水解酶（也称为肽酶），而另一些（如 Asn 肽裂解酶）不是。因此，"蛋白酶"和"肽酶"不能作为同义词。蛋白酶按以下特性分类：①反应类型（如外切肽酶和内切肽酶）；②酶所催化位点的天然化学特性（如 Ser、Cys、Asp、Thr、Glu、Asn 和金属蛋白酶）；③它们进化上的关系（如科，不同科蛋白具有相似结构的被归为簇）（Rawlings et al., 2012）。依据反应类型对蛋白酶进行命名和分类，是按照生物化学和分子生物学国际联盟对酶命名的主要原则。

7.9.4.2 细胞内的蛋白质降解途径

细胞内蛋白质通过具有高度选择性的途径进行降解以维持蛋白质周转的动态平衡（Bergen, 2008）。蛋白酶存在于细胞质、质膜和许多细胞器中（Goldberg, 2003）。除了细胞质和溶酶体，蛋白酶还存在于细胞质膜、线粒体、细胞核和粗面内质网中。因此，细胞内的蛋白质降解途径依据蛋白酶的存在部位可分为溶酶体系统和非溶酶体系统（图 7.36）。

（1）溶酶体蛋白质降解途径

蛋白质通过胞吞途径或自噬从细胞质传递至溶酶体。胞吞的蛋白质进入溶酶体后，在低 pH 下变性并在蛋白酶作用下被水解从而释放氨基酸。这些蛋白酶包括：①具有内切肽酶和外切肽酶（C 端）活性的组织蛋白酶 B（半胱氨酸蛋白酶）；②具有内切肽酶和外切肽酶（N 端）活性的组织蛋白酶 H（半胱氨酸蛋白酶；一种糖蛋白）；③组织蛋

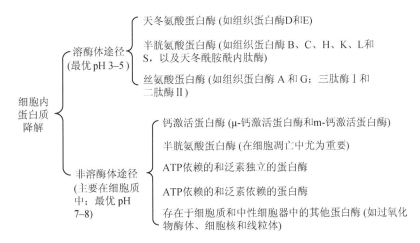

图 7.36 动物细胞内蛋白质的降解途径。蛋白质通过自噬、内吞和分泌自噬从细胞质进入溶酶体。溶酶体途径负责在营养剥夺条件下降解内吞的蛋白质和非肌纤维蛋白（占细胞内总蛋白质的 20%–30%）。非溶酶体途径负责降解：①在基础代谢条件下正常的短命蛋白质；②非正常的、变性的以及老化的蛋白质；③在营养剥夺条件下肌纤维和非肌纤维蛋白（占细胞内总蛋白质的 70%–80%）。

白酶 L（主要的溶酶体半胱氨酸蛋白酶；内切肽酶）；④组织蛋白酶 D（天冬氨酸蛋白酶；内切肽酶）；⑤组织蛋白酶 K（存在于成骨细胞和支气管上皮中的半胱氨酸蛋白酶）；⑥其他蛋白酶，如组织蛋白酶 C（骨髓细胞）、F（巨噬细胞）、O（广泛存在）、V（胸腺上皮细胞）、W（CD8[+] T 细胞）和 Z（广泛存在）（Ciechanover, 2012; Goldberg, 2003）。溶酶体蛋白酶的最适 pH 为 3–5。因此，一些弱碱性化合物［如氨、甲胺、氯喹或莫能霉素（一种离子载体）］通过增加溶酶体内 pH 至 5 以上以抑制溶酶体对蛋白质的降解。溶酶体蛋白质降解系统参与以下蛋白质的细胞内降解：①内吞的蛋白质；②剥夺营养状态下的肌纤维蛋白。在使用溶酶体酶抑制剂的试验中发现，当存在生理浓度的胰岛素、葡萄糖和氨基酸时，肠细胞和骨骼肌细胞中的溶酶体蛋白质裂解系统对细胞内蛋白质降解的贡献率分别为 30%–35% 及 20%–25%（Wu, 2013）。在骨骼肌、心脏及平滑肌中，溶酶体系统在降解肌纤维蛋白中不是优势途径。

（2）非溶酶体蛋白质降解途径

在溶酶体外发现多种低分子量或高分子量的蛋白酶。根据催化的机制，非溶酶体蛋白质降解途径可分为：①Ca^{2+} 依赖的蛋白质降解系统（钙蛋白酶）；②半胱氨酸蛋白酶（如半胱氨酸蛋白酶 1、3 和 9）；③ATP 依赖的、泛素独立的蛋白质降解系统（如 20S 蛋白酶体）；④ATP 和泛素都依赖的蛋白质降解系统（如 26S 蛋白酶体）（Goll et al., 2008）。所有这些蛋白质降解途径都存在于细胞质中，但也可能在某些细胞器（如过氧化物酶体、细胞核及线粒体）中表达。非溶酶体蛋白酶的最适 pH 为 7–8。非溶酶体系统负责降解普通短命蛋白质；在基础代谢条件下，一些异常、变性以及老化的蛋白质；在营养剥夺条件下的肌纤维蛋白和非肌纤维蛋白（Wu, 2013）。当存在生理浓度的胰岛素、葡萄糖和氨基酸时，依据细胞类型的不同，非溶酶体系统对细胞内蛋白质降解的占比为 70%–80%。

7.9.4.3 蛋白质的生物半衰期

由于氨基酸序列和结构的差异，不同蛋白质在动物细胞内的降解速率不同。因此，细胞内蛋白质的半衰期从短命蛋白质的数分钟到长命蛋白质的数天，而非常长命的蛋白质可达数月（Wu, 2013）。异常蛋白质比正常蛋白质的降解速率快。依据功能的不同，正常蛋白质的降解速率差异很大。与催化近平衡的反应的酶相比，在关键代谢控制点的酶的半衰期会短很多。例如，Orn 脱羧酶（催化多胺合成中的一个限速步骤）的半衰期为 11 min，而骨骼肌中的肌动蛋白和肌球蛋白（细胞骨架蛋白）的半衰期 ≥ 30 天。

7.9.4.4 细胞内蛋白质降解的能量需要

肽键切除的能量需要不能用热动力学来解释，这是由于水解肽键的过程是一个释能过程（Goll et al., 2008）。然而，试验证据表明，以下蛋白质降解过程需要 ATP：①ATP 依赖、泛素独立的蛋白酶（每个肽键 2 分子 ATP）；②ATP 和泛素都依赖的 26S 蛋白酶体（相当于每个肽键 3 分子 ATP）。结合所有细胞内的蛋白质裂解途径，每切除蛋白质中的一个肽键需要 2 分子 ATP。

7.9.4.5 细胞内蛋白质降解的测定

细胞内蛋白质降解释放游离氨基酸。因此，蛋白质降解的速率可通过分析从细胞或组织内蛋白质中释放的不可被代谢的氨基酸（标记的或未标记的氨基酸）的量来测定（Bergen, 2008）。这种测定方法受释放的氨基酸会被重新用来合成蛋白质的影响。在培养的细胞或组织中，蛋白质合成通路未被抑制时，释放的氨基酸只是蛋白质净降解的表征，试验同时还需要测定蛋白质合成的量以计算蛋白质降解的速率。比较而言，当向培养基中加入蛋白质合成的抑制剂（如 0.5 mmol/L 放线菌酮）时，所释放的氨基酸是细胞或组织总的蛋白质降解（或简单称作蛋白质降解）的结果（Wu and Thompson, 1990）。在研究从标记的蛋白质释放出去的标记氨基酸的试验中，向培养液中加入高浓度未标记的氨基酸（如骨骼肌和肠细胞培养液中的 Phe 浓度为 1 mmol/L），足以使标记的氨基酸重新用于蛋白质合成的量降到最低。

$$蛋白质净降解 = 蛋白质降解 - 蛋白质合成$$
$$蛋白质降解 = 蛋白质净降解 + 蛋白质合成$$

在活体中测定细胞内蛋白质的降解也使用标记的氨基酸（Waterlow et al., 1978）。稳定同位素示踪物通常用于人和大型农场动物，这是由于该试验在伦理上可被接受并且很安全。比较而言，放射性示踪物对于研究啮齿类动物及小型农场动物的蛋白质降解十分有用，这是因为检测放射性示踪物具有高灵敏性、容易分析而且花费较少。对于迅速生长的动物，分析细胞内蛋白质的降解可以基于蛋白质合成和蛋白质生长的分速率，计算如下：

$$K_d = K_s - K_g$$

式中，K_d（%/天）为蛋白质降解的分速率；K_s（%/天）为蛋白质合成的分速率；K_g（%/天）为蛋白质生长的分速率。

此外，也通常通过测定尿中 3-甲基组氨酸的排泄量作为估计某些动物物种的全身肌肉蛋白质降解的一种非创伤性方法（Young and Munro, 1978）。正如上文提及，肌动蛋白和肌球蛋白中的某些 His 残基的翻译后甲基化会产生 3-甲基组氨酸残基。在骨骼肌、平滑肌和心脏肌肉中，当这些蛋白质被细胞内蛋白酶水解后，3-甲基组氨酸被释放并且不会再重新用于蛋白质合成（Bergen et al., 1987）。在一些动物物种（包括猫、牛、鸡、鹿、蛙、人类、大鼠和兔）中，3-甲基组氨酸随尿定量排出，因此可用这种非创伤性的方法定量测定这些动物的蛋白质降解率。在一些动物物种中（如狗、山羊、小鼠、猪和绵羊），3-甲基组氨酸不能随尿定量排出，因此不能用这种方法测定肌肉的蛋白质降解率。在猪、绵羊和山羊体内，3-甲基组氨酸与 β-丙氨酸反应生成 β-丙氨酰-L-3-甲基组氨酸。在狗体内，3-甲基组氨酸脱羧后生成 3-甲基组胺，而大量的 3-甲基组氨酸随粪便排出体外。在小鼠体内，3-甲基组氨酸也可脱羧生成 3-甲基组胺，并进一步氧化脱氨生成 1-甲基咪唑-4-乙酸，并且 3-甲基组氨酸可被乙酰化为 N-乙酰-3-甲基组氨酸。

7.9.5　蛋白质周转的营养和生理意义

蛋白质的合成和降解均需要大量的能量。在维持状态下，细胞内蛋白质的周转中每周转 1 mol 蛋白质总共需要消耗 7 mol ATP（5 mol ATP 用于蛋白质合成，2 mol ATP 用于蛋白质降解）。这好像对于有效利用日粮能量不利。那么为何细胞不停地降解已被合成的蛋白质？此外，动物和人在饥饿状态下，蛋白质损失的降低对于它们的生存有益。为何在分解代谢状态下蛋白质仍持续降解？这些问题可以在分析蛋白质周转的营养和生理重要性中得到解答。

1）蛋白质周转调控细胞内蛋白质（包括酶）水平和细胞生长。

$$细胞内蛋白质 = 蛋白质合成 - 蛋白质降解$$

动物的生长依赖于其组织特别是骨骼肌中蛋白质合成和蛋白质降解速率的平衡（表 7.15）。在生长的动物体内，蛋白质合成的速率远大于蛋白质降解的速率（Davis et al., 2004）。例如，在 30 kg 猪体内，每增加 1 g 蛋白质的沉积需要合成 1.5–2 g 蛋白质并同时降解 0.5–1 g 蛋白质（Reeds, 1989）。一般而言，组织内沉积 1 g 蛋白质伴随着 3 g 水的滞留。因此，蛋白质沉积是动物体重增加的主要决定因素。蛋白质在体内的增加效率随年龄的增加而降低，主要是因为蛋白质合成的分速率随年龄的增加而降低，而蛋白质降解的分速率基本上保持不变。这一结论在 30–90 kg 猪中得到证实（Davis et al., 2004; Reeds et al., 1980）。

表 7.15　日粮蛋白质质量与能量摄入对生长猪（体重 30–40 kg）蛋白质沉积的影响

日粮	改变（g 蛋白质/天）		
	蛋白质沉积	蛋白质合成	蛋白质降解
饲料的采食量（维持采食量的 3 倍 vs. 2 倍）[a]	+62	+97	+35
蛋白质的采食量（日粮中粗蛋白质 29% vs. 15%）	+23	+127	104
蛋白质的质量（足量赖氨酸 vs. 不足量赖氨酸）	+75	+40	−35
日粮的能量（加入或不加入碳水化合物）	+43	+20	−23
日粮的能量（加入或不加入脂肪）	+60	+20	−40

资料来源：Reeds, P.J. 1989. Regulation of protein turnover. In: *Animal Growth Regulation*. Edited by D.R. Campion, G.J. Hausman, and R.J. Martin. Plenum Publishing Corporation. pp. 183–210.

[a] 维持需要量为 7.4 MJ 代谢能/（天·kg 体重 $^{0.75}$）以及 8.1 g 可消化粗蛋白质/（天·kg 体重 $^{0.75}$）。

细胞内蛋白质浓度的改变同样对多种途径（如氨基酸氧化、尿素循环、葡萄糖异生、生酮和三羧酸循环）中的酶的代谢调控至关重要。维持细胞内外蛋白质的稳态与它们必要的功能相一致：①细胞结构（整合膜蛋白质和外周膜蛋白质）；②细胞外基质（胶原蛋白、弹性蛋白和蛋白聚糖）；③酶催化的反应；④基因表达（如组蛋白和甲基化酶）；⑤激素介导的效应（如胰岛素和生长激素，胎盘中的促乳素）；⑥肌肉收缩（肌动蛋白、肌球蛋白、微管蛋白、原肌球蛋白和肌钙蛋白）；⑦渗透压调节（如血浆蛋白质）；⑧保护（如凝血因子、抗体、干扰素）；⑨代谢调控（如钙调蛋白、瘦素和骨桥蛋白）；⑩营养素和氧气的存储（如铁蛋白、金属硫蛋白和肌球蛋白）；⑪营养素和氧气的转运（如白蛋白、血红蛋白和血浆脂蛋白）。因此，当体内超过 50%的蛋白质流失时，动物将会死亡。

2）蛋白质周转对于迅速生长的细胞（如胃肠道上皮细胞、乳腺、皮肤和胎盘细胞）、网状细胞、淋巴细胞、巨噬细胞和其他免疫细胞，以及卵细胞和精细胞是必需的。例如，迅速生长的新生动物小肠的肠上皮细胞需要高速率的蛋白质净合成。此外，当对动物进行免疫时，T 细胞和 B 细胞迅速扩增，因此有大量淋巴因子和抗体产生，以满足成功应答的需要。另外，伤口的成功愈合对于患者十分重要，该过程需要内皮细胞的增殖、血管生成、胶原蛋白合成、肉芽组织形成、上皮生成，以及成肌纤维细胞的收缩作用。增加氨基酸的供给（特别是 Arg、Pro 和 Gly），可促进受伤动物组织中蛋白质的合成并加速伤口愈合。

3）由于细胞内外环境的改变（如污染、热应激和由自由基及其他氧化物导致的氧化应激），需要通过蛋白质降解移除老化、异常以及变性的蛋白质。细胞中异常的蛋白质可干扰细胞的正常代谢或导致细胞体积及渗透压的改变。此外，蛋白质的降解提供氨基酸（如 Ala、Gln 和 Arg）用于葡萄糖异生、产氨、合成 ATP、合成必需蛋白质、合成神经递质、产生气体信号分子以及免疫，在适应营养剥夺（如绝食以及缺乏日粮蛋白质）和病理状态（如烧伤、癌症、感染、炎症以及受伤）中扮演重要角色。

7.9.6 营养与激素对细胞内蛋白质周转的调控

7.9.6.1 日粮氨基酸及能量的供给

蛋白质的合成，包括合成代谢中的关键激素（如胰岛素、生长激素及胰岛素样生长因子-1）都需要基本组成单元（即氨基酸）以及足够量的能量、酶和辅因子（Wu, 2013）。此外，氨基酸可刺激内分泌器官释放这些激素。因此，最终由日粮提供的氨基酸的可利用率对所有动物的蛋白质合成至关重要（Buttery, 1983）。例如，在 30 kg 猪体内，在能量平衡状态下，全身蛋白质合成的速率为 270 g/天；而当提供维持需要 [7.4 MJ 代谢能/天 和 8.1 g 可消化粗蛋白质/（天·kg 体重 $^{0.75}$）] 的 2~3 倍的日粮时，这一速率可分别增加至 406 g/天和 512 g/天（Reeds et al., 1980）。与碳水化合物供应相比，在生长猪日粮中添加相同能量的脂肪不影响蛋白质的合成，但是降低了蛋白质的降解速率，导致全身蛋白质沉积的增加（表 7.15）。因此，与碳水化合物相比，脂肪代谢可能对节约氨基酸用于组织蛋白的合成更有效。

所有蛋白质的前体氨基酸必须以一定的量和比例同时存在于细胞质中，以确保最优的蛋白质合成。这一营养原则的实践是给动物饲喂适量的高质量蛋白质，以提供血浆中最优的氨基酸浓度和比例，作为全身蛋白质合成的基础。因此，对于生长猪（Reeds, 1989）而言，与单纯提高低质量蛋白质在日粮中的含量相比，日粮蛋白质质量的提高可以更好地增加体内蛋白质的沉积（表 7.15）。

7.9.6.2 MTOR 信号通路

通过激活 MTOR（高度保守的丝氨酸/苏氨酸蛋白激酶）可上调多肽的合成。而 MTOR 信号通路通过整合营养素、激素和生长因子等多种信号，增加组织（包括骨骼肌和胎盘）中的蛋白质合成（Bazer et al., 2014; Suryawan et al., 2011）。MTOR 系统包含两个结构和功能独立的组成部分：MTOR 复合物 1（MTORC1）和 MTOR 复合物 2（MTORC2）（图 7.37）。MTOR 的酶活依赖于上游激酶对其的磷酸化，而上游激酶可被生长激素、胰岛素、胰岛素样生长因子-1，以及多种生长因子、葡萄糖或氨基酸（如 Arg、Gln、Leu、Gly、Pro 和 Trp）激活（Columbus et al., 2015; Sun et al., 2016; Xi et al., 2012）。被激活的 MTOR 可磷酸化下游的两个目标蛋白：eIF4E-BP1（eIF4E 结合蛋白-1，翻译的抑制蛋白）和 S6K1（核糖体蛋白 S6 激酶-1）。在非磷酸化状态下，eIF4E-BP1 与 eIF4E（起始因子）紧密结合，并且具有很高的亲和性，这样游离的 eIF4E 不可以再与 eIF4G（另一种起始因子）结合形成翻译激活复合物。但 eIF4E-BP1 被磷酸化后，eIF4E 与 eIF4E-BP1 解离并与 eIF4G 结合产生 eIF4E-eIF4G 复合物。比较而言，核糖体蛋白 S6（RPS6）的磷酸化导致 S6K1 的磷酸化并产生 RPS6-48S 复合物，最终具有翻译活性的 80S 核糖体起始多肽合成。除了可调控蛋白质的合成，MTORC1 的激活可抑制 ULK1（unc 51 样自噬激活激酶）的活性从而抑制细胞内的自噬及溶酶体内蛋白质降解。MTORC2 的激活可刺激细胞增殖、分化、迁移及细胞骨架的重组（图 7.35）。因此，MTORC1 和 MTORC2 在细胞生长与发育中扮演重要角色，特别是对于胎儿及新生儿阶段的动物（Bazer et al., 2015）。

7.9.6.3 生理性和病理性应激

在应激状态下（如热、冷、运输、断奶和合群应激），循环系统中的糖皮质激素水平显著上升，肌肉的蛋白质合成被抑制而肌肉的蛋白质降解增加，从而导致动物（包括哺乳动物、禽类和鱼）体重不增加或降低（McAllister et al., 2000; Samuels and Baracos, 1995; Southorn et al., 1990）。改善应激导致的蛋白质负平衡的有效途径是向日粮中添加糖皮质激素的结构类似物丝兰属植物（*Yucca schidigera*）提取物（120–180 ppm）（第 3 章）。通过拮抗糖皮质激素，丝兰属植物提取物可改善动物（如在高温下饲养的鸡）的蛋白质沉积和生长性能（Rezaei et al., 2017）。同样，在患病（包括脓毒病）状态下，感染性细胞因子刺激肌肉蛋白质分解并抑制肌肉蛋白质合成，导致体内蛋白质的流失（Baracos et al., 1987; Bergen 2008; Orellana et al., 2011），当患病个体不能进食或进食很少时，情况将更严重。

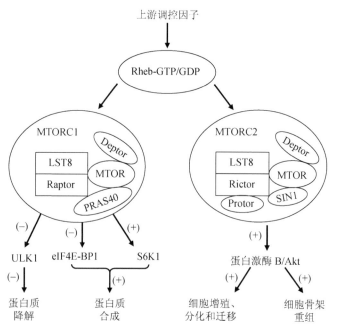

图 7.37　动物细胞内调控蛋白质周转的 MTOR 复合物。eIF4E-BP1，真核生物起始因子 4E 结合蛋白-1；LST8，与 SEC13 蛋白-8 结合时致死（也称作 GβL）；MTORC1，机理性雷帕霉素靶标复合物-1；MTORC2，机理性雷帕霉素靶标复合物-2；PRAS40，40 kDa 富含脯氨酸的 Akt 底物；SIN1，应激激活的 MAP 激酶相互作用蛋白-1；ULK1，unc 51 样激酶-1。

7.10　动物对日粮氨基酸的需要

7.10.1　通过适宜的日粮配方满足动物对氨基酸的需要

依据动物种属、地域和季节的不同，家畜、家禽和鱼的饲养条件（如散养或集约化养殖）存在着很多差异。例如，猪、鸡和奶牛通常在圈舍内饲养并饲喂配制的饲料（集约化养殖系统），而水禽（如鸭和鹅）在发展中国家通常放养。比较而言，许多反刍动物（如牛、绵羊、山羊和鹿）以及马通常在牧场采食鲜草或牧草（散养），其圈养场的日粮含有不同添加水平的能量、蛋白质、维生素和矿物质。对氨基酸代谢的了解是建立蛋白质或氨基酸的日粮添加量的基础，以维持农场动物最优生存、生长、发育和繁殖。许多国家已经建立委员会来推荐动物的氨基酸需要量（如美国的 NRC、英国的农业研究委员会以及中国的动物营养研究委员会）。但必须注意，这些推荐量只能作为生产者和研究者的参考及指南，这是由于动物代谢是动态的过程，该速率会随许多营养、生理和环境因素的改变而显著变化。

7.10.2　日粮氨基酸需要量的总则

在测定动物日粮氨基酸的需要量时，必须考虑氨基酸在体内的氧化（图 7.38）。首先，依据底物-酶关系的 Michaelis–Menton 动力学，无论日粮的氨基酸平衡与否，当日粮中特定氨基酸的进食过量时,其氧化作用也随之增加。因此,当某一氨基酸的日粮采食量低于动物需要量时,其氧化率降低,以节约该氨基酸,使其更多地用于蛋白质合成。如上文所述,tRNA-氨基酸合成酶对氨基酸底物的 K_M 值比降解氨基酸的酶低很多。当给动物饲喂氨基酸平衡的日粮时,只有很小一部分的氨基酸可用于氧化。在各种动物,多余的氨基酸通常不能储存于组织中,必须氧化生成 CO_2、水、氨和尿素。其次,当日粮中某种氨基酸的量达到动物体内蛋白质合成最优量时,与氨基酸过量相比,其氧化率达到最低水平。对于氨基酸平衡的日粮而言,过量的氨基酸将增加其氧化,但不一定影响其他氨基酸的氧化。比较而言,如果日粮中氨基酸不平衡,当 EAA(如 Lys)在日粮中缺乏时,日粮中其他氨基酸(如 Phe)的氧化随日粮中这些氨基酸摄入量的增加而增加。这是由于限制性氨基酸的短缺限制了其他氨基酸用于蛋白质合成的量,所有这些非限制性氨基酸以组织特异性方式被降解。

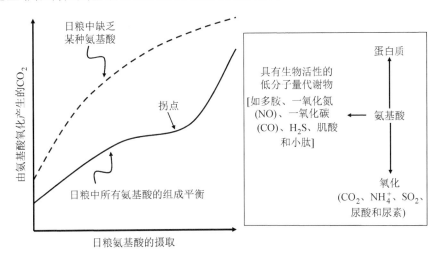

图 7.38 动物体内氨基酸氧化和蛋白质合成之间的关系,以及动物氨基酸氧化与日粮氨基酸采食量之间的关系。当给动物饲喂足量氨基酸的日粮时,某一氨基酸的过量(用拐点标出)导致其氧化的增加,但不一定增加其他氨基酸的氧化。但是,当某种氨基酸(特别是动物不能从头合成的氨基酸)在日粮中缺乏时,蛋白质合成受阻,而其他氨基酸的氧化随日粮进食这些氨基酸的量的增加而增加。

动物对日粮氨基酸的需要可分为质的需要和量的需要。质的需要是指"动物的基本维持(存活)和生产(如生长、泌乳、繁殖及运动竞技)需要哪些氨基酸?",而量的需求是指"动物和生产需要多少氨基酸?"。这两个问题对于分析解决动物饲养的实际问题十分重要。在传统研究中,通过进行生长或氮平衡试验测定动物对日粮氨基酸质和量的需要量。

7.10.3 日粮氨基酸质的需要

如上文所述,传统意义上,氨基酸可分为 EAA、条件性必需氨基酸(conditionally essential AA,CEAA)及 NEAA。EAA 的概念于 1912 年提出,必须给动物补充这些氨基酸以维持它们的生长和氮平衡。所有动物的 EAA 包括 His、Ile、Leu、Lys、Met、Phe、Thr、Trp 和 Val。禽类和大多数鱼还包括 Arg。条件性必需氨基酸是指在正常情况下动物可合成这些氨基酸，但是当这些氨基酸在动物体内的利用速率大于其合成速率时，它们必须通过日粮补充以满足最优的需要（Ewaschuk et al., 2011; Wu, 2010）。大多数哺乳动物的条件性必需氨基酸包括 Arg、Gln、Glu、Gly 和 Pro，而禽类和大多数鱼包括 Gln、Glu、Gly 和 Pro。与之相反，NEAA 被认为是日粮中非必需的氨基酸。在大多数哺乳动物（如人、大鼠和猪）中，传统分类的 NEAA 有 Ala、Arg、Asn、Asp、Cys、Glu、Gln、Gly、Pro、Ser 和 Tyr。虽然 EAA 和 NEAA 的概念被使用了一个世纪以上，然而在猪、家禽和鱼中的研究表明，动物对日粮中的 NEAA 也有需要量，以发挥它们的最优生长、繁殖、泌乳和生产性能的遗传潜力，并获得最优的健康与福利（Hou et al., 2015; Yoshida et al., 2016）。因此，NEAA 的概念不应该再在营养科学中使用。Hou 和 Wu（2017）建议将"NEAA"替换为"AASA"，即动物细胞内可从头合成的氨基酸（AA that are synthesizable *de novo* in animal cells）。由于动物对所有合成蛋白质的氨基酸都有日粮需要，因此氨基酸不应该被划分为 EAA 或 NEAA。

动物合成 AASA 的能力在营养和生理上有重要意义。这些从头合成的代谢途径为细胞稳定地提供氨基酸以维持它们的稳态。也许有人会提出强有力的论据，选择性保留 AASA 合成的代谢通路表明它们对于动物的代谢需要及生存是必需的（Wu, 2013）。相反，EAA 合成的缺失可帮助：①节约分别用于形成葡萄糖、核酸和脂肪酸的磷酸烯醇丙酮酸、D-赤藓糖-4-磷酸和乙酰辅酶 A；②减少能量消耗；③减少动物体内蛋白质及其中间代谢物的数量，以及代谢的复杂性和细胞的体积。同时，蛋白质的合成需要所有的前体氨基酸，AASA 还具有一些 EAA 不具备的功能。此外，体内的 AASA 比 EAA 更加丰富，与 EAA 相比，用于生长、泌乳和产蛋的 AASA 的需要量比 EAA 更多（Hou et al., 2016）。

蛋白质营养中的另一个概念是"限制性氨基酸"，被定义为，与动物的维持、生长及保健的需要量相比，在日粮中的供给量最少的氨基酸。限制性氨基酸通常为 EAA。第一限制性氨基酸通常是与动物的日需要量相比，在日粮中含量最少的 EAA（Kim et al., 2005; Liao et al., 2015; Trottier et al., 1997）。例如，Lys 和 Met 分别是猪和家禽日粮中的第一限制性氨基酸，并且通常也是饲喂以玉米和饲草为基础日粮的限制性氨基酸（Baker and Han, 1994; Benevenga and Blemings, 2007; Hanigan et al., 1998; Le Floc'h et al., 2011）。营养学的研究结果显示，在猪的日粮中，第二、第三、第四个限制性氨基酸分别为蛋氨酸、色氨酸和苏氨酸。

7.10.4 日粮氨基酸量的需要

评价动物氨基酸需要量的经典方法包括在一定时间内（数天或数周）的生长或氮平衡试验。氨基酸的最低需要量可以通过析因法测定，即饲喂无蛋白日粮的动物的氮损失（维持）+ 氮在动物体内的沉积 + 动物产品中的氮（如奶、蛋、毛和胚胎）。而现在已经建立了更先进的同位素示踪法评定动物氨基酸的需要量。NRC（2017）已推荐了家畜和实验动物对日粮 EAA 的需要量，Wu（2014）也已发表了猪和鸡对日粮 AASA 的需要量。一般而言，动物对日粮氨基酸的需要量随日龄的增加而降低。值得注意的是，生长鱼的日粮氨基酸的需要量（如 30%–60%粗蛋白质）比生长猪（5–100 kg 体重，20%–14%粗蛋白质）和生长鸡（0.05–3 kg 体重，20%–16%粗蛋白质）的要高很多。由于不同动物的氨基酸组成相类似，而鱼的相对生长速率并不比哺乳动物和禽类快，因此，鱼合成 AASA 的速率可能相对较低，需要在日粮中提供这些氨基酸以补偿它们内源性合成的不足。

7.10.4.1 通过生长或氮平衡试验测定日粮氨基酸需要量

生长动物（如仔猪、雏鸡和大鼠）对日粮氨基酸的供给十分敏感，因此，它们的生长速率是其对日粮氨基酸需要量的有用指标（Baker, 2005; Kim and Wu, 2004）。为了进一步分析蛋白质在体内的沉积，通常使用生长猪（其利用日粮氨基酸提供维持和生长需要）进行氮平衡试验。当体内无氮积累（氮平衡为零）时，日粮中氮的摄入量应等于通过以下方式排放的氮量：①尿素、氨、硝酸盐、亚硝酸盐、氨基酸和尿中的其他含氮化合物；②NO 气体；③粪氮（氮输出）；④通过毛发和皮肤损失的氮（Young and Borgonha, 2000）。当日粮提供的某种氨基酸的量不足时，动物体内的氮平衡不是最优状态，而可能是负平衡。目前，随着改进的可迅速准确测定氨基酸的技术得到广泛应用，营养行业的工作者必须在动物研究或生产中测定氨基酸而不是氮平衡。

7.10.4.2 析因法测定氨基酸的需要量

全身或特定组织（如小肠）的日粮氨基酸需要量可使用析因法进行估计，即给动物饲喂无蛋白质/氨基酸的日粮时粪氮和尿氮的总和（维持）+ 体内氨基酸的沉积 + 重要产物形式（如乳和胚胎生长）的氨基酸。对特定氨基酸而言，析因法也可基于用于代谢途径中的氨基酸及排出体外（必要损失）的氨基酸的总和。当给动物饲喂无氮但能量足够的日粮时，氨基酸的必要损失主要是通过毛发、汗液和精液（雄性动物）发生的（Wu, 2014）。析因法对于测定哺乳动物对日粮 AASA 的需要量十分有效。

7.10.4.3 利用示踪物研究日粮氨基酸和蛋白质的需要量

氨基酸的氧化速率依赖于其在游离氨基酸池中的浓度（如血浆和细胞内液体）、营养状态及个体的生理需要。如上文提及的，过量的氨基酸一般不会储存在体内而是主要通过氧化排出体外。当体内调节性激素、辅因子或代谢物浓度无显著变化时，氨基酸氧化的显著增加通常是其在体内过剩的标志。换言之，如果提供的氨基酸超出动物的需要，这种氨基酸将被氧化为 CO_2、水、氨和尿素（图 7.15）。在直接的氨基酸氧化法中，测定从受试氨基酸（如 L-［1-^{13}C］Lys）产生的 CO_2 以估计动物对某种氨基酸的需要量。在标志物（间接的）氨基酸氧化法中，通过测定从某种氨基酸（如 L-［1-^{13}C］Phe）而不是受试氨基酸（Pro）产生的 CO_2 以估计对受试氨基酸的日粮需要量（Ball et al., 1986）。从 20 世纪 80 年代开始，研究人员已经利用直接或间接的氨基酸氧化技术测定了猪和家禽对许多氨基酸的日粮需要量（Elango et al., 2012）。

测定日粮氨基酸需要量的每一种方法都有其优势和弊端。氮平衡研究是一种简单且相对经济的方式，可以估计动物对日粮氨基酸的需要量，但在短时间内对氨基酸代谢的需要不敏感而且动物间的变异很大（表 7.16）。与氮平衡技术相比，直接或间接的氨基酸氧化方法的共同优势有：①在数天的受试日粮适应期后，可在数小时内估计日粮氨基酸的需要量；②作为对不同日粮氨基酸的摄入量的响应，可测定动物全身特定氨基酸氧化速率的变化。然而，氮平衡试验和同位素试验没有考虑动物除蛋白质合成以外对氨基酸的功能需求。

表 7.16　运用氮平衡试验评定动物日粮氨基酸需要量的局限性

（1）不考虑全身所有氮的流失，低估了日粮氨基酸的需要量

（2）每日氮平衡的波动很大，氮沉积的微小变化可能不被检测到

（3）不能检测细胞和器官的功能性变化，也不能完全评价日粮氨基酸的需要量

（4）对日粮中某些氨基酸（如 Arg 和 His）的摄取量没有足够的敏感性，特别是在短期试验中

（5）不能提供细胞内氨基酸或蛋白质的中间代谢过程的信息

（6）由于酶系统的适应性及氨基酸氧化的可改变性，很难解释日粮蛋白质摄入量高或低时的试验数据

（7）氮平衡受日粮能量的摄入量、环境因素及内分泌状态的影响很大

（8）需要相对较长的时间适应试验日粮（如大鼠和猪的适应期为 5–7 天）

（9）动物生长和氮平衡有可能不一致，如当动物的体重降低时仍然可能处于氮的正平衡

（10）像所有生物分析一样，当达到最大可能的反应时，对输入增加的响应会减少

资料来源：Wu, G. 2013. *Amino Acids: Biochemistry and Nutrition*. CRC Press, Boca Raton, Florida。

7.10.4.4　日粮氨基酸需要量的生理、代谢及解剖学指标

测定动物对日粮 EAA 的需要量比 AASA 要简单一些，这是由于动物对日粮中 EAA 缺乏的响应更加敏感和更加迅速。测定动物对日粮 EAA 的需要量的终点（如死亡率、发病率、采食量、生长、泌乳和繁殖性能）可用于估计它们对日粮 AASA 的需要量。额外的指标，如生理指标（如激素浓度、血红蛋白、氨、尿素、氨基酸、含氮代谢物、血浆中脂质和葡萄糖，以及组织中神经递质、谷胱甘肽、肌酸和多胺的浓度）对日粮 AASA 需要的评定也应该有所帮助（Wu et al., 2014a）。此外，日粮 AASA 的需要量可基于任何解剖、生理、生化和免疫学指标的异常值，包括：①小肠形态、质量、吸收能力及完整性的异常值；②血浆和尿液中氨基酸之间的不平衡和高浓度的氨；③营养代谢的异常调控导致体内肌肉蛋白质沉积的减少、白色脂肪的沉积及代谢症状；④外周淋巴细胞对有丝分裂原的异常反应；⑤血液化学的异常值；⑥器官功能异常（如视力减弱、皮肤损伤和骨骼肌无力）。因此，多种变量可用于测定动物日粮 AASA 的需要量，依据动物种类及目标而定。

7.10.5　影响日粮氨基酸需要量的因素

动物日粮的氨基酸需要量是不断变化的，并且受许多因素影响（Field et al., 2002; Wu, 2013）。这些因素包括：①日粮组成（如氨基酸含量和比例、能量摄入量、其他物质的存在与缺乏，以及饲料加工）；②动物的生理特征（如年龄、性别、遗传背景、

生物钟、激素水平、妊娠、泌乳和生理活动）；③病理状态（如受伤、感染、创伤、肿瘤、糖尿病、肥胖、心血管疾病，以及胎儿生长受限）；④饲养环境（如室温的高或低、有毒物质、空气污染、卫生状况、噪声和社会群体）。因此，当使用任何日粮氨基酸需要量的推荐值时，必须注意这些因素。饲养试验是检验这些营养学理论的最好方法。

7.10.6 "理想蛋白质"的概念

理想蛋白质的概念于 20 世纪 50 年代在研究鸡的日粮时提出。它是指日粮中 EAA（Arg、His、Ile、Leu、Lys、Met、Phe、Thr、Trp 和 Val）的最优比例与含量，但未考虑任何 "NEAA"（Fisher and Scott, 1954）。以前认为，日粮中 EAA 的组成必须与鸡蛋和酪蛋白中的一致。然而，基于这一想法的实践大都不成功。有人按照鸡胴体中的 EAA 组成配制饲料中的 EAA，然而结果也不理想（Klain et al., 1960）。后续的试验表明，当日粮中同时包含 EAA 和一些 "NEAA"（胱氨酸、甘氨酸、脯氨酸和谷氨酸）时，对鸡生长性能的效果优于单独使用 EAA（Baker et al., 1968; Graber and Baker, 1973）。这一深入的研究导致了数版的关于孵化后三周的 "鸡的氨基酸需要量标准"（Baker and Han, 1994; Sasse and Baker, 1973），可能是因为如下考虑：①关于鸡胴体中甘氨酸、脯氨酸和羟脯氨酸组成的数据不一致；②使用大量的谷氨酸（如是赖氨酸含量的 13 倍）作为试验日粮的等氮对照可能会干扰动物对其他日粮氨基酸的转运、代谢及利用。在 NRC（1994）和 Baker（1997）的 0–56 日龄鸡日粮的理想蛋白质中没有包括 Glu、Gly 或 Pro。从 "理想蛋白质" 中舍去这 3 种氨基酸以及其他用于蛋白质合成的 AASA 是不合理的，这是由于它们对家禽的营养和生理至关重要（Wu et al., 2014a）。

关于鸡日粮的理想蛋白质研究为在生长猪方面的研究奠定了基础。Cole（1980）建议基于在猪酮体中 8 种 EAA 的含量，可配制猪的日粮使其含有理想比例的 Ile、Leu、Lys、Met、Phe、Thr、Trp 和 Val（使用 Lys 作为参考值）。这一想法被农业研究委员会（ARC, 1981）和 NRC（1998）采纳。值得注意的是，ARC 对于生长猪及 Wang 和 Fuller（1989）关于 25–50 kg 小母猪的研究中没有将 His 和所有的 AASA（包括 Arg）纳入理想蛋白质的概念中。Chung 和 Baker（1992）的研究部分修正了这一问题。在研究试验中，他们向 10–20 kg 生长猪的基础日粮（含 1.2% 的真可消化赖氨酸）中添加 Arg、Gly、His 和 Pro（分别是赖氨酸的 42%、100%、32% 和 33%）。然而，由于对氨基酸的生化和营养方面的研究尚不彻底，NRC（1998）没有认识到猪对日粮 Pro 和 Gly 的需要，结果导致 Pro 和 Gly 被从猪日粮的理想蛋白质中移除（Baker, 2000; Kim et al., 2005）。理想蛋白质这一概念的基础是存在缺陷的，因为：①由于许多不同种类的氨基酸在小肠中以不同速率大量地被分解代谢，日粮中的氨基酸模式与动物体中的不匹配（Wu et al., 2014a）；②除了 Arg，其他所有 AASA 都没有包括在理想蛋白质中（Kim et al., 2001）。然而，大量证据表明，动物对所有合成蛋白质的氨基酸都有日粮需要，这些氨基酸必须以合适的比例和合适的量被添加到日粮中（Hou et al., 2015; Hou and Wu, 2017）。

7.11 评价日粮蛋白质和氨基酸的质量

日粮蛋白质的质量取决于以下因素：①日粮氨基酸的量和组成；②与所有氨基酸的需要量相比，动物对日粮氨基酸的消化率和利用率。如果一种蛋白质的所有氨基酸组成很平衡，但其不能在动物胃肠道内被蛋白酶水解，也不能称作高质量的蛋白质。因此，虽然分析饲料原料中的氨基酸含量对于预测日粮中氨基酸的缺乏、适当或过量是十分必要的，但不能单纯使用该化学方法评价饲料蛋白质的营养质量。所以，在监测日粮氨基酸组成的同时必须开展活体的生物学研究，以测定日粮蛋白质的消化率及动物的生长性能（第 4 章）。在人类营养中，过去 30 多年来使用了多种氨基酸评分系统，包括蛋白质消化率矫正的氨基酸评分（PDCAAS, 1989 年推荐）以及可消化 EAA 评分（DIAAS, 2011年推荐）（FAO, 2013）。

在 PDCAAS 系统中，根据表观粗蛋白质消化率（如粪中）的单一数值被用于表示日粮蛋白质中的每种必需氨基酸的消化率，计算出日粮蛋白质中 1 g 特定的 EAA 的表观消化量（mg）与参考蛋白质中 1 g 相同 EAA 的量（mg）的比值，其中最低的值就被认定为 PDCAAS。因此，每种日粮只有单个 PDCAAS 值。在 DIAAS 系统中，根据日粮粗蛋白质的真消化率，计算出日粮蛋白质中 1 g 特定的 EAA 的真消化量（mg）与参考蛋白质中 1 g 相同 EAA 的量（mg）的比值，其中最低的值就被认定为 DIAAS。与 PDCAAS 一样，每种日粮只有单个 DIAAS 值。

$$PDCAAS(\%)=\frac{1\,g日粮蛋白质中EAA的含量(mg)\times日粮粗蛋白质的表观消化率}{1\,g参考蛋白质中相同EAA的含量(mg)}\times100$$

$$DIAAS(\%)=\frac{1\,g日粮蛋白质中EAA的含量(mg)\times日粮氨基酸的真消化率}{1\,g参考蛋白质中相同EAA的含量(mg)}\times100$$

7.11.1 日粮和饲料原料中氨基酸的分析

全价饲料和饲料原料中的蛋白质必须水解为单一氨基酸才能用于氨基酸分析。通常使用酸水解和碱水解对样品进行处理（第 4 章）。此外，当饲料充分研磨后，可用已知的微生物、植物和动物来源的蛋白酶进行水解。如果没有商业蛋白酶，饲料还可以用吸收后的动物的胃和小肠的消化液进行培养，以模拟在体的消化过程。游离氨基酸可以使用高效液相色谱、气相色谱或酶法进行测定。由于具有准确、快速和低成本等优点，高效液相色谱是目前最有效的分析氨基酸的技术。氨基酸分析的数值可以显示氨基酸在日粮蛋白质中是否缺乏、适量或过量，但不能显示有关氨基酸在动物体内的利用率。通常来说，质量较好的蛋白质含有较高比例的 Cys、Lys、Met、Thr 和 Trp。植物和动物蛋白中 Glu、Gln、Asn、Asp 和支链氨基酸的含量最为丰富。特定植物（如花生粕和棉籽粕）和动物（如鱼粉和明胶）产品可提供高水平的精氨酸。然而，与植物蛋白饲料相比，动物蛋白饲料含有更高比例的 Cys、Lys、Met、Thr 和 Trp。与其他动物产品不同，红细胞或血粉中异亮氨酸的含量相对较低

（只有亮氨酸的 22%）。总体而言，动物源饲料（明胶含有丰富的 Pro 和 OH-Pro，但缺乏大多数 EAA）是畜禽和水产动物日粮氨基酸的最优来源。

7.11.2　蛋白质消化率的测定

7.11.2.1　日粮蛋白质的表观消化率和真消化率

由于回肠是小肠的最后一段，日粮蛋白质中的氨基酸含量以及回肠后段肠腔中的氨基酸含量被用于测定日粮氨基酸的消化率（Moughan and Rutherfurd, 2012）。然而，这一数值只能被认为是"表观消化率"。这是由于大量的内源性氨基酸流入小肠肠腔中，如生长猪（表 7.17）和泌乳牛（表 7.18）。内源性氨基酸的来源包括：唾液、胆汁、胃肠和胰腺分泌液、消化道脱落的上皮细胞，并且可能包括肠道细菌。Sauer 和 de Lange（1992）报道，给生长猪饲喂以豆粕、菜籽粕、小麦和大麦为基础的日粮时的小肠内源性粗蛋白质分别为 25.5、30.5、27.4 和 27.7 g/kg 干物质采食量。在所有动物体内，回肠肠腔中通常有大量的内源性氨基酸，这些内源性氨基酸低估了日粮蛋白质在小肠中的真消化率（低估量可达 30%）（Reynolds and Kristensen, 2008; Sauer et al., 2000）。通常使用以玉米淀粉为主的无氮日粮估计非反刍动物小肠中内源性氨基酸的基础流量（AA_{EIb}）。但是，在这种饲喂情况下，由于瘤胃发酵能力会在很大程度上受到抑制，因此，该方法不适用于反刍动物。通常使用标记的氨基酸（如 ^{15}N-Phe 和 ^{15}N-Lys）测定流入反刍动物（如绵羊和牛）小肠中的内源性氨基酸的量。

表 7.17　猪肠腔中日粮和内源性氮的来源 [a]

来源	氮含量（mg/kg 体重）
小肠肠腔中氮的来源	
日粮来源	1530
内源性来源	500
唾液	14
胃	180
胆汁	50
胰液	56
小肠分泌物	100
肠腔微生物	100
小肠中氮的吸收	1600
向大肠肠腔中分泌的氮	65
大肠中吸收的氮	320
粪氮排放	175

资料来源：Fuller, M.F. and P.J. Reeds. 1998. Nitrogen cycling in the gut. *Annu. Rev. Nutr.* 18:385–411；Bergen and Wu (2009)。

[a] 用采食含有 18% 粗蛋白质的日粮的 30–50 kg 生长猪估计。干物质采食量为每天 5.3% 体重。

表 7.18 泌乳奶牛小肠肠腔中日粮和内源性粗蛋白质的来源

来源	含量 [kg/（天·牛）]
日粮粗蛋白质	2.26
十二指肠肠腔中粗蛋白质	2.58
内源性来源	0.41
十二指肠肠腔中净含量	2.17
表观回肠可消化粗蛋白质	1.84
内源性回肠粗蛋白质	0.21
（来源于未消化的内源性十二指肠肠腔中的粗蛋白质）	（0.105）
（来源于不可重吸收的内源性小肠肠腔中的粗蛋白质）	（0.105）
真回肠可消化粗蛋白质	1.94

资料来源：Lapierre, H., D. Pacheco, R. Berthiaume, D.R. Ouellet, C.G. Schwab, P. Dubreuil, G. Holtrop, and G.E. Lobley. 2006. What is the true supply of amino acids for a dairy cow? *J. Dairy Sci.* 89(E. Suppl.):E1–E14。

1）当收集回肠末端的所有食糜后，氨基酸的表观或真回肠消化率可通过以下公式（Knabe et al., 1989; Liao et al., 2005）计算：

$$氨基酸表观回肠消化率 = \frac{氨基酸摄入量(g) - 回肠食糜氨基酸量(g)}{氨基酸摄入量(g)}$$

$$= 1 - \frac{回肠食糜氨基酸量(g)}{氨基酸摄入量(g)}$$

$$氨基酸真回肠消化率 = \frac{氨基酸摄入量(g) - [回肠食糜氨基酸量(g) - AA_{EI}(g)]}{氨基酸摄入量(g)}$$

$$= 氨基酸表观回肠消化率 + \frac{AA_{EI}(g)}{氨基酸摄入量(g)}$$

AA_{EI} 是流入回肠肠腔中的总内源性氨基酸（即回肠食糜中内源性氨基酸的总量），用 g 表示。AA_{EI} 可使用 ^{15}N 标记的氨基酸（如 ^{15}N-Leu）或高精氨酸进行测定（Yin et al., 2015）。当测定 AA_{EIb} 而不是 AA_{EI} 时，测定的值称为标准化的回肠消化率。

2）当向日粮中加入不被消化的指示剂（如 0.3% Cr_2O_3）用于免去收集所有回肠食糜的烦琐步骤时（Mavromichalis et al., 2001），氨基酸的表观或真回肠消化率可按以下方式计算，且所有测量的变量用 g/kg 干物质表示。需要注意，使用"日粮中指示剂的量/回肠食糜中指示剂的量"这一表述来修正回肠食糜中 Cr_2O_3 的回收率。

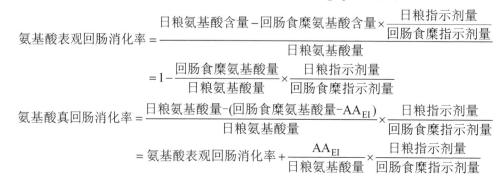

$$氨基酸表观回肠消化率 = \frac{日粮氨基酸含量 - 回肠食糜氨基酸含量 \times \dfrac{日粮指示剂量}{回肠食糜指示剂量}}{日粮氨基酸量}$$

$$= 1 - \frac{回肠食糜氨基酸量}{日粮氨基酸量} \times \frac{日粮指示剂量}{回肠食糜指示剂量}$$

$$氨基酸真回肠消化率 = \frac{日粮氨基酸量 - (回肠食糜氨基酸量 - AA_{EI})}{日粮氨基酸量} \times \frac{日粮指示剂量}{回肠食糜指示剂量}$$

$$= 氨基酸表观回肠消化率 + \frac{AA_{EI}}{日粮氨基酸量} \times \frac{日粮指示剂量}{回肠食糜指示剂量}$$

AA$_{EI}$ 是流入回肠肠腔中的总内源性氨基酸(即回肠食糜中内源性氨基酸的总量),用 g/kg 日粮干物质表示。

7.11.2.2 用指示剂法测定小肠氨基酸的消化率

使用含有不被消化的指示剂(如 0.3% Cr_2O_3)的玉米淀粉为主的无氮日粮,可以测定动物小肠中内源性氨基酸的基础流量(AA$_{EIb}$)。所有测定的变量均用 g/kg 干物质表示。所以 AA$_{EIb}$ 的单位为 g/kg 干物质。

$$AA_{EIb} = 回肠食糜中内源性氨基酸 \times \frac{日粮指示剂量}{回肠食糜指示剂量}$$

7.11.2.3 测定基础日粮中某种饲料原料的蛋白质消化率

如果要测定基础日粮中的饲料原料的蛋白质消化率,除了回肠氨基酸含量受添加的测试成分影响外,计算饲料原料的蛋白质消化率的原理与计算基础日粮的类似。

1)当收集所有回肠食糜时,用如下公式计算受试原料的蛋白质中氨基酸的表观或真回肠消化率:

$$氨基酸表观回肠消化率 =$$
$$\frac{受试成分中的氨基酸(g) - \left[回肠食糜氨基酸_{Basal+Test} - 回肠食糜氨基酸_{Basal}(g)\right]}{从受试成分中摄取的氨基酸(g)}$$

$$氨基酸真回肠消化率 = 氨基酸表观回肠消化率 + \frac{受试成分的 AA_{EI}(g)}{受试成分的氨基酸摄入量(g)}$$

回肠食糜氨基酸$_{Basal+Test}$ 是指给动物饲喂基础日粮和受试成分后回肠食糜中的氨基酸的量,回肠食糜氨基酸$_{Basal}$ 是指给动物饲喂基础日粮后回肠食糜中的氨基酸的量。

2)当向日粮中加入指示剂时,可以收集部分回肠食糜用于检测。氨基酸的表观或真回肠消化率可以按照以下公式计算。所有测定的变量用 g/kg 干物质表示。

$$氨基酸表观回肠消化率 = 1 - \frac{\left[回肠食糜氨基酸_{Basal+Test} - 回肠食糜氨基酸_{Basal}\right]}{受试成分氨基酸}$$
$$\times \frac{日粮指示剂含量}{回肠食糜指示剂含量}$$

$$氨基酸真回肠消化率 = 氨基酸表观回肠消化率 + \frac{受试成分的 AA_{EI}}{受试成分的氨基酸摄入量}$$
$$\times \frac{日粮指示剂含量}{回肠食糜指示剂含量}$$

回肠食糜氨基酸$_{Basal+Test}$ 是指给动物饲喂基础日粮和受试成分后回肠食糜中的氨基酸的量,回肠食糜氨基酸$_{Basal}$ 是指给动物饲喂基础日粮后回肠食糜中的氨基酸的量。

7.11.3 通过动物饲养试验测定日粮蛋白质的质量

日粮蛋白质的质量最好是通过测定其在动物的生物利用率来评估(表 7.19)。基于实际操作和成本的考虑,通常使用鸡和大鼠作为实验动物。在理想状态下,试验采用在日粮中设置不同水平的受试蛋白质，此外，日粮必须提供适量的能量。动物利用日粮蛋白质的传统概念包括：①蛋白质消化率，亦即消化吸收后被动物利用的日粮氨基酸的量；②生物学效价，亦即动物利用被吸收的氨基酸来合成蛋白质的效率。总的蛋白质利用率（用净蛋白质利用率表示）同时反映了蛋白质的消化率和生物学效价。这一方法被广泛地用于动物生长的研究，以测定日粮中固定量或不同水平的日粮蛋白质的利用效率。因此，饲养试验可测定日粮氨基酸在动物的可利用性。在实际工作中，该类试验通常使用大鼠和鸡作为实验动物。

表 7.19　用于动物日粮蛋白质质量的评价方法

方法	方法/计算公式
化学分析	
化学评分	如 Lys/Lys_{egg} 或 Met/Met_{egg}，其中最低的比例为化学评分
必需氨基酸指数	受试蛋白质与参考蛋白质中必需氨基酸比例的几何平均数
染料结合	氟代-2,4-二硝基苯与蛋白质中赖氨酸的 $\varepsilon\text{-}NH_2$ 反应
氨基酸相互比例	保留的受试蛋白质中必需氨基酸的比例与参考蛋白质的类似
动物试验	
生物学效价	$= [NI - (FN - MFN) - (UN - EUN)] \div [NI - (FN - MFN)] \times 100$
蛋白质效率比例	= 增重/总蛋白质摄入量
蛋白质净比例	= [增重（受试日粮）＋减重（无氮日粮）]/总蛋白质摄入量（受试日粮）
相对氮利用率	= [增重（受试日粮）+0.1×（初始重＋末重）]/总氮摄入量
蛋白质净利用率	$= [NI - (FN - MFN) - (UN - EUN)] / NI \times 100$
氮生长指数	= 增重（Y 轴）与氮摄入量（X 轴）回归的斜率

注：EUN，内源性尿氮；FN，粪氮；MFN，代谢粪氮；NI，日粮氮摄入量；FN−MFN，以粪氮形式排出的日粮氮的量；UN−EUN，以尿氮形式排出的日粮氮的量；NI−(FN−MFN)−(UN−EUN)，实验动物体内沉积的日粮氮的量；NI−(FN−MFN)，实验动物吸收日粮氮的量。

评价日粮蛋白质质量的方法包括：①生物学效价（被吸收的氮用于动物维持和生长的比例）；②蛋白质效率比例（每克日粮蛋白质或摄入氮与体重增加量的比例）；③蛋白质净比例（与蛋白质效率比例的方法类似，但考虑了动物的维持需要量）；④蛋白质净利用率（与生物学效价方法类似，但用被实验动物吸收的日粮氮代替总摄入氮）；⑤斜率比例［也称作氮生长系数，即增重（Y 轴）与日粮氮摄入量（X 轴）回归的斜率］；⑥相对氮利用率（包含蛋白质的维持需要这一因素）（表 7.19）。这些方法共同的弱点是：①各种体组织对动物增重的贡献未知，且增重有可能不是蛋白质沉积的结果；②饲喂无蛋白日粮动物的粪氮和尿氮可能不会真实反映它们在正常饲喂状态下的内源值；③无论日粮蛋白质质量如何，损害胃肠道功能的因素将降低动物对日粮蛋白质的利用率（Wu，2013）。因此，受试日粮的成分必须不含有抗营养因子，还必须考虑动物的消化生理，以及在试验期内测定实验动物体内蛋白质的沉积。

7.12　小　　结

氨基酸是饲料和动物体内蛋白质的基本组成单位。在非反刍动物胃中，日粮蛋白质在盐酸的作用下变性并在蛋白酶（如胃蛋白酶）的作用下水解。控制胃酸分泌的激活或抑制因子主要通过影响胃和十二指肠黏膜的胃泌素（激活）或生长抑素（抑制）的产生起作用。在反刍动物体内，日粮蛋白质被微生物蛋白酶、肽酶和脱氨酶降解产生氨和游离氨基酸，用于瘤胃中微生物的蛋白质合成。瘤胃微生物进入皱胃（真胃），在该处它们的细胞膜被溶酶体裂解从而释放细胞内的蛋白质，继而蛋白质被蛋白酶水解。增加高质量的日粮蛋白质过瘤胃的策略主要是通过最小化蛋白质的降解量、肽的降解量和脱氨，同时最大化过瘤胃蛋白质的消化率。反刍动物的最优蛋白质营养取决于给瘤胃提供适量的可降解的粗蛋白质以及足够的能量，以使微生物蛋白质的合成最大化。在非反刍动物和反刍动物体内，胃中的食糜进入十二指肠，并被胰液和十二指肠液中和。空肠是蛋白质和多肽的主要消化部位，在多种胰腺和小肠来源的蛋白酶、寡肽酶、三肽酶和二肽酶的作用下，蛋白质释放三肽和二肽（约 80%）以及游离氨基酸（约 20%）。小肠肠腔中的细菌可降解大量的蛋白质消化产物。剩余的小肽和氨基酸分别通过肽转运载体-1和氨基酸转运载体被小肠的肠上皮细胞吸收，并且肽的转运速率大于游离氨基酸的转运速率。多种氨基酸转运载体可转运某一种氨基酸，而拥有相似化学结构的多种氨基酸可竞争相同的转运载体。在所有动物小肠的肠上皮细胞中，肽被水解为氨基酸。值得注意的是，天冬氨酸、谷氨酸和谷氨酰胺可作为代谢能源被哺乳动物的肠黏膜大量氧化，并可作为大多数哺乳动物（如猪和反刍动物）小肠的肠上皮细胞合成瓜氨酸和精氨酸的底物。不被小肠的肠上皮细胞降解的氨基酸通过其基底膜转运至小肠的固有层。

进入门静脉的氨基酸参与器官间代谢。大部分支链氨基酸通过肝脏，并被骨骼肌、心脏、脂肪组织、乳腺和胎盘摄取。在肝外组织中，支链氨基酸转氨基后生成谷氨酸，后者可与 NH_4^+ 酰胺化生成谷氨酰胺。谷氨酸与丙酮酸（或草酰乙酸）发生转氨基作用生成丙氨酸（或天冬氨酸）。丙氨酸和谷氨酰胺可作为肝脏和肾脏葡萄糖异生的底物，而谷氨酰胺可被小肠和肾脏摄取分别产生瓜氨酸和氨。瓜氨酸也可在肾脏中转化为精氨酸。在动物体内，氨基酸被用于产生肽、蛋白质和低分子量的代谢物（如气体信号分子、神经递质和抗氧化的小肽）。细胞内的蛋白质以能量依赖的方式进行连续的合成与降解，即蛋白质的周转，从而调控蛋白质沉积、细胞生长、移除被氧化的蛋白质，以及维持全身的稳态。作为这一代谢循环的组成部分，氨基酸通过区室、细胞和组织特异的反应被降解或合成。一些氨基酸或其代谢物可激活细胞信号通路，调节营养物质代谢及体内蛋白质、脂肪和糖原的沉积，这些氨基酸被称作功能性氨基酸。从氨基酸分解代谢产生的氨主要以尿素形式在哺乳动物的肝脏或以尿酸形式在禽类体内脱毒，而大多数鱼可直接将氨排放到其生活环境中。在断奶的哺乳动物体内，小肠的肠上皮细胞也可产生尿素作为防御日粮或肠道来源的氨的第一道防线。虽然动物可利用传统分类中的 EAA 合成多种氨基酸，但这些途径不能提供足够的 AASA（动物细胞内可从头合成的氨基酸）以满足农场动物的最优生存、生长、妊娠或泌乳的需要。因此，畜禽和鱼类对 EAA 及 AASA（即所有用于蛋白质合成的氨基酸）都有日粮需要量。在配制动物日粮时只考虑 EAA 或"理想蛋白质"，远不能满足动物的最优生长及生产性能的发挥。这是我们关于氨基酸营养知识的新范式转移。为了满足动物的需要，日粮必须提供适量及合适比例的氨基酸。日粮蛋白质的质量可通过定量其氨基酸的组成及测定其支持幼龄动物（如鸡、大鼠和仔猪）生长的能力来评价。通过向日粮中添加高质量的蛋白质或氨基酸以优化氨基酸营养是提高畜禽和鱼类产量及生产效率并保证动物最佳健康以及减少农场中动物废物产生的一种有效可行的方法。

（译者：戴兆来，武振龙，胡声迪）

参 考 文 献

Agricultural Research Council (United Kingdom) 1981. *The Nutrient Requirements of Pigs: Technical Review. Commonwealth Agricultural Bureaux*, Slough, U.K.

Austic, R.E. 1985. Development and adaptation of protein digestion. *J. Nutr.* 115:5686–5697.

Averill, B.A. 1996. Dissimilatory nitrite and nitric oxide reductases. *Chem. Rev.* 96:2951–2964.

Baracos, V.E., W.T. Whitmore, and R. Gale. 1987. The metabolic cost of fever. *Can. J. Physiol. Pharmacol.* 65:1248–1254.

Baragi, V. and R.T. Lovell. 1986. Digestive enzyme activities in striped bass from first feeding through larva development. *Trans. Am. Fish. Soc.* 115:478–484.

Baker, D.H. 1997. Ideal amino acid profiles for swine and poultry and their applications in feed formulation. *BioKyowa Tech. Rev.* 9:1–24.

Baker, D.H. 2000. Recent advances in use of the ideal protein concept for swine feed formulation. *Asian-Aust. J. Anim. Sci.* 13:294–301.

Baker, D.H. 2005. Comparative nutrition and metabolism: Explication of open questions with emphasis on protein and amino acids. *Proc. Natl. Acad. Sci. USA.* 102:17897–17902.

Baker, D.H. 2009. Advances in protein-amino acid nutrition of poultry. *Amino Acids* 37:29–41.

Baker, D.H. and Y. Han. 1994. Ideal amino acid profile for broiler chicks during the first three weeks post-hatching. *Poult. Sci.* 73:1441–1447.

Baker, D.H., M. Sugahara, and H.M. Scott. 1968. The glycine-serine interrelationship in chick nutrition. *Poult. Sci.* 47:1376–1377.

Ball, R.O., J.L. Atkinson, and H.S. Bayley. 1986. Proline as an essential amino acid for the young pig. *Br. J. Nutr.* 55:659–668.

Baracos, V., R.E. Greenberg, and A.L. Goldberg. 1986. Influence of calcium and other divalent cations on protein turnover in rat skeletal muscle. *Am. J. Physiol.* 250:E702–710.

Barrett, K.E. 2014. *Gastrointestinal Physiology.* McGraw Hill, New York.

Bazer, F.W., G. Wu, G.A. Johnson, and X.Q. Wang. 2014. Environmental factors affecting pregnancy: Endocrine disrupters, nutrients and metabolic pathways. *Mol. Cell. Endocrinol.* 398:53–68.

Bazer, F.W., W. Ying, X.Q. Wang, K.A. Dunlap, B.Y. Zhou, G.A. Johnson, and G. Wu. 2015. The many faces of interferon tau. *Amino Acids* 47:449–460.

Benevenga, N.J. and K.P. Blemings. 2007. Unique aspects of lysine nutrition and metabolism. *J. Nutr.* 137:1610S–1615S.

Bergen, W.G. 2008. Measuring in vivo intracellular protein degradation rates in animal systems. *J. Anim. Sci.* 86 (Suppl. 14):E3–E12.

Bergen, W.G. 2015. Small-intestinal or colonic microbiota as a potential amino acid source in animals. *Amino Acids* 47:251–258.

Bergen, W.G. and D.B. Bates. 1984. Ionophores: Their effect on production efficiency and mode of action. *J. Anim. Sci* 58:1465–1483.

Bergen, W.G., D.R. Mulvaney, D.M. Skjaerlund, S.E. Johnson, and R.A. Merkel. 1987. In vivo and *in vitro* measurements of protein turnover. *J. Anim. Sci.* 65(Suppl. 2):88–106.

Bergen, W.G. and D.B. Purser. 1968. Effect of feeding different protein sources on plasma and gut amino acids in the growing rat. *J Nutr.* 95:333–340.

Bergen, W.G. and G. Wu. 2009. Intestinal nitrogen recycling and utilization in health and disease. *J. Nutr.* 139:821–825.

Bergen, W.G., D.B. Purser, and J.H. Cline. 1968a. Effect of ration on the nutritive quality of rumen microbial protein. *J. Anim. Sci.* 27:1497–1501.

Bergen, W.G., D.B. Purser, and J.H. Cline. 1968b. Determination of limiting amino acids of rumen-isolated microbial proteins fed to rat. *J. Dairy Sci.* 51:1698–1700.

Blachier, F., A.M. Davila, R. Benamouzig, and D. Tome. 2011. Channelling of arginine in NO and polyamine pathways in colonocytes and consequences. *Front. Biosci.* 16:1331–1343.

Brinkhuis, J. and T.A. Payens. 1985. The rennet-induced clotting of para-kappa-casein revisited: Inhibition experiments with pepstatin A. *Biochim. Biophys. Acta* 832:331–336.

Brock, F.M., C.W. Forsberg, and J.G. Buchanan-Smith. 1982. Proteolytic activity of rumen microorganisms and effects of proteinase inhibitors. *Appl. Environ. Microbiol.* 44:561–569.

Broderick, G.A. and W.J. Radloff. 2004. Effect of molasses supplementation on the production of lactating dairy cows fed diets based on alfalfa and corn silage. *J. Dairy Sci.* 87:2997–3009.

Broderick, G.A., R.J. Wallace, and E.R. Ørskov. 1991. Control of rate and extent of protein degradation. In: *Physiological Aspects of Digestion and Metabolism in Ruminants*. Edited by T. Tsuda and Y. Sasaki. Academic Press, Orlando, Florida, pp. 541–592.

Bröer, S. and M. Palacín. 2011. The role of amino acid transporters in inherited and acquired diseases. *Biochem. J.* 436:193–211.

Brosnan, J.T. and M.E. Brosnan. 2006. Branched-chain amino acids: Enzyme and substrate regulation. *J. Nutr.* 136:207S–211S.

Burrin, D.G. and T.A. Davis. 2004. Proteins and amino acids in enteral nutrition. *Curr. Opin. Clin. Nutr. Metab. Care* 7:79–87.

Bush, J.A., G. Wu, A. Suryawan, H.V. Nguyen, and T.A. Davis. 2002. Somatotropin-induced amino acid conservation in pigs involves differential regulation of liver and gut urea cycle enzyme activity. *J. Nutr.* 132:59–67.

Buttery, P.J. 1983. Hormonal control of protein deposition in animals. *Proc. Nutr. Soc.* 42:137–148.

Chalupa, W. and C.J. Sniffen. 1994. Carbohydrate, protein and amino acid nutrition of dairy cows. In: *Recent Advances in Animal Nutrition*. Edited by P.C. Garnsworthy and D.J.A. Cole. University of Nottingham Press, Nottingham, pp. 265–275.

Chamberlain, D.G., P.C. Thomas, and J. Quig. 1986. Utilization of silage nitrogen in sheep and cows: Amino acid composition of duodenal digesta and rumen microbes. *Grass Forage Sci.* 41:31–38.

Chelikani, P.K., D.R. Glimm, D.H. Keisler, and J.J. Kennelly. 2004. Effects of feeding or abomasal infusion of canola oil in Holstein cows. 2. Gene expression and plasma concentrations of cholecystokinin and leptin. *J. Dairy Res.* 71:288–296.

Chen, L.X., P. Li, J.J. Wang, X.L. Li, H.J. Gao, Y.L. Yin, Y.Q. Hou, and G. Wu. 2009. Catabolism of nutritionally essential amino acids in developing porcine enterocytes. *Amino Acids* 37:143–152.

Chen, L.X., Y.L. Yin, W.S. Jobgen, S.C. Jobgen, D.A. Knabe, W.X. Hu, and G. Wu. 2007. In vitro oxidation of essential amino acids by intestinal mucosal cells of growing pigs. *Livest. Sci.* 109:19–23.

Chiba, L.I., A.J. Lewis, and E.R. Peo Jr. 1991. Amino acid and energy interrelationships in pigs weighing 20 to 50 kilograms: I. Rate and efficiency of weight gain. *J. Anim. Sci.* 69:694–707.

Chung, T.K. and D.H. Baker. 1992. Ideal amino acid pattern for ten kilogram pigs. *J. Anim. Sci.* 70:3102–3111.

Ciechanover, A. 2012. Intracellular protein degradation: From a vague idea thru the lysosome and the ubiquitin-proteasome system and onto human diseases and drug targeting. *Biochim. Biophys. Acta* 1824:3–13.

Cole, D.J.A. 1980. The amino acid requirements of pigs: The concept of an ideal protein. *Pig News Info.* 1:201–205.

Columbus, D.A., J. Steinhoff-Wagner, A. Suryawan, H.V. Nguyen, A. Hernandez-Garcia, M.L. Fiorotto, and T.A. Davis. 2015. Impact of prolonged leucine supplementation on protein synthesis and lean growth in neonatal pigs. *Am. J. Physiol.* 309:E601–E610.

Colvin, B.M. and H.A. Ramsey. 1968. Soy flour in milk replacers for young calves. *J. Dairy Sci.* 51:898–904.

Cranwell, P.D. 1995. Development of the neonatal gut and enzyme systems. In: *The Neonatal Pig: Development and Survival*. Edited by M.A. Varley. CAB International, Wallingford, Oxon, U.K, pp. 99–154.

Daenzer, M., K.J. Petzke, B.J. Bequette, and C.C. Metges. 2001. Whole-body nitrogen and splanchnic amino acid metabolism differ in rats fed mixed diets containing casein or its corresponding amino acid mixture. *J. Nutr.* 131:1965–1972.

Dai, Z.L., Z.L. Wu, S.Q. Hang, W.Y. Zhu, and G. Wu. 2015. Amino acid metabolism in intestinal bacteria and its potential implications for mammalian reproduction. *Mol. Hum. Reprod.* 21:389–409.

Dai, Z.L., G. Wu, and W.Y. Zhu. 2011. Amino acid metabolism in intestinal bacteria: Links between gut ecology and host health. *Front. Biosci.* 16:1768–1786.

Dai, Z.L., J. Zhang, G. Wu, and W.Y. Zhu. 2010. Utilization of amino acids by bacteria from the pig small intestine. *Amino Acids* 39:1201–1215.

Davis, A.J. and R.E. Austic. 1997. Dietary protein and amino acid levels alter threonine dehydrogenase activity in hepatic mitochondria of Gallus domesticus. *J. Nutr.* 127:738–744.

Davis, T.A., J.A. Bush, R.C. Vann, A. Suryawan, S.R. Kimball, and D.G. Burrin. 2004. Somatotropin regulation of protein metabolism in pigs. *J. Anim. Sci.* 82(E-Suppl.):E207–E213.

Davis, T.A. and P.J. Reeds. 2001. Of flux and flooding: The advantages and problems of different isotopic methods for quantifying protein turnover *in vivo*: II. Methods based on the incorporation of a tracer. *Curr. Opin. Clin. Nutr. Metab. Care.* 4:51–56.

Debray, L., I. Le Huerou-Luron, T. Gidenne, and L. Fortun-Lamothe. 2003. Digestive tract development in rabbit according to the dietary energetic source: Correlation between whole tract digestion, pancreatic and intestinal enzymatic activities. *Comp. Biochem. Physiol. A* 135:443–455.

Dhanakoti, S.N., J.T. Brosnan, M.E. Brosnan, and G.R. Herzberg. 1992. Net renal arginine flux in rats is not affected by dietary arginine or dietary protein intake. *J. Nutr.* 122:1127–1134.

Dillon, E.L., D.A. Knabe, and G. Wu. 1999. Lactate inhibits citrulline and arginine synthesis from proline in pig enterocytes. *Am. J. Physiol. Gastrointest. Liver Physiol.* 276:G1079–G1086.

Dixon, R.M. 2013. Controlling voluntary intake of molasses-based supplements in grazing cattle. *Anim. Prod. Sci.* 53:217–225.

Doepel, C.L., G.E. Lobley, J.F. Bernier, P. Dubreuil, and H. Lapierre. 2007. Effect of glutamine supplementation on splanchnic metabolism in lactating dairy cows. *J. Dairy Sci.* 90:4325–4333.

Dorward, D.A., C.D. Lucas, G.B. Chapman, C. Haslett, K. Dhaliwal, and A.G. Rossi. 2015. The role of formylated peptides and formyl peptide receptor 1 in gverning neutrophil function during acute inflammation. *Am. J. Pathol.* 185:1172–1184.

Elango, R., R.O. Ball, and P.B. Pencharz. 2012. Recent advances in determining protein and amino acid requirements in humans. *Br. J. Nutr.* 108(Suppl. 2):S22–S30.

Emery, R.S. 1978. Feeding for increased milk protein. *J. Dairy Sci.* 61:825–828.

Ewaschuk, J.B., G.K. Murdoch, I.R. Johnson, K.L. Madsen, and C.J. Field. 2011. Glutamine supplementation improves intestinal barrier function in a weaned piglet model of *Escherichia coli* infection. *Br. J. Nutr.* 106:870–877.

Faichney G.J., C. Poncet, B. Lassalas, J.P. Jouany, L. Millet, J. Doré, and A.G. Brownlee. 1997. Effect of concentrates in a hay diet on the contribution of anaerobic fungi, protozoa and bacteria to nitrogen in rumen and duodenal digesta in sheep. *Anim. Feed Sci. Technol.* 64:193–213.

FAO (Food and Agriculture Organizations of the United Nations) 2013. *Dietary Protein Quality Evaluation in Human Nutrition.* Rome, Italy.

Fellner, V. 2002. Rumen microbes and nutrient management. *Proceedings of American Registry of Professional Animal Scientists—California Chapter Conference*, October, 2002, Coalinga, CA.

Ffoulkes, D. and R.A. Leng. 1988. Dynamics of protozoa in the rumen of cattle. *Br. J. Nutr.* 59:429–436.

Field, C.J., I.R. Johnson, and P.D. Schley. 2002. Nutrients and their role in host resistance to infection. *J. Leukoc. Biol.* 71:16–32.

Firkins, J.L. and Z. Yu. 2015. How to use data on the rumen microbiome to improve our understanding of ruminant nutrition. *J. Anim. Sci.* 93:1450–1470.

Firkins, J.L., Z. Yu, and M. Morrison. 2007. Ruminal nitrogen metabolism: Perspectives for integration of microbiology and nutrition for dairy. *J. Dairy Sci.* 90(E. Suppl.):E1–E16.

Fisher, H. and H.M. Scott. 1954. The essential amino acid requirements of chicks as related to their proportional occurrence in the fat-free carcass. *Arch. Biochem. Biophys.* 51:517–519.

Flores, D.A., L.E. Phillip, D.M. Veira, and M. Ivan. 1986. Digestion in the rumen and amino acid supply to the duodenum of sheep fed ensiled and fresh alfalfa. *Can. J. Anim. Sci.* 66:1019–1027.

Flynn, N.E., J.G. Bird, and A.S. Guthrie. 2009. Glucocorticoid regulation of amino acid and polyamine metabolism in the small intestine. *Amino Acids* 37:123–129.

Fuller, M.F. and P.J. Reeds. 1998. Nitrogen cycling in the gut. *Annu. Rev. Nutr.* 18:385–411.

Gabaudan, J. 1984. Posthatching morphogenesis of the digestive system of striped bass. *Ph.D. Dissertation*, Auburn University, Auburn, Alabama.

García-Gasca, A., M.A. Galaviz, J.N. Gutiérrez, and A. García-Ortega. 2006. Development of the digestive tract, trypsin activity and gene expression in eggs and larvae of the bullseye puffer fish *Sphoeroides annulatus. Aquaculture* 251:366–376.

Gerrits, W.J.J., J. Dijkstra, and J. France. 1997. Description of a model integrating protein and energy metabolism in preruminant calves. *J. Nutr.* 127:1229–1242.

Ghorbani, G.R. 2012. D*ynamics of Protein Metabolism in the Ruminant.* http://www.freepptdb.com/details-dynamics-of-protein-metabolism-in-the-ruminant. Accessed on January 16, 2017.

Gilbert, E.R., E.A. Wong, and K.E. Webb, Jr. 2008. Peptide absorption and utilization: Implications for animal nutrition and health. *J. Anim Sci.* 86:2135–2155.

Giuffrida, P., P. Biancheri, and T.T. MacDonald. 2014. Proteases and small intestinal barrier function in health and disease. *Curr. Opin. Gastroenterol.* 30:147–153.

Goldberg, A.L. 2003. Protein degradation and protection against misfolded or damaged proteins. *Nature* 426:895–899.

Goll, D.E., G. Neti, S.W. Mares, and V.F. Thompson. 2008. Myofibrillar protein turnover: The proteasome and the calpains. *J. Anim. Sci.* 86(14 Suppl.):E19–E35.

Graber, G. and D.H. Baker. 1973. The essential nature of glycine and proline for growing chickens. *Poul. Sci.* 52:892–896.

Gruninger, R.J., A.K. Puniya, T.M. Callaghan, J.E. Edwards, N. Youssef, S.S. Dagar, K. Fliegerova et al. 2014. Anaerobic fungi (phylum Neocallimastigomycota): Advances in understanding their taxonomy, life cycle, ecology, role and biotechnological potential. *FEMS Microbiol. Ecol.* 90:1–17.

Hanigan, M.D., J.P. Cant, D.C. Weakley, and J.L. Beckett. 1998. An evaluation of postabsorptive protein and amino acid metabolism in the lactating dairy cow. *J. Dairy Sci.* 81:3385–3401.

Harper, A.E., R.H. Miller, and K.P. Block. 1984. Branched-chain amino acid metabolism. *Annu. Rev. Nutr.* 4:409–454.

Haüssinger, D. 1990. Nitrogen metabolism in liver: Structural and functional organization and physiological significance. *Biochem. J.* 267:281–290.

Hendriks, W.H., J. van Baal, and G. Bosch. 2012. Ileal and faecal protein digestibility measurement in humans and other non-ruminants—A comparative species view. *Br. J. Nutr.* 108(Suppl. 2):S247–S257.

Higgins, C.F. and M.M. Gibson. 1986. Peptide transport in bacteria. *Methods Enzymol.* 125:365–377.

Hook, S.E., J. Dijkstra, A.D.G. Wright, B.W. McBride, and J. France. 2012. Modeling the distribution of ciliate protozoa in the reticulo-rumen using linear programming. *J. Dairy Sci.* 95:255–265.

Hou, Y.Q. and G. Wu. 2017. Nutritionally nonessential amino acids: A misnomer in nutritional sciences. *Adv. Nutr.* 8:137–139.

Hou, Y.Q., K. Yao, Y.L. Yin, and G. Wu. 2016. Endogenous synthesis of amino acids limits growth, lactation and reproduction of animals. *Adv. Nutr.* 7:331–342.

Hou, Y.Q., Y.L. Yin, and G. Wu. 2015. Dietary essentiality of "nutritionally nonessential amino acids" for animals and humans. *Exp. Biol. Med.* 240:997–1007.

Hristov, A.N., J.K. Ropp, K.L. Grandeen, S. Abedi, R.P. Etter, A. Melgar, and A.E. Foley. 2005. Effect of carbohydrate source on ammonia utilization in lactating dairy cows. *J. Anim. Sci.* 83:408–421.

Huang, Y.F., Y. Wang, and M. Watford. 2007. Glutamine directly downregulates glutamine synthetase protein levels in mouse C_2C_{12} skeletal muscle myotubes. *J. Nutr.* 137:1357–1361.

Hungate, R.E. 1966. *The Rumen and Its Microbes.* Academic Press, New York.

Hyde, R., P.M. Taylor, and H.S. Hundal. 2003. Amino acid transporters: Roles in amino acid sensing and signalling in animal cells. *Biochem. J.* 373:1–18.

Irie, M., T. Terada, M. Okuda, and K. Inui. 2004. Efflux properties of basolateral peptide transporter in human intestinal cell line Caco-2. *Pflugers Arch.* 449:186–194.

Irwin, D.M. 1995. Evolution of the bovine lysozyme gene family: Changes in gene expression and reversion of function. *J. Mol. Evol.* 41:299–312.

Irwin, D.M. and A.C. Wilson. 1990. Concerted evolution of ruminant stomach lysozymes. Characterization of lysozyme cDNA clones from sheep and deer. *J. Biol. Chem.* 265:4944–4952.

Jois, M., B. Hall, K. Fewer, and J.T. Brosnan. 1989. Regulation of hepatic glycine catabolism by glucagon. *J. Biol. Chem.* 264:3347–3351.

Jouany, J.P. 1996. Effect of rumen protozoa on nitrogen utilization by ruminants. *J. Nutr.* 126:1335S–1346S.

Kertz, A.F. 2010. Urea feeding to dairy cattle: A historical perspective and review. *Prof. Anim. Sci.* 26:257–272.

Kim, S.W., D.H. Baker, and R.A. Easter. 2001. Dynamic ideal protein and limiting amino acids for lactating sows: The impact of amino acid mobilization. *J. Anim. Sci.* 79:2356–2366.

Kim, S.W. and G. Wu. 2004. Dietary arginine supplementation enhances the growth of milk-fed young pigs. *J. Nutr.* 134:625–630.

Kim, S.W., G. Wu, and D.H. Baker. 2005. Ideal protein and amino acid requirements by gestating and lactating sows. *Pig News Inform.* 26:89N–99N.

Klain, G.J., H.M. Scott, and B.C. Johnson. 1960. The amino acid requirements of the growing chick fed a crystalline amino acid diet. *Poult. Sci.* 39:39–44.

Klasing, K.C., C.C. Calvert, and V.L. Jarrell. 1987. Growth characteristics, protein synthesis, and protein degradation in muscles from fast and slow-growing chickens. *Poult. Sci.* 66:1189–1196.

Knabe, D.A., D.C. LaRue, E.J. Gregg, G.M. Martinez, and T.D. Tanksley, Jr. 1989. Apparent digestibility of nitrogen and amino acids in protein feedstuffs by growing pigs. *J. Anim. Sci.* 67:441–458.

Koeln, L.L., T.G. Schlagheck, and K.E. Webb Jr. 1993. Amino acid flux across the gastrointestinal tract and liver of calves. *J. Dairy Sci.* 76:2275–2285.

Kong, J. and P. Lasko. 2012. Translational control in cellular and developmental processes. *Nature Rev. Genet.* 13:383–394.

Krebs, H. 1972. Some aspects of the regulation of fuel supply in omnivorous animals. *Adv. Enzyme Regul.* 10:397–420.

Kristensen, N.B. and G. Wu. 2012. Metabolic functions of the porcine liver. In: *Nutritional Physiology of Pigs.* Edited by K.E. Bach, N.J. Knudsen, H.D. Kjeldsen, and B.B. Jensen. Danish Pig Research Center, Copenhagen, Denmark, Chapter 13, pp. 1–17.

Kwon, H., G. Wu, F.W. Bazer, and T.E. Spencer. 2003. Developmental changes in polyamine levels and synthesis in the ovine conceptus. *Biol. Reprod.* 69:1626–1634.

Lackner, D.H. and J. Bähler 2008. Translational control of gene expression from transcripts to transcriptomes. *Int. Rev. Cell Mol. Biol.* 271:199–251.

Lam, P. and M.M.M. Kuypers. 2011. Microbial nitrogen cycling processes in oxygen minimum zones. *Annu. Rev. Mar. Sci.* 3:317–345.

Lapierre, H., D. Pacheco, R. Berthiaume, D.R. Ouellet, C.G. Schwab, P. Dubreuil, G. Holtrop, and G.E. Lobley. 2006. What is the true supply of amino acids for a dairy cow? *J. Dairy Sci.* 89(E. Suppl.):E1–E14.

Larsen, M., T.G. Madsen, M.R. Weisbjerg, T. Hvelplund, and J. Madsen. 2001. Small intestinal digestibility of microbial and endogenous amino acids in dairy cows. *J. Anim. Physiol. Anim. Nutr.* 85:9–21.

Laursen, B.S., H.P. Sørensen, K.K. Mortensen, and H.U. Sperling-Petersen. 2005. Initiation of protein synthesis in bacteria. *Microbiol. Mol. Biol. Rev.* 69:101–123.

Lee, C. and K.A. Beauchemin. 2014. A review of feeding supplementary nitrate to ruminant animals: Nitrate toxicity, methane emissions, and production performance. *Can. J. Anim. Sci.* 94:557–570.

Le Floc'h, N., W. Otten, and E. Merlot. 2011. Tryptophan metabolism, from nutrition to potential therapeutic applications. *Amino Acids* 41:1195–1205.

Lei, J., D.Y. Feng, Y.L. Zhang, S. Dahanayaka, X.L. Li, K. Yao, J.J. Wang, Z.L. Wu, Z.L. Dai, and G. Wu. 2013. Hormonal regulation of leucine catabolism in mammary epithelial cells. *Amino Acids* 45:531–541.

Lescoat, P., D. Sauvant, and A. Danfær. 1996. Quantitative aspects of blood and amino acid flows in cattle. *Reprod. Nutr. Dev.* 36:137–174.

Li, M., C. Li, A. Allen, C.A. Stanley, and T.J. Smith. 2012. The structure and allosteric regulation of mammalian glutamate dehydrogenase. *Arch. Biochem. Biophys.* 519:69–80.

Li, P., K.S. Mai, J. Trushenski, and G. Wu. 2009. New developments in fish amino acid nutrition: Towards functional and environmentally oriented aquafeeds. *Amino Acids* 37:43–53.

Li, Y.H., H.K. Wei, F.N. Li, S.W. Kim, C.Y. Wen, Y.H. Duan, Q.P. Guo, W.L. Wang, H.N. Liu, and Y.L. Yin. 2016. Regulation in free amino acid profile and protein synthesis pathway of growing pig skeletal muscles by low-protein diets for different time periods. *J. Anim. Sci.* 94:5192–5205.

Liao, S.F., W.C. Sauer, A.K. Kies, Y.C. Zhang, M. Cervantes, and J.M. He. 2005. Effect of phytase supplementation to diets for weanling pigs on the digestibilities of crude protein, amino acids, and energy. *J. Anim. Sci.* 83:625–633.

Liao, S.F., T. Wang, and N. Regmi. 2015. Lysine nutrition in swine and the related monogastric animals: Muscle protein biosynthesis and beyond. *SpringerPlus* 4:147.

Lin, C., D.C. Mahan, G. Wu and S.W. Kim. 2009. Protein digestibility of porcine colostrum by neonatal pigs. *Livest. Sci.* 121:182–186.

Lund, P. and M. Watford. 1976. Glutamine as a precursor of urea. In: *The Urea Cycle.* Edited by S. Grisolia, R. Baguena, and F. Mayor. John Wiley & Sons, New York, pp. 479–488.

Males, J.R. and D.B. Purser. 1970. Relationship between rumen ammonia levels and the microbial population and volatile fatty acid proportions in faunated and defaunated sheep. *Appl. Microbiol.* 19:483–490.

Manning, K.S. and T.A. Cooper. 2017. The roles of RNA processing in translating genotype to phenotype. *Nat. Rev. Mol. Cell Biol.* 18:102–114.

Matthews, J.C. 2000. Amino acid and peptide transport system. In: *Farm Animal Metabolism and Nutrition.* Edited by J.P.F. D'Mello. CAPI Publishing, Wallingford, Oxon, UK, pp. 3–23.

Mavromichalis, I., T.M. Parr, V.M. Gabert, and D.H. Baker. 2001. True ileal digestibility of amino acids in sow's milk for 17-day-old pigs. *J. Anim. Sci.* 79:707–713.

McAllister, T.A., J.R. Thompson, and S.E. Samuels. 2000. Skeletal and cardiac muscle protein turnover during cold acclimation in young rats. *Am. J. Physiol.* 278:R705–R711.

McDonald, P., R.A. Edwards, J.F.D. Greenhalgh, J.F.D. Greenhalgh, C.A. Morgan, and L.A. Sinclair. 2011. *Animal Nutrition*, 7th ed. Prentice Hall, New York.

McKnight, J.R., M.C. Satterfield, W.S. Jobgen, S.B. Smith, T.E. Spencer, C.J. Meininger, C.J. McNeal, and

G. Wu. 2010. Beneficial effects of L-arginine on reducing obesity: Potential mechanisms and important implications for human health. *Amino Acids* 39:349–357.

McLaughlin, J.T., R.B. Lomax, L. Hall, G.J. Dockray, D.G. Thompson, and G. Warhurst. 1998. Fatty acids stimulate cholecystokinin secretion via an acyl chain length-specific, Ca^{2+}-dependent mechanism in the enteroendocrine cell line STC–1. *J. Physiol.* 513:11–18.

Michel, V., G. Fonty, L. Millet, F. Bonnemoy, and P. Gouet. 1993. In vitro study of the proteolytic activity of rumen anaerobic fungi. *FEMS Microbiol. Lett.* 110:5–10.

Morris, S.M. Jr. 2002. Regulation of enzymes of the urea cycle and arginine metabolism. *Annu. Rev. Nutr.* 22:87–105.

Moss, A.R., J.-P. Jouany, and J. Newbold. 2000. Methane production by ruminants: Its contribution to global warming. *Ann. Zootech.* 49:231–253.

Moughan, P.J. and S.M. Rutherfurd. 2012. Gut luminal endogenous protein: implications for the determination of ileal amino acid digestibility in humans. *Br. J .Nutr.* 108 (Suppl. 2):S258–263.

Moughan, P.J., V. Ravindran, and J.O.B. Sorbara. 2014. Dietary protein and amino acids—Consideration of the undigestible fraction. *Poult. Sci.* 93:2400–2410.

Nagaraja, T.G. 2016. Microbiology of the rumen. In: *Rumenology*. Edited by D.D. Millen, M.D.B. Arrigoni, and R.D.L. Pacheco, Springer, New York, NY, pp. 39–61.

National Research Council (NRC) 1994. *Nutrient Requirements of Poultry.* National Academy Press, Washington, DC.

National Research Council (NRC) 1998. *Nutrient Requirements of Swine.* National Academy Press, Washington, DC.

National Research Council (NRC) 2001. *Nutrient Requirements of Dairy Cattle.* National Academy Press, Washington, DC.

National Research Council (NRC) 2011. *Nutrient Requirements of Fish and Shrimp.* National Academy Press, Washington, D.C.

National Research Council (NRC) 2017. http://www.nationalacademies.org/nrc/. Accessed on June 1, 2017.

Naylor, J.M., T. Leibel, and D.M. Middleton. 1997. Effect of glutamine or glycine containing oral electrolyte solutions on mucosal morphology, clinical and biochemical findings, in calves with viral induced diarrhea. *Can. J.Vet. Res.* 61:43–48.

Nir, I., Z. Nitsan, and M. Mahagna, 1993. Comparative growth and development of the digestive organs and of some enzymes in broiler and egg type chicks after hatching. *Br. Poult. Sci.* 34:523–532.

Nitzan, Z., E.A. Dunnington, and P.B. Siegel. 1991. Organ growth and digestive enzyme levels to fifteen days of age in lines of chickens differing in body weight. *Poult. Sci.* 70:2040–2048.

Noy, Y. and D. Sklan. 1995. Digestion and absorption in the young chick. *Poult. Sci.* 74:366–373.

Officer, D.I., E.S., Batterham, and D.J. Farrel. 1997. Comparison of growth performance and nutrient retention of weaner pigs given diets based on casein, free amino acids or conventional proteins. *Br. J. Nutr.* 77:731–744.

Orellana, R.A., F.A. Wilson, M.C. Gazzaneo, A. Suryawan, T.A. Davis, and H.V. Nguyen. 2011. Sepsis and development impede muscle protein synthesis in neonatal pigs by different ribosomal mechanisms. *Pediatr. Res.* 69:473–478.

Owsley, W.F., D.E. Orr, Jr., and L.F. Tribble. 1986. Effects of age and diet on the development of the pancreas and the synthesis and secretion of pancreatic enzymes in the young pig. *J. Anim. Sci.* 63:497–504.

Pedersen, B.H., E.M. Nilssen, and K. Hjelmeland. 1987. Variations in the content of trypsin and trypsinogen in larval herring (*Clupea harengus*) digesting copepod nauplii. *Mar. Biol.* 94:171–181.

Peng, X., L. Hu, Y. Liu, C. Yan, Z.F. Fang, Y. Lin, S.Y. Xu et al. 2016. Effects of low-protein diets supplemented with indispensable amino acids on growth performance, intestinal morphology and immunological parameters in 13–35 kg pigs. *Animal* 10:1812–1820.

Porter, J.W.G. 1969. Digestion in the pre-ruminant animal. *Proc. Nutr. Soc.* 28:115–121.

Pun, H.H.L. and L.D. Satter. 1975. Nitrogen fixation in ruminants. *J. Anim. Sci.* 41:1161–1163.

Punia, B.S., J. Leibholz., and G.J. Faichney. 1992. Rate of production of protozoa in the rumen and the flow of protozoal nitrogen to the duodenum in sheep and cattle given a pelleted diet of lucerne hay and barley. *J. Agric. Sci.* 118:229–236.

Rampilli, M., R. Larsen, and M. Harboe. 2004. Natural heterogeneity of chymosin and pepsin in extracts of bovine stomachs. *Int. Dairy J.* 15:1130–1137.

Raufman, J.-P. 1992. Gastric chief cells: Receptors and signal-transduction mechanisms. *Gastroenterology* 102:699–710.

Rawlings, N.D., A.J. Barrett, and A. Bateman. 2012. MEROPS: The database of proteolytic enzymes, their substrates and inhibitors. *Nucleic Acids Res.* 40:D343–D350.

Reeds, P.J. 1989. Reguation of protein turnover. In: *Animal Growth Regulation.* Edited by D.R. Campion, G.J. Hausman, and R.J. Martin. Plenum Publishing Corporation, New York, NY, pp. 183–210.

Reeds, P.J., D.G. Burrin, T.A. Davis, and M.L. Fiorotto. 1993. Postnatal growth of gut and muscle: Competitors or collaborators. *Proc. Nutr. Soc.* 52:57–67.

Reeds, P.J., D.G. Burrin, B. Stoll, and J.B. van Goudoever. 2000. Role of the gut in the amino acid economy of the host. *Nestle Nutr. Workshop Ser. Clin. Perform Programme.* 3:25–40.

Reeds, P.J., A. Cadenhead, M.F. Fuller, G.E. Lobley, and J.D. McDonald. 1980. Protein turnover in growing pigs. Effects of age and food intake. *Br. J. Nutr.* 43:445–455.

Reynolds, C.K. 2006. Splanchnic metabolism of amino acids in ruminants. In: *Ruminant Physiology.* Edited by K. Sejrsen, T. Hvelplund, and M.O. Nielsen. Wageningen Academic Publishers, The Netherlands, Wageningen, pp. 225–248.

Reynolds, C.K. and N.B. Kristensen. 2008. Nitrogen recycling through the gut and the nitrogen economy of ruminants: An asynchronous symbiosis. *J. Anim. Sci.* 86(14 Suppl.):E293–E305.

Rezaei, R., J. Lei, and G. Wu. 2017. Dietary supplementation with *Yucca schidigera* extract alleviates heat stress-induced growth restriction in chickens. *J. Anim. Sci.* 95 (Suppl. 4):370–371.

Ribeiro, F.B., E.A.T. Lanna, M.A.D. Bomfim, J.L. Donzele, M. Quadros, and P.D.S.L. Cunha. 2011. True and apparent digestibility of protein and amino acids of feed in Nile tilapia. *R. Bras. Zootec.* 40:939–946.

Rojas, O.J. and H.H. Stein. 2017. Processing of ingredients and diets and effects on nutritional value for pigs. *J. Anim. Sci. Biotechnol.* 8:48.

Rønnestad, I., M. Yúfera, B. Ueberschär, L. Ribeiro, Ø. Sæle, and C. Boglione. 2013. Feeding behaviour and digestive physiology in larval fish: Current knowledge, and gaps and bottlenecks in research. *Rev. Aquaculture* 5(Suppl. 1):S59–S98.

Russell, J.B., J.D. O'Connor, D.G. Fox, P.J. Van Soest, and C.J. Sniffen. 1992. A net carbohydrate and protein system for evaluating cattle diets: I. Ruminal fermentation. *J. Anim. Sci.* 70:3551–3561.

Salter, D.N., K. Daneshaver, and R.H. Smith. 1979. The origin of nitrogen incorporated into compounds in the rumen bacteria of steers given protein- and urea-containing diets. *Br. J. Nutr.* 41:197–209.

Samuels, S.E. and V.E. Baracos. 1995. Tissue protein turnover is altered during catch-up growth following *Escherichia coli* infection in weanling rats. *J. Nutr.* 125:520–530.

San Gabriel, A. and H. Uneyama. 2013. Amino acid sensing in the gastrointestinal tract. *Amino Acids* 45:451–461.

Sasse, C.E. and D.H. Baker. 1973. Modification of the Illinois reference standard amino acid mixture. *Poult. Sci.* 52:1970–1972.

Sauer, W.C. and K. de Lange. 1992. Novel methods for determining protein and amino acid digestibility values in feedstuffs. In: *Modern Methods in Protein Nutrition and Metabolism.* Edited by S. Nissen. Academic Press, London.

Sauer, W.C., M.Z. Fan, R. Mosenthin, and W. Drochner. 2000. Methods for measuring ileal amino acid digestibility in pigs. In: *Farm Animal Metabolism and Nutrition.* Edited by J.P.F. D'Mello. CAPI Publishing, Wallingford, Oxon, UK, pp. 279–307.

Sauer, W.C. and L. Ozimek. 1986. Digestibility of amino acids in swine—Results and their practical applications—A review. *Livest. Sci. Prod.* 15:367–388.

Shah, B.P., P. Liu, T. Yu, D.R. Hansen, and T.A. Gilbertson. 2012. TRPM5 is critical for linoleic acid-induced CCK secretion from the enteroendocrine cell line, STC-1. *Am. J. Physiol. Cell Physiol.* 302:C210–C219.

Shepherd, E.J., N. Lister, J.A. Affleck, J.R. Bronk, G.L. Kellett, I.D. Collier, P.D. Bailey, and C.A. Boyd. 2002. Identification of a candidate membrane protein for the basolateral peptide transporter of rat small intestine. *Biochem. Biophys. Res. Commun.* 296:918–922.

Sherriff, R.M., M.F. Broom, and V.S. Chadwick. 1992. Isolation and purification of N-formylmethionine aminopeptidase from rat intestine. *Biochim. Biophys. Acta* 1119:275–280.

Singer, M.A. 2003. Do mammals, birds, reptiles and fish have similar nitrogen conserving systems? *Comp. Biochem. Physiol. B.* 134:543–558.

Sok, M., D.R. Ouellet, J.L. Firkins, D. Pellerin, and H. Lapierre. 2017. Amino acid composition of rumen bacteria and protozoa in cattle. *J. Dairy Sci.* 100:1–9.

Southorn, B.G., J.M. Kelly, and B.W. McBride. 1992. Phenylalanine flooding dose procedure is effective in measuring intestinal and liver protein synthesis in sheep. *J. Nutr.* 122:2398–2407.

Southorn, B.G., R.M. Palmer, and P.J. Garlick. 1990. Acute effects of corticosterone on tissue protein synthesis and insulin-sensitivity in rats *in vivo*. *Biochem. J.* 272:187–191.

Spooner, H. 2012. *Protein: An Important Nutrient. Horse Extension Program*. Michigan State University, East Lansing, MI.

Stentoft, C., B.A. Røjen, S.K. Jensen, N.B. Kristensen, M. Vestergaard, and M. Larsen. 2015. Absorption and intermediary metabolism of purines and pyrimidines in lactating dairy cows. *Br. J. Nutr.* 113:560–573.

Stipanuk, MH. 2004. Sulfur amino acid metabolism: Pathways for production and removal of homocysteine and cysteine. *Annu. Rev. Nutr.* 24:539–577.

Stoll, B. and D.G. Burrin. 2006. Measuring splanchnic amino acid metabolism *in vivo* using stable isotopic tracers. *J. Anim. Sci.* 84(Suppl.):E60–E72.

Storm, E. and E.R. Orskov. 1983. The nutritive value of rumen microorganisms in ruminants. *Br. J. Nutr.* 50:463–470.

Sun, K.J., Z.L. Wu, Y. Ji, and G. Wu. 2016. Glycine regulates protein turnover by activating Akt/mTOR and inhibiting expression of genes involved in protein degradation in C_2C_{12} myoblasts. *J. Nutr.* 146:2461–2467.

Suryawan, A., R.A. Orellana, M.L. Fiorotto, and T.A. Davis. 2011. Leucine acts as a nutrient signal to stimulate protein synthesis in neonatal pigs. *J. Anim. Sci.* 89:2004–2016.

Tamminga, S. 1979. Protein degradation in the forestomachs of ruminants. *J. Anim. Sci.* 49:1615–1625.

Tarvid, I.L. 1991. Early postnatal development of peptide hydrolysis in chicks and guinea pigs. *Comp. Biochem. Physiol.* 99A:441–447.

Tarvid, I.L. 1992. Effect of early postnatal long-term fasting on the development of peptide hydrolysis in chicks. *Comp. Biochem. Physiol.* 101A:161–166.

Tedeschi, L.O. and D.G. Fox. 2016. *The Ruminant Nutrition System*. XanEdu, Acton, MA.

Trottier, N.L., C.F. Shipley, and R.A. Easter. 1997. Plasma amino acid uptake by the mammary gland of the lactating sow. *J. Anim. Sci.* 75:1266–1278.

Van Dijk, S., A.J. Lobsteyn, T. Wensing, and H.J. Breukink. 1983. Treatment of nitrate intoxication in a cow. *Vet. Rec.* 112:272–274.

Vogels, G.D. and C. Van der Driet. 1976. Degradation of purines and pyrimidines by microorganisms. *Bacteriol. Rev.* 40:403–468.

Wallace, R.J. 1994. Amino acid and protein synthesis, turnover, and breakdown by rumen microorganisms. In: *Principles of Protein Metabolism in Ruminants*. Edited by J.M. Asplund. CRC Press, Boca Raton, Florida, pp. 71–111.

Waltz, D.M. and M.D. Stern. 1989. Evaluation of various methods for protecting soya-bean protein from degradation by rumen bacteria. *Anim. Feed Sci. Technol.* 25:111–122.

Wang, T., J.M. Feugang, M.A. Crenshaw, N. Regmi, J.R. Blanton, Jr., and S.F. Liao. 2017. A systems biology approach using transcriptomic data reveals genes and pathways in porcine skeletal muscle affected by dietary lysine. *Int. J. Mol. Sci.* 18:885.

Wang, T.C. and M.F. Fuller. 1989. The optimum dietary amino acid patterns for growing pigs. 1. Experiments by amino acid deletion. *Br. J. Nutr.* 62:77–89.

Wang, W.W., R. Rezaei, Z.L. Wu, Z.L. Dai, J.J. Wang, and G. Wu. 2013. Concentrations of free and peptide-bound hydroxyproline in the sow's milk and piglet plasma. *Amino Acids* 45:595.

Wang, X.Q., J.W. Frank, D.R. Little, K.A Dunlap, M.C. Satterfiled, R.C. Burghardt, T.R. Hansen, G. Wu, and F.W. Bazer. 2014. Functional role of arginine during the peri-implantation period of pregnancy. I. Consequences of loss of function of arginine transporter *SLC7A1* mRNA in ovine conceptus trophectoderm. *FASEB J.* 28:2852–2863.

Wang, Y. and M. Watford. 2007. Glutamine, insulin and glucocorticoids regulate glutamine synthetase expression in C_2C_{12} myotubes, Hep G2 hepatoma cells and 3T3 L1 adipocytes. *Biochim. Biophys. Acta* 1770:594–600.

Waterlow, J.C. 1995. Whole-body protein turnover in humans—Past, present, and future. *Annu. Rev. Nutr.* 15:57–92.

Waterlow, J.C., D.J. Millward, and P.J. Garlick. 1978. *Protein Turnover in Mammalian Tissues and in the Whole Body*. Amsterdam, The Netherlands.

Watford, M., P. Vinay, G. Lemieux, and A. Gougoux. 1980. The regulation of glucose and pyruvate formation from glutamine and citric-acid-cycle intermediates in the kidney cortex of rats, dogs, rabbits and guinea pigs. *Biochem. J.* 188:741–748.

Watford, M., and G. Wu. 2005. Glutamine metabolism in uricotelic species: Variation in skeletal muscle glutamine synthetase, glutaminase, glutamine levels and rates of protein synthesis. *Comp. Biochem. Physiol. B.* 140:607–614.

Wilson, R.H. and J. Leibholz. 1981. Digestion in the pigs between 7 and 35 d of age. 4. The digestion of amino acids in pigs given milk and soya-bean proteins. *Br. J. Nutr.* 45:347–357.

Wolff, J.E., E.N. Bergman, and H.H. Williams. 1972. Net metabolism of plasma amino acids by liver and portal-drained viscera. *Am. J. Physiol.* 223:438–446.

Wolfson, A.D., J.A. Pleiss, and O.C. Uhlenbeck. 1998. A new assay for tRNA aminoacylation kinetics. *RNA* 4:1019–1023.

Wright, P.A. 1995. Nitrogen excretion: Three end products, many physiological roles. *J. Exp. Biol.* 198:273–281.

Wu, G. 1995. Urea synthesis in enterocytes of developing pigs. *Biochem. J.* 312:717–723.

Wu, G. 1997. Synthesis of citrulline and arginine from proline in enterocytes of postnatal pigs. *Am. J. Physiol.* 272:G1382–G1390.

Wu, G. 1998. Intestinal mucosal amino acid catabolism. *J. Nutr.* 128:1249–1252.

Wu, G. 2009. Amino acids: Metabolism, functions, and nutrition. *Amino Acids* 37:1–17.

Wu, G. 2010. Functional amino acids in growth, reproduction and health. *Adv. Nutr.* 1:31–37.

Wu, G. 2013. *Amino Acids: Biochemistry and Nutrition*. CRC Press, Boca Raton, Florida.

Wu, G. 2014. Dietary requirements of synthesizable amino acids by animals: A paradigm shift in protein nutrition. *J. Anim. Sci. Biotechnol.* 5:34.

Wu, G., F.W. Bazer, Z.L. Dai, D.F. Li, J.J. Wang, and Z.L. Wu. 2014a. Amino acid nutrition in animals: Protein synthesis and beyond. *Annu. Rev. Anim. Biosci.* 2:387–417.

Wu, G., A.G. Borbolla, and D.A. Knabe. 1994b. The uptake of glutamine and release of arginine, citrulline and proline by the small intestine of developing pigs. *J. Nutr.* 124:2437–2444.

Wu, G., J. Fanzo, D.D. Miller, P. Pingali, M. Post, J.L. Steiner, and A.E. Thalacker-Mercer. 2014b. Production and supply of high-quality food protein for human consumption: Sustainability, challenges and innovations. *Ann. N.Y. Acad. Sci.* 1321:1–19.

Wu, G., N.E. Flynn, W. Yan, and D.G. Barstow, Jr. 1995. Glutamine metabolism in chick enterocytes: Absence of pyrroline-5-carboxylate synthase and citrulline synthesis. *Biochem. J.* 306:717–721.

Wu, G., D.A. Knabe, and N.E. Flynn. 1994a. Synthesis of citrulline from glutamine in pig enterocytes. *Biochem. J.* 299:115–121.

Wu, G., D.A. Knabe, and N.E. Flynn. 2005. Amino acid metabolism in the small intestine: biochemical bases and nutritional significance. In: *Biology of Metabolism of Growing Animals*. Edited by D.G. Burrin and H.J. Mersmann. Elsevier, New York, pp. 107–126.

Wu, G., D.A. Knabe, and S.W. Kim. 2004. Arginine nutrition in neonatal pigs. *J. Nutr.* 134:2783S–2390S.

Wu, G. and S.M. Morris, Jr. 1998. Arginine metabolism: Nitric oxide and beyond. *Biochem. J.* 336:1–17.

Wu, G. and J.R. Thompson. 1988. The effect of ketone bodies on alanine and glutamine metabolism in isolated skeletal muscle from the fasted chick. *Biochem. J.* 255:139–144.

Wu, G. and J.R. Thompson. 1990. The effect of glutamine on protein turnover in chick skeletal muscle. *Biochem. J.* 265:593–598.

Wu, G., Z.L. Wu, Z.L. Dai, Y. Yang, W.W. Wang, C. Liu, B. Wang, J.J. Wang and Y.L. Yin. 2013a. Dietary requirements of "nutritionally nonessential amino acids" by animals and humans. *Amino Acids* 44:1107–1113.

Wu, G., F.W. Bazer, T.A. Davis, S.W. Kim, P. Li, J.M. Rhoads, M.C. Satterfield, S.B. Smith, T.E. Spencer, and Y.L. Yin. 2009. Arginine metabolism and nutrition in growth, health and disease. *Amino Acids* 37:153–168.

Wu, G., F.W. Bazer, G.A. Johnson, R.C. Burghardt, X.L. Li, Z.L. Dai, J.J. Wang, and Z.L. Wu. 2013b. Maternal and fetal amino acid metabolism in gestating sows. *Soc. Reprod. Fertil. Suppl.* 68:185–198.

Wu, Z.L., Y.Q. Hou, S.D. Hu, F.W. Bazer, C.J. Meininger, C.J. McNeal, and G. Wu. 2016. Catabolism and safety of supplemental L-arginine in animals. *Amino Acids* 48:1541–1552.

Xi, P.B., Z.Y. Jiang, Z.L. Dai, X.L. Li, K. Yao, C.T. Zheng, Y.C. Lin, J.J. Wang, and G. Wu. 2012. Regulation of protein turnover by L-glutamine in porcine intestinal epithelial cells. *J. Nutr. Biochem.* 23:1012–1017.

Xue, Y., S.F. Liao, K.W. Son, S.L. Greenwood, B.W. McBride, J.A. Boling, and J.C. Matthews. 2010. Metabolic acidosis in sheep alters expression of renal and skeletal muscle amino acid enzymes and transporters. *J. Anim. Sci.* 88:707–717.

Yang, C., J.A. Rooke, I. Cabeza, and R.J. Wallace. 2016. Nitrate and inhibition of ruminal methanogenesis: Microbial ecology, obstacles, and opportunities for lowering methane emissions from ruminant livestock. *Front. Microbiol.* 7:132.

Yang, Y.X., Z.L. Dai, and W.Y. Zhu. 2014. Important impacts of intestinal bacteria on utilization of dietary amino acids in pigs. *Amino Acids* 46:2489–2501.

Yasugi, S. and T. Mizuno. 1981. Developmental changes in acid proteases of the avian proventriculus. *J. Exp. Zool. A* 216:331–335.

Yen, J.T. 2001. Digestive system. In: *Biology of the Domestic Pig.* Edietd by W.G. Pond and H.J. Mersmann. Cornell University Press, Ithaca, NY, pp. 390–453.

Yen, J.T., B.J. Kerr, R.A. Easter, and A.M. Parkhurst. 2004. Difference in rates of net portal absorption between crystalline and protein-bound lysine and threonine in growing pigs fed once daily. *J. Anim. Sci.* 82:1079–1090.

Yin, J., W.K. Ren, Y.Q. Hou, M.M. Wu, H. Xiao, J.L. Duan, Y.R. Zhao et al. 2015. Use of homoarginine for measuring true ileal digestibility of amino acids in food protein. *Amino Acids* 47:1795–1803.

Yoshida, C., M. Maekawa, M. Bannai, and T. Yamamoto. 2016. Glutamate promotes nucleotide synthesis in the gut and improves availability of soybean meal feed in rainbow trout. *Springerplus* 5:1021.

Young, V.R. and S. Borgonha. 2000. Nitrogen and amino acid requirements: The Massachusetts Institute of Technology amino acid requirement pattern. *J. Nutr.* 130:1841S–1849S.

Young, V.R. and H.N. Munro. 1978. Nτ-Methylhistidine (3-methylhistidine) and muscle protein turnover: An overview. *Fed. Proc.* 37:2291–2300.

Zhang, S., E.A. Wong, and E.R. Gilbert. 2015. Bioavailability of different dietary supplemental methionine sources in animals. *Front. Biosci.* E7, 478–490.

Zhanghi, B.M. and J.C. Matthews. 2010. Physiological importance and mechanisms of protein hydrolysate absorption. In: *Protein Hydrolysates in Biotechnology.* Edited by V.K. Pasupuleki and A.L. Demain. Springer Science, New York, pp. 135–177.

8 能 量 代 谢

能量不是物质，但包含在物质之中。碳水化合物、脂质、蛋白质和氨基酸是动物饲料能量的基本来源（Jobgen et al., 2006; van Milgen et al., 2000），这些营养素在肉食动物、草食动物和杂食动物的食物中所占的比例各不相同（Stevens and Hume, 2004）。生存是动物生长和为人类生产食物（如肉、奶或蛋）的前提条件（Pond et al., 1995）。因为在代谢和组织沉积过程中需要足够的能量，所以当动物的能量摄入不足时，就会影响动物的生长和生产性能（Milligan, 1970; Verstegen and Henken, 1987）。在动物生产上，能量的主要消耗是用于维持生命体的基本能量需求（例如，哺乳动物和鸟类需要能量维持体温稳定、肌肉活动与基本的生理功能）（Kleiber, 1961）。动物需要摄入额外的能量以满足生产需要，包括组织生长（和羊毛生长）、育肥、哺乳、役用、妊娠和蛋的形成，同时这还取决于动物所处的环境、物种、品种、性别和年龄（McDonald et al., 2011）。因此，食物中能量吸收效率对于畜产品的产量、经济回报及农业的可持续性来说就显得非常重要。

腺苷三磷酸（ATP）被广泛用于细胞内的生化反应和生理活动，又被称为生物体内的"能量货币"（Dai et al., 2013; Newsholme and Leech, 2009）。动物从脂肪酸、葡萄糖和氨基酸的细胞特异性氧化中获取生物能，这些物质分别由食物中的脂肪、淀粉/糖原、蛋白质/游离氨基酸衍生而来（Jobgen et al., 2006）。通常较小的恒温动物比较大的恒温动物每千克体重有较高的基础代谢率（basal metabolic rate，BMR），因为前者具有更大的比表面积，所以每千克体重需要更多能量来维持体温（Blaxter, 1989; Speakman, 2005）。在目前已有的 138 份研究中，对 69 种硬骨鱼（包含 12 目 28 科）的研究表明，静息耗氧量（mmol/h）与体重和环境温度呈正相关（Clarke and Johnston, 1999）。在同一物种中，不同的组织有不同的能量代谢率以满足其生理需要，产生能量的物质也随组织不同及发育阶段不同而变化（Milliga and Summers, 1986）。例如，在生长育肥猪和大鼠中，谷氨酸、谷氨酰胺和天冬氨酸作为小肠的主要代谢燃料，而脂肪酸在肝脏和骨骼肌中提供大量的 ATP 到肝脏与骨骼肌中（Jobgen et al., 2006）。如第 5–7 章中所述，将食物能量转化为生物能，即是将大量营养素转化为二氧化碳和水这一复杂的代谢途径。由于所有形式的能量都可以转化为热能，因此可以通过直接或间接的方法来测定动物能量代谢从而来确定热产量（heat production，HP）（Blaxter, 1971）。本章介绍动物如何利用日粮中的能量，以及在饲料评估和饲养中使用的能量系统。

8.1 能量的基本概念

8.1.1 能量的定义

能量可以定义为做功的能力（Newsholme and Leech, 2009）。能量有多种不同的形式，包括化学能、热能、电能和辐射能，它们可以通过适当的方式互相转化。化学能是分子内储存在化学键中的能量，它可以通过分子中化学键的重组来增加或释放（Brown et al.,2003）。在食物中和动物体内，能量主要储存在碳水化合物、脂肪、脂肪酸、蛋白质和氨基酸中。通过脂肪酸、葡萄糖、氨基酸氧化而释放的能量被用来合成 ATP、鸟苷三磷酸（GTP）、胞苷三磷酸（CTP）和尿苷三磷酸（UTP）（Newsholme and Leech, 2009）。在这些核苷酸中，ATP 是动物细胞能量代谢过程中最丰富和最重要的，而 GTP、UTP和 CTP 则参与了一些特殊的反应（如 G 蛋白信号转导，以及蛋白质、乳糖和糖原的合成）（Lodish et al., 2000）。全身能量代谢包括合成代谢（能量储存）和分解代谢（能量动员）（Verstegen and Henken, 1987）。

根据热力学第一定律，能量既不会被创造也不会被消灭，只能从一种形式转换为另一种形式（Brown et al., 2003）。因此，生物体内没有能量的产生，从食物摄入的营养物质不足会导致能量缺乏（Blaxter, 1989）。在生态系统中，太阳的辐射能转化为绿色植物的化学能。后者被动物转化为生物能（主要是以 ATP 的形式）和热量（图 8.1）。在生物体中，化学反应释放的能量会进入周围环境（Lodish et al., 2000）。在营养学上，可以将细胞或动物中的能量代谢定义为涉及各种形式的化学能相互转化的生化反应。由于从底物氧化释放的能量的捕获效率小于 60%（第 1 章），因此这些过程会产生热量。

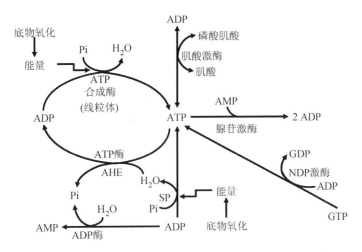

图 8.1　ATP 的合成。营养物质（葡萄糖、甘油、乳酸、脂肪酸和氨基酸）在动物细胞内发生氧化反应而释放能量，这些能量可以通过底物水平磷酸化和线粒体内氧化磷酸化由 ADP 合成 ATP。在骨骼肌和脑中，ATP 储存在磷酸肌酸中。ATP 的利用率与其合成率是匹配的。GTP 通过核苷二磷酸激酶转化为ATP。AHE，跨膜 ATP 酶（如 Na^+/K^+-ATP 酶和 H^+/K^+-ATP 酶）；SP，底物水平磷酸化。

8.1.2　动物营养学的能量单位

基于苯甲酸的热值作为参考标准的热化学单位"卡路里"（cal）已被用作动物营养学中的基本能量单位（McDonald et al., 2011）。传统意义上，1 cal 定义为在一个大气压下将密封罐中的 1 g 水升高 1℃（通常是 14.5–15.5℃）所需要的热量。因为"卡路里"这个单位小，使用不便，所以千卡（kcal; 1 kcal = 1000 cal）或兆卡（Mcal; 1 Mcal =

10^3 kcal = 10^6 cal）在日常生活中使用较多。"大的卡路里"，写为卡路里（Cal），有时也会出现在文献上。然而，能量的国际单位是焦耳 [国际法制计量组织（IBWM），2006]，是以英国物理学家 James Prescott Joule（1818–1889）命名的。国际营养科学联合会和国际生理科学联合会建议将焦耳（J）作为营养和生理学研究中的能量单位。这个建议已经被普遍采纳（Hargrove，2007）。物理学中，一焦耳被定义为当一牛顿的力在其运动方向上通过一米的距离时做的功（即一牛顿米或 N·m）（IBWM，2006）。一焦耳也等于当一安培的电流通过一欧姆的电阻一秒时作为热量所消散的能量。在垂直方向上一千克物体移动一米克服重力加速度在海平面上所做的功等于 9.807；1 kg·m = 9.807 J（1 kg·km = 9.807 kJ）（IBWM，2006）。单位换算为：1 cal = 4.1842 J。然而为了使用方便，卡路里这个单位仍被用于农场配制饲料。

8.1.3　吉布斯自由能

热力学第二定律提出，能量的转化会增加系统（如一个密封罐、试管、细胞、组织或一只动物）的熵或无序性（Brown et al.，2003）。因此，自然的转化方向总是朝着熵增大（或更加无序）的方向。例如，葡萄糖（高度有序的分子）的氧化产生水和二氧化碳（高度无序的分子）。动物利用生物能生长，以抵消系统增加的无序性（例如，建立骨骼肌或骨骼，沉积白色脂肪组织以储存能量及增加胶原蛋白的积聚，即倾向形成体内更加有序的系统）（Newsholme and Leech，2009）。随着生物通过能量依赖性反应而生长，热量释放（表示为 kcal/只动物）增加导致周围环境（整个系统）的熵增加（Lodish et al.，2000）。因此，与其周围环境进行能量交换的动物的热力学开放系统并不违反热力学定律。在动物身体中，一部分能够用于做功（例如，进行生物化学反应、吸收营养、骨骼肌收缩和排泄尿液代谢物）的能量被称为吉布斯（Gibbs）自由能（Lodish et al.，2000）。它以美国数学家 Josiah Willard Gibbs（1839–1903）命名。因此，作为系统有用能量度量的吉布斯自由能考虑了反应的焓（热）和熵（紊乱程度）的变化（Brown et al.，2003）。

$$\Delta G = \Delta H - T\Delta S$$

ΔG = 吉布斯自由能的变化；ΔS = 熵（无序性）的变化；ΔH = 焓（热量）的变化；T = 绝对温度（开尔文）。

注意，ΔH 与代谢途径无关，只取决于底物和产物的能量差（Lodish et al.，2000）。当有机底物（如葡萄糖）在动物体内或弹式测热计中被氧化成二氧化碳和水时，ΔH 是相同的。然而，当动物体内的有机物发生氧化反应，生成的产物（蛋白质生成 CO_2、H_2O、氨和尿素）与弹式测热计中生成的产物（蛋白质生成 CO_2、H_2O、N_2）不同时，ΔH 是不同的（Wu，2013）。当使用间接测热法根据 O_2 消耗和 CO_2 产生的数据计算产热量时，这一点变得尤为重要。

化学反应是否自发发生取决于吉布斯自由能的变化（ΔG）。当 $\Delta G < 0$ 时，反应自发发生（释放能量）（Lodish et al.，2000）。系统向周围的环境传递能量，如热量产生。释放能量的反应（放热）能产生稳定的键（较低能量）及比反应物更稳定的产物。当 $\Delta G = 0$ 时，反应被认为是平衡的（没有产物的净生成）；例如，由转氨酶催化的氨基酸转氨反

应（Wu, 2013）。当 $\Delta G > 0$ 时，反应不能自发发生，为了使反应发生，外界能量必须输入系统（吸收能量）。吸热反应从其周围吸收自由能（通常但并不总是热能），以裂解反应物中的键并产生具有更高能量的产物（Newsholme and Leech, 2009）。例如，植物中的光合作用，盐（如 NaCl 和 KCl）在水中的溶解，以及葡萄糖的磷酸化形成葡萄糖-6-磷酸。动物身体中水分的蒸发也是需要热量输入的吸热过程。

在动物身体上会发生持续的能量转换。例如，在活细胞中，某反应（包括自发反应）释放的自由能，可对另一反应（包括非自发反应）起作用（Newsholme and Leech, 2009）。因此，可以将代谢途径定义为一系列连续的化学反应，其中一个反应的产物是下一个反应的底物（第 1 章），并且总伴随着热量的产生。这意味着能量代谢是一种高度活跃的生理过程。

生化反应的 ΔG 可以用以下公式计算：

$$\Delta G = \Delta G^o + 2.3\, RT\, \log X$$

ΔG^o：标准自由能变化

$X = [B] / [A]$ 对于反应 A → B，或 $X = ([B_1] \times [B_2]) / ([A_1] \times [A_2])$ 对于反应 $A_1 + A_2$ → $B_1 + B_2$

R：气体常数 [1.987 cal/（K × mol）或 8.314 J/（K × mol）]

T：开尔文温度（K）（37℃ = 310 K；25℃ = 298 K；0℃ = 273 K）

如前所述，化学反应无论是吸收还是释放能量，总是破坏底物的键并产生新键（Brown et al., 2003）。在生理条件下，ATP、GTP 和 UTP 的水解提供能量，以驱动能量依赖的生化反应、营养的运输和肌肉的收缩（第 5–7 章），同时释放热量到周围环境中，因此能量代谢是生命的基础。

8.1.4 细胞内 ATP 的合成

动物中由 ADP 合成 ATP 有两种机制：①底物水平磷酸化，②氧化磷酸化（第 1 章）。底物水平磷酸化是指在生化反应过程中直接将 ADP 和无机磷酸（Pi）合成 ATP。在糖酵解和线粒体三羧酸循环中可以看到。糖酵解的底物水平磷酸化是厌氧微生物（如存在于瘤胃中的）产生 ATP 的唯一机制（Newsholme and Leech, 2009）。这表明日粮碳水化合物对瘤胃微生物 ATP 供应的重要性。实际上，糖酵解在缺氧，而不是在有氧条件下，为动物细胞的 ATP 合成起着更重要的作用，并且在不含线粒体的细胞（如哺乳动物红细胞）中是产生 ATP 的唯一途径（第 5 章）。氧化磷酸化是指当还原性物质（NADH、NADPH 和 $FADH_2$）通过线粒体电子传递系统（第 1 章）被氧化时，将 ADP 和 Pi 合成 ATP。在足够的氧气供应的情况下，氧化磷酸化是大多数动物细胞中 ATP 生产的主要机制（图 8.1）。1 mol ADP 加 1 mol Pi 合成 1 mol ATP 或 1 mol GDP 加 1 mol Pi 合成 1 mol GTP 所需的能量为 85.4 kJ/mol（McDonald et al., 2002）。

磷酸肌酸在储存能量过程中有重要的作用：①磷酸肌酸是 ATP 和肌酸在哺乳动物与鸟类的神经及骨骼肌中经肌酸激酶催化而产生的；②磷酸精氨酸在水生无脊椎动物中通过 ATP 和精氨酸经精氨酸激酶催化生成。在磷酸肌酸或磷酸精氨酸中，两个或更多的价电子相互作用而形成化学键，使其更稳定。为了满足生理需要，磷酸肌酸和磷酸精氨酸被酶水解以提供能量，用于生物化学反应和生理活动（Newsholme and Leech, 2009）。

8.2 食物能量在动物体内的分配

根据动物体内养分的消化和代谢，将食物中能量分成不同的组分（Baldwin and Bywater, 1984）。该方案如图 8.2 所示。因动物消化生理和解剖结构的差异，不同能量系统用于规范不同动物物种的饮食（Wu et al., 2007）。影响日粮营养素消化、吸收和代谢的因素也可能影响动物对营养素中能量的利用效率（Moughan et al., 2000; Noblet et al., 1994）。

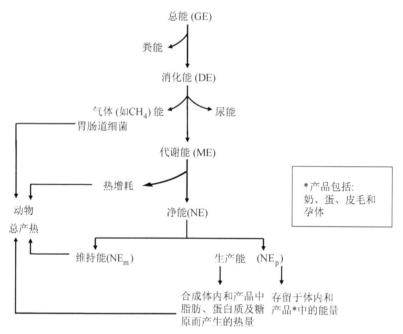

图 8.2 食物中的能量分配到动物生产中的各个环节。当粪能测定后，可计算得到表观消化能。真消化能可以基于日粮中营养物质的真实消化率来计算。饲料的代谢能取决于日粮中的纤维、脂肪、碳水化合物和蛋白质的含量。动物产热的途径：①基础代谢（维持需要），②胃肠道中细菌的活动，③热增耗，④合成的脂肪、蛋白质和糖原储存在动物体内与畜产品中（如奶、蛋、皮毛）。净能相对于总能、消化能和代谢能能更好地预测日粮中能量被用于维持和生产的需要。净能可以分为维持净能和生产净能。

8.2.1 总能（GE）

总能被定义为当物质在弹式测热计中被完全氧化时释放的能量（称为燃烧热），弹式测热计包含一个沉积在绝热水箱中的坚固的金属室（热力学闭合系统）（McDonald et al., 2011）。底物氧化产生的热量根据周围水温升高计算。燃烧热通常被称为反应焓的变化（ΔH）。ΔH 与反应过程通过的化学途径无关，仅取决于化学能在反应发生前后的差值（即底物和产物）（Newsholme and Leech, 2009）。例如，脂肪在弹式测热计或动物体

内完全氧化成 CO_2 和 H_2O 时，脂肪的 ΔH 是相同的。淀粉和葡萄糖也是如此。相比之下，蛋白质在弹式测热计中完全氧化成 CO_2、H_2O 和氧化氮（NO_x），但在动物体内不完全氧化，生成 CO_2、H_2O、氨、尿素、尿酸、硝酸盐、肌酐和其他含氮代谢物。因此，蛋白质的生物学 ΔH 低于从弹式测热计获得的燃烧热值（即 GE）。

弹式测热计和动物体内脂肪与淀粉的氧化：

$$脂肪 + O_2 \rightarrow CO_2 + H_2O$$
$$淀粉 + O_2 \rightarrow CO_2 + H_2O$$

弹式测热计中蛋白质的氧化：

$$蛋白质 + O_2 \rightarrow CO_2 + H_2O + NO_x$$

动物体内蛋白质的氧化：

$$蛋白质 + O_2 \rightarrow CO_2 + H_2O + 氨、尿素、尿酸、硝酸盐、肌酐等代谢物$$

可根据日粮碳水化合物、脂肪和蛋白质（即 4.1 kcal/g 淀粉、3.7 kcal/g 葡萄糖或单糖、9.4 kcal/g 脂肪和 5.4 kcal/g 蛋白质）的含量来计算日粮的 GE。

GE（kcal/kg 日粮）=（%脂肪 × 9.4 + %淀粉 × 4.1 + %蛋白质 × 5.4）× 10

（含有脂肪、淀粉/糖原和蛋白质的日粮）

GE（kcal/kg 日粮）=（%脂肪 × 9.4 + %葡萄糖 × 3.7 + %蛋白质 × 5.4）× 10

（含有脂肪、葡萄糖/单糖和蛋白质的日粮；例如，%脂肪 = 10，%葡萄糖 = 65，以及 %蛋白质 = 20）

表 8.1 列出了弹式测热计和动物氧化中蛋白质、脂肪和碳水化合物的 ΔH 值。以 g 为单位，脂肪的 GE 分别比蛋白质和淀粉高出 74% 和 129%，而蛋白质的 GE 比淀粉高 32%。因为脂肪和蛋白质比碳水化合物更容易氧化。有机化合物中氢原子含量越多，氧化成 H_2O 所需的氧越多。

表 8.1 有机物在弹式测热计和动物体内的能量值 [a]

营养物质	弹式测热计			动物体内氧化			ATP 的量（mol/mol）	底物氧化生成 ATP 的效率（%）
	kcal/g	kJ/g	kJ/mol	kcal/g	kJ/g	kJ/mol		
脂肪 [b]（mw 806）	9.39	39.3	31 676	9.39	39.3	31 676	336.5	54.8
棕榈酸（mw 256）	9.35	39.1	10 031	9.35	39.1	10 031	106	54.5
蛋白质（mw 100）	5.40	22.6	2 260	4.10	17.2	1 720	20	45.7（哺乳动物）
蛋白质（mw 100）	5.40	22.6	2 260	3.74	15.7	1 566	18.2	41.6（鸟类）
蛋白质（mw 100）	5.40	22.6	2 260	4.91	20.5	2 054	23.9	54.6（鱼）
淀粉（残渣 mw 162）	4.11	17.2	2 786	4.11	17.2	2 786	30	55.7
乳糖（mw 342）	3.92	16.4	5 630	3.92	16.4	5 630	60	55
蔗糖（mw 342）	3.94	16.5	5 640	3.94	16.5	5 640	60	55
葡萄糖（mw 180）	3.73	15.6	2 803	3.73	15.6	2 803	30	55.3
半乳糖（mw 180）	3.73	15.6	2 803	3.73	15.6	2 803	30	55.3
甘油（mw 92）	4.30	18.0	1 655	4.30	18.0	1 655	18.5	57.7
乳酸（mw 90）	3.56	14.9	1 344	3.56	14.9	1 344	15	57.6
乙醇（mw 46）	7.10	29.7	1 366	7.10	29.7	1 366	15	56.7
醋酸（mw 60）	3.25	13.6	816	3.25	13.6	816	8	50.6

续表

营养物质	弹式测热计			动物体内氧化			ATP 的量（mol/mol）	底物氧化生成 ATP 的效率（%）
	kcal/g	kJ/g	kJ/mol	kcal/g	kJ/g	kJ/mol		
丙酸（mw 74）	4.97	20.8	1 536	4.97	20.8	1 536	17.5	58.8
丁酸（mw 88）	5.95	24.9	2 193	5.95	24.9	2 193	22	51.8
谷氨酸（mw 147）	3.66	15.3	2 244	1.72	7.21	1 060	20.5	47.2（哺乳动物）
谷氨酸（mw 147）	3.66	15.3	2 244	1.6	6.69	984	18.7	43.1（鸟类）
谷氨酸（mw 147）	3.66	15.3	2 244	1.85	7.75	1 139	24.4	56.2（鱼）
肌酸（mw 131）	4.23	17.7	2 323	0.0[c]	0.0	0.0	–	–
肌酸酐（mw 113）	4.94	20.7	2 336	0.0[c]	0.0	0.0	–	–
尿素（mw 60）	2.51	10.5	632	0.0[c]	0.0	0.0	–	–
尿酸（mw 168）	2.73	11.4	1 920	0.0[c]	0.0	0.0	–	–
氨气（mw 17）	5.37	22.5	382	0.0[c]	0.0	0.0	–	–
尿素囊（mw 158）	2.59	10.8	1 714	0.0[c]	0.0	0.0	–	–
甲烷（mw 16）	13.3	55.6	891	0.0[c]	0.0	0.0	–	–

资料来源：Cox, J.D and G. Pilcher. 1970. *Thermochemistry of Organic and Organometallic Compounds*. Academic Press: New York. pp. 1–643; Wu, G. 2013. *Amino Acids: Biochemistry and Nutrition*. CRC Press, Boca Raton.

[a] 这个计算不包括通过形成葡萄糖或酮体而引起的底物氧化。如果先将丙酸转化为葡萄糖，随后将其氧化成为二氧化碳和水，则 ATP 的净产量为每摩尔丙酸 11.5 mol。如果丁酸首先转化为 D-3-羟基丁酸，随后将其氧化成二氧化碳和水，ATP 的净产量是每摩尔丁酸 20 mol。

[b] 三棕榈酰甘油（三棕榈酸甘油酯）。

[c] 单胃动物。

注：mw = 分子量。

8.2.2　消化能（DE）

8.2.2.1　消化能的定义

消化能等于总能减去粪能。

$$DE = GE–FE$$

这是表观消化能，因为粪便的能量包括未消化的饲料的能量和胃肠道分泌物质的能量。当确定了有机物（organic matter，OM）的真实消化率时，便得到真实的 DE。

8.2.2.2　各种动物粪能的损失

粪能代表摄入能量的最大损失量。在反刍动物中，发酵产生的热量与日粮的纤维含量呈正相关；纤维摄入量越高，胃肠道产生的热量越多。对这些动物喂食精饲料和粗饲料时，粪能分别占总能的 20%–30% 和 40%–50%。粪能分别占马、猪、家禽和鱼类中总能的 40%、20%、20% 和 25%（Pond et al., 2005）。消耗纤维日粮的马（食草动物）的粪能值与不摄入粗饲料的非食草动物的粪能值相比会更高。其原因是，前者的日粮中的植物细胞壁材料在前肠不被消化而是进入大肠发酵。成年马的结肠和盲肠分别具有 60 L 和 25–35 L 的容量，在大肠中的组合发酵有助于消化日粮中 30% 的蛋白质、15%–30% 的可溶性非淀粉多糖和 75%–85% 的植物细胞壁多糖（Ralston, 1984）。当饲喂干草和精饲料的混合物时，马对有机物质的消化率是反刍动物的 85%，表明马是非反刍动物中利用粗纤维能力较强的动物（Hintz, 1975）。由于马后肠发酵的复杂性，日粮的 DE 值因不同的饲料差异很大。当猪饲喂含 5% 纤维的日粮时，其大肠可以发酵谷物及其产品中高达 50% 的纤维素和半纤维素（McDonald et al., 2011）。相比之下，家禽（Qaisrani et al., 2015）、鱼类和虾类（Stevens and Hume, 2004）后肠发酵率远低于马。狗和猫不发达的后肠的发酵能力有限（Stevens and Hume, 2004），如果给这些食肉动物喂食纤维日粮，日粮的 DE 值会很低。在所有动物中，真实的 DE 值应该根据表观 DE 加上粪便中存在的内源性（胃肠）分泌物的能量来计算。换句话说，真正的 DE 总是大于表观 DE。像表观 DE 一样，真正的 DE 可以根据日粮中宏量营养素的含量和真实消化率进行计算（表 8.2）。

表 8.2　动物日粮中总能和消化能的计算 [a]

动物	淀粉		油脂		蛋白质		总能 [b] (kcal/kg 日粮)	消化能 [c]	
	日粮中含量（%）	真消化能	日粮中含量（%）	真消化能	日粮中含量（%）	真消化能		总量（kcal/kg 日粮）	占总能的比例（%）
猪 [d]	50	0.95	10	0.92	18	0.87	3967	3663	92.3
鸡 [e]	50	0.95	6	0.92	20	0.90	3699	3443	93.1
反刍动物	65	0.40–0.95（0.675）	5（2–8）	0.72	14（10–18）	0.65	3898	2633	67.5
马	10	0.95	6	0.92	14	0.85	1731	1552	89.7
鱼	20	0.85	10	0.90	40	0.85	3922	3381	86.2

[a] 日粮中干物质含量为 90%。在同一品种中，日粮中最佳养分含量随着生产目的和年龄的不同而不同，本表采用平均值进行计算。

[b] 总能（kcal/kg 日粮）=（%淀粉 × 10 × 4.11 kcal/g）+（%油脂 × 10 × 9.4 kcal/g）+（%蛋白质 × 10 × 5.4 kcal/g）。以猪的日粮为例：总能（kcal/kg 日粮）=（50 × 10 × 4.11）+（10 × 10 × 9.4）+（18 × 10 × 5.4）= 3967 kcal/kg 日粮。

[c] 消化能（kcal/kg 日粮）=（%淀粉 × 消化率 × 10 × 4.11 kcal/g）+（%油脂 × 消化率 × 10 × 9.4 kcal/g）+（%蛋白质 × 消化率 × 10 × 5.4 kcal/g）。以猪的日粮为例：总能（kcal/kg 日粮）=（50 × 0.95 × 10 × 4.11）+（10 × 0.92 × 10 × 9.4）+（18 × 0.87 × 10 × 5.4）= 3663 kcal/kg 日粮。

[d] 猪（两月龄）喂食谷物。

[e] 鸡（4 周龄）喂食谷物。

8.2.2.3　饲料消化率的测定

消化实验需要收集动物回肠的食糜或粪便，并将动物养在专门设计的笼子中（方便粪便与尿液分离），加入恒定量的待测日粮。饲料通过反刍动物和非反刍动物消化道的时间差异很大（第 1 章）。预试期（例如，猪、家禽和马为 4-6 天；反刍动物为 8-10 天）对于清除在消化道中上一次饲喂的饲料残渣以及动物适应所测试饲料是必要的。收集不同动物物种的回肠食糜或粪便的周期（例如，猪、家禽和马为 4-6 天；反刍动物为 8-10 天）存在差异。反刍动物精饲料的消化率通常被认为是由粗饲料（基础日粮）的消化率与粗饲料加上精饲料的消化率的差值决定的，以此确保日粮纤维的充分提供。在从单孔排出粪便和尿液的家禽中，粪便消化率的测定需要将尿液从泄殖腔转移到收集装置。但是，当测定回肠消化率时，不需要这么做。

8.2.3 代谢能（ME）

代谢能等于 DE 减去尿能（UE）和离开消化道的可燃气体（E_{gases}）的能量。必须使用代谢笼收集个体动物的粪便和尿液，并且需要呼吸室测定反刍动物的甲烷产量。

$$ME = DE–UE–E_{gases}$$

可燃气体主要包括甲烷（其含有 13.3 kcal/g；Cox and Pilcher, 1970），还有少量是氨、H_2、H_2S 和 CO_2。胃肠消化引起的可燃气体在单胃动物中可以忽略，但在反刍动物的瘤胃和后肠发酵中，其营养价值和数量非常重要（Stevens and Hume 2004）。反刍动物的瘤胃和后肠发酵可产生大量的气体，这占日粮 ME 摄入量的 7%–8%（McDonald et al., 2011）。此外，将日粮中的碳水化合物、蛋白质和脂肪在瘤胃中发酵成短链脂肪酸（SCFA）时，反应释放的能量不能被产物或细菌完全捕获（第 5 章）。因此，增强纤维在瘤胃中发酵产生 SCFA 和宿主组织随后对 SCFA 的利用将显著降低气体能量的比例并提高饲料效率。

甲烷可以占牛和马的摄入日粮总能的 6%–12% 和 1%–4%。在猪中，E_{gases} 仅占 DE 的一小部分（0.1%–3%），并且取决于日粮的种类和环境温度（Velayudhan et al., 2015）。由于不同物种的消化道发酵速率不同，饲料的 ME 值在非反刍动物和反刍动物中的差异很大，特别是饲喂含有高百分比的纤维副产物或非淀粉多糖的日粮时（表 8.3）。值得注意的是，这些成分在动物饲料中的使用率正在全球范围内增长。因此，由于其 ME 值的差异很大，国家研究委员会（NRC, 2012）不再建议用 ME 作为制定猪日粮的能量系统。

表 8.3 日粮各成分的代谢能值

| 动物 | 日粮 | 总能 | 排泄物中的能量 | | | 代谢能 | |
			粪便	尿液	甲烷	总量	占总能的比例（%）
鸡	玉米	18.4	2.2[a]	–	–	16.2	88.0
	小麦	18.1	2.8[a]	–	–	15.3	84.5
	大麦	18.2	4.9[a]	–	–	13.3	73.1
猪	玉米	18.9	1.6	0.4	–	16.9	89.4
	大麦	19.4	5.5	0.6	–	13.3	68.6
	燕麦	17.5	2.8	0.5	–	14.2	81.1
	椰子粕	19.0	6.4	2.6	–	10.0	52.6
羊	大麦	18.5	3.0	0.6	2.0	12.9	69.7
	干黑麦草（未成熟）	19.5	3.4	1.5	1.6	13.0	66.7
	干黑麦草（成熟）	19.0	7.1	0.6	1.4	9.9	52.1
	禾本科干草（未成熟）	18.0	5.4	0.9	1.5	10.2	56.7
	禾本科干草（成熟）	17.9	7.6	0.5	1.4	8.4	46.9
	青贮牧草	19.0	5.0	0.9	1.5	11.6	61.1
牛	玉米	18.9	2.8	0.8	1.3	14.0	74.1
	大麦	18.3	4.1	0.8	1.1	12.3	67.2
	麦麸	19.0	6.0	1.0	1.4	10.6	55.8
	苜蓿干草	18.3	8.2	1.0	1.3	7.8	42.6

资料来源：改编自 McDonald, P., R. A. Edwards, J. F. D. Greenhalgh, C. A. Morgan, and L. A. Sinclair. 2011. *Animal Nutrition*, 7th ed. Prentice Hall, New York。

注：数值单位为 MJ/kg 干物质，% GE 除外。GE 值由实验室测定。不同来源的玉米和大麦被用于不同的研究。

[a] 能量等于粪能加上尿能。

正常条件下尿液能量主要来自排泄不完全氧化的含氮化合物（如尿素、尿酸、氨、肌酸酐和硝酸盐）（Wu, 2013）。然而，大多数动物的尿液中也存在脂肪酸氧化和生酮 AA 的产物（如酮体），有患有 1 型糖尿病的动物中的量显著增加。尿能分别占猪、牛、马 3 种动物摄入日粮中总量的 2%–3%、4%–5% 和 4%–4.5%（Bondi, 1987; Velayudhan et al., 2015）。尿素、尿酸、肌酐和氨分别含有 2.51 kcal/g、2.74 kcal/g、4.94 kcal/g 和 5.37 kcal/g 的能量（Cox and Pilcher, 1970）。因为它们是动物 AA 氧化的主要终产物。如前所述，蛋白质的生理能量比其 GE 低得多。因此，与摄入脂肪和淀粉相比，所有动物摄入等热量的蛋白质往往有较低的 ME（Verstegen and Henken, 1987）。

代谢能是日粮能量中可用于动物代谢过程的那部分（Blaxter, 1989）。ME 利用效率受能源底物、代谢途径、动物生理状态和周围环境的影响。与基于维持需求的日粮（即脂肪和蛋白质沉积）相比，当动物被饲喂低于维持需求的日粮时，日粮被更有效地利用（表 8.4）。这是因为动物在合成脂肪和蛋白质时的代谢转化总是小于 100%（参见下面的部分）。由于脂肪合成的能量效率高于蛋白质（Verstegen and Henken, 1987），当给动物喂食低于或高于维持需要的日粮时，从日粮脂肪中摄取的 ME 比从日粮蛋白质中摄取的 ME 可被更有效地利用。由于消化和代谢的差异，日粮 ME 值（表 8.5）及其利用效率在不同的动物中差异很大。例如，在反刍动物（肉牛、绵羊和山羊）中，ME 占据 DE 的 80%–86%（平均 83%），猪 ME 占据 DE 的 94%–97%（平均为 95.5%），马的 ME 占 GE 的 60%–65%，这取决于日粮差异。在鸡中，ME 占 GE 的 75%–80%，也取决于日粮（McDonald et al., 2011; Pond et al., 1995）。

表 8.4　日粮代谢能低于维持需要时的利用效率和高于维持需要时为脂肪与蛋白质沉积的利用效率[a]

营养素	动物	效率（ME 的%）		热增耗（ME 的%）	
		低于维持需要	高于维持需要[b]	低于维持需要	高于维持需要[b]
碳水化合物	单胃动物	94	78	6	22
	反刍动物	80	54	20	46
	其他草食动物	90	64	10	36
	鸟类	95	77	5	23
脂肪	单胃动物	98	85	2	15
	反刍动物	92[c]	79	8[c]	21
	其他草食动物	92[c]	79	8[c]	21
	鸟类	95	78	5	22
蛋白质	单胃动物	77	64	23	36
	反刍动物	70	45	30	55
	其他草食动物	76	50	24	50
	鸟类	80	55	20	45
普通日粮	人	90	75	10	25
	小鼠	90	75	10	25
	狗	85	70	15	30
	猪	85	70	15	30
	兔子	80	65	20	35

营养素	动物	效率（ME 的%）		热增耗（ME 的%）	
		低于维持需要	高于维持需要[b]	低于维持需要	高于维持需要[b]
普通日粮	马	75	60	25	40
	牛	70	50	30	50
	羊	70	50	30	50
	鸡	90	75	10	25

资料来源：Blaxter, K. L. 1989. *Energy Metabolism in Animals and Man*. Cambridge University Press, New York, NY。

[a] 不同的动物饲喂相应的日粮。随着用于维护或生产的能量的减少，在日粮代谢能利用中产生的热增耗相应地增加。

[b] 用于沉积脂肪和蛋白质。

[c] Tedeschi, L.O. and D.G. Fox. 2016. *The Ruminant Nutrition System: An Applied Model for Predicting Nutrient Requirements and Feed Utilization in Ruminants*. XanEdu, Acton, MA.

表 8.5　动物饲料的能值[a]

动物	总能	消化能（%）（占总能的比例）	代谢能（%）（占消化能的比例）	净能（%）（占代谢能的比例）
猪	100	90–92	96	82
鸡	100	92–93	96	80
反刍动物	100	66–68	82	80
马	100	80–90	90–95（谷物）	80
			84–88（牧草）	
鱼	100	85–88	97	90–95

[a] 这些估计值取决于不同日粮、动物和环境因素。

在过去 25 年中，ME 系统已被广泛应用于猪和禽类行业（de Lange and Birkett, 2005）。因此，关于非反刍动物的常规饲料原料的 ME 值可在文献中得到（de Lange and Birkett, 2005; Le Goff and Noblet, 2001）。值得注意的是，使用 ME 系统对于家禽是独一无二的，因为家禽将尿液和粪便排入同一个开口并方便收集（Sibbald, 1982）。通过标准的代谢和消化实验可以很容易地确定猪与家禽日粮的 ME 值（McDonald et al., 2011）。

8.2.4　净能（NE）和热增耗

NE 等于 ME 减去与进食相关的热增耗（heat increment，HI）。HI 是由进食、日粮消化和营养代谢活动引起的动物产生热量的一部分（Bondi, 1987）。NE 包括维持能量（NE_m）和生产能量（NE_p），如生长、哺乳和妊娠。如果用于维持和生产的 ME 利用效率显著不同时，NE 是比 ME 更好的饲料能量值指标。这种情况可能在饲喂高纤维日粮时发生，因为此日粮刺激胃肠道细菌和黏膜细胞的活动及肠蠕动（第 5 章）。值得注意的是，NE 比 ME 更难以测定和更复杂（Blaxter, 1989）。

$$NE = ME–HI$$

8.2.4.1　热增耗的定义

热增耗也被称为食物特殊动力作用。HI 的主要原因包括：①营养的消化和吸收（如饲料的咀嚼与粉碎、瘤胃发酵、肠细胞和其他细胞类型的营养物质的主动转运及后肠中的发酵）；②胃肠道运动；③动物体内的非生产性代谢（如尿素和尿酸的合成）；④与进食相关的各种器官（如肾、骨骼肌和心脏）的生理活动（Johnson et al., 1990; Lobley, 1990; Noblet and Etienne, 1987）。猪、羊、牛、鸡和大马哈鱼的 HI 值见表8.6。当食物或日粮中粗纤维摄入增加时，HI 增加（Blaxter, 1989）。

表 8.6　饲料养分的热增耗

营养素	猪	羊	牛	鸡	大马哈鱼	虹鳟鱼
脂肪	9	29	35	10	–	1.4
淀粉	17	32	37	18	–	3.5
蛋白质	26	54	52	44	–	3.3
混合物	10–40	35–70	35–70	25–30	2.5	1.6

资料来源：改编自 Bondi, A.A. 1987. *Animal Nutrition*. John Wiley & Sons, New York, NY（猪、牛、羊、鸡数据）；Smith, R.R., G.L. Rumsey, and M.L. Scott. 1978. *J. Nutr*. 108: 1025–1032（大马哈鱼和虹鳟鱼数据）。

8.2.4.2　不同能量底物间热增耗的差异

首先，给哺乳动物和鸟类提供能量的各养分的 HI 为：蛋白质＞碳水化合物＞脂肪。由于以下因素，蛋白质的 HI 值高于碳水化合物或脂肪（Wu, 2013）。首先，细胞内蛋白质的周转需要大量的能量。其次，哺乳动物与鸟类需要大量的能量将氨分别转化为尿素与尿酸。这些代谢途径需要大量的能量。再次，肾脏需要能量来浓缩并排出含氮化合物。最后，氨基酸中的碳骨架和氮的氧化产生热量，特别是在氨基酸不平衡的情况下。当用于蛋白质合成时，日粮的蛋白质比用于氧化提供能量时具有更低的 HI，因为后者总是与由氨基酸产生的氨转化成尿素或尿酸有关。

脂质在肠的吸收几乎不需要 ATP。在很大程度上，通过细胞质膜和细胞器（如线粒体）膜的脂肪酸输送不依赖于能量（第 6 章）。相比之下，肠和肾对葡萄糖的吸收需要 ATP，并且所有细胞类型对羧酸（如丙酮酸）的转运是依赖能量的过程（第 5 章）。这些因素解释了在非反刍动物中脂肪的 HI 远低于葡萄糖或蛋白质的 HI。如前所述，在所有营养素中，蛋白质在哺乳动物和鸟类中具有最高的 HI。因此，在热应激过程中，蛋白质不是陆地动物的理想能量来源。然而，哺乳动物及鸟类和鱼类中的某些细胞类型以一些特定氨基酸为主要代谢燃料（例如，猪肠细胞对谷氨酸、谷氨酰胺和天冬氨酸的利用，大鼠淋巴细胞对谷氨酰胺的需求）（Jobgen et al., 2006）。

在非反刍哺乳动物和鸟类中，尽管淀粉的 HI 大于脂肪，但淀粉/葡萄糖应该作为主要的能源来提供，特别是在应激（如热应激）和疾病条件下。这是因为：①动物中脂肪酸的氧化产生比等摩尔的葡萄糖产生更多的氧化剂（如 H_2O_2 和超氧阴离子）（第 5 章和第 6 章）；②饱和脂肪酸增加胰岛素抵抗和代谢综合征的风险，而在生理条件下，血浆中的葡萄糖浓度恒定且不升高；③脂肪酸，特别是多不饱和脂肪酸，在高环境温度下比葡萄糖更易发生化学氧化。

8.2.4.3　热增耗的物种差异

反刍动物的 HI 值比单胃动物（Blaxter, 1989）更高，原因如下。首先，反刍动物的采食(包括咀嚼和吞咽)和反刍需要花费更多的能量,其分别占日粮 ME 摄入量的 3%–6% 和 0.3%。其次,反刍动物胃肠道(包括瘤胃和肠胃)的运动比非反刍动物产生更多的热量。反刍动物在不同生理条件下 ME 转化为 NE 的比例如下:维持期为 70%–80%;哺乳期为 60%–70%;增重期为 40%–60%;怀孕期为 10%–25%(Bondi, 1987; McDonald et al., 2011)。如前所述,这些值低于非反刍动物的值。

鱼类对含氮废弃物的处理和对脂肪的利用途径与哺乳动物及鸟类不同(第 7 章)。例如,大多数鱼没有肝脏尿素循环,将氨直接排入周围水域。此外,与其氧化氨基酸的能力相比,大多数鱼具有较低的氧化葡萄糖和脂肪酸的能力。Smith 等(1978)检测了饲喂完整日粮或单一营养素(脂肪、蛋白质或碳水化合物)的鲑鱼的 HI。他们观察到,喂食大约 30 min 后产热量增加,可以持续 1–5 h,这取决于摄取的食物的数量和类型。有趣的是,鱼的蛋白质的 HI 是日粮 ME 的 3%–10%(取决于物种),远远低于哺乳动物或鸟类蛋白质的 HI(Smith et al., 1978)。这进一步说明尿素和尿酸合成是哺乳动物与鸟类饲喂蛋白引起高 HI 的主要原因。此外,鱼类对淀粉的 HI 与对蛋白质的 HI 没有差异,但高于陆地动物对脂肪的 HI。总体来说,鲑鱼日粮的 HI 是日粮 ME 的 3%,非反刍动物是 10%,反刍动物是 5%–10%。因此,鱼类利用蛋白质的净能比哺乳动物和鸟类高。

NE 是动物用于生存(如维持生命过程;NE_m)和生产的能量(如生长和育肥,以及牛奶、鸡蛋和羊毛的生产;NE_p)。换句话说,食物的 NE 用于维持动物的基础代谢并支持生产(如组织生长或分泌)(Baldwin and Bywater, 1984)。NE_m 完全转化为热量。值得注意的是,在合成动物体内与产品(如牛奶、鸡蛋和羊毛)中的脂肪、蛋白质和糖原时,一些 NE_p 也转化为热,因为日粮脂肪转化为体脂及日粮蛋白质或氨基酸转化为体蛋白质的效率小于 100%(表 8.7)。NE 占饲喂精饲料的反刍动物和马的 ME 的 80%(占 GE 的 30%–32%);占猪的 ME 的 82%(或 GE 的 60%–62%);占蛋鸡的 ME 的 80%(占 GE 的 58%–60%);占鱼的 ME 的 90%–95%(表 8.2)。在动物体内,肌肉组织的生长通常随着日粮 NE 摄入量的增加而增加,直到由遗传潜力和环境(包括营养)决定的骨骼肌蛋白质沉积速率达到最大值(Campbell, 1988; van Milgen et al., 2001)。超出这一 NE 摄入量的任何额外的能量将导致脂质沉积显著增加,而瘦肉组织仅有少量的增加(Campbell, 1988)。

表 8.7　动物内生物合成的能量效率

底物	动物生成	能量转换效率(%)
脂肪(三棕榈酸甘油酯)合成		
3 mol 棕榈酸酯 + 0.5 mol 葡萄糖	脂肪[a]	98.1
8 mol 醋酸盐 + 0.5 mol 葡萄糖	脂肪[a]	86.4
葡萄糖	脂肪[a]	81.4
蛋白质	脂肪[a]	59.0
日粮脂肪	脂肪[a]	98.9
碳水化合物合成		
乳酸	葡萄糖	87.8
蛋白质	葡萄糖	62.3

续表

底物	动物生成	能量转换效率（%）
葡萄糖	乳糖	97.5
葡萄糖	糖原	93.7
	蛋白质合成	
氨基酸	蛋白质	80.8

ᵃ 三棕榈酸甘油酯。

8.2.4.4　影响日粮净能的因素

影响日粮的 ME 值的因素也会影响其 NE。此外，NE 也受热增耗的影响。因此，饲料的 NE 值不是固定的，而是随日粮、动物年龄或生产的阶段及所处的环境而变化（Kil et al., 2013; Tedeschi and Fox, 2016）。例如，对于所有动物，具有高百分比蛋白质和非淀粉多糖的饲料通常比具有高百分比的淀粉和脂肪的饲料有更低的 NE 值（Baldwin and Bywater, 1984）。不同生长期猪和反刍动物日粮的 NE 通常是以下顺序：生长期＞哺乳期＞妊娠期（Bondi, 1987; Pond et al., 2005）。由于能量合成脂肪的效率高于合成蛋白质的效率，因此在哺乳动物、鸟类、鱼类和甲壳类中，与蛋白质积累相比，NE 能更有效地用于脂肪沉积。

8.2.4.5　热增耗的测定

热增耗，如全身产热量，通常使用直接或间接测热法测量（Blaxter, 1971）。尽管直接测热法的理论较为简单，但在实践上很困难。直接测热法中，动物测热计是一个密封的隔热室，氧气由气流提供，通过由动物产生的热量增加了周围介质的温度来计算。热量通过辐射、传导和对流使身体表面的热量传递到环境中（Verstegen and Henken, 1987）。蒸发散热则是通过皮肤和呼吸道散热。在间接量热法中，根据动物消耗的 O_2 的体积、动物产生的二氧化碳的体积和呼吸商（$RQ = CO_2 / O_2$）来估计能量代谢（表 8.8）。从气体交换计算产热量，是基于 ΔH，与化学反应路径无关，仅取决于底物和产物之间的能量差的原理，如本章后半部分所述。

表 8.8　基于呼吸商（RQ）的动物产热量的测量

底物	呼吸商（CO_2/O_2, v/v）	燃烧热		每升耗氧量所产生的热量		由底物氧化所产生的热量占总热量的百分比（%）	
		kJ/g	kcal/g	KJ/L	kcal/L	CH_2Oᵃ	脂肪ᵇ
碳水化合物	1.00	16.74	4.0	21.12	5.047	100	0
脂肪	0.707	37.66	9.0	19.61	4.686	0	100
蛋白质	0.831	22.59	5.4	18.62	4.450	–	–
		碳水化合物和脂肪的混合物　（g/g）					
16：25	0.751ᶜ	34.52ᵈ	8.25	19.84ᵉ	4.742ᶠ	16.0ᵃ	84.3ᵇ
30：70	0.795	31.38	7.50	20.06	4.794	31.6	68.4
40：60	0.824	29.29	7.00	20.21	4.830	47.7	58.3
50：50	0.854	27.20	6.50	20.36	4.866	52	48.0

续表

底物	呼吸商 (CO$_2$/O$_2$，v/v)	燃烧热		每升耗氧量所产生的热量		由底物氧化所产生的热量占总热量的百分比（%）	
		kJ/g	kcal/g	KJ/L	kcal/L	CH$_2$O[a]	脂肪[b]
碳水化合物和脂肪的混合物 （g/g）							
60：40	0.883	25.11	6.00	20.52	4.904	61.8	38.2
70：30	0.912	23.02	5.50	20.67	4.940	71.5	28.5
85：15	0.956	19.88	4.75	20.89	4.993	85.9	14.1

资料来源：改编自 Kleiber, M. 1961. *The Fire of Life*. John Wiley, New York, NY; Lusk, G. 1924. *J. Biol. Chem.* 59: 41–42。

注：碳水化合物(CH$_2$O)包含 35.7% 的淀粉和 64.3%的蔗糖。脂肪是 1-棕榈油酰-2-油酰-3-硬脂酰甘油（1-palmitoleoyl-2-oleoyl-3-stearoyl-glycerol）。未把由蛋白质氧化产生的热量列入计算。

[a] 计算公式：[504.7 × (RQ – 0.707)] / [5.047 × (RQ – 0.707) + 4.686 × (1 – RQ)]。

[b] 计算公式：[468.6 × (1 – RQ)] / [5.047 × (RQ – 0.707) + 4.686 × (1 – RQ)]。

[c] 计算公式：(0.15 × 1.00) + (0.85 × 0.707)= 0.751。碳水化合物和脂肪混合物的呼吸商计算也一样 [(%碳水化合物 × 1.00) + (%脂肪 × 0.707)]。

[d] 计算公式：(0.15 × 16.74) + (0.85 × 37.66)= 34.52。碳水化合物和脂肪混合物的燃烧热计算也一样 [(%碳水化合物 × 16.74) + (%脂肪 × 37.66)]。

[e] 计算公式：(0.15 × 21.12) + (0.85 × 19.61)= 19.84。每升氧气用于氧化碳水化合物和脂肪的混合物产生的燃烧热的计算一样 [(%碳水化合物 × 21.12) + (%脂肪 × 19.61)]。

[f] 1 kJ = 4.1842 kcal。数值（kcal/L）计算公式：4.686 + 0.361 × (RQ – 0.707)/0.293。

8.3　动物代谢转变过程中的能量利用效率

ATP 末端两个磷酸键包含 51.6 kJ/mol 的能量，但是合成高能磷酸键需要更多的能量（即 85.4 kJ/磷酸键）（Newsholme and Leech, 2009）。换而言之，从 ADP 加 Pi 合成的 ATP 储存的能量为 51.6 kJ/mol，即 ATP 合成效率仅为 60%。根据这些值，可以计算细胞和动物在氧化过程中产生的能量转化效率。我们列举哺乳动物中营养物质的氧化（表 8.4）。一般来说，代谢转化的效率可以由储存在产物中的能量与前体物中的能量的比值来计算（Bottje and Carstens, 2009）。值得注意的是，在哺乳动物和鸟类中蛋白质氧化成为 ATP 的能量转化效率比葡萄糖、淀粉、棕榈酸与脂肪氧化成 ATP 的能量转化效率分别低 16%及 24%左右。如第七章所述，合成尿酸所需的 ATP 比合成尿素需要更多的能量，大多数鱼类直接将氨完全释放到周围的水中。因此，氨基酸氧化的能量效率是：鱼＞哺乳动物＞鸟类。

能量转化效率 =（产物中的能量值/前体物中的能量值）× 100%

底物氧化成 ATP 的能量转化效率 =（每摩尔的底物氧化产生的净 ATP 摩尔数 × 51.6 kJ/mol 的底物所含有的总能量）× 100%

氨基酸合成蛋白质的能量转化效率 =[蛋白质的能量/（氨基酸的能量 + 合成蛋白质所需要的 ATP 或 GTP 所含有的能量）]× 100%

如前所述，由 ADP 加 Pi 合成 ATP 所需要的能量为 85.4 kJ/mol（McDonald et al., 2011）。计算生物合成过程的能量转化效率需要这个常数，营养物质在不同的代谢途径中的能量转化效率是不同的（Wester, 1979）。表 8.7 总结了从它们各自的前体合成脂肪、葡萄糖、乳糖、糖原和蛋白质的能量效率值。计算详情记载在以下各节内。值得注意的是，根据猪体内氨基酸的组成情况，蛋白质的平均分子量为 100（Wu, 2013）。这个值可以用来计算从氨基酸合成蛋白质的能量转化效率。

$$底物通过氧化作用产生ATP的效率=\frac{每摩尔底物氧化净产生的ATP\times 51.6\ kJ/mol}{底物的燃烧热}\times 100\%$$

$$氨基酸转化为蛋白质的能量转化率=\frac{蛋白质含有的能量}{氨基酸的能量+合成蛋白质所需要的ATP与GTP}\times 100\%$$

（1）8 mol 醋酸 +1/2 mol 葡萄糖形成 1 mol 的脂肪（三棕榈酸甘油酯）

8 mol 乙酸	6 528 kJ
8 mol 乙酸 → 8 mol 乙酰辅酶 A	1 366 kJ（16 mol ATP）
7 mol 乙酰辅酶 A → 7 mol 丙二酰辅酶 A	598 kJ（7 mol ATP）
7 mol 丙二酰辅酶 A →1 mol 棕榈酸	2 989 kJ（14 mol NADPH 或 35 mol ATP）
1 mol 棕榈酸 → 1 mol 棕榈酰辅酶 A	171 kJ（2 mol ATP）
合成 1 mol 棕榈酰辅酶 A 所需要的能量	11 652 kJ
合成 3 mol 棕榈酰辅酶 A 所需要的能量	34 956 kJ
1/2 mol 葡萄糖	1 402 kJ
1/2 mol 葡萄糖 → 1 mol 二羟丙酮磷酸	85.4 kJ（1 mol ATP）
1 mol 二羟丙酮 → 1 mol 三磷酸甘油	214 kJ（1 mol NADH 或 2.5 mol ATP）
合成 1 mol 三磷酸甘油所需要的能量	1 701 kJ（＝1 402 + 85 + 214）
合成 1 mol 三棕榈酸甘油酯所需要的能量	36 657 kJ（＝34 956 + 1 701）
1 mol 三棕榈酸甘油酯含有的能量	31 676 kJ
合成效率 ＝	（31 676/36 657）× 100% = 86.4%

（2）3 mol 棕榈酸 +1/2 mol 葡萄糖合成 1 mol 的脂肪（三棕榈酸甘油酯）

3 mol 棕榈酸	30 093 kJ（10 031 kJ/mol）
3 mol 棕榈酸 → 3 mol 棕榈酰辅酶 A	512 kJ（6 mol ATP）
合成 3 mol 棕榈酰辅酶 A 所需要的能量	30 605 kJ
0.5 mol 葡萄糖	1 402 kJ
0.5 mol 葡萄糖 → 1 mol 二羟丙酮磷酸	85.4 kJ（1 mol ATP）
1 mol 二羟丙酮 →1 mol 三磷酸甘油	214 kJ（1 mol NADH 或 2.5 mol ATP）
合成 1 mol 三磷酸甘油所需要的能量	1 701 kJ（＝1 402 + 85.4 + 214）
合成 1 mol 三棕榈酸甘油酯所需要的总能量	32 306 kJ（＝30 605 + 1 701）
1 mol 三棕榈酸甘油酯含有的能量	31 676 kJ
合成效率 ＝	（31 676/32 306）× 100% = 98.1%

（3）葡萄糖到脂肪（三棕榈酸甘油酯）

4 mol 葡萄糖	11 212 kJ
4 mol 葡萄糖 → 8 mol 丙酮酸	（−8 mol ATP 和 −4 mol NADH）
8 mol 丙酮酸 → 8 mol 乙酰辅酶 A（线粒体）	（−8 mol NADH）
8 mol 乙酰辅酶 A（线粒体）→ 胞浆内 8 mol 乙酰辅酶 A	（＋8 mol ATP）
7 mol 乙酰辅酶 A →7 mol 丙二酰辅酶 A（胞浆）	（＋7 mol ATP）
7 mol 丙二酰辅酶 A →1 mol 棕榈酸	（＋14 mol NADPH）
1 mol 棕榈酸 → 1 mol 棕榈酰辅酶 A	（＋2 ATP）
净 ATP 需要（9 mol ATP）	769 kJ（9 mol ATP）
净 NAD(P)H 需要（2 mol）	427 kJ（2 mol NAD(P)H 或 5 mol ATP）

合成 1 mol 棕榈酰辅酶 A 需要的能量	12 408 kJ（＝11 212＋769＋427）
合成 3 mol 棕榈酰辅酶 A 需要的能量	37 224 kJ
0.5 mol 葡萄糖	1 402 kJ
0.5 mol 葡萄糖 →1 mol 二羟丙酮磷酸	85.4 kJ（1 mol ATP）
1 mol 二羟丙酮 → 1 mol 三磷酸甘油	214 kJ（1 mol NADH 或 2.5 mol ATP）
合成 1 mol 三磷酸甘油所需要的能量	1 701 kJ
合成 1 mol 三棕榈酸甘油酯所需要的能量	38 925 kJ（＝37 224＋1 701）
1 mol 三棕榈酸甘油酯含有的能量	31 676 kJ
合成效率＝	（31 676/38 925）×100%＝81.4%

（4）蛋白质（氨基酸）到脂肪（三棕榈酸甘油酯）

$C_{4.3}H_7O_{1.4}N_{1.2}$（无硫蛋白）$-C_{0.6}H_{2.4}O_{0.6}N_{1.2}$（0.6 尿素）→ $C_{3.7}H_{4.6}O_{0.8}$	
合成 8 mol 丙酮酸（C_{24}）需要 6.5 mol 蛋白质。（1 mol 蛋白质→3.7 mol 碳原子或 1.23 mol 丙酮酸）	
6.5 mol 蛋白质	14 690 kJ（2 260 kJ/mol 蛋白质）
6.5 mol 蛋白质 →3.9 mol 尿素（＝0.6×6.5）	（＋25.4 mol ATP；6.5 mol ATP/mol 尿素）
6.5 mol 蛋白质 → 8 mol 丙酮酸	（−30 mol ATP）
8 mol 丙酮酸 → 8 mol 乙酰辅酶 A（线粒体）	（−20 mol ATP）
8 mol 乙酰辅酶 A（线粒体）→胞浆内 8 mol 乙酰辅酶 A	（＋8 mol ATP）
7 mol 乙酰辅酶 A → 7 mol 丙二酰辅酶 A（胞浆）	（＋7 mol ATP）
7 mol 丙二酰辅酶 A →1 mol 棕榈酸	（＋14 mol NADPH）
1 mol 棕榈酸 →1 mol 棕榈酰辅酶 A	（＋2 mol ATP）
净 ATP 需要（−7.6 mol ATP）	−649 kJ（−7.6 mol ATP）
NADPH 需要（14 mol）	2 989 kJ（14 mol NADPH 或 35 mol ATP）
合成 1 mol 棕榈酰辅酶 A 所需要的能量	17 030 kJ（＝14 690−649＋2 989）
合成 3 mol 棕榈酰辅酶 A 所需要的能量	51 090 kJ
0.811 mol 蛋白质（$C_3/C_{3.7}$＝0.811）	1 833 kJ
0.811 mol 蛋白质 → 0.49 mol 尿素	（＋3.2 mol ATP；6.5 mol ATP/mol 尿素）
0.811 mol 蛋白质 → 1 mol 丙酮酸	（−3.7 mol ATP；4.6 mol ATP/mol 蛋白质）
1 mol 丙酮酸 → 1/2 葡萄糖	（＋5.5 mol ATP）
1/2 mol 葡萄糖 → 1 mol 二羟基丙酮磷酸	（＋1 mol ATP）
1 mol 二羟基丙酮 → 1 mol 三磷酸甘油	（＋1 mol NADH）
净 ATP 需要（6 mol ATP）	512 kJ（6 mol ATP）
净 NADH 需要（1 mol）	214 kJ（1 mol NADH 或 2.5 mol ATP）
合成 1 mol 三磷酸甘油所需要的能量	2 559 kJ（＝1 833＋512＋214）
合成 1 mol 三棕榈酸所需要的总能量	53 649 kJ（＝51 090＋2 559）
1 mol 三棕榈酸含有的能量	31 676 kJ
合成效率 ＝	（31 676/53 649）×100%＝59.0%

（5）膳食脂肪到身体脂肪（三棕榈酸甘油酯）

1 mol 脂肪（三棕榈酸甘油酯）	31 676 kJ
1 mol 脂肪 → 2 mol 棕榈酸 + 1 mol MAG	0 kJ
2 mol 棕榈酸 → 2 mol 棕榈酰辅酶 A	342 kJ（4 ATP）
2 mol 棕榈酰辅酶 A + 1 mol MAG →三棕榈酸甘油酯	0 kJ
合成 1 mol 三棕榈酸甘油酯所需要的能量	32 018 kJ
1 mol 三棕榈酸甘油酯含有的能量	31 676 kJ
合成效率 =	（31 676/32 018）× 100% = 98.9%

MAG = 单酰基甘油。

（6）乳酸到葡萄糖

2 mol 乳酸	2 688 kJ
2 mol 丙酮酸 → 2 mol 草酰乙酸	171 kJ（2 mol ATP）
2 草酰乙酸 → 2 mol 磷酸烯醇丙酮酸	171 kJ（2 mol GTP）
2 mol 3-磷酸甘油酸 → 2 mol 1,3-二磷酸甘油酸	171 kJ（2 mol ATP）
合成 1 mol 葡萄糖所需要的能量	3 201 kJ
1 mol 葡萄糖含有的能量	2 803 kJ
合成效率 =	（2 803/3 201）× 100% = 87.8%

（7）蛋白质到葡萄糖

$C_{4.3}H_7O_{1.4}N_{1.2}$（不含硫原子的蛋白质）$-C_{0.6}H_{2.4}O_{0.6}N_{1.2}$（0.6 尿素）→ $C_{3.7}H_{4.6}O_{0.8}$	
合成 2 mol 丙酮酸（C_{24}）需要 1.62 mol 的蛋白质。（1 mol 蛋白质→3.7 mol 碳原子）	
1.62 mol 蛋白质	3 661 kJ（2 260 kJ/mol 蛋白质）
1.62 mol 蛋白质 → 0.97 mol 尿素（= 0.6×1.62）	（+ 6.3 mol ATP；6.5 ATP/mol 尿素）
1.62 mol 蛋白质 → 2 mol 丙酮酸	（−7.5 mol ATP）
2 mol 丙酮酸 → 2 mol 草酰乙酸	（+ 2 mol ATP）
2 mol 草酰乙酸 → 2 mol 磷酸烯醇丙酮酸	（+ 2 mol GTP）
2 mol 3-磷酸甘油酸 → 2 mol 1,3-二磷酸甘油酸	（+ 2 mol ATP）
2 mol 1,3-二磷酸甘油酸 → 2 mol 甘油醛 3-磷酸	（+ 2 mol NADH）
净 ATP 需求（4.8 mol ATP）	410 kJ（4.8 mol ATP）
净 NADH 需求（2 mol）	427 kJ（2 mol NADH 或 5 mol ATP）
合成 1 mol 葡萄糖所需要的能量	4 498 kJ（= 3 661 + 410 + 427）
1 mol 葡萄糖含有的能量	2 803 kJ
合成效率 =	（2 803/4 498）× 100% = 62.3%

（8）葡萄糖到乳糖

2 mol 葡萄糖	5 606 kJ
1 mol 葡萄糖 → 1 mol 葡萄糖-1-磷酸	85.4 kJ（1 mol ATP）
1 mol 葡萄糖-1-磷酸 → 1 mol 尿苷二磷酸葡萄糖	85.4 kJ（1 mol ATP）
合成 1 mol 乳糖所需要的能量	5 777 kJ
1 mol 乳糖含有的能量	5 630 kJ
合成效率 =	（5 630/5 777）× 100% = 97.5%

（9）葡萄糖到糖原

1 mol 葡萄糖	2 803 kJ
1 mol 葡萄糖 → 1 mol 葡萄糖-1-磷酸	85.4 kJ（1 mol ATP）
1 mol 葡萄糖-1-磷酸 → 1 mol 尿苷二磷酸葡萄糖	85.4 kJ（1 mol ATP）
加入 1 mol 葡萄糖所需要的能量	2 974 kJ
1 mol 糖原含有的能量	2 786 kJ
合成效率 =	（2 786/2 974）× 100% = 93.7%

（10）氨基酸到蛋白质

118 g 氨基酸（基于猪的氨基酸组成）	2 326 kJ
转运 1 mol 氨基酸需要 0.5 mol ATP	43 kJ（0.5 mol ATP）
5 mol ATP/mol 氨基酸（合成 1 mol 蛋白质）	427 kJ（5 mol ATP；85.4 kJ/mol）
合成 1 mol 蛋白质所需要的能量	2 796 kJ（= 2 326 + 43 + 427）
1 mol 蛋白质含有的能量 （100 g 蛋白质）	2 260 kJ
合成效率 =	（2 260/2 796）× 100% = 80.8%

　　动物对日粮中能量的利用效率随着物种、生理状态、生产类型、身体活动、健康状况、生活环境（如温度、湿度、噪声、毒素和空气污染）及日粮组成的变化而变化。例如，由于猪的 HI 低于牛（表 8.4），因此猪日粮中能量无论用于维持需要还是生产需要，其利用效率都比牛高。在同一物种，食物中的能量用于维持需要或哺乳的效率比用于生长或育肥的效率高，产奶与维持需要的能量利用效率几乎一样。这是因为：第一，动物在维持需要时依赖 ATP 的生化过程（如蛋白质、甘油三酯和葡萄糖的周转）的速率低于动物在生产时的速率，并且营养素氧化产生的热量被用于维持动物体温。第二，对于生产而言，蛋白质、脂肪和碳水化合物的生成总是伴随着热量的产生，而这些代谢过程的转化效率总是小于 100%。如表 8.7 所示，葡萄糖和蛋白质转化为脂肪的能量效率分别仅为 81% 和 59%。第三，在正常生理条件下，乳腺上皮细胞合成和加工蛋白质、脂肪和乳糖后立即将这些产物排出到输乳管腔中，因此它们不会在细胞内或细胞外降解。相反，作为动物生长的主要干物质（DM）组分的蛋白质在组织（如骨骼肌、肠和肝脏）细胞中的不断合成和降解需要大量的 ATP（第 7 章）。第四，白色脂肪组织中甘油三酯的维持需要能量。当空气受到污染时，动物吸入周围环境中的毒素和氧化剂并产生内源性氧化剂；所有这些有害物质都会抑制营养物质的吸收、消化和利用，包括 NADH 和 $FADH_2$ 通过线粒体电子传递系统氧化产生 ATP。第五，发热和感染导致全身产热增加（维持能量需求），因此降低了日粮能量用于生产的效率（Baracos et al., 1987）。这种分解代谢反应，以及采食量的降低，导致宿主的负能量平衡，并造成巨大的代谢成本。

　　动物能适应低于维护需要的日粮能量水平，并且其能量的利用效率比当日粮能量水平在维护需要以上时高。同样值得注意的是，在肯尼亚的 Hereford×Boran 肉牛（Ledger and Sayers, 1977）和在南亚、美国及澳大利亚（Butterworth, 1985）的 Brahman（*Bos indicus*）牛，可以通过降低代谢需要来稳定其体重和生理状态。动物对营养物质和其他环境因素的生理适应性对于热带与亚热带地区的家畜（如牛）及家禽（如鸡）的生产具有重要意义。

8.4 热量产生的测定作为动物能量消耗的指标

8.4.1 动物的总产热量

动物通过以下途径产生热量：①基础代谢（即维持的能量需要）；②胃肠道微生物的代谢；③采食热增耗；④在动物体内或者动物产品中的脂肪、蛋白质和糖原的合成。动物在空腹状态下，禁食时产生的热量为基础代谢。在动物的饲养过程中，总热的产生包括基础代谢产生的热和由与采食有关的活动所产生的热，包括营养物质的消化、吸收和代谢。

体型小的动物比体型大的动物具有更大的表面积/体重的比率和更高的代谢率，并且每千克的代谢体重可以产生更多的能量。以每千克的代谢体重（体重 $^{0.75}$）来计算，整个动物界的产热率相对恒定（Baldwin, 1995; Blaxter, 1989）。对大鼠（表 8.9）和反刍动物的研究（表 8.10）表明，在同一种动物中，不同的组织具有不同的代谢率，因此表现出不同的产热速率。骨骼肌对禁食产热的百分比贡献在大鼠和反刍动物之间是相似的。相比之下，消化道对禁食产热的百分比贡献在反刍动物中比在大鼠中要大得多，原因在于前者比后者具有更多的内容物和更活跃的微生物发酵活动（Stevens and Hume, 2004）。另外，由于血液循环为组织提供氧气和营养物质，因此血液流动速率与组织的产热呈现正相关关系。

表 8.9 禁食的成年大鼠中主要组织的静息耗氧量

全身或特定组织	体重或300 g成年鼠的组织体重（g）	氧气消耗量			静息产热量		
		速率 [mL/(100g·min)]	总量 [mL/(300g 鼠·min)]	占全身 O_2 的消耗量（%）	速率 [kcal/(100g·h)]	总量 [kcal/(300g 鼠·h)]	占禁食时全身的产热量（%）
全身	300	2.0	6.0	100	0.576	1.73	100
褐色脂肪组织	0.61	48	0.293	4.9	13.8	0.084	4.9
心脏	1.53	19.4	0.297	5.0	5.59	0.086	5.0
肾脏	2.63	19.1	0.502	8.3	5.50	0.145	8.4
肝脏	10.8	15.9	1.72	28.7	4.58	0.495	28.6
大脑	1.61	10.3	0.166	2.8	2.97	0.048	2.8
小肠	6.10	6.4	0.390	6.5	1.84	0.112	6.5
脾脏	0.77	2.2	0.017	0.28	0.63	0.0049	0.28
睾丸	3.58	1.7	0.061	1.0	0.49	0.018	1.0
肺	1.63	1.0	0.016	0.27	0.29	0.0047	0.27
骨骼肌	135	0.92	1.24	20.7	0.27	0.358	20.7
白色脂肪组织	33.9	0.18	0.061	1.01	0.052	0.018	1.01

资料来源：改编自 Assaad, H., K. Yao, C.D. Tekwe, S. Feng, F.W. Bazer, L. Zhou, R.J. Carroll, C.J. Meininger, and G. Wu. 2014. *Front. Biosci.* 19: 967–985.

注：雄性 Sprague-Dawley 大鼠的平均体重为 300 g（275–325g）。将大鼠禁食 16 h，然后测量全身、肾脏、肝脏和小肠的耗氧率。

脂肪酸、葡萄糖和氨基酸通过细胞与组织特异性的氧化反应来满足动物对能量的需求（Jobgen et al., 2006）。在含有线粒体的细胞中，1 mol NADH 和 1 mol $FADH_2$

表 8.10 反刍动物在禁食情况下各组织的产热量

组织	占空腹体重的百分比（%）	占心血量输出的百分比（%）	占禁食产热量的百分比（%）
骨骼肌	41	18	23
白色脂肪组织	15	9.6	8.0
胃肠消化道	6.5	23.0	9.0
皮肤	6.3	8.0	2.7
神经组织	2.0	10	12
肝脏	1.6	27	22.5
心脏	0.6	4.1	10
肾脏	0.3	13.4	7.0
其他	27.7	9.9	5.8

资料来源：改编自 Baldwin, R.L. 1995. *Modeling Ruminant Digestion and Metabolism*. Chapman & Hall, New York, NY。

的氧化分别产生 2.5 mol 和 1.5 mol ATP。因此，在所有动物，当葡萄糖和脂肪酸被分解代谢时，其大约 55% 的化学能储存在富含能量的磷酸键中（主要是 ATP），其余的能量转化成热能（第 5 章和第 6 章）。在哺乳动物、鸟类和鱼类，蛋白质氧化后储存在 ATP 中的能量分别为 46%、42% 和 55%，其余的能量转化成热能（第 1 章）。这是因为，在这些不同种类的动物，由氨基酸氧化产生的氨具有不同的代谢途径。能量依赖性的生化反应和生理过程包括蛋白质的周转、尿素循环、糖异生、营养物质转运、各种"徒劳无益的循环"、Na/K-ATP 活性和离子泵（可占全身热量生产量的 10%）、肾脏的重吸收、肠蠕动，以及心脏和骨骼肌的收缩。这些过程利用了大约 1/3 从 ATP 水解释放的能量，其余的化学能转化成了热量（Wester, 1979）。在细胞中，ATP 的利用速率和生产速率精确匹配（Dai et al., 2013）。在具有褐色脂肪组织的哺乳动物中（如大鼠和人），其独特的解偶联蛋白-1 可抑制由 ADP 和 Pi 合成 ATP 这一反应，从而使底物在线粒体内氧化形成的化学能消散成为热量（第 1 章）。因此，在动物体内，由宏量营养物质的氧化释放出的能量最终转化成热量。换句话说，产热是衡量动物能量消耗的重要指标。

8.4.2 直接测热法测定热量产生

直接测热法用于测量动物在气密和绝热的封闭室（被称为量热计）内产生的热量（McDonald et al., 2011）。Antoine Lavoisier 及其同事在 17 世纪后期首先用这种技术测量动物的代谢速率。具体来说，他们通过观察在有冰和动物的绝热室中的冰融量来确定豚鼠所产生的热量。直接测热法可以直接测量热产生的速率，其可以作为在正常和异常状态下代谢率的指标（Kaiyala and Ramsay, 2011）。动物主要是通过以下 4 条途径散热的：①热传导（通过直接接触，热量从体温高于环境温度的动物转移到比其体温低的表面）；②对流（气体或者液体从动物通过大流量方式散热）；③辐射（由动物发射的 3–100 μm 的长电磁波进行热量传递）；④蒸发（体内液体水分蒸发成气体并从消化道和体表散出）（Bondi, 1987）。前 3 种类型的热损失称为可感性热损失。

有 4 种类型的直接量热计：等温、散热、对流和差异（Blaxter, 1989）。在等温直接量热计中，通过围绕动物室的护套或水浴箱使其墙壁温保持恒定。可感热性损失由室内线圈中循环的水吸收，并且可根据入口和出口水之间的温度差及水流速率来计算其具体数值。蒸发性热损失是根据在入口和出口空气之间的水分含量的差异，以及通过动物吸入的空气的体积来计算所得出的（Kaiyala and Ramsay, 2011）。在散热器直接测热法中，通过水冷式热交换器去除释放到量热计室中的可感性热，其中的水通过围绕在动物身边的量热器壁中的夹套循环。根据水的比热、流量和温度升高来计算动物的干热转移，但蒸发性热损失是通过一种不同的方式来评估的（Mclean and Tobin, 1987）。在直接对流测热法中，通过测量入口和出口空气之间的温度差和焓差来确定来自动物的可感热损失，而蒸发性热损失是根据气体流量和水蒸气的浓度变化计算的。最后，在直接差异性测热法中，两个相同的腔室来分别容纳动物和电加热器，后者可使两个腔室有相同的温度升高，供给到加热器的热量等于来自动物的热损失（Blaxter, 1989）。因为构建直接量热仪器非常昂贵，所以现在通常使用下述间接测热法来测定动物的产热量。

8.4.3 间接测热法测定热量产生

间接测热法是通过测量动物的二氧化碳生产量和氧气消耗量从而准确估计动物产热量的一种技术，因此无须使用复杂、精细和昂贵的直接测热法仪器（Blaxter, 1989; Carstens et al., 1987; Lusk, 1924）。气体交换测量的进展使间接测热法更容易用于动物研究。这种技术基于以下原则：①动物不储存相当多的氧气，并且氧气的吸入量反映了有机营养素的氧化；②动物体中的化学能是从碳水化合物、脂肪和蛋白质氧化成二氧化碳与水获取的；③由这些营养素的氧化引起的氧气消耗与二氧化碳产生的比率在动物中是不变的；④动物体中脂肪酸、葡萄糖和无氮物质氧化成二氧化碳及水产生的热量与在量热计中燃烧产生的热量相同；⑤在哺乳动物，蛋白质的氧化产生尿素（作为主要的含氮终产物）、二氧化碳和水。另外，碳水化合物、脂肪和蛋白质的氧化产热需要不同量的氧气（Mclean and Tobin, 1987）。在哺乳动物和鸟类，每消耗 1 mol 的氧气可以分别使 1 mol 葡萄糖、脂肪酸（棕榈酸酯）和蛋白质完全氧化产生 5.00 mol、4.61 mol 和 4.49 mol ATP；换句话说，从能量底物合成相同量的 ATP 所需的氧气量是蛋白质＞脂肪＞葡萄糖。在将氨释放到周围水域的鱼类中，蛋白质氧化产生 ATP 的能量效率约为 55%（表 8.1），与脂肪和葡萄糖基本相同。

8.4.3.1 闭路式间接测热法

在闭路式系统中，动物从分庭腔室或预填充容器（肺活量计）吸入相同的空气，呼出的二氧化碳被检测系统中一个含有氢氧化钾的罐子吸收（Mclean and Tobin, 1987）。连接到腔室或肺活量计的氧分析仪记录了闭路式系统内因氧气摄入而引起的体积变化。由于氧气被动物连续利用，因此腔室或环境可能最终在闭路系统中变得缺氧，从而限制了呼吸商（RQ）测量的时间。

8.4.3.2 开路式间接测热法

在开放回路式系统中，氧气和二氧化碳探测器对动物吸入的组成稳定的环境空气

（20.93%氧气、0.04%二氧化碳和 79.04%氮气）和呼出的气体进行分析（Assaad et al., 2014）。与动物吸入的环境空气相比，呼出气体中的氧气和二氧化碳百分比的变化间接地反映了体内能量代谢的速率。另外，在开路式系统中，空气以一定的速率流过腔室，这样可以不断补充由动物耗尽的氧气，同时去除动物产生的二氧化碳和水蒸气（Mclean and Tobin, 1987）。由于其便利性，计算机控制的开路式间接测热法现在被广泛用于测量动物在数小时或数天内的能量消耗（Assaad et al., 2014）。

RQ 被定义为产生的二氧化碳体积［L/（kg 体重·h）］与消耗的氧气体积［L/（kg 体重·h）］的比率。

呼吸商（RQ）= 产生的二氧化碳摩尔数/消耗的氧气摩尔数

$$1 \text{ mol 气体} = 22.41 \text{ L}$$

肺功能必须正常，以获得动物消耗氧气量和二氧化碳产生量的准确值。然后根据 Brouwer（1965）公式从氧气消耗量和二氧化碳产生量计算 HP：

$$HP（kcal）= 3.82 \times VO_2（L）+ 1.15 \times VCO_2（L）$$

如果 VO_2 和 VCO_2 的单位为每小时 L/kg 体重，则产热量的单位应为每小时 kcal/kg 体重。

当考虑氨基酸的氧化和尿排泄时，$\Delta H（kJ / mol）= 16.34 VO_2（L）+ 4.50 VCO_2（L）- 3.92 N（g）$。计算如表 8.11 所示。表 8.12 中总结了不同动物的氧气消耗量、二氧化碳排放量、尿氮排泄量和甲烷生成量的数据，这些数据可被用来计算产热量的系数。注意，在估算全身热量产生时，应考虑反刍动物和马能产生大量的甲烷。

表 8.11　ΔH、O_2 的消耗和 CO_2 的产生

物质	ΔH（kJ/mol）	O_2 的消耗（mol, a）	CO_2 的产生（mol, b）	N 排泄（mol, c）	公式
葡萄糖	2 803	6	6	0	$2\,803 = 6a + 6b + 0c$
棕榈酸	10 039	23	16	0	$10\,039 = 23a + 16b + 0c$
丙氨酸	1 296	3	2.5	1	$1\,296 = 3a + 2.5b - 1c$

资料来源：Blaxter, K.L. 1989. *Energy Metabolism in Animals and Man*. Cambridge University Press, Cambridge, UK。

注：解这 3 个方程得出 $a = 366.3$ kJ/mol O_2（或 16.34 kJ/L O_2），$b = 100.8$ kJ/mol CO_2（或 4.50 kJ/L CO_2），$c = -54.9$ kJ/mol N（或 -3.92 kJ/g N）。因此，$\Delta H（kJ/mol）= 16.34 VO_2（L）+ 4.50 VCO_2（L）- 3.92 N（g）$。

注意，当考虑到蔗糖、油酸和谷氨酸的氧化时：$a = 355.7$ kJ/mol O_2（或 15.87 kJ/L O_2），$b = 114.8$ kJ/mol CO_2（或 5.12 kJ/L CO_2），$c = 107.3$ kJ/mol N（或 7.66 kJ/g N）。$\Delta H（kJ/mol）= 15.87 VO_2（L）+ 5.12 VCO_2（L）- 7.66 N（g）$。

表 8.12　根据动物代谢数据估算热量产生的系数 [a]

作者	O_2 消耗量（kJ/L）	CO_2 产生量（kJ/L）	尿氮的排放（kJ/g）	甲烷的产生（kJ/L）	热量的产生（MJ/d）
		非反刍哺乳动物（包括人）			
Blaxter（1989）[b]	16.20	4.94	-5.80	–	9.99
Weir（1949）	16.50	4.63	-9.08	–	9.96
Ben-Porat 等（1983）	16.37	4.57	-13.98	–	9.80
Brockway（1987）	16.57	4.50	-5.90	–	10.00
		反刍动物			
Blaxter（1989）	16.07	5.23	-5.26	-2.40	10.04
Brouwer（1965）	16.18	5.16	-5.93	-2.42	10.01

续表

作者	O$_2$ 消耗量 (kJ/L)	CO$_2$ 产生量 (kJ/L)	尿氮的排放 (kJ/g)	甲烷的产生 (kJ/L)	热量的产生 (MJ/d)
			鸟类		
Farrell（1974）	16.20	5.00	−1.20	−	10.08

资料来源：Ben-Porat, M., S. Sideman, and S. Bursztein. 1983. *Am. J. Physiol.* 244: R764–769; Blaxter, K.L. 1989. *Energy Metabolism in Animals and Man.* Cambridge University Press, New York, NY; Brockway, J.M. 1987. *Human Nutrition: Clinical Nutrition.* 41C: 463–471; Brouwer, E. 1965. *Energy Metabolism.* Edited by K.L. Blaxter, Academic Press, London, UK. pp. 441–443; Farrell, D.J. 1974. *Energy Requirements of Poultry*, edited by T.R. Morris, and B.M. Freeman, British Poultry Science Ltd., Edinburgh, U.K., pp. 1–24; Weir, J.B. 1949. *J. Physiol. (London)* 109: 1–9。

[a] 从表 8.11 的方程推导出不同动物种类的整体的系数。
[b] 计算出的热量是基于氧气消耗为 500 L/d、二氧化碳的产量为 400 L/d 和尿氮（N）排泄量为 15 g/d。

8.4.4　比较屠宰法用于评价产热量

比较屠宰法可用于估算动物的全身产热量及其对维持和生长的能量需求（Tedeschi et al., 2002）。以公鸡（雄鸡）为例（Fuller et al., 1983），在 4 天内给鸟类喂养 2255 kJ 的膳食时，它们的体重增加 68 g（最终体重 2823 g，初始体重 2755 g），相当于 679 kJ 的能量（如生长净能）。假定甲烷产量可以忽略不计，在 4 天内，鸟类的热量产生（包括热量增加、维持能量需求和中间代谢）计算为 1576 kJ（2255−679 = 1576）。来自开路式间接测热法的气体交换数据分析表明，相同的动物产生 1548 kJ 的热量。因此，在 2.8 kg 鸡只中 ME 用于其生长的效率为 30%。由于能在实验期间直接测定动物净组织的净增量，比较屠宰法被认为是用于检测动物饲料 NE 含量的标准（Kil et al., 2011; McDonald et al., 2011）。

8.4.5　瘦肉组织与能量消耗

动物的代谢速率与其体重或组织重量不成线性比例（Campbell, 1988）。此外，代谢速率和体重之间的关系在小型与大型哺乳动物之间有所不同（Blaxter, 1971）。这一复杂的情况由于组织在能量代谢上的差异性而变得更加难理解，即每千克不同的组织具有不同的代谢速率、产热量及 O$_2$ 消耗量（例如，心脏＞肾脏＞肝脏＞小肠＞骨骼肌＞白色脂肪组织）（表 8.9）。有趣的是，在单胃动物中，大脑、肝脏、心脏、肾脏和小肠仅占体重的 7.6%，但是它们的耗氧量占全身耗氧量的 51.4%。在反刍动物，消化道和肝脏在发酵与代谢中具有高度的活性，因此其产热量可达总发热量的 50%（表 8.10）。尽管静息骨骼肌中每千克组织的氧气消耗量或能量消耗率远低于内部器官，但由于骨骼肌的重量较大，其对全身氧气消耗的贡献率为 20.7%。相比之下，白色脂肪组织占体重的 12.4%，但由于代谢率低，其氧气的消耗量和产热量只占全身的 1%。因此，关于动物的 O$_2$ 消耗量、CO$_2$ 产量和能量消耗量数据的表达方式存在着相当大的争议（Even and Nadkarni, 2012）。

内脏器官（白色脂肪组织除外）和骨骼肌占体重的比率相对恒定，但与偏瘦的动物相比，肥胖动物的白色脂肪组织的重量显著增加（Jobgen et al., 2006）。因此，在肥胖动物，以每千克体重或代谢体重（体重上升至 0.75 次幂）表达全身耗氧量或产热量有可能低估脂肪组织或肌肉的代谢活动（包括能量消耗）（Assaad et al., 2014）。因此，代谢变量被体重或代谢体重的简单相除不能提供准确的信息以用来比较正常体重和肥胖动物之间的真实代谢速率。克服这个问题首先需要测定身体的组成，包括每只动物中白色脂肪组织、棕色脂肪组织和其他主要耗氧组织的重量。然后，以每千克无脂肪的体重更准确地表达低脂肪或高脂肪喂养的动物的能量代谢速率。如果低脂肪和高脂肪喂养的动物之间的非白色脂肪组织（如骨骼肌、肝脏、心脏、肾脏、小肠和棕色脂肪组织）的重量没有差异，则能量代谢的数据（如 O_2 消耗率、CO_2 产生量与产热量）可以每只动物来表示（Assaad et al., 2014）。然而，情况并非如此，因为在高脂喂养的动物中，一些非脂肪组织（如骨骼肌、心脏、肝脏和肾脏）的重量比低脂喂养的动物高。当全身氧气消耗量或能量消耗率以每千克体重表示时，应该这样解释数据。

8.4.6 应用呼吸商数值评价动物的底物氧化

由于葡萄糖、脂肪酸和蛋白质在碳、氧和氢原子的组成上不同，这些营养素的氧化或合成产生不同的 RQ 值（Kleiber, 1961）。因此，RQ 可以揭示关于能量底物的氧化性质或动物合成代谢途径的信息（表 8.13）。例如，葡萄糖和脂肪酸的 RQ 分别为 1.00 和 0.70。此外，0.80 和 0.85 之间的 RQ 值意味着脂肪酸、葡萄糖和氨基酸氧化生成水与二氧化碳。此外，0.67 和 0.70 之间的 RQ 值表明动物动员储存的脂肪，提供用于生物氧化的脂肪酸和用于糖异生的甘油。动物以细胞和组织特异性方式同时氧化葡萄糖、脂肪酸与氨基酸。每个底物对全身 O_2 消耗的贡献可以根据 RQ 值计算（表 8.8）。

表 8.13 底物氧化和合成途径的呼吸商

氧化成 CO_2 和 H_2O	呼吸商	合成途径	呼吸商
葡萄糖	1.00	葡萄糖转化为脂肪酸 [c]	8.00
甘油	0.857	葡萄糖转化为脂肪 [b]	2.05
蛋白质 [a]	0.831	蛋白质转化为脂肪 [b]	1.26
油脂 [b]	0.703–0.710	蛋白质转化为脂肪酸 [c]	1.22
脂肪酸 [c]	0.696	甘油转化为葡萄糖	0.667
乙醇	0.667	蛋白质和氨基酸转化为葡萄糖	0.333

[a] 蛋白质（$C_{4.3}H_7O_{1.4}N_{1.2}$）。
[b] 三棕榈酰甘油（$C_{51}O_6H_{98}$）的呼吸商为 1；甘油三油酸酯的呼吸商为 0.71。
[c] 棕榈酸。

葡萄糖、脂肪酸、脂肪和蛋白质氧化的 RQ 值可以根据既定的生物化学反应进行计算。实例如下。

1）葡萄糖氧化：

$$C_6H_{12}O_6 + 6\,O_2 \rightarrow 6\,CO_2 + 6\,H_2O$$

$$RQ = 6\,CO_2/6\,O_2 = 1.00$$

2）脂肪酸氧化（如棕榈酸）：

$$C_{16}H_{32}O_2 + 23\,O_2 \rightarrow 16\,CO_2 + 16\,H_2O$$

$$RQ = 16\ CO_2/23\ O_2 = 0.696$$

3）脂肪（三棕榈酰甘油）氧化：

三棕榈酰甘油的氧化（三棕榈酸甘油酯，第 3 章）：

$$C_{51}H_{98}O_6 + 72.5\ O_2 \rightarrow 51\ CO_2 + 49\ H_2O;$$

$$RQ = 51\ CO_2/72.5\ O_2 = 0.703$$

1-棕榈油酰-2-油酰-3-硬脂酰甘油的氧化（第 3 章）：

$$C_{55}H_{103}O_6 + 77.75\ O_2 \rightarrow 55\ CO_2 + 51.5\ H_2O;$$

$$RQ = 55\ CO_2/77.75\ O_2 = 0.707$$

甘油三油酸酯（三油精，第 3 章）的氧化：

$$C_{57}H_{105}O_6 + 80.25\ O_2 \rightarrow 57\ CO_2 + 52.5\ H_2O;$$

$$RQ = 57\ CO_2/80.25\ O_2 = 0.710$$

4）蛋白质氧化：

$$C_{4.3}H_7O_{1.4}N_{1.2}（蛋白质）$$

氧化 1.2 mol N 产生 0.6 mol 尿素（CH_4ON_2）

$$C_{4.3}H_7O_{1.4}N_{1.2}（蛋白质）- C_{0.6}H_{2.4}O_{0.6}N_{1.2}（0.6\ mol\ 尿素）\rightarrow C_{3.7}H_{4.6}O_{0.8}$$

$$C_{3.7}H_{4.6}O_{0.8} + 4.45\ O_2 \rightarrow 3.7\ CO_2 + 2.3\ H_2O$$

$$RQ = 3.7\ CO_2/4.45\ O_2 = 0.831$$

用于脂肪酸、脂肪、葡萄糖和蛋白质合成的 RQ 值也可以根据已建立的生化反应计算（表 8.6）。实例如下。

1）从葡萄糖合成脂肪酸：

$$4\ C_6H_{12}O_6 + O_2 \rightarrow C_{16}H_{32}O_2 + 8\ CO_2 + 8\ H_2O$$

$$RQ = 8\ CO_2/1\ O_2 = 8$$

从葡萄糖合成脂肪（如三棕榈酰甘油；$C_{51}O_6H_{98}$）：

$$31\ C_6H_{12}O_6 + 41\ O_2 \rightarrow 2\ C_{51}O_6H_{98} + 84\ CO_2 + 88\ H_2O$$

$$RQ = 84\ CO_2/41\ O_2 = 2.05$$

2）从蛋白质合成葡萄糖：

蛋白氮氧化成尿素后，$C_{3.7}H_{4.6}O_{0.8}$ 可用于合成葡萄糖。

$$C_{3.7}H_{4.6}O_{0.8} + 2.1\ O_2 + 2\ H^+ \rightarrow 0.5\ C_6H_{12}O_6 + 0.7\ CO_2 + 0.6\ H_2O$$

$$RQ = 0.7\ CO_2/2.1\ O_2 = 0.333$$

3）从甘油合成葡萄糖：

$$3\ C_3H_8O_3 + 4.5\ O_2 \rightarrow C_6H_{12}O_6 + 3\ CO_2 + 6\ H_2O$$

$$RQ = 3\ CO_2/4.5\ O_2 = 0.667$$

8.4.7 解释呼吸商数值的注意事项

为了使 RQ 值准确地表明动物的新陈代谢，动物必须具有健康的呼吸系统来吸入氧气并呼出二氧化碳（Blaxter, 1989; Kleiber, 1961）。在使用间接测热法来确定动物的热量产生时，应注意以下问题。第一，当肺功能障碍（即呼吸性酸中毒）或代谢性碱中毒发生时，在一段时间内由动物呼出的二氧化碳和体内产生的二氧化碳的量可能存在差异。

第二，在反刍动物中，通过瘤胃厌氧发酵产生的二氧化碳和甲烷不能与由身体组织的氧化代谢产生的二氧化碳和甲烷区别开来。这对肥胖动物来说也许是一个问题，肥胖的动物在胃肠道可能比非肥胖的动物有更多的厌氧菌群（Zhao, 2013）。第三，当乙酰辅酶 A 氧化合成大量的酮体时，O_2 被消耗，但不产生二氧化碳（RQ = 0，通过酮体生成进行脂肪酸氧化）。第四，由于不同时间段的不同代谢活动，动物中的 RQ 值在 24 h 内有很大的变化，如大鼠所示（图 8.3）。因此，相对于最后一次喂食的时间，对 RQ 的短期测量有可能是无效的（Assaad et al., 2014）。

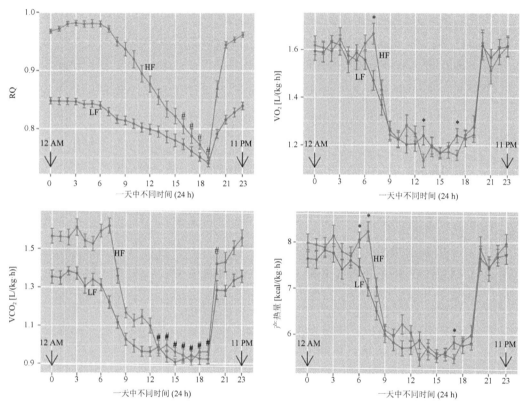

图 8.3 雄性 Sprague-Dawley 大鼠（Charles River Laboratories）对高脂和低脂日粮的能量代谢。大鼠在第 4–13 周分别饲喂低脂（LF）和高脂（HF）日粮。在第 13 周的时候，大鼠被放置在一个电脑控制的仪器（一个开放式电路量热计）中来测定 O_2 的消耗量和 CO_2 的产生量，以及热量的产生。数值用平均值±标准误表示。每组 16 只小鼠，饲喂的时间在晚上 7:00 至早上 6:00。* 表示在测试时间点差异显著，# 表示在测试点两者无差异。

8.5 小   结

能量是营养学中的一个重要概念，可以被定义为做功的能力。能量本身不是营养物质，而是包含在营养物质中，日粮的主要能量底物是碳水化合物、脂质、蛋白质和氨基酸。根据热力学第一定律表明，能量在任何系统中都是守恒的。也就是说，能量既不能被创造，也不能被破灭，而只是从一种形式转换到另一种形式。在饲料被消化和营养物质被动物利用以后，饲料中的化学能转化为生物能。动物作为代谢变化的主体，可以通过不同的途径以不同的效率利用不同的营养物质。这为评估哺乳动物、家禽和鱼类饲料中的总能（GE）、消化能（DE）、代谢能（ME）和净能（NE）（维持净能 NE_m 和生产净能 NE_g）提供了生物化学依据。虽然在传统上经常使用营养物质的表观消化（粪能）来估计表观 DE，但可以根据日粮中碳水化合物、脂肪和蛋白质的真实消化率来计算真实的 DE 值。另外，日粮摄入纤维会严重影响消化道的发酵和气体产生。因此，动物采食习惯或者饲料的 ME 值差异很大。对于非反刍动物和鸟类（NE = 0.80 或 0.82 × ME），NE 和 ME 之间的关系是相对恒定的，但是由于瘤胃的甲烷生产，对于反刍动物，NE 与 ME 之间的差异可能很大。

通过直接测热法、间接测热法（基于 RQ 值）或比较屠宰法测产热量对于确定动物饲料的 NE 是必要的。动物总产热量包括：①从基础代谢产生的热量；②热增耗。在所有动物，饲料 ME 用于维持的效率大于用于生产的效率，用于维持和生产的脂肪或碳水化合物的 ME 效率都高于蛋白质。这些差异是基于以下事实的：①用于生产目的的能量（如组织生长、产蛋、哺乳期、怀孕和羊毛生长）会伴随着热量的产生；②生物合成过程（如脂肪沉积和蛋白沉积）的能量效率总是小于 100%；③在哺乳动物和鸟类，由于需要能量将氨转化为尿素或尿酸，蛋白质氧化产生 ATP 的能量效率总是低于脂肪和葡萄糖的能量效率。由于瘤胃中广泛的发酵产生大量的甲烷，因此在非反刍动物中用于维持和生产使用的饲料 ME 的效率通常比反刍动物低。相比之下，与哺乳动物和鸟类相比，由于鱼类的热增耗低，因此其 NE 值较高。随着非常规饲料在动物饮食中的日益增加，NE 的使用将更好地预测饲料能量用于维持和生产的效率，从而更好地做出精确的饲料配方。提高饲料能量的利用效率对于降低动物生产和资源利用的成本至关重要，进而持续发展全球的畜牧业、家禽业和水产养殖业。

（译者：姚　康）

参 考 文 献

Assaad, H., K. Yao, C.D. Tekwe, S. Feng, F.W. Bazer, L. Zhou, R.J. Carroll, C.J. Meininger, and G. Wu. 2014. Analysis of energy expenditure in diet-induced obese rats. *Front. Biosci.* 19:967–985.

Baldwin, R.L. 1995. *Modeling Ruminant Digestion and Metabolism.* Chapman & Hall, New York, NY.

Baldwin, R.L. and A.C. Bywater. 1984. Nutritional energetics of animals. *Annu. Rev. Nutr.* 4:101–114.

Baracos, V.E., W.T. Whitmore, and R. Gale. 1987. The metabolic cost of fever. *Can. J. Physiol. Pharmacol.* 65:1248–1254.

Ben-Porat, M., S. Sideman, and S. Bursztein. 1983. Energy metabolism rate equations for fasting and post-absorptive subjects. *Am. J. Physiol.* 244:R764–769.

Blaxter, K.L. 1971. Methods of measuring the energy metabolism and interpretation of results obtained. *Fed. Proc.* 30:1436–1443.

Blaxter, K.L. 1989. *Energy Metabolism in Animals and Man.* Cambridge University Press, Cambridge, U.K.

Bondi, A.A. 1987. *Animal Nutrition.* John Wiley & Sons, New York, NY.

Bottje, W.G. and G.E. Carstens. 2009. Association of mitochondrial function and feed efficiency in poultry and livestock species. *J. Anim. Sci.* 87 (Suppl. 14):E48–63.

Brockway, J.M. 1987. Derivation of formulae used to calculate energy expenditure in man. *Hum. Nutr.: Clin. Nutr.* 41C:463–471.

Brown, T.L., H.E. LeMay Jr, B.E. Bursten, and J.R. Burdge. 2003. *Chemistry: The Central Science.* Prentice Hall, Upper Saddle River, New Jersey.

Brouwer, E. 1965. Report of sub-committee on constants and factors. *Energy Metabolism.* In: Edited by K.L. Blaxter, Academic Press, London, UK., pp. 441–443.

Butterworth M.H. 1985. *Beef Cattle Nutrition and Tropical Pastures*. Longman Inc., New York.

Campbell, R.G. 1988. Nutritional constraints to lean tissue accretion in farm animals. *Nutr. Res. Rev.* 1:233–253.

Carstens, G.E., D.E. Johnson, M.D. Holland, and K.G. Odde. 1987. Effects of prepartum protein nutrition and birth weight on basal metabolism in bovine neonates. *J. Anim. Sci.* 65:745–751.

Clark, S.A., O. Davulcu, and M.S. Chapman. 2012. Crystal structures of arginine kinase in complex with ADP, nitrate, and various phosphagen analogs. *Biochem. Biophys. Res. Commun.* 427:212–217.

Clarke, A. and N.M. Johnston. 1999. Scaling of metabolic rate with body mass and temperature in teleost fish. *J. Anim. Ecol.* 68:893–905.

Cox, J.D. and G. Pilcher. 1970. *Thermochemistry of Organic and Organometallic Compounds*. Academic Press, New York. pp. 1–643.

Dai, Z.L., Z.L. Wu, Y. Yang, J.J. Wang, M.C. Satterfield, C.J. Meininger, F.W. Bazer, and G. Wu. 2013. Nitric oxide and energy metabolism in mammals. *BioFactors* 39:383–391.

de Lange, C.F.M. and S.H. Birkett. 2005. Characterization of useful energy content in swine and poultry feed ingredients. *Can. J. Anim. Sci.* 85:269–280.

Even, P.C. and N.A. Nadkarni. 2012. Indirect calorimetry in laboratory mice and rats: Principles, practical considerations, interpretation and perspectives. *Am. J. Physiol. Regul. Integr. Comp. Physiol.* 303:R459–476.

Farrell, D.J. 1974. General principles and assumptions of calorimetry. In: *Energy Requirements of Poultry*. Edited by T.R. Morris, and B.M. Freeman, British Poultry Science Ltd., Edinburgh, U.K., pp. 1–24.

Fuller, H.L., N.M. Dale, and C.F. Smith. 1983. Comparison of heat production of chickens measured by energy balance and by gaseous exchange. *J. Nutr.* 113:1403–1408.

Hargrove, J.L. 2007. Does the history of food energy units suggest a solution to "Calorie confusion"? *Nutr. J.* 6:44.

Hintz, H.F. 1975. Digestive physiology of the horse. *J. S. Afr. Vet. Assoc.* 46:13–17.

International Bureau of Weights and Measures (IBWM), 2006. *The International System of Units (SI)*. Stedi Media, Paris, France.

Jobgen, W.S., S.K. Fried, W.J. Fu, C.J. Meininger, and G. Wu. 2006. Regulatory role for the arginine-nitric oxide pathway in metabolism of energy substrates. *J. Nutr. Biochem.* 17:571–588.

Johnson, D.E., K.A. Johnson, and R.L. Baldwin. 1990. Changes in liver and gastrointestinal tract energy demands in response to physiological workload in ruminants. *J. Nutr.* 120:649–655.

Kaiyala, K.J. and D.S. Ramsay. 2011. Direct animal calorimetry, the underused gold standard for quantifying the fire of life. *Comp. Biochem. Physiol. A* 158:252–264.

Kil, D.Y., F. Ji, L.L. Stewart, R.B. Hinson, A.D. Beaulieu, G.L. Allee, J.F. Patience, J.E. Pettigrew, and H.H. Stein. 2011. Net energy of soybean oil and choice white grease in diets fed to growing and finishing pigs. *J. Anim. Sci.* 89:448–459.

Kil, D.Y., B.G. Kim, and H.H. Stein. 2013. Feed energy evaluation for growing pigs. *Asian-Australas. J. Anim. Sci.* 26:1205–1217.

Kleiber, M. 1961. *The Fire of Life*. John Wiley, New York, NY.

Le Goff, G. and J. Noblet. 2001. Comparative total tract digestibility of dietary energy and nutrients in growing pigs and adult sows. *J. Anim. Sci.* 79:2418–2427.

Ledger, H.P. and A.R. Sayers. 1977. The utilization of dietary energy by steers during periods of restricted food intake and subsequent re-alimentation. 1. The effect of time on the maintenance requirements of steers held at constant five weights. *J. Agric. Sci.* 88:11–26.

Lobley, G.E. 1990. Energy metabolism reactions in ruminant muscle: Responses to age, nutrition and hormonal status. *Reprod. Nutr. Dev.* 30:13–34.

Lodish, H., A. Berk, S.L. Zipursky, P. Matsudaira, D. Baltimore, and J. Darnell. 2000. *Molecular Cell Biology*, 4th ed. W. H. Freeman, New York, NY.

Lusk, G. 1924. Animal calorimetry. Analysis of the oxidation of the mixture of carbohydrate and fat. *J. Biol. Chem.* 59:41–42.

McDonald, P., R.A. Edwards, J.F.D. Greenhalgh, C.A. Morgan, and L.A. Sinclair. 2011. *Animal Nutrition*, 7th ed. Prentice Hall, New York.

McDonald, P., R.A. Edwards, J.F.D. Greenhalgh, and C.A. Morgan. 2002. *Animal Nutrition*, 6th ed. Prentice Hall, New York.

Mclean, J. and G. Tobin. 1987. *Animal and Human Calorimetry*. Cambridge University Press, Cambridge, UK.

Milligan, L.P. 1970. Energy efficiency and metabolic transformations. *Fed. Proc.* 30:1454–1458.

Milligan, L.P. and M. Summers. 1986. The biological basis of maintenance and its relevance to assessing responses to nutrients. *Proc. Nutr. Soc.* 45:185–193.

Moughan, P. J., Verstegen, M. W. A. and Visser-Reyneveld, M. 2000. *Feed Evaluation—Principles and Practice*. Wageningen Academic Publishing, Wageningen, the Netherlands.

National Research Council (NRC). 2012. *Nutrient Requirements of Swine*. National Academy Press, Washington, DC.

Newsholme, E.A. and T.R. Leech. 2009. *Functional Biochemistry in Health and Disease*. John Wiley & Sons, West Sussex, UK.

Noblet, J. and M. Etienne. 1987. Metabolic utilization of energy and maintenance requirements in lactating sows. *J. Anim. Sci.* 64:774–781.

Noblet, J., X.S. Shi, and S. Dubois. 1994. Effect of body weight on net energy value of feeds for growing pigs. *J. Anim. Sci.* 72:648–657.

Pond, W.G., D.B. Church, K.R. Pond, and P.A. Schoknecht. 2005. *Basic Animal Nutrition and Feeding*, 5th ed. Wiley, New York.

Pond, W.G., K.R. Pond, and D.B. Church. 1995. *Basic Animal Nutrition and Feeding*, 4th Ed. Wiley, New York.

Qaisrani, S.N., M.M. van Krimpen, R.P. Kwakkel, M.W.A. Verstegen, and W.H. Hendriks. 2015. Dietary factors affecting hindgut protein fermentation in broilers: A review. *World Poult. Sci. J.* 71:139–160.

Ralston, S.L. 1984. Controls of feeding in horses. *J. Anim. Sci.* 59:1354–1361.

Sibbald, I.R. 1982. Measurement of bioavailable energy in poultry feeding stuffs. *Can. J. Anim. Sci.* 62:983–1048.

Smith, R.R., G.L. Rumsey, and M.L. Scott. 1978. Heat increment associated with dietary protein, fat, carbohydrate and complete diets in salmonids: Comparative energetic efficiency. *J. Nutr.* 108:1025–1032.

Speakman, J.R. 2005. Body size, energy metabolism and lifespan. *J. Exp. Biol.* 208:1717–1730.

Stevens, C.E. and I.D. Hume. 2004. *Comparative Physiology of the Vertebrate Digestive System*. Cambridge University Press, New York, NY.

Tedeschi, L.O. and D.G. Fox. 2016. *The Ruminant Nutrition System: An Applied Model for Predicting Nutrient Requirements and Feed Utilization in Ruminants*. XanEdu, Acton, MA.

Tedeschi, L.O., C. Boin, D.G. Fox, P.R. Leme, G.F. Alleoni, and D.P. Lanna. 2002. Energy requirement for maintenance and growth of Nellore bulls and steers fed high-forage diets. *J. Anim. Sci.* 80:1671–1682.

van Milgen, J., N. Quiniou, and J. Noblet. 2000. Modelling the relation between energy intake and protein and lipid deposition in growing pigs. *Anim. Sci.* 71:119–130.

van Milgen, J., J. Noblet, and S. Dubois. 2001. Energetic efficiency of starch, protein and lipid utilization in growing pigs. *J. Nutr.* 131:1309–1318.

Verstegen, M.W.A. and A.M. Henken. 1987. *Energy Metabolism in Farm Animals*. Springer, New York, NY.

Velayudhan, D.E., I.H. Kim, and C.M. Nyachoti. 2015. Characterization of dietary energy in swine feed and feed ingredients: A review of recent research results. *Asian-Australas J. Anim. Sci.* 28:1–13.

Weir, J.B. 1949. New methods of calculating metabolic rate with special references to protein metabolism. *J. Physiol. (London)* 109:1–9.

Wester, A.J.F. 1979. The energetic efficiency of metabolism. *Proc. Nutr. Soc.* 40:121–128.

Wu, G. 2013. *Amino Acids: Biochemistry and Nutrition*. CRC Press, Boca Raton.

Wu, Z., D. Li, Y. Ma, Y. Yu, and J. Noblet. 2007. Evaluation of energy systems in determining the energy cost of gain of growing-finishing pigs fed diets containing different levels of dietary fat. *Arch. Anim, Nutr.* 61:1–9.

Zhao, L.P. 2013. The gut microbiota and obesity: From correlation to causality. *Nat. Rev. Microbiol.* 11:639–647.

9 维生素营养与代谢

维生素是动物和人类正常代谢与生长所需的微量有机化合物。Hopkins（1912）发现，含纯化酪蛋白、猪油、蔗糖、淀粉和无机盐的合成日粮对幼龄大鼠的生长是不够的，但在其中添加少量的牛奶（4.7 cal/g）有助于动物正常生长。同年，Casimir Funk 将这种含有氨基氮而且是动物生长必不可少的"辅助因子"命名为"维生素"（vitamins）（意为重要的胺）。现在已知，只有少数维生素含有氨基氮（Berdanier, 1998）。Hopkins 的重要发现打破了当时认为只有蛋白质、碳水化合物、脂肪和矿物质 4 种营养因子对动物至关重要的传统观念。

尽管维生素的发现可以追溯到 20 世纪初，但某些疾病与维生素缺乏的联系早已得到证实（Semba, 2012）。17 世纪初便发现了柠檬对预防和治疗人类坏血病的有益作用。1753 年，英国海军医生 Lind 报道，通过在饮食中加入沙拉和水果可以预防坏血病。19 世纪末，Eijkmann 发现，采食糙米可以治愈人类的脚气病。然而，直到发现维生素后才确知特定维生素的缺陷导致特征性疾病，如坏血病、脚气病、佝偻病、糙皮病（也称为癞皮病）和干眼症（Zempleni et al., 2013）。

在维生素化学特性被发现之前，普遍采用字母命名，但 B 族维生素（B_1、B_2、B_3、B_5、B_6、B_{12}、生物素和叶酸）越来越多地用化学名称来描述。维生素根据其在水或脂肪中的溶解性分为水溶性或脂溶性维生素（表 9.1）。日粮中脂溶性维生素的吸收和转运与脂质、低密度脂蛋白（LDL）、极低密度脂蛋白（VLDL）和高密度脂蛋白（HDL）在动物体内的代谢密切相关。某些物质，如对氨基苯甲酸、肉碱、胆碱、类黄酮、硫辛酸、肌醇、吡咯并喹啉醌和泛醌，有时也被称为维生素，但这种分类通常不被接受；这些因子可以被划分为类维生素（Combs, 2012）。一些维生素是单一物质（如核黄素和泛酸），而其他一些维生素是化学上相关的化合物家族（如烟酸和烟酰胺；视黄醇、视黄醛、视黄酸都是维生素 A 的活性形式）。在动物营养中，维生素的需要表示为 mg 或国际单位 UI/kg 体重或占日粮的百分比（McDonald et al., 2011）。本章主要强调维生素的来源、代谢和功能。

表 9.1　动物营养中重要的维生素

水溶性维生素		非水溶性维生素	
常规名称	化学名称	常规名称	化学名称
维生素 B_1	硫胺素	维生素 A	视黄醇
维生素 B_2	核黄素	维生素 D_2（植物）	钙化醇
维生素 B_3	烟酸（烟酰胺）	维生素 D_3	胆钙化醇
维生素 B_5	泛酸	维生素 E	生育酚
维生素 B_6	吡哆醇	维生素 K_1（植物）	叶绿醌
维生素 B_{12}	氰钴胺	维生素 K_2（细菌）	甲基萘醌

水溶性维生素		非水溶性维生素	
常规名称	化学名称	常规名称	化学名称
生物素	生物素	维生素 K₃（化学合成）	甲萘醌*
叶酸（B₉）	蝶酰谷氨酸		
维生素 C	抗坏血酸		

* 化学上，甲萘醌是一种水溶性物质。然而，它在动物中被代谢成脂溶性的生物活性甲基萘醌。

9.1　维生素的化学和生化特性

9.1.1　维生素的基本特性

维生素有多种结构，但具有一些普遍的生化特性（Combs, 2012）。包括：①维生素是生化反应所需的微量有机营养物质；②很多维生素，尤其是脂溶性维生素及维生素 B_1、B_3、B_6 和 B_{12} 容易被氧化，也容易被热、光或某些金属破坏，因此饲料的储存和加工条件可能影响其生物学价值；③除烟酸和维生素 D 外，大多数维生素不能在动物细胞合成，所以几乎所有的维生素都是非反刍动物的必需营养素；④维生素既不能降解供能也不能作为细胞结构；⑤很多维生素，包括 B 族复合维生素、叶酸和维生素 C，作为辅酶，而脂溶性维生素在体内具有特定的功能，如保持视力（维生素 A）、日粮钙利用（维生素 D）、血液凝固（维生素 K）及调节基因表达；⑥一些维生素，如维生素 C 和维生素 E 是有效的抗氧化剂；⑦从肠中吸收的大多数维生素不能直接利用，需要转化或修饰为活性形式；⑧一些维生素共价连接到酶上或通过非共价连接与酶紧密结合；⑨小肠水溶性维生素的吸收通过特异性载体蛋白，其基因表达受转录或转录后水平的调节；⑩日粮维生素的缺乏或相对不足导致特征性缺乏状态和疾病。和其他营养素一样，过量的维生素对动物产生毒性（DiPalma and Ritchie, 1977）。维生素的化学性质总结在表 9.2 中。

表 9.2　维生素的发现和化学特性

维生素	维生素形态	分子量	最大吸收值(nm)	熔点(℃)	25℃颜色	25℃形式
			脂溶性维生素			
维生素 A（1915）[a]	视黄醇	286.4	325	62–64	黄色	结晶
	视黄醛	284.4	373	61–64	橙色	结晶
	视黄酸	300.4	351	180–182	黄色	结晶
维生素 D（1919）	维生素 D₂	396.6	265	115–118	白色	结晶
	维生素 D₃	384.6	265	84–85	白色	结晶
维生素 E（1922）	α-生育酚	430.7	294	2.5	黄色	油
	γ-生育酚	416.7	298	–2.4	黄色	油
维生素 K（1929）	维生素 K₁	450.7	242, 248, 260	–20	黄色	油
	维生素 K₂	649.2	269, 325	54	黄色	结晶
	维生素 K₃*	172.2	243, 248, 261 270, 325–328 246, 262, 333	105–107	黄色	结晶

续表

维生素	维生素形态	分子量	最大吸收值(nm)	熔点(℃)	25℃颜色	25℃形式
			水溶性维生素			
维生素 C（1907）	游离酸	176.1	245	190–192	白色	结晶
	钠盐	198.1	245	218	白色	结晶
硫胺素（1906）	游离形态	265.4	243 (pH 2.3)	164	白色	结晶
	二硫形态	562.7	235, 265 (pH 7.4)	177	黄色	结晶
	盐酸盐	337.3	–	164	白色	结晶
	一硝酸盐	327.4	–	196–200	白色	结晶
核黄素（1933）	游离形态	376.4	220–225, 266 371, 444, 475	278	橙黄色	结晶
烟酸（1926）	尼克酸	123.1	263	237	白色	结晶
	尼克酰胺	122.1	263	128–131	白色	结晶
维生素 B_6（1934）	吡哆醛	167.2	293	165	白色	结晶
	盐酸吡哆醇	205.6	255, 326	160	白色	结晶
生物素（1926）	游离形态	244.3	–	167	白色	结晶
泛酸（1931）	游离形态	219.2	–	–	黄色	油
	钙盐	476.5	–	195	白色	结晶
叶酸（1931）	单谷氨酸	441.1	256, 283, 368	250	橙黄色	结晶
维生素 B_{12}（1926）	氰钴维生素	1355.4	278, 361, 550	>300	红色	结晶

资料来源：Combs, G.F. 2012. *The vitamines: Fundamental Aspects in Nutrition and Health*. Academic Press. New York, NY; and Open Chemistry Database, https://pubchem.ncbi.nlm.nih.gov。

a 括号里的数字指的是维生素被发现的年份。

* 化学上，甲萘醌是一种水溶性物质。然而，它在动物体内被代谢成脂溶性的生物活性甲基萘醌。

9.1.2 动物体内维生素的基本来源

许多植物能够合成维生素（Berdanier, 1998）。因此，大多数饲料原料含有维生素，但其含量变化很大。例如，浓缩饲料含有 B 族维生素，而饲草是良好的胡萝卜素来源。相反，植物来源的干饲料含维生素 D_2，但家禽和猪的典型的玉米-豆粕型日粮几乎不含维生素 D_2。此外，动物产品含有大量维生素，包括脂溶性维生素，但维生素 C 和泛酸不足；而植物是许多水溶性维生素、维生素 E 和维生素 K 的良好来源（表 9.3）。B 族维生素和维生素 K 在反刍动物瘤胃与动物大肠中通过微生物合成（Combs, 2012）。除维生素 B_{12}、维生素 K 和生物素外，肠道细菌对动物宿主不产生营养意义量上的维生素。空肠是除维生素 B_{12} 外的所有日粮维生素吸收的主要部位，维生素 B_{12} 主要在回肠吸收。虽然大肠上皮细胞表达维生素转运蛋白，但结肠上皮细胞维生素转运率远远低于小肠上皮细胞（Said, 2011）。水溶性和脂溶性维生素在肠道的转运总结在表 9.4 中。

表 9.3　主要动植物来源食物中的维生素

微量营养素	植物来源食物	动物来源食物
硫胺素（维生素 B_1）	豌豆和其他豆类、坚果、全谷物、麦芽	肉、肝、奶、蛋和其他动物产品
核黄素（维生素 B_2）	麦芽、全谷物、坚果、豆类和绿叶蔬菜	肉、肝、奶、蛋和其他动物产品
烟酸（维生素 B_3）	全谷物、麦芽、坚果、豆类和蔬菜	肉、肝、奶、蛋和其他动物产品
维生素 B_6	坚果、豆类、全谷物、蔬菜和香蕉	肉、肝、奶、蛋和其他动物产品
泛酸	全谷物、豆类、坚果、蔬菜	肉、肝、奶、蛋和其他动物产品
生物素	全谷物、豆类、坚果、蔬菜	肉、肝、奶、蛋和其他动物产品
叶酸（维生素 B_9）	豌豆和其他豆类、坚果、全谷物、绿叶蔬菜	肉、肝、奶、蛋和其他动物产品
维生素 B_{12}	植物中缺乏	肉、肝、奶、蛋和其他动物产品
维生素 C	新鲜蔬菜、果汁、番茄、绿茶、马铃薯中含量丰富，全谷物中缺乏	肉、肝、奶、蛋和其他动物产品
维生素 A	植物中缺乏；黑、绿、橙、黄蔬菜中维生素 A 原丰富	肉、肝、奶、蛋和黄油
维生素 D	植物中缺乏；晒干蔬菜含维生素 D_2	奶、蛋、肝是维生素 D_3 的丰富来源
维生素 E	蔬菜油和麦芽油	肉、肝、奶、蛋、脂肪和其他动物产品
维生素 K	苜蓿、辣椒、全谷物、蔬菜和香蕉	肉、肝、奶、蛋和其他动物产品

资料来源：Wu, G., J. Fanzo, D.D. Miller, P. Pingali, M. Post, J.L. Steiner, and A.E. Thalacker-Mercer. 2014. *Ann. N.Y. Acad. Sci.* 1321: 1–19。

表 9.4　动物的小肠和结肠上皮细胞对维生素的转运

维生素	顶端膜转运载体 (肠腔入肠上皮细胞)		基底膜转运（肠上皮细胞入固有层）
	常规名称	基因名称	
硫胺素	硫胺素转运载体 1（ThTr1；Na^+-非依赖）	SLC19A2	跨膜蛋白载体
	硫胺素转运载体 2（ThTr2；Na^+-非依赖）	SLC19A3	
	硫胺素焦磷酸盐转运载体（结肠上皮细胞中）（能量-依赖但 Na^+-非依赖）	SLC44A4	
核黄素	核黄素转运载体 1（RF-1；Na^+-非依赖）	SLC52A1	跨膜蛋白载体
	核黄素转运载体 2（RF-2；Na^+-非依赖）	SLC52A3	
烟酸	烟酸载体（H^+依赖，Na^+-非依赖）	???	跨膜蛋白载体
	钠偶联单羧酸转运载体	SLC5A8	
泛酸	复合维生素转运载体（Na^+-依赖）	SLC19A6,5A6	Na^+-非依赖转运载体
维生素 B_6	维生素 B_6 载体（H^+-依赖，Na^+-非依赖）	???	跨膜蛋白载体
生物素	复合维生素转运载体（Na^+-依赖）	SLC19A6,5A6	Na^+-非依赖转运载体
维生素 B_{12}[a]	受体介导的内吞作用	???	多药耐药性蛋白-1
叶酸	还原型叶酸载体 1（RFC-1，Na^+-非依赖）	SLC19A1	多药耐药性蛋白
	还原型叶酸载体 1（RFC-2，Na^+-非依赖）	???	
	H^+-偶联叶酸转运载体	SLC46A1	
维生素 C	维生素 C 转运载体 1（Na^+-依赖）	SLC23A1	跨膜蛋白载体
	维生素 C 转运载体 2（Na^+-依赖）	SLC23A2	
DHAA	GLUT2（协助扩散，Na^+-非依赖）	SLC2A2	跨膜蛋白载体
	GLUT8（协助扩散，Na^+-非依赖）	SLC2A8	
维生素 A、D、E、K	通过脂质微粒被动扩散	—	通过乳糜微粒和 VLDL 被动扩散

注：DHAA，脱氢抗坏血酸。"???" 表明缺乏信息
[a] 胃内因子-维生素 B_{12} 复合物靶标，传递蛋白-维生素 B_{12} 复合物的脱唾液酸糖蛋白受体。

维生素原不是维生素，但在化学变化后发挥维生素的功能（Zempleni et al., 2013）。最好的例子是，胡萝卜素是维生素 A 的前体，皮下维生素 D 原是维生素 D_3 的前体，色氨酸是烟酸的前体。维生素原转化为维生素的效率随着底物及动物的种类和发育阶段而变化（Combs, 2012）。

9.2　水溶性维生素

除了溶解性质，水溶性维生素从化学角度来看几乎没有共同点。它们以不同浓度存在于植物和动物来源的食物中（表 9.5）。如前所述，这些营养物质大多数都不能在动物细胞中合成，非反刍动物日粮中必须添加（Pond et al., 1995）。这些维生素在瘤胃中的合成也可能不足以满足反刍动物的最大生长和生产性能需要（McDonald et al., 2011）。水溶性维生素通过特定的转运蛋白在小肠吸收到门静脉（Halsted, 2003），大多数水溶性维生素在血液中以游离形式运输，但有些以蛋白质结合形式携带。除维生素 B_{12} 外，水溶性维生素主要从尿液排出体外（Zempleni et al., 2013）。水溶性维生素在组织中的储存是有限的，很少积累到产生毒性的浓度（DiPalma and Ritchie, 1977）。

表 9.5　原料中水溶性维生素和胆碱的含量

原料	生物素	胆碱	叶酸	烟酸	泛酸	核黄素	硫胺素	维生素 B_6	维生素 B_{12}
苜蓿，17% CP	0.54	1.40	4.36	38	29	13.6	3.4	6.5	0.00
大麦	0.14	1.03	0.31	55	8.0	1.8	4.5	5.0	0.00
血粉 [a]	0.03	852	0.10	31	2.0	2.4	0.4	4.4	44
血粉 [b]	0.28	485	0.40	23	3.7	3.2	0.3	4.4	–
菜籽粕	0.98	6700	0.83	160	9.5	5.8	5.2	7.2	0.00
干燥酪蛋白	0.04	205	0.51	1	2.7	1.5	0.4	0.4	–
玉米	0.06	620	0.15	24	6.0	1.2	3.5	5.0	0.00
CSM[c]	0.30	2933	1.65	40	12	5.9	7.0	5.1	0.00
羽毛粉	0.13	891	0.20	21	10	2.1	0.1	3.0	78
鱼粉，鲱鱼	0.13	3056	0.37	55	9.0	4.9	0.5	4.0	143
亚麻籽饼粉	0.41	1512	1.30	33	14.7	2.9	7.5	6.0	0.00
MBM[d]	0.08	1996	0.41	49	4.1	4.7	0.4	4.6	90
奶粉 [e]	0.25	1393	0.47	12	36.4	19.1	3.7	4.1	36
燕麦籽粒	0.24	946	0.30	19	13	1.7	6.0	2.0	0.00
花生粕，溶剂萃取	0.39	1854	0.50	170	53	7.0	5.7	6.0	0.00
PBM[f]	0.09	6029	0.50	47	11.1	10.5	0.2	4.4	–
米糠	0.35	1135	2.20	293	23	2.5	22.5	26	0.00
稻米 [g]	0.08	1003	0.20	25	3.3	0.4	1.4	28	0.00
红花籽粕，溶剂萃取	1.03	820	0.50	11	33.9	2.3	4.6	12	0.00
高粱	0.26	668	0.17	41	12.4	1.3	3.0	5.2	0.00
SBM[h]	0.27	2794	1.37	34	16	2.9	4.5	6.0	0.00

续表

原料	生物素	胆碱	叶酸	烟酸	泛酸	核黄素	硫胺素	维生素 B$_6$	维生素 B$_{12}$
葵子饼，溶剂萃取	1.40	3791	1.14	264	29.9	3.0	3.0	11.1	0.00
麦麸	0.36	1232	0.63	186	31	4.6	8.0	12	0.00
小麦籽粒[i]	0.11	778	0.22	48	9.9	1.4	4.5	3.4	0.00
酵母（酿酒，干燥）	0.63	3984	9.90	448	109	37.0	91.8	42.8	1

资料来源：National Research Council (NRC). 1998. *Nutrient Requirements of Swine*, National Academy Press, Washington D.C.。

注：除了维生素 B$_{12}$（μg/kg，饲喂基础）之处，数值表示为 mg/kg（饲喂基础）。

[a] 常规血粉。
[b] 血粉，喷雾干燥（93% 干物质）。
[c] 棉籽粕（溶剂萃取，41% CP）。
[d] 肉骨粉（93% 干物质）。
[e] 牛奶（干燥；96% 干物质）。
[f] 禽副产品（93% 干物质）。
[g] 抛光，破碎。
[h] 豆粕（溶剂萃取，89% 干物质）。
[i] 红色，冬天。

9.2.1　硫胺素（维生素 B$_1$）

结构：硫胺素由亚甲基桥连接一取代噻唑和一取代嘧啶组成（图 9.1），是水溶性维生素家族的第一个被发现的成员。具有 235 nm 和 265 nm 的最大吸收波长，其分别对应嘧啶和噻唑部分。维生素 B$_1$ 的活性形式是在 ATP 依赖性的硫胺素二磷酸转移酶的作用

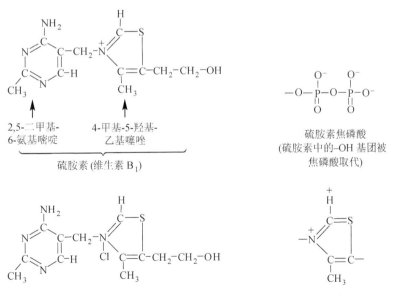

图 9.1　硫胺素（维生素 B$_1$）的化学结构。该维生素由取代嘧啶通过亚甲基桥连接到取代噻唑组成，在水溶液中不稳定。

下，由硫胺素合成的硫酸二磷酸（焦磷酸）（Manzetti et al., 2014）。硫胺素不稳定，尤其在碱性条件下，四价氮在水中裂解成硫醇形式，也容易被氧化成硫胺素二硫化物和其他衍生物（如脱氢硫胺素）。

来源：硫胺素存在于各种植物（尤其是谷物）和动物源食物及酵母中。然而，大多数制造的食品只含有低浓度的硫胺素（Combs, 2012）。硫胺素集中在种子外层、胚芽及根、叶、枝条的生长区域。酵母（如干啤酒酵母和面包酵母）、发酵产品、未加工的谷物和动物产品（如蛋黄、肝、肾和猪肉）是硫胺素的良好来源。合成的硫胺素以更稳定的硫胺素盐酸盐形式出售。

吸收转运：当日粮蛋白质在胃肠道水解时，硫胺素焦磷酸从其复合物释放，然后水解成硫胺素。硫胺素主要通过硫胺素转运载体 1 和硫胺素转运载体 2（ThTr1 和 ThTr2）吸收进入肠上皮细胞，ThTr1 和 ThTr2 是 pH 依赖性与 Na^+ 依赖性载体（Said, 2011）。空肠和回肠硫胺素转运率最高。硫胺素焦磷酸自身也可以通过能量依赖、Na^+ 非依赖性转运蛋白 SLC44A4 直接被结肠上皮细胞吸收（Nabokina et al., 2014）。硫胺素通过肠上皮细胞基底外侧膜由特异性载体转运入门静脉，以蛋白质结合形式转运到各种组织（如肝脏）中，通过硫胺素激酶的作用重新生成硫胺素焦磷酸（Brown, 2014）。已经在大鼠血清和肝脏及鸡蛋中鉴定了特异性硫胺素结合蛋白（Combs, 2012）。少量的硫胺素也以硫胺素单磷酸和三磷酸存在。

功能：硫胺素二磷酸是一种酶促反应中的辅酶，涉及醛的转移：①ATP 生成所需的 α-酮酸的氧化脱羧；②戊糖磷酸途径中的转酮酶反应和微生物、植物与酵母中的缬氨酸合成（Bettendorff et al., 2014）。在这些反应中，硫胺素二磷酸从其噻唑提供一个活性碳，形成碳负离子，然后自由添加到 α-酮酸的羰基上。α-酮酸氧化脱羧的实例：由丙酮酸、α-酮戊二酸或支链 α-酮酸脱氢酶复合物催化。反应如下：

$$丙酮酸 \rightarrow 乙酰辅酶 A + 二氧化碳（丙酮酸脱氢酶复合体）$$
$$α-酮戊二酸 \rightarrow 琥珀酰辅酶 A + 二氧化碳（α-酮戊二酸脱氢酶复合体）$$
$$支链 α-酮酸 \rightarrow R-CO-CoA + 二氧化碳（支链 α-酮酸脱氢酶复合体）$$

缺乏症：硫胺素缺乏导致食欲不振、厌食症、体重减轻、水肿、心脏问题、肌肉和神经退化及神经系统渐进性功能障碍。这些缺乏综合征统称为脚气病（beriberi），是印度尼西亚当地人原本用于"腿部疾病包括虚弱、水肿、疼痛和麻痹"的术语（Jones and Hunt, 1983）。最有可能发生硫胺素缺乏症的人群是慢性酒精中毒者、过度依赖精米作为主食的人群及食用大量含有硫胺素酶的生海鲜的人群（Vedder et al., 2015）。硫胺素酶活性被高温或烹饪所破坏。在酒精依赖患者中，与硫胺素缺乏相关的运动失调和眼部症状称为韦尼克病，营养素摄入和吸收的减少以及机体不能很好地利用已被吸收的维生素，导致了该病的发生。

除了脚气病的一般症状外，在家畜中出现一些硫胺素缺乏的特征。例如，猪具有胃肠道炎症性病变、腹泻、偶尔呕吐、皮炎、脱毛和呼吸功能障碍（Roche, 1991）。采食硫胺素日粮 10 天的小鸡，发展为多发性神经炎，其特征是颈后反张和麻痹。在反刍动物中，消化道微生物能合成维生素，日粮也能提供足量的硫胺素（McDonald et al., 2011）。但是，当瘤胃中的细菌硫胺素酶活性高时（例如，喂食快速发酵饲料引起的乳酸酸中毒），尤其是在幼龄动物中会出现缺乏症状，称为脑皮质坏死（Jones and Hunt, 1983）。这种疾病的特征是转圈运动、前冲、观星行为、失明和肌肉震颤。马采食含有硫胺素酶的蕨菜，出现硫胺素缺乏症状。在所有动物中，可以通过食用肉类和蔬菜及补充硫胺素来治疗脚气病（Pond et al., 1995）。

9.2.2 核黄素（维生素 B_2）

结构：核黄素由连接于核糖醇的杂环异咯嗪环组成（图 9.2），是一种黄色和荧光色素。在酸性或中性溶液中相对稳定，但在碱性条件下易被破坏（Thakur et al., 2016）。核黄素在可见光存在下分解为光黄素和光色素。

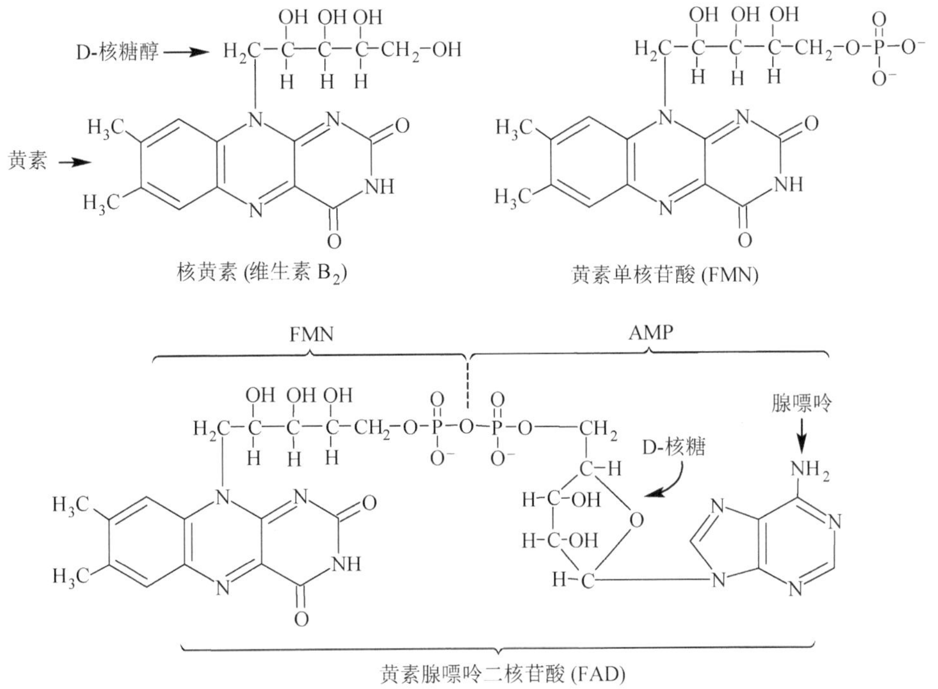

图 9.2 核黄素（维生素 B_2）的化学结构。该维生素由杂环异咯嗪环连接核糖醇组成，在碱性条件或可见光下被破坏。

来源：核黄素由植物和微生物而非动物细胞合成（García-Angulo, 2017）。动物通过采食植物和动物来源的食物获得核黄素。核黄素广泛存在于食物中（Thakur et al., 2016）。肝脏是核黄素的良好来源，肾脏、肉类、乳制品及深绿色叶蔬菜中也含有大量的核黄素，而谷物中核黄素含量很低。在植物和动物源原料中，核黄素几乎完全与蛋白质结合，以黄素单核苷酸（FMN）和黄素腺嘌呤二核苷酸（FAD）形式存在。

吸收转运：日粮 FMN 和 FAD 被肠道磷酸酶（碱性磷酸酶，将 FAD 转化为 FMN 的 FAD 焦磷酸酶和 FMN 磷酸酶）水解，生成游离核黄素。主要的消化部位是空肠。动物产品中核黄素的消化率大于植物产品（Bates, 1997）。肠上皮细胞顶端膜（apical membrane，也称为顶端刷状缘膜或顶膜）有核黄素转运蛋白（RF-1 和 RF-2），是非 Na^+

依赖性载体，但对 pH 中度敏感（Said, 2011）。大部分吸收的核黄素在 ATP 依赖性黄素激酶作用下，转化成 FMN，FMN 进一步代谢为 FAD。剩余的游离核黄素依靠特定的转运蛋白通过其基底外侧膜到固有层，进入静脉血液循环，并以游离和蛋白质结合的形式（各约 50%）在血浆中运输。血浆中约 80% 的 FMN（主要来源于细胞裂解）与蛋白质结合。血浆中的核黄素和 FMN 通过氢键弱结合的蛋白质是球蛋白和纤维蛋白原，白蛋白是其中的主要蛋白质。

功能：核黄素是 FMN 和 FAD 的主要组成部分。FMN 由 ATP 依赖性的核黄素的磷酸化形成，FMN 与 ATP 在 FAD 合成酶的作用下合成 FAD。在该反应中，由 ATP 水解生成的 AMP 转移到 FMN。FMN 和 FAD 是被称为黄素蛋白的氧化还原酶的辅因子。FMN 和 FAD 通常通过非共价键与其脱辅基的蛋白结合。许多黄素蛋白酶含有一种或多种金属作为必需辅因子，称为金属黄素蛋白（Powers, 2003）。细胞中约 10% 的 FAD 与琥珀酸脱氢酶和单胺氧化酶等共价结合。在由黄素蛋白酶催化的反应中，FMN 和 FAD 分别产生 $FMNH_2$ 和 $FADH_2$。黄素蛋白酶在动物中广泛存在，参与许多生化反应，包括胆固醇、类固醇和维生素 D 的合成（Pinto and Cooper, 2014）。表 9.6 是黄素蛋白酶的实例。

表 9.6　动物中的黄素蛋白酶

酶	辅因子	功能
L-氨基酸氧化酶	FMN	L-氨基酸→ 酮酸 ＋ NH_3
NADH 脱氢酶[a]	FMN	线粒体电子传递
磷酸吡哆醇氧化酶	FMN	维生素 B_6 代谢
D-氨基酸氧化酶	FAD	D-氨基酸→ 酮酸 ＋ NH_3
胆碱脱氢酶	FAD	胆碱降解
二氢硫辛酸脱氢酶	FAD	α-酮酸氧化脱羧
二甲基甘氨酸脱氢酶	FAD	胆碱降解
脂肪酰辅酶 A 脱氢酶	FAD	脂肪酸氧化
谷胱甘肽还原酶	FAD	GSSG 还原成 2 GSH
亚甲基四氢叶酸还原酶	FAD	5-甲基四氢叶酸产物
线粒体甘油-3-磷酸脱氢酶	FAD	细胞质还原产物转运至线粒体
单胺氧化酶	FAD	神经递质代谢
单甲基甘氨酸脱氢酶	FAD	胆碱降解
NO 合成酶	FAD/FMN	精氨酸 ＋ O_2 → 瓜氨酸 ＋ NO
鞘氨醇氧化酶	FAD	鞘氨醇合成
琥珀酸脱氢酶[b]	FAD	柠檬酸循环
黄嘌呤氧化酶	FAD	嘌呤降解

[a] 也称为 NADH-泛醌还原酶：$NADH + H^+ + UQ \leftrightarrow NAD^+ + UQH_2$（泛醌）。
[b] 也称为琥珀酸泛醌还原酶：琥珀酸 ＋ UQ ↔ 延胡索酸 ＋ UQH_2。

缺乏症：在动物，核黄素缺乏的症状包括：食欲低下、生长迟缓、饲料利用率降低、口腔病变（唇干裂、口角炎）、红细胞谷胱甘肽还原酶活性降低。其他症状包括皮炎、阴囊或外阴疹、恐光症、神经系统退化性病变、内分泌功能障碍和贫血（Jones and Hunt,

1983）。在实验动物，诱导的严重缺陷症表现为生长和繁殖功能受阻、皮炎与神经退化。核黄素具有多种代谢功能，但核黄素缺乏不会导致重大的危及生命的病症。可能是因为核黄素与动物中的蛋白质紧密结合，其周转率慢，核黄素的耗尽需要很长时间。除这些一般的症状外，在家畜中会出现一些核黄素缺乏的特征（Pond et al., 1995）。猪核黄素缺乏症状包括食欲不振、生长受阻、呕吐、皮肤发疹和眼睛畸形。日粮核黄素对维持母猪正常发情和预防早产至关重要。核黄素缺乏的小鸡生长不良，并发展为麻痹性弯趾症（Baker et al., 1999），这是由周围神经退化引起的特定症状。种母鸡中，核黄素缺乏导致孵化率下降，胚胎畸形，羽毛呈棍棒状（Wyatt et al., 1973）。在反刍动物，瘤胃微生物可合成核黄素，罕见出现核黄素的缺乏症。但是，在犊牛和羔羊中，有核黄素缺乏症的报道，其表现为食欲不振、腹泻和口角损伤。

9.2.3 烟酸（维生素 B₃）

结构：烟酸是烟碱酸和烟酰胺的通用名（图 9.3），无色，在 262 nm 处具有最大光学吸收值（Kamanna et al., 2013）。烟酸是吡啶的单羧酸衍生物。烟酰胺是相对稳定的维生素，不易被热、酸、碱或氧化破坏。

来源：烟酸以烟酰胺形式广泛存在于动物组织中，或以蛋白质结合的形式广泛存在于植物中（表 9.3）。在谷物中，大部分烟酸存在于结合形式中，人、猪和家禽不容易获得此维生素。在玉米中，烟酸以一种结合的、不可用的形式［即烟酸复合素（烟酸的聚多糖和多肽的结合物）］存在，可以通过热碱（氧化钙）预处理将烟酸从烟酸复合素中释放出来。在中美洲，在玉米粉圆饼的制备之前将玉米浸泡在石灰水中可以有效地防止糙皮病（Carpenter, 1983）。色氨酸可以在所有动物物种中转化为烟酸单核苷酸（图 9.3），但转化效率低，特别是在猫、鱼和家禽中（例如，根据雏鸡体重计算是 45：1）（Yao et al., 2011）。烟酸的丰富来源是肝、肉、酵母（酿酒师和面包师的酵母）、花生和葵花籽。

吸收转运：含有烟酸的吡啶核苷酸[NAD(H)和 NADP(H)]经 NAD(P)-糖水解酶（一种肠黏膜酶）水解，产生烟酰胺与 ADP-核糖，烟酰胺和烟酸通过特异性高亲和力（表观 K_M 为 0.53 μmol/L）、酸性 pH 依赖、Na^+非依赖性载体吸收入肠上皮细胞（Nabokina et al., 2005）。Na 偶联的单羧酸转运蛋白 SLC5A8（表观 K_M 为 0.23–0.3 mmol/L）可能在吸收高药理剂量的烟酸中发挥作用。烟酸经特定的转运蛋白通过基底外侧膜进入固有层，以烟酸和烟酰胺的游离形式在血液中运输，通过阴离子转运系统（如红细胞中的 SLC5A8）、Na^+依赖转运系统（如肾小管）和能量依赖系统（如脑）被组织吸收（Kamanna et al., 2013）。在细胞内，烟酸经细胞质酶作用转化为 NAD 和 NADP（图 9.4）。

功能：烟酸是 NAD 和 NADP（Bogan and Brenner, 2008）的组成部分。NAD 和 NADP 是多种氧化还原酶的辅酶，涉及碳水化合物、脂肪酸、酮体、氨基酸和酒精代谢（MacKay et al., 2012）。NAD(P)依赖性反应包括两个电子和两个质子的转移，NAD(P)接受两个电子和一个质子，第二个质子保留在溶液中。除了通常作为氧化剂或还原剂外，NAD 还可作为聚（ADP-核糖）聚合酶的底物，此酶催化 ADP-核糖与各种染色体蛋白的连接。因此，NAD 用于各种蛋白质的翻译后修饰。

$$NAD(P)^+ + AH_2 \longleftrightarrow NAD(P)H + H^+ + A$$

　　缺乏症：严重的烟酸缺乏导致糙皮病，17 世纪 60 年代首先在西班牙和意大利流行。鉴于 ATP 和氧化还原信号在细胞代谢中的作用，糙皮以严重的皮炎、裂缝性痂疮、

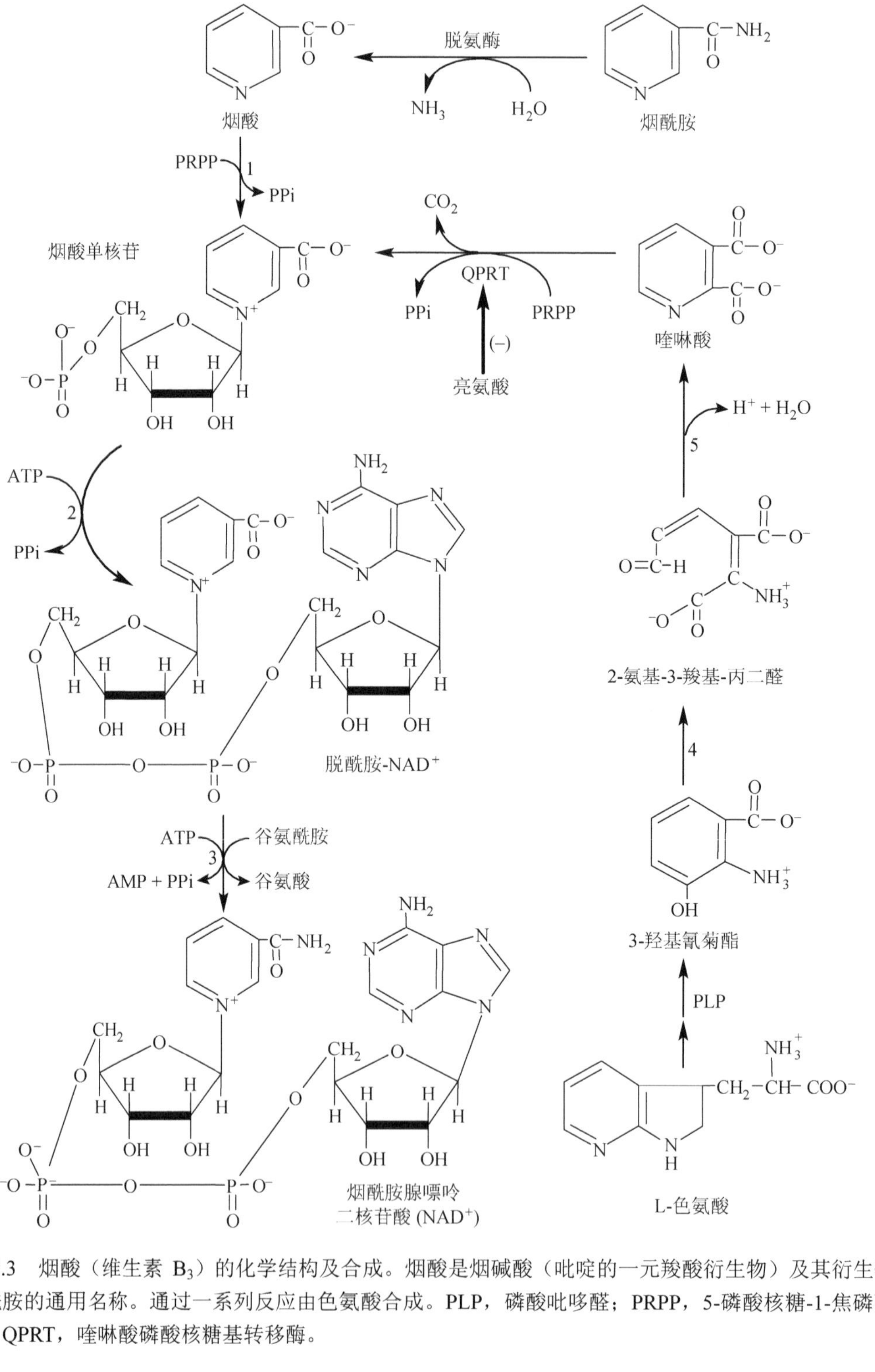

图 9.3　烟酸（维生素 B_3）的化学结构及合成。烟酸是烟碱酸（吡啶的一元羧酸衍生物）及其衍生物烟酰胺的通用名称。通过一系列反应由色氨酸合成。PLP，磷酸吡哆醛；PRPP，5-磷酸核糖-1-焦磷酸酯；QPRT，喹啉酸磷酸核糖基转移酶。

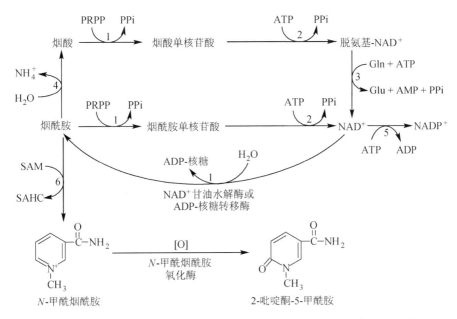

图 9.4 烟酸在动物体内的代谢。烟酸通过 ATP 依赖性反应转化为 NAD⁺和 NADP⁺。烟酸和烟酰胺在动物体内可相互转化。PRPP，5-磷酸核糖-1-焦磷酸酯；SAHC，S-腺苷高半胱氨酸；SAM，S-腺苷甲硫氨酸。

腹泻和精神抑郁为特征并不奇怪。这种疾病也被称为 4D 病：皮炎（dermatitis）、腹泻（diarrhea）、痴呆（dementia）和死亡（death）（Carpenter，1983）。对高粱的依赖也会导致糙皮病，不是因为色氨酸含量低而是因为高粱的亮氨酸含量高（Gopalan and Jaya Rao，1975）。过量的日粮亮氨酸可以通过抑制将色氨酸转化为 NAD 的关键酶（喹啉酸磷酸核糖基转移酶，QPRT），导致烟酸缺乏。维生素 B₆是从色氨酸合成烟酸的辅助因子，其缺乏可加重烟酸的缺乏症。导致皮炎症状的其他情况包括服药（如异烟肼，一种抗结核药，促进色氨酸直接代谢为 5-羟色胺）和哈特纳普病（小肠色氨酸吸收受损）（Bogan and Brenner，2008）。猪烟酸缺乏症状包括生长不良、厌食、肠炎、呕吐和皮炎（Roche，1991）。家禽烟酸缺乏导致骨疾、羽化畸形、口腔和食管上部炎症（Jones and Hunt，1983）。当给猪和家禽饲喂高玉米含量的日粮时，可能会出现烟酸缺乏症，但烟酸缺乏症很少发生在反刍动物中（Niehoff et al.，2009）。非反刍动物糙皮病可以通过在日粮中补充烟酸治愈。

9.2.4 泛酸（维生素 B₅）

结构：泛酸是泛解酸和 β-丙氨酸的氨化物（图 9.5）。泛酸的阴离子形式为泛酸盐，其更稳定的商品化形式为泛酸钙。因此，维生素 B₅可以被认为是由 β-丙氨酸和丁酸酯衍生物组成的肽。泛酸是黄色黏稠的油，但其与钙和其他矿物质的盐是白色结晶物质。在干燥形式中，泛酸盐在 25℃下是稳定的，但具吸湿性。

来源：泛酸广泛分布在自然界中，它的名字源自希腊语 *pantothen*，意思是"无处不在"。泛酸由植物和微生物合成（图 9.6），动物细胞不能合成（Coxon et al.，2005）。食

物中泛酸主要作为辅酶 A 存在，少量以蛋白质结合的 4'-磷酸泛酰巯基乙胺存在，4'-磷酸泛酰巯基乙胺通过其磷酸基团与蛋白质中的丝氨酸羟基连接。泛酸在动物产品（如肝、蛋黄）、酵母、花生、全麦谷物、苜蓿和豆类中含量特别丰富。

吸收转运：日粮中的辅酶 A 和蛋白质结合的 4'-磷酸泛酰巯基乙胺不容易穿过细胞膜（包括肠道），必须在肠吸收之前被水解成泛酸。在小肠肠腔内，CoA 水解成脱磷酸辅酶 A、4'-磷酸泛酰巯基乙胺和泛酰巯基乙胺（Shibata et al., 1983）。涉及的两种磷酸酶是：①焦磷酸酶，作用于二磷酸键；②正磷酸酯酶（也称为磷酸单酯磷酸水解酶），作用于磷酸单酯。日粮中蛋白质结合的 4'-磷酸泛酰巯基乙胺被正磷酸酯酶水解，释放 4'-磷酸泛酰巯基乙胺，后者被焦磷酸酶或磷酸酶去磷酸化生成泛酰巯基乙胺，然后被肠道泛酰巯基乙胺酶水解成泛酸和半胱氨酸。最终，泛酸通过钠依赖复合维生素转运蛋白很容易地被吸收到肠上皮细胞中（Vadlapudi et al., 2012），由 Na^+ 非依赖载体介导通过肠上皮细胞的基底外侧膜进入固有层。在血浆中泛酸以游离形式运输，血液中红细胞携带此维生素的大部分。

功能：在动物细胞中，泛酸转化为 4'-磷酸泛酰巯基乙胺，后者是以下分子的辅基：辅酶 A、脂肪酸合酶复合物的酰基载体蛋白（ACP）（图 9.7）和 N^{10}-甲酰四氢叶酸脱氢酶（催化 N^{10}-甲酰四氢叶酸转化为四氢叶酸，后者是核酸和氨基酸代谢中的必需辅因子）（Smith and Song, 1996）。辅酶 A 涉及很多反应：三羧酸循环、脂肪酸合成和氧化、氨基酸代谢、酮体代谢、胆固醇合成、乙酰胆碱合成、血红素合成及胆汁盐的结合（Zempleni et al., 2013）。ACP 在脂肪酸合成中起重要作用。日粮泛酸对所有哺乳动物（包括人类、猪、狗、啮齿动物和猫）及家禽和鱼类来说均至关重要（Combs, 2012）。

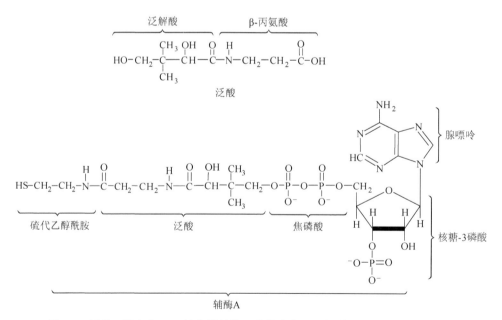

图 9.5 泛酸（维生素 B_5）的化学结构，此维生素是泛解酸和 β-丙氨酸的酰胺。

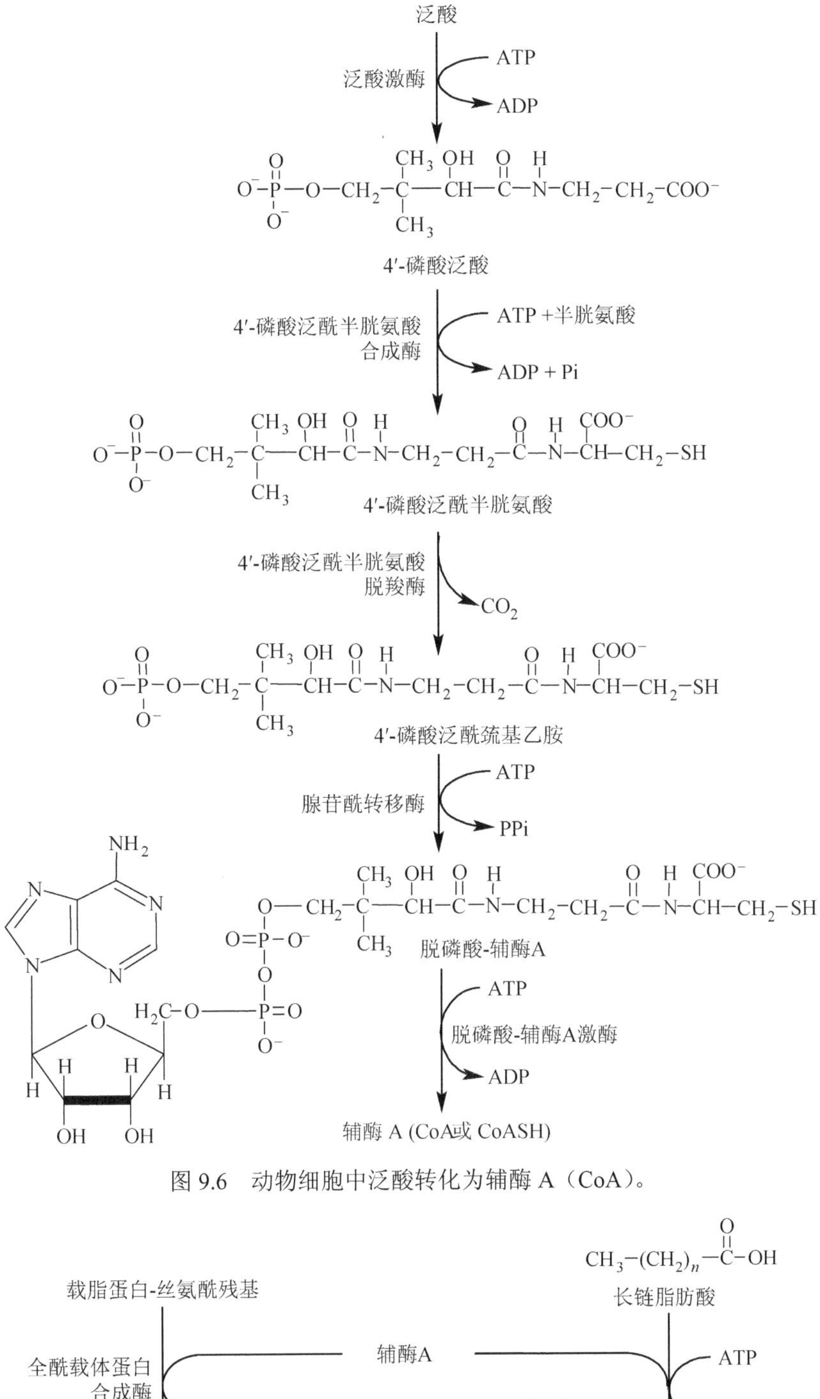

泛酸

泛酸激酶

ATP

ADP

4'-磷酸泛酸

4'-磷酸泛酰半胱氨酸
合成酶

ATP +半胱氨酸

ADP + Pi

4'-磷酸泛酰半胱氨酸

4'-磷酸泛酰半胱氨酸
脱羧酶

CO_2

4'-磷酸泛酰巯基乙胺

腺苷酰转移酶

ATP

PPi

脱磷酸-辅酶A

ATP

脱磷酸-辅酶A激酶

ADP

辅酶 A (CoA或 CoASH)

图 9.6 动物细胞中泛酸转化为辅酶 A（CoA）。

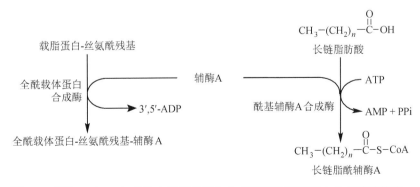

载脂蛋白-丝氨酰残基

全酰载体蛋白
合成酶

辅酶A

3',5'-ADP

全酰载体蛋白-丝氨酰残基-辅酶A

$CH_3-(CH_2)_n-\overset{\text{O}}{\overset{\|}{C}}-OH$

长链脂肪酸

ATP

酰基辅酶A合成酶

AMP + PPi

$CH_3-(CH_2)_n-\overset{\text{O}}{\overset{\|}{C}}-S-CoA$

长链脂酰辅酶A

图 9.7 辅酶 A（CoA）作为全酰载体蛋白合成酶和酰基辅酶 A 合成酶的辅酶。

缺乏症：泛酸的缺乏情况少见，因为它广泛存在于食物中。实验诱导的泛酸缺乏导致食欲不振、生长缓慢、皮肤病变、掉发、抑郁、疲劳、肠溃疡、衰弱和最终死亡（Zempleni et al., 2013）。相关研究表明，战俘中出现的"烧灼足综合征"就被认为是由泛酸缺乏引起的（Berdanier, 1998）。猪的泛酸缺乏导致其生长不良、腹泻、掉毛、皮肤鳞屑及特征性"鹅步"，严重情况下，猪不能站立（Roche, 1991）。在群养商品猪中有泛酸缺乏的报道。家禽的泛酸缺乏导致其生长受限、皮炎和孵化率降低（Jones and Hunt, 1983）。反刍动物罕见泛酸缺乏，因为瘤胃微生物可以合成所有 B 族维生素（Ragaller et al., 2011）。

9.2.5 吡哆醛、吡哆醇和吡哆胺（维生素 B_6）

结构：维生素 B_6 被命名为吡哆醇，可以反映其作为吡啶衍生物的结构。目前已知 3 种维生素 B_6 的生物活性形式：吡哆醛、吡哆醇和吡哆胺（图 9.8）。这 3 种形式在动物机体相互转化，维生素 B_6 的母体为吡哆醇（Hayashi, 1995）。活性形式的维生素 B_6 主要是磷酸吡哆醛。日粮中维生素 B_6 的主要代表是吡哆醇、磷酸吡哆醛和磷酸吡哆胺，三者均具有等效的维生素活性，因为它们可以在动物体内相互转化（图 9.9）。吡哆醇的胺和醛衍生物不如吡哆醇稳定。

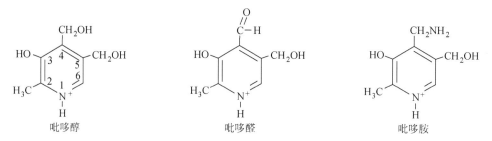

图 9.8 维生素 B_6 作为吡啶衍生物的化学结构。维生素 B_6 的 3 种生物活性形式是吡哆醛、吡哆醇和吡哆胺。

来源：维生素 B_6 主要以吡哆醇糖苷存在于植物中，而动物产品则含有吡哆醇、吡哆醛和吡哆胺（Ueland et al., 2015）。家禽、鱼、肝脏、鸡蛋、肉、牛奶、酵母、香蕉、蔬菜、谷物和坚果都是维生素 B_6 的良好来源。食物中大部分维生素 B_6 通过赖氨酸残基的 ε-氨基和半胱氨酸残基的巯基与蛋白质结合。在植物中也以糖基化形式存在（如 5′-O-β-D-吡喃葡萄糖基吡哆醇）。吡哆醇是植物源食物中主要的维生素 B_6，而吡哆醛和吡哆胺是动物源食物中维生素的主要形式。盐酸吡哆醇在 25℃下稳定，用于日粮补充。

吸收转运：由于消化率低，食物中大部分维生素 B_6 不能被动物利用。糖苷和蛋白质中的维生素在被吸收前必须首先在肠腔中水解。肠上皮细胞膜结合的碱性磷酸酶分别将磷酸吡哆醛和磷酸吡哆胺水解为吡哆醛和吡哆胺。所有形式的维生素 B_6（即吡哆醛、吡哆醇和吡哆胺）通过 H^+ 依赖非 Na^+ 依赖的载体吸收到肠上皮细胞（主要是空肠和回肠）（Said, 2011）。目前，关于肠上皮细胞的基底外侧膜上的转运蛋白的分子鉴定知之甚少。在小肠黏膜中，吡哆醛通过吡哆醛激酶磷酸化成磷酸吡哆醛，而吡哆醇和吡哆胺代谢成磷酸吡哆醛。磷酸吡哆醛是血液中运输的主要形式，通过席夫碱连接与蛋白质（主

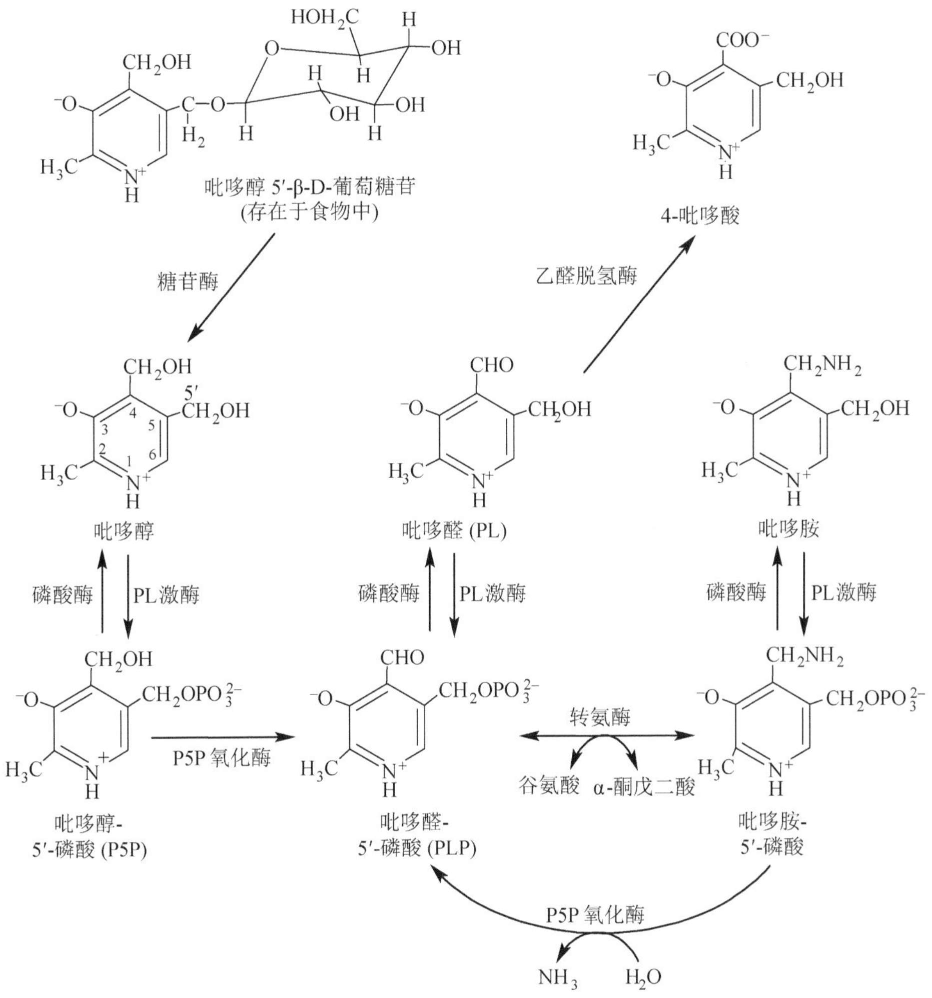

图 9.9 吡哆醛、吡哆醇和吡哆胺在动物细胞中的相互转化。

要是血浆中的白蛋白和红细胞中的血红蛋白）紧密结合。较少量的吡哆醛、吡哆醇和吡哆胺也以蛋白质结合形式在血浆中运输。小肠黏膜和血液中的吡哆醇、吡哆醛和吡哆胺的磷酸化及其与蛋白质的结合对维生素 B_6 在肠道的吸收发挥重要作用。

肠外细胞通过特定的膜转运蛋白摄取维生素 B_6。动物细胞摄取吡哆醛的速率大于磷酸吡哆醛（Combs, 2012）。大多数组织含有吡哆醛激酶，其利用 ATP 将未磷酸化形式的维生素转化为各自的磷酸酯。吡哆酸是维生素 B_6 降解的最终产物，通过尿液排泄。

功能：磷酸吡哆醛是涉及氨基酸代谢的几种酶的辅酶（表 9.7）。吡哆醛的醛基与 α-氨基酸的氨基结合形成席夫碱，通过这一化学上的共价结合，磷酸吡哆醛可以促进 α-氨基碳的 3 个剩余键的变化，从而可以转氨基、脱羧基或维持苏氨酸醛缩酶活性（图9.10）。维生素 B_6 参与氨基酸转氨作用的机制如图 9.11 所示。此外，磷酸吡哆醛与糖原磷酸化酶的赖氨酸残基的 ε-氨基结合形成席夫碱，通过这一共价结合，磷酸吡哆醛在稳定酶的构象结构中起重要作用（Helmreich, 1992）。肌肉糖原磷酸化酶占全身维生素 B_6

的 70%–80%。

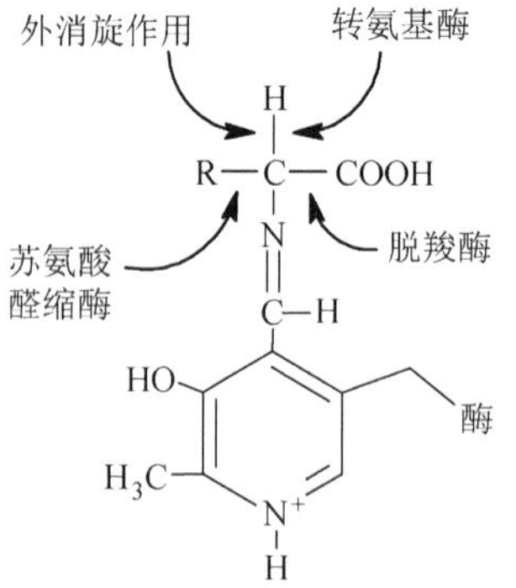

图 9.10　维生素 B_6 在氨基酸转氨和脱羧及苏氨酸降解中的作用。磷酸吡哆醛是维生素 B_6 对于这些反应的主要形式。

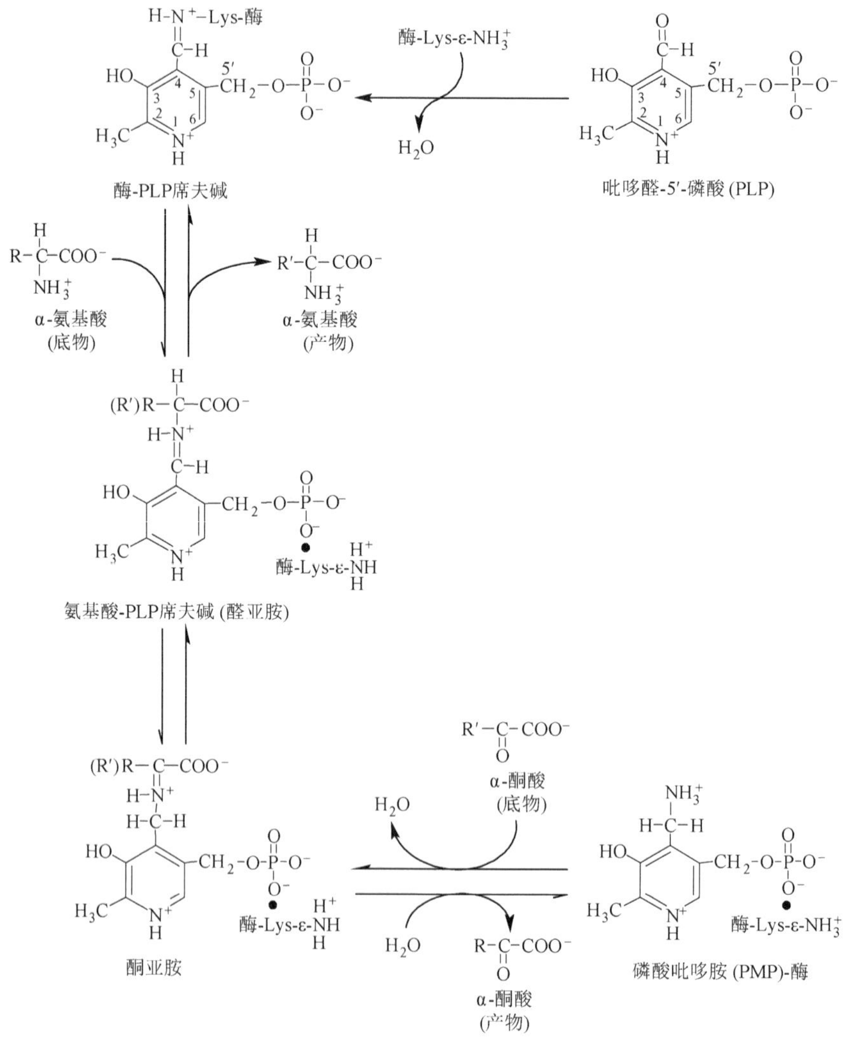

图 9.11　维生素 B_6 参与氨基酸转氨作用的机制。在该反应中，由 α-酮酸和氨基酸形成新的氨基酸。

表 9.7　动物吡哆醛磷酸盐依赖酶

酶	功能
氨基酸消旋酶	L-氨基酸 $\leftrightarrow$ D-氨基酸
氨基酸转氨酶	$AA_1 + \alpha$-酮酸 $_1 \leftrightarrow AA_2 + \alpha$-酮酸 $_2$
氨基乙酰丙酸合成酶	血红素合成；琥珀酰辅酶 A + 甘氨酸 $\rightarrow$ AL + CO_2
精氨酸脱羧酶	精氨酸 $\rightarrow$ 胍基丁胺 + CO_2
天冬氨酸脱羧酶	天冬氨酸 $\rightarrow$ β-丙氨酸 + CO_2
胱胺醚酶	胱硫醚 $\rightarrow$ 半胱氨酸 + α-酮丁酸
半胱亚磺酸脱羧酶	半胱亚磺酸 $\rightarrow$ 牛磺酸
胱硫醚合成酶	高半胱氨酸 + 丝氨酸 $\rightarrow$ 胱硫醚
DOPA 脱羧酶	二羟基苯丙氨酸（DOPA） $\rightarrow$ 多巴胺 + CO_2
谷氨酸脱羧酶	谷氨酸 $\rightarrow$ γ-氨基丁酸 + CO_2
甘氨酸裂解系统	甘氨酸 + 四氢叶酸 $\rightarrow$ CO_2 + NH_3 + N^5, N^{10} 亚甲基四氢叶酸
糖原磷酸化酶	糖原 $\rightarrow$ 葡萄糖-1-磷酸
组氨酸脱羧酶	组氨酸 $\rightarrow$ 组胺 + CO_2
酮基二氢鞘氨醇合成酶 [a]	棕榈酰-辅酶 A + 丝氨酸 $\rightarrow$ 酮基二氢鞘氨醇 + CO_2
犬尿氨酸酶	3-羟基犬尿氨酸 + H_2O $\rightarrow$ 3-羟基氨基苯甲酸 + 丙氨酸
犬尿氨酸转氨酶	犬尿氨酸 + α-酮戊二酸 $\rightarrow$ 犬尿喹啉酸 + 谷氨酸
甲硫氨酸合成酶	高半胱氨酸 + 5-甲基四氢叶酸 $\rightarrow$ 甲硫氨酸 + 四氢叶酸
鸟氨酸转氨酶	鸟氨酸 + α-酮戊二酸 $\leftrightarrow$ 吡咯啉-5-羧酸盐 + 谷氨酸
鸟氨酸脱羧酶	鸟氨酸 $\rightarrow$ 腐胺 + CO_2
磷脂酰丝氨酸脱羧酶	磷脂酰乙醇胺合成
丝氨酸羟甲基转移酶	丝氨酸 + 四氢叶酸 $\rightarrow$ 甘氨酸 + N^5, N^{10}-亚甲基四氢叶酸
苏氨酸醛缩酶	苏氨酸 $\rightarrow$ 甘氨酸 + 乙醛

[a] 也称为 3-脱氢鞘氨酸-L-丝氨酸合成酶。

缺乏症：在维生素 B_6 缺乏的动物中，氨基酸代谢受损。维生素 B_6 缺乏的症状在所有动物中相似：高氨血症、高同型半胱氨酸血症、氧化应激、心血管功能障碍、皮肤和神经组织病变、贫血、生长受阻、抑郁、混乱、癫痫发作（神经系统问题）、皮肤病变和惊厥（Ahmad et al., 2013）。慢性酒精中毒常见维生素 B_6 缺乏症，因为此维生素的摄入量低、酒精诱导的维生素 B_6 代谢受损，以及磷酸吡哆醛磷酸键的水解减少（Halsted and Medici, 2011）。维生素 B_6 缺乏症可能发生在母亲因摄入量不足导致维生素耗竭的哺乳婴儿中。广泛使用的抗结核药物，即异烟肼，通过与吡哆醛形成腙而诱导维生素 B_6 缺乏症。猪的维生素 B_6 缺乏导致其生长不良、惊厥、免疫功能受损和脾脏高铁贫血症（Roche, 1991）。

9.2.6　生物素

结构：生物素是广泛分布在动物和植物源食品中的咪唑衍生物，是一种含硫维生素（图 9.12）。结晶形式的生物素在 25℃下是稳定的。在水溶液中，生物素对氧化、强酸或强碱敏感而降解（Waldrop et al., 2012）。在动植物组织中，生物素通常通过一酰胺键与其酶结合，此化学键是由生物素的硫代核苷的 C-2 与酶的赖氨酸残基的 ε-氨基基团结合而产生的（Berdanier, 1998）。

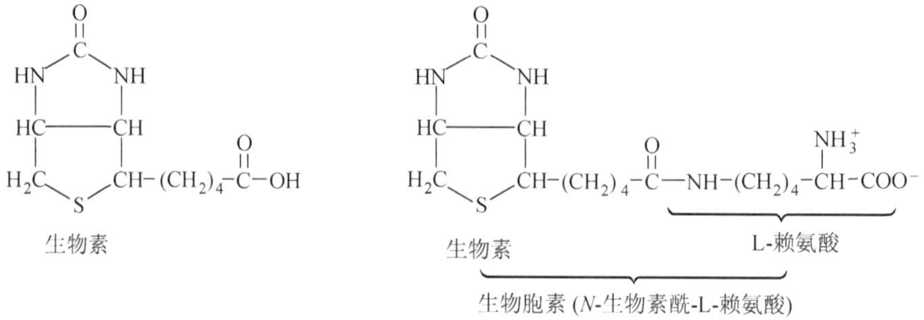

图 9.12　生物素的化学结构。

来源：生物素由植物、细菌和真菌合成，动物细胞不能合成生物素（Fugate and Jarrett, 2012）。此维生素以游离和酶结合的形式广泛分布在天然食物中，但含量非常低（McMahon, 2002）。肝脏、牛奶、蛋黄、干酵母、油籽、苜蓿和蔬菜都是生物素的丰富来源。在植物来源的食物（如大麦和小麦）中，大部分与蛋白质结合的生物素在消化过程中不被释放出来，因此不可被动物利用。机体所需的生物素约有 50%可以通过肠道细菌的合成来满足。饲料中的生物素在肠道的生物利用率通常小于50%（Pond et al., 1995）。

吸收转运：在小肠肠腔中，与蛋白质结合的生物素被胃肠道蛋白酶和肽酶消化，形成生物素酰-L-赖氨酸（生物胞素）。这一赖氨酰生物素加合物经位于肠上皮细胞顶端膜上的生物素酶进一步裂解，产生赖氨酸和生物素。乳汁和血液也含有生物素酶，可释放生物素。游离生物素通过钠依赖复合维生素载体被吸收到肠上皮细胞中（Quick and Shi, 2015）。大肠上皮细胞的顶端膜也有生物素的载体。生物素经特异的 Na^+ 非依赖载体通过肠上皮细胞基底外侧膜进入固有层。生物素被肠道的摄取受日粮中生物素的缺乏上调，而受日粮中生物素过量下调（Said, 2011）。这种适应性调节可能是通过生物素载体的数量和活性变化介导的，但不是由其亲和力介导的。

生物素以游离形式在血浆中运输。在血浆中，约 12%的总的生物素是与蛋白质共价结合的，另外 7%可逆地结合蛋白质（Zempleni et al., 2013）。肠外组织通过特定载体，包括 Na^+ 依赖的复合维生素转运蛋白 SLC5A6 摄取生物素（Uchida et al., 2015）。在细胞内，通过与特定赖氨酸的 ε-氨基形成酰胺键，生物素与其酶连接。这种生化反应称为蛋白质生物素化，由生物素蛋白连接酶催化。

功能：在哺乳动物、鸟类、鱼类和微生物，生物素是 4 种 ATP 依赖性羧化酶的辅酶：丙酮酸羧化酶、乙酰辅酶 A 羧化酶、丙酰辅酶 A 羧化酶和 β-甲基巴豆酰辅酶 A 羧化酶（表 9.8）。生物素通过赖氨酸残基的末端氨基与酶共价结合（图 9.13）。另外两种生物素依赖性羧化酶，即尿素氨基水解酶和香叶基-辅酶 A 羧化酶，存在于微生物中，但不存在于动物细胞中。尿素氨基水解酶能使微生物水解尿素生成氨和 CO_2，香叶基-辅酶 A 羧化酶参与微生物中的类异戊二烯分解代谢（Waldrop et al., 2012）。

表 9.8 动物和微生物中的生物素依赖酶

酶	功能
动物和微生物	
丙酮酸羧化酶	丙酮酸 + CO_2 → 草酰乙酸（糖异生，为柠檬酸循环提供草酰乙酸）
乙酰辅酶 A 羧化酶	乙酰辅酶 A + CO_2 → 丙二酰辅酶 A（脂肪酸合成，线粒体外膜 CPT I 活性调控，能量感应机制）
丙酰辅酶 A 羧化酶	丙酰辅酶 A + CO_2 → D-甲基丙酰辅酶 A（丙酸盐糖异生）
β-甲基巴豆酰辅酶 A 羧化酶	β-甲基巴豆酰辅酶 A + CO_2 → β-甲基戊烯二酰辅酶 A（亮氨酸和类异戊二烯化合物分解代谢）
微生物	
尿素氨基水解酶（尿素羧化酶）	羧酸盐 ATP + 尿素+ HCO_3^- → ADP + 磷酸盐 + 尿素-1-羧酸盐（微生物代谢中提供氮源）
香叶基-辅酶 A 羧化酶	ATP + 香叶基-辅酶 A + HCO_3^- → ADP + 磷酸盐 + 3-(4-甲基戊-3-烯-1-基)戊-2-酰辅酶 A

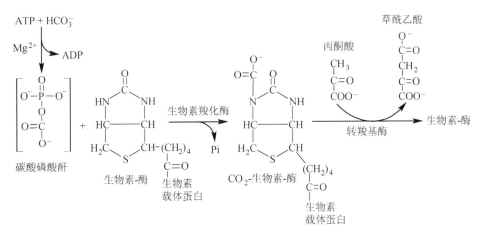

图 9.13 生物素参与单羧酸的羧化反应的机制。

缺乏症：生物素缺乏症罕见，但人类食用生蛋可能发生生物素缺乏（Zempleni et al., 2013），因为蛋清含有一种热不稳定蛋白（抗生物素蛋白），其通过非共价键与生物素紧密结合，从而阻止肠道对生物素的吸收。抗生物素蛋白在烹饪过程中被破坏。缺乏羧酸合成酶（将生物素连接到生物素载体蛋白的赖氨酸残基上的酶），将导致多种羧化酶缺乏，引起生物素缺乏症（Tong, 2013）。四万分之一的婴儿出现生物素酶遗传性缺乏，也导致生物素缺乏。生物素缺乏症包括生长受阻、抑郁、肌肉疼痛、皮炎、神经障碍、厌食和极度疲劳。猪的生物素缺乏导致其生长不良、足部损伤、脱毛、干性鳞状皮肤和生殖功能受损（Roche, 1991）。家禽的生物素缺乏导致其生长缓慢、皮炎、腿骨畸形、脚裂、羽毛发育不好和脂肪肝肾综合征（Jones and Hunt, 1983）。脂肪肝肾综合征主要发生在 2–5 周龄的小鸡，是一种致命的病况，表现为肝脏、肾脏苍白和肿胀，并含有异常脂质沉积。在大鼠，生物素缺乏会抑制鸟氨酸氨基甲酰转移酶（尿素循环酶）的表达和活性，导致高氨血症（Maeda et al., 1996）。

9.2.7 钴胺素（维生素 B₁₂）

结构：钴胺素是由卟啉样环和钴离子组成的八面体钴络合物（图 9.14）。钴存在 3 种氧化态：Co^+、Co^{2+} 和 Co^{3+}（Stadtman, 2002）。例如，肝脏中维生素 B₁₂ 以甲基钴胺素（Co^+）、5-脱氧腺苷钴胺素（Co^{2+}）和羟钴胺素存在。维生素 B₁₂ 的商业制剂是氰钴胺素（Co^{3+}），是维生素 B₁₂ 最稳定的形式。维生素 B₁₂ 具有最复杂的维生素结构，游离形式的维生素 B₁₂ 对酸性条件敏感，与特定蛋白质结合后稳定。

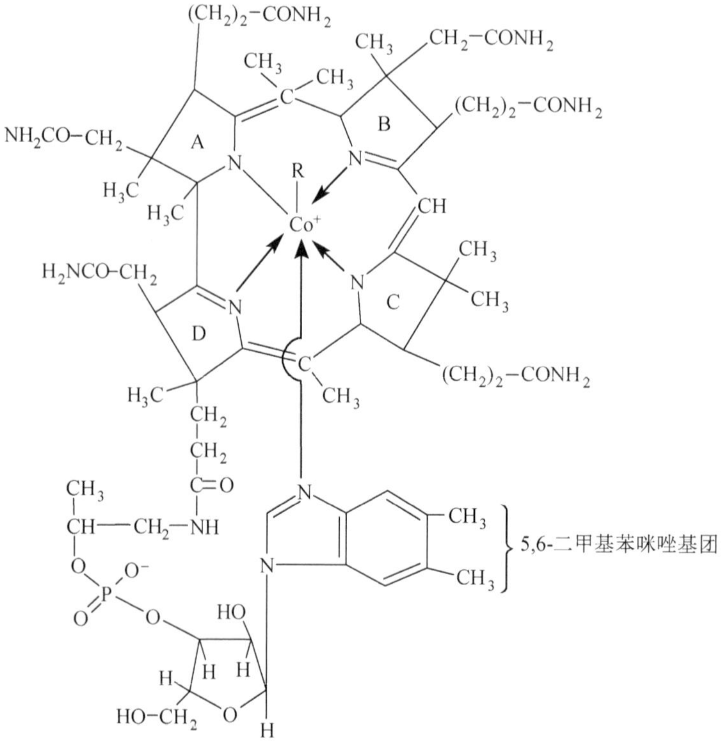

图 9.14　钴胺素（维生素 B₁₂）的化学结构。该维生素是由卟啉样环和钴离子组成的八面体钴络合物。

来源：维生素 B₁₂ 仅由微生物而不是动物细胞合成（Raux et al., 2000）。因此，如果反刍动物能从日粮中获得足够的钴和无机钴盐，则不需要日粮提供维生素 B₁₂（Georgievskii, 1982）。植物中不含维生素 B₁₂，除非被微生物污染。所有的动物组织都含有维生素 B₁₂，来源于日粮和肠道细菌的合成。肝脏、肉类（尤其是牛肉）、家禽、奶（人乳汁中 0.4 μg/L，牛奶中 4.0 μg/L）和鱼是维生素 B₁₂ 的良好来源（Gille and Schmid, 2015）。食物中天然存在的维生素 B₁₂ 与酶蛋白结合，以辅酶形式存在（Gruber et al., 2011）。

吸收转运：肠道维生素 B₁₂ 的吸收位点主要是回肠，但也有一部分在空肠和大肠被吸收，其吸收是一个复杂的生理和生化过程（Alpers and Russell-Jones, 2013）。维生素 B₁₂ 在胃腔内通过胃酸化和蛋白水解（尤其是胃蛋白酶的作用）从食物中释放出来。然后，与胃内在因子（intrinsic factor, IF，一种分泌的糖蛋白）和钴胺素蛋白（haptocorrin,

HC，也称为 R-蛋白）结合。IF 的主要来源因物种不同，人类、反刍动物（如牛和羊）、豚鼠和兔子的胃黏膜（基底腺）的壁细胞，反刍动物（如牛和羊）的皱胃黏膜（基底腺）的壁细胞，大鼠和小鼠的胃黏膜皱褶主细胞（基底腺），猪胃黏膜幽门腺和十二指肠黏膜细胞，以及狗的胰腺导管细胞能产生 IF（Alpers and Russell-Jones, 2013; McKay and McLeay, 1981）。有趣的是，像狗一样，黑蚯蚓、猫、鸡、食用蜗牛、鳗鱼、青蛙、龙虾、鲽鱼、鳟鱼和蟾蜍的胃组织不含 IF（Hippe and Schwartz, 1971），在这些动物的胃腔内，IF 的主要来源可能是胰腺。IF 以相同的亲和力结合 4 种钴胺素，甲基钴胺素、腺苷钴胺素、氰钴胺素和水生钴胺素。HC 由唾液腺和胃腺产生，但在不同物种中比例不同。第三种维生素 B_{12} 结合蛋白是钴胺传递蛋白，由小肠上皮细胞产生。此外，哺乳动物的乳汁中含有另一种维生素 B_{12} 结合蛋白（cobalophilin，嗜钴素）。这些钴胺素结合蛋白具有相同的总体结构支架，都能携带单一维生素 B_{12} 分子（Nielsen et al., 2012）。

IF 不被小肠肠腔内的蛋白酶降解，但是 HC 能被这些蛋白酶降解（胰蛋白酶＞胰凝乳蛋白酶＞弹性蛋白酶）。在新生哺乳动物中，如 1–28 日龄的猪，因为 IF 的产生低，HC 和嗜钴素在肠道维生素 B_{12} 的吸收中起重要作用（Ford et al., 1975; Trugo et al., 1985）。而在成年动物中，维生素 B_{12} 的吸收主要取决于其与 IF 的结合。在所有动物中，回肠是吸收日粮维生素 B_{12} 的主要部位。维生素 B_{12} 从肠腔运送到肠上皮细胞是由肠上皮细胞顶端膜上的特异性受体蛋白质介导的，此受体在回肠表达最高[如 IF-维生素 B_{12} 复合物的受体蛋白（立方蛋白，cubilin）；HC-维生素 B_{12} 复合物的脱唾液酸糖蛋白受体]。维生素 B_{12} 结合蛋白-维生素 B_{12} 复合物通过内吞作用进入肠上皮细胞，随后转运到溶酶体中。溶酶体蛋白酶水解结合维生素 B_{12} 的蛋白后，维生素 B_{12} 被释放。钴胺素 F 将维生素 B_{12} 从溶酶体转运到细胞溶质中，其中游离的维生素 B_{12} 与细胞质内蛋白钴胺素 C 结合，钴胺素 C 参与氰钴胺素的脱氰反应和烷基钴胺素的脱烷基反应。然后，维生素 B_{12} 转移到另一种细胞质蛋白（钴胺素 D）上，经耐多药蛋白 1（multidrug resistance protein 1，MRP1）的通路穿过基底外侧膜进入肠黏膜的固有层中（Beedholm-Ebsen et al., 2010）。MRP1 是 ATP 结合盒（ABC）转运蛋白家族的成员，该蛋白质将 ATP 的水解与逆浓度梯度的物质转运相偶联。

维生素 B_{12} 进入静脉血液循环后，与血浆中的钴胺传递蛋白结合，此蛋白是将维生素 B_{12} 转运到组织所需的（Hall, 1977）。由多种组织（包括肝脏和小肠）合成和释放的钴胺传递蛋白 II，连同钴胺传递蛋白 I 和 III，是血液维生素 B_{12} 的主要转运蛋白。维生素 B_{12}-钴胺传递蛋白复合物通过内吞受体跨膜 CD320 蛋白被肠外细胞吸收（Nielsen et al., 2012）。这种蛋白质是高度糖基化的，属于低密度脂蛋白的受体家族。内吞作用后，钴胺传递蛋白在溶酶体中被降解后释放维生素 B_{12}（羟钴胺素），后者在细胞质中转化为甲基钴胺素或进入线粒体转化为 5'-脱氧腺苷钴胺素。和其他水溶性维生素一样，维生素 B_{12} 不能在家畜、家禽和鱼类组织（如肝脏和肾脏）中储存（Suttle, 2010）。

与其他水溶性维生素不同，维生素 B_{12} 主要通过胆汁分泌经粪便排出，经尿液排泄较少。在非反刍动物中（尤其是恶性贫血患者），口服维生素 B_{12} 后经尿排出的此维生素量常用于检测动物是否能适当地吸收维生素 B_{12}，这被称为希林（Schilling）测试。在反刍动物中，维生素 B_{12} 通过微生物或与唾液 HC 结合流出瘤胃，然后在皱胃中释放（Smith and Marston, 1970）。在采食正常日粮的哺乳期奶牛，经粪便排泄钴约为 87%，尿液 1.0%，乳汁 12%；而在非泌乳奶牛，经粪便排泄的钴约为 98%，从尿液中排出 2.0%（Georgievskii，1982）。由 IF 介导的在回肠重新吸收维生素 B_{12} 的肠肝循环的效率很高，大部分胆源性维生素 B_{12} 被保留在体内，每日通过粪便和尿液的排泄总量达不到动物体内总储量的 1%。

功能：活性维生素 B_{12} 辅酶是甲基钴胺素和 5′-脱氧腺苷钴胺素（Gruber et al.，2011）。甲基钴胺素是甲硫氨酸合成酶的辅酶，此合成酶催化由同型半胱氨酸（也称为高半胱氨酸）合成甲硫氨酸和由 N^5-甲基四氢叶酸合成四氢叶酸（图 9.15）。该反应的代谢意义在于解毒同型半胱氨酸和保持细胞内甲硫氨酸的存储，并从 N^5-甲基四氢叶酸再生四氢叶酸，以用于嘌呤、嘧啶和核酸的合成。5′-脱氧腺苷钴胺素是甲基丙二酰辅酶 A 变位酶的辅酶，此变位酶催化由 L-甲基丙二酰辅酶 A 合成琥珀酰辅酶 A（Nielsen et al.，2012）。这是丙酸被转化为三羧酸循环的中间代谢物并随后被转化成葡萄糖的关键反应。从丙酸合成葡萄糖对反刍动物特别重要，因为丙酸是瘤胃微生物发酵的主要产物之一。在反刍动物，几乎没有葡萄糖从其小肠肠腔内被吸收。

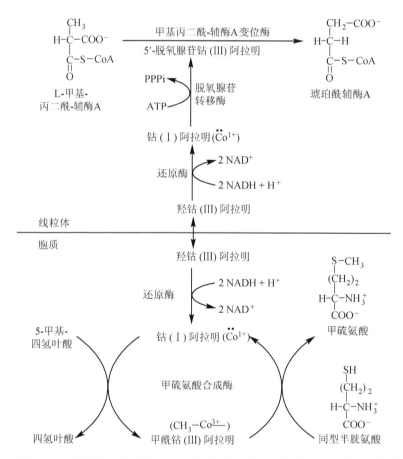

图 9.15　维生素 B_{12} 作为甲基丙二酰辅酶 A 变位酶和甲硫氨酸合成酶的辅酶。该反应发生在肝细胞。

缺乏症：在不补充维生素 B_{12} 的情况下，采食植物性饲料的非反刍动物、钴摄入不足的反刍动物和养殖的鱼类中常见维生素 B_{12} 缺乏（Pond et al.，1995）。在大多数动物中，胃旁路手术和胃萎缩（通常因幽门螺杆菌持续感染引起）减少了胃内因子的产生，导致维生素 B$_{12}$ 缺乏症（Jones and Hunt, 1983）。人类素食者有缺乏维生素 B$_{12}$ 的风险，因为此维生素仅存在于动物来源的食物或微生物中，但不存在于植物中。此外，在一种恶性贫血的自身免疫性疾病中，由于胃内因子与其自身抗体的结合，因此，体内缺乏了可利用的胃内因子，导致维生素 B$_{12}$ 的缺乏。此外，甲基钴胺素或 5′-脱氧腺苷钴胺素合成的遗传性缺陷导致维生素 B$_{12}$ 缺乏（Gruber et al., 2011）。维生素 B$_{12}$ 缺乏也能由绦虫感染而引起，此寄生虫可能是由摄食感染的生鱼进入消费者胃肠道，从而限制了动物宿主对维生素 B$_{12}$ 的利用。

许多代谢紊乱是因维生素 B$_{12}$ 摄入不足引起的。例如，维生素 B$_{12}$ 的缺乏会导致甲硫氨酸合成酶和甲基丙二酰辅酶 A 变位酶的活性降低，DNA（嘌呤和胸苷酸）合成受损，细胞分裂减少，红细胞核形成受损，从而导致骨髓巨核细胞积累。高胱氨酸尿症（高半胱氨酸的积累）和甲基丙二酸尿症（甲基丙二酸的积累）也发生在患维生素 B$_{12}$ 缺乏症的动物和人体中。与维生素 B$_{12}$ 缺乏相关的神经系统疾病可能继发于甲硫氨酸的相对缺乏。

9.2.8 叶酸

结构：叶酸（维生素 B$_9$）是指叶酸（也称为蝶酰谷氨酸）及其衍生物，是一碳代谢的辅酶（Shane, 2008）。叶酸由蝶啶碱、对氨基苯甲酸和谷氨酸组成（图 9.16），是蝶啶衍生物大家族的母体结构。叶酸可以含有一个或多个谷氨酸残基作为 γ-连接的多肽链。例如，在植物中，叶酸以含 7 个谷氨酸残基的聚谷氨酸缀合物存在（Butterworth and Bendich, 1996）。在动物组织中，叶酸的主要形式是由 5 个谷氨酸残基的 γ-连接多肽链组成的缀合物（Zhao and Goldman, 2013）。所有细胞内的叶酸基本以聚谷氨酸形式存在。携带不同氧化态的一碳基团、结合一个或两个氮原子（如 $N5,N10$-四氢叶酸）的叶酸根据其分子中与氮原子相结合的特定碳基命名。还原态叶酸包括二氢叶酸和四氢叶酸。大多数食品中的叶酸在加工和储存的有氧条件下容易被氧化（Combs, 2012）。

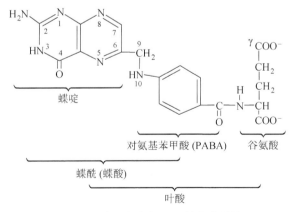

图 9.16　叶酸（维生素 B$_9$）的化学结构。

来源：叶酸由植物和微生物合成（Sahr et al., 2005），广泛分布在植物和动物来源的食物中。绿色叶子、谷物、提取的油菜籽和橙汁是叶酸的良好来源。肝脏、蛋黄和奶也是叶酸的主要来源。动物细胞不能合成对氨基苯甲酸或将谷氨酸与邻苯二甲酸结合，因此需要从日粮中摄取，以满足代谢的需要。叶酸容易受潮降解，尤其在高温下，也能被

紫外线破坏（Lucock, 2000）。日粮中的叶酸的生物利用率为 30%–80%，因食物来源而异，动物产品中的叶酸比植物产品中的叶酸能更好地被消化和吸收。

吸收转运：日粮中的叶酸以单谷氨酸和多谷氨酸形式存在，分别称为叶酰单谷氨酸和叶酰多聚谷氨酸。叶酰单谷氨酸被小肠和结肠上皮细胞吸收，而叶酰多聚谷氨酸在吸收前必须被水解生成叶酰单谷氨酸。这个消化过程主要发生在小肠的近端部分，涉及位于肠上皮细胞顶端膜上的叶酰多聚-γ-谷氨酸羧肽酶（也称为 γ-谷氨酰水解酶或结合酶）。叶酰多聚-γ-谷氨酸羧肽酶的肠道活性因叶酸缺乏而增加，因叶酸过量而下降（Said et al., 2000）。在肠上皮细胞顶端膜的质子偶联叶酸转运蛋白（PCFT，SLC46A1）和两个还原型叶酸的载体（RFC-1，SLC19A1; RFC-2），负责肠道叶酰单谷氨酸的吸收（Said, 2011）。H^+ 依赖、Na^+ 非依赖的 RFC 是哺乳动物细胞的主要叶酸转运蛋白。进入肠上皮细胞后，大多数叶酰单谷氨酸被叶酸还原酶还原为四氢叶酸，此反应利用 NADPH 作为还原当量的供体（图 9.17）。这些细胞也能形成 N^5-甲基四氢叶酸，它是血液中叶酸的主要形式。目前人们对在肠上皮细胞的基底外侧膜上的叶酸转运系统知之甚少。耐多药蛋白质家族的成员可能在叶酸通过肠上皮细胞的基底外侧膜转移到固有层中起重要作用（Zhao and Goldman, 2013）。

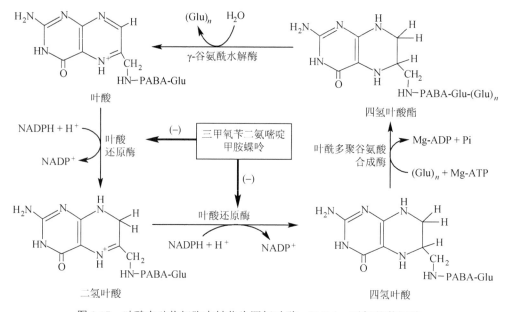

图 9.17　叶酸在动物细胞中转化为四氢叶酸。PABA，对氨基苯甲酸。

在大多数动物中，游离的叶酸以叶酰单谷氨酸衍生物（主要是 N^5-甲基四氢叶酸）的形式在血液中运输（Zempleni et al., 2013），通过 PCFT、RFC 及高亲和力的叶酸受体被肠外细胞摄取。除 RFC 在动物组织中普遍表达外，PCFT 及高亲和力的叶酸受体的分布具有组织特异性。PCFT 在小肠及肾脏、肝脏、胎盘和脾脏中高表达，但在脑、睾丸和肺中表达较低，在回肠末端和结肠表达更低。3 种叶酸受体均呈组织特异性方式存在于细胞膜上（Zhao et al., 2011）。FRα 在上皮组织的细胞膜上表达（如胎盘、近端肾小管细胞的顶端刷状缘膜、视网膜色素上皮和脉络丛），FRβ 在造血组织（如脾、胸腺和 CD34[+]

单核细胞）和巨噬细胞中表达，FRδ 在天然和 TGFβ 诱导的调节性 T 细胞中高度表达，而 FRγ 是分泌蛋白。肾脏在叶酸稳态中起重要作用。叶酸通过肾小球滤过，并通过顶端刷状缘膜 FRα 介导的胞吞作用从肾小管的内腔重吸收进入管状上皮细胞，此叶酸通过其基底外侧的叶酸转运蛋白被转运出管状上皮细胞，然后进入血液。

功能：细胞代谢中活化的叶酸是四氢叶酸聚谷氨酸。四氢叶酸是活化的一碳基团的载体，用作一碳代谢反应中的辅因子。四氢叶酸携带的一碳单元有甲基（CH_3-）、亚甲基（$-CH_2-$）、次甲基（$-CH=$）、甲酰基（$O=CH-$）和甲酰亚胺（$HN=CH-$），它们可以相互转换（图 9.18）。N^{10}-甲酰四氢叶酸为嘌呤环结构提供 C-2 和 C-8，N^5,N^{10}-亚甲基四氢叶酸合成胸苷酸提供甲基，这些反应是 DNA 合成（图 9.19）和红细胞形成必不可少的。

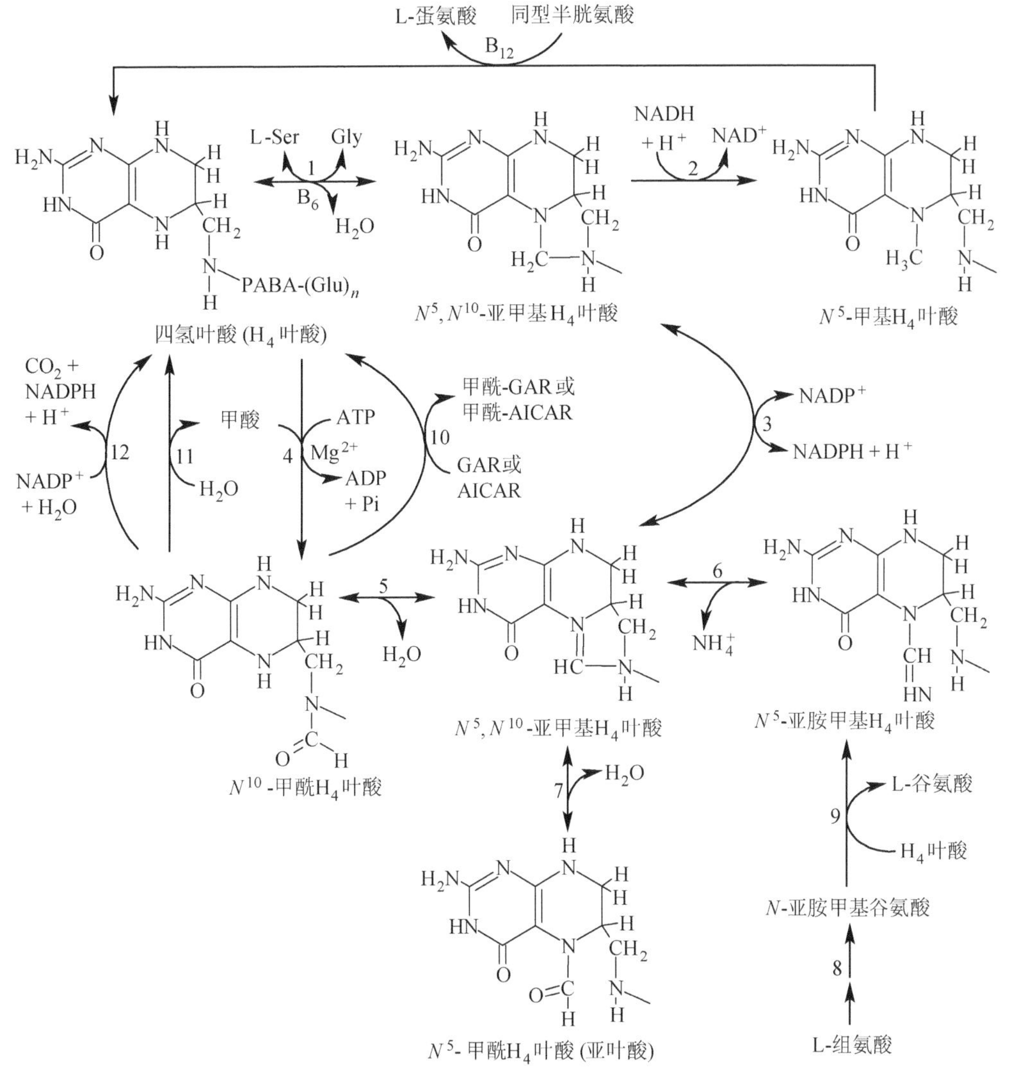

图 9.18 动物细胞中的一碳代谢。四氢叶酸携带的一碳单元甲基（CH_3-）、亚甲基（$-CH_2-$）、次甲基（$-CH=$）、甲酰基（$O=CH-$）和甲酰亚胺（$HN=CH-$）能在动物细胞中相互转化。AICAR，5-氨基-4-咪唑烷酰胺核苷；GAR，甘氨酰胺核糖核苷酸。

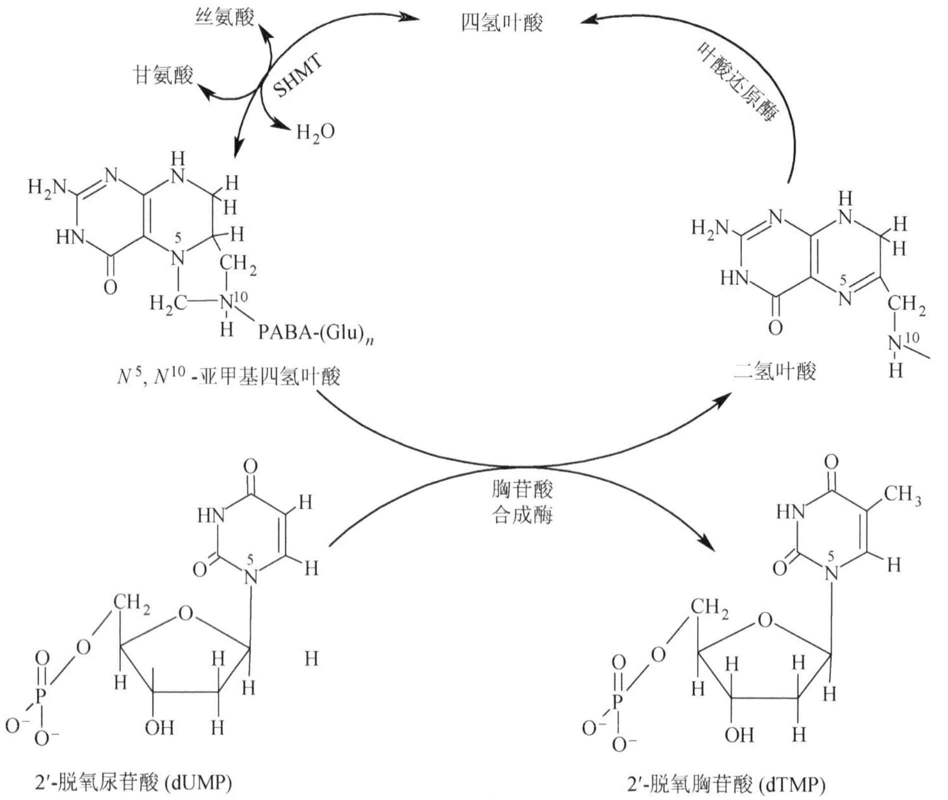

图 9.19 四氢叶酸在形成 DNA 前体 2′-脱氧胸苷酸（dTMP）中的作用。由四氢叶酸产生的 N^5,N^{10}-亚甲基四氢叶酸是胸苷酸合酶的辅酶。PABA，对氨基苯甲酸；SHMT，丝氨酸羟甲基转移酶。

因此，以下生物过程需要叶酸参与：①丝氨酸和甘氨酸的相互转化；②嘌呤的合成；③组氨酸降解；④提供甲基化反应必需的甲基，如胆碱和蛋氨酸合成（Ducker and Rabinowitz, 2017）。丝氨酸是携带叶酸的一碳基团的主要来源，而甲酰胺基苦味酸（L-组氨酸的代谢物）也可以将其甲酰胺基转移到四氢叶酸形成 N^5-甲酰胺四氢叶酸（Wang et al., 2012）。叶酸也是微生物利用甲酸或二氧化碳和氢气形成甲烷所需的。

缺乏症：叶酸缺乏的诱因包括叶酸摄入不足、长期酗酒而不进食、食物加热和烹调加水稀释、怀孕和哺乳期或鸟类产蛋期叶酸需要量的增加、用甲氨蝶呤（叶酸还原酶抑制剂）治疗，以及维生素 B_{12} 的缺乏。维生素 B_{12} 缺乏诱导叶酸缺乏的原因是维生素 B_{12} 是 N^5-甲基四氢叶酸转化成能参与各种反应的四氢叶酸形式所必需的。叶酸缺乏的动物发生严重的代谢紊乱，尤其在胚胎、胎儿和新生儿发育过程中（Ducker and Rabinowitz, 2017）。例如，叶酸缺乏引起巨细胞性贫血，因为一碳代谢是形成红细胞所必需的。怀孕期间叶酸缺乏可引起婴儿的神经管缺陷，如脊柱裂（Fleming and Copp, 1998）。维生素 B_{12} 与叶酸之间相互作用的复杂性是因为其共同参与甲硫氨酸合成酶的反应。在由实验日粮导致叶酸缺乏的肉鸡和火鸡中，临床症状包括生长不良、饲料效率降低、贫血、骨发育不良和孵化率低（Pesti et al., 1991; Sherwood et al., 1993）。这可能是由于家禽在肠道细菌中合成叶酸能力差，后肠吸收叶酸能力也差。叶酸缺乏症很少发生在家畜中，因为常用原料中含有叶酸，肠道细菌也能合成叶酸。但妊娠和哺乳等条件下，叶酸的需要量增加。亚叶酸（5-甲酰四氢叶酸）是四氢叶酸的代谢活性类似物，可用于治疗动物叶酸缺乏症。例如，亚叶酸通常用于甲氨蝶呤治疗的癌症患者，以减轻其骨髓和胃肠黏膜细胞的损伤（Zempleni et al., 2013）。

9.2.9 抗坏血酸（维生素 C）

结构：维生素 C（又称抗坏血酸）是 2,3-二脱氢-L-苏-己酸-1,4-内酯的葡萄糖衍生物，它是无色结晶并溶于水。其氧化形式是脱氢抗坏血酸（Wells and Xu, 1994）。维生素 C 具有弱酸性和强还原性，能稳定未配对电子。因此，可用于清除自由基，保护水溶液中的生物分子（如四氢生物蝶呤）免于氧化，并维持金属离子（如铁和铜）的还原状态（Englard and Seifter, 1986）。维生素 C 在酸性溶液中是热稳定的，在碱性条件下容易分解（图 9.20），在高温下因曝光而导致破坏增强。脱氢抗坏血酸在弱酸性溶液或中性溶液中不电离，此维生素在水解溶液中不稳定，因为其通过水解开环降解形成 2,3-二酮-L-古洛糖酸（Combs, 2012）。

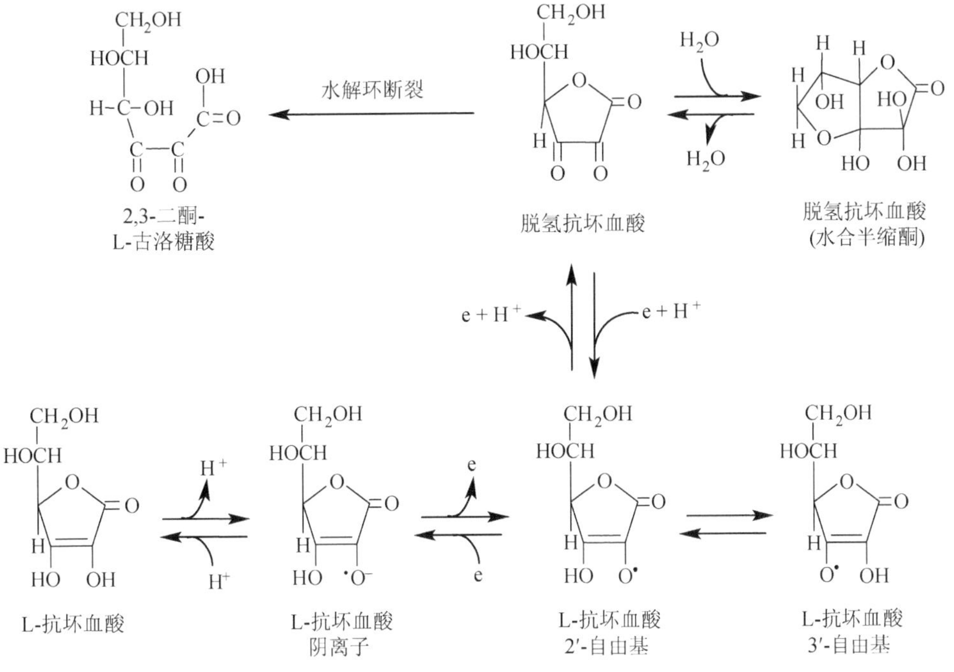

图 9.20 维生素 C 的化学结构及其在动物细胞中氧化成 L-抗坏血酸 2'-自由基和脱氢抗坏血酸。

来源：谷物中基本上都含维生素 C（McDonald et al., 2011）。大多数哺乳动物（如猪、狗、猫和反刍动物）的肝脏及家禽的肝脏和肾脏都能利用葡萄糖经糖醛酸途径合成维生素 C（Mahan et al., 2004; Maurice et al., 2004; Ranjan et al., 2012）。但是，在灵长类动物（如人类和猴子）、豚鼠及某些种类的昆虫、鸟类、鱼类和无脊椎动物中，由于缺乏 L-古洛糖内酯氧化酶，不能由葡萄糖合成维生素 C（Zempleni et al., 2013）。与其他水溶性维生素相反，非反刍动物肠道细菌不具有维生素 C 的净合成（Wrong et al., 1981）。

维生素 C 的良好来源是新鲜蔬菜，包括绿叶植物、甜椒、西兰花、柑橘类水果、菠菜、番茄和马铃薯。动物产品（如奶和鸡蛋）含有一些维生素 C。在植物和动物来源的食物中，维生素 C 以还原型和氧化型存在。氧化型的维生素 C 在肠上皮细胞中通过谷胱甘肽依赖性的脱氢抗坏血酸还原酶转化为抗坏血酸，此还原酶是硫醇转移酶（谷氧还蛋白）的内在活性（Wells et al., 1990）。在反刍动物，日粮维生素 C 完全被瘤胃微生物降解，这些微生物几乎没有维生素 C 的净合成（Ranjan et al., 2012）。因此，通过日粮补充未受保护的维生素 C，难以增加牛奶中的维生素 C 含量。

吸收转运：维生素 C 被小肠吸收进入血液循环。肠上皮细胞的顶端膜含有钠依赖性维生素 C 转运蛋白 SVCT1 和 SVCT2（分别为 *SLC23A1* 和 *SLC23A2* 基因的产物），这些转运载体负责摄取小肠肠腔内的维生素 C（Bürzle et al., 2013）。SVCT1 在肠、肝和肾中表达，但 SVCT2 广泛分布在动物组织中。脱氢抗坏血酸通过 Na^+ 非依赖性的葡萄糖转运蛋白 GLUT2 和 GLUT8 吸收到肠上皮细胞，但能被己糖（如葡萄糖、果糖）和类黄酮（如根皮素、槲皮素）竞争性抑制（Corpe et al., 2013）。维生素 C 依靠特定的蛋白质载体通过肠上皮细胞基底外侧膜进入肠黏膜的固有层。因此，日粮中的糖和类黄酮（如来源于水果和蔬菜）可以调节维生素 C 的生物利用率。此外，肠道维生素 C 的吸收受其日粮缺乏而上调，受日粮过多而下调（Said, 2011）。

动物体内的维生素 C 以游离形式在血液中运输，通常检测不到脱氢抗坏血酸。维生素 C 通过 SVCT2 被肠外组织摄取，参与许多生化反应。在细胞中，维生素 C 可以依次被氧化成抗坏血酸自由基、脱氢抗坏血酸，此过程的每个步骤均失去一个电子（图 9.20）。脱氢抗坏血酸经不可逆水解生成 2,3-二酮古洛糖酸，后者被氧化成 C_5 片段（木糖、木糖酸和来苏糖酸）、C_4 片段（L-赤藓酮糖和 L-苏糖酸）、草酸、H_2O 和 CO_2（图 9.21）。这

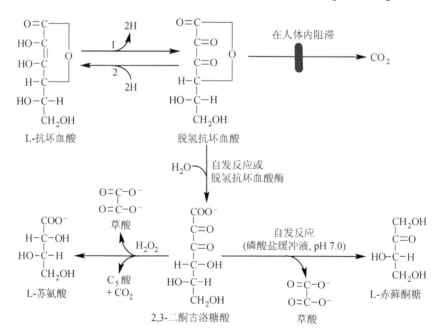

图 9.21　动物维生素 C 分解代谢。该维生素的降解产物具有种属特异性，包括二氧化碳、L-苏糖酸、草酸和 L-赤藓酮糖。

些产物的比例随动物种类而不同（例如，在大鼠和豚鼠中几乎完全生成 H_2O 与 CO_2，但在人体中主要是草酸）（Combs, 2012）。维生素 C 可以通过以下途径再生成：抗坏血酸自由基通过 NADPH 依赖性半脱氢抗坏血酸还原酶；脱氢抗坏血酸经还原型谷胱甘肽（GSH）、硫辛酸非酶解或 GSH 依赖性脱氢抗坏血酸还原酶还原。

功能：维生素 C 是还原当量的供体，可以还原 O_2、硝酸盐、细胞色素 a 和细胞色素 c（Englard and Seifter, 1986; Padayatty and Levine, 2016）等化合物。维生素 C 可以帮助维持酶（包括 α-酮戊二酸和 O_2 依赖的组蛋白去甲基化酶）的金属辅因子（例如，单加氧酶中的 Cu^+ 和双加氧酶中的 Fe^{2+}）处于还原状态。以下反应依赖维生素 C，在某些情况下依赖一种或多种额外的辅因子。

1）胶原蛋白通过脯氨酰羟化酶（Fe^{2+}）合成羟脯氨酸，此酶需要维生素 C 和 α-酮戊二酸（α-KG）（mRNA 被翻译后的反应）。

$$-Pro- (肽) + {}^{18}O_2 + α\text{-}酮戊二酸 \rightarrow -{}^{18}OH\text{-}Pro- + [{}^{18}O] 琥珀酸 + CO_2$$

2）胶原蛋白通过赖氨酰羟化酶（Fe^{2+}）合成羟赖氨酸（翻译后反应）。

$$-Lys- (肽) + {}^{18}O_2 + α\text{-}酮戊二酸 \rightarrow -{}^{18}OH\text{-}Lys- + [{}^{18}O] 琥珀酸 + CO_2$$

3）对羟基苯丙酮酸羟化酶（Fe^{2+}）和尿黑酸氧化酶（Fe^{2+}）催化的酪氨酸的氧化。

$$对羟基苯丙酮酸 + O_2 \rightarrow 尿黑酸 + CO_2$$

$$尿黑酸 + O_2 \rightarrow 马来酰乙酰乙酸$$

4）多巴胺 β-羟化酶催化酪氨酸转化为儿茶酚胺。

$$多巴胺 + O_2 \rightarrow 去甲肾上腺素$$

5）胆汁酸的合成（7α-羟化酶初始步骤需要维生素 C）。

$$胆固醇 + O_2 + NADPH + H^+ \rightarrow 羟基胆固醇 + NADP^+$$

6）肉碱的合成（维生素 C 是两种含 Fe^{2+} 的羟化酶所必需的）。

$$ε\text{-}N\text{-}三甲基赖氨酸 + α\text{-}酮戊二酸 + O_2 + 维生素 \ C \rightarrow β\text{-}羟基\text{-}三甲基赖氨酸 +$$

$$琥珀酸 + CO_2 + 脱氢抗坏血酸$$

$$γ\text{-}丁酰甜菜碱 + α\text{-}酮戊二酸 + O_2 + 维生素 \ C \rightarrow 肉碱 + 琥珀酸盐 + CO_2 + 脱氢抗坏血酸$$

7）在肾上腺皮质中类固醇的生成需要维生素 C。

8）维生素 C 的存在显著促进铁的吸收。

9）在消化过程中，维生素 C 抑制亚硝胺的形成。

10）维生素 C 是水溶性抗氧化剂。通过稳定 BH_4 而增加内皮细胞内 BH_4 的浓度，从而促进内皮细胞的 NO 合成，对调节心血管功能至关重要（Wu and Meininger, 2002）。

缺乏症：维生素 C 缺乏症的典型症状是坏血病，可以通过摄食水果和新鲜蔬菜治愈（Padayatty and Levine, 2016）。该病与结缔组织（如血管）中的胶原合成缺陷有关。在维生素 C 缺乏的动物中，除了结缔组织异常（包括皮下出血、牙龈肿胀变软、牙齿松动、毛细血管变脆），还出现伤口愈合受损、肌肉无力、疲劳、抑郁、生长不良、摄入量下降，以及患传染病的风险（Jones and Hunt, 1983）。家畜可以合成维生素 C，通常不会发生严重缺乏。但在热应激等某些条件下，对维生素 C 的需求可能大于其内源合成，日粮补充维生素 C 可有益于改善动物健康和生产能力（Ranjan et al., 2012; Roche, 1991）。

9.3 脂溶性维生素

脂溶性维生素都是异戊二烯衍生物。在植物和动物来源的食物中，维生素 E 与 β-胡萝卜素的含量如表 9.9 所示。除维生素 D₃ 外，脂溶性维生素在动物细胞中都不能被合成，因此，在反刍动物的日粮中必须补充这些维生素（Pond et al., 1995）。脂溶性维生素在反刍动物瘤胃中的合成不能满足机体最大生长和生产性能的需要（McDonald et al., 2011）。当日粮中含有脂质时，脂溶性维生素被小肠（主要在空肠中）高效吸收（Meydani and Martin, 2001）。吸收的维生素在肠上皮细胞被组装成乳糜微粒（维生素 A、D、E 和 K）和极低密度脂蛋白（VLDL）（维生素 E），通过基底外侧膜进入肠淋巴管（哺乳动物和鱼）或门静脉（鸟和爬行动物）（第 6 章）。像任何其他疏水性脂质一样，脂溶性维生素在血液中以蛋白质结合的形式运输，主要通过胆汁从粪便排出体外（Zempleni et al., 2013）。由于机体具备存储多余的脂溶性维生素的能力，其摄入过多会产生毒性，它们的毒性风险为：维生素 A＞维生素 D＞维生素 K＞维生素 E（Zempleni et al., 2013）。

表 9.9　原料中脂溶性维生素和 β-胡萝卜素含量

原料	维生素 E	β-胡萝卜素	原料	维生素 E	β-胡萝卜素
苜蓿	49.8	94.6	燕麦籽粒	7.8	3.7
大麦籽粒	7.4	4.1	花生粕	2.7	0.00
血粉 [a]	1.0	0.00	豌豆	0.2	1.0
血粉 [b]	1.0	0.00	米糠	9.7	0.0
菜籽粕	13.4	－	稻米 [g]	2.0	0.0
玉米	8.3	0.8	红花籽粕	16.0	0.00
棉籽粕 [c]	14.0	0.2	高粱	5.0	0.00
羽毛粉	7.3	0.0	SBM [h]	2.3	0.2
鱼粉	5.0	0.0	葵子饼	9.1	0.00
亚麻籽饼粉	2.0	0.2	麦麸	16.5	1.0
肉骨粉 [d]	1.6	0.00	小麦籽粒 [i]	11.6	0.4
奶 [e]	4.1	0.00	酵母 [j]	10.0	0.0
禽副产品 [f]	微量	－			

资料来源：National Research Council (NRC). 1998. *Nutrient Requirements of Swine*, National Academy Press, Washington D.C.。

注：数值为 mg/kg（以饲喂为基础）

[a] 常规血粉。

[b] 血粉，喷雾干燥。

[c] 棉籽粕（溶剂萃取，41% CP）。

[d] 肉骨粉（93% 干物质）。

[e] 牛奶（干燥；96% 干物质）。

[f] 禽副产品（93% 干物质）。

[g] 抛光破碎。

[h] 豆粕（溶剂萃取，89% 干物质）。

[i] 红色，冬天。

[j] 酵母，干燥。

9.3.1 维生素 A

结构：维生素 A 在化学上被称为全反式视黄醇（醇型）。术语"类维生素 A"已被用于描述视黄醇的天然形式和合成类似物。维生素 A 是含有环己烯基环的聚异戊二烯化合物（图 9.22）。存在于动物组织中，主要以视黄醇酯形式储存在肝脏中。视黄醇衍生物是视黄醛（醛型）和视黄酸（酸型），称为类维生素 A（Cascella et al., 2013）。动物源食物中大部分预先形成的维生素 A 是视黄酯型。维生素 A 是淡黄色的结晶固体，不溶于水，但溶于脂肪和各种脂肪溶剂，暴露在空气和光下易被氧化破坏。最初在鱼类中发现的 $C_{20}H_{27}OH$ 的相关化合物被特指为脱氢视黄醇或维生素 A_2。与维生素 A 相似的一类化合物是维生素 A 类胡萝卜素，如 α-胡萝卜素、β-胡萝卜素和 γ-胡萝卜素。

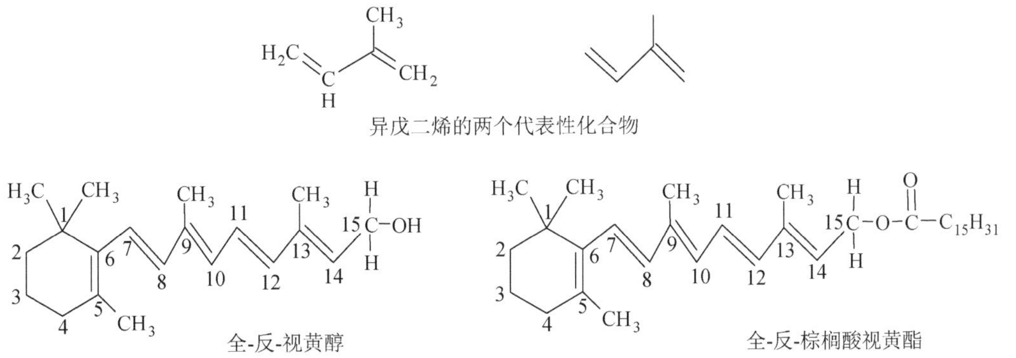

图 9.22 维生素 A 的化学结构。该维生素是环己烯基的异戊二烯衍生物。术语"类维生素 A"已被用于描述视黄醇的天然形式和合成类似物。

视黄醇和视黄醛经 NAD(P)H 依赖的视黄醛还原酶催化相互转化。但视黄醛一旦形成视黄酸，就不能转化回视黄醛或视黄醇（Blomhoff et al., 1992）。β-胡萝卜素在肠上皮细胞中经 β-胡萝卜素双加氧酶和视黄醛还原酶催化转化成维生素 A（图 9.23），但在猫中不存在此反应。由于 β-胡萝卜素没有被有效地代谢成维生素 A，β-胡萝卜素和维生素 A 的生物活性不能等效（以重量为基础计算）。在人体内，6.0 mg β-胡萝卜素相当于 1.0 mg 视黄醇（Combs, 2012）。

来源：动物来源的食物（如肝脏、鸡蛋、牛奶和黄油）含有大量视黄酯形式的维生素 A，视黄醇与一分子长链脂肪酸（LCFA，如棕榈酸）酯化。肝脏是维生素 A 的良好来源。例如，多种动物的肝脏中维生素 A 的浓度（μg/g 肝脏）如下：猪 30，奶牛 45，大鼠 75，人 90，羊 180，马 180，母鸡 270，鳕鱼 600，大比目鱼 3000，北极熊 6000 和鱼翅 15 000（McDonald et al., 2011）。植物不含有维生素 A，但一些植物是维生素 A 原的丰富来源，以类胡萝卜素化合物形式存在。深绿色、橙色和黄色的蔬菜是类胡萝卜素的良好来源。动物中胡萝卜素转化为维生素 A 的效率（%）为：大鼠 100，鸡 100，猪 30，牛 24，羊 30，马 33，人 33，狗 67（Berdanier, 1998）。国际单位（international unit，IU）用于标准化各种形式的维生素 A 和维生素 A 原类胡萝卜素的生物活性（Combs, 2012）。

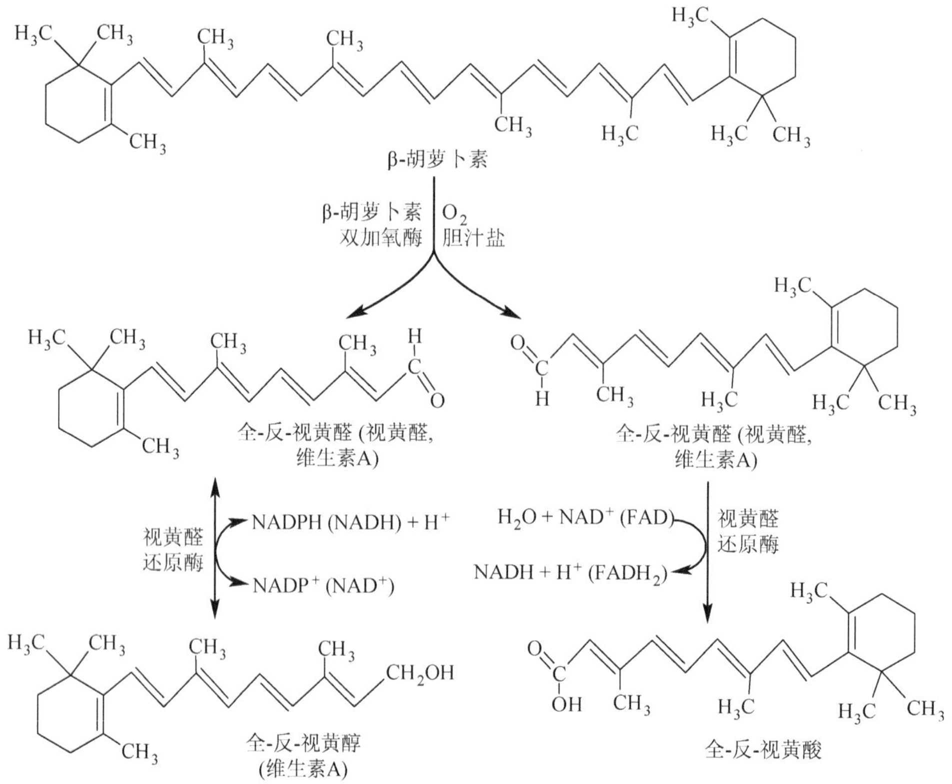

图9.23 β-胡萝卜素转化为维生素A。该NADPH依赖性反应发生在肠上皮细胞中。

1 IU 维生素 A= 0.30 μg 结晶全反式视黄醇

= 0.344 μg 视黄醇乙酸酯

= 0.55 μg 棕榈酸视黄酯

= 0.6 μg β-胡萝卜素

= 1.2 μg 其他维生素 A 原类胡萝卜素

吸收转运：小肠肠腔中，日粮中的视黄醇酯散布在胆汁液滴中，被胰酶（三酰甘油脂肪酶、脂肪酶相关蛋白2和肠磷脂酶B）水解产生视黄醇（Reboul et al., 2006）。视黄醇与脂质和胆汁盐溶解形成微粒，经被动扩散通过顶端膜而被肠上皮细胞（主要在空肠中）摄取。类胡萝卜素通过结合到清道夫受体 B 类 I 型［也是高密度脂蛋白和其他亲脂性化合物（包括生育酚）的受体］被肠上皮细胞吸收（Van Bennekum et al., 2005）。肠上皮细胞中维生素 A 的酯化对于产生跨顶端膜浓度梯度吸收维生素和类胡萝卜素是必需的。这是通过以下过程实现的：①类胡萝卜素转化为维生素A；②视黄醇与细胞内特定的类视黄醇结合蛋白（cellular retinoid-binding protein，CRBP），包括 CRBP2 相结合，将维生素 A 从细胞质转运到内质网；③通过内质网中卵磷脂:视黄醇酰基转移酶和二酰基甘油 O-酰基转移酶 1 的作用，与饱和长链脂肪酸酶促酯化（O'Byrne et al., 2005; Wongsiriroj et al., 2008）。

在大鼠和家禽，大部分吸收到肠黏膜中的日粮胡萝卜素被裂解为视黄醇，只有少量的日粮 β-胡萝卜素被吸收到循环系统中。在人、牛、马、猪和羊中，一些类胡萝卜素在小肠中未转化便进入循环系统。吸收的类胡萝卜素在血液中运输，运送至组织，有助于肉、蛋和奶的色素沉积。日粮视黄酸被小肠吸收入门静脉（Arnhold et al., 2002）。

在肠上皮细胞内，视黄醇酯掺入乳糜微粒（O'Byrne et al., 2005）。乳糜微粒通过基底外侧膜（通过被动扩散）进入肠道淋巴管，然后流入血液（哺乳动物和鱼类中）或进入门静脉循环（鸟类和爬行动物中）（第 6 章）。当乳糜微粒被水解后，其残留物（含视黄酯，RE）通过 LDL 受体的介导被肝细胞吸收（Chelstowska et al., 2016）。被内化的 RE 经羧基酯脂肪酶、羧酸酯酶和肝脂肪酶水解释放视黄醇。在肝脏中，维生素 A 以糖脂蛋白复合物酯的形式储存在于特定的脂肪细胞中（毛细血管和肝细胞之间的窦周星状细胞）。该复合物由约 13% 的蛋白质 [视黄醇结合蛋白（RBP）]、42% 视黄酯、28% 甘油三酯、13% 胆固醇和 4% 磷脂组成（Vogel et al., 1999）。对于从肝脏到其他组织的运输，维生素 A 酯在细胞内水解成视黄醇，然后与 RBP 结合。结合的视黄醇-RBP 在高尔基体中经过加工后被分泌到血液中。离开肝脏的视黄醇-RBP 复合物通过质膜受体被肝外细胞摄取。因此，在从肝脏调动后，维生素 A 在血液中以 RBP 结合的形式运输。在肝外细胞，视黄醇与细胞内特定的视黄醇结合蛋白相结合（Kono and Arai, 2015）。泌乳乳腺分泌的维生素 A 大多数是视黄酯形式。在爬行动物的卵中，视黄醛是主要的类维生素 A，视黄醇的含量比视黄醛低很多，而在鸟类蛋中大量的视黄醇和视黄醛都有存储（Irie et al., 2010）。

血浆和组织中视黄酸的浓度远低于视黄醇。例如，全反式视黄酸在小鼠的血浆（6 pmol/mL）和组织中（例如，肝 15 pmoL/g，肾 20 pmoL/g）的浓度比总视黄醇浓度低 2–3 个数量级（Vogel et al., 1999）。与维生素 A 不同的是，视黄酸在血液中主要以白蛋白结合的形式转运。在肠上皮细胞中未转化为维生素 A 的类胡萝卜素被并入乳糜微粒，进入淋巴循环中。通过血液中的脂蛋白代谢，保留在乳糜微粒残留物中的类胡萝卜素被肝脏内化，并将维生素 A 组装到 VLDL，以分泌到血液循环中。

功能：维生素 A 在动物中具有多种功能（图 9.24 和图 9.25）。除了视觉之外，维生素 A 的主要生理作用是由其生物活性代谢物视黄酸介导的（Cascella et al., 2013）。视黄醇被转化为视黄醛，视黄醛是视觉色素视紫红质的组成成分（图 9.24）。视紫红质存在于视网膜的视杆细胞中，是在弱光线条件下负责视力的细胞。当视紫红质曝光时，解离形成全反式视黄醛和视蛋白，该反应与视杆细胞膜上钙离子通道的打开相偶联。钙离子的快速流动触发神经冲动，使大脑能感觉到光。

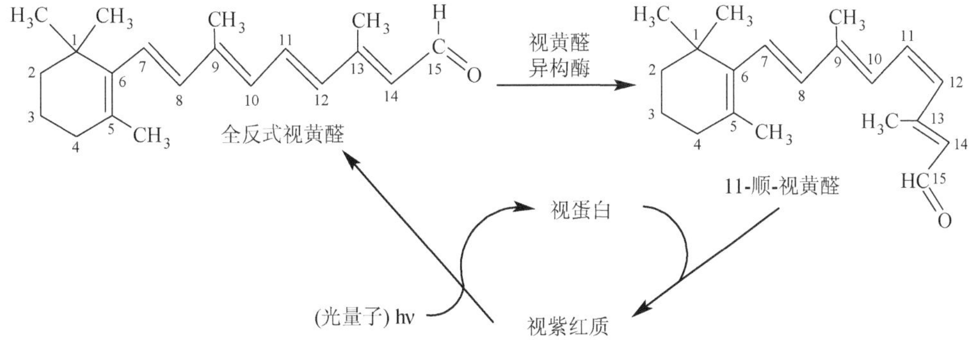

图 9.24　维生素 A 对视力发挥作用的机制。视黄醇被转化为视黄醛，是视紫红质（视网膜视杆细胞的组分）的视觉色素组分。当视紫红质暴露于光下时，解离形成全反式视黄醛和视蛋白；该反应与视杆细胞膜中钙离子通道的打开相偶联。钙离子的快速流动触发神经冲动，使大脑能感觉到光。

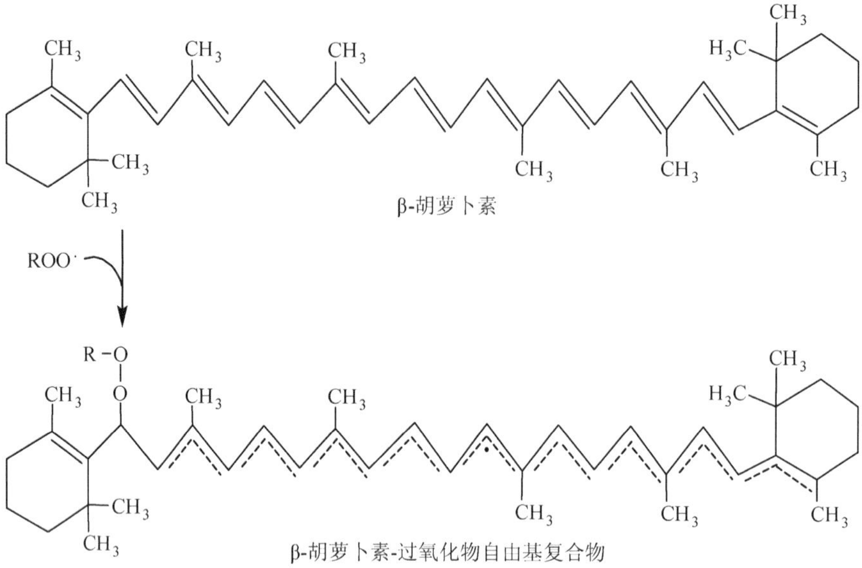

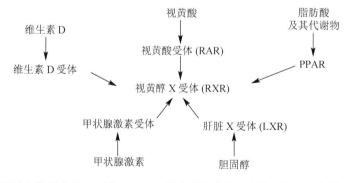

图 9.25 过氧化物基团（ROO·）和 β-胡萝卜素形成共振稳定的碳中心自由基。胡萝卜素样物质（如图 9.27 所示）也具有抗氧化功能。

视黄醇和视黄酸通过与视黄醇 X 受体（RXR）的结合，在调节基因表达方面起重要作用（图 9.26）。视黄酸也可以改变转录因子的活性，促进下游靶基因转录到 mRNA 和最终的蛋白质合成（Chelstowska et al., 2016）。据报道，视黄醇和 9-顺式视黄酸可以上调肠上皮细胞中鸟氨酸氨基转移酶（Dekaney et al., 2008）与诱导型 NO 合成酶的表达（Zou et al., 2007）。此外，视黄酸参与糖蛋白的合成，可能部分地解释了视黄酸在促进细胞生长和分化中的作用。视黄醇或视黄酸对下列过程是必需的，①维持正常上皮组织（如皮肤、小肠、肾脏、血管、子宫、胎盘和男性生殖道）的完整性，②精子的产生、胚胎的存活和胎儿的生长发育，③黏多糖的合成和破骨细胞的生长，④造血，⑤淋巴器官发育、B 淋巴细胞的抗体产生和对病原体的免疫应答。β-胡萝卜素可以在其共轭烷基结构内稳固有机过氧化物自由基（图 9.27），是低氧浓度下的抗氧化剂。具有抗氧化活性的类胡萝卜素化合物如图 9.27 所示，但是番茄红素、叶黄素和玉米黄质没有维生素 A 活性（Yeum

图 9.26 视黄酸通过与核视黄醇 X 受体（RXR）结合来调节基因表达，从而改变转录因子的活性以促进下游靶基因转录成 mRNA。

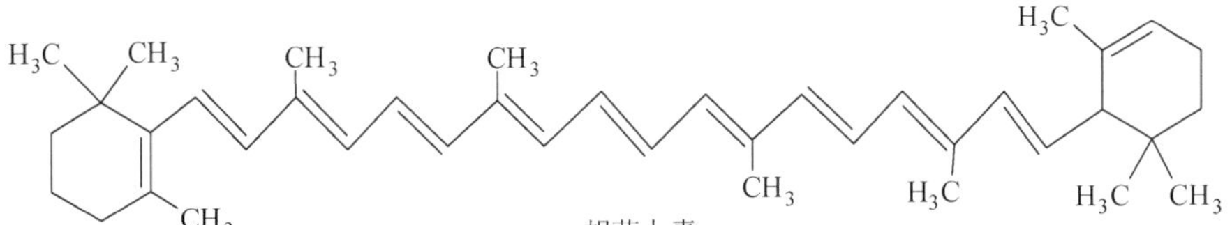

α-胡萝卜素

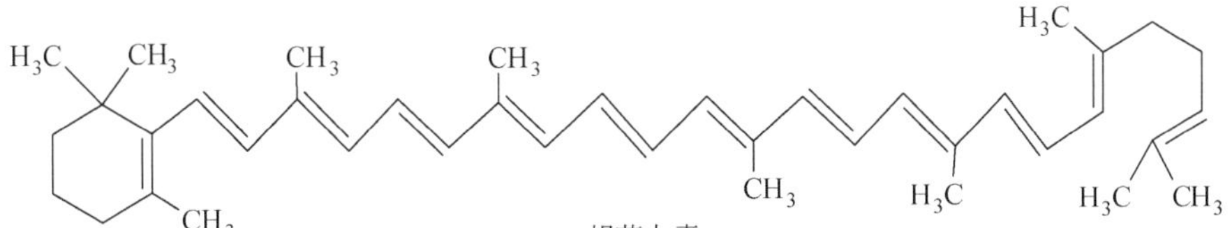

γ-胡萝卜素

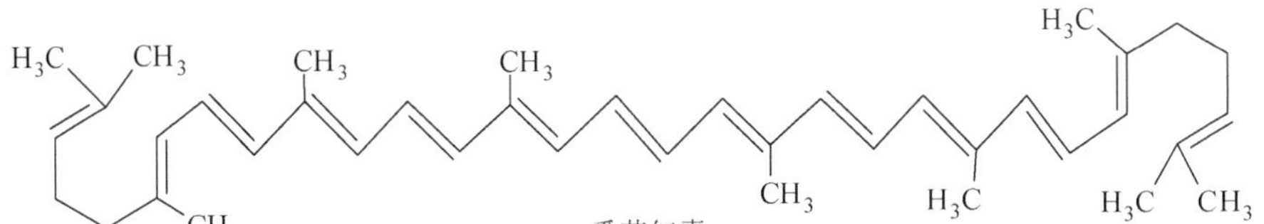

番茄红素

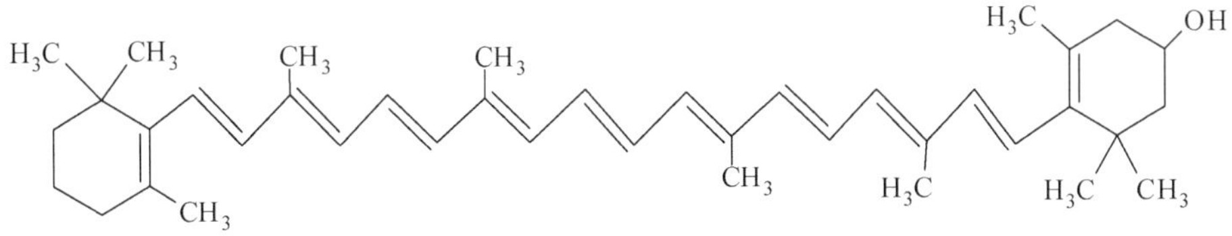

β-隐藻黄素

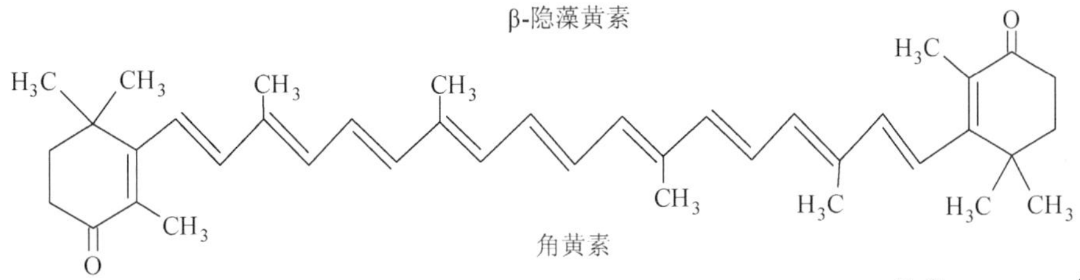

角黄素

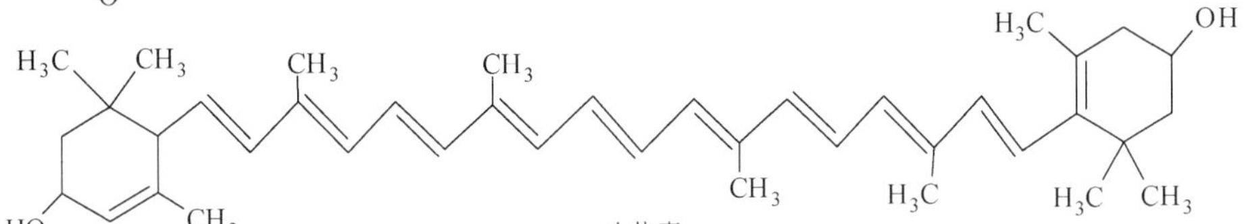

叶黄素

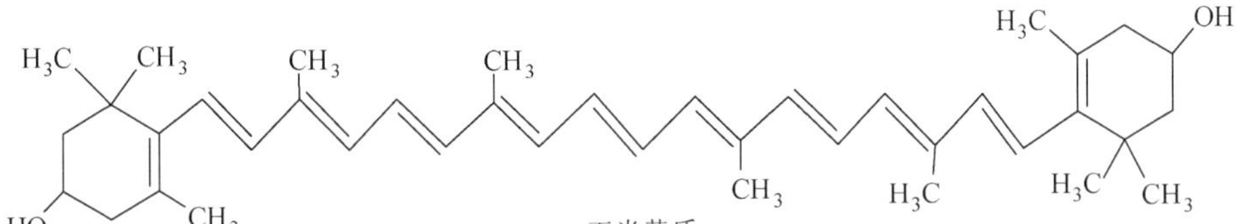

玉米黄质

图 9.27 具有抗氧化活性的类胡萝卜素化合物。α-胡萝卜素、γ-胡萝卜素、β-隐藻黄素和角黄素可以在大多数动物（包括反刍动物、猪、狗、家禽和鱼）的小肠上皮细胞与胃肠道细菌中转化为维生素 A，但转化效率与 β-胡萝卜素相比非常低（Gross and Budowski, 1966; McDonald et al., 2011; Yeum and Russell, 2002）。猫不能从任何类胡萝卜素合成维生素 A。番茄红素、叶黄素和玉米黄质不是哺乳动物、鸟类或鱼类中维生素 A 的前体。

and Russell, 2002）。总之，维生素 A 对于视觉、细胞（特别是上皮细胞）的生长和发育、胚胎存活与免疫活性是至关重要的。

缺乏症：维生素 A 缺乏症发生在采食低质日粮的动物中，如维生素 A 和维生素 A 原含量低的日粮。维生素 A 的缺乏会限制动物生长，损害许多组织和细胞的功能，增加感染性疾病的风险，诱导睾丸损伤，引起胚胎死亡/胚胎吸收（Clagett-Dame and DeLuca 2002; Stephensen, 2001）。维生素 A 缺乏的初始症状是夜间视力障碍（夜盲，视网膜缺陷），当肝脏中维生素的储存量几乎耗竭时出现这种障碍（Collins and Mao, 1999）。维生素 A 的进一步消耗导致眼睛、肺、胃肠道和泌尿生殖道上皮组织的角质化，黏液分泌减少。最后导致干眼症（结膜极度干燥）和角膜软化（眼角膜溃疡和穿孔），引起失明。

过量：当 RBP 结合维生素 A 的能力超过细胞接受未结合的视黄醇或视黄酸时，维生素 A 的毒性就会发生。长期高水平维生素 A 的摄入是危险的（Soprano and Soprano, 1995）。在亚临床毒性的动物中评估维生素 A 状态是非常复杂的，因为血浆中视黄醇浓度范围不是肝脏维生素 A 储备的敏感指标。明显的维生素 A 过多症表现有严重的肝纤维化、骨和眼异常、脱发、神经症状、烦躁、恶心、呕吐、头痛和致畸性，如出生缺陷（Penniston and Tanumihardjo, 2006; Soprano and Soprano, 1995）。维生素 A 作为致畸原已在许多动物物种中被证实，包括鸡、狗、豚鼠、仓鼠、小鼠、猴、兔、大鼠和猪（Collins and Mao, 1999）。维生素 A 代谢存在物种差异，例如，13-顺式视黄酸（异维甲酸，维生素 A 的衍生物）的代谢因动物种类而异，13-顺式视黄酸的毒性是由其异构化至全反式视黄酸所介导的（Nau, 2001）。因此，维生素 A 过多症的敏感性存在物种差异。具体来说，敏感物种（灵长类动物和兔子）将 13-顺式视黄酸代谢为活性的 13-顺式-4-维甲酸，且它们的胎盘转运大量的 13-顺式视黄酸。而不敏感物种（大鼠和小鼠）通过对 β-葡糖苷酸的解毒快速清除 13-顺式视黄酸，它们的胎盘转运 13-顺式视黄酸的能力是很有限的。基因敲除小鼠的研究结果表明，过量的维生素 A 通过核 RAR 和 RXR 的过度激活导致急性与慢性毒性（Collins and Mao, 1999）。胡萝卜素血症显示为皮肤的黄橙色着色，是因从食物（如胡萝卜）摄取过量的维生素 A 前体引起的。这对于在世界某些地区生产特定品种的家禽来说是可取的。

9.3.2　维生素 D

结构：维生素 D 是类固醇激素（图 9.28）。两种最重要的形式是钙化醇（维生素 D_2）和胆钙化醇（维生素 D_3）。在动物中，维生素 D 被代谢为 1,25-二羟基维生素 D（Jones et al., 1998）。维生素 D_3 是一种称为骨化三醇的激素，在钙和磷代谢中起着重要的作用。术语"维生素 D_1"最初来源于一种活性成分，但后来发现其主要由维生素 D_2 和一些杂质组成。因此，维生素 D_1 的名称已被废除。维生素 D 不溶于水，但可溶于脂肪和有机溶剂。曾有文献报道，牛奶中含有维生素 D 的水溶性硫酸盐衍生物，但这一报道无法在人乳或牛奶中得到证实（Okano et al., 1986）。维生素 D_2 和维生素 D_3 在过度辐照下都是不稳定的，在储存期间易被氧化。维生素 D_3 比维生素 D_2 更稳定。维生素 D 浓缩物和维生素 A 一样，通常通过添加抗氧化剂来保护。

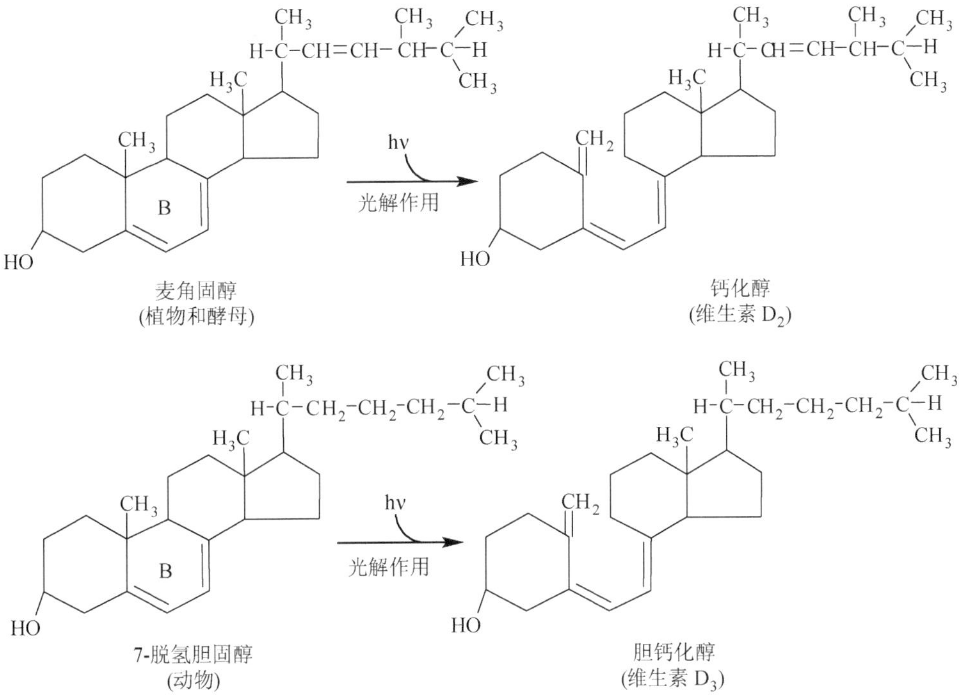

图 9.28　维生素 D 的化学结构及其在动物体内由麦角固醇(植物和酵母的成分)和 7-脱氢胆固醇(皮肤的皮下成分)合成途径。

来源：维生素 D 在动物饲料原料中有限,除了晒干的粗饲料,很少存在于植物中(Peterlik, 2012)。典型的玉米-豆粕型日粮不含维生素 D（Pond et al., 1995）。少量的维生素 D 存在于特定的动物组织中, 此维生素仅在某些鱼中含量丰富。大比目鱼的肝脏和鳕鱼鱼肝油是维生素 D_3 的丰富来源（Egaas and Lambertsen, 1979）。维生素 D 在肌肉中的含量一般比肝脏低得多, 在蛋黄中的含量处于肉和内脏的含量之间。在非强化的牛奶和乳制品, 维生素 D 的含量通常较低, 但此维生素在黄油中的含量较高（Schmid and Walther, 2013）。

大多数动物（如牛、家禽、猪、绵羊和大鼠）都可以合成维生素 D_3。当皮肤暴露在阳光下（紫外线照射）时, 7-脱氢胆固醇的 B-环被切割生成胆钙化醇（维生素 D_3）(DeLuca, 2016), 此转换在波长 280–310 nm 最为活跃。因此, 维生素 D 被称为“阳光维生素”。在动物的皮肤, 维生素 D_3 的合成率随生活环境而变化, 因为①到达地球表面的紫外线辐射量取决于纬度和大气条件；②热带地区的紫外线辐射比温带地区强；③云和烟尘的存在将减少紫外线辐射（Christakos et al., 2016）。因此, 空气污染削弱了放牧动物（包括哺乳期奶牛）中维生素 D_3 的合成（Weir et al., 2017）。由于紫外线辐射不能通过普通玻璃, 因此室内圈养的动物缺乏维生素 D_3 的皮下合成。紫外线辐射对浅色皮肤的动物比黑色皮肤的动物更有效。猫和狗在适当的紫外线照射下, 不会在其皮肤中由 7-脱氢胆固醇合成维生素 D_3（How et al., 1994）。其他食肉动物也可能是这样。

在植物中, 阳光的紫外线辐射也能裂解麦角固醇的 B-环, 产生麦角钙化醇（维生素 D_2）。1 kg 干草含有 800–1700 IU 的维生素 D_2（McDonald et al., 2011）。像植物一样, 酵母也含有丰富的麦角固醇, 其辐射导致维生素 D_2 的形成。

维生素 D_2 与维生素 D_3 一样，能有效地刺激大多数哺乳动物（如牛、绵羊、猪和人）肠道对钙和磷酸盐的吸收（Christakos et al., 2016）。但是，维生素 D_2 在鸡和其他鸟类中的生物活性非常低（仅约为维生素 D_3 效力的 10%）（Proszkowiec-Weglarz and Angel, 2013）。因此，家禽饲料必须加强维生素 D_3 的添加。在某些哺乳动物，维生素 D_3 比维生素 D_2 有更高的活性（以重量为基础计算）（DeLuca, 2016）。在实践中，除了家禽和某些猴子之外，安全剂量的维生素 D_2 和维生素 D_3 一样能防止骨骼异常发育。因此，由于上述的因素，维生素 D_3 和维生素 D_2 的效价存在差异。

1 IU 维生素 D = 0.025 μg 结晶维生素 D_3

吸收转运：在小肠肠腔内，日粮维生素 D_3 和维生素 D_2 可溶解在脂质与胆汁盐中，通过被动扩散被肠上皮细胞从微胶粒中吸收（Reboul, 2015）。吸收后（主要在空肠）的维生素 D_3 和维生素 D_2 被组装成乳糜微粒。含维生素 D 的乳糜微粒通过其基底外侧膜（通过被动扩散）离开肠上皮细胞进入肠道淋巴管，流入血液（哺乳动物和鱼类中）或进入门静脉循环（鸟类和爬行动物中）（第 6 章）。通过血液中脂蛋白的代谢，含维生素 D 的乳糜微粒转化为乳糜微粒残留物，随后通过受体介导机制被肝脏摄取（第 6 章）。与其他脂溶性维生素不同，维生素 D 不储存在肝脏中，几乎均匀分布在各种组织中（Combs, 2012）。维生素 D_3 通过血液循环从皮肤的合成部位至肝脏的转运是由特定蛋白质（维生素 D 结合蛋白，也称为钙化甾醇转运蛋白，一种 α-球蛋白）介导的。该结合蛋白对 1,25-二羟基维生素 D_3 的亲和力高于对维生素 D_2 衍生物的亲和力。在肝脏中，维生素 D 被羟化成 25-羟基维生素 D_3 或 25-羟基维生素 D_2，其随后被输出到血液中。在肝细胞内衍生的 25-羟基维生素 D 与维生素 D 结合蛋白结合，在血浆中转运。外用的维生素 D 也可以穿过皮肤的脂双层被有效地吸收。

功能：维生素 D 器官间代谢（图 9.29）是发挥其有效生物活性所必需的（DeLuca, 2016）。在哺乳动物的肝脏及鸟类的肝脏和肾脏中，维生素 D_3 通过维生素 D_3-25-羟化酶转化为 25-羟基维生素 D_3。该酶活性涉及细胞色素 P-450 依赖性的混合功能加氧酶。25-羟基维生素 D_3 是维生素 D_3 在血液循环中的主要形式，也是肝脏中的主要储存形式。在肾脏的肾小管、骨骼和胎盘中，25-羟基维生素 D_3 通过 25-羟基维生素 D_3-1-羟化酶进一步转化为 1,25-二羟基维生素 D_3（骨化三醇）。低钙血症、低磷血症和甲状旁腺激素能促进 1-羟化酶的活性，而降低 1,25-二羟基维生素 D_3 酶的活性。维生素 D_3-25-羟化酶和 25-羟基维生素 D_3-1-羟化酶是线粒体酶。维生素 D_2 在动物体内的转化与维生素 D_3 相同。1,25-二羟基维生素 D_3 与维生素 D 结合蛋白相结合，在血浆中转运。

维生素 D 激素（1,25-二羟基维生素 D_3 或 1,25-二羟基维生素 D_2）与核中的骨化三醇受体相结合，从而促进基因转录和特定 mRNA 的形成，以合成钙和磷酸盐的结合蛋白（Christakos et al., 2016）。1,25-二羟基维生素 D_3 具有 3 个重要的生理作用：①激活肠上皮细胞维生素 D 依赖的钙和磷酸盐转运系统；②刺激破骨细胞释放钙和磷酸盐；③增强肾脏对钙和磷酸盐的重吸收（DeLuca, 2016）。在从正常日粮摄入矿物质的情况下，大约 65% 和 80% 通过肾小球滤过的钙和磷酸盐在近端肾小管内被重吸收（Christakos et al., 2016）。因此，维生素 D 对于调节钙和磷代谢，以及骨钙化和生长至关重要。

产乳热（milk fever）是一种血浆钙离子浓度低于 5 mg/100 mL 的奶牛疾病（DeGaris

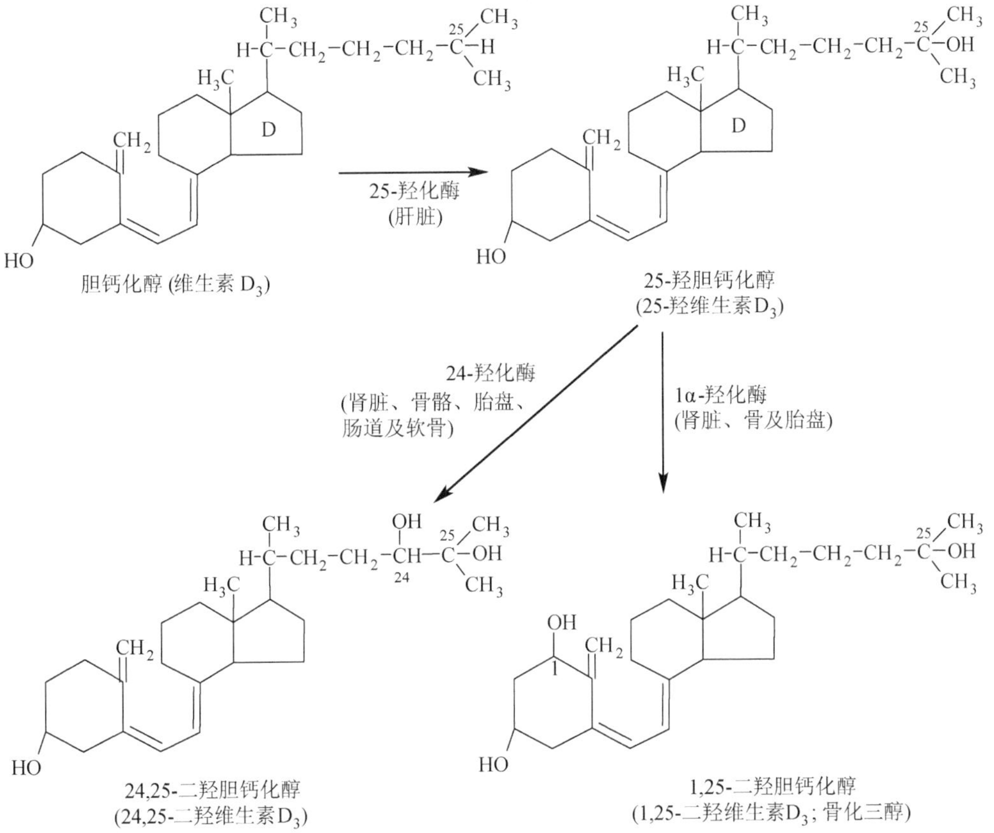

图 9.29　通过器官间整合将维生素 D3 转化为 1,25-二羟基维生素 D3(骨化三醇)。后者是动物体内的一种激素。

and Lean, 2008)。奶牛在产犊和哺乳期前采食高钙的苜蓿草日粮时，就会发生这种疾病。产犊时，奶牛食欲低，日粮钙摄入量不足。机体需要调整一段时间才能激活钙调动机制。之前采食高钙日粮使钙调动机制处于非活性状态，哺乳期摄入量突然下降使得动物不能以适当的速度调节和调动骨钙。这导致血浆钙浓度迅速下降、动物昏迷甚至死亡。产乳热可以通过静脉注射钙或 1,25-二羟基维生素 D_3 治疗。

缺乏症：除猫和狗外，动物如果白天能暴露于阳光一段时间，则不需要在日粮中添加维生素 D。但是，对于完全圈养的畜禽，其以植物为基础的日粮必须获得维生素 D（尤其是维生素 D_3）的补充。此外，由于干草中维生素 D_2 的含量差别很大，可以给日粮补充维生素 D，特别是对于采食冬季日粮的幼龄反刍动物和怀孕动物。当动物和人不能暴露于阳光下或者不能从饮食中摄入足量的维生素 D_3 时，会发生维生素 D 缺乏症。患有维生素 D 缺乏的动物表现出异常的生长发育（DeLuca, 2016）。具体来说，维生素 D 缺乏导致幼龄动物和儿童的佝偻病，其特征是骨骼中钙和磷酸盐沉积量少。维生素 D 缺乏也导致成年人的骨软化症，沉积的骨组织会出现再吸收。佝偻病和骨软化症也可能因日粮钙或磷的缺乏或这两种矿物不平衡引起。犊牛的维生素 D 缺乏症包括肿胀的膝盖，猪通常表现为关节增大、骨折断裂、关节僵硬和偶尔瘫痪（Roche, 1991）。家禽维生素 D 缺乏会导致腿部疲软、产蛋量减少和蛋壳质量差（Proszkowiec-Weglarz and Angel, 2013）。

在所有幼龄动物中，维生素 D 缺乏限制骨骼生长和发育，导致身材矮小。

过量：过量的维生素 D 或 25-羟基维生素 D 对动物有毒性（DeLuca, 2016）。维生素 D 中毒的症状是口渴、瘙痒、腹泻、不适、体重减轻、多尿、食欲不振、神经系统恶化、高血压、烦躁、恶心、呕吐和头痛。此外，许多组织发生严重的高钙血症、高磷血症和高矿化症，最终引起组织的过度钙化，尤其是肾、主动脉、心脏、肺和皮下组织。骨骼疼痛症常见于采食高维生素 D 日粮的动物。不同动物对日粮维生素 D 过量的敏感度可能不一样。1,25-二羟基维生素 D 与维生素 D 或 25-羟基维生素 D 的毒性无关（DeLuca et al., 2011）。值得注意的是，在维生素 D 过多症中，通过肾上腺皮质类固醇的治疗可降低血浆钙的浓度（Dipalma and Ritchie, 1977）。

9.3.3　维生素 E

结构：维生素 E 近 100 年前在植物油中被发现，作为大鼠繁殖所需的因子，防止采食易于氧化的猪油日粮的妊娠大鼠对胚胎的吸收（Niki and Traber, 2012），因此，维生素 E 被命名为生育酚。维生素 E 是指具有 D-α-生育酚生物活性的母育酚和三烯生育酚衍生物。

生育酚和三烯生育酚被称为色原醇，保护细胞免于脂质过氧化。生育酚都是类异戊二烯基取代的 6-羟基色烷（多元醇），即甲基化 6-色烯醇核的侧链衍生物。生育酚活性最强的形式是 D-α-生育酚（图 9.30），其他生物活性弱的生育酚包括 D-β-生育酚、D-γ-生育酚和 D-δ-生育酚（Traber, 2007）。这 4 种天然存在的母育酚化合物在其芳香环上的甲基数不同，但其植醇（侧）链具有相同的 3 个手性中心（2R、4′R 和 8′R）。因此，生育酚具有 8 种可能的立体异构体。D-α-生育酚分布最广泛，具有最强的维生素 E 生物活性（表 9.10）。D-生育酚的 β、γ 和 δ 形式的活性分别只有 D-α-生育酚的 8.1%、3.4% 和 0.4%（Combs, 2012）。与生育酚一样，三烯生育酚也具有 α、β、γ 和 δ 异构体，但只有一个手性中心（天然存在的三烯生育酚为 2R，合成的三烯生育酚为 2S）。三烯生育酚与生育酚不同的是在其植醇（侧）链中拥有 3 个双键（图 9.30）。

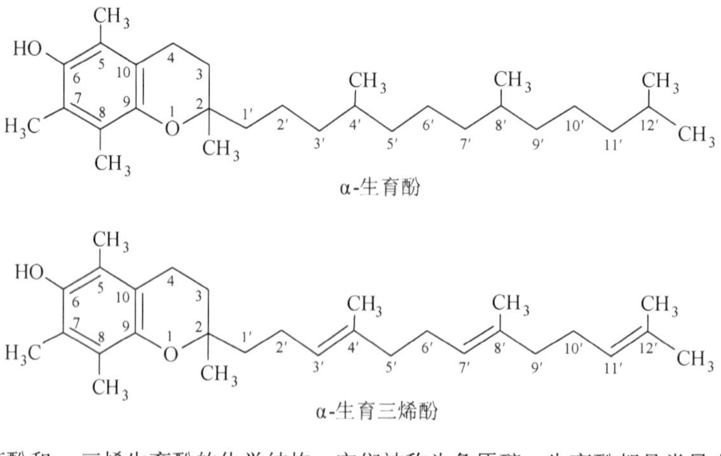

图 9.30　α-生育酚和 α-三烯生育酚的化学结构。它们被称为色原醇。生育酚都是类异戊二烯基取代的 6-羟基色烷（母育酚）。与生育酚不同，三烯生育酚在植醇（侧）链中具有 3 个双键，但生育酚中不存在这些键。

表 9.10　具有维生素 E 活性的合成和天然存在的化合物 [a]

化合物	系统标准名称	生物效价(IU/mg 原料)
合成生育酚		
All-*rac*-α-生育酚乙酸盐 [b]	2*RS*,4′*RS*,8′*RS*-5,7,8-三甲基母育酚乙酸盐	1.0
All-*rac*-α-生育酚 [b]	2*RS*,4′*RS*,8′*RS*-5,7,8-三甲基母育酚	1.1
天然存在的生育酚		
R,R,R-α-生育酚 [b]	2*R*,4′*R*,8′*R*-5,7,8-三甲基母育酚	1.49
R,R,R-β-生育酚	2*R*,4′*R*,8′*R*-5,8-二甲基母育酚	0.12
R,R,R-γ-生育酚	2*R*,4′*R*,8′*R*-5,7-二甲基母育酚	0.05
R,R,R-δ-生育酚	2*R*,4′*R*,8′*R*-8-单甲基母育酚	0.006
生育酚衍生物		
R,R,R-α-生育酚乙酸盐	2*R*,4′*R*,8′*R*-5,7,8-三甲基母育酚乙酸盐	1.36
天然存在的三烯生育酚		
R-α-三烯生育酚	反-2*R*-5,7,8-三甲基三烯生育酚	0.32
R-β-三烯生育酚	反-2*R*-5,8-二甲基三烯生育酚	0.05
R-γ-三烯生育酚	反-2*R*-5,7-二甲基三烯生育酚	0.0
R-δ-三烯生育酚	反-2*R*-8-单甲基三烯生育酚	0.0

资料来源：Combs, G.F. 2012. *The vitamines: Fundamental Aspects in Nutrition and Health*. Academic Press. New York, NY。
[a] 4 种天然存在的生育酚在其芳香环上有不同的甲基团数，但是在其植醇（侧）链具有相同的 3 个手性中心（2*R*、4′*R* 和 8′*R*）。三烯生育酚只有一个手性中心（天然存在的三烯生育酚中的 2*R*）。生育酚和三烯生育酚都有 α、β、γ 和 δ 异构体，都具有抗氧化性。
[b] 被认为具有维生素 E 活性。
注：All-*rac*，全消旋，即等量的立体异构体的复合。

DL-α-生育酚在 20 世纪 70 年代初被化学合成，其乙酸酯被用作评估所有其他形式维生素 E 的生物活性的国际标准。迄今为止，用于动物日粮的维生素 E（乙酸酯形式）的合成制剂包括所有 8 种可能的立体异构体，它们都用前缀"all-*rac*"来命名。

来源：维生素 E 广泛分布于饲料原料中。植物油（如玉米、大豆、向日葵种子、红花种子和花生油）是维生素 E 的良好来源。动物脂肪（如黄油和猪油）和动物产品（如鱼、鸡蛋和牛肉）也能提供一些维生素 E。而玉米和小麦籽粒维生素 E 含量很低。原料中总生育酚含量（mg/kg 干物质）如下：玉米粒 4–10，鱼粉 21，苜蓿粉 190–250，红花籽油 500，大豆油 1000，豆粕 3–6，各种绿色草料 200–400，小麦胚芽油 1700–5000，小麦籽粒 30–35。相应地，原料中 α-生育酚含量（mg/kg 干物质）如下：玉米粒 0.5–3，鱼粉 21，苜蓿粉 180–240，红花籽油 350，大豆油 100，豆粕 1，各种绿色草料 200–400，小麦胚芽油 800–1200，小麦籽粒 15–18（McDonald et al., 2011）。因此，α-生育酚在鱼粉和苜蓿粉中几乎占总生育酚的 100%，但在玉米粒和豆粕中仅占总生育酚的 10%。维生素 E 在储存时不很稳定，通过用乙酸酯化其羟基形成 α-生育酚乙酸酯，可以大大提高此维生素的稳定性（Byers and Perry, 1992）。鱼肝油是维生素 A 和维生素 D 的良好来源，但含有不足的维生素 E。维生素 E 在烹饪和加工（包括深冻）过程中被破坏。

$$1\ \text{IU 维生素 E} = 0.67\ \text{mg D-α-生育酚（天然）}$$
$$= 0.90\ \text{mg DL-α-生育酚（合成）}$$

吸收转运：在小肠肠腔中，日粮维生素 E（以乙酸酯或游离醇形式）溶解在脂质和胆汁盐中。酯化的维生素 E 被胰腺和十二指肠黏膜的酯酶水解，释放游离醇形式的维生素 E。

含维生素 E 的微团通过被动扩散被肠上皮细胞（主要在空肠中）吸收（Niki and Traber，2012）。乙酸酯形式的维生素 E 的吸收效率与游离醇形式的维生素 E 的效率相似。高速率的脂肪吸收能促进小肠对维生素 E 的吸收。脂肪吸收受损将导致维生素 E 缺乏，因为生育酚溶解在日粮脂肪中，在脂肪的消化过程中，此维生素被释放和吸收（Zingg，2015）。

在肠上皮细胞内，维生素 E 被组装成乳糜微粒和极低密度脂蛋白。含维生素 E 的脂蛋白通过肠上皮细胞的基底外侧膜（通过被动扩散）离开肠上皮细胞进入肠道淋巴管，然后流入血液（哺乳动物和鱼类中）或进入门静脉循环（鸟类和爬行动物中）（第 6 章）。通过血液中脂蛋白的代谢，富含维生素 E 的乳糜微粒和极低密度脂蛋白分别转化为乳糜微粒残留物和低密度脂蛋白。与维生素 A 和维生素 D 不同，血浆中没有维生素 E 的特异性载体蛋白。

血浆中含维生素 E 的脂蛋白通过受体介导的机制被肝脏摄取（第 5 章）。在肝细胞内，α-生育酚转移蛋白刺激维生素 E 在膜囊泡之间的运动，将维生素 E 携带到初期极低密度脂蛋白（Ulatowski and Manor，2013），然后将含维生素 E 的极低密度脂蛋白从肝细胞释放到血液中。在血液循环中，一些极低密度脂蛋白通过脂蛋白脂肪酶转化为低密度脂蛋白，而一些维生素 E 被转移到高密度脂蛋白中。维生素 E 在脂蛋白中的存在有助于保护血浆中的蛋白质和多不饱和脂肪酸。在血液中，维生素 E 在脂蛋白和红细胞之间迅速交换，维生素 E 在红细胞中的转换率高达每小时 25%，以保护这些细胞。因此，维生素 E 通过脂蛋白在血浆中转运。含维生素 E 的低密度脂蛋白通过低密度脂蛋白受体被吸收到细胞中，被内吞的低密度脂蛋白在细胞内降解，释放维生素 E（第 5 章）。细胞内维生素 E 的运输需要特定的生育酚结合蛋白（Kono and Arai，2015）。在白色脂肪组织中，维生素 E 主要储存在三酰基甘油这一部分中。而在大多数非脂肪细胞中，维生素 E 几乎全部存在于血浆和细胞器的膜中。在动物体内，维生素 E 主要储存在其白色脂肪组织和肝脏中。

功能：维生素 E 是细胞和亚细胞膜磷脂中多不饱和脂肪酸的过氧化的抑制剂（Fang et al.，2002）。生育酚能将一个酚氢转移到已过氧化的多不饱和脂肪酸的过氧自由基，可以破坏自由基链反应，从而发挥抗氧化作用（图 9.31）。

$$ROO \cdot + 生育酚\text{-}OH \rightarrow ROOH + 生育酚\text{-}O \cdot$$

$$ROO \cdot + 生育酚\text{-}O \cdot \rightarrow ROOH + 非自由基产物$$

$$生育酚\text{-}O \cdot + 维生素\ C\ (red) + 2\ GSH \rightarrow 生育酚\text{-}OH + 维生素\ C\ (oxi) + GSSG$$

非自由基的氧化产物与葡萄糖醛酸的 2-羟基共轭结合后，通过胆汁酸排出体外。在此反应中，生育酚在发挥其功能后不会再被循环利用，必须从日粮中补充。生育酚在高氧浓度溶液和暴露于高 O_2 分压的组织中（如红细胞膜、呼吸树膜、视网膜和神经组织）能有效发挥抗氧化作用（Traber，2007）。通过保持细胞膜的完整性，维生素 E、α-生育酚对维持脂双层结构、细胞黏附、营养转运和基因表达是必需的。此外，通过影响蛋白质与膜和脂质与膜的相互作用，维生素 E 可以改变细胞内蛋白质和脂质的运输及细胞信号转导（Zingg，2015）。因为活性氧可能引起疾病，所以抗氧化营养物质（包括维生素 E）可以预防不育、肌肉和神经系统变性、心脏功能障碍、皮肤病变与衰老。

缺乏症：维生素 E 的缺乏可能会减少血红蛋白的产生和缩短红细胞的寿命，从而导致新生儿和成年人的贫血（Niki and Traber，2012）。此外，维生素 E 的缺乏会导致生殖

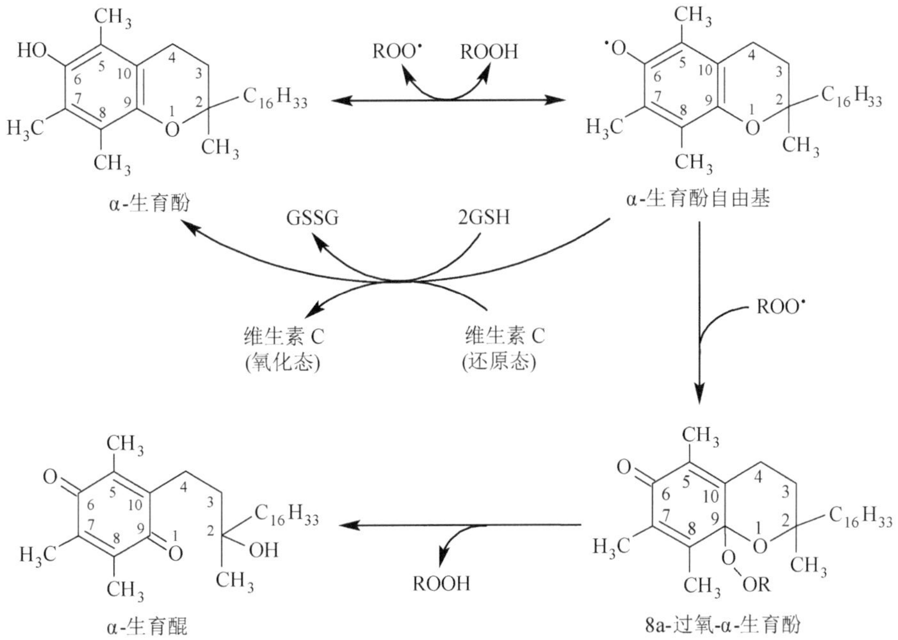

图 9.31 α-生育酚在保护细胞免受氧化中的作用。维生素 E 的氧化产物，α-生育酚基，通过谷胱甘肽和维生素依赖性反应被转化为 α-生育酚。GSH，谷胱甘肽；GSSG，氧化型谷胱甘肽。

受损（如精子产生减少、死胎、自然流产和胚胎吸收），肌肉无力和肌营养不良，皮肤和眼部病变，以及水肿（Jones and Hunt, 1983）。肝脏损伤和肌肉退化（肌病）是动物维生素 E 缺乏症中最常见的表现，因此可作为诊断指标。维生素 E 的缺乏症还包括大鼠和猪的肝坏死、鸡毛细血管通透性增加导致渗出性素质以及羔羊和犊牛的白肌病。动物（如妊娠和哺乳期母猪，哺乳期和干奶期奶牛，生长肉鸡和生长鱼）的日粮必须含有维生素 E 以维持机体最佳的健康、生长和饲料效率（Politis, 2012; Pond et al., 1995）。D-α-生育酚，而非其同分异构体或三烯生育酚，可以防止由维生素 E 缺乏而引起的动物的神经损伤和胚胎吸收（Zempleni et al., 2013）。

过量：生育酚被氧化时，会变为自由基（Fang et al., 2002）。因此，高水平日粮的维生素 E 可能对动物有毒。维生素 E 过多症包括大鼠肝的损伤和过量白色脂肪积累，仓鼠的睾丸萎缩，公鸡的第二性征发育缓慢，以及小鼠的致畸作用（Dipalma and Ritchie, 1977）。在鸡体内，维生素 E 中毒表现为生长、甲状腺功能、线粒体呼吸、骨钙化和血细胞比容降低，而网状红细胞增多（March et al., 1968, 1973），以及鸡胚死亡率增加（Bencze et al., 1974）。饮食补充过量维生素 E 可增加人心肌梗死后心力衰竭发生的风险（Marchioli et al., 2006），全程死亡率增加（Miller et al., 2005）。因此，在动物日粮中应避免过量的维生素 E。

9.3.4 维生素 K

结构：维生素 K 是具有叶绿醌生物活性的 2-甲基-1,4-萘醌及其衍生物的通用名称。维生素 K 是聚异戊二烯基取代的萘醌（图 9.32）。叶绿醌（K_1）是植物中发现的维生素 K 的主要形式。甲基萘醌（维生素 K_2）由肠道细菌合成，在动物组织中存在。字母"K"

源于德语“koagulation”（凝血）。维生素 K_3（甲萘醌）是一种化学合成的维生素 K。维生素 K_1 在肠道中被分解代谢产生维生素 K_3，而维生素 K_3 在动物体内的代谢可产生维生素 K_2（Hirota et al., 2013）。二氢维生素 K 是维生素 K 的活性形式。维生素 K_1 和维生素 K_2 是脂溶性的，而维生素 K_3 是水溶性的。

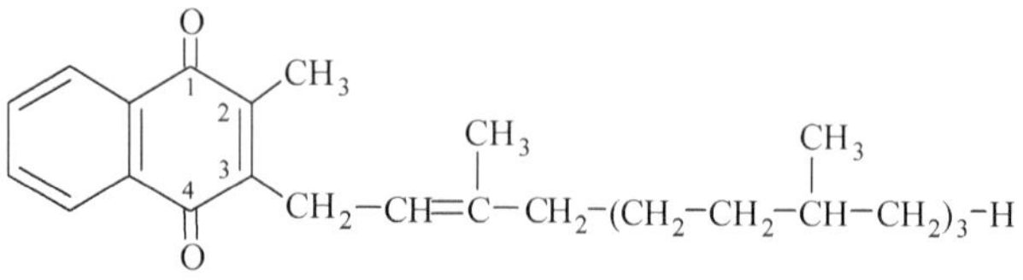

叶绿醌 (维生素 K_1,植物甲萘醌, mephyton)

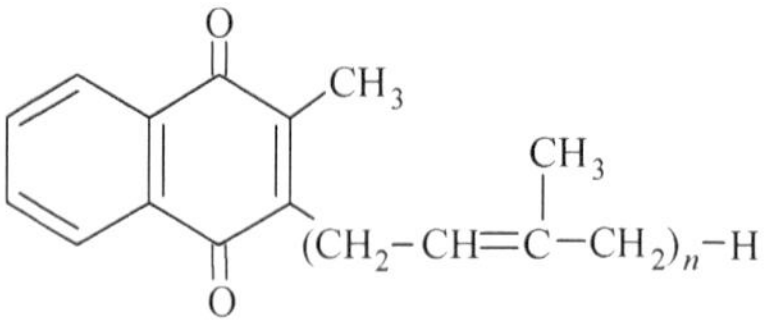

甲基萘醌-*n*
(维生素 K_2; n = 6、7或 9)

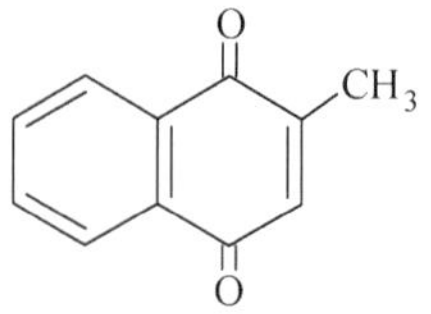

甲萘醌 (维生素 K_3)

图 9.32 维生素 K 的化学结构。维生素 K 是聚异戊二烯基取代的萘醌。叶绿醌（K_1）是植物中维生素 K 的主要形式，而甲基萘醌（维生素 K_2）由肠道细菌合成。维生素 K_3（甲萘醌）是一种化学合成的水溶性维生素 K。

维生素 K 的发现始于毒理学、营养和生物化学的 3 个独立研究（Ferland, 2012）。在毒理学上，牛吃过三叶草后出现出血性疾病。三叶草通常含有苦味化学物质香豆素，在饲料的腐败过程中，微生物将香豆素转化为 4-羟基双香豆素，后者抑制 2,3-环氧化物还原酶，从而阻碍维生素 K 的再循环（图 9.33）。变质三叶草中的双香豆素可引起许多动物的死亡，尤其是在去角和阉割手术之后的动物。同样，结构类似于双香豆素的杀鼠灵（图 9.34）可用于实验性抗凝、处理血凝块（如深静脉血栓形成和肺栓塞）和预防某些血稠患者的脑卒中（Clark et al., 2015）。在营养学上，大鼠采食脂质不足的日粮发生出血性疾病，人们可以通过用含维生素 K_1 的苜蓿提取物、含维生素 K_2 的变质鱼粉处理治愈此病。在生物化学中，如前所述，发现维生素 K 是血液凝固因子和维生素 K 依赖性蛋白质的生物活性所必需的，这有助于阐明维生素 K 是所有动物必需此营养素的机制。

来源：植物和绿藻可以合成维生素 K_1（Basset et al., 2016），细菌可以合成维生素 K_2（Bentley and Meganathan, 1982）。而动物细胞中没有任何维生素 K 的从头合成。维生素 K 广泛分布在植物中，其中香蕉和绿叶蔬菜（如菠菜、莴苣、西兰花、球芽甘蓝和白菜）是维生素 K 的良好来源（Shearer et al., 1996）。某些植物（如苜蓿）和动物（如肉）性原料是动物组织中维生素的良好来源。乳汁可为新生哺乳动物提供一些维生素 K。水果和谷物中含有少量的维生素 K。在反刍动物中，瘤胃细菌向宿主提供维生素 K_2。所有动物的肠道细菌能产生维生素 K_2，以供宿主代谢利用。但是，维生素 K_2 的细菌合成不足以满足动物的需要。早产新生儿因为肠道细菌数量和种类有限，通常需要补充维生素 K 以预防出血（Clarke, 2010）。

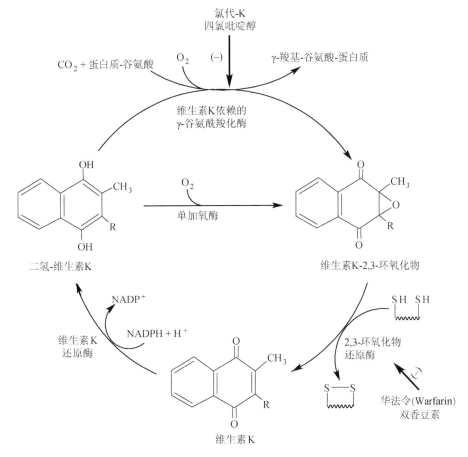

图 9.33　动物细胞中的维生素 K 回收循环。维生素 K-2,3-环氧化物被 2,3-环氧化物还原酶转化成维生素 K，此酶被杀鼠灵和双香豆素抑制。

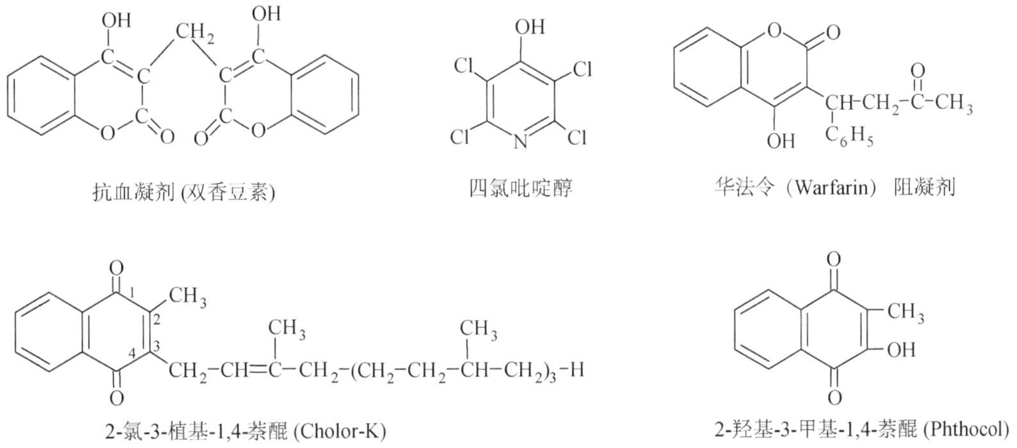

抗血凝剂 (双香豆素)　　　　四氯吡啶醇　　　　华法令（Warfarin）阻凝剂

2-氯-3-植基-1,4-萘醌 (Cholor-K)　　　　2-羟基-3-甲基-1,4-萘醌 (Phthocol)

图 9.34　维生素 K 拮抗剂的化学结构。

　　如前所述，内质网中的维生素 K 循环可以允许还原型维生素 K 的再生（Booth and Suttie, 1998）。在此循环中，维生素 K 羧化反应的 2,3-环氧化物产物，在 2,3-环氧化物还原酶的催化作用下，转化为醌型的维生素 K（图 9.33）。NADPH 是将醌型的维生素 K 还原成二羟基醌型的维生素 K 所必需的。维生素 K 循环有助于保留维生素 K，但不会导致其净合成。

吸收转运：在小肠肠腔中，日粮维生素 K_1 和 K_2（天然存在的维生素 K）溶解在脂质和胆汁盐中，被肠上皮细胞通过被动扩散从微团中吸收。与其他脂溶性维生素一样，维生素 K_1 和 K_2 在肠道的吸收需要通过正常的脂肪吸收，且仅发生在有胆汁盐存在的条件下。在肠上皮细胞内，维生素 K_1 和 K_2 被组装成乳糜微粒，通过其基底外侧膜（通过被动扩散）离开肠上皮细胞进入淋巴管，然后流入血液（哺乳动物和鱼）或进入门静脉循环（鸟类和爬行动物）中（第 6 章）。水溶性维生素 K_3 及其天然存在的结构类似物 5-羟基-甲萘醌（白花丹素），通过顶端膜多耐药性 ABC 药物转运蛋白 MRP-2（ABCG2）被吸收进入小肠肠上皮细胞和结肠上皮细胞（Shukla et al., 2007）。维生素 K_3 和白花丹素经 MRP1（也称为 ABC 药物转运蛋白-1，ABCG1）通过其基底外侧膜离开肠上皮细胞，进入门静脉循环。与维生素 K_1 和 K_2 相反，肠道维生素 K_3 和白花丹素的吸收不直接依赖于胆汁盐。

通过血液中脂蛋白的代谢，富含维生素 K 的乳糜微粒被转化为乳糜微粒残留物，后者通过受体介导的机制被肝脏摄取（第 6 章）。在肝细胞中，乳糜微粒残留物的分解代谢释放出维生素 K，随后此维生素被转移到极低密度脂蛋白和低密度脂蛋白中。这些脂蛋白从肝脏输出到血液中，为组织提供维生素 K。如前所述，在动物体内，通过将维生素 K_1 转化为维生素 K_3，日粮维生素 K_1 和 K_3 在某些组织（如肝、肾和脑）中的代谢产生维生素 K_2，后者在内质网中经 UbiA 异戊烯基转移酶的作用发生异戊烯化（Nakagawa et al., 2010）。与维生素 A 和 D 不同，血浆中没有维生素 K 的特异性载体蛋白。通过脂蛋白在血浆中的代谢，载有维生素 K 的极低密度脂蛋白转化为低密度脂蛋白，通过受体介导的机制被肝外组织摄取（第 6 章）。

功能：动物中长链维生素 K_2（甲萘醌-4）是肝脏维生素 K 池的主要组成，其次是维生素 K_1（Combs, 2012）。甲萘醌-4 普遍存在于肝外组织，其在脑、肾和胰腺中含量高。维生素 K 可以通过接触激活（内源性）和组织因子（外在）途径作为促凝血因子（II、VII、IX 和 X）的辅酶，这些因子可以通过接触激活（内源性）和组织因子（外在）途径发挥生理作用（图 9.35）。促凝血因子（包括 II、VII、IX 和 X）由肝脏合成，以酶原（无活性形式）在血液中循环，其中许多是丝氨酸蛋白酶。酶原的活化需要维生素 K 依赖性反应的级联，其包括酶原中谷氨酸残基的羧化形成 γ-羧基谷氨酸（图 9.36）。酶原的 γ-羧基谷氨酸螯合 Ca^{2+} 形成生物活性酶（蛋白质）。例如，在 Ca^{2+}、因子 V 和磷脂的存在下，凝血酶原（因子 II）中的 10 个谷氨酸残基被因子 X_a 羧化，导致产生凝血酶（因子 II_a）。后者将可溶性纤维蛋白原转化为不溶性纤维蛋白凝块，在因子 XIII_a（图 9.35）存在下阻止出血（Basset et al., 2016）。

维生素 K 也可作为抗凝血蛋白（即蛋白 S、C 和 Z）的辅助因子，在止血中发挥关键作用（Esmon et al., 1987; Yin et al., 2000）。蛋白 S（以华盛顿州西雅图命名，1979 年在那里发现）是蛋白 C 的辅因子，后者抑制 V_a 和 XIII_a 因子（Castoldi and Hackeng, 2008）。蛋白 Z 是丝氨酸蛋白酶抑制剂（serpin）的辅因子，而 serpin 是 Xa 因子的抑制剂（Yin et al., 2000）。蛋白 S、C 和 Z 对于正常的血流非常重要。

其他维生素 K 依赖性蛋白包括：骨钙素（骨特异性蛋白）、基质 Gla 蛋白（软组织钙化抑制剂）和生长停滞特异性基因 6（Gas-6）蛋白（在血小板聚集、血管平滑肌细胞迁移和增殖、血栓栓塞、炎症与免疫反应中发挥作用）（Shearer et al., 1996; Shiraki et al., 2015）。因此，维生素 K 在骨骼生长和健康，以及心血管和免疫功能中起重要作用。

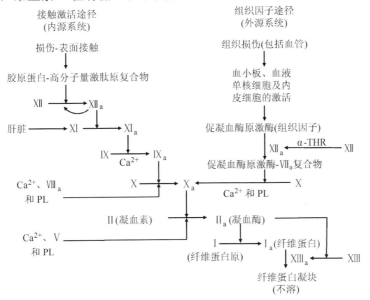

图 9.35 血液凝固的接触激活（内在）和组织因子（外在）途径。凝血需要许多蛋白质，它们由肝脏合成，以酶原（无活性形式）在血液中循环。大多数蛋白质是丝氨酸蛋白酶，但是因子Ⅷ和Ⅴ是糖蛋白，因子ⅩⅢ是转谷氨酰胺酶。促凝剂（因子Ⅱ、Ⅶ、Ⅸ和Ⅹ）取决于维生素 K 的活性。凝结剂的活性形式由下标字母 "a" 表示。在内在途径中，血浆中存在所有因子，由于与组织受损表面的接触，胶原/高分子量激肽原复合物的形成会引起一系列反应，形成不溶性纤维蛋白凝块。在外在途径中，损伤组织的一些细胞类型（如血小板和血液单核细胞及内皮细胞）释放凝血激酶（组织因子、磷脂），触发级联反应，形成不溶性纤维蛋白凝块。外在途径是动物凝血的主要途径。PL，磷脂；α-THR，α-凝血酶。

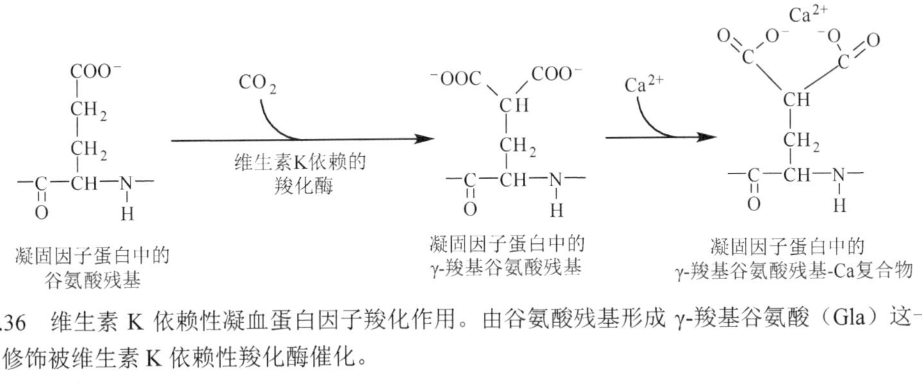

图 9.36 维生素 K 依赖性凝血蛋白因子羧化作用。由谷氨酸残基形成 γ-羧基谷氨酸（Gla）这一翻译后的修饰被维生素 K 依赖性羧化酶催化。

　　缺乏症：新生儿容易出现维生素 K 缺乏，发生出血性疾病（Rai et al., 2017）。这是因为胎盘不能有效地将维生素 K 运送至胎儿，婴儿出生后肠道基本上是无菌的。如果因维生素 K 缺乏导致血浆中凝血酶原（因子Ⅱ）浓度下降至太低，则可能发生出血性综合征。维生素 K 严重不足时，年轻人和成年人都会出现皮下与内部出血，导致血液流失和贫血。在所有动物中，维生素 K 缺乏可能由脂肪吸收不良引起，这可能与胰腺功能障碍、胆汁疾病、肠黏膜萎缩或其他原因引起的脂肪痢有关（Ferland, 2012; Jones and Hunt, 1983）。此外，维生素 K 摄入量有限时，用抗生素减少大肠中细菌的数量可能会导致维生素 K 缺乏。由维生素 K 缺乏引起的疾病可以通过口服（非反刍动物）或静脉注射（反刍动物）此维生素治疗。

过量：维生素 K_3 是一种氧化剂，可以进行单价还原生成半醌自由基，后者被氧气进一步氧化生成醌，并伴随着产生超氧化物阴离子（Basset et al., 2016）。醌型的维生素 K 将血红蛋白氧化成高铁血红蛋白（Broberger et al., 1960）。因此，血液中高浓度的维生素 K_3 会导致红细胞不稳定、溶血和致命性贫血（Finkel, 1961），以及婴儿的黄疸、高胆红素血症和核黄疸（Owens et al., 1971）。此外，臀部肌内注射维生素 K_1 可能导致坐骨神经麻痹（Dipalma and Ritchie, 1977）。维生素 K 过多症表现出营养不良、恶心、呕吐和头痛。在马的体内，高剂量维生素 K_3 可以诱发肾毒性，出现肾绞痛、血尿、氮血症和电解质异常（Rebhun et al., 1984）。这可能是由肾脏的氧化应激引起的。

9.4 类 维 生 素

类维生素包括对氨基苯甲酸、肉碱、胆碱、类黄酮、肌醇、硫辛酸、吡咯并喹啉醌和泛醌。大部分溶于水，通过顶端膜载体介质被肠上皮细胞吸收，并根据其化学结构进入门静脉或淋巴管（图 9.37）。除对氨基苯甲酸和类黄酮外，已知的这些营养素对于动

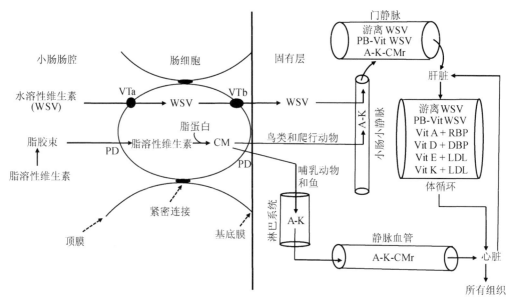

图 9.37 动物中水溶性和脂溶性维生素的吸收与转运。水溶性和脂溶性维生素分别通过特定的转运蛋白与被动扩散被肠上皮细胞吸收到肠系膜的固有层中。这些维生素分别进入哺乳动物和鱼类的门静脉与淋巴管，但是鸟类和爬行动物所有的维生素都被吸收入门静脉。维生素在血液中以游离或蛋白质结合的形式运输，最终被肝脏和身体其他细胞通过特定的转运蛋白（除维生素 B_{12} 以外的水溶性维生素）与受体介导的内吞作用（维生素 B_{12} 和所有脂溶性维生素）吸收。A-K，含有维生素 A、D、E 和 K 的乳糜微粒（CM）；A-K-CMr，含有维生素 A、D、E 和 K 的乳糜微粒残留物；DBP，维生素 D 结合蛋白；游离 WSV，维生素（烟酸、泛酸、生物素、叶酸、维生素 C 和 50%核黄素）以游离（未结合）形式在血浆中运输；PB-Vit-WSV，维生素（硫胺素、维生素 B_6、维生素 B_{12} 和 50%核黄素）在血浆中以蛋白质结合的形式运输；PD，被动扩散；RBP，视黄醇结合蛋白；VTa，水溶性维生素的顶端膜转运蛋白；VTb，水溶性维生素的基底外侧膜转运蛋白。

物的代谢和生理是必不可少的。其中有些物质发挥和维生素一样的作用，但由于历史因素，或者类维生素比大多数维生素摄入量要高得多，或者没有证据表明，日粮中类维生素的不足导致了疾病的发生，不被普遍认可为维生素。过量的类维生素很少见，在高剂量口服、皮下或静脉内注射后会发生，引起毒性（如摄食减少、生长抑制、头晕、恶心、呕吐和腹泻）（Combs, 2012）。

9.4.1 胆碱

结构：胆碱在 1862 年首先由 Adolph Strecker 从猪和牛胆汁中分离，1865 年由 Oscar Liebreich 化学合成。胆碱的化学结构是 2-羟基- $N,N,N,$-三甲基乙胺（也称为 β-羟乙基三甲胺）（第 4 章）。作为季饱和胺，胆碱是一种强有机碱，可溶于水。在碱性溶液中加热时，胆碱分解成三甲胺 $^+$N-$(CH_3)_3$（具有鱼腥味的化合物）和乙二醇（$HO-CH_2-CH_2-OH$）。胆碱在储存过程中缓慢降解。

来源：胆碱广泛存在于饲料原料中，主要以磷脂酰胆碱（phosphatidylcholine，PC）的形式存在。小于 10% 的胆碱以游离碱或鞘磷脂存在（第 3 章）。动物肝脏、脑和肾脏，以及蛋黄、小麦胚芽和大豆都是丰富的胆碱来源。玉米含低水平的胆固醇（仅为大麦、燕麦和小麦中含量的一半）和不可检测的甜菜碱（<0.1% 的全麦谷物中的量）（Bruce et al., 2010）。因为甜菜碱具有节约胆碱的效应（Combs, 2012），动物采食以小麦为基础的日粮比以玉米为基础的日粮对胆碱的需要量要低。

大多数动物在肝脏中通过磷脂酰丝氨酸（phosphatidylserine，PS）即时由蛋氨酸、丝氨酸和棕榈酸酯从头合成胆碱（图 9.38）。一些代谢物的化学结构如图 9.39 所示。在该代谢途径中，SAM 用作甲基供体，通过 PS N-甲基转移酶将 PS 依次转化为磷脂酰乙醇胺（phosphatidylethanolamine，PE），然后通过 PE N-甲基转移酶转化成磷脂酰单甲基乙醇胺和磷脂酰二甲基乙醇胺。大鼠组织具有低活性的 PS N-甲基转移酶，具备有限的从头合成胆碱的能力（Zempleni et al., 2013）。在鸡的组织中，PS N-甲基转移酶活性在 13 周龄前不存在（Combs, 2012）。在哺乳动物、鸟类和大多数鱼类中，胆碱的合成不能满足其要求，因此必须在日粮中添加胆碱（如氯化胆碱或酒石酸胆碱或 PC）。

吸收转运：根据日粮胆碱的形式，它被小肠吸收到淋巴或门静脉循环中。在小肠肠腔内，PC 被高活性磷脂酶 A_2（来自胰腺，裂解 β-酯键）水解，产生溶血 PC 和一分子脂肪酸。一些 PC 被磷脂酶 A_2 及磷脂酶 A_1 和 B（来自肠黏膜，裂解 α-酯键）水解，得到甘油磷酰胆碱（glycerolphosphorylcholine，GPC）和两分子脂肪酸。GPC 被 GPC 二酯酶（来自胰腺）进一步水解，形成胆碱和磷酸甘油酯。由于磷脂酶 A_2 的活性远远大于磷脂酶 A_1 和 B 的活性，因此溶血 PC 是小肠中 PC 消化的主要产物。溶血 PC 主要通过简单的扩散被吸收到肠上皮细胞中（第 6 章）。小肠肠腔中约 1/3 的游离胆碱通过胆碱转运蛋白-1（顶端膜 Na^+ 依赖性、高亲和力转运蛋白，K_M<10 μmol/L）、有机物阳离子转运蛋白（organic cation transporter，OCT）1 和 2 被摄取进入肠上皮细胞（Kato et al., 2006）。进入肠上皮细胞后，溶血 PC 和游离胆碱重新酯化成 PC。PC 组装到乳糜微粒和极低密度脂蛋白中，输出到淋巴管（哺乳动物）或门静脉（鸟、鱼和爬行动物）中，并

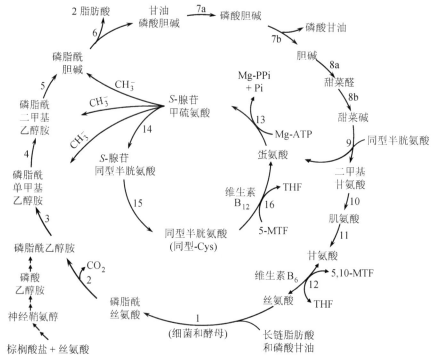

图 9.38　动物肝脏中由蛋氨酸、丝氨酸和棕榈酸酯从头合成胆碱。大鼠胆碱合成能力有限。鸡中，这种途径直到 13 周龄才开始发育。反应 1 仅在细菌中发生，而所有其他反应都存在于动物细胞和细菌中。催化反应的酶是：① 一系列磷脂酰丝氨酸合成酶（第 6 章）；② 磷脂酰丝氨酸脱羧酶；③ 磷脂酰氨基乙醇（磷脂酰乙醇胺）N-甲基转移酶；④ 磷脂酰 N-单甲基氨基乙醇（磷脂酰 N-单甲基乙醇胺）N-甲基转移酶；⑤ 磷脂酰 N-二甲基氨基乙醇（磷脂酰 N-二甲基乙醇胺）N-甲基转移酶；⑥ 磷脂酶 A_1 和 A_2；⑦a 甘油磷酸胆碱磷酸二酯酶；⑦a 磷酸胆碱磷酸酯酶；⑧a 胆碱脱氢酶；⑧b 甜菜碱醛脱氢酶；⑨ 甜菜碱:同型半胱氨酸甲基转移酶；⑩ 二甲基甘氨酸脱氢酶（一种黄素蛋白），催化二甲基甘氨酸氧化去甲基化为肌氨酸；⑪ 肌氨酸脱氢酶（一种黄素蛋白），催化肌氨酸氧化去甲基化为甘氨酸；⑫ 丝氨酸羟氧基甲基转移酶；⑬ S-腺苷甲硫氨酸合成酶（甲硫氨酸腺苷转移酶）；肌氨酸（N-甲基甘氨酸）；⑭ S-腺苷甲硫氨酸依赖酶；⑮ S-腺苷高半胱氨酸水解酶；⑯ N^5-甲基四氢叶酸盐:高半胱氨酸甲基转移酶。5,10-MTF，N^5, N^{10}-亚甲基四氢叶酸；5-MTF，N^5-甲基四氢叶酸；THF，四氢叶酸。

以脂蛋白形式在血液中运输（第 6 章）。没有酯化的胆碱经胆碱/H^+ 反向转运通过其基底外侧膜离开肠上皮细胞，进入肠黏膜的固有层（Zempleni et al., 2013）。小肠肠腔中约 2/3 的游离胆碱被肠道细菌降解形成三甲胺，很容易被吸收入门静脉。

　　在小肠肠腔内，一些鞘磷脂被肠道碱性鞘磷脂酶和中性神经酰胺酶水解，生成鞘氨醇、磷酸乙醇胺和 LCFA（Nilsson and Duan, 2006）。鞘氨醇主要通过简单的扩散被吸收入肠上皮细胞。在这些细胞中，大多数鞘氨醇酰化成鞘磷脂，而一些鞘氨醇通过一系列酶催化反应转化成棕榈酸酯和乙醇胺，所得到的棕榈酸酯被酯化成 TAG（第 6 章）。鞘磷脂与 TAG 一起被组装到乳糜微粒和 VLDL 中，转出到淋巴管中，以脂蛋白形式在血液中运输（第 6 章）。

　　功能：胆碱在动物中具有许多生理功能（Ennis and Blakely, 2016）。作为 PC 的一个组成部分，胆碱对保持生物膜的结构和功能、促进脂质的器官间运输，以及肝脏和小

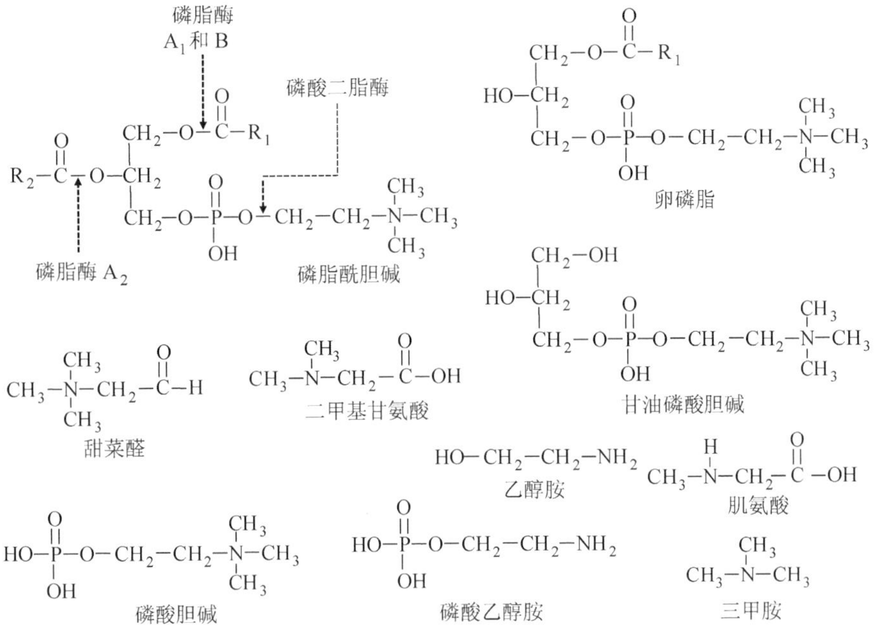

图 9.39 胆碱合成途径中一些代谢物的化学结构。

肠脂质的输出是必不可少的。作为神经酰胺的前体，胆碱在跨膜信号传导中起重要作用。作为血小板活化因子的一个组成部分（第 3 章），胆碱参与血液凝固、炎症、孕体植入和子宫收缩。作为胆碱乙酰转移酶的底物用于合成乙酰胆碱（神经递质），胆碱是动物维持神经功能所必需的。

缺乏症：采食低胆碱日粮的幼龄家禽及采食胆碱或蛋氨酸低含量的日粮的其他动物容易发生胆碱缺乏症（Combs, 2012）。动物胆碱缺乏症包括肝脂肪变性、脂肪肝、生长受阻、饲料效率降低、脑缺陷和神经功能障碍（Zeisel and da Costa, 2009）。此外，胆碱缺乏会增加癌变的风险。因此，胆碱是动物必需的营养物质，其体内的合成不能满足代谢需要。

9.4.2 肉碱

结构：1905 年发现肉碱是脊椎动物骨骼肌的组成部分。现在已知其存在于几乎所有的动物组织中，尤其是 LCFA 氧化速率高的骨骼肌、心脏和肝脏中。肉碱是一种季胺，其化学结构（β-羟基-γ-N-三甲基氨基丁酸酯）（第 4 章）建立于 1927 年。肉碱是一种强有机碱，可溶于水。

来源：肉碱在肉类和乳制品中含量丰富（Combs, 2012），但在植物中含量低或完全没有（Panter and Mudd, 1969）。动物肝脏可以经一系列酶催化的反应，从肽结合的赖氨酸、蛋氨酸、α-KG、维生素 C 和铁合成肉碱（Vaz and Wanders, 2002）。但在昆虫中，肉碱的合成是有限的。肉碱的从头合成尚未在任何细菌中得到证实（Meadows and Wargo, 2015）。给日粮补充的肉碱的形式是乙酰肉碱，也是动物组织中肉碱的生理代谢物。

吸收转运：在小肠肠腔中，酰基肉碱被胰腺羧酸酯脂肪酶切割，形成肉碱和 LCFA。

肉碱主要通过 OCT2（位于顶端膜的 Na^+ 依赖性高亲和力转运蛋白）和 AA（氨基酸）转运蛋白 $B^{0,+}$ 被吸收进入肠上皮细胞。一些肉碱被肉碱乙酰转移酶乙酰化形成乙酰肉碱（Gross et al., 1986）。肉碱通过 OCT3（位于基底外侧膜中的 Na^+ 非依赖转运蛋白）离开肠上皮细胞进入肠黏膜的固有层（Durán et al., 2005）。被小肠吸收的肉碱进入门静脉循环，可用于肠外组织的利用。未被吸收的肉碱在小肠和大肠中被微生物降解为三甲胺、苹果酸与甜菜碱（Meadows and Wargo, 2015）。这些代谢物通过跨膜转运载体吸收到门静脉循环中。肉碱以游离形式和乙酰化形式在血液中运输，并经 OCT2 被肠道外的组织逆浓度梯度摄取。像葡萄糖和氨基酸一样，肉碱能被肾小球重吸收进入血液循环。

$$乙酰辅酶 A + 肉碱 \longleftrightarrow 辅酶 A + 乙酰肉碱（肉碱乙酰转移酶）$$

日粮乙酰胆碱经 AA 转运蛋白 $B^{0,+}$ 吸收到肠上皮细胞中（Wu, 2013）。一些乙酰肉碱被脱乙酰化成肉碱被运输。转运蛋白 $B^{0,+}$ 和 OCT3 介导乙酰肉碱从肠上皮细胞穿过其基底外侧膜进入肠黏膜的固有层。肠内的乙酰胆碱转运的速率快于肉碱（Gross et al., 1986）。吸收的乙酰胆碱进入门静脉循环，可供肠外组织利用，形成肉碱。

功能：肉碱对 LCFA 从细胞质转运到线粒体中氧化成 CO_2 和水及生成 ATP 是必需的（第 6 章）。这是骨骼肌、心脏和肝脏的主要能量来源，包括动物在喂食或禁食条件下，以及在反刍动物瘤胃 SCFA 产生量低或缺乏食物条件下。

缺乏症：当日粮摄入、肠道吸收或从头合成不足时，动物会出现肉碱缺乏症。症状包括：①肌纤维和心肌细胞的能量供应不足导致骨骼肌病、肌肉坏死、心肌病与疲劳；②由过量的脂肪诱导的胰岛素抵抗，骨骼肌中蛋白质合成减少、蛋白质水解增加、AA 氧化成氨增加；③由 LCFA 的氧化不充分导致其积累，以及肝细胞中糖异生的能量供应不足，导致脂肪肝和低血糖；④在肝细胞中，LCFA-辅酶 A（如棕榈酰-辅酶 A）抑制氨甲酰磷酸合成酶 I，阻碍通过尿素循环清除氨，引起高氨血症；⑤由低血糖和高氨血症引起的神经功能障碍；⑥全身 LCFA 氧化受损形成 CO_2 和 H_2O，导致高脂血症（Zempleni et al., 2013）。

9.4.3 肌醇

结构：肌醇是与 D-葡萄糖有关的水溶性六碳糖，天然存在 9 种可能的异构体形式。但只有一种肌醇（即顺-1,2,3,5 反-4,6-环己烷-醇）作为一种营养素具有生物学作用（图 9.40）。

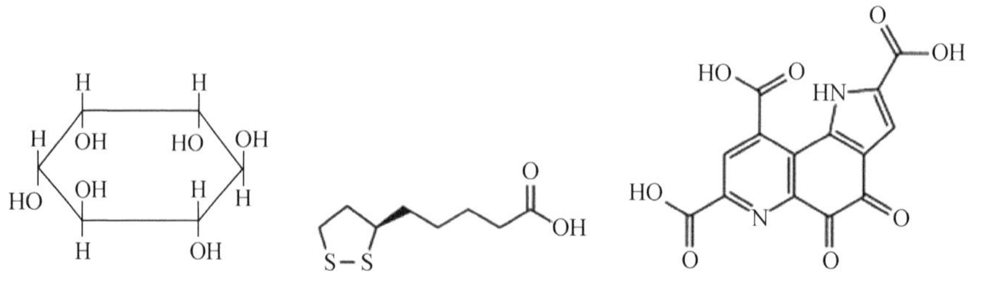

肌醇　　　　　硫辛酸　　　　　吡咯并喹啉醌

图 9.40　肌醇、硫辛酸和吡咯并喹啉醌的化学结构。这些物质存在于哺乳动物、鸟类、鱼类和微生物中。

来源：肌醇广泛分布在植物和动物产品中，作为细胞膜中的磷脂酰肌醇的一部分及植酸的组分。植酸存在于许多粮食产品中。植酸盐和植酸可以结合钙、镁、铁、锌等二价离子，从而减少它们被小肠的吸收。动物组织（如肝、肾、脑和睾丸）和细菌可以从 D-葡萄糖合成肌醇（Geiger and Jin, 2006），此代谢途径如图 9.41 所示。

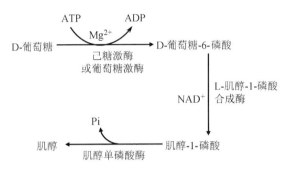

图 9.41 动物细胞和微生物利用 D-葡萄糖合成肌醇。D-葡萄糖通过己糖激酶或葡萄糖激酶转化为 D-葡萄糖-6-磷酸。D-葡萄糖-6-磷酸经 L-肌醇-1-磷酸合成酶的作用，发生内部环化，形成肌醇-1-磷酸。用于产生肌醇-1-磷酸的总体反应与氧化还原紧密耦合。肌醇单磷酸酶催化肌醇-1-磷酸的去磷酸化，产生肌醇。

吸收转运：*myo*-inositol 形式肌醇高效地被小肠吸收进入淋巴管（磷脂酰肌醇）或门静脉循环（游离肌醇）中。在反刍动物瘤胃和所有动物的小肠内，植酸可通过微生物源的植酸酶转化为肌醇，同时除去磷酸基团（第 10 章），其在消化道中的转化效率取决于动物种类。反刍动物和马比猪和家禽具有更强的利用日粮植酸的能力。

肌醇经 Na^+-偶联肌醇转运蛋白-2（SMIT2，一种次级主动转运蛋白），被肠上皮细胞吸收（Aouameur et al., 2007），依靠扩散（Na^+非依赖）载体介导的机制通过基底外侧膜转出肠上皮细胞（Reshkin et al., 1989）。肠上皮细胞顶端膜中的葡萄糖转运系统，如 SGLT1 或 GLUT5，不参与肌醇摄取。同样，GLUT2 不介导肌醇通过基底外侧膜转出肠上皮细胞。肌醇以脂蛋白（磷脂酰肌醇）或游离形式（游离肌醇）在血液中运输。血液中的肌醇通过载体介导的扩散被肝脏摄取，通过 SMIT1 和 SMIT2 被脑摄取，通过 SMIT1 被肾髓质摄取，以及通过 SMIT 被肾皮质中的近端小管细胞摄取（Aouameur et al., 2007）。SMIT2 负责从肾小球滤液中重新吸收肌醇。SMIT1 和 SMIT2 之间的主要差异是 D-手性肌醇（肌醇的差向异构体）经被有高亲和力的 SMIT2 转运，但不被 SMIT1 转运，而 L-岩藻糖由 SMIT1 而不是 SMIT2 转运。

功能：肌醇被掺入到动物细胞中的磷脂酰肌醇。作为细胞膜的组成及细胞对外部刺激反应的介质，磷脂酰肌醇在细胞代谢和信号传导中起重要作用。例如，肌醇-1,4,5-三磷酸（IP_3）是细胞内第二信使，刺激 Ca^{2+} 从内质网释放到细胞溶质中，随后 Ca^{2+} 激活多种 Ca^{2+} 依赖性蛋白激酶（包括蛋白激酶 C）和相关的代谢途径（Gill et al., 1989）。

缺乏症：大多数动物可以合成足够的肌醇，因此其不被视为日粮必需营养物质（Burtle and Lovell, 1989; Mai et al., 2001; Zempleni et al., 2013）。但是，在一些水生动物中，包括鲤鱼、红鲷、日本鳗鱼、虹鳟鱼、鲑鱼和虾，日粮缺乏肌醇会导致摄食减少、生长受阻、饲料效率降低和皮肤病变（Mai et al., 2001）。雄性沙鼠可以合成充足的肌醇，但雌性沙鼠没有此能力（Chu and Hegsted, 1980）。日粮缺少肌醇会导致肠道脂肪代谢障碍，雌性沙鼠存活率降低。在患糖尿病（大量肌醇在尿液中排泄）、感染和热应激（肌醇合成受损）等情况下，肌醇可能是动物日粮条件性必需营养物质（Combs，2012）。

9.4.4 硫辛酸

结构：硫辛酸（黄色固体化合物）也称为 α-硫辛酸（图9.40），该水溶性有机硫化合物由二硫键（氧化形式）连接两个硫原子（在 C_6 和 C_8）组成。C_6 原子是手性的，分子以(R)-(+)-硫辛酸和(S)-(−)-硫辛酸两种对映异构体及外消旋混合物(R/S)-硫辛酸存在。硫辛酸的还原形式为二氢硫辛酸。

来源：硫辛酸存在于植物和动物产品中。在日粮的外源性游离硫辛酸通过 ATP 依赖性硫辛酸活化酶活化，其产物通过硫辛酸基转移酶转移至硫辛酸依赖性酶（图9.42）。胃肠道细菌和动物细胞的线粒体可以从辛酸合成少量的硫辛酸（Cronan，2016）。在 S-腺苷甲硫氨酸的存在下，硫辛酸合成酶将其铁-硫中心的两个硫原子转移到硫辛酸，形成硫辛酰基-ACP。后者随后被转移到硫辛酸依赖性酶（如丙酮酸脱氢酶）中。因此，外源或内源合成的硫辛酸（R-异构体）可以与脂酰基特异性蛋白质中的赖氨酸残基的 ε-NH_2 基团相结合。在动物细胞中，氧化硫辛酸可以被 NADPH 依赖性酶（如谷胱甘肽还原酶）转化成二氢硫辛酸。

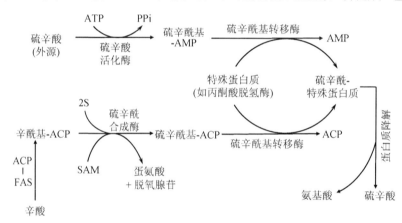

图 9.42 在动物细胞和细菌的线粒体中，从辛酸合成与特殊蛋白质结合的硫辛酸。ACP，酰基载体蛋白；FAS，脂肪酸合成酶；SAM，S-腺苷甲硫氨酸。

吸收转运：小肠肠腔中，与蛋白质结合的硫辛酸被蛋白酶降解，这一生化反应释放硫辛酸。后者通过 Na^+ 依赖性单羧酸转运载体和钠依赖性复合维生素转运蛋白被吸收到肠上皮细胞中（Quick and Shi，2015）。一些硫辛酸被还原成二氢硫辛酸。硫辛酸和二氢硫辛酸经特异性 Na^+-非依赖转运蛋白通过基底外侧膜离开肠上皮细胞，进入肠黏膜的固有层。已被吸收的硫辛酸和二氢硫辛酸进入门静脉循环，主要以游离酸形式在血液中运输。

功能：硫辛酸是硫辛酰胺的组成部分（第5章），硫辛酰胺是动物细胞和微生物中 α-酮酸脱氢酶复合物的辅酶，包括丙酮酸脱氢酶、α-酮戊二酸脱氢酶和支链 α-酮酸脱氢酶复合物。这些酶在丙酮酸的脱羧作用产生乙酰辅酶 A、三羧酸循环的活性及支链氨基酸的分解代谢中起重要作用。因此，硫辛酸对于以组织特异性方式从葡萄糖、氨基酸和脂肪酸氧化产生 ATP 来说是必不可少的。此外，硫辛酸是乙偶姻脱氢酶复合物（也被称为乙酰辅酶 A:乙偶姻 *O*-乙酰转移酶）的辅因子，可以降解乙偶姻（细菌中 α-乙酰乳酸脱羧的产物，具有黄油特征性风味；乙偶姻也被称为 3-羟基-2-丁酮或乙酰甲基原醇）（Cronan, 2016）。与 α-酮酸脱氢酶复合物一样，乙偶姻脱氢酶复合物需要二磷酸硫胺作为辅因子。此外，H 蛋白 [是甘氨酸裂解系统（也称为甘氨酸脱羧酶复合物）中的 4 种蛋白质之一] 含有脂酰胺。因此，硫辛酸对于动物的肝脏和肾脏及微生物中的甘氨酸降解是必不可少的。高浓度的二氢硫辛酸可以清除活性氧和氮化物（Moura et al., 2015）。

$$\alpha\text{-酮酸} + \text{辅酶 A} + NAD^+ \rightarrow \text{酰基辅酶 A} + NADH + H^+$$
（α-酮酸脱氢酶复合物，动物细胞和细菌）

$$\text{乙偶姻} + \text{辅酶 A} + NAD^+ \rightarrow \text{乙醛} + \text{乙酰辅酶 A} + NADH + H^+$$
（乙偶姻脱氢酶复合物，细菌）

乙偶姻
($C_4H_8O_2$，一种细菌代谢物）

乙醛
(C_2H_4O，细菌和植物内的天然代谢物；
动物肝脏内乙醇氧化产物）

缺乏症：在饲喂由植物或动物性原料组成的日粮的动物中，罕见硫辛酸的缺乏。但是，与内源性硫辛酸合成相关的酶的先天性缺陷会导致在动物体内 ATP 产生受损、神经功能障碍、肌肉无力和 AA 分解代谢异常。

9.4.5　吡咯并喹啉醌

结构：在 20 世纪 70 年代末期，生物化学工作者发现了吡咯并喹啉醌（PQQ）（4,5-二氢-4,5-二氧代-1*H*-吡咯并-[2,3-*f*]喹啉-2,7,9-三羧酸）或甲氧胺（图 9.40），它是细菌氧化还原酶的水溶性辅因子。这种具有稠杂环（邻醌）的芳香族三羧酸已知存在于酵母、植物和动物中。尽管其 C-5 羧基对亲核试剂（如硫醇基团）具有反应性，但在生理溶液中稳定。含有 PQQ 的酶被称为醌蛋白。在细菌中，PQQ 是邻醌辅助因子的成员，包括色氨酸色氨酰醌、三羟基苯丙氨酰醌、赖氨酸酪酰基醌，以及与铜络合的半胱氨酰基酪氨酰基团（Stites et al., 2000）。

来源：PQQ 存在于植物（如蔬菜、水果和豆类）和动物产品中（如奶、肉类和蛋）（Stites et al., 2000），可以由胃肠细菌从 PqqA 多肽的谷氨酸和酪氨酸残基合成，作为宿主的内源性来源（如 *Methylobacillus flagellatum* 的 24 AA 多肽）（Puehringer et al., 2008）。动物细胞不表达 PQQ 合成酶。

吸收转运：关于小肠吸收 PQQ 的转运蛋白知之甚少。对小鼠的研究显示，口服的 PQQ 容易在小肠被吸收（62%，范围 19%–89%）进入门静脉循环（Smidt et al., 1991）。ABCG2 可能介导 PQQ 通过顶端膜摄取进入肠上皮细胞，MRP1 负责 PQQ 穿过基底外侧膜从肠上皮细胞转出。已被吸收的 PQQ 进入门静脉循环。血液中超过 95% 的 PQQ 存在于细胞成分，其余在血浆中（Smidt et al., 1991）。在动物体内，肾脏和皮肤是从血液中摄取 PQQ 的主要组织，其他组织摄取较少的 PQQ。从小肠吸收的 PQQ 的大多数（81%）

在 24 h 内经肾脏排泄。

功能：PQQ 是细胞中氧化还原反应所需的辅因子。在某些细菌（如甲烷生成菌）中，PQQ 作为氧化还原酶的辅酶，包括甲醇脱氢酶、乙醇脱氢酶和膜结合的葡萄糖脱氢酶。PQQ 是否对于动物细胞中的酶必需还未知。但是，有证据表明，PQQ 催化以下反应的非特异性氧化：从磷酸吡哆胺到磷酸吡哆醛，以及从弹性蛋白和胶原蛋白中的肽基赖氨酸残基到醛产物（称为 ε-醛基赖氨酸）。这些活性醛与其他醛残基或未修饰的赖氨酸残基发生自发化学反应，形成交联，这对胶原纤维的稳定和弹性蛋白的弹性至关重要。此外，还原形式的 PQQ 清除自由基的能力比维生素 C 的能力高 7.4 倍（Ouchi et al., 2009）。作为抗氧化剂，PQQ 具有保护心脏和神经的作用，改善线粒体生物合成和功能。因此，给日粮补充 0.2 mg/kg PQQ•Na$_2$ 可以增强肉鸡的抗氧化状态，提高生长性能和胴体产量（Samuel et al., 2015; Wang et al., 2015）。

缺乏症：PQQ 缺乏症在采食由植物和动物性原料组成的日粮的动物中少见。有文献报道，采食无 PQQ 日粮的小鼠表现出胚胎存活不佳和新生儿生长不良以及皮肤损伤和免疫功能降低（Killgore, 1989; Steinberg et al., 1994）。当每克基础日粮中含 1 nmol 或 300 ng PQQ 时，小鼠可以实现最大的动物生长（Steinberg et al., 1994）。

9.4.6 泛醌

结构：泛醌是一组具有不同长度的类异戊二烯侧链的脂溶性 1,4-苯醌衍生物。生理上重要的泛醌是泛醌 Q$_{10}$（也称为泛醌 Q 或辅酶 Q），其中 Q 指醌基，下标 "10" 是异戊二烯亚基的数目。辅酶 Q 的 6-苯并二氢吡喃醇的结构与氧化形式的维生素 E 或维生素 K 的结构相似。

泛醌　　　　　　　　　　辅酶Q$_{10}$(辅酶Q)

来源：泛醌在植物和动物来源的原料中存在。动物胃肠道细菌和肝细胞可以从酪氨酸（苯醌结构的前体）和乙酰辅酶 A（异戊二烯侧链的底物）合成辅酶 Q，这一代谢途径以甲羟戊酸为中间体（Bentinger et al., 2010）。在哺乳动物、鸟类和鱼类的肝细胞中，辅酶 Q 合成涉及线粒体、内质网和过氧化物酶体（图 9.43）。

吸收转运：在小肠肠腔中，日粮的泛醌被脂质和胆汁盐溶解，通过被动扩散被肠上皮细胞从微团中吸收。进入到肠上皮细胞后，泛醌被组装进乳糜微粒，通过基底外侧膜（通过被动扩散）离开肠上皮细胞进入淋巴管，然后流入血液（哺乳动物和鱼中）或进入门静脉循环（鸟类和爬行动物中）（第 6 章）。血液中的泛醌作为 VLDL 或 LDL 的组分，它们的脂蛋白特异性受体被肠外细胞摄取（第 6 章）。动物对日粮泛醌（如辅酶 Q）的生物利用率低（Acosta et al., 2016）。

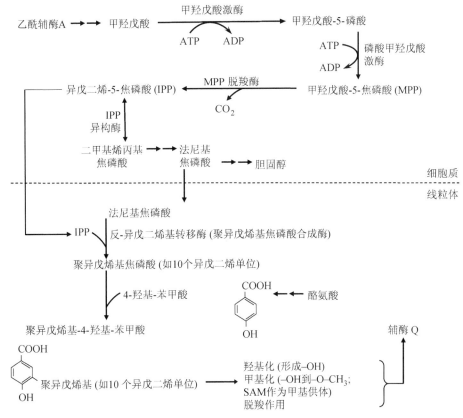

图 9.43　在哺乳动物、鸟类和鱼肝脏内合成辅酶 Q。酪氨酸在线粒体中转化为苯醌，而乙酰辅酶 A 是内质网和过氧化物酶体中形成异戊二烯侧链的底物。位于线粒体膜上的膜蛋白羟甲基戊二酰辅酶 A（HMG-CoA）合成酶催化乙酰辅酶 A 产生甲羟戊酸的限速酶。将甲羟戊酸转化为法尼基焦磷酸的酶位于过氧化物酶体中。聚异戊烯基-4-羟基-苯甲酸在线粒体中进一步被羟基化、甲基化和脱羧，产生辅酶 Q。

　　功能：辅酶 Q_{10} 有 3 种氧化还原状态：完全氧化（泛醌）、半醌和完全还原（泛醇）（第 1 章）。泛醌具有双电子载体（在醌和喹啉形式之间移动）和单电子载体（在半醌与其他形式之一间移动）的能力，在线粒体电子传递链（复合物 I 和 II）中是必需的。这是因为细胞色素的铁-硫簇一次只能接受一个电子。此外，与维生素 E、抗坏血酸和 β-胡萝卜素一样，辅酶 Q 具有很强的抗氧化能力，可以清除自由基。因此，辅酶 Q 可以缓解动物（如小鼠和大鼠）的维生素 E 缺乏症（Combs, 2012）。

　　缺乏症：在采食缺乏辅酶 Q 的日粮的动物，代谢和生理功能受损害的症状罕见，说明这种类维生素在体内的合成充分。但是，由于辅酶 Q 与胆固醇共享生物合成途径，当某些 β 受体阻滞剂、降血压药物和他汀类药物（HMG-CoA 合成酶的抑制剂）抑制由乙酰辅酶 A 转化成甲羟戊酸时，脂质代谢的干扰可能引起辅酶 Q 的缺乏（Acosta et al., 2016）。

9.4.7　生物类黄酮

　　结构：生物类黄酮是由两个苯环（A 和 B）和一个杂环（C）组成的 2-苯基-1,4-苯并吡喃酮的水溶性多酚衍生物的混合物，以糖苷化合物形式天然存在，如黄烷-3-醇、槲皮素和异黄酮（Schmitt 和 Dirsch, 2009）。

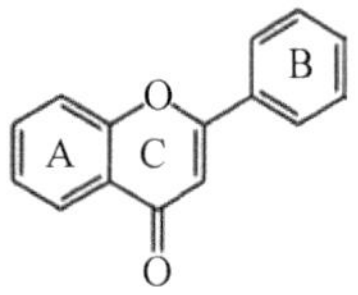

2-苯基-1,4-
苯并吡喃酮

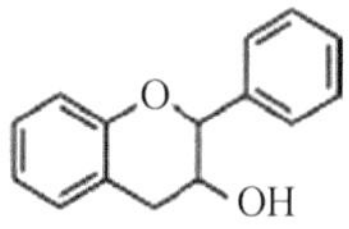

黄烷-3-醇(黄烷醇)

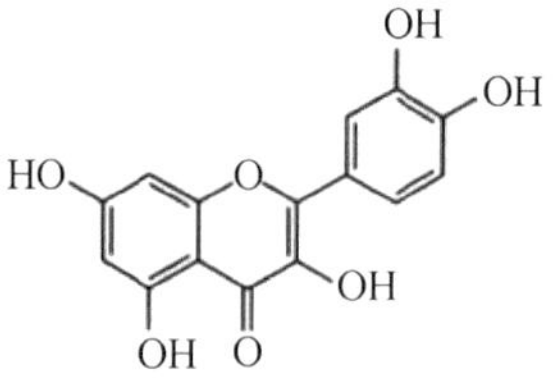

槲皮素

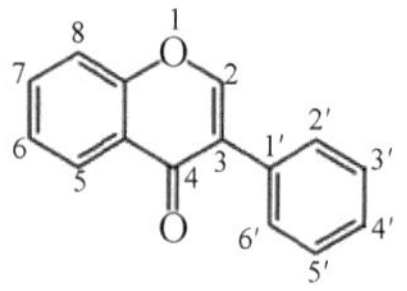

异黄酮 [如染料木黄酮
(5-OH,7-OH,4′-OH)和
大豆苷元 (7-OH,4′-OH)]

　　来源：生物类黄酮广泛存在于植物（如水果和蔬菜）中，与类胡萝卜素一样，有助于形成红、蓝、黄色素。异黄酮（如染料木黄酮和大豆苷元）存在于豆类中，包括大豆、青豆、苜蓿芽、绿豆芽、豇豆、葛根、红三叶草花和红三叶草芽。动物没有合成生物类黄酮的酶。

　　吸收转运：在小肠肠腔中，生物类黄酮的糖苷被肠道微生物的糖苷酶水解，然后被肠上皮细胞和结肠上皮细胞吸收（Combs, 2012）。但是，生物类黄酮转运蛋白的分子性质还未知。在肠道吸收的生物类黄酮进入门静脉循环，主要以游离化合物形式在血液中运输。在肝脏中，这些化合物以葡萄糖醛酸苷或硫酸盐缀合的形式存在，可以被降解成各种酚类代谢物，后者经尿液排出。

　　功能：生物类黄酮具有很强的抗氧化能力，可以清除自由基（Panche et al., 2016; Rahman and Hongsprabhas, 2016）。这些植物性化学物质可以保护动物组织免受氧化损伤。生物类黄酮可以增加维生素 C 在预防坏血病中的作用。染料木黄酮和大豆苷元具有雌激素活性，可以促进内皮细胞合成 NO，从而改善血流和营养运输（Schmitt and Dirsch, 2009）。

　　缺乏症：当采食营养均衡日粮的动物不摄入生物类黄酮时，也不会出现代谢或生理异常。没有证据证实这类物质在哺乳动物、鸟类或鱼类中的营养作用。然而，给日粮补充生物类黄酮对在氧化应激条件下的动物的健康有益。

9.4.8　对氨基苯甲酸

　　结构：对氨基苯甲酸（也称为 4-氨基苯甲酸）是苯的一个衍生物，其环上两个相对的氢原子分别被一个氨基和一个羧基取代，此有机物是可溶于水的白色固体。

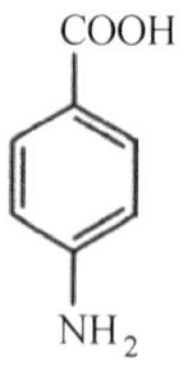

对氨基苯甲酸

　　来源：对氨基苯甲酸存在于植物、啤酒酵母、细菌和全谷物中（Combs, 2012）。消化道细菌可利用分支酸（磷酸烯醇丙酮酸和赤藓糖-4-磷酸的产物）合成对氨基苯甲酸，但动物细胞没有这一代谢途径。这些细菌对动物组织中叶酸（对氨基苯甲酸的代谢产物）的贡献是有限的。因此，哺乳动物、鸟类和鱼类必须摄入叶酸或富含叶酸的食物（如绿叶蔬菜）。

作为日粮的组成部分，对氨基苯甲酸存在于动物产品中，如肝脏、肾脏和骨骼肌。

吸收转运：在小肠肠腔中，对氨基苯甲酸通过 Na$^+$ 依赖性转运蛋白（被动扩散）被肠上皮细胞迅速吸收（Imai et al., 2017）。进入肠上皮细胞后，对氨基苯甲酸通过芳基胺 N-乙酰转移酶被乙酰化成 N-乙酰基对氨基苯甲酸。在肠道吸收的对氨基苯甲酸进入门静脉循环。在肝脏中，对氨基苯甲酸被代谢为 N-乙酰基对氨基苯甲酸。对氨基苯甲酸和 N-乙酰基对氨基苯甲酸均从尿液排出。

功能：对氨基苯甲酸是细菌中叶酸合成的前体（Combs, 2012），因此，其可能在肠道细菌的代谢和生长中发挥作用。对氨基苯甲酸能拮抗磺胺类药物的抑菌作用，由于对氨基苯甲酸在紫外线范围内的吸光度高，因此可用作紫外线屏蔽剂（Zempleni et al., 2013）。

缺乏症：当采食营养均衡日粮的动物在不摄入对氨基苯甲酸时，不会出现代谢或生理异常。没有证据证实该化合物在哺乳动物、鸟类或鱼类中的营养作用。由肠细菌合成的这种化合物似乎能满足其对叶酸的需要，但细菌来源的叶酸对宿主是不足够的（Zempleni et al., 2013）。

9.5 小　结

维生素是动物需要的微量有机物质，这些养分发挥以下重要作用：①作为各种酶（如丙酮酸脱氢酶复合物、乙酰辅酶 A 羧化酶和鸟氨酸脱羧酶）的辅酶；②参与抗氧化反应（如维生素 C 和 E）；③调节蛋白质的基因表达和生物活性（如核视黄醇 X 受体、肠和肾钙转运蛋白、凝血因子）。根据其在水中的溶解度，维生素可被分为水溶性（维生素 B$_1$、B$_2$、B$_3$、B$_5$、B$_6$ 和 B$_{12}$，以及生物素和叶酸）或脂溶性（维生素 A、D、E 和 K）。所有维生素对氧化和高温破坏敏感。除这些化学性质外，维生素在结构上几乎没有共同之处。尽管动物对这类营养物质在数量上的需要很低，但几乎所有维生素都必须在单胃动物日粮中提供，这是除了定期暴露在阳光下的动物不需要额外添加维生素 D 之外。与非反刍动物相比，反刍动物对日粮维生素的要求低得多，当日粮蛋白质、碳水化合物和钴足够时，功能性瘤胃可以合成所有这些维生素。一些具有类似维生素作用的化合物（如肉碱、胆碱、肌醇、泛醌、PQQ 和生物类黄酮）被称为类维生素，它们中的大多数可溶于水。类维生素在营养上为非必需物质，但可以为动物提供健康益处。

维生素主要被小肠吸收，通过不同的机制在血液中运输（图 9.37）。具体来说，水溶性维生素经特定的转运蛋白通过顶端膜被吸收进入肠上皮细胞（主要在空肠，除维生素 B$_{12}$ 在回肠中）。一些转运蛋白是 Na$^+$ 依赖性的，另一些则是 Na$^+$ 非依赖性的。这些维生素经特定的转运载体通过基底外侧膜离开肠上皮细胞进入肠黏膜的固有层，然后进入门静脉循环。大多数维生素（烟酸、泛酸、生物素、叶酸、维生素 C 和 50% 的核黄素）以游离（未结合）的形式在血浆中运输，但几种维生素（硫胺素、维生素 B$_6$、维生素 B$_{12}$ 和 50% 的核黄素）以蛋白质结合的形式在血浆中运输。血液中的水溶性维生素通过特定的转运蛋白被身体的所有细胞吸收，但维生素 B$_{12}$ 通过受体介导的内吞作用被吸收。所有日粮中的脂溶性维生素在小肠肠腔内溶解在脂质和胆汁盐中作为微团，微团随后被肠上皮细胞经被动扩散吸收，吸收的脂溶性维生素在肠上皮细胞中被组装成乳糜微粒，维生素 E 也被组装成 VLDL。肠来源的脂蛋白通过基底外侧膜（通过被动扩散）离开肠上皮细胞进入肠淋巴管，然后进入血流（哺乳动物和鱼中）或门脉循环（鸟类和爬行动物中）。通过血液中脂蛋白的代谢，含脂溶性维生素的乳糜微粒和 VLDL 分别被转化为乳糜微粒残留物和 LDL，随后由肝脏通过受体介导的机制吸收。脂溶性维生素以蛋白质结合的形式在血浆中运输。

　　大多数维生素不以其从肠中吸收的形式被利用，而是被转化或修饰为活性形式（表 9.11）。哺乳动物、鸟类、鱼类和其他动物对维生素的需求受生理状态（如怀孕、哺乳、身体活动、产蛋和孵化）、环境（如低温或高温）和疾病（如细菌、寄生虫和病毒感染）影响。由于 ATP 生成、抗氧化反应、蛋白质合成和细胞信号转导的受损，维生素的缺乏可以大大降低动物生长、发育、繁殖、免疫、生产和饲料效率，在严重的情况下甚至导致死亡。幼龄动物对维生素缺乏比成年动物更敏感。每种维生素缺乏有特定的缺乏症，例如，由烟酸缺乏引起的小鸡的头部缩回，由维生素 C 缺乏引起的动物的结缔组织功能障碍和由维生素 A 缺乏引起的干眼症。由维生素缺乏引起的大多数疾病，特别是在早期阶段，可以通过日粮补充或静脉内/肌内注射来治愈。与任何其他营养素一样，日粮摄入或肠外供应过量维生素（特别是脂溶性维生素）对动物是有毒性的，尤其在胚胎和胎儿发育过程中。因此，必须定期监测维生素的状况，并仔细控制其供应量（包括日粮补充）。

表 9.11　维生素和类维生素日粮与代谢活性形式

维生素	日粮主要形式	代谢活性形式	主要功能
脂溶性维生素			
维生素 A	棕榈酸视黄酯和乙酸盐；维生素 A 原（β-胡萝卜素）	视黄醇、视黄醛、视黄酸	视力、上皮细胞功能和基因表达
维生素 D	胆钙化醇（D_3）、钙化醇（D_2）	1,25-二羟基维生素 D	骨骼肌生长发育
维生素 E	全消旋-α-生育酚乙酸盐	α-、β-、γ-和 δ-生育酚	抗氧化功能
维生素 K	叶绿醌、甲基萘醌、甲基萘醌亚硫酸氢钠*	叶绿醌、甲基萘醌	血液凝固以应对出血
水溶性维生素			
维生素 C	L-抗坏血酸	L-抗坏血酸、脱氢抗坏血酸	胶原蛋白 Pro 和 Lys 残基羟基化、抗氧化
硫胺素	硫胺素、硫胺素焦磷酸盐	硫胺素焦磷酸盐	KA 的氧化脱羧
核黄素	FMN、FAD、黄素蛋白、核黄素	FMN、FAD	黄素蛋白的辅因子
烟酸	NAD(P)、烟酰胺、尼克酸	NAD(P)	氧化还原酶的辅酶
维生素 B_6	吡哆醛和吡哆胺 5'-磷酸盐	吡哆醛 5'-磷酸盐	AA 转氨酶的辅酶
生物素	生物胞素、D-生物素	D-生物素	ATP 依赖性羧化作用
泛酸	辅酶 A、乙酰辅酶 A、泛酸钙	辅酶 A	辅酶 A 和 ACP 的组分
叶酸	单-、聚合-、蝶酰-谷氨酸	THF、5-MTF、5-10-MTF	一碳代谢
维生素 B_{12}	氰基-、甲基-、DA-钴胺素	甲基- 或 DA-钴胺素	清除同型半胱氨酸
类维生素			
胆碱	卵磷脂、氯化胆碱	乙酰胆碱	神经传递
肉碱	肉碱（肉中）、乙酰肉碱		LCFA 氧化

续表

维生素	日粮主要形式	代谢活性形式	主要功能
肌醇	磷脂酰肌醇、植酸盐	磷脂酰肌醇	细胞信号
PQQ	吡咯并喹啉醌（PQQ）	PQQ	氧化还原反应的辅因子
硫辛酸	硫辛酸结合蛋白、游离硫辛酸	硫辛酸结合蛋白	KA 的氧化脱羧
泛醌	泛醌	辅酶 Q（动物体内）	线粒体电子传递
生物类黄酮	生物类黄酮苷类	生物类黄酮	抗氧化剂、色素
PABA	对氨基苯甲酸（PABA）	PABA	细菌中叶酸的合成

资料来源：Combs, G.F. 2012. *The Vitamines: Fundamental Aspects in Nutrition and Health*. Academic Press. New York, NY; and Open Chemistry Database, https://pubchem.ncbi.nlm.nih.gov。

* 化学上，甲萘醌是一种水溶性物质。然而，它在动物中被代谢成脂溶性的生物活性甲基萘醌。

注：AA，氨基酸；ACP，酰基载体蛋白质；DA，5'-脱氧腺苷；KA，α-酮酸；5,10-MTF，N^5,N^{10}-亚甲基四氢叶酸；5-MTF，N^5-甲基四氢叶酸；THF，四氢叶酸。

（译者：谭碧娥）

参 考 文 献

Acosta, M.J., L. Vazquez Fonseca, M.A. Desbats, C. Cerqua, R. Zordan, E. Trevisson, and L. Salviati. 2016. Coenzyme Q biosynthesis in health and disease. *Biochim. Biophys. Acta* 1857:1079–1085.

Ahmad, I., T. Mirza1, K. Qadeer, U. Nazim, and F.H.M. Vaid. 2013. Vitamin B6: Deficiency diseases and methods of analysis. *Pak. J. Pharm. Sci*. 26:1057–1069.

Alpers, D.H. and G. Russell-Jones. 2013. Gastric intrinsic factor: The gastric and small intestinal stages of cobalamin absorption. A personal journey. *Biochimie* 95:989–994.

Aouameur, R., S. Da Cal, P. Bissonnette, M.J. Coady, and J.-Y. Lapointe. 2007. SMIT2 mediates all myo-inositol uptake in apical membranes of rat small intestine. *Am. J. Physiol*. 293:G1300–G1307.

Arnhold, T., H. Nau, S. Meyer, H.J. Rothkoetter, and A.D. Lampen. 2002. Porcine intestinal metabolism of excess vitamin A differs following vitamin A supplementation and liver consumption. *J. Nutr*. 132:197–203.

Baker, D.H., H.M. Edwards 3rd, C.S. Strunk, J.L. Emmert, C.M. Peter, I. Mavromichalis, and T.M. Parr. 1999. Single versus multiple deficiencies of methionine, zinc, riboflavin, vitamin B-6 and choline elicit surprising growth responses in young chicks. *J. Nutr*. 129:2239–2245.

Basset, G.J., S. Latimer, A. Fatihi, E. Soubeyrand, and A. Block. 2016. Phylloquinone (vitamin K1): Occurrence, biosynthesis and functions. *Mini-Rev. Med. Chem*. 16.

Bates, C.J. 1997. Bioavailability of riboflavin. *Eur. J. Clin. Nutr*. 51 (Suppl. 1):S38–42.

Beedholm-Ebsen, R., K. van de Wetering, T. Hardlei, E. Nexø, P. Borst, and S.K. Moestrup. 2010. Identification of multidrug resistance protein 1 (MRP1/ABCC1) as a molecular gate for cellular export of cobalamin. *Blood* 115:1632–1639.

Bencze, B., E. Ugrai, F. Gerloczy, and I. Juvancz. 1974. The effect of tocopherol on the embryonal development. *Int. J. Vitam. Nutr. Res*. 44:180–183.

Bentinger, M., M. Tekle, and G. Dallner. 2010. Coenzyme Q: Biosynthesis and functions. *Biochem. Biophys. Res. Commun*. 396:74–79.

Bentley, R. and R. Meganathan. 1982. Biosynthesis of vitamin K (menaquinone) in bacteria. *Microbiol. Rev*. 46:241–280.

Berdanier, C.D. 1998. *Advanced Nutrition: Micronutrients*. CRC Press, Boca Raton, FL.

Bettendorff, L., B. Lakaye, G. Kohn, and P. Wins. 2014. Thiamine triphosphate: A ubiquitous molecule in search of a physiological role. *Metab. Brain Dis*. 29:1069–1082.

Blomhoff, R., M.H. Green, and K.R. Norum. 1992. Vitamin A: Physiological and biochemical processing. *Annu. Rev. Nutr*. 12:37–57.

Bogan, K.L. and C. Brenner. 2008. Nicotinic acid, nicotinamide, and nicotinamide riboside: A molecular evaluation of NAD^+ precursor vitamins in human nutrition. *Annu. Rev. Nutr*. 28:115–130.

Booth, S.L. and J.W. Suttie. 1998. Dietary intake and adequacy of vitamin K. *J. Nutr*. 128:785–788.

Broberger, O., L. Ernster, and R. Zetterstrom. 1960. Oxidation of human hemoglobin by vitamin K3. *Nature* 188:316–317.

Brown, G. 2014. Defects of thiamine transport and metabolism. *J. Inherit. Metab. Dis.* 37:577–585.

Bruce, S.J., P.A. Guy, S. Rezzi, and A.B. Ross. 2010. Quantitative measurement of betaine and free choline in plasma, cereals and cereal products by isotope dilution LC-MS/MS. *J. Agric. Food Chem.* 58:2055–2061.

Burtle, G.J. and R.T. Lovell. 1989. Lack of response of channel catfish (*Ictalurus punctatus*) to dietary *myo*-inositol. *Can. J. Fish. Aquat. Sci.* 46:218–221.

Bürzle, M., Y. Suzuki, D. Ackermann, H. Miyazaki, N. Maeda, B. Clémençon, R. Burrier, and M.A. Hediger. 2013. The sodium-dependent ascorbic acid transporter family SLC23. *Mol. Aspects Med.* 34:436–454.

Butterworth, C.E. Jr. and A. Bendich. 1996. Folic acid and the prevention of birth defects. *Annu. Rev. Nutr.* 16:73–97.

Byers, T. and G. Perry. 1992. Dietary carotenes, vitamin C, and vitamin E as protective antioxidants in human cancers. *Annu. Rev. Nutr.* 12:139–159.

Carpenter, K.J. 1983. The relationship of pellagra to corn and the low availability of niacin in cereals. *Experientia Suppl.* 44:197–222.

Cascella, M., S. Bärfuss, and A. Stocker. 2013. *Cis*-retinoids and the chemistry of vision. *Arch. Biochem. Biophys.* 539:187–195.

Castoldi, E. and T.M. Hackeng. 2008. Regulation of coagulation by protein S. *Curr. Opin. Hematol.* 15:529–536.

Chelstowska, S., M.A.K. Widjaja-Adhi, J.A. Silvaroli, and M. Golczak. 2016. Molecular basis for vitamin A uptake and storage in vertebrates. *Nutrients* 8:676.

Christakos, S., P. Dhawan, A. Verstuyf, L. Verlinden, and G. Carmeliet. 2016. Vitamin D: Metabolism, molecular mechanism of action, and pleiotropic effects. *Physiol. Rev.* 96:365–408.

Chu, S.H. and D.M. Hegsted. 1980. *Myo*-inositol deficiency in gerbils: Comparative study of the intestinal lipodystrophy in *Meriones unguiculatus* and *Meriones libycus. J. Nutr.* 110:1209–1216.

Clagett-Dame, M. and H.F. DeLuca. 2002. The role of vitamin A in mammalian reproduction and embryonic development. *Annu. Rev. Nutr.* 22:347–381.

Clarke, P. 2010. Vitamin K prophylaxis for preterm infants. *Early Hum. Dev.* 86 (Suppl. 1):17–20.

Clark, N.P., D.M. Witt, L.E. Davies, E.M. Saito, K.H. McCool, J.D. Douketis, K.R. Metz, and T. Delate. 2015. Bleeding, recurrent venous thromboembolism, and mortality risks during Warfarin interruption for invasive procedures. *JAMA Intern. Med.* 175:1163–1168.

Collins, M.D. and G.E. Mao. 1999. Teratology of retinoids. *Annu. Rev. Pharmacol. Toxicol.* 39:399–430.

Combs, G.F. 2012. *The Vitamins: Fundamental Aspects in Nutrition and Health.* Academic Press, New York, NY.

Corpe, C.P., P. Eck, J. Wang, H. Al-Hasani, and M. Levine. 2013. Intestinal dehydroascorbic acid (DHA) transport mediated by the facilitative sugar transporters, GLUT2 and GLUT8. *J. Biol. Chem.* 288:9092–9101.

Coxon, K.M., E. Chakauya, H.H. Ottenhof, H.M. Whitney, T.L. Blundell, C. Abell, and A.G. Smith. 2005. Pantothenate biosynthesis in higher plants. *Biochem. Soc. Trans.* 33:743–746.

Cronan, J.E. 2016. Assembly of lipoic acid on its cognate enzymes: An extraordinary and essential biosynthetic pathway. *Microbiol. Mol. Biol. Rev.* 80:429–450.

DeGaris, P.J. and I.J. Lean. 2008. Milk fever in dairy cows: A review of pathophysiology and control principles. *Vet. J.* 176:58–69.

Dekaney, C.M., G. Wu, Y.L. Yin, and L.A. Jaeger. 2008. Regulation of ornithine aminotransferase gene expression and activity by all-trans retinoic acid in Caco-2 intestinal epithelial cells. *J. Nutr. Biochem.* 19:674–681.

DeLuca, H.F. 2016. Vitamin D: Historical overview. *Vitam. Horm.* 100:1–20.

Deluca, H.F., J.M. Prahl, and L.A. Plum. 2011. 1,25-Dihydroxyvitamin D is not responsible for toxicity caused by vitamin D or 25-hydroxyvitamin D. *Arch. Biochem. Biophys.* 505:226–230.

DiPalma, J.R. and D.M. Ritchie. 1977. Vitamin toxicity. *Annu. Rev. Pharmacol. Toxicol.* 17:133–148.

Durán, J.M., M.J. Peral, M.L. Calonge, and A.A. Ilundáin. 2005. OCTN3: A Na$^+$-independent L-carnitine transporter in enterocytes basolateral membrane. *J. Cell Physiol.* 202:929–935.

Ducker, G.S. and J.D. Rabinowitz. 2017. One-carbon metabolism in health and disease. *Cell Metab.* 25:27–42.

Egaas, E. and G. Lambertsen. 1979. Naturally occurring vitamin D3 in fish products analysed by HPLC, using vitamin D2 as an international standard. *Int. J. Vitam. Nutr. Res.* 49:35–42.

Englard, S. and S. Seifter. 1986. The biochemical functions of ascorbic acid. *Annu. Rev. Nutr.* 6:365–406.

Ennis, E.A. and R.D. Blakely. 2016. Choline on the move: Perspectives on the molecular physiology and pharmacology of the presynaptic choline transporter. *Adv. Pharmacol.* 76:175–213.

Esmon, C.T., S. Vigano-D'Angelo, A. D'Angelo, and P.C. Comp. 1987. Anticoagulation proteins C and S. *Adv. Exp. Med. Biol.* 214:47–54.

Fang, Y.Z., S. Yang, and Wu, G. 2002. Free radicals, antioxidants, and nutrition. *Nutrition* 18:872–879.

Ferland, G. 2012. The discovery of vitamin K and its clinical applications. *Ann. Nutr. Metab.* 61:213–218.

Finkel, M.J. 1961. Vitamin K, and the vitamin K analogues. *Clin. Pharmacol. Ther.* 2:794–814.

Fleming, A. and A.J. Copp. 1998. Embryonic folate metabolism and mouse neural tube defects. *Science* 280:2107–2108.

Ford, J.E., K.J. Scott, B.F. Sansom, and P.J. Taylor. 1975. Some observations on the possible nutritional significance of vitamin B12 and folate-binding proteins in milk. Absorption of (^{58}Co)cyanocobalamin by suckling piglets. *Br. J. Nutr.* 34:469–492.

Fugate, C.J. and J.T. Jarrett. 2012. Biotin synthase: Insights into radical-mediated carbon-sulfur bond formation. *Biochim. Biophys. Acta* 1824:1213–1222.

García-Angulo, V.A. 2017. Overlapping riboflavin supply pathways in bacteria. *Crit. Rev. Microbiol.* 43:196–209.

Geiger, J.H. and X. Jin. 2006. The structure and mechanism of *myo*-inositol-1-phosphate synthase. *Subcell. Biochem.* 39:157–180.

Georgievskii, V.I. 1982. The physiological role of microelements. In: *Mineral Nutrition of Animals.* Edited by V.I. Georgievskii, B.N. Annenkov, and V.T. Samokhin. Butterworths, London, U.K.

Gill, D.L., T.K. Ghosh, and J.M. Mullaney. 1989. Calcium signaling mechanisms in endoplasmic reticulum activated by inositol-1,4,5 triphosphate and GTP. *Cell Calcium* 10:363–374.

Gille, D. and A. Schmid. 2015. Vitamin B12 in meat and dairy products. *Nutr. Rev.* 73:106–115.

Gopalan, C. and K.S. Jaya Rao. 1975. Pellagra and amino acids imbalance. *Vitam. Horm.* 33:505–528.

Gross, J. and P. Budowski. 1966. Conversion of carotenoids into vitamins A$_1$ and A$_2$ in two species of freshwater fish. *Biochem. J.* 101:747–754.

Gross, C.J., L.M. Henderson, and D.A. Savaiano. 1986. Uptake of L-carnitine, D-carnitine and acetyl-L-carnitine by isolated guinea-pig enterocytes. *Biochim. Biophys. Acta* 886:425–433.

Gruber, K., B. Puffer, and B. Kräutler. 2011. Vitamin B12-derivatives-enzyme cofactors and ligands of proteins and nucleic acids. *Chem. Soc. Rev.* 40:4346–4363.

Hall, C.A. 1977. The carriers of native vitamin B12 in normal human serum. *Clin. Sci. Mol. Med.* 53:453–457.

Halsted, C.H. 2003. Absorption of water-soluble vitamins. *Curr. Opin. Gastroenterol.* 19:113–117.

Halsted, C.H. and V. Medici. 2011. Vitamin-dependent methionine metabolism and alcoholic liver disease. *Adv. Nutr.* 2:421–427.

Hayashi, H. 1995. Pyridoxal enzymes: Mechanistic diversity and uniformity. *J. Biochem.* 118:463–473.

Helmreich, E.J. 1992. How pyridoxal 5′-phosphate could function in glycogen phosphorylase catalysis. *Biofactors* 3:159–172.

Hippe, E. and M. Schwartz. 1971. Intrinsic factor activity of stomach preparations from various animal species. *Scand. J. Haematol.* 8:276–281.

Hirota, Y., N. Tsugawa, K. Nakagawa, Y. Suhara, K. Tanaka, Y. Uchino, A. Takeuchi et al. 2013. Menadione (vitamin K3) is a catabolic product of oral phylloquinone (vitamin K1) in the intestine and a circulating precursor of tissue menaquinone-4 (vitamin K2) in rats. *J. Biol. Chem.* 288:33071–33080.

Hopkins, F.G. 1912. Feeding experiments illustrating the importance of accessory factors in normal dietaries. *J. Physiol.* 44:425–460.

How, K.L., H.A. Hazewinkel, and J.A. Mol. 1994. Dietary vitamin D dependence of cat and dog due to inadequate cutaneous synthesis of vitamin D. *Gen. Comp. Endocrinol.* 96:12–18.

Imai, T., K. Tanaka, T. Yonemitsu, Y. Yakushiji, and K. Ohura. 2017. Elucidation of the intestinal absorption of para-aminobenzoic acid, a marker for dietary intake. *J. Pharm. Sci.* 106:2881–2888. doi: 10.1016/j.xphs.2017.04.070.

Irie, T., T. Sugimoto, N. Ueki, H. Senoo, and T. Seki. 2010. Retinoid storage in the egg of reptiles and birds. *Comp. Biochem. Physiol. B* 157:113–118.

Jones, G., S.A. Strugnell, and H.F. DeLuca. 1998. Current understanding of the molecular actions of vitamin D. *Physiol. Rev.* 78:1193–1231.

Jones, T.C. and R.D. Hunt. 1983. *Veterinary Pathology.* Lea & Febiger, Philadelphia, PA.

Kamanna, V.S., S.H. Ganji, and M.L. Kashyap. 2013. Recent advances in niacin and lipid metabolism. *Curr. Opin. Lipidol.* 24:239–245.

Kato, Y., M. Sugiura, T. Sugiura, T. Wakayama, Y. Kubo, D. Kobayashi, Y. Sai, I. Tamai, S. Iseki, and A. Tsuji. 2006. Organic cation/carnitine transporter OCTN2 (Slc22a5) is responsible for carnitine transport across apical membranes of small intestinal epithelial cells in mouse. *Mol. Pharmacol.* 70:829–837.

Killgore, I. 1989. Nutritional importance of pyrroloquinoline quinine. *Science* 245:850–852.

Kono, N. and H. Arai. 2015. Intracellular transport of fat-soluble vitamins A and E. *Traffic* 16:19–34.

Lucock M. 2000. Folic acid: Nutritional biochemistry, molecular biology, and role in disease processes. *Mol. Genet. Metab.* 71:121–138.

MacKay, D., J. Hathcock, and E. Guarneri. 2012. Niacin: Chemical forms, bioavailability, and health effects. *Nutr. Rev.* 70:357–366.

Maeda, Y., S. Kawata, Y. Inui, K. Fukuda, T. Igura, and Y. Matsuzawa. 1996. Biotin deficiency decreases ornithine transcarbamylase activity and mRNA in rat liver. *J. Nutr.* 126:61–66.

Mahan, D.C., S. Ching, and K. Dabrowski. 2004. Developmental aspects and factors influencing the synthesis and status of ascorbic acid in the pig. *Annu. Rev. Nutr.* 24:79–103.

Mai, K.S., G.T. Wu, and W. Zhu. 2001. Abalone, *Haliotis discus hannai Ino*, can synthesize *myo*-inositol *de novo* to meet physiological needs. *J. Nutr.* 131:2898–2903.

Manzetti, S., J. Zhang, and D. van der Spoel. 2014. Thiamin function, metabolism, uptake, and transport. *Biochemistry* 53:821–835.

March, B.E., V. Coates, and J. Biely. 1968. Reticulocytosis in response to dietary antioxidants. *Science* 164:1398–1399.

March, B.E., E. Wong, L. Seier, J. Sim, and J. Biely. 1973. Hypervitaminosis E in the chick. *J.Nutr.*103:371–377.

Marchioli, R., G. Levantesi, A. Macchia, R.M. Marfisi, G.L. Nicolosi, L. Tavazzi, G. Tognoni, F. Valagussa, and GISSI-Prevenzione Investigators. 2006. Vitamin E increases the risk of developing heart failure after myocardial infarction: Results from the GISSI-Prevenzione trial. *J. Cardiovasc. Med.* 7:347–350.

Maurice, D.V., S.F. Lightsey and J.E. Toler. 2004. Ascorbic acid biosynthesis in hens producing strong and weak eggshells. *Br. Poultry Sci.* 45:404–408.

McDonald, P., R.A. Edwards, J.F.D.Greenhalgh, J.F.D.Greenhalgh,C.A.Morgan and L.A.Sinclair.2011.*Animal Nutrition*, 7th ed. Prentice Hall, New York.

McKay, E.J. and L.M. McLeay. 1981. Location and secretion of gastric intrinsic factor in the sheep. *Res. Vet. Sci.* 30:261–265.

McMahon, R.J. 2002. Biotin in metabolism and molecular biology. *Annu. Rev. Nutr.* 22:221–239.

Meadows, J.A. and M.J. Wargo. 2015. Carnitine in bacterial physiology and metabolism. *Microbiology* 161:1161–1174.

Meydani, M. and K.R. Martin. 2001. Intestinal absorption of fat-soluble vitamins. In: *Intestinal Lipid Metabolism*. Edited by C.M. Mansbach, P. Tso and A. Kuksis. Kluwer Academic, New York, pp. 367–381.

Miller, E.R.3rd, R. Pastor-Barriuso, D. Dalal, R.A. Riemersma, L.J. Appel, and E. Guallar. 2005. Meta-analysis: High-dosage vitamin E supplementation may increase all-cause mortality. *Ann. Intern. Med.* 142:37–46.

Moura, F.A., K.Q. de Andrade, J.C. dos Santos, and M.O. Goulart. 2015. Lipoic acid: Its antioxidant and anti-inflammatory role and clinical applications. *Curr. Top. Med. Chem.* 15:458–483.

Nabokina, S.M., K. Inoue, V.S. Subramanian, J.E. Valle, H. Yuasa, and H.M. Said. 2014. Molecular identification and functional characterization of the human colonic thiamine pyrophosphate transporter. *J. Biol. Chem.* 289:4405–4416.

Nabokina, S.M., M.L. Kashyap, and H.M. Said. 2005. Mechanism and regulation of human intestinal niacin uptake. *Am. J. Physiol. Cell Physiol.* 289:C97–C103.

Nakagawa, K., Y. Hirota, N. Sawada, N. Yuge, M. Watanabe, Y. Uchino, N. Okuda, Y. Shimomura, Y. Suhara, and T. Okano. 2010. Identification of UBIAD1 as a novel human menaquinone-4 biosynthetic enzyme. *Nature* 468:117–121.

National Research Council (NRC). 1998. *Nutrient Requirements of Swine*, National Academy Press, Washington, D.C.

Nau, H. 2001. Teratogenicity of isotretinoin revisited: Species variation and the role of all-*trans*-retinoic acid. *J. Am. Acad. Dermatol.* 45:S183–187.

Niehoff, I.D., L. Hüther, and P. Lebzien. 2009. Niacin for dairy cattle: A review. *Br. J. Nutr.* 101:5–19.

Nielsen, M.J., M.R. Rasmussen, C.B.F. Andersen, E. Nexø, and S.K. Moestrup. 2012. Vitamin B 12 transport from food to the body's cells—A sophisticated, multistep pathway. *Nat. Rev. Gastroenterol. Hepatol.* 9:345–354.

Niki, E. and M.G. Traber. 2012. A history of vitamin E. *Ann. Nutr. Metab.* 61:207–212.

Nilsson, A. and R.D. Duan. 2006. Absorption and lipoprotein transport of sphingomyelin. *J. Lipid Res.* 47:154–171.

O'Byrne, S.M., N. Wongsiriroj, J. Libien, S. Vogel, I.J. Goldberg, W. Baehr, K. Palczewski, and W.S. Blaner. 2005. Retinoid absorption and storage is impaired in mice lacking lecithin:retinol acyltransferase (LRAT). *J. Biol. Chem.* 280:35647–35657.

Okano, T., E. Kuroda, H. Nakao, S. Kodama, T. Matsuo, Y. Nakamichi, K. Nakajima, N. Hirao, and T. Kobayashi. 1986. Lack of evidence for existence of vitamin D and 25-hydroxyvitamin D sulfates in human breast and cow's milk. *J. Nutr. Sci. Vitaminol. (Tokyo)* 32:449–462.

Ouchi, A., M. Nakano, S. Nagaoka, and K. Mukai. 2009. Kinetic study of the antioxidant activity of pyrroloquinolinequinol (PQQH(2), a reduced form of pyrroloquinoline quinone) in micellar solution. *J. Agric. Food Chem.* 57:450–456.

Owens, C.A. Jr. 1971. Pharmacology and toxicology. In: *The Vitamins: Chemistry, Physiology, Pathology, Methods.* Edited by W.H. Sebrell and R.S. Harris. Academic Press, New York, NY, pp. 492–509.

Padayatty, S.J. and M. Levine. 2016. Vitamin C: The known and the unknown and Goldilocks. *Oral Dis.* 22:463–493.

Panche, A.N., A.D. Diwan, and S.R. Chandra. 2016. Flavonoids: An overview. *J. Nutr. Sci.* 5:e47.

Panter, R.A. and J.B. Mudd. 1969. Carnitine levels in some higher plants. *FEBS Lett.* 5:169–170.

Penniston, K.L. and S.A. Tanumihardjo. 2006. The acute and chronic toxic effects of vitamin A. *Am. J. Clin. Nutr.* 83:191–201.

Pesti, G.M., G.N. Rowland 3rd, and K.S. Ryu. 1991. Folate deficiency in chicks fed diets containing practical ingredients. *Poult. Sci.* 70:600–604.

Peterlik, M. 2012. Vitamin D insufficiency and chronic diseases: Hype and reality. *Food Funct.* 3:784–794.

Pinto, J.T. and A.J. Cooper. 2014. From cholesterogenesis to steroidogenesis: Role of riboflavin and flavoenzymes in the biosynthesis of vitamin D. *Adv. Nutr.* 5:144–163.

Politis, I. 2012. Reevaluation of vitamin E supplementation of dairy cows: Bioavailability, animal health and milk quality. *Animal* 6:1427–1434.

Pond, W.G., D.C. Church, and K.R. Pond. 1995. *Basic Animal Nutrition and Feeding*, 4th ed. John Wiley & Sons, New York.

Powers, H.J. 2003. Riboflavin (vitamin B-2) and health. *Am. J. Clin. Nutr.* 77:1352–1360.

Proszkowiec-Weglarz, M. and R. Angel. 2013. Calcium and phosphorus metabolism in broilers: Effect of homeostatic mechanism on calcium and phosphorus digestibility. *J. Appl. Poult. Res.* 22:609–627.

Puehringer, S., M. Metlitzky, and R. Schwarzenbacher. 2008. The pyrroloquinoline quinone biosynthesis pathway revisited: A structural approach. *BMC Biochem.* 9:8.

Quick, M. and L., Shi. 2015. The sodium/multivitamin transporter: A multipotent system with therapeutic implications. *Vitam. Horm.* 98:63–100.

Ragaller, V., P. Lebzien, K.H. Südekum, L. Hüther, and G. Flachowsky. 2011. Pantothenic acid in ruminant nutrition: A review. *J. Anim. Physiol. Anim. Nutr.* 95:6–16.

Rai, R.K., J. Luo, and T.H. Tulchinsky. 2017. Vitamin K supplementation to prevent hemorrhagic morbidity and mortality of newborns in India and China. *World J. Pediatr.* 13:15–19.

Rahman, M.M.A. and P. Hongsprabhas. 2016. Genistein as antioxidant and antibrowning agents in *in vivo* and *in vitro*: A review. *Biomed. Pharmacother.* 82:379–392.

Ranjan, R., A. Ranjan, G.S. Dhaliwal, and R.C. Patra. 2012. L-Ascorbic acid (vitamin C) supplementation to optimize health and reproduction in cattle. *Vet. Q.* 32:145–150.

Raux, E., H.L. Schubert, and M.J. Warren. 2000. Biosynthesis of cobalamin (vitamin B12): A bacterial conundrum. *Cell. Mol. Life Sci.* 57:1880–1893.

Rebhun, W.C., B.C. Tennant, S.G. Dill, and J.M. King. 1984. Vitamin K3-induced renal toxicosis in the horse. *J. Am. Vet. Med. Assoc.* 184:1237–1239.

Reboul, E. 2015. Intestinal absorption of vitamin D: From the meal to the enterocyte. *Food Funct.* 6:356–362.

Reboul, E., A. Berton, M. Moussa, C. Kreuzer, I. Crenon, and P. Borel. 2006. Pancreatic lipase and pancreatic lipase-related protein 2, but not pancreatic lipase-related protein 1, hydrolyze retinyl palmitate in physiological conditions. *Biochim. Biophys. Acta* 1761:4–10.

Reshkin, S.J., S. Vilella, G.A. Ahearn, and C. Storelli. 1989. Basolateral inositol transport by intestines of carnivorous and herbivorous teleosts. *Am. J. Physiol.* 256:G509–G516.

Roche. 1991. *Vitamin Nutrition for Swine.* Hoffmann-La Roche Inc. Nutley, NJ.

Sahr, T., S. Ravanel, and F. Rébeillé. 2005. Tetrahydrofolate biosynthesis and distribution in higher plants. *Biochem. Soc. Trans.* 33:758–762.

Said, H.M. 2011. Intestinal absorption of water-soluble vitamins in health and disease. *Biochem. J.* 437:357–372.

Said, H.M., H. Chatterjee, R.U. Haq, V.S. Subramanian, A. Ortiz, L.H. Matherly, F.M. Sirotnak, C. Halsted, and S.A. Rubin. 2000. Adaptive regulation of intestinal folate uptake: Effect of dietary folate deficiency. *Am. J. Physiol. Cell Physiol.* 279:C1889–C1895.

Samuel, K.G., H.J. Zhang, J. Wang, S.G. Wu, H.Y. Yue, L.L. Sun, and G.H. Qi. 2015. Effects of dietary pyrroloquinoline quinone disodium on growth performance, carcass yield and antioxidant status of broiler chicks. *Animal* 9:409–416.

Schmid, A. and B. Walther. 2013. Natural vitamin D content in animal products. *Adv. Nutr.* 4:453–462.

Schmitt, C.A. and V.M. Dirsch. 2009. Modulation of endothelial nitric oxide by plant-derived products. *Nitric Oxide* 21:77–91.

Semba, R.D. 2012. The discovery of the vitamins. *Int. J. Vitam. Nutr. Res.* 82:310–315.

Shane B. 2008. Folate and vitamin B12 metabolism: Overview and interaction with riboflavin, vitamin B6, and polymorphisms. *Food Nutr. Bull.* 29(2 Suppl.):S5–16.

Shearer, M.J., A. Bach, and M. Kohlmeier. 1996. Chemistry, nutritional sources, tissue distribution and metabolism of vitamin K with special reference to bone health. *J. Nutr.* 126(4 Suppl.):1181S–1186S.

Sherwood, T.A., R.L. Alphin, W.W. Saylor, and H.B. White 3rd. 1993. Folate metabolism and deposition in eggs by laying hens. *Arch. Biochem. Biophys.* 307:66–72.

Shibata, K., C.J. Gross, and L.M. Henderson. 1983. Hydrolysis and absorption of pantothenate and its coenzymes in the rat small intestine. *J. Nutr.* 113:2107–2115.

Shiraki, M., N. Tsugawa, and T. Okano. 2015. Recent advances in vitamin K-dependent Gla-containing proteins and vitamin K nutrition. *Osteoporosis Sarcopenia* 1:22–38.

Shukla, S., C.-P. Wu, K. Nandigama, and S.V. Ambudkar. 2007. The naphthoquinones, vitamin K_3 and its structural analogue plumbagin, are substrates of the multidrug resistance-linked ATP binding cassette drug transporter ABCG2. *Mol. Cancer Ther.* 6:3279–3286.

Smidt, C.R., C.J. Unkefer, D.R. Houck, and R.B. Rucker. 1991. Intestinal absorption and tissue distribution of (^{14}C)pyrroloquinoline quinone in mice. *Proc. Soc. Exp. Biol. Med.* 197:27–31.

Smith, C.M. and W.O. Song. 1996. Comparative nutrition of pantothenic acid. *J. Nutr. Biochem.* 7:312–321.

Smith, R.M. and H.R. Marston. 1970. Production, absorption, distribution and excretion of vitamin B12 in sheep. *Br. J. Nutr.* 24:857–877.

Soprano, D.R. and K.J. Soprano. 1995. Retinoids as teratogens. *Annu. Rev. Nutr.* 15:111–132.

Stadtman, T.C. 2002. Discoveries of vitamin B_{12} and selenium enzymes. *Annu. Rev. Biochem.* 71:1–16.

Steinberg, F.M., M.E. Gershwin, and R.B. Rucker. 1994. Dietary Pyrroloquinoline quinone: Growth and immune response in BALB/c mice. *J Nutr.* 124:744–753.

Stephensen, C.B. 2001. Vitamin A, infection, and immune function. *Annu. Rev. Nutr.* 21:167–192.

Stites, T.E., A.E. Mitchell, and R.B. Rucker. 2000. Physiological importance of quinoenzymes and the *O*-quinone family of cofactors. *J. Nutr.* 130:719–727.

Suttle, N.F. 2010. *Mineral Nutrition of Livestock*, 4th ed. CABI, Wallingford, U.K.

Thakur, K., S.K. Tomar, A.K. Singh, S. Mandal, and S. Arora. 2016. Riboflavin and health: A review of recent human research. *Crit. Rev. Food Sci. Nutr.* 57:3650–3660. doi: 10.1080/10408398.2016.1145104.

Tong, L. 2013. Structure and function of biotin-dependent carboxylases. *Cell Mol. Life Sci.* 70:863–891.

Traber, M.G. 2007. Vitamin E regulatory mechanisms. *Annu. Rev. Nutr.* 27:347–362.

Trugo, N.M., J.E. Ford, and D.N. Salter. 1985. Vitamin B12 absorption in the neonatal piglet. 3. Influence of vitamin B12-binding protein from sows' milk on uptake of vitamin B12 by microvillus membrane vesicles prepared from small intestine of the piglet. *Br. J. Nutr.* 54:269–283.

Uchida, Y., K. Ito, S. Ohtsuki, Y. Kubo, T. Suzuki, and T. Terasaki. 2015. Major involvement of Na(+)-dependent multivitamin transporter (SLC5A6/SMVT) in uptake of biotin and pantothenic acid by human brain capillary endothelial cells. *J. Neurochem.* 134:97–112.

Ueland, P.M., A. Ulvik, L. Rios-Avila, Ø. Midttun, and J.F. Gregory. 2015. Direct and functional biomarkers of vitamin B6 status. *Annu. Rev. Nutr.* 35:33–70.

Ulatowski, L. and D. Manor. 2013. Vitamin E trafficking in neurologic health and disease. *Annu. Rev. Nutr.* 33:87–103.

Van Bennekum, A., M. Werder, S.T. Thuahnai, C.H. Han, P. Duong, D.L. Williams, P. Wettstein, G. Schulthess, M.C. Phillips, and H. Hauser. 2005. Class B scavenger receptor-mediated intestinal absorption of dietary β-carotene and cholesterol. *Biochemistry* 44:4517–4525.

Vadlapudi, A.D., R.K. Vadlapatla, and A.K. Mitra. 2012. Sodium dependent multivitamin transporter (SMVT): A potential target for drug delivery. *Curr. Drug Targets* 13:994–1003.

Vaz, F.M. and R.J.A. Wanders. 2002. Carnitine biosynthesis in mammals. *Biochem. J.* 361:417–429.

Vedder, L.C., J.M. Hall, K.R. Jabrouin, and L.M. Savage. 2015. Interactions between chronic ethanol consumption and thiamine deficiency on neural plasticity, spatial memory, and cognitive flexibility. *Alcohol Clin. Exp. Res.* 39:2143–2153.

Vogel, S., M.V. Gamble, and W.S. Blaner. 1999. Biosynthesis, absorption, metabolism and transport of retinoids. In: Retinoids. Edited by H. Nau and W.S. Blaner. Springer, New York, NY.

Waldrop, G.L., H.M. Holden, and M. St Maurice. 2012. The enzymes of biotin dependent CO_2 metabolism: What structures reveal about their reaction mechanisms. *Protein Sci.* 21:1597–1619.

Wang, J., H.J. Zhang, K.G. Samuel, C. Long, S.G. Wu, H.Y. Yue, L.L. Sun, and G.H. Qi. 2015. Effects of dietary pyrroloquinoline quinone disodium on growth, carcass characteristics, redox status, and mitochondria metabolism in broilers. *Poult. Sci.* 94:215–225.

Wang, J.J., Z.L. Wu, D.F. Li, N. Li, S.V. Dindot, M.C. Satterfield, F.W. Bazer, and G. Wu. 2012. Nutrition, epigenetics, and metabolic syndrome. *Antioxid. Redox Signal.* 17:282–301.

Weir, R.R., J.J. Strain, M. Johnston, C. Lowis, A.M. Fearon, S. Stewart, and L.K. Pourshahidi. 2017. Environmental and genetic factors influence the vitamin D content of cows' milk. *Proc. Nutr. Soc.* 76:76–82.

Wells, W.W. and D.P. Xu. 1994. Dehydroascorbate reduction. *J. Bioenerg. Biomembr.* 26:369–377.

Wells, W.W., D.P. Xu, Y.F. Yang, and P.A. Rocque. 1990. Mammalian thioltransferase (glutaredoxin) and protein disulfide isomerase have dehydroascorbate reductase activity. *J. Biol. Chem.* 265:15361–15364.

Wongsiriroj, N., R. Piantedosi, K. Palczewski, I.J. Goldberg, T.P. Johnston, E. Li, and W.S. Blaner. 2008. The molecular basis of retinoid absorption—A genetic dissection. *J. Biol. Chem.* 283:13510–13519.

Wrong, O.M., C.J. Edmonds, and V.S. Chadwick. 1981. *The Large Intestine: Its Role in Mammalian Nutrition and Homeostasis.* Wiley and Sons, New York.

Wu, G. 2013. *Amino Acids: Biochemistry and Nutrition*, CRC Press, Boca Raton, Florida.

Wu, G. and C.J. Meininger. 2002. Regulation of nitric oxide synthesis by dietary factors. *Annu. Rev. Nutr.* 22:61–86.

Wu, G., J. Fanzo, D.D. Miller, P. Pingali, M. Post, J.L. Steiner, and A.E. Thalacker-Mercer. 2014. Production and supply of high-quality food protein for human consumption: Sustainability, challenges and innovations. *Ann. N.Y. Acad. Sci.* 1321:1–19.

Wyatt, R.D., H.T. Tung, W.E. Donaldson, and P.B. Hamilton. 1973. A new description of riboflavin deficiency syndrome in chickens. *Poult. Sci.* 52:237–244.

Yao, K., Y.L. Yin, Z.M., Feng, Z.R., Tang, J. Fang, and G. Wu. 2011. Tryptophan metabolism in animals: Important roles in nutrition and health. *Front. Biosci.* S3:286–297.

Yeum, K.J. and R.M. Russell. 2002. Carotenoid bioavailability and bioconversion. *Annu. Rev. Nutr.* 22:483–504.

Yin, Z., Z. Huang, J. Cui, R. Fiehler, N. Lasky, D. Ginsburg, and G.J. Broze, Jr. 2000. Prothrombotic phenotype of protein Z deficiency. *Proc. Natl. Acad. Sci. USA* 97:6734–6738.

Zeisel, S.H. and K. da Costa. 2009. Choline: An essential nutrient for public health. *Nutr. Rev.* 67:615–623.

Zempleni, J., J.W. Suttie, J.F. Gregory III, and P.J. Stover. 2013. *Handbook of Vitamins*, 5th ed. CRC Press, Boca Raton, FL.

Zhao, R. and I.D. Goldman. 2013. Folate and thiamine transporters mediated by facilitative carriers (SLC19A1-3 and SLC46A1) and folate receptors. *Mol. Aspects Med.* 34:373–385.

Zhao, R., N. Diop-Bove, M. Visentin, and I. David Goldman. 2011. Mechanisms of membrane transport of folates into cells and across epithelia. *Annu. Rev. Nutr.* 31:177–201.

Zingg, J.M. 2015. Vitamin E: A role in signal transduction. *Annu. Rev. Nutr.* 35:135–173.

Zou, F., Y. Liu, L. Liu, K. Wu, W. Wei, Y. Zhu, and J. Wu. 2007. Retinoic acid activates human inducible nitric oxide synthase gene through binding of RARalpha/RXRalpha heterodimer to a novel retinoic acid response element in the promoter. *Biochem. Biophys. Res. Commun.* 355:494–500.

10 矿物质营养与代谢

"Mineral"（矿物质）一词源于英语单词"mine"（矿），是指可以通过"mining"（采矿）从地壳中获得的一种物质。它们在地壳中的丰富度位列第 2–8 位，仅次于氧（重量的百分数）：氧，46.6%；硅，27.7%；铝，8.1%；铁，5.0%；钙，3.6%；钠，2.8%；钾，2.6%；镁，2.1%；还有其他元素，1.5%（Lutgens and Tarbuck, 2000）。矿物质在食物和动物体内都以无机元素的形式存在。与碳水化合物、脂肪酸和氨基酸不相同，矿物质在动物和微生物中既不能被合成也不能被分解（Harris, 2014）。动物体内和饲料中大约含有 47 种不同的矿物质（Pond et al., 1995）。有些矿物质在体内浓度为 ≥400 mg/kg 体重，被称为常量元素：如钠（Na）、钾（K）、氯（Cl）、钙（Ca）、磷（P）、硫（S）和镁（Mg）（表 10.1）。磷在细胞和体液中通常以磷酸盐的形式存在（Takeda et al., 2012）。此外，动物机体内含有大约 40 种浓度为 <100 mg/kg 体重的矿物质，被称为微量元素（Mertz, 1987）。到目前为止，以下 16 种微量元素已经被证实在动物机体内具有重要的生理功能，它们分别是：铁（Fe）、铜（Cu）、钴（Co）、锰（Mn）、锌（Zn）、碘（I）、硒（Se）、钼（Mo）、铬（Cr）、氟（F）、锡（Sn）、钒（V）、硅（Si）、镍（Ni）、硼（B）和溴（Br）（McCall et al., 2014; McDonald et al., 2011; Mertz, 1974），这些微量元素和之前所述的七大常量元素统一被归类为动物必需的营养物质。它们的缺乏会引起一些特异性症状，包括采食量下降、生长迟缓、发育受阻甚至死亡（Suttle, 2010）。虽然有些上述矿物质在高浓度饲喂时会对动物产生毒性，但其他矿物质 [如镉（Cd）、汞（Hg）、铅（Pb）、铍（Be）、砷（As）和铝（Al）] 即使浓度较低也对动物有毒，因此任何时候都应避免其在日粮中使用。

表 10.1 初生和成年动物体内常量元素的含量（数量/kg 去脂体重）

矿物质	人	猪	狗	猫	兔子	豚鼠	大鼠	小鼠	牛	鸡
					初生动物					
体重（kg）	3.56	1.25	0.328	0.118	0.054	0.080	0.0059	0.0016	55	0.04
水（g）	823	820	845	822	865	775	862	850	748	805
钙（g）	9.6	10.0	4.9	6.6	4.6	12.3	3.1	3.4	12	4.0
磷（g）	5.6	5.8	3.9	4.4	3.6	7.5	3.6	3.4	7	3.3
镁（g）	0.56	0.32	0.17	0.26	0.23	0.46	0.25	0.34	0.30	0.3
钠（mmol）	82	93	81	92	78	71	84	72	80	83
钾（mmol）	53	50	58	60	53	69	65	70	49	56
氯（mmol）	55	52	60	66	56	60	67	61	52	60
					成年动物					
体重（kg）	65	125	6.0	4.0	2.6	0.50	0.35	0.027	545	2.5
水（g）	720	750	740	740	730	646	720	780	705	740

续表

矿物质	人	猪	狗	猫	兔子	豚鼠	大鼠	小鼠	牛	鸡
钙（g）	22.4	12.0	14.0	13.0	13.0	14.8	12.4	11.4	18.0	13.0
磷（g）	12.0	7.0	6.8	8.0	7.0	9.43	7.5	7.4	10.0	7.1
镁（g）	0.47	0.45	0.40	0.45	0.50	0.94	0.40	0.43	0.41	0.50
钠（mmol）	80	65	69	65	58	77	59	63	69	51
钾（mmol）	69	74	65	77	72	107	81	80	49	69
氯（mmol）	50	41	43	41	32	48	40	46	31	44

资料来源：Cheek, D.B. and A.B. Holt. 1963. *Am. J. Physiol.* 205: 913–918; Engle, W.A. and J.A. Lemons. 1986. *Pediatr. Res.* 20: 1156–1160; Georgievskii, V.I., B.N. Annenkov, and V.T. Samokhin. 1982. *Mineral Nutrition of Animals.* Butterworths, London, U.K.; Kienzle, E., J. Zentek, and H. Meyer. 1998. *J. Nutr.* 128: 2680S–2683S; Pond, W.G., D.C. Church, and K.R. Pond. 1995. *Basic Animal Nutrition and Feeding.* 4th ed., John Wiley & Sons, New York。

矿物质的化学性质影响着它们的营养和生理功能（Harris, 2014），它们能获得或失去电子。有些矿物是金属（如钠和铁），它们通过失去电子而变成阳离子，并具有良好的导电性和导热性。许多金属矿物都是过渡元素（如铁、铜和锌），它们位列周期表的3–12组（图10.1），具有形成化合物的强烈趋势（Rayner-Canham and Overton, 2006）。然而，许多矿物是非金属的（如氯、碘和磷），它们缺乏金属的特性，可以通过获得电子而变成阴离子。大部分矿物质与蛋白质形成复合物以发挥运输和生物学功能，或在体内相互作用。金属结合蛋白富含半胱氨酸，进一步强调了含硫氨基酸在矿物质代谢和功能中的作用（Harris, 2014）。因此，一些矿物质可能影响其他矿物质的吸收和功能，而一些矿物质则可以调节动物细胞中的基因表达（Beckett et al., 2014; Cousins, 1994）。此外，一

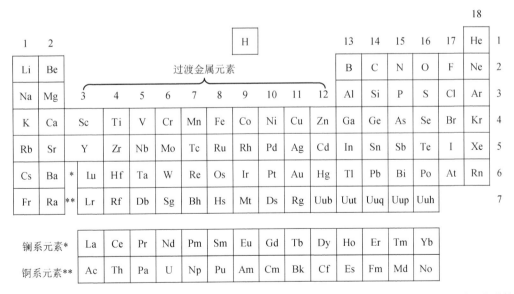

图10.1 元素周期表。该表是一个化学元素的排布，基于元素的原子数（质子数）、电子构型和化学性质。具有相似行为的元素排在一列，同一排（周期）的元素中左侧的为金属元素，中间的为常规金属元素（第3–12列），非金属元素列在右侧。改编自 Rayner-Canham and Overton. 2006. *Descriptive Inorganic Chemistry.* W.H. Freeman and Company, New York, NY。

些矿物元素能与氨基酸形成配位化合物，这类化合物在肠上皮细胞和肠外细胞具有很高的吸收率。这种交互作用有利有弊，是动物矿物质营养研究的一个重要方面。机体内矿物质含量不平衡，有别于简单的某类元素缺乏，是造成某些家畜、家禽和鱼类机体营养紊乱的根源之一（Georgievskii et al., 1982）。同样，由于矿物质是不能被分解的，即使是营养必需的，当它们的摄入量超过需求时也会引起毒性。因此，掌握矿物质的化学性质和代谢对于了解动物营养与生产实际是至关重要的。本章的主要目的是阐述动物体内矿物质的来源、吸收、转运、利用和功能。

10.1 矿物质的概述

10.1.1 矿物质的化学性质

矿物质由多种元素组成，但并非所有的元素都是营养必需的。比如说，元素周期表的第一个元素——氢，其元素形式并不是一种矿物质。同任何非氢原子一样，一个矿物质的原子由一个原子核和围绕着原子核的电子组成。原子核由具有正电荷的质子和等量的无电荷的中子构成。原子的99.94%以上集中在原子核上（Brown et al., 2003）。质子数也被称为原子数（如钠为11、氯为17）。原子质量是指其中质子和中子的质量总和，而原子量是指元素所有自然同位素的平均质量，其单位是道尔顿（Da）。如果质子数和电子数相等，那么原子是电中性的，没有净电荷。然而，如果一个原子的电子比其质子更多或者更少，它就有一个或多个负电荷或正电荷，称为离子。换句话说，原子通过得电子变成阴离子，通过失电子变成阳离子。两个或多个原子形成一个化合物（如氯化钠）。在溶于水后，所有双离子矿物化合物（如氯化钠）被离子化分解为组成它们的阴阳离子（如钠离子和氯离子）。表10.2显示了营养性必需矿物质的稳定价态。

表 10.2 动物体内营养性必需矿物质的化学特性

金属元素					非金属元素				
名称	符号	价态[a]	原子数	原子量	名称	符号	价态[a]	原子数	原子量
常量元素									
钙	Ca	+2	20	40.08	氯	Cl	−1	17	35.45
镁	Mg	+2	12	24.31	磷	P	+3，+5，−3	15	30.97
钾	K	+1	19	30.10	硫	S	+4，+6，−2	16	32.07
钠	Na	+1	11	22.90					
微量元素									
铬	Cr	+2，+3，+6	24	52.00	硼	B	+3	5	10.81
钴	Co	+1，+2，+3	27	58.93	溴	Br	−1	35	79.90
铜	Cu	+1，+2，+4	29	63.54	氟	F	−1	9	19.00
铁	Fe	+2，+3	26	55.85	碘	I	−1	53	126.91
锰	Mn	+2，+3	25	54.94	硒	Se	+4，+6，−2	34	78.96
钼	Mo	+4，+5，+6	42	95.94	硅	Si	+2，+4	14	28.09
镍	Ni	+1，+2	28	58.69	锡	Sn	+2，+4	50	118.71

金属元素					非金属元素				
名称	符号	价态[a]	原子数	原子量	名称	符号	价态[a]	原子数	原子量
钒	V	+2–+5	23	50.94					
锌	Zn	+2	30	65.39					

[a] 稳定的价态。

基于量子理论的原子结构典型模型，Niels Bohr 解释了原子的结构。在 1913 年，Bohr 提出原子的电子在其核周围拥有不同能量水平的圆形轨道（壳层）。这些壳中的每一个都用一个整数（如 1，2，3，4，…，n）来识别，这被称为主量子数。在一个壳层的电子的最大数量是 $2×n^2$，即第一层对应 2，第二层对应 8，第三层对应 18，第四层对应 32，以此类推，其中 n 是主量子数（即壳层数）。主量子数（或能级）越高，壳层离原子核越远。钠、氯、钾、锰、铜和锌的原子结构如图 10.2 所示。

图 10.2　钠、氯、钾、锰、铜和锌的原子结构。原子的电子围绕其核周围有不同能级的圆形轨道（壳层）。壳层中的最大电子数为 $2×n^2$（即 2、8、18、32、…分别为壳层 1、2、3、4、…），其中 n 是主量子数（即壳层数）。主量子数（或能级）越高，壳层离原子核越远。在所有原子中，最外层的电子称为价电子，它们参与化学键的形成。

在每个壳层中，有不同的空间（称为轨道），形状各异。轨道用字母 s、p、d 或 f 表示。壳层内的轨道数等于壳层数。例如，一个原子的第一壳层有 1 个轨道（即 $1s$）；第二壳层有 2 个轨道（即 $2s$ 和 $2p$）；第三壳层有 3 个轨道（即 $3s$、$3p$ 和 $3d$）；第四壳层有 4 个轨道（即 $4s$、$4p$、$4d$ 和 $4f$）。轨道 s、p、d 和 f 分别有 1、3、5 和 7 个亚轨道，每个亚轨道最多可容纳两个电子（Rayner-Canham and Overton，2006）。因此，轨道 s、p、d 和 f 分别可以有多达 2、6、10 和 14 个电子。s 轨道主要是指在元素周期表中的第 1 组和第 2 组元素，d 轨道表示第 3–12 组元素（过渡金属），p 轨道是第 13–18 组元素，f 轨道是镧系元素和锕系元素组。电子一般先填充最低能级轨道，然后是能级更高的轨道，一个电子轨道填充模式按 $1s$、$2s$、$2p$、$3s$、$3p$、$4s$、$3d$、$4p$、$5s$、$4d$、$5p$、$6s$、$4f$、$5d$、$6p$、$7s$ 和 $5f$ 顺序组成，注意 d、p 和 f 轨道能量水平不同：$3d>4s$，$4d>5s$，$4f>6s$，以及 $5f>7s>6p$。当然，铬和铜的例外，它们的 $3d$ 轨道的能量水平仅比 $4s$ 轨道稍高一点。相比于部分填充 d 亚轨道，一个元素只有当 d 亚轨道是半满的（如铬 $4s^1$ 和 $3d^5$）或全满（如铜 $4s^1$ 和 $3d^{10}$）时才能更稳定。在所有原子中，最外层的电子称为价电子，它们与化学键形成有关。

营养必需的常量和微量元素的电子排布，即原子中的电子在轨道上的分布，见表 10.3。钠原子的 $3s$ 层有一个电子，它可以失去此电子形成阳离子（Na^+），而氯原子有 7 个价电子，可以获得一个电子形成阴离子（Cl^-）。这两种离子具有低能量状态，化学性质稳定，彼此结合形成一种离子盐（NaCl）存在于动物饲料中或被添加到动物日粮中。同样，钾离子（K^+）、二价阳离子钙（Ca^{2+}）和存在于磷酸盐（PO_4^{3-}）中的磷都具有化学稳定性。值得注意的是，Na^+、Cl^-、K^+、Ca^{2+}和PO_4^{3-}不具有氧化还原活性。相反，许多过渡金属在参与氧化还原反应时可以出现一个以上的氧化态（如Fe^{2+}和Fe^{3+}）。如前所述，所有过渡金属具有不完全填充电子的$3d$轨道。部分填充的$3d$轨道允许过渡金属得到或失去电子，因此，这些元素在细胞氧化还原反应（如线粒体电子传递系统）中起着重要的作用。原子结构理论有助于理解动物营养和新陈代谢相关矿物质的电子云状态与化学性质。

表10.3　营养性必需矿物质的电子构型

元素（原子数）	电子构型	缩写
硼（5）	$1s^2 2s^2 2p^1$	$[He]\ 2s^2 2p^1$
氟（9）	$1s^2 2s^2 2p^5$	$[He]\ 2s^2 2p^5$
钠（11）	$1s^2 2s^2 2p^6 3s^1$	$[Ne]\ 3s^1$
镁（12）	$1s^2 2s^2 2p^6 3s^2$	$[Ne]\ 3s^2$
硅（14）	$1s^2 2s^2 2p^6 3s^2 3p^2$	$[Ne]\ 3s^2 3p^2$
磷（15）	$1s^2 2s^2 2p^6 3s^2 3p^3$	$[Ne]\ 3s^2 3p^3$
硫（16）	$1s^2 2s^2 2p^6 3s^2 3p^4$	$[Ne]\ 3s^2 3p^4$
氯（17）	$1s^2 2s^2 2p^6 3s^2 3p^5$	$[Ne]\ 3s^2 3p^5$
钾（19）	$1s^2 2s^2 2p^6 3s^2 3p^6 4s^1$	$[Ar]\ 4s^1$
钙（20）	$1s^2 2s^2 2p^6 3s^2 3p^6 4s^2$	$[Ar]\ 4s^2$
钒（23）	$1s^2 2s^2 2p^6 3s^2 3p^6 4s^2 3d^3$	$[Ar]\ 4s^2 3d^3$
铬（24）	$1s^2 2s^2 2p^6 3s^2 3p^6 4s^1 3d^5$	$[Ar]\ 4s^1 3d^5$
锰（25）	$1s^2 2s^2 2p^6 3s^2 3p^6 4s^2 3d^5$	$[Ar]\ 4s^2 3d^5$
铁（26）	$1s^2 2s^2 2p^6 3s^2 3p^6 4s^2 3d^6$	$[Ar]\ 4s^2 3d^6$
钴（27）	$1s^2 2s^2 2p^6 3s^2 3p^6 4s^2 3d^7$	$[Ar]\ 4s^2 3d^7$
镍（28）	$1s^2 2s^2 2p^6 3s^2 3p^6 4s^2 3d^8$	$[Ar]\ 4s^2 3d^8$
铜（29）	$1s^2 2s^2 2p^6 3s^2 3p^6 4s^1 3d^{10}$	$[Ar]\ 4s^1 3d^{10}$
锌（30）	$1s^2 2s^2 2p^6 3s^2 3p^6 4s^2 3d^{10}$	$[Ar]\ 4s^2 3d^{10}$
硒（34）	$1s^2 2s^2 2p^6 3s^2 3p^6 4s^2 3d^{10} 4p^4$	$[Ar]\ 4s^2 3d^{10} 4p^4$
溴（35）	$1s^2 2s^2 2p^6 3s^2 3p^6 4s^2 3d^{10} 4p^5$	$[Ar]\ 4s^2 3d^{10} 4p^5$
锡（50）	$1s^2 2s^2 2p^6 3s^2 3p^6 4s^2 3d^{10} 4p^6 5s^2 4d^{10} 5p^2$	$[Kr]\ 5s^2 4d^{10} 5p^2$
碘（53）	$1s^2 2s^2 2p^6 3s^2 3p^6 4s^2 3d^{10} 4p^6 5s^2 4d^{10} 5p^5$	$[Kr]\ 5s^2 4d^{10} 5p^5$

注：电子构型为 Ar（氩），$1s^2 2s^2 2p^6 3s^2 3p^6$；He（氦），$1s^2$；Kr（氪），$1s^2 2s^2 2p^6 3s^2 3p^6 4s^2 3d^{10} 4p^6$；Ne（氖），$1s^2 2s^2 2p^6$。以上都是周期表第18组中的惰性气体。

10.1.2　日粮矿物质的吸收概述

常见饲料中的矿物质成分见表10.4。在采食过程中，大量的水被分泌到小肠肠腔内以促进食物的消化；随后，几乎所有的水及营养物质被小肠吸收。食物基质中的蛋白质、脂类和碳水化合物在胃与小肠被消化后，释放出矿物质。植酸酶在从植物源成分释放矿物质中起着重要作用，因为大多数矿物质（尤其是磷）都与植酸结合，并且被包裹在复杂纤维中（Humer et al., 2015）。除了氟化氢（hydrogen fluoride，HF）和真正的螯合矿物复合体，游离矿物质离子通过特定的或共同的转运载体被吸收进入肠上皮细胞。与有机化合物（如血红素和氨基酸）真正螯合的矿物质可作为这些有机物的一部分，通过内吞作用或特定的转运载体被完全吸收。因为动物源成分比植物源成分更容易释放矿物质，前者的各种矿物质的消化率通常比后者高（在食物中的钒的生物利用率＜1%，在水中的氟的生物利用率接近 100%）（Georgievskii, 1982; Pond et al., 1995）。在非反刍动物中，当小肠内的细菌不能产生足够的植酸酶或纤维消化酶时，通过日粮补充这些酶可以改善日粮矿物质的生物利用率（第 13 章）。

表 10.4　饲料原料中矿物质含量[a]

饲料原料	钙（%）	磷（%）	钠（%）	氯（%）	钾（%）	镁（%）	硫（%）	铜（ppm）	铁（ppm）	锰（ppm）	硒（ppm）	锌（ppm）
苜蓿，17%粗蛋白质	1.53	0.26	0.09	0.47	2.30	0.23	0.29	10	333	32	0.34	24
大麦	0.06	0.35	0.04	0.12	0.45	0.14	0.15	7	78	18	0.19	25
血粉[b]	0.37	0.27	0.50	0.30	0.11	0.11	0.48	11	1922	6	0.58	38
血粉[c]	0.41	0.30	0.44	0.25	0.15	0.11	0.47	8	2919	6	—	30
菜籽粕	0.63	1.01	0.07	0.11	1.22	0.51	0.85	6	142	49	1.10	69
酪蛋白，干	0.61	0.82	0.01	0.04	0.01	0.01	0.60	4	14	4	0.16	30
玉米	0.03	0.28	0.02	0.05	0.33	0.12	0.13	3	29	7	0.07	18
CSM[d]	0.19	1.06	0.04	0.05	1.40	0.50	0.31	18	184	20	0.80	70
羽毛粉	0.33	0.50	0.34	0.26	0.19	0.20	1.39	10	76	10	0.69	111
鱼粉，鲱鱼	5.21	3.04	0.40	0.55	0.70	0.16	0.45	11	440	37	2.10	147
亚麻籽粕	0.39	0.83	0.13	0.06	1.26	0.54	0.39	22	270	41	0.63	66
MBM[e]	9.99	4.98	0.63	0.69	0.65	0.41	0.38	11	606	17	0.31	96
奶粉[f]	1.31	1.00	0.48	1.00	1.60	0.12	0.32	5	8	2	0.12	42
燕麦	0.07	0.31	0.08	0.10	0.42	0.16	0.21	6	85	43	0.30	38
花生粕，溶剂萃取	0.22	0.65	0.07	0.04	1.25	0.31	0.30	15	260	40	0.21	41
PBM[g]	4.46	2.41	0.49	0.49	0.53	0.18	0.52	10	442	9	0.88	94
米糠	0.07	1.61	0.03	0.07	1.56	0.90	0.18	9	190	228	0.40	30
大米[h]	0.04	0.18	0.04	0.07	0.13	0.11	0.06	21	18	12	0.27	17
红花籽粕，溶剂萃取	0.34	0.75	0.05	0.08	0.76	0.35	0.13	10	495	18	—	41
高粱	0.03	0.29	0.01	0.09	0.35	0.15	0.08	5	45	15	0.20	15
SBM[i]	0.32	0.65	0.01	0.05	1.96	0.27	0.43	20	202	29	0.32	50
葵花粕，溶剂萃取	0.36	0.86	0.02	0.10	1.07	0.68	0.30	26	254	41	0.50	66
麦麸	0.16	1.20	0.04	0.07	1.26	0.52	0.22	14	170	113	0.51	100
小麦[j]	0.06	0.37	0.01	0.06	0.49	0.13	0.15	6	39	34	0.33	40
酵母（啤酒糟）	0.16	1.44	0.10	0.12	1.80	0.23	0.40	33	215	8	1.00	49

资料来源：National Research Council (NRC). 1998. *Nutrient Requirements of Swine*, National Academy Press, Washington D.C.。

[a] 数值以饲喂为基础。

[b] 普通血粉。

[c] 血粉，喷雾干燥（93%干物质）。

[d] 棉籽粕（溶剂萃取，41%粗蛋白质）。

[e] 肉骨粉（93%干物质）。

[f] 牛奶（脱脂、干燥；96%干物质）。

[g] 家禽副产物粉（93%干物质）。一些产品的钙含量为 3.0%（干物质基础）。

[h] 抛光、破碎。

[i] 豆粕（溶剂萃取，89%干物质）。

[j] 硬质红冬小麦。

在反刍动物中，瘤胃上皮可以吸收某些矿物质（如钠和镁）；但除了镁以外，大多数矿物质主要在小肠被吸收（Leonhard-Marek et al., 2005）。据报道介绍，大多数日粮中的镁在羊（Tomas and Potter, 1976）和牛（Greene et al., 1983）的网状瘤胃被吸收。在非反刍动物中，除了少数矿物质外（如钴和钙），大多数矿物质主要被空肠上皮细胞吸收，通过特定的转运载体（促进的或主动的转运载体）或受体介导的内吞作用被吸收（表 10.5 和表 10.6）。这就是所谓的跨细胞转运和吸收（第 1 章）。在一个健康的肠道内，两个肠上皮细胞之间具备功能性紧密连接，小分子和离子以被动扩散的方式通过紧密连接进入到细胞外的间隙，即所谓的胞间运输或吸收，是相当有限的（Khanal and Nemere, 2008）。在鱼类，矿物质可通过鳃被吸收。在进入肠上皮细胞后，常量元素通过自由离子通道转出，而微量元素则由囊泡或蛋白质转运载体携带穿过其胞浆（Suttle, 2010）。通过胞吐作用或特定的转运载体，所有的矿物质穿过肠上皮细胞的基底膜进入肠黏膜的固有层（表 10.4），并最终进入门静脉。这些营养物质在血浆中以游离或蛋白质结合的离子形式运输，或以这两种形式共同运输，通过胞吐作用或特定转运载体被肠外细胞吸收。在血浆或细胞中，大多数矿物质（特别是微量元素）以多种复杂的形式存在，只有极少数完全以游离元素离子（如 Na^+、K^+ 和 Cl^-）存在其中。动物血清中的常量元素含量见表 10.7。除钴、铜、锰和汞（主要通过粪便排泄方式排出）以外，被小肠吸收的矿物质主要通过尿液从体内排出（Georgievskii et al., 1982; Suttle, 2010）。由于它们被肠吸收的效率低，日粮中的许多非电解质矿物质（如 Ca、Mg、P 和 Zn）通常在粪便中比在尿中排泄的更多。

表 10.5　常量矿物质在肠道中的吸收、血浆中的运输及组织中的吸收

元素	肠细胞顶端膜的转运蛋白	肠细胞胞浆的转运蛋白	肠细胞基底膜的转运蛋白	血浆细胞中的转运蛋白	肠外细胞的吸收
钠	SGLT1、AMSC、NCT NHE2/3、AAT、NPT	无；游离阳离子	Na^+/K^+-ATP 酶，NHE1 Na-K-2Cl CT（in）	游离阳离子	钠通道 SGLT2（肾）
钾	钾通道[a]	无；游离阳离子	钾通道 K-Cl 转运蛋白 Na-K-2Cl CT（in） Na^+/K^+-ATP 酶（in）	游离阳离子	钾通道[a] K-Cl 转运蛋白
氯	Cl 通道[b]、NCT （HCO_3^-/Cl^-交换）	无；游离阴离子	Cl 通道（如 ClC-2） Na-K-2Cl CT（in）	游离阴离子	CACC（主要）
钙	Ca 转运蛋白-1	钙结合蛋白	Ca^{2+}-ATP 酶	游离和 PB	Ca^{2+} 通道
磷	NaPi2b、PiT1、PiT2	无；类似 PO_4^{2-}的游离阴离子	Na^+依赖转运蛋白	游离阳离子	NaPi2a、NaPi2c PiT1、PiT2
镁	TRPM6/7	无；游离阳离子	CNNM4	游离阳离子	TRPM6/7
硫	氨基酸转运蛋白	无；与氨基酸类似	氨基酸转运蛋白	游离氨基酸	氨基酸转运蛋白

注：AAT，钠离子依赖性氨基酸转运蛋白；AMSC，阿米洛利敏感钠离子通道；CACC，钙激活的氯通道；CNNM4，古老的保守结构域蛋白 4；NHE，Na^+/H^+交换器；NPT，磷酸钠协同转运蛋白；NCT，Na^+/H^+（NHE2/3）和 Cl^-/HCO_3^-介导的电中性的 Na^+-Cl^-的吸收；Na-K-2Cl CT（in），Na^+-K^+-2Cl^-协同转运蛋白；NaPi2a，磷酸钠协同转运蛋白 2a；NaPi2b，磷酸钠协同转运蛋白 2b；NaPi2c，磷酸钠协同转运蛋白 2c；PB，结合蛋白质；PiT1，磷酸根离子转运蛋白 1；PiT2，磷酸根离子转运蛋白 2；SGLT1，钠-葡萄糖协同转运蛋白 1；SGLT2，钠-葡萄糖协同转运蛋白 2；TRPM6，瞬时受体电位黑素相关蛋白 6。符号（in）表示矿物质从肠黏膜的固有层（最终是血液）转移到肠上皮细胞中。

[a] 钾通道包括 K^+/H^+-ATP 酶、Na^+-Cl^--K^+转运蛋白和 K^+电导通道。

[b] 配体或电压门控氯化物通道。CFTR（囊性纤维化跨膜传导调节剂）是肠顶端膜中主要的 Cl^- 转运蛋白。

表 10.6　微量矿物质在肠道中的吸收、血浆中的运输及组织中的吸收

元素	肠细胞顶端膜的转运蛋白	肠细胞胞浆的转运蛋白	肠细胞基底膜的转运蛋白	血浆细胞中的转运蛋白	肠外细胞的吸收
铁	Fe^{2+} 的 DCT1 血红素 Fe^{2+} 的 HCP1 内吞作用的 heme-R	副铁蛋白复合物	膜转铁蛋白 （仅识别 Fe^{2+}）	铁传递蛋白（TF）	铁传递蛋白受体
锌	ZIP4、DCT-1、DMT-1	CRIP	锌转运蛋白-1 （ZnT1） ZnT2	白蛋白（60% Zn）、 MG（30% Zn）、 其他因子（10% Zn）	Zip2/3（肝脏） Zip4（肾脏） Zips（其他细胞）、Ca_v
铜	CTR1（Cu^{1+}） DCT1（Cu^{2+}）	ATOX1、ATP7a COX-17、CCS 谷胱甘肽、MTs	由 ATP7a（Cu-ATP 酶）c 供电子 囊泡释放	白蛋白（10% Cu）、 铜蓝蛋白（90% Cu）	CTR1
锰	DCT1	囊泡、PMR1P ZIP8	囊泡释放 PMR1P	主要是 TF （约 50%）	Mn^{2+} 转运蛋白 NRAMP1（MΦ）
钴（游离）	详见 Fe^{2+} 转运	细胞质蛋白	详见 Fe^{2+} 转运	白蛋白	详见 Fe^{2+} 转运
钴（B_{12}）	详见第 9 章				
钼	主动转运	无；游离阳离子	未知	MoO_4^{2-}、RBC	主动转运
硒[a]	NaS1/2、易化扩散	硒蛋白 P	胞吐作用	硒蛋白 P	Sepp1 受体
硒[b]	氨基酸转运蛋白	无；游离氨基酸	氨基酸转运蛋白	（Sepp1）	（内吞作用）
铬	被动扩散	铬调蛋白	囊泡释放	TF、白蛋白	TF 受体（内吞作用）
碘	Na^+/I^- 转运载体	无；游离阴离子	未知	白蛋白	Na^+/I^- 转运载体
氟	F^-/H^+ 阴离子交换协同转运蛋白	Ca^{2+}、Mg^{2+}	Fluc 蛋白（FEX）	Ca^{2+}、Mg^{2+}	F^-、Ca^{2+} 和 Mg^{2+} 通道
硼	NaBC1	未知	未知	未知	NaBC1
溴	Cl^- 和 I^- 转运蛋白	未知	未知	未知	Na^+-K^+-2Cl^-
镍	DCT1	无；游离阳离子	未知	白蛋白	未知
硅	NaPi2b；AQPs 3、7、9	无；如 $Si(OH)_4$	未知	$Si(OH)_4$	NaPi2b；AQPs 3、7、9
钒	磷酸根离子和其他阴离子转运蛋白	铁蛋白（如钒、V^{4+}）	未知，可能为非血红素铁途径	氧钒-TF、-铁蛋白、HG	未知

　　注：CRIP，富含半胱氨酸的细胞内蛋白质；CTR1，铜转运蛋白-1；DCT1，二价阳离子转运蛋白-1；Fluc，氟化物载体（又称 FEX，氟化物输出蛋白）；HCP1，血红素载体蛋白-1；HG，血红蛋白；heme-R，血红素受体；MΦ，巨噬细胞和单核细胞；MTs，金属硫蛋白；NaBC1（Na^+ 驱动的硼通道-1）；NaS1/2，Na^+-硫酸根离子共转运蛋白 1 和 2；PMR1P，锰转运 ATP 酶；RBC，红细胞。

　　[a] 无机形式的硒，其中硒酸根离子和亚硒酸根离子分别通过 NaS1/2 和易化扩散（Fa）被转运。

　　[b] 硒的有机形式（硒代蛋氨酸和硒代半胱氨酸）。

表 10.7　动物血清中常量元素的浓度（mmol/L）

矿物质	牛	鸡	狗	山羊	小鼠	猪	兔	大鼠	绵羊
钠	132–152	158	150	142–155	157–166	139	125–150	148–150	140–149
钾	3.9–5.8	5.7	4.7–4.9	3.5–6.7	7.8–8.0	5.2	3.5–7.0	6.1–7.0	6.0
氯	97–111	118	113	99–110	125–130	100	90–120	103–104	100–120

矿物质	牛	鸡	狗	山羊	小鼠	猪	兔	大鼠	绵羊
钙	2.4–3.1	3.0	2.7–2.8	2.2–2.9	2.2–2.6	3.0	1.4–3.0	3.0	2.5–3.0
磷	1.8–2.1	2.3	1.2–1.8	1.4–2.9	2.6–2.7	2.3	1.3–1.9	1.9–2.4	1.3–1.9
镁	0.75–0.96	1.2–1.3	0.86	1.2–1.5	0.58–1.28	1.6–2.1	0.82–2.2	1.1–1.3	0.74–1.7

资料来源：猪的数据来源于 Rezaei, R., D.A. Knabe, C.D. Tekwe, S. Dahanayaka, M.D. Ficken, S.E. Fielder, S.J. Eide, S.L. Lovering, and G. Wu. 2013. *Amino Acids* 44: 911–923。其他种类动物的数据来源于 Fox, J.G., L.C. Anderson, F.M. Loew, and F.W. Quimby. 2002. *Laboratory Animal Medicine*. Academic Press, New York, NY; Georgievskii, V.I., B.N. Annenkov, and V.T. Samokhin. 1982. *Mineral Nutrition of Animals*. Butterworths, London, U.K.; Herzig, I., M. Navrátilová, J. Totušek, P. Suchý, V. Večerek, J. Blahová, and Z. Zralý. 2009. *Czech J. Anim.* Sci. 54: 121–127; Morgan, V.E. and D.F. Chichester. 1935. *J. Biol. Chem.* 110:285–298。

10.1.3 矿物质的一般功能

矿物质具有许多生理和代谢功能（Engle and Lemons, 1986; Fang et al., 2002; Suttle, 2010）。它们的营养功能如下：①骨骼和牙齿的主要结构成分，成年动物灰分中的矿物质含量如下：钙，28.5%；磷，16.6%；钾，4.8%；硫，3.6%；氯，3.5%；钠，3.7%；镁，1.1%；铁，0.15%（Georgievskii et al., 1982）；②有利于维持稳定的身体结构（如钙、磷、镁、氟和硅）；③电解质成分（如钠、钾、氯）为细胞的电荷及调节体内酸碱平衡和渗透压所必需；④细胞膜的传输活动、渗透性和兴奋性的调节器（如钠、钾、氯和磷）；⑤促进胃肠道食物的消化；⑥调节食物的摄取量（如氯、钠、磷和锌）；⑦酶的辅助因子（如硒、钙、镁、锰、锌、铜和铁），以及其他大分子的组分（如血红蛋白中的铁）、维生素 B_{12} 中的钴和甲状腺激素中的碘；⑧参与氧化还原反应（如、硫、铜和铁）。尽管 Cr、V、Si、B、Br、Ni 和 Sn 在细胞代谢中具有生物化学作用，但这些微量矿物质广泛存在于饲料中，因此对动物日粮的配制并不特别重要。

大约 40% 的已被结晶的蛋白质都松散或紧密地与金属元素结合（Waldron et al., 2009）。用金属离子作为辅助因子的酶被分为金属活化酶或金属酶。相比金属离子缺失的情况下，金属活化酶在单价或二价金属离子的存在时表现出更大的催化活性，如碱性磷酸酶（Mg^{2+}）、腺苷三磷酸酶（Mg^{2+}）、胆碱激酶（Mg^{2+}）、脱氧核糖核酸酶（Mg^{2+}）、己糖激酶（Mg^{2+}）、肌苷一磷酸脱氢酶（K^+）、亮氨酸氨基肽酶（Mn^{2+}）、葡萄糖磷酸变位酶（Mg^{2+}）、丙酮酸激酶（K^+）、核糖核酸酶（Mg^{2+}）、凝血酶（Na^+）和 β-木糖苷酶（Ca^{2+}）。金属酶的酶蛋白含有金属离子，金属离子直接结合在酶蛋白上，如乙醇脱氢酶（Zn^{2+}）、氨肽酶（Zn^{2+}）、α-淀粉酶（Ca^{2+}）、精氨酸酶（Mn^{2+}）、碳酸酐酶（Zn^{2+}）、过氧化氢酶（Fe^{2+}）、细胞色素 c 氧化酶（Fe^{2+}）、DNA 聚合酶（Zn^{2+}）、赖氨酰氧化酶（Cu^{2+}）、RNA 聚合酶（Zn^{2+}）、蛋白磷酸酶-1（Mn^{2+}）、丙酮酸羧化酶（Mn^{2+}）、超氧化物歧化酶（Cu^{2+}、Zn^{2+}）和酪氨酸酶（Cu^{2+}）。迄今已知的酶大约有 1/3 是金属酶（Valdez et al.，2014）。金属活化酶与金属酶之间存在差异。金属元素与金属活化酶只有微弱的结合，但与金属酶结合紧密并在酶的纯化过程中被保留（Holm et al., 1996）。

10.2　常量元素

10.2.1　钠（Na）

钠在 1807 年被 Humphry Davy 发现。它的名字来源于拉丁语中的 "sodanum"，原意为头痛药，它的化学符号 Na 从拉丁语中的 "natrium" 而来。古埃及人和古中国人使用钠来保存畜产品与植物源食物。钠离子是细胞外液中主要的阳离子。家畜体内，钠的血浆浓度大约为 140 mmol/L，细胞内液体约 14 mmol/L。钠是动物体内的第四大矿物质（表 10.6）。

来源：钠主要以氯化钠（常说的盐）的形式被摄入。大部分蔬菜中钠的含量较低，而畜产品是这种矿物质的丰富来源（Pond et al., 1995）。因此，通常需要在家禽和猪的玉米-豆粕型日粮中添加 0.20%–0.35% 的氯化钠。对于放牧动物，NaCl 通常以自由选择的矿物盐补充到它们的饮食中。

吸收和转运：在小肠腔中，NaCl 被电离产生 Na^+ 和 Cl^-。在哺乳动物（如猪和反刍动物）、鸟和鱼体内，钠离子从小肠腔进入肠上皮细胞，主要通过钠-葡萄糖协同转运蛋白 1（SGLT1）、钠通道 [如阿米洛利敏感钠离子通道（也被称为上皮钠通道，ENaC）]、钠离子依赖性氨基酸转运蛋白和钠-磷酸根离子协同转运载体（Carey et al., 1994; Song et al., 2016; Wright and Loo, 2000）。此外，通过两个电中性交换体：Na^+/H^+（NHE2/3）和 Cl^-/HCO_3^- 交换体，钠离子和氯离子在肠上皮细胞或结肠细胞顶端膜被吸收（Kato and Romero, 2011）。通过跨膜交换体吸收钠离子和氯离子不会产生跨膜电流，这与其他小肠的 Na^+ 和 Cl^- 转运相反（Gawenis et al., 2002）。钠离子以一个自由离子的形式存在于肠上皮细胞，通过基底的 Na^+-K^+-ATP 酶由细胞转出并进入肠黏膜的固有层（Manoharan et al., 2015）。NHE-1 存在于肠上皮细胞的基底外侧膜，在将细胞中钠离子转出到肠黏膜的固有层以交换氢离子转入中起作用。通过钠通道（Zakon, 2012）或转运蛋白（如肾脏 SGLT2），钠离子被吸收进入门静脉，并在血浆中以游离阳离子的形式被转运。肠道内钠的吸收与水的吸收相结合，在预防腹泻中起着重要作用（Field, 2003）。

功能：钠的生化功能概述如下。

（1）调节细胞外渗透性

在动物体内，血浆渗透压与细胞间液的渗透压或细胞内渗透压基本相同。由于其在血液和细胞间液的浓度高，NaCl 在调节细胞外渗透压方面起着重要的作用。基于血浆中溶质浓度，血浆的渗透压为 302 毫渗透压摩尔/升（mOsmol/L）。在生理溶液中，NaCl 并不是完全电离成 Na^+ 和 Cl^- 的，其渗透系数为 0.93。因此，血浆渗透压的测量值为 282 mOsmol/L（Guyton and Hall, 2000）。值得注意的是，钠提供了约 46% 的血浆渗透性。当血浆渗透压低时，水从血浆进入红细胞和其他血细胞，然后移入细胞间液和组织中的细胞，最终导致血细胞溶解和水肿。相反，当血浆渗透压高时，水从细胞间液和组织中的细胞进入血液，导致细胞缩小和血压升高。因此，对于维持细胞体积和活力及血液容量来说，钠是非常重要的。

（2）营养物质的运输系统

葡萄糖、氨基酸和多种离子（如 I⁻、Cl⁻ 和磷酸根离子）的跨膜运输，需要钠离子的协同运输。转运蛋白识别并结合钠离子和其他特定的底物。钠离子依赖的转运过程通常需要 ATP［如小肠葡萄糖吸收（图 10.3）］。相对高浓度的细胞外液的钠离子被细胞用于驱动各种营养物质的转运系统。因此，给动物补充的水溶液通常含有 NaCl 和葡萄糖，可能也含有谷氨酰胺、谷氨酸和甘氨酸（Rhoads, 1999; Wang et al., 2013）。

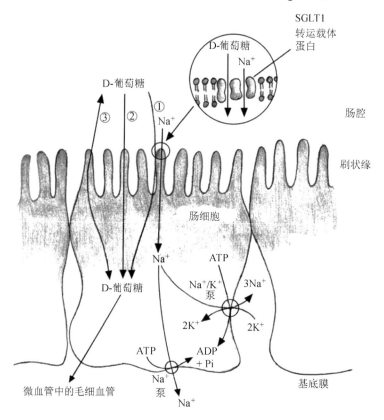

图 10.3　葡萄糖通过 Na⁺依赖性机制在小肠的吸收。在小肠，位于小肠上皮细胞的基底外侧膜的 Na-K-ATP 酶负责保持肠上皮细胞中较低的钠浓度，促进由钠-葡萄糖协同转运蛋白（SGLT1）介导的钠耦合溶质协同转运。

（3）钠泵（Na-K-ATP 酶）的活性

这种酶是一种膜结合蛋白，促使 Na⁺ 从细胞转出，以换取 K⁺ 进入细胞（第 1 章）。在小肠中，位于小肠上皮细胞的基底外侧膜的 Na-K-ATP 酶负责维持肠上皮细胞中较低的钠浓度，以促进顶端膜中钠耦合溶质的协同转运。如前所述，该协同转运主要是通过 SGLT1、钠离子依赖性氨基酸转运蛋白和其他的钠离子依赖性转运蛋白完成的。重要的是，Na-K-ATP 酶是维持神经和肌肉细胞功能所必需的，因为在这些细胞中发生的电脉冲依赖于相对高浓度的细胞外钠离子和相对高浓度的细胞内钾离子（Pirkmajer and Chibalin, 2016）。因此，抑制 Na-K-ATP 酶活性会减弱小肠和其他组织（如胎盘）的离子运输。

（4）Na⁺/H⁺交换

Na⁺/H⁺交换及 HCO₃⁻基团的转运机制，是调节哺乳动物细胞内 pH 的主要机制之一（Kato and Romero, 2011）。因此，钠在调节细胞内酸碱平衡中起着重要作用。如前所述，在小肠中，不同亚型的 NHE 蛋白定植在肠上皮细胞的不同膜上，以促进钠离子的吸收。

（5）血压

体内的保水能力，尤其是血液的容积，与其钠浓度有关。血浆中钠离子的浓度影响着：①通过渗透作用进入血管的水分；②肾对钠离子和水分的重吸收；③红细胞和血管内皮细胞的完整性；④血流和血流动力学（O'Shaughnessy and Karet, 2004）。

（6）骨骼肌的动作电位

电压门控 Na⁺-通道为动物的电兴奋性提供了生化基础（Zakon, 2012）。钠离子在骨骼肌收缩中起着重要作用，以保障哺乳动物、鸟类和鱼类可以站立、行走、奔跑与做其他体力活动（图 10.4）。在正常的生理条件下，骨骼肌中的神经肌肉连接位点被中枢神经系统的信号激活，然后电压门控钠通道（Na⁺ᵥ1.4）将细胞外钠离子注入骨骼肌纤维中。钠离子进入肌纤维使其产生去极化作用，细胞膜电位从静止状态下的–90 mV 增加到+75 mV。这触发了钙从肌浆网向肌浆（细胞质溶胶）的外排，导致骨骼肌收缩。为了防止肌肉永久收缩，Na⁺ᵥ1.4 通道中包含一个快速灭活的大门，在它打开后很快关闭钠孔，阻止 Na⁺ 进一步进入细胞。为了平衡细胞内的阳离子，K⁺ 会离开肌纤维，使其重新极化。

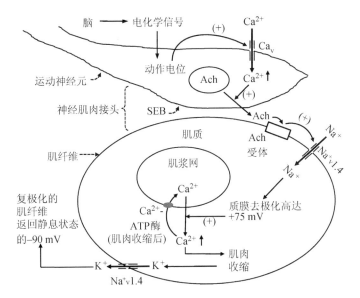

图 10.4　离子通道在骨骼肌收缩中的作用。来自大脑的电化学信号产生运动神经元的动作电位，从而引起钙离子内流和乙酰胆碱（Ach）的释放。神经递质结合肌纤维中的乙酰胆碱受体，致使 Na⁺ 通过电压门控 Na⁺通道（Na⁺ᵥ1.4）、肌细胞膜去极化、Ca²⁺从内质网流入肌浆（细胞质溶胶）及肌肉收缩。肌肉收缩后立即关闭 Na⁺ᵥ1.4 通道的钠孔并打开 Na⁺ᵥ1.4 通道的钾孔，进而允许 K⁺外流和肌纤维复极化来保持静息状态。Caᵥ，电压门控 Ca²⁺通道；Na⁺ᵥ1.4，电压门控 Na⁺通道；SEB，突触终球；↑，增加；+，激活。

这导致从收缩装置泵出 Ca^{2+} 到肌浆网，从而放松骨骼肌。因此，Na^+ 与 K^+ 和 Ca^{2+} 的协同作用调节肌肉收缩。

（7）采食调节

如前所述，钠是日粮葡萄糖、氨基酸和一些矿物质在肠道被吸收所必需的，从而影响食糜通过胃肠道的速率。这对动物（第 12 章）的食物和干物质（DM）的摄入量产生了很大的影响。此外，在味蕾（Chandrashekar, 2010）的味觉细胞的顶端膜（不是神经元）中存在钠味觉受体（上皮钠通道）。Na^+ 与钠味觉受体的相互作用使得 Na^+ 可以顺其浓度梯度进入到味觉细胞中。这导致细胞内钠浓度升高，使细胞膜去极化，打开位于味觉细胞的基底外侧膜上的电压门控 Ca^{2+} 通道，从而促进 Ca^{2+} 的流入。细胞内 Ca^{2+} 浓度的增加会导致神经递质分子（即突触小泡）的释放，这些分子被附近的主要感觉神经元接收。由此产生的电信号沿着神经细胞传递到大脑的喂食中心，后者感知了舌头上 Na 的刺激。钠盐摄入量低会影响钠味受体的激活，导致采食量降低。然而，日粮中钠的摄入量增加 [如将 0.54% 的钠（即 1.37% 的氯化钠）添加到断奶仔猪的玉米-豆粕型日粮（含 0.25% NaCl）] 也会减少动物的采食量（Rezaei et al., 2013）。在实践中，给自由选择饲喂用的蛋白质或能量补充剂提供高含量的 NaCl，是为了限制牛对这些补充剂的摄取。

缺乏症：世界上许多地方的动物都会出现缺钠症（也称为低钠血症），特别是在非洲的热带地区和澳大利亚的干旱内陆地区，那里的牧草的钠含量较低（McDonald et al., 2011）。缺乏钠会导致渗透压下降、身体脱水和低血压。钠缺乏的症状包括饲料摄入量减少、生长动物的增重减少、日粮蛋白质和能量的利用率降低、恶心、头痛、产蛋性能受损、眼部病变和生殖功能障碍（Lien and Shapiro, 2007）。严重的低钠血症会引起神经混乱、癫痫、昏迷、心力衰竭甚至死亡（Jones and Hunt, 1983）。静脉注射或口服 NaCl 可有效治疗缺钠症。

过量：对于动物钠营养的主要关注的问题是，高钠摄入会因血管中水分增加而引发高血压。血浆中钠离子浓度高（也称为高钠血症）能促进水进入血管和增强血浆中紧张素 I 的浓度（Kumar and Berl, 1998）。后者在肺血管系统中受到有限的水解，成为血管紧张素 II，刺激肾上腺皮质醛固酮的释放，从而增加肾对钠离子和水的重吸收（图 10.5）。因此，血浆中钠离子浓度过高会导致尿中钠的流失。此外，采食过量的钠会减少动物的采食量并阻碍生长。具有高钠血症的哺乳动物、鸟类和鱼类会有高渗压，这导致了细胞萎缩、神经和心血管疾病，甚至死亡（Kumar and Berl, 1998; Rondon-Berrios et al., 2017）。高钠摄入时，应向动物提供足够的饮用水。

10.2.2　钾（K）

钾首次由 Humphry Davy 于 1807 年从钾肥（植物灰分）中提取。因此，"potassium"（钾）这个词来源于 "potash"（钾肥）。该元素的化学符号为 K，来源于拉丁文 "kalium"，意思是碱。K^+ 是在细胞内液中最丰富的阳离子。钾离子浓度在细胞内液约为 140 mmol/L，在血浆中的浓度为 3.5–5.0 mmol/L。

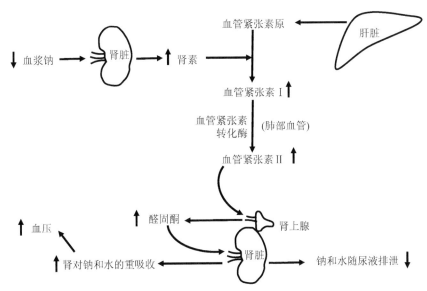

图 10.5　血浆钠浓度对肾排水的调控。当血浆中钠浓度较低时，肾脏的肾素释放增强，以增加血管紧张素Ⅱ和醛固酮的生成。后者促进肾脏对钠和水的重吸收，以使血浆中钠的浓度恢复到正常值。

来源：植物通常含有高浓度的钾（如 25 g K/kg 干物质的草）。因此，动物体内很少缺乏钾。酒糟是一个例外，在饲喂此原料的情况下需要给动物的日粮补充钾。值得注意的是，世界上一些地区的土壤（如巴西、巴拿马和乌干达）含有低浓度的 K^+，并且这些地方的植物可能缺乏 K^+（Suttle，2010）。另外，休眠草中钾的含量比非休眠草的要低得多，可能无法为动物提供足够的钾。

吸收和转运：肠上皮细胞顶端膜的钾离子通道，包括 K^+/H^+-ATP 酶、Na^+-Cl^--K^+ 转运体和钾离子传导通道，负责钾离子在小肠的吸收。这些钾离子通道在易兴奋和不可兴奋的细胞中广泛表达（Heitzmann and Richard，2008）。K^+/H^+-ATP 酶利用 ATP 驱动 K^+ 内流入肠上皮细胞，以交换 H^+ 向外流出进入肠腔内。Na^+-Cl^--K^+ 转运载体可以结合这 3 种离子，通过钠梯度将 1 个 Na^+、1 个 K^+ 和 2 个 Cl^- 转运到细胞中。钾离子的传导通道利用肠上皮细胞膜上的电化学能作为转运 K^+ 的驱动力；这些通道由 Ca^{2+} 激活或由核苷酸、电压或特定配体控制。此外，钾和氯通过两个电中性交换体，即 K^+/H^+ 和 Cl^-/HCO_3^- 交换体，在小肠上皮细胞或结肠细胞的顶端膜被吸收。钾在肠上皮细胞中以一种游离阳离子存在，并通过其基底外侧膜的钾离子通道和电中性 K-Cl 共转运体从细胞中转运到小肠黏膜的固有层。K^+ 和 Cl^- 及跟随着的水一并转出肠上皮细胞。K^+ 被吸收进入门静脉，并在血浆中作为一个游离的阳离子，通过 K^+ 通道和 K^+-Cl^- 共转运载体被肠外细胞吸收。采食过量的钾可能会干扰动物体内镁的吸收和代谢（Suttle，2010），这可能是低血镁搐搦的重要病因。

功能：钾的生化功能总结如下。

（1）调节细胞内的渗透压

由于其在细胞中的浓度高，钾在调节细胞内渗透压方面发挥着重要作用。具体来说，钾对细胞内渗透压的影响约占 50%。

（2）钠泵的活性和神经与肌肉细胞的功能

如前所述，钾参与钠泵的活性及维持神经和肌肉细胞的功能。同 Na$^+$一样，K$^+$ 也被用于神经和肌肉细胞的电脉冲动传导。钾的关键作用体现在高钾型周期性麻痹症（hyperkalemic periodic paralysis，HYPP）上，这是一种与人类和马血清钾浓度增加有关的遗传性疾病（Nollet and Deprez，2005）。

HYPP 病是由跨膜结构域Ⅲ和Ⅳ的基因突变所引起的，以上两种跨膜结构域在神经肌肉交界中可组成快速的 Na^+_v1.4 失活门（Lehmann-Horn and Jurkat-Rott，1999）。在 Na^+_v1.4 基因突变的患者中，钠通道不能在其被神经递质驱动后迅速失活，从而导致了钠电导持续存在，并且肌肉永久保持紧张状态。在血浆中钾离子浓度高的情况下，这种情况会变得更糟，因为细胞外钾的升高会减少肌细胞中钾的流出，进一步延长钠电导，并保持肌肉连续收缩状态。因此，HYPP 的特点是骨骼肌超兴奋或极度虚弱，导致不受控制的震颤和麻痹。这种疾病发生在 2%的夸特马中，其来源于它们共同的祖先——一匹叫"Impressive"的种马（Nollet and Deprez，2005）。减少钾的摄入量和血浆中的钾浓度，可以缓解 HYPP 的综合征（Kollias-Baker，1999; Reynolds et al.，1998）。

（3）激素合成

钾刺激胆固醇转化为孕烯酮，并将皮质酮转化为醛固酮（第 6 章）。所以，如前所述，钾在调节血浆中的钠浓度方面起着重要作用。

（4）H$^+$-K$^+$-ATP 酶

在胃壁细胞中，需要 H$^+$-K$^+$-ATP 酶将 H$^+$ 分泌到胃腔内以交换钾的摄取，从而生成 HCl。因此，需要钾维持胃腔内低 pH 水平来促进日粮蛋白质在动物体内的消化（第 7 章）。

缺乏症：缺钾（血浆钾浓度<3.5 mmol/L），被称为低钾血症，是由于饮食摄入不足、胃肠损失（如通过呕吐和腹泻）、尿损失（如糖尿病酮症酸中毒）、低镁血症或高醛固酮症（Sweeney，1999）。肾脏 K$^+$外排通道能被 Mg^{2+}所抑制（Huang and Kuo 2007）；因此，低镁血症导致肾脏排泄 K$^+$增加，可能导致低钾血症。在动物体内，钾缺乏的症状包括肌肉无力、痉挛、强直、瘫痪、麻木（特别是腿部和手部）、身体失水过多（由于无法浓缩尿液）、低血压、尿频、口渴。最后，低钾血症也会引起心脏节律异常、心脏骤停甚至死亡。静脉注射和口服钾，以及针对相关内分泌和代谢疾病的治疗方法，可有效地治疗钾缺乏症（Jones and Hunt，1983）。

过量：血浆中 K$^+$浓度大于 5.5 mmol/L 时被定义为高钾血症，可能原因包括：过量摄入、溶血和组织损伤导致的细胞过度释放、肾衰竭（K$^+$排泄减少）、低醛固酮血症（在远端小管和收集管中损害 K$^+$排泄，常见于狗）和代谢性酸中毒，以及使用血管紧张素转换酶抑制剂（Kovesdy，2017）。在动物体内，高钾血症的症状包括采食量下降和生长受阻；疲劳和肌肉无力；低镁血症［由于消化道细胞膜（如瘤胃上皮细胞）膜电位的去极化和随后通过电扩散机制减少日粮中镁的吸收（Schweigel et al.，1999）］；心律失常、心率缓慢、心脏骤停甚至死亡。如果向动物提供充足的饮用水，钾中毒一般不太可能会发生（Greene et al., 1983）。

10.2.3 氯（Cl）

氯是 Carl W. Schelle 于 1774 年在加热盐酸（HCl）和二氧化锰时发现的。Cl⁻ 是氯的阴离子，是细胞外液的主要阴离子。1834 年，William Prout 发现胃能产生盐酸。氯化物在血清中的浓度为 100–110 mmol/L，在细胞内液中的浓度为 4–5 mmol/L。氯化物是一种卤化物（其他的卤化物为氟化物、溴化物和碘化物）。卤化物的非电离的元素形式被称为卤素［卤素一词来源于希腊语，意思为 "salt-producing"（制盐）］。氯离子的跨膜运动是一种被动转运，可用来平衡钠或钾运动引起的电荷差。然而，动物细胞有氯离子的主动转运机制。

来源：除了鱼粉和肉粉，大部分食物含有少量的氯化物。相反，畜产品却富含这种矿物质。如前所述，动物日粮中的主要氯化物是氯化钠。

吸收和转运：在小肠肠腔内，氯盐（如氯化钠、氯化钾、氯化钙和氯化镁）经水解电离后提供氯离子。在哺乳动物（如猪和反刍动物）、鸟和鱼中，Cl⁻ 可通过以下渠道从肠腔进入肠上皮细胞：①氯通道［主要是囊性纤维化跨膜电导调节体（CFTR）］；②通过 Na^+/H^+（NHE2/3）和 Cl^-/HCO_3^- 的交换来调节电中性 Na^+-Cl^- 吸收（Gawenis et al., 2002; Kato and Romero, 2011）。在小肠中，Na^+/H^+ 交换体摄取 Na^+、释放 H^+，然后 Cl^-/HCO_3^- 交换体释放 HCO_3^-、摄取 Cl^-。因此，大部分 Cl^- 的吸收取决于 Na^+ 的吸收，通常肠上皮细胞有水的净吸收，该吸收过程伴有 HCO_3^- 由小肠上皮细胞分泌进入肠腔，以交换 Cl^- 从肠腔进入小肠上皮细胞。这有助于中和从胃部进入十二指肠的酸性食糜。氯在肠上皮细胞中以阴离子的形式存在，通过基底外侧膜氯通道转运出细胞（如氯通道-2; Pena-Munzenmayer et al., 2005）。氯离子被吸收进入门静脉，以一个自由离子的形式在血浆中转运，通过氯离子通道（主要是钙激活的氯离子通道）被肠外细胞吸收（Huang et al., 2012）。

功能：氯的生化功能概括如下。

（1）酸碱平衡

氯能结合钠和钾来调节动物的酸碱平衡。

（2）胃盐酸的产量

胃中的壁细胞（泌酸的）是胃酸的主要来源。胃液是清澈的黄色液体，含有 0.2%–0.5% 的盐酸，pH 大约为 1.0。盐酸能使蛋白质和肽变性，对蛋白酶和肽酶催化的水解反应很重要。并且，盐酸能够杀死细菌，对预防感染有所帮助。

（3）肠道分泌

在吸收后期，肠道分泌氯离子进入肠腔，来保持肠腔内渗透压和酸碱平衡。参与分泌的转运蛋白包括：①基底的 Na^+-K^+-2Cl^- 协同转运蛋白，可将 1 个钠离子、1 个钾离子和 2 个氯离子从肠黏膜的固有层（最终血液）转运进入肠上皮细胞；②肠上皮细胞顶端膜上的 CFTR 蛋白。如前所述，由小肠上皮细胞基底外侧膜的 Na^+/K^+-ATP 酶建立的 Na^+ 梯度可以为离子转运至细胞提供所需的能量。对于一个协同转运蛋白来说，一个底物的存在可增强另一个底物的转运。在感染或毒性物质摄入到肠道的情况下，由于肠上皮细胞内 cAMP 介导的氯离子通道被激活，体液（水和氯离子）从细胞分泌进入肠腔内将会增加。

（4）保持黏液的水合状态

氯离子通过上皮细胞的转运与钠离子和水的运动有关，这样有助于保持黏液的水合状态。这个作用在一种称为"囊性纤维化病"的疾病上得到了诠释，该疾病是一种高加索人（白种人）最常见的遗传性疾病（5%的人口携带有缺陷的基因）。猪囊性纤维化模型已被用于科学研究（Rogers et al., 2008）。这种疾病是由气道上皮细胞顶端膜的氯离子转运通道的基因突变引起的，该通道不会以正常的方式被 cAMP 和蛋白激酶激活（Cutting, 2015）。由于氯离子不能从肺上皮被输送到空气通道，因此钠和水也不能被动地从肺上皮进入气道。水从肺上皮到空气通道的运输障碍导致了肺中形成黏稠和脱水的黏液。这种黏液会损害呼吸，并导致反复感染，最终破坏肺部。

缺乏症：对于所有动物来说，氯化物的缺乏（常见的低氯血症）会降低细胞外液渗透压并破坏酸碱平衡（de Morais and Biondo, 2006）。日粮氯的缺乏可能会造成碳酸氢盐过量，从而导致血液中碱储备异常增加（碱中毒）。这是因为体内氯离子水平不足，可部分由于碳酸氢盐浓度的增加而得到补偿。患有低氯血症的动物也表现出尿液中钙和镁排泄量的增加。此外，动物缺乏氯会出现采食量下降、蛋白质消化受损、生长受限、肌无力和脱水等症状（Jones and Hunt, 1983）。静脉注射和口服氯化钠可有效治疗氯缺乏症。

过量：当血浆中氯离子含量超过 110 mmol/L 时被定义为高氯血症，该症状是由摄入过多的食盐（如氯化钾、氯化铵和氯化钠）造成的，导致血浆中钠浓度升高和肾衰竭。在动物体内，高氯血症的症状包括：恶心、呕吐和腹泻；采食量下降和生长阻滞；出汗、脱水和体温升高；疲劳和肌肉无力；血浆中的钠浓度升高，高渗性，代谢性酸中毒，以及口渴；肾功能紊乱和衰竭；血流量受损；脑损伤；红细胞氧运输受损（Cambier et al., 1998; Scarratt et al., 1985）。

10.2.4　钙（Ca）

钙由 Humphry Davy 于 1808 年发现。在 1840 年，Jean Boussigault（法国化学家）和 Justus von Liebig（德国化学家）发现骨由钙和磷组成。钙是一个二价阳离子，它的名字来源于拉丁语中的 "calx"，意为 "lime"（石灰）。该物质现在被认为是骨骼（骨）和牙齿中磷酸盐的主要成分。一个 70 kg 重的动物，含钙量约 1.3 kg，骨骼中钙的含量约为机体的 99%。取决于动物物种，血浆中钙的总浓度为 4.5–5.5 mmol/L（大约 50% 的钙与白蛋白结合），血清中钙离子的浓度为 2.2–3.1 mmol/L。

来源：牛奶、绿叶蔬菜（尤其是豆类）和含骨的畜产品（如鱼粉和肉骨粉）是钙的良好来源。但是谷类和根茎含钙量很低。石灰石粉、磷酸钙、碳酸钙、柠檬酸钙、乳酸钙和乳糖钙经常被用来作为家畜钙的补充。然而，草酸钙相对不溶，而且在肠道不易被吸收。任何钙盐在酸性 pH 时的可溶性比在中性 pH 时高。

吸收和转运：在小肠肠腔内，钙通过钙转运蛋白-1（CaT1、钙通道蛋白）被小肠上皮细胞吸收。在十二指肠、空肠和回肠，钙吸收率分别为 5%、15% 和 80%（Khanal and Nemere, 2008）。当进入肠上皮细胞后，钙离子由称为钙结合蛋白的细胞浆蛋白转运到细胞器内。在 Ca^{2+}-ATP 酶的作用下，钙离子通过肠上皮细胞的基底外侧膜进入肠黏膜的固有层。该基底膜转运蛋白是一种逆向转运蛋白，可将 Ca^{2+} 从肠上皮细胞运出，并通过交换，促进 Mg^{2+} 或 Na^+ 从固有层（最终为血液）进入小肠上皮细胞。因此，ATP 的水解能促进肠对 Ca^{2+} 的吸收。Ca^{2+} 从肠黏膜的固有层进入门静脉，在血浆中以自由和蛋白结合的形式运输，并通过特定的钙通道被肠外细胞摄取。需要注意的是，一旦动物饲料中脂肪或草酸含量过高，会造成钙-脂肪酸皂或草酸钙的形成，从而减少肠道对钙的吸收。

骨化三醇（1,25-二羟基维生素 D_3）和甲状旁腺激素在调节动物 Ca^{2+} 稳态中起重要作用（图 10.6）。通过刺激小肠上皮细胞中的钙转运体 1（CaT1）和钙结合蛋白的表达，骨化三醇（由维生素 D_3 或维生素 D_2 转化而来）对维护动物体内 Ca^{2+} 的稳态具有重要作用。具体来说，骨化三醇的生理浓度可增强钙在肠道内的吸收，骨化三醇还促进肾对钙离子的重吸收与骨基质中钙离子的动员（在低血浆钙离子浓度的情况下）（Blaine et al., 2015）。低浓度的血浆钙离子刺激甲状旁腺分泌甲状旁腺素，该激素可通过以下途径增加血浆中钙离子的浓度：①上调 25-羟基维生素 D 羟化酶的表达（将 25-羟基维生素 D 转化为 1,25-二羟基维生素 D）；②激活破骨细胞，以促进骨吸收（动员骨中的磷酸钙分离出钙离子进入血浆）（Blaine, 2015）。甲状旁腺激素的细胞信号参与蛋白激酶 A 和 C 的激活（Swarthout et al., 2002）。

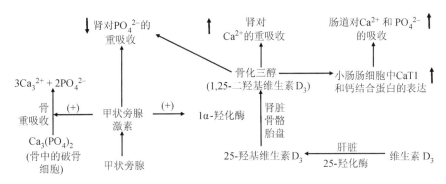

图 10.6　维生素 D（固醇）和甲状旁腺激素对肠道内钙与磷酸盐的吸收及肾重吸收的调控。通过器官间（主要包括肝和肾）的代谢，维生素 D_3 转换成骨化三醇。骨化三醇和甲状旁腺激素对骨生长具有合成代谢作用，该作用体现在增强肠道内钙磷的吸收和肾对钙的重吸收。↑，升高；（+），激活。

血浆中的镁和钠的浓度也会调节体内的钙平衡（Agus, 1999）。日粮镁离子的低摄入会降低血浆和细胞内镁离子的浓度，以及减少 ATP 的产生和甲状旁腺激素的活性。这将降低：①钙在肠的能量依赖性吸收和在肾的重吸收；②血浆中钙浓度。高镁血症也会通过以下途径造成低钙血症：①抑制甲状旁腺分泌甲状旁腺激素；②甲状旁腺激素的低血浆水平会增加钙离子从肾的排放。同样，高钠血症（血浆内钠离子浓度升高）会降低血浆中钙离子的浓度（Alexander et al., 2013）。在肾小管的管腔内，钠离子与钙离子竞争被重吸收进入血液。因此，血浆中高钠离子浓度会引起肾小管的管腔内钠离子浓度升高，从而减少肾对钙离子的重吸收,最终增加肾小管的管腔内钙离子浓度和钙离子从肾的排放。因此,高盐饮食会增加动物肾结石和骨质疏松症的风险。

功能:磷酸钙是骨骼中的主要矿物质,能保护内脏器官并为身体提供结构上的完整性(Pond et al., 1995)。骨骼既能满足刚性运动的需求,也能承受重力的支撑。此外,在生物矿化过程中,由钙和碳酸盐形成碳酸钙是蛋鸡产蛋壳所必需的。并且,许多酶和蛋白质需要钙离子来保障其生物活性(表 10.8)。例如,在某些凝血蛋白中,Ca^{2+} 与 γ-羧基谷氨酸残基的结合对于这些蛋白的功能表达来说是必需的。另外,作为不同细胞类型的蛋白激酶 C 的辅因子,Ca^{2+} 参与细胞外一些活性分子(如激素和神经递质)的信号转导通路(充当第二信使)。最后,Ca^{2+} 对于骨骼肌收缩、心跳、神经传导及哺乳期乳腺的最大产乳量是必需的。因此,钙离子在营养和生理中起着至关重要的作用。

表 10.8 钙激活酶和钙结合蛋白

酶或蛋白	功能
膜联蛋白	细胞黏附
凝血蛋白	Ca 结合蛋白质的 γ-羧基谷氨酸残基
Ca-ATP 酶	骨骼肌肌浆网释放 Ca
钙激活蛋白酶(钙蛋白酶)	降解骨骼肌和心肌中的蛋白质
钙黏着蛋白	上皮细胞黏附
钙结合蛋白	转运在细胞质内的钙
降钙素	血钙和磷酸盐浓度的调节剂
钙调蛋白	钙调蛋白依赖性蛋白激酶和 Ca 依赖性细胞信号传导
	钙调蛋白依赖性酶(如 NO 合成酶)
半胱氨酸蛋白酶	蛋白酶活化(广泛存在于细胞中)
Ca^{2+} 转运蛋白-1	跨膜转运钙
细胞黏附分子	与其他细胞或细胞外基质结合
脂肪酶	甘油三酯 → 脂肪酸 + 甘油单酯(小肠的内腔)
NO 合成酶	精氨酸 + O_2 → NO + 瓜氨酸
胰 α-淀粉酶	水解膳食淀粉
胰磷脂酶 A_2	水解膳食磷脂
磷脂酶 A_2	从细胞膜的脂质释放脂肪酸(如花生四烯酸)
磷脂酶 C	水解磷脂酰-4, 5-二磷酸肌醇磷酸酯基团
蛋白激酶 C	参与细胞信号传导的磷酸化酶
磷酸化酶激酶	糖原分解和合成
嗜热菌蛋白酶(芽孢杆菌种)[a]	水解微生物内含有疏水性氨基酸的肽键
肌钙蛋白 C(TpC)	肌肉收缩
胰蛋白酶	蛋白质 → 氨基酸 + 小肽(小肠的内腔)
胰蛋白酶原	胰蛋白酶原(无活性) → 胰蛋白酶(活性蛋白酶)

[a] 该蛋白酶需要一个锌离子激活其活性,4 个钙离子稳定结构。

缺乏症:对于动物来说,钙缺乏的症状与维生素 D 的缺乏症相似,包括骨骼发育异常和佝偻病(第 9 章)。此外,产乳热(产后瘫痪)可能在哺乳母牛产犊后不久发生(第

9 章）。这种代谢性疾病的特点是血清钙水平低（引起神经系统的过度兴奋和肌肉收缩减弱），肌肉痉挛，瘫痪（严重的情况下），无意识。静脉注射葡萄糖酸钙或维生素 D，以及调控日粮中阳离子-阴离子平衡，有助于恢复血清钙浓度和治疗这种疾病。当给动物的日粮添加钙时，需要考虑它们的钙磷比值。大多数非反刍家畜，除了蛋鸡之外，可利用钙和可利用磷的比值一般在 1∶1–2∶1（如哺乳动物和鱼类为 1.5∶1）。蛋鸡饲料中钙添加量（钙磷比值为 13∶1）远高于 3 周龄和 6 周龄肉鸡（钙磷比值为 2.6∶1），因为前者需要生成蛋壳（NRC, 1994）。反刍动物对日粮中钙磷比值的敏感程度不如非反刍动物，这是因为日粮中的一些 Ca 可能从瘤胃中吸收，并且大量的血浆 P 回到瘤胃中，使得小肠中吸收部位处的钙磷比值与日粮中的钙磷比值大不相同（Greene, 2016）。对所有动物而言，日粮中过量的磷会减少肠道内钙离子的吸收。因此，应该避免日粮中磷的高水平。

过量：如前所述，血浆钙离子的浓度受日粮钙摄入、骨吸收和重建、肠道吸收与肾小管重吸收的调节。甲状旁腺过度活跃（甲状旁腺功能亢进）引发的甲状旁腺激素过度分泌会引发高钙血症，此外，恶性疾病（如癌症）及钙和维生素 D 过量摄入也会引发高钙血症。动物的高钙血症的症状主要包括：①便秘、恶心和呕吐；②采食量下降和生长缓慢；③血管中的钙过度沉积会形成斑块，导致心脏和大脑的功能障碍；④肌肉疼痛、腹痛和肾结石（Žofková, 2016）。严重的高钙血症可危及生命。有意思的是，通过分析纤维素消化率的数据发现，如瘤胃液中的钙离子浓度（$CaCl_2$）$\geqslant$ 450 μg/mL，钙对瘤胃微生物具有毒性（Georgievskii et al., 1982）。

10.2.5　磷（P）

1669 年，Hennig Brand 在人的尿液中发现磷。这种矿物来自希腊语 "Phôs"（光）和 "phorus"（人）。磷是高度活泼的，它在地球上不是一种游离的元素。在动物体内，磷存在于磷酸盐中，磷酸盐由一个中心原子磷、4 个氧原子和 0–3 个氢原子组成。在血浆中无机磷酸盐的浓度（Pi）是 1.2–2.0 mmol/L。动物细胞内磷的总量（如 ATP、ADP、AMP、GTP、UTP、肌酸磷酸、磷酸化蛋白质、核酸和葡萄糖-6-磷酸的磷酸盐）等于 50–75 mmol/L。骨骼约占人体内磷酸盐含量的 85%，软组织约占 14%，细胞外液约占 1%。

不同形式的磷酸盐可相互转变。下面显示了几种形式的磷酸根离子。

中性磷酸盐的主要形式是 HPO_4^{2-}。完全质子化的形式是磷酸（H_3PO_4），是一种酸性环境下的主要形式。在动物体内，磷酸根离子与钙离子发生反应，在骨骼中形成磷酸钙，还与细胞内外的糖、蛋白质、脂类、维生素和其他有机分子共价结合。小肠、肾脏

磷酸盐存在于 H_3PO_4、$H_2PO_4^-$、HPO_4^{2-} 和 PO_4^{3-} 的平衡中，如下所示。

和骨骼器官间的协作可调控体内的磷酸盐平衡。

来源：畜产品是磷的良好来源。除了可能含有大量磷的种子外，植物及其产品（如干草和秸秆）中的磷的含量一般很低。谷物和其他植物产品中的不溶性磷酸钙与磷酸镁会降低动物对磷的利用效率。

吸收和转运：在肠腔内，磷通过 3 个 Na^+ 依赖性磷酸根离子转运蛋白［磷酸根离子-钠离子协同转运蛋白（NaPi2b）、磷酸根离子转运蛋白-1（PiT1）和磷酸根离子转运蛋白-2（PiT2）］逆电化学梯度被小肠吸收（Candeal et al., 2017）。磷酸钠协同转运蛋白是肠道中主要的磷酸根离子转运蛋白，按照 Na^+：HPO_4^{2-} 为 3∶1 的比例及在 K_M 值相对较低（大约为 10 μmol/L）的情况下，该转运蛋白可将磷酸根离子转运至肠上皮细胞的顶端膜（Sabbagh et al., 2011）。通过小肠上皮细胞基底膜 Na^+/K^+-ATP 酶的作用，小肠管腔液中 Na^+ 浓度大于细胞胞浆中的 Na^+ 浓度，从而提供了一个浓度梯度，驱动钠离子依赖性磷酸根离子吸收。按 Na^+：$H_2PO_4^{2-}$ 为 2∶1 的比例，磷酸根离子转运蛋白-1 和磷酸根离子转运蛋白-2 优先转运磷酸二氢根离子（Khanal and Nemere, 2008）。进入肠上皮细胞后，磷酸根离子会以一个自由阴离子的形式转入到其基底外侧膜。目前，磷酸根离子穿过肠上皮细胞的基底外侧膜进入肠黏膜的固有层的详细机理是未知的。然而，Na^+ 依赖性磷酸根离子转运出肠基底外侧膜的机制已被证实（Kikuchi and Ghishan, 1987）。基底外侧膜的磷酸根离子转运是双向的，这取决于磷酸盐的摄入量（Sabbagh et al., 2011）。磷酸根离子以自由阴离子的形式被吸收进入门静脉，通过钠依赖性转运蛋白被肠外细胞摄取（NaPi2a、NaPi2c、PiT1 和 PiT2）。值得注意的是，在近端肾小管顶端膜的 NaPi2a 和 NaPi2c 负责重吸收 80%的被过滤的磷酸根离子（Sabbagh et al., 2011）。

动物体内的磷酸盐平衡受许多因素调节，包括肠吸收磷酸盐、肾脏重吸收和磷酸盐排泄，以及在细胞外基质与储存池骨组织之间磷酸盐的交换（Marks et al., 2010）。生理浓度的骨化三醇通过刺激肠上皮细胞 NaPi2b 的表达来促进肠道对磷的吸收，并且在低血磷浓度的情况下，可提高从骨基质中动员和释放磷酸盐（图 10.6）。此外，甲状旁腺激素刺激骨骼释放磷酸盐（Candeal et al., 2017）。在高磷血症或低钙血症的情况下，骨化三醇和甲状旁腺激素的分泌会增强，以减少肾对磷的重吸收（Blaine et al., 2015）。这种生理反应有助于防止由骨吸收引起的血浆磷酸盐过度升高。相反，生长激素、胰岛素、胰岛素样生长因子-1 和甲状腺素会促进肾脏对磷酸盐的重吸收，因此，有利于肌肉蛋白质合成的因素通常会促进骨骼生长。

功能：在动物体内磷具有许多生化功能（Kornberg et al., 1999）。磷的一个关键作用是在生物矿化过程中由钙离子和磷酸根离子形成磷酸钙，这对于生物体的骨架和维持身体结构是至关重要的。此外，作为核苷酸（ATP、GTP 和 UTP）、磷酸肌酸、核酸（RNA 和 DNA）、磷脂、磷酸鞘氨醇和肌醇-1,4,5-三磷酸肌醇的一部分，磷参与了：①能量传递、存储和利用；②蛋白质和酶的共价修饰，对其生物活性调节非常重要；③在激素和营养改变的情况下，调节细胞信号传导和生理反应。此外，在进入细胞或通过代谢产生后，许多低分子量的底物和代谢产物会被磷酸化，以防止其泄漏（如核苷酸的磷酸基团、糖酵解的中间体、磷酸吡哆醛和 2,3-二磷酸甘油酸），从而最大限度地提高产物形成和调控组织中的氧合度。最后，磷酸盐是辅酶组成（如磷酸吡哆醛）或酶激活（如磷酸激活的谷氨酰胺酶和 1α-羟化酶）不可缺少的，从而提高酶的催化效率。因此，磷占据细胞代谢的中心。

缺乏症：在动物体内，最常见的磷缺乏症（也称为低磷血症）与维生素 D 缺乏症相似。这个营养问题通常发生在一些无外源磷饲喂的放牧牲畜中，特别是在热带和亚热带地区及北美洲，因为当地草中可利用的磷含量低（如磷以磷酸三钙的形式存在）（Davidson, 1945; McDonald et al., 2011）。饲喂含高钙和低磷的牧草（如苜蓿）会加重反刍动物的磷缺乏。此外，营养不良、吸收不良或肾磷重吸收障碍可导致低磷血症。磷缺乏的动物会表现出全身磷耗竭情况，以及溶血、疲劳、心肌收缩力降低、肌肉无力、呼吸衰竭、震颤、共济失调、厌食、恶心和呕吐（Allen-Durrance, 2017）。长期缺磷的原因包括：低采食量；由氨基酸吸收和合成的减少而导致的蛋白质营养不良；骨骼和全身（包括骨骼肌）的生长发育障碍；骨吸收（脱矿）和骨骼缺陷（如青少年佝偻病和成年人骨软化症）（Harris, 2014）。最后，在缺乏磷酸盐的情况下，雄性动物和雌性动物会患有不育疾病（Greene et al., 1985; Morrow, 1969）。

过量：高磷血症是指血浆中磷酸盐浓度过度升高。在动物体内，这种代谢紊乱可能是由摄入过多的磷酸盐、钙摄入不足、肾磷排泄减少（如甲状旁腺激素水平低）或细胞内损伤（如组织损伤和骨吸收过多）引起的，使细胞内磷酸盐向细胞外空间排出。高磷血症包括：采食量下降和生长受阻；铁、钙、镁和锌消化率低；骨骼生长发育受损；厌食、恶心、呕吐和腹泻；血浆中钙浓度低。磷过量的动物也表现出神经功能异常和癫痫；心血管功能障碍；组织的非骨骼钙化（尤其是肾脏）；酸碱失衡（如代谢性酸中毒）和肾结石（Ketteler et al., 2016; Spasovski, 2015）。

10.2.6 镁（Mg）

镁是由 Humphry Davy 于 1808 年首次分离出来的。其实早在 1618 年，英格兰埃普瑟姆（Epsom）的一个农民发现他家水井里的水含有一种苦味的物质，能够治疗搔痕和皮疹，可是奶牛却抗拒饮用该水，后来这个未知物质被证实为七水硫酸镁。镁是二价阳离子，在生命体中是第六大常量矿物质（动物体内：钙＞磷＞钾＞钠＞硫＞镁）。镁在血浆中的含量为 0.8–2.2 mmol/L，在细胞内液中的含量为 1–3 mmol/L。细胞内大约 90% 的 Mg^{2+} 与核糖体或多聚核苷酸结合（Wolf and Cittadini, 2003）。

来源：镁普遍存在于植物源和动物源饲料中。麦麸、干酵母和大部分植物蛋白浓缩物（如棉籽饼和亚麻籽饼）是镁的良好来源。三叶草比牧草含有更多的镁。通常，镁是以氧化镁的形式被添加入家畜日粮的。

吸收和转运：如前所述，网状瘤胃是反刍动物吸收日粮镁的主要部位（Greene et al., 1983; Tomas and Potte, 1976），而反刍动物的瓣胃和皱胃不能吸收其腔内的镁离子。在所有动物体内，镁在小肠腔被上皮细胞吸收，这主要是通过细胞顶端膜的瞬时受体电位离子通道蛋白 M6（TRPM6）完成的，该蛋白是一种离子通道蛋白（Voets et al., 2004）。TRPM7 是 TRPM6 活化所必需的。TRPM6 和 TRPM7 都是非普通的双功能蛋白，包括离子通道和 cAMP 依赖性蛋白激酶（Ryazanova et al., 2010）。在肠上皮细胞中，Mg^{2+} 是以自由离子形式存在的，也与蛋白质和核酸结合。通过一个电中性的 Na^+/Mg^{2+} 交换体——CNNM4 蛋白

（保守结构域蛋白 4），小肠上皮细胞中的镁离子穿过其基底外侧膜进入肠黏膜的固有层（Yamazaki et al., 2013）。基底外侧膜的 CNNM4 蛋白将 Mg^{2+} 从肠上皮细胞中转出，以交换 Na^+ 的转入，这一过程不影响跨膜电流。Mg^{2+} 从肠黏膜的固有层进入门静脉。该矿物元素在血浆中以自由和与蛋白质（白蛋白）结合的形式被转运，并且通过 Mg^{2+} 转运蛋白（包括 TRPM6/7）被肠外细胞（包括肾小管上皮细胞）摄取（Ryazanova et al., 2010）。肾脏对 Mg^{2+} 的重吸收由甲状旁腺激素通过 cAMP 依赖性细胞信号传导刺激，但在高钙血症时，甲状旁腺激素的合成和释放受到抑制，导致肾脏对 Mg^{2+} 的重吸收减少。因此，镁稳态受胃肠道吸收、利用（如产奶）和肾脏排泄所调节。虽然在每一次通过肾脏过程中约有 80% 的血浆镁在肾小球被过滤，但是只有 3% 被过滤的血浆镁从尿中排出，这是因为，在肾小管的管腔中，大部分镁通过顶端膜 TRPM6/7 被重吸收进入血液（Musso, 2009）。

功能：Mg^{2+} 与 ATP、DNA 和 RNA 互作以稳定其多磷酸化合物。这个二价离子可减少磷酸盐之间的静电斥力，从而稳定 ATP 结构及核酸的碱基配对和堆叠（Wolf and Cittadini, 2003）。此外，Mg^{2+} 与细胞内的许多蛋白质结合，包括膜蛋白。超过 300 种酶需要镁离子作为其催化活性的辅助因子，包括那些合成和利用 ATP 的酶。这些酶的例子如下所示。

1）糖酵解途径：

葡萄糖 ＋ATP → 6-磷酸葡萄糖 ＋ADP（己糖激酶）

6-磷酸果糖 ＋ATP → 1,6-二磷酸果糖 ＋ADP（磷酸果糖激酶）

1,3-二磷酸甘油酸 ＋ADP ↔ 3-磷酸甘油 ＋ATP（磷酸甘油酸激酶）

2-磷酸甘油酸 ↔ 磷酸烯醇式丙酮酸（烯醇化酶）

磷酸烯醇式丙酮酸 ↔ 丙酮酸（丙酮酸激酶）。

2）丙酮酸脱氢酶激酶：活性形式 → 无活性形式。

3）丙酮酸脱氢酶磷酸酶：无活性形式 → 活性形式。

4）糖原代谢：1-磷酸葡萄糖 ↔ 6-磷酸葡萄糖（葡萄糖磷酸变位酶）。

5）糖异生：丙酸 ＋ATP → 丙酰辅酶 A＋AMP（酰基辅酶 A 合成酶）。

6）戊酸循环：

6-磷酸葡萄糖 → 6-磷酸葡糖酸内酯（6-磷酸葡萄糖脱氢酶）

6-磷酸葡糖酸内酯 → 6-磷酸葡糖酸（葡萄糖酸内酯水解酶）

5-磷酸核糖 → 5-磷酸核糖-1-焦磷酸盐（PRPP）（PRPP 合成酶）

5-磷酸核糖 ＋5-磷酸木酮糖 ↔ 7-磷酸景天庚酮糖 ＋3-磷酸甘油醛（转酮醇酶，维生素 B_6）。

7）脂肪酸降解：脂肪酸 ＋ATP → R-ScoA（脂酰辅酶 A）＋AMP（酰基辅酶 A 合成酶）。

8）尿素循环：瓜氨酸 ＋ 天冬氨酸 ＋ATP → 精氨琥珀酸（AS）＋AMP（AS 合成酶）。

9）嘌呤和嘧啶合成途径：许多酶需要镁离子。

10）DNA 和 RNA 合成：脱氧核糖核苷酸 → DNA（DNA 聚合酶）

DNA → RNA（RNA 聚合酶）。

11）蛋白质合成：镁离子与 mRNA 结合形成核糖体。

Mg^{2+} 能传导电（神经）冲动，并改变神经系统中神经元的激发阈值。生理浓度的

Mg^{2+}阻断谷氨酸和天冬氨酸与神经元中 *N*-甲基-D-天冬氨酸（NMDA）受体的结合，从而阻断 NMDA 受体的激活（Morris, 1992）。谷氨酸和天冬氨酸是脊椎动物中枢神经系统（central nervous system，CNS）兴奋性突触传递的主要神经递质。脑中或脑脊液中低浓度的 Mg^{2+}（<0.25 mmol/L）会导致 NMDA 受体被谷氨酸和天冬氨酸激活，并降低神经元反复发出神经冲动（动作电位）的阈值，导致神经紊乱和手足抽搐。

缺乏症：镁缺乏症（也被称为低镁血症）会降低 ATP 的产生、内皮细胞一氧化氮的合成、抗氧化能力，以及动物的采食量、生长、免疫和存活。哺乳动物、鸟类和鱼类的低镁血症还会表现出神经肌肉兴奋、手足抽搐、癫痫、抑郁症、碳水化合物和氨基酸代谢的异常、微血管中血流受损与不孕（Al-Ghamdi, 1994; Kubena and Durlach, 1990）。青草搐搦症经常发生在反刍动物采食缺镁的牧草或饲料情况下，特别是当瘤胃氨氮浓度升高而降低镁的吸收时（Martens and Schweigel, 2000）。低镁血症可导致神经元自发激活，导致持续性刺激和肌肉痉挛。此外，缺镁会引发低钙血症和低钾血症，其机制包括：①抑制甲状旁腺激素的活性；②骨吸收；③增加软组织钙化及 Ca^{2+} 和 K^+ 由肾的排泄。日粮中过量的钾会干扰动物体对镁离子的吸收和代谢，从而增加低镁血症和手足抽搐的风险。镁缺乏症可以通过口服镁（如柠檬酸镁、氧化镁、硫酸镁或氯化镁）来治疗。在诊所，静脉注射镁可治疗先兆子痫（preeclampsia）和急性心肌梗死（Musso, 2009）。

过量：高镁血症是指血浆中镁浓度异常高。这种代谢紊乱在农场动物中很少见，但能由镁摄入过多、镁的肾排泄受损及动物体内过量的镁动员和释放引起。高镁血症的症状包括：恶心和呕吐；干物质消化率降低，大量腹泻（由于水流入大肠）和脱水；采食量下降和生长受阻；肌肉无力和呼吸障碍；低血压、低心率和心搏骤停（Topf and Murray, 2003）。需要注意的是，通过分析纤维素消化率的数据发现，瘤胃内高镁离子（如硫酸镁形式）浓度，如≥320 μg/mL，对瘤胃微生物有毒性（Georgievskii et al., 1982）。

10.2.7 硫（S）

自公元前六世纪以来，硫的自然形式在中国被称为石硫黄（中医）。1777 年，Antoine Lavoisier 报道硫是一种元素而不是化合物。硫的名字来自拉丁文"sulpur"，意思是"brimstone"（硫黄）。元素硫在室温下为明亮的黄色晶体。除了金、铂、铱、碲和稀有气体，它与所有元素都有化学反应。在自然界中，硫通常以硫化物和硫酸盐矿物形式存在。

来源：动物体内大部分的硫是有机形式，如含硫氨基酸（半胱氨酸、胱氨酸、蛋氨酸、高半胱氨酸和牛磺酸）、谷胱甘肽和蛋白质（Hoffer, 2002）。二硫化合物的 S–S 键，保障了角蛋白机械强度和不溶性，此蛋白常见于外皮、头发和羽毛（第 4 章）。组织中的蛋白和乳蛋白的氮硫比值为 13∶1–15∶1（g/g）。富含胱氨酸的羊毛含有约 4%的硫。硫也存在于两种维生素（生物素和硫胺素）、辅酶 A、硫酸软骨素（软骨、骨、肌腱的结构部分）和血管壁中。与畜产品相比，植物中的硫含量一般较低（Pond et al., 1995）。然而，生长在含硫量较高或施用硫化物（如硫酸铵）肥料的土壤上的植物，具有足够的甚至相对较高的硫量，并且在反刍动物中，尤其在存在钼时可能加剧铜缺乏（Hardt et al., 1991）。世界上一些地区（如北美洲）的大多数天然饲料含有足够的硫以满足放牧反刍

动物的需要（Greene et al., 2016）。不同地区水中的无机硫含量差异很大，从小于 10 mg/L 到 75 mg/L 不等。

在反刍动物的瘤胃中，硫的来源是无机硫酸盐或有机硫物质（如磺酸盐、硫酸酯或含硫氨基酸）。大多数反刍动物日粮中硫的含量必须为干物质的 0.18%–0.24%，以便瘤胃细菌能充分合成含硫化合物（Suttle, 2010）。硫酸盐通过 ATP 结合盒（ABC）型转运蛋白和主要的超家族型转运蛋白被输送到微生物（Kertesz et al., 2001）。相反，ABC 型转运蛋白负责吸收所有磺酸盐和硫酸酯。这些转运蛋白的合成受硫供应的调节。由于非反刍动物从硫中合成含硫氨基酸的能力有限，饮食中的无机硫对猪、家禽、狗、猫、大鼠和鱼几乎没有营养价值。

吸收和转运：在动物体内，有机形式的硫被小肠吸收，如半胱氨酸、蛋氨酸、牛磺酸和谷胱甘肽，它们在不同的组织间转运（第 7 章）。在反刍动物中，瘤胃微生物使用无机形式的硫合成半胱氨酸和蛋氨酸，然后由宿主使用（第 7 章）。然而，微生物在合成氨基酸和蛋白质上对硫的利用效率受其来源的影响（Suttle, 2010）。吸收的硫进入门静脉循环。大量的硫以牛磺酸的形式被储存在骨骼肌、心脏和眼睛中，而以谷胱甘肽的形式储存在消化系统和生殖系统的组织中（Wu, 2013）。

功能：传统上，很少有人注意到非反刍动物硫元素的营养，因为这些动物主要以蛋白质或补充蛋氨酸的形式摄取硫。在反刍动物体内，微生物利用硫（包括补充无机化合物）合成于半胱氨酸和蛋氨酸（Felix et al., 2014）。以氨基酸的形式存在的硫元素对所有生物体的生命都是必不可少的。此外，动物细胞中硫化氢的生理性水平、半胱氨酸的代谢产物和气体信号分子，对体内的神经传递调节、血液流动、免疫反应和营养代谢非常重要（Wu, 2013）。

缺乏症：如第 7 章所述，动物体内的硫缺乏通常与蛋白质缺乏有关。在反刍动物体内，当非蛋白氮（如尿素）加入到日粮中时，日粮中硫的含量是瘤胃微生物半胱氨酸和蛋氨酸合成（微生物蛋白质合成）的一个限制因素（Suttle, 2010）。用非氨基酸氮（如尿素）替代反刍动物日粮中的一些蛋白质可能增加硫缺乏的风险，这是由于被取代的蛋白质含有蛋氨酸和半胱氨酸。为了让奶牛高效利用尿素，日粮中氮硫比值（N/S）最适为 12∶1（g/g），N/S 为 10∶1（g/g）对于其他所有的反刍动物来说也是能接受的（NRC, 1976）。此外，在土壤或植物中硫含量低的地区饲养反刍动物，生产者必须考虑额外添加硫。

过量：饮用水中硫酸盐浓度＜600 ppm（mg/L）和日粮干物质中硫含量＜0.4%对于动物（包括猪、家禽和反刍动物）通常是安全的（Suttle, 2010）。马和啮齿动物在其日粮中可以耐受 0.5%的硫（干物质基准）。由于现在反刍动物和非反刍动物的日粮中经常包括总硫含量很高（干物质的 0.4%–1.5%）的干酒糟可溶物（DDGS），因此生产者担心硫的毒性。日粮中过量的硫会影响动物体内的酸碱平衡，降低采食量和生长性能，并且导致大脑中的灰质病变（Drewnoski et al., 2014）。由于反刍动物通常需要补充硫，因此饲养者会担忧过量硫带来的不利影响。Georgievskii 等（1982）报道，通过分析纤维素消化率的数据表明，瘤胃液的高硫（如 Na_2SO_4）浓度，如≥1 mg/mL，对瘤胃微生物具有毒性。NRC（2005）建议，在肉牛的日粮中，当饲喂含大于 85%的浓缩料时，硫的最大耐受限量为 0.3%；或当含大于 40%的牧草时，硫的最大耐受限量为 0.5%。Pogge 等

（2014）报道，用高硫（含 0.68%的硫酸钠）日粮饲喂生长肉牛 28 天，会减少小肠对 Cu、Mn 和 Zn 的吸收，但对 Ca、K、Mg 和 Na 的吸收或保留没有影响。摄取高水平硫的反刍动物（如牛、绵羊和山羊）由于其大脑皮质区域的坏死而可能显示出"星际观察"，这是脊髓灰质炎的症状（Gould et al., 2002）。在反刍动物体内，引发硫中毒的主要原因是：①胃肠道菌群生成硫化氢（毒剂）可杀灭细菌，诱导产生过量的活性氧自由基，引起氧化损伤；②硫酸的生成会降低瘤胃液和宿主组织中的 pH；③其他矿物质（如铜、锌和锰）在小肠吸收的下降，因为硫在瘤胃的还原会产生能与矿物 [如硫化铜（Cu_2S）、硫化锌（ZnS）和硫化锰（MnS）]形成水不溶性络合物的中间体（Drewnoski et al., 2014）。因此，高硫含量是限制 DDGS 在动物（如饲养场牛）日粮中添加的主要因素，而饮用水也可能成为有问题的硫源，尤其是在世界某些地区（如美国西部地区）。

10.3　微 量 元 素

10.3.1　铁（Fe^{2+}和 Fe^{3+}）

关于铁的研究有悠久的历史（Sheftel et al., 2012），最早的铁器于公元前 3500 年在埃及被发现，1722 年 René Antoine Ferchault de Réaumur 成为首位记载各种形式铁的人。铁元素是动物体内含量最多的微量元素（表 10.9）。除了初生仔猪含较少铁外，其他初生动物体内均含有较多的铁，每千克体重含铁量约为 70 mg。在哺乳动物、鸟类和鱼类体内，几乎所有的铁（>90%）都以铁合蛋白的形式存在，如一氧化二铁（Fe-O-Fe）、氧-铁-锌（Fe-O-Zn）、铁硫簇合物（Fe-S）和血红素（Ward and Kaplan, 2012）。游离铁在体内含量很低，这有两个原因，首先，Fe^{3+}的水溶性很差，其次，Fe^{2+}对细胞有毒性。

表 10.9　动物体内微量元素含量 [a]

微量元素	mg/kg 体重	微量元素	mg/kg 体重
铁	30–80	钴	0.02–0.10
锌 [a]	8–45	镍	0.04–0.05
铜	2–3.5	硒	0.02–0.025
钼	1–4	硼	<0.02
锰	0.48–0.56	溴	<0.02
碘	0.2–0.5	钒	<0.02

资料来源：Georgievskii, V.I., B.N. Annenkov, and V.T. Samokhin. 1982. *Mineral Nutrition of Animals*. Butterworths, London, U.K.; Mertz, W. 1987. *Trace Elements in Human and Animal Nutrition*, Vol. 1, edited by Mertz, W., Academic Press, New York, NY。

[a] 体内锌的含量在不同动物种类和生理状态情况下变化明显 [例如：8.5 mg/kg BW 初生犊牛、20 mg/kg BW 初生仔猪和 45 mg/kg BW 蛋鸡（Georgievskii, 1982; Herzig et al., 2009）]。

来源：铁在食物中分布广泛，但其含量差别很大。精饲料、绿叶型原料和粗饲料都能为家畜提供充足的铁（McDonald et al., 2011）。豆科植物（200–400 mg/kg，以干物质为基础）相比草（约 40 mg/kg）含有更多的铁。铁蛋白是蛋白质和 Fe^{3+}的混合体，是食用豆类（如豆粕）中铁的主要形式（Theil, 2004）。谷物也是铁的良好来源（30–60 mg/kg）。然而，哺乳动物、鸟类和鱼类对植物源食物中铁的利用率很低（Haider et al., 2016），但

畜产品中铁的生物利用率比植物产品更高。

吸收：在胃中，铁结合到一种由胃壁泌酸细胞分泌并被称作胃铁蛋白的糖蛋白上，铁-胃铁蛋白这一络合物随食物进入十二指肠。在小肠的肠腔中，Fe^{3+}在顶端膜表面被维生素 C（V_C）或十二指肠细胞色素 b（DCYTB，也被称为十二指肠铁还原酶）还原为Fe^{2+}。铁还原酶是一种跨膜氧化还原酶，利用细胞内 V_C 作为电子供体，将 Fe^{3+} 还原为 Fe^{2+}（Asard et al., 2013），随后被二价阳离子转运蛋白-1（DCT1，又被称为二价金属离子转运蛋白）和自然抗性相关巨噬细胞蛋白 2（NRAMP2）转运至细胞内。DCT1 也转运 Zn^{2+}、Cu^{2+} 和 Mn^{2+}，但转运 Ca^{2+} 和 Mg^{2+} 的活性不强。进入细胞后，Fe^{2+} 结合到铁蛋白聚合物（一种蛋白质聚合物）上，随后被转移至小肠上皮细胞的基底外侧膜，通过转铁蛋白-1 进入肠黏膜的固有层（图 10.7）。由于转铁蛋白只能识别 Fe^{2+}，因此 Fe^{3+} 进入铁蛋白聚合物时必须被还原为 Fe^{2+}（Ward and Kaplan, 2012）。这种蛋白质聚合物并不储存铁，只能作为将铁传递至肠细胞基底外侧膜的传递介质。结合到小肠肠腔黏蛋白上的 Fe^{3+} 最终通过转铁蛋白介导的铁转通路进入细胞内。在这一通路中，β_3 整合素促进 Fe^{3+} 进入细胞内。在细胞的胞浆内，靠近顶端膜的囊泡内的转铁蛋白结合到 β_3 整合素和胃铁蛋白上，将 Fe^{3+} 从 β_3 整合素转移至胃铁蛋白，最终 Fe^{3+} 被转运至铁蛋白聚合物上。

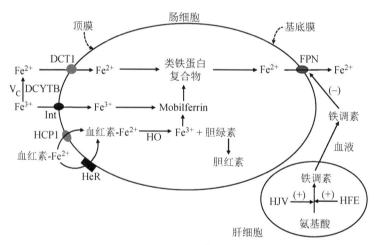

图 10.7　动物肠道对日粮铁的吸收。在小肠肠腔内，Fe^{3+} 在顶端膜表面被维生素 C（V_C）或十二指肠细胞色素 b（DCYTB）还原为 Fe^{2+}。通过二价阳离子转运蛋白-1（DCT1），无机 Fe^{2+} 被肠上皮细胞吸收，而 Fe^{3+} 与黏蛋白结合并通过 β_3 整合素（Int）进入细胞。血红素-Fe^{2+} 被肠上皮细胞通过血红素载体蛋白-1（HCP1）或血红素受体（HeR）介导的内吞作用所吸收。在小肠上皮细胞内，血红素-Fe^{2+} 被血红素加氧酶（HO）氧化为 Fe^{3+}。然后，Fe^{3+} 被还原为 Fe^{2+}，由类铁蛋白复合物 Fe^{2+} 被输送到基底外侧膜并通过膜转铁蛋白（FPN）转出细胞。FPN 被铁调素（一个含有 25 个氨基酸的多肽）抑制，铁调素是在肝细胞内由氨基酸合成的。人血色素沉着病蛋白（HFE）和铁调素调节蛋白（HJV）可激活铁调素在肝脏内的合成。在炎症状态下，铁调素的数量升高会降低肠道铁的吸收并导致贫血。（+），激活；（－），抑制。

血红素铁（血红素-Fe^{2+}）是一种结合到血红素的嘌呤环，在小肠的肠管中以完整聚合物的形式通过顶端膜血红素载体蛋白-1（HCP1）转运至细胞内。需要注意的是，HCP1 介导的铁转运过程独立于假定的血红素受体及受体介导的血红素的内吞作用，后者于 20 世纪 70 年代首次被提出作为猪和人类小肠吸收血红素的机理（Grasbeck et al.,

1979）。血红素一旦进入细胞内就被血红素氧化酶降解，释放出 Fe^{2+} 和胆绿素，Fe^{2+} 结合到铁蛋白聚合物上。

细胞内 Fe^{2+} 在转铁蛋白的转运下通过基底外侧膜被转运出肠上皮细胞。辅助蛋白是一种位于肠上皮细胞跨基底膜的蛋白，可促进基底外侧膜对铜的转运（Vulpe et al., 1999）。肝细胞表达一种叫作铁调素的多肽，这种多肽含有 25 个氨基酸，调控细胞内转铁蛋白的丰度（Ward and Kaplan, 2012）。干细胞表达的铁调素可被两种蛋白上调，分别是 HFE（人血色素沉着病蛋白）和 HJV（铁调素调节蛋白）（Barton et al., 2015）。铁调素将转铁蛋白从细胞膜转运至细胞中并将其降解，从而抑制转铁蛋白的活性。在炎性状态下，血清中的铁调素浓度异常升高，小肠对铁的吸收下降，并且铁储存在肝脏和巨噬细胞中（Ganz, 2003），这导致了血红细胞中的铁离子浓度降低和贫血症。相反，当血清中铁调素异常降低时（如血色素沉着病，一种与血液中铁异常升高有关的遗传病），血浆中铁离子水平升高的重要原因是转铁蛋白介导铁离子从细胞（包括小肠上皮细胞、干细胞和免疫细胞）内大量流出。

血液中运输：吸收后的铁随后进入血液循环。在血液中，Fe^{2+} 被铁氧化酶氧化为 Fe^{3+} 并结合到转铁蛋白（铁结合蛋白，干细胞分泌的一种糖蛋白）上，这种蛋白含有两个 Fe^{3+} 结合位点但不能结合 Fe^{2+}（Harris, 2014）。虽 Fe^{3+} 可牢固结合到转铁蛋白上，但这一过程并非不可逆，肠外细胞外膜上的转铁蛋白受体与转铁蛋白相结合并通过细胞内吞作用将其转运至细胞内，在细胞内转铁蛋白与核内体融合。在核内体内，Fe^{3+} 被前列腺蛋白-3 的 6 个跨膜上皮抗原（STEAP3，一种金属还原酶）还原为 Fe^{2+}（Sendamarai et al., 2008）。Fe^{2+} 随后通过 DCT1 从核内体转运至细胞液并结合到两个蛋白上（转铁蛋白和血铁黄素）并储存。血铁黄素是一种不溶于水的蛋白质聚合物，广泛存在于细胞溶酶体中。在妊娠过程中，子宫转铁蛋白（孕酮诱导产生的铁离子结合蛋白）在孕体储存和转运铁离子的过程中发挥着重要作用（Bazer et al., 1991; Roberts et al., 1986）。

体组织中铁的含量：动物体内铁含量如下（mg/kg 体重）：牛，60；马，66；母猪，50；0–35 日龄仔猪，36–40；鸡，80（Georgievskii et al., 1982）。动物血浆中铁含量如下（mg/L）：成年肉牛，1.4–1.5；犊牛，1.2–1.6；鸡，1.0（非产蛋期）–5.2（产蛋期）；小鼠，0.9；猪，1.23；羊，1.52–1.82。血浆中铁含量如表 10.10 所示。值得注意的是，血清或血浆中的微量矿物质（包括铁）的浓度通常不是它们在动物中营养状态的良好指标，因为微量矿物质被聚集在细胞内并在各种生理和病理状态下从细胞释放到血浆中。哺乳动物组织中铁的含量如下（mg/100g 鲜重）：全血，20–45；脾脏，20–40；肝脏，10–20；肾脏，4–6；心脏，4–8；骨骼肌，1.5–3；大脑，2–2.5；骨骼，3.5–4（Georgievskii et al., 1982）。

表 10.10 动物血清中微量元素的浓度（μg/100mL）

动物	锰	锌	钼	铜	钴	碘	铁
奶牛	1.5–2.5	80–150	0.3–0.6	50–120	0.5–0.7	4–8	100
犊牛	3–5	100–150	1.0	80–120	1.0	6.1–7.4	120–160
绵羊	4–5	100–120	3	60–100	0.5–1.0	4–8	100–150
猪	4–5	160	0.6–1.4	200	17–40	5–8	180

续表

动物	锰	锌	钼	铜	钴	碘	铁
马	1.7–2.5	60–70	2–5	100–190	0.7–2.2	2–4	110–200
鸡	10–24	150–210	10–34	20–30	0.5–0.8	5–10	102–516[a]

资料来源：Georgievskii, V.I., B.N. Annenkov, and V.T. Samokhin. 1982. *Mineral Nutrition of Animals*. Butterworths, London, U.K.; Huck, D.W. and A.J. Clawson. 1976. *J. Anim. Sci.* 43: 1231–1246; Hunt, C.D. 1989. *Biol. Trace Elem. Res.* 22: 201–220; Mondal, S., S. Haldar, P. Saha, T.K. Ghosh. 2010. *Biol. Trace Elem. Res.* 137: 190–205; Ronis, M.J.J., I.R. Miousse, A.Z. Mason, N. Sharma, M.L. Blackburn, and T.M. Badger. 2015. *Exp. Biol. Med.* 240: 58–66; smith, P. 1982. *Vet. Rec.* 111: 149; Stanier, P. 1983. *Vet. Rec.* 113: 518; Yörük, I., Y. Deger, H. Mert, N. Mert, and V. Ataseven. 2007. *Biol. Trace Elem. Res.* 118: 38–42。

[a] 鸡血清中铁的浓度为（μg/100mL）：生长雏鸡 = 102；非产蛋母鸡 = 158；产蛋母鸡 = 516。

功能：铁对红细胞（红血球）生成具有重要意义，红细胞的生成发生于哺乳动物胎儿的肝脏、鸟类胚胎的红系细胞、出生后哺乳动物和鸟类的红骨髓与鱼类的肾脏中（Bruns and Ingram, 1973; Palis and Segel, 1998; Roberts et al., 1986）。铁是血红素的组成成分（图 10.8），含血红素的蛋白（也称为血红素蛋白）包括血红蛋白和肌红蛋白（用以结合、转运和贮藏 O_2），金属酶和细胞色素。另外，铁也是激活一些非血红素酶的必需金属（Sheftel et al., 2012），铁也参与某些氧化还原反应。在细胞色素中，铁原子的氧化或还原反应对其发挥生物功能是必不可少的。相反地，血红蛋白或肌红蛋白中 Fe^{2+} 被氧化为 Fe^{3+} 则抑制了其生物效应。

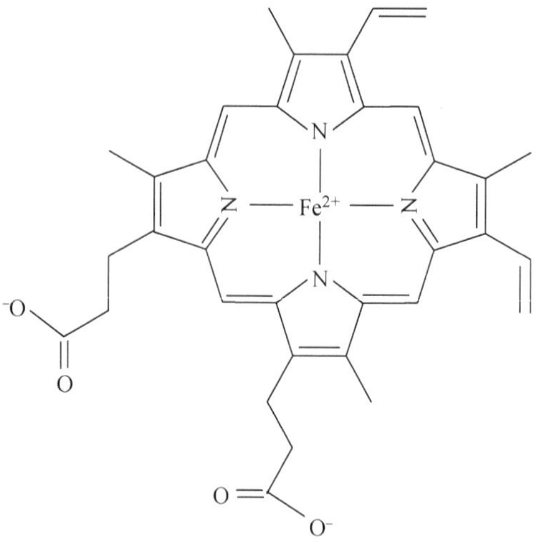

图 10.8　血红素的结构。吡咯环和亚甲基桥碳是共面的，铁原子（Fe^{2+}）位于几乎相同的平面上。亚铁血红素的第五个和第六个配位位置与血红素环的平面垂直并在其正上方和正下方。因此，血红素以一种铁的螯合剂起作用。血红素是由琥珀酰辅酶 A 和甘氨酸在肝脏合成的。

（1）血红蛋白

健康动物体内血液中的血红蛋白含量为 100–140 g/L（Fox et al., 2002; Sheftel et al., 2012），马体内 60%的铁储存于这些蛋白中，而狗和牛则为 68%，小鼠和猪分别为 73%和 80%（Georgievskii et al., 1982）。血红蛋白是一个四聚体蛋白（分子量为 64 500），有 4 种类型：HbA（正常成年动物的血红蛋白，$\alpha_2\beta_2$）、HbF（初生动物的血红蛋白，$\alpha_2\gamma_2$）

和 HbS（不正常的镰刀状细胞血红蛋白，$\alpha_2 S_2$，β 链第 6 位氨基酸残基谷氨酸被缬氨酸替代）（Thom et al., 2013）。铁占血红蛋白重量的 0.34%，而血红蛋白代表了超过 95% 的红细胞蛋白（ARC, 1981; Sheftel et al., 2012）。在脊椎动物的红细胞，被血红蛋白转运的物质包括：①O_2，从呼吸器官至外周组织；②CO_2 和 H^+，从外周组织进入肺部并随后排出体外；③NO，所有类型的细胞都可以精氨酸为前体生成 NO（Glanz, 1996）。2,3-二磷酸甘油醛（糖酵解的中间产物），可稳定血红蛋白的四聚体结构（Arnone, 1972），这说明糖酵解在维持红细胞正常功能方面发挥重要作用。

（2）肌红蛋白

肌红蛋白为一单链多肽链（分子量为 16 900），狗和牛的肌红蛋白含铁量占全身的 10%，小鼠和马则为 20%（Georgievskii et al., 1982）。肌红蛋白是肌肉细胞中的一种微量蛋白，用以短时间内存储氧气。在水生哺乳动物（如海豚和海豹），肌肉细胞中肌红蛋白占其总蛋白的含量可达到 3%–8%。

（3）细胞色素

细胞色素是一种含铁的血红素蛋白（Georgievskii et al., 1982）。某些细胞色素可参与哺乳动物细胞呼吸链调节，如细胞色素 b、c_1、c 和 aa_3。细胞色素 aa_3 也被称为细胞色素氧化酶，属于线粒体电子传递系统中最末端的组成部分。细胞色素 b、c_1 和 c 也被划分为脱氢酶类，可将电子从黄素蛋白转运至细胞色素 aa_3。细胞色素 P450 和细胞色素 b_5 参与了某些药物、杀虫剂、致癌物及其他外源物质与微粒体的羟基化作用，细胞色素 b_5 参与了微粒体长链脂肪酸 Δ^9 去饱和作用。在细菌体内，一氧化氮还原酶（血红素-细胞色素 c）将 NO 转化为 NO_2^-，亚硝酸一氧化氮还原酶（血红素-细胞色素 c）催化 NO_2^- 生成 NH_3（Averill, 1996）：

$$2NO + 2e^- + 2H^+ （来自 2 个还原的细胞色素 c） \rightarrow N_2O + H_2O + 2 个氧化的细胞色素 c$$
（含细胞色素 c-血红素的一氧化氮还原酶，细菌）

$$NO_2^- + 6e^- （来自 6 个还原的细胞色素 c）+ 7H^+ \rightarrow NH_3 + 6 个氧化的细胞色素 c + 2H_2O$$
（含细胞色素 c-血红素的亚硝酸盐还原酶）

（4）含血红素的酶（也称为血红素酶）

血红素酶的生物活性离不开血红素（Poulos, 2014）。动物体内血红素酶包括过氧化物酶、过氧化氢酶、前列腺素内过氧化物合酶、鸟苷酸环化酶和髓过氧化物酶（表 10.11）。细菌中血红霉素酶则包括以上酶及亚硝酸还原酶。这些酶在体内发挥着极重要的免疫和生理功能。例如，NO 通过激活鸟苷酸环化酶提高 cGMP 的生成量，次氯酸（HOCl，强氧化物）被吞噬细胞用来杀灭病原微生物，这或许可以解释为何体内铁摄入量不足时机体容易感染细菌。

（5）血红素结合蛋白

血红素结合蛋白是肝细胞合成的一种结合血红素的蛋白质（Ascenzi and Fasano, 2007），这种蛋白在肝细胞和血液中可与游离血红素相结合，在血红素代谢和转运过程中发挥重要功能。

表 10.11　含血红素和非血红素铁的酶

酶	功能
血红素酶	
过氧化氢酶	$2H_2O_2 \rightarrow 2H_2O + O_2$
鸟苷酸环化酶	$GTP \rightarrow cGMP + PPi$
吲哚胺 2,3-双加氧酶（IDO）	色氨酸分解代谢（色氨酸 $\rightarrow$ N-甲酰犬尿氨酸）
髓过氧化物酶	$H_2O_2 + Cl^- \rightarrow H_2O + HOCl$（次氯酸）
亚硝酸还原酶（血红素、细菌）	NO_2^-（亚硝酸）$+ 2e^- + H^+ \rightarrow NO$（一氧化氮）$+ H_2O$
亚硝酸还原酶（血红素、细菌）	$O_2 + 4e^- + 4H^+ \rightarrow 2H_2O$
过氧化物酶	$ROOR' + 2e^- + 2H^+ \rightarrow ROH + R'OH$（例如，$H_2O_2 + AH_2 \rightarrow 2H_2O + A$）
前列腺素内过氧化物合酶	花生四烯酸 $+ 2O_2 \rightarrow$ 前列腺素 H_2
色氨酸 2,3-双加氧酶（TDO）	色氨酸分解代谢（色氨酸 $\rightarrow$ N-甲酰犬尿氨酸）
非血红素铁酶（铁硫蛋白）	
顺乌头酸酶	柠檬酸 $\rightarrow$ 异柠檬酸（三羧酸循环）
皮质铁氧还蛋白	胆固醇 $\rightarrow$ 类固醇激素
辅酶 Q 还原酶	线粒体呼吸链
Δ^9-去饱和酶	合成多不饱和脂肪酸
二羟基联苯双加氧酶	雌二醇脱氧
铁氧还蛋白氢化酶（细菌）	$H_2 +$ 氧化铁氧还蛋白 $\leftrightarrow 2H^+ +$ 还原铁氧还蛋白
[铁]-氢化酶（细菌）	$H_2 \leftrightarrow 2H^+ + 2e^-$
[铁-铁]-氢化酶（细菌）	$H_2 \leftrightarrow 2H^+ + 2e^-$
[镍-铁]-氢化酶（细菌）	$H_2 \leftrightarrow 2H^+ + 2e^-$
氢化酶（细菌）	$2H_2 + NAD(P)^+ + 2$ 氧化铁氧还蛋白（Fd）$\leftrightarrow 5H^+ + NAD(P)H + 2$ 还原铁氧还蛋白
3-羟基邻氨基苯甲酸双加氧酶	色氨酸分解代谢（3-羟基邻氨基苯甲酸 $\rightarrow$ ACMS）
脂肪氧化酶	氢过氧化
NADH 脱氢酶	线粒体呼吸链
苯丙氨酸羟化酶	苯丙氨酸羟化合成酪氨酸
脯氨酸羟化酶	胶原蛋白中脯氨酸残基的羟基化
核糖核苷酸还原酶	$RNDP \rightarrow Deoxy\text{-}RNDP$（DNA 合成）
琥珀酸脱氢酶	琥珀酸 $+ FAD \leftrightarrow$ 延胡索酸 $+ FADH_2$（三羧酸循环）
黄嘌呤脱氢酶	黄嘌呤 $\rightarrow$ 尿酸（NAD 依赖性，嘌呤降解）

注：ACMS，2-氨基-3-羧酸半醛；Deoxy-RNDP，脱氧核糖核苷酸二磷酸（dADP、dUDP、dGDP 和 dCDP），其转化为 dATP、dTTP、dGTP 和 dCTP 用于 DNA 合成；RNDP，核糖核苷酸二磷酸（ADP、UDP、GDP 和 CDP）。

（6）非血红素铁酶和蛋白质

动物体内含有多种非血红素铁酶（表 10.10），这些酶中铁原子与硫原子在半胱氨酸残基上紧密结合在一起，因此这些酶又被称作"铁硫蛋白"，其铁硫中心为 2 铁-2 硫、4 铁-4 硫或 3 铁-4 硫。这些蛋白质在线粒体、细胞液和细胞核中发挥多重功能（Stehling and

Lill, 2013）。

（7）既不含血红素也不含铁硫中心的铁酶和蛋白

多羟基酶（铁）、赖氨酸羟化酶（铁）和脂氧化酶（铁）中不含血红素与铁硫中心，然而这些酶需要 Fe^{2+} 作为辅因子发挥其催化功能。脂氧化酶可将脂质氧化为氢过氧化物、内过氧化物和过氧化氢自由基。动物体内，既不含血红素也不含铁硫中心的铁结合蛋白包括转铁蛋白（血液中铁结合蛋白）、子宫运铁蛋白（母猪胎盘中铁结合蛋白）和乳铁蛋白（牛奶中铁结合蛋白）。在细菌中，固氮酶（铁和钼）将 N_2 还原为 NH_3。

芬顿反应：芬顿反应是以 Henry John Horstman Fenton 名字命名的反应，以纪念其于 1894 年发现源于 H_2O_2 与铁离子的活性氧（ROS），芬顿反应常由炎症局部组织损伤引起，这一反应导致机体产生自由羟基和氧化应激，对机体健康产生负面作用（Hansch-mann et al., 2013）。

$$Fe^{2+} + H_2O_2 \rightarrow Fe^{3+} + OH^- + OH\cdot$$

与铜的互作：铜和铁均有两种氧化状态，并且具有高度氧化还原活性，因此动物细胞中铁-铜相互作用并不稀奇（Gulec and Collins, 2014）。第一个营养性证据由 Conrad Elvehjem 和他的同事于 20 世纪 20 年代提出，即患有由日粮中缺铁导致的贫血症的小鼠需要通过同时摄入铜和铁以将体内血红素蛋白恢复至正常水平（Hart et al., 1928）。当日粮缺铁时，小肠上皮细胞和肝细胞会提高对铜的摄入量，导致细胞中铜浓度升高（Gulec and Collins, 2014）。肝脏中高浓度的铜会刺激肝细胞生成并释放铁氧化酶，后者可将血液中的 Fe^{2+} 氧化为 Fe^{3+} 并阻碍铁从肝细胞进入血液。当日粮中缺乏铜时，肝脏中铁浓度升高（Williams et al., 1983），这是由于铁从肝细胞进入血液的过程被阻碍，其分子机理是铁调素（hepcidin）介导转铁蛋白通过内吞作用从肝细胞的质膜进入细胞质（Kono et al., 2010）。由于从肠道中吸收的铁被运往并储存于肝脏中，因此动物体内缺乏铜会引起血浆铁浓度降低，最终限制给骨髓供铁并导致贫血症（Reeves and Demars, 2006）。

缺乏症：在动物体内，减少了铁缺乏症的原因包括铁摄入不足和吸收障碍，肝脏中铁转运和释放机制受损，蛋白质营养不良减少了铁结合和转运蛋白，以及其他二价金属离子与铁离子在吸收与转运上的拮抗（Sheftel et al., 2012）。由于怀孕哺乳动物快速增长的体液体积和孕体发育速率，其对铁缺乏症更加敏感（Wu et al., 2012）。同样地，与成年动物相比，由于机体组织的快速发育，初生动物对铁缺乏也更加敏感。当哺乳动物摄取由缺铁的母体产生的奶时，因为奶中铁含量很低，这些幼畜应该获得外源性铁源，否则它们会有很大的缺铁风险。食欲低下、增长缓慢、贫血症、血流量减少和免疫系统受损都是缺铁的主要症状。由于铁在氧气运输和储存及能量代谢中的重要作用，缺铁动物均表现出极度疲劳、萎靡不振、呼吸急促、头晕、皮肤苍白、胸痛、心跳加速、脚冷和异食癖（Haider et al., 2016; Theil, 2004）。

在畜禽中，当小猪圈养或完全依赖于无补充铁的乳料时，其更容易患贫血症（Pond et al., 1995）。猪出生时体内铁含量较低（表 10.12），然而母乳中每天只能向 2 kg 仔猪提供低于 8 mg 的铁，无法满足仔猪幼龄时期的快速增长速率（仔猪每天需要 70 mg 铁）

（Georgievskii et al., 1982）。因此，新生仔猪必须在出生后的头几天内接受肌内注射200 mg 铁（以铁-葡聚糖复合物的形式）。相反，贫血症在羔羊和犊牛中则很少见，这主要是因为它们能够吃到补充料。每千克日粮干物质中含 25–30 mg 可溶性铁即可满足幼龄反刍动物的营养和发育需要（Bremner et al., 1976）。

表 10.12　仔猪血红蛋白中和体内铁的含量

日龄（天）	体重（kg）	体内血红蛋白		血红蛋白中的铁		体内铁	
		数量（g）	含量（g/kg 体重）	数量（mg）	含量（mg/kg 体重）	数量（mg）	含量（mg/kg 体重）
0	1.3	12.3	9.46	41.8	32.2	52.3	40.2
7	2.7	28.8	10.7	97.9	36.3	122.4	45.3
14	4.2	38.4	9.14	130.6	31.1	163.3	38.9
21	6.0	52.1	8.68	177.1	29.5	221.4	36.9
28	7.8	66.1	8.47	224.7	28.8	280.9	36.0
35	9.8	80.9	8.26	275.1	28.1	343.9	35.1

资料来源：改编自 Georgievskii, V.I., B.N. Annenkov, and V.T. Samokhin. 1982. *Mineral Nutrition of Animals*. Butterworths, London, U.K.。

过量：铁中毒在家畜中并不常见，但也可能因为长期口服铁制剂而导致铁中毒（Pond et al., 1995）。干物质含铁量超过 5 g/kg 对 20 kg 猪有毒性，而给 20 kg 猪肌内注射每千克体重 0.6 g 铁剂（硫酸亚铁）就会导致死亡（Georgievskii et al., 1982）。长期铁中毒将会导致：铜和磷缺乏、胃痛和肠道功能紊乱（因为铁对肠道内部具有腐蚀性）、恶心呕吐、抑郁、采食量下降、生长受阻、产生过量活性氧、氧化应激、组织（如肝和脑）损伤、心肌症、低血压与癫痫（Georgievskii et al., 1982; Gozzelino and Arosio, 2016; Papanikolaou and Pantopoulos, 2005）。动物也可能因铁中毒导致肝脏衰竭而死亡（Papanikolaou and Pantopoulos, 2005）。

10.3.2　锌（Zn）

纯金属锌是 1746 年德国化学家 Andreas S. Marggraf 发现的。它的名字来源于德语中的单词 Z*inke*，意思是 "spiked"（尖的），代表晶体锌的形状。然而，早在公元前 1400 年至公元前 1000 年，在巴勒斯坦锌矿石被用来制造黄铜（铜锌合金）。在 20 世纪 30 年代 Conrad Elvehjem 和他的同事发现锌是大鼠生长所必需的（Todd et al., 1934）。20 年后，由于食用富含植酸盐的无酵饼，锌缺乏被发现与埃及的一种人类侏儒症相关（Prasad et al., 1963）。至今，锌是哺乳动物、禽类和鱼类日粮中的常规元素。

锌不会提供或接受电子，因此锌不参与氧化还原反应。然而，Zn^{2+} 对电子对有强烈的吸引力（Georgievskii et al., 1982）。在血浆和细胞内液体中，游离锌与水迅速反应产生不溶的氢氧化锌：

$$Zn^{2+} + H_2O \rightarrow Zn(OH)_2 \downarrow + 2H^+$$

因此，动物体内需要转运锌的蛋白。在动物体内，锌在全身的含量仅排在铁之后，是第二大微量元素（即 2–2.5 g 锌/70kg 体重），大部分锌存在于骨骼肌（47%）、骨骼（29%）、皮肤（6%）、肝脏（5%）、脑部（1.5%）、肾脏（0.7%）和心脏（0.4%）中（Harris，2014）。雄性动物精液中富含锌。在所有细胞中，锌主要以与蛋白质和核酸的复合物形式存在。

来源：海鲜（如牡蛎、螃蟹、龙虾及其他贝类）、肉、蛋、乳制品、鱼粉、酵母、种子、坚果和豆类（煮熟的干豆类和豌豆），以及麸皮和胚芽谷物是锌的良好来源（Harris，2014）。含有均衡矿物质预混料的大多数实际日粮可以为农场动物提供足够的锌。用于反刍动物和马的基于草料的日粮通常缺锌，因此通常补充一种自由选择的矿物质预混料（Greene et al.，2000）。

吸收和转运：在酸性环境的胃液中，锌以自由离子的形式存在。在伴有碱性溶液的小肠腔中，锌结合胃铁蛋白以增加其溶解度。锌通过顶端膜转运蛋白 ZIP4（锌家族成员）和 DCT-1（Hojyo and Fukada，2016）被吸收入小肠上皮细胞。ZIP4 的表达受到日粮锌摄入的刺激。进入小肠上皮细胞后，锌主要结合富含半胱氨酸的细胞质蛋白，也有可能结合非特异性结合蛋白（nonspecific binding protein，NSBP），以被转运至基底外侧膜。该矿物质可能与细胞溶质的金属硫蛋白结合，暂时储存在肠上皮细胞中。锌通过锌转运蛋白-1 从小肠上皮细胞基底外侧膜进入肠黏膜的固有层，然后进入门静脉循环。许多矿物质（如钙和铜）和植酸可以减少小肠对锌的吸收。

吸收的锌进入门静脉，在血浆中，60% 和 30% 的锌分别结合白蛋白和 α_2-巨球蛋白，大约 10% 的锌结合其他血清因子（Harris，2014）。血清中游离锌大约为 0.1 μmol/L。血液中的锌通过 ZIP2/3 被肝脏摄取，并通过 ZnT-1 离开该器官进入体循环。许多器官通过 ZIP（如肾脏，ZIP4；胰腺，ZIP1；脾脏和骨，ZIP2/3）摄取锌（Dempski，2012）。研究证实，电压门控 Ca^{2+} 通道也将 Zn^{2+} 转运到动物细胞中（Bouron and Oberwinkler，2014）。Zn^{2+} 一旦进入细胞就与各种金属蛋白相结合，包括金属硫蛋白。金属硫蛋白是一种小蛋白（分子量，10 000），约有 1/3 的氨基酸残基是半胱氨酸。金属硫蛋白可能作为锌的储存器，以及有毒重金属（如镉）的解毒剂。

体组织中的含量：初生犊牛、初生仔猪和新孵出的小鸡的含锌量分别为 500 mg、24–25 mg 和 0.35–0.4 mg（Georgievskii et al.，1982）。成年哺乳动物组织中锌的含量如下（mg/100g 鲜重）：肝脏，4–8；盲肠，1.3–1.8；脾脏，1.5–2.0；心脏，1.4–1.8；骨骼肌，0.8–1.2；脑，0.8–1.3；骨骼，6–12；皮肤，2–3。22 kg 猪的组织中锌的含量（mg/100g 鲜重）如下：骨骼肌，2.2；骨骼，5.0；肝脏，7.7；全血，0.38；心，1.7；皮肤，1.2；胃，2.1；小肠，1.8；结肠，1.8（Georgievskii et al.，1982）。全血和血浆中锌的浓度分别为 2.5–6.0 mg/L 和 1–2 mg/L。

功能：与哺乳动物基因组相关的锌酶约有 100 种（Harris，2014）。锌依赖性酶和锌结合蛋白总结在表 10.13 中。为了维持蛋白质中的锌指结构（即含有锌离子以稳定多肽分子结构的构型）（图 10.9），锌要保持大分子蛋白质的稳定（如胰岛素和核酸）并调节细胞中的基因表达。因此，锌在以下几个方面起重要作用：基因组稳定性；蛋白质（蛋白质合成和降解）、核酸、碳水化合物、脂质和能量的代谢；细胞（包括上皮细胞）的完整性和功能；维生素 A 和 E 在血液中的转运；免疫反应和生殖（如雄性和雌性的生育能力）；胶原蛋白和角蛋白的形成，以及头发、皮肤和指甲的健康发育与修复。此外，高锌日粮（如 2425–3000 mg/kg 氧化锌）可减少断奶仔猪的胃、小肠和大肠中的细菌数量（如肠杆菌科细菌、埃希氏菌属细菌和乳酸杆菌属细菌）（Starke et al., 2014）。饲料中添加 0.3%氧化锌（3000 mg/kg）可以预防腹泻，同时提高断奶仔猪的生长和饲料效率。

表 10.13　动物体内锌依赖酶和结合蛋白

酶	功能
丙氨酰-甘氨酸二肽酶	水解丙氨酰-甘氨酸二肽
乙醇脱氢酶	乙醇分解代谢
碱性磷酸酶	水解磷酸盐基团
氨基乙酰丙酸脱氢酶	血红素的生物合成
氨肽酶（Zn^{2+}、Co^{2+}、Mo^{2+}）	水解多肽
血管紧张素转换酶	调节钠平衡与血压
碳酸酐酶	$CO_2 + H_2O \rightarrow H_2CO_3 \leftrightarrow H^+ + HCO_3^-$
羧肽酶 A	日粮蛋白质的消化
羧肽酶 B	日粮蛋白质的消化
肌肽酶（Zn^{2+}、Mn^{2+}）	肌肽 $+ H_2O \rightarrow$ L-组氨酸 $+ \beta$-丙氨酸
补体成分 9	免疫系统
脱氢奎尼酸合成酶	微生物合成芳香族氨基酸
DNA 酶	DNA 降解
DNA 聚合酶	从脱氧核糖核苷酸合成 DNA
烯醇化酶（Zn^{2+}、Mg^{2+}、Mn^{2+}）	2-磷酸-D-甘油酸 $\leftrightarrow$ 磷酸烯醇 $+ H_2O$
果糖-1, 6-二磷酸酶	糖异生
半乳糖基转移酶复合物	乳糖合成
谷氨酸脱氢酶	谷氨酸 $+ NAD^+ \leftrightarrow NH_4^+ + \alpha$-酮戊二酸 $+ NADH + H^+$
甘氨酰-甘氨酸二肽酶	水解甘氨酰-甘氨酸
甘氨酰-亮氨酸二肽酶（Zn^{2+}、Mn^{2+}）	水解甘氨酰-亮氨酸
乙二醛酶	醛类解毒
分泌囊泡中的胰岛素	用于稳定胰岛素
乳酸脱氢酶	丙酮酸 $\leftrightarrow$ 乳酸
甘露糖苷酶	水解甘露糖
金属硫蛋白	锌的储存或解毒
5′-核苷酸酶	从核苷 5′-单磷酸中切割磷酸
[a] 聚(ADP-核糖)聚合酶	修复 DNA 损伤
蛋白激酶 C	细胞信号转导
磷脂酶 C	$PIP_2 \rightarrow$ 1, 2-甘油二酯 $+ IP_3$
视黄酸受体	DNA 结合和基因调控
RNA 酶	RNA 降解
RNA 多聚酶	核苷酸的 RNA 合成
[a] 类固醇激素受体	DNA 结合和基因调控
超氧化物歧化酶（细胞质溶胶）	去除氧离子
胸腺素	免疫系统的激素
[a] 转录因子	调节许多 mRNA 的合成
三聚磷酸异构酶	二羟丙酮磷酸 $\leftrightarrow$ D-甘油醛 3-磷酸酯
三肽酶（Zn^{2+}、Co^{2+}）	水解三肽

注：PIP_2，磷脂酰肌醇 4,5-二磷酸盐；IP_3，肌醇 1,4,5-三磷酸。
[a] 表示存在锌指结构。

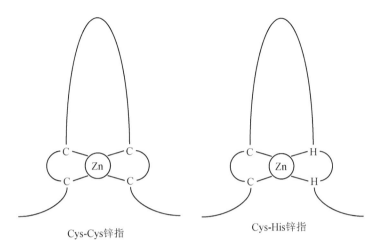

Cys-Cys锌指   Cys-His锌指

图 10.9 蛋白质中的锌指结构。这种独特的结构将锌离子与蛋白质中的半胱氨酸和组氨酸残基结合起来以稳定蛋白质。

缺乏症：如果农场动物的日粮没有补充充足的锌，缺锌在它们当中就会普遍存在。如前所述，锌是许多代谢途径（包括蛋白质合成和细胞分裂）必需的。因此，在动物，锌缺乏会导致以下症状：采食量下降、生长受限和食物利用不良；胃肠溃疡性结肠炎、腹泻和厌食；性腺机能减退、精子数量少、胎儿异常和不育；皮肤异常、皮炎和伤口愈合受损；介导先天免疫的 T 淋巴细胞和 B 淋巴细胞的生长及发育受损，导致免疫功能受损；脑中的细胞外信号调节激酶（ERK1/2）的活化受损，导致神经功能障碍；眼部病变和畏光；行为变化（Harris, 2014; Hojyo and Fukada, 2016）。

过量：在实际饲养条件下，家畜很少发生锌中毒，但在饲料中过量补充锌可能会造成锌中毒（Pond et al., 1995）。过量的锌摄入会导致动物细胞的氧化应激和凋亡（Formigari et al., 2007）。由于小肠上皮细胞顶端膜对锌、铁、铜和镍的吸收共享相同的转运蛋白 DCT1（表 10.6），因此过量的锌会导致小肠对铁、铜和镍的吸收受损。锌的许多毒性效应来自铜和铁的缺陷。锌中毒综合征包括采食量下降和生长受阻；胃刺激、腹痛、恶心、呕吐和腹泻；日粮铁和铜的吸收受损，铁和铜的异常代谢，以及贫血；传染病的风险增加；心血管和神经功能障碍；公母畜生殖道损伤和生殖障碍（Cai et al., 2005；Georgievskii et al., 1982）。值得注意的是，Georgievskii 等（1982）报道，根据对纤维素消化率的评估，当瘤胃液中铁（如 $FeSO_4 \cdot 7H_2O$）浓度＞0.3 mg/mL 时，铁对瘤胃微生物有毒性。

10.3.3 铜（Cu）

约公元前 9000 年，铜在中东被发现。它是一种红橙色的、柔软的、具有韧性和延展性的金属。铜参与氧化还原反应，表现为亚铜离子（Cu^+）和铜离子（Cu^{2+}）状态。铜不会与水发生反应，但它会与大气中的氧气缓慢反应，形成一层棕黑色的氧化铜。O'Dell 等（1961）发现，日粮铜缺乏会导致仔鸡贫血、生长缓慢和主动脉破裂。这项开创性的工作延伸了铜的生理作用，超越了它作为电子供体或受体在线粒体电子传递系统中的作用。

来源：铜存在于大多数食物中。种子、种子副产品、坚果、全麦谷物、豆类、豆制品、黑巧克力和绿叶蔬菜都是铜的良好来源。植物中的铜含量深受土壤中铜含量的影响。肉类（包括猪肉、禽肉和牛肉）、肝脏和鸡蛋含有丰富的铜。相反，牛奶含有相对较低浓度的铜。

吸收：在小肠肠腔内，Cu^{2+}被还原成Cu^+；Cu^+和Cu^{2+}通过铜转运蛋白-1 和 DCT1分别被吸收入小肠上皮细胞。在小肠上皮细胞内，铜被还原型谷胱甘肽转运到金属硫蛋白中以供储存；并通过 3 个铜分子伴侣到达其目标位点：通过 Cox-17 进入线粒体，通过细胞质超氧化物歧化酶的铜分子伴侣（CCS）到达此酶，以及通过 ATOX-1 到达 ATP7a。后者是一个 Cu-ATP 酶，嵌在反式高尔基体网络（TGN）囊泡表面。TGN 囊泡将铜运送到小肠上皮细胞的基底外侧膜以排入肠黏膜的固有层，由 ATP 水解提供输出动力。铜被小肠吸收入门静脉。

日粮中存在许多物质会影响铜的生物利用率。特别是无机化合物中的铜在动物体内吸收不良，仅为 5%–10%的摄取量能被动物吸收和保留。大部分粪铜是未吸收的日粮铜，但有一部分来自胆汁酸。胆汁是内源铜分泌的主要途径。在硫存在的情况下，日粮钼还会影响动物体内铜的吸收和保留。具体而言，亚硫酸盐（由微生物的硫酸盐或有机硫化合物形成）与钼反应形成硫代钼酸盐，然后与铜结合形成不溶于水的四硫钼酸盐（tetrathiomolybdate，$CuMo_2S_8$），从而限制动物对日粮铜的吸收（Pitt, 1976）。四硫钼酸盐也可能影响动物的铜代谢。

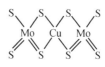
四硫钼酸盐

Baker（1999）报道，氧化铜含有 80%的铜，因此在微量矿物质预混料中占据较少的"空间"，不溶于水，不能被小肠吸收。Cu 在 CuO 中的生物有效性几乎为零。在动物的日粮中铜的可利用形式的良好来源是 Cu_2O（88% Cu）、CuCl（64.2% Cu）、$CuCO_3 \cdot Cu(OH)_2$（称为碱式碳酸铜：57% Cu）、$CuCl_2$（47.3% Cu）、乙酸铜（35.0% Cu）和 $CuSO_4 \cdot 5H_2O$（25.5% Cu）（Cromwell et al., 1998; Suttle, 2010）。

血液中的转运：在门静脉血液中，90%的铜与铜蓝蛋白（主要结合 Cu^{2+}）结合以便被运输到组织，其余的铜与血浆白蛋白结合。铜蓝蛋白由 Holmberg 和 Laurell 于 1948年发现，该蛋白是由肝脏合成并释放的一种单独的多肽链（分子量，132 000）。这种大的分子可以防止此蛋白质进入肾小球滤液中，从而减少尿液中的结合铜。吸收的铜进入门静脉循环。铜通过 CTR1 被肝脏摄取，以将铜分配到肝外组织，并排入胆汁。肝细胞中铜的运输基本上与小肠上皮细胞中的铜运输相同，除了①肝细胞表达 ATP7b（一种铜-ATP 酶）而不是 ATP7a；②ATP7b 将铜释放到胆汁和血液中；③肝细胞也以铜蓝蛋白结合形式将铜释放到血液中，在被肝外组织摄取之前，血浆中的 Cu^{2+}被维生素 C 还原成 Cu^+，然后通过 CTR1 跨细胞质膜被转运到细胞内。在动物细胞内，铜以金属硫蛋白结合的形式储存（表 10.14）。

表 10.14　铜金属酶和结合蛋白

酶或蛋白	功能
胺氧化酶	胺的分解代谢，包括组胺和多胺
抗坏血酸氧化酶	将 L-抗坏血酸和 O_2 转化为脱氢抗坏血酸和 H_2O
细胞色素 c 氧化酶	线粒体呼吸链
细胞色素氧化酶	线粒体呼吸链
多巴胺 β-羟化酶	将多巴胺转化为去甲肾上腺素
铜蓝蛋白（亚铁氧化酶）	血浆中的多铜氧化酶
膜转铁辅助蛋白（亚铁氧化酶）	多铜氧化酶，促进肠上皮细胞的基底膜上铜的输出
赖氨酰氧化酶	胶原中赖氨酸残基的羟基化
亚硝酸还原酶（铜、细菌）	NO_2^-（亚硝酸）$+ 2e^- + 2H^+ \rightarrow$ NO（一氧化氮）$+ H_2O$
肽酰甘氨酸 α-酰胺化单加氧酶（PAM）	神经多肽中甘氨酸残基的酰胺化作用
超氧化物歧化酶（细胞质）	需要 Cu^{2+} 和 Zn^{2+}，清除 O_2^-
酪氨酸氧化酶	合成黑色素
尿酸酶（人类不含）	尿酸 $\rightarrow$ 尿囊素

　　体组织中的含量：家畜组织中铜的含量（mg/kg 鲜重）取决于日粮铜摄入量，具体如下，全血，0.8–1.2；肝脏，8–100；脾脏，1.2–12；肾脏，2–4；心脏，3–4；骨骼肌，2–3；大脑，0.5–5.3；骨骼，3.7–40（Georgievskii et al., 1982）。不同动物的血浆中铜的浓度如下（mg/L）：狗，0.67；猪，2.15；牛，0.91；羊，1.15。由于组织动员的增加，当动物遭受传染病和其他应激条件时，血清中铜的浓度会升高（Orr et al., 1990）。

　　功能：作为酶的辅因子，铜参与氧化还原和羟基化反应，具有重要的生理功能。铜的这些角色在以下部分中突出显示。

（1）线粒体电子传递系统

　　铜的氧化态可以在 Cu^+ 和 Cu^{2+} 两者之间转换。铜在线粒体电子传递系统的细胞色素 c 和细胞色素氧化酶中作为电子供体或受体。这些氧化还原反应对于动物中 ATP 的产生是必不可少的。

（2）结缔组织的生长和发育

　　铜是赖氨酰氧化酶的重要辅因子（表 10.14）。该酶催化胶原和弹性蛋白的交联，对于结缔组织中成熟的细胞外蛋白质的形成是必需的。因此，通过赖氨酰氧化酶的作用，铜在各种器官（如心脏、骨骼肌和血管）中维持结缔组织的强度并支持骨形成。

（3）抗氧化反应

　　铜是细胞内一种抗氧化酶，即超氧化物歧化酶（Cu、Zn-SOD）的辅助因子（表 10.14）。该酶催化超氧自由基（O_2^-）的歧化，产生分子氧（O_2）和过氧化氢。过氧化氢由过氧化氢酶降解形成水。由氧代谢反应产生的高超氧化物不可逆地氧化分子量大的物质和细胞膜，导致细胞和组织损伤，因此，铜和锌一样，是动物细胞抗氧化防御所必需的。

$$O_2^- + Cu^{2+} \rightarrow Cu^+ + O_2$$
$$O_2^- + Cu^+ + 2H^+ \rightarrow H_2O_2 + Cu^{2+}$$
$$\text{净反应：} 2O_2^- + 2H^+ \rightarrow O_2 + H_2O_2$$

（4）铁代谢

铁氧化酶将 Fe^{2+} 氧化成 Fe^{3+}，Fe^{3+} 被血液中的转铁蛋白携带到组织中，如肝脏和骨髓。具有氧化酶活性的 4 种不同的蛋白质需要铜作为它们在动物中的辅因子：血浆的铜蓝蛋白、膜结合的铜蓝蛋白（也称为糖基磷脂酰肌醇锚定的铜蓝蛋白）、辅助蛋白（在肠、脾脏、胎盘和肾脏中）和 zyklopen（脊椎动物多铜铁氧化酶家族的成员之一；在多种组织中存在，包括胎盘和乳腺中表达）。铜缺乏导致特定组织中的铁超载，包括肠、肝、脑和视网膜。这与铜在动物体内的铁代谢中起重要作用的观点一致。

（5）其他酶

一些酶也依赖于铜发挥其生物活性（表 10.14）。例如，作为多巴胺 β-羟化酶的辅因子，铜是从多巴胺合成去甲肾上腺素（一种神经递质）所必需的（图 10.10），因此对于神经系统功能也是必需的（Mertz, 1987）。同样，酪氨酸氧化酶依赖于铜来催化从酪氨酸合成黑色素的反应；因此，铜是色素形成所必需的。另外，抗坏血酸氧化酶将 L-抗坏血酸和 O_2 转化为脱氢抗坏血酸和 H_2O，由此参与维生素 C 的代谢。此外，铜是肽酰甘氨酸 α-酰胺化单加氧酶（PGAM）的辅因子，酰胺化神经肽中的甘氨酸残基以使肽更具亲水性和生物活性。这些信号肽对神经发育和功能至关重要。

$$肽\text{-}C(O)NHCH_2CO_2^- + O_2 + 2[H] \rightarrow 肽\text{-}C(O)NH_2 + CH(O)CO_2^- + H_2O$$

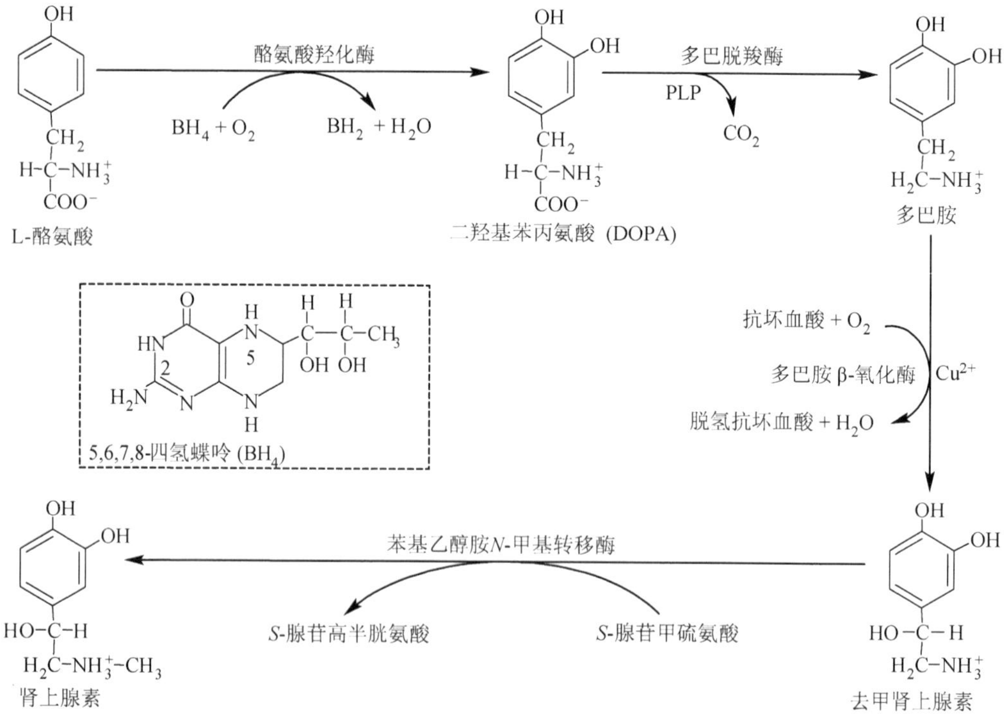

图 10.10 在动物体内，铜依赖性多巴胺 β-羟化酶将多巴胺转化为去甲肾上腺素。去甲肾上腺素既是一种激素，又是一种神经递质。这条通路发生在：①肾上腺髓质，将去甲肾上腺素作为一种激素释放到血液中；②去甲肾上腺素神经元的中枢和交感神经系统利用去甲肾上腺素作为神经递质。

（6）抗菌作用

铜具有抑制真菌、藻类和有害微生物生长的作用（Dollwet and Sorenson, 1985）。事实上，在 19 世纪微生物的概念被人们理解之前，铜就已被当作抗生素使用。潜在的机制可能包括细菌和病毒中蛋白质的结构改变与功能障碍；产生能使微生物失活的羟基自由基和自由基铜复合物；干扰微生物代谢；对抗锌和铁等其他必需元素的作用；与脂质相互作用引起细菌细胞膜的过氧化和开孔。值得注意的是，日粮补充硫酸铜（铜含量 200 ppm）可防止腹泻，并改善断奶仔猪的生长。

（7）色素沉着

铜呈现红褐色，有助于某些鸟类羽毛色素的形成。例如，羽红素是一种含有 7% 的铜的卟啉色素，来源于蕉鹃科冠蕉鹃属的羽毛（Blumberg and Peisach, 1965）。卟啉（尿卟啉Ⅲ）不溶于水，但可溶于碱性溶液。在虾、蟹和龙虾等甲壳类动物中，铜是不与血细胞结合，而是悬浮在血淋巴中携带氧的血蓝蛋白（蛋白质色素）的必需成分（Conant et al., 1933），含氧血红蛋白（氧血红素）具有非常深的蓝色，脱氧血蓝蛋白是无色的。

缺乏症如下所示。

1）日粮铜的缺乏：当日粮铜含量不足时，任何动物都会缺铜。在澳大利亚土壤中铜含量低的地区，用缺乏铜的日粮饲喂的绵羊会产生异常的羊毛（容易破碎）。这种营养性疾病可以通过增加日粮摄入铜来治疗。动物（特别是羊）的铜缺乏也可能由高摄入量的钼引起（Dick, 1952）。许多现象表明，放牧类反刍动物（尤其是在热带地区）普遍存在铜缺乏现象，因为日粮中铜的含量低并且拮抗性的矿物质（如钼、硫和铁）的含量相对较高（Suttle, 2010）。同样，饲喂无额外铜添加的玉米-豆粕型日粮及饲养在密闭的栏位中的非反刍动物易患铜缺乏症。由一般日粮铜缺乏引起的代谢紊乱和疾病包括：采食量下降和生长受限；铁利用率受损和贫血；氧化应激；结缔组织变性、骨矿物质流失和心血管功能障碍；头发稀疏、皮肤异常和皮肤色素苍白；免疫力受损；中枢神经系统脱髓鞘、脑白质破坏、腿部协调性失调、癫痫，以及脑干和脊髓运动束病变（Jones and Hunt, 1983）。

2）严重的铜转运缺陷发生在两种遗传性疾病中：Wilson 氏病（1906 年首次被一名英国医生发现）和 Menkes 氏病（1960 年由 John Menkes 发现）。这两种疾病都是由编码铜结合 P 型 ATP 酶的基因的突变引起的，其特征是血浆中铜浓度低。

Menkes 氏病。在正常受试者中，除肝脏以外的所有组织都表达铜结合 P 型 ATP 酶。这种酶负责指导铜从细胞中流出。在 Menkes 氏病中，铜从小肠上皮细胞的基底外侧膜至门静脉的流出受损（图 10.11）。这导致：①铜在肠和肾中的积累；②肝脏、血清和脑中的铜浓度及血清中的铜蓝蛋白浓度降低；③铜依赖性酶的缺乏；④头发异常（容易破裂）和钢丝发（卷曲的头发）（Patel et al., 2017）。尽管铜在肠道和肾脏中积累，许多铜依赖性酶的活性由于铜离子掺入到脱辅基酶中的缺陷而减少。Menkes 氏病是伴 X 染色体的，仅影响男性婴儿。患有这种疾病的婴儿神经系统紊乱（精神功能障碍），结缔组织和脉管系统中表现出紊乱，以及肌张力减退、癫痫和发育停滞。没有有效的疗法可用于治疗 Menkes 氏病。然而，每日注射铜可缓解 Menkes 氏病的症状（Kaler et al., 2008）。

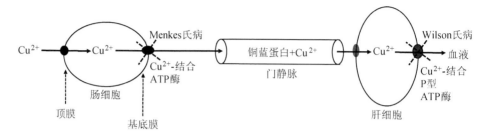

图 10.11　Menkes 氏病和 Wilson 氏病。在 Menkes 氏病患者体内，由于铜结合 ATP 酶缺乏，铜从小肠上皮细胞的基底外侧膜转出进入门静脉受损。在 Wilson 氏病患者体内，由于铜结合 P 型 ATP 酶缺乏（ATP7b），铜从肝细胞转出进入血液受损。

Wilson 氏病。肝脏具有不同类型的铜结合 P 型 ATP 酶（ATP7b），负责将铜从肝细胞转出到血液中。在 Wilson 氏病患者中，这种 ATP 酶在以下部位存在缺陷：①肝脏，会抑制铜从肝脏转入胆汁或血液循环（图 10.11）；②肾、脑、胎盘、红细胞和视网膜。这导致：①在肝、脑、肾、红细胞、视网膜细胞和尿中铜的堆积；②血清 Cu^{2+} 和铜蓝蛋白浓度降低。后果是肝脏和神经损伤。由于细胞内铜的沉积，Wilson 氏病患者的眼角周围还会有绿色或金色的色素沉着环（Rodriguez-Castro et al., 2015）。Wilson 氏病的治疗可能包括低日粮铜及终身服用 D-青霉胺，将铜螯合并耗尽该矿物过量的部分（Rodriguez-Castro et al., 2015）。锌盐也可以被补充给患者，以减弱小肠对铜的吸收，并诱导金属硫蛋白的表达以提高其与铜结合，从而降低血液中游离铜的浓度。

过量：铜是一种强氧化剂。因此，其过量的结果是导致胃痛、恶心和腹泻，以及动物组织的损伤和疾病（Formigari et al., 2007）。进入血液后，铜被分配到红细胞和血浆，红细胞中铜的浓度比血浆中的浓度高 5–10 倍（Jones and Hunt, 1983）。铜与蛋白质（包括携带氧气的红细胞中的血红蛋白）及血浆和其他组织（如肝、肾、小肠）中的蛋白质结合并诱导氧化损伤。因此，日粮摄入高铜对动物是有毒的。

1）营养性铜中毒敏感性的种属差异

铜中毒有两种形式：急性或慢性。急性铜中毒是由于日粮铜采食过多（如绵羊和小牛，20–100 mg/kg 日粮；成年牛，200–800 mg/kg 日粮）（Jones and van der Merwe, 2008）。当在一段时间内（如饮食中的铜含量＞25 ppm；铜与钼的比例＞10∶1），摄入高剂量的低于急性毒性水平的铜时，就会发生慢性铜中毒。因为铜可以长时间储存在肝脏中（如长达 18 个月），所以当前和过去的饲料可能是毒性的来源。在家畜中，绵羊最容易受到慢性铜中毒的影响（Todd, 1969）。这是因为绵羊肝细胞对铜有很高的亲和力，并以较低的速率将铜分泌到胆汁中，导致细胞内铜的积累。山羊对高铜日粮的敏感度不同于羊，但与牛更相似。山羊和牛可以比绵羊忍受更高的铜摄入量，但对高铜日粮比猪和家禽更敏感。

铜的毒性在非反刍动物家畜（猪和家禽）中相对不常见。它们比反刍动物更能容忍过量的日粮铜。如前所述，铜具有抑制细菌、真菌（如霉菌）、藻类和其他有害微生物生长的抗菌作用，并且其日粮补充剂可有效促进非反刍动物的生长。猪和家禽可分别饲喂高达 250 ppm 和 400 ppm Cu（以 $CuSO_4$ 形式）的饲料，以改善其肠道健康和饲料效率。

2）营养性铜中毒综合征及其治疗

出现营养性铜中毒的动物表现出血清中铜浓度升高（>2.0 ppm）、厌食、脸色苍白、无力、仰卧、尿红色或棕色、贫血、棕色或黑色血液和粉红色血清。未经处理的动物经常被发现死亡，它们的尸检可以显示肝细胞损伤、胆管闭塞、黄疸和蓝色肾脏。黄疸（如在巩膜中）是由血细胞的分裂引起的（Jones and Hunt，1983）。如果血清中的铜浓度<2.0 ppm，则不能排除铜中毒的可能性，因为大部分铜储存在肝脏中，血清铜浓度的变化通常是短暂的。

动物体内的铜中毒可被治疗。首先，日粮铜含量必须大幅度降低。其次，当动物（如绵羊）表现出铜中毒综合征时，可以口服 D-青霉胺（50 mg/kg 体重），每天一次，连续6 天；或钼（10 mg/kg 体重），每天两次。最后，安全水平的硫代钼酸盐和/或硫可以补充到饮食中以抑制小肠对铜的吸收，或静脉内注射钼 [如 0.83 mg Mo/kg 体重（Mo 作为三硫代钼酸盐）] 到动物中，以减少组织对血浆铜的吸收，从而防止铜中毒综合征（Wang et al.，1992）。

10.3.4　锰（Mn）

1774 年，Carl Scheele 提出将锰列为一种新的元素。然而，Johan Gahn 普遍被认可为锰的发现者。该矿物质的名字来源于希腊语 "magnesia"，是一个希腊东南部地区的名称。锰和镁虽都是二价金属，但它们的化学和生化特性有所不同。Kemmerer 等（1931）的早期研究发现，日粮锰是雌性小鼠排卵必需的物质。随后的研究还发现，锰对于反刍动物（Hidiroglou，1979）和猪（Grummer et al.，1950）的生长、泌乳与生殖都是必不可少的。这些研究凸显了该矿物质在动物生产中的重要作用。

来源：锰以氧化物、氢氧化物、碳酸盐和硅酸盐的形式存在于矿石中。畜产品及植物性食物（如坚果、绿叶蔬菜和大多数全谷物）中也含有锰。但玉米中锰的含量非常低，水和草料中锰的浓度因地点而异。

吸收和转运：锰在动物小肠中的吸收率少于 10%（如家禽 3%–5%）。在小肠中，Mn^{2+} 主要被 DCT1 吸收进入小肠上皮细胞（Bai et al.，2012）。ZIP8 也可能在跨膜转运 Mn^{2+} 中发挥作用。在小肠上皮细胞中，Mn^{2+} 被高尔基体转运体 PMR1P（锰转运 ATP 酶）和囊泡转运到靶位点。PMR1P 和囊泡都能介导 Mn^{2+} 穿过小肠上皮细胞的基底外侧膜进入肠黏膜的固有层。日粮摄入的二价金属，如 Ca^{2+}、Cu^{2+}、Mg^{2+} 和 Zn^{2+} 会抑制小肠对 Mn^{2+} 的吸收。被吸收的锰会进入门静脉循环。在血液运输过程中，Mn^{2+} 通过转铁蛋白（50%）及白蛋白（5%）、α2-巨球蛋白、重 γ-球蛋白、脂蛋白、柠檬酸盐和碳酸盐运输到外周组织（Davidsson et al.，1989; Scheuhammer and Cherian，1985）。肠外组织通过特定的转运蛋白摄取 Mn^{2+}。NRAMP1 是巨噬细胞和单核细胞摄取 Mn^{2+} 的主要转运蛋白。

体组织中的含量：初生犊牛、初生仔猪和新孵出的小鸡分别含有 65–70 mg、0.65–0.7 mg 和 10–20 μg 的锰（Georgievskii et al.，1982）。牛全血和血浆中锰的浓度分别为 50–100 μg/L 和 5–6 μg/L。动物组织中锰的含量分别为（μg/100g 鲜重）：肝脏，200–300；肾脏，120–150；骨骼，300–370；胰脏，140–160；脾脏，20–25；心脏，25–30；脑，

34–40；骨骼肌，15–25。锰在机体内的分布如下（%）：骨骼，55–57；肝脏，17–18；骨骼肌，10–11；皮肤，5–6；其他器官，10–13（Georgievskii et al., 1982）。

功能：参与氨基酸和葡萄糖代谢、氨解毒、抗氧化反应、骨骼发育与伤口愈合的酶都需要 Mn^{2+}（表 10.15）。例如，Mn^{2+} 是精氨酸酶的必需辅助因子，能将精氨酸水解生成鸟氨酸（多胺和脯氨酸的前体）和尿素（Brook et al., 1994）。并且，糖基转移酶催化蛋白多糖的合成也需要 Mn^{2+} 的参与，这些蛋白多糖是软骨和硬骨的重要成分。此外，水解含脯氨酸或羟脯氨酸的二肽的脯氨酸肽酶的催化中心含有 Mn^{2+}（Besio et al., 2013）。

表 10.15　动物体内的锰依赖酶

酶或蛋白	功能
精氨酸酶	精氨酸 + H_2O → 鸟氨酸 + 尿素
乙酰辅酶 A 羧化酶	酶-生物素 + HCO_3^- + ATP → 酶-生物素-COO^- + ADP + Pi
谷氨酰胺合成酶	谷氨酸 + NH_4^+ → 谷氨酰胺
糖基转移酶	合成蛋白多糖
锰超氧化物歧化酶	$2O_2^-$ + $2H^+$ → H_2O_2 + O_2（线粒体）
磷酸烯醇式丙酮酸羧激酶（PEPCK）	草酰乙酸 + GTP → 磷酸烯醇式丙酮酸 + GDP + CO_2
脯氨酸肽酶	水解脯氨酸或含肽羟脯氨酸
丙酰辅酶 A 羧化酶	酶-生物素 + HCO_3^- + ATP →酶-生物素-COO^- + ADP + Pi
丙酮酸羧化酶	丙酮酸 + HCO_3^- + ATP → 草酰乙酸 + ADP + Pi

缺乏症：在动物体内，锰元素的缺乏会导致食欲低下和生长受阻，氨基酸、葡萄糖和脂质代谢异常（如高氨血症、糖异生途径受阻及血浆中 HDL 水平降低）；骨架和骨骼合成异常（如犊牛和仔猪的骨骼畸形）；氧化应激增强和胰岛素敏感性降低；以及免疫力低下（Georgievskii et al., 1982; Harris, 2014）。缺锰的幼鸟也表现出胫骨短粗症。这些异常症状都可以通过日粮补充锰得到改善和治疗。

过量：组织（特别是脑）中锰浓度过高，会导致动物神经紊乱。锰中毒症状包括采食量下降和生长受限；头痛、精神行为异常和帕金森病样症状；肌肉僵硬、腿抽筋及发炎（Santamaria and Sulsky, 2010）。过量的锰（如绵羊 250–500 mg/kg 饲料和小牛 2.6–3 g/kg 饲料；或者瘤胃液中 0.32 mg/mL）会对微生物种群、总短链脂肪酸的浓度及瘤胃中丙酸与总短链脂肪酸的比例造成不良影响，同时减少血液中血红蛋白的生成和浓度（Georgievskii et al., 1982）。当动物依赖于全胃肠外营养（即通过静脉灌注供给养分）时，过量锰的神经毒性表现得更为突出。

10.3.5　钴（Co）

Georg Brandt 于 1735 年发现了钴。它的名字来源于德语单词"Kobalt"，意思是"goblin"（妖精），一种用于钴矿的迷信术语。然而，多个世纪前，钴就已经被用于埃及雕塑和波斯首饰中。钴存在于维生素 B_{12} 的咕啉环中，该发现指出了钴在动物营养中的重要作用。

来源：海产品（如蛤蜊、牡蛎、扇贝和虾）、肉类（牛肉、猪肉和禽肉）、肝脏、牛

奶、酵母和多叶蔬菜是钴的良好来源。植物的钴含量随着它们的种类和土壤中的钴含量而变化。钴的无机形式包括砷化钴、砷硫化钴、氧化钴、硫化钴、氯化钴和硫酸钴（WHO，2006）。植物和动物中钴的有机形式主要是维生素 B_{12}。反刍动物从牧草和土壤中获得钴。然而，植物中钴的含量取决于它们的种类（豆类中钴多于谷类）、土壤类型和营养阶段。

吸收和转运：无机 Co^{3+} 和 Fe^{2+} 具有相同的电子构型，并且有共同的肠道吸收途径（Naylor and Harrison, 1995）。铁通常比钴在食品中更普遍，会竞争钴在肠道中的吸收。如第 9 章所述，钴的吸收（如维生素 B_{12}）是通过参与特定结合蛋白的复杂通路进行的。吸收的钴进入门静脉循环。在血液中，非维生素 B_{12} 的钴和维生素 B_{12} 分别通过白蛋白和特异性结合蛋白被转运到组织，之后分别通过铁和维生素 B_{12} 转运载体被细胞摄取。非反刍动物利用日粮钴的能力通常较低（例如，鸡 3%–7%；猪 5%–10%；马 15%–20%）（Georgievskii et al., 1982）。

在瘤胃中，细菌通过钴转运蛋白 1 和 2（Kobayashi and Shimizu, 1999）及 ATP 结合盒（ABC）型钴转运系统（Cheng et al., 2011）吸收钴。COT2 也被称为 GRR1，负责依赖葡萄糖的二价阳离子的转运。细菌使用钴来合成维生素 B_{12}。

体组织中的含量：动物体内的钴含量如下（μg/kg 体重）：成年母牛，83；新生猪，110；雏鸡，60（Georgievskii et al., 1982）。家畜组织中钴含量为（μg/kg 鲜重）：肝脏，30–100；肾脏，20–30；骨骼，20–30；心脏，12–35；脾脏，20–40；骨骼肌，3–7；胰腺，10–30。例如，饲喂含充足钴的常规饲粮的绵羊，其组织中的钴含量（μg/kg 干物质）如下：肝脏，150；脾脏，90；肾脏，250；心脏，60；胰腺，110（Georgievskii et al., 1982）。

功能：甲硫氨酸合成酶和甲基丙二酰-辅酶 A 变位酶分别需要甲基钴胺素和 5′-脱氧腺苷钴胺素作为辅因子（第 9 章）。甲硫氨酸合成酶在降低肝脏和血浆中高半胱氨酸（一种氧化剂）的浓度方面起着重要的作用，而甲基丙二酰-辅酶 A 变位酶是从丙酸合成葡萄糖必不可少的。丙酸对维持反刍动物的葡萄糖稳态至关重要。在真核生物和原核生物中，钴是甲硫氨酸氨基肽酶的辅助因子，此酶从多肽中去除 N 端甲硫氨酸以使其具有生物活性（Arfin et al., 1995）。在酵母中，甲硫氨酸氨肽酶利用钴或锌作为辅因子。

缺乏症：世界上很多地方土壤中钴的含量都较低，并且植物性饲料缺乏钴（<0.88 mg/kg 干物质；Georgievskii et al., 1982）。在这些地区放牧的动物，体内钴含量较低（30–60 μg/kg 体重）。动物缺钴综合征与维生素 B_{12} 缺乏症相似（第 9 章）。钴缺乏症可分别通过在反刍动物和非反刍动物饲粮中补充钴和维生素 B_{12} 来治疗。

过量：日粮摄入钴的毒性阈值水平在动物之间有所不同（mg/kg 体重每天）：小牛，0.5；牛，1.0；羊，2–3；仔鸡，3.0–3.5（Georgievskii et al., 1982）。生长肥育猪在摄取含有 82–178 ppm 铁的玉米-豆粕型日粮时可耐受高达 200 ppm 的钴（Huck and Clawson, 1976）。钴过量导致采食量减少、生长受限、皮炎、心肌病和甲状腺肿（Harris, 2014）。后者的出现是因为钴阻碍了碘的吸收，从而阻碍了甲状腺合成甲状腺激素。

10.3.6 钼（Mo）

1778 年，Carl Welhelm Scheele 发现了钼。钼以 Mo^{4+}、Mo^{5+} 和 Mo^{6+} 的形式出现。钼

最普遍的形式是 MoO_4^-。钨与钼的化学结构相似，在结合亚钼蝶呤（一种最终与钼络合的蝶呤）方面与钼产生竞争。

来源：海鲜、肉类、牛奶和乳制品、蛋黄、豆科植物（如豆和豌豆）、多叶植物与全谷类都是钼的良好来源。

吸收和转运：钼通过主动的、载体介导的过程被胃和小肠吸收，这一过程被硫酸盐所抑制（Mason and Cardin, 1997）。这可能解释了为什么日粮中高含量的硫酸盐降低了瘤胃对钼的吸收和保留，以及为什么当饲粮中的硫酸盐在瘤胃中被还原成硫化物时，这些动物更容易受到钼中毒的影响（Suttle, 2010）。钼通过未知的转运蛋白穿过其基底外侧膜离开肠上皮细胞，这种转运载体可能包括用于转运 GSH 缀合物的多耐药蛋白 3 和 4（MRP 3 和 4）。被吸收的钼进入门静脉循环，在血浆中作为游离的六价钼酸根阴离子（MoO_4^-）或附着血红蛋白进行转运。钼通过未知的转运载体被组织吸收，这些转运载体可能包括 Na^+ 依赖性转运载体。

体组织中的含量：动物血液中含有 10–20 μg 钼/L，70%的钼存在于红细胞中，30%存在于血浆中（Georgievskii et al., 1982）。因此，血浆中钼的含量为 3–6 μg/L。当动物摄入充足的钼时，其组织中钼的含量如下（mg/kg 鲜重）：骨骼，15–40；肝脏，2–13；肾脏，2–3.4；脾脏，0.4–1.2；骨骼肌，0.4–1.2；心脏，0.5–0.8；脑，0.1–0.15；皮肤，2.5–5.0（Georgievskii et al., 1982）。钼在动物体内的分布如下（%）：骨骼，60–65；皮肤，10–11；毛（羊），5–6；骨骼肌，5–6；肝脏，2–3；其他组织，9–18（Georgievskii et al., 1982）。

功能：3 种钼依赖性酶需要铁作为铁硫中心或血红素进行电子转移，一种钼依赖性酶使用 NAD^+ 作为电子受体。以下反应指出，动物细胞中的这些酶在嘌呤分解代谢和尿酸合成、醛解毒与含硫氨基酸的代谢中起重要作用。如前所述，钼可以用来治疗动物铜中毒。

$$次黄嘌呤 + O_2 + H_2O \rightarrow 黄嘌呤 + H_2O_2（黄嘌呤氧化酶，钼，铁/硫）$$

$$R\text{-}CHO + O_2 + H_2O \rightarrow R\text{-}COO^- + H_2O_2 + H^+（醛氧化酶，钼）$$

$$SO_3^{2-}（亚硫酸盐）+ H_2O \rightarrow SO_4^{2-}（硫酸盐）+ 2H^+ + 2e^-$$

$$（亚硫酸盐氧化酶，Mo，血红素-铁）$$

$$黄嘌呤 + NAD^+ + H_2O \rightarrow 尿酸 + NADH + H^+（黄嘌呤脱氢酶，钼，NAD^+）$$

$$NO_3^- + NADPH + H^+ \rightarrow NO_2^- + NADP^+ + H_2O（硝酸还原酶，钼；细菌）$$

$$N_2 + 8e^- + 8H^+ \rightarrow H_2 + NH_3 [固氮酶，铁和钼（钒）；细菌]$$

通过以下两种钼依赖性反应，钼在细菌利用硝酸和氮气中起着重要作用。硝酸还原酶是细菌、真菌和酵母中的一种跨膜呼吸酶，含有 FAD 和血红素-铁。固氮酶中含有非血红素铁硫中心。

$$硝酸还原酶：NO_3^-（硝酸）+NADH + H^+ \rightarrow NO_2^-（亚硝酸）+ NAD^+ + H_2O$$

$$固氮酶：N_2 + 8H^+ + 8e^- + 16Mg\text{-}ATP \rightarrow 2NH_3 + H_2 + 16Mg\text{-}ADP + 16Pi$$

缺乏症：在实际生产条件下，钼缺乏在家畜中是罕见的。实验诱导钼缺乏的动物显示出血浆中黄嘌呤和亚硫酸盐的浓度升高，以及异常的心律和神经功能障碍（Harris, 2014）。

过量：高水平的钼可以导致钼中毒（慢性钼中毒），干扰日粮中铜的吸收和利用，导致动物贫血、腹泻、疲劳和呼吸困难。有报告指出，日粮中 200 ppm 钼或体内含 5 mg 钼/kg

体重对肉用公牛是安全的（Kessler et al., 2012）。

10.3.7 硒（Se）

硒于 1817 年由 Jöns Jacob Berzelius 发现，是一种与含硫化合物一起存在的非金属元素。它的名字来源于希腊语"selene"，意思是"moon"（月亮）。由于硒的化学性质类似于硫（如几乎相同的原子半径），因此硒可部分替代蛋氨酸和半胱氨酸及硫化物矿石中的硫。因此，硒的无机形式存在于金属硫化物矿石中，而半胱氨酸的有机形式存在于某些氨基酸中。硒最初被认为是一种有毒的金属，直到 Schwarz 和 Foltz（1957）发现硒缺乏导致大鼠肝脏坏死。

硒是唯一由美国食品和药物管理局（FDA）管理的日粮矿物，因为它在历史上被认为是一种有毒物质。1929 年，美国农业部认定硒是动物饲料中的有毒物质。然而，根据后续研究的结果，FDA 在 1974 年批准添加硒作为猪和某些家禽日粮的营养补充剂，并在 1979 年批准将硒添加在反刍动物日粮中（Ullrey, 1980）。在美国食品和药物管理局批准之前因无法补充硒缺乏的日粮已经使美国动物产业损失了数亿美元。

来源：浓缩饲料中的硒含量随植物种类（如 0.1 mg 至 4 g 硒/kg 干物质）、土壤（通常<1 mg 至 100 mg 硒/kg 土壤）和季节的不同有很大变化（Georgievskii et al., 1982）。世界上有些地区是贫瘠的，但有些是富矿。地下水中硒的浓度范围为<3 μg/L 到 340 μg/L（Bajaj et al., 2011; Naftz and Rice, 1989）。硒在饲料中的主要形式是硒代蛋氨酸和硒代半胱氨酸。海鲜、肉类、肝脏、牛奶、坚果和绿叶蔬菜都是硒的良好来源。与无机形式相比，硒的有机形式可更好地被动物利用（Bodnar et al., 2016）。这种矿物质以亚硒酸（H_2SeO_3）和硒酸（H_2SeO_4）存在，它们的盐分别称为亚硒酸盐和硒酸盐。硒也能以 H_2Se（硒化氢）和 $(CH_3)_3Se^+$（三甲基硒离子）的形式存在。

吸收和转运：硒的无机形式硒酸盐通过 Na^+-硫酸根离子共转运载体 1 和 2 被小肠快速吸收，而硒的另一种形式亚硒酸盐通过易化扩散被吸收到肠上皮细胞中（Burk and Hill, 2015）。亚硒酸盐的吸收率从 50%到 90%不等，硒酸盐吸收几乎完全。在小肠上皮细胞中，无机硒被掺入硒蛋白-P 中。后者通过胞吐作用穿过细胞基底外侧膜进入肠黏膜的固有层。被吸收的无机硒以硒蛋白-P 进入门脉循环，硒蛋白-P 随后被肝脏硒蛋白-P 受体（载脂蛋白 E 受体-2）介导的内吞作用所吸收。在肝细胞中，硒蛋白-P 通过蛋白酶降解释放出硒，用于合成硒蛋白，包括肝型硒蛋白-P。后者通过受体介导的胞吐作用从肝脏输出到血液中。在体循环中，硒蛋白-P 是日粮源无机硒的主要运输形式。血液中的硒蛋白-P 通过硒蛋白-P 受体介导的内吞作用被肝外组织吸收。硒蛋白-P 在细胞内的分解代谢释放硒，然后参与生物化学反应。

日粮中的硒代蛋氨酸和硒代半胱氨酸（硒的有机形式，其中 S 原子被 Se 取代）分别通过蛋氨酸和半胱氨酸转运蛋白被小肠上皮细胞吸收（第 7 章）。这两种氨基酸分别通过蛋氨酸和半胱氨酸转运体穿过小肠上皮细胞基底外侧膜转出到肠黏膜的固有层。被吸收的有机硒以硒代蛋氨酸和硒代半胱氨酸的形式进入门静脉循环，然后分别通过蛋氨酸和半胱氨酸转运载体被肝脏摄取。在肝细胞中，这两种氨基酸被降解释放出硒，用于合成硒蛋白，包括肝型硒蛋白-P。硒蛋白-P 的代谢与之前描述的相同。

体组织中的含量：Georgievskii 等（1982）报道了硒在动物身体和组织中的含量。全血中硒的浓度为 50–180 μg/L，约 70% 存在于红细胞中，30% 存在于血浆中。在采食含有 0.3 ppm 硒的日粮的绵羊，其组织中的硒浓度如下（μg/100g 鲜重）：肾脏，78；肝脏，19；胰脏，14；脾脏，12；心脏，9.7；骨骼肌，8.9；肺，8.4；脑，6.9；蹄，2.7；头发，21。在采食含 2–4 ppm 硒的日粮的绵羊，其组织中硒浓度如下（μg/100g 鲜重）：肾脏，87；肝脏，60；胰腺，39；脾脏，30；心脏，30；骨骼肌，23；肺，23；脑，26；蹄，72；头发，49。硒摄入量的增加对于提高不同组织中硒浓度的作用是不一致的。农场动物中硒的含量为 20–25 μg/kg 体重，并随饲粮硒含量而变化。硒在体内的分布如下（%）：骨骼肌和心脏，50–52；骨骼，10；肝脏，8；皮肤、头发和角质组织，14–15；其他组织，15–18。

功能：硒是谷胱甘肽（GSH）过氧化物酶（4 个硒原子/蛋白质）（图 10.12）和许多其他具有氧化还原信号功能的硒蛋白（表 10.16）的辅因子。例如，硫氧还蛋白（thioredoxin）将氧化型的过氧化物酶和蛋白分别转化为还原型的过氧化物酶和蛋白，然而谷氧还蛋白（glutaredoxin）可减少过氧化氢、过氧化脂质和氧化蛋白的生成（图 10.13）。因此，硒在抗氧化反应中起着重要的作用（Hanschmann et al., 2013）。此外，硒可以调节动物细胞抗氧化防御相关基因的表达（Burk and Hill, 2015）。

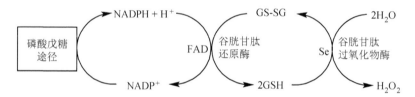

图 10.12 谷胱甘肽在细胞抗氧化反应中的作用。硒（Se）是谷胱甘肽过氧化物酶的辅因子（4 个硒原子/蛋白质）。因此，硒的缺乏会导致动物的氧化应激。GSH，还原型谷胱甘肽；GS-SG，氧化型谷胱甘肽。

表 10.16　动物体内的硒酶和蛋白

酶或蛋白	功能
酶	
传统 GSH 过氧化物酶（GPX1）	$2GSH + H_2O_2 \rightarrow GS\text{-}SG + 2H_2O$
胃肠道 GSH 过氧化物酶（GPX2）	$2GSH + H_2O_2 \rightarrow GS\text{-}SG + 2H_2O$
血浆 GSH 过氧化物酶（GPX3）	$2GSH + H_2O_2 \rightarrow GS\text{-}SG + 2H_2O$
磷脂氢过氧化物（PLH）GSH 过氧化酶（GPX4）	$2GSH + PLH \rightarrow GS\text{-}SG + 脂质 + 2H_2O$
碘化甲腺原氨酸 5'脱碘酶-1（肝、肾）	甲状腺素（T_4）$\rightarrow$ 3, 5, 3'-三碘甲状腺原氨酸（T_3）
碘化甲腺原氨酸 5'脱碘酶-2（甲状腺、肌肉、心脏）	甲状腺素（T_4）$\rightarrow$ 3, 5, 3'-三碘甲状腺原氨酸（T_3）
碘化甲腺原氨酸 5'脱碘酶-3（脑、胎儿组织、胎盘）	甲状腺素（T_4）$\rightarrow$ 3, 5, 3'-三碘甲状腺原氨酸（T_3）
硫氧还蛋白还原酶（包括 FAD$^+$）	$OTR + NADPH + H^+ \rightarrow RTR + NADP^+$
甲硫氨酸亚砜（MSO）还原酶	$MSO（蛋白质）+ NADPH + H^+ \rightarrow 甲硫氨酸（蛋白质）+ NADP^+ + H_2O$
蛋白质	
硒蛋白 P（血浆）	一种分泌型抗氧化糖蛋白
硒蛋白 W（最初在绵羊肌肉和心脏获取）	一种抗氧化蛋白

注：GSH，还原型谷胱甘肽；GS-SG，氧化型谷胱甘肽；OTR，氧化型硫氧还蛋白；RTR，还原型硫氧还蛋白。

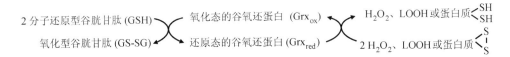

图 10.13 硫氧还蛋白、过氧化物酶和谷氧还蛋白在动物体内抗氧化反应的作用。LOH，脂质；LOOH，脂质过氧化物。还原态（型）硫氧还蛋白会催化氧化态过氧化物酶和氧化态蛋白质分别转化为还原态过氧化物酶和还原态蛋白质。还原态谷氧还蛋白催化 H_2O_2、脂质过氧化物和氧化态蛋白质转化为 H_2O、脂质和还原态蛋白质。

缺乏症：硒缺乏导致动物的氧化应激和组织损伤。在动物体内，该综合征包括：①溶血增强；②白肌病（总的骨骼肌变性和色素沉着）；③克山病（以中国东北地区命名），以血液循环不良、心肌病和心肌坏死为特征；④大骨节病（骨骼变形和侏儒症的退行性骨关节炎）；⑤细胞免疫和体液免疫反应损害；⑥男性不育；⑦基因突变和患癌症的风险增加（Hanschmann, 2013; Harris, 2014; Wrobel et al., 2016）。硒缺乏可以通过日粮补充硒来治疗。

过量：虽然硒对健康至关重要，但高剂量的硒会诱导氧化应激，因此对哺乳动物、鸟类、鱼类和甲壳类具有高度毒性。动物的硒中毒可能在急性或慢性摄入过量硒后发生（Georgievskii et al., 1982）。症状包括：恶心和呕吐；采食量下降和生长受限；指甲变色、脆性和损失；脱发；疲劳；易怒；神经功能障碍；大蒜样气息（由于挥发性代谢物二甲基硒）；肝硬化、肺水肿甚至死亡（Wrobel et al., 2016）。在动物体内，血浆中硒浓度比正常值高 10–15 倍可能是致命的（Horsetalk, 2009）。由于硒中毒没有解毒剂，因此识别症状对于受影响动物的有效管理至关重要。根据临床研究，螯合或呕吐都不建议用于治疗硒中毒。但是，一旦确定了原因，就必须防止再次进一步接触。

10.3.8 铬（Cr）

1897 年，Louis-Nicolas Vaquelin 发现了铬。它的名字来源于希腊文 "chrōma"，意思是颜色。许多铬化合物都有强烈的颜色，其中铬处于不同的氧化态。铬金属和铬离子（三价）不被认为是有毒的，但六价铬 ［Cr（Ⅵ），$Cr_2O_7^{2-}$］，如铬酸盐或重铬酸盐，是一种强氧化剂，在水中有高溶解度。几乎所有的铬都是从单一的商业铬矿石，即铁矿氧化铬（$FeCr_2O_4$）中获取的。铬的生物学作用一直是未知的，直到 Schwarz 和 Mertz（1959）发现这种矿物质的缺乏会影响老鼠对葡萄糖的利用。

来源：海产品、肉类、肝、鸡蛋黄、酵母、坚果、豆类、马铃薯和绿叶蔬菜都是铬（三价）的良好来源。

吸收和转运：在胃的酸性环境下，六价铬的形式被还原成三价铬。在小肠中，三价铬通过被动扩散进入肠上皮细胞被吸收（Dowling et al., 1989）。在小肠上皮细胞中，铬与铬调蛋白结合，铬调蛋白是一种几乎由所有组织（尤其是肝脏）都可以合成的低分子量的寡聚肽（甘氨酸-半胱氨酸-天冬氨酸-谷氨酸）（Vincent, 2000）。1 个铬调蛋白分子结合 4 个等价的铬离子。含铬囊泡的释放可能会造成铬从小肠上皮细胞中转出。仅有 0.4%–2.8% 的从日粮摄入的铬可以被动物吸收（Harris, 2014）。被吸收的铬进入门静脉循环。在血液中，铬由转铁蛋白和白蛋白转运至组织，通过转铁蛋白受体介导的内吞作用被吸收。铬在细胞内与铬调蛋白结合在一起。

功能：在骨骼肌、心脏、脂肪细胞和肝细胞，铬与铬调蛋白紧密结合，形成铬和铬调蛋白复合物。后者结合胰岛素受体，维持和加强胰岛素受体的酪氨酸激酶活性（Vincent, 2000）。因此，铬在调节动物的葡萄糖和脂质代谢中起着重要的作用，包括通过刺激骨骼肌摄取和利用葡萄糖，以及促进肝脏合成脂肪酸和胆固醇。

缺乏症：在动物体内，日粮铬摄入量不足与胰岛素敏感性降低、血浆中葡萄糖浓度升高和血脂异常有关。因此，铬缺乏可导致代谢综合征。当动物依赖于无铬的全胃肠外营养时，铬缺乏的风险会增加。

过量：急性或慢性的过量铬摄入会引发动物铬中毒（Harris, 2014）。症状包括血浆中 8-羟基脱氧鸟苷（DNA 损伤指示物）和过氧化脂质的浓度升高。培养的细胞暴露在毒性剂量的铬中，会出现染色体损伤、DNA 突变、线粒体损伤、氧化应激和诱导细胞凋亡。

10.3.9　碘（I）

碘是由法国化学家 Barnard Courtois 在 1811 年发现的。它的名字来源于希腊语 "ιωδης"，意思是 "紫色"。碘以气体（I_2）或者盐（如 KI 和 NaI）的形式存在，并且具有多种氧化形式，如碘化物（I^-）、碘酸物（IO_3^-）和各种高碘酸阴离子［如偏高碘酸盐（IO_4^-）和正碘酸盐（IO_6^{5-}）］。在动物中，70%–80% 的碘存在于甲状腺，剩下的主要存在于骨骼肌中。早在 1850 年，Jean Boussingault 发现膳食碘对预防和治疗甲状腺肿有效。

来源：植物中存在微量的碘，主要以无机碘化物的形式存在。例如，生长在碘缺乏土壤中的植物的碘含量低至 10 μg/kg 干物质，而生长在富碘土壤中的植物的碘含量高达 1 mg/kg 干物质。含碘最丰富的食物有海鲜、蘑菇和向日葵种子。鸡蛋、淡水鱼、肉类、肝脏、花生和骨粉是碘的良好来源。谷物、蔬菜和坚果含有少量碘。在甲状腺肿高发且海鲜消费少的地区，人们通常以食用加碘盐补充碘。乙二胺的碘化氢衍生物［二氢碘酸乙二胺（EDDI）］是家畜和家禽日粮的主要补充剂。在牛的日粮中添加二氢碘酸乙二胺可预防腐蹄病（Berg et al., 1984）。

吸收和转运：日粮中的碘先在胃肠道中转化成碘离子，然后再经过 Na^+/I^- 转运载体（NIS，钠/碘转运蛋白，一种糖蛋白）被胃（碘离子吸收的次要部位）和小肠（碘离子吸收的主要部位）吸收（Nicola et al., 2009）。在小肠，碘离子通过其上皮细胞的顶端膜进入细胞中。值得注意的是，肠上皮细胞的基底外侧膜上没有 Na^+/I^- 转运载体。细胞内外的 Na^+ 浓度梯度推动细胞外的 I^- 以 $2Na^+/1I^-$ 交换的形式进入细胞（Eskandari et al.,

1997）。Ⅰ⁻通过小肠上皮细胞的基底外侧膜进入肠黏膜的固有层，再进入门静脉循环。迄今为止，还没有发现有关于Ⅰ⁻运输的小肠囊泡或者基底膜转运蛋白。在血液中，Ⅰ⁻结合白蛋白并通过Na^+/I^-转运载体被摄取进入肝脏和甲状腺等组织（Nicola et al., 2015）。被小肠吸收的Ⅰ⁻大约85%被甲状腺利用。

Na^+/I^-转运载体的表达和活性受营养调控（Nicola et al., 2015）。例如，较高的膳食碘摄入或者较高的肠上皮细胞内Ⅰ⁻浓度会减弱Na^+/I^-转运载体介导的Ⅰ⁻吸收，其涉及的几个转录后机制如下：①Na^+/I^-转运载体的基因表达下调；②Na^+/I^-转运载体蛋白的降解增加；③Na^+/I^-转运载体的mRNA稳定性下降，导致其mRNA表达量下调。迄今为止，还没有关于激素调节小肠Na^+/I^-转运载体表达的实验数据。不过，有报道提出假说——甲状腺激素可以提高肠道Na^+/I^-转运载体的表达来实现膳食碘的最大化吸收（Nicola et al., 2015）。

体组织中的含量：哺乳动物体内含碘量为35–200 μg/kg体重，并且随日粮中的碘含量而变化。体重100 kg的猪和500 kg的奶牛分别含有4.5 mg和17 mg的碘（Georgievskii et al., 1982）。给动物饲喂富含碘的饲料，碘在动物体内的分布情况如下（%）：甲状腺，70–80；骨骼肌，10–12；皮肤，3–4；骨骼，3；其他器官，5–10。在犊牛的组织中，碘的含量分布如下（μg/100g鲜重）：甲状腺，24–38；全血，6.3–7.8；血清，6.1–7.4；毛发，1.7–3.2；皮肤，2.7–4.0；肝脏，8.0–8.1；肾脏，7.0–7.2；肺，5.0–5.2（Georgievskii et al., 1982）。

功能：碘在甲状腺激素的合成中起重要作用（Leung and Braverman, 2014）。这个代谢途径从甲状腺球蛋白开始。甲状腺球蛋白的酪氨酸残基被Ⅰ⁺碘化，Ⅰ⁺是在H_2O_2依赖性甲状腺过氧化物酶的作用下从Ⅰ⁻产生的。甲状腺素-甲状腺球蛋白和三碘甲状腺原氨酸-甲状腺球蛋白进入溶酶体进行蛋白水解释放甲状腺素与三碘甲状腺原氨酸。在血浆中，这两种激素（>99%）与甲状腺结合蛋白结合。甲状腺激素调节蛋白质、脂类和葡萄糖的代谢及基础代谢，在组织成熟过程中，对所有动物细胞的发育和分化是必不可少的（特别是大脑、心脏、骨骼肌、小肠、肾脏和肺）（Nicola et al., 2015）。

缺乏综合征：在动物中，饲料缺乏Ⅰ⁻会减少甲状腺素和三碘甲状腺原氨酸的合成，引起甲状腺功能减退症。甲状腺激素的缺乏抑制了垂体活动的负反馈控制，导致促甲状腺激素的产生增加。后者会通过甲状腺肿大来获取更多的碘以补偿碘缺乏，这种疾病称为甲状腺肿（Dumont et al., 1992）。此外，动物缺乏碘会出现干燥和鳞片状皮肤、发育不良、过度脂肪沉积、精神运动发育迟缓、生殖功能受损与神经功能障碍（Zimmermann, 2009）。这些不良反应在生命周期的各个阶段都能发生。当发生在出生前时，有跨代影响。值得注意的是，饮食碘缺乏引起的代谢紊乱可以通过补充碘来预防和治疗。

过量：像饲料中缺乏碘一样，碘过量也会导致甲状腺功能减退和甲状腺肿（Leung and Braverman, 2014）。这一发现被称为"Wolff-Chaikoff效应"，最初由Jan Wolff和Israel Lyon Chaikoff（1948）报道。其诱导机制如下：①一些物质的产生会抑制甲状腺过氧化酶活性（如甲状腺碘内酯、碘代醛和碘脂）；②甲状腺内脱碘酶的活性下降；③由于基因表达量下降，小肠上皮细胞的顶端膜及甲状腺滤泡细胞的基底膜中，Na^+/I^-转运载体的丰度下降（Nicola et al., 2015）。碘过量在家畜、家禽和鱼类营养中并不常见。然而，当提供高剂量的碘时，这种营养问题可能会发生。饲料中提供过量的碘［例如：在鸡饲料中，碘含量（KI）超过 600 mg/kg］会导致甲状腺变得过度活跃，产生过多的甲状腺激素（甲亢）。动物的体重会下降（特别是肌肉、骨骼和脂肪组织），并且引发神经功能紊乱、生长抑制和饲料效率下降（Jones and Hunt, 1983; Leung and Braverman, 2014）。在雏鸡饲料中补碘（1000–1500 mg/kg）会产生毒性作用，而在饲料中以 NaBr 形式添加溴（50 mg/kg 或者 100 mg/kg）可以中和这一毒性作用（Baker et al., 2003）。这是因为溴化物，如硫氰酸盐，是小肠和甲状腺中 I^- 转运与利用的抑制剂（Abraham, 2005）。

10.3.10 氟（F）

氟在 1886 年被 Henri Moissan 发现。它的名字源于拉丁语 "fluere"，意思是 "流动"。氟石（氟化钙）是氟的主要矿物来源，在 1529 年向矿物中添加金属矿石以降低熔点时首次被发现。作为最负电性元素，在低 pH 环境中，氟与 H^+ 剧烈反应；在中性环境下，氟与 Ca^{2+} 和 Mg^{2+} 反应。就电荷和大小而言，氟离子类似氢氧根离子。在细胞中，氟与钙离子反应形成氟化钙，结合磷酸形成氟磷灰石 $[FCa_5(PO_4)_3]$。后者主要存在于牙齿和骨骼中（Nielsen, 2009）。在动物体内，大约 99% 的氟存在于骨骼中，其余的存在于软结缔组织等细胞内。

来源：氟化物广泛存在于植物和动物源饲料及地表水中。地表水中天然存在的氟化物浓度通常较低（<0.5 ppm），具体取决于位置。在中性 pH 下，氟化氢通常完全电离为 F^- 和 H^+。

吸收与转运：由于胃中的 pH 较低，F^- 和 H^+ 反应生成 HF，然后通过非离子载体转运被胃吸收（Barbier et al., 2010）。在小肠中，F^- 通过肠上皮细胞顶端膜上的跨膜转运载体（可能是 F^-/H^+ 协同转运蛋白）被转运进入肠上皮细胞，并且也有可能通过阴离子交换体被转运。在小肠上皮细胞中，F^- 与 Ca^{2+} 和 Mg^{2+} 分别结合生成钙离子电离层和镁离子电离层。氟通过氟转出蛋白跨过小肠上皮细胞的基底外侧膜转出细胞，氟转出蛋白是一种氟化物载体（被称作 FEX，氟化物转出蛋白），在动物体内属于单管跨膜通道（Berbasova et al., 2017）。被吸收的氟进入门静脉循环。在血液中，F^- 结合 Ca^{2+} 和 Mg^{2+} 被转运到组织，F^- 通过两种通道进入组织：①游离 F^- 通过 F^- 通道；②F^- 与 Ca^{2+} 或 Mg^{2+} 结合后通过 Ca^{2+} 和 Mg^{2+} 通道。

胃肠道对氟的吸收非常迅速。从日粮摄入的 F 中 40% 被胃吸收，45% 被小肠吸收（Barbier et al., 2010）。Ca^{2+} 和 Mg^{2+} 可以与 F 形成不溶性盐，能减少小肠对 F^- 的吸收。

功能：氟化物是钙化组织的组成部分。氟化物增强成骨细胞通过 Na^+ 依赖性磷酸根离子转运载体摄取磷酸盐（Selz et al., 1991）和提高这些细胞中的酪氨酸激酶的活性（Burgener et al., 1995），以促进其增殖和骨的形成。摄入充足的 F^- 对于骨骼和牙齿的硬化、结构与强度至关重要。

缺乏症：由于动物的饮食和水中一般都添加一氟化碘，因此在实际生产中，动物很少出现氟化物缺乏症。但是，农场水源中氟的含量并不能满足动物的需要，在实验条件下诱导的氟缺乏综合征（例如：奶牛日粮中含氟量少于 12 ppm）包括蛀牙和龋齿及骨质疏松症（Nielsen, 2009）。骨质疏松症的特点是骨量减少，骨脆性增加。

过量：氟化物和氟乙酸盐分别抑制烯醇化酶（糖酵解中的酶）和顺乌头酸酶（三羧酸循环中的酶）的活性（Whitford, 1996）。长期摄入高氟的日粮（例如，奶牛日粮中氟化物＞93 ppm）会影响：①牙釉质的形成（牙齿的外覆盖层），形成氟斑牙，其特征是斑驳、变色并且生成小孔；②成骨细胞的生长和结构，引起骨骼骨质疏松症（Jones and Hunt, 1983）。据报道，如果在氟工厂周围长期接触氟化物，奶牛、肉牛、绵羊和狗的牙齿与骨骼都发生了氟中毒现象（Krishnamachari, 1987）。过量的氟还导致活性氧的生成增加、细胞内谷胱甘肽浓度的降低和线粒体内细胞色素 c 的释放（Barbier et al., 2010）。治疗氟中毒的方法主要包括：①口服低浓度的氢氧化钙或氯化钙以减少肠道对氟的吸收；②肌内注射葡萄糖酸钙以增加血浆中的钙浓度，从而阻止骨骼和其他组织对氟的吸收与摄取。

10.3.11　硼（B）

硼在 1808 年被 Humphry Davy、Joseph-Louis Gay-Lussac 和 L.J. Thénard 发现。它的名字源于阿拉伯语"buraq"和波斯语"burah"，意思是硼砂。硼不是金属。硼的化学性质类似于硅（Cotton and Wilkinson, 1988）。在本质上，硼主要以硼酸（H_3BO_3）和多硼酸盐（如四硼酸钠十水合物，$Na_2B_4O_7 \cdot 10H_2O$，也称为硼砂）的形式存在。

来源：硼在天然水中以未解离的硼酸与一些硼酸根离子广泛存在，并且世界各地区的数据（WHO, 2003）显示，根据地理位置不同，地下水中硼的浓度范围可能小于 0.3 mg/L 或大于 100 mg/L。硼在水果、蔬菜、豆类和坚果中的含量比较多，在肉类、鱼类、乳制品和大多数谷物（如玉米和大米）中比较少。硼在植物中主要以与 Ca^{2+} 和果胶络合的硼氧化物（如 B_2O_3）及硼酸根阴离子的形式存在，在动物中主要以骨中的钙盐形式存在。

吸收和转运：日粮中的硼通过 NaBC1（Na^+ 驱动的硼通道-1）被小肠吸收，其化学计量形式为 $2Na^+/1B(OH)_4^-$（Liao et al., 2011; Park et al., 2004）。这种矿物通过未知的转运蛋白经过小肠上皮细胞的基底外侧膜转出细胞。大约 85% 被摄取的硼进入门静脉循环中。目前关于硼在血液中的运输还知之甚少。肠外组织，如肾脏（Liao et al., 2011）和骨骼从血浆中以 NaBC1 的形式（普遍存在的 Na^+-偶联硼酸盐转运蛋白）摄取硼（Park et al., 2004）。

功能：硼刺激 17β-雌二醇、睾酮、25-羟基维生素 D_3、降钙素和骨钙素的合成，从而在繁殖、钙和镁代谢、骨结构与矿化及肌肉强度中起重要作用（Harris, 2014; Nielsen, 2008）。此外，硼对成骨细胞的生长和维持骨关节的正常结构与功能具有重要的作用（Newnham, 1994）。有研究表明，硼是骨骼和结缔组织的生长、刺激肠道对镁的吸收、减少炎症分子的产生、改善神经功能及促进动物伤口愈合的重要因素之一（Pizzorno, 2015）。

缺乏症：硼在植物和动物源饲料及饮用水中广泛存在，因此在实际喂养条件下，其在家畜、家禽和鱼类中的缺乏症很少见。然而，在实验条件下也可以诱导出动物的硼缺乏症。日粮中硼的缺乏会导致动物生长受限、骨质量损失（骨质疏松症）、脑中电导率降低、生殖功能受损和氧化应激（Pizzorno, 2015）。对于维生素 D 摄入量不足的小鸡，日粮中硼的缺失加重了其总骨骼异常、软骨钙化受损和软骨细胞密度降低（Nielsen, 2008）。此外，与含硼 0.31–1.85 mg/kg 的日粮相比，低硼含量（0.045–0.062 mg/kg 日粮）

或缺失的日粮导致雄性青蛙的睾丸萎缩、精子数量减少和精子异常，以及雌性青蛙卵巢萎缩和卵母细胞成熟受损（Fort et al., 2002）。另外，与在含 490 μg/L 硼的水的试验结果相比，饲喂无硼盐水虾的斑马鱼在只含有 1.1 μg/L 硼的水中生活 6 个月后表现出胚胎发育受损和胚胎死亡率升高（Rowe and Eckhert, 1999）。目前，对于硼改善动物骨骼生长和繁殖性能的生物机制尚不清楚。

过量：高浓度的硼不但能够与 NAD^+ 和 S-腺苷甲硫氨酸结合，还可以抑制氧化还原酶、黄嘌呤氧化酶、甘油醛-3-磷酸脱氢酶和醛脱氢酶的活性（Hunt, 2012）。因此，日粮和环境中过量的硼对动物有毒害作用，如大鼠（每天从日粮中摄入 17.5 mg/kg 体重的硼）（Kabu and Akosman, 2013）。硼过量的综合征包括：食欲不振、恶心和体重减轻；睾丸细胞损伤和萎缩；雌性和雄性不孕；氧化应激和对组织（如脑、肝和肾）的损伤；骨骼生长受损；降低血红蛋白水平和脾造血功能。

10.3.12 溴（Br）

溴在 1825 年被 Carl Jacob Löwig 发现。基于它难闻的气味，它的名字来自古希腊语"stench"。其化学性质介于氯和碘之间，活性低于氯，但高于碘。溴是一种强氧化剂，与许多元素反应，以形成其外壳。由于溴元素非常活泼，因此它通常以化合物［如溴化氢（HBr）和溴化钠（NaBr）］的形式存在。

来源：海草是丰富的溴源。海洋生物是有机溴化物的主要来源，它们由独特的藻类酶，即钒依赖性溴代过氧化物酶，合成（Carter-Franklin and Butler, 2004）。植物也含有这种矿物质。在世界范围内，地下水含有不同浓度的溴化物（<0.05 mg/L 至 11 mg/L）（Brindha and Elango, 2013）。值得注意的是，在动植物均无法生存的死海中，含有 0.5% 的溴离子（Kesner, 1999）。

吸收和转运：日粮中的溴元素以溴化物的形式被小肠吸收。溴化物的特异性肠道转运蛋白尚未确定。然而，有间接证据表明，溴化物可利用氯化物和碘化物的转运蛋白从肠腔进入小肠上皮细胞（Abraham, 2005; Mahajan et al., 1996）。溴化物通过未知转运蛋白穿过基底外侧膜排出肠细胞。被吸收的溴化物进入门静脉循环，但对其在血液中的转运知之甚少。肠外组织可能通过氯离子通道（如 Na^+-K^+-2Cl^- 共转运蛋白）和碘化物转运蛋白摄取溴化物。

功能：在嗜酸性粒细胞中，过氧化物酶（卤代过氧化物酶）优先利用溴化物而不是氯化物作为辅因子产生次溴酸盐（次溴酸），进而杀死多细胞寄生虫和一些细菌。此外，有动物研究表明，溴是Ⅳ型胶原蛋白交联（成熟）所必需的。Ⅳ型胶原蛋白主要是小动脉、小静脉和毛细血管中的基底层组分（McCall et al., 2014）。

缺乏综合征：由于溴元素存在于饲料和饮用水中，因此在实际生产中，哺乳动物、鸟类和鱼类的缺乏症很少见。在实验条件下，动物日粮溴缺乏会损害免疫力及结缔组织的生长和功能。例如：与饲喂含 Br 20 mg/kg 日粮的山羊相比，饲喂含 Br 0.8 mg/kg 日粮的山羊表现出生长抑制、生育力下降、流产增加、预期寿命降低，以及甲状腺、心脏、肺、胰腺和卵巢的结构异常（Ceko et al., 2016）。

过量：因为溴和碘共享同一转运体，它们相互抑制各自在肠道的吸收和在肠外组织的转运，所以溴与碘竞争代谢途径。因此，过量的溴会干扰甲状腺对碘的吸收和利用，抑制甲状腺激素的合成。长期暴露在过量溴元素下的动物，会出现 DNA 损伤、神经功能障碍、皮肤缺陷和肾衰竭等症状（Abraham，2005）。如前所述，溴还可被用作碘中毒的解毒剂。

10.3.13 镍（Ni）

镍在 1751 年被 Axel Fredrik Cronstedt 发现。然而，它用于制造青铜器和镍铜合金可以追溯到公元前 3500 年。这种矿物的名字源于德语 "kupfernickel"，意思是魔鬼铜或圣尼古拉斯（旧尼克）铜。镍最常见的氧化态是+2 价，具有化学活性。Ni^{2+} 与许多阴离子形成化合物，包括硫化物、硫酸盐、碳酸盐（CO_3^{2-}）、氢氧化物、羧酸盐和卤化物。

来源：镍广泛存在于植物中（Nielsen，1987）。坚果（包括花生）和豆科植物是镍的良好来源。大多数植物源饲料都含有这种矿物质。普通饲料含镍 0.5–3.5 mg/kg 干物质。相比之下，动物产品中缺乏镍。

吸收和转运：日粮中的镍元素经二价阳离子转运蛋白-1 被小肠吸收。在二价阳离子转运蛋白-1 突变的大鼠中，镍无法转运通过小肠上皮细胞的顶端膜（Knöpfel et al.，2005）。镍通过未知的转运蛋白跨越基底外侧膜转出肠细胞。在从日粮摄入的镍中，<10%被吸收到门静脉循环中，其余的通过粪便排出体外（Nielsen，1987）。在血液中，镍被白蛋白运送到组织，进而通过未知的转运蛋白被摄取。

功能：镍在微生物代谢中的作用是众所周知的。例如，镍是 9 种细菌酶的辅因子：脲酶、超氧化物歧化酶、乙二醛酶-Ⅰ、丙烯二酮双加氧酶、[镍铁]-氢化酶、一氧化碳脱氢酶、乙酰辅酶 A 合成酶/脱羧酶、甲基辅酶 M 还原酶和乳酸盐消旋酶（Boer et al.，2014）。镍还影响肠道细菌中氨基酸、碳水化合物和脂质的代谢。因此，镍在反刍动物非蛋白氮和尿素循环的利用方面发挥着重要作用。镍由于在化学配位协调和氧化还原反应中的可塑性而被多种酶选择作为辅因子（Ragsdale，2009）。动物细胞通过镍活化血红素加氧酶，产生一氧化碳气态信号分子（Sunderman et al.，1983）。一些动物研究的结果表明，镍与维生素 B_{12} 协作刺激 DNA 的合成和骨髓的造血（Nielsen，1991）。此外，镍的缺乏会损害几种动物的生长，包括小鸡、牛、山羊、猪、大鼠和绵羊（Nielsen，1991）。

缺乏综合征：由于镍在植物饲料、动物源产品和饮用水中的含量较高，因此实际饲养条件下，通常不存在家畜、家禽或鱼类的镍缺乏症。在 6 种动物（牛、小鸡、山羊、猪、大鼠和绵羊）的诱导镍缺乏实验中，它们表现出生长限制、造血细胞减少、血细胞比容减少、氧化应激或组织结构异常（Nielsen，1987）。镍缺乏的综合征可以通过日粮中补镍来缓解。

过量：毒性水平的镍抑制双加氧酶，包括组蛋白脱甲基酶。摄入过量的镍（如鸡、狗、鸭、小鼠、猴、兔、猪和大鼠的饮食摄入量≥250 mg/kg）会产生中毒（Nielsen，1987）。过量镍的综合征包括：由适口性低造成的消极采食、生长受限、腹泻、深色粪便、粗糙和蓬松的毛发、呕吐、贫血与组织（如肝、肺和皮肤）损伤。值得注意的是，牛（包括哺乳期奶牛和犊牛）对镍的毒性较不敏感，因此镍含量低于 250 mg/kg 的日粮补充剂不会影响采食量、产奶（奶牛）或生长（犊牛）（O'Dell et al., 1970a, b）。在动物中，高日粮镍会减少肠道对铁、铜、锌和镁的吸收，从而加剧它们的营养缺乏。高维生素或蛋白质的摄入可以减轻动物（包括大鼠和小鸡）的镍中毒（Nielsen, 1987）。

10.3.14 硅（Si）

硅在 1823 年被 Jöns Jakob Berzelius 发现。它的名字源于拉丁语"silicis"，意思是"极硬的东西"。如前所述，它是地壳中仅次于氧的第二大元素。该矿物质对氧具有很强的化学亲和力，形成具有氧原子或"–OH"基团的长链或环状链。此外，硅具有强的阴离子特性，可以结合 Ca^{2+}、Fe^{2+}、Mg^{2+} 和 Mn^{2+} 及铝。在动物中，这种矿物质与胶原蛋白形成复合物，用于骨骼中的生物矿化。尽管硅存在于所有组织中，但最常见于骨骼和其他结缔组织，包括皮肤和动脉。

来源：硅广泛存在于植物和动物源饲料中。植物源饲料中的二氧化硅含量一般高于动物，例如：全草和谷物含二氧化硅 30–60 g/kg 干物质；水果和无骨的动物产品中二氧化硅的含量较低。在自然界中，硅元素以二氧化硅（SiO_2）和硅酸盐（硅酸酯）的形式存在。二氧化硅难溶于水，而在中性水中，硅酸盐可分解为原硅酸［$Si(OH)_4$］，这是小肠吸收硅元素的主要形式。硅酮是一种具有硅-氧-硅骨架的聚合物，由于其在水中的溶解性差而不能被肠道吸收。

吸收和转运：膳食中的硅以 $Si(OH)_4$ 的形式通过①NaPi2b，钠离子依赖性磷酸根离子转运蛋白（Ratcliffe et al., 2017）及②水孔蛋白（aquaporin，AQP）3、7 和 9（Garneau et al., 2015）被动物小肠吸收。$Si(OH)_4$ 可通过小肠上皮细胞的基底外侧膜转出肠细胞进入肠黏膜的固有层，其特有的基底外侧膜 $Si(OH)_4$ 转运蛋白尚未被鉴定，但可能是一种用于排出磷酸盐的 Na^+ 依赖转运蛋白。在被吸收后进入门静脉循环，$Si(OH)_4$ 在血液中不与蛋白质结合而是可能通过组织特异性 AQP 3、7、9 和 10（Garneau et al., 2015），也可能通过 NaPi2a 和 NaPi2c 被肠外组织摄取（和磷酸盐离子一样）。在包括主动脉、气管、肌腱、骨骼和皮肤等许多组织的细胞外基质中，$Si(OH)_4$ 主要与黏多糖结合（Price et al., 2013）。

硅在膳食中的存在形式影响其在小肠中的吸收。饮用水和青豆中 50%–60% 的可溶性 $Si(OH)_4$ 能被小肠吸收（Sripanyakorn et al., 2009）；而香蕉中仅有 2% 能够以聚合物形式被肠道吸收（Price et al., 2013）；二氧化硅纳米颗粒可以通过肠道吸收，但粒径和表面性质是其吸收速率的主要决定因素。

功能：①促进胶原蛋白中脯氨酰羟化酶对脯氨酸残基的翻译后羟基化，从而促进蛋白质合成；②增强碱性磷酸酶活性，在碱性条件下使化合物脱磷酸化；③促进酸性磷酸酶在酸性条件下使化合物脱磷酸化（Price et al., 2013）。此外，还促进了 1 型胶原蛋白和弹性蛋白的合成，成骨细胞的分化，以及 Ca^{2+} 和磷酸盐进入骨骼中。此外，硅还能够结合黏多糖，在胶原蛋白和蛋白聚糖之间的交联形成中起重要作用（Sripanyakorn et al., 2009）。总体来说，硅对于骨骼的强度和形成及结缔组织正常结构的维持是至关重要的。

缺乏综合征：由于硅广泛存在于饲料和饮用水中，因此在实际喂养条件下，哺乳动物、鸟类和鱼类的缺乏症很少见。在实验条件下，日粮硅缺乏症具有以下症状：①骨骼中胶原蛋白、黏多糖、关节软骨、己糖胺和羟脯氨酸的含量降低；②对骨形成和钙化、结缔组织发育、心血管功能与伤口愈合有影响（Schwarz, 1978）。饲料中缺乏硅可使 1–21 日龄小鸡的平均日增重降低 50%（Carlisle, 1972），并造成骨骼异常（Carlisle, 1980），对大鼠的试验也有相似的结果（Schwarz and Milne, 1972）。在饲料中添加硅（以 $Na_2SiO_3 \cdot 9H_2O$ 形式添加 100 ppm）可防止硅缺乏的小鸡和大鼠的生长受到抑制与其骨骼矿化受到阻碍（Carlisle, 1972, 1980; Schwarz and Milne, 1972）。

过量：动物吸入二氧化硅会导致肺部炎症、纤维化反应和肺泡巨噬细胞对二氧化硅颗粒的吞噬作用（Jones and Hunt, 1983）。被吞噬的二氧化硅与溶酶体融合，会导致溶酶体膜受到损伤而释放溶酶体酶杀死吞噬细胞。从溶解的细胞释放的游离态二氧化硅会再次被吞噬，从而引起恶性循环，最终损伤肺，这种疾病被称为硅肺。从天然食物摄入的二氧化硅通常不会产生不利的影响（Harris, 2014; Sripanyakorn et al., 2009）。然而，过量的二氧化硅或其他硅化物（如三硅酸镁）的慢性摄取可导致其在肾小管中沉积引发结石类疾病。

10.3.15 钒（V）

钒是 Andrés Manuel del Rio 于 1801 年在墨西哥发现的。由于其从 –3–+5 的多价态而被命名为钒（vanadium），这个名称是由希腊神话中的美丽女神凡娜迪丝（Vanadis）的名字演化来的。钒的金属形式在自然界中很少见，主要以与氧、氮和其他元素的复合物存在（Crans et al., 2004）。其+2 价化合物是还原剂，+5 价化合物是氧化剂，+4 价存在于 VO^{2+} 化合物中。+4 价和+5 价的钒具有极强的生物学作用（Tsiani and Fantus, 1997）。钒酸盐（VO_4^{2-}）在化学结构上与钼酸盐（MoO_4^{2-}）和磷酸盐（PO_4^{3-}）相似。

来源：钒在植物和动物源的饲料及饮用水中都存在。淡水、地下水和饮用水中的平均浓度为 0.5 µg/L，火山区浓度可高达 130 µg/L（Rehder, 2015）。此外，一些泉水也含有高浓度的钒离子，例如，富士山附近的泉水含量为 54 µg/L（Rehder, 2008）。食品中钒的平均含量（主要以氧化物形式存在）为 5–30 µg/kg 干物质（Rehder, 2015）。主要来源有贝类、全谷物和黑胡椒；肉类、乳制品、豆类和水果中含量较低。在动物饲料中，钒主要以 VO^{2+}（氧钒酸盐，V^{4+}）和 HVO_4^{2-}（钒酸盐，V^{5+}）的形式存在。饲料加工过程中空气和不锈钢设备也可能是钒的来源。

吸收和转运：小肠通过跨膜载体介导吸收膳食中的钒（Nielsen, 1995）。在胃中，V^{5+} 被维生素 C 还原为 V^{4+}，毒性较前者低。随后 V^{4+} 进入十二指肠。在小肠中，V^{4+} 和 V^{5+} 通过磷酸根离子与其他阴离子转运蛋白途径被吸收，还可能通过非血红素铁途径被吸收。肠细胞中 V^{5+} 的转运速率比 V^{4+} 高出 3–5 倍（Nielsen, 1987），因此，钒的吸收量取决于胃环境和食物通过胃的时间。进入小肠上皮细胞后，钒与铁蛋白结合，通过未知的转运蛋白经过基底外侧膜转出肠细胞，这个过程可能包括非血红素铁排出通道。已吸收的钒进入门静脉循环，主要以血浆中的 V^{4+}-铁蛋白和 V^{4+}-铁蛋白复合物及红细胞内的 V^{4+}-血红蛋白复合物形式存在。钒从微血管毛细血管进入细胞间质液，其主要形式是

V^{4+}。肠外组织通过未知的转运蛋白摄取 V^{4+} 和 V^{5+}，这个过程可能包括磷酸根离子转运蛋白和其他阴离子转运蛋白（如 Cl^- / HCO_3^- 交换剂和二价阴离子-钠协同转运蛋白）。在动物细胞中，V^{5+} 可被维生素 C、谷胱甘肽和 NADH 还原为 V^{4+}，成为钒的主要存在形式。而铁蛋白可能是 V^{4+} 和 V^{5+} 在细胞内的主要结合蛋白。

从日粮摄入的钒能够被动物肠道吸收的不到 5%，其余的通过粪便排出体外。例如，摄入的钒中 0.34% 以偏钒酸铵的形式被羊的肠道吸收（Hansard et al., 1982），2.6% 以 V_2O_5（五氧化二钒）的形式被大鼠吸收（Conklin et al., 1982）。相比之下，在禁食大鼠中，30% 口服的钒能够以 Na_3VO_4 形式被小肠吸收，其余的通过粪便排出体外（Wiegmann et al., 1982）。因此，钒的肠吸收率与动物种类、营养状态和日粮组成有关。在饲养条件下，只有少量的钒可被动物利用。

功能：钒是海藻中溴过氧化物酶重要的辅助因子，具有极大的生物学功能（Butler, 1998）。在该反应中，R-H + Br^- + H_2O_2 → R-Br + H_2O + OH^-，溴代烃产物对藻类生长和存活是必不可少的。迄今为止，尚未在动物细胞中鉴定出钒依赖性酶。药物性的、但在安全剂量内的钒（0.1 mg V_2O_5/mL，饮用 14 天）可减少正常和糖尿病大鼠肠道内的葡萄糖转运（Madsen et al., 1993），这可能是由于其抑制了小肠上皮细胞基底外侧膜上 Na^+/K^+-ATP 酶的活性（Hajjar et al., 1987）。此外，钒通过刺激胰岛素受体的磷酸化来增强动物细胞中胰岛素的作用，从而促进骨骼肌、心脏和脂肪组织的葡萄糖利用（Crans et al., 2004）。

缺乏综合征：由于钒在饲料和饮用水中广泛存在，因此在生产过程中，动物对钒的缺乏是罕见的。在实验条件下，日粮中钒的缺乏会降低生长和繁殖性能（Schwarz and Milne, 1971）。另外，在日粮中添加钒能够加快鸡的生长（提高 40% 以上）。钒的缺乏也会导致鸡的羽毛生长减慢及胫骨骨骼异常（Mertz, 1974）。此外，Anke 等（1990）发现，与喂养含钒日粮（2 mg/kg）的山羊相比，喂养缺钒日粮（10 μg/kg）的山羊有较高的流产率，并且在泌乳期前 56 天产奶量降低。此外，钒缺乏的山羊生产的小羔羊表现出高死亡率、前肢骨骼变形和前足关节肿胀（Anke et al., 1990）。

过量：不同动物对钒的毒性耐受剂量（mg/kg 日粮）存在较大差异：大鼠，25；生长鸡，30；产蛋母鸡，20；羊，400（Nielsen, 1987）。高浓度的钒会抑制碱性、酸性和蛋白磷酸酶及蛋白磷酸化酶、二磷酸酯酶、核糖核酸酶与 Na^+/K^+-ATP 酶的活性，Ki 值为 0.4–2.5 μmol/L（Crans et al., 2004）。过量的钒能够干扰细胞信号转导和代谢。饮用水中的偏钒酸含量达到 200 ppm 时会损害雄性生殖力并增加大鼠的胚胎死亡率（Morgan and El-Tawil, 2003）。此外，日粮中过量的钒将导致：①胃肠道不适、采食量减少、腹泻和生长受限；②舌头呈现绿色；③氧化应激；④肾衰竭、呼吸功能障碍和心血管缺陷（Assem and Levy, 2009）。日粮中的 EDTA、铬、蛋白质、亚铁和 NaCl 可以缓解钒的毒性（Nielsen, 1987）。

10.3.16 锡（Sn）

锡的发现者和发现日期没有记录可寻。然而，埃及、美索不达米亚和印度河谷的人民在公元前 3000 年左右开始使用这种矿物制造合金（如青铜）。锡的命名来自拉丁语

"stannum"。锡有两种主要的氧化态，即 Sn^{2+} 和 Sn^{4+}。锡被广泛用于食品加工设备（如炊具）和食品容器的钢罐板。锡石（SnO_2，Sn^{4+}）是天然存在的可溶于酸、但不溶于水的锡的氧化形式，是锡化学研究和商业生产中最重要的原料。锡的盐（$SnCl_2$ 和 SnF_4）可溶于水。

来源：在植物和动物源饲料及饮用水中，锡的浓度非常低。锡溶于水，通常以 $SnO(OH)_3^-$ 的形式存在。河水中锡的浓度通常为 6–10 ng/L。然而，一些地区（莱茵河）（WHO, 2004）的浓度高达 300 ng/L。在大多数未加工的食品中，锡（主要为 Sn^{4+}）的含量通常为 <1 mg/kg 干物质，但由于锡涂层或锡板的溶解，罐头食品中锡含量较高。氟化锡（SnF_4）常作为氟化物的载体用于改善口腔健康。

吸收和转运：目前，对动物肠道吸收锡的细胞和分子机制了解甚少。日粮中锡（+2 价和+4 价）通过被动转运在小肠被吸收。日粮中只有少量的锡（3%–40%，取决于含量）被吸收到门静脉循环中，其余的通过粪便排出体外（Salant et al., 1914）。通过血液循环，锡被运输到组织，通过未知的转运蛋白被吸收。在动物体中，锡主要分布于骨骼和皮肤（鸟类的羽毛），少量存在于其他组织（肝、肾、肺、脾和淋巴结）（Johnson and Greger, 1985; Salant et al., 1914）。在肠道吸收、血液运输和储存在组织的过程中时，锡的氧化状态不会发生变化。

缺乏综合征：由于饲料中存在锡，因此在生产条件下，哺乳动物、鸟类和鱼类的缺乏症很少见。然而，在实验条件下可以诱导出动物的缺锡综合征。Schwarz 等（1970）发现饲喂无锡日粮的大鼠表现出生长迟缓和被毛脱落。与锡缺乏的大鼠相比，由于实验日粮中的核黄素不足，在日粮中添加 1–2 mg/kg 的锡化合物（如硫酸锡和锡酸钾），生长速率可增加 50%–60%。与采食含锡 2 mg/kg 日粮的大鼠相比，采食含锡 17 μg/kg 日粮的大鼠表现出生长迟缓和饲料利用率降低现象（Yokoi et al., 1990）。日粮中补充锡可以使动物恢复正常的采食量和生长速率。

过量：过量的锡会引起动物代谢和生理异常。例如，摄入高剂量的锡，大鼠红细胞中 δ-氨基乙酰丙酸脱水酶的活性降低了 45%（Johnson and Greger, 1985）。此外，与对照组比，在日粮中补充锡 720 mg/kg，导致生长鸡体重增加减缓，采食量和饲料效率降低，血液中血红蛋白和红细胞含量减少，血细胞比容降低（Sun et al., 2014）。此外，口服过量氯化锡（每 12 h，服锡 30 mg/kg 体重）3 天，可降低肠道钙的吸收（Yamaguchi et al., 1979）。最后，通过日粮摄入过量的锡可减少组织中抗氧化酶（如谷胱甘肽过氧化物酶和超氧化物歧化酶）的活性（Sun et al., 2014）。

10.4 有毒金属

铝、砷（译者注：砷为类金属，鉴于其化合物具有金属性质，本书将其归为金属一并统计）、镉、铅和汞没有生物或营养功能，但对动物有较高的毒性。它们是空气、地面和饮用水及土壤的潜在污染物，并可以很容易地经由口、肺、皮肤和眼睛等以饲喂、吸入与接触的方式进入体内。这些矿物质在动物的饲料中含量较少（表 10.17）。日粮矿物元素的最大耐受水平见表 10.18。高剂量的铝、砷、镉、铅和汞对人与动物非常有害，甚至可造成致命的损害（Vázquez et al., 2015）。

表 10.17　动物饲料中有毒金属总含量（mg/kg 干物质）

饲料	镉	铅	砷	汞
原料				
大麦谷物	0.11	0.97	–	0.006
柑橘渣	0.19	0.76	–	–
鱼粉	0.40	0.52	4.7	0.10
玉米谷物	0.06	0.56	0.26	–
油菜籽粕	0.15	0.60	–	–
豆粕	0.07	0.93	–	0.022
甜菜渣	0.14	1.47	–	–
向日葵粕	0.41	–	–	0.003
向日葵籽	–	0.37	–	–
矿物质预混料，未界定	0.58	3.38	6.8	0.02
肉骨粉	–	0.81	–	–
小麦	0.19	0.26	–	0.003
饲草				
鲜草	0.62	4.93	–	0.02
干草	0.73	3.89	0.05	0.005（苜蓿）
青贮草	0.09	2.02	0.12	–
青贮玉米	0.28	2.19	0.05	–
全价饲料				
反刍动物，未界定	0.11	0.34	0.27	0.012
家禽，未界定	0.16	1.16	1.83	0.039
家禽，蛋鸡	0.16	0.87	0.20	–
家禽，肉鸡	0.19	0.52	0.34	–
猪，未界定	0.09	1.03	0.62	0.032
猪，<17 周	0.16	0.77	0.72	–
猪，>16 周	0.07	0.38	0.31	–
猪，母猪	0.09	0.70	0.85	–

资料来源：López-Alonso, M. 2012. *Animal Feed Contamination*, Edited by J. Fink-Gremmels. Woodhead Publishing, U.K., pp. 183–204。

表 10.18　农场动物矿物元素的最大耐受剂量（饲喂基础）

微量元素	牛	羊	猪	家禽	马	兔
铝（ppm）	1 000	1 000	200	200	200	200
砷（ppm）						
无机	50	50	50	50	50	50
有机	100	100	100	100	100	100
硼（ppm）	150	150	150	150	150	150
溴（ppm）	200	200	200	2 500	200	200
镉（ppm）	0.5	0.5	0.5	0.5	0.5	0.5
钙（%）	2	2	1	4（蛋鸡）	2	2
				1.2（其他）		

续表

微量元素	牛	羊	猪	家禽	马	兔
铬（ppm）						
氯化物形式	1 000	1 000	1 000	1 000	1 000	1 000
氧化物形式	3 000	3 000	3 000	3 000	3 000	3 000
钴（ppm）	10	10	10	10	10	10
铜（ppm）	100	25	250	300	800	200
氟（ppm）	40（青年期）	60（种羊）	150	150（火鸡）	40	40
	100（育肥期）	150（育肥羊）		200（鸡）		
	50（成年期）					
碘（ppm）	50	50	400	300	5	—
铁（ppm）	1 000	500	3 000	1 000	500	500
铅（ppm）	30	30	30	30	30	30
镁（%）	0.5	0.5	0.3	0.3	0.3	0.3
锰（ppm）	1 000	1 000	400	2 000	400	400
汞（ppm）	2	2	2	2	2	2
钼（ppm）	10	10	20	100	5	500
镍（ppm）	50	50	100	300	50	50
磷（%）	1	0.6	1.5	0.8（蛋鸡）	1	1
				1（其他）		
钾（%）	3	3	2	2	3	3
硒（ppm）	2	2	2	2	2	2
硅（%）	0.2	0.2	—	—	—	—
氯化钠（%）	4（泌乳）	9	8	2	3	3
	9（非泌乳）					
硫（%）	0.4	0.4	—	—	—	—
钒（ppm）	50	50	10	10	10	10
锌（ppm）	500	300	1 000	1 000	500	500

资料来源：Georgievskii, V.I., B.N. Annenkov, and V.T. Samokhin. 1982. *Mineral Nutrition of Animals*. Butterworths, London, U.K.; Mertz, W. 1987. *Trace Elements in Human and Animal Nutrition*, Vol. 1, Academic Press, New York, NY; NRC. 2005. *Mineral Tolerance of Animals*. 2nd ed. National Academies Press, Washington D. C.; Pond, W.G., D.C. Church, and K.R. Pond. 1995. *Basic Animal Nutrition and Feeding*. 4th ed., John Wiley & Sons, New York。

10.4.1 铝（Al）

如前所述，铝是地壳中第三大元素。它在 1808 年被 Humphry Davy 发现。铝金属能与 100 余种不同的矿物元素发生化学反应。它和氧具有很强的亲和力，形成氧化物，其中最常见的氧化态是正三价（+3）。但这种矿物也会以 Al^+ 和 Al^{2+} 的形式存在。在中性 pH 下，铝会形成几乎不溶于水的 $Al(OH)_3$。

来源：铝在空气、水及许多植物来源的食物中存在（CDC, 2017）。饮用水中铝的浓度范围可小于 0.001 mg/L 或大于 1.029 mg/L，这取决于地域。中性 pH 的地下水中铝浓

度通常低于 0.1 mg/L。牧草每千克干物质中含有 0.3–3.3 g 的铝，这个含量范围内的铝不会对放牧的反刍动物造成危害（Niles, 2017）。谷物中的铝含量通常小于 5 ppm。铝不会在健康动物的产品和组织中大量积累。

吸收和转运：在小肠中，Al^+ 被膜结合氧化酶氧化成 Al^{2+}，Al^{2+} 被肠上皮细胞通过顶端膜二价阳离子转运蛋白-1（DCT1）吸收。在肠细胞内，铝通过铁蛋白转运到基底外侧膜，进而通过基底外侧膜上的未知转运蛋白将铝释放到肠黏膜的固有层中，这些转运蛋白可能包括用于输送谷胱甘肽结合物的多耐药性蛋白 S3 和 S4（MRPs 3 和 4）。铝被吸收进入门静脉循环，日粮中的铝在肠道中的吸收率通常较低（摄入日粮中铝的 0.5%，饮用水中铝的 0.3%），但铝与有机配体（如柠檬酸盐、酒石酸盐和谷氨酸盐）结合时除外（Cunat et al., 2000; Krewski et al., 2007）。在血液中，铝结合蛋白质，如白蛋白和转铁蛋白，通过受体介导的内吞作用，铝-转铁蛋白复合物通过：①血脑屏障进入脑细胞；②成骨细胞的质膜进入骨骼。不被肠吸收的铝通过粪便排出。在血液循环中超过 95% 的铝通过尿液排出。

毒性：铝可以抑制 Ca^{2+}、Fe^{2+} 和 Mg^{2+} 依赖性酶，并与细胞膜蛋白和脂质相互作用，从而损害细胞信号通路，干扰细胞代谢，抑制核酸和蛋白质合成，增强活性氧的产生，损害神经传递（Jaishankar et al., 2014）。后者可引起氧化应激并损伤组织。日粮含铝超过 500 ppm（干物质基础）对动物有毒害作用（Jones and Hunt, 1983）。铝中毒最大的并发症发生在脑部（Niles, 2017）。高剂量的铝还能够抑制鱼从周围水中吸收离子所必需的鳃酶活性（Rosseland et al., 1990）。在所有动物中，过多的铝会导致消化系统疾病、食欲低下、生长受限、饲料转化率低下等症状。在营养的实践意义上，铝摄入量的提高会降低磷的吸收和生物利用率，以及影响动物的采食、生长和发育（Crowe et al., 1990）。

10.4.2 砷（As）

1250 年，Albertus Magnus 在从砷矿（As_2S_3）中提取金色颜料过程中，发现了砷。1649 年，Johann Schröder 发表了从砷氧化物中制备砷的方法。砷的名称来自拉丁语 "arsenicum" 或希腊语 "arsenikon"，意思是强壮或肌肉发达的特点。砷最常见的氧化态是砷化物中的负三价（–3），其为类合金金属间化合物。在亚砷酸盐中为正三价（+3），砷酸盐中为正五价（+5）。大多数砷化物为有机砷化合物。砷可以作为 As_4O_6（一种气体）或 AsO_3（一种晶体）存在。在水中生成砷酸 [H_3AsO_4 或 $AsO(OH)_3$]。砷酸在化学结构上与磷酸类似，使得砷酸盐和磷酸盐在生化反应中表现得非常相似。在日粮和动物组织中，砷通常与硫和金属结合。

来源：砷存在于空气、水和许多植物来源的食物中（López-Alonso, 2012; Welch et al., 2000）。饮用水中砷的浓度范围为 <5 μg/L 到 150 μg/L，与地域密切相关。地下水中的砷浓度范围为 <1 μg/L 至 10 μg/L。饲料每千克干物质中含砷 0.25–3.5 mg，这个范围的砷含量不会对放牧反刍动物构成危害（López-Alonso, 2012）。根据植物种类和地域差异，谷物中砷的含量范围为 3–285 μg/kg（Zhao et al., 2010）。在谷物中，砷以 30% 的无机砷（主要是亚砷酸盐）和 70% 的二甲基胂酸存在（Moore et al., 2010）。砷不会在健康动物

的产品和组织中过多积累。

吸收和转运：在胃和小肠中，日粮 As^{5+} 被维生素 C 还原成 As^{3+}。As^{3+} 和 As^{5+} 被顶端膜磷酸根离子转运蛋白吸收进入肠细胞中，其中 As^{5+} 被细胞内维生素 C 和谷胱甘肽还原成 As^{3+}。在肠细胞中，As^{3+} 可能与金属硫蛋白和 GSH 结合。砷通过未知的转运蛋白经过基底外侧膜离开肠细胞，其中包括用于转运 GSH 共轭物的 MRPs 3 和 MRPs 4。吸收的 As^{3+} 进入门静脉循环，As^{5+} 进一步被还原成 As^{3+}。在门静脉血中，As^{3+} 与白蛋白结合，随后被肝脏（肝细胞）吸收，其中 As^{3+} 被 S-腺苷甲硫氨酸依赖性的甲基转移酶转化为砷甜菜碱和二甲基胂。肝脏释放砷甜菜碱和二甲基胂进入血液，其中二甲基胂结合血红素结合蛋白和血红蛋白 α 链（从红细胞释放），形成三元二甲基胂-血红蛋白-血红素结合蛋白复合物（Naranmandura and Suzuki, 2008）。该复合物和砷甜菜碱（不结合任何蛋白质）通过血液循环运输到肾脏，然后经由尿液排出砷甜菜碱和二甲基胂。

健康动物的组织中砷含量很低。例如：将砷施用于大鼠两天后，只有 0.3% 的砷保留在体内（Harris, 2014）。由于蛋氨酸和谷胱甘肽在砷代谢与转运中的重要作用，它们在将动物体内的无机砷转化成无毒的或弱毒的有机砷的过程中起着重要的作用（图 10.11）。

毒性：砷中毒是牛和其他家畜重金属中毒的最常见病例之一，是由浸渍粉末、除草剂、防腐剂、杀虫剂和木材防腐剂引起的（Moxham and Coup, 1968）。砷中毒与垃圾场、可能储存（或遗忘）砷的旧棚屋以及不适当丢弃的砷旧容器有关。无机砷是一种剧毒的金属，因为它与约 200 种酶的巯基结合，从而使它们失活（Ratnaike, 2003）。这些酶涉及广泛的反应，包括能量代谢、蛋白质合成、DNA 合成和修复，以及免疫、抗氧化反应和神经传递。另外，无机砷结构类似于磷酸根离子，在小肠中作为 Na^+ 依赖性磷酸根离子转运蛋白（NaPi-2b 介导的转运）的抑制剂（Villa-Bellosta and Sorribas, 2010），或者可能是磷酸盐激活的谷氨酰胺酶的抑制剂。日粮含砷超过 5 ppm（干物质基础）对动物有毒害作用（Jones and Hunt, 1983）。急性砷中毒最初表现为恶心、呕吐、腹痛、严重腹泻和口腔灼热感。慢性砷中毒会导致多器官衰竭（包括头痛、肌无力、慢性疼痛和周围神经病变），皮肤损伤，以及皮肤、肺和膀胱癌（Jaishankar et al., 2014）。

10.4.3 镉（Cd）

镉在 1817 年被 Friedrich Strohmeyer 发现。它的名字来源于拉丁语 "cadmia"，意思是 calamine（碳酸锌，$ZnCO_3$），或来源于希腊语 "kadmeia"，与拉丁语的意思相同。镉在其大多数化合物中以氧化态 +2 价形式出现。这种矿物质化学性质与锌相似，并能与锌和铅在硫化矿中形成络合物。与其他金属相比，镉及其化合物水溶性高。硫化镉和硒化镉通常用作塑料中的颜料。

来源：镉分布于空气、水和许多植物源性食品中（WHO, 2011a）。未被污染的天然水中镉的浓度通常小于 1 μg/L。不同地域饮用水中镉的浓度在 0.2–26 μg/L 变化。值得注意的是，在受污染的水中，镉浓度一般大于 1 μg/L，如秘鲁里约热内卢（Rio Rimao,

Peru）记录最大值达到 100 μg/L。饲粮中每千克干物质含镉 2–12 mg，这个剂量的镉不会对放牧反刍动物构成威胁（López-Alonso, 2012）。水果和蔬菜干物质中镉含量通常小于 10 μg/kg，湿谷物中镉含量通常约为 25 μg/kg。镉会在动物组织中积累，在肝脏和肾脏湿重中分别为 10–100 μg/kg 和 100–1000 μg/kg。

吸收和转运：食物中的镉（Cd^{2+}）通过小肠上皮细胞的顶端膜转运蛋白 CDT1 被小肠吸收进入其黏膜的固有层（Ryu et al., 2004）。在肠上皮细胞中，Cd^{2+} 由金属硫蛋白转运到基底外侧膜。镉通过金属转运蛋白 1（MTP1）转移出肠上皮细胞的基底外侧膜（Ryu et al., 2004）。被吸收的 Cd^{2+} 进入肝门静脉循环，并结合到转铁蛋白和白蛋白上被转运。血液中的 Cd^{2+} 通过铁转运载体和受体被肠道外组织摄取。在细胞内，镉结合金属硫蛋白进行存储。未被肠道吸收的镉通过粪便排出体外。但是镉可以在肝脏和肾脏中积累，并能引发多种细胞毒性作用。在血液循环中，大多数镉通过尿液排出体外。

肠道对食物中镉的吸收率通常较低（一般动物摄取率为 0.5%–3%，人类为 5%–7%）（Asagba, 2013），并且受到食物中铁含量的负面影响。食物中铁缺乏会促进肠道对镉的吸收。

毒性：在动物代谢中，镉是锌、铜、钙的代谢拮抗剂，因此镉能抑制涉及能量代谢、蛋白质合成、DNA 合成及修复、免疫反应、抗氧化反应、神经传递的酶（Jaishankar et al., 2014; Vázquez et al., 2015）。食物中 50 ppm 镉水平（干物质基础）会导致动物中毒；而 640 ppm 镉水平（干物质基础）会导致动物健康状态快速恶化（Jones and Hunt, 1983）。急性镉中毒的症状包括胃刺激、呕吐和腹泻。吸入高浓度的镉会导致严重的肺部损伤和呼吸功能障碍。慢性镉中毒会导致：①坏死性肠炎和肠萎缩；②损伤微血管系统的内皮细胞；③钙代谢紊乱、骨质疏松（骨骼损伤）、骨骼脆弱；④形成肾结石、肾功能不全；⑤损伤肝脏和肺（Jaishankar et al., 2014; Jones and Hunt, 1983; Vázquez et al., 2015）。

10.4.4 铅（Pb）

人类首次发现铅的时间尚不知晓，但这种矿物质已经被开采了 6000 多年。铅有两种主要的氧化态（+4 和+2）。铅不直接与氧气反应。在地球上，铅很少以元素单质的形式存在，而是存在于矿石中[如硫化铅（PbS）]。铅通常以+2 价的氧化态形成化合物（PbF_2、$PbCl_2$ 和 $PbSO_4$，难溶于水）。

来源：铅存在于空气、水和许多植物源性食物中（WHO, 2011b）。饮用水中铅的浓度范围为 1–100 μg/L，而地下水中铅浓度的平均值范围为 1–70 μg/L，具体与地域有关。饲粮中铅含量也取决于地域，其变化范围为每千克干物质含 0.3–16 mg，该浓度范围的铅不会对放牧反刍动物构成威胁（Khan et al., 2012）。蔬菜中铅含量的变化范围为每千克干物质小于 0.2 mg 至 2 mg（McBride et al., 2014），谷物籽实中每千克干物质含铅量一般小于 60 μg（Zhang et al., 1998）。

吸收和转运：在胃和小肠中，食物中的 Pb^{4+} 被维生素还原成 Pb^{2+}。Pb^{2+} 通过顶端膜转运蛋白 CDT1 被小肠吸收到其黏膜的固有层（Bressler et al., 2004）。在肠上皮细胞中，Pb^{2+} 与金属硫蛋白和谷胱甘肽（可能）结合转运至肠细胞基底外侧膜。铅通过未知的转运蛋白经肠上皮细胞基底外侧膜排出，转运蛋白可能包括用于转运谷胱甘肽结合物的多耐药蛋白 3 和 4（MRPs 3 和 4）。被吸收的铅进入肝门静脉循环。在血液中，铅会和血红蛋白结合转运至肠外组织。由于机体对铅的清除率低，因此铅可能在组织中积累。成年人血液和软组织中铅的半衰期约为 40 天，骨骼中约为 20 年（Jaishankar et al., 2014）。

肠道对食物中的铅吸收率一般较低（通常为摄入铅的 1%–2%），并且吸收率与食物中铁、钙和磷的摄入量成反比（Bressler et al., 2004）。食物中铁、钙、磷的缺乏有利于肠道对食物中铅的吸收，从而加剧铅的毒性。

毒性：铅和许多酶的巯基结合，并取代钙、铁、锌、镁和钠作为许多酶的辅助因子（Vázquez et al., 2015）。另外，铅可抑制从甘氨酸和琥珀酸途经合成血红素关键酶的活性。因此，过量的铅会抑制一系列涉及能量代谢、蛋白质合成、DNA 合成和修复、免疫、抗氧化反应与神经传递的酶活性；同时促进活性氧的产生，损伤细胞膜和细胞器中的脂肪、蛋白质、核酸（Jaishankar et al., 2014）。每天每千克体重摄入 6 mg 铅对断奶哺乳动物有毒性作用，每天每千克体重摄入 2.7 mg 铅可能对新生儿有致命毒性（Jones and Hunt, 1983）。急性铅中毒会导致厌食、头痛、高血压、腹痛、恶心、呕吐、肾功能不全及手指、手腕、脚踝的软骨受损（Assi et al., 2016）。慢性铅中毒可能导致贫血、高血压、不育、出生缺陷、肌肉无力、脑损伤、神经功能障碍、肾衰竭、骨质疏松和异常及癌症（Assi et al., 2016; Jones and Hunt, 1983）。

10.4.5 汞（Hg）

人类首次发现汞的时间尚不知晓，但埃及人使用这种矿物质的历史可以追溯至大约公元前 1500 年。汞不易失去电子形成阳离子，其性质与惰性气体相似。但是，汞单质与大气中的硫化氢反应，而离子汞和有机汞对还原性巯基（包括半胱氨酸和谷胱甘肽）有高度亲和力（Ballatori, 2002）。在自然界，汞以+1 价（如 HgCl）和+2 价（如 $HgCl_2$ 和 HgS）氧化态的形式存在。Hg^{2+} 是主要的氧化态存在形式。需要注意的是，$HgCl_2$ 易溶于水，HgCl 难溶于水，HgS 几乎不溶于水。单质汞在室温（如 20–25℃）下为液态。不同形式的汞在动物体中的代谢命运差别非常大（图 10.14）。

来源：水银存在于空气、水和许多植物来源的食物中，主要有 3 种形式：金属元素、无机盐（主要是 Hg^{2+}）和有机化合物（Hg^{2+}）（Clarkson, 2002）。它们对动物具有不同的毒性和生物利用度。微生物可将无机汞转化为甲基汞。有机汞化合物，包括甲基汞（MeHg; CH_3HgX），可溶于水，以+2 价氧化态形式存在。饮用水中汞的浓度范围为 5–100 ng/L（平均值为 25 ng/L）。地表水和地下水中的汞浓度通常小于 0.5 μg/L，但也有些地区的水超过 2 μg/L（WHO, 2005）。根据地域的差异，饲料通常含汞＜0.1 mg/kg 干物质，而这种低水平的汞不会对放牧的反刍动物构成威胁（EFSA, 2008）。蔬菜中汞的含量范围为 5–75 μg/kg 干物质。谷物中汞含量范围为 4–30 μg/kg 干物质（Tkachuk and Kuzina, 1972）。鱼粉含 Hg 量可能＜0.5 ppm（EFSA, 2008）。

吸收和转运：汞元素（液体）。胃肠道的上皮细胞因不具有汞转运蛋白而形成屏障。肠道的紧密连接对于汞元素几乎是不可渗透的。对大鼠的研究表明，从日粮摄入的汞仅不到 0.01%可被胃肠道吸收（Clarkson, 2002）。在红细胞中，汞被过氧化氢酶和 H_2O_2 氧化形成无机 Hg^{2+}。动物通过呼气、汗液和唾液，分别从肺、汗腺和粪便将汞排出体外。

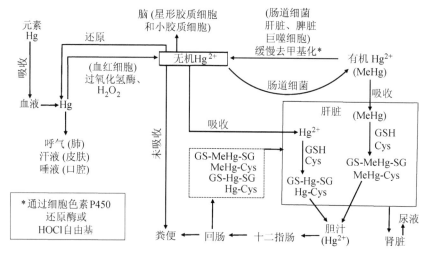

图 10.14　元素、无机和有机汞在动物机体中通过不同途径代谢。肠道细菌、红细胞、肝脏和肾脏通过形成谷胱甘肽与半胱氨酸衍生物在汞的解毒中起重要作用。这些最终产物从肝脏转运到胆汁，然后释放到小肠中，通过粪便排出体外。由于肠肝循环，大多数汞的谷胱甘肽和半胱氨酸衍生物从回肠吸收到肝脏中，从而延长动物机体中汞的保留时间。过量的汞储存在大脑中，可能会引起神经系统的毒害作用。*甲基汞被有机汞裂解酶去甲基化，形成无机汞，很少被肠吸收。

　　无机汞。汞离子（Hg^{2+}）与半胱氨酸结合形成 Hg-半胱氨酸复合物，通过顶端膜半胱氨酸转运蛋白被小肠上皮细胞吸收（Ballatori, 2002）。汞离子也可以在小肠通过 DCT1 被转运（Vázquez et al., 2015）。在肠细胞内，汞离子与金属硫蛋白、GSH 和半胱氨酸结合。汞离子通过半胱氨酸转运载体、MRP 和可能的有机阴离子转运蛋白从基底外侧膜离开肠细胞（Ballatori, 2002; Nigam et al., 2015），进入门静脉循环。在血液中，它可与白蛋白、谷胱甘肽和半胱氨酸结合，并被携带到组织以供半胱氨酸转运蛋白转运进入细胞。在大鼠中，少量的汞离子被还原为零价汞（Clarkson, 2002）。离子汞储存在脑中（主要是星形胶质细胞和小胶质细胞），但大多数汞离子与谷胱甘肽和半胱氨酸结合，通过胆汁转运到十二指肠。肠肝循环允许大多数无机汞通过回肠再吸收到肝脏中。不被回肠吸收的谷胱甘肽-Hg^{2+}-谷胱甘肽和半胱氨酸-Hg^{2+}复合物通过粪便排出体外。

　　在胃和小肠的肠腔中，一些无机汞被细菌转化成甲基汞（Ballatori, 2002）。小肠对有机汞的吸收与甲基汞相同（参见以下部分）。

　　无机汞的吸收速率取决于其在胃肠道中的溶解度和解离度。7%–20%摄取的无机汞在小肠被吸收（Clarkson, 2002; Jaishankar et al., 2014; Suttle, 2010）。二价矿物质对无机汞在肠道的吸收有负面影响。适量的膳食氨基酸有助于机体排出无机汞。无机汞在动物体内的半衰期为 2–3 个月。

　　有机汞。单甲基汞是植物和鱼类产品中有机汞的主要形式。在小肠肠腔内，如前所述，少量有机汞被细菌去甲基化为无机汞（Clarkson, 2002），进而被小肠吸收。有机汞（Hg^{2+}）与半胱氨酸结合形成 CH_3-Hg-半胱氨酸复合物，其结构类似于蛋氨酸。CH_3-Hg-

半胱氨酸复合物通过顶端膜甲硫氨酸转运蛋白被小肠上皮细胞吸收（Ballatori, 2002）。在肠细胞内，有机汞主要与金属硫蛋白结合，在较小程度上与谷胱甘肽和半胱氨酸结合。这种矿物通过甲硫氨酸转运蛋白和 MRP 从肠细胞基底外侧膜转出（Vázquez et al., 2015）。被吸收的有机汞进入门静脉循环。在血液中，它可与白蛋白、谷胱甘肽和半胱氨酸结合，并被转运到组织，在组织中，CH_3-Hg-半胱氨酸复合物通过甲硫氨酸转运蛋白被摄取。在某些肠外组织和细胞，如肝脏、脾脏和巨噬细胞中，甲基汞经过缓慢的脱甲基化，形成无机汞从体内排出（NAS, 2000）。在肝脏中，一些有机汞与肝脏中的谷胱甘肽和半胱氨酸结合，通过胆汁到达十二指肠。类似于无机汞，肠肝循环允许大多数有机汞通过回肠再吸收到肝脏中。然后将不被回肠吸收的谷胱甘肽-$MeHg^{2+}$-谷胱甘肽和半胱氨酸-$MeHg^{2+}$复合物通过粪便排出体外。小肠吸收的约 90%的膳食 MeHg 以无机汞的形式从动物机体中排出（NAS, 2000）。

90%–95%摄入的有机汞被动物的小肠吸收（Jaishankar et al., 2014; NAS, 2000; Suttle, 2010）。通过与跨膜甲硫氨酸转运蛋白的竞争性相互作用，日粮中蛋氨酸和大多数中性氨基酸对有机汞的肠吸收有负面影响。此外，足够的氨基酸摄入有助于机体排出有机汞。动物体中有机汞的半衰期为 2–3 个月。

用于实验室研究的二甲基汞和二乙基汞是挥发性与脂溶性液体。它们对动物有剧毒。二甲基汞和二乙基汞容易扩散进入小肠上皮细胞，然后进入体循环。这两种化合物在血液中以脂蛋白复合物形式转运。在肝脏、脾脏和巨噬细胞中，二甲基汞和二乙基汞被转化为单甲基汞，随后从体内排出（如前所述）。

毒性：汞与蛋白质巯基的结合能力较强，能够抑制酶促反应和其他生物活性（Vázquezet et al., 2015）。此外，汞会导致氧化应激、DNA 损伤、微管破坏、线粒体缺陷和脂质过氧化（Jaishankar et al., 2014）。因此，任何形式的汞都会严重影响神经系统、消化系统和肾脏系统。日粮中 Hg 超过 2 ppm（干物质为基础）对动物有毒性作用（Jones and Hunt, 1983）。汞中毒综合征包括腹泻、头痛、腹痛、恶心、呕吐、肌肉抽搐和萎缩、震颤、虚弱、神经功能受损、协调失调、肾功能衰竭、呼吸衰竭、视力障碍甚至死亡。汞中毒的治疗方法包括：①使用与汞结合并提高抗氧化能力的硒作为解毒剂（Bjørklund, 2015）；②螯合药物（包括依地酸钙二钠和青霉胺）以减少汞吸收并促进其通过粪便排出体外。

10.5 小　　结

矿物质是无机物质，它们参与维持和改善：①骨骼的生长、发育和功能（如 Ca、P 和 F）；②细胞代谢，作为多种酶（如 Na^+-K^+-ATP 酶、Ca^{2+}依赖性的蛋白激酶和 Mn 依赖性的精氨酸酶）的辅因子；③生理功能，调节蛋白质的基因表达和生物活性（如锌指结构中的 Zn、线粒体呼吸链中的 Cu 和 Fe 及胶原交联中的硼）。根据营养需要量，将必需矿物元素分为常量元素（Na、Cl、K、Ca、P、Mg 和 S）及微量元素（Fe、Cu、Co、Mn、Zn、I、Se、Mo、Cr、F、Sn、V、Si、Ni、B 和 Br）。没有生理或营养功能的有毒矿物元素包括铝、砷、镉、铅和汞。所有矿物元素在饲料和动物组织中都是稳定的。过渡金属元素具有多种氧化状态，因此可以参与细胞内氧化还原反应。由于具有相似的电子构型，许多矿物元素具有相似的化学性质。虽然动物对这些营养素的需要量很低，但是在哺乳动物、鸟类、鱼类和其他动物饲料中必须添加。与成熟的动物相比，生长期、妊娠期和哺乳期的动物对所有的必需矿物元素的需要量要高得多。

矿物元素主要通过小肠吸收，通过不同的机制在血液中转运（图 10.15）。确切地说，矿物元素经由特异性转运载体（如 ZIP4 运输锌、钠通道运输 Na^+、氯通道运输 Cl^-、CTR1 运输 Cu^{2+}、钙转运蛋白运输 Ca^{2+}）从小肠上皮细胞的顶端膜吸收进入肠上皮细胞（绝大多数矿物元素主要在空肠中被吸收）。另外，还有一些非特异性转运载体可以运输一类离子，例如：DCT1 可以运输二价金属离子，磷酸盐转运蛋白运输磷酸根离子、钒和砷，以及 NaPi-2b 可以运输硅和磷酸根离子。在肠上皮细胞内，除了 Ca^{2+}，所有的常量矿物元素以游离离子存在和转运，而大多数微量矿物元素则结合胞浆蛋白（如铁蛋白和金属硫蛋白）、谷胱甘肽或者半胱氨酸并以这些形式存在和转运。矿物元素从肠上皮细胞的基底外膜进入小肠黏膜的固有层，这个过程主要通过特异性跨膜转运载体（Na^+-K^+-ATP 酶运输 Na^+；ZnT1 运输 Zn^{2+}；膜转铁蛋白运输 Fe^{2+}）、囊泡运输、受体介导胞吐，或者通过 MRPs 3 和 4 运输谷胱甘肽结合物进行。被吸收的矿物元素进入门静脉循环。在血液中，除了 Ca^{2+}，所有的常量矿物元素以游离离子转运，而大多数微量矿物元素结合胞浆蛋白（如铁蛋白和金属硫蛋白）、谷胱甘肽或半胱氨酸转运。机体组织通过特定的转运蛋白从血液中吸收矿物元素。转运蛋白对离子具有广泛的特异性或受体介导的内吞作用。

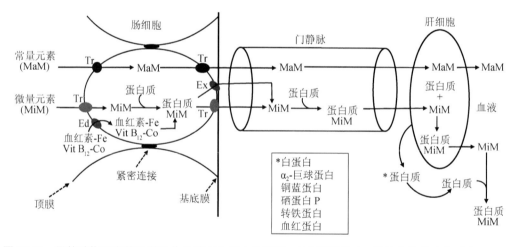

图 10.15　日粮矿物元素的肠道吸收及其在血液中的运输。在小肠肠腔内，日粮中常量矿物元素（MaM）和微量矿物元素（MiM）通过各种顶端膜转运蛋白（Tr）被小肠上皮细胞吸收。血红素和维生素 B_{12} 复合钴通过内吞作用进入细胞（Ed）。在肠细胞内，MaM 以游离离子的形式存在，而 MiM 与特异性蛋白结合转运至基底外侧膜。MaM 和 MiM 通过基底外侧膜离开肠细胞，而胞吐作用（Ex）可以调节一些 MiM 的输出。吸收的矿物元素进入门静脉，随后被肝细胞摄取。肝脏将矿物质释放到血液中，其中 MaM 作为游离离子运输，MiM 结合白蛋白和特异性蛋白质（由肝细胞合成）送到组织。*插入框中显示蛋白质的类型。

选择合适的生物样品来评估动物的矿物元素状态非常重要。例如：血清或血浆中的 Ca、无机 P 和 Mg 的浓度是动物日粮摄入量的良好指标，但其在肝脏中的浓度不是。相比之下，血清或血浆中的 Zn、Cu 和 Mn 的浓度并不一定能够反映出动物对这些元素的缺乏或过量，但在肝脏中的浓度是其营养状况的良好指标。此外，全血 Se 对于评估动物的 Se 状态是有价值的，但是血清或血浆中的 Se 浓度不是。最后，虽然一些矿物元素（如 Na、Cl、K 和 S）的摄入量升高与其排尿增加有关，但其他矿物元素（如 Mg、Ca、P 和 Zn）通过粪便的排出量大于它们在尿中的排出量，因为它们的肠吸收率相对较低。

　　除硒之外，必需矿物元素以被利用的形式从肠道中被吸收。作为电解质，矿物元素对于以下过程是必不可少的：①维持细胞外和细胞内渗透压、水分平衡、血压与血流量；②调节心脏、骨骼肌和脑生理活动电脉冲的传导。此外，金属在蛋白质中发挥结构作用、参与氧化还原反应、运输和储存 O_2，还在参与营养和能量代谢的酶的活性位点起作用。动物对这些营养素的需求受生理状态、环境和疾病的影响。摄入量不足的常见综合征包括：食欲不振、生长受限、饲料转化率降低、恶心和呕吐、免疫力降低、繁殖力下降、骨生长发育受损、氧化应激，在严重的情况下可以导致死亡。另外，这些问题也是由矿物元素的过量摄入而导致的。在实际生产中，需要注意的是：①识别在动物营养中重要的矿物元素-矿物元素和矿物元素-有机成分的相互作用（如 Mg-K、Ca-P、Mg-Ca、Zn-Cu、Zn-Fe、Cu-Mo-S、Cu-Fe、Zn -Cu-Fe 和 Fe-维生素 C）；②必须防止有毒、无生理或营养功能的金属通过饲料、饮用水或其他环境来源（如火山爆发、采矿和冶炼）进入动物体内。

（译者：蒋显仁，金　巍）

参 考 文 献

Abraham, G.E. 2005. The historical background of the iodine project. *The Original Internist.* 12:57–66.

Agricultural Research Council (ARC). 1981. *The Nutrient Requirements of Pigs.* Commonwealth Agricultural Bereaux, Slough, England.

Agus, Z. 1999. Hypomagnesemia. *J. Am. Soc. Nephrol.* 10:1616–1622.

Alexander, R.T. H. Dimke, and E. Cordat. 2013. Proximal tubular NHEs: Sodium, protons and calcium? *Am. J. Physiol.* 305:F229–236.

Al-Ghamdi, S.M., E.C. Cameron, and R.A. Sutton. 1994. Magnesium deficiency: Pathophysiologic and clinical overview. *Am. J. Kidney Dis.* 24:737–752.

Allen-Durrance, A.E. 2017. A quick reference on phosphorus. *Vet. Clin. North Am. Small Anim. Pract.* 47:257–262.

Anke, M., B. Groppel, W. Arnhold, M. Langer, and U. Krause. 1990. The influence of the ultratrace element deficiency (Mo, Ni, As, Cd, V) on growth, reproduction, and life expectance. In: *Trace Elements in Clinical Medicine,* Edited by H. Tomita. Springer-Verlag, Tokyo, Japan, pp. 361–376.

Arfin, S.M., R.L. Kendall, L. Hall, L.H. Weaver, A.E. Stewart, B.W. Matthews, and R.A. Bradshaw. 1995. Eukaryotic methionyl aminopeptidases: Two classes of cobalt-dependent enzymes. *Proc. Natl. Acad. Sci. USA* 92:7714–7718.

Arnone, A. 1972. X-ray diffraction study of binding of 2,3-diphosphoglycerate to human deoxyhaemoglobin. *Nature* 237:146–149.

Asagba, S.O. 2013. Cadmium absorption. In: *Encyclopedia of Metalloproteins,* Edited by R.H. Kretsinger, V.N. Uversky, and E.A. Permyakov, Springer, New York, NY, pp. 332–337.

Asard, H., R. Barbaro, P. Trost, and A. Berczi. 2013. Cytochromes b_{561}: Ascorbate-mediated trans-membrane electron transport. *Antioxid. Redox. Signal.* 19:1026–1035.

Ascenzi, P. and M. Fasano. 2007. Heme-hemopexin: A "chronosteric" heme-protein. *IUBMB Life* 59:700–708.

Assem, F.L. and S. Levy. 2009. A review of current toxicological concerns on vanadium pentoxide and other vanadium compounds: Gaps in knowledge and directions for future research. *J. Toxicol. Environ. Health B. Crit. Rev.* 12:289–306.

Assi, M.A., M.N.M. Hezmee, A.W. Haron, M.Y.M. Sabri, and M.A. Rajion. 2016. The detrimental effects of lead on human and animal health. *Vet. World* 9:660–671.

Averill, B.A. 1996. Dissimilatory nitrite and nitric oxide reductases. *Chem. Rev.* 96:2951–2964.

Bai, S.P., L. Lu, R.L. Wang, L. Xi, L.Y. Zhang, and X.G. Luo. 2012. Manganese source affects manganese transport and gene expression of divalent metal transporter 1 in the small intestine of broilers. *Br. J. Nutr.* 108:267–276.

Bajaj, M., E. Eiche, T. Neumann, J. Winter, and C. Gallert. 2011. Hazardous concentrations of selenium in soil and groundwater in North-West India. *J. Hazard Mater.* 189:640–646.

Baker, D.H. 1999. Cupric oxide should not be used as a copper supplement for either animals or humans. *J. Nutr.* 129:2278–2279.

Baker, D.H., T.M. Parr, and N.R. Augspurger. 2003. Oral iodine toxicity in chicks can be reversed by supplemental bromine. *J. Nutr.* 133:2309–2312.

Ballatori, N. 2002. Transport of toxic metals by molecular mimicry. *Environ. Health Perspect.* 110(Suppl. 5):689–694.

Barbier, O., L. Arreola-Mendoza, and L. María Del Razo. 2010. Molecular mechanisms of fluoride toxicity. *Chem.-Biol. Interact.* 188:319–333.

Barton, J.C., C.Q. Edwards, and R.T. Acton. 2015. HFE gene: Structure, function, mutations, and associated iron abnormalities. *Gene* 574:179–192.

Bazer, F.W., D. Worthington-White, M.F. Fliss, and S. Gross. 1991. Uteroferrin: A progesterone-induced hematopoietic growth factor of uterine origin. *Exp. Hematol.* 19:910–915.

Beckett, E.L., Z. Yates, M. Veysey, K. Duesing, and M. Lucock. 2014. The role of vitamins and minerals in modulating the expression of microRNA. *Nutr. Res. Rev.* 27:94–106.

Berbasova, T., S. Nallur, T. Sells, K.D. Smith, P.B. Gordon, S.L. Tausta, and S.A. Strobel. 2017. Fluoride export (FEX) proteins from fungi, plants and animals are "single barreled" channels containing one functional and one vestigial ion pore. *PLoS One* 12(5):e0177096.

Berg, J.N., J.P. Maas, J.A. Paterson, G.F. Krause, and L.E. Davis. 1984. Efficacy of ethylenediamine dihydriodide as an agent to prevent experimentally induced bovine foot rot. *Am. J. Vet. Res.* 45:1073–1078.

Besio, R., M.C. Baratto, R. Gioia, E. Monzani, S. Nicolis, L. Cucca, A. Profumo et al. 2013. A Mn(II)-Mn(II) center in human prolidase. *Biochim. Biophys. Acta* 1834:197–204.

Bjørklund, G. 2015. Selenium as an antidote in the treatment of mercury intoxication. *Biometals.* 28:605–614.

Blaine, J., M. Chonchol, and M. Levi. 2015. Renal control of calcium, phosphate, and magnesium homeostasis. *Clin. J. Am. Soc. Nephrol.* 10:1257–1272.

Blumberg, W.E. and J. Peisach. 1965. An electron spin resonance study of copper uroporphyrin III and other touraco feather components. *J. Biol. Chem.* 240:870–876.

Bodnar, M., M. Szczyglowska, P. Konieczka, and J. Namiesnik. 2016. Methods of selenium supplementation: Bioavailability and determination of selenium compounds. *Crit. Rev. Food Sci. Nutr.* 56:36–55.

Boer, J.L., S.B. Mulrooney, and R.P. Hausinger. 2014. Nickel-dependent metalloenzymes. *Arch. Biochem. Biophys.* 544:142–152.

Bouron, A. and J. Oberwinkler. 2014. Contribution of calcium-conducting channels to the transport of zinc ions. *Pflugers Arch.* 466:381–387.

Bremner, I., J.M. Brockway, and H.T. Donnelly. 1976. Anaemia and veal calf production. *Vet. Rec.* 99:203–205.

Bressler, J.P., L. Olivi, J.H. Cheong, Y. Kim, and D. Bannona. 2004. Divalent metal transporter 1 in lead and cadmium transport. *Ann. N.Y. Acad. Sci.* 1012:142–152.

Brindha, K. and L. Elango. 2013. Causes for variation in bromide concentration in groundwater of a granitic aquifer. *Int. J. Res. Chem. Environ.* 3:163–171.

Brook, A.A., S.A. Chapman, E.A. Ulman, and G. Wu. 1994. Dietary manganese deficiency decreases rat hepatic arginase activity. *J. Nutr.* 124:340–344.

Brown, T.L., H.E. LeMay Jr, B.E. Bursten, and J.R. Burdge. 2003. *Chemistry* Prentice Hall, Upper Saddle River, NJ.

Bruns, G.A.P. and V.M. Ingram. 1973. Erythropoiesis in the developing chick embryo. *Dev. Biol.* 30:455–459.

Burgener, D., J.-P. Bonjour, and J. Caverzasio. 1995. Fluoride increases tyrosine kinase activity in osteoblast-like cells: Regulatory role for the stimulation of cell proliferation and Pi transport across the plasma membrane. *J. Bone Mineral Res.* 10:164–171.

Burk, R.F. and K.E. Hill. 2015. Regulation of selenium metabolism and transport. *Annu. Rev. Nutr.* 35:109–134.

Butler, A. 1998. Vanadium haloperoxidases. *Curr. Opin. Chem. Biol.* 2:279–285.

Cai, L., X.K. Li, Y. Song, and M.G. Cherian. 2005. Essentiality, toxicology and chelation therapy of zinc and copper. *Curr. Med. Chem.* 12:2753–2763.

Cambier, C., B. Detry, D. Beerens, S. Florquin, M. Ansay, A. Frans, T. Clerbaux, and P. Gustin. 1998. Effects

Cambier, C., B. Detry, D. Beerens, S. Florquin, M. Ansay, A. Frans, T. Clerbaux, and P. Gustin. 1998. Effects of hyperchloremia on blood oxygen binding in healthy calves. *J. Appl. Physiol.* 85:1267–1272.

Candeal, E., Y.A. Caldas, N. Guillén, M. Levi, and V. Sorribas. 2017. Intestinal phosphate absorption is mediated by multiple transport systems in rats. *Am. J. Physiol. Gastrointest. Liver Physiol.* 312:G355–G366.

Carey, H.V., U.L. Hayden, S.S. Spicer, B.A. Schulte, and D.J. Benos. 1994. Localization of amiloride-sensitive Na^+ channels in intestinal epithelia. *Am. J. Physiol.* 266:G504–510.

Carlisle, E.M. 1972. Silicon: An essential element for the chick. *Science* 178:619–621.

Carlisle, E.M. 1980. Biochemical and morphological changes associated with long bone abnormalities in silicon deficiency. *J. Nutr.* 110:1046–1056.

Carter-Franklin, J.N. and A. Butler. 2004. Vanadium bromoperoxidase-catalyzed biosynthesis of halogenated marine natural products. *J. Am. Chem. Soc.* 126:15060–15066.

CDC (Center for Disease Control). 2017. Aluminum. https://www.atsdr.cdc.gov/toxprofiles/tp22-c6.pdf.

Ceko, M.J., S. O'Leary, H.H. Harris, K. Hummitzsch, and R.J. Rodgers. 2016. Trace elements in ovaries: Measurement and physiology. *Biol. Reprod.* 94:86.

Chandrashekar, J., C. Kuhn, Y. Oka, D.A. Yarmolinsky, E. Hummler, N.J.P. Ryba, and C.S. Zuker. 2010. The cells and peripheral representation of sodium taste in mice. *Nature* 464:297–301.

Cheek, D.B. and A.B. Holt. 1963. Growth and body composition of the mouse. *Am. J. Physiol.* 205:913–918.

Cheng, J., B. Poduska, R.A. Morton, and T.M. Finan. 2011. An ABC-type cobalt transport system is essential for growth of *Sinorhizobium meliloti* at trace metal concentrations. *J. Bacteriol.* 193:4405–4416.

Clarkson, T.W. 2002. The three modern faces of mercury. *Environ. Health Perspect.* 110 (Suppl. 1):11–23.

Conant, J.B., B.F. Chow, and E.B. Schoenbach. 1933. The oxidation of hemocyanin. *J. Biol. Chem.* 101:463–473.

Conklin, A.W., Skinner, C.S., Felten, T.L., and Sanders, C.L. 1982. Clearance and distribution of intratracheally instilled vanadium compounds in the rat. *Toxicol. Lett.* 11:199–203.

Cotton, P.A. and L. Wilkinson. 1988. *Advanced Inorganic Chemistry*, 5th ed. John Wiley & Sons, New York, NY, pp. 162–165.

Cousins, R.J. 1994. Metal elements and gene expression. *Annu. Rev. Nutr.* 14:449–469.

Crans, D.C., J.J. Smee, E. Gaidamauskas, and L. Yang. 2004. The chemistry and biochemistry of vanadium and the biological activities exerted by vanadium compounds. *Chem. Rev.* 104:849–902.

Crowe, N.A., M.W. Neathery, W.J. Miller, L.A. Muse, C.T. Crowe, J.L. Varnadoe, and D.M. Blackmon. 1990. Influence of high dietary aluminum on performance and phosphorus bioavailability in dairy calves. *J. Dairy Sci.* 73:808–818.

Cromwell, G.L., M.D. Lindemann, H.J. Monegue, D.D. Hall, and D.E. Orr, Jr. 1998. Tribasic copper chloride and copper sulfate as copper sources for weanling pigs. *J. Anim. Sci.* 76:118–123.

Cunat, L., M.-C. Lanhers, M. Joyeux, and D. Burnel. 2000. Bioavailability and intestinal absorption of aluminum in rats. *Biol. Trace Elem. Res.* 76:31–55.

Cutting, G.R. 2015. Cystic fibrosis genetics: From molecular understanding to clinical application. *Nat. Rev. Genet.* 16:45–56.

Davidson, W.B. 1945. Nutritional deficiency diseases, their sources and effects. *Can. J. Comp. Med.* 9:155–162.

Davidsson, L., B. Lönnerdal, B. Sandström, C. Kunz, and C.L. Keen. 1989. Identification of transferrin as the major plasma carrier protein for manganese introduced orally or intravenously or after *in vitro* addition in the rat. *J. Nutr.* 119:1461–1464.

de Morais, H.A. and A.W. Biondo. 2006. Disorders of chloride: Hyperchloremia and hypochloremia. In: *Fluid, Electrolyte, and Acid–Base Disorders*, 3rd ed, Edited by S.P. DiBartola. Elsevier, New York, NY, pp. 80–91.

Dempski, R.E. 2012. The cation selectivity of the ZIP transporters. *Curr. Top. Membr.* 69:221–245.

Dick, A.T. 1952. The effect of diet and of molybdenum on copper metabolism in sheep. *Aust. Vet. J.* 28:30–33.

Dollwet, H.H.A. and J.R.J. Sorenson. 1985. Historic uses of copper compounds in medicine. *Trace Elem. Med.* 2:80–87.

Dowling, H.J., E.G. Offenbacher, and F.X. Pi-Sunyer. 1989. Absorption of inorganic, trivalent chromium from the vascularly perfused rat small intestine. *J. Nutr.* 119:1138–1145.

Drewnoski, M.E., D.J. Pogge, and S.L. Hansen. 2014. High-sulfur in beef cattle diets: A review. *J. Anim. Sci.* 92:3763–3780.

Dumont, J.E., F. Lamy, P. Roger, and C. Maenhaut. 1992. Physiological and pathological regulation of thyroid cell proliferation and differentiation by thyrotropin and other factors. *Physiol. Rev.* 72:667–697.

EFSA. 2008. Mercury as undesirable substance in animal feed: Scientific opinion of the panel on contaminants in the food chain. *EFSA J.* 654:1–76.

Engle, W.A. and J.A. Lemons. 1986. Composition of the fetal and maternal guinea pig throughout gestation. *Pediatr. Res.* 20:1156–1160.

Eskandari, S., D.D. Loo, G. Dai, O. Levy, E.M. Wright, and N. Carrasco. 1997. Thyroid Na$^+$/I$^-$ symporter. Mechanism, stoichiometry, and specificity. *J. Biol. Chem.* 272:27230–27238.

Fang, Y.Z., S. Yang, and G. Wu. 2002. Free radicals, antioxidants, and nutrition. *Nutrition* 18:872–879.

Felix, T.L., C.J. Long, S.A. Metzger, and K.M. Daniels. 2014. Adaptation to various sources of dietary sulfur by ruminants. *J. Anim. Sci.* 92:2503–2510.

Field, M. 2003. Intestinal ion transport and the pathophysiology of diarrhea. *J. Clin. Invest.* 111:931–943.

Formigari, A., P. Irato, and A. Santon. 2007. Zinc, antioxidant systems and metallothionein in metal mediated-apoptosis: Biochemical and cytochemical aspects. *Comp. Biochem. Physiol. C.* 146:443–459.

Fort, D.J., R.L. Rogers, D.W. McLaughlin, C.M. Sellers, and C.L. Schlekat. 2002. Impact of boron deficiency on *Xenopus laevis*. A summary of biological effects and potential biochemical roles. *Biol. Trace Elem. Res.* 90:117–142.

Fox, J.G., L.C. Anderson, F.M. Loew, and F.W. Quimby. 2002. *Laboratory Animal Medicine*. Academic Press, New York, NY.

Ganz, T. 2003. Hepcidin, a key regulator of iron metabolism and mediator of anemia of inflammation. *Blood* 102:783–788.

Garneau, A.P., G.A. Carpentier, A.A. Marcoux, R. Frenette-Cotton, C.F. Simard, W. Rémus-Borel, L. Caron et al. 2015. Aquaporins mediate silicon transport in humans. *PLoS One* 10(8):e0136149.

Gawenis, L.R., X. Stien, G.E. Shull, P.J. Schultheis, A.L. Woo, N.M. Walker, and L.L. Clarke. 2002. Intestinal NaCl transport in NHE2 and NHE3 knockout mice. *Am. J. Physiol.* 282:G776–G784.

Georgievskii, V.I., B.N. Annenkov, and V.T. Samokhin. 1982. *Mineral Nutrition of Animals*. Butterworths, London.

Glanz, J. 1996. Hemoglobin reveals new role as blood pressure regulator. *Science* 271:1670.

Gould, D.H., D.A. Dargatz, F.B. Garry, D.W. Hamar, and P.F. Ross. 2002. Potentially hazardous sulfur conditions on beef cattle ranches in the United States. *J. Am. Vet. Med. Assoc.* 221:673–677.

Gozzelino, R. and P. Arosio. 2016. Iron homeostasis in health and disease. *Int. J. Mol. Sci.* 17(130):1–14.

Grasbeck, R., I. Kouvonen, M. Lundberg, and R. Tenhunen. 1979. An intestinal receptor for heme. *Scand. J. Haematol.* 23:5–9.

Greene, L.W. 2016. Assessing the mineral supplementation needs in pasture-based beef operations in the Southeastern United States. *J. Anim. Sci.* 94:5395–5400.

Greene, L.W., P.G. Harms, G.T. Schelling, F.M. Byers, W.C. Ellis, and D.J. Kirk. 1985. Growth and estrous activity of rats fed adequate and deficient levels of phosphorus. *J. Nutr.* 115:753.

Greene, L.W. 2000. Designing mineral supplementation of forage programs for beef cattle. *J. Anim. Sci.* 77 (E-Suppl):1–9.

Greene, L.W., J.P. Fontenot, and K.E. Webb Jr. 1983. Site of magnesium and other macromineral absorption in steers fed high levels of potassium. *J. Anim. Sci.* 57:503–510.

Grummer, R.H., O.G. Bentley, P.H. Phillips, and G. Bohstedt. 1950. The role of manganese in growth, reproduction, and lactation of swine. *J. Anim. Sci.* 9:170–175.

Gulec, S. and J.F. Collins. 2014. Molecular mediators governing iron–copper interactions. *Annu. Rev. Nutr.* 34:95–116.

Guyton, A.C. and J.E. Hall. 2000. *Textbook of Medical Physiology*. W.B. Saunders Company, Philadelphia, PA.

Haider, L.M., L. Schwingshackl, G. Hoffmann, and C. Ekmekcioglu. 2016. The effect of vegetarian diets on iron status in adults: A systematic review and meta-analysis. *Crit. Rev. Food Sci. Nutr.* [Epub ahead of print].

Hajjar, J.J., J.C. Fucci, W.A. Rowe, and T.K. Tomicic. 1987. Effect of vanadate on amino acid transport in rat jejunum. *Proc. Soc. Exp. Biol. Med.* 184:403–409.

Hansard, S.L., II, C.B. Ammerman, and P.R. Henry. 1982. Vanadium metabolism in sheep. *J. Anim. Sci.* 55:350–356.

Hanschmann, E.-M., J.R. Godoy, C. Berndt, C. Hudemann, and C.H. Lillig. 2013. Thioredoxins, glutaredoxins, and peroxiredoxins—Molecular mechanisms and health significance: From cofactors to antioxidants to redox signaling. *Antioxid. Redox. Signal.* 19:1539–1605.

Hardt, P.F., W.R. Ocumpaugh, and L.W. Greene. 1991. Forage mineral concentration, animal performance, and mineral status of heifers grazing cereal pastures fertilized with sulfur. *J. Anim. Sci.* 69:2310–2320.

Harris, E.D. 2014. *Minerals in Foods*. DEStech Publications, Inc. Lancaster, PA.

Hart, E.B., H. Steenbock, J. Waddell, and C.A. Elvehjem. 1928. Iron in nutrition. VII. Copper as a supplement to iron for hemoglobin building in the rat. *J. Biol. Chem.* 277:797–812.

Heitzmann, D. and W. Richard. 2008. Physiology and pathophysiology of potassium channels in gastrointestinal epithelia. *Physiol. Rev.* 88:1119–1182.

Herzig, I., M. Navrátilová, J. Totušek, P. Suchý, V. Večerek, J. Blahová, and Z. Zralý. 2009. The effect of humic acid on zinc accumulation in chicken broiler tissues. *Czech. J. Anim. Sci.* 54:121–127.

Hidiroglou, M. 1979. Trace element deficiencies and fertility in ruminants: A review. *J. Dairy Sci.* 62:1195–1206.

Hoffer, L.J. 2002. Methods for measuring sulfur amino acid metabolism. *Curr. Opin. Clin. Nutr. Metab. Care* 5:511–517.

Hojyo, S. and T. Fukada. 2016. Zinc transporters and signaling in physiology and pathogenesis. *Arch. Biochem. Biophys.* 611:43–50.

Holm, R.H., P. Kennepohl, and E.I. Solomon. 1996. Structural and functional aspects of metal sites in biology. *Chem. Rev.* 96:2239–2314.

Holmberg, C.G and C.B. Laurell. 1948. Investigations in serum copper. II. Isolation of the copper containing protein, and a description of some of its properties. *Acta Chem. Scand.* 2:550–556.

Horsetalk. 2009. Polo pony selenium levels up to 20 times higher than normal. http://www.horsetalk.co.nz. Accessed on May 28, 2017.

Huang, C.L. and E. Kuo. 2007. Mechanism of hypokalemia in magnesium deficiency. *J. Am. Soc. Nephrol.* 18:2649–2652.

Huang, F., X.M. Wong, and L.Y. Jan. 2012. Calcium-activated chloride channels. *Pharmacol. Rev.* 64:1–15.

Huck, D.W. and A.J. Clawson. 1976. Excess dietary cobalt in pigs. *J. Anim. Sci.* 43:1231–1246.

Humer, E., C. Schwarz, and K. Schedle. 2015. Phytate in pig and poultry nutrition. *J. Anim. Physiol. Anim. Nutr.* 99:605–625.

Hunt, C.D. 1989. Dietary boron modified the effects of magnesium and molybdenum on mineral metabolism in the cholecalciferol-deficient chick. *Biol. Trace Elem. Res.* 22:201–220.

Hunt, C.D. 2012. Dietary boron: Progress in establishing essential roles in human physiology. *J. Trace Elem. Med. Biol.* 26:157–160.

Jaishankar, M., T. Tseten, N. Anbalagan, B.B. Mathew, and K.N. Beeregowda. 2014. Toxicity, mechanism and health effects of some heavy metals. *Interdiscip. Toxicol.* 7:60–72.

Jones, T.C. and R.D. Hunt. 1983. *Veterinary Pathology*. Lea & Febiger, Philadelphia, PA.

Jones, M. and D. van der Merwe. 2008. Copper toxicity in sheep is on the rise in Kansas and Nebraska. Comparative Toxicology, Kansas State Veterinary Diagnostic Laboratory, Kansas.

Johnson, M.A. and J.L. Greger. 1985. Tin, copper, iron and calcium metabolism of rats fed various dietary levels of inorganic tin and zinc. *J. Nutr.* 115:615–624.

Kabu, M. and M.S. Akosman. 2013. Biological effects of boron. *Rev. Environ. Contam. Toxicol.* 225:57–75.

Kaler, S.G., C.S. Holmes, D.S. Goldstein, J. Tang, S.C. Godwin, A. Donsante, C.J. Liew, S. Sato, and N. Patronas. 2008. Neonatal diagnosis and treatment of Menkes disease. *N. Engl. J. Med.* 358:605–614.

Kato, A. and M.F. Romero. 2011. Regulation of electroneutral NaCl absorption by the small intestine. *Annu. Rev. Physiol.* 73:261–281.

Kemmerer, A.R., C.A. Elvehjem, and E.B. Hart. 1931. Studies on the relation of manganese to the nutrition of the mouse. *J. Biol. Chem.* 92:623–630.

Kertesz, M.A. 2001. Bacterial transporters for sulfate and organosulfur compounds. *Res. Microbiol.* 152:279–290.

Kesner, M. 1999. *Bromine and Bromine Compounds from the Dead Sea*. Weizmann Institute of Science, Jerusalem, Israel.

Kessler, K.L., K.C. Olson, C.L. Wright, K.J. Austin, P.S. Johnson, and K.M. Cammack. 2012. Effects of supplemental molybdenum on animal performance, liver copper concentrations, ruminal hydrogen sulfide concentrations, and the appearance of sulfur and molybdenum toxicity in steers receiving fiber-based diets. *J. Anim. Sci.* 90:5005–5012.

Ketteler, M., O. Liangos, and P.H. Biggar. 2016. Treating hyperphosphatemia—Current and advancing drugs. *Expert Opin. Pharmacother.* 17:1873–1879.

Khan, Z.I., M. Ashraf, K. Ahmad, A. Bayat, M.K. Mukhtar, S.A.H. Naqvi, R. Nawaz, M.J. Zaib, and M. Shaheen. 2012. Lead toxicity evaluation in rams grazing on pasture during autumn and winter: A case study. *Pol. J. Environ. Study* 21:1257–1260.

Khanal, R.C. and I. Nemere. 2008. Regulation of intestinal calcium transport. *Annu. Rev. Nutr.* 28:1791–1796.

Kienzle, E., J. Zentek, and H. Meyer. 1998. Body composition of puppies and young dogs. *J. Nutr.* 128:2680S–2683S.

Kikuchi, K. and F.K. Ghishan. 1987. Phosphate transport by basolateral plasma membranes of human small intestine. *Gastroenterology* 93:106–113.

Knöpfel, M., L. Zhao, and M.D. Garrick. 2005. Transport of divalent transition-metal ions is lost in small-intestinal tissue of *b/b* Belgrade rats. *Biochemistry* 44:3454–3465.

Kobayashi, M. and S. Shimizu. 1999. Cobalt proteins. *Eur. J. Biochem.* 261:1–9.

Kollias-Baker, C. 1999. Therapeutics of musculoskeletal disease in the horse. *Vet. Clin. North Am. Equine Pract.* 15:589–602.

Kono, S. K. Yoshida, N. Tomosugi, T. Terada, Y. Hamaya, S. Kanaoka, and H. Miyajima. 2010. Biological effects of mutant ceruloplasmin on hepcidin-mediated internalization of ferroportin. *Biochim. Biophys. Acta* 1802:968–975.

Kornberg, A., N.N. Rao, and D. Ault-Riché. 1999. Inorganic polyphosphate: A molecule of many functions. *Annu. Rev. Biochem.* 68:89–125.

Kovesdy, C.P. 2017. Updates in hyperkalemia: Outcomes and therapeutic strategies. *Rev. Endocr. Metab. Disord.* 18:41–47.

Krewski, D., R.A. Yokel, E. Nieboer, D. Borchelt, J. Cohen, J. Harry, S. Kacew, J. Lindsay, A.M. Mahfouz, and V. Rondeau. 2007. Human health risk assessment for aluminium, aluminium oxide, and aluminium hydroxide. *J. Toxicol. Environ. Health B Crit. Rev.* 10(Suppl. 1):1–269.

Krishnamachari, K.A.V.R. 1987. Fluorine. In: *Trace Elements in Human and Animal Nutrition*, Vol. 1, Edited by W. Mertz, Academic Press, New York, NY, pp. 365–415.

Kubena, K.S. and J. Durlach. 1990. Historical review of the effects of marginal intake of magnesium in chronic experimental magnesium deficiency. *Magnes. Res.* 3:219–226.

Kumar, S. and T. Berl. 1998. Sodium. *Lancet* 352:220–228.

Lehmann-Horn, F. and K. Jurkat-Rott. 1999. Voltage-gated ion channels and hereditary disease. *Physiol. Rev.* 79:1317–1372.

Leonhard-Marek, S., F. Stumpff, I. Brinkmann, G. Breves, and H. Martens. 2005. Basolateral Mg^{2+}/Na^+ exchange regulates apical nonselective cation channel in sheep rumen epithelium via cytosolic Mg^{2+}. *Am. J. Physiol.* 288:G630–G645.

Leung, A.M. and L.E. Braverman. 2014. Consequences of excess iodine. *Nat. Rev. Endocrinol.* 10:136–142.

Liao, S.F., J.S. Monegue, M.D. Lindemann, G.L. Cromwell, and J.C. Matthews. 2011. Dietary supplementation of boron differentially alters expression of borate transporter (NaBC1) mRNA by jejunum and kidney of growing pigs. *Biol. Trace Elem. Res.* 143:901–912.

Lien, Y.H. and J.I. Shapiro. 2007. Hyponatremia: Clinical diagnosis and management. *Am. J. Med.* 120:653–658.

López-Alonso, M. 2012. Animal feed contamination by toxic metals. In: *Animal Feed Contamination*, Edited by J. Fink-Gremmels. Woodhead Publishing, U.K., pp. 183–204.

Lutgens, F.K. and E.J. Tarbuck. 2000. *Essentials of Geology*, 7th ed. Prentice Hall, Upper Saddle River, NJ.

Madsen, K.L, V.M. Porter, and R.N. Fedorak. 1993. Oral vanadate reduces Na^+-dependent glucose transport in rat small intestine. *Diabetes* 42:1126–1132.

Mahajan, R.J., M.L. Baldwin, J.M. Harig, K. Ramaswamy, and P.K. Dudeja. 1996. Chloride transport in human proximal colonic apical membrane vesicles. *Biochim. Biophys. Acta.*1280:12–18.

Manoharan, P., S. Gayam, S. Arthur, B. Palaniappan, S. Singh, G.M. Dick, and U. Sundaram. 2015. Chronic and selective inhibition of basolateral membrane Na-K-ATPase uniquely regulates brush border membrane Na absorption in intestinal epithelial cells. *Am. J. Physiol. Cell Physiol.* 308:C650–656.

Marks, J., E.S. Debnam, and R.J. Unwin. 2010. Phosphate homeostasis and the renal-gastrointestinal axis. *Am. J. Physiol. Renal Physiol.* 299:F285–F296.

Martens, H. and M. Schweigel. 2000. Pathophysiology of grass tetany and other hypomagnesemias. Implications for clinical management. *Vet. Clin. North Am. Food Anim. Pract.* 16:339–368.

Mason, J. and C.J. Cardin. 1977. The competition of molybdate and sulphate ions for a transport system in the ovine small intestine. *Res. Vet. Sci.* 22:313–315.

McBride, M.B., H.A. Shayler, H.M. Spliethoff, R.G. Mitchell, L.G. Marquez-Bravo, G.S. Ferenz, J.M. Russell-Anelli, L. Casey, and S. Bachman. 2014. Concentrations of lead, cadmium and barium in urban garden-grown vegetables: The impact of soil variables. *Environ. Pollut.* 194:254–261.

McCall, A.S., C.F. Cummings, G. Bhave, R. Vanacore, A. Page-McCaw, and B.G. Hudson, 2014. Bromine is an essential trace element for assembly of collagen IV scaffolds in tissue development and architecture. *Cell* 157:1380–1392.

McDonald, P., R.A. Edwards, J.F.D. Greenhalgh, C.A. Morgan, and L.A. Sinclair. 2011. *Animal Nutrition*, 7th ed. Prentice Hall, New York, NY.

Mertz, W. 1974. The newer essential trace elements, chromium, tin, vanadium, nickel and silicon. *Proc. Nutr. Soc.* 33:307–313.

Mertz, W. 1987. *Trace Elements in Human and Animal Nutrition*, Vol. 1, Academic Press, New York, NY.

Mondal, S., S. Haldar, P. Saha, T.K. Ghosh. 2010. Metabolism and tissue distribution of trace elements in broiler chickens fed diets containing deficient and plethoric levels of copper, manganese, and zinc. *Biol. Trace Elem. Res.* 137:190–205.

Moore, K.L, M. Schröder, E. Lombi, F.-J. Zhao, S.P. McGrath, M.J. Hawkesford, P.R. Shewry, and C.R.M. Grovenor. 2010. NanoSIMS analysis of arsenic and selenium in cereal grain. *New Phytologist* 185:434–445.

Morgan, A.M. and O.S. El-Tawil. 2003. Effects of ammonium metavanadate on fertility and reproductive performance of adult male and female rats. *Pharmacol. Res.* 47:75–85.

Morgan, V.E. and D.F. Chichester. 1935. Properties of the blood of the domestic fowl. *J. Biol. Chem.* 110:285–298.

Morris, M.E. 1992. Brain and CSF magnesium concentrations during magnesiumdeficit in animals and humans: Neurological symptoms. *Magnes. Res.* 5:303–313.

Morrow, D.A. 1969. Phosphorus deficiency and infertility in dairy heifers. *J. Am. Vet. Med. Assoc.* 154:761–768.

Moxham, J.W. and M.R. Coup. 1968. Arsenic poisoning of cattle and other domestic animals. *New Zealand Vet. J.* 16:161–165.

Musso, C.G. 2009. Magnesium metabolism in health and disease. *Int. Urol. Nephrol.* 41:357–362.

Naftz, D.L. and J.A. Rice. 1989. Geochemical processes controlling selenium in ground water after mining, Powder River Basin, Wyombg, U.S.A. *Appl. Geochem.* 4:4565–4575.

Naranmandura, H. and K.T. Suzuki. 2008. Identification of the major arsenic-binding protein in rat plasma as the ternary dimethylarsinous-hemoglobin-haptoglobin complex. *Chem. Res. Toxicol.* 21:678–685.

National Academy of Sciences (NAS). 2000. *Toxicological Effects of Methylmercury*. National Academies Press, Washington, D.C.

National Research Council (NRC). 1976. *Nutrient Requirements of Beef Cattle*. National Academies Press, Washington, DC.

National Research Council (NRC). 1994. *Nutrient Requirements of Poultry*. National Academies Press, Washington, D.C.

Naylor, G.P.L. and J.D. Harrison. 1995. Gastrointestinal iron and cobalt absorption and iron status in young rats and guinea pigs. *Hum. Exp. Toxicol.* 14:949–954.

Newnham, R.E. 1994. Essentiality of boron for healthy bones and joints. *Environ. Health Perspect.* 102 (Suppl. 7):83–85.

Nicola, J.P., C. Basquin, C. Portulano, A. Reyna-Neyra, M. Paroder, and N. Carrasco. 2009. The Na+/I⁻ symporter mediates active iodide uptake in the intestine. *Am. J. Physiol. Cell Physiol.* 296:C654–662.

Nicola, J.P., N. Carrasco, and A.M. Masini-Repiso. 2015. Dietary I(−) absorption: Expression and regulation of the Na(+)/I(−) symporter in the intestine. *Vitam. Horm.* 98:1–31.

Nielsen, F.H. 1987. Nickel. In: *Trace Elements in Human and Animal Nutrition*, Vol. 1, Edited by W. Mertz, Academic Press, New York, NY, pp. 245–273.

Nielsen, F.H. 1991. Nutritional requirements for boron, silicon, vanadium, nickel, and arsenic: Current knowledge and speculation. *FASEB J.* 5:2661–2667.

Nielsen, F.H. 1995. Vanadium absorption. In: *Handbook of Metal-Ligand Interactions in Biological Fluids. Bioinorganic Medicine.* Vol. 1, Edited by G. Berthon, Marcell Dekker, Inc., New York, NY, pp. 425–427.

Nielsen, F.H. 2008. Is boron nutritionally relevant? *Nutr. Rev.* 66:183–191.

Nielsen, F.H. 2009. Micronutrients in parenteral nutrition: Boron, silicon, and fluoride. *Gastroenterology* 137(5 Suppl.):S55–S60.

Nigam, S.K., K.T. Bush, G. Martovetsky, S.Y. Ahn, H.C. Liu, E. Richard, V. Bhatnagar, and W. Wu. 2015. The organic anion transporter (OAT) family: A systems biology perspective. *Physiol. Rev.* 95:83–123.

Niles, G.A. 2017. Toxicoses of the ruminant nervous system. *Vet. Clin. North Am. Food Anim. Pract.* 33:111–138.

NRC. 2005. *Mineral Tolerance of Animals*. 2nd ed. National Academies Press, Washington, D.C.

Nollet, H. and P. Deprez. 2005. Hereditary skeletal muscle diseases in the horse. A review. *Vet. Q.* 27:65–75.

O'Dell, B.L., B.C. Hardwick, G. Reynolds, and J.E. Savage. 1961. Connective tissue defect in the chick resulting from copper deficiency. *Proc. Soc. Exp. Biol. Med.* 108:402–405.

O'Dell, G.D., W.J. Miller, W.A. King, J.C. Ellers, and H. Jurecek. 1970a. Effect of nickel supplementation on production and composition of milk. *J. Dairy Sci.* 53:1545–1548.

O'Dell, G.D., W.J. Miller, W.A. King, S.L. Moore, and D.M. Blackmon. 1970b. Nickel toxicity in the young bovine. *J. Nutr.* 100:1447–1453.

Orr, C.L., D.P. Hutcheson, R.B. Grainger, J.M. Cummins, and R.E. Mock. 1990. Serum copper, zinc, calcium and phosphorus concentrations of calves stressed by bovine respiratory disease and infectious bovine rhinotracheitis. *J. Anim. Sci.* 68:2893–2900.

O'Shaughnessy, K.M. and F.E. Karet. 2004. Salt handling and hypertension. *J. Clin. Invest.* 113:1075–1081.

Palis, J. and G.B. Segel. 1998. Developmental biology of erythropoiesis. *Blood Rev.* 12:106–114.

Papanikolaou, G. and K. Pantopoulos. 2005. Iron metabolism and toxicity. *Toxicol. Appl. Pharmacol.* 202:199–211.

Park, M., Q. Li, N. Shcheynikov, W. Zeng, and S. Muallem. 2004. NaBC1 is a ubiquitous electrogenic Na$^+$-coupled borate transporter essential for cellular boron homeostasis and cell growth and proliferation. *Mol. Cell.* 16:331–341.

Patel, P., A.V. Prabhu, and T.G. Benedek. 2017. The history of John Hans Menkes and kinky hair syndrome. *JAMA Dermatol.* 153(1):54.

Pena-Munzenmayer, G., M. Catalan, I. Cornejo, C.D. Figueroa, J.E. Melvin, M.I. Niemeyer, L.P. Cid, and F.V. Sepulveda. 2005. Basolateral localization of native ClC-2 chloride channels in absorptive intestinal epithelial cells and basolateral sorting encoded by a CBS-2 domain di-leucine motif. *J. Cell Sci.* 118:4243–4252.

Pirkmajer, S. and A.V. Chibalin. 2016. Na,K-ATPase regulation in skeletal muscle. *Am. J. Physiol. Endocrinol. Metab.* 311:E1–E31.

Pitt, M.A. 1976. Molybdenum toxicity: Interactions between copper, molybdenum and sulphate. *Agents and Actions* 6:758–769.

Pizzorno, L. 2015. Nothing boring about boron. *Integr. Med (Encinitas).* 14:35–48.

Pogge, D.J., M.E. Drewnoski, and S.L. Hansen. 2014. High dietary sulfur decreases the retention of copper, manganese, and zinc in steers. *J. Anim. Sci.* 92:2182–2191.

Pond, W.G., D.C. Church, and K.R. Pond. 1995. *Basic Animal Nutrition and Feeding.* 4th ed., John Wiley & Sons, New York, NY.

Poulos, T.L. 2014. Heme enzyme structure and function. *Chem. Rev.* 114:3919–3962.

Prasad, A.S., A. Schulert, A. Miale, Z. Farid, and H.H. Sandstead. 1963. Zinc and iron deficiencies in male subjects with dwarfism and hypogonadism but without ancylostomiasis, schistosomiasis or severe anemia. *Am. J. Clin. Nutr.* 12:437–444.

Price, C.T., K.J. Koval, and J.R. Langford. 2013. Silicon: A review of its potential role in the prevention and treatment of postmenopausal osteoporosis. *Int. J. Endocrinol.* 2013:Article ID 316783.

Ragsdale, S.W. 2009. Nickel-based enzyme systems. *J. Biol. Chem.* 284:18571–18575.

Ratcliffe, S., R. Jugdaohsingh, J. Vivancos, A. Marron, R. Deshmukh, J.F. Ma, N. Mitani-Ueno et al. 2017. Identification of a mammalian silicon transporter. *Am. J. Physiol. Cell Physiol.* 312:C550–C561.

Ratnaike, R.N. 2003. Acute and chronic arsenic toxicity. *Postgrad. Med. J.* 79:391–396.

Rayner-Canham, G. and T. Overton. 2006. *Descriptive Inorganic Chemistry.* W.H. Freeman and Company, New York, NY.

Reeves, P.G. and L.C. DeMars. 2006. Signs of iron deficiency in copper-deficient rats are not affected by iron supplements administered by diet or by injection. *J. Nutr. Biochem.* 17:635–642.

Rehder, D. 2008. *Bioinorganic Vanadium Chemistry.* John Wiley & Sons, New York, NY.

Rehder, D. 2015. The role of vanadium in biology. *Metallomics* 7:730–742.

Reynolds, J.A., G.D. Potter, L.W. Greene, G. Wu, G.K. Carter, M.T. Martin, T.V. Peterson, M. Murray-Gerzik, G. Moss, and R.S. Erkert. 1998. Genetic-diet interactions in the hyperkalemic periodic paralysis syndrome in quarter horses fed varying amounts of potassium. IV. Pre-cecal and post-ileal absorption of potassium and sodium. *J. Equine Vet. Sci.* 18:827–831.

Rezaei, R., D.A. Knabe, C.D. Tekwe, S. Dahanayaka, M.D. Ficken, S.E. Fielder, S.J. Eide, S.L. Lovering, and G. Wu. 2013. Dietary supplementation with monosodium glutamate is safe and improves growth performance in postweaning pigs. *Amino Acids* 44:911–923.

Rhoads, M. 1999. Glutamine signaling in intestinal cells. *J. Parenter. Enteral. Nutr.* 23(Suppl. 5):S38–40.

Roberts, R.M., T.J. Raub, and F.W. Bazer. 1986. Role of uteroferrin in transplacental iron transport in the pig. *Fed. Proc.* 45:2513–2518.

Rodriguez-Castro, K.I., F.J. Hevia-Urrutia, and G.C. Sturniolo. 2015. Wilson's disease: A review of what we have learned. *World J. Hepatol.* 7:2859–2870.

Rogers, C.S., D.A. Stoltz, D.K. Meyerholz, L.S. Ostedgaard, T. Rokhlina, P.J. Taft, M.P. Rogan et al. 2008. Disruption of the CFTR gene produces a model of cystic fibrosis in newborn pigs. *Science* 321:1837–1841.

Rondon-Berrios, H., C. Argyropoulos, T.S. Ing, D.S. Raj, D. Malhotra, E.I. Agaba, M. Rohrscheib et al. 2017. Hypertonicity: Clinical entities, manifestations and treatment. *World J. Nephrol.* 6:1–13.

Ronis, M.J.J., I.R. Miousse, A.Z. Mason, N. Sharma, M.L. Blackburn, and T.M. Badger. 2015. Trace element status and zinc homeostasis differ in breast and formula-fed piglets. *Exp. Biol. Med.* 240:58–66.

Rosseland, B.O., T.D. Eldhuset, and M. Staurnes. 1990. Environmental effects of aluminium. *Environ. Geochem. Health* 12:17–27.

Rowe, R.I. and C.D. Eckhert. 1999. Boron is required for zebrafish embryogenesis. *J. Exp. Biol.* 202:1649–1654.

Ryazanova, L.V., L.J. Rondon, S. Zierler, Z. Hu, J. Galli, T.P. Yamaguchi, A. Mazur, A. Fleig, and A.G. Ryazanov. 2010. TRPM7 is essential for Mg^{2+} homeostasis in mammals. *Nat. Commun.* 1:109.

Ryu, D.-Y., S.-J. Lee, D.W. Park, B.-S. Choi, C.D. Klaassen, and J.-D. Park. 2004. Dietary iron regulates intestinal cadmium absorption through iron transporters in rats. *Toxicol. Lett.* 152:19–25.

Sabbagh, Y., H. Giral, Y. Caldas, M. Levi, and S.C. Schiavi. 2011. Intestinal phosphate transport. *Adv. Chronic Kidney Dis.* 18:85–90.

Salant, W., J.B. Rieger, and E.L.P. Treuthardt. 1914. Absorption and fate of tin in the body. *J. Biol. Chem.* 17:265–273.

Santamaria, A.B. and S.I. Sulsky. 2010. Risk assessment of an essential element: Manganese. *J. Toxicol. Environ. Health A* 73:128–155.

Scarratt, W.K., T.J. Collins, and D.P. Sponenberg. 1985. Water deprivation-sodium chloride intoxication in a group of feeder lambs. *J. Am. Vet. Med. Assoc.* 186:977–978.

Scheuhammer, A.M. and M.G. Cherian. 1985. Binding of manganese in human and rat plasma. *Biochim. Biophys. Acta* 840:163–169.

Schryver, H.F., H.F. Hintz, P.H. Craig, D.E. Hogue, and J.E. Lowe. 1972. Site of phosphorus absorption from the intestine of the horse. *J. Nutr.* 102:143–147.

Schwarz, K. 1978. Significance and function of silicon in warm-blooded animals: Review and outlook. In: *Biochemistry of Silicon and Related Problems*, Edited by G. Bendz and I. Lindquist, Plenum Press, New York, NY, pp. 207–230.

Schwarz, K. and C.M. Foltz. 1957. Selenium as an integral part of factor 3 against dietary necrotic liver degeneration. *J. Am. Chem. Soc.* 79:3292–3293.

Schwarz, K. and W. Mertz. 1959. Chromium (III) and glucose tolerance factor. *Arch. Biochem. Biophys.* 85:292–295.

Schwarz, K., D.B. Milne, and E. Vinyard. 1970. Growth effects of tin compounds in rats maintained in a trace element-controlled environment. *Biochem. Biophys. Res. Commun.* 40:22–29.

Schwarz, K. and D.B. Milne. 1971. Growth effects of vanadium in the rat. *Science* 174:426–428.

Schwarz, K. and D.B. Milne. 1972. Growth-promoting effects of silicon in rats. *Nature* 239:333–334.

Schweigel, M., I. Lang, and H. Martens. 1999. Mg^{2+} transport in sheep rumen epithelium: evidence for an electrodiffusive uptake mechanism. *Am. J. Physiol.* 277: G976–G982.

Selz, T., J. Caverzasio, and J.P. Bonjour. 1991. Fluoride selectively stimulates Na-dependent phosphate transport in osteoblast-like cells. *Am. J. Physiol.* 260:E833–E838.

Sendamarai, A.K., R.S. Ohgami, M.D. Fleming, and C.M. Lawrence. 2008. Structure of the membrane proximal oxidoreductase domain of human Steap3, the dominant ferrireductase of the erythroid transferrin cycle. *Proc. Natl. Acad. Sci. USA* 105:7410–7415.

Sheftel, A.D., A.B. Mason, and P. Ponka. 2012. The long history of iron in the universe and in health and disease. *Biochim. Biophys. Acta* 1820:161–187.

Sheng, H.P., R.A. Huggins, C. Garza, H.J. Evans, A.D. LeBlanc, B.L. Nichols, and P.C. Johnson. 1981. Total body sodium, calcium, and chloride measured chemically and by neutron activation in guinea pigs. *Am. J. Physiol.* 241:R419–422.

Smith, P. 1982. Cobalt concentrations in equine serum. *Vet. Rec.* 111:149.

Song, P., A. Onishi, H. Koepsell, and V. Vallon. 2016. Sodium glucose cotransporter SGLT1 as a therapeutic target in diabetes mellitus. *Expert Opin. Ther. Targets* 20:1109–1125.

Spasovski, G. 2015. Advances in pharmacotherapy for hyperphosphatemia in renal disease. *Expert Opin. Pharmacother.* 16:2589–2599.

Sripanyakorn, S., R. Jugdaohsingh, W. Dissayabutr, S.H.C. Anderson, R.P.H. Thompson, and J.J. Powell. 2009. The comparative absorption of silicon from different foods and food supplements. *Br. J. Nutr.* 102:825–834.

Stanier, P. 1983. Molybdenum concentrations in equine serum. *Vet. Rec.* 113:518.

Starke, I.C., R. Pieper, K. Neumann, J. Zentek, and W. Vahjen. 2014. The impact of high dietary zinc oxide on the development of the intestinal microbiota in weaned piglets. *FEMS Microbiol. Ecol.* 87:416–427.

Stehling, O. and R. Lill. 2013. The role of mitochondria in cellular iron–sulfur protein biogenesis: Mechanisms, connected processes, and diseases. *Cold. Spring. Harb. Perspect. Biol.* 5:a011312.

Sun, L.-H., N.-Y. Zhang, Q.-H. Zhai, X. Gao, C. Li, Q. Zheng, C.S. Krumm, and D. Qi. 2014. Effects of dietary tin on growth performance, hematology, serum biochemistry, antioxidant status, and tin retention in broilers. *Biol. Trace Elem. Res.* 162:302–308.

Sunderman, F.W. Jr, L.M. Bibeau, and M.C. Reid. 1983. Synergistic induction of microsomal heme oxygenase activity in rat liver and kidney by diethyldithiocarbamate and nickel chloride. *Toxicol. Appl. Pharmacol.* 71:436–444.

Suttle, N.F. 2010. *Mineral Nutrition of Livestock*, 4th ed. CABI, Wallingford, U.K.

Swarthout, J.T., R.C. D'Alonzo, N. Selvamurugan, and N.C. Partridge. 2002. Parathyroid hormone-dependent signaling pathways regulating genes in bone cells. *Gene* 282:1–17.

Sweeney, R.W. 1999. Treatment of potassium balance disorders. *Vet. Clin. North Am. Food Anim. Pract.* 15:609–617.

Takeda, E., H. Yamamoto, H. Yamanaka-Okumura, and Y. Taketani. 2012. Dietary phosphorus in bone health and quality of life. *Nutr. Rev.* 70:311–321.

Theil, E.C. 2004. Iron, ferritin, and nutrition. *Annu. Rev. Nutr.* 24:327–343.

Thom, C.S., C.F. Dickson, D.A. Gell, and M.J. Weiss. 2013. Hemoglobin variants: Biochemical properties and clinical correlates. *Cold Spring Harb. Perspect. Med.* 3(3):a011858.

Tkachuk, R. and F.D. Kuzina. 1972. Mercury levels in wheat and other cereals, oilseed and biological samples. *J. Sci. Food. Agric.* 23:1183–1195.

Todd, J.R. 1969. Chronic copper toxicity of ruminants. *Proc. Nutr. Soc.* 28:189–198.

Todd, W.R., C.A. Elvehjem, and E.B. Hart. 1934. Zinc in the nutrition of the rat. *Am. J. Physiol.* 107:146–156.

Tomas, F.M. and B.J. Potter. 1976. The site of magnesium absorption from the ruminant stomach. *Br. J. Nutr.* 36:37–45.

Topf, J.M. and P.T. Murray. 2003. Hypomagnesemia and hypermagnesemia. *Rev. Endocr. Metab. Disord.* 4(2):195–206.

Tsiani, E. and I.G. Fantus. 1997. Vanadium compounds. Biological actions and potential as pharmacological agents. *Trends. Endocrinol. Metab.* 8:51–58.

Ullrey, D.E. 1980. Regulation of essential nutrient additions to animal diets (selenium—a model case). *J. Anim. Sci.* 51:645–651.

Valdez, C.E., Q.A. Smith, M.R. Nechay, and A.N. Alexandrova. 2014. Mysteries of metals in metalloenzymes. *Acc. Chem. Res.* 47:3110–3117.

Vázquez, M., M. Calatayud, C. Jadán Piedra, G.M. Chiocchetti, D, Vélez, and V. Devesa. 2015. Toxic trace elements at gastrointestinal level. *Food Chem. Toxicol.* 86:163–175.

Villa-Bellosta, R. and V. Sorribas. 2010. Arsenate transport by sodium/phosphate cotransporter type IIb. *Toxicol. Appl. Pharmacol.* 247:36–40.

Vincent, J.B. 2000. The biochemistry of chromium. *J. Nutr.* 130:715–718.

Voets, T., B. Nilius, S. Hoefs, A.W. van der Kemp, G. Droogmans, R.J. Bindels, and J.G. Hoenderop. 2004. TRPM6 forms the Mg^{2+} influx channel involved in intestinal and renal Mg^{2+} absorption. *J. Biol. Chem.* 279:19–25.

Vulpe, C.D., Y.M. Kuo, T.L. Murphy, L. Cowley, C. Askwith, N. Libina, J. Gitschier, and G.J. Anderson. 1999. Hephaestin, a ceruloplasmin homologue implicated in intestinal iron transport, is defective in the sla mouse. *Nat. Genet.* 21:195–199.

Waldron, K.J., J.C. Rutherford, D., Ford, and N.J. Robinson. 2009. Metalloproteins and metal sensing. *Nature* 460:823–830.

Wang, W.W., Z.L. Wu, Z.L. Dai, Y. Yang, J.J. Wang, and G. Wu. 2013. Glycine metabolism in animals and humans: Implications for nutrition and health. *Amino Acids* 45:463–477.

Wang, Z.Y., Y.L. Yang, W.F. Wu, H.D. Wang, D.H. Shi, and J. Mason. 1992. Treatment of copper poisoning in goats by the injection of trithiomolybdate. *Small Rumin. Res.* 8:31–40.

Ward, D.M. and J. Kaplan. 2012. Ferroportin-mediated iron transport: Expression and regulation. *Biochim. Biophys. Acta.* 1823:1426–1433.

Welch, A.H., D.B. Westjohn, D.R. Helsel, and R.B. Wanty. 2000. Arsenic in ground water of the United States: Occurrence and geochemistry. *Groundwater* 38:589–604.

Whitford, GM. 1996. The metabolism and toxicity of fluoride. *Monogr. Oral Sci.* 16 (Rev. 2):1–153.

WHO (World Health Organization). 2003. *Boron in Drinking Water*. Geneva, Switzerland.

WHO (World Health Organization). 2004. *Inorganic Tin in Drinking Water*. Geneva, Switzerland.

WHO (World Health Organization). 2005. *Mercury in Drinking Water*. Geneva, Switzerland.

WHO (World Health Organization). 2006. *Cobalt and Inorganic Cobalt Compounds*. Geneva, Switzerland.

WHO (World Health Organization). 2011a. *Cadmium in Drinking Water*. Geneva, Switzerland.

WHO (World Health Organization). 2011b. *Lead in Drinking Water*. Geneva, Switzerland.

Wiegmann, T.B., H.D. Day, and R.V. Patak. 1982. Intestinal absorption and secretion of radioactive vanadium ($^{48}VO_3^-$) in rats and effect of Al(OH)$_3$. *J. Toxicol. Environ. Health* 10:233–245.

Williams, D.M., F.S. Kennedy, and B.G. Green. 1983. Hepatic iron accumulation in copper-deficient rats. *Br. J. Nutr.* 50:653–660.

Wolf, F.I. and A. Cittadini. 2003. Chemistry and biochemistry of magnesium. *Mol. Aspects. Med.* 24:3–9.

Wolff, J. and I.L. Chaikoff. 1948. Plasma inorganic iodide as a homeostatic regulator of thyroid function. *J. Biol. Chem.* 174:555–564.

Wright, E.M. and D.D. Loo. 2000. Coupling between Na$^+$, sugar, and water transport across the intestine. *Ann. N.Y. Acad. Sci.* 915:54–66.

Wrobel, J.K., R. Power, and M. Toborek. 2016. Biological activity of selenium: Revisited. *IUBMB Life* 68:97–105.

Wu, G. 2013. *Amino Acids: Biochemistry and Nutrition*, CRC Press, Boca Raton, FL.

Wu, G., B. Imhoff-Kunsch, and A.W. Girard. 2012. Biological mechanisms for nutritional regulation of maternal health and fetal development. *Paediatr. Perinatal. Epidemiol.* 26(Suppl. 1):4–26.

Yamaguchi, M., Y. Kubo, and T. Yamamoto. 1979. Inhibitory effect of tin on intestinal calcium absorption in rats. *Toxicol. Appl. Pharmacol.* 47:441–444.

Yamazaki, D., Y. Funato, J. Miura, S. Sato, S. Toyosawa, K. Furutani, Y. Kurachi et al. 2013. Basolateral Mg^{2+} extrusion via CNNM4 mediates transcellular Mg^{2+} transport across epithelia: A mouse model. *PLoS Genet.* 9(12):e1003983.

Yokoi, K., M. Kimura, and Y. Itokawa. 1990. Effect of dietary tin deficiency on growth and mineral status in rats. *Biol. Trace Elem. Res.* 24:223–231.

Yörük, I., Y. Deger, H. Mert, N. Mert, and V. Ataseven. 2007. Serum concentration of copper, zinc, iron, and cobalt and the copper/zinc ratio in horses with equine herpesvirus-1. *Biol. Trace Elem. Res.* 118:38–42.

Zakon, H.H. 2012. Adaptive evolution of voltage-gated sodium channels: The first 800 million years. *Proc. Natl. Acad. Sci. USA* 109(Suppl. 1):10619–10625.

Zhang, Z.W., T. Watanabe, S. Shimbo, K. Higashikawa, and M. Ikeda. 1998. Lead and cadmium contents in cereals and pulses in north-eastern China. *Sci. Total Environ.* 220:137–145.

Zhao, F.J., J.L. Stroud, T. Eagling, S.J. Dunham, S.P. McGrath, and P.R. Shewry. 2010. Accumulation, distribution, and speciation of arsenic in wheat grain. *Environ. Sci. Technol.* 44:5464–5468.

Zimmermann, M.B. 2009. Iodine deficiency. *Endocr. Rev.* 30:376–408.

Žofková, I. 2016. Hypercalcemia. Pathophysiological aspects. *Physiol. Res.* 65:1–10.

11 维持和生产的营养需要量

哺乳动物（如牛、猪、大鼠和绵羊）和禽类（如鸡、鸭和鹅）是恒温动物，通过调节机体产热维持体温恒定以应对冷或热环境（Collier and Gebremedhin, 2015）。大多数哺乳动物和禽类的体温分别为 37℃ 和 40℃ 左右。相反，变温动物（如鱼、虾、两栖动物、爬行动物、昆虫和蠕虫）并不能保持体温恒定，其体温随所处环境的变化而变化（van de Pol et al., 2017）。因此，恒温动物和变温动物之间每千克体重的基础代谢率差异显著（Blaxter, 1989）。然而，所有动物对能量和营养素都有基本的需要，以维持其生存和体力活动等生理需要。在家畜、家禽和鱼类生产中，动物的营养需要量通常是指动物对日粮中营养素的需要量。

日粮能量包含在碳水化合物、脂质和蛋白质/氨基酸这三大常量营养素中（第 8 章）。将动物在零能量或营养素平衡状态下对能量或营养素的需要量称为能量或营养素的维持需要量。不同的动物种类、同一物种的不同个体及处于不同生理状态的同一个体对能量、氨基酸、葡萄糖、脂肪酸、维生素、矿物质和水的维持需要量均不同（Pond et al., 1995）。当营养摄入超过维持需要时，动物就会生长或生产（Campbell, 1988）。因此，对能量或营养素的总需要量是维持需要量和生产（包括生长、泌乳、妊娠和劳役）需要量的总和，这在动物营养实践中很重要（NRC, 2001, 2011, 2012）。动物的维持和生产都需要相同的营养素，但是能量或营养素的维持需要量不同于生产需要量。同样地，用于维持的能量或养分的利用效率与用于生产的效率不同（McDonald et al., 2011）。在实践中，动物对能量和营养素的需要量可以通过多种技术组合来测定，包括热量测定、饲养实验、比较屠宰实验和同位素实验等。

当健康和可活动的成年动物（如成年的狗、猫、马和公猪）没有蛋白质沉积或不生产产品（如蛋、奶、胎儿或毛发）时，其对能量和营养素的需要量高于其维持需要量。这是因为肌肉活动需要能量，也与组织特异性的营养物质代谢增强有关（Newsholme and Leech, 2009）。只有在以下情况下，蛋白质和脂肪才会在生长动物的体内沉积：①日粮中能量和氨基酸的摄入量超过其对能量和氨基酸的维持需要量；②对所有营养素的需要量得到满足。然而，妊娠母畜摄入的能量、干物质或常量营养素尽管不足，但胎儿仍然能够生长，这是因为母体能动员自身组织的营养素来提供内源性的营养素（Wu et al., 2006）。同样地，泌乳奶牛即使产犊后第一个月出现能量负平衡，也会产大量的奶（Maltz et al., 2013）。这说明动物对营养素的代谢和需要在其生命周期中呈现出动态变化或可塑性。营养物质的摄入不足会降低动物的生长性能和生产力，而营养物质的摄入过量则会对环境造成影响，如氮磷污染及全球变暖（Wu et al., 2014c）。

营养不良或营养过剩均会影响动物健康，造成代谢紊乱，并增加患传染病的风险。优化动物的营养供给，对提高人类可食用的优质动物产品的生产、养殖业的经济效益和动物寿命都至关重要。本章的主要目的是重点介绍动物在维持和生产状态下营养需要的原理。

11.1　维持的营养需要量

11.1.1　维持的能量需要量

动物的基础代谢率可用于测定动物的能量维持需要（Baldwin, 1995）。基础代谢率是动物在空腹状态下消耗的能量，也被称为禁食（空腹）代谢（第 8 章）。当以净能（NE）来表示时，基础代谢率就是动物对能量的维持需要。然而，当以进食动物的代谢能（ME）来表示时，维持需要的能量就是其基础代谢率加上饲粮的热增耗（见第 8 章）。基础代谢的能量需要可解释为：①细胞内蛋白质周转（蛋白质的合成与降解）；②维持细胞离子梯度，特别是 Na^+ 和 K^+ 梯度；③底物循环（如葡萄糖和脂肪中间代谢的底物循环）；④生物合成过程（如糖异生、蛋白质合成和尿素合成）；⑤有机营养物质的主动转运（如细胞对氨基酸的转运、肾上皮细胞对葡萄糖的重吸收、肾脏的尿素分泌）；⑥骨骼肌、心肌和平滑肌的收缩（Baldwin and Bywater 1984; Kelly et al., 1991; Milligan and Summers, 1986）。表 11.1 总结了上述变化。

表 11.1　动物基础代谢的能量需要

生理活动	最大贡献率（%）
细胞内蛋白质周转	25
维持细胞离子梯度	25
代谢底物循环	15
代谢生物合成过程	15
有机营养物质的主动转运	10
骨骼肌、心肌和平滑肌收缩	10

资料来源：Baldwin, R. L. 1995. *Modeling Ruminant Digestion and Metabolism*. Chapman & Hall, New York, NY; Kelly, J. M., M. Summers, H. S. Park, L. P. Milligan, and B. W. McBride. 1991. *J. Dairy Sci*. 74: 678–694; Milligan, L. P. and M. Summers. 1986. *Proc. Nutr. Soc*. 45: 185–193。

基础代谢率由直接或间接测热法测定，并且应该消除任何影响禁食代谢的因素（Blaxter, 1989）。另外，前期的饲养水平可影响组织中的基因表达和底物浓度，进而影响禁食动物的静止期产热和基础代谢率（de Lange et al., 2006）。因此，实验动物应该是在营养吸收后处于静止和健康状态下，在实验前要饲喂平衡日粮，并将其置于最适温区，这一点是很重要的，尤其是要求动物的胃肠道内没有饲料残留。可以通过观察饲料颗粒中的标记（如染料）消失与否观测胃肠道饲料残留物的排泄情况，反刍动物比非反刍动物需要的时间更长（第 1 章）。例如，在奶牛中，通过口腔摄入的饲料颗粒约有 80%会在 80 h 内被排出，之后的排出率就会降低；因此，反刍动物的基础代谢率通常会在最后一次饲喂后持续测定 10 天（第 1 章）。动物的代谢率是其生理状态的一个指标，在这个状态下体温应该是恒定的。但在病理状态下（如发热或感染）或者接触毒素时，底物氧化过程受到影响，导致基础能量需要发生变化。再者，必须将实验动物放置在其适温（舒适）区（表 11.2），在此区域处于静止状态下的动物产热量最少，并且足以抵消热损耗。当外界湿度较高时，适温区可能会下移（Mount, 1978）。在高温下，高湿度通过减少汗液蒸发来阻止散热。严格来说，动物测热室内的相对湿度不应超过 50%（例如，绵羊为 37%–45%）（Pinares and Waghorn, 2012）。因此，当测定动物的基础代谢率时，应注意考虑这些因素。

表 11.2　动物的典型最适温区

物种	最适温区（℃）	物种	最适温区（℃）
大鼠	26–28	绵羊	20–25
狗（长毛）	13–16	奶牛	15–20
家禽	15–26	山羊	15–20
火鸡	20–28	猪	20–26
犊牛	15–20	人	26–28

资料来源：Bondi, A. A. 1987. *Animal Nutrition*. John Wiley & Sons, New York, NY。

11.1.2　影响基础代谢率的其他因素

11.1.2.1　动物的代谢体重

如前所述，在测定哺乳动物和禽类的基础代谢率时应重点考虑的是确保动物保持恒定的体温。鱼类的基础代谢率对维持其生命也很重要。损失到环境的热量与以下因素成正比：①体温和环境温度之间的差异；②体表面积。由于所有家养哺乳动物的体温几乎相同，因此体表面积是决定其热量损失的主要因素（Blaxter, 1989）。这一规律也适用于禽类和鱼类，它们的体温分别高于和低于哺乳动物。动物的体表面积通常很难测量，一般与其体重的 2/3 次方成正比（White and Seymour, 2002）。然而，各种哺乳动物上的大量研究证据表明，从体重为 20 g 的小鼠到体重为 4 t 的大象，它们的热量损失与其体重的 3/4 次方成正比（Brody, 1945）。因此，体重的 3/4 次方（$W^{0.75}$）通常被称为代谢体重（第 8 章）。一些研究者也用 $W^{0.73}$ 来表示某些物种的基础代谢。有趣的是，不同动物物种单位代谢体重基础代谢率的变异远远低于其每千克体重基础代谢率的变异（表 11.3）。

表 11.3　成年动物的基础代谢率

物种	体重（W）(kg)	基础代谢率（MJ/d）		
		每只动物	每千克体重	每千克 $W^{0.75}$
奶牛	500	34.1	0.0682	0.323
猪	70	7.5	0.107	0.310
人	70	7.1	0.101	0.293
绵羊	50	4.3	0.0860	0.229
家禽	2	0.60	0.300	0.357
大鼠	0.3	0.12	0.400	0.530

资料来源：Bondi, A. A. 1987. *Animal Nutrition*. John Wiley & Sons, New York, NY。

11.1.2.2　动物的年龄和性别

　　动物的年龄是影响其基础代谢率的另外一个重要因素。基础代谢率通常随着出生后年龄的增长而降低（Turner and Taylor, 1983），这与血液循环中甲状腺激素浓度的降低相对应（Segal et al., 1982）。例如，在牛的不同年龄阶段，其基础代谢率（MJ/kg $W^{0.73}$）分别为：0.586（1 月龄）、0.565（3 月龄）、0.523（6 月龄）、0.419（18 月龄）、0.398（24 月龄）、0.377（36 月龄）和 0.356（48 月龄）（Bondi, 1987）。随着机体内骨骼肌重量的减少，其基础代谢率也降低。骨骼肌重量和代谢活动的增强，有提高基础代谢率的作用；但是白色脂肪组织的增加，则具有相反的作用（Blaxter, 1989）。有趣的是，与新生儿相比，胎儿的代谢率相对较低。例如，胎羊每千克组织的产热速率与成年母羊静止时的产热速率大致相同（Bondi, 1987）。然而，在出生后 24 h 内，新生羔羊的基础代谢率是其胎儿期的 2 倍，这是因为其在子宫外需要产热来维持体温。褐色脂肪组织中脂肪酸的氧化有助于新生羔羊及其他动物（如牛、大鼠和人）的非颤抖性产热（Satterfield and Wu, 2011）。一些物种（如猪和鸡）出生前后均缺乏褐色脂肪组织。

　　在生长育肥期和成年期，雄性动物和雌性动物的血浆激素水平不同。例如，雄性动物血浆甲状腺激素浓度要高于雌性动物（Segal et al., 1982）。因此，雄性动物的基础代谢率一般要高于相似年龄和体重的未孕雌性动物。类似地，未去势雄性动物（如公猪）比去势雄性动物（如阉公猪）具有更高的基础代谢率和更少的体脂（Knudson et al., 1985）。此外，影响甲状腺激素合成和降解的因素（如环境温度、疾病和对日粮酪氨酸、苯丙氨酸与碘的摄入量）也会极大地影响其基础代谢率（Kim, 2008）。

11.1.2.3　动物的正常生长环境

　　基础代谢率是在禁食动物上测定的（Blaxter, 1989）。由于饲粮的热增耗、自由活动动物的肌肉运动及动物日常生活环境偏离最适温区带来的变化，简单地将基础代谢率值转化为正常生活动物实际维持需要的推荐量是不可行的（Bondi, 1987）。因此，最好使用处于能量平衡状态的饲养动物来测定用于维持的净能（NE）需要量。另外，动物绝食产热速率可以乘以大于 1 的系数（例如，舍饲动物为 1.15，室外放牧动物为 1.25–1.5），以获得饲养条件下动物真实的基础代谢率（Osuji, 1974）。一般推荐使用 1.15 至 1.25–1.5 的系数，这是因为：①舍饲动物的采食、咀嚼、肠道蠕动、站立和行走及其他机械运动会产生一定的热量，这大约相当于绝食代谢产热量的 15%；②与舍饲动物相比，放牧动物会行走更长的距离来觅食而消耗更多的能量，因此产生大量的热量，相当于绝食代谢产热量的 25%–50%（Osuji, 1974）。

11.1.3　蛋白质和氨基酸的维持需要

　　氨基酸是蛋白质的组成单位和蛋白激酶活性的调节物，包括雷帕霉素靶蛋白（MTOR；蛋白质合成的主要激活物）（第 7 章）。动物不断降解蛋白质和氨基酸，因此对氨基酸必须有维持需要以弥补其日常损失（Campbell, 1988）。此外，哺乳动物的小肠需要利用谷氨酸、谷氨酰胺和天冬氨酸来作为维持与生长的主要氧化代谢物质（Wu, 1998），鱼的肠道组织也分别需要利用谷氨酸和谷氨酰胺来满足 ATP 与核苷酸合成的代谢需要（Jia et al., 2017）。尽管家禽小肠的肠上皮细胞因为谷氨酰胺酶活性低而具有有限的降解谷氨酰胺的能力（Wu et al., 1995），但这些细胞可氧化大量谷氨酸和天冬氨酸以产生 ATP。蛋白质的维持需要是动物处于氮平衡状态时尿液、粪便、肺和皮肤中氮排泄量的总和（Reeds and Garlick, 2003）。在实践中，通过给实验动物饲喂两种或更多水平的日粮蛋白质或氨基酸，然后将体重推断为氨基酸零采食量来估计氨基酸的维持需要（ARC, 1981）。值得注意的是，在这些研究中必须满足能量维持需要以尽量减少体蛋白作为能量来源被利用，以减少尿氮的排泄。在理想条件下，尿氮排泄量（即所谓的内源性氮，其直接前体来自组织而不是来自饲料）应该是最低的。尿氮最低排泄量与代谢体重成正比（McDonald et al., 2011）。由于氨基酸通过不同代谢途径以不同速率被利用，而且许多氨基酸在动物体内是从共同的底物合成的，因此确定氨基酸的真实维持需要量在技术上具有挑战性。

来源于胃肠道上皮细胞、细菌和其他内源性的粪氮排泄称为代谢氮（第 7 章）。在非反刍动物中，通过给动物饲喂无氮日粮后测量粪便中的氮排泄量来估计代谢氮含量。然而，由于动物饲喂无氨基酸日粮时全身的蛋白质周转及氨基酸分解的速率都降低，用无氨基酸日粮对动物的真实维持蛋白质需要量进行估计的值要比动物进食正常水平氨基酸日粮时低。另外，饲喂无氮日粮会抑制反刍动物的瘤胃发酵（第 5 章），因此这种方法不适用于反刍动物。相反，回归技术常用来估测反刍动物的代谢氮含量，其中用粪氮（g N/100g 粪便干物质；Y 轴）作为饲料氮（g N/100g 粪便干物质；X 轴）的函数进行回归，进而推断出无氮摄入时的代谢氮排出量（Hironaka et al., 1970）。

与非反刍动物相比，反刍动物可产生更多的代谢氮。例如，非反刍动物每天排泄的粪氮量为 1–2 g/kg 干物质，但成熟反刍动物每天排泄的粪氮量为 4–6 g/kg 干物质（体重 600 kg 的牛每天排泄 280 g 的代谢蛋白质）。这说明，与非反刍动物相比，反刍动物的消化道更大、消化道中的细菌数量更多。依品种和年龄不同，各种动物每天对真蛋白质的维持需要量为 1–6 g/$BW^{0.75}$ kg，并且受其生活环境的影响（ARC, 1981; NRC, 1995, 2001）。这相当于每天需要 1.8–11 g 日粮真蛋白质/$BW^{0.75}$ kg，因为其真消化率为 85%、用于维持的真可消化蛋白质的利用率为 65%（即 1 或 6 ÷ 85% ÷ 65% = 1.8 或 11）。与机体蛋白质周转率和氨基酸氧化速率的变化一致，日粮蛋白质或氨基酸的维持需要会随着年龄增加而降低，但在冷热应激和疾病情况下会增加。

11.1.4 脂肪酸的维持需要

与其他有机营养素一样，动物体内的脂肪酸会不断进行周转代谢，最后会通过氧化作用转化为 CO_2 和水排出体外（第 6 章）。因此，脂肪酸（尤其是 ω3 和 ω6 多不饱和脂肪酸）必须最终通过日粮提供给动物，以保持细胞膜的流动性、基础代谢和细胞存活。由于长链脂肪酸长时间（至少几天）储存在白色脂肪、肝脏和其他组织中，因此在短期实验中不容易测定这些营养素的维持需要（Bondi, 1987），而要通过长期实验才能实现上述目标，同时还必须维持动物的能量平衡和氮平衡。但是，通过饲喂不同日粮水平的多不饱和脂肪酸，可以确定动物对多不饱和脂肪酸的最低需要量，然后观察其生长性能及皮肤和毛发状态。多不饱和脂肪酸缺乏常会导致皮炎、牙龈出血、皮肤坏死和脱发。ARC（1981）报道了体重为 30–90 kg 的猪每天对亚油酸（0.31 g/kg 体重）或花生四烯酸（0.21 g/kg 体重）的最低（维持）需要量。

11.1.5　维生素的维持需要

维生素通过尿液和粪便排出体外。因此，通常通过在日粮缺乏条件下测量水溶性和脂溶性维生素在尿液与粪便中的排泄量（包括代谢物）来测定其维持需要（Combs, 1998）。这类似于氨基酸维持需要的测定方法（第 7 章）。由于脂溶性维生素的消化和吸收需要脂肪，因此日粮中含有脂肪是评估脂溶性维生素生物利用度的前提条件。ARC（1981）总结了猪对维生素的最低（维持）需要。例如，5–40 kg 猪、40–90 kg 猪和繁殖母猪（或后备母猪）每天对视黄醇的最低需要量分别为 22 μg/kg 体重、16 μg/kg 体重和 14 μg/kg 体重。此外，90 kg 猪每天对硫胺素、核黄素、泛酸、吡哆醇和维生素 B_{12} 的最低需要量分别为 17 μg/kg 体重、28 μg/kg 体重、110 μg/kg 体重、28 μg/kg 体重和 0.10 μg/kg 体重。采食富含碳水化合物、蛋白质和钴的植物性日粮的反刍动物，对饲粮维生素没有维持需要，因为它们可以通过瘤胃细菌合成（NRC, 2011）。值得注意的是，大多数水溶性维生素的缺乏现象会快速在动物中发生，这些动物表现出皮肤损伤、神经系统障碍、贫血和疲劳等综合征（第 9 章）。类似于多不饱和脂肪酸的缺乏，动物需要较长时间才表现出脂溶性维生素缺乏综合征，如视力模糊、伤口凝血功能不良、损伤、贫血和骨骼发育异常等（Combs, 1998）。

11.1.6　矿物质的维持需要

矿物质对细胞内外渗透压平衡及骨骼和牙齿的生长发育是必需的（第 10 章）。在维持需要的情况下，这些营养素主要通过尿液排泄，而通过粪便排泄的比例很小（第 10 章）。由于动物不能降解矿物质，在日粮缺乏矿物质的条件下，可以通过测量尿液和粪便中矿物质的最低排泄量来确定动物对矿物质的维持需要（Harris, 2014）。另外，可以使用放射性或稳定性同位素来测定内源性矿物质的排泄。以钙离子为例，一头体重为 500 kg 的成年非哺乳期母牛每天分泌的内源性钙为 8.1 g（Bondi, 1987）。假设牛对饲料钙的真吸收率为 45%，每天对日粮钙的维持需要量为 36 mg/kg 体重［即（8.1 g/d÷0.45）/500 kg］。矿物质的维持需要通常与代谢体重成正比。例如，非泌乳奶牛对钙的维持需要量约为 0.325 mg/kJ 禁食产热。ARC（1981）总结了生长猪每天的矿物质最低损失（μg/kg 体重）：钙，32；磷，20；镁；400；钠，1140；钾，130。这些数值表示矿物质的维持需要。

11.1.7 水的维持需要

水（H_2O）是动物体内最丰富的营养物质。这种极性分子含有 1 个氧原子和 2 个氢原子（图 11.1）。氧原子通过共价键与每个氢原子连接，氧原子携带部分负电荷，氢原子携带部分正电荷。水可以以液体（0–100℃，1 标准大气压）、固体（冰，<0℃）或气体（>100℃）形态存在。在体温条件下，动物体内的水是化学稳定的液体。由于其具有极性，每个水分子可与周围的水分子形成 4 个分子间氢键。

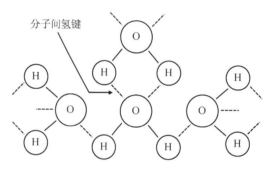

图 11.1　水的分子结构。水分子（H_2O）具有小的弯曲结构，由 1 个氧原子和 2 个氢原子构成。氧原子通过共价键与每个氢原子相连。每个水分子可以与周围的水分子形成 4 个氢键。

在各种动物体内，无脂体成分中水的含量为 72%–75%（表 11.4）。体内大多数的水存在于细胞内（细胞内液），但也有相当比例的水存在于细胞外（细胞外液）。细胞内的水、细胞外的水和血浆中的水分别占体重的 50%、15% 和 5%（Maynard et al., 1979）。日粮中的水主要由小肠和大肠吸收。直到发现水通道蛋白（AQP），多年来人们一直认为水只有经脂质双分子层的简单扩散才能穿过生物膜（Agre and Kozono, 2003）。水通过简单扩散相对缓慢地穿过细胞膜，而快速和特定的水流主要由水通道蛋白介导而穿过生物膜。水通道蛋白是一类小分子（28–30 kDa）跨膜蛋白家族，主要负责转运水，但是有些水通道蛋白也能转运甘油、尿素和其他溶质通过细胞质膜（Zhu et al., 2015）。水通过水通道蛋白运输是由渗透梯度驱动的。迄今为止，在哺乳动物中已经鉴定出 13 种水通道蛋白的亚型（水通道蛋白 0–12）。根据其结构和功能特性，可将水通道蛋白分为 3 个亚组：经典水通道蛋白（水通道蛋白 0、1、2、4、5、6 和 8）、水甘油通道蛋白（水通道蛋白 3、7、9 和 10）和超级水通道蛋白（水通道蛋白 11 和 12）（表 11.5）。水通道蛋白广泛分布于动物的生殖（雄性和雌性）、呼吸、消化、排泄、循环、肌肉和其他系统中（Zhu et al., 2015）。

表 11.4　不同品种动物无脂体成分中水分、粗蛋白质和粗灰分的组成 [a]

物种	体重（kg）	水分（%）	粗蛋白质（%）	粗灰分（%）
猫	4	74.4	21.0	4.6
牛	500	71.4	22.1	6.0
母鸡	2.5	71.9	22.0	3.9
马	650	73.0	20.5	5.8

续表

物种	体重（kg）	水分（%）	粗蛋白质（%）	粗灰分（%）
人	65	72.8	19.4	7.8
猪	125	75.6	19.6	4.7
大鼠	0.35	73.7	22.1	4.2
兔	2.6	72.8	23.2	4.0
绵羊	80	71.1	21.9	4.2

资料来源：Blaxter, K. L. 1989. *Energy Metabolism in Animals and Man*. Cambridge University Press, New York, NY。
[a] 粗蛋白质（%）=N%×6.25。

表 11.5　动物体内水通道蛋白（AQP）的分类和特征

分类	亚型	水通道蛋白的转运底物
水通道蛋白	AQP0	水
	AQP1	水、CO_2、NO 和 NH_3
	AQP2	水
	AQP4	水、CO_2、O_2 和 NO
	AQP5	水和 CO_2
	AQP6	水、阴离子、尿素和甘油
	AQP8	水、尿素和 NH_3
水甘油通道蛋白	AQP3	水、尿素、甘油和 NH_3
	AQP7	水、尿素、甘油和 NH_3
	AQP9	水、尿素、甘油、其他溶质和 NH_3
	AQP10	水、尿素和甘油
超级水通道蛋白	AQP11	不确定
	AQP12	不确定

资料来源：Zhu, C., Z. Y. Jiang, F. W. Bazer, G. A. Johnson, R. C. Burghardt, and G. Wu. 2015. *Front. Biosci.* 20: 838–871。

　　水通过尿液和粪便周期性地从动物体内流失，同时通过皮肤蒸发和肺的呼气不断地从动物体内流失（McDonald et al., 2011）。通过皮肤和肺而散失的水分称为无感觉失水。水分流失与体重呈正相关，并受到营养、生理和环境因素的影响。例如，随着日粮中不可消化物质比例的增加，通过粪便损失的水分也增加（Bondi, 1987）。另外，随着血浆中葡萄糖、酮体和尿素浓度的增加，通过尿液损失的水分也增加。此外，随着环境温度的升高，通过蒸发和呼吸损失的水分增加。例如，Maynard 等（1979）报道，当环境温度分别为 4℃、21℃ 和 32℃ 时，平均每头体重为 450 kg 每天采食 10 kg 干物质的奶牛，分别饮用 28 L、41 L 和 66 L 的水。表 11.6 总结了温带气候条件下动物对水的平均需要量。

表 11.6　温带气候条件下动物的平均日需水量

品种	日需水量	
	L	L/kg 体重
肉用母牛（哺乳期，500 kg）	60	0.12
肉牛（450 kg）	40	0.09
奶牛（哺乳期，500 kg）	90	0.18

续表

品种	日需水量	
	L	L/kg 体重
奶牛（维持，500 kg）	60	0.12
马（中度劳役，450 kg）	40	0.09
马（哺乳期，450 kg）	50	0.11
家禽，蛋鸡（2 kg）	0.5	0.25
大鼠（0.3 kg）	0.075	0.25
猪（生长期，30 kg）	6	0.20
猪（生长期，60–100 kg）	8	0.10
猪（泌乳母猪，150 kg）	18	0.12
绵羊（泌乳母羊，50 kg）	6	0.12
绵羊（育肥羔羊，50 kg）	4	0.08

资料来源：Maynard, L. A., J. K. Loosli, H. F. Hintz, and R. G. Warner. 1979. *Animal Nutrition*. McGraw-Hill, New York, NY.

水是生命必不可少的（Maynard et al., 1979）。这一营养素可溶解许多盐和亲水的有机分子（如糖、氨基酸、核酸和酶），并且是所有生化反应的溶剂。当酸（如盐酸、谷氨酸和天冬氨酸）溶于水时，就会产生相应的阴离子。为了维持细胞内液和细胞外液中所有营养素（包括氨基酸、葡萄糖、脂肪酸和电解质）的生理浓度，体内必须有足够体积的水。因此，所有动物都需要水来维持其渗透压平衡。另外，作为滑液的组分，水在润滑关节以促进肌肉运动方面起着重要的作用。同时，作为脑脊液的主要成分，水可为保护神经系统提供缓冲。水还可吸收化学反应产生的热量，以抑制体温的升高。因此，动物必须饮用足够的水才能维持健康和生产，这对于以下动物尤为重要：①泌乳期母畜；②断奶 1 周内的幼龄哺乳动物；③生活在高温环境下的动物；④发烧和体温升高的患病动物。因此，严重脱水会导致动物死亡。

11.1.8　用于维持的能量及其底物

不同的营养素在动物体内通过不同的途径被利用（第 5–10 章）。例如，瘤胃发酵碳水化合物产生短链脂肪酸（第 6 章）。正如第 8 章所述的那样，哺乳动物（由氨合成尿素）体内蛋白质氧化产生 ATP 的能量效率高于禽类（由氨合成尿酸）。除鱼类外，脂肪或葡萄糖在哺乳动物和禽类体内的氧化所产生 ATP 的能量效率高于蛋白质或氨基酸（第 8 章）。因此，蛋白质一般不作为哺乳动物和禽类机体的主要代谢底物。然而，对于鱼类而言，情况并非如此，因为某些氨基酸（如谷氨酸、谷氨酰胺和天冬氨酸）可能是其代谢活跃组织（如小肠、肝脏和肾脏）的重要能量底物（Jia et al., 2017）。

即使是在维持需要情况下，动物也会合成蛋白质和脂肪。但是，蛋白质和脂肪都会不断地降解（第 6 章和第 7 章）。生长或生产动物的维持需要量与其生产需要有关。因此，一般根据总需要量来配制家畜日粮（NRC, 2001, 2011, 2012）。由于合成过程的能量效率因前体物和产物而异（第 8 章），因此能量底物会因用于维持或生长而具有不同的效率。例如，对于猪而言，氨基酸和脂肪酸用于维持的效率分别是葡萄糖的 78% 和 95%，而氨基酸和葡萄糖用于脂肪沉积的效率分别是脂肪酸的 61% 和 83%（ARC, 1981）。随着日粮代谢能在生理范围内增加（2.0–3.2 Mcal/kg 日粮），生长肉牛用于维持和增重的代谢能的效率也增加（Blaxter, 1989）。这是因为反刍动物摄入高于维持水平的日粮能量（主要是水溶性和水不溶性多糖）可以提高瘤胃内微生物蛋白质合成量和短链脂肪酸产生量（de Faria and Huber, 1983; Hackmann and Firkins, 2015）。这会导致以下情况：①胃肠道产生的气体（如 CH_4）减少；②丙酸的肝脏糖异生作用增强；③白色脂肪组织中乙酸和丁酸的脂肪合成增加；④不同组织中由乙酸和丁酸合成 ATP 的量增加；⑤骨骼肌和其他组织中用于蛋白质合成的氨基酸的利用率增加，导致尿液和粪便中含氮代谢物的排泄量减少。当一定量的日粮能量没有被用于动物维持和生产时，就会出现饲料能量利用率降低的情况（van Milgen, 2001）。这一点有助于我们更好地了解动物生产的营养需要。

11.2　生产的营养需要量

生产动物的日粮必须满足能量和特殊营养素（包括氨基酸、脂肪酸、碳水化合物、矿物质、维生素和水）的需要：①奶（哺乳动物）、蛋（家禽）、毛发（如羊）的生成；②骨骼肌等组织的生长；③劳役（马和牛）（图 11.2）。由于氨基酸不能单独由脂肪酸和碳水化合物合成，因此动物必须从日粮中摄取蛋白质或氨基酸（Wu et al., 2014a, b, c）。蛋白质缺乏会导致食欲不振、生长不良（胎儿和幼龄动物）、繁殖性能降低、产奶量减少、产蛋性能受损。给反刍动物（如肉牛和奶牛）和非反刍动物（如猪和家禽）提供含

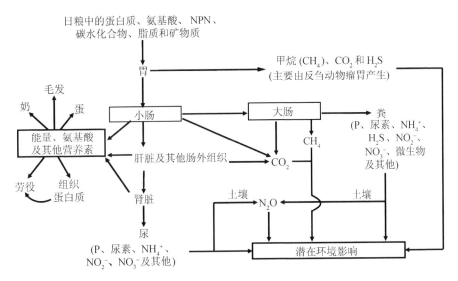

图 11.2　动物体内的营养物质代谢可产生甲烷、二氧化碳、尿素、氨、氢化硫、一氧化二氮和其他产物等。日粮中的营养物质最终在小肠内消化吸收。肾脏和肝脏提供氨基酸和糖为机体所利用。在胃肠道特别是反刍动物的瘤胃中，蛋白质、碳水化合物和脂质代谢可产生甲烷与二氧化碳，而蛋白质代谢还可产生氨和硫化氢。土壤微生物发酵尿液和粪便中的含氮物质生成一氧化二氮。优化日粮配方是缓解动物生产对温室气体排放和环境潜在影响的一个有效手段。NPN，非蛋白氮和非氨基酸氮。

有足够蛋白质或氨基酸的日粮，对于增强动物机体健康、提高生产水平（动物生长性能、繁殖性能和生产牛奶、鸡蛋、羊毛等产品及肌肉活动的能力）和养殖效益至关重要。

计算动物生产的营养需要通常利用析因法，根据其产品（如组织蛋白质沉积、牛奶、羊毛和蛋）确定，并且必须同时考虑其维持营养需要。动物生产中日粮能量和营养素的利用效率取决于动物种类、组织种类与营养是否充足。尽管所有营养素对于动物生产都是必不可少的，但生产者在制定实际日粮配方时，日粮中蛋白质：能量、精氨酸：赖氨酸、钙：磷、ω3：ω6 多不饱和脂肪酸特别重要。提高养分利用效率有助于维持全球动物养殖业，同时减轻动物生产对环境的不利影响。

11.2.1　当前农业生产体系的动物蛋白合成效率不高

动物营养的一个主要目标是充分发挥家畜、家禽和鱼类的繁殖、生长（包括骨骼肌的蛋白质沉积）与抗病等遗传潜力，同时防止白色脂肪组织过度沉积（Wu et al., 2014c）。在哺乳动物、禽类和鱼类中，线粒体对 ATP 的产生起着重要作用，因此线粒体的功能会在很大程度上影响能量效率和饲料转化效率（Bottje and Carstens, 2009）。动物生产的生物学效率是指在农业生产中使用饲料生产组织（如骨骼肌）、奶或蛋的效率，是降低家畜、家禽和鱼类生产成本（即改善经济效益）的主要因素（Campbell, 1988）。种植饲料作物和牧草的自然资源越来越有限。由于生理和生化的限制，动物体内饲料的消化及日粮蛋白质转化为动物组织蛋白的效率仍然不是最理想的（表 11.7）。氨基酸被不可逆地分解代谢产生二氧化碳、氨、硫化氢、甲烷、尿素和尿酸，进一步降低了动物生长、泌乳和繁殖的效率（第 7 章）。尽管瘤胃中的细菌具有很强的将非蛋白氮转化为氨基酸的能力，但是该过程会产生大量的氨，并且氨用于合成氨基酸和蛋白质的效率较低。因此，非反刍动物利用日粮蛋白质生产体蛋白的效率低于 40%，而反刍动物则低于 25%（Wu et al., 2014a）。除了物种差异外，骨骼肌和其他组织利用日粮氨基酸合成机体蛋白质的效率随着年龄的增加而降低。例如，14 日龄哺乳仔猪、30 日龄仔猪（21 日龄断奶，饲喂玉米-豆粕基础日粮）、110 日龄猪和 180 日龄猪分别约有 70%、55%、50% 和 45% 的日粮蛋白质转化成组织蛋白（Wu et al., 2014a）。同样，饲喂玉米-豆粕基础日粮的 1 周龄、2 周龄、4 周龄和 6 周龄肉鸡，分别约有 52%、48%、45% 和 41% 的日粮蛋白质转化成组织蛋白。此外，随着动物年龄的增加，骨骼肌对胰岛素的敏感性降低（第 7 章）。因此，随着饲料资源的日益匮乏，我们正面临着维持家畜生产优质蛋白质的巨大挑战。优化日粮配方是缓解动物生产对温室气体排放和环境潜在影响的一个有效手段。

表 11.7　目前农业生产中动物蛋白质生产的次优效率

动物种类	生产周数	蛋白质沉积效率（%）（基于可食用蛋白质）[a]	蛋白质沉积效率（%）（基于整个机体蛋白质）[b]
肉鸡	6	33.3	39.9
产蛋鸡（鸡蛋）	55	31.3	34.0
猪	25	23.3	29.6
奶牛（牛奶）	44	19.7	19.7

动物种类	生产周数	蛋白质沉积效率（%）（基于可食用蛋白质）[a]	蛋白质沉积效率（%）（基于整个机体蛋白质）[b]
舍饲肉牛	54	12.1	18.9
放牧肉牛	76	6.7	10.5

资料来源：改编自 Wu, G., F. W. Bazer, and H. R. Cross, 2014a. *Ann. N.Y. Acad. Sci.* 1328: 18–28。

[a] 给动物饲喂常规粮。计算公式为：产品中可食用蛋白质（如组织、鸡蛋和牛奶等）/饲粮蛋白质摄入量×100%。其中，蛋白质为粗蛋白质。牛奶、牛肉、猪肉、禽肉和鸡蛋中的粗蛋白含量（g/100g 鲜重）分别为 3.62、19.7、20.5、19.1 和 12.7。另外，放牧肉牛、舍饲（谷类）肉牛、猪和家禽的活重与可食用肉的比值分别为：515∶288、540∶302、109∶78.1 和 2.54∶2.0。产蛋母鸡可在 55 周内产 17.7 kg 可食用蛋（295 枚蛋×60 g/枚蛋）。计算可食用肉和蛋中的可食用蛋白质时，需从胴体和蛋的总重量中分别扣除骨骼与蛋壳的重量。

[b] 计算公式为：动物全身蛋白质/饲粮摄入蛋白质×100%。这些数据具有生理学意义。其中的蛋白质以粗蛋白质表示。牛肉、猪肉和禽肉中不可食用部分的粗蛋白质含量为 14%。

11.2.2 雌性动物繁殖的营养需要

提高繁殖效率在动物生产中具有重要经济意义（Wu et al., 2006）。在雄性动物和雌性动物中，生殖力取决于遗传特征和环境因素。充足的营养对于所有动物的正常生殖功能至关重要，包括精子生成、排卵［由促性腺激素释放激素（GnRH）和黄体生成素控制］（图 11.3）、受孕和分娩（Evans and Anderson, 2017）。相反，营养不足则会延缓生殖系统成熟，并损害其青春期后的功能。生理水平的一氧化氮（NO，精氨酸的代谢产物）通过刺激下丘脑释放 GnRH 对繁殖起着重要作用（Dhandapani and Brann, 2000）。此外，瘦素、胰岛素和食欲刺激素等与代谢有关的激素通过细胞信号传导与营养素利用，成为雄性和雌性动物繁殖力的关键调节因子。此外，由卵巢和胎盘释放的黄体酮是哺乳动物妊娠开始与维持的必需激素（Bazer et al., 2008）。例如，猪和绵羊的黄体酮与其他激素（包括雌激素）作用于子宫内膜及腺上皮细胞，调节组织营养基质某些组分的合成和分泌（图 11.4）。这些组织营养基质包括蛋白质［如分泌的磷蛋白 1（骨桥蛋白）、生长因子、激素、细胞因子］、氨基酸和其他维持孕体（胚胎/胎儿和附属胎膜）生长与发育的物质（Johnson et al., 2014b）。

11.2.2.1 孕体早期发育的重要阶段

（1）胚胎发育阶段

不同品种哺乳动物孕体发育的区别在于：①植入前期的持续时间；②植入（非侵入型与侵入型）和胎盘（猪是上皮绒毛膜胎盘、反刍动物是上皮绒膜胎盘、啮齿动物是内皮绒毛膜胎盘、灵长类动物是血性绒毛膜胎盘）的类型（Bazer et al., 2014）。然而，各品种哺乳动物的胚胎发育早期阶段和囊胚附植阶段都是相似的（图 11.5）。合子（受精卵）的早期发育阶段，第一阶段发生连续分裂，形成 32–64 细胞的桑椹胚。在第二发育阶段，桑椹胚形成以两种不同细胞群为特征的胚泡：①发育成胚胎的内细胞团；②产生胎盘绒毛膜的滋养外胚层。在子宫腔中，植入前囊胚发育分为 5 个阶段：①透明带的脱落；②预接触和胚泡取向；③滋养外胚层与子宫腔上皮的附着；④滋养外胚层与子宫腔上皮的黏附；⑤胚泡侵入具有侵入性植入胎盘物种（如啮齿类动物和灵长类动物）所特

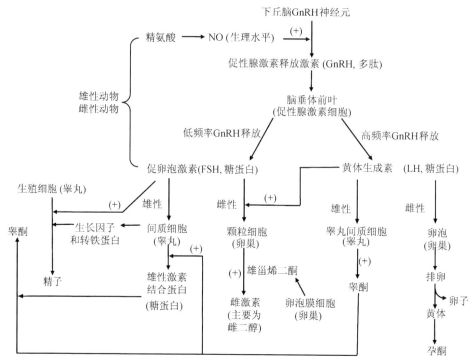

图 11.3 下丘脑-垂体-性腺轴和动物繁殖激素。下丘脑释放促性腺激素释放激素（GnRH）的频率（脉冲）对于刺激脑垂体前叶释放促卵泡激素（FSH）和黄体生成素（LH）至关重要。雄性动物的 GnRH 以较低频率脉冲式释放。雌性动物 GnRH 脉冲释放的频率从大部分发情周期的较低水平变成较高水平，以诱导卵巢卵泡的排卵和产生黄体酮的黄体形成所需的黄体生成素激增。促卵泡激素和黄体生成素的协同作用可以促进：①雌性动物的卵巢释放雌性激素和孕酮；②雄性动物的睾丸产生睾酮和精子。卵巢的每个卵泡中含有一个卵母细胞（卵子），被颗粒细胞和卵泡膜细胞包围，而精原细胞、支持细胞和间质细胞存在于睾丸中。雌性激素、孕酮和睾酮对 GnRH 的释放具有负反馈作用。这些生殖激素由脂肪酸的代谢产物胆固醇合成。例如，生理水平的一氧化氮（NO，精氨酸的代谢产物）和足量的白色脂肪组织（生成瘦素的器官），通过刺激一氧化氮合成，在调控雄性动物和雌性动物生殖过程中扮演着重要角色。

有的子宫内膜（Bazer et al., 2008）。干扰素-tau 是由反刍动物孕体（羊，12–13 天；牛，16–17 天）滋养外胚层细胞产生和分泌的妊娠识别信号。相反，雌激素是猪的妊娠识别信号（妊娠 11–12 天），而催乳素和胎盘黄体生成素则是啮齿动物的妊娠识别信号，绒毛膜促性腺激素是灵长类动物的妊娠识别信号（Bazer, 2015）。下面的章节介绍了羊（反刍动物）和猪（非反刍动物）孕体发育的例子。另外，Moran（2007）总结了家禽的胚胎发育和孵化的过程。

绵羊的胚胎在受精后第 3 天进入子宫，发育成球形囊胚，然后第 10 天转变成大球形（0.4 mm），管状，妊娠第 12 天（1×33 mm）、第 14 天（1×68 mm）至第 15 天（1×150–190 mm）转变成细丝状（Bazer et al., 2012a, b）。在妊娠第 16–20 天胚胎外膜延伸到对侧子宫角。绵羊孕体的伸长是中心植入的前提，涉及其孕体滋养层与子宫内膜和表层腺体的上皮细胞之间的附着和黏附。随后，在妊娠第 18 天和第 50–60 天，子宫内膜上皮细胞消失，使滋养外胚层和子宫基质细胞附近的子宫基底层之间有密切的接触。图 11.5 说明了绵羊孕体发育的上述阶段。

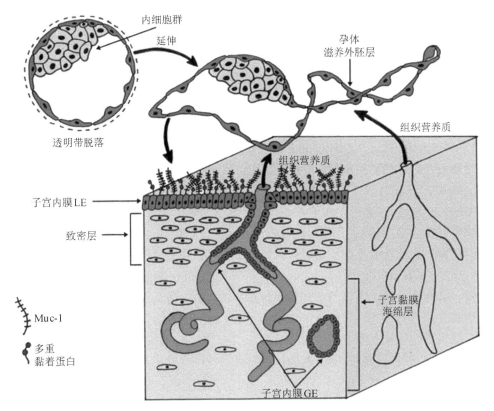

图 11.4　哺乳动物胚胎存活、生长和发育等过程中的子宫分泌物。在妊娠期，孕酮、雌激素和其他因子刺激子宫内膜与腺上皮细胞分泌蛋白质、激素、细胞因子、营养素及其他物质，这些物质统称为组织营养质。这些物质支持孕体（包括胚胎/胎儿及附属胎膜）的生长和发育。（资料来源：Bazer, F.W., G. Wu, G.A. Johnson, and X.Q. Wang. 2014. *Mol. Cell. Endocrinol.* 398: 53–68.）

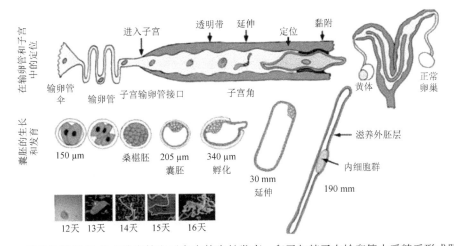

图 11.5　绵羊的胚胎/孕体在输卵管和子宫内的生长发育。卵子与精子在输卵管内受精后形成胚胎。胚胎进入子宫后从球形快速伸长到管状和丝状，最后形成孕体。这个过程需要滋养外胚层细胞的增殖、迁移及其细胞骨架的重组。在孕体植入过程中，孕体滋养外胚层在子宫内膜和腺体上皮的附着与黏附是受到精调控的。（资料来源：Bazer, F.W., G. Wu, G. A. Johnson, and X. Q. Wang. 2014. *Mol. Cell. Endocrinol.* 398: 53–68.）

猪受精后,合子发育并在输卵管中分裂成 2 细胞和 4 细胞阶段的胚胎(Bazer et al., 2010)。妊娠第 3 天左右进入子宫后,胚胎继续分裂,妊娠第 7–8 天发育为囊胚,然后从透明带孵出。此后,囊胚在子宫腔内迁移以获得均等的间距,在妊娠第 10–15 天经历着从扁平的球形到管状和丝状的显著变化。妊娠第 10 天球形囊胚的直径仅为 5–10 mm。然而,在妊娠第 11 天,球形囊胚直径达到 10 mm 后,囊胚只需要 3 h 或 4 h 就可以延伸成管状,然后变成长度为 150–200 mm 的丝状孕体;到妊娠第 15 天时,它们的长度接近 1000 mm(Geisert and Yelich, 1997)。这种巨大的形态变化最初是通过细胞重塑而不是细胞增殖实现的,但妊娠第 12–15 天延伸的最后阶段涉及细胞增殖和细胞重塑(Geisert et al., 1982)。在妊娠第 13 天猪的孕体滋养外胚层开始附着于子宫内膜的上皮细胞,在妊娠第 18 天完成植入,这早于胎盘的形成和真正上皮绒毛膜胎盘的形成。绒毛尿囊胎盘在妊娠第 20 天开始比较明显,并在此后快速生长。值得注意的是,子宫-胎盘双层膜逐渐发育成复杂的褶皱,以增加绒毛膜和管腔上皮细胞之间的接触表面积。胎盘和子宫的微血管位于子宫上皮细胞的正下方。因此,胎盘褶皱的发育对有效地将母体的营养素转运到正在发育的孕体是非常重要的。在妊娠第 35 天之前,猪的孕体均匀分布于每个子宫内。在妊娠第 35 天之后,即使胎儿比较均匀地分布在子宫内,子宫容量也会成为胎儿生长的限制因素(Ford et al., 2002)。在胎猪中,妊娠第 25–50 天,初级肌纤维由初级成肌细胞快速融合形成,而妊娠第 50–90 天,次级肌纤维在初级肌纤维表面形成(表 11.8)。

表 11.8　猪骨骼肌的胎儿期和产后发育阶段

阶段	妊娠日龄	主要变化
1	从受孕到妊娠第 25 天	胚胎肌肉发生开始于一个共同的间质前体
2	从妊娠第 25 天到第 50 天	初级肌纤维的形成(初级成肌细胞快速融合)
3	从妊娠第 50 天到第 90 天	次级肌纤维的形成(在初级肌纤维表面形成)
4	从妊娠第 90 天到第 95 天	肌纤维数量确定
5	妊娠第 114 天	出生时肌纤维总数量已固定
6	出生后	骨骼肌通过增加其纤维大小来生长(肥大)[a];骨骼肌的成熟

资料来源:Ji, Y., Z. L. Wu, Z. L. Dai, X. L. Wang, J. Li, B. G. Wang, and G. Wu. 2017. *J. Anim. Sci. Biotechnol.* 8: 42.
[a] 肥大是指骨骼肌细胞(也称为肌纤维)的大小增加,而增生是指细胞数量的增多。

(2)胎儿组织的胚胎起源

胚胎分化形成 3 个胚层:内胚层(最内层)、中胚层(中间层)和外胚层(外层)(Senger, 1997)。内胚层是消化道、肝脏、肺、胰腺、甲状腺和其他腺体的起源。中胚层是循环系统、骨骼肌、骨骼、生殖道、肾脏和泌尿管的起源(Pownall et al., 2002)。骨骼肌发育谱系如图 11.6 所示。外胚层是中枢神经系统、感觉器官、乳腺、汗腺、皮肤、毛发和蹄的起源。在胎盘形成之前,胚胎吸收的营养物质来自子宫分泌物和周围环境的氧气。猪和绵羊等哺乳动物的孕体发育时间节点不同(Bazer et al., 2010)。然而,妊娠早期母体营养不足或营养过剩对各种动物的孕体发育都有不良的影响(Hoffman et al., 2016; Wu et al., 2006)。

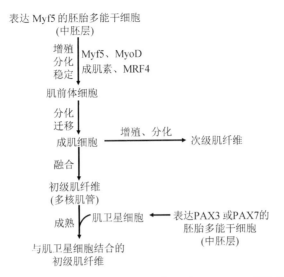

图 11.6　动物骨骼肌发育的胚胎系谱。MRF4，肌肉调节因子 4；Myf5，肌源性因子 5；MyoD，生肌决定因子；PAX3，对盒蛋白 3；PAX7，对盒蛋白 7。

（3）胎盘的功能

　　如前所述，哺乳动物的胎盘在妊娠早期开始发育（例如，猪在妊娠第 18 天），然后可清晰见到胎盘血管（例如，猪在妊娠第 25 天）。对于所有的动物品种，功能性胎盘在母体和胎儿循环之间运输营养物质、呼吸气体与代谢产物，这对胎儿的存活、生长和发育至关重要（Wang et al., 2012）。子宫-胎盘的血流速率取决于胎盘血管生长（血管生成和血管舒张的结果）和胎盘血管化程度，而生理浓度的 NO 和多胺可以极大程度地提高胎盘血管生长与胎盘血管化程度（Reynolds et al., 2006）。为了维持持续增长的子宫和胎盘血流量，从第一个阶段到第二个阶段再到第三个阶段的妊娠期（例如，整个妊娠期：猪为 114 天，羊为 147 天），胎盘血管生成显著增加并且在妊娠的最后几天仍继续增加。子宫或胎儿对营养素的摄取取决于其动、静脉血液的流量和营养素的浓度。因此，妊娠母体的子宫对常量和微量营养素的摄取都高于非妊娠个体（Reynolds et al., 2006）。相反，妊娠哺乳动物胎盘血流量的减少会导致宫内生长受限（intrauterine growth restriction，IUGR）的发生（Wu et al., 2004）。

11.2.2.2　营养素及相关因素对雌性动物繁殖性能的影响

（1）机体营养不良或营养过剩

　　营养不良不仅影响青春期和性成熟期的启动，还会影响排卵和受精。母体营养不良，特别是蛋白质缺乏，会更多地降低母体的体重，而不只是降低其子代的体重，因为母体会动员自身组织优先为胎儿提供营养素（Ashworth, 1991; Pond et al., 1991）。当母体缺乏营养素，特别是缺乏精氨酸、叶酸、维生素 A 和铁时，胎儿就可能不会得到保护（Wu et al., 2012）。妊娠早期对胎盘的生长、分化、血管生成、血管化和胎儿器官形成是很关键的，而胎儿的大部分生长发生在妊娠的最后三分之一阶段（Reynolds et al., 2006）。出生前，胎儿在子宫的无菌、保护、湿润和温暖的环境中发育，并通过脐静脉（肠外营养）和吞咽羊水（肠内营养）获得养分。

营养不足和营养过剩都会增加胚胎的早期死亡率（Ji et al., 2017）。在动物生产中，为了尽量增加经济效益，总是希望雌性动物分娩后尽快再次怀孕。因此，反刍动物，如奶牛在哺乳期间，或非反刍动物在哺乳停止后 1 周内，必须配种受孕。例如，奶牛通常在泌乳高峰期后不久进行配种，猪在 21 天泌乳期后的 5 天内进行配种。这样存在的问题是，泌乳往往导致大多数母体发生短暂的能量和蛋白质负平衡，不利于雌性动物成功受孕（Wu et al., 2006）。事实上，对于奶牛、绵羊和山羊等产奶动物，由于母体出现能量和蛋白质的负平衡，高泌乳量会影响其繁殖性能。因此，尽管肉牛和奶牛在应激条件下（如热应激和营养不良）的受精率较低，但青年奶牛的受精率通常远高于泌乳奶牛（Thatcher et al., 2010; Santos et al., 2016）。

营养会影响雌性动物产后卵巢周期的早期恢复和成功受孕（Chen et al., 2012）。例如，良好的体况和能量正平衡对动物发情、卵母细胞受精与动物高受孕率至关重要。值得注意的是，哺乳通过影响中枢神经系统，即破坏下丘脑的 GnRH 脉冲释放模式和垂体黄体生成素释放模式，延迟反刍动物和非反刍动物卵巢周期的恢复（McNeilly et al., 1994）。然而，在泌乳晚期或干奶期过量饲喂可能导致与繁殖性能受损相关的代谢综合征（如血脂异常）。在多胎动物（如猪和多胎母羊）中，营养水平会极大地影响其排卵率，进而影响生产和繁殖力。在交配前数周以高能量日粮饲喂体况较差的母猪和母羊，可以提高其排卵率和受精胚胎的数量。然而，这种被称为"催情补饲"的做法会增加孕体的氧化应激和胚胎死亡率，因此不再被推荐给生产者。

（2）母体蛋白质和精氨酸摄入量

较低的蛋白质摄入量会延迟雌性动物的性成熟（Muñoz-Calvo and Argente, 2016）。日粮蛋白质缺乏会降低处于青春期的雌性动物的生产能力。此外，日粮蛋白质缺乏还会降低采食量，因此也会伴有其他营养物质的摄入不足。生产者必须关注高水平蛋白质摄食对妊娠母畜的不利影响，因为高水平的氨对胚胎的毒性很大，并给母体器官（如肝脏和肾脏）带来很大的代谢负担。例如，妊娠母猪的日粮粗蛋白质水平从 12%增加到 16%会逐渐减少每窝仔猪的活产仔数（Ji et al., 2017）。此外，以豆粕形式供应过量的日粮蛋白质会降低奶牛的受孕率、增加胚胎死亡率（Butler, 1998; Laven and Drew, 1999）。其潜在的机制可能包括：①氨的产生增加会诱导氧化应激（Haussinger and Görg, 2010），谷氨酸脱氢酶催化谷氨酸盐的合成，导致酮戊二酸（三羧酸循环产生 ATP 的中间产物）缺乏，以及细胞内 pH 升高（Wu, 2013）；②硫化氢和高半胱氨酸产生的增加会进一步引起氧化应激；③子宫中营养物质的分泌减少；④NO 的供给降低，导致血流量（包括子宫-胎盘血流量）和营养物质转运受阻；⑤卵巢分泌的孕酮量减少（Butler, 1998）。妊娠 14天后在日粮中添加精氨酸（例如，在猪的日粮中添加 0.4%–0.8%的精氨酸），可以通过促进胎盘血管生成和生长、增加子宫-胎盘血流量、子宫-胎盘界面折叠及其结构发育、激活孕体中 MTOR 细胞信号传导、移除过量的氨等途径，来提高胚胎和胎儿的存活率（Wu et al., 2013, 2017）。

（3）矿物质和维生素的缺乏

日粮中矿物质和维生素的缺乏，尤其是日粮中磷、钙、锰、铜、锌、钴、维生素 A 和维生素 E 的缺乏，会降低雌性动物的繁殖力（Clagett-Dame and Knutson, 2011）；在日粮中补充一些机体缺乏的矿物质或维生素，可以提高其繁殖性能。磷缺乏会延缓青春期，抑制发情，减少犊牛或羔羊的数量和重量，反刍动物采食缺磷土壤里的牧草极易发生这些现象。磷缺乏的影响通常伴有摄食量降低，其他营养素供应不足。在反刍动物和非反刍动物中，硒、铜、维生素 A 和维生素 E 等营养素缺乏也会导致分娩后胎盘潴留，进而引发子宫感染，延迟下一次受孕。

（4）疾病、毒素、应激和矿物质过量

疾病（如细菌、病毒或寄生虫感染）、毒素、空气污染、应激（机体或心理）、致甲状腺肿大物质（引起甲状腺肿大）及高水平植物雌激素（如异黄酮）和硝酸盐，均可降低反刍动物和非反刍动物的受孕率（Bazer et al., 2014; Jefferson and Williams, 2011）。这些不利因素会损伤子宫、胎盘和卵巢的代谢活性与功能。值得注意的是，豆粕作为所有家畜最常用的蛋白质补充剂，含有染料木黄酮（一种异黄酮）及抑制甲状腺过氧化物酶（一种甲状腺激素合成所必需的酶）的弱致甲状腺肿大物质类似物（可能是 1-甲基-2-巯基咪唑和硫氰酸钾）。因此，利用高水平的日粮豆粕饲喂育龄期的雌性动物时，染料木黄酮可能会导致不育。大豆中的致甲状腺肿大物质可以通过加热实现部分灭活。与它们缺乏时的副作用一样，过量摄入钠、磷、钙和氟也会降低动物的受孕率。

11.2.2.3 宫内生长受限（IUGR）

（1）IUGR 的定义和发生

IUGR 是指妊娠期间哺乳动物的胚胎/胎儿或其器官的生长和发育受损（Wu et al., 2006）。在实践中，IUGR 可定义为胎儿重或出生体重小于相同孕龄的平均体重的两个标准偏差。例如，对于二元杂交母猪（约克夏×长白猪和杜洛克×汉普夏公猪），平均出生体重为 1.4 kg，出生体重小于 1.1 kg 的仔猪被认为有 IUGR（Ji et al., 2017）。多种遗传和环境因素均可引发 IUGR。尽管胎儿基因组对胎儿在子宫内生长潜力的发挥具有重要作用，但令人信服的证据表明，子宫内环境是决定胎儿生长的主要因素（Wu et al., 2006）。例如，胚胎移植的研究结果清楚地表明，是受体母体而不是供体母体在很大程度上影响着胎儿的生长（Brooks et al., 1995）。在子宫内环境因素中，营养不足或营养过剩在影响胎盘和胎儿生长方面起着至关重要的作用。在家畜中，猪的胚胎死亡率、IUGR 和新生儿死亡率最高。这些问题由于以下因素的影响还会进一步恶化：①限制妊娠母猪的采食量（例如，与自由采食相比，采食量减少 50%–60%）以防止母体过多沉积脂肪；②养猪生产的不同阶段遇到各种变化，包括环境温度的临界范围、饲料卫生与安全、营养不足和疾病等（Ji et al., 2017）。

（2）IUGR 的影响

IUGR 对胎儿器官结构、新生儿适应能力、断奶前存活、出生后生长、饲料转化效率、机体健康、骨骼肌组成、体力、白色脂肪组织过度沉积、肉质、繁殖性能及成年疾病的发生均存在着长期不利的影响（Oksbjerg et al., 2013; Wu et al., 2006）。器官重量和结构发生变化，如胰岛数量减少、肾小球数量减少、次级（不是初级）肌纤维数量减少都是 IUGR 造成的后果，同时影响机体的功能（Foxcroft et al., 2006）。IUGR 如何对胚胎和胎儿发育造成不良影响目前尚不清楚，但是这个问题可能涉及骨骼肌中蛋白质合成的减少。尽管 IUGR 可能是在营养不良情况下保护妊娠母畜的一种自然机制，但其对后代存活和生长性能及动物生产效率存在很不利的影响。因此，必须研发有效的解决方案来预防和治疗哺乳动物的 IUGR。

11.2.2.4 妊娠母畜营养需要量的测定

妊娠期间的营养需求可以通过结合孕体和胎儿的维持与生长需要（即析因法）来估计。妊娠期间能量和营养物质的日粮需求可以基于以下因素来估算：①胎盘、胎儿和子宫组织的沉积率；②能量和营养物质用于组织生长的效率。在达到体成熟之前，必须满足妊娠雌性动物自身组织生长这一额外需要。

11.2.3 雄性动物繁殖的营养需要

11.2.3.1 机体营养不良或营养过剩

长期营养不良（如日粮或能量的摄入总体减少）雄性动物（包括公牛、公羊和公猪）的精液质量下降。例如，营养不良雄性动物精液中果糖（精子活力的能量来源）和柠檬酸的浓度降低。营养不良会影响雄性动物的睾丸发育和睾酮合成。另外，营养过剩还会引起氧化应激，降低精液质量，从而导致雄性动物的不育。

11.2.3.2 蛋白质和精氨酸的摄入量

生理水平的一氧化氮（NO）会刺激下丘脑释放 GnRH 及睾丸中的睾酮产生和精子形成（图 11.3）。与雌性动物存在的问题类似，蛋白质和能量摄入量不足也会延迟雄性动物的青春期（Dance et al., 2015）。此外，日粮蛋白质缺乏会减少采食量，导致精子发生必需的其他营养物质的缺乏（Ghorbankhani et al., 2015）。雄性动物对能量和蛋白质的维持需要高于雌性动物，因为睾酮引起的肌肉增大会导致其瘦肉组织的比例高于雌性动物（Herbst and Bhasin, 2004）。据报道，包括公猪在内的哺乳动物摄入低蛋白质日粮时会降低其性欲和精液量（Louis et al., 1994）。值得注意的是，尽管成年雄性动物（如公牛和公猪）的精液（包括精子和辅助分泌物）中含有较少量的干物质，但精液中含有较高水平的多胺和精氨酸（Wu et al., 2013）。例如，猪精液中多胺的浓度是 90 μmol/L，而血浆中的浓度则是 3–5 μmol/L。在性欲旺盛的公猪日粮中添加 1%精氨酸盐酸盐 30 天，其精液中的多胺浓度与对照组相比提高 63%（Wu et al., 2009）。营养不良的雄性动物精液中的多胺和精氨酸浓度会降低。已知人类精液中低浓度的多胺和精氨酸与不育症有关。例如,成年男性摄入精氨酸缺乏的饮食 9 天后,精子数量会减少 90%,能运动的精子的百分比也减少 90%（Holt and Albanese, 1944）。值得注意的是,不育男性口服 L-精氨酸（例如,0.5 g/d,6–8 周）会增加精子数量及其运动性,让其女性伴侣成功受孕（Tanimura, 1967）。此外,对于内源 NO 合成功能受损的阳痿男性,在饮食中补充 L-精氨酸或 L-瓜氨酸（例如,5 g/d,超过 6 周）可以增强性功能（Cormio et al., 2011; Kobori et al., 2015）。

11.2.3.3 矿物质和维生素的缺乏

维生素 A 缺乏会引起睾丸生殖上皮退化,从而减少或终止精子发生（Clagett-Dame and Knutson, 2011）。与雌性动物类似,维生素 A 长期严重缺乏会导致雄性动物完全失去繁殖力（第 9 章）。睾丸组织和精子含有高水平的锌,因此睾丸生长和正常精子形成所需要的锌高于动物生长需要。锌摄入不足会损害睾丸间质细胞功能并减少精子数量（Abbasi et al., 1980）。另外,磷、硒和铜（第 10 章）及维生素 C、叶酸与维生素 E（第 9 章）的缺乏也会导致雄性不育。

11.2.3.4 疾病、毒素、应激和矿物质过量

与雌性动物相同,疾病、毒素、空气污染、应激（机体或心理）和致甲状腺肿大物质会降低雄性动物的生殖能力（Meldrum et al., 2016）。所有这些因素都会影响睾丸代谢活性和生殖系统其他部位的功能。此外,过量摄入铁和铜对雄性动物与雌性动物的毒性很大（第 10 章）。大量的铁和铜会损害雄性生殖腺和精子的结构,导致精子发生缺陷,降低性欲,诱导多细胞类型的氧化损伤,从而损害其生育能力（Tvrda et al., 2015）。

11.2.4 胎儿和新生儿程序化

在妊娠期间,母体和胎儿的营养不良与内分泌状况的改变可引起胎儿发育的适应性,这可能会长期改变后代的形态结构、生理功能和新陈代谢,从而诱发个体产生代谢缺陷,降低瘦肉组织生长的饲料转化率,以及增加成年阶段的心血管疾病、代谢性疾病和内分泌疾病发生的风险（Wu et al., 2004）。这些不利影响可能会延续到下一代或几代。这种跨代影响的现象称为胎儿程序化,即在不改变 DNA 序列的前提下,DNA 和组蛋白的共价修饰可使基因表达发生稳定且可遗传的改变（即表观遗传）。蛋白质表达及其功能的表观遗传调控机制包括:染色质重塑、DNA 甲基化 [发生在 CpG（5′-胞嘧啶-磷酸-鸟嘌呤-3′）二核苷酸内胞嘧啶残基的 5′位置] 和组蛋白修饰（乙酰化、甲基化、磷酸化和泛素化）（Ji et al., 2016）。与母体营养不良一样,新生儿期营养不良也会降低其生长性能和饲料转化率（例如,在断奶仔猪中为 5%–10%）,增加达到出栏体重所需的时间（Ji et al., 2017）。饲料中添加功能性氨基酸（如精氨酸和谷氨酰胺）和维生素（如叶酸）,对激活哺乳动物 MTOR 信号传导的靶标及调节 DNA 和蛋白质甲基化的甲基供体的供给起到关键作用。例如,日粮中添加精氨酸可减少 IUGR 的发生率和仔猪出生体重的窝内

差异（Wu et al., 2013）。因此，这些营养素对 IUGR 后代或新生儿期营养不良等代谢紊乱疾病的饮食治疗十分有益，基于该机制的营养供给措施对提高动物的生产效率具有重要意义。

11.2.5 动物出生后生长的营养需要

骨骼肌的快速生长，主要是蛋白质的沉积，对全球的家畜、家禽和鱼类产业都具有重要经济意义（Wu et al., 2014c）。如第 7 章所述，蛋白质合成与降解速率之间的平衡决定着组织的生长。因此，在过去 50 年中，大量的研究都集中在骨骼肌细胞内蛋白质周转的调控方面（Hernandez-García et al., 2016; Reeds and Mersmann, 1991）。动物组织的最大生长速率取决于遗传和环境因素。如前所述，只有满足动物对能量和所有营养素（如氨基酸、脂肪酸、碳水化合物、矿物质和维生素）的需要时才能充分发挥其生长的遗传潜能。

11.2.5.1 动物生长的阶段

图 11.7 显示了动物生长的一般"S"形曲线，即绝对体重或组织重量随年龄增长而增加。该曲线由 4 个阶段组成：滞后期、对数或指数期、成熟期和稳定期。对于生长育肥期家畜来说，头部和四肢发育较早，后躯和腰部则发育很晚（Wagner et al., 1999）。动物蛋白质和脂肪的沉积模式因物种及发育阶段的不同而异（Gerrard and Grant, 2002）。然而，随着年龄的增长，体增重通常包括脂肪比例的增加和水分比例的减少（ARC, 1981; NRC, 2001, 2011, 2012）。相反，体内蛋白质的比例一般在出生后逐渐增加，直到动物达到性成熟（Susenbeth and Keitel, 1988）。在完全成熟的动物中，多余的能量几乎全部以脂肪形式储存，并且只有相对少量的蛋白质可以在白色脂肪细胞、肌纤维、毛发和角质化皮肤的细胞中沉积。

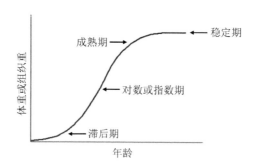

图 11.7　动物随时间（年龄）生长的一般曲线。该"S"形曲线由滞后期、对数或指数期、成熟期和稳定期组成。

体重增加是最常见的衡量生长的指标。然而，任何动物的生长都以其肌肉、白色脂肪组织、骨骼和内脏器官重量的增加为特征，又与蛋白质、矿物质、水和脂肪沉积增加有关（van Es, 1976）。因为机体沉积 1 g 蛋白质同时滞留 3 g 水（Wu et al., 2014a），所以组织（主要是骨骼肌，占体重的 40%–45%）中净合成 1 g 蛋白质会增加 4 g 体重。肌肉蛋白质的快速沉积会导致动物的快速生长。例如，幼龄动物的蛋白质净合成率较高，因此比老年动物的生长速率更快（Davis et al., 1998）。但反之并不成立，因为体重增加不一定是瘦肉组织生长造成的，而可能是由体内脂肪沉积造成的。

疏水性的甘油三酯（脂肪）分子沉积在动物体内，并不伴随水的滞留。脂肪可能沉积在各种组织中，但主要是储存在皮下白色脂肪组织、腹腔和结缔组织中（Smith and Smith, 1995）。骨骼肌的肌纤维间含有一定量的脂肪（称为大理石花纹脂肪）对于消费者来说会产生良好的口感。随着动物体内的脂肪沉积量多于蛋白质，其水分含量下降。因此，反刍动物和猪出生时机体内的含水量一般为 75%–80%，但达到出栏体重时则会下降到 45%–50%（ARC, 1981; NRC, 2001）。育肥期脂肪增加主要是由于白色脂肪细胞的体积增大。对牛和猪生长过程的研究结果表明，动物机体每沉积 1.4 g 脂肪会减少 0.4 g 的水，因此体重实际增加量仅为 1 g（van Es, 1976; Pond et al., 1995）。与沉积等量的蛋白质相比，体内沉积脂肪时体重增加的程度较小。

虽然人们关注超重或肥胖对健康的不良影响，但动物仍需要脂肪来维持正常的生理功能（第 6 章）。例如，尽管肥胖会增加雄性动物和雌性动物不育不孕的风险（Norman, 2010），但生殖活动需要足量的体脂，如 GnRH 的脉冲式释放（Sam and Dhillo, 2010）。这可以由以下原因来解释：①白色脂肪组织分泌的瘦素是青春期必需的（Cardoso et al., 2014）；②睾酮、雌二醇、黄体酮和所有其他类固醇激素由胆固醇合成，胆固醇则由脂肪酸合成（Kiess et al., 2000）。

11.2.5.2 动物的绝对生长率和相对生长率

绝对生长率是指单位时间内的体重增加量（例如，g/d）。动物的相对生长率通常用特定时间内体重的变化（例如，%/d）来表示。随着不断达到性成熟，动物机体生长的绝对速度会增加，而相对速度则下降。但是体内脂肪和蛋白质沉积的绝对速率或相对速率并不一定与机体的生长模式相一致（表 11.9）。饲料转化效率、动物价格和产肉量共同决定了家畜的出栏体重（Thornton, 2010）。因此，由疾病暴发或其他原因导致畜禽数量减少时，其出栏的体重比平常更大些，每只动物产生的肉更多，但会降低饲料利用效率。

11.2.5.3 调控动物生长的合成代谢剂

如第 7 章所述，许多激素主要通过调节骨骼肌中蛋白质的合成和分解代谢对动物生长发挥重要作用。组织中蛋白质合成量的净增加（即蛋白质合成速率大于降解速率）会引起体重增加。胰岛素、生长激素和胰岛素样生长因子-1 是合成代谢的激素（Etherton and Bauman, 1998）。有趣的是，随着动物和人类年龄的增长，组织对激素的敏感性会降低。因此，摄食频次会影响血浆中这些激素和其他具有合成代谢功能的营养素的脉冲释放（Boutry et al., 2013; El-Kadi et al., 2012）。这对提高饲料利用效率和降低动物生产成本具有重要意义。体重增长率越高，动物达到屠宰体重或全部生产性状所需的时间就越短，用于维持的饲料比例就越小（Ji et al., 2017）。老龄动物和妊娠后期母畜经常会发生胰岛素抵抗，导致机体动用脂肪和减少蛋白质合成。

表 11.9　日粮蛋白质和氨基酸在动物营养中的重要作用

1. 代谢和激素特征

　（a）维持血浆中氨基酸和蛋白质（包括白蛋白）的最佳浓度

　（b）维持内分泌平衡，以及血浆中胰岛素、生长激素、IGF-1 和甲状腺激素的最佳浓度

　（c）维持最佳抗氧化能力；减少氧化应激

　（d）维持神经递质的最佳合成

　（e）减少白色脂肪组织的过度沉积

　（f）维持最佳的机体能量消耗

2. 营养吸收和运输

　（a）促进肠道维生素、矿物质、氨基酸、葡萄糖和脂肪酸等营养素的吸收

　（b）促进血液和各种不同组织中维生素、矿物质与长链脂肪酸的转运

　（c）协助细胞储存维生素和矿物质

3. 蛋白质合成和动物生长

　（a）促进蛋白质合成，以及骨骼肌和机体中的蛋白质水解

　（b）防止幼龄动物发育迟缓；促进幼龄动物的发育（包括认知发育）

　（c）预防胎儿宫内生长受损及其对出生后生长、代谢和健康的不良影响（如增加肥胖、感染和心血管疾病的风险）

　（d）增加骨骼肌重量；维持体力

　（e）提高饲料效率

4. 器官结构

　（a）预防心脏结构异常

　（b）预防钙和骨骼的损失及牙齿异常

　（c）防止毛发断裂和损失；维持色素最佳产量；保持正常毛发结构和外观

　（d）防止皮肤苍白、干燥或剥落及皮肤萎缩

　（e）维持最佳免疫反应；降低传染病的风险和死亡率

5. 健康和繁殖

　（a）改善心血管功能；预防高血压和低血压；减少头痛和昏厥的风险

　（b）防止组织中多余的液体潴留；防止四肢和眼周水肿（特别是腹部、腿、手和脚的肿胀）

　（c）预防情绪障碍（如情绪低落、严重抑郁和焦虑）、烦躁不安和失眠

　（d）防止性欲丧失；提高生育能力（包括雄性动物精子形成和雌性动物受孕）；减少胚胎损失；促进妊娠

　　　生长促进剂可以提高肉的生产效率并且生产更多的瘦肉。在反刍动物和非反刍动物中，这些生长促进剂主要有两种类型：①激素样物质［如 β-激动剂（图 11.8）］；②抗生素样物质（Reeds and Mersmann, 1991）。这些物质还能减少体内的白色脂肪组织，并且可以通过不同作用机制促进动物的生长（Gerrard and Grant, 2002）。

（1）β-激动剂

　　　瘦肉精［莱克多巴胺，猪用 Paylean（培林）和牛用 Optaflexx（欧多福斯）］是促进猪和牛瘦肉组织生长的饲料添加剂（Bohrer et al., 2013; Lean et al., 2014）。该物质可作为微量胺相关受体 1（TAAR1）的激动剂，也可作为 β-肾上腺素受体激动剂刺激 β_1 和 β_2 肾上腺素能受体，以加速骨骼肌中脂肪的分解（Johnson et al., 2014a）。在欧盟、中国和俄罗斯等多个国家及地区，瘦肉精已被禁止作为饲料添加剂使用，这是因为其在肉类中的残留可能会对人类健康造成不利影响。但在美国、日本和加拿大等一些国家，瘦肉精被批准添加在蛋白质充足的日粮中来提高家畜的产肉量。可用于牛和羊的其他生长促进剂，还

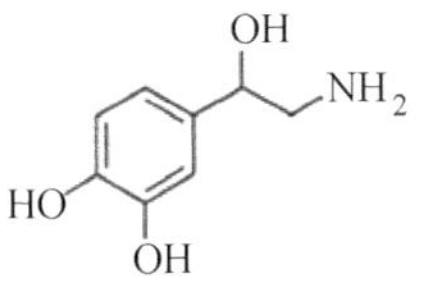

去甲肾上腺素
(酪氨酸
代谢物)

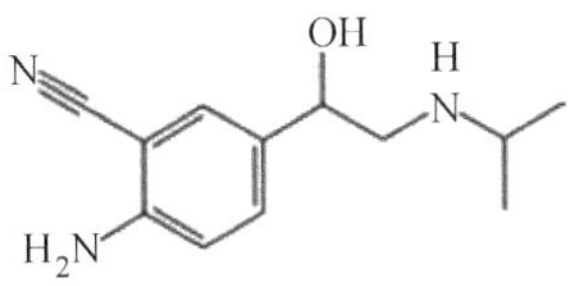

西马特罗
2-氨基-5-[1-羟基-2-
(异丙基氨基)乙基]苯腈

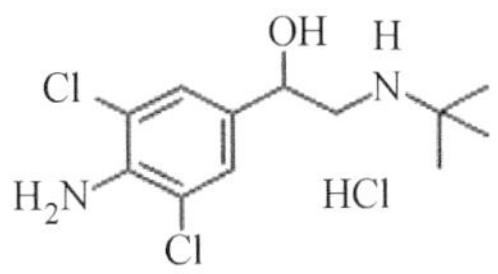

克仑特罗
1(-4-氨基-3,5-二氯苯基)-2-(四丁
基氨基)乙醇-盐酸

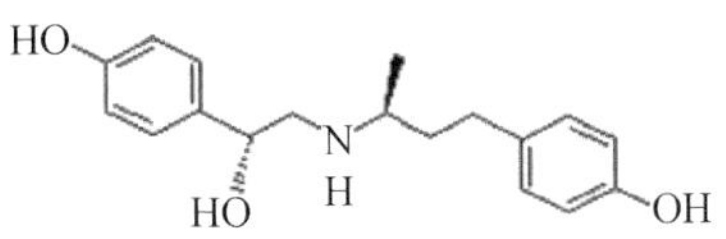

莱克多巴胺
4-{3-[2-羟基-2-(4-羟苯基)-乙基]氨丁
基}苯

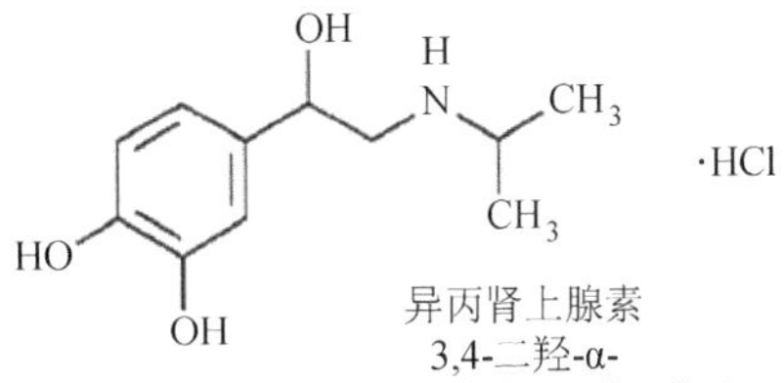

异丙肾上腺素
3,4-二羟-α-
[(异丙基氨基)甲基]-苯甲
醇-盐酸

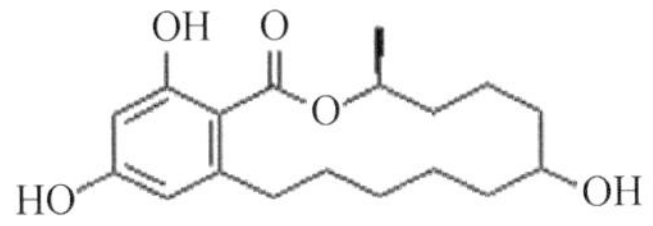

赤霉烯酮
2,4-二羟-6-
(6a,10-二羟苯基)苯甲酸-
10-内酯

图 11.8　用于动物生产的 β-激动剂的化学结构。这些是去甲肾上腺素（酪氨酸代谢物）的类似物，而不是类固醇物质。

包括玉米赤霉醇和去甲雄三烯醇酮。这些 β-激动剂可作为饲料添加剂、油注射剂或皮下植入剂在动物生产中使用。

所有 β-激动剂的化学结构都类似于去甲肾上腺素，是酪氨酸和儿茶酚胺的代谢物（Reeds and Mersmann, 1991）。这些物质的作用方式，涉及 β-肾上腺素受体和 G 蛋白的 Gβγ 亚基，两者都位于细胞膜上。β-激动剂与膜偶联 β-肾上腺素受体结合，从而激活腺苷酸环化酶将 ATP 转化为 cAMP，然后通过蛋白激酶 A 信号传导途径（图 11.9）促进细胞（如白色脂肪细胞）中的 cAMP 依赖性脂质分解。此外，β-激动剂通过激活细胞膜偶联 G 蛋白的 Gβγ 亚基来激活磷酸肌醇 3-激酶-蛋白激酶 B 的信号传导途径，从而促进骨骼肌中蛋白质合成并抑制蛋白质降解（Koopman et al., 2010）。促进动物生长的信号是通过 MTOR 进行整合的，MTOR 是蛋白质合成的主要调节剂，也是细胞内自噬的抑制剂（抑制溶酶体蛋白水解途径）（第 7 章）。β-激动剂（包括儿茶酚胺）通过 β2-肾上腺素受体和 cAMP 信号传导途径抑制骨骼肌中的钙蛋白酶（钙依赖性蛋白酶）（Navegantes, 2001）。β-激动剂可促进合成代谢，增加蛋白质净沉积，对于缓解分解代谢状态下骨骼肌的消耗和促进健康动物的肌肉肥大十分有效。

（2）反刍动物的生长促进剂

在反刍动物营养中，抗生素样物质已被用作促生长剂，作用于瘤胃或肠道菌群以改

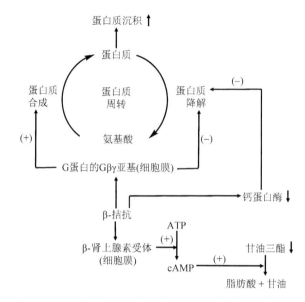

图 11.9　β-激动剂促进动物骨骼肌组织生长和减少脂肪沉积的机制。β-激动剂可作用于：①细胞膜上的 β-肾上腺素受体激活腺苷酸环化酶，将细胞（如脂肪细胞）中的 ATP 转化成 cAMP；②细胞膜偶联G 蛋白的 Gβγ 亚基，可激活磷酸肌醇 3-激酶（PI3K）-蛋白激酶 B（Akt）信号通路，以促进蛋白质合成，同时抑制蛋白质降解。β-激动剂还可降低骨骼肌中钙蛋白酶的活性，但其机制并不清楚。

变发酵产物的数量和质量（Cameron and McAllister, 2016）。此外，由某些细菌产生的抗生素（如莫能霉素）作为反刍动物的饲料添加剂已被广泛接受，因为它可通过改变瘤胃发酵来提高饲料的利用率，有利于丙酸的生成（第 13 章）。

11.2.6　补偿性生长

补偿性生长（在日粮供应不足的一段时间后动物恢复生长的能力）是动物生物学中一个有趣的研究领域。动物因长期营养不良而出现生长受限现象，但当给动物提供充足营养时会发生补偿性生长（Hornick et al., 2000）。以体重或组织重量增加的百分比表示，当供应充足饲料时，曾经历过生长阻滞的动物就会比其他同龄动物生长得更快。这种生物现象已经在哺乳动物、禽类、鱼类和爬行动物中被观察到（Boersma and Wit, 1997）。随着时间的推移，前期营养限制动物的体重可能达到正常动物的体重（Gerrard and Grant, 2002）。然而，高补偿生长率通常会导致白色脂肪组织中脂肪沉积过多，从而对动物机体健康产生不良影响（Gerrard and Grant, 2002）。补偿性生长的主要原因可能是再次提供充足的营养时，动物的采食量增加、胃肠道的吸收能力增强、肝脏分泌的胰岛素样生长因子-1 增多、肠道微生物活性和氨基酸分解代谢率均降低，以及饲料转化效率提高（Boersma and Wit, 1997; Heyer and Lebret, 2007; Won and Borski, 2013; Zhu et al., 2017）。IUGR 子代能否完全赶上那些出生体重正常及体增重正常的子代取决于胎儿生长受限的严重程度，以及在哺乳期和断奶后第 1 周的体增重（特别是蛋白质的沉积）（Ji et al., 2017）。营养不良发生的时间越早，饲料缺乏时间越长，补偿性生长就越少。由于 IUGR 后代的代谢状态（特别是肝脏或胃肠道功能）不同于出生体重正常的后代，因此必须为不同表型的动物研制不同的日粮配方。

11.2.6.1 日粮氨基酸在动物生长中的重要作用

氨基酸是蛋白质的基本组成单元。如前所述，骨骼肌含量的变化对动物的生长有很大影响。蛋白质是肌肉干物质中含量最高的成分，并且由于氨基酸是蛋白质的组成成分，因此日粮氨基酸摄入量对动物的生长、饲料转化率和健康至关重要（表 11.9）。动物营养学中一个活跃的研究领域是动物生长对日粮蛋白质和氨基酸的需要（Escobar et al., 2006; Humphrey et al., 2008; Liao et al., 2018），尤其是饲料转化效率较低的反刍动物（Brake et al., 2014; Wilkinson, 2011）。出于生物学和经济效益的考虑，日粮蛋白质或氨基酸的摄入对于动物生产者来说非常重要。日粮中能量、脂肪和碳水化合物的利用效率取决于日粮中蛋白质的数量与质量（Campbell, 1988; Reeds and Mersmann, 1991）。我们知道，肉牛日粮蛋白质转化为体蛋白质的效率较低，而放牧牛的转化效率只是高产奶牛的 1/2（表 11.10）。根据不同动物品种而异，新生哺乳动物将日粮蛋白质沉积为组织蛋白的效率为 70%–75%，饲喂玉米-豆粕型日粮、接近出栏体重动物的效率为 40%–45%（Wu, 2013; Wu et al., 2014a）。因此，充分了解动物（特别是反刍动物）的蛋白质代谢和需要，将会提高饲料利用效率并防止能量和氨基酸的浪费。

表 11.10 18–125 kg 体重的阉公猪和后备母猪整体、脂肪与蛋白质的日增重及料重比

指标	18–125 kg 体重期间的变化
日增重	18–82 kg 体重期间，阉公猪和后备母猪的日增重均逐步增加
	82–125 kg 体重期间，阉公猪和后备母猪的日增重均逐渐降低
	18–125 kg 体重期间，阉公猪＞后备母猪
每日蛋白质增量	18–73 kg 体重期间，阉公猪和后备母猪的蛋白质日增量均逐步增加
	73–125 kg 体重期间，阉公猪和后备母猪的蛋白质日增量均逐渐降低
	90 kg 体重之前，阉公猪＞后备母猪；90–125 kg 体重期间，阉公猪 ＝ 后备母猪
每日脂肪增量	18–90 kg 体重期间，阉公猪和后备母猪的脂肪日增量均逐步增加
	90–125 kg 体重期间，阉公猪和后备母猪变化不大
	18–125 kg 体重期间，阉公猪＞后备母猪
料重比（g/g）	18–125 kg 体重期间，阉公猪和后备母猪的料重比均逐步增加
	18–50 kg 体重期间，阉公猪 ＝ 后备母猪；50–125kg 体重期间，阉公猪＞后备母猪

资料来源：改编自 Wagner, J. R., A. P. Schinckel, W. Chen, J. C. Forrest, and B. L. Coe. 1999. *J. Anim Sci.* 77: 1442–1466。

如第 7 章所讨论的，需要通过包括日粮中几个蛋白质或氨基酸水平的传统饲养试验，来确定动物生长所需的总蛋白质。最后测量的指标为氮沉积量和体重。当能量不足时，即使饲喂足够的蛋白质，机体也可能出现氮的负平衡（McDonald et al., 2011）。当进行氮平衡或生长试验研究时，需要提供充足的日粮脂肪、碳水化合物、维生素、矿物质和饮用水。另外，过量摄入日粮蛋白质或氨基酸是浪费的，并且提供过量的蛋白质或氨基酸可能不会使活体组织中的蛋白质含量增加，还可能对动物健康和环境产生不利影响（Wu et al., 2014b）。

动物对日粮"非必需氨基酸"的需要量应该取决于家畜、家禽和鱼类的预期生长速率、最优繁殖性能、理想健康状况，以及其生产性能和饲料转化效率（Wu et al., 2014b）。最近一些关于饲粮和动物组织蛋白质中氨基酸含量分析的研究进展，使得确定动物对日粮氨基酸的摄入量成为可能。根据已发表的研究结果，Wu（2014）提出了得州农工大学关于饲喂典型玉米-豆粕型日粮的不同生长与生产阶段猪（表 11.11）及鸡（表 11.12）的最佳氨基酸比例（以前称为理想氨基酸模式）。这些建议值基于日粮氨基酸的回肠真消化率，并且可以很容易地转换成日粮中总氨基酸的百分比（g/100g 日粮）。

表 11.11　得州农工大学关于猪日粮中真可消化氨基酸的最佳需要量[a]

氨基酸种类	生长猪（kg）[b]				妊娠母猪[c]		泌乳母猪[b]
	5–10	10–20	20–50	50–110	0–90 天	90–114 天	
	占日粮的百分比（%）（饲喂基础）						
丙氨酸	1.14	0.97	0.80	0.64	0.69	0.69	0.83
精氨酸	1.19	1.01	0.83	0.66	1.03	1.03	1.37
天冬酰胺	0.80	0.68	0.56	0.45	0.50	0.50	0.66
天冬氨酸	1.14	0.97	0.80	0.64	0.61	0.61	0.94
半胱氨酸	0.32	0.28	0.24	0.20	0.19	0.19	0.26
谷氨酸	2.00	1.70	1.39	1.12	0.89	0.89	1.81
谷氨酰胺	1.80	1.53	1.25	1.00	1.00	1.60	1.38
甘氨酸	1.27	1.08	0.89	0.71	0.48	0.48	0.75
组氨酸	0.46	0.39	0.32	0.26	0.29	0.29	0.39
异亮氨酸	0.78	0.66	0.54	0.43	0.45	0.45	0.66
亮氨酸	1.57	1.33	1.09	0.87	1.03	1.03	1.41
赖氨酸	1.19	1.01	0.83	0.66	0.51	0.51	0.80
蛋氨酸	0.32	0.28	0.24	0.20	0.16	0.16	0.25
苯丙氨酸	0.86	0.73	0.60	0.48	0.54	0.54	0.77
脯氨酸	1.36	1.16	0.95	0.76	0.89	0.89	1.24
丝氨酸	0.70	0.60	0.49	0.39	0.45	0.45	0.74
苏氨酸	0.74	0.65	0.55	0.46	0.41	0.41	0.56
色氨酸	0.22	0.19	0.17	0.14	0.11	0.11	0.18
酪氨酸	0.67	0.57	0.46	0.37	0.40	0.40	0.62
缬氨酸	0.85	0.72	0.59	0.47	0.55	0.55	0.72

资料来源：Wu, G. 2014. *J. Anim. Sci. Biotechnol.* 5: 34。

[a] 除了甘氨酸，其他所有氨基酸都是 L 型异构体。数值基于回肠真可消化氨基酸。可将回肠真可消化率为 100% 的晶体氨基酸（如达到饲料级标准的精氨酸、谷氨酸、谷氨酰胺和甘氨酸）加在饮食中以获得其最佳比例。所有计算均使用氨基酸的完整分子量。所有日粮中的干物质含量都为 90%。生长猪、妊娠母猪和泌乳母猪日粮中的代谢能含量分别为 3330 kcal/kg、3122 kcal/kg 和 3310 kcal/kg。

[b] 自由采食（90% 干物质）。

[c] 在 0–90 天，饲料（90% 干物质）饲喂量为 2 kg/d；在 90–114 天，饲料（90% 干物质）饲喂量为 2.3 kg/d。

表 11.12 得州农工大学关于鸡日粮中真可消化氨基酸的最佳需要量[a]

氨基酸种类	鸡的日龄		
	0–21 天[b]	21–42 天[c]	42–56 天[d]
	日粮中赖氨酸的百分比（%）		
丙氨酸	102	102	102
精氨酸	105	108	108
天冬酰胺	56	56	56
天冬氨酸	66	66	66
半胱氨酸	32	33	33
谷氨酸	178	178	178
谷氨酰胺	128	128	128
甘氨酸	176	176	176
组氨酸	35	35	35
异亮氨酸	67	69	69
亮氨酸	109	109	109
赖氨酸	100	100	100
蛋氨酸	40	42	42
苯丙氨酸	60	60	60
脯氨酸	184	184	184
丝氨酸	69	69	69
苏氨酸	67	70	70
色氨酸	16	17	17
酪氨酸	45	45	45
缬氨酸	77	80	80

资料来源：Wu, G. 2014. *J. Anim. Sci. Biotechnol.* 5: 34。

[a] 除甘氨酸外，其他所有氨基酸都是 L 型异构体。数据基于回肠真可消化氨基酸。

[b] 公鸡和母鸡理想蛋白质中氨基酸组成模式是相同的。公鸡和母鸡日粮（饲喂基础，90%干物质）中可消化赖氨酸的含量分别为 1.12%和 1.02%。

[c] 公鸡和母鸡理想蛋白质中氨基酸组成模式是相同的。公鸡和母鸡日粮（饲喂基础，90%干物质）中可消化赖氨酸的含量分别为 0.89%和 0.84%。

[d] 公鸡和母鸡理想蛋白质中氨基酸组成模式是相同的。公鸡和母鸡日粮（饲喂基础，90%干物质）中可消化赖氨酸的含量分别为 0.76%和 0.73%。

11.2.7 泌乳的营养需要

新生哺乳动物依靠乳汁来生存和生长；因此，泌乳对其生存、生长和发育至关重要。哺乳动物乳汁中营养物质的组分因不同物种（表 11.13）、同一物种内不同品种、不同泌乳阶段和不同挤奶间隔等而不同。初乳是分娩后几天内乳腺分泌的第一种分泌物。初乳的特点是富含免疫球蛋白，新生儿免疫系统不成熟，需要通过初乳获得被动免疫（表 11.14）。除了免疫球蛋白和寡糖外，初乳和常乳中还含有非营养物质 [如骨桥蛋白、胰岛素样生长因子 1（IGF-1）和其他生物活性因子]。值得注意的是，含氮物质（主要是 β-酪蛋白、α-乳清蛋白、其他蛋白质和游离氨基酸）是家畜初乳和常乳中丰富的有机营养物（表11.15）。但在初乳和常乳的干物质中，脂肪和乳糖含量也很高。充足的产乳量对提高畜牧生产效率至关重要。然而，在家畜（如母猪和母牛）中，产奶量往往是后代断奶前生长的最大限制因素（Dunshea et al., 2005; Rezaei et al., 2016）。为了达到最大产奶量，与非泌乳期母畜相比，泌乳母畜每千克体重的采食量都需要相应地增加50%–80%，具体的量将取决于泌乳阶段（Bell, 1995; Kim et al., 2013）。因此，动物营养学研究的一个重要目标就是了解泌乳生物学。

表 11.13　家养和野生哺乳动物常乳的组成 [a]

物种	脂肪	酪蛋白	乳清蛋白	总蛋白	非蛋白氮	乳糖	总碳水化合物	钙	粗灰分	DM[b]
羚羊 [c]	72	48	14	62	18	42	47	2.6	13	212
狒狒	46	4.7	7.3	12	3.0	60	77	0.44	3.0	141
蝙蝠	133	x	x	80	5.0	34	40	x	6.8	265
黑熊	220	88	57	145	7.5	3.0	27	3.6	19	419
灰熊	185	68	67	135	7.0	4.0	32	3.4	13	372
北极熊	331	71	38	109	5.6	4.0	30	3.0	12	488
海狸	182	85	23	108	6.3	17	22	2.4	20	338
美洲野牛	35	37	8.0	45	3.0	51	57	1.2	9.6	150
水牛	77	38	7.0	45	5.2	40	47	1.9	8.0	192
蓝鲸	423	73	36	109	6.6	10	13	3.4	16	568
骆驼	45	29	10	39	5.6	49	56	1.4	7.0	153
猫（家养）	108	31	60	91	10	42	49	1.8	6.2	264
黑猩猩	37	4.8	7.2	12	2.0	70	82	0.36	11	144
奶牛（家养）[d]	37	28	6.0	34	2.2	49	56	1.2	7.1	136
郊狼	107	x	x	99	x	30	32	x	9.0	247
鹿	197	94	10	104	14	26	30	2.6	14	359
狗（家养）	95	51	23	74	23	33	38	2.0	12	242
海豚	330	39	29	68	3.0	10	11	1.5	7.5	420
驴	14	11	9.0	20	3.2	61	68	0.91	4.5	110
象	116	19	30	49	4.1	51	60	0.80	7.6	237
白鼬	80	32	28	58	6.7	38	44	x	8.0	197
鳍鲸	286	82	38	120	6.2	2.0	26	3.0	16	454
狐狸	63	x	x	63	4.0	47	50	3.4	10	190
大熊猫	104	50	21	71	10	12	15	1.3	9.4	209
长颈鹿	125	48	8.0	56	2.2	34	40	1.5	8.7	232
山羊（家养）	45	29	5.0	34	5.8	43	47	1.4	7.9	139
山羊（放山）	57	24	7.0	31	5.3	28	32	1.3	12	136
大猩猩	19	13	9.0	22	1.9	62	73	3.2	6.0	122
豚鼠	39	66	15	81	12	30	36	1.6	8.2	176
仓鼠	126	58	32	90	11	32	38	2.1	14	279
马（家养）	19	14	8.3	22	3.6	62	69	0.95	5.1	119
人 [e]	42	4.4	6.6	11	2.8	70	80	0.32	2.2	138
袋鼠	21	23	23	46	4	<0.01	47	1.6	12	130

续表

物种	脂肪	酪蛋白	乳清蛋白	总蛋白	非蛋白氮	乳糖	总碳水化合物	钙	粗灰分	DM[b]
狮子	189	57	36	93	6.6	27	34	0.82	14	337
美洲驼	42	62	11	73	9.6	60	66	1.7	7.5	198
水貂	80	x	x	74	12	69	76	1.3	10	252
驼鹿	105	x	x	135	18	33	38	3.6	16	312
小鼠（实验室）	121	70	20	90	11	30	36	2.5	15	273
骡 [f]	18	x	x	20	3.0	55	62	0.76	4.8	108
麝牛	110	35	18	53	7.0	27	33	3.0	18	221
负鼠	61	48	44	92	4.6	16	20	4.2	16	194
野猪	36	40	15	55	5.7	66	71	1.2	6.4	174
猪（家养）	80	28	20	48	5.4	52	58	3.1	9.2	201
叉角羚	130	x	x	69	7.2	40	43	2.5	13	262
兔	183	104	32	136	11	18	21	6.3	20	371
大鼠（实验室）	126	64	20	84	6.3	30	38	3.2	15	269
驯鹿	203	86	15	101	14	28	35	3.1	14	367
猕猴	40	11	5.0	16	1.6	70	82	0.40	26	166
犀牛	4.0	11	3.0	14	2.3	66	72	0.56	3.7	96
海狮	349	x	x	136	4.1	0.0	6.0	0.76	6.4	502
毛海豹	251	46	43	89	6.9	1.0	24	0.70	5.0	376
灰海豹	532	50	52	102	10	1.0	26	2.0	7.0	677
竖琴海豹	502	38	21	59	2.4	8.9	23	1.2	3.9	590
冠海豹	404	x	x	67	5.0	0.0	10	1.2	8.6	496
绵羊（家养）	74	46	10	56	2.7	48	55	1.9	9.2	195
抹香鲸 [g]	153	32	50	82	6.3	20	22	1.5	8.0	270
松鼠（灰）	121	50	24	74	16	30	34	3.6	12	257
树鼩	170	x	x	85	19	15	20	x	8.0	302
水牛	74	32	6.0	38	5.8	48	55	1.9	7.8	181
水鼩	200	x	x	100	x	1.0	30	x	20	350
白鲸	220	82	38	120	3.7	2.0	18	3.6	16	378
狼	96	x	x	92	4.8	32	35	4.0	25	253
牦牛	68	36	7.0	43	2.5	50	54	1.3	8.0	176
斑马	21	12	11	23	2.6	74	82	0.8	3.5	132

资料来源：Rezaei, R., Z. L. Wu, Y. Q. Hou, F. W. Bazer, and G. Wu. 2016. *J. Anim. Sci. Biotechnol.* 7: 20。

[a] 数值单位为 g/kg 全奶。非蛋白氮 = 总氮 − 蛋白氮。奶蛋白质中 N 的含量为 15.67%。非蛋白质含氮物含量（g/kg 全奶）= 非蛋白质氮含量（g/kg 全奶）×6.25。酪蛋白包括 α$_{S1}$-酪蛋白、α$_{S2}$-酪蛋白、β-酪蛋白、γ-酪蛋白和 κ-酪蛋白。乳清蛋白包括 α-乳清蛋白、β-乳球蛋白、血清白蛋白、免疫球蛋白、乳铁蛋白、溶菌酶、氨基酸氧化酶、黄嘌呤氧化酶和其他酶。

[b] 包括脂肪、蛋白质、非蛋白氮、乳糖和其他碳水化合物及矿物质（总灰分）。当没有报道总碳水化合物的数据时，奶中乳糖与其他碳水化合物的比值估计为 15∶1（g/g）。

[c] 南非剑羚。

[d] 尿素、肌酸酐和氨基糖的浓度分别为 317 mg/L、127 mg/L 和 392 mg/L 全奶。

[e] 尿素、肌酸酐和氨基糖的浓度分别为 274 mg/L、209 mg/L 和 1111 mg/L 全奶。

[f] 骡是一种驯养的杂种动物，由母马和公驴交配而成。

[g] 小抹香鲸。

注：DM = 干物质；非蛋白氮 = 游离氨基酸、小肽、尿素、氨、尿酸、肌酸、肌酐和其他小分子含氮物。符号"x"表示文献中缺乏此数据。

表 11.14　初乳和常乳中免疫球蛋白的组成（g/L）

物种	乳的种类	免疫球蛋白 A	免疫球蛋白 G	免疫球蛋白 M
奶牛	初乳	3.9	50.5	4.2
	常乳	0.20	0.80	0.05
山羊	初乳	0.9–2.4	50–60	1.6–5.2
	常乳	0.03–0.08	0.1–0.4	0.01–0.04
绵羊	初乳	2.0	61	4.1
	常乳	0.06	0.3	0.03
猪	初乳	10–26	62–94	3–10
	常乳	3.4–5.6	1.0–1.9	1.2–1.4
人	初乳	17.4	0.43	1.6
	常乳	1.0	0.04	0.1

资料来源：Rezaei, R., Z. L. Wu, Y. Q. Hou, F. W. Bazer, and G. Wu. 2016. *J. Anim. Sci. Biotechnol.* 7: 20。

表 11.15　哺乳动物常乳中蛋白质的组成（g/L 乳汁）

蛋白质种类	奶牛	猪	绵羊	山羊	马	人
酪蛋白	28	28	46	29	13.6	4.4
α-S1	10.6	20	16.6	4.3	2.4	0.52
α-S2	3.4	2.4	6.4	5.8	0.2	0.0
β	10.1	2.3	18.3	11.2	10.7	2.8
κ	3.9	3.3	4.5	7.7	0.24	1.0
乳清蛋白	6.0	20	10	5.0	8.3	6.6
α-乳清蛋白	1.2	3.0	2.4	0.85	2.4	2.8
β-乳球蛋白	3.2	9.5	6.4	2.3	2.6	0.0
乳铁蛋白	0.02–0.2	0.1–0.25	0.1	0.02–0.2	0.58	3–4
转铁蛋白	0.02–0.2	0.02–0.2	0.1	0.02–0.2	0.1	0.02–0.03
免疫球蛋白	1.1	6.6	0.4	0.4	1.6	1.2
血清白蛋白	0.4	0.5	0.5	0.6	0.4	0.5

资料来源：Rezaei, R., Z. L. Wu, Y. Q. Hou, F. W. Bazer, and G. Wu. 2016. *J. Anim. Sci. Biotechnol.* 7: 20。

11.2.7.1　乳腺

　　泌乳乳腺的代谢很活跃。尽管该器官仅占体重的 5%–7%（Akers, 2002），但相对于整个机体，每单位重量的乳腺代谢需要更多的营养物质。泌乳腺体是一个具有复合管状腺泡结构的高度组织有序的器官。在激素（如催乳素、胰岛素和糖皮质激素）调控下，乳腺上皮细胞可合成和分泌蛋白质、一些氨基酸、脂肪与乳糖。乳腺腺泡连接一个导管系统，分泌的乳汁通过乳导管流入乳池，然后通过吮吸或挤奶流出（图 11.10）。泌乳腺体基质由上皮结构周围的结缔组织组成。结缔组织的细胞成分由成纤维细胞、血管和白细胞组成，而非细胞成分则包括胶原和其他结缔组织蛋白（Inman et al., 2015）。另外，大量的白色脂肪组织作为发育腺体的基质而存在。脂肪垫（一种特大的实质组织）会在胎儿和出生后早期发育阶段增厚，但在青春期、妊娠期和哺乳期则逐渐变薄。

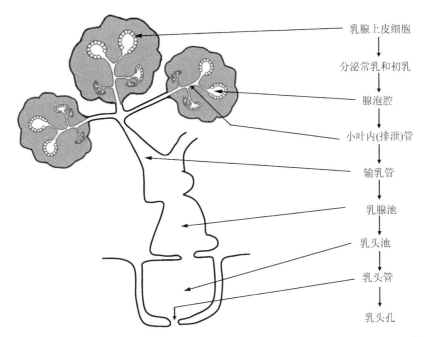

乳腺上皮细胞

分泌常乳和初乳

腺泡腔

小叶内(排泄)管

输乳管

乳腺池

乳头池

乳头管

乳头孔

图 11.10　乳腺的基本结构。泌乳动物的乳腺上皮细胞可合成和分泌乳汁。腺泡连接管道系统，分泌的乳汁可通过这个管道系统流入乳头管，乳头管内的乳汁通过哺乳或挤奶释放出来。(资料来源：Rezaei, R., Z. L. Wu, Y. Q. Hou, F. W. Bazer, and G. Wu. 2016. *J. Anim. Sci. Biotechnol.* 7: 20.)

乳腺的结构发育发生在子宫内胎儿生长期、青春期前后、妊娠期和哺乳期(图 11.11)，这个过程称为乳腺发育。在雌激素、孕激素、肾上腺皮质激素、催乳素、生长激素和甲状腺素等激素的影响下，在性成熟时乳腺的发育最为迅速(Musumeci et al., 2015)。大部分乳腺发育发生在妊娠期，并受到各种激素(尤其是雌激素、生长激素、胰岛素样生长因子-1、黄体酮、胎盘催乳素和催乳素)的调控，且不同物种和不同妊娠阶段的发育不同。因此，孕激素和催乳素可以促进腺泡小叶发育形成小腺泡。分娩后黄体酮停止分泌，这对于诱发泌乳很重要，因为黄体酮会抑制垂体前叶激素的分泌(Girmus and Wise, 1992)。在泌乳开始时，已形成能够产生和分泌乳汁的成熟腺泡。乳汁分泌是通过吮吸或挤奶来维持的，这可刺激泌乳机制中泌乳素和其他活性激素的分泌。新生动物吮吸乳头会导致催乳素诱导的腺泡周围的肌上皮细胞收缩，从而通过导管将乳汁排入乳头。断奶后停止泌乳，乳腺通过细胞凋亡和自噬退化至非泌乳状态(Rezaei et al., 2016)。

11.2.7.2　通过乳腺上皮细胞合成乳汁

乳汁是由乳腺小泡(或腺泡)上皮细胞分泌的，并通过树枝状的导管系统排至体表。不同哺乳动物的自然泌乳期长短不同。例如，奶牛的泌乳期约为 40 周，产犊后 6–8 周达到泌乳高峰期；羊的泌乳期为 12–20 周，产羔后 2–3 周达到泌乳高峰期；猪的泌乳期为 6–8 周，产仔后 3–4 周达到泌乳高峰期(Akers, 2002; Bell, 1995; Manjarin et al., 2014)。在所有哺乳动物中，乳腺合成乳汁的能力在很大程度上取决于功能性乳腺上皮细胞的数量和合成效率，并且乳汁的合成受到基因转录和转录后水平的调节(Osorio et

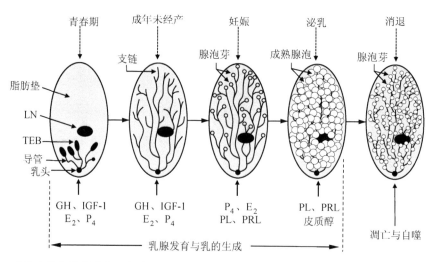

图 11.11 哺乳动物乳腺的发育。乳腺的生成始于胎儿发育时期。出生后，乳腺导管通过细胞增殖而延长。性成熟开始时，血浆中高浓度的生长激素和胰岛素样生长因子刺激乳腺导管增殖，在导管尖端形成终端腺胞（TEB）。在雌激素作用下，TEB 迅速增殖形成导管分支，布满于乳腺脂肪垫。在这个阶段过后，TEB 消失。在妊娠期间，孕酮和催乳素促进腺泡小叶发育形成腺泡芽。在开始泌乳时，成熟的腺泡已经形成，用于产生和分泌乳汁。新生儿吮吸乳头导致腺泡周围的肌上皮细胞收缩，使乳汁通过导管排入乳头。断奶后，哺乳期停止，乳腺通过细胞凋亡和自噬退化到非泌乳状态。E_2，雌激素；GH，生长激素；IGF-1，胰岛素样生长因子-1；LN，淋巴结；P_4，孕酮；PL，胎盘催乳素；PRL，催乳素。（资料来源：Rezaei, R., Z. L. Wu, Y. Q. Hou, F. W. Bazer, and G. Wu. 2016. *J. Anim. Sci. Biotechnol.* 7: 20.）

al., 2016）。两条大动脉作为体循环的一部分，为乳腺提供血液。产奶需要从大量的血液中摄取营养素。例如，泌乳奶牛产 1 L 的奶需要约 500 L 的血液流经乳腺（Braun and Forster, 2012）。在泌乳期间，血液流过乳腺的速度非常快，并且乳腺主动摄取血液中的养分。

目前已有不同的方法来研究乳腺中乳成分的生物合成。测定进入和离开乳腺动静脉血中物质的浓度差是最简单的方法（Trottier et al., 1997）。基于动静脉血中物质的浓度差，物质被摄取的速率可以计算为：（动脉中的浓度–静脉中的浓度）/动脉中的浓度×100%。如果已知血流速度（mL/min），再乘以吸收速率就可以获得乳腺摄取营养物质的绝对速率。泌乳山羊的乳腺从动脉血中摄取大量的乙酸、葡萄糖、乳酸、氨基酸、β-羟基丁酸和甘油三酯，以及少量的甘油、长链脂肪酸和磷脂（表 11.16）。

表 11.16　泌乳山羊乳腺动脉中乳前体的浓度和营养物质的摄取速率

物质	动脉浓度（mg/L）	摄取速率（%）
血液		
乙酸	89	63
葡萄糖	445	33
乳酸	67	30
氧气（以 L 为体积单位）	119	45
血浆		
氨基酸	2.7–68.5	15–72

物质	动脉浓度（mg/L）	摄取速率（%）
甘油（丙三醇）	3.4	7
β-羟基丁酸	58	57
长链游离脂肪酸	87	3
磷脂	1600	4
固醇	1040	0
甘油三酯	219	40

资料来源：Mepham, T. B. and J. L. Linzell. 1966. *Biochem. J.* 101: 76–83。

（1）乳汁中的蛋白质和氨基酸

A. 乳汁中的真蛋白质

乳汁中有 80%–95%的氮以真蛋白质（包括酪蛋白、乳清蛋白和乳球蛋白）和游离氨基酸的形式存在，其余的氮主要为尿素、氨、肌酸和肌酸酐（Rezaei et al., 2016）。在母体血液直接进入腺泡腔的过程中，初乳和常乳中的白蛋白、κ-酪蛋白与免疫球蛋白（作为抗体）被乳腺上皮细胞摄取。初乳中的蛋白质浓度高于常乳。在初乳中，白蛋白和球蛋白的浓度高于酪蛋白（表 11.13 和表 11.14）。乳汁乳蛋白中约含 25%的干物质和约 25%的能量（表 11.16）。高产奶牛每天产 1–1.5 kg 的蛋白质，快速生长的犊牛或牛崽每天约沉积 250 g 的蛋白质（Tucker, 2000）。因此，合成乳汁需要大量的日粮蛋白质。

B. 乳腺上皮细胞中乳蛋白的加工

粗面内质网合成的蛋白质包括分泌蛋白（如酪蛋白、β-乳球蛋白和 α-乳清蛋白）、膜结合蛋白（如连接细胞的胞外基质蛋白质和膜结合酶）或胞内蛋白质 [如酶、结构蛋白（如角蛋白）和脂肪酸结合蛋白]（Ollivier-Bousquet, 2002）。在乳腺上皮细胞中，新合成的蛋白质从粗面内质网转运到高尔基体进行加工修饰，再运输到细胞外。酪蛋白在高尔基体中由酪蛋白、钙和磷形成，形成之后以胶束形式释放。酪蛋白以几种形式存在，是非人类哺乳动物常乳中的主要蛋白质：在反刍动物中占 82%–86%、在非反刍动物中占 52%–80%、在人类中占 40%（表 11.15）。酪蛋白中含有磷酸化氨基酸残基（如丝氨酸、苏氨酸和酪氨酸的残基）和钙。虽然乳蛋白中氨基酸的含量丰富，但酪蛋白中精氨酸、甘氨酸和蛋氨酸的含量较低（Wu, 2013）。

C. 乳汁中的游离氨基酸

支链氨基酸和精氨酸等氨基酸可被泌乳乳腺大量分解（Wu, 2013）。支链氨基酸分解代谢的含氮物主要是谷氨酰胺和丙氨酸。精氨酸分解代谢的含氮物包括鸟氨酸、脯氨酸、谷氨酸、谷氨酰胺、NO、瓜氨酸和多胺。除了马和猫之外，由于大量精氨酸被乳腺上皮细胞降解，在所有研究过的动物物种的乳汁中精氨酸的含量均非常低（Manjarin et al., 2014）。乳源性多胺对于促进新生儿肠道成熟和发育很重要。由于缺乏脯氨酸氧化酶和谷氨酰胺酶，乳腺组织中的脯氨酸和谷氨酰胺几乎不被分解代谢，这有助于解释乳蛋白中富含这两种氨基酸的原因（Rezaei et al., 2016）。

（2）乳汁中的乳糖

葡萄糖通过特定的转运蛋白（主要是葡萄糖转运蛋白-1）从血液经基底外侧膜运输到乳腺上皮细胞（Zhao and Keating, 2007）。由泌乳乳腺摄取的约 60%或更多的葡萄糖用于乳糖的合成，其余的葡萄糖用于脂肪的合成、氧化或丙氨酸合成。利用 ^{14}C-葡萄糖作为同位素示踪剂的研究表明，血糖是乳糖分子（即葡萄糖和半乳糖）的主要前体（Baxter et al., 1956）。甘油是甘油三酯的水解产物，是泌乳母畜肝脏合成葡萄糖的前体，因此在乳腺上皮细胞合成半乳糖和乳糖过程中起作用。在乳腺上皮细胞中，葡萄糖和半乳糖都通过一系列酶催化反应进入高尔基体形成乳糖（第 5 章）。高尔基体中乳糖的形成会导致水分从细胞外（或血液）进入细胞质，然后进入高尔基体，其中乳糖最终成为乳汁的组成成分。乳糖形成了乳汁的大部分渗透压，因此乳糖在营养和生理水平上对哺乳新生动物十分重要。

（3）乳汁中的脂质

除少数哺乳动物（包括马）外，大多数哺乳动物（包括奶牛和猪）的乳汁中 98%的脂质是甘油三酯（Palmquist, 2006）。马乳汁脂质中含有 80%的甘油三酯（Stoneham et al., 2017），包括胆固醇（主要是乳甾醇）在内的甾醇占乳脂总脂质的不足 0.5%，并且乳汁中的磷脂浓度很低（Jensen, 2002）。磷脂是乳汁中脂肪球的重要组成成分。脂肪不溶于水且对乳汁渗透压的形成不起作用，以乳化剂的形式存在于乳汁中。不同动物物种的乳汁中脂肪和脂肪酸的浓度差异很大。例如，反刍动物的乳汁中含有较高浓度的丁酸、其他短链脂肪酸、奇碳数脂肪酸和支链脂肪酸（Park and Haenlein, 2006）。反刍动物乳汁中的特有成分是共轭亚油酸，其在动物营养学中具有许多重要作用（第 6 章）。$C_{18:1}$、$C_{16:0}$ 和 $C_{18:0}$ 是牛乳汁中最丰富的脂肪酸，类似于母猪乳汁中的 $C_{18:1}$ 和 $C_{16:0}$（Palmquist, 2006）。乳汁中的脂肪酸主要有两个来源：血液脂蛋白甘油三酯和/或从头合成。

A. 乳腺上皮细胞中的脂蛋白释放脂肪酸

在甘油三酯从血液运输到乳腺组织的过程中，脂肪酸和甘油由毛细血管壁内皮细胞表面结合的脂蛋白脂肪酶催化生成（第 6 章）。脂肪酸和甘油经毛细血管壁进入上皮细胞后被摄取。血液循环中的低密度脂蛋白也通过细胞膜的低密度脂蛋白受体介导的胞吞作用进入乳腺组织（Osorio et al., 2016）。乳汁中大约有 50%的脂肪酸来源于血脂蛋白（Palmquist, 2006）。

B. 乳腺上皮细胞中脂肪酸的从头合成

在泌乳动物的乳腺上皮细胞中，脂肪酸由葡萄糖、乙酸、丁酸、乙酰乙酸和 β-羟基丁酸以动物种属依赖方式合成（第 6 章）。由乳腺上皮细胞从头合成的脂肪酸约占乳汁脂肪酸的 50%（Palmquist, 2006）。通过戊糖循环的葡萄糖代谢会产生脂肪酸合成所需的 NADPH。酮体是反刍动物、啮齿动物和人类乳汁脂肪酸合成的重要前体，但不包括猪，这是因为猪（包括泌乳母猪）肝脏中缺乏 3-羟基-3-甲基-戊二酸单酰-辅酶 A（HMG-CoA）合成酶，其生酮作用受到了限制（第 5 章）。在泌乳母猪的乳腺组织中，母猪乳汁中的脂肪酸（直到 C_{18}）可由血糖和乙酸合成（Linzell and Mepham, 1969）。相反，反刍动物乳腺组织中的葡萄糖几乎不能被转化为脂肪酸（第 6 章）。

C. 乳腺上皮细胞中磷脂和胆固醇的合成

乳磷脂由甘油二酯和磷脂酸在乳腺上皮细胞内合成（第 6 章）。磷脂在乳腺上皮细胞的细胞器中通过膜自发扩散、细胞质磷脂转移蛋白、囊泡和膜接触位点被转运（Vance，2015）。乳脂中的胆固醇主要来源于血液，并且有少量是由乳腺上皮细胞从头合成的（Ontsouka and Albrecht, 2014）。

D. 乳腺上皮细胞中脂肪的合成

由上皮细胞摄取的脂肪酸、甘油和甘油单酯会在滑面内质网中合成甘油三酯（第 6 章），形成小脂滴。许多小脂滴融合形成较大脂滴并向顶端膜移动，大脂滴通过顶端膜由上皮细胞进入腺泡腔和乳腺导管系统。除马外，脂肪是哺乳幼畜的主要能量底物（表 11.17），马乳汁中的脂质浓度只是牛乳中的 50% 左右。

表 11.17　不同哺乳动物乳汁脂肪、蛋白质和碳水化合物的百分比

物种	脂肪（kcal/kg 奶）	蛋白质+氨基酸（kcal/kg 奶）	碳水化合物（kcal/kg 奶）	总能量（kcal/kg 奶）	脂肪提供能量的比例（%）	蛋白质提供能量的比例（%）	碳水化合物提供能量的比例（%）
猫	1014	518	192	1725	58.8	30.1	11.1
奶牛	347	189	220	756	46.0	25.0	29.0
鹿	1850	599	118	2567	72.1	23.4	4.6
犬	892	464	149	1505	59.3	30.8	9.9
海豚	3099	378	43	3520	88.0	10.7	1.2
驴	131	119	267	517	25.4	23.0	51.6
象	1089	275	235	1600	68.1	17.2	14.7
山羊	423	200	184	807	52.4	24.8	22.8
豚鼠	366	470	141	977	37.5	48.1	14.4
仓鼠	1183	518	149	1851	63.9	28.0	8.0
马	178	130	270	578	30.8	22.4	46.8
人	394	65	314	773	51.0	8.4	40.6
袋鼠	197	259	184	641	30.8	40.5	28.8
鼠	1136	518	141	1796	63.3	28.9	7.9
猪	751	275	227	1254	59.9	22.0	18.1
兔	1718	767	82	2567	66.9	29.9	3.2
大鼠	1183	470	149	1802	65.7	26.1	8.3
驯鹿	1906	583	137	2627	72.6	22.2	5.2
猕猴	376	92	321	789	47.6	11.6	40.7
海狮	3277	745	24	4046	81.0	18.4	0.6
绵羊	695	313	216	1224	56.8	25.6	17.6
灰松鼠	1136	443	133	1712	66.4	25.9	7.8
狼	901	238	212	1351	66.7	17.6	15.7
牦牛	639	238	212	1088	58.7	21.8	19.5

注：脂肪、蛋白质+氨基酸和总碳水化合物的能值基于它们的燃烧能可分别计算为 9.39 kcal/g、5.40 kcal/g 和 3.92 kcal/g。

（4）乳汁中的矿物质

血液中的矿物质进入乳腺成为乳成分（Shennan and Peaker, 2000）。对于家养哺乳动物来说，初乳中矿物质的含量可能约是常乳的两倍，初乳中铁的浓度可能会超出常乳10–17倍。但初乳中钾的浓度低于常乳（Park and Haenlein, 2006）。常乳中钙和磷的浓度比血液中的浓度高很多（钙的浓度高13倍，磷的浓度高10倍）。乳汁中矿物质的浓度不同于血浆，而更像细胞内液。通过日粮摄入大量微量矿物质会极大地影响其在乳汁中的浓度（Suttle, 2010）。但是乳汁中铜、铁和锌的浓度可能不会因日粮供给的改变而发生显著变化。

（5）乳腺上皮细胞不能合成的乳汁有机物质

母体血浆中的大量有机物质可通过乳腺上皮细胞运输到导管系统中，而且这些有机物质基本保持不变。这些有机物质包括维生素和免疫球蛋白，与血液或黏膜分泌物中的相同（Hurley and Theil, 2011）。血液中的维生素由特定转运蛋白或受体介导的胞吞作用通过其基底外侧膜进入乳腺上皮细胞（第9章）。免疫球蛋白与乳腺上皮细胞基底外侧表面上的特异受体结合进入细胞，然后通过细胞内吞囊泡（或运输囊泡）由细胞顶端膜运输到腺泡内腔（Hurley and Theil, 2011）。在这一过程中，运输囊泡膜与乳腺上皮细胞顶端膜的内表面融合并将免疫球蛋白释放到腺泡腔中。当运输囊泡穿过细胞时，并不与高尔基体、分泌囊泡或脂滴相互作用。血清白蛋白也可以通过网格蛋白介导机制跨上皮细胞进行运输（Monks and Neville, 2004）。由于缺乏血清白蛋白受体，血清白蛋白分子可能会与运输囊泡中的免疫球蛋白一起被内化到上皮细胞中。

11.2.7.3 乳蛋白、乳糖和乳脂由乳腺上皮细胞向腺泡内腔的释放

在乳腺上皮细胞中，高尔基体参与乳蛋白的加工（如糖基化蛋白）、乳糖和脂肪的合成，并形成运输水分的渗透压梯度，从而在乳成分的合成中发挥重要作用（Rezaei et al., 2016）。乳蛋白和乳糖通过分泌小泡运输到乳腺上皮细胞的顶端区域，通过由聚合微管蛋白形成的微管到达顶端膜（Shennan and Peaker, 2000）。微管蛋白是细胞骨架蛋白中的一种，可形成支持细胞结构的细胞骨架。角蛋白是另外一种细胞骨架蛋白。乳腺上皮细胞顶端膜和分泌囊泡膜融合形成开口，囊泡内容物通过开口排入腺泡腔。

由于脂肪和长链脂肪酸不溶于水，乳汁中的脂滴由蛋白质和磷脂组成的薄膜覆盖，并在内质网膜上形成乳脂球（Palmquist, 2006）。大约有13%的蛋白质与乳汁中的脂质结合（Wu and Knabe, 1994）。脂滴从内质网释放到胞浆中，并通过胞吐作用运输到上皮细胞顶端膜以分泌到腺泡内腔中。

11.2.7.4 乳汁生成的能量利用效率

能量（主要是ATP）是合成乳汁所必需的。在乳腺上皮细胞中，约有90%的ATP通过线粒体电子传递系统产生（Rezaei et al., 2016）。当泌乳动物体内的能量储备不发生变化时，在一定时期内乳汁合成的总效率等于乳汁能量（产出）与消耗饲料能量（输入）

之比。乳汁合成的净效率是乳汁能量与饲料能量之比，不包括维持需要。泌乳的能量需要是通过对维持需要、产奶需要和体重变化进行析因法求和计算得出的。实质上，产奶量及其能量的含量（如奶牛和母猪的乳汁；表 11.17）决定了泌乳的能量需要。乳汁中的脂肪含量变化最大，蛋白质含量变化较少，矿物质和乳糖的变化最小（表 11.13）。

泌乳奶牛、山羊、母羊和母猪在泌乳早期出现能量负平衡（Baldwin and Bywater, 1984）。奶牛泌乳早期能量利用率如下：饲料代谢能转化成乳汁的效率=0.644；体脂转化成乳汁的效率=0.824；饲料代谢能转化成体脂的效率=0.747；干乳期饲料代谢能转化成体脂的效率=0.587（Bondi, 1987）。因此，泌乳期的脂肪沉积效率比干乳期高 27%。给高产奶牛肌内注射牛重组生长激素，其饲料能量转化成乳汁的效率提高 10%（Etherton and Bauman, 1998）。一种可能的替代注射牛重组生长激素的解决方案是通过日粮补充瘤胃保护的精氨酸，因为这种方法可有效地提高母猪产奶量（Mateo et al., 2008）。除了摄入干物质外，泌乳期母体的饮水量也会极大地影响日产奶量。总体来说，产奶效率会随着泌乳期的延长而下降，这是因为乳腺上皮细胞的代谢活性随着泌乳期的延长而降低（Gorewit, 1988）。

11.2.8 骨骼肌产力的营养需要

在不发达国家，牛仍被用来耕地（Pearson et al., 2003）。在发达国家，越来越多的马被用于比赛和其他娱乐目的。在世界的许多地区，马、驴、骡（雄驴×雌马）、牦牛和骆驼被用来作为交通工具。在农业和交通运输过程中，体力做功是牛、马和骑乘动物的主要能量输出（Pearson et al., 2003）。正如第 1 章所指出的，牛是反刍动物，而马作为单胃草食动物具有相对较小的胃和较长的盲肠与结肠。马的大肠具有类似于反刍动物的消化功能（第 1 章）。然而，马不能进行反刍，盲肠和结肠发酵产生的气体通过直肠排出体外（第 1 章）。由于马具有可消化纤维的大肠，摄取的完整纤维可直接进入大肠被消化吸收。因此，马的食糜从胃到小肠末端的通过率高于牛（McDonald et al., 2011）。尽管马的盲肠和结肠微生物群落及生化活性与反刍动物类似，但马消化纤维的效率不如反刍动物（Bondi, 1987）。马可以很好地消化纤维含量<15%的日粮，比兔子更能有效地利用日粮纤维（第 6 章）。驴、骡（雄驴×雌马的后代）、牦牛和骆驼都属于草食动物，以植物（如草和蔬菜）为食物。

11.2.8.1 骨骼肌的能量转化

骨骼肌处在化学与动能平衡过程中，它可将化学能直接转换成机械（动）能（Lieber and Bodine-Fowler, 1993）。因此，肌肉不同于蒸汽机和内燃机，因为这些机器是先将化学能转化为热能（热）再转化为动能。骨骼肌由肌原纤维组成，主要包括两种重要的蛋白质，即肌动蛋白和肌球蛋白。在收缩期，肌动蛋白丝滑入肌球蛋白以产生收缩力。在钙和镁的作用下，骨骼肌收缩所需要的能量直接由 ATP 酶水解为 ADP 和磷酸提供（Newsholme and Leech, 2009），与肌动蛋白结合的肌球蛋白具有 ATP 酶活性。

$$ATP \rightarrow ADP + Pi + 机械能 + 热量$$

在正常摄食条件下，脂肪酸和葡萄糖是哺乳动物与禽类骨骼肌能量的主要来源（Jobgen et al., 2006），至于在鱼和虾上是否也是如此则并不清楚。糖原、酮体和游离氨基酸（如谷氨酰胺和支链氨基酸）也是肌肉的能量来源。肌肉收缩会逐渐消耗糖原。在绝大多数厌氧条件下，ATP 在骨骼肌中通过糖酵解产生，通过这条途径产生 ATP 的效率较低（第 5 章）。

虽然骨骼肌收缩需要 ATP，其在肌肉中的浓度大于肝脏，但磷酸肌酸是储存在肌肉和大脑中的主要高能磷酸。事实上，骨骼肌中磷酸肌酸（也称肌酸磷酸）的浓度（19 mmol/kg 或 25 mmol/L）远高于 ATP 的浓度（4.5 mmol/kg 或 6 mmol/L）。肌酸是由精氨酸、甘氨酸和蛋氨酸通过器官间（主要是肝脏、肾脏和肌肉）协作代谢合成的（Wu, 2013）。因此，充足的蛋白质营养对维持肌肉收缩活动至关重要。

$$ATP + 肌酸 \leftrightarrow ADP + 磷酸肌酸 （肌酸激酶）$$

当 ATP 用于骨骼肌收缩时，这个反应从右向左进行（Newsholme and Leech, 2009）。经过长时间的肌肉活动，随着 ATP 的消耗，疲劳和乳酸积累会导致肌肉痉挛（Allen et al., 2008）。静止时，ATP 中的能量转移至肌酸中，然后储存在磷酸肌酸中，即反应从左向右进行。

11.2.8.2 肌肉运动对日粮能量、蛋白质和矿物质的高需要量

（1）肌肉运动引起的营养代谢增加

劳役的动物会比休息的动物消耗更多的能量，因此需要从日粮中摄取更多的日粮能量物质（包括脂肪、葡萄糖和氨基酸）（Jobgen et al., 2006）。此外，肌肉蛋白质周转率增加以响应肌肉活动，这取决于劳役强度和日粮能量与蛋白质的摄入量（Allen et al., 2008）。因此，必须提供更多的日粮氨基酸用于合成蛋白质以抵消体蛋白的损失。对于进行中强度劳役的动物，建议其日粮蛋白质和能量的摄入量应分别增加30%和60%（Wu, 2016）。另外，劳役动物体内氧化物质的产生速率要高于休息的动物。因此，相对于休息的动物，劳役动物日粮中抗氧化营养素（如维生素 E、维生素 A 和维生素 C）的需要量必须相应增加（Allen et al., 2008）。值得注意的是，维生素 E 对维持骨骼肌结构的完整性尤为重要。高强度劳役会伴有出汗，因此会损失大量的水、钠离子和氯离子，以及少量的钾离子、镁离子、钙离子和磷（Keen, 1993）。这就需要持续平衡地补充水、氯化钠和其他矿物质。高强度劳役或高温条件下的主要危险是脱水。例如，高强度运动的马可能每天需要高达 60 L 的水和 100 g 的氯化钠以避免脱水（Zeyner et al., 2017），因为严重脱水会造成机体衰竭和死亡。

（2）肌肉运动的能量效率

日粮用于劳役的能量转化率的上限是由脂肪、葡萄糖和氨基酸转化成 ATP 的最大效率决定的（例如，脂肪酸和葡萄糖为 55%；谷氨酰胺为 37%；支链氨基酸为 46%）（Wu, 2013）。缺乏尿素循环的鱼虾，其产生的氨氮直接排到周围水体中，对脂肪、葡萄糖和蛋白质的利用具有类似的能量效率（第 8 章）。劳役动物必定要走动，鱼类必须有规律

地游动，这些活动都需要消耗能量。与机器不同，无论劳役、走路、其他体力活动或休息，劳役动物或游动的鱼类都必须消耗能量来满足机体的维持需要。因此，处于运动状态的动物需要日粮营养素来满足维持需要和肌肉功力的产生。

如前所述，对于哺乳动物和禽类来说，日粮脂肪或葡萄糖转换为动能的效率高于蛋白质或氨基酸。对于体重为 500 kg 每天工作 8 h 的马来说，以 4000 m/h 的速度拉动 67 kg 的犁，代谢能用于耕作（有效做功，肌肉产力能）的效率是 31%，而超过维持需要用于有效做功的代谢能利用率是 24%（表 11.18）。后者与泌乳奶牛将日粮蛋白质转化为乳蛋白的效率相似（表 11.9）。

表 11.18 马用于肌肉运动的代谢物质利用效率

（1）一头体重为 500 kg 的马每天工作 8 h，以 4 km/h（32 km/d）的速度拉动一个 67 kg 的犁
（2）代谢能（ME）的总需要量为 135 208 kJ/d
（3）代谢能（ME）维持需要量为 47 301 kJ/d
（4）行走需要的代谢能为 19 968 kJ/d（624 kJ/km × 32 km/d = 19 968 kJ/d）[a]
（5）肌肉运动需要的代谢能为 67 939 kJ/d（135 208 − 47 301 − 19 968 kJ/d = 67 939 kJ/d）
（6）有效做功（耕犁）需要的能值为 21 026 kJ/d [67 kg × 32 km/d = 2 144（kg·km）/d = 21 026 kJ/d][b]
（7）肌肉有效做功（耕犁）对代谢能的利用效率为 31%（21 026 kJ/d ÷ 67 939 kJ/d × 100% = 31%）
（8）减去维持需要外用于有效做功（耕犁）的代谢能利用效率为 24%[21 026 kJ/d/（19 968 + 67 939 kJ/d）× 100% = 24%]

资料来源：改编自 Bondi, A. A. 1987. *Animal Nutrition*. John Wiley & Sons, New York, NY。

[a] 一头体重为 500 kg 的马行走需要的代谢能为 624 kJ/km。因此，32 km/d × 624 kJ/km = 19 968 kJ/d。

[b] 按 1 kg·km = 9.807 kJ 计算。因此，2 144(kg·km)/d × 9.807 kJ/(kg·km) = 21 026 kJ/d。

（3）适量的肌肉运动有利于促进动物生长和提高饲料转化效率

适度的肌肉运动（如行走或游泳）可提高机体内脂肪酸和葡萄糖的氧化速率，减少体内脂肪的沉积，同时提高组织对胰岛素的敏感性并激活 MTOR 信号通路，以促进骨骼肌中蛋白质的合成和沉积（Jobgen et al., 2006）。如前所述，组织中的脂肪减少与水分流失无关，但体内的蛋白质沉积与水分滞留量的比例为 1 : 3（g/g）。因此，与几乎不运动的动物相比，进行适度运动并摄入足够能量和营养素（包括氨基酸）的动物会表现出更快的生长速率及更高的饲料利用效率。例如，Murray 等（1974）报道，每周一、三和五下午给后备母猪（12–60 kg）做 6–10 min 的保健运动持续 9 周，与对照组相比，在 7–9 周体增重和饲料利用效率均增加了 15%。此外，定期游泳能够提高多种鱼类的生长速率和饲料利用效率，包括虹鳟鱼、马苏大马哈鱼、条纹鲈鱼和斑马鱼（Davison and Herbert, 2013）。上述发现表明，适度的肌肉运动对提高动物用于骨骼肌组织生长的饲料利用效率发挥着重要作用。

11.2.9 羊毛和羽毛生产的营养需要

11.2.9.1 绵羊和山羊的羊毛生产

羊毛这一术语通常是指动物的特定皮肤细胞（毛囊）的纤维蛋白。绵羊（如美利奴羊）和山羊（如克什米尔羊和安哥拉山羊）可生产羊毛用于制造高质量的衣服。羊毛由羊毛纤维（几乎全部由表皮细胞产生的蛋白质和羊毛 α-角蛋白组成）、羊毛蜡（主要是由皮脂腺的胆固醇和其他醇类产生的酯）和水组成（Reis and Gillespie, 1985）。角蛋白内富含的半胱氨酸，由肝脏中的蛋氨酸合成（第 7 章）。值得注意的是，角蛋白中含硫氨基酸的含量约为 15%（14%半胱氨酸+0.4%蛋氨酸），分别是豆粕蛋白质含量的 12 倍和微生物蛋白质的 10 倍（Bradbury, 1973）。因此，生产羊毛需要大量的半胱氨酸和蛋氨酸。为了实现一年生产含有 3 kg 蛋白质的羊毛，绵羊则需要每天在羊毛中沉积 8.2 g 的蛋白质。

绵羊和山羊的羊毛生长情况取决于可消化蛋白质的质量和数量，以及小肠中吸收氨基酸的特性。羊毛或毛发生长（包括保水性）的真可消化蛋白质效率约为 60%，羊毛中沉积的蛋白质约占皮肤合成总蛋白质的 20%（Liu et al., 1998）。一只体重为 50 kg 的美利奴母羊每天需要吸收约 135 g 的蛋白质才能达到羊毛的最佳生长速率（Qi and Lupton, 1994）。如果每天给母羊提供含有 12 MJ 代谢能（即维持需要量的两倍）的日粮，则每天将合成 101 g 微生物蛋白质，但仅有 69 g 氨基酸被小肠吸收（即 101×0.8×0.85 = 69 g）。为了实现羊毛的最佳生长，绵羊日粮中必须添加不可降解的蛋白质和富含含硫氨基酸的蛋白质。因此，绵羊的羊毛生长对日粮蛋白质、能量、矿物质和维生素摄入量的响应明显，并且这种响应受到动物基因型和繁殖状况的影响（Reis and Sahlu, 1994）。在克什米尔羊和安哥拉山羊中，也有类似的报道（Galbraith, 2000）。

11.2.10 家禽产蛋的营养需要

产蛋对家禽业具有重要的经济意义。禽蛋的生产提供了一些独特的可供人类食用的营养素（如 ω3 多不饱和脂肪酸、牛磺酸和精氨酸）。具有完整蛋壳的禽蛋中含有产生活胚胎必需的所有营养素，并且禽蛋是禽类唯一的繁殖产物。

11.2.10.1 蛋的成分

禽蛋由 3 个基本部分组成：蛋黄、蛋清和蛋壳（膜）（表 11.19）。蛋清是蛋的主要部分。碳酸钙、蛋白质和脂质分别是蛋壳、蛋清和蛋黄干物质的主要成分（Gilbert, 1971a）。蛋清含有约 40 种不同的蛋白质，如卵清清蛋白（54%）、卵转铁蛋白（12%–13%，抗菌剂）、卵类黏蛋白（11%，胰蛋白酶抑制剂）、球蛋白（8%）、溶菌酶（3.4%–3.5%，其可分裂 β-(1,4)-D-氨基葡糖苷和裂解细菌）、卵黏蛋白（1.5%–2.9%，抗病毒血凝素）、卵黄素蛋白（0.8%，结合核黄素）、卵巨球蛋白（0.5%）、卵类糖蛋白（0.5%–1%）、卵抑制剂（0.1%–1.5%，胰蛋白酶抑制剂、胰凝乳蛋白酶和其他蛋白酶）、卵白素（0.05%，结合生物素）和木瓜蛋白酶抑制剂（0.1%，木瓜蛋白酶和其他蛋白酶的抑制剂）（Gilbert, 1971b）。蛋清中仅含有微量的脂类（0.02%），其中包括甘油三酯、甘油二酯、游离脂肪酸、胆固醇酯、胆固醇、磷脂酰胆碱、溶血磷脂酰胆碱、磷脂酰乙醇胺和鞘磷脂（Sato et al., 1973）。

表 11.19 鸡蛋中的化学成分 [a]

物质	蛋壳(%)	蛋清(%)	蛋黄(%)	无壳蛋(%)	有壳蛋(%)
水	1.5	88.5	49.0	73.6	67.1
蛋白质	4.2	10.5	16.7	12.8	11.8
脂质	微量	微量	31.6	11.8	9.8
其他有机物(包括碳水化合物)	微量	0.50	1.1	1.0	0.64
矿物质 [b]	94.3	0.50	1.6	0.80	10.6

资料来源: Gilbert, A. B. 1971a. In: *Physiology and Biochemistry of the Domestic Fowl*, edited by D.J. Bell and B.M. Freeman. Academic Press, London, pp.1153–1162.

[a] 一枚 58 g 的鸡蛋: 蛋壳 6.1 g (10.5%), 蛋黄 18 g (31.0%), 蛋白 33.9 g (58.5%)。

[b] 主要是碳酸钙。

蛋黄中蛋白质与脂质的比例是 1:2, 脂质以脂蛋白(如低密度脂蛋白, 含 90%脂质; 还有高密度脂蛋白)形式存在(McIndoe, 1971)。蛋黄蛋白由卵黄脂磷蛋白 a(占 58%)、卵黄脂磷蛋白 b(占 11%)、卵黄球蛋白 a(占 4%)、卵黄球蛋白 b(占 5%)、卵黄球蛋白 g(占 2%)、卵黄高磷蛋白(占 7%; 一种能结合铁和钙的主要磷蛋白)和低密度载脂蛋白(12%)组成(McIndoe, 1971)。蛋黄中的脂质包括中性脂质(占 65%)、磷脂(占 30%)、胆固醇(占 5%)和类胡萝卜素(1 g 蛋黄含 8–20 mg)(Anton, 2013; Blesso, 2015)。磷脂由磷脂酰胆碱(占 83%)、磷脂酰乙醇胺(占 14%)、鞘磷脂(占 0.8%)和磷脂酰肌醇(占 0.15%)组成(Anton, 2013; Blesso, 2015)。

11.2.10.2 蛋的形成

禽蛋经过器官间的营养代谢产生于雌性生殖道中(图 11.12)。对产蛋鸡来说, 蛋的形成大约需要 24 h(Cunningham et al., 1984)。具体而言, 在雌激素影响下卵黄中的蛋白质和脂质在产蛋鸡的肝脏中合成, 然后运送到卵巢。成熟蛋鸡的肝脏中蛋白质合成速率和脂肪生成速率是未成熟母鸡的 5–10 倍, 且产蛋前血浆中的游离脂肪酸浓度会突然增加约 10 倍。产蛋鸡的肝脏和血浆中脂肪酸的组成会发生改变, 即棕榈酸和油酸的比例增加, 而硬脂酸和亚油酸的比例下降(Anton, 2013; Gilbert, 1971a)。

来自肝脏的卵黄蛋白和脂质与来自母体血液的水分、氨基酸、碳水化合物、维生素和矿物质最终共同在卵巢中沉积(Anton, 2013)。与哺乳动物类似, 在高浓度黄体生成素的作用下, 卵巢中的成熟卵泡将卵黄排到输卵管中。成熟卵泡的排卵不仅需要黄体生成素, 还需要黄体酮(Cunningham et al., 1984)。在鸡的一个产蛋周期中, 黄体生成素的脉冲释放前的 4–6 h, 血液循环中孕酮(由最大卵泡和成熟卵泡释放)的浓度最高。血浆中孕酮浓度的峰值对黄体生成素刺激排卵很重要。

鸡蛋形成的下一个阶段是输卵管组织中由血液氨基酸合成卵白蛋白, 这一过程由类固醇激素(如雌激素和孕酮)刺激和维持(Palmiter, 1972)。然后, 蛋清(也称为蛋白)由来自输卵管的蛋白质、肝脏生成的少量脂质及水、矿物质和维生素形成, 上述营养物质均来源于母体血液。蛋清附在蛋黄表面以形成复合物, 然后进入壳腺(或子宫)。

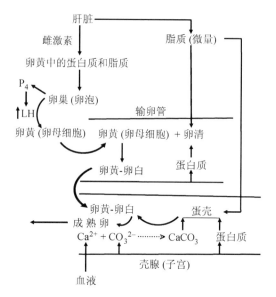

图 11.12　鸡蛋的形成过程。在雌激素的影响下，蛋鸡的肝脏合成并释放蛋白质和脂质 [卵黄（也被称为蛋黄）的组分]，它们被运送到卵巢的卵泡中用于沉积和形成卵黄。当孕激素激增时，血液中黄体生成素（LH）的浓度达到高峰。通过 LH 的作用，成熟的卵泡释放卵黄进入输卵管。在输卵管内，雌激素和孕酮（P4）刺激与维持卵白蛋白的合成。在输卵管中，卵清由卵白蛋白、少量肝源性脂质及水、维生素和矿物质形成。卵黄被卵清包覆后，所形成的复合物进入壳腺（或者称子宫）。在壳腺内，蛋壳由碳酸钙（主要成分）和其他矿物质的沉积而产生。在家鸡中，一个鸡蛋的形成需要约 24 h。

在母鸡的壳腺中，蛋壳由碳酸钙（主要成分）和其他矿物质沉积形成，这一过程需要 17–20 h（Burley and Vadehra, 1989）。维生素 D 和甲状旁腺激素刺激肠道吸收钙并通过壳腺运输以形成蛋壳。蛋壳中的蛋白质由壳腺合成和分泌。由于子宫腺体不能储存大量的钙，因此壳腺需从血液中获取钙（每个蛋含有 2–2.5 g 的钙）和其他矿物质。蛋壳形成过程中碳酸钙（$CaCO_3$；含有 40%钙）的沉积是通过壳腺碳酸氢盐连续分泌来维持的，最终产出完整成熟的蛋（Burley and Vadehra, 1989）。值得注意的是，二氧化碳以溶解气体（CO_2）、碳酸（H_2CO_3）和碳酸氢根（HCO_3^-）的形式存在于血液中。蛋壳颜色由色素沉积引起，因此会受到母鸡日粮的影响。

$$CO_2 + H_2O \rightarrow H_2CO_3 （碳酸酐酶）$$
$$H_2CO_3 \rightarrow H^+ + HCO_3^-$$
$$HCO_3^- \rightarrow H^+ + CO_3^{2-}$$
$$Ca^{2+} + CO_3^{2-} \rightarrow CaCO_3$$

11.2.10.3　产蛋对日粮能量、蛋白质和钙的高需要量

产蛋母鸡对能量、蛋白质和钙的需要量特别高（Burley and Vadehra, 1989）。由肝脏合成卵黄蛋白和脂质及由输卵管合成蛋清蛋白都需要大量的 ATP。此外，必须提供充足的维生素（特别是维生素 D）和其他矿物质以确保高的蛋产量、孵化率及存活率。下面的例子是计算一只 2 kg 的产蛋鸡对日粮能量、蛋白质和钙的最低需要量。

（1）对日粮能量的需要

一枚 58 g 的鸡蛋中含有 91.8 kcal 的总能（Pond et al., 1995）。根据 58 g 的鸡蛋和日粮能量消化率（90%）来计算，日粮中至少有 102 kcal 的能量用于 2.0 kg 蛋鸡的产蛋需要。对于不增重的产蛋母鸡来讲（表 11.3），每天需要 79.4（71.5/0.90）kcal/kg 的日粮能量（2 kg 母鸡为 159 kcal/d）。因此，对于体重 2 kg 的蛋鸡来说，至少需要 261 kcal/d 的日粮能量（102 kcal + 159 kcal；生产需要 + 维持需要）。如果产蛋鸡每年产 250 枚蛋，则至少需要 65.25 Mcal 的日粮能量（相当于 6.94 kg 脂肪）才能达到该要求。

（2）对日粮蛋白质的需要

根据每天产 58 g 蛋和日粮蛋白质的消化率（85%）来计算，日粮中至少有 8.1 g 蛋白质用于体重为 2 kg 母鸡的产蛋（Pond et al., 1995）。对于不增重蛋鸡来说，日粮蛋白质的维持需要量是每天 1.95 g/kg 体重（1.66/0.85 = 1.95），对于 2 kg 蛋鸡而言为每天 3.9 g 蛋白质（Pond et al., 1995）。因此，对于体重为 2 kg 的蛋鸡来说，日粮蛋白质的需要量至少为 12 g/d（8.1 g + 3.9 g；生产需要+维持需要）。如果产蛋鸡每年产 250 枚蛋，则至少需要 3.0 kg 的日粮蛋白质才能达到该要求。

（3）对日粮钙的需要

蛋壳由约 95% 的碳酸钙和 5% 的有机物组成（Burley and Vadehra, 1989）。根据每天产 58 g 蛋和日粮钙的消化率（50%）计算，日粮中至少有 4.64 g 钙用于体重为 2 kg 的母鸡产蛋。对于不增重蛋鸡来说，日粮钙的维持需要量约为每天 0.02 g/kg 体重，对于 2 kg 的蛋鸡而言为每天 0.04 g（Pond et al., 1995）。因此，对于体重为 2 kg 的蛋鸡，日粮钙的需要量至少为 4.68 g/d（4.64 g + 0.04 g；生产需要 + 维持需要）。如果产蛋母鸡每年产 250 枚蛋，那么至少需要 1.17 kg 的日粮钙才能达到该要求。

11.2.10.4　禽类的羽毛生长和毛色

禽类的表皮毛囊分泌 β-角蛋白和蜡质形成不同颜色的羽毛（Haake et al., 1984）。这些复杂的表皮结构覆盖了禽类约 75% 的皮肤，并有助于飞翔、保温和防水。蜡质由短链、中链和长链脂肪酸组成（第 3 章）。羽毛的颜色由色素产生，这些色素包括酪氨酸代谢产物［黑色素（褐色和浅褐色色素，以及黑色和灰色色素)］、称为类胡萝卜素（红色、黄色或橙色）的植物色素或含铜卟啉化合物（Bennett and Thery, 2007）。四氢蝶呤、氧、铜、铁和锌是酪氨酸合成黑色素的辅助因子（Wu, 2013）。在动物体内，维生素 C 可稳定四氢蝶呤活性并促进肠道对铁的吸收，因此是羽毛生长所必需的。一定波长的光经色素折射、反射或散射可产生各种颜色。

羽毛由 85%–90% 的蛋白质、1.5% 的脂质、8%–10% 的水和 1%–2.5% 的矿物质组成（Murphy et al., 1990）。据报道，企鹅羽轴（中心轴）和羽支（连续配对的分支）的羽毛 β-角蛋白中含量最丰富的氨基酸包括甘氨酸、脯氨酸、丝氨酸、胱氨酸及支链氨基酸（表 11.20）。对于禽类的羽毛，也有类似的报道（Akahane et al., 1977）。值得注意的是，这些氨基酸中的 3 类含量最多的氨基酸可以通过从头合成途径产生，但是从头合成的氨基酸是否能满足禽类的羽毛发育尚不清楚。由于半胱氨酸、酪氨酸和支链氨基酸在动物体内不能从头合成，因此禽类日粮中不仅要含有大量小分子中性氨基酸，还必须含有芳香族氨基酸、含硫氨基酸和大分子中性氨基酸，以确保羽毛的最佳生长。有证据表明，日粮蛋白质的摄入量会影响禽类羽毛颜色的发育（Meadows et al., 2012）。

表 11.20　禽类羽毛中氨基酸的组成

氨基酸	3 类企鹅的羽轴			3 类企鹅的羽支			禽类的全羽
	阿德利企鹅	南极洲企鹅	巴布亚企鹅	阿德利企鹅	南极洲企鹅	巴布亚企鹅	
	μmol/g 干物质			μmol/g 干物质			占氨基酸残基比（%）
Ala	722	634	641	499	503	506	5.6
Arg	328	321	326	337	335	339	4.7
Asp[a]	464	496	525	628	630	615	6.3
Cys[b]	717	707	776	782	878	786	4.2
Glu[c]	498	557	570	685	709	684	8.6
Gly	1477	1386	1405	1155	1096	1109	11.5
His	81	73	72	78	33	30	0.3
Ile	374	389	405	424	436	431	4.3
Leu	986	923	924	727	729	741	7.4
Lys	44	45	40	78	80	75	1.2
Met	73	68	73	103	112	101	0.3
Phe	216	203	235	203	178	199	3.6
Pro	1035	986	1002	1044	1074	1046	11.7
Ser	933	785	792	703	716	727	15.7
Thr	392	409	436	437	452	452	5.3
Tyr	222	254	230	243	257	215	1.6
Val	724	737	737	839	860	845	7.7

资料来源：3 种不同企鹅的数据改编自 Murphy, M.E., J. R. King, T. G. Taruscio. 1990. *The Condor*. 92: 913–921；禽类全羽数据改编自 Akahane, K., S. Murozono, K. Murayama. 1977. *J. Biochem*. 81: 11–18。

[a] 天冬氨酸 + 天冬氨酰。
[b] 胱氨酸。
[c] 谷氨酸 + 谷氨酰胺。

11.3　小　　结

妊娠、哺乳、生长、产蛋或劳役动物对能量或营养素的需要包括维持需要和生产需要。能量的维持需要是动物保持能量平衡所必需的。同样，营养素的维持需要量是指维持其在动物中的平衡所需要的量。动物只有在满足维持需要后才能生长或生产。动物对日粮能量和营养素的需要随其遗传背景与生理状态（如妊娠、哺乳和生长）及所处环境而不同。营养素的维持和生产需要（亦即总需要）通常是通过实验（如测热法、饲养实验或同位素方法）来确定的。表 11.21 列出了不同生长阶段猪的营养需要。但是，推荐值只能作为参考值，动物会在各种条件下出现营养代谢的动态变化，这些条件与科学实验设置不同。在所有情况下，评估动物在生命周期中的能量和营养素需要时，必须牢记动物的生理代谢过程及其特征（如哺乳动物的产奶，牛和马的劳役，以及禽的羽毛和颜色形成）。

表11.21 不同生产阶段猪的营养素总需要量（维持需要和生长需要）

指标	不同体重范围内的生长猪（kg）							妊娠母猪(P1)[a]		妊娠母猪(P4+)[b]		泌乳母猪[c]	
	5–11	7–11	11–25	25–50	50–75	75–100	100–135	<90天	>90天	<90天	>90天	P1	P2+
日粮能量含量（kcal/kg，饲喂基础，90%干物质）													
净能（NE）	2448	2448	2412	2475	2475	2475	2475	2518	2518	2518	2518	2518	2518
消化能（DE）	3542	3542	3490	3402	3402	3402	3402	3388	3388	3388	3388	3388	3388
代谢能（ME）	3400	3400	3350	3300	3300	3300	3300	3300	3300	3300	3300	3300	3300
采食量（喂食基础）、体重增加和体蛋白质沉积量（g/d）													
采食量+损耗量	280	493	953	1582	2229	2636	2933	2130	2530	2200	2600	5.95	6.61
体重增加	210	335	585	758	900	917	867	578	543	410	340	71	176
体蛋白质沉积	–	–	–	128	147	141	122	–	–	–	–	–	–
日粮粗蛋白质和总氨基酸含量（%，喂食基础）													
Arg	0.75	0.68	0.62	0.50	0.44	0.38	0.32	0.31	0.40	0.20	0.27	0.48	0.47
His	0.58	0.53	0.48	0.39	0.34	0.30	0.25	0.21	0.25	0.13	0.17	0.35	0.34
Ile	0.88	0.79	0.73	0.59	0.52	0.45	0.39	0.34	0.41	0.22	0.28	0.49	0.47
Leu	1.75	1.54	1.41	1.13	0.98	0.85	0.71	0.52	0.71	0.34	0.50	0.96	0.92
Lys	1.70	1.53	1.40	1.12	0.97	0.84	0.71	0.58	0.76	0.37	0.52	0.86	0.83
Met	0.49	0.44	0.40	0.32	0.28	0.25	0.21	0.17	0.22	0.11	0.14	0.23	0.23
Met + Cys	0.96	0.87	0.79	0.65	0.57	0.50	0.43	0.39	0.51	0.27	0.38	0.47	0.46
Phe	1.01	0.91	0.83	0.68	0.59	0.51	0.43	0.32	0.42	0.21	0.30	0.47	0.46
Phe + Tyr	1.60	1.44	1.32	1.08	0.94	0.82	0.70	0.58	0.75	0.39	0.53	0.98	0.94
Thr	1.05	0.95	0.87	0.72	0.64	0.56	0.49	0.44	0.55	0.32	0.42	0.58	0.56
Trp	0.28	0.25	0.23	0.19	0.17	0.15	0.13	0.10	0.14	0.07	0.11	0.16	0.15
Val	1.10	1.00	0.91	0.75	0.65	0.57	0.49	0.42	0.55	0.29	0.40	0.75	0.72
CP（N×6.25）	22.7	20.6	18.9	15.7	13.8	12.1	10.4	9.6	12.8	6.8	9.6	20.5	17.9
日粮中总矿物质含量（%）或每千克日粮的量（喂食基础）													
钙（%）	0.85	0.80	0.70	0.66	0.59	0.52	0.46	0.58	0.79	0.41	0.64	0.59	0.57
磷（%）	0.70	0.65	0.60	0.56	0.52	0.47	0.43	0.47	0.58	0.36	0.49	0.53	0.52
钠（%）	0.40	0.35	0.28	0.10	0.10	0.10	0.10	0.15	–	–	–	0.20	–
氯（%）	0.50	0.45	0.32	0.08	0.08	0.08	0.08	0.12	–	–	–	0.16	–
镁（%）	0.04	0.04	0.04	0.04	0.04	0.04	0.04	0.06	–	–	–	0.06	–
钾（%）	0.30	0.28	0.26	0.23	0.19	0.17	0.17	0.20	–	–	–	0.20	–
铜（mg/kg）	6.00	6.00	5.00	4.00	3.50	3.00	3.00	10	–	–	–	20	–
碘（mg/kg）	0.14	0.14	0.14	0.14	0.14	0.14	0.14	0.14	–	–	–	0.14	–
铁（mg/kg）	100	100	100	60	50	40	40	80	–	–	–	80	–
锰（mg/kg）	4.00	4.00	3.00	2.00	2.00	2.00	2.00	25	–	–	–	25	–
硒（mg/kg）	0.30	0.30	0.25	0.20	0.15	0.15	0.15	0.15	–	–	–	0.15	–
锌（mg/kg）	100	100	80	60	50	50	50	100	–	–	–	100	–

续表

指标	不同体重范围内的生长猪（kg）							妊娠母猪(P1)[a]	妊娠母猪(P4+)[b]		泌乳母猪[c]	
	5~11	7~11	11~25	25~50	50~75	75~100	100~135	<90天 >90天	<90天 >90天		P1	P2+
日粮中维生素含量（IU）或每千克日粮的量（喂食基础）												
维生素 A（IU）	2200	2200	1750	1300	1300	1300	1300	4000 —	—	—	2000	—
维生素 D（IU）	220	220	200	150	150	150	150	800 —	—	—	800	—
维生素 E（IU）	16	16	11	11	11	11	11	44 —	—	—	44	—
甲萘醌（mg）	0.50	0.50	0.50	0.50	0.50	0.50	0.50	0.50 —	—	—	0.50	—
生物素（mg）	0.08	0.05	0.05	0.05	0.05	0.05	0.05	0.20 —	—	—	0.20	—
胆碱（mg）	600	500	400	300	300	300	300	1250 —	—	—	1000	—
叶酸（mg）	0.30	0.30	0.30	0.30	0.30	0.30	0.30	1.3 —	—	—	1.3	—
烟酸（mg）	30	30	30	30	30	30	30	10 —	—	—	10	—
泛酸（mg）	12	10	9.0	8.0	7.0	7.0	7.0	12 —	—	—	12	—
核黄素（mg）	4.0	3.5	3.0	2.5	2.0	2.0	2.0	3.75 —	—	—	3.75	—
硫胺素（mg）	1.5	1.0	1.0	1.0	1.0	1.0	1.0	1.0 —	—	—	1.00	—
维生素 B_6（mg）	7.0	7.0	3.0	1.0	1.0	1.0	1.0	1.0 —	—	—	1.00	—
维生素 B_{12}（μg）	20	17.5	15	10	5.0	5.0	5.0	15 —	—	—	15	—

资料来源：National Research Council (NRC). 2012. *Nutrient Requirements of Swine*. National Academies Press, Washington D.C.。

[a] 预期产仔数为 12.5，预期平均初生重为 1.40 kg。对怀孕 90 天以上的母猪，除钙和磷以外，其他矿物质及维生素的日粮需要量是妊娠头 90 天数值的 100%~110%。日粮的净能为 2518 kcal/kg（ME = 3300 kcal/kg），采食和损耗的日粮为 2.21 kg/d。

[b] 预期产仔数为 13.5，预期平均初生重为 1.40 kg。

[c] 在为期 21 天的哺乳期内，哺乳仔猪平均日增重为 190 g/d。对于 P2+的哺乳母猪，除钙和磷以外，其他矿物质及维生素的日粮需要量是 P1 哺乳母猪数值的 100%~110%。日粮的净能为 2518 kcal/kg（ME = 3300 kcal/kg），采食和损耗的日粮量为 6.28 kg/d。

注：P，胎次。

　　由于新生命始于受精卵，因此优化母体营养不仅可以改善妊娠的结果，还可能有利于几代生命的健康、生长和发育。此外，母畜的最大产奶量将确保新生儿的成功孕育和存活，从而在生长期可以有效沉积组织蛋白质。同样，维持母鸡产蛋和促进肌肉生长对家禽业的竞争至关重要。为了实现这些目标，必须给动物提供足够的营养，并且通过代谢调节剂（如功能性氨基酸、β-激动剂和合成代谢激素）来增加营养素的利用效率。在生命周期中，通常发生动物的补偿性生长现象，即动物在经历胎儿或出生后期生长和发育缓慢（特别是营养物质缺乏期）后，其出现加速生长现象。胎儿（胚胎）或新生儿代谢的程序化可能在调节哺乳动物、禽类和鱼出生后的生长与存活及在瘦肉组织生长的饲料效率中起着关键作用。最后，任何有关日粮能量和营养素需要量的推荐应该在实际生产条件下进行大规模的评估。总体来说，以均衡营养的日粮为基础的科学配方不仅能够改善动物的生长和生产性能，还能减轻畜禽养殖业和养鱼业对全球环境质量的不利影响。

（译者：孔祥峰）

参 考 文 献

Abbasi, A.A., A.S. Prasad, P. Rabbani, and E. Du Mouchelle. 1980. Experimental zinc deficiency in man. Effect on testicular function. *J. Lab. Clin. Med.* 96:544–550.

Agre, P. and D. Kozono. 2003. Aquaporin water channels: molecular mechanisms for human diseases. *FEBS Lett.* 555:72–78.

Akahane, K., S. Murozono, K. Murayama. 1977. Soluble proteins from fowl feather keratin I. Fractionation and properties. *J. Biochem.* 81:11–18.

Akers, R.M. 2002. *Lactation and the Mammary Gland.* Iowa State University Press, Ames, Iowa.

Allen, D.G., G.D. Lamb, and H. Westerblad. 2008. Skeletal muscle fatigue: Cellular mechanisms. *Physiol. Rev.* 88:287–332.

Anton, M. 2013. Egg yolk: Structures, functionalities and processes. *J. Sci. Food Agric.* 93:2871–2880.

ARC (Agricultural Research Council). 1981. *The Nutrient Requirements of Pigs.* Commonwealth Agricultural Bereaux, Slough, England.

Ashworth, C.J. 1991. Effect of pre-mating nutritional status and post-mating progesterone supplementation on embryo survival and conceptus growth in gilts. *Anim. Reprod. Sci.* 26:311–321.

Baldwin, R.L. 1995. *Modeling Ruminant Digestion and Metabolism.* Chapman & Hall, New York, NY.

Baldwin, R.L. and A.C. Bywater. 1984. Nutritional energetics of animals. *Annu. Rev. Nutr.* 4:101–114.

Baxter, C.F., A.L. Black, and M. Kleiber. 1956. The blood precursors of lactose as studied with ^{14}C-labeled metabolites in intact dairy cows. *Biochim. Biophys. Acta* 21:277–285.

Bazer, F.W., R.C. Burghardt, G.A. Johnson, T.E. Spencer, and G. Wu. 2008. Interferons and progesterone for establishment and maintenance of pregnancy: Interactions among novel cell signaling pathways. *Reprod. Biol.* 8:179–211.

Bazer, F.W. 2015. History of maternal recognition of pregnancy. *Adv. Anat. Embryol. Cell Biol.* 216:5–25.

Bazer, F.W., G.W. Song, J.Y. Kim, K.A. Dunlap, M.C. Satterfield, G.A. Johnson, R.C. Burghardt, and G. Wu. 2012a. Uterine biology in sheep and pigs. *J. Anim. Sci. Biotechnol.* 3:23.

Bazer, F.W., G.H. Song, J.Y. Kim, D.W. Erikson, G.A. Johnson, R.C. Burghardt, H. Gao, M.C. Satterfield, T.E. Spencer, and G. Wu. 2012b. Mechanistic mammalian target of rapamycin (MTOR) cell signaling: Effects of select nutrients and secreted phosphoprotein 1 on development of mammalian conceptuses. *Mol. Cell. Endocrinol.* 354:22–33.

Bazer, F.W., G. Wu, G.A. Johnson, and X.Q. Wang. 2014. Environmental factors affecting pregnancy: Endocrine disrupters, nutrients and metabolic pathways. *Mol. Cell. Endocrinol.* 398:53–68.

Bazer, F.W., G. Wu, T.E. Spencer, G.A. Johnson, R.C. Burghardt, and K. Bayless. 2010. Novel pathways for implantation and establishment and maintenance of pregnancy in mammals. *Mol. Hum. Reprod.* 16:135–152.

Bell, A.W. 1995. Regulation of organic nutrient metabolism during transition from late pregnancy to early lactation. *J. Anim. Sci.* 73:2804–2819.

Bennett, A.T.D. and M. Thery. 2007. Avian color vision and coloration: Multidisciplinary evolutionary biology. *Am. Nat.* 169:S1–S6.

Blaxter, K.L. 1989. *Energy Metabolism in Animals and Man.* Cambridge University Press, New York, NY.

Blesso, C.N. 2015. Egg phospholipids and cardiovascular health. *Nutrients* 7:2731–2747.

Boersma, B. and J.M. Wit. 1997. Catch-up growth. *Endocr. Rev.* 18:646–661.

Bohrer, B.M., J.M. Kyle, D.D. Boler, P.J. Rincker, M.J. Ritter, and S.N. Carr. 2013. Meta-analysis of the effects of ractopamine hydrochloride on carcass cutability and primal yields of finishing pigs. *J. Anim. Sci.* 91:1015–1023.

Bondi, A.A. 1987. *Animal Nutrition.* John Wiley & Sons, New York, NY.

Bottje, W.G. and G.E. Carstens. 2009. Association of mitochondrial function and feed efficiency in poultry and livestock species. *J. Anim. Sci.* 87(14 Suppl.):E48–E63.

Boutry, C., S.W. El-Kadi, A. Suryawan, S.M. Wheatley, R.A. Orellana, S.R. Kimball, H.V. Nguyen, and T.A. Davis. 2013. Leucine pulses enhance skeletal muscle protein synthesis during continuous feeding in neonatal pigs. *Am. J. Physiol. Endocrinol. Metab.* 305:E620–631.

Bradbury, J.H. 1973. The structure and chemistry of keratin fibers. *Adv. Protein Chem.* 27:111–211.

Brake, D.W., E.C. Titgemeyer, and D.E. Anderson. 2014. Duodenal supply of glutamate and casein both improve intestinal starch digestion in cattle but by apparently different mechanisms. *J. Anim. Sci.* 92:4057–4067.

Braun, U. and E. Forster. 2012. B-mode and colour Doppler sonographic examination of the milk vein and musculophrenic vein in dry cows and cows with a milk yield of 10 and 20 kg. *Acta Vet. Scand.* 54:15.

Brody, S. 1945. *Bioenergetics and Growth.* Reinhold Publishing, New York, NY.

Brooks, A.A., M.R. Johnson, P.J. Steer, M.E. Pawson, and H.I. Abdalla. 1995. Birth weight: Nature or nurture? *Early Human Dev.* 42: 29–35.

Burley, R.W. and D.V. Vadehra. 1989. *The Avian Egg: Chemistry and Biology.* John Wiley & Sons, New York, NY.

Butler, W.R. 1998. Review: effect of protein nutrition on ovarian and uterine physiology in dairy cattle. *J. Dairy Sci.* 81:2533–2539.

Cameron, A. and T.A. McAllister. 2016. Antimicrobial usage and resistance in beef production. *J. Anim. Sci. Biotechnol.* 7:68.

Campbell, R.G. 1988. Nutritional constraints to lean tissue accretion in farm animals. *Nutr. Res. Rev.* 1:233–253.

Cardoso, R.C., B.R. Alves, L.D. Prezotto, J.F. Thorson, L.O. Tedeschi, D.H. Keisler, M. Amstalden, and G.L. Williams. 2014. Reciprocal changes in leptin and NPY during nutritional acceleration of puberty in heifers. *J. Endocrinol.* 223:289–298.

Chen, T.Y., P. Stott, R.Z. Athorn, E.G. Bouwman, and P. Langendijk. 2012. Undernutrition during early follicle development has irreversible effects on ovulation rate and embryos. *Reprod. Fertil. Dev.* 24:886–892.

Clagett-Dame, M. and D. Knutson. 2011. Vitamin A in reproduction and development. *Nutrients* 3:385–428.

Collier, R.J. and K.G. Gebremedhin. 2015. Thermal biology of domestic animals. *Annu. Rev. Anim. Biosci.* 3:513–532.

Combs, G.F. 1998. *The Vitamins.* Academic Press, New York, NY.

Cormio, L., M. De Siati, F. Lorusso, O. Selvaggio, L. Mirabella, F. Sanguedolce, and G. Carrieri. 2011. Oral L-citrulline supplementation improves erection hardness in men with mild erectile dysfunction. *Urology* 77:119–122.

Cunningham, F.J., S.C. Wilson, P.G. Knight, and R.T. Gladwell. 1984. Chicken ovulation cycle. *J. Exp. Zool.* 232:485–494.

Dance, A., J. Thundathil, R. Wilde, P. Blondin, and J. Kastelic. 2015. Enhanced early-life nutrition promotes hormone production and reproductive development in Holstein bulls. *J. Dairy Sci.* 98:987–998.

Davis, T.A., D.G. Burrin, M.L. Fiorotto, P.J. Reeds, and F. Jahoor. 1998. Roles of insulin and amino acids in the regulation of protein synthesis in the neonate. *J. Nutr.* 128: 347S–350S.

Davison, W. and N.A. Herbert. 2013. Swimming-enhanced growth. In: *Swimming Physiology of Fish.* Edited by A.P. Palstra and J.V. Planas, Berlin: Springer, pp. 177–202.

de Faria, V.P. and J.T. Huber. 1983. Effect of dietary protein and energy levels on rumen fermentation in Holstein steers. *J. Anim. Sci.* 58:452–259.

de Lange, K., J. van Milgen, J. Noblet, S. Dubois, and S. Birkett. 2006. Previous feeding level influences plateau heat production following a 24 h fast in growing pigs. *Br. J. Nutr.* 95:1082–1087.

Dhandapani, K.M. and D.W. Brann. 2000. The role of glutamate and nitric oxide in the reproductive neuroendocrine system. *Biochem. Cell Biol.* 78:165–179.

Dunshea, F.R., D.E. Bauman, E.A. Nugent, D.J. Kerton, R.H. King, and I. McCauley. 2005. Hyperinsulinaemia, supplemental protein and branched-chain amino acids when combined can increase milk protein yield in lactating sows. *Br. J. Nutr.* 93:325–332.

El-Kadi, S.W., A. Suryawan, M.C. Gazzaneo, N. Srivastava, R.A. Orellana, H.V. Nguyen, G.E. Lobley, and T.A. Davis. 2012. Anabolic signaling and protein deposition are enhanced by intermittent compared with continuous feeding in skeletal muscle of neonates. *Am. J. Physiol. Endocrinol. Metab.* 302:E674–686.

Escobar, J., J.W. Frank, A. Suryawan, H.V. Nguyen, S.R. Kimball, L.S. Jefferson, and T.A. Davis. 2006. Regulation of cardiac and skeletal muscle protein synthesis by individual branched-chain amino acids in neonatal pigs. *Am. J. Physiol. Endocrinol. Metab.* 290:E612–621.

Etherton, T.D. and D.E. Bauman. 1998. Biology of somatotropin in growth and lactation of domestic animals. *Physiol. Rev.* 78:745–761.

Evans, M.C. and G.M. Anderson. 2017. Neuroendocrine integration of nutritional signals on reproduction. *J. Mol. Endocrinol.* 58:R107–R128.

Ford, S.P., K.A. Vonnahme, and M.E. Wilson. 2002. Uterine capacity in the pig reflects a combination of uterine environment and conceptus genotype effects. *J. Anim. Sci.* 80:E66–E73.

Foxcroft, G.R., W.T. Dixon, S. Novak, C.T. Putman, S.C. Town, and M.D.A. Vinsky. 2006. The biological basis for prenatal programming of postnatal performance in pigs. *J. Anim. Sci.* 84(E. Suppl.):E105–112.

Galbraith, H. 2000. Protein and sulphur amino acid nutrition of hair fibre-producing Angora and Cashmere goats. *Livest. Prod. Sci.* 64:81–93.

Geisert, R.D., J.W. Brookbank, R.M. Roberts, Bazer, F.W. 1982. Establishment of pregnancy in the pig: II. Cellular remodeling of the porcine blastocyst during elongation on day 12 of pregnancy. *Biol. Reprod.* 27:941–955.

Geisert, R.D. and J.V. Yelich. 1997. Regulation of conceptus development and attachment in pigs. *J. Reprod. Fertil. Suppl.* 52:133–149.

Gerrard, D.E. and A.L. Grant. 2002. *Principles of Animal Growth and Development*. Kendall Hunt, Dubuque, IA.

Ghorbankhani, F., M. Souri, M.M. Moeini, and R. Mirmahmoudi. 2015. Effect of nutritional state on semen characteristics, testicular size and serum testosterone concentration in Sanjabi ram lambs during the natural breeding season. *Anim. Reprod. Sci.* 153:22–28.

Gilbert, A.B. 1971a. The female reproductive effort. In: *Physiology and Biochemistry of the Domestic Fowl*. Edited by D.J. Bell and B.M. Freeman. Academic Press, London, pp. 1153–1162.

Gilbert, A.B. 1971b. Egg albumen as its formation. In: *Physiology and Biochemistry of the Domestic Fowl*. Edited by D.J. Bell and B.M. Freeman. Academic Press, London, pp. 1291–1329.

Girmus, R.L. and M.E. Wise. 1992. Progesterone directly inhibits pituitary luteinizing hormone secretion in an estradiol-dependent manner. *Biol. Reprod.* 46:710–714.

Gorewit, R.C. 1988. Lactation biology and methods of increasing efficiency. In: *Designing Foods: Animal Product Options in the Marketplace*. National Academies Press, Washington, DC, pp. 208–223.

Haake, A.R., G. Konig, and R.H. Sawyer. 1984. Avian feather development: Relationships between morphogenesis and keratinization. *Dev. Biol.* 106:406–413.

Hackmann, T.J. and J.L. Firkins. 2015. Maximizing efficiency of rumen microbial protein production. *Front. Microbiol.* 6:465.

Harris, E.D. 2014. *Minerals in Foods*. DEStech Publications, Inc., Lancaster, PA.

Haussinger, D. and B. Görg. 2010. Interaction of oxidative stress, astrocyte swelling and cerebral ammonia toxicity. *Curr. Opin. Clin. Nutr. Metab. Care* 13:87–92.

Herbst, K.L. and S. Bhasin. 2004. Testosterone action on skeletal muscle. *Curr. Opin. Clin. Nutr. Metab. Care* 7:271–277.

Hernandez-García, A.D., D.A. Columbus, R. Manjarín, H.V. Nguyen, A. Suryawan, R.A. Orellana, and T.A. Davis. 2016. Leucine supplementation stimulates protein synthesis and reduces degradation signal activation in muscle of newborn pigs during acute endotoxemia. *Am. J. Physiol. Endocrinol. Metab.* 311:E791–E801.

Heyer, A. and B. Lebret. 2007. Compensatory growth response in pigs: Effects on growth performance, composition of weight gain at carcass and muscle levels, and meat quality. *J. Anim. Sci.* 85:769–778.

Hironaka, R., C.B. Bailey, and G.C. Kozub. 1970. Metabolic fecal nitrogen in ruminants estimated from dry matter excretion. *Can. J. Anim. Sci.* 50:55–60.

Hoffman, M.L., K.N. Peck, M.E. Forella, A.R. Fox, K.E. Govoni, and S.A. Zinn. 2016. The effects of poor maternal nutrition during gestation on postnatal growth and development of lambs. *J. Anim. Sci.* 94:789–799.

Holt, L.E. Jr. and A.A. Albanese. 1944. Observations on amino acid deficiencies in man. *Trans. Assoc. Am. Physicians* 58:143–156.

Humphrey, B.D., S. Kirsch, and D. Morris. 2008. Molecular cloning and characterization of the chicken cationic amino acid transporter-2 gene. *Comp. Biochem. Physiol.* B 150:301–311.

Hornick, J.L., C. Van Eenaeme, O. Gérard, I. Dufrasne, and L. Istasse. 2000. Mechanisms of reduced and compensatory growth. *Domest. Anim. Endocrinol.* 19:121–132.

Hurley, W.L. and P.K. Theil. 2011. Perspectives on immunoglobulins in colostrum and milk. *Nutrients* 3:442–474.

Inman, J.L., C. Robertson, J.D. Mott, and M.J. Bissell. 2015. Mammary gland development: Cell fate specification, stem cells and the microenvironment. *Development* 142:1028–1042.

Jefferson, W.N. and C.J. Williams. 2011. Circulating levels of genistein in the neonate, apart from dose and route, predict future adverse female reproductive outcomes. *Reprod. Toxicol.* 31:272–279.

Jensen, R.G. 2002. The composition of bovine milk lipids: January 1995 to December 2000. *J. Dairy Sci.* 85:295–350.

Ji, Y., Z.L. Wu, Z.L. Dai, K.J. Sun, J.J. Wang, and G. Wu. 2016. Nutritional epigenetics with a focus on amino acids: Implications for the development and treatment of metabolic syndrome. *J. Nutr. Biochem.* 27:1–8.

Ji, Y., Z.L. Wu, Z.L. Dai, X.L. Wang, J. Li, B.G. Wang, and G. Wu. 2017. Fetal and neonatal programming of postnatal growth and feed efficiency in swine. *J. Anim. Sci. Biotechnol.* 8:42.

Jia, S.C., X.Y. Li, S.X. Zheng, and G. Wu. 2017. Amino acids are major energy substrates for tissues of hybrid striped bass and zebrafish. *Amino Acids.* doi: 10.1007/s00726-017-2481-7.

Jobgen, W.S., S.K. Fried, W.J. Fu, C.J. Meininger, and G. Wu. 2006. Regulatory role for the arginine-nitric oxide pathway in metabolism of energy substrates. *J. Nutr. Biochem.* 17:571–588.

Johnson, B.J., S.B. Smith, and K.Y. Chung. 2014a. Historical overview of the effect of β-adrenergic agonists on beef cattle production. *Asian-Australas. J. Anim. Sci.* 27:757–766.

Johnson, G.A., R.C. Burghardt, and F.W. Bazer. 2014b. Osteopontin: A leading candidate adhesion molecule for implantation in pigs and sheep. *J. Anim. Sci. Biotechnol.* 5:56.

Keen, C.L. 1993. The effect of exercise and heat on mineral metabolism and requirements. In: *Nutritional Needs in Hot Environments: Applications for Military Personnel in Field Operations.* Edited by B.M. Marriott. National Academy of Sciences, Washington, DC, pp. 117–135.

Kelly, J.M., M. Summers, H.S. Park, L.P. Milligan, and B.W. McBride. 1991. Cellular energy metabolism and regulation. *J. Dairy Sci.* 74:678–694.

Kiess, W., G. Müller, A. Galler, A. Reich, J. Deutscher, J. Klammt, and J. Kratzsch. 2000. Body fat mass, leptin and puberty. *J. Pediatr. Endocrinol. Metab.* 13 (Suppl. 1):717–722.

Kim, B. 2008. Thyroid hormone as a determinant of energy expenditure and the basal metabolic rate. *Thyroid* 18:141–144.

Kim, S.W., A.C. Weaver, Y.B. Shen, and Y. Zhao. 2013. Improving efficiency of sow productivity: Nutrition and health. *J. Anim. Sci. Biotechnol.* 4(1):26.

Knudson, B.K., M.G. Hogberg, R.A. Merkel, R.E. Allen, and W.T. Magee. 1985. Developmental comparisons of boars and barrows: II. Body composition and bone development. *J. Anim. Sci.* 61:797–801.

Kobori, Y., K. Suzuki, T. Iwahata, T. Shin, Y. Sadaoka, R. Sato, K. Nishio et al. 2015. Improvement of seminal quality and sexual function of men with oligoasthenoteratozoospermia syndrome following supplementation with L-arginine and Pycnogenol®. *Arch. Ital. Urol. Androl.* 87:190–193.

Koopman, R., S.M. Gehrig, B. Léger, J. Trieu, S. Walrand, K.T. Murphy, and G.S. Lynch. 2010. Cellular mechanisms underlying temporal changes in skeletal muscle protein synthesis and breakdown during chronic β-adrenoceptor stimulation in mice. *J. Physiol.* 588: 4811–4823.

Laven, R.A. and S.B. Drew. 1999. Dietary protein and the reproductive performance of cows. *Vet. Rec.* 145:687–695.

Lean, I.J., J.M. Thompson, and F.R. Dunshea. 2014. A meta-analysis of zilpaterol and ractopamine effects on feedlot performance, carcass traits and shear strength of meat in cattle. *PLoS One* 9(12): e115904.

Liao, S.F., N. Regmi, and G. Wu. 2018. Homeostatic regulation of plasma amino acid concentrations. *Front. Biosci.* 23:640–655.

Lieber, R.L. and S.C. Bodine-Fowler. 1993. Skeletal muscle mechanics: Implications for rehabilitation. *Physical Ther.* 73:844–856.

Linzell, J.L. and T.B. Mepham. 1969. Mammary metabolism in lactating sows: Arteriovenous differences of milk precursors and the mammary metabolism of [^{14}C]glucose and [^{14}C]acetate. *Br. J. Nutr.* 23:319–332.

Liu, S.M., G. Mata, H. O'Donoghue, and D.G. Masters. 1998. The influence of live weight, live-weight change and diet on protein synthesis in the skin and skeletal muscle in young Merino sheep. *Br. J. Nutr.* 79:267–274.

Louis, G.F., A.J. Lewis, W.C. Weldon, P.S. Miller, R.J. Kittok, and W.W. Stroup. 1994. The effect of protein intake on boar libido, semen characteristics, and plasma hormone concentrations. *J. Anim. Sci.* 72:2038–2050.

Maltz, E., L.F. Barbosa, P. Bueno, L. Scagion, K. Kaniyamattam, L.F. Greco, A. De Vries, and J.E. Santos. 2013. Effect of feeding according to energy balance on performance, nutrient excretion, and feeding behavior of early lactation dairy cows. *J. Dairy Sci.* 96:5249–5266.

Manjarin, R., B.J. Bequette, G. Wu, and N.L. Trottier. 2014. Linking our understanding of mammary gland metabolism to amino acid nutrition. *Amino Acids* 46:2447–2462.

Mateo, R.D., G. Wu, H.K. Moon, J.A. Carroll, and S.W. Kim. 2008. Effects of dietary arginine supplementation during gestation and lactation on the performance of lactating primiparous sows and nursing piglets. *J. Anim. Sci.* 86:827–835.

Maynard, L.A., J.K. Loosli, H.F. Hintz, and R.G. Warner. 1979. *Animal Nutrition.* McGraw-Hill, New York, NY.

McDonald, P., R.A. Edwards, J.F.D. Greenhalgh, J.F.D. Greenhalgh, C.A. Morgan, and L.A. Sinclair. 2011. *Animal Nutrition*, 7th ed. Prentice Hall, New York.

McIndoe, W.M. 1971. Yolk synthesis. In: *Physiology and Biochemistry of the Domestic Fowl.* Edited by D.J. Bell and B.M. Freeman. Academic Press, London, pp. 1209–1223.

McNeilly, A.S., C.C. Tay, and A. Glasier. 1994. Physiological mechanisms underlying lactational amenorrhea. *Ann. N.Y. Acad. Sci.* 709:145–155.

Meadows, M.G., T.E. Roudybush, and K.J. McGraw. 2012. Dietary protein level affects iridescent coloration in Anna's hummingbirds, *Calypte anna. J. Exp. Biol.* 215:2742–2750.

Meldrum, D.R., R.F. Casper, A. Diez-Juan, C. Simon, A.D. Domar, and R. Frydman. 2016. Aging and the environment affect gamete and embryo potential: Can we intervene? *Fertil. Steril.* 105:548–559.

Mepham, T.B. and J.L. Linzell. 1966. A quantitative assessment of the contribution of individual plasma amino acids to the synthesis of milk proteins by the goat mammary gland. *Biochem. J.* 101:76–83.

Milligan, L.P. and M. Summers. 1986. The biological basis of maintenance and its relevance to assessing responses to nutrients. *Proc. Nutr. Soc.* 45:185–193.

Monks, J. and M.C. Neville. 2004. Albumin transcytosis across the epithelium of the lactating mouse mammary gland. *J. Physiol.* 560:267–280.

Moran, E.T., Jr. 2007. Nutrition of the developing embryo and hatchling. *Poult. Sci.* 86:1043–1049.

Mount, E.L. 1978. Heat transfer between animals and environment. *Proc. Nutr. Soc.* 37:21–28.

Muñoz-Calvo, M.T. and J. Argente. 2016. Nutritional and pubertal disorders. *Endocr. Dev.* 29:153–173.

Murphy, M.E., J.R. King, T.G. Taruscio. 1990. Amino acid composition of feather barbs and rachises in three species of pygoscelid penguins: Nutritional implications. *The Condor* 92:913–921.

Murray, D.M., J.P. Bowland, R.T. Berg, and B.A. Young. 1974. Effects of enforced exercise on growing pigs: Feed intake, rate of gain, feed conversion, dissected carcass composition, and muscle weight distribution. *Can. J. Anim. Sci.* 54:91–96.

Musumeci, G., P. Castrogiovanni, M.A. Szychlinska, F.C. Aiello, G.M. Vecchio, L. Salvatorelli, G. Magro, and R. Imbesi. 2015. Mammary gland: From embryogenesis to adult life. *Acta Histoche.* 117:379–385.

National Research Council (NRC). 1995. *Nutrient Requirements of Laboratory Animals.* National Academy Press, Washington, DC.

National Research Council (NRC). 2001. *Nutrient Requirements of Dairy Cattle.* National Academy Press, Washington, DC.

National Research Council (NRC). 2011. *Nutrient Requirements of Fish and Shrimp.* National Academy Press, Washington, DC.

National Research Council (NRC). 2012. *Nutrient Requirements of Swine.* National Academies Press, Washington, DC.

Navegantes, L.C., N.M. Resano, R.H. Migliorini, and I.C. Kettelhut. 2001. Catecholamines inhibit Ca^{2+}-dependent proteolysis in rat skeletal muscle through β_2-adrenoceptors and cAMP. *Am. J. Physiol. Endocrinol. Metab.* 281:E449–454.

Newsholme, E.A. and T.R. Leech. 2009. *Functional Biochemistry in Health and Disease.* John Wiley & Sons, West Sussex, UK.

Norman, J.E. 2010. The adverse effects of obesity on reproduction. *Reproduction* 140:343–345.

Oksbjerg, N., P.M. Nissen, M. Therkildsen, H.S. Møller, L.B. Larsen, M. Andersen, J.F. Young. 2013. Meat science and muscle biology symposium: In utero nutrition related to fetal development, postnatal performance, and meat quality of pork. *J. Anim. Sci.* 91:1443–1453.

Ollivier-Bousquet, M. 2002. Milk lipid and protein traffic in mammary epithelial cells: Joint and independent pathways. *Reprod. Nutr. Dev.* 42:149–162.

Ontsouka, E.C. and C. Albrecht. 2014. Cholesterol transport and regulation in the mammary gland. *J. Mammary Gland Biol. Neoplasia.* 19:43–58.

Osorio, J.S., J. Lohakare, and M. Bionaz. 2016. Biosynthesis of milk fat, protein, and lactose: Roles of transcriptional and posttranscriptional regulation. *Physiol. Genomics* 48:231–256.

Osuji, P.O. 1974. The physiology of eating and the energy expenditure of the ruminant at pasture. *J. Range Management.* 27:436–443.

Palmiter, R.D. 1972. Regulation of protein synthesis in chick oviduct. *J. Biol. Chem.* 247:6450–6461.

Palmquist, D.L. 2006. Milk fat: Origin of fatty acids and influence of nutritional factors. In: *Advanced Dairy Chemistry, Vol. 2: Lipids*, 3rd ed. Edited by P.F. Fox and P.L.H. McSweeney. Springer, New York.

Park, Y.W. and G.F.W. Haenlein. 2006. *Handbook of Milk of Non-bovine Mammals.* Blackwell Publishing, Oxford, UK.

Pearson, R.A., P. Lhoste, M. Saastamoinen, and W. Martin-Rosset. 2003. Working animals in agriculture and transport. *EAAP Tech. Ser.* 6:1–210.

Pinares, C. and G. Waghorn. 2012. *Technical Manual on Respiration Chamber Designs.* Ministry of Agriculture and Forestry of New Zealand. Wellington, New Zealand.

Pond, W.G., R.R. Maurer, and J. Klindt. 1991. Fetal organ response to maternal protein deprivation during pregnancy in swine. *J. Nutr.* 121:504–509.

Pond, W.G., D.C. Church, and K.R. Pond. 1995. *Basic Animal Nutrition and Feeding.* 4th ed., John Wiley & Sons, New York.

Pownall, M.E., M.K. Gustafsson, and C.P. Emerson, Jr. 2002. Myogenic regulatory factors and the specification of muscle progenitors in vertebrate embryos. *Annu. Rev. Cell Dev. Biol.* 18:747–783.

Qi, K. and C.J. Lupton. 1994. A review of the effect of sulfur nutrition in wool production and quality. *Sheep Goat Res. J.* 10:133–140.

Reeds, P.J. and P.J. Garlick. 2003. Protein and amino acid requirements and the composition of complementary foods. *J. Nutr.* 133:2953S–2961S.

Reeds, P.J. and H.J. Mersmann. 1991. Protein and energy requirements of animals treated with β-adrenergic agonists: A discussion. *J. Anim. Sci.* 69:1532–1550.

Reis, P.J. and J.M. Gillespie. 1985. Effects of phenylalanine and analogues of methionine and phenylalanine on the composition of wool and mouse hair. *Aust. J. Biol. Sci.* 38:151–163.

Reis, P.J. and T. Sahlu. 1994. The nutritional control of the growth and properties of mohair and wool fibers: A comparative review. *J. Anim. Sci.* 72:1899–1907.

Reynolds, L.P., J.S. Caton, D.A. Redmer, A.T. Grazul-Bilska, K.A. Vonnahme, P.B. Borowicz, J.S. Luther, J.M. Wallace, G. Wu, and T.E. Spencer. 2006. Evidence for altered placental blood flow and vascularity in compromised pregnancies. *J. Physiol. (London)* 572:51–58.

Rezaei, R., Z.L. Wu, Y.Q. Hou, F.W. Bazer, and G. Wu. 2016. Amino acids and mammary gland development: Nutritional implications for neonatal growth. *J. Anim. Sci. Biotechnol.* 7:20.

Sam, A.H. and W.S. Dhillo. 2010. Endocrine links between fat and reproduction. *Obstet. Gynaecol.* 12:231236.

Santos, J.E., R.S. Bisinotto, and E.S. Ribeiro. 2016. Mechanisms underlying reduced fertility in anovular dairy cows. *Theriogenology* 86:254–262.

Sato, Y., K. Watanabe, and T. Takahashi. 1973. Lipids in egg white. *Poult. Sci.* 52:1564–1570.

Satterfield, M.C. and G. Wu. 2011. Growth and development of brown adipose tissue: Significance and nutritional regulation. *Front. Biosci.* 16:1589–1608.

Segal, J., B.R. Troen, S.H. Ingbar. 1982. Influence of age and sex on the concentrations of thyroid hormone in serum in the rat. *J. Endocrinol.* 93:177–181.

Senger, P.L. 1997. *Pathways to Pregnancy and Parturition.* Current Conceptions, Inc., Pullman, WA.

Shennan, D. and M. Peaker. 2000. Transport of milk constituents by the mammary gland. *Physiol. Rev.* 80:925–951.

Smith, S.B. and D.R. Smith. 1995. *The Biology of Fat in Meat Animals. Current Advances.* American Society of Animal Science, Champaign, Illinois, USA.

Stoneham, S.J., P. Morresey, and J. Ousey. 2017. Nutritional management and practical feeding of the orphan foal. *Equine Vet. Edu.* 29:165–173.

Susenbeth, A. and K. Keitel. 1988. Partition of whole body protein in different body fractions and some constants in body composition in pigs. *Livest. Prod. Sci.* 20:37–52.

Suttle, N.F. 2010. *Mineral Nutrition of Livestock,* 4th ed. CABI, Wallingford, U.K.

Tanimura, J. 1967. Studies on arginine in human semen. Part II. The effects of medication with L-arginine-HCl on male infertility. *Bull. Osaka Med. School* 13:84–89.

Thatcher, W.W., J.E. Santos, F.T. Silvestre, I.H. Kim, and C.R. Staples. 2010. Perspective on physiological/endocrine and nutritional factors influencing fertility in post-partum dairy cows. *Reprod. Domest. Anim.* 45 (Suppl. 3):2–14.

Thornton, P.K. 2010. Livestock production: Recent trends, future prospects. *Philos. Trans. R. Soc. Lond. B Biol. Sci.* 365:2853–2867.

Trottier, N.L., C.F. Shipley, and R.A. Easter. 1997. Plasma amino acid uptake by the mammary gland of the lactating sow. *J. Anim. Sci.* 75:1266–1278.

Tucker, H.A. 2000. Hormones, mammary growth, and lactation: A 41-year perspective. *J. Dairy Sci.* 83:874–884.

Turner, H.G. and C.S. Taylor. 1983. Dynamic factors in models of energy utilization with particular reference to maintenance requirement of cattle. *World Rev. Nutr. Diet.* 42:135–190.

Tvrda, E., R. Peer, S.C. Sikka, and A. Agarwal. 2015. Iron and copper in male reproduction: A double-edged sword. *J. Assist. Reprod. Genet.* 32:3–16.

van de Pol, I., G. Flik, and M. Gorissen. 2017. Comparative physiology of energy metabolism: Fishing for endocrine signals in the early vertebrate pool. *Front. Endocrinol (Lausanne)*. 8:36.

van Es, A.J.H. 1976. Meat production from ruminants. *Meat Animals* 7:391–401.

van Milgen, J., J. Noblet, and S. Dubois. 2001. Energetic efficiency of starch, protein and lipid utilization in growing pigs. *J. Nutr.* 131:1309–1318.

Vance, J.E. 2015. Phospholipid synthesis and transport in mammalian cells. *Traffic* 16:1–18.

Wagner, J.R., A.P. Schinckel, W. Chen, J.C. Forrest, and B.L. Coe. 1999. Analysis of body composition changes of swine during growth and development. *J. Anim Sci.* 77:1442–1466.

Wang, J.J., Z.L. Wu, D.F. Li, N. Li, S.V. Dindot, M.C. Satterfield, F.W. Bazer, and G. Wu. 2012. Nutrition, epigenetics, and metabolic syndrome. *Antioxid. Redox. Signal.* 17:282–301.

White, C.R. and R.S. Seymour. 2002. Mammalian basal metabolic rate is proportional to body mass$^{2/3}$. *Proc. Natl. Acad. Sci. USA.* 100:4046–4049.

Wilkinson, J.M. 2011. Re-defining efficiency of feed use by livestock. *Animal* 5:1014–1022.

Won, E.T. and R.J. Borski. 2013. Endocrine regulation of compensatory growth in fish. *Front. Endocrinol (Lausanne)* 4:74.

Wu, G. 1998. Intestinal mucosal amino acid catabolism. *J. Nutr.* 128:1249–1252.

Wu, G. 2013. *Amino Acids: Biochemistry and Nutrition*, CRC Press, Boca Raton, Florida.

Wu, G. 2014. Dietary requirements of synthesizable amino acids by animals: A paradigm shift in protein nutrition. *J. Anim. Sci. Biotechnol.* 5:34.

Wu, G. 2016. Dietary protein intake and human health. *Food Funct.* 7:1251–1265.

Wu, G. and D.A. Knabe. 1994. Free and protein-bound amino acids in sow's colostrum and milk. *J. Nutr.* 124:415–424.

Wu, G., F.W. Bazer, and H.R. Cross. 2014a. Land-based production of animal protein: Impacts, efficiency, and sustainability. *Ann. N.Y. Acad. Sci.* 1328:18–28.

Wu, G., F.W. Bazer, T.A. Cudd, C.J. Meininger, and T.E. Spencer. 2004. Maternal nutrition and fetal development. *J. Nutr.* 134:2169–2172.

Wu, G., F.W. Bazer, Z.L. Dai, D.F. Li, J.J. Wang, and Z.L. Wu. 2014b. Amino acid nutrition in animals: Protein synthesis and beyond. *Annu. Rev. Anim. Biosci.* 2:387–417.

Wu, G., F.W. Bazer, T.A. Davis, S.W. Kim, P. Li, J.M. Rhoads, M.C. Satterfield, S.B. Smith, T.E. Spencer, and Y.L. Yin. 2009. Arginine metabolism and nutrition in growth, health and disease. *Amino Acids* 37:153–168.

Wu, G., F.W. Bazer, G.A., Johnson, C. Herring, H. Seo, Z.L. Dai, J.J. Wang, Z.L. Wu, and X.L. Wang. 2017. Functional amino acids in the development of the pig placenta. *Mol. Reprod. Dev.* 84:870–882.

Wu, G., F.W. Bazer, J.M. Wallace, and T.E. Spencer. 2006. Intrauterine growth retardation: Implications for the animal sciences. *J. Anim. Sci.* 84:2316–2337.

Wu, G., J. Fanzo, D.D. Miller, P. Pingali, M. Post, J.L. Steiner, and A.E. Thalacker-Mercer. 2014c. Production [Name]nd supply of high-quality food protein for human consumption: Sustainability, challenges and innovations. *Ann. N.Y. Acad. Sci.* 1321:1–19.

Wu, G., N.E. Flynn, W. Yan, and D.G. Barstow, Jr. 1995. Glutamine metabolism in chick enterocytes: Absence of pyrroline-5-carboxylate synthase and citrulline synthesis. *Biochem. J.* 306:717–721.

Wu, G., B. Imhoff-Kunsch, and A.W. Girard. 2012. Biological mechanisms for nutritional regulation of maternal health and fetal development. *Paediatr. Perinatal Epidemiol.* 26 (Suppl. 1): 4–26.

Wu, G., Z.L. Wu, Z.L. Dai, Y. Yang, W.W. Wang, C. Liu, B. Wang, J.J. Wang and Y.L. Yin. 2013. Dietary requirements of "nutritionally nonessential amino acids" by animals and humans. *Amino Acids* 44:1107–1113.

Zeyner, A., K. Romanowski, A. Vernunft, P. Harris, A.-M. Müller, C. Wolf, and E. Kienzle. 2017. Effects of different oral doses of sodium chloride on the basal acid–base and mineral status of exercising horses fed low amounts of hay. *PLoS One* 12(1):e0168325.

Zhao, F.Q. and A.F. Keating. 2007. Expression and regulation of glucose transporters in the bovine mammary gland. *J. Dairy Sci.* 90(E. Suppl.):E76–E86.

Zhu, C., Z.Y Jiang, F.W. Bazer, G.A. Johnson, R.C. Burghardt, and G. Wu. 2015. Aquaporins in the female reproductive system of mammals. *Front. Biosci.* 20:838–871.

Zhu, Y., Q. Niu, C. Shi, J. Wang, and W. Zhu. 2017. The role of microbiota in compensatory growth of protein-restricted rats. *Microb. Biotechnol.* 10:480–491.

12　动物的采食调控

食物为动物提供营养和能量。摄食是所有动物维持生命、生长、发育和繁殖所必需的。其摄入量受以下几个因素的调节：①日粮特征（包括营养成分和适口性）和可获得性；②能源供应；③血液代谢物（如氨基酸、葡萄糖和短链脂肪酸）；④消化道容量和肠道填充量（食物消化率）；⑤来自胃肠道、肝脏和大脑的反馈信号，以回应日粮中营养素的摄入和血液循环中激素浓度的变化（图 12.1）；⑥生理状态（如妊娠、哺乳和生长）和病理状况（如发热、感染和癌症）；⑦环境温度（Forbes, 2007）。这些动物、食物及环境因素均列在表 12.1 中。此外，动物能记得其对过去所采食过的食物的代谢反应。因为食物具有某些物理或感官特性（包括外观、味道和质地），动物会优先选择或避免摄取这些它们采食过的食物（Catanese et al., 2010; Capaldi-Phillips, 2014）。近来的研究指出，舌头（Niot and Besnard, 2017）和消化道（Breer et al., 2012）有味觉感受器，这为解释动物对特定食物的偏好提供了一个生物化学的基础。因此，动物可以根据它们的营养及生理需求来拒绝、接受或保持摄取某种食物。

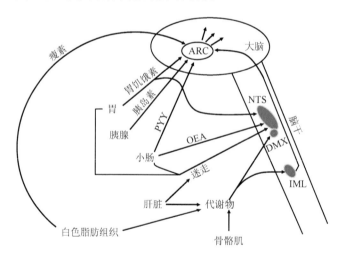

图 12.1　动物胃肠道、肝脏、大脑对自由采食的调控。ARC（arcuate nucleus），弓状核；DMX，迷走神经背核；IML（intermediolateral cell column），中间横向细胞柱；NTS，孤束核；OEA（oleoylethanolamide），油酰乙醇胺；PYY（peptide YY），YY 肽。

表 12.1　影响动物采食的因素

因素	举例
日粮	氨基酸的数量和种类；能量含量；碳水化合物、脂类、维生素和矿物元素的组成；抗营养因子和有毒物质；日粮组成；日粮加工方式；日粮的物理特性（如温度、粒度、颜色、气味、口感）；日粮形态（液态、颗粒、粉状）；水质
基因	物种（如牛、鱼、马、人、猪、家禽、绵羊）；品种（蛋鸡与肉鸡；梅山猪与四元杂交猪）和性别（雄性与雌性；公猪与母猪）

因素	举例
生理及血浆代谢因子	年龄、妊娠、哺乳；光、生物钟、褪黑素；来自肠道和大脑的饱食感信号及激素；血浆和大脑中的葡萄糖、脂肪酸及其代谢产物（如氨、乳酸和酮体）；胃肠道的蠕动
病理	感染、创伤、肿瘤、糖尿病、肥胖、心血管疾病、胎儿生长受限、恶心、呕吐
环境	环境温度（如热应激[a]、寒冷、局部发热）；环境湿度；空气污染（如 $PM_{2.5}$、硫酸铵、氨气、H_2S、CO 和 CO_2）；环境卫生
管理和行为	采食频率、断奶、个体及群体卫生、嘈杂、动物处理和治疗、随意活动、采食习惯、社交行为

[a] 这对没有汗腺的动物来说是个非常严重的问题，如狗、绵羊、猪。

注：$PM_{2.5}$，直径为 2.5 μm 或更小的颗粒物质；H_2S，硫化氢；CO，一氧化碳。

　　动物通过采食或胃肠道直接灌注的方式来获取营养物质。在现代集约化或大规模饲养模式下，家畜、家禽及鱼类在大部分生产条件下可自由采食。总体来说，动物对饲料（或干物质）的采食量是该动物的体重或体积与采食频率的函数（Baile and Forbes, 1974）。对于生长动物而言，采食量与它们的体重往往成正比。因此，在营养学的角度上，动物的采食量与两个重要因素有着密切联系：动物的生产能力与育肥能力。因此，动物生产者致力于提高动物在某些生产时期（如泌乳期、哺乳期、断奶后生长或患病时期）的自由采食量，同时使体脂沉积最小化（Sartin et al., 2011）。然而，伴侣动物的饲养者越来越注重他们的狗、猫或其他宠物的采食量，以降低肥胖的发生率。同样，孕前母体肥胖会降低胚胎的存活率，而孕期母体肥胖则会增加胚胎死亡与围产期并发症的风险（Wu et al., 2006）。综上所述，多种因素在不同的器官水平上对动物采食进行调控。这对于哺乳类、鸟类和鱼类动物的健康与生产至关重要（表 12.1）。本章的主要目的是阐述动物采食量的调控机制。

12.1　非反刍动物的采食调控

12.1.1　中枢神经系统调控中心

12.1.1.1　下丘脑、神经递质及神经肽

　　大脑收集来自胃肠道和其他器官上的特殊感受器与接收器的信息（Marx, 2003）。人们最初认为位于大脑下部的下丘脑有着控制中枢（进食中枢与饱食中枢）（Auffray, 1969）。除被饱食中枢（也称为腹内侧下丘脑）抑制外，进食中枢（也称为外侧下丘脑区）能驱使动物开始进食。饱食中枢可接收到机体由于采食而发出的信号（图 12.2）。因此，外侧下丘脑区病变会导致动物的采食量减少，而腹内侧下丘脑或室旁核病变则会引起过度采食（Abdalla, 2017）。然而，外侧下丘脑区和腹内侧下丘脑并非大脑中唯一的采食调控部分。下丘脑室旁核位于腹内核的腹侧，对神经递质（包括去甲肾上腺素与神经肽 Y）和促黑素细胞激素（一种黑皮素）非常敏感（Kirouac, 2015）。位于中枢神经系统与外周神经系统的神经元彼此联系交流。而它们大部分都是可以抑制或刺激食欲的氨

基酸代谢物（表 12.2）。

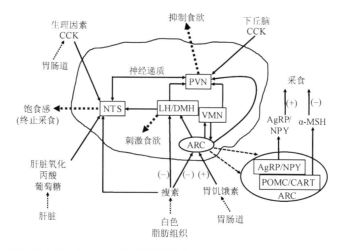

图 12.2　大脑的采食调控中枢。位于下丘脑的弓状核包含两种具有相反作用的神经元：刺豚鼠相关肽/
神经肽 Y 神经元（刺激食欲）和阿黑皮素原/CART 神经元（抑制食欲）。胃饥饿素（ghrelin）刺激动
物采食，但瘦素（leptin）抑制动物采食。AgRP（agouti-related peptide），刺豚鼠相关肽；ARC（arcuate
nucleus），弓状核；CART（cocaine-amphetamine regulated transcript），可卡因-苯丙胺调控的转录子；
CCK（cholecystokinin），胆囊收缩素；DMH（dorsomedial hypothalamus），丘脑背内侧核；LHA（lateral
hypothalamus；也简写为 LHA），外侧下丘脑；α-MSH（α-melanocyte-stimulating hormone），促黑素细
胞激素；NPY（neuropeptide Y），神经肽 Y；POMC（pro-opiomelanocortin），阿黑皮素原；PVN
（paraventricular nucleus），室旁核；NTS（nucleus tractus solitaries），孤束核；VMN（ventromedial nucleus），
腹内侧核。资料来源：Sartin, J.L., B.K. Whitlock, and J.A. Daniel. 2011. *J. Anim. Sci.* 89: 1991–2003。(+)，
刺激；(–)，抑制。

表 12.2　影响动物采食量的激素、神经肽和神经递质

项目	来源	对采食量的影响
下丘脑		
刺豚鼠相关肽（AgRP）	弓状核	增加
γ-氨基丁酸（GABA）	多种神经元	增加
多巴胺（dopamine）	弓状核神经元	增加
神经肽 Y（neuropeptide Y）	弓状核	增加
黑素浓集激素（MCH）	外侧下丘脑区和大脑其他区域	增加
阿片类[a]	外侧下丘脑区、室周核、室旁核和脑腹内侧核	增加
食欲肽（别名下视丘分泌素，orexin）	外侧下丘脑区、脑背内侧核	增加
可卡因-苯丙胺调控的转录子（CART）	阿黑皮素原神经元、室旁核、脑腹内侧核、外侧下丘脑区、中突	降低
促肾上腺皮质激素释放激素（CRH）	室旁核	降低
黑皮素	脑腹内侧核	降低
促黑素细胞激素（α-MSH）	阿黑皮素原神经元	降低
神经递质	脑腹内侧核	降低
神经递质	脑背内侧核	降低

续表

项目	来源	对采食量的影响
去甲肾上腺素	室旁核和腹内侧下丘脑	降低
阿黑皮素原（PMOC）	阿黑皮素原神经元	降低
5-羟色胺	室旁核、外侧下丘脑区和脑腹内侧核	降低
尿皮素	室旁核	降低
大脑系统		
神经递质	孤束核 [b]	降低
神经递质	中间外侧核	降低
消化系统		
饥饿激素（ghrelin，刺激食欲）	胃和小肠的上皮细胞	增加
胆囊收缩素（CCK）	小肠	降低
胃泌素	内分泌细胞	增加
胰高血糖素样肽-1（GLP-1）	小肠的上皮细胞	降低
胰岛素	胰腺 β 细胞	降低
YY 肽（PYY）	肠道内分泌细胞	降低
油酰乙醇胺（oleoylethanolamide）	小肠的上皮细胞	降低
5-羟色胺	肠道内分泌细胞	??
一氧化氮（NO）	肠道内分泌细胞	增加
白色脂肪组织		
瘦素	白色脂肪细胞	降低

[a] 如下丘脑的内啡肽和脑啡肽。

[b] 大脑孤束核与消化系统组织间的联系是通过迷走神经或交感神经的传入纤维来传递的。

注："??"代表 5-羟色胺对食物采食的影响目前研究结果不统一。

众所周知，位于下丘脑的弓状核包含两种具有相反作用的神经元：①刺豚鼠相关肽/神经肽 Y 神经元，②阿黑皮素原/可卡因-苯丙胺调控的转录子（CART）神经元（Sutton et al., 2016）。刺激刺豚鼠相关肽/神经肽 Y 神经元可刺激食欲。与此相反，刺激阿黑皮素原/CART 神经元会引起阿黑皮素原神经元的突触末端释放促黑素细胞激素（一种可使食欲减退的神经肽），因此降低食欲。通过与二级神经元上的黑皮素-3 受体和黑皮素-4 受体（MC3R、MC4R）结合，促黑素细胞激素会减少采食并增加能量消耗（图 12.3）。因此，阿黑皮素原神经元与其他大脑中枢的二级神经元连接，通过孤束核将信号传递给机体。许多肽类调节激素通过弓状核发挥作用，但也有一些可能对孤束核和其他大脑中枢有直接影响。表 12.2 总结了这些神经肽作为饱食信号的作用。

12.1.1.2　瘦素和胰岛素

瘦素（leptin，来自德文 leptos，意思是瘦）由白色脂肪组织合成和分泌，而胰岛素（insulin）由胰腺的 β 细胞合成和分泌（Thon et al., 2016）。瘦素（饱食感激素）和胰岛素作用于下丘脑弓状核的受体，从而刺激阿黑皮素原/CART 的产生，同时抑制刺豚鼠相关肽/神经肽 Y 的释放，进而减少动物的采食量（图 12.2）。例如，对雌性大鼠的大脑腹

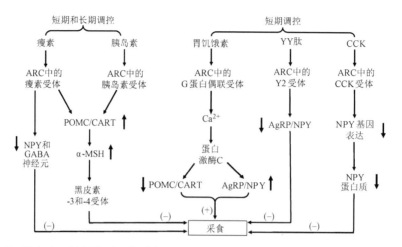

图 12.3　瘦素、胰岛素、胃肠肽对动物采食量的调控。AgRP（agouti-related peptide），刺豚鼠相关肽；ARC（arcuate nucleus），弓状核；CART（cocaine-amphetamine regulated transcript），可卡因-苯丙胺调控的转录子；CCK（cholecystokinin），胆囊收缩素；α-MSH（α-melanocyte-stimulating hormone），促黑素细胞激素；NPY（neuropeptide Y），神经肽 Y；POMC（pro-opiomelanocortin），阿黑皮素原。↑，增加；↓，减少；(+)，刺激；(−)，抑制。

侧被盖区（15–500 ng/侧）或弓状核（15–150 ng/侧）注射瘦素后 72 h 内，其采食量降低，且在注射后的第 48 h（大脑腹侧被盖区内注射）或第 24 h（弓状核内注射）体重降低（Bruijnzeel et al., 2011）。有证据表明，瘦素通过细胞膜去极化和减少局部的促进食欲的神经肽 Y/γ-氨基丁酸神经元对细胞膜去极化的抑制作用，以增加令食欲减退的阿黑皮素原神经元的动作电位频率（Cowley et al., 2001）。注射胰岛素（0.005–5 mU/侧）到大脑腹侧被盖区或弓状核会减少 24 h 内动物的采食量，但对动物的体重无影响。弓状核中的胰岛素和瘦素都不影响大脑的奖励阈值。因此，当动物的脂肪储存及血浆中瘦素、胰岛素的浓度增加时，其采食量就会减少。然而，当动物的脂肪储存及血浆中瘦素、胰岛素的浓度减少时，刺豚鼠相关肽/神经肽 Y 神经元将被激活，而阿黑皮素原/CART 神经元则被抑制，导致动物采食量和体重增加（图 12.3）。在肥胖绵羊中，血浆中瘦素的浓度显著增加，提示瘦素抵抗现象（Daniel et al., 2002）。这是因为瘦素转运进入大脑的量减少，而不是下丘脑对瘦素不敏感（Adam and Findlay, 2009）。在营养过剩、肥胖与 2 型糖尿病的情况下，中枢神经系统的胰岛素信号通路受阻，导致胰岛素抵抗和加剧疾病进程（Vogt and Brüning, 2013）。因此，作为短期和长期的饱食感信号，瘦素和胰岛素在控制机体能量平衡中均起着重要的作用。

12.1.1.3　胃饥饿素

胃饥饿素（ghrelin）是一种肽类激素（由 28 种氨基酸组成），在胃和小肠由 X/A 内分泌细胞产生（Steinert et al., 2017）。在中枢神经系统中，胃饥饿素通过 1, 4, 5-三磷酸肌醇/磷脂酶 C 和甘油二酯信号通路，作用于 G 蛋白偶联型受体以增加细胞内钙离子浓度和蛋白激酶 C 的活性。在弓状核中，胃饥饿素可激活刺豚鼠相关肽/神经肽 Y 神经元并抑制阿黑皮素原/CART 神经元，从而刺激食欲（Kojima and Kangawa, 2005）。因此，胃饥饿素是一种与瘦素作用相反的"食欲刺激素",在采食的短期调节中起着重要作用(Chen et al., 2007; Steinert et al., 2017)。

12.1.1.4 YY 肽

YY 肽(PYY)(由 36 个氨基酸残基组成的多肽)主要在采食时由位于小肠和结肠的肠内分泌 L 细胞合成与分泌(Steinert et al., 2017)。当血浆中 YY 肽浓度升高时,该肽与弓状核区域的 Y2 受体结合便会增强,从而抑制刺豚鼠相关肽/神经肽 Y 神经元。刺豚鼠相关肽/神经肽 Y 的生成量下降将导致采食的抑制。因此,在动物实验中,无论是灌注 YY 肽进入全身循环或在下丘脑室旁核和海马体显微注射 YY 肽,均会导致采食量减少(Alhadeff et al., 2015)。小肠近端的脂肪、脂肪酸、许多其他肠腔内营养物质及食糜均会诱导小肠释放 YY 肽。因此,小肠中存在大量食物时会导致食欲下降。许多证据表明 YY 肽对短期的采食调控起重要的作用(Steinert et al., 2017)。

12.1.1.5 胆囊收缩素

胆囊收缩素(CCK)是一种肽类激素,在采食时它由十二指肠的内分泌 I 细胞产生。此激素也存在于大脑中(Steinert et al., 2017)。大多数的胆囊收缩素受体位于丘脑背内侧核。胆囊收缩素被灌注进入绵羊的侧脑室会抑制采食量(Baile and Della-Fera, 1984)。机制研究表明,大鼠的丘脑背内侧核灌注胆囊收缩素后会激活大脑中的 Fos 蛋白,并下调丘脑背内侧核区域的神经肽 Y 基因的表达(Chen et al., 2008)。外周注射的胆囊收缩素,其作用时间短,主要激活孤束核上的神经元,但也能刺激室旁核和丘脑背内侧核上的神经元。因此,胆囊收缩素作为一种传入信号,可作用于孤束核进而减少采食量。当肠道蠕动较差时,作为外周神经饱食信号,肠内胆囊收缩素的释放量将增加,导致低食欲和低采食量。因此,胆囊收缩素主要作用是短期性采食调控。

12.1.1.6 胰高血糖素样肽-1

胰高血糖素样肽-1(GLP-1)是采食时由小肠肠内分泌 L 细胞释放的,尤其是回肠远端和结肠近端的 L 细胞(Kaviani and Cooper, 2017)。它通过抑制神经肽 Y 和刺豚鼠相关肽神经元,以及刺激阿黑皮素原和 CART 神经元来诱导产生饱食感(Stanley et al., 2004)。胰高血糖素样肽-1 是一种抑制动物采食的短期性饱食感信号。

12.1.2 营养物质和代谢物对采食的调控

12.1.2.1 日粮能量水平

日粮能量水平是影响动物采食的一个主要营养因素(表 12.3)。因为能量不是物质,它自身并不会影响动物采食。然而,含有能量的营养物质(如脂肪、碳水化合物、蛋白质及它们的代谢产物)会影响调控采食的神经网络。营养代谢及细胞信号转导都需要氨基酸、维生素和矿物质。因此,日粮能量水平与采食的关系较为复杂。对于猪和家禽,当日粮氨基酸、维生素和矿物质充足时,日粮代谢能水平的增加通常会降低采食量,而代谢能水平的降低则会增加采食量（Forbes, 2007）。这种摄食行为会导致食物能量摄入的完全补偿或适度增加。例如，对于生长猪，当日粮消化能水平由 12.5 MJ/kg 逐步增加到 15.4 MJ/kg 时，饲料干物质的摄入量也随之逐步减少（Henry, 1985）。而对于蛋鸡，日粮中代谢能含量从 10.5 MJ/kg 增加到 13.4 MJ/kg 时，其采食量从 127 g/d 下降到 107 g/d，但总代谢能摄入量从 1.34 MJ/d 增加到 1.42 MJ/d（de Groot, 1972）。

表 12.3 影响反刍动物和非反刍动物采食的营养素

营养素	采食量	动物
日粮蛋白质和氨基酸含量		
低	降低	反刍动物和非反刍动物
中	增加	反刍动物和非反刍动物
高	降低	反刍动物和非反刍动物
日粮氨基酸不平衡	降低	反刍动物和非反刍动物
日粮能量水平		
低	降低	反刍动物和非反刍动物
中	增加	反刍动物和非反刍动物
高	降低	反刍动物和非反刍动物
日粮总脂肪酸含量		
低	降低	非反刍动物
中	增加	非反刍动物
高	降低	反刍动物和非反刍动物
日粮多不饱和脂肪酸含量低	降低	反刍动物和非反刍动物
胃肠道葡萄糖浓度		
高	降低	非反刍动物
低	增加	非反刍动物
血液和瘤胃高短链脂肪酸	降低	反刍动物
日粮高短链脂肪酸和其他有机弱酸	降低	非反刍动物（断奶）
胃肠道填充状态		
低	增加	反刍动物和非反刍动物
高	降低	反刍动物和非反刍动物
血液中高浓度酮体	降低	反刍动物和非反刍动物
机体脱水程度	降低	反刍动物和非反刍动物
日粮矿物质（如 Na、Ca、P、Fe、Zn）		
低	降低	反刍动物和非反刍动物
高	降低	反刍动物和非反刍动物
日粮维生素（如复合维生素 B）		
低	降低	非反刍动物
高	降低	非反刍动物

12.1.2.2 日粮中甜味糖的含量

少量的甜味糖（如葡萄糖和蔗糖）可赋予日粮以甜味，从而促进动物采食。甜味受体作为味觉受体，其 1 型（G 蛋白偶联受体）位于舌头上味蕾的味觉细胞顶端膜（Nelson et al., 2001）。甜味配体与 1 型甜味受体结合可激活其偶联的 G 蛋白。活化的 $G_s\alpha$ 亚基结合并激活腺苷酸环化酶以产生 cAMP。cAMP 可激活蛋白激酶 A，使电压门控的钾通道磷酸化，导致该通道关闭、味觉细胞去极化，并使位于细胞基底膜的钙离子通道打开。细胞内钙离子浓度的增加引起神经递质分子以突触小泡的形式释放，这些递质被附近的初级神经元的受体所接收。由此产生的电信号沿着神经细胞传递到达大脑的摄食调控中心，这一中心能感知舌头游离糖的刺激，从而提高哺乳动物、鸟类和鱼类的采食量。

12.1.2.3 血浆葡萄糖浓度

与日粮中甜味糖的作用相反，Mayer（1953）发现，高水平的血液葡萄糖将减少单胃动物的食欲。该作者提出了调控采食的葡萄糖恒定理论：即血浆中的葡萄糖浓度的增加或减少，将分别作为饱食或饥饿的一种刺激。大量证据表明，在胃肠道内或肝门静脉内的葡萄糖浓度（而非全身循环中的葡萄糖浓度）可以调节动物采食（Forbes, 2007）。例如，生长猪胃肠道被短期灌注大量的葡萄糖后血浆中葡萄糖的浓度会增加，其采食量将降低（Gregory et al., 1987）。相比之下，无论是向肝门静脉还是颈静脉灌注葡萄糖，均不会影响猪的短期采食量（Houpt et al., 1979）。因此，葡萄糖通过作用于胃或小肠黏膜上的传感器来传递抑制食欲信号。家禽门静脉（而非外周静脉）注入葡萄糖将抑制其采食（Shurlock and Forbes, 1981a, 1984）。类似地，十二指肠灌注葡萄糖也会抑制鸡的采食（Shurlock and Forbes, 1981a）。这些结果表明，小肠对葡萄糖的感知或肝脏对葡萄糖的摄取对调控采食起着重要作用。在狗的肝门静脉内注入葡萄糖能抑制采食，但通过颈静脉注入相同量的葡萄糖则不影响采食（Russek, 1970）。这一发现进一步表明了肝脏对采食调控的作用。肝脏葡萄糖的氧化反应可能为葡萄糖调节动物的采食所需要。门静脉内葡萄糖浓度的增加可改变肝脏交感神经的传入神经纤维的脉冲频率（Forbes, 2000; Shurlock and Forbes, 1981b）。当动物禁食时，血液中葡萄糖和胰岛素浓度较低，将会刺激动物的食欲。

12.1.2.4 蛋白质和氨基酸

一些氨基酸是神经递质（第 7 章）。脑和血浆中的氨基酸含量将影响神经递质的浓度，因此有可能调节采食量。例如，与日粮含 20%蛋白质相比，日粮蛋白质水平过高或过低（如 5%或 30%）均可降低幼龄大鼠的采食量（表 12.4）。日粮蛋白质和蛋氨酸水平不足也会降低泌乳奶牛的采食量（表 12.5）。许多证据表明，动物对日粮中氨基酸的供给非常敏感（Wu et al., 2014）。例如，饲喂精氨酸缺乏日粮的幼龄大鼠比饲喂精氨酸充足日粮的幼龄大鼠单位体重采食量降低（表 12.6）。当日粮精氨酸缺乏时，日粮精氨酸与赖氨酸的比例对幼龄动物可能不平衡，而且机体的

NO 合成受阻。

表 12.4　日粮蛋白质水平对雄性 Sprague-Dawley 大鼠采食量的影响[a]

饲喂时间(天)	体重（g）			采食量（g/100 g 体重）		
	30%酪蛋白	20%酪蛋白	5%酪蛋白	30%酪蛋白	20%酪蛋白	5%酪蛋白
0	98.2 ± 3.1	98.1 ± 3.2	98.3 ± 3.0	—	—	—
2	124 ± 3.3[b]	122 ± 3.2[b]	104 ± 3.1[c]	9.55 ± 0.39[d]	10.9 ± 0.43[c]	14.3 ± 0.53[b]
4	152 ± 3.7[b]	148 ± 3.5[b]	120 ± 3.3[c]	9.16 ± 0.37[d]	10.6 ± 0.42[c]	13.9 ± 0.52[b]
6	175 ± 4.0[b]	171 ± 3.8[b]	129 ± 3.3[c]	8.86 ± 0.35[d]	10.2 ± 0.42[c]	13.5 ± 0.49[b]
8	196 ± 4.2[b]	190 ± 4.2[b]	136 ± 3.4[c]	8.57 ± 0.34[d]	9.91 ± 0.45[c]	13.1 ± 0.47[b]
10	216 ± 4.8[b]	209 ± 4.5[b]	146 ± 3.4[c]	8.30 ± 0.32[d]	9.72 ± 0.41[c]	12.7 ± 0.48[b]
12	238 ± 4.9[b]	230 ± 4.6[b]	157 ± 3.6[c]	7.79 ± 0.31[d]	9.28 ± 0.38[c]	12.3 ± 0.48[b]
14	256 ± 5.1[b]	248 ± 4.9[b]	167 ± 3.5[c]	7.65 ± 0.32[d]	8.97 ± 0.36[c]	11.8 ± 0.44[b]

[a] 半纯合日粮参照 Wu 等（1999）配制。雄性 Sprague-Dawley 大鼠自由采食。体重和采食量每 2 天记录一次。
[d] 0 = 30 日龄，数值为平均值±标准误，n = 10。
[b-d] 不同上标代表差异显著（$P<0.05$）。

表 12.5　日粮蛋白质和蛋氨酸水平对泌乳奶牛采食量及产奶量的影响

项目	日粮粗蛋白水平		日粮过瘤胃蛋氨酸水平		合并 SEM
	15.8%	17.1%	0 g/d	9 g/d	
干物质采食量	24.4	25.5*	24.6	25.3*	0.37
产奶量	40.0	41.7*	40.0	41.4[†]	0.72

资料来源：Broderick, G.A., Stevenson, M. J., Patton, R. A. 2009. *J. Dairy Sci.* 92: 2719–2728。
注：数值单位 kg/d。荷斯坦奶牛饲喂以玉米青贮为基础的日粮 4 周。
与对照组相比，*表示 $P<0.05$，[†]表示 $P=0.10$。

表 12.6　日粮精氨酸（Arg）含量对雄性 Sprague-Dawley 大鼠采食量的影响[a]

饲喂时间（天）	体重（g）			采食量（g/100g 体重）		
	1% Arg	0.3% Arg	0% Arg	1% Arg	0.3% Arg	0% Arg
0	96.1 ± 3.4	96.0± 3.5	96.2 ± 3.4	—	—	—
2	114 ± 4.7[b]	102 ± 4.0[c]	99.0 ± 3.3[d]	10.6 ± 0.32[d]	11.8± 0.34[c]	13.9 ± 0.35[b]
4	139 ± 5.0[b]	111 ± 4.4[c]	105 ± 3.4[c]	10.1 ± 0.30[d]	11.2 ± 0.32[c]	13.3 ± 0.34[b]
6	160 ± 5.2[b]	122 ± 4.7[c]	112 ± 3.6[d]	9.77 ± 0.31[d]	10.8 ± 0.33[c]	12.8 ± 0.37[b]
8	179 ± 5.5[b]	135 ± 5.0[c]	120 ± 3.7[d]	9.46 ± 0.33[d]	10.5 ± 0.35[c]	12.2 ± 0.36[b]
10	199 ± 5.6[b]	149 ± 5.2[c]	128 ± 3.8[d]	9.15 ± 0.31[d]	10.1 ± 0.34[c]	11.8 ± 0.35[b]
12	217 ± 5.8[b]	161 ± 5.4[c]	134 ± 4.0[d]	8.87 ± 0.29[d]	9.82 ± 0.32[c]	11.4 ± 0.33[b]
14	232 ± 6.3[b]	171± 5.5[c]	140 ± 3.9[d]	8.55 ± 0.28[d]	9.48 ± 0.31[c]	11.2 ± 0.33[b]

[a] 半纯合日粮参照 Wu 等（1999）配制。雄性 Sprague-Dawley 大鼠自由采食。体重和采食量每 2 天记录一次。
[d] 0 = 30 日龄。数值为平均值±标准误。
[b-d] 不同上标代表差异显著（$P<0.05$）。

　　家禽、猪和大鼠在摄食后 15–30 min 会拒绝采食缺乏一种或多种体内不能合成的氨基酸的纯合日粮（Edmonds and Baker, 1987a, b; Edmonds et al., 1987; Harper et al., 1970）。然而，当氨基酸缺乏的日粮被重新补充所缺乏的氨基酸之后，动物会继续采食直到有饱食感。当日粮轻度缺乏赖氨酸、蛋氨酸和苏氨酸时，大鼠和猪的采食量会增加，而轻度缺乏色氨酸时则会降低。与此相比，日粮中氨基酸的过量也会降低动物的采食量。例如，若日粮中含有 2% 的色氨酸；3% 组氨酸、蛋氨酸、苯丙氨酸、苏氨酸或赖氨酸；4% 亮氨酸、异亮氨酸或缬氨酸，生长大鼠采食量将下降 25%–60%（Gietzen et al., 2007; Harper et al., 1970）。仔猪（8 kg 体重）的日粮含 4% DL-蛋氨酸、苏氨酸或色氨酸时，其采食量将分别下降 40%、20% 和 30%，但含 4% 亮氨酸时不影响采食量（表 12.7）。有趣的是，生长猪饲喂含 4% 的赖氨酸、苏氨酸、精氨酸、DL-蛋氨酸或色氨酸的玉米-豆粕基础日粮时，头 3 天内的采食量下降了 90%–95%（表 12.8）。在 4–9 天，当日粮添加 4% 赖氨酸、苏氨酸时，猪的采食量为对照组的 38%；当日粮添加 4% 精氨酸时，猪的采食量为对照组的 20%；而当日粮添加 4% 的蛋氨酸和色氨酸时，猪几乎不进食（表 12.8）。同样地，如果日粮含有 4% 组氨酸、赖氨酸、苏氨酸或色氨酸，鸡的采食量减少 32%；如果日粮含有 4% 的苯丙氨酸，鸡的采食量减少 44%；如果日粮含有 4% 的蛋氨酸，鸡的采食量减少 50%（表 12.9）。支链氨基酸的不平衡（例如，亮氨酸：异亮氨酸：缬氨酸 > 8：1：1）或碱性氨基酸的不平衡（如精氨酸：赖氨酸：组氨酸 > 2.5：1：0.4）会显著影响所有动物（包括大鼠、猪和鸡）的采食量（Harper et al., 1970; Smith and Austic, 1978）。因此，日粮蛋白质或氨基酸的含量将影响动物对氨基酸过量或缺乏的反应，且不同动物对氨基酸的过量或缺乏的敏感性不同。

  大多数关于摄食调节的研究都集中在动物细胞中不能从头合成的氨基酸（Gietzen et al., 2007）。然而，很少有关于动物体内可从头合成的氨基酸对动物采食调控的研究。Wu 等（1996）研究表明，在玉米-豆粕基础的日粮中添加 0.5% 或 1% 的谷氨酰胺，并饲

表 12.7　氨基酸对饲喂玉米-豆粕基础日粮（20% 粗蛋白质）幼龄仔猪（8 kg 体重）采食量的影响

氨基酸	氨基酸添加剂量（%）			
	0	1	2	4
	占对照组（不添加氨基酸）采食量的百分比（%）			
DL-蛋氨酸	100	95	83	61
L-亮氨酸	100	98	99	99
L-苏氨酸	100	95	80	80
L-色氨酸	100	96	93	70

资料来源：Edmonds, M.S. and D.H. Baker. 1987a. *J. Anim. Sci.* 64: 1664–1671。

表 12.8　幼龄仔猪（8 kg 体重）对玉米-豆粕基础日粮的自由采食（20% 粗蛋白质）

日粮添加的氨基酸	采食量（g/d）	
	0–3 天	4–9 天
对照	358	484
4% L-赖氨酸	30	224
4% L-苏氨酸	15	220
4% L-精氨酸	27	130
4% DL-蛋氨酸	8	18
4% L-色氨酸	2.7	2.4

资料来源：Edmonds, M.S., H.W. Gonyou, and D.H. Baker. 1987. *J. Anim. Sci.* 65: 179–185。

表 12.9　添加氨基酸对饲喂玉米-豆粕基础日粮（23%粗蛋白质）的幼龄公鸡（8 日龄）采食量的影响

添加的氨基酸	采食量（g/d）	添加的氨基酸	采食量（g/d）
对照	175	对照	175
4% L-亮氨酸	175	4% L-赖氨酸	121
4% L-精氨酸	165	4% L-组氨酸	119
4% L-缬氨酸	165	4% L-色氨酸	118
4% L-异亮氨酸	155	4% L-苯丙氨酸	105
4% L-苏氨酸	125	4% L-蛋氨酸	77

资料来源：Edmonds, M.S. and D.H. Baker. 1987. *J. Anim. Sci.* 65: 699–705。

喂断奶仔猪 2 周，对其采食量没有影响。同样，在玉米-豆粕基础的日粮中添加 0.5%–2% 的谷氨酸钠（含 21% 粗蛋白质），并饲喂断奶仔猪 2 周，对其采食量也没有影响（Rezaei et al., 2013）。然而，在玉米-豆粕基础的日粮补充 2%谷氨酰胺（表 12.10）或 4%谷氨酸钠（Rezaei et al., 2013）会通过不同的机制减少断奶仔猪的饲料采食量。过量添加谷氨酰胺增加了血浆中氨的浓度，而过量添加谷氨酸钠则增加了钠的摄入量（Rezaei et al., 2013）。相比之下，在相同的玉米-豆粕基础日粮上补充 2%的谷氨酸并不影响猪的采食量（表 12.10）。因此，类似于动物体内可从头合成的氨基酸，日粮中不同的非从头合成的氨基酸对动物采食量也有不同的影响。

表 12.10　日粮添加谷氨酰胺或谷氨酸对断奶仔猪采食量的影响 [a]

氨基酸	日粮添加水平（%）				合并 SEM
	0.0	0.5	1.0	2.0	
L-谷氨酰胺	348[b]	353[b]	342[b]	287[c]	19
L-谷氨酸	352	356	361	358	22

[a] 采食量单位，g/d，*n* = 12。仔猪 21 日龄时（平均体重为 5.5 kg）断奶，饲喂含 21%粗蛋白质的玉米-豆粕基础日粮（Wu et al., 1996）。此基础日粮补充有 0.0%–2%的 L-谷氨酰胺或 L-谷氨酸。
[b, c] $P < 0.05$。
注：断奶后第二周记录采食量。

哺乳动物和鸟类对日粮中精氨酸与赖氨酸比例不平衡的反应类似。然而，对于鱼类而言，精氨酸/赖氨酸对采食量的调控受到鱼种类的影响。例如，在某些鱼类中，精氨酸和赖氨酸存在拮抗关系（如军曹鱼），因此无论日粮中的精氨酸/赖氨酸高或低（如 1.25/1.00 或 0.56/1.00 和 0.91/1.00），均会降低其采食量和生长速率（Van Nguyen et al., 2014）。相反，一些鱼［如 Midas *Amphilophus citrinellus*（橘色双冠丽鱼）］对较大范围的日粮精氨酸/赖氨酸（如 0.27/1.00、0.82/1.00 或 1.63/1.00）不敏感（Dabrowski et al., 2007）。在酪蛋白-明胶基础饲料中添加 4%的精氨酸（含有 28%的粗蛋白质），并饲喂 6 周，对鲶鱼幼鱼无不良影响（Buentello and Gatlin, 2001）。

12.1.2.5　脂肪酸和酮体

胃肠道中高水平的脂肪酸会刺激肠肽激素胆囊收缩素、YY 肽、胰高血糖素样肽-1、胃促胰岛素多肽和胃抑制肽的释放，但抑制胃饥饿素的释放（Kaviani and Cooper, 2017），因此会抑制采食量。类似地，血浆中脂肪酸浓度升高会增加循环系统中葡萄糖和胰岛素水平，这将进一步降低采食量和采食频率。通常情况下，高脂饮食能降低胃肠的排空速率、增加胃肠道和血浆中游离脂肪酸的浓度、促进脂肪肝的发展，因此降低动物的采食量。即使日粮的能量水平没有增加，这些不良影响仍会发生在摄取高脂肪日粮的动物中。例如，4–16 周龄雄性大鼠自由采食能值均为 4746 kcal/kg 的日粮时，日粮脂肪含量从 4.3% 增加到 23.6%，大鼠每天的采食量从 36.3 g/kg 体重降低到 29.6 g/kg 体重（Jobgen et al., 2009）。在这种情况下，高脂和低脂组大鼠采食的能值相同（每天 145 kcal/kg 体重）（Jobgen et al., 2009）。

从日粮中摄取较多的脂肪会促进乙酰乙酸和 β-羟基丁酸酯的产生（第 6 章）。在进食状态下，这些酮体水平的升高将作为饱食信号抑制采食（Robinson and Williamson, 1980）。在相同的采食条件下，2 日龄雏鸡饥饿 3 h 后向脑室内注射（0 g/kg 体重、0.5 g/kg 体重、1.0 g/kg 体重或 1.5 g/kg 体重）或腹膜内注射（0 mg、0.25 mg、0.50 mg 或 1.00 mg，10 μL 的量）β-羟基丁酸酯，可剂量依赖性地抑制雏鸡的采食量（Sashihara et al., 2001）。因此，中枢及外周神经系统中的酮体可以作为信号分子抑制家禽的采食量。然而，向饲喂高脂肪/低碳水化合物或低脂肪/高碳水化合物日粮（等热）的雌性大鼠脑室内长期注射 β-羟基丁酸酯（28 天），大鼠体重减轻但采食量不变（Sun et al., 1997）。这可能是因为酮体在外周组织氧化对于其抑制脑采食中枢是必需的。外源性酮体对采食量的影响可能存在物种差异。

12.1.2.6　一氧化氮

在几乎所有细胞类型中，一氧化氮（NO）可以由精氨酸合成，包括肠道上皮细胞和氧化氮能神经元（第 7 章）。一氧化氮通过激活鸟苷酸环化酶产生 cGMP，松弛胃肠道的平滑肌并刺激肠道的蠕动，由此增加采食量（Groneberg et al., 2016）。抑制一氧化氮的合成会妨碍胃的容受性并增强由食物引起的饱食感（Tack et al., 2002）。一氧化氮可能通过非肾上腺素、非胆碱能神经对胃内压增加的反射性反应，从而在胃的适应性松弛中发挥重要作用。生理水平的一氧化氮可以刺激许多不同物种动物的采食量，包括鸡（Choi et al., 1994）、鼠（Czech et al., 2003）、兔（De Luca et al., 1995）。因此，这些结果可以部分解释为什么在日粮缺乏精氨酸时会降低包括大鼠在内的动物的采食量（表 12.6）。

12.1.2.7　5-羟色胺

5-羟色胺（色氨酸的代谢物）是一种神经递质，其介导在中枢（如调控摄食的室旁核或腹内侧下丘脑神经元）和胃肠神经系统中两个神经元之间的信号转导（Abdalla, 2017）。在神经突触内，第一个神经细胞将 5-羟色胺释放到两个神经元之间的空间，第二个神经细胞具有识别 5-羟色胺的受体，并引发一系列生理反应（例如，5-羟色胺水平高时的表现为快乐）（第 1 章）。抑制 5-羟色胺从细胞间隙的再吸收可以延长其作用。在大鼠（Miryala et al., 2011）和鱼类（Pérez-Maceira et al., 2016）等动物的脑室或腹腔注射 5-羟色胺，可以通过抑制弓状核区域的阿黑皮素原/CART 神经元以抑制动物采食。

动物体内大约 90% 的 5-羟色胺存在于胃肠道中，作为神经递质直接调节肠道的收缩和动物的食欲。当肠道中 5-羟色胺的浓度较低时，动物食欲增强。相反地，通过激活胃肠 5-羟色胺能神经元会产生高浓度的 5-羟色胺，进而抑制动物采食。因此，凡是能促进 5-羟色胺活性（如芬氟拉明、氟西汀和 3,4-亚甲基二氧代苯甲胺）或阻断其被神经元吸收（如西布曲明和阿片样物质拮抗剂）的物质都可以降低采食量，而不影响起始采食时间或采食的频率（Voigt and Fink, 2015）。同样地，在幼龄仔猪和雏鸡日粮中添加4%色氨酸，可大大降低其采食量（Edmonds and Baker, 1987 a, b）。

12.1.2.8 去甲肾上腺素

去甲肾上腺素（酪氨酸的代谢物）是调节动物采食的另一种神经递质。弓状核神经元产生的β-内啡肽刺激脑内去甲肾上腺素能神经元（室旁核或腹内侧下丘脑）释放去甲肾上腺素。来自外周组织（如胃和小肠）的迷走输入神经可以调节中枢神经系统的神经元释放去甲肾上腺素，由此整合中枢和外周信号来控制动物采食（Voigt and Fink, 2015）。一般而言，去甲肾上腺素可以抑制动物采食。类似于5-羟色胺，通过药物（如西布曲明和GW320659）抑制去甲肾上腺素被神经元的再吸收可以诱导产生饱食感并表现抗抑郁作用（Kintscher, 2012）。上述结果可以部分解释为什么日粮中添加4%苯丙氨酸（酪氨酸的前体）会降低包括猪和鸡在内的动物的采食量（Edmonds and Baker, 1987a, b）。

12.1.2.9 其他化学因素

非反刍动物日粮中维生素（如B族维生素等）和矿物质（如钠、钙、磷、铁和锌等）的缺乏或过量会导致采食量下降（第9章和第10章）。此外，饲料的颜色和物理性状（如硬度和颗粒大小等）也会影响采食量（Forbes, 2007）。尤其对刚断奶的哺乳动物（如猪、牛、羊等）非常重要。这些新生动物能消耗大量的液状母乳，但只能采食一小部分的固体饲料。例如，在断奶后的头3天里，断奶仔猪的采食量还不足断奶前干物质的10%（Wu et al., 1996）。因此，在断奶期间，应该给断奶仔猪提供适口性好、易消化和甜味的食物（如乳清粉、血粉和蔗糖），最好是液态的。动物能熟知食物的特征并能根据自己的喜好来选择食物，以适应它们的生理需求。动物因患败血症、发热、炎症、癌症等其他疾病导致采食量降低，因为内毒素和炎症细胞因子（如白介素1α、白介素1β、白介素6、肿瘤坏死因子α和干扰素γ等）抑制了刺豚鼠相关肽/神经肽Y神经元并且刺激了阿黑皮素原/CART神经元，促使下丘脑释放厌食神经递质，即促黑素细胞激素（Burfeind et al., 2016）。

有机弱酸（如乳酸、甲酸、乙酸、丙酸、丁酸、柠檬酸、延胡索酸和苯甲酸等）通常被添加在断奶后哺乳动物（如猪）的日粮中，以提高它们断奶后前两周的采食量（Pluske, 2013; Suiryanrayna and Ramana, 2015）。这些酸既可以杀菌也可以抑菌，取决于它们在日粮中的含量。此外，在断奶仔猪的饮用水中添加0.8%的乳酸可提高生长性能和饲料转化率，同时可减少十二指肠和空肠的大肠杆菌数量（Cole et al., 1968）。早期断奶仔猪（3–4周龄）通常表现出消化吸收能力差，主要是因为：①胃酸分泌不足（盐酸），胰腺和肠道消化酶的合成不足；②小肠绒毛面积减少和肠道转运蛋白表达不足。通过在日粮中添加有机弱酸可以有效减少断奶仔猪的断奶应激症状。

12.2 反刍动物的采食调控

反刍动物和非反刍动物一样，其采食量也受神经递质、神经肽和营养物质的调节。

例如，研究发现介于泌乳后期到产犊或者分娩之间的母牛，其饲喂日粮中含有过瘤胃油脂会影响其采食量和能量的摄取量（Kuhla et al., 2016）。此外，反刍动物的采食量还受限于以下几方面：①瘤胃和其他胃的生理局限；②饲料的物理和化学性质（如颗粒大小，硬度，青贮饲料，纤维和其他碳水化合物的含量及瘤胃水解率，脂肪的种类和含量，蛋白质的含量和瘤胃降解率）；③短链脂肪酸在生产利用中的代谢转化（Allen, 2000; Forbes, 2000）。像非反刍动物一样，反刍动物的生产水平受到采食量的限制，尤其是日粮中蛋白质和能量的摄入。

12.2.1 瘤胃的物理性局限

食物的体积会影响动物的食欲，尤其是对依靠饲草作为其养分主要来源的反刍动物（Ellis et al., 2000）。尽管瘤胃容量大，但是消化率和饲草排空效率低意味着饲料在瘤胃中停留的时间很长（20–50 h），因而用于重新采食的瘤胃空间受限。饲草纤维越多，消化就越慢。瘤胃壁的平滑肌有收缩和张力感受器，瘤胃上皮也有机械受体。此外，反刍动物的网胃、皱胃、小肠和大肠都分布着张力感受器及上皮机械感受器（Forbes, 2007）。因此，瘤胃的填充性（主要通过瘤胃壁上的牵张感受器感知）是反刍动物采食调控的主要影响因子。饲料进入瘤胃及瘤胃内容物增加均可激活瘤胃上皮的机械感受器。采食后，物理膨胀和饲料粒度分别刺激瘤胃壁的张力感受器和机械感受器，通过迷走神经系统产生化学信号。这些信号被大脑的饱食中枢接受和解读以便停止进食（Abdalla, 2017）。任何可减少瘤胃滞留时间的因素，如降低食物的粒度、增加瘤胃微生物活性、用易消化的精饲料替代粗饲料，都会增加自由采食量。相反，增加粗饲料颗粒长度，增加日粮的中性洗涤纤维含量，降低干物质消化率，都会降低反刍动物的采食量（Khan et al., 2014）。

12.2.2 营养和代谢物对采食的调控

12.2.2.1 日粮能量水平

关于采食量，反刍动物对日粮能量水平表现出两个阶段的反应（Baumgardt and Peterson, 1971; Forbes, 2007）。具体而言，在生理范围内，反刍动物的采食量随着日粮能量水平的增加而增加，但当增加至生理水平以上后，其采食量随着日粮能量水平的增加而减少。例如，当日粮的可消化能从 6 MJ/kg 干物质增加到 12.5 MJ/kg 干物质时，生长期羊的采食量和日粮能量摄入量逐渐增加；但当日粮的可消化能进一步从 12.5 MJ/kg 干物质增加到 14 MJ/kg 干物质时，生长期羊的采食量和日粮能量摄入量会逐渐降低（Baumgardt, 1970）。同样，当日粮的可消化能从 8 MJ/kg 干物质增加到 13 MJ/kg 干物质时，生长期牛的采食量和日粮能量摄入量也逐渐增加；但当日粮的可消化能进一步从 13 MJ/kg 干物质增加到 15 MJ/kg 干物质时，生长期牛的采食量和日粮能量摄入量逐渐降低（Baumgardt, 1970）。

12.2.2.2 日粮含氮量

当饲喂氮含量非常低或非常高的日粮时，反刍动物的食物摄入量会减少（Barker et al., 1988; Forbes, 1996）。日粮中氮（主要是蛋白质和氨基酸）的一个主要功能是满足瘤胃微生物的生长，瘤胃微生物消化日粮中的碳水化合物为瘤胃细菌和宿主提供能量。据 Moore 和 Kunkle（1995）报道，随着日粮粗蛋白质含量从 0% 增加到 8%（干物质基准），生长期牛的干物质采食量从 0% 增加到 2.5%。给饲喂蛋白质缺乏日粮的反刍动物（如羊和牛）的十二指肠中灌注蛋白质，动物的采食量和生长速率增加（Egan, 1977）。因此，适宜的采食量是反刍动物达到最佳生产性能所必需的。例如，饲喂含 10% 粗蛋白质的日粮，生长期肉牛（135 kg）体重增长 0.23 kg，但当饲喂含 22% 粗蛋白质的日粮时，生长期肉牛的体重增长达到了 1.36 kg。然而，过量的蛋白质摄入会增加瘤胃和血浆中的氨浓度，从而减少反刍动物的采食量（Provenza, 1996）。

12.2.2.3 葡萄糖

与单胃动物相反，血浆中葡萄糖的浓度似乎在调节反刍动物采食量方面没有发挥作用。例如，在牛的瘤胃、静脉或脑室内注射葡萄糖不会影响其采食量（Forbes, 2007）。在生理范围内，血浆葡萄糖浓度的增加没有影响绵羊和山羊的采食量（Weston, 1996）。导致这些结果的原因可能是，在正常情况下反刍动物的血浆葡萄糖水平较低（2.3–3 mmol/L），同时在肝脏和其他外周组织中，葡萄糖的氧化率低。

12.2.2.4 短链脂肪酸

短链脂肪酸可抑制瘤胃壁的化学受体，在调节反刍动物采食量方面发挥重要作用（Forbes, 2007）。当饲喂高度易消化的谷物时，泌乳奶牛的采食量减少 13%（约 3 kg 干物质/d）（Allen, 2000）。同样，饲喂能快速发酵的淀粉可以增加短链脂肪酸中丙酸的比例和短链脂肪酸作为供能原料的贡献率，但是饲喂量减少 17%，饲喂间隔减少 10%，总体采食量减少 8%（Oba and Allen, 2003）。大量证据表明，短链脂肪酸有抑制反刍动物采食的作用，在羊的门静脉或公牛的肠系膜静脉注入短链脂肪酸，丙酸比乙酸或丁酸更能有效抑制采食量（Allen et al., 2005）。例如，与对照组相比，在牛和绵羊的瘤胃灌注乙酸钠与丙酸钠（1–15 mol/3 h）能降低其采食量，并表现出剂量的抑制效应（Grovum, 1995）。这些影响可能是由瘤胃渗透压的变化引起的。然而，瘤胃灌注 1 mol 乙酸钠比 1 mol 氯化钠更能抑制采食量（Forbes, 2007）。有趣的是，肝脏去神经支配后可以防止短链脂肪酸对反刍动物采食量的影响。

目前认可的短链脂肪酸能降低采食量的主要机制是丙酸在肝脏大量氧化产生 ATP。采食行为在某种程度上受到肝脏能量物质氧化的调控进一步支持了上述观点（Allen and Bradford, 2012）。值得注意的是，日粮中脂肪和长链脂肪酸（尤其是不饱和长链脂肪酸）的摄入、围产期高脂血症及肠源性激素（如胆囊收缩素和胰高血糖素样肽-1）会放大丙酸对采食量的抑制作用（Ingvartsen and Andersen, 2000; Litherland et al., 2005）。

12.2.3 反刍动物与非反刍动物对日粮的选择

动物喜欢采食富含能量及养分的易消化的食物，而不喜欢体积大、能量和蛋白含量低的难消化的食物（Baile and Forbes, 1974）。因此，消化性、肠道饱食感和采食量之间是正相关的（Baile and Forbes, 1974）。在实际生产中，单一养分（特别是氨基酸）的轻微缺乏将导致采食量的增加，但是某个必需养分（特别是氨基酸、维生素和矿物质）的严重缺乏或过量将显著地降低采食量。例如：随着年龄的增长，对蛋白质需求降低，动物会选择蛋白质含量相对较低的日粮（Gietzen et al., 2007）。因为日粮中大部分的养分在高剂量的时候具有毒性效应，因此日粮中某种养分过量会降低采食量、生长性能、产奶量和产蛋量。这对放牧动物和可以选择不同日粮的动物是至关重要的。对所有动物来说，它们的采食量和采食日粮的养分含量反映了它们的维持、生长和健康营养需要。这涉及胃肠道、外周器官和中枢神经系统的协调（San Gabriel and Uneyama, 2013; Stanley et al., 2004）。在动物进化过程中，食物的选择对于动物生存是相当重要的。

12.2.3.1 非反刍动物

大鼠、猪和鸡能选择含有足够蛋白质或氨基酸水平的日粮来满足其需求（Baidoo et al., 1986; Baldwin, 1985; Summers and Leeson, 1979）。例如：当大鼠自由采食赖氨酸含量为其需要量 5%、25%、50%、100%或 200%的日粮时，它们会尝试所有的日粮并最终选择占其赖氨酸需求量 100%的日粮（Gietzen et al., 2007; Harper et al., 1970）。当提供等能的含 0.7%和 1.0%赖氨酸的日粮时，相对于赖氨酸缺乏日粮（0.7%），仔猪（7.5 kg 体重）更偏好于均衡的日粮（含 1%赖氨酸）（Ettle and Roth, 2009）。同样，猪和鸡都能够区分日粮中蛋氨酸、苏氨酸和色氨酸的含量差异，并偏好氨基酸均衡的饮食，而不喜氨基酸缺乏的饮食（Forbes, 2007）。当给 4–9 周龄肉鸡提供两种比最佳生长需求蛋白质含量更高的（28%或 32%）日粮时，它们会首选较低蛋白质含量（含 28%蛋白质）的日粮（Shariatmadari and Forbes, 1993）。值得注意的是，当给肉鸡分别提供下面两种不同蛋白质含量的日粮时：6.5%与 11.5%，6.5 与 22.5%，11.5%与 22.5%，或者 22.5%与 28%，它们总能成功地区分两种日粮以满足其生长的需要（Shariatmadari and Forbes, 1993）。此外，家禽更偏好含有足够赖氨酸、蛋氨酸、维生素 B_1、维生素 B_6、维生素 C、钙和锌的日粮（Rose and Kyriazakis, 1991）。这些现象表明动物的"营养智慧"，即能够在平衡和缺乏蛋白质日粮中进行选择。动物能通过选择日粮来满足其最佳生长和健康的天性是由中枢及周围神经系统中神经递质浓度的变化来调控的。

12.2.3.2 反刍动物

放牧反刍动物必须明智地选择牧草来适应动物的生长和存活。它们能根据牧草的颜色、味道、气味、质地和形状来辨别食物，并可从一系列的植物中选择有营养的食物来满足它们对养分和能量的需求，避开低养分食物和毒素（Milne, 1991; Provenza, 1996）。根据放牧觅食的正、负反馈经验，以及感官、消化和中枢神经系统之间的互作，反刍动物能形成采食牧草的习惯。像非反刍动物一样，反刍动物也具有在适宜或低或高蛋白质水平的食物间选择食物的"营养智慧"。例如，羊羔不喜欢摄取氨基酸组成不均衡的食物（Egan and Rogers, 1978）。此外，Kyriazakis and Oldham（1993）报道，当给生长期的绵羊饲喂含有相同能量（11 MJ ME/kg 饲料）但不同粗蛋白质含量（7.8%、10.9%、14.1%、17.2%和 23.5%；新鲜饲料原料）时，其日增重分别为 273 g、326 g、412 g、418 g 和 396 g。具体而言，当绵羊在 7.8%或 10.9%粗蛋白质的饲料和 23.5%粗蛋白质的饲料之间进行选择时，它们采食不同比例的 23.5% 粗蛋白质的饲料（总饲料摄入量的 33.9% 或 18.7%），使得混合料中的粗蛋白质含量分别为 13.1% 和 13.3%。当绵羊在 14.1% 或 17.2% 粗蛋白质的饲料和 23.5% 粗蛋白质的饲料之间进行选择时，它们采食不同比例的含 23.5% 粗蛋白质的饲料（总饲料摄入量的 17.6% 或 9%），因此混合料中的粗蛋白质含量分别为 15.8% 和 17.8%。当动物日粮中粗蛋白质含量高于需求时，它们更偏好粗蛋白质含量较低的日粮。因此，绵羊能够选择符合其粗蛋白质需求的日粮，并避免过量的蛋白质摄入。除了优化营养平衡之外，反刍动物还偏好具有足够纤维含量的食物以稳定瘤胃发酵（如 pH、短链脂肪酸和非蛋白氮）。

12.3 提高饲料效率的经济效益

饲料效率可以表示为"产品输出"/"饲料投入"。如前所述，采食量是家畜、家禽和水产生产的基础。动物摄入食物后，在组织或其他产品（如牛奶、羊毛和蛋）中转化为蛋白质和脂肪。最佳的饲料采食量能够帮助实现最大化的饲料效率。一般来说，饲料成本占动物生产总成本的 70% 左右（例如，犊牛阶段为 66%，一岁时为 77%；Spangler，2013），饲料效率也是养殖效益的主要决定因素之一。例如，在美国肉牛生产中，饲料效率提高 10% 能够降低 12 亿美元饲料成本并增加 43% 利润，而当体增重增加 10% 时，利润则增加 18%（Spangler，2013）。此外，Taylor（2016）研究报道，在肉牛产业中，饲料效率提高 1% 与体增重增加 3% 所带来的经济效益相当。饲料效率和利润之间或者体增重与利润之间的类似关系同样适用于猪及家禽生产中（Williams，2012）。

然而，在生产中，舍饲的猪、家禽和奶牛的实际采食量容易测定，但放牧的反刍动物的采食量就较难测定。Koch 等（1963）认为，采食量与动物体重和体增重有关。这些研究人员建议，饲料采食量应该分为两个部分：①一定生产水平上的预期采食量；②剩余采食量。采食量的剩余部分，即剩余采食量，可用于筛选出偏离预期采食量的动物。剩余采食量值越低，动物将饲料转化为动物组织或产品的效率就越高。因此，作为饲料效率度量标准的剩余采食量定义为动物的实际采食量与其预期采食量之间的差值，并且剩余采食量是以规定时期内的动物大小和生长为基础的。亦即剩余采食量 = 实际采食量 − 预期采食量。预期采食量可以通过使用饲养标准公式或使用饲料测量数据回归分析得到的生产数据来预测（例如，预期采食量 $= b_0 + b_1 ADG + B_2 W^{0.75}$），其中 ADG 是平均日增重，$W^{0.75}$ 是动物的代谢体重，b_0、b_1 和 B_2 是此回归方程的系数。在肉牛剩余采食量的偏离选择中，产热量、体组成和自由活动占剩余采食量变异的 72%：即蛋白质周转 + 组织代谢 + 应激（37%）；消化（10%）；热增耗和发酵（9%）；自由活动（9%）；机体组成（5%）；喂食方式（2%）（Herd and Arthur，2009）。造成剩余采食量变异的机制尚不清楚，可能涉及氨基酸合成、糖异生和离子转运。由于剩余采食量的遗传力高于实际采食量，因此剩余采食量是家畜［包括牛（Herd and Arthur，2009）和猪（Patience et al.，2015）］选育的有效选择变量。

12.4 小   结

采食是动物获得能量和营养的最普遍方式。食物的摄入对于哺乳动物、鸟类、鱼类和甲壳类的生长、发育及生存至关重要。在现代养殖中的特定生产阶段（如妊娠母猪、妊娠母羊和种畜），为了不使其肥胖或超重而需要限制其采食量。但是，大多数反刍动物和非反刍动物在圈养、放牧或饲养条件下都是可以自由获取食物的。了解动物采食的生理和营养调控对动物生产和福利及饲料转化效率至关重要。反刍动物饲料转化效率可由剩余采食量来测定。过去 50 年的研究表明，动物采食受营养素（包括胃肠道和血浆中的）、胃肠道饱食感、激素、神经肽和神经递质之间复杂的互作网络调节（图 12.4）。无论是高脂肪、高蛋白质和高能量的食物还是低维生素（如复合维生素 B）与低矿物元素（如钠、钙、磷和锌）的食物都能够减少动物的采食量。日粮能量含量和采食量之间的关系是复杂的，因为营养物质代谢依赖于氨基酸、维生素和矿物质，以及细胞调节。一般来说，当食物中的能量或营养较低时，采食量会降低，而适宜含量时则会增加，但过高时，采食量仍然降低。

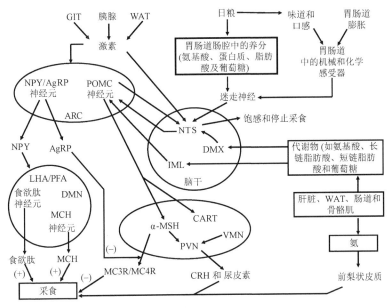

图 12.4　动物采食受营养素（包括胃肠道和血浆中的）、胃肠道饱食感、激素、神经肽和神经递质之间复杂的互作网络调节机制。AgRP（agouti-related peptide），刺豚鼠相关肽；ARC（arcuate），弓状核；CART（cocaine-amphetamine regulated transcript），可卡因-苯丙胺调控的转录子；CRH（corticotrophin-releasing hormone），促肾上腺皮质激素释放激素；DMN（dorsal medial nucleus of the hypothalamus），下丘脑的背侧内侧核；DMX（dorsal motor nucleus of the vagus nerve），迷走神经的背核；GIT（gastrointestinal tract），胃肠道；IML（intermediolateral cell column），中间横向细胞柱；LHA（lateral hypothalamic area），外侧下丘脑区；MC3R（melanocortin-3 receptor），黑皮素-3 受体；MC4R（melanocortin-4 receptor），黑皮素-4 受体；MCH（melanin-concentrating hormone），黑素浓集激素；MSH（α-melanocyte-stimulating hormone），促黑素细胞激素；NPY（neuropeptide Y），神经肽Y；PFA（perifornical area），穹窿的周边区；POMC（pro-opiomelanocortin），阿黑皮素原；PVN（paraventricular nucleus），室旁核；NTS（nucleus tractus solitaries），孤束核；VMN（ventromedial nucleus），腹内侧核；WAT（white adipose tissue），白色脂肪组织。(+)，刺激；(−)，抑制。

瘦素（白色脂肪组织分泌）和胰岛素（胰腺 β 细胞分泌）通过激活阿黑皮素原/CART 神经元与抑制刺豚鼠相关肽/神经肽 Y 神经元来抑制采食。这两种激素在动物的短期和长期能量平衡中起着重要作用。调控采食量的 3 种重要胃肠肽是饥饿激素、YY 肽和胆囊收缩素。这些分子通过不同机制起作用。具体而言，YY 肽和胆囊收缩素（胃肠道内分泌细胞产生）分别抑制刺豚鼠相关肽/神经肽 Y 神经元与减少神经肽 Y 基因的表达，从而抑制采食。相反，胃饥饿素（另一种胃肠肽）通过抑制阿黑皮素原/CART 神经元和通过 Ca^{2+}-蛋白激酶 C 信号通路激活刺豚鼠相关肽/神经肽 Y 神经元来刺激动物采食。作为主要的"饥饿类激素"，胃饥饿素能对抗作为主要"饱食感激素"的瘦素的作用。除了由氨基酸合成的神经肽和激素之外，神经递质也可以是氨基酸（如天冬氨酸、谷氨酸和甘氨酸）或其代谢物（如一氧化氮、血清素、γ-氨基丁酸和去甲肾上腺素）。因此，日粮蛋白质或氨基酸的摄入量极大地影响神经网络，进而影响动物的采食。这给反刍动物和非反刍动物为满足其营养与生理需要而进行自我选择或"觅食"的天性提供了生化基础。总体来说，采食受日粮、遗传、生理、病理和环境因素，以及管理和行为的影响。

（译者：曾祥芳）

参 考 文 献

Abdalla, M.M. 2017. Central and peripheral control of food intake. *Endocr. Regul.* 51:52–70.

Adam, C.L. and P.A. Findlay. 2010. Decreased blood-brain leptin transfer in an ovine model of obesity and weight loss: Resolving the cause of leptin resistance. *Int. J. Obes.* 34:980–988.

Alhadeff, A.L., D. Golub, M.R. Hayes, and H.J. Grill. 2015. Peptide YY signaling in the lateral parabrachial nucleus increases food intake through the Y1 receptor. *Am. J. Physiol. Endocrinol. Metab.* 309: E759–E766.

Allen, M.S. 2000. Effects of diet on short-term regulation of feed intake by lactating dairy cattle. *J. Dairy Sci.* 83:1598–1624.

Allen, M.S. and B.J. Bradford. 2012. Control of food intake by metabolism of fuels: A comparison across species. *Proc. Nutr. Soc.* 71:401–409.

Allen, M.S., B.J. Bradford, and K.J. Harvatine. 2005. The cow as a model to study food intake regulation. *Annu. Rev. Nutr.* 25:523–547.

Auffray, P. 1969. Effect of ventromedial hypothalamic lesions on food intake in the pig. *Annales de Biologie Animale, Biochimie et Biophysique* 9:513–526.

Baidoo, S.K., M.K., McIntosh, and F.X. Aherne. 1986. Selection preference of starter pigs fed canola meal and soyabean meal supplemented diets. *Can. J. Anim. Sci.* 66:1039–1049.

Baile, C.A., Forbes, J.M. 1974. Control of feed intake and regulation of energy balance in ruminants. *Physiol. Rev.* 54(1):160–214.

Baile, C.A. and M.A. Della-Fera. 1984. Peptidergic control of food intake in food-producing animals. *Fed. Proc.* 43:2898–2902.

Baldwin, B.A. 1985. Neural and hormonal mechanisms regulating food intake. *Proc. Nutr. Soc.* 44:303–311.

Barker, D.J., P.J. May, and W.M. Jones. 1988. Controlling the intake of grain supplements by cattle, using ureasuperphosphate. *Proc. Aust. Sot. Anim. Prod.* 17:146–149.

Baumgardt, B.R. 1970. Control of feed intake in the regulation of energy balance. In: *Physiology of Digestion and Metabolism in the Ruminant*. Edited by A.T. Phillipson. Oriel Press Ltd., Newcastle, pp. 235–253.

Baumgardt, B.R. and Peterson, A.D. 1971. Regulation of food intake in ruminants. 1. Caloric density of diets for young growing lambs. *J. Dairy Sci.* 54:1191–1194.

Breer, H., J. Eberle, C. Frick, D. Haid, and P. Widmayer. 2012. Gastrointestinal chemosensation: Chemosensory cells in the alimentary tract. *Histochem. Cell Biol.* 138:13–24.

Broderick, G.A., Stevenson, M.J., Patton, R.A. 2009. Effect of dietary protein concentration and degradability on response to rumen-protected methionine in lactating dairy cows. *J. Dairy Sci.* 92(6):2719–2728.

Bruijnzeel, A.W., L.W. Corrie, J.A. Rogers, and H. Yamada. 2011. Effects of insulin and leptin in the ventral tegmental area and arcuate hypothalamic nucleus on food intake and brain reward function in female rats. *Behav. Brain. Res.* 219:254–264.

Buentello, J. A. and D. M. Gatlin 3rd. 2001. Effects of elevated dietary arginine on resistance of channel catfish to exposure to *Edwardsiella ictaluri*. *J. Aquatic Animal Health* 13:194–201.

Burfeind, K.G., K.A. Michaelis, and D.L. Marks. 2016. The central role of hypothalamic inflammation in the acute illness response and cachexia. *Semin. Cell Dev. Biol.* 54:42–52.

Catanese, F., P. Fernández, J.J. Villalba, and R.A. Distel. 2016. The physiological consequences of ingesting a toxic plant (*Diplotaxis tenuifolia*) influence subsequent foraging decisions by sheep (*Ovis aries*). *Physiol. Behav.* 167:238–247.

Chen, L.L., Q.Y. Jiang, X.T. Zhu, G. Shu, Y.F. Bin, X.Q. Wang, P. Gao, and Y.L. Zhang. 2007. Ghrelin ligand-receptor mRNA expression in hypothalamus, proventriculus and liver of chicken (Gallus gallus domesticus): Studies on ontogeny and feeding condition. *Comp. Biochem. Physiol.* A 147:893–902.

Chen, J., K.A. Scott, Z. Zhao, T.H. Moran, and S. Bi. 2008. Characterization of the feeding inhibition and neural activation produced by dorsomedial hypothalamic cholecystokinin administration. *Neurosci.* 152:178–188.

Choi, Y.H., M. Furuse, J. Okumura, and D.M. Denbow. 1994. Nitric oxide controls feeding behavior in the chicken. *Brain Res.* 654:163–166.

Cole, D.J.A., R.M. Beal, and J.R. Luscombe. 1968. The effect on performance and bacterial flora of lactic acid, propionic acid, calcium propionate and calcium acrylate in the drinking water of the weaned pigs. *Vet. Rec.* 83:459–464.

Cowley, M.A., J.L. Smart, M. Rubinstein, M.G. Cerdán, S. Diano, T.L. Horvath, R.D. Cone, and M.J. Low. 2001. Leptin activates anorexigenic POMC neurons through a neural network in the arcuate nucleus. *Nature* 411:480–484.

Czech, D.A., M.R. Kazel, and J. Harris. 2003. A nitric oxide synthase inhibitor, *N*(G)-nitro-l-arginine methyl ester, attenuates lipoprivic feeding in mice. *Physiol. Behav.* 80:75–79.

Dabrowski, K., M. Arslan, B.F. Terjesen, and Y.F. Zhang. 2007. The effect of dietary indispensable amino acid imbalances on feed intake: Is there a sensing of deficiency and neural signaling present in fish? *Aquaculture* 268:136–142.

Daniel, J.A., T.H. Elsasser, C.D. Morrison, D.H. Keisler, B.K. Whitlock, B. Steele, D. Pugh, and J.L. Sartin. 2003. Leptin, tumor necrosis factor-alpha (TNF), and CD14 in ovine adipose tissue and changes in circulating TNF in lean and fat sheep. *J. Anim. Sci.* 81:2590–2599.

de Groot, G. 1972. A marginal income and cost analysis of the effect of nutrient density on the performance of White Leghorn hens in battery cages. *Br. Poult. Sci.* 13:503–520.

De Luca, B., M. Monda, and A. Sullo. 1995. Changes in eating behavior and thermogenic activity following inhibition of nitric oxide formation. *Am. J. Physiol.* 268:R1533–R1538.

Egan, A.R. 1977. Nutritional status and intake regulation in sheen VIII. Relationships between the voluntary intake of herbage by sheep and the protein/energy ratio in the digestion products. *Aust. J. Agr. Res.* 28:907–915.

Egan, A.R. and Q.R. Rogers. 1978. Amino acid imbalance in ruminant lambs. *Aust. J. Agr. Res.* 29:1263–1279.

Edmonds, M.S. and D.H. Baker. 1987a. Amino acid excesses for young pigs: Effects of excess methionine, tryptophan, threonine or leucine. *J. Anim. Sci.* 64:1664–1671.

Edmonds, M.S. and D.H. Baker. 1987b. Comparative effects of individual amino acid excesses when added to a corn-soybean meal diet: Effects on growth and dietary choice in the chick. *J. Anim. Sci.* 65:699–705.

Edmonds, M.S., Gonyou HW, and Baker DH. 1987. Effect of excess levels of methionine, tryptophan, arginine, lysine or threonine on growth and dietary choice in the pig. *J. Anim. Sci.* 65:179–185.

Ellis, W.C., Poppi, D. and Matis, J.H. 2000. Feed intake in ruminants: Kinetic aspects. In: *Farm Animal Metabolism and Nutrition*. Edited by J.P.F. D'Mello. CAPI Publishing, Oxon, UK, pp. 335–363.

Ettle, T. and F.X. Roth. 2009. Dietary selection for lysine by piglets at differing feeding regimen. *Livest. Sci.* 122:259–263.

Forbes, J.M. 1996. Integration of regulatory signals controlling forage intake in ruminants. *J. Anim. Sci.* 74:3029–3035.

Forbes, J.M. 2000. Physiological and metabolic aspects of feed intake control. In: *Farm Animal Metabolism and Nutrition*. Edited by J.P.F. D'Mello. CAPI Publishing, Oxon, UK, pp. 319–333.

Forbes, J.M. 2007. *Voluntary Food Intake and Diet Selection in Farm Animals*. CABI International, Wallingford, UK.

Gietzen, D.W., S. Hao, and T.G. Anthony. 2007. Mechanisms of food intake repression in indispensable amino acid deficiency. *Annu Rev Nutr.* 2007;27:63–78.

Gregory, P.C., M. McFadyen, and D.V. Rayner. 1987. The Influence of gastrointestinal infusions of glucose on regulation of food intake in pigs. *Q. J. Exp. Physiol.* 72:525–535.

Groneberg, D., B. Voussen, and A. Friebe. 2016. Integrative control of gastrointestinal motility by nitric oxide. *Curr. Med. Chem.* 23:2715–2735.

Grovum, W. L. 1995. Mechanisms explaining the effects of short chain fatty acids on feed intake in ruminants-osmotic pressure, insulin and glucagons. In: *Ruminant Physiology: Digestion, Metabolism, Growth and Reproduction*. Edited by W.V. Engelhardt, S. Leonhard-Marek, G. Breves and D. Giesecke. Ferdinand Enke Verlag, Stuttgart, pp. 137–197.

Harper, A.E., N.J. Benevenga, and R.M. Wohlhueter. 1970. Effects of ingestion of disproportionate amounts of amino acids. *Physiol. Rev.* 50:428–558.

Henry, Y. 1985. Dietary factors involved in feed intake regulation in growing pigs: A review. *Lives. Prod. Sci.* 12:339–354.

Herd, R.M. and P.F. Arthur. 2009. Physiological basis for residual feed intake. *J. Anim. Sci.* 87(E. Suppl.):E64–E71.

Houpt, T.R., S.M. Anika, and K.A. Houpt. 1979. Preabsorptive intestinal satiety controls of food intake in pigs. *Am. J. Physiol.* 236:R328–R337.

Ingvartsen, K.L. and J.B. Andersen. 2000. Integration of metabolism and intake regulation: A review focusing on periparturient animals. *J. Dairy Sci.* 83:1573–1597.

Jobgen, W.J., C.J. Meininger, S.C. Jobgen, P. Li, M.-J. Lee, S.B. Smith, T.E. Spencer, S.K. Fried, and G. Wu. 2009. Dietary L-arginine supplementation reduces white-fat gain and enhances skeletal muscle and brown fat masses in diet-induced obese rats. *J. Nutr.* 139:230–237.

Kaviani, S. and J.A. Cooper. 2017. Appetite responses to high-fat meals or diets of varying fatty acid composition: A comprehensive review. *Eur. J. Clin. Nutr.* doi: 10.1038/ejcn.2016.250.

Khan, M.A., A. Bach, L. Castells, D.M. Weary, and M.A. von Keyserlingk. 2014. Effects of particle size and moisture levels in mixed rations on the feeding behavior of dairy heifers. *Animal* 8:1722–1727.

Kintscher, U. 2012. Reuptake inhibitors of dopamine, noradrenaline, and serotonin. *Handb. Exp. Pharmacol.* 209:339–347.

Kirouac, G.J. 2015. Placing the paraventricular nucleus of the thalamus within the brain circuits that control behavior. *Neurosci. Biobehav. Rev.* 56:315–329.

Koch, R.M., L.A. Swiger, D. Chambers, and K.E. Gregory. 1963. Efficiency of feed use in beef cattle. *J. Anim. Sci.* 22:486–494.

Kojima, M. and K. Kangawa. 2005. Ghrelin: Structure and function. *Physiol. Rev.* 85:495–522.

Kuhla, B., C.C. Metges, and H.M. Hammon. 2016. Endogenous and dietary lipids influencing feed intake and energy metabolism of periparturient dairy cows. *Dom. Anim. Endocrinol.* 56:S2–S10.

Kyriazakis, I. and J.D. Oldham. 1993. Diet selection in sheep: The ability of growing lambs to select a diet that meets their crude protein (nitrogen×6.25) requirements. *Br. J. Nutr.* 69:617–629.

Litherland, N.B., S. Thire, A.D. Beaulieu, C.K. Reynolds, J.A. Benson, and J.K. Drackley. 2005. Dry matter intake is decreased more by abomasal infusion of unsaturated free fatty acids than by unsaturated triglycerides. *J. Dairy Sci.* 88:632–643.

Marx, J. 2003. Cellular warriors at the battle of the bulge. *Science* 299:846–849.

Mayer, J. 1953. Glucostatic regulation of food intake. *N. Engl. J. Med.* 249:13–16.

Milne, J.A. 1991. Diet selection by grazing animals. *Proc. Nutr. Soc.* 50:77–85.

Miryala, C.S.J., N. Maswood, and L. Uphouse. 2011. Fluoxetine prevents 8-OH-DPAT-induced hyperphagia in Fischer inbred rats. *Pharmacol. Biochem. Behav.* 98:311–315.

Moore, J.E. and W.E. Kunkle. 1995. Improving forage supplementation programs for beef cattle. *Proc. Florida Ruminant Nutr. Symposium*, University of Florida, Gainesville, FL, pp. 65–74.

Nelson, G., M.A. Hoon, J. Chandrashekar, Y. Zhang, N.J. Ryba, and C.S. Zuker. 2001. Mammalian sweet taste receptors. *Cell* 106:381–390.

Niot, I. and P. Besnard. 2017. Appetite control by the tongue-gut axis and evaluation of the role of CD36/SR-B2. *Biochimie* 136:27–32.

Oba, M. and M.S. Allen. 2003. Effects of corn grain conservation method on feeding behavior and productivity of lactating dairy cows at two dietary starch concentrations. *J. Dairy Sci.* 86:174–183.

Patience, J.F., M.C. Rossoni-Serão, and N.A. Gutiérrez. 2015. A review of feed efficiency in swine: Biology and application. *J. Anim. Sci. Biotechnol.* 6:33.

Pérez-Maceira, J.J., C. Otero-Rodiño, M.J. Mancebo, J.L. Soengas, and M. Aldegunde. 2016. Food intake inhibition in rainbow trout induced by activation of serotonin 5-HT2C receptors is associated with increases in POMC, CART and CRF mRNA abundance in hypothalamus. *J. Comp. Physiol. B* 186:313–321.

Pluske, J.R. 2013. Feed- and feed additives-related aspects of gut health and development in weanling pigs. *J. Anim. Sci. Biotechnol.* 4:1.

Provenza, F.D. 1996. Acquired aversions as the basis for varied diets of ruminants foraging on rangelands. *J. Anim. Sci.* 74:2010–2020.

Rezaei, R., D.A. Knabe, C.D. Tekwe, S. Dahanayaka, M.D. Ficken, S.E. Fielder, S.J. Eide, S.L. Lovering, and G. Wu. 2013. Dietary supplementation with monosodium glutamate is safe and improves growth performance in postweaning pigs. *Amino Acids* 44:911–923.

Robinson, A.M. and D.H. Williamson. 1980. Physiological roles of ketone bodies as substrates and signals in mammalian tissues. *Physiol. Rev.* 60:143–187.

Rose, S.P. and I. Kyriazakis. 1991. Diet selection of pigs and poultry. *Proc. Nutr. Soc.* 50:87–98.

Russek, M. 1970. Demonstration of the influence of an hepatic glucose-sensitive mechanism on food intake. *Physiol. Behavior* 5:1207–1209.

San Gabriel, A. and Uneyama, H. 2013. Amino acid sensing in the gastrointestinal tract. *Amino Acids* 45:451–461.

Sartin, J.L., B.K. Whitlock, and J.A. Daniel. 2011. Triennial growth symposium: Neural regulation of feed intake: Modification by hormones, fasting, and disease. *J. Anim. Sci.* 89:1991–2003.

Sashihara, K., M. Miyamoto, A. Ohgushi, D.M. Denbow, and M. Furuse. 2001. Influence of ketone body and the inhibition of fatty acid oxidation on the food intake of the chick. *Br. Poult. Sci.* 42:405–408.

Shariatmadari, F. and J.M. Forbes. 1993. Growth and food intake responses to diets of different protein contents and a choice between diets containing two levels of protein in broiler and layer strains of chicken. *Br. Poultry Sci.* 34:959–970.

Shurlock, T.G.H. and J.M. Forbes. 1981a. Factors affecting food intake in the domestic chicken: The effect of infusions of nutritive and non-nutritive substances into the crop and duodenum. *Br. Poultry Sci.* 22:323–331.

Shurlock, T.G.H. and J.M. Forbes. 1981b. Evidence for hepatic glucostatic regulation of food intake in the domestic chicken and its interaction with gastrointestinal control. *Br. Poultry Sci.* 22:333–346.

Shurlock, T.G.H. and J.M. Forbes. 1984. Effects on voluntary intake of infusions of glucose and amino acids into the hepatic portal vein of chickens. *Br. Poultry Sci.* 25:303–308.

Smith, T.K. and R.E. Austic. 1978. The branched-chain amino acid antagonism in chicks. *J. Nutr.* 108:1180–1191.

Spangler, M. 2013. Genetic improvement of feed efficiency: Tools and tactics. http://www.iowabeefcenter.org/proceedings/FeedEfficiencySelection.pdf. Accessed on April 10, 2017.

Stanley, S., K. Wynne, and S. Bloom. 2004. Gastrointestinal satiety signals III. Glucagon-like peptide 1, oxyntomodulin, peptide YY, and pancreatic polypeptide. *Am. J. Physiol. Gastrointest. Liver Physiol.* 286:G693–G697.

Steinert, R.E., C. Feinle-Bisset, L. Asarian, M. Horowitz, C. Beglinger, and N. Geary. 2017. Ghrelin, CCK, GLP-1, and PYY(3–36): Secretory controls and physiological roles in eating and glycemia in health, obesity, and after RYGB. *Physiol. Rev.* 97:411–463.

Summers, J.D. and S. Leeson. 1979. Diet presentation and feeding. In: *Food Intake Regulation in Poultry*. Edited by K.N. Boormanand B.M. Freeman. Longman, Edinburgh, pp. 445–469.

Sun, M., R.J. Martin, and G.L. Edwards. 1997. ICV beta-hydroxybutyrate: Effects on food intake, body composition, and body weight in rats. *Physiol. Behav.* 61:433–436.

Suiryanrayna, M.V.A.N. and J.V. Ramana. 2015. A review of the effects of dietary organic acids fed to swine. *J. Anim. Sci. Biotechnol.* 6:45.

Sutton, A.K., M.G. Myers, and D.P. Olson. 2016. The role of PVH circuits in peptin action and energy balance. *Annu. Rev. Physiol.* 78:207–221.

Tack, J., I. Demedts, A. Meulemans, J. Schuurkes, and J. Janssens. 2002. Role of nitric oxide in the gastric accommodation reflex and in meal induced satiety in humans. *Gut* 51:219–224.

Taylor, J. 2016. National program for genetic improvement of feed efficiency in beef cattle. *Beef Improvement Federation Annual Meeting and Symposium*. Manhattan, Kansas.

Thon, M., T. Hosoi, and K. Ozawa. 2016. Possible integrative actions of leptin and insulin signaling in the hypothalamus targeting energy homeostasis. *Front. Endocrinol (Lausanne)*. 7:138.

Van Nguyen, M., I. Ronnestad, L. Buttle, H.V. Lai, and M. Espe. 2014. Imbalanced lysine to arginine ratios reduced performance in juvenile cobia (*Rachycentron canadum*) fed high plant protein diets. *Aquaculture Nutrition* 20:25–35.

Vogt, M.C. and J.C. Brüning. 2013. CNS insulin signaling in the control of energy homeostasis and glucose metabolism—From embryo to old age. *Trends Endocrinol. Metab.* 24:76–84.

Voigt, J.P. and H. Fink. 2015. Serotonin controlling feeding and satiety. *Behav. Brain. Res.* 277:14–31.

Wadhera, D. and E.D. Capaldi-Phillips. 2014. A review of visual cues associated with food on food acceptance and consumption. *Eat. Behav.* 15:132–143.

Weston, R.H. 1996. Some aspects of constraint to forage consumption by ruminants. *Aust. J. Agric. Res.* 47:175–197.

Williams, N. 2012. Feed efficiency potential for pigs and poultry. https://www.slideshare.net/trufflemedia/dr-noel-williams-feed-efficiency-potential-for-pigs-and-poultry. Accessed on April 10, 2017.

Wu, G., F.W. Bazer, Z.L. Dai, D.F. Li, J.J. Wang, and Z.L. Wu. 2014. Amino acid nutrition in animals: Protein synthesis and beyond. *Annu. Rev. Anim. Biosci.* 2:387–417.

Wu, G., N.E. Flynn, S.P. Flynn, C.A. Jolly, and P.K. Davis. 1999. Dietary protein or arginine deficiency impairs constitutive and inducible nitric oxide synthesis by young rats. *J. Nutr.* 129:1347–1354.

Wu, G., S.A. Meier, and D.A. Knabe. 1996. Dietary glutamine supplementation prevents jejunal atrophy in weaned pigs. *J. Nutr.* 126:2578–2584.

Wu G, F.W. Bazer, J.M. Wallace, and T.E. Spencer. 2006. Intrauterine growth retardation: Implications for the animal sciences. *J. Anim. Sci.* 84:2316–2337.

13 饲料添加剂

提高饲料中营养物质利用效率对有效提高动物生产性能（Wu et al., 2014）和养殖场经济效益（Spangler, 2013）是至关重要的。营养物质的消化和代谢是提高反刍动物、非反刍动物、鱼类及甲壳类对营养物质的利用效率的两个主要靶标。胃肠道、肝脏、肠道微生物和胰腺合成与分泌的消化酶用于消化摄入的饲料（第 1 章）。然而，在特定的生产条件下（如冷和热应激、疾病、断奶），动物胃和小肠中的蛋白酶、碳水化合物分解酶与脂肪酶的量不能有效地消化蛋白质、脂肪、纤维、微量元素及矿物质，况且，通常饲料中的营养物质可能无法满足动物最优生长或饲料转化效率，因此需要补充营养物质以提高动物的生产性能（Tan and Yin, 2017）。此外，在生产条件下，日粮中还经常需要添加外源物质作为防霉剂或抗氧化剂。因此，在饲料中添加消化酶、功能性成分、促生长剂或抗毒素的吸附剂可使家畜、家禽和水产动物更加经济合理地利用饲料原料，并减少未消化的物质（如蛋白质、碳水化合物、钙和磷）和微生物发酵产物（如氨、尿素和吲哚）随粪便的排出（Bedford and Schulze, 1998; Phillips et al., 1995; Weaver and Kim, 2014）。

根据定义，任何有意添加到饲料中的物质都是饲料添加剂。在过去 50 年中，饲料添加剂（外源酶制剂和非酶制剂，包括氨基酸、脂肪酸、糖、维生素、矿物质、益生菌、益生元和抗生素）越来越受到营养学家和生产者的重视（Cowieson and Roos, 2016; Hou et al., 2017; Jiang and Xiong, 2016）。由于大多数酶作用于特定的底物，因此它们的使用应限于特定的饲料（Beauchemin et al., 2001; Bedford, 2000）。动物如何对饲料添加剂做出反应，将取决于许多因素，包括：①饲料添加剂的来源、形式和生物活性；②动物年龄、生理状况、消化道结构和健康状况（如细菌、病毒或寄生虫感染）；③日粮成分，它们之间的相互作用和营养构成，以及抗营养因子的量；④动物的饲养环境。因此，饲料添加剂的功效随动物种类、农场、饲料组成和加工方法而异，也必须与其经济价值一起在实际生产条件下加以验证。本章的主要目的是强调饲料添加剂在动物生产中的应用，阐明其有益作用的潜在机制，以及概述将其纳入日粮中最有可能产生有益效果的条件。

13.1 酶类添加剂（酶制剂）

13.1.1 概述

在世界许多地区，大麦、黑麦、小黑麦和小麦是家禽与猪饲料中的常规原料（Bedford, 2000; Pettersson and Aman, 1989）。然而，这些谷物含有大量的可溶性非淀粉多糖（NSP），遇水便形成黏性凝胶（第 2 章）。NSP 的主要副作用是增加胃肠道的食糜黏度，破坏营养物质的消化吸收，与肠道微生物相互作用，改变消化系统的形态与功能（第 5 章）。因此，家禽饲料中使用的大多数商业酶产品都被添加到以大麦、燕麦、豌豆、黑麦或小麦为基础的日粮中（Bedford and Schulze, 1998），但也有一些研究评估了猪饲料酶制剂（Kerr and Shurson, 2013）。用于非反刍动物饲料的酶制剂包括：①β-葡聚糖酶、戊聚糖酶或植酸酶；②所有这些酶的混合物；③混合蛋白酶；④碳水化合物分解酶和蛋白酶的混合物（图 13.1）。与此相反，反刍动物饲料中碳水化合物分解酶一般分为纤维素酶和半纤维素酶（Kung, 2001）。虽然到目前为止，市场上已有数百种酶制剂产品主要是用于畜禽，但它们主要是由 4 种细菌（枯草芽孢杆菌、嗜酸乳酸杆菌、植物乳酸杆菌和粪链球菌）和 3 种真菌（米曲霉、里氏木霉和酿酒酵母）（Meale et al., 2014）生产的。在非反刍动物中，碳水化合物分解酶的补充主要可以降低小肠内容物的黏度，促进营养物质的消化和吸收。相反，在反刍动物的日粮中补充酶制剂有助于反刍动物充分利用膳食纤维（Beauchemin et al., 1997; Iwaasa et al., 1997）。因此，酶类添加剂的利用取决于动物的种类和发育阶段。

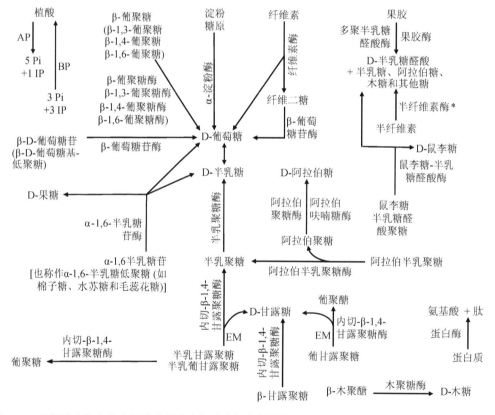

图 13.1　使用碳水化合物水解酶和蛋白水解酶水解饲料中的多糖及蛋白质。这些酶被用来作为非反刍动物饲料添加剂，而纤维素酶和半纤维素酶一般用于反刍动物饲料。完整的水解产物如图所示。不过，给非反刍动物饲喂碳水化合物水解酶，其消化道内很多植物来源的多糖只是部分被水解。* 需要复杂的酶混合物来完全降解半纤维素。AP，酸性植酸酶；BP，碱性植酸酶；EM，外切甘露聚糖酶；IP，磷酸肌醇；Pi，无机磷酸盐。

13.1.2 饲料专用的嗜热酶

与任何蛋白质一样，饲料酶可以通过加热、酸化、碱处理和某些金属来灭活。近年来，一些耐热酶（称为嗜热酶或热酶）是利用高温菌（细菌和古细菌的最佳生长温度＞80℃）或大肠杆菌通过 DNA 重组技术（Vieille and Zeikus, 2001）产生的。到目前为止，饲料中的嗜热酶包括木聚糖酶、植酸酶、纤维素酶和葡聚糖酶（Fakruddin, 2017）。它们的生化特性对饲料工业有重要影响。具体地说，在动物饲料生产过程中，制粒通常用来将粉料压缩成颗粒，具有几个优点，包括装卸方便和运输，减少粉尘和废物，提高碳水化合物消化率，减少或消除饲料中的病原体（Amerah et al., 2011）。这个过程首先涉及短时间的暴露于高温（例如，暴露于 70–100℃ 下维持几秒到几分钟，这取决于饲料配方及类型）和蒸汽，随后通过挤压制粒，摩擦造成饲料温度暂时提高。由于嗜热酶在制粒条件下是稳定的，因此将这些酶制剂添加至饲料颗粒中是可行的。

13.1.3 非反刍动物日粮的酶制剂

13.1.3.1 β-葡聚糖酶

β-葡聚糖酶，也被称为 β-D-葡聚糖酶，是通过微生物利用氨基酸合成的蛋白质类酶。猪和禽类的胃及小肠不能产生动物源性的酶来降解 β-D-葡聚糖由 β-1,3、β-1,4 或 β-1,6 连接的葡萄糖残基的聚合物形成 β-D-葡萄糖（Campbell and Bedford, 1992）。如第 2 章所述，β-葡聚糖是高等植物（如大麦、燕麦和小麦）的特殊细胞壁成分，在大麦和燕麦中含量丰富。β-葡聚糖与高度可消化纤维素具有类似的键结构。然而，β-葡聚糖与纤维素的化学性质不同（如纤维素的不溶性、疏水性和广泛的木质化）。当喂给家禽和猪时，黏性谷物（如大麦和小麦）会导致肠道黏度增加，从而妨碍营养物质在小肠中的消化和吸收（Burnett, 1966）。这些谷类物质的胚乳细胞壁的物理结构也可能会阻碍消化酶对植物类物质的消化。如果 β-葡聚糖未被消化而直接进入大肠（包括家禽中长的盲肠），大多会形成凝胶出现在粪便中，造成不良的"黏性粪便"。

禽类：禽类日粮利用酶制剂可以追溯到 20 世纪 20 年代，Clicker 和 Follwell（1925）添加米曲霉（*Aspergillus oryzae*）来源的粗酶，称为"protozymes"，用于改善家禽生长性能和饲料效率。研究表明，在 40 年代和 50 年代，在鸡的大麦型日粮中添加粗淀粉酶制剂（含有 β-葡聚糖酶活性）明显提高了雏鸡的体增重和饲料转化效率（Hastings, 1946; Fry et al., 1957）。其他研究者也报道了在小鸡的大麦型日粮中添加 β-葡聚糖酶对营养物质利用及日增重的有益作用（Edney et al., 1989; Grootwassink et al., 1989）。同样，在能量、粗蛋白质、钙、磷含量不足的玉米-豆粕型日粮中添加木聚糖酶和 β-葡聚糖复合酶，显著提高了肉鸡的生长性能，以及干物质（DM）、能量、磷和氮的利用率（Lu et al., 2013）。

有趣的是，有报道表明，在以大麦、燕麦或黑麦为基础的蛋鸡日粮中添加 β-葡聚糖酶/戊聚糖酶复合酶并不能一直改善产蛋性能（如产蛋数、蛋重和蛋比重）（Brenes et al.,

1993）。可能在年长的蛋鸡中，从胃和小肠的微生物中释放出的 β-葡聚糖酶在一定程度上能消化 β-葡聚糖。在年长的家禽的消化道中，建立了成熟的可降解纤维素的菌群这一事实，支持了上述观点。除了生产标准，减少大麦型日粮饲喂的鸡的粪便排泄物的黏附性也是评价日粮中添加 β-葡聚糖酶有效性的标准。降低粪便排泄物的黏附性对于提高群养肉鸡的整体清洁度和蛋鸡的产蛋卫生都是很重要的。

猪：在大麦型日粮中添加 β-葡聚糖酶可提高 31~41 日龄断奶仔猪的体增重，但不影响其饲料效率（Bedford et al., 1992）。重要的是，补充酶可以减少断奶仔猪腹泻的发生。相反，在 2 月龄以上猪（19~100 kg 体重）的日粮中补充 β-葡聚糖酶对猪生长性能和饲料效率没有显著的影响（Graham et al., 1988; Thacker et al., 1988）。同样，在玉米-豆粕型日粮中补充 β-葡聚糖酶不影响 6 kg 猪对干物质、能量或粗蛋白质的消化率（Li et al., 1996），在玉米-豆粕型日粮中补充 β-甘露聚糖酶对断奶仔猪和生长肥育猪营养物质的消化率或生长性能均无影响（Pettey et al., 2002）。这些研究结果可通过下列原因来解释：①β-葡聚糖酶被胃中强酸 HCl（pH 约为 2）变性；②玉米-豆粕型日粮中的 β-葡聚糖含量相对较低；③在一些饲料成分中存在 β-葡聚糖酶；④通过猪的胃、小肠和大肠中的微生物酶及饲料来源的 β-葡聚糖酶能充分水解饲料中的 β-葡聚糖。因此，养猪业中 β-葡聚糖酶最有可能的应用方式是在肠道菌群不发达的断奶仔猪的大麦型日粮中添加。

13.1.3.2 戊聚糖酶（阿拉伯糖酶和木聚糖酶）

戊聚糖 $[(C_5H_8O_4)_n]$ 是由 β-1,4 糖苷键连接戊糖残基构成的多糖。以阿拉伯聚糖和木聚糖为例，它们分别通过阿拉伯糖酶和木聚糖酶水解。阿拉伯糖酶和木聚糖酶由各种真菌、细菌、酵母、藻类、原生动物、蜗牛、甲壳动物、昆虫和植物种子等合成，但哺乳动物或鸟类细胞不能合成（Kulkarni et al., 1999; Gírio et al., 2010）。黑麦、小麦和小黑麦（小麦和黑麦的杂交种）中戊聚糖含量丰富，可引起家禽和猪的小肠黏性。当给家禽和猪饲喂以这些含有大量木聚糖的谷物为基础的日粮时，添加戊聚糖酶可提高它们的日增重和饲料效率。

家禽：在黑麦型肉鸡日粮中添加戊聚糖酶能提高肉鸡生长性能和饲料效率（Grootwassink et al., 1989）。同样，在黑麦或小麦型肉仔鸡日粮中添加戊聚糖酶能提高饲料能量及蛋白质消化率、体增重及饲料转化率（表 13.1）。此外，饲喂高水平的黑麦能降低蛋鸡产蛋率，添加戊聚糖酶能有效地改善其生产性能。戊聚糖酶在降低禽类粪便排泄物黏附性方面的效果要比 β-葡聚糖酶效果差，可能是因为①经戊聚糖酶作用后的戊聚糖片段相对较大，因此，增加了排泄物的黏度；②在后肠中，戊聚糖持续溶解。也可能是因为戊聚糖酶缺乏降解 β-葡聚糖所需的 β-葡聚糖酶活性。如果 β-葡聚糖不被降解，就可以促成黏性粪便。Choct（2006）报道，尽管不同微生物来源的木聚糖酶对小肠黏性的影响效果不同，但是添加木聚糖酶能提高肉鸡的体增重（表 13.2）。有趣的是，黑麦对大龄鸡的抗营养作用会比幼龄鸡低，这可能是因为大龄鸡的嗉囊、大肠和小肠管腔中有大量微生物来源的戊聚糖酶与木聚糖酶存在。

表 13.1　日粮中添加戊聚糖酶对肉仔鸡生长性能的影响

	日龄	添加酶的浓度（g/kg）					SE	P 值
		0	0.11	0.22	0.44	0.88		
体重（g）	15	282	347	350	364	373	5.22	<0.01
	27	810	893	914	941	951	9.50	<0.01
体增重（g）	15–27	524	545	564	576	577	7.74	<0.01
采食量（g）	1–15	413	470	464	477	482	7.71	<0.01
	1–27	1410	1532	1519	1533	1531	19.0	<0.01
	15–27	997	1062	1055	1056	1049	13.7	<0.01
饲料转化率 [a]	1–15	1.46	1.36	1.33	1.31	1.29	0.02	<0.01
	1–27	1.74	1.72	1.66	1.63	1.61	0.02	<0.01
	15–27	1.89	1.94	1.87	1.83	1.82	0.03	<0.01

资料来源：Pettersson, D. and P. Aman. 1989. *Br. J. Nutr.* 62: 139–149. 鸡在 15–27 日龄饲喂黑麦或小麦型日粮。
[a] g 饲料/g 体重。

表 13.2　不同来源木聚糖酶对肉仔鸡小肠腔黏度和碳水化合物浓度及生长性能的影响 [a]

添加酶	黏度（mPa·s）		空肠内碳水化合物 [b]		体增重 [c]（g/周，每只鸡）	饲料转化率（料重比，g/g）
	空肠	回肠	游离糖	可溶性 NSP		
对照（无）	9.4[e]	28.3[e]	1381[f]	445[e]	345[e]	2.16[d]
木聚糖酶 A	5.2[f]	8.3[f]	1700[d]	689[d]	392[d]	1.97[e]
木聚糖酶 B	18.4[d]	84.1[d]	1782[d]	696[d]	395[d]	2.01[e]
木聚糖酶 C	3.4[f]	7.2[f]	1635[e]	426[e]	383[d]	2.04[d,e]

资料来源：Choct, M. 2006. Enzymes for the feed industry: past, present and future. *World's Poult. Sci. J.* 62: 5–16。
[a] 木聚糖酶 A 从疏绵状嗜热丝菌中分离获得，木聚糖酶 B 从腐质霉中分离获得，木聚糖酶 C 从棘孢曲霉中获得。
[b] mg/g 标记物。
[c] 肉仔鸡饲喂含正常代谢能的小麦型日粮（13.7–14.5 MJ/kg 干物质）。
[d–f] 在同一列，字母不相同者为差异显著（P<0.05）。
注：NSP，非淀粉多糖；mPa·s，毫帕斯卡·秒。

猪：与大麦相比，饲喂黑麦型日粮的猪体增重较小（表 13.3）。而在幼龄猪的黑麦型日粮中添加戊聚糖酶并不能相应地提高其生长性能（Bedford et al., 1992）。同样，Thacker 等（2002）的研究也表明，日粮中添加戊聚糖酶不能提高猪的生长性能（21.5–100.7 kg 体重）或胴体性状。这可能反映了生长肥育猪能完全建立肠道微生物群，以产生降解戊聚糖所需的酶。

表 13.3　日粮中添加戊聚糖酶或 β-葡聚糖酶对断奶仔猪生长性能的影响

处理	体增重（kg）	采食量（kg）	饲料效率（重料比）	淀粉消化率（%）	小肠肠腔内 pH
高黑麦日粮（试验 1；平均初始体重 = 10.7 kg）					
对照	4.24	6.94	0.608	81.9	6.04–6.10
戊聚糖酶	4.24	6.64	0.637	84.1	6.28–6.57
无壳大麦型基础日粮（试验 2；平均初始体重 = 12.1 kg）					
对照	5.24	9.05	0.572	73.8	5.86–6.19
β-甘露糖酶	6.14 *	9.57	0.646	71.5	5.76–6.19

资料来源：Bedfordt, M.R., J.F. Patience, H.L. Classens, and J. Inborra. 1992. *Can. J. Anim. Sci.* 72: 97–l05. 数值为平均值，n = 6。* 与对应的对照组相比较 P<0.05。约克夏 × 长白猪，平均断奶 26 天，配对饲养。同窝仔畜被随机分配到两个实验处理，每个处理 12 头猪，分 6 栏饲养，经过为期 5 天的预饲适应，猪进行自由采食 10 天。

13.1.3.3 植酸酶

如第 10 章所述，植酸是一种磷酸结合肌醇，是植物中磷酸的主要储存形式。在大豆和油菜籽中植酸磷的含量是玉米、小麦及大麦的 6 倍左右，而豆粕中的植酸磷含量比玉米高 40%（Woyengo and Nyachoti, 2013）。植酸常以肌醇六磷酸复合物的形式存在于植物中（图 13.2），使小肠中的蛋白质不易被蛋白酶消化，并增加营养物质的内源性损失（包括氨基酸和矿物质）。此外，植酸具有螯合阳离子的能力，特别是钙、铁、锌、镁、钾和锰（图 13.1）。当植酸与胃肠腔内的消化酶结合后，这些酶水解脂类、碳水化合物、蛋白质、矿物质和维生素的效力大大降低（Humer et al., 2015）。植酸通过降低日粮中磷和其他营养物质的有效性发挥其较强的抗营养作用，提高动物对日粮营养物质的需求（Dersjant-Li et al., 2015）。

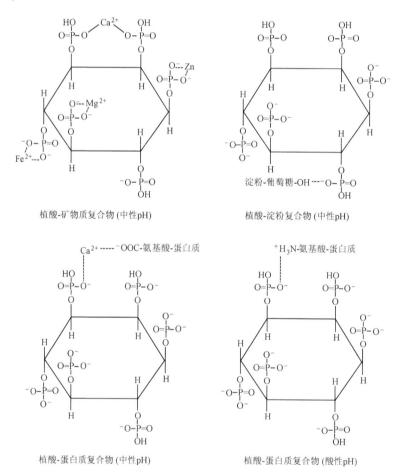

图 13.2 在中性 pH 条件下植酸与饲料中蛋白质和矿物质的相互作用。注意植酸与蛋白质在酸性 pH 条件下的相互作用和中性 pH 条件下的作用不同。（改编自：Humer, E., C. Schwarz, and K. Schedle. 2015. Phytate in pig and poultry nutrition. *J. Anim. Physiol. Anim. Nutr.* 99: 605–625.）

由于胃肠道中的植酸酶活性不足，因此植酸本身并不是很好的磷源。在动物胃肠道中，消化植酸磷的植酸酶的来源可能是：内源性黏膜、肠道菌群、植物成分和外源植酸酶制剂（Humer et al., 2015）。虽然在肉鸡、蛋鸡和猪小肠中存在植酸酶，但在正常营养和生理条件下，酶活性可能不足以将植酸中的磷释放出来。当非反刍动物的饲料中不添加无机磷源时，可能会出现磷缺乏。由于植物磷的生物利用效率不确定，日粮配方中通常通过添加无机磷酸盐来满足大多数动物的需要。因此，大多数日粮中的含磷量通常比动物实际需要量多 50%。如果管理不当，任何过量的磷都会通过粪便和尿液排出，造成环境污染。减少磷、氮污染水平的需求使得外源植酸酶的应用具有较大市场前景。

有两种类型的植酸酶：酸性植酸酶（最适 pH, 3.0–5.5）和碱性植酸酶（最适 pH, 7.0–8.0）。细菌、真菌、植物来源的酸性植酸酶水解植酸生成 5 个无机磷酸和 1 个磷酸肌醇分子甚至肌醇。碱性植酸酶水解植酸生成肌醇三磷酸和 3 个无机磷酸。与任何酶一样，植酸酶活性受 pH（胃内酸性 pH 和小肠中性）、抑制剂（如钙、铁和锌）和温度的影响。通过在家禽和猪饲料中添加植酸酶促进对植酸的水解，在不影响动物生长性能的前提下可将饲料中磷的生物利用度提高 20%–30%，同时减少添加无机磷的用量（Dersjant-Li et al., 2015; Humer et al., 2015）。在非反刍动物中，氨基酸消化率与植酸的降解程度呈正相关（Amerah et al., 2014）。研究结果表明，在某些情况下，一些饲料成分（如小麦）中自然含有的植酸酶可能会降低饲料中添加植酸酶的有益性（Dersjant-Li et al., 2015）。

饲粮的钙含量会影响小肠植酸酶活性。日粮中钙含量越高，植酸酶活性越低。这是因为钙不仅沉淀植酸，而且抑制植酸酶活性，从而降低植酸对酶水解的敏感性。使用螯合剂（如柠檬酸）去除可溶性植酸复合物中的钙，能有效提高小肠中植酸酶活性。日粮中的钙磷比值也很重要，过高的钙磷比可能会降低添加植酸酶的营养效应。然而，在钙与有效磷比值不同（1.43、2.14、2.86 和 3.57）的肉鸡日粮中添加植酸酶均能提高日粮中磷、干物质和蛋白质的消化效果（Amerah et al., 2014）。即使在家禽和猪的饲料中添加植酸酶，日粮中也必须提供足够的钙和磷，以确保满足骨骼（骨头）生长发育需要。

13.1.3.4 其他酶制剂

β-甘露聚糖酶：在美国、中国和许多其他国家非反刍动物广泛使用的玉米-豆粕基础日粮中含有大量的甘露糖连接的非淀粉多糖［如 1.2%半乳甘露聚糖（Kim et al., 2003）］。因此，微生物 β-甘露聚糖酶（也称 β-甘露糖苷酶）能水解多糖，可以被添加到家禽和猪饲料中提高生产性能。Jackson 等（2004）进行了一项试验，测定不同浓度梯度的 β-甘露聚糖酶对以玉米-豆粕型无抗生素饲料为日粮的 0–21 日龄雄性肉鸡生长的影响（0 MU/t、50 MU/t、80 MU/t 或 110 MU/t）。与对照组相比，添加 80 MU/t 或 110 MU/t β-甘露聚糖酶可使体增重提高 3.9%–4.8%，饲料效率提高 3.5%–3.8%，但是添加 50 MU/t β-甘露聚糖酶没有明显的效果。同样，在 2–22 日龄肉鸡的玉米-豆粕型日粮中添加 β-甘露聚糖酶（400 IU/kg 饲料）可使日增重提高 3.5%（Kong et al., 2011）。同样，Lv 等（2013）发现在初始体重为 23.6 kg 生长猪的玉米-豆粕基础日粮加入 β-甘露聚糖酶（200 U/kg、400 U/kg 或 600 U/kg 饲料），饲喂 28 天，可呈剂量依赖性地提高：①日粮中粗蛋白质、纤维、钙和磷的消化率；②体增重和饲料效率。总体来说，这些结果表明，家禽或生长猪小肠细菌不能产生足够的 β-甘露聚糖酶，此外源酶是充分消化玉米-豆粕基础日粮所必需的。

混合酶：虽然没有一种商业化的单个酶可能是纯制剂，但是非主要酶的活性可能比主要酶的活性要低得多。 植物源性饲料成分中含有多种复合型多糖（如豆粕中的 α-1,6-半乳糖苷），它们通常与蛋白质相连。因此，混合酶可能能够比单一酶更有效地改善日粮中营养物质的消化率。例如，Kim 等（2003）报道，玉米-豆粕型日粮中添加 α-1,6-半乳糖苷酶、β-1,4-甘露聚糖酶和 β-1,4-甘露糖苷酶混合物能增强保育猪的干物质与氨基酸消化率及饲料效率（一个 6.3–19.1 kg 体重的猪历经 35 天的试验；以及一个 8–15.2 kg 体重的猪历经 21 天的试验）。这些作者也发现，使用混合酶可以降低远端和近端小肠中的水苏糖及远端小肠中棉子糖的浓度。而且，在玉米-豆粕基础日粮（少量的小麦、小麦渣、大麦、下脚料、菜籽粕、豌豆）中添加不同复合酶制剂饲喂初始体重为 7 kg 的猪 28 天后可提高营养物质消化率及生长性能（Omogbenigun et al., 2004）。这些混合酶制剂含有木聚糖酶、淀粉酶、蛋白酶、β-葡聚糖酶、转化酶和植酸酶活性，但对不同的植物细胞壁的降解活性不同（如纤维素酶、半乳聚糖酶和甘露聚糖酶；纤维素酶和果胶酶；或纤维素酶、半乳聚糖酶、甘露聚糖酶和果胶酶）。在反刍动物饲料中添加蛋白酶能显著促进植物源性蛋白在小肠中的水解，以提高它们在非反刍动物肌肉组织生长中的利用效率，实现饲料价值最优（Cowieson and Roos, 2016）。因此，在玉米-豆粕型日粮中添加 β-葡聚糖酶和蛋白酶混合物能提高生长猪对干物质、能量、粗蛋白质和磷的消化率（Ji et al., 2008）。同样，在饲喂生长猪（平均 55.6–56.9 kg 体重）的玉米-豆粕型日粮或混合型日粮中添加 β-甘露聚糖酶、α-淀粉酶和蛋白酶混合物 4 周，猪体重分别增加 3.3%和 2.6%（Jo et al., 2012）。总体而言，这些结果表明，碳水化合物水解酶复合物与蛋白酶混合使用可优化单胃动物对添加饲料酶的反应。

13.1.4 反刍动物日粮的酶制剂

纤维素酶将纤维素水解成 D-葡萄糖。然而，需要复杂的混合酶来完全降解半纤维素。半纤维素酶（如 L-阿拉伯聚糖酶、D-半乳聚糖酶、D-甘露聚糖酶和 D-木聚糖酶）水解半纤维素聚合物主链。在半纤维素骨架解聚之前或与之结合时，许多不同的脱支链酶释放其侧链，这取决于被水解的半纤维素的具体类型。脱支链酶包括阿拉伯呋喃糖苷酶、阿魏酸和香豆素酯酶、乙酰木聚糖酯酶、α-葡糖醛酸糖苷酶及木糖苷酶。多种酶在半纤维素和木质素之间的酯、醚与糖苷键水解以释放木质素中起着重要作用。例如，葡萄糖醛酸酯酶水解葡萄糖醛酸木聚糖的 D-葡萄糖醛酸或 4-O-甲基-D-葡萄糖醛酸与木质素的羟基之间的酯键（Biely, 2016）。消化道中的消化酶对半纤维素的有效水解对于动物利用膳食纤维是必不可少的。

在过去的 60 年中，许多研究测定了饲料中添加纤维素降解酶对反刍动物生长和泌乳性能的影响。早期的酶制剂的定义不够清晰，动物对其添加的反应也不同（Burroughs et al., 1960; Perry et al., 1960; Rust et al., 1965）。例如，当给牛饲喂由粉碎的玉米穗、青贮燕麦、青贮玉米或苜蓿干草组成的饲料时，添加对淀粉、蛋白质和纤维素有分解活性的混合酶制剂（Agrozyme®），与未添加混合酶制剂的对照组相比，动物体重增加 6.8%–24%，饲料效率提高 6.0%–21.2%（Burroughs et al., 1960）。相反，Perry 等（1960）报道，当在玉米青贮饲料中添加 Agrozyme®饲喂肉牛时，其日增重降低 20.4%。显然，饲料成分和酶制剂之间的相互作用会影响它们的功效。

通过添加酶制剂提高反刍动物生长及泌乳性能的机会在于补充和完善瘤胃（含有可产生碳水化合物酶、蛋白酶、肽酶和脂肪酶的微生物）的功能。分子生物学技术的发展、发酵成本的降低及更好地定义酶制剂的可用性（如纤维素酶和木聚糖酶）使外源酶在反刍动物生产中的应用价值经得起重复验证（Meale et al., 2014）。一些已发表的研究表明，应用外源酶可提高肉牛和奶牛增重，这些结果具有一致性和可预测性。有些例子展示在表 13.4 和表 13.5 中。这些发现反驳了以前的观点，亦即瘤胃微生物分解植物细胞壁的内源性活性不能通过补充外源酶来增强。酶制剂的有益效果主要来自对瘤胃纤维消化的改善和最终宿主对可消化干物质利用能力的增强。然而，有报道称饮食补充外源纤维蛋白溶解酶对反刍动物（如奶牛、肉牛、山羊、绵羊或水牛）泌乳和生长性能有不同的影响（Sujani and Seresinhe, 2015）。显然，需要进行大量的研究来确定在反刍动物生产中可以实现对酶制剂一致的积极响应的条件。随着新知识的获得，纤维酶有着巨大的提高反刍动物对饲料的利用率及其生产性能（如生长和泌乳性能）的潜力。

表 13.4　添加商品饲料酶制剂对饲喂育肥牛生长性能的影响

	对照	酶的剂量		变化
		1 ×	2 ×	
研究 1（没有离子载体，没有植入体）[a]				
初始重（kg）	407	414	–	–
干物质采食量（kg/d）	9.99	9.53	–	–5%
活增重（kg/d）	1.43	1.52	–	+6%
干物质采食量/活增重	7.11	6.33	–	–11%
研究 2（有离子载体，有植入体）[b]				
初始重（kg）	477	477	477	–
干物质采食量（kg/d）	11.1	11.5	11.5	+4%
活增重（kg/d）	1.70	1.87	2.01	+10%~18%
干物质采食量/活增重	6.50	6.18	5.70	–5%~12%

资料来源：[a] Beauchemin, K.A., S.D.M. Jones, L.M. Rode, and V.J.H. Sewalt. 1997. *Can. J. Anim. Sci.* 77: 645–653; [b] Iwaasa, A.D., L.M. Rode, K.A. Beauchemin, and S. Eivemark. 1997. *Proc. Joint Rowett Research Institute and INRA Rumen Microbiology Symposium*. Aberdeen, Scotland。

注：育肥牛饲喂由大麦、添加剂和大麦青贮饲料组成的高浓缩饲料。

表 13.5　日粮中补充饲料酶制剂对泌乳早期奶牛的影响

	Rode 等（1999）		Yang 等（2000）		
	对照	酶	对照	酶按浓度计	酶按 TMR 计
干物质采食量（kg/d）	18.7	19.0	19.4	19.8	20.4
产奶量（kg/d）	35.9	39.5	35.3	37.4	35.2
乳成分（g/kg）					
脂肪	38.7	33.7	33.4	31.9	31.4
蛋白质	32.4	30.3	31.8	31.3	31.3
乳糖	47.3	46.2	46.5	46.5	45.6
活重变化（kg/d）	–0.63	–0.60	0.15	0.04	0.14
干物质消化率（%）	61.7	69.1	63.9	66.6	65.7
NDF 消化率（%）	42.5	51.0	42.6	44.4	45.9

资料来源：Rode, L.M., W.Z, Yang and K.A., Beauchemin., 1999. *J. Dairy Sci.* 82: 2121–2126; W.Z., Yang, K.A., Beauchemin and L.M. Rode. 2000. *J. Dairy Sci.* 83: 2512–2520。

注：NDF, 中性洗涤纤维；TMR, 全混合日粮。

13.2 非酶类添加剂

13.2.1 非反刍动物

在家禽和猪日粮中使用非酶类添加剂的历史很长（Cromwell, 2000; McDonald et al., 2011; Wang et al., 2012; Wang et al., 2016; Yue et al., 2017）。添加剂包括抗生素、益生菌、益生元、真菌毒素吸附剂和晶体氨基酸。动物生产者通过使用抗生素和化疗药物已经成功地改善了非反刍动物的体增重及饲料效率。在过去的 50 年中，17 种抗微生物剂（12 种抗生素和 5 种化学治疗性药物）已被用作饲料添加剂（表 13.6）。几乎所有用于饲喂非反刍动物的抗生素都含有氮，其中一些是氨基糖苷（图 13.3）。N 原子在抗生素中的存在改变了化合物的电子构型并赋予或增强了它们的抗微生物活性（Patrick, 1995）。例如，在青霉素中，β-内酰胺结构的 N 原子使其羰基碳具有高度亲电子性，从而促进了抗生素与细菌质膜上转肽酶（催化细胞壁生物合成的最后一步，即肽聚糖的交联）的结合（Sauvage et al., 2008）。这会抑制转肽酶并杀死易感细菌。没有细胞壁，细菌就不能维持其稳态，并迅速死亡。含 N 的抗生素通常具有比非 N 化合物更高的生物活性（Bérdy, 2012）。

表 13.6　猪日粮中应用的有机抗菌药物

抗生素	抗生素	化学治疗药物
阿泊拉霉素	新霉素	对氨苯基胂酸
亚甲基双水杨酸杆菌肽	土霉素	卡巴多司（合成）
杆菌肽锌	青霉素	硝酚胂酸
班贝霉素	硫黏菌素	磺胺甲嘧啶
金霉素	泰乐菌素	磺胺噻唑
林可霉素	维及霉素	

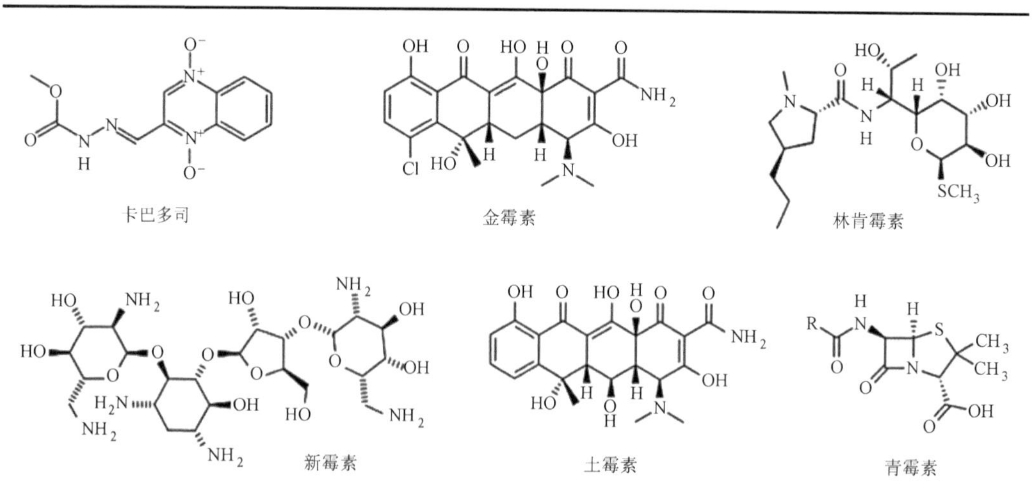

卡巴多司　　　　　金霉素　　　　　林肯霉素

新霉素　　　　　土霉素　　　　　青霉素

图 13.3　非反刍动物饲喂用抗生素。几乎所有的非反刍动物饲喂用抗生素都含有氮，其中一些是氨基糖苷类。

13.2.1.1　抗生素

饲料效率增强剂：抗菌剂在 20 世纪 40 年代和 50 年代首次作为饲料添加剂分别用于雏鸡（Moore et al., 1946）和猪（Brauder et al., 1953）。低浓度（亚治疗浓度）的抗菌药物用于饲料添加剂可抑制肠道微生物的生长，提高饲料利用率，降低动物的死亡率和发病率。使用中等浓度时，抗菌药物能预防动物疾病；使用高浓度（治疗）时，抗菌药物能治疗动物疾病（Cromwell, 2002）。这类的化合物包括抗生素（通常是由酵母菌、霉菌和其他微生物产生的天然物质）和化疗药物（化学合成的物质）。大多数抗生素是由氨基酸合成的。除有机物质外，高浓度的锌和铜也具有抗菌活性，并且已经被纳入断奶仔猪的日粮中以预防它们的肠功能障碍（如腹泻）。如表 13.7 所示，抗生素对提高猪生长性能和饲料效率的作用在文献中有很好的记载。这种作用效果在商业农场通常比在美国的研究试验站更为明显，可能是因为后者的环境更清洁。抗菌药物在世界范围内对高效生产猪肉、牛肉、禽肉和其他动物产品发挥着重要作用。

表 13.7　抗生素作为猪生长促进剂的效果 [a]

阶段	对照	抗生素	改善效果（%）
初始阶段（7–25 kg）			
日增重（kg）	0.39	0.45	16.4
料重比	2.28	2.13	6.9
生长阶段（17–49 kg）			
日增重（kg）	0.59	0.66	10.6
料重比	2.91	2.78	4.5
生长肥育阶段（24–89 kg）			
日增重（kg）	0.69	0.72	4.2
料重比	3.30	3.23	2.2

资料来源：Cromwell, G.L. 2000. In: *Swine Nutrition*. Edited by A.J. Lewis and L.L. Southern. CRC Press, New York. pp. 401–426。

[a] 数据分别来自于 453 个、298 个和 443 个试验，包括初始阶段、生长阶段和生长肥育阶段的 13 632、5 783 和 13 140 头猪。

抗生素促进动物生长的作用模式：抗生素发挥其提高动物生长和饲料效率的有益作用的机制并没有得到较好的阐述，但可能包括如下几种机制，①抑制肠细菌（包括病原微生物）的生长；②减少肠黏膜的厚度以增强营养吸收并减少黏膜氨基酸分解代谢；③减少微生物对营养物质（特别是饲料中的氨基酸）的利用和分解代谢；④减少对动物生长有抑制作用的微生物代谢产物；⑤抑制亚临床感染（Gaskins et al., 2002; Visek, 1978; Wu, 1998）。因为现在已知小肠中的微生物在饲料氨基酸的分解代谢中发挥重要作用，所以使用抗生素能减少小肠微生物的数量和活性，减少肠腔中氨基酸的降解，从而增加饲料氨基酸用于蛋白质合成和其他合成途径的生物利用效率。

对病原菌耐药性的关注：早在 20 世纪 50 年代，人们担心继续使用抗生素促进家禽和其他肉类动物的生长可能会导致人类致病细菌的耐药性（Starr and Reynolds, 1951）。在 60 年代末这种担忧势头增强，后来发展为倡导各国政府禁止使用抗生素作为饲料添加剂。在动物中使用抗生素对人类健康具有直接和间接的影响：①人类消费的动物产品

（如肉和奶）中存在抗生素残留；②人与来自食品动物的耐药性细菌接触；③耐药性细菌在生态系统的各种组分（如水和土壤）中进行传播。欧盟成员国已经禁止使用抗生素作为促进动物生长的饲料添加剂，目前许多国家正在逐步淘汰。因此，必须积极开发饲用抗生素的替代品（Thacker, 2013）。

抗生素替代品：改善肠道健康和提高免疫力应成为开发饲料抗生素替代品的指导原则。研究最广泛的抗生素替代品包括益生菌、益生元、酸化剂（如甲酸、丙酸、丁酸、富马酸、柠檬酸和苯甲酸）、脂类物质（如月桂酸、1-甘油单酯和三丁酸甘油酯）、植物提取物、矿物质 [如 250 ppm 硫酸铜（$CuSO_4$）和 2500 ppm 氧化锌（ZnO）]、抗菌肽、黏土矿物质、蛋黄抗体（如 IgY）、精油（从植物材料中获得的芳香族油性液体）、桉树油-中链脂肪酸 [如辛酸（$C_{8:0}$）和己酸（$C_{6:0}$）]、稀土元素（如镧-酵母混合物）、重组酶（如前所述的饲料酶）、喷雾干燥猪血浆粉、酵母培养物、噬菌体、溶菌酶、牛初乳、乳铁蛋白、共轭脂肪酸、甲壳-寡糖、海藻提取物和某些氨基酸（Thacker, 2013）。由天然提取的黏土（膨润土、沸石和高岭土）中的硅、铝和氧组成的黏土矿物质可以与动物胃肠道中的有毒物质（如黄曲霉毒素、植物代谢物、重金属和内毒素）结合，从而降低它们的生物有效性、吸收率和毒性。精油通常具有特征性气味或风味，并且是植物酚类化合物（如麝香草酚、香芹酚和丁香酚）、萜烯（如柠檬酸和菠萝提取物）、生物碱（辣椒素）、凝集素、醛（如肉桂醛）、多肽或聚炔类的混合物。最后，与肠黏膜合成的一些肽类似，动物源的某些蛋白水解产物含有抗菌肽（第 4 章），其通过破坏细菌的细胞膜、干扰其细胞内蛋白的功能、诱导细胞质蛋白的聚集并影响细菌的代谢而发挥它们的作用（Hou et al., 2017）。

13.2.1.2 直接饲喂的微生物（益生菌）

动物在母体的子宫里是无菌的。最近的良好对照研究不支持在健康胎儿环境中存在微生物区系这一假设（Perez-Muñoz et al., 2017）。新生儿在通过产道的过程中获得了肠道微生物区系中的某些种属的细菌。出生后，随着对奶和其他食物的采食，来自环境的各种微生物自然就会定植到消化道中。在健康的条件下，"有益"的微生物定植在肠道（和反刍动物的瘤胃）中与宿主形成共生关系。肠道微生物与潜在的病原微生物竞争，对动物的正常发育和健康至关重要。例如，在无菌环境中饲养的家禽和猪对细菌感染更敏感，这可能是因为免疫系统的不成熟和正常微生物不能对抗病原微生物的竞争。

直接饲喂的微生物，通常称为"益生菌"，是通过直接饲喂对动物有益的活的天然存在的微生物。益生菌可以定义为含有对肠道菌群和宿主健康有益的活菌或酵母的膳食补充剂，乳酸杆菌和双歧杆菌是最广泛用于维持肠道生态系统和黏膜完整性的益生菌。乳酸杆菌是在猪肠中发现的主要乳酸菌，占整个肠道微生物群的主要比例。因此，它们对维持肠道健康十分重要。益生菌可作为消化酶的来源改善肠道菌群的平衡。迄今为止，批准用于猪和其他家畜的直接饲喂微生物在表 13.8 中列出，应根据批准的剂量使用。家禽和猪对益生菌的反应没有像对抗生素的反应那么一致。

表 13.8 猪和其他家畜饲料中添加的直接饲喂型微生物

黑曲霉	婴儿双歧杆菌	肠炎球菌
米曲霉	长双歧杆菌	肠系膜明串珠菌
凝固芽孢杆菌	嗜热双歧杆菌	乳酸片球菌
迟缓芽孢杆菌	嗜酸乳酸杆菌	啤酒小球菌
地衣芽孢杆菌	短乳酸杆菌	戊糖片球菌
短小芽孢杆菌	保加利亚乳酸杆菌	费氏丙酸杆菌
枯草芽孢杆菌	干酪乳酸杆菌	谢曼氏丙酸杆菌
双拟杆菌	纤维二糖乳(酸)杆菌	酿酒酵母
多毛拟杆菌	弯曲乳酸杆菌	乳脂肠球菌
栖瘤胃拟杆菌	德氏乳酸杆菌	二乙酰乳酸肠球菌
猪布鲁菌	发酵乳酸杆菌	粪肠球菌
青春双歧杆菌	瑞士乳酸杆菌	中间肠球菌
动物双歧杆菌	乳酸乳球菌	乳酸肠球菌
两歧双歧杆菌	植物乳酸杆菌	嗜热肠球菌

资料来源: Cromwell, G.L. 2000. In: *Swine Nutrition*. Edited by A.J. Lewis and L.L. Southern. CRC Press, New York. pp. 401–426。

直接饲喂微生物的作用机理小结如下: ①产生抗菌化合物(如有机酸、细菌素和抗生素); ②与不好的微生物争夺定植空间和/或营养物质(竞争性排斥); ③合成营养物质(如氨基酸、维生素)或其他生长因子促进消化道内其他微生物的生长; ④产生酶和/或刺激酶的产生; ⑤代谢和/或解毒有害的化合物; ⑥刺激宿主动物的免疫反应; ⑦合成营养物质(如氨基酸、维生素)或其他生长因子,促进宿主动物的生长; ⑧提高日粮蛋白质的可消化性,促进氨基酸吸收进入门静脉循环(Bergen and Wu, 2009)。这一理论对于制定预防肠道疾病的新策略至关重要。例如,当猪在早期断奶(如≤21 天)时,由于所建立的稳定肠道微生物区系被破坏,可能会增加患肠道疾病、腹泻和营养不良的风险,从而使致病菌肆虐生长并引发疾病。日粮中添加 1%谷氨酰胺或 2%谷氨酸可改善肠道免疫功能和黏膜完整性,从而减少腹泻的发生,促进营养物质的消化和吸收,促进体重增加。

13.2.1.3　益生元

益生元可被定义为不能被动物源性酶所消化的食物成分,它可以通过选择性地刺激小肠与大肠中一个或有限数量的细菌种类的生长和/或活力影响动物宿主。低聚糖(主要是低聚果糖、甘露寡糖)是常用于家畜、家禽和人类的益生元(Halas and Nochta, 2012)。日粮中添加甘露寡糖能减少断奶仔猪的腹泻率,提高其生长性能(Castillo et al., 2008)。同样,添加壳寡糖能抑制雏鸡和断奶仔猪口腔及肠道病原菌的生长,改善肠道的免疫状态,增加小肠微绒毛密度(Deng et al., 2007; Wang et al., 2003)。此外,食物中的乳糖已被证明作为一种益生元,可促进有益共生菌(如双歧杆菌和乳酸杆菌)的生长,改善断奶仔猪的肠道健康,提高其生长性能(Daly et al., 2014; Pierce et al., 2006)。益生元有益的作用机制包括：①改进小肠对营养物质（蛋白质、干物质、矿物质）的消化、对氨基酸和矿物质的吸收、肠道内氮的经济合理利用及饲料效率；②调节尿素、氨和氨基酸在大肠肠腔内的代谢；③改变肠道菌群，选择性地促进有益菌（如双歧杆菌）的生长，从而促进肠道和全身免疫系统的发育（Bergen and Wu, 2009）。

13.2.1.4 饲料中用于清除或吸附真菌毒素的添加剂

真菌毒素是由真菌界的生物体产生的次级代谢产物，如曲霉属、青霉属和镰刀菌属。产生真菌毒素的真菌在全世界广泛分布，并在很多不同的环境条件下旺盛生长。真菌毒素的污染可能在农场整个收获、干燥和贮存过程中出现，并且在高温和高水分条件下风险会增加（CAST, 2003）。食品中毒性真菌毒素的主要类别分为黄曲霉毒素、脱氧雪腐镰刀菌烯醇、玉米赤霉烯酮、单端孢霉烯族毒素、伏马菌素、赭曲霉毒素 A 和麦角生物碱。黄曲霉毒素是由某些存在于农业作物（如玉米、花生、棉籽和树坚果）中真菌（黄曲霉和寄生曲霉）产生的毒素家族。有 4 种常见的黄曲霉毒素：B_1、B_2、G_1 和 G_2（图 13.4），它们可以与蛋白质和 DNA 结合，导致黄曲霉毒素中毒（一般使动物中毒）。急性重度中毒可直接损害肠和肝脏，随后发生疾病或死亡，而慢性副症状的出现会抑制蛋白质合成、引发慢性疾病及导致不良生长性能的产生。在家畜种类中，猪对黄曲霉毒

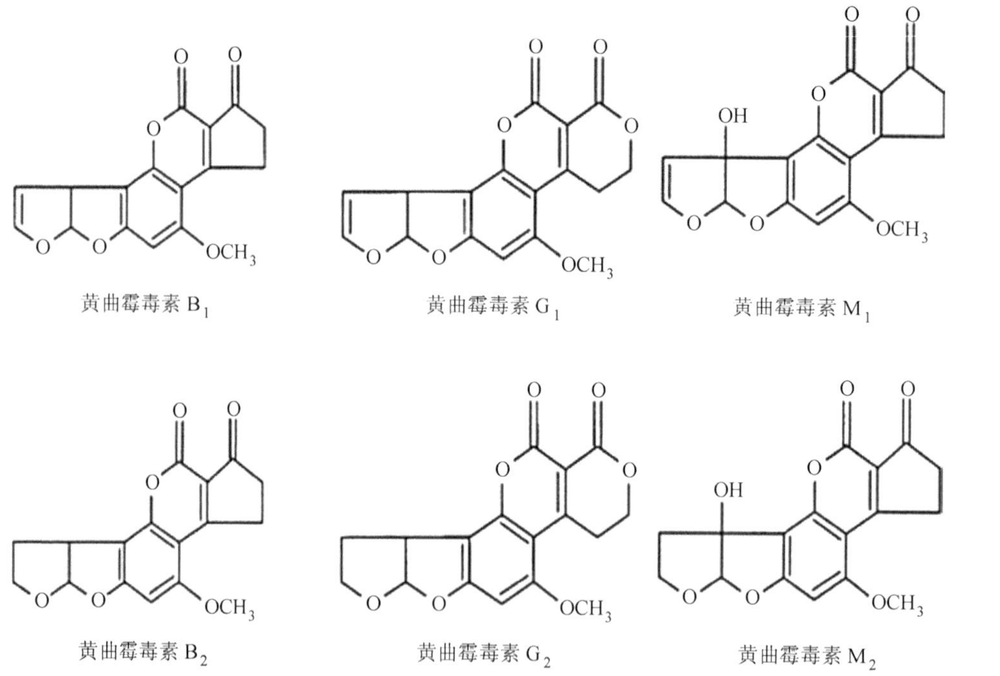

黄曲霉毒素 B_1 黄曲霉毒素 G_1 黄曲霉毒素 M_1

黄曲霉毒素 B_2 黄曲霉毒素 G_2 黄曲霉毒素 M_2

图 13.4　黄曲霉毒素结构。动物饲料中常见的有 4 种黄曲霉毒素，包括 B_1、B_2、G_1 和 G_2。这些毒素是根据它们在紫外光下的荧光及 8、9 碳处是否存在双键而被区分的。黄曲霉毒素 B_1 和 G_1 在 8、9 碳原子处有双键，而黄曲霉毒素 B_2 和 G_2 则没有。这种双键导致了环氧化合物的形成，使得黄曲霉毒素 B_1 和 G_1 毒性更强。黄曲霉毒素 B 因其在薄层色谱板上紫外光照射下产生蓝色荧光而命名，而黄曲霉毒素 G 因其绿色-蓝色荧光而命名。在 4 种黄曲霉毒素中，黄曲霉毒素 B_1 是最有效的天然致癌物，也是最普遍的致癌物。

素最敏感。多种黄曲霉毒素通常以各种量存在于猪、家禽和反刍动物日粮的各种饲料成分中（Wu et al., 2016）；猪的平均口服致死剂量（LD_{50}）为 0.62 mg/kg 体重，显著低于其他家畜种类（Pier, 1992）。

保护动物免受这些毒性影响的方法包括粮食试验、使用霉菌抑制剂、发酵、微生物灭活、物理分离、热灭活、辐照、氨化、臭氧氧化、稀释和吸附剂的使用（Rezaei et al., 2013）。吸附剂被认为是最好和最实用的方法之一，因为它们相对便宜，是公认安全的（GRAS），而且可以被很容易地添加到动物饲料中。添加到受黄曲霉毒素污染饲料中的吸附剂可以在消化过程中与黄曲霉毒素结合，并使此毒素安全地从动物体内排出（Phillips et al., 1995）。迄今研究的可能吸附毒素的材料包括硅酸盐矿物、活性炭、复杂难消化的碳水化合物 [例如，纤维素，酵母和细菌细胞壁多糖（如葡甘聚糖、肽聚糖等）]，以及合成聚合物（如胆碱酯酶、聚乙烯吡咯烷酮和衍生物）。

硅酸盐矿物是最广泛研究的真菌毒素螯合剂。这些矿物有两种重要的亚类：层状硅酸盐和覆膜硅酸盐。层状硅酸盐类的矿物黏土包括蒙脱石/蒙脱石群、高岭石群和伊利石（或黏土-云母）群。覆膜硅酸盐由较为细腻的沸石组成。膨润土主要成分为蒙脱石，可分为钙、镁、钾或钠蒙脱石。由于它们的离子交换作用，这些产品被广泛用作真菌毒素螯合剂（Thieu et al., 2008; Shi et al., 2007; Abbès et al., 2008）。沸石是由 SiO_4 和 AlO_4 的互联四面体组成的硅酸盐。沸石中的大孔具有足够的空间来吸附和保持阳离子。在铝硅酸盐中，水合钠钙铝硅酸盐是最细腻的吸附剂，其特征为"黄曲霉毒素选择性黏土"，因此不被认为是其他真菌毒素的有效吸附剂（Phillips et al., 1995）。

13.2.2 反刍动物

由于其独特的胃肠道消化系统，反刍动物消化日粮不同于非反刍动物。因此，反刍动物所用的类抗生素物质（主要载体）和直接饲喂微生物的类型不同于非反刍动物。这些反刍动物专用饲料添加剂旨在调节瘤胃中的短链脂肪酸及微生物蛋白的产生，增加代谢能和氨基酸平衡混合物的供应，以提高反刍动物的生长、哺乳和生产性能（Cameron and McAllister, 2016）。

13.2.2.1 离子载体类抗生素

在反刍动物中，抑制瘤胃中的所有微生物经常会产生反效果，因为它们在蛋白质、脂肪酸，以及结构和非结构性碳水化合物的发酵中起着至关重要的作用（Cameron and McAllister, 2016）。同样，也有人担心将抗生素作为饲料添加剂在反刍动物中使用会引起疾病的耐药菌株的进化。反刍动物饲料中使用的抗生素类物质主要是离子载体类（亲脂化合物），最初用于控制家禽的肠道寄生虫（Bergen and Bates, 1984），现在通常被添加到反刍动物的日粮中。例如，莫能素、盐霉素、拉沙里菌素、莱特洛霉素和那拉霉素属于这一类聚醚分子（图 13.5）。

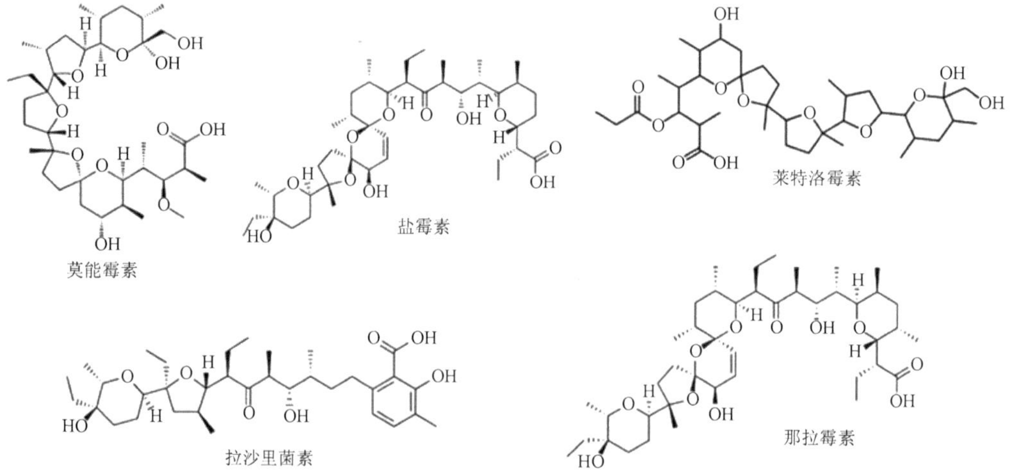

图 13.5 反刍动物饲喂用的离子载体类抗生素。这些物质是极少含有氮的聚醚分子。

与动物细胞不同的是，细菌膜对离子渗透性相对较差，并且使用离子（钾和钠）梯度作为养分吸收的驱动力。特别是，在细胞外高浓度钠离子和低浓度钾离子的情况下，瘤胃细菌维持着较高的细胞内钾浓度和较低的钠浓度。瘤胃 pH 经常是偏酸性的，但瘤胃细菌的细胞内 pH 为中性，这些细胞具有向内的质子梯度（Russell and Strobel, 1989）。离子载体类物质刺激离子在革兰氏阳性菌的细胞膜上的传输，耗散离子（如氢和钠）梯度，并解除细胞生长与能量消耗的偶联，从而耗尽细胞内的 ATP，杀死这些细菌（Callaway et al., 2003）。这些抗菌药物专门针对瘤胃革兰氏阳性细菌群，改变肠道微生物联合体的微生态，以提高生产效率。革兰氏阳性菌有多孔性肽聚糖层，允许小分子物质到达细胞质膜，在那里离子载体迅速溶入细胞膜（Newbold, 1993）。相反，革兰氏阴性菌（如大肠杆菌）对离子载体不敏感。

肉桂链霉菌产生莫能霉素，而白链霉菌合成盐霉素。这两种离子载体类的抗生素（图 13.4）通过改变瘤胃发酵以提高丙酸的产量和抑制乙酸与丁酸的产生来提高反刍动物的饲料效率。此外，莫能霉素和盐霉素至少在很短的时间内可减少高达 30% 的甲烷生成，从而降低日粮干物质的不可逆转损失（Johnson and Johnson, 1995）。值得注意的是莫能霉素并不直接抑制瘤胃产甲烷菌，而是抑制负责给甲烷菌供应[2H]的细菌（Dellinger and Ferry, 1984）。此外，这两种离子载体抑制蛋白质分解和脱氨酶，从而增加饲料中逃避瘤胃进入胃和小肠消化的蛋白质的数量。因此，莫能霉素和盐霉素作为反刍动物生长及泌乳阶段的饲料添加剂得到了广泛的接受。

莫能霉素最初用于杀死家禽中的球虫，如前所述，也可杀死反刍动物瘤胃中的原虫。原虫对瘤胃消化和反刍动物生产力的贡献长期以来一直是受争论的问题（第 7 章）。原虫可以消化多糖并帮助吸收多种矿物质（如钙、镁和磷）。然而，原虫在很大程度上保留在了瘤胃中，从而减少进入皱胃和小肠的微生物蛋白。这意味着在反刍动物中原虫需要从瘤胃中连续进入皱胃中，以优化蛋白质营养。因此，驱除原虫的瘤胃纤维的消化率降低了，但到达十二指肠的微生物蛋白的量增加了约 25%（第 7 章）。

13.2.2.2 直接饲喂的微生物

许多生产者和兽医长期使用健康动物的瘤胃液给患病的反刍动物（特别是那些食欲不好的反刍动物）进行注射，以刺激正常的瘤胃功能，提高采食量。然而，直到 20 世纪 80 年代，关于反刍动物日粮中添加微生物制剂的效果的科学数据还很少。下面的例子证明了给反刍动物直接饲喂微生物能提高其生长和生产性能的观点。首先，世界上一些地区（如澳大利亚和印度）的热带饲草白花蛇草含有含羞草素（一种非蛋白质氨基酸），其代谢物 3-羟基-4(1H)-吡啶酮（DHP）是一种有毒的、致甲状腺肿的制剂（Thompson et al., 1969）。有趣的是，在夏威夷饲养的山羊瘤胃中含有一种特殊的生物体（穷氏互养菌），能够降解 DHP，从而防止其毒性。在澳大利亚牛瘤胃中接种这种穷氏互养菌菌种可以保护瘤胃免受 DHP 的毒害（Allison et al., 1990）。其次，世界上某些地区（如澳大利亚和南非）的一些植物（如铁杉科）含有一种有毒物质，称为单氟乙酸酯（克雷布斯循环的抑制剂）（Peters et al., 1960）。这种物质，即使是较低的摄入量（如 0.3 mg/kg 体重），也能杀死反刍动物。将含有氟乙酸脱卤酶编码基因的几株溶纤维丁酸弧菌接种到绵羊瘤胃内，可明显降低单氟乙酸酯的毒性（Gregg et al., 1998）。

到目前为止，有许多种用于反刍动物饲料的直接饲喂细菌型微生物制剂。这些产品往往含有嗜酸乳酸杆菌、双歧杆菌、肠球菌或芽孢杆菌。已经证明直接饲喂微生物对哺乳犊牛、断奶的犊牛、被运输的牛、泌乳早期阶段的高产奶牛具有较好的效果。此外，也有证据表明，直接饲喂真菌微生物制剂对反刍动物有利。随着分子生物学技术的飞速发展，传统使用的瘤胃微生物及其直接饲喂微生物可以被修饰以更好地提高反刍动物的生长性能和饲料效率。

13.3 应用于反刍动物和非反刍动物的其他物质

13.3.1 氨基酸及相关化合物

晶体氨基酸（如精氨酸、谷氨酰胺、甘氨酸、赖氨酸、DL-蛋氨酸、苏氨酸和色氨酸）已被添加到非反刍动物日粮中，以改善蛋白质沉积、肠道完整性、免疫功能和生长性能（第 7 章）。同样，过瘤胃保护的蛋白质、赖氨酸和蛋氨酸也被广泛用作奶牛与在有限程度上肉牛的饲料添加剂（Awawdeh, 2016）。也有报道表明，肌酸或其前体胍基乙酸可取代家禽日粮中的一些精氨酸（Baker, 2009; Dilger et al., 2013），而胍基乙酸也是猪体内肌酸的有效前体（McBreairty et al., 2015）。此外，日粮中添加甜菜碱（三甲基甘氨酸）可能有助于提高猪和家禽对氮与能量的利用率（Eklund et al., 2005）。这可能是因为甜菜碱是一种甲基供体，在动物体内参与了许多重要的甲基化反应。

13.3.2 防霉饲料添加剂和抗氧化剂

干饲料成分和配方饲料的含水量一般小于 13%。然而，当它们在潮湿时被收获或长时间贮存在雨季或夏季时，其含水量可能超过 15%，就会促进霉菌（如曲霉）的生长。

一些霉菌种属可产生有毒物质（如黄曲霉毒素），对家畜、家禽和鱼类造成不利影响。迄今为止，抗霉菌饲料添加剂包括丙酸、丙酸钠和丙酸钙及其他有机酸（第 12 章），当添加剂量<0.3% 时，可以加入任何类型的饲料中（Jacela et al., 2010）。最后，维生素 C 和 E（Gostner et al., 2014）及丁基化羟基茴香醚[一种合成抗氧化剂；1 mg/kg 体重每天；图 13.1（EFSA, 2011）]通常用作动物饲料中的抗氧化剂。

13.3.3　丝兰提取物（丝兰宝）

热应激可降低动物的采食量和生产性能，并损害它们的免疫功能（Morrow-Tesch et al., 1994）。例如，环境温度从 23℃上升到 33℃显著降低猪（Collin et al., 2001）、鸡（Hu et al., 2016）的采食量、生长性能及养分利用效率。因此，全球变暖的气候变化预计会对全球动物生产性能造成负面影响（Renaudeau et al., 2012）。降低热应激的方法包括物理降温系统（如喷头和水浴）（Huynh et al., 2006）、减少日粮中蛋白质水平并添加一些氨基酸（赖氨酸、色氨酸和苏氨酸；Kerr et al., 2003）或饱和脂肪（Spencer et al., 2005）。这些方法是部分有效的，因为它们可以增强散热，减少全身热量的产生（主要是通过降低全身蛋白质代谢），减轻饲喂的热效应，但存在成本高、多数氨基酸供应不足、皮下脂肪沉积过多的缺点。因此，需要最新的方法来缓解气候变化带来的生产问题。一个有效的方法是用丝兰提取物（*Yucca schidigera*，丝兰；丝兰宝）作为饲料添加剂，其中含有甾体皂苷（第 2 章）。它们是糖皮质激素（如皮质酮和皮质醇）的天然结构类似物，皮质酮和皮质醇分别是鸟类和哺乳动物中糖皮质激素的主要类型。

丝兰原产于美国西南沙漠和墨西哥的下加利福尼亚北部，对干旱和热胁迫具有很强的抵抗力（Gucker, 2006）。丝兰是公认安全的（GRAS）产品，作为目录 21CFR 172.510 下的一种天然食品添加剂得到美国食品和药物管理局（FDA）的批准。这种物质也被喂给猪和家禽，以改善舍内的空气质量（Cheeke, 2000）。鸡饲料中添加丝兰（120 ppm 和 180 ppm）在平均环境温度为 24℃（最大值为 27℃）时对鸡的采食量和生长性能没有影响。然而，当最高环境温度自然从 27℃上升到 37℃时，与对照组相比，添加丝兰提取物使鸡的体重增加了 38%–43%，饲料效率提高了 46%–52%（表 13.9）。

以前认为丝兰提取物通过结合氨减少猪舍、鸡舍和牛舍中氨的水平，从而减少游离氨从动物大肠中的释放（Cheeke, 2000）。然而，在后肠中的氨浓度至少大于丝兰提取物浓度的 100 倍。当热应激时动物体内皮质酮和皮质醇的循环水平显著升高，主要表现出：①氨基酸的降解增强，使体内产生氨；②骨骼肌中蛋白质合成减少，蛋白质降解增加（第 7 章），从而抑制生长。热应激条件下的丝兰提取物能阻断糖皮质激素在细胞内与受体的结合（如骨骼肌），从而降低热应激对动物生长的有害作用（图 13.6）。因此，丝兰提取物在炎热的气候条件下最有效地促进农场动物的生长。因为全球变暖通过降低家畜、家禽、鱼的生长性能和饲料利用效率对农业生产率造成负面影响，所以应用丝兰提取物作为饲料添加剂对于提高全世界动物蛋白质的生产具有重要意义。

表 13.9　在热应激条件下添加丝兰提取物对肉鸡生长性能的影响 [a,b,c]

变量	丝兰提取物添加剂量（ppm）		
	0	120	180
体重（BW, g）			
35 日龄	1299 ± 32	1271 ± 26	1294 ± 31
42 日龄	1563 ± 39[e]	1636 ± 29[d]	1672 ± 36[d]
平均体增重（g/周每只鸡）	264 ± 14[e]	365 ± 11[d]	377 ± 17[d]
平均采食量（g/周每只鸡）	912 ± 20	883 ± 18	876 ± 19
重料比（g/g）	0.284 ± 0.013[e]	0.416 ± 0.016[d]	0.432 ± 0.017[d]

资料来源：Rezaei, R., J. Lei, and G. Wu. 2017. *J. Anim. Sci.* 95 (Suppl. 4): 370–371。

[a] 35 日龄开始，雄性肉鸡自由采食添加 0 ppm、120 ppm 或 180 ppm 的丝兰提取物的基础日粮。试验鸡随机分为处理组（24 只/组，6 只/栏）。基础日粮组成（%，作为饲喂基础）：玉米，64.79；豆粕，25.91；甘氨酸，0.50；DL-蛋氨酸（98%），0.21；L-赖氨酸盐酸盐，0.08；混合脂肪，4.98；石灰石，1.57；BIOFOS-16（21%磷），1.28；盐，0.38；微量元素预混料，0.05；维生素预混料，0.25。基础日粮为 3246 kcal/kg 代谢能，如下（%）：干物质，90.17；粗蛋白质，18.4（包括赖氨酸，1.0；精氨酸，1.18；蛋氨酸，0.50；甘氨酸，0.75；补充甘氨酸，0.50；粗脂肪，7.7；钙，0.89；磷，0.61（速效磷，0.38）；灰分，5.55；酸性洗涤纤维，3.23；中性洗涤纤维，8.57。测量了试验开始和结束时单个鸡的体重与每栏的饲料量。

[b] 数值为平均值 ± SEM，$n = 24$ 用于体重及体增重（基于每组鸡的数量），$n = 4$ 用于采食量及饲料效率（基于每组中栏的数量）。使用方差分析和 Student-Newman-Keuls 多重比较试验对数据进行分析（Assaad et al., 2014）。

[c] 鸡舍设施的最高环境温度在 1 周内自然升高，在试验第 1 天、第 2 天、第 3 天、第 4 天、第 5 天、第 6 天和第 7 天，鸡舍最高温度分别为 27℃、29℃、32℃、35℃、36℃、37℃ 和 37℃，鸡舍的平均环境温度分别为 18℃、21℃、23℃、27℃、29℃、31℃ 和 31℃。在试验第 1 天、第 2 天、第 3 天、第 4 天、第 5 天、第 6 天和第 7 天，鸡舍设施的最大环境相对湿度分别为 76%、71%、86%、87%、84%、87%和87%；鸡舍设施的平均环境相对湿度分别为 46%、46%、55%、58%、60%、57%和60%。

[d,e] 在同一行，不同字母表示差异显著（$P < 0.05$）。

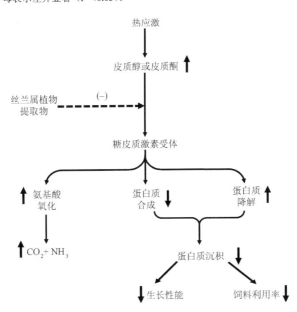

图 13.6　丝兰提取物在热应激条件下提高动物生长性能的机制。细胞（包括骨骼肌）中糖皮质激素水平的升高会与它们相应的受体结合，从而刺激全身氨基酸的氧化和肌肉蛋白质的降解，同时抑制肌肉蛋白质的合成。作为一种结构类似物的糖皮质激素，丝兰提取物阻断糖皮质激素（皮质醇和皮质酮）及其受体的结合，从而改善热应激对动物生产性能和饲料效率造成的负面影响。

13.4 小 结

过去 50 年来动物营养的一个重要进步是使用饲料添加剂来改善家畜、家禽和水产动物的生长及饲料效率。动物的生长性能和饲料效率的提高将给生产者带来显著的经济效益。β-葡聚糖酶、戊聚糖酶、肌醇六磷酸酶和蛋白酶复合制剂可作为饲料酶加入非反刍动物饲料中，而纤维素酶和半纤维素酶可用于反刍动物饲料中。将碳水化合物酶（木聚糖酶和 β-葡聚糖酶）和肌醇六磷酸酶（植酸酶）添加到缺乏代谢能、粗蛋白质、钙和磷的玉米-豆粕型日粮中，可显著提高猪和肉鸡的生长性能与磷、干物质、能量及氮的利用率。这些酶能提高日粮营养素的消化率和喂养价值，减少配料营养成分品质的变化，降低湿垃圾的产生率，最大限度地减少环境污染。家禽和猪日粮中的非酶饲料添加剂包括抗生素、益生菌、益生元、真菌毒素吸附剂和氨基酸，可改善胃肠道功能、营养吸收和肌肉蛋白质合成。值得注意的是，几乎所有用于喂养非反刍动物的抗生素都含有氮，其中一些是氨基糖苷，以赋予或增强其杀死易感细菌的活性。由于反刍动物的消化系统不同于非反刍动物的消化系统，普遍抑制所有瘤胃微生物会损害淀粉、脂肪酸、纤维和蛋白质在瘤胃的发酵，因此对反刍动物会起反作用。反刍动物的非酶饲料抗生素类物质（主要是离子载体）和直接饲喂的微生物的类型与非反刍动物的不同，主要用于调节瘤胃中短链脂肪酸和微生物蛋白的产生。离子载体是几乎不含有氮的聚醚分子，并且通过选择性地刺激特定的瘤胃细菌的膜离子转运来减少细菌内 ATP 的合成。适当地应用离子载体（如莫能霉素）和直接饲喂的细菌型微生物制剂可以给反刍动物供给更多的代谢能和氨基酸平衡混合物，以提高它们的生长、哺乳和生产性能。其他的饲料添加剂包括晶体氨基酸及其代谢物，以及抗霉菌有机酸。总之，饲料添加剂（如氨基酸、抗霉菌化合物和丝兰提取物）在有效提高反刍动物和非反刍动物（特别是在应激条件下）的体增重与饲料效率及维持全球动物农业方面具有较大的前景。

（译者：马现永）

参 考 文 献

Abbès, S., J. Salah-Abbès, M.M. Hetta, M.I. Ibrahim, M.A. Abdel-Wahhab, H. Bacha, and R. Oueslati. 2008. Efficacy of Tunisian montmorillonite for in vitro aflatoxin binding and in vivo amelioration of physiological alterations. *Appl. Clay Sci.* 42:151–157.

Allison, M.J., A.C. Hammond, and R.J. Jones. 1990. Detection of ruminal bacteria that degrade toxic dihydroxypyridine compounds produced by mimosine. *Appl. Exp. Microbiol.* 56:590–594.

Amerah, A.M., C. Gilbert, P.H. Simmins, and V. Ravindran. 2011. Influence of feed processing on the efficacy of exogenous enzymes in broiler diets. *World Poult. Sci. J.* 67:29–46.

Amerah, A.M., P.W. Plumstead, L.P. Barnard, and A. Kumar. 2014. Effect of calcium level and phytase addition on ileal phytate degradation and amino acid digestibility of broilers fed corn-based diets. *Poult. Sci.* 93:906–915.

Assaad, H., L. Zhou, R.J. Carroll, and G. Wu. 2014. Rapid publication-ready MS-Word tables for one-way ANOVA. *SpringerPlus* 3:474.

Awawdeh, M.S. 2016. Rumen-protected methionine and lysine: Effects on milk production and plasma amino acids of dairy cows with reference to metabolisable protein status. *J. Dairy Res.* 83:151–155.

Baker, D.H. 2009. Advances in protein-amino acid nutrition of poultry. *Amino Acids* 37:29–41.

Beauchemin, K.A., D.P. Morgavi, T.A. McAllister, W.Z. Yang, and L.M. Rode. 2001. The use of enzymes in ruminant diets. *Recent Adv. Anim. Nutr.* 297–322.

Beauchemin, K.A., S.D.M. Jones, L.M. Rode, and V.J.H. Sewalt. 1997. Effects of fibrolytic enzymes in corn or barley diets on performance and carcass characteristics of feedlot cattle. *Can. J. Anim. Sci.* 77:645–653.

Bedford, M.R. 2000. Exogenous enzymes in monogastric nutrition—Their current value and future benefits. *Anim. Feed Sci. Tech.* 86:1–13.

Bedford, M.R. and H. Schulze. 1998. Exogenous enzymes for pigs and poultry. *Nutr. Res. Rev.* 11:91–114.

Bedfordt, M.R., J.F. Patience, H.L. Classens, and J. Inborra. 1992. The effect of dietary enzyme supplementation of rye- and barley-based diets on digestion and subsequent performance in weanling pigs. *Can. J. Anim. Sci.* 72:97–105.

Bergen, W.G. and D.B. Bates. 1984. Ionophores: Their effect on production efficiency and mode of action. *J. Anim. Sci.* 58:1465–1483.

Bergen, W.G. and G. Wu. 2009. Intestinal nitrogen recycling and utilization in health and disease. *J. Nutr.* 139:821–825.

Biely, P. 2016. Microbial glucuronoyl esterases: 10 years after discovery. *Appl. Environ. Microbiol.* 82:7014–7018.

Brauder, R., H.D. Wallace, and T.J. Cunha. 1953. The value of antibiotics in the nutrition of swine: A review. *Antibiot. Chemother (Northfield)* 3:271–291.

Brenes, A., W. Guenter, R.R. Marquardt, and B.A. Rotter. 1993. Effect of β-glucanase/pentosanase enzyme supplementation on the performance of chickens and laying hens fed wheat, barley, naked oats and rye diets. *Can. J. Anim. Sci.* 73:941–951.

Burnett, G.S. 1966. Studies of viscosity as the probable factor involved in the improvement of certain barleys for chickens by enzyme supplementation. *Br. Poult. Sci.* 7:55–75.

Burroughs, W., W. Woods, S.A. Ewing, J. Greig, and B. Theurer. 1960. Enzyme additions to fattening 30 cattle rations. *J. Anim. Sci.* 19:458–464.

Callaway, T.R., T.S. Edrington, J.L. Rychlik, K.J. Genovese, T.L. Poole, Y.S. Jung, K.M. Bischoff, R.C. Anderson, and D.J. Nisbet. 2003. Ionophores: Their use as ruminant growth promotants and impact on food safety. *Curr. Issues Intest. Microbiol.* 4:43–51.

Cameron, A. and T.A. McAllister. 2016. Antimicrobial usage and resistance in beef production. *J. Anim. Sci. Biotechnol.* 7:68.

Campbell, G.L. and M.R. Bedford. 1992. Enzyme applications for monogastric feeds: A review. *Can. J. Anim. Sci.* 72:449–466.

CAST. 2003. Council for Agricultural Science and Technology Task Force Report 139. *Mycotoxins: Risks in Plant, Animal and Human Systems.* CAST, Ames, IA.

Castillo, M., S.M. Martin-Orue, J.A. Taylor-Pickard, J.F. Perez, and J. Gasa. 2008. Use of mannan-oligosaccharides and zinc chelate as growth promoters and diarrhea preventative in weaning pigs: Effects on microbiota and gut function. *J. Anim. Sci.* 86:94–101.

Cheeke, P.R. 2000. Actual and potential applications of *Yucca schidigera* and *Quillaja saponaria* saponins in human and animal nutrition. *Proc. Phytochem. Soc. Eur.* 45:241–254.

Choct, M. 2006. Enzymes for the feed industry: Past, present and future. *World's Poult. Sci. J.* 62:5–16.

Clicker, F.H. and E.H. Follwell. 1925. Application of "protozyme" by *Aspergillus orizae* to poultry feeding. *Poult. Sci.* 5:241–247.

Collin, A., J. van Milgen, S. Dubois, and J. Noblet. 2001. Effect of high temperature and feeding level on energy utilization in piglets. *J. Anim. Sci.* 79:1849–1857.

Cowieson, A.J. and F. Roos. 2016. Toward optimal value creation through the application of exogenous mono-component protease in the diets of non-ruminants. *Anim. Feed Sci. Technol.* 221:331–340.

Cromwell, G.L. 2000. Antimicrobial and promicrobial agents. In: *Swine Nutrition.* Edited by A.J. Lewis and L.L. Southern. CRC Press, New York, pp. 401–426.

Cromwell, G.L. 2002. Why and how antibiotics are used in swine production. *Anim. Biotechnol.* 13:7–27.

Daly, K., A.C. Darby, N. Hall, A. Nau, D. Bravo, and S.P. Shirazi-Beechey. 2014. Dietary supplementation with lactose or artificial sweetener enhances swine gut Lactobacillus population abundance. *Br. J. Nutr.* 111:S30–S35.

Dellinger, C.A. and J.G. Ferry. 1984. Effect of monensin on growth and methanogenesis of *Methanobacterium formicicum. Appl. Environ. Microbiol.* 48:680–682.

Deng, Z.Y., J.W. Zhang, G.Y. Wu, Y.L. Yin, Z. Ruan, T.J. Li, W.Y. Chu et al. 2007. Dietary supplementation with polysaccharides from semen cassiae enhances immunoglobulin production and interleukin gene expression in early-weaned piglets. *J. Sci. Food Agric.* 87:1868–1873.

Dersjant-Li, Y., A. Awati, H. Schulze, and G. Partridge. 2015. Phytase in non-ruminant animal nutrition: A critical review on phytase activities in the gastrointestinal tract and influencing factors. *J. Sci. Food Agric.* 95:878–896.

Dilger, R.N., K. Bryant-Angeloni, R.L. Payne, A. Lemme, and C.M. Parsons. 2013. Dietary guanidino acetic acid is an efficacious replacement for arginine for young chicks. *Poult. Sci.* 92:171–177.

Edney, M.J., Campbell, G.L., and H.L. Classen. 1989. The effect of p-glucanase supplementation on nutrient digestibility and growth in broilers given diets containing barley, oat groats or wheat. *Anim. Feed Sci. Technol.* 25:193–200.

EFSA. 2011. Scientific opinion on the re-evaluation of butylated hydroxyanisole—BHA (E 320) as a food additive. *EFSA J.* 9(10):2392.

Eklund, M., E. Bauer, J. Wamatu, and R. Mosenthin. 2005. Potential nutritional and physiological functions of betaine in livestock. *Nutr. Res. Rev.* 18:31–48.

Fakruddin, M.d. 2017. Thermostable enzymes and their industrial application: A review. *Discovery* 53:147–157.

Fry, R.E., J.B. Allred, L.S. Jensen, and J. McGinnis. 1957. Influence of cereal grain components of the diet on the response of chicks and poults to dietary enzyme supplements. *Poult. Sci.* 36:1120.

Gaskins, H.R., C.T. Collier, and D.B. Anderson. 2002. Antibiotics as growth promotants. *Anim. Biotechnol.* 13:29–42.

Gírio, F.M., C. Fonseca, F. Carvalheiro, L.C. Duarte, S. Marques, and R. Bogel-Lukasik. 2010. Hemicelluloses for fuel ethanol: A review. *Bioresour. Technol.* 101:4775–4800.

Gostner, J., C. Ciardi, K. Becker, D. Fuchs, and R. Sucher. 2014. Immunoregulatory impact of food antioxidants. *Curr. Pharm. Des.* 20:840–849.

Graham, H., W. Lowgren, D. Pettersson, and P. Aman. 1988. Effect of enzyme supplementation on digestion of a barley/pollard-based pig diet. *Nutr. Rep. Int.* 38:1073–1079.

Gregg, K., B. Hamdorf, K. Henderson, J. Kopecny, and C. Wong. 1998. Genetically modified ruminal bacteria protect sheep from fluoroacetate poisoning. 1998. *Appl. Environ. Microbiol.* 64:3496–3498.

Grootwassink, J.W.D., G.L. Campbell, and H.L. Classen. 1989. Fractionation of crude pentosanase (Arabinoxylanase) for improvement of the nutritional value of rye diets for broiler chickens. *J. Sci. Food Agric.* 46:289–300.

Gucker, C.L. 2006. *Yucca schidigera.* U.S. Department of Agriculture, Forest Service. https://www.fs.fed.us/ database/feis/plants/shrub/yucsch/all.html. Accessed on April 12, 2017.

Halas, V. and I. Nochta. 2012. Mannan oligosaccharides in nursery pig nutrition and their potential mode of action. *Animal* 2:261–274.

Hastings, W.H. 1946. Enzyme supplements for poultry feeds. *Poult. Sci.* 25:584–586.

Hou, Y.Q., Z.L. Wu, Z.L. Dai, G.H. Wang, and G. Wu. 2017. Protein hydrolysates in animal nutrition: Industrial production, bioactive peptides, and functional significance. *J. Anim. Sci. Biotechnol.* 8:24.

Hu, H., X. Bai, A.A. Shah, A.Y. Wen, J.L. Hua, C.Y. Che, S.J. He, J.P. Jiang, Z.H. Cai, and S.F. Dai. 2016. Dietary supplementation with glutamine and γ-aminobutyric acid improves growth performance and serum parameters in 22- to 35-day-old broilers exposed to hot environment. *J. Anim. Physiol. Anim. Nutr.* 100:361–370.

Humer, E., C. Schwarz, and K. Schedle. 2015. Phytate in pig and poultry nutrition. *J. Anim. Physiol. Anim. Nutr.* 99:605–625.

Huynh, T.T.T., A.J.A. Aarnink, C.T. Truong, B. Kemp, and M.W.A. Verstegen. 2006. Effects of tropical climate and water cooling methods on growing pigs' responses. *Livest. Sci.* 104:278–291.

Iwaasa, A.D., L.M. Rode, K.A. Beauchemin, and S. Eivemark. 1997. Effect of fibrolytic enzymes in barley-based diets on performance of feedlot cattle and in vitro gas production. *Proceedings of the Joint Rowett Research Institute and INRA Rumen Microbiology Symposium.* Aberdeen, Scotland.

Jacela, J.Y., J.M. DeRouchey, M.D. Tokach, R.D. Goodband, J.L. Nelssen, D.G. Renter, and S.S. Dritz. 2010. Feed additives for swine: Fact sheets—Flavors and mold inhibitors, mycotoxin binders, and antioxidants. *J. Swine Health Prod.* 18:27–32.

Jackson, M.E., K. Geronian, A. Knox, J. McNab, and E. McCartney. 2004. A dose-response study with the feed enzyme beta-mannanase in broilers provided with corn-soybean meal based diets in the absence of antibiotic growth promoters. *Poult. Sci.* 83:1992–1996.

János Bérdy, J. 2012. Thoughts and facts about antibiotics: Where we are now and where we are heading. *J. Antibiot.* 65:385–395.

Ji, F., D.P. Casper, P.K. Brown, D.A. Spangler, K.D. Haydon, and J.E. Pettigrew. 2008. Effects of dietary supplementation of an enzyme blend on the ileal and fecal digestibility of nutrients in growing pigs. *J. Anim. Sci.* 86:1533–1543.

Jiang, J. and Y.L. Xiong. 2016. Natural antioxidants as food and feed additives to promote health benefits and quality of meat products: A review. *Meat Sci.* 120:107–117.

Jo, J.K., S.L. Ingale, J.S. Kim, Y.W. Kim, K.H. Kim, J.D. Lohakare, J.H. Lee, and B.J. Chae. 2012. Effects of exogenous enzyme supplementation to corn- and soybean meal-based or complex diets on growth performance, nutrient digestibility, and blood metabolites in growing pigs. *J. Anim. Sci.* 90:3041–3048.

Johnson, K.A. and D.E. Johnson. 1995. Methane emissions from cattle. *J. Anim. Sci.* 73:2483–2494.

Kerr, B.J., J.T. Yen, J.A. Nienaber, and E.A. Easter. 2003. Influences of dietary protein level, amino acid supplementation and environmental temperature on performance, body composition, organ weights and total heat production of growing pigs. *J. Anim. Sci.* 81:1998–2007.

Kerr, B.J. and G.C. Shurson. 2013. Strategies to improve fiber utilization in swine. *J. Anim. Sci. Biotechnol.* 4:11.

Kim, S.W., D.A. Knabe, K.J. Hong, and R.A. Easter. 2003. Use of carbohydrases in corn-soybean meal-based nursery diets. *J. Anim. Sci.* 81:2496–2504.

Kong, C., J.H. Lee, and O. Adeola. 2011. Supplementation of β-mannanase to starter and grower diets for broilers. *Can. J. Anim. Sci.* 91:389–397.

Kulkarni, N., A. Shendye, and M. Rao. 1999. Molecular and biotechnological aspects of xylanases. *FEMS Microbiol. Rev.* 23:411–456.

Kung, L. 2001. Developments in rumen fermentation—Commercial applications. *Recent Adv. Anim. Nutr.* 105:281–295.

Li, S., W.C. Sauer, R. Mosenthin, and B. Kerr. 1996. Effect of β-glucanase supplementation of cereal-based diets for starter pigs on the apparent digestibilities of dry matter, crude protein and energy. *Anim. Feed Sci. Tech.* 59:223–231.

Lu, H., S.A. Adedokun, A. Preynat, V. Legrand-Defretin, P.A. Geraert, O. Adeola, and K.M. Ajuwon. 2013. Impact of exogenous carbohydrases and phytase on growth performance and nutrient digestibility in broilers. *Can. J. Anim. Sci.* 93:243–249.

Lv, J.N., Y.Q. Chen, X.J. Guo, X.S. Piao, Y.H. Cao, and B. Dong. 2013. Effects of supplementation of β-mannanase in corn-soybean meal diets on performance and nutrient digestibility in growing pigs. *Asian-Australas. J Anim. Sci.* 26:579–587.

McBreairty, L.E., Robinson, J.L., K.R. Furlong, J.A. Brunton, and R.F. Bertolo. 2015. Guanidinoacetate is more effective than creatine at enhancing tissue creatine stores while consequently limiting methionine availability in Yucatan miniature pigs. *PLoS One* 10:e0131563.

McDonald, P., R.A. Edwards, J.F.D. Greenhalgh, C.A. Morgan, and L.A. Sinclair. 2011. *Animal Nutrition*, 7th ed. Prentice Hall, New York.

Meale, S.J., K.A. Beauchemin, A.N. Hristov, A.V. Chaves, and T.A. McAllister. 2014. Opportunities and challenges in using exogenous enzymes to improve ruminant production. *J. Anim. Sci.* 92:427–442.

Moore, P.R., A. Evension, and T.D. Luckey. 1946. Use of sulfasuxidine, streptothricin and streptomycin in nutritional studies with the chick. *J. Biochem.* 165:437–441.

Morrow-Tesch, J.L., J.J. McGlone, and J.L. Salak-Johnson. 1994. Heat and social stress effects on pig immune measures. *J. Anim. Sci.* 72:2599–2609.

Newbold, C.J., R.J. Wallace, and N.D. Walker. 1993. The effect of tetronasin and monensin on fermentation, microbial numbers and the development of ionophore-resistant bacteria in the rumen. *J. Appl. Bacteriol.* 75:129–134.

Omogbenigun, F.O., C.M. Nyachoti, and B.A. Slominski. 2004. Dietary supplementation with multienzyme preparations improved nutrient utilization and growth performance in weaned pigs. *J. Anim. Sci.* 82:1053–1061.

Patrick, G.L. 1995. *An Introduction to Medicinal Chemistry.* Oxford University Press, New York.

Perez-Muñoz, M.E., M.-C. Arrieta, A.E. Ramer-Tait, and J. Walter. 2017. A critical assessment of the "sterile womb" and "in utero colonization" hypotheses: Implications for research on the pioneer infant microbiome. *Microbiome* 5:48.

Perry, T.W., D.D. Cope, and W.M. Beeson. 1960. Low vs high moisture shelled corn with and without 14 enzymes and stilbestrol for fattening steers. *J. Anim. Sci.* 19:1284.

Peters, R.A., R.J. Hall, P.F.V., Ward, and N. Sheppard. 1960. The chemical nature of the toxic compounds containing fluorine in the seeds of *Dichapetalum toxicarium. Biochem. J.* 77:17.

Pettersson, D. and P. Aman. 1989. Enzyme supplementation of a poultry diet containing rye and wheat. *Br. J. Nutr.* 62:139–149.

Pettey, L.A., S.D. Carter, B.W. Senne, and J.A. Shriver. 2002. Effects of beta-mannanase addition to corn-soybean meal diets on growth performance, carcass traits, and nutrient digestibility of weanling and growing-finishing pigs. *J. Anim. Sci.* 80:1012–1019.

Phillips, T.D., A.B. Sarr, and P.G. Grant. 1995. Selective chemisorption and detoxification of aflatoxins by phyllosilicate clay. *Nat. Toxins* 3:204–213.

Pier, A.C. 1992. Major biological consequences of aflatoxicosis in animal production. *J. Anim. Sci.* 70:3964–3967.

Pierce, K.M., T. Sweeney, P.O. Brophy, J.J. Callan, E. Fitzpatrick, P. McCarthy, and J.V. O'Doherty. 2006. The effect of lactose and inulin on intestinal morphology, selected microbial populations and volatile fatty acid concentrations in the gastrointestinal tract of the weaned pig. *Anim. Sci.* 82:311–318.

Renaudeau, D., A. Collin, S. Yahav, V. de Basilio, J.L. Gourdine, and R.J. Collier. 2012. Adaptation to hot climate and strategies to alleviate heat stress in livestock production. *Animal* 6:707–728.

Rezaei, R., D.A. Knabe, and G. Wu. 2013. Impact of aflatoxins on swine nutrition and possible measures of control and amelioration. *Aflatoxin Control: Safeguarding Animal Feed with Calcium Smectite.* Edited by Joe B. Dixon, Ana L. Barrientos Velázquez, and Youjun Deng, American Society of Agronomy and Soil Science, Madison, WI, pp. 54–67.

Rezaei, R., J. Lei, and G. Wu. 2017. Dietary supplementation with *Yucca schidigera* extract alleviates heat stress-induced growth restriction in chickens. *J. Anim. Sci.* 95 (Suppl. 4):370–371.

Rode, L.M., W.Z. Yang, and K.A. Beauchemin 1999. Fibrolytic enzyme supplements for dairy cows in early lactation. *J. Dairy Sci.* 82:2121–2126.

Russell, J.B. and H.J. Strobel. 1989. Effect of ionophores on ruminal fermentation. *Appl. Environ. Microbiol.* 55:1–6.

Rust, J.W., N.L. Jacobsen, A.D. McGilliard, D.K. Hotchkiss. 1965. Supplementation of dairy calf 25 diets with enzymes. II. Effect on nutrient utilization and on composition of rumen fluid. *J. Anim. Sci.* 24:156–160.

Sauvage, E., F. Kerff, M. Terrak, J.A. Ayala, and P. Charlier. 2008. The penicillin-binding proteins: Structure and role in peptidoglycan biosynthesis. *FEMS Microbiol. Rev.* 32:234–258.

Shi, Y.H., Z.R. Xu, C.Z. Wang, and Y. Sun. 2007. Efficacy of two different types of montmorillonite to reduce the toxicity of aflatoxin in pigs. *New Zealand J. Agric. Res.* 50:473–478.

Spangler, M. 2013. Genetic improvement of feed efficiency: Tools and tactics. http://www.iowabeefcenter.org/proceedings/FeedEfficiencySelection.pdf. Accessed on April 10, 2017.

Spencer, J.D., A.M. Gaines, E.P. Berg, and G.L. Allee. 2005. Diet modifications to improve finishing pig growth performance and pork quality attributes during periods of heat stress. *J. Anim. Sci.* 83:243–254.

Starr, M.P. and Reynolds, D.M. 1951. Streptomycin resistance of coliform bacteria from turkeys fed streptomycin. *Am. J. Public Health* 41:1375–1380.

Sujani, S. and R.T. Seresinhe. 2015. Exogenous enzymes in ruminant Nutrition: A review. *Asian J. Anim. Sci.* 9:85–99.

Tan, B. and Y. Yin. 2017. Environmental sustainability analysis and nutritional strategies of animal production in China. *Annu. Rev. Anim. Biosci.* 5:171–184.

Thacker, P.A. 2013. Alternatives to antibiotics as growth promoters for use in swine production: A review. *J. Anim. Sci. Biotechnol.* 4:35.

Thacker, P.A., Campbell, G.L. and J.W.D. Grootwassink. 1988. The effect of betaglucanase supplementation on the performance of pigs fed hulless barley. *Nutr. Rep. Int.* 38:91–99.

Thacker, P.A., J.G. McLeod, and G.L. Campbell. 2002. Performance of growing-finishing pigs fed diets based on normal or low viscosity rye fed with and without enzyme supplementation. *Arch. Tierernahr.* 56:361–370.

Thieu, N.Q., B. Ogle, and H. Pettersson. 2008. Efficacy of bentonite clay in ameliorating aflatoxicosis in piglets fed aflatoxin contaminated diets. *Trop. Anim. Health Prod.* 40:649–656.

Thompson, J.F., C.J. Morris, and I.K. Smith. 1969. New naturally occurring amino acids. *Annu. Rev. Biochem.* 38:137–158.

Vieille, C. and G.J. Zeikus. 2001. Hyperthermophilic enzymes: Sources, uses, and molecular mechanisms for thermostability. *Microbiol Mol. Biol. Rev.* 65:1–43.

Visek, W.J. 1978. The mode of growth promotion by antibiotics. *J. Anim. Sci.* 46:1447–1469.

Wang, X.Q., F. Yang, C. Liu, H.J. Zhou, G. Wu, S.Y. Qiao, D.F. Li, and J.J. Wang. 2012. Dietary supplementation with the probiotic Lactobacillus fermentum I5007 and the antibiotic aureomycin differentially affects the small intestinal proteomes of weanling piglets. *J. Nutr.* 142:7–13.

Wang, S., X. Zeng, Q. Yang, and S. Qiao. 2016. Antimicrobial peptides as potential alternatives to antibiotics in food animal industry. *Int. J. Mol. Sci.* 17 (5) pii:E603.

Wang, X.W., Y.G. Du, X.F. Bai, and S.G. Li. 2003. The effect of oligochitosan on broiler gut flora, microvilli density, immune function and growth performance. *Acta Zoonutr. Sin.* 15:32–45.

Weaver, A.C. and S.W. Kim. 2014. Supplemental nucleotides high in inosine 5′monophosphate to improve the growth and health of nursery pigs. *J. Anim. Sci.* 92:645–651.

Woyengo, T.A. and C.M. Nyachoti. 2013. Review: Anti-nutritional effects of phytic acid in diets for pigs and poultry—Current knowledge and directions for future research. *Can. J. Anim. Sci.* 93:9–21.

Wu, G. 1998. Intestinal mucosal amino acid catabolism. *J. Nutr.* 128:1249–1252.

Wu, G., J. Fanzo, D.D. Miller, P. Pingali, M. Post, J.L. Steiner, and A.E. Thalacker-Mercer. 2014. Production and supply of high-quality food protein for human consumption: Sustainability, challenges and innovations. *Ann. N.Y. Acad. Sci.* 1321:1–19.

Wu, L., J. Li, Y. Li, T. Li, Q. He, Y. Tang, H. Liu, Y. Su, Y. Yin, and P. Liao. 2016. Aflatoxin B1, zearalenone and deoxynivalenol in feed ingredients and complete feed from different Province in China. *J. Anim. Sci. Biotechnol.* 7:63.

Yue, Y., Y.M. Guo, and Y. Yang. 2017. Effects of dietary L-tryptophan supplementation on intestinal response to chronic unpredictable stress in broilers. *Amino Acids* 49:1227–1236.

Yang, W.Z., K.A. Beauchemin, and L.M. Rode. 2000. A comparison of mentors of adding fibrolytic enzymes to lactating cow diets. *J. Dairy Sci.* 83:2512–2520.

索　引

其他